Codes für Aminosäuren auf der Ebene der DNA

TTT	Phe	TCT	Ser	TAT	Tyr	TGT	Cys
TTC	Phe	TCC	Ser	TAC	Tyr	TGC	Cys
TTA	Leu	TCA	Ser	TAA	Stopp	TGA	Stopp
TTG	Leu	TCG	Ser	TAG	Stopp	TGG	Trp
CTT	Leu	CCT	Pro	CAT	His	CGT	Arg
CTC	Leu	CCC	Pro	CAC	His	CGC	Arg
CTA	Leu	CCA	Pro	CAA	Gln	CGA	Arg
CTG	Leu	CCG	Pro	CAG	Gln	CGG	Arg
ATT	Ile	ACT	Thr	AAT	Asn	AGT	Ser
ATC	Ile	ACC	Thr	AAC	Asn	AGC	Ser
ATA	Ile	ACA	Thr	AAA	Lys	AGA	Arg
ATG	Met	ACG	Thr	AAG	Lys	AGG	Arg
GTT	Val	GCT	Ala	GAT	Asp	GGT	Gly
GTC	Val	GCC	Ala	GAC	Asp	GGC	Gly
GTA	Val	GCA	Ala	GAA	Glu	GGA	Gly
GTG	Val	GCG	Ala	GAG	Glu	GGG	Gly

Symbole für Aminosäuren; im Einbuchstaben- und Dreibuchstaben-Code

A	Ala	Alanin	M	Met	Methionin
B	Asx	Asparagin oder	N	Asn	Asparagin
		Asparaginsäure	P	Pro	Prolin
C	Cys	Cystein	Q	Gln	Glutamin
D	Asp	Asparaginsäure	R	Arg	Arginin
E	Glu	Glutaminsäure	S	Ser	Serin
F	Phe	Phenylalanin	T	Thr	Threonin
G	Gly	Glycin	V	Val	Valin
H	His	Histidin	W	Trp	Tryptophan
I	Ile	Isoleucin	Y	Tyr	Tyrosin
K	Lys	Lysin	Z	Glx	Glutamin oder
L	Leu	Leucin			Glutaminsäure

Helmut Kindl

Biochemie der Pflanzen

Vierte, völlig neubearbeitete
und aktualisierte Auflage

Mit 369 größtenteils zweifarbigen Abbildungen

Springer-Verlag Berlin Heidelberg GmbH

Professor Dr. HELMUT KINDL

Philipps-Universität Marburg
Fachbereich Chemie
Biochemie
Hans-Meerwein-Straße
35043 Marburg

ISBN 978-3-642-78575-7   ISBN 978-3-642-78574-0 (eBook)
DOI 10.1007/978-3-642-78574-0

Die Deutsche Bibliothek – CIP-Einheitsaufnahme
Kindl, Helmut:
Biochemie der Pflanzen / Helmut Kindl. – 4., völlig neubearb.
und aktualisierte Aufl. – Berlin ; Heidelberg ; New York ;
London ; Paris ; Tokyo ; Hong Kong ; Barcelona ; Budapest :
Springer, 1994
(Springer-Lehrbuch)
ISBN 978-3-642-78575-7

Einbandgestaltung: Struve & Partner, Heidelberg
Illustrationen: Christiane Bodentien, Dr. Michael von Solodkoff, Neckargemünd

Satz: Mitterweger Werksatz, Plankstadt
15/3130-5 4 3 2 1 0 - Gedruckt auf säurefreiem Papier

Vorwort

Die Beziehungen zwischen molekularen Strukturen und biologischen Aktivitäten stehen für den Biochemiker im Zentrum seines Interesses. Um die Eigenschaften der molekularen Strukturen zu durchschauen, hat er sich mit Chemie beschäftigt; die biologische Aktivität kann er nur verstehen, wenn er auch die zellulären Strukturen und deren Funktionen analysiert hat. Während eine Beschreibung einzelner physiologischer Phänomene schon vor hundert oder mehreren tausend Jahren möglich war, machten erst die jüngsten Fortschritte der Chemie, Zellbiologie und Genetik ein Verstehen der molekularen Mechanismen möglich. So gesehen sind die Vorstellungen über Biokatalysatoren, zur α-Helix von Proteinen oder zur Doppelhelix der Nukleinsäuren zwar alt für den Studenten, der sich mit der Biochemie eingelassen hat, aber sehr jung, wenn er andere etablierte Wissenschaften als Vergleich heranzieht. Themen wie diese werden in einem Lehrbuch mehr oder minder gut abgehandelt. Aber ist es nicht auch erlaubt, weil von Vorteil für den wagemutigen Leser, Teilgebiete anzuschneiden, die noch nicht ausgegoren sind oder bei denen man erst einen vagen Horizont erkennen kann? Dieses Wagnis gehe ich mit diesem Lehrbuch bewußt ein. Daher finden sich z. B. verstärkt Ansätze über Modelle der Signalketten, obwohl ein solides Wissen darüber bei Pflanzen erst übermorgen zu erwarten ist.

Der Umfang an neuen Daten und die angestrebte Breite des Inhalts auf der einen Seite und der Wunsch, die Dicke des Buches nicht dramatisch zu erweitern, auf der anderen Seite haben zur Konsequenz, daß vieles nur kurz angesprochen wird. Dies sehe ich als Problem an; und als Lösung kann ich nur empfehlen, erstens die Vorlesungen und vor allem die vielen guten Vorträge an Ihrem Wirkungsort mit der Lektüre dieses Buches zu verknüpfen und zweitens durch Vor- und Zurückblättern innerhalb des Buches und Berücksichtigung der Querverweise eine Vernetzung der Teilaspekte zu erreichen. Es wäre geradezu optimal, wenn Sie sich zurücklehnen und den roten Faden z. B. aus Kapitel 5 und den aus Kapitel 10 verbinden könnten.

Ein Lehrbuch der hier angestrebten Kategorie stellt einen Vermittler dar zwischen der einführenden Vorlesung und den nicht immer leicht zugänglichen und als geeignet erkennbaren Übersichtsartikeln bzw. Originalarbeiten. Durch Berücksichtigung jüngst erschienener Publikationen soll diese Funktion des Buches zu einem hohen Maß gewährleistet sein. Die Beschaffung von Daten und Übersichten kostet viel Zeit (Chemical Abstracts) oder einen hohen Preis (Casonline). Auch bei einer noch so guten Vernetzung in der Datenübertragung und dem persönlichen Datenaustausch wird in der Zukunft der Preis für die Anwendung der Daten, die ja eigentlich die „Vorfahren" der Benützer erarbeitet haben, ein Hemmnis für eine optimale Nutzung sein. Trotzdem muß man fordern, daß der Umgang mit Datenbanken dem Studierenden, zumindest demjenigen in höheren Semestern, vermittelt wird.

Ohne Unterstützung würde ein Buch dieser Kategorie nicht zustande kommen. Ich danke daher den vielen Kollegen, die mich auf Entwicklungen aufmerksam machten, und meiner Frau, die mir mit Engagement in den vielen Stadien der Entstehung des Buches half.

Marburg, Januar 1994

H. KINDL

V

Inhaltsverzeichnis

ACP	Acyl-Träger-Protein	Man	Mannose
ADP	Adenosindiphosphat	mol	Mol (Menge)
ALA	Aminolävulinsäure	NAD^+	Nicotinamid-Adenin-
AMP	Adenosinmonophosphat		Dinukleotid, oxidiert
ATP	Adenosintriphosphat	NADH	Nicotinamid-Adenin-
Bp	Basenpaare		Dinukleotid, reduziert
CAM	Crassulaceen-Säure-Stoff-	$NADP^+$	Nicotinamid-Adenin-
	wechsel		Dinukleotid, phosphory-
cDNA	Komplementäre DNA		liert, oxidiert
CMC	Kritische Micell-Bildungs-	NADPH	Nicotinamid-Adenin-
	Konzentration		Dinukleotid, phosphory-
CoA-SH	Coenzym A		liert, reduziert
DCCD	Dicyclohexylcarbodiimid	NDP	Nukleosidiphosphat
DNA	Desoxiribonukleinsäure	NLS	Nukleare Lokalisations-
ds	doppelsträngig		Sequenz
e	Elektron	PAL	Phenylalanin-Ammoniak-
EM	Elektronenmikroskopie		Lyase
ER	Endoplasmatisches	PEP	Phosphoenolpyruvat
	Retikulum	P_i	Phosphat
ET	Elektronentransport	PM	Plasmamembran
FAD	Flavin-Adenin-	PP_i	Diphosphat
	Dinukleotid	PS	Photosystem
Fd	Ferredoxin	RNA	Ribonukleinsäure
FeS-Protein	Eisen-Schwefel-Protein	snRNP	Ribonukleoprotein-Parti-
FMN	Flavinmononukleotid		kel (klein, nuklear)
GA	Gibberellinsäure	ss	einzelsträngig
Gal	Galaktose	TE	Transponierbares Element
Glc	Glucose	TF	Transkriptionsfaktor
GTP	Guanosintriphosphat	THF	Tetrahydrofolsäure
hsp	Hitze-Schock-Protein	Tn	Transposon
kBp	Kilo-Basenpaare	TPP	Thiamindiphosphat
kDa	Kilo-Dalton	UDP	Uridindiphosphat
K_M	Michaelis-Menten-	UE	Untereinheit
	Konstante	UV	Ultraviolettes Licht
M	Molar (Konzentration)		

1. Die Zelle und ihre Kompartimente

> Die pflanzliche Zelle wird morphologisch durch ihre Strukturen charakterisiert. Sie besitzt je nach Differenzierung eine große Anzahl an verschiedenen Organellen. Dieser hohe Grad an Substrukturen spiegelt sich in der Vielfalt der Kompartimentierung biochemischer Prozesse wider.

Biochemie setzt sich die Beschreibung zellulärer Vorgänge mit den Vorstellungen und Mitteln des Chemikers zum Ziel. Bio-Chemie erfreut sich an der chemischen Struktur der Bio-Moleküle. Biochemie nähert sich dieser Zielsetzung unter ständiger Berücksichtigung der zellulären Strukturen und der Art und Weise, wie in Zellen Vorgänge gesteuert und miteinander geschaltet sind. Biochemische Prozesse können zwar isoliert untersucht werden – in vitro, im Reagenzglas –, müssen aber immer wieder in Zusammenhang mit dem System in vivo gesetzt werden. Die Zelle ist daher der Ausgangspunkt und das Bezugssystem für die weiteren Überlegungen. In der Regel ist es die Aufgabe des Biochemikers, Nukleinsäuren, Enzyme, Organellen oder andere Komponenten aus der Zelle zu extrahieren, zu isolieren und im Detail zu untersuchen. Diese Daten stehen vor dem Hintergrund des ursprünglichen Zellsystems und der dabei geltenden Stoffwechselsituationen.

Die Definition der Zelle als biochemische Funktions- und Informationseinheit sieht die Plasmamembran (PM, Plasmalemma) als Grenze der Einheit vor. Hier werden die Vorgänge innerhalb der Zelle von denjenigen der Umgebung abgetrennt; die Permeabilität dieser Membran und ihre Transportsysteme entscheiden, was in die Zelle hinein- und aus ihr herausgelangen soll.

Die Zelle, die sich selbst vollständig replizierende Informationseinheit, zeigt für alle Pflanzen in gewissen Grenzen denselben Aufbau und besteht aus Substrukturen sehr unterschiedlicher Größe. Die Zelle selbst hat eine Größe von etwa 20 μm Durchmesser (5 μm bei einer einzelligen Alge, 10–20 μm bei einer Blattzelle, über 50 μm bei Zellkulturen). Die darin enthaltenen Organellen sind etwa 1–10 μm groß. Für den Organismus ist die einzelne Zelle eine Grundeinheit, sowohl von der Synthese her als auch funktionell. Die Zelle besitzt unterschiedliche Räume, die – zwar zentral gesteuert – mit einer genetischen und stoffwechselmäßigen Autonomie ausgestattet sein können.

Für die Entwicklung der Zelle nach einer Zellteilung sowie für das richtige Zusammenspiel der unzähligen Komponenten einer Zelle ist letztlich das auf Desoxiribonukleinsäure (DNA) geschriebene Programm verantwortlich. Im Falle der Pflanzen müssen wir DNA-Information im Kern, in Mitochondrien und Plastiden sowie den Transfer cytoplasmatischer Membranstrukturen unter dem Begriff „Weitergabe" und Vererbung berücksichtigen.

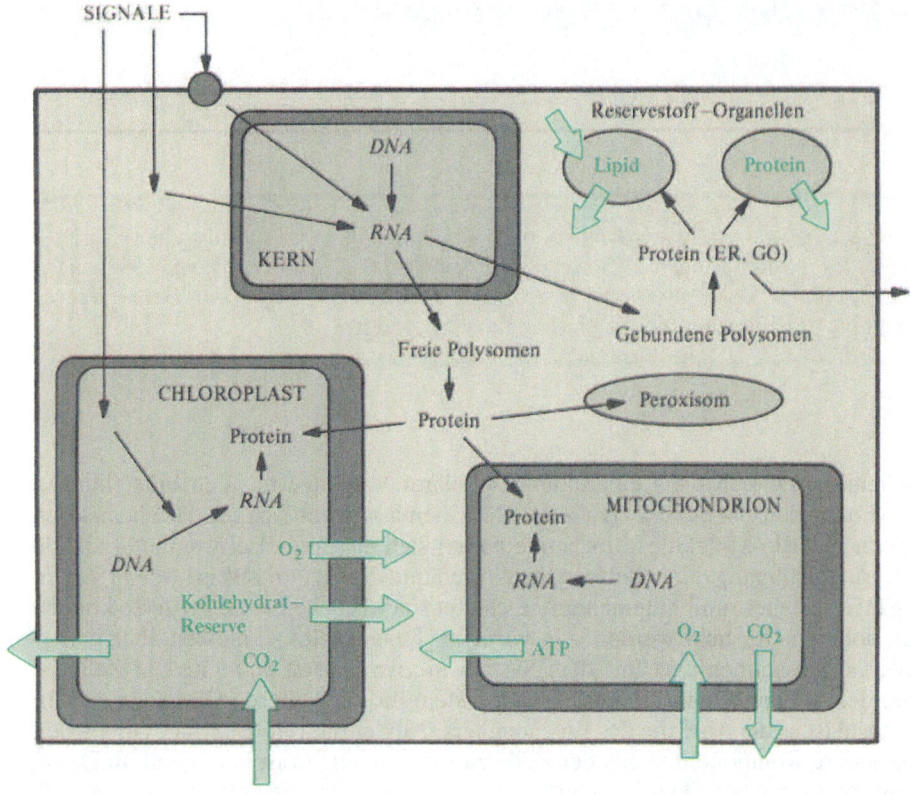

Abb. 1.1. Wechselbeziehungen bei der Synthese und der Funktion der Substrukturen der Zelle.
Signale von außen bzw. Informationen aus dem Steuerungszentrum im Kern gelangen über Signalketten in unterschiedliche Bereiche der Zelle. Die wichtigsten Flüsse an Stoffen sind grün hervorgehoben. Sie betreffen das Assimilieren von CO_2 und die Anlage von Reserven an Lipiden, Proteinen
oder Kohlenhydraten. Die Respiration, das Verbrauchen und Oxidieren von organischen Substraten
zum Zweck der Bereitstellung von Energie, kennzeichnet die heterotrophe, von den Reserven
lebende Zelle.
Das Geschehen innerhalb einer Zelle kann von dem hier gezeichneten – stark verallgemeinerten –
Bild beträchtlich abweichen. Sobald wir von einer Zelle, die viele der möglichen Grundprozesse
noch selbst ausführt, zu einer hoch spezialisierten Zelle übergehen, können große Teile der Zellaus-
rüstung zugunsten einiger weniger Funktionen stark reduziert sein. Den Zustand einer undifferenzierten Zelle, die nicht den Signalen umgebender Zellen ausgesetzt ist, erzielt man in einer Kultur
von suspendierten Einzelzellen: sowohl mit diploiden als auch mit haploiden Zellen (z.B. Pollen)

Für ein einheitliches Bild von Biochemie und molekularer Zellbiologie – wie es in
diesem Buch angestrebt wird – bedarf es geradezu einer Mehrfach-Vision, einer
Überlagerung von Bildern der Morphologie und der Molekularbiologie sowie des
Flusses von Information, Energie und chemischen Verbindungen. Und das alles vor
dem Hintergrund der Mechanismen, die die Chemie auch für komplexe biologische
Muster fordert.

Kontrolliert wird das vielfältige Geschehen von der Steuerzentrale im Kern; und
bleibt beeinflußbar durch Signale aus der Umgebung.

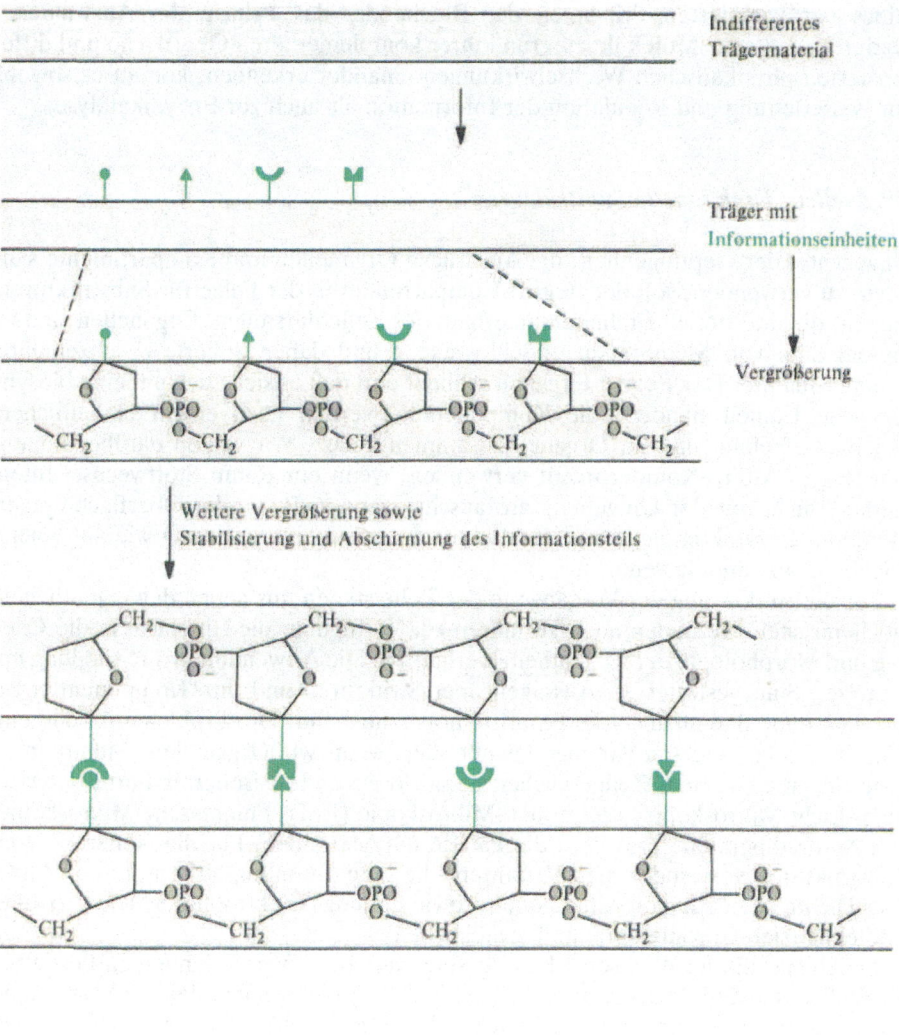

Abb. 1.2. Das Molekül der Desoxyribonukleinsäure (DNA) als Informationsträger. DNA ist vorerst ein Polymeres, ein großes Molekül mit einheitlichem Baumuster. Auf diesem Band befinden sich in definierten Abständen Informationseinheiten – hier grün symbolisiert. Diese Information ist im DNA-Molekül verborgen, nämlich im Inneren, an der Stelle, wo zwei Bänder sich berühren. Die Struktur von zwei schraubenförmig angeordneten Bändern mit entgegengesetzter Polarität – die Doppelhelix – finden wir in den Informationszentralen der meisten Organismen. Kopien der Informationsbänder können hergestellt und an andere Orte der Zelle gebracht werden

3

Eines der wichtigsten Prinzipien der Biochemie: **das Prinzip des Auswählens.**
Dadurch, daß zwei Moleküle aufgrund ihrer komplementären Oberfläche und differenzierten physikalischen Wechselwirkungen einander erkennen, kommt es sowohl
zur Weiterleitung und Regulation der Information als auch zur Enzymkatalyse.

Organellen: Funktionelle Substrukturen

Ungeachtet der Gepflogenheit, die Ausdrücke Organellen und Kompartimente synonym zu verwenden, soll der Begriff Kompartiment in der Folge für Substrukturen
dienen, die funktionell Einheiten innerhalb der Zelle darstellen. Organellen sind in
diesem Sinn von Membranen umschlossene – und daher isolierte – subzelluläre
Kompartimente. Der Begriff Organell schließt ein, daß es sich auch um eine biosyn-
thetische Einheit handelt; die Komponenten werden nach einem einheitlichen
Schema aufgebaut und im Organell zusammengesetzt. Wir wollen darüber hinaus
den Begriff Mikro-Kompartiment verwenden, wenn ein Raum Stoffwechsel-Inter-
mediate nicht mit der Umgebung austauscht, wenn z. B. an der Oberfläche einer
Membran Enzymkomplexe eine Reaktionssequenz in eine Richtung wie auf einem
Fließband ablaufen lassen.

Für die Aufklärung der Vorgänge in der Zelle stehen uns neben den eigentlichen
biochemischen Methoden auch Verfahren zur Verfügung, die Einblicke in die Chemie und Morphologie der Zelleinheiten erlauben. Die Anwendung von Strahlung im
weitesten Sinn gestattet es, Aussagen über Strukturen und ihre Komponenten zu
machen, ohne daß allzu starke Eingriffe notwendig sind. Der Problematik, daß ein
Eingriff erfolgt, müssen wir uns bewußt sein, wenn wir Organellen, Membranen
oder Enzyme aus dem Zellgeschehen herauslösen und in isolierter Form untersuchen. Licht-Mikroskopie, Elektronen-Mikroskopie (EM), Fluoreszenz-Mikroskopie
und Autoradiographie erweitern die Palette der Methoden. Für die Isolierung von
Zellstrukturen verwendet man Verfahren, die eine Trennung aufgrund von Masse
oder Dichte (Zentrifugationsmethoden) sowie Ladung (Elektrophorese) oder Größe
(Molekularsieb-Chromatographie) ermöglichen.

Durch spezifische Wechselwirkungen sind chemische Verbindungen an bestimmten Stellen der Zelle lokalisiert. Man kann dies daran erkennen, daß die Verbindungen aufgrund ihres optischen Verhaltens, der Fluoreszenz oder ihrer radioaktiven
Strahlung wegen nachweisbar sind. So kann ein Protein spezifisch an einer bestimmten Membran gebunden, aber auch für Reaktanten zugänglich sein. Antikörper
gegen dieses Protein würden mit den vom Protein besetzten Stellen der Membran in
Wechselwirkung treten; Antikörper, die vor der Anwendung mit einem fluoreszie-
renden Stoff gekoppelt wurden, sind dann im Fluoreszenz-Mikroskop Indikatoren
für die Lokalisierung des gesuchten Proteins. Ähnlich geht man auch im Falle der
Autoradiographie vor. Die durch Membranen abgeschlossenen Strukturen der
pflanzlichen Zelle können durch Elektronen-Mikroskopie (EM) dargestellt werden.
Nach Fixieren mit Glutardialdehyd und Behandlung mit OsO_4, Einpolymerisieren
und Schneiden (unter 100 nm dicke Schnitte) lassen sich morphologische Eigenschaften aufgrund der elektronendichten Bereiche mit Auflösungen bis zu 4 nm erkennen.
Die Methode der negativen Kontrastierung, bei der die darzustellenden Organellen
mit elektronendichten Metallionen umgeben werden, gestattet eine Auflösung bis zu
2 nm, beinhaltet aber auch viele Gefahren der Artefakt-Bildung.

Beim Verfahren des Gefrierätzens wird mit einem Mikrotom die gefrorene Membran zwischen der Doppelschicht gebrochen, wobei dreidimensionale Strukturen sich abheben, die nach dem Beschichten im Auflicht mit einer Auflösung von etwa 2 nm dargestellt werden können. Die Technik des Gefrierbruchs wurde wesentlich dadurch verbessert, daß ein schnelles Abkühlen durch Behandlung mit –170° kaltem Propan erzielt oder – mit Gewebestücken bei hohem Druck und der Temperatur von flüssigem Stickstoff – eine von Artefakten freie Präparation möglich wurde.

Beim Abtasten der Zelle mit Hilfe eines Elektronenstrahls ist man aufgrund der Messung der reflektierten Elektronen durch Szintillatoren in der Lage, ein plastisches Bild der Oberflächen-Strukturen zu erhalten (Raster-EM).

Die Darstellung des Feinbaus der Zelle (molekulare Morphologie) durch EM gelingt besonders eindrucksvoll, wenn Hochspannungs-EM, selbst von Schichten von über 1 µm eine gute Auflösung ergibt und die räumliche Anordnung der Strukturen hervorhebt. Häufig werden Strukturen, die untersucht werden sollen, isoliert; dabei sind zur Kontrolle ebenfalls EM-Aufnahmen notwendig. Organellen, die isoliert wurden, können physikalisch-chemisch, chemisch oder biochemisch untersucht werden. Es ist aber nicht immer ohne weiteres möglich, die mit Hilfe isolierter Strukturen erzielten Ergebnisse mit den tatsächlich in der intakten Zelle ablaufenden Vorgängen zu korrelieren; dies um so mehr, als die verwendeten Isolierungsmethoden oft zu ungewollten Zerstörungen führen. Für die biochemische Untersuchung der pflanzlichen Organellen sind Isolierungsverfahren notwendig. Isolierte, einheitliche Strukturen können dann weiter auf der Basis ihrer Enzymausrüstung oder ihrer Membranzusammensetzung charakterisiert werden. Für die Isolierung von Enzymen, Membranen und Organellen werden vor allem Zentrifugationsmethoden herangezogen: Auftrennungen aufgrund der unterschiedlichen Sedimentations-Geschwindigkeit (Trennung nach Masse und damit auch nach Größe) oder auf der Basis der Gleichgewichtsdichte (Sedimentations-Gleichgewichts-Zentrifugation, isopyknische Dichtegradienten-Zentrifugation).

Die bei der Zentrifugation auftretenden hohen Drucke und Scherkräfte können zur Zerstörung der Organellen führen. Entscheidend für den Grad der Zerstörung bei der Isolierung der Organellen ist aber vor allem, auf welche Art und Weise eine Zelle für die gewünschte Extraktion geöffnet werden muß. Eine starke Zellwand verlangt sehr rauhe Methoden, die auch die Organellen nicht unbeschädigt lassen. Pflanzen mit Zellwänden, die enzymatisch abgebaut werden können (Herstellung von Protoplasten), sind für diesen Zweck geeignetere Untersuchungsobjekte.

Manche Membranen lassen sich reinigen, indem eine Rohfraktion einer Zweiphasen-Verteilung unterworfen wird; so ergeben z. B. wäßrige Lösungen von Polyethylenglykol und Dextran zwei Phasen. Die meisten Membranen stellen sich in der Unterphase ein; die Plasmamembran bleibt bevorzugt in der oberen Phase suspendiert und kann so stark angereichert werden. Dieses Verfahren kann auch für andere Organellen herangezogen werden, erfordert aber immer neue Optimierung.

Bei stark vereinfachender Betrachtung finden wir drei Arten von Kompartimenten: eine Informationszentrale mit Nukleinsäure-Stoffwechsel (Kern), Kompartimente mit intensivem Stoffwechsel niedermolekularer Verbindungen (Chloroplast, Mitochondrion, Peroxisom) und Organellen, bei denen Reservestoffe und Strukturelemente vom aktuellen Stoffwechsel getrennt sind (Vakuole, Proteinkörper, Lipidkörper, extrazellulärer Raum).

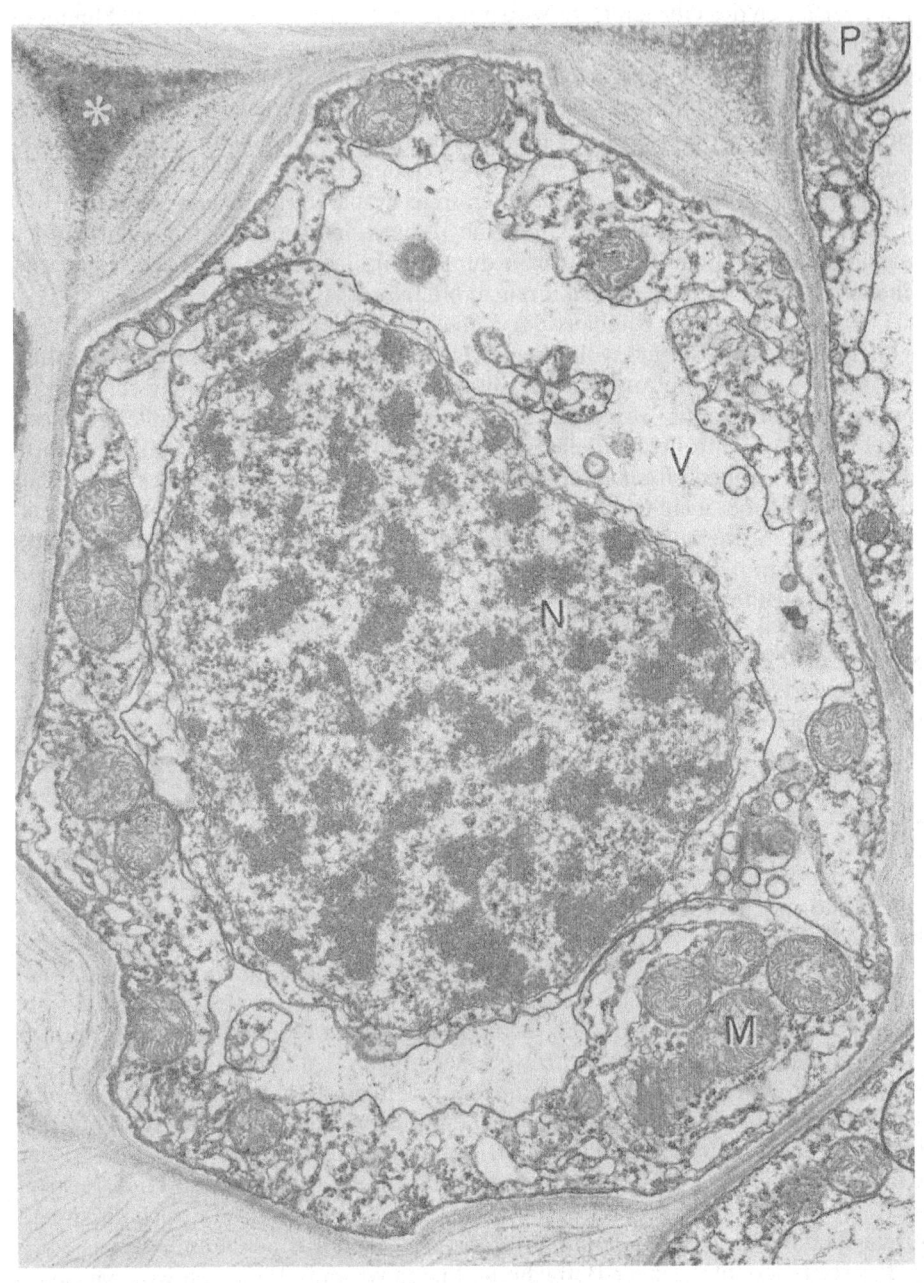

Abb. 1.3. Der Zellkern mit heterochromatischem Material. Der große Kern (Nukleus, N) dieser Kollenchym-Zelle ist neben der Vakuole V und den Mitochondrien M erkennbar. Plastiden lassen sich anhand ihrer Doppelmembran erkennen. Die verdichteten Strukturen innerhalb des Kerns enthalten die Vorstufen für die ribosomalen RNAs. Aus Ledbetter, M. C., Porter, K. R.: Introduction to the Fine Structure of Plant Cells. Springer 1970

Der Zellkern

Der Zellkern ist mit einer Doppelmembran gegenüber dem Cytoplasma abgegrenzt. Diese Doppelmembran besitzt zahlreiche Poren und steht in Verbindung mit dem endoplasmatischen Retikulum und der Zellmembran. Die Größe des Zellkerns beträgt etwa 5 μm. In seinem Inneren erkennen wir, auch während der Funktionsphase, verschiedene elektronendichte Strukturen, nämlich das Heterochromatin und den Nukleolus.

Der Nukleolus, das Kernkörperchen, ist nur während bestimmter Phasen des Zell-Zyklus zu sehen. Der Nukleolus besteht zu 80% aus Protein, enthält etwa 5% Ribonukleinsäure und ist der Ort für die Bildung von ribosomaler Ribonukleinsäure des Cytoplasmas. Der Zellkern besitzt darüber hinaus, neben dem dicht gepackten Heterochromatin, auch gelöstes Euchromatin. In beiden Fällen handelt es sich um Desoxyribonukleinsäure, die gemeinsam mit basischen Proteinen (Histonen) das Chromatin aufbaut. Daneben spielen auch Wechselwirkungen mit Nicht-Histon-Proteinen eine Rolle. Der Kern trägt fast die gesamte Information der Zelle. Wie die Zelle diese Information handhabt, wird in Kap. 3 beschrieben.

Die dem Nukleoplasma zugewandte Seite der Kernhülle ist mit einer Proteinschicht ausgelegt, die als Lamina bezeichnet wird. Die Lamina stellt ein Gerüst für den Kern dar, das die Gestalt und Funktion des Kerns mitbestimmt. Die Lamina enthält die Anheftungspunkte für das Interphase-Chromatin, darunter auch Proteine mit 70 kDa (Lamine). Lamine werden im Cytoplasma synthetisiert und unter Kettenverkürzung in den Kern transportiert. Dort bilden sie durch Aggregation ein fibröses Netzwerk. Während der Mitose werden die Lamine depolymerisiert und die Hüllenmembran zu Vesikeln umgebaut.

Die Plastiden

Die von einer Doppelmembran umgebenen Organellen treten als sehr unterschiedliche Spezies auf, was Größe, Gestalt und Anzahl anlangt. Die Zahl der Chloroplasten pro Zelle kann zwischen eins (bei bestimmten Algen) und 100 liegen; eine Blattzelle enthält etwa 20 Chloroplasten. Die Form der Chloroplasten ist häufig einer Linse ähnlich; die Größe kann zwischen 2 und 10 μm in der Längsrichtung schwanken. Chloroplasten besitzen DNA und eine eigene Proteinsynthese-Maschinerie. Damit stellen sie einige ihrer Proteinkomponenten selbst her. Die überwiegende Zahl der Chloroplasten-Proteine wird aber vom Kern kodiert, im Cytoplasma als Vorstufe synthetisiert und dann importiert.

Die Hülle der Chloroplasten (envelope) ist ein sehr selektiv permeables Membransystem. Es trennt den löslichen Teil des Chloroplasten vom Cytoplasma ab und besitzt Translokatoren nur für wenige Metabolite.

Innerhalb der Chloroplasten finden wir eine proteinreiche wäßrige Phase, das Stroma, sowie ein grünes Lamellensymsten: die *Thylakoide*. Diese Membranen durchziehen bei voll entwickelten Chloroplasten den gesamten Innenraum des Organells. Thylakoide entstehen, differenzieren sich aus Einstülpungen der inneren Hüllenmembran der Chloroplasten. Thylakoide können bei höheren Pflanzen zu Stapeln verdichtet sein; sie werden als Grana bezeichnet und sind auch im Lichtmikroskop erkennbar.

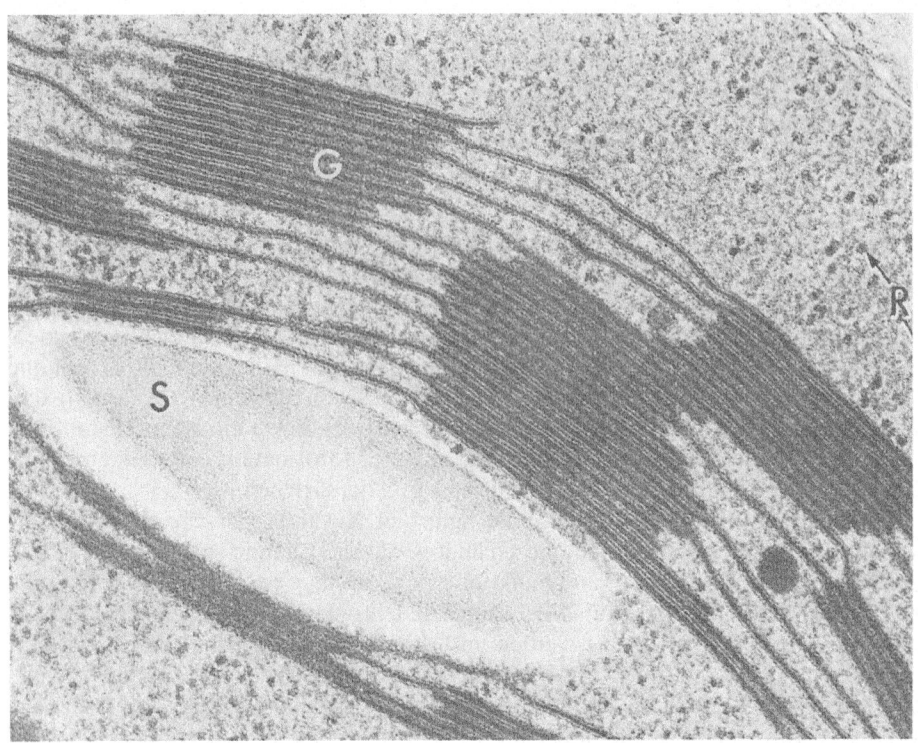

Abb. 1.4. Chloroplast mit Grana. Der Ausschnitt zeigt die Verdichtungen der Thylakoide (Grana, G). In unmittelbarer Nähe der Thylakoide befindet sich ein Stärkekorn S; im Stroma des Chloroplasten sind Ribosomen R sichtbar. Aus: Ledbetter, M. C., Porter, K. R.: Introduction to the Fine Structure of Plant Cells, Springer 1970

Die Chromatophoren von Algen weisen keine Granastruktur auf. Die Grana-Thylakoide der höheren Pflanzen besitzen untereinander Verbindungen und können durch Stroma-Thylakoide mit anderen Grana verbunden sein. Aus der Sicht des Biochemikers lassen sich innerhalb der Chloroplasten mehrere getrennte Reaktionsräume mit spezifischen Funktionen unterscheiden: das Stroma (mit den Enzymen des Photoassimilations-Zyklus), der für die Photosynthese verantwortliche Thylakoidbereich und die gelbliche Plastiden-Hülle, an der Transportvorgänge und einige Lipidsynthesen stattfinden.

Synthetisierende Chloroplasten legen eigene Stoffwechselreserven an. Reservestoffe können in Form von Stärkekörnern, Lipid-Globuli oder proteinreichen Strukturen vorkommen. Bei vielen Algen treffen wir einen Pyrenoid an, eine Organisationsregion für die Stärkeablagerung. Chloroplasten sind nur eine der vielen spezialisierten Formen der Plastiden. Dazu gehören die Chromoplasten in Blüten und Früchten und die *Amyloplasten* im nicht ergrünenden Speichergewebe. Amyloplasten werden im Nährgewebe bei der Samenreifung angelegt und finden sich auch in Wurzeln, Rhizomen und Knollen. Die verschiedenen Arten von Plastiden unterscheiden sich u. a. in der Spezifität der Translokatoren an ihrer Hüllen-Membran.

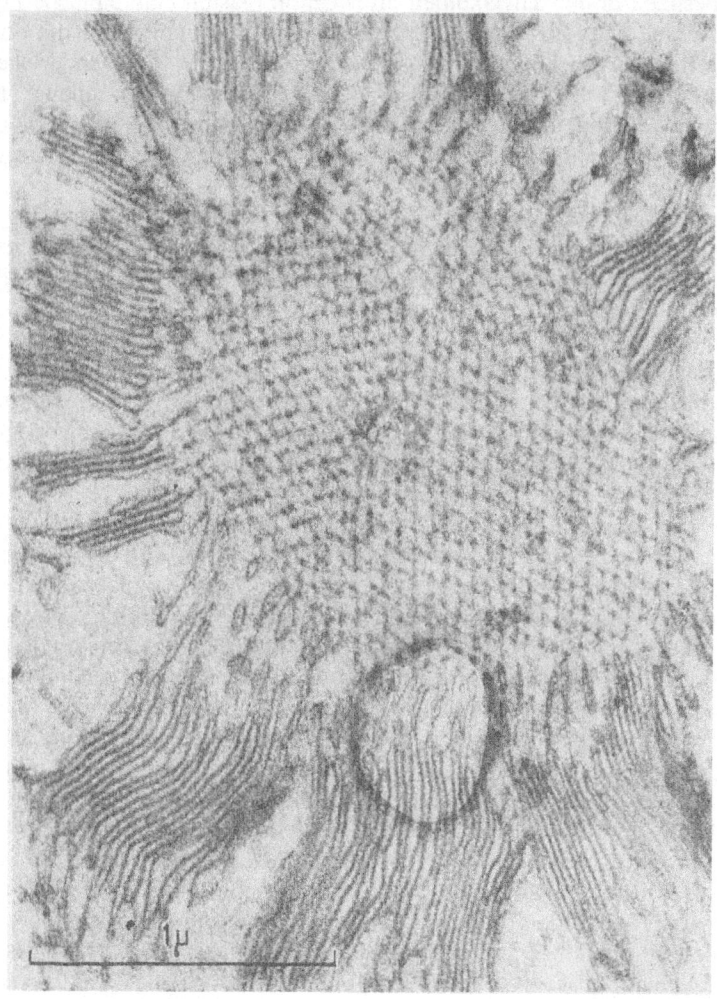

Abb. 1.5. Proplastid mit Prolamellar-Körper. Man erkennt den Innenbereich eines Proplastiden, bei dem im Zentrum wohl noch der kristalline Prolamellar-Körper sichtbar ist, an dessen Außenseite aber bereits die in Bildung befindlichen Lamellen der Thylakoide zu sehen sind. Aus: Frey-Wyssling, A., Mühlethaler, K.: Ultrastructural Plant Cytology. Elsevier 1965

Der Prolamellar-Körper wird bei der Differenzierung der Organellen zu Chloroplasten umgebaut. In Proplastiden und Etioplasten werden nicht alle Gene, die vorhanden sind, auch exprimiert. Es gibt sowohl den Fall, daß ein Plastiden-Gen exprimiert – also in Protein umgesetzt – wird, obwohl im Dunkeln noch kein Bedarf für diese Funktion vorliegt, als auch die strikte Korrelation, daß Proteine, die ihre Funktion nur im Licht ausüben können, auch nur im Licht synthetisiert werden. Letzteres trifft bei Angiospermen zu. Eine kurze Belichtung reicht aus, den Umbau des einen Membran-Systems in das andere auszulösen. Ein Übergangsstadium dieser Art zeigt die Abbildung.

9

Rotalgen besitzen in den Thylakoiden ihrer Chloroplasten eine einfache Form der Organisation, die sich für Modellstudien eignet. Die Membranen sind mit denen der Cyanobakterien vergleichbar, sie weisen keine Zonen mit Aneinanderlagerungen auf. Auch was die Beladung der Thylakoide mit Phycobilisomen anlangt, hält der Vergleich mit Cyanobakterien. Anders die Cryptophyceen; sie besitzen die Biliproteide innerhalb des Lumens der Thylakoide. N-Mangel ändert die Suprastrukturen und den Aufbau aus Untereinheiten.

Der Pyrenoid ist eine besondere, 1–5 µm große Struktur im Stroma des Chloroplasten. Die Rolle dieser auffallenden Struktur ist unklar: einerseits bestehen viele Pyrenoide vorwiegend aus Ribulose-bisphosphat-Carboxylase, andererseits wird ihnen eine Funktion bei der Stärke-Synthese zugeschrieben.

Eine weitere Spezialisierung der Plastiden stellen die *Chromoplasten* dar. In Blüten und manchen Früchten leiten sich die Chromoplasten von Vorstufen der Chloroplasten ab. Sie sind reich an Carotinoiden, die – umschlossen von Membranen – in kristalliner Form vorliegen können oder – in Lipid gelöst – Tropfen bilden. Eine andere Form von Chromoplasten tritt auf, wenn im Herbst die Blätter im Zuge der Seneszenz einem gesteuerten Abbau unterliegen.

Manche Chromoplasten sind zu Chloroplasten umdifferenzierbar.

Plastiden besitzen eine teilweise Autonomie in bezug auf Replikation, Transkription und Protein-Biosynthese. Vergleicht man die Charakteristika dieser Prozesse mit jenen in Zellkern und Cytoplasma einerseits und den in Prokaryonten andererseits, so wird eine enge Verwandtschaft zwischen Plastiden und Prokaryonten deutlich. Diese und viele Analogien im Stoffwechsel führten zur Aufstellung der Hypothese, daß photosynthetisierende Eukaryonten aus der Symbiose zweier verschiedener Archaetypen von Zellen entstanden sind. Urformen des einen Typs, der photosynthetisierenden Prokaryonten, sollen sich nach dieser Hypothese als Endosymbionten in Zellen des anderen Archaetyps zu Chloroplasten entwickelt haben. Eine davon unabhängige Linie der Evolution könnte von den Urformen der photosynthetisierenden Prokaryonten zu den heute bekannten Blaualgen führen. Die Stabilität einer derartigen Endosymbiose im Verlauf der Entwicklungsgeschichte wird mit dem Selektionsvorteil einer derartigen Assoziationsform gegenüber den individuellen Bestandteilen begründet. Diese Hypothese wird auch zur entwicklungsgeschichtlichen Deutung einer prokaryontischen Herkunft von Mitochondrien in Eukaryonten herangezogen. Unabhängig von einer Wertung der Endosymbionten-Hypothese ist es für den Biochemiker überaus hilfreich, Chloroplasten als Prokaryonten bzw. Cyanobakterien zu betrachten: man kann sich so eine Vielzahl von Mechanismen und Proteinstrukturen merken, die ganz ähnlich wie bei den gut untersuchten Bakterien, aber doch anders als im Cytoplasma der Pflanze funktionieren. Dies gilt besonders für Transkription und Protein-Biosynthese.

Eine andere Einschätzung erhält man, wenn man neben den Eubakterien auch die Archaebakterien einbezieht; sie unterscheiden sich vor allem in der Zellwand von den Eubakterien und haben Gemeinsamkeiten mit dem eukaryontischen Teil der Pflanze. Archaebakterien besitzen Lipide, bei denen statt einer Ester-Bindung zwischen Glycerin und einer Fettsäure eine Ether-Bindung zwischen Glycerin und einem Polyprenol vorliegt. Archaebakterien, zu denen z. B. Halobakterien und methanogene Bakterien zählen, enthalten auch im Proteinsynthesesystem auffallend viele „eukaryontische" Elemente. Mit 5S-rRNA und anderen phylogenetischen Markern (→ S. 213) lassen sich viele Verwandtschaften auch biochemisch belegen.

10

Die Mitochondrien

Pflanzliche Zellen können zwischen einem und etwa 1000 dieser Organellen enthalten. Die Zahl der Mitochondrien pro Pflanzenzelle ist im allgemeinen wesentlich geringer als etwa in Leberzellen; dies hängt sicher mit dem Gewicht zusammen, das den mitochondrialen Prozessen in einer bestimmten Zelle zukommt. In Pollenzellen fand man bis über 100 Mitochondrien, während auch Zellen mit weniger als 10 Mitochondrien nicht selten sind. Mitochondrien sind etwa 1 µm groß. Mitochondrien arbeiten im Stoffwechsel häufig mit anderen Kompartimenten zusammen, z.B. mit Plastiden, Glyoxisomen, Blatt-Peroxisomen.

In der Matrix, der wäßrigen Phase im Inneren, befinden sich die Enzyme des Citrat-Zyklus. Während die Außenmembran der Mitochondrien kaum eine Permeabilitätsbarriere für Metabolite darstellt und auch nur wenige Enzyme enthält, gilt die Innenmembran als undurchlässig für die meisten niedermolekularen Verbindungen. Spezifische Transportsysteme für einige wenige Verbindungen sind aber vorhanden. Die Innenmembran enthält die wichtigen Komponenten der Elektronentransportkette sowie der ATP-Synthese. Die Oberfläche dieser Innenmembran ist häufig, je nach Funktionszustand, durch faltenartige Einbuchtungen (Cristae) vergrößert.

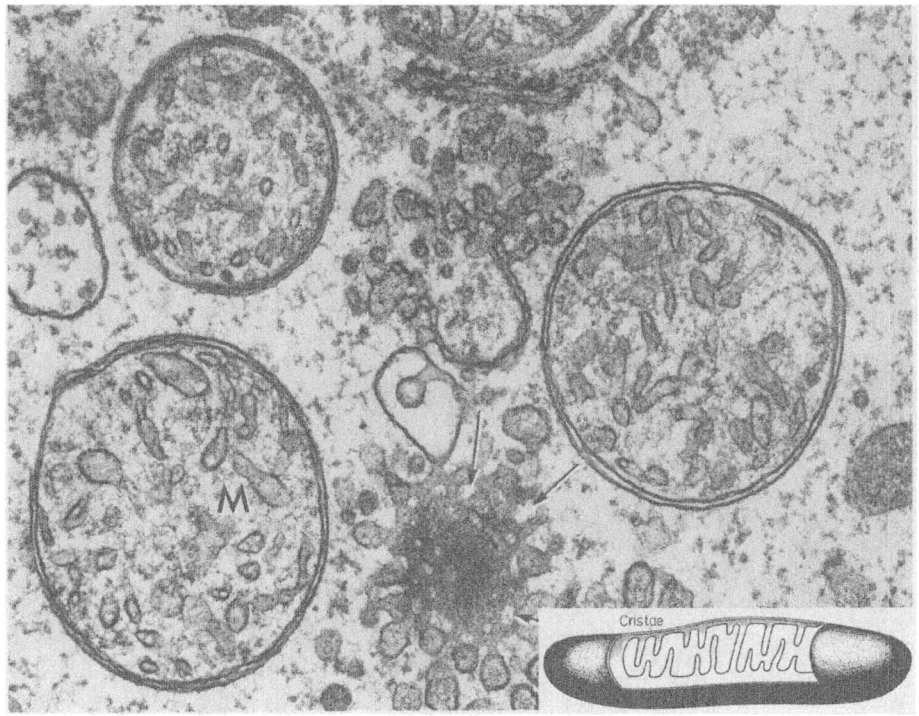

Abb. 1.6. Aufbau der Mitochondrien. Der Aufbau der Mitochondrien, wie er sich durch Interpretation von EM-Aufnahmen ableiten läßt, ist rechts unten dargestellt. Einfaltungen der Innenmembran, Cristae, sind nach dem Vorbild von Leber-Mitochondrien gezeichnet. Im EM-Bild sieht man eine typische Aufnahme pflanzlicher Mitochondrien. Neben den mit einer Doppelmembran umgebenen Mitochondrien lassen sich senkrecht angeschnittene Golgi-Stapel feststellen (Pfeile). Aus: Ledbetter, M. C., Porter, K. R.: Introduction to the Fine Structure of Plant Cells. Springer 1970

In meristematischen Zellen sind Cristae selten stark ausgebildet; während des Wachstums und der Differenzierung erhöht sich aber parallel mit der zunehmenden Bedeutung des Citrat-Zyklus und des Elektronentransports die Zahl der Cristae. Im reifen und besonders im alternden Gewebe setzt eine Veränderung der Cristae und eine Desorganisation der Mitochondrien ein.

Mitochondrien können sich – analog zu Chloroplasten – entweder durch Teilung vermehren oder aus Proformen durch Induktion mit Sauerstoff differenzieren. Hinsichtlich der partiellen genetischen Autonomie der Mitochondrien und der Biosynthese ihrer Proteine gilt Ähnliches wie für Chloroplasten.

Peroxisomen und Glyoxysomen

Neben den Organellen, die mit einer Doppelmembran gegenüber dem Cytoplasma abgegrenzt sind wie Chloroplasten und Mitochondrien, enthalten Pflanzen auch Peroxisomen (hier auch als Mikrokörper bezeichnet), die als etwa 0.8 µm große Kompartimente mit verschiedenen Funktionen in den unterschiedlichen Zelltypen auftreten.

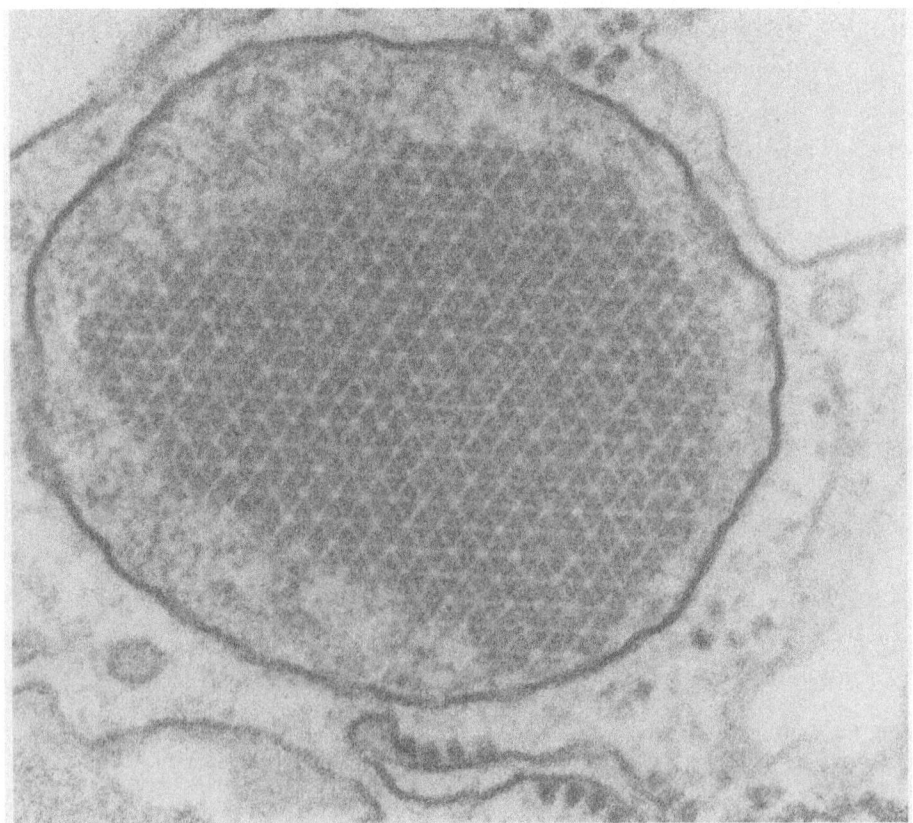

Abb. 1.7. Glyoxysom mit kristallinem Bereich. Aufnahme von G. Wanner, München

Im Inneren vieler pflanzlicher Peroxisomen erkennt man – ähnlich wie bei Peroxisomen aus Leberparenchymzellen oder den proximalen Tubuli der Niere – stark geordnete „kristalline" Bereiche. Peroxisomen besitzen Teile des Enzymapparats für die Photorespiration und den Urat-Abbau. Eine andere Differenzierungsform, das Glyoxysom, ist bei heterotropher Ernährung für die Reservestoff-Mobilisierung verantwortlich; es übernimmt mit dem Fettsäure-Abbau Teile der Funktionen, die in Tieren die Mitochondrien zu erfüllen haben.

Je nach Art des Stoffaustauschs befinden sich Peroxisomen oder Glyoxysomen in vivo in unmittelbarer Nähe von Chloroplasten oder Mitochondrien. Proformen der Peroxisomen werden bei der Zellteilung den Tochterzellen mitgegeben, so daß die Information in Form einer Membraneinheit vererbt wird. Proformen der Peroxisomen-Proteine werden im Cytoplasma hergestellt. Gesteuert durch einen an der Mikrokörper-Membran befindlichen Rezeptor werden Vorstufen aus dem Cytoplasma in die Mikrokörper importiert.

Die im folgenden zu besprechenden Kompartimente bilden aufgrund des Stoffaustauschs und der Biosynthese der Enzyme in gewissem Rahmen eine Einheit. ER, Golgi-Apparat und Vakuolen arbeiten eng zusammen.

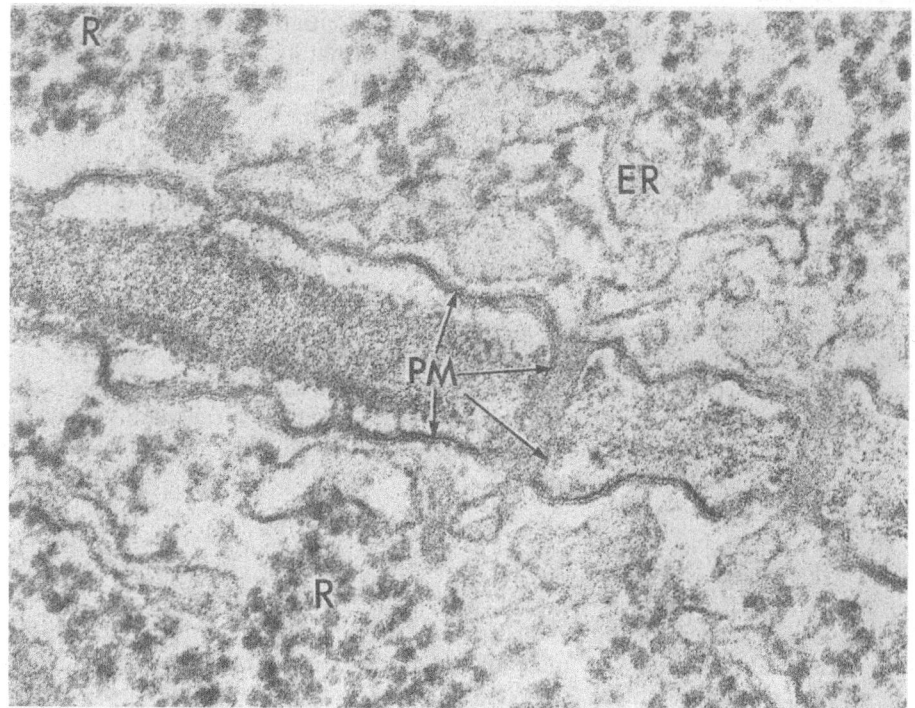

Abb. 1.8. Rauhes endoplasmatisches Retikulum sowie ER, das sich über mehr als eine Zelle zieht.
Bei diesem Schnitt durch zwei aneinander grenzende Zellen sind in der Mitte der Abb. die Zellwand, unmittelbar daneben die Plasmamembran (PM) sowie die Öffnungen zu sehen, durch die Membransysteme durchreichen. Aus: Ledbetter, M. C., Porter, K. R.: Introduction to the Fine Structure of Plant Cells. Springer 1970

Das Endoplasmatische Retikulum (ER)

Ein dreidimensionales Membransystem, das die ganze Zelle durchzieht und mit anderen Membranen in Verbindung steht, das zahlreiche enzymatische Aktivitäten besitzt, dessen intakte Isolierung unmöglich ist, ein Organell, das als Verzweigungsstelle im Protein-Transport – wegen der Vorgänge beim Rangieren und Aussortieren – unsere Aufmerksamkeit fordert: das Endoplasmatische Retikulum (ER).

Das ER ist – vom Standpunkt des Informations- und Stoff-Flusses her betrachtet – so etwas wie eine irreversible Verzweigungsstelle. Proteine, die am ER, meistens in das ER-Lumen hinein, synthetisiert wurden, gelangen vielleicht in Reserveorganellen (Lipidkörper, Proteinkörper) oder in den extrazellulären Raum, aber nicht mehr in das Cytoplasma.

Wenn in der Prophase der Mitose die Membran der Kernhülle abgebaut wird, kommt es auch beim ER zu einem größeren Revirement: ER-Zisternen am Pol, ER-Tubuli an der Spindel. Mikrotubuli verknüpfen beide miteinander. Diese Vorgänge werden u. a. durch Ca^{2+} gesteuert. Das spricht dafür, daß Ca^{2+}-Pumpen des ER eine wichtige Rolle spielen.

Durch Löcher in der Zellwand (Plasmodesmata) kann sich das ER durch benachbarte Zellen durchziehen. Wir kennen eine rauhe Form des ER, bei der Ribonukleotid-Partikel (Ribosomen, Polysomen) mit der Membran verbunden sind, und eine glatte Art ohne diese Assoziierungen. Wenn gleichzeitig mehrere Ribosomen mit einem Nukleinsäure-Faden verbunden bleiben, sprechen wir von Polysomen. Polysomen können – ebenso wie Ribosomen – sowohl frei im Cytoplasma als auch an die Membran des ER gebunden vorliegen. Da sich aber die Art der Information zwischen den freien und gebundenen Polysomen unterscheidet, wird ein Experimentator versuchen, beide Arten von Polysomen voneinander zu trennen. Freie Polysomen weisen aufgrund ihrer reinen Nukleoprotein-Struktur eine sehr viel höhere Dichte auf als die gebundenen Polysomen, die ja einen beträchtlichen Anteil von leichtem Lipid – als Membran – mitschleppen. Bei dem Versuch, das ER zu isolieren, wird zwangsläufig, da es sich vermutlich um ein einziges, über die ganze Zelle verteiltes System handelt, die Membran fragmentiert. Diese Bruchstücke regenerieren rasch zu Vesikeln und finden sich bei Differential-Zentrifugation in der Mikrosomenfraktion. Dies ist eine Art Abfallhaufen an kleinen Strukturen, Bruchstücken von größeren Organellen usw. Polysomen können am ER gebunden bleiben, wenn das Zerfallen der Ribosomen in die UE, und damit auch ihr Abfallen von der Membran, durch Mg^{2+} (2–10 mM) verhindert wird.

Der Golgi-Apparat

Nicht jede pflanzliche Zelle besitzt so deutlich ausgeprägte Golgi-Strukturen, daß sie auch in der Elektronenmikroskopie eindeutig zugeordnet werden könnten. Die typischen Stapel von flachen Membransystemen findet man bei Zellen, deren Hauptaufgabe die Sekretion ist.

Golgi-Körper sind in ihrer Morphologie recht unterschiedlich: die Summe der Zisternen mit Säckchen (Dictyosomen) und der Vesikel wird als Golgi-Apparat bezeichnet. Der Golgi-Apparat ist insofern als „biochemisch instabil" zu bezeichnen, als er sich als äußerst dynamisches System in ständigem Auf- und Abbau befindet.

Die direkte Verbindung zwischen zwei Zellen eröffnet viele zusätzliche Möglichkeiten, Stoffaustausch zu betreiben. Die meisten Zellen einer höheren Pflanze besitzen, trotz der Plasmamembran und der dicken Zellwand, dünne, von einer durchreichenden Plasmamembran ausgekleidete Kanäle: Plasmodesmata. Über solche Kanäle können mehrere Zellen hintereinander verbunden sein; es ist ein Stoff-Fluß möglich, ohne daß der betreffende Stoff aus dem Innenraum der Zelle austreten muß. Auf diesen Wegen können z. B. Transport-Metabolite über größere Strecken im Mesophyll eines Laubblatts fließen, sich „im Symplast" bewegen. Obwohl auch große Strukturen, wie Substrukturen von Viren, die Plasmodesmata passieren können, sind diese Kanäle steuerbar; der Durchmesser des Tors kann verändert werden. Es scheint so zu sein, daß das Virus selbst ein Protein mitbringt, das die Passage durch das Plasmodesma steuert. Die Verbreitung des Virus über den Verband der Zellen im Symplast hängt von der „Aktivität" dieses Verbreitungsproteins ab. Wie könnte man den Befund interpretieren, daß ein vom Virus kodiertes Protein in erhöhtem Maße im Bereich der Plasmodesmata lokalisiert auftritt?

Häufig werden bei Schnitten durch pflanzliche Zellen etwa 4 Dictyosomen in gestapelter Form mit anscheinend definiertem Abstand (ca. 25 nm) erkennbar. Die Membranen tragen keine Ribosomen. Es spricht viel dafür, daß innerhalb eines Golgi-Stapels eine strukturelle Polarität vorgegeben ist, die dazu führt, daß z. B. die Vesikel an der „konkaven" Seite der Stapel abgetrennt werden, während der Zufluß vom ER an die „konvexe" Seite erfolgt. Wenngleich eine unmittelbare Verbindung zum ER nicht anzunehmen ist, stehen doch die beiden Membransysteme in enger Beziehung, die sich u. a. im Stofftransport ausdrückt; an der den Dictyosomen zugewandten Seite der ER-Doppelmembran findet man keine Assoziierung mit Polysomen oder Ribosomen.

In pflanzlichen Zellen liegt eine der Hauptfunktionen des Golgi-Apparats in der Synthese und dem Transport von Bauelementen der Zellwand; dies ist deutlich bei der Bildung der Zellplatte nach erfolgter Kernteilung erkennbar. In anderen Zelltypen wird der Inhalt der Golgi-Vesikel durch Exocytose aus der Zelle heraustransportiert. In bestimmten Situationen steht der Golgi-Apparat mit anderen, Kohlenhydrat verwendenden Organellen in Konkurrenz.

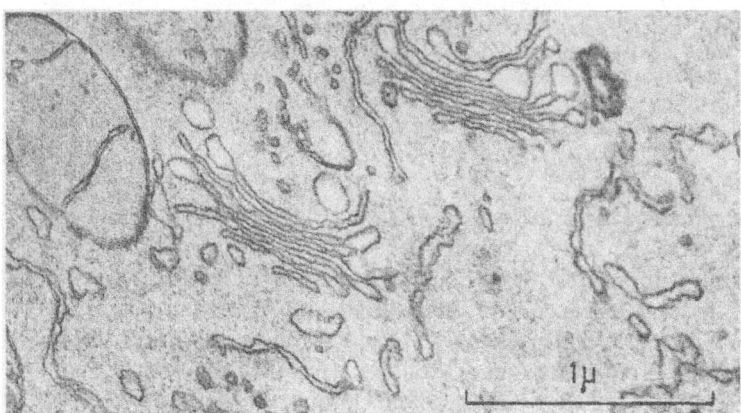

Abb. 1.9. Verschiedene Strukturen des Golgi-Apparats. Die beiden Membranstapel in der Bildmitte tragen an der Außenseite Erweiterungen, bei deren Abschnürung die Vesikel ausgebildet werden. Aus: Frey-Wyssling, A., Mühletaler, K.: Ultrastructural Plant Cytology. Elsevier 1965

Golgi-Vesikel befinden sich häufig in einer Form der Kooperation mit Teilen des Cytoskeletts. Am Ende der Zellteilung werden Vorstufen der neu einzurichtenden Plasmamembran und der zukünftigen Zellwand in einer Struktur konzentriert, wo später durch die Zellwand die beiden Tochterzellen getrennt werden. Zu dieser Struktur, dem Phragmoplasten, werden Golgi-Vesikel mit Hilfe von Mikrotubuli geführt. Antimitotische Substanzen, wie Colchicin oder Taxol (→ S. 435), stabilisieren die sonst dynamisch agierenden Mikrotubuli und haben damit auch auf die Anordnung der Golgi-Vesikel im Phragmoplasten Einfluß.

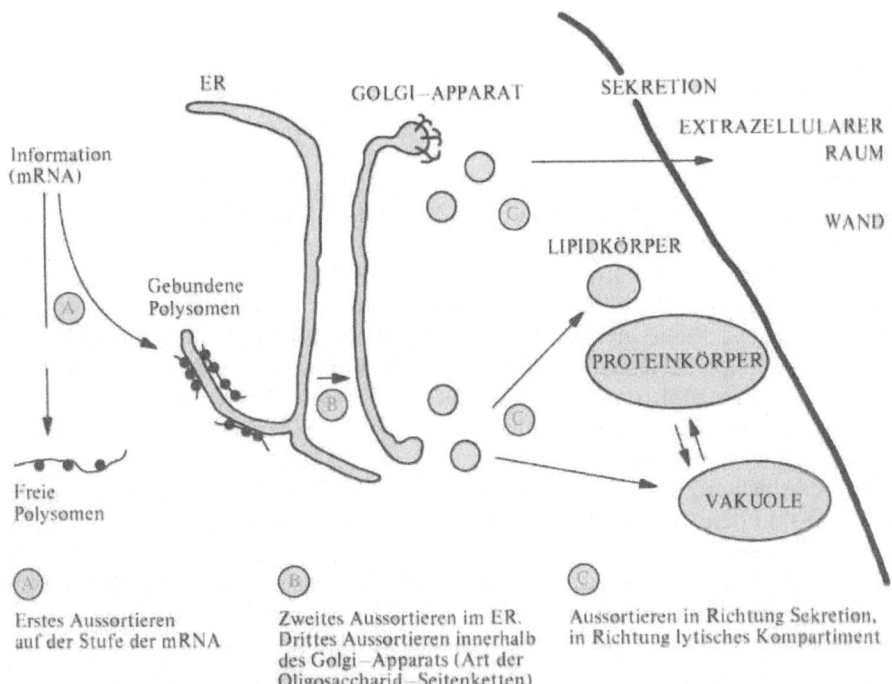

Abb. 1.10. Mögliches Zusammenwirken von gebundenen Polysomen, ER und Golgi-Apparat bei der Synthese. Die Membran des ER trägt auf der dem Golgi-Apparat zugewandten Seite keine Ribosomen. Von der Seite des glatten ER könnte ein Stofftransport in Richtung Golgi-Apparat erfolgen, der im weiteren Export über die sich abschnürenden Säckchen seine Fortsetzung erfährt

Plasmamembran (Plasmalemma)

Die Plasmamembran (PM) ist für den Biochemiker zum einen eine Schaltstelle, wo externe Signale in intrazelluläre umgewandelt werden, zum anderen eine Zollstation, wo ein kontrollierter Warenverkehr stattfindet. Letzterer wird unter dem Begriff „aktiver Transport" und Sekretion im Detail zu besprechen sein. Aber auch die Komponenten von Redox-Reaktionen konnten dort lokalisiert werden. So ist die Reduktion von Fe^{3+} zu Fe^{2+} an der PM Voraussetzung, daß Fe^{2+} von der Wurzel aufgenommen werden kann. Reduktion ist auch Voraussetzung, wenn an der PM O_2 in H_2O_2 überführt wird – ein Vorgang bei der Hypersensitivitätsreaktion.

16

Signale von anderen Zellen, Hormone, werden von der PM wahrgenommen. Während man viele Sekundärwirkungen beschreiben kann, sind Rezeptoren und Teile der Signalketten noch unbekannt (→ S. 368). Einige der von Hormonen ausgelösten Vorgänge münden in einen verstärkten Transport von Protonen in den extrazellulären Bereich. In ähnlicher Weise unbefriedigend ist unser Wissen über den Weg, wie chemische Signale über Membranpotentiale die Öffnung von Ionenkanälen steuern. Zu einem Kanal gehört eine Art Schleuse.

Weitere Schaltstellen an der PM ergeben sich aus dem Befund, daß der Blaulicht-Rezeptor sich hier befindet. Daten mehren sich, daß Signal-Moleküle wie GTP-bindende Proteine (G-Proteine) und Protein-Kinasen zum Repertoire der PM zählen. Blaulicht übt Einfluß auf die Effektor-Eigenschaft der G-Proteine aus. Modulatoren des Ca^{2+}-Signals, wie Calmodulin, sind hier lokalisiert.

Lipidkörper

Membranen und Proteine der Lipidkörper leiten sich vom ER ab. Sein Inhalt ist in der Regel Triglycerid. Im Zuge der Mobilisierung der Reserven werden Proteine, Enzyme (Lipase) und Glykoproteine in die Membran der Lipidkörper transferiert. Das bedeutet, daß ein Fluß ER → Lipidkörper besteht.

Lipidkörper enthalten im Inneren fast reines Triglycerid. Neben einer Monoschicht an Phospholipiden befindet sich an der Oberfläche des Organells eine Schicht an Oleosinen, hydrophoben Strukturproteinen, die Form und Stabilität der Lipidkörper gewährleisten.

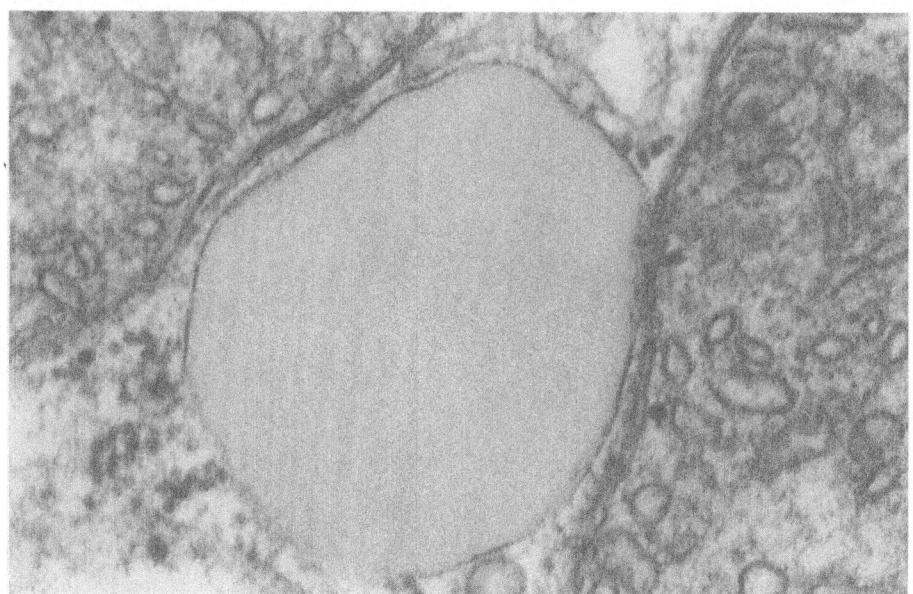

Abb. 1.11. Lipidkörper – ein mit einer Membran abgegrenztes Kompartiment. Aufnahme: G. Wanner, München

Das lytische Kompartiment

Vakuolen können bei reifen Zellen bis zu 80% des Zellvolumens ausmachen, sie sind vom Cytoplasma durch eine Membran (Tonoplast) abgetrennt. Über die Funktion der Vakuolen im Stoffwechsel besitzen wir nur unzulängliche Informationen. Wenn wir das Funktionieren einer Zelle als osmotisches System sehen, dann sind die Verbindungen, die in der Vakuole in großen Mengen enthalten sind, wie Salze und Kohlenhydrate, von Bedeutung. Analysen sind möglich, wenn es gelingt, Vakuolen zu isolieren, oder wenn, wie z. B. bei großen Algenzellen, der Vakuoleninhalt durch Mikromanipulation gewonnen werden kann. Über enzymatische Aktivitäten innerhalb der Vakuole besitzen wir unzureichende Kenntnisse. An der Membran befinden sich selektive Transportsysteme.

Lysosomen, deren enzymatische Ausrüstung und physiologische Funktion bei Tieren recht gut bekannt sind, wurden lange Zeit bei Pflanzen nicht in gleicher Weise beschrieben. In Analogie zu tierischen Lysosomen spricht man bei Pflanzen von einem lytischen Kompartiment und meint dabei vor allem die Vakuolen. Im lytischen Kompartiment sind hydrolytische Enzyme (Proteasen, Phosphatasen, Ribonuklease, Esterasen), die bei schwach saurem pH-Wert arbeiten, anzutreffen. Deutlich davon unterschieden werden müssen die fettreichen Lipidkörper, die eher als Lipidtropfen denn als stoffwechselaktive Organellen zu bezeichnen sind.

Vakuolen können je nach Entwicklungsstadium der Zelle in stark unterschiedlicher Form auftreten. Ein der Vakuole entsprechendes Kompartiment – das auch im Verlaufe der Entwicklung in das Stadium der Vakuole übergeht – ist der Proteinkörper. Der Proteinkörper dient wie die Vakuole als mittelfristiger Speicher, z. B. für Reserve-Proteine und Phosphat.

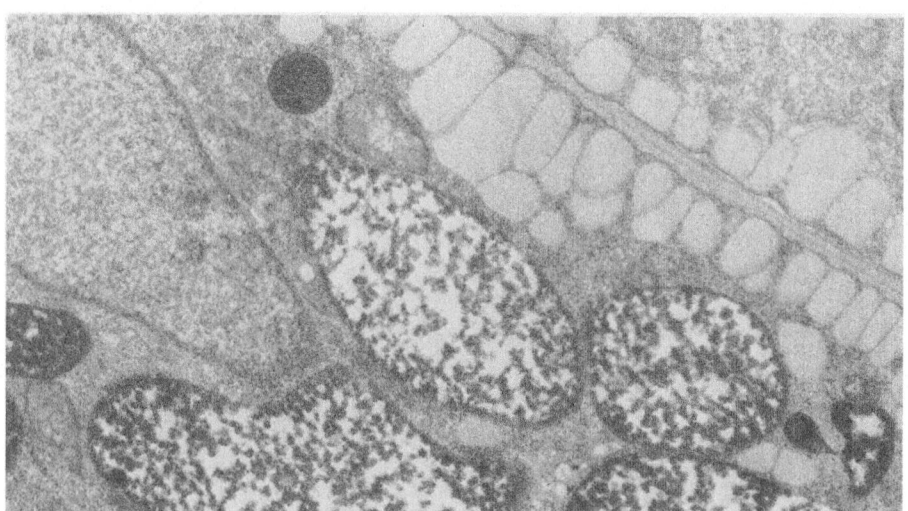

Abb. 1.12. Protein-Körper. Die Abb. zeigt 4 Proteinkörper mit elektronendichtem Material (Globoide mit Ca-Phytat). Die hellen Bereiche innerhalb der Proteinkörper stellen Protein-Kristalloide und wenig Matrix dar. Rechts oben, im Bereich der Zellwand, sind zahlreiche Lipidkörper erkennbar. Aufnahme: G. Wanner, München

Aktin-Myosin und Tubulin-Dynein sind die wichtigsten Komponenten des Cytoskeletts. Wenn auch unsere Kenntnis der Funktion des Cytoskeletts bei Verbindungen zwischen pflanzlichen subzellulären Strukturen marginal ist, die Tatsache, daß in pflanzlichen Zellen Bewegungsabläufe stattfinden, ist wohl beschrieben.

Mikrofilamente (mit etwa 5 µm Durchmesser) aus Aktin spielen eine Rolle bei der Bewegung der Organellen zueinander. Dabei sind die Aktin-Moleküle z. B. mit der Chloroplasten-Hülle verankert. Zwischen der Aktin-Kette und einem anderen Organell können Myosin-Moleküle eine Brücke bilden und auf eine Anregung hin (Licht, Wärme, chemische Verbindung) unter Energieverbrauch eine Bewegung durchführen. Die Bewegung basiert auf einer durch ATP-Hydrolyse ausgelösten Konformationsänderung im Myosin-Molekül. Monomeres Aktin (43 kDa) wird bei Erhöhung der Konzentration an Alkali-Ionen in Aggregate überführt; es bildet helikale Filamente. Pflanzen besitzen – im Gegensatz zu Hefe – mehrere verschiedene Aktin-Gene. Myosin zeigt hohe Affinität zu Aktin. Dies nützt man auch aus, um mit fluoreszenz-markiertem tierischen Myosin die Aktin-Ketten in Schnitten von Pflanzenzellen sichtbar zu machen.

Myosin wurde aus *Nitella* isoliert und identifiziert. Es besitzt eine durch Aktin stimulierbare ATPase-Aktivität. Myosin aus höheren Pflanzen (u. a. 200 kDa) kann in vitro bei geringer Ionenstärke zu bipolaren Filamenten aggregieren. Diese bestehen aus zwei langen Ketten mit ATPase-Aktivität, zwei kurzen Ketten und zwei phosphorylierbaren kurzen Ketten.

Durch Abkühlen werden Mikrotubuli depolymerisiert. Abkühlen oder das antimitotische Mittel (Colchicin) bewirken auch in lebenden Zellen den Abbau von Mikrotubuli. In vivo kommt bei der Polymerisation von Tubulin einer Klasse von Proteinen (MAPs, Mikrotubuli-assoziierte Proteine) eine wichtige Rolle zu. Dies wurde besonders bei der Ausbildung des Spindelapparats beobachtet. MAPs kopolymerisieren mit Tubulin und modulieren dadurch die Geschwindigkeit von Aufbau und Abbau der Mikrotubuli. Damit nehmen sie entscheidenden Einfluß auf den Abbau der Spindel und den Fortgang der Mitose.

Im Falle von Zilien und Flagellen sind die Mikrotubuli auf die ATP-abhängige Bewegung von Dynein angewiesen. Dynein besteht aus 3 schweren Peptidketten (über 300 kDa) und mehreren leichten Ketten. Durch Affinitätsmarkierung mit Azido-ATP wird eine schwere Kette markiert. Der Tubulin-Dynein-Komplex dissoziiert bei Anwesenheit von ATP. Die Abgabe der Produkte – ADP und Phosphat – erfolgt im Falle von Dynein sehr viel rascher als bei Myosin. Dynein nimmt in Verbindung mit Tubulin eine ähnliche Rolle ein wie Myosin bei der Aktin-Myosin-Bewegung. Eine Reihe weiterer Proteine ist notwendig, um den Bewegungsapparat der Flagellen zu bilden. Das Dynein als ATPase, die längs der Mikrotubuli wandern kann, ist das energieumsetzende Protein bei der Bewegung der mitotischen Spindel ebenso wie im Axonem der Zilien. Die einzellige Grünalge *Chlamydomonas* besitzt zwei Flagellen. Von dieser Alge wurden zahlreiche Mutanten untersucht, die einen Defekt in der Flagellenbewegung aufwiesen. Diese Immobilität geht parallel mit dem Fehlen von Dynein oder mit Änderungen in bestimmten Regionen des Dynein-Moleküls. Eine genaue Analyse der Axonem-Proteine zeigt allerdings, daß eine sehr große Anzahl weiterer Proteine für Aufbau und Funktion der Geißeln notwendig ist.

Aggregiertes Tubulin ist die chemische Basis für Mikrotubuli (24 nm Durchmesser): z. B. im Bewegungszentrum des Chromosoms, dem Kinetochor. Tubulin-Moleküle werden in einem dynamischen Gleichgewicht ständig von einem Bereich eines polymeren Stranges entfernt; sie werden unter Hydrolyse von GTP an einer anderen Stelle des Strangs wieder angelagert. In vitro kann man eine Lösung von Tubulin – bestehend aus α-Untereinheit (UE) und β-UE (jeweils 55 kDa) – durch Erwärmen auf 37° in Anwesenheit von GTP polymerisieren. Die Baueinheit ist ein Heterodimeres α,β, das sich nach dem Schema αβ – αβ – αβ – αβ – zusammenlagert.

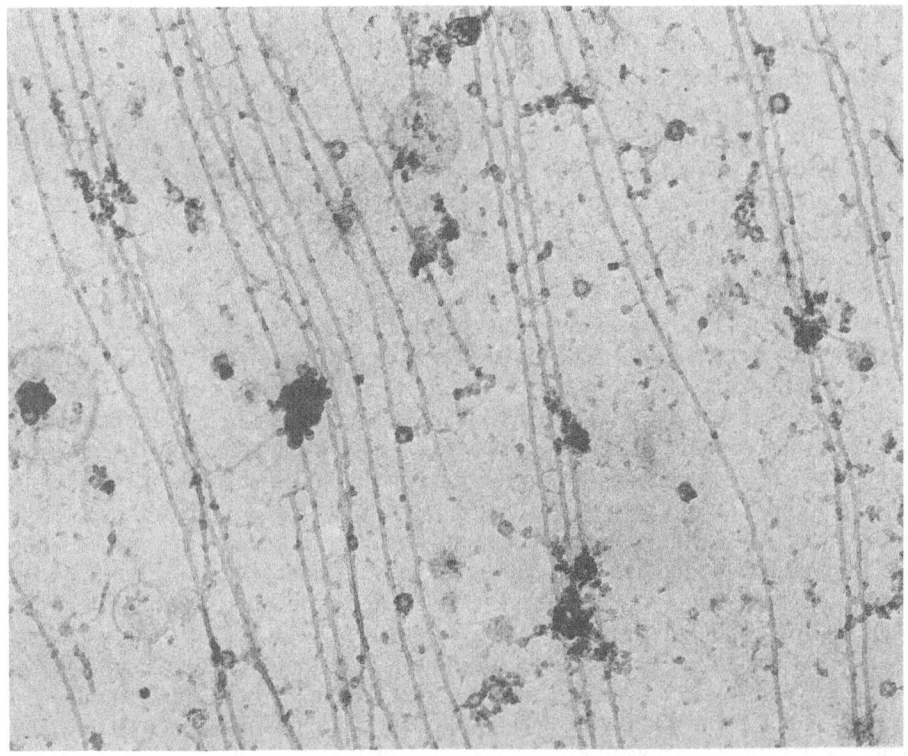

Abb. 1.13. Teile des Cytoskelettes. Charakteristisch ist, für eine sich nicht teilende pflanzliche Zelle, daß man Mikrotubuli in dem Bereich unmittelbar unterhalb der Plasmamembran erkennen kann. Die cortikalen Mikrotubuli einer Samenzelle wurden durch dry cleaving-Technik sichtbar gemacht. In keinem Fall läuft der Mikrotubulus über ein coated pit (→ S. 324). Aufnahme: H. Quader, Heidelberg

Proteine, die durch Binden und Hydrolysieren von ATP eine Konformationsänderung durchmachen – wobei eine ihrer Domänen an den Partner A gebunden und eine andere Domäne an dem Partner B verankert ist –, kann man als Motor-Proteine (Myosin, Kinesin, Dynein) bezeichnen. So erzeugt das Motor-Protein durch seine eigene Bewegung eine Bewegung von A gegenüber B. Durch Lösen der ursprünglichen Bindung zu A, Relaxieren und Eingehen einer neuen Bindung zu einem anderen A kann sich das Motor-Protein entlang einer polymeren Struktur von A bewegen.

Methoden

Die Präparation von Partikeln erfolgt häufig durch Sedimentation. Noch häufiger wird in der Analytik von Proteinen und Nukleoproteinen die *Sedimentations-Geschwindigkeitsmethode* eingesetzt.

Dieses Verfahren analysiert das Sedimentationsverhalten eines Teilchens (Organell, Partikel, gelöstes Polymeres); daraus kann auf Größe und Gestalt des Teilchens oder Moleküls geschlossen werden.

Das Wandern des Teilchens im Kraftfeld mit konstanter Geschwindigkeit stellt einen stationären Zustand dar, bei dem eine Beschleunigung – wie sie in der Anfangsphase erfahren wurde – durch erhöhte Reibung ausgeglichen wird. Die Voraussetzung für einen stationären Zustand wäre bei einem Schwerefeld dann gegeben, wenn die Gravitationskraft (reduziert um den Auftrieb) gleich wird der entgegengesetzt wirkenden Reibungskraft, die proportional der Wanderungsgeschwindigkeit dx/dt sein muß

$$m \cdot g - v_1 \varrho m g = f \cdot \frac{dx}{dt}$$

m: Masse; g: Erdbeschleunigung; v_1: partielles spezifisches Volumen des Proteins; ϱ: Dichte des Lösungsmittels; f: Reibungskoeffizient.

Wenn wir – für den Fall des Zentrifugalfelds – die Erdbeschleunigung g durch die Winkelbeschleunigung $\omega^2 x$ ersetzen, erhalten wir die folgende Gleichung:

$$m\omega^2 x (1 - v_1 \varrho) = f \cdot \frac{dx}{dt}.$$

Wenn wir weiterhin alle meßbaren Variablen zusammenfassen – die bei der Zentrifugation feststellbare Wanderungsgeschwindigkeit des Teilchens dx/dt sowie die Winkelgeschwindigkeit $\omega = 2\pi v$ (= Drehzahl; die ja in Form von Umdrehungen pro sec vorgegeben wird) –, kann man dies mit einer neuen Größe, dem Sedimentationsverhalten s, ausdrücken:

$$\frac{m \cdot (1 - v_1 \varrho)}{f} = \frac{1}{\omega^2 x} \cdot \frac{dx}{dt} = s.$$

Die Einheit für das Sedimentationsverhalten ist die Sedimentationskonstante ($1 \, S = 1 \, \text{Svedberg} = 10^{-13} \, \text{sec}$). Das Sedimentationsverhalten ist, wie die Gleichung zeigt, von der Masse des Partikels (bzw. des gelösten Polymeren) und der Dichte der Lösung abhängig.

Falls man aus dem leicht und genau zu bestimmenden Sedimentationsverhalten das Molekulargewicht Mr ableiten will, kann man sich folgender Gleichung, die streng genommen nur für kugelförmige Teilchen (mit dem Radius r) Geltung hat, bedienen:

$$f = 6\pi\eta r; \quad D = \frac{RT}{N_L \cdot f}; \quad M = \frac{RT \cdot s}{D(1 - v_1 \varrho)}.$$

η: Viskosität der Lösung; D: Diffusionskonstante; N_L: Loschmidtsche Zahl

Für die genaue Bestimmung des Molekulargewichts ist daher sowohl die Kenntnis der Diffusionskonstante D (besonders in Abhängigkeit von der Konzentration) als auch die Bestimmung des partiellen spezifischen Volumens (v, die Volumenzunahme, die man beim Auflösen von 1 g Protein in Wasser enthält, extrapoliert auf unendliche Verdünnung) notwendig. Aus der Gleichung wird ersichtlich, daß der Reibungskoeffizient f – der in die Reibungskraft eingeht – proportional der Viskosität η des Lösungsmittels ist. Da die Viskosität mit Temperaturerniedrigung und Konzentrationserhöhung (z. B. der Saccharoselösung) stark zunimmt, erhalten diese Rahmenbedingungen starken Einfluß auf die Geschwindigkeit der Sedimentation. Im Falle der präparativen Trennung von Teilchen aufgrund ihrer unterschiedlichen Massen trägt man das Gemisch als scharfe Bande auf das Zentrifugationsmedium auf, das aus Gründen der Stabilität eine etwas höhere Dichte als das Suspensionsmittel für die Teilchen hat. Auch ein Gradient an Dichte kann an dieser Stelle verwendet werden; er hat aber nur die Funktion der erhöhten Stabilität der Bereiche innerhalb des Zentrifugenbechers und der Verminderung der Diffusion, er steht in keiner Beziehung zur Dichte der zu trennenden Teilchen. Die Zentrifugation muß abgebrochen werden, bevor die Teilchen den Boden des Zentrifugenbechers erreicht haben. Der Inhalt des Bechers wird anschließend fraktioniert, und die Einzelfraktionen werden analysiert.

Für die Präparation von Organellen wird häufig ein anderes Verfahren angewandt, das zwar nach der Sedimentations-Geschwindigkeitsmethode beginnt, dann aber eine Methode der Trennung nach Gleichgewichtsdichte ist. Die isopyknische *Dichtegradienten-Zentrifugation* geht von einem Gradienten an Dichte im Zentrifugenbecher aus; er kann entweder vorgeformt werden oder sich während der Zentrifugation selbst einstellen. Ein Teilchen, das nach dem Prinzip der Sedimentations-Geschwindigkeitsmethode zuerst entsprechend seiner Masse wandert, wird bis in eine Position gelangen, wo die Dichte des Teilchens identisch ist mit der Dichte der umgebenden Lösung. Auftrieb und Zentrifugalkraft halten sich dann die Waage.

1. Vorbereitung   2. Zentrifugation   3. Fraktionierung

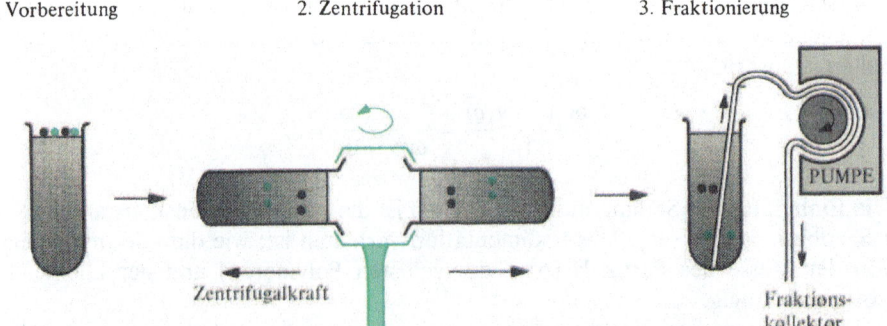

Abb. 1.14. Isopyknische Gleichgewichtszentrifugation. Die Vorbereitung besteht darin, daß ein von der Dichte her geeignetes Medium in den Zentrifugenbecher eingepumpt wird: mit Hilfe eines Gradientenmischers gelangt zuerst die Lösung hoher Dichte auf die Wand des Zentrifugenbechers und läuft langsam an der Wand des schräg gehaltenen Bechers nach unten. Mit fortschreitender Füllung des Bechers wird die Dichte der Lösung kontinuierlich verringert. Eine noch geringere Dichte als die, die im obersten Teil des Gradienten vorliegt, muß die aufzugebende Suspension des Gemisches an Organellen besitzen. Während der Zentrifugation werden die Partikel nicht nach ihrer Größe, sondern nur entsprechend ihrer Dichte verschieden weit wandern. Das Ergebnis der Trennung kann erst nach Fraktionierung und Analyse des Inhalts des Röhrchens erkannt werden

Mit Hilfe dieses Verfahrens kann man (a) auf einem Cäsiumchlorid-Gradienten, der sich im Zentrifugalfeld selbst einstellt, Nukleinsäuren auch bei geringen Differenzen in ihren Gleichgewichtsdichten trennen. So reicht ein Unterschied von d = 1.693 g/ml für die Kern-DNA und d = 1.699 g/ml für eine mtDNA aus, eine saubere Abtrennung zu erhalten. Das Verfahren erlaubt, (b) auf einem vorgeformten Saccharose-Gradienten Membranen, entsprechend der Schwebedichte, zu trennen. Die Separierung der Teilchen erfolgt – wenn man ausreichend Zeit einkalkuliert – aufgrund der Dichte und nicht, wie bei der Geschwindigkeitsmethode, entsprechend der unterschiedlichen Massen.

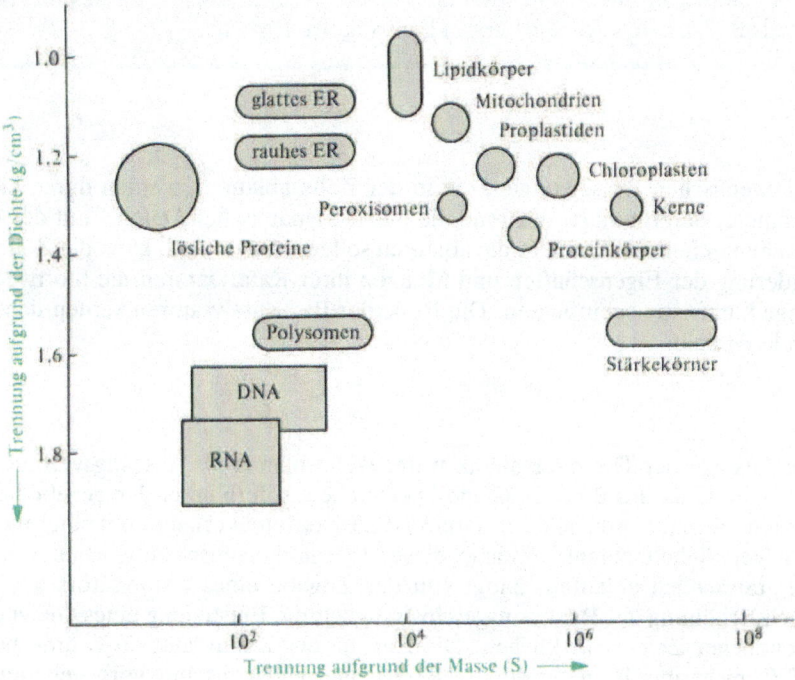

Abb. 1.15. ϱ-S-Diagramm für die Trennung von Organellen. Als Maß für die Trennung nach Masse wurde das Sedimentationsverhalten gewählt, das proportional dem Mr ist. Man sieht, daß einfache Differenzialzentrifugationen ausreichen, um Partikel mit großem Unterschied in der Größe voneinander zu trennen; z. B. Kerne oder Chloroplasten von Mitochondrien, Proteinkörper von Peroxisomen. Für die Trennung nach Gleichgewichtsdichte genügen auch geringe Unterschiede: die fast gleich großen Mitochondrien, Proplastiden und Peroxisomen werden aufgrund ihrer geringen Dichteunterschiede isoliert. Vesikel, die aus dem rauhen bzw. glatten ER stammen, weisen – bedingt durch die Anwesenheit bzw. Abwesenheit von Membranen – einen großen Unterschied in der Dichte auf

2. Die Katalysatoren der Zelle: Enzyme

Aus einer Reihe von thermodynamisch möglichen Reaktionen wählt die Zelle zu einem bestimmten Zeitpunkt durch Bereitstellung eines Enzyms eine Reaktion aus, die mit hoher Geschwindigkeit ablaufen soll. Die meisten Enzyme gehorchen der Michaelis-Menten-Kinetik; an Schlüsselstellen des Stoffwechsels findet man auch allosterisch kontrollierte Enzyme.

Die chemischen Umsetzungen, die in der Zelle ablaufen, werden durch kinetische Parameter determiniert. Während die thermodynamischen Daten – mit der Auswahl der chemischen Reaktionen, die ablaufen sollen – fixiert sind, kann die Zelle mit der Änderung der Eigenschaften und Mengen ihrer Katalysatoren die Stoffwechselvorgänge kurzfristig beeinflussen. Die Rolle der Bio-Katalysatoren verdeutlicht das folgende Beispiel:

$$B \underset{E_1}{\longleftrightarrow} A \underset{E_2}{\longleftrightarrow} C \overset{E_3}{\longrightarrow} D.$$

Die Aussage der Thermodynamik wäre: Wenn man A als Ausgangsverbindung vorgibt, könnte daraus B neben C und D entstehen, sofern unter den gegebenen Bedingungen (T, pH, Lösungsmittel, Druck) die Reaktion überhaupt mit einer merkbaren Geschwindigkeit abläuft. Welche dieser thermodynamisch möglichen Reaktionen aber tatsächlich ablaufen, hängt von der Zugabe eines Katalysators ab; er kann durch Erhöhung der Reaktionsgeschwindigkeit die Einstellung eines Gleichgewichts in endlicher Zeit verwirklichen. Die Zugabe des Katalysators E_2 würde bewirken, daß C, nicht aber B, in der durch die Gleichgewichtskonstante vorgegebenen Menge aus A entsteht. A würde gänzlich entfernt werden, wenn man durch Zusatz von E_3 in einer praktisch irreversiblen Reaktion C → D die Verbindung C – und damit auch A – weiter umsetzt. Im Gegensatz zu der vorhergehenden Reaktion, wo das Enzym (E_2) auch die Geschwindigkeit der Rückreaktion C → A erhöht, könnte der Katalysator E_3 hier nicht die – thermodynamisch unmögliche – Rückreaktion bewirken. Bereitstellung von Enzymen durch die Zelle erreicht, daß aus einer großen Anzahl thermodynamisch möglicher Reaktionen, mit denen ein Stoffwechselintermediat in verschiedene Richtungen umgesetzt werden könnte, diejenigen ausgewählt werden, deren Ablauf für die Zelle von Bedeutung ist.

Die Geschwindigkeit einer enzymkatalysierten Reaktion hängt nicht nur von der Anwesenheit des Enzyms und der Modulation der Enzymaktivität ab. Unabhängig vom Katalysator bleibt die Aussage der Kinetik, daß die Reaktionsgeschwindigkeit von der Konzentration der beteiligten Substrate abhängt – und auch der sogenannten Cofaktoren, wenn sie wie Substrate in die Reaktionsgleichung eingehen.

Modelle der Enzymkatalyse

In die Geschwindigkeit einer Reaktion gehen die Konzentrationen der beteiligten Partner ein; die Konzentration der Intermediate darf bei einem längeren Stoffwechselweg nie zu klein werden. Alle weiteren Faktoren, die die Geschwindigkeit der Reaktion beeinflussen, stecken in der Geschwindigkeitskonstante, also primär in den Eigenschaften des Enzyms. Die Funktion eines Enzyms als Katalysator zu verstehen, ist für die biochemische Betrachtung des Zellgeschehens eine wesentliche Voraussetzung; und ein vereinfachtes, aber doch brauchbares Bild von der Enzym-Katalyse kann man sich anhand von einschränkenden Annahmen leicht machen.

Das Spezielle an der Katalyse mit Hilfe von Enzymen ist, daß sie über Zwischenstufen, Enzym-Substrat-Komplexe, abläuft. Nach dem Schema freies Substrat S → gebundenes Substrat → Produkt P betrachten wir die Gesamtreaktion als Folgereaktion; sie besteht aus zwei Teilreaktionen 1. Ordnung (von der Konzentration nur eines Substrats abhängig) und nimmt folgenden zeitlichen Verlauf (Abb. 2.1).

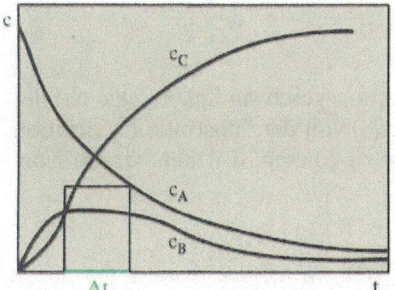 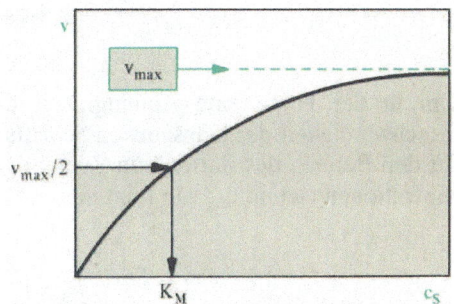

Abb. 2.1. Konzentrationsänderung bei einer Folgereaktion S → ES → P (links) sowie Abhängigkeit der Reaktionsgeschwindigkeit von der Substratkonzentration (rechts). Bereits nach kurzer Zeit erreicht die Konzentration der Zwischenstufe ES ein Maximum (links); während der Zeitspanne Δt bleibt c_{ES} ungefähr konstant. Die graphische Darstellung der Michaelis-Menten-Gleichung (rechts) zeigt einen Bereich für geringe Substrat-Konzentrationen, in dem eine fast lineare Abhängigkeit zwischen Substrat-Konzentration und Geschwindigkeit herrscht. Es folgt ein Bereich, wo eine Erhöhung der Konzentration des Substrats nur mehr geringe Zunahmen an Reaktionsgeschwindigkeit mit sich bringt. Zuletzt zeigt der Kurvenverlauf, daß eine Sättigung erreicht wird

Wir betrachten, für die vereinfachende Behandlung, die Reaktion zu einem Zeitpunkt, in der sie noch weit vom Gleichgewicht entfernt ist und nur in eine Richtung abläuft. Wir wollen die Reaktionsgeschwindigkeit (Konzentrationsänderung pro Zeiteinheit) erst nach Einstellung des Gleichgewichts E + S = ES beschreiben. Dann tritt nämlich ein *stationärer Zustand* ein: wenn die Konzentration der Zwischenstufen (im Enzymmodell: ES) innerhalb einer längeren Zeitspanne konstant bleibt.

Diese Zeitspanne wird dann besonders groß sein, wenn wir folgende Aussagen über die Geschwindigkeitskonstanten machen:

$$E + S \underset{k_2}{\overset{k_1}{\rightleftharpoons}} ES \xrightarrow{k_3} E + P \qquad k_3 \ll k_2 \lesseqgtr k_1.$$

25

Diese Annahmen treffen, wie sich nach Untersuchung vieler Enzymreaktionen herausstellte, sehr häufig zu: daß nämlich die Umsetzung von ES in E + P der langsamste, der geschwindigkeitsbestimmende Schritt ist. Aufgrund der Geschwindigkeitskonstanten haben wir es mit einer nicht zu vernachlässigenden Konzentration an ES zu tun.

Der stationäre Zustand, bei dem sich die Geschwindigkeit der Bildung ($v = k_1 \cdot c_{Et} \cdot c_S$), Umsatz ($k_3 \cdot c_{ES}$) oder der Zerfall von ES ($k_2 \cdot c_{ES}$) die Waage halten und die Konzentration an ES (c_{ES}) konstant bleibt, läßt sich durch Gleichsetzen von v (Bildung) = v (Verbrauch) formulieren. Anschließend berücksichtigen wir, daß c_{Et} (Konzentration des Enzyms zum Zeitpunkt t) gleich ist: c_E (Konzentration des Enzyms zum Zeitpunkt 0) minus dem Anteil des Enzyms, der schon für die Bildung des ES-Komplexes verbraucht wurde.

$$\frac{dc_{Es}}{dt} = 0 \quad k_1 c_{Et} c_S = k_2 c_{ES} + k_2 c_{ES} \quad c_{Et} = c_E - c_{ES}$$

$$c_E c_S = \frac{k_2 + k_3}{k_1} \cdot c_{ES} + c_S c_{ES}$$

Um in der Folge eine Abhängigkeit der Reaktionsgeschwindigkeit (gleich der Geschwindigkeit des langsamsten Schritts $v = k_3 \cdot c_{ES}$) von der Substratkonzentration für den Bereich des stationären Zustands ableiten zu können, drücken wir die Konzentrationen c_E und c_{ES} wie folgt aus:

$$v = k_3 c_{ES} \quad c_{ES} = \frac{v}{k_3} \quad v_{max} = k_3 c_E \quad c_E = \frac{v_{max}}{k_3}.$$

Die fiktive Größe v_{max} würde dann erreicht werden, wenn das Enzym vollständig für die Bildung des ES-Komplexes verwendet werden könnte. Die Beziehung zwischen Reaktionsgeschwindigkeit und Substratkonzentration – die *Michaelis-Menten-Gleichung* – ergibt bei der graphischen Auftragung eine Sättigungsfunktion (Abb. 2.1).

$$v = \frac{v_{max}}{1 + \frac{K_M}{c_s}} \quad y = \frac{a}{1 + \frac{b}{x^n}}$$

v_{max} und c_S stellen Konstanten dar, die zur Charakterisierung einer katalysierten Reaktion herangezogen werden können. Zu Beginn des Kurvenverlaufs (Abb. 2.1) gilt: c_S kleiner als K_M; die Gleichung ist dann die einer Geraden. Setzt man $v = 1/2\ v_{max}$ ein, wird $c_S = K_M$. Das bedeutet, daß die für die Erreichung der halbmaximalen Geschwindigkeit benötigte Substratkonzentration zahlenmäßig mit dem K_M-Wert identisch ist. Bei der Ableitung hatten wir anstelle des Ausdrucks $(k_2 + k_3)/k_1$ die Konstante K_M gesetzt. Diese Konstante – Michaelis-Menten-Konstante – kann, wenn k_2 sehr viel größer als k_3 ist, aufgrund der dann gegebenen Beziehung $K_M = k_3/k_1$ mit der Dissoziationskonstante des Enzym-Substrat-Komplexes verglichen werden. Die Gleichgewichtskonstante unterscheidet sich von der kinetischen Konstante durch das Glied k_3/k_1.

Unter diesem Vorbehalt kann man versuchen, der Konstante K_M eine Interpretation zu geben. Ein niedriger Wert für K_M (z. B. 10^{-5} M) würde eine geringe Dissoziation und damit eine starke Wechselwirkung zwischen Enzym und Substrat bedeuten. Umgekehrt erkennt man eine wenig spezifische Bindung des Substrats an ein Enzym an einem vergleichsweise hohen Wert der Michaelis-Menten-Konstante (etwa 10^{-2} M).

Die *Michaelis-Menten-Konstante* ist ein Maß für die Wechselwirkung zwischen Enzym und Substrat und damit ein Charakteristikum für ein Enzym in bezug auf ein ganz bestimmtes Substrat. Falls eine Verbindung in mehr als einer enzymkatalysierten Reaktion umgesetzt werden kann, drückt sich in den K_M-Werten der verschiedenen Enzyme gegenüber diesem Substrat deren Konkurrenz um diese Verbindung aus. Das erhält besondere Bedeutung, wenn das Substrat in Unterschuß vorliegt. Die Bestimmung der Michaelis-Menten-Konstante erfolgt zweckmäßigerweise aus der Gleichung einer Geraden, nicht einer Hyperbel. Wir erhalten nach Umformung

$$\frac{1}{v} = \frac{K_M}{v_{max}} \cdot \frac{1}{c_S} + \frac{1}{v_{max}} \qquad \frac{v}{c_S} = -\frac{1}{K_M} \cdot v + \frac{v_{max}}{K_M}.$$

Die doppelt reziproke Beziehung zwischen Reaktionsgeschwindigkeit und Substratkonzentration ($1/v$ gegen $1/c_S$, Lineweaver-Burk-Auftragung) erlaubt eine einfache Ablesung der Konstanten K_M bzw. v_{max}, wie aus Abb. 2.2 ersichtlich ist. Zu ähnlichen Ergebnissen kann man bei Darstellung von v/c_S gegen v kommen. Für jedes Substrat oder Produkt sollte ein K_M-Wert bestimmbar sein.

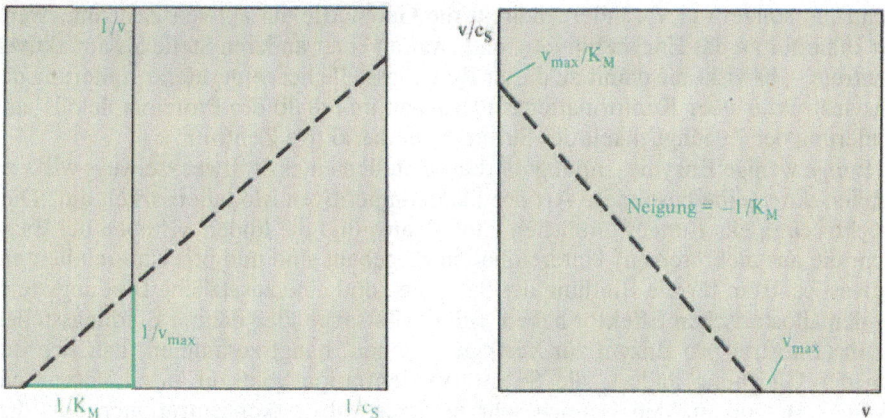

Abb. 2.2. Reziproke Auftragung zur leichteren Bestimmung von K_M. Links ist die Abhängigkeit von $1/v$ gegen $1/c_S$ nach Lineweaver-Burk dargestellt. Der Abszissen-Abschnitt gibt den Wert für $1/K_M$ und der Ordinaten-Abschnitt den Wert für $1/v_{max}$ an. Die Steigung der Geraden ist aus der Gleichung mit K_M/v_{max} gegeben. Das rechte Bild zeigt die Auftragung nach Eadie-Hofstee

Eine so isolierte Betrachtung der Wechselwirkung von Enzymen mit Substraten wird in vitro (im Reagenzglas) wichtige Aufschlüsse über das Enzym und die kinetischen Konstanten geben. Wenn wir aber die Situation in der Zelle analysieren, müssen wir mit Wechselwirkungen des Enzyms mit anderen Verbindungen rechnen und die daraus resultierende Änderung der Enzymaktivität (Modulation der Enzymaktivität) berücksichtigen. Es gibt Verbindungen, die aufgrund ihrer Strukturähnlichkeit ebenso wie das Substrat Zugang zum aktiven Zentrum des Enzyms haben. Dies gilt für Substratanaloge und für Reaktionsprodukte. Sie können mit dem Substrat in Konkurrenz (Kompetition) um das aktive Zentrum des Enzyms treten und dadurch die Enzymkatalyse verlangsamen; wir sprechen von Konkurrenz-Hemmung oder kompetitiver Hemmung. Andere Konsequenzen für die Hemmung der Enzymreaktion E + S ergeben sich, wenn der Inhibitor an ein eigenes Zentrum bindet.

Berücksichtigt man die interferierende Wirkung dritter Stoffe, ist den folgenden, zusätzlichen Prozessen Rechnung zu tragen:

Kompetitive Hemmung
$$E + I = EI \qquad K_i = \frac{c_E \cdot c_I}{c_{EI}}$$

Nicht-kompetitive Hemmung
$$EI + S = EIS \qquad ES + I = EIS$$

In der modifizierten Michaelis-Menten-Gleichung ändert sich bei einer kompetitiven Hemmung gegenüber der nicht beeinflußten Reaktion nur der scheinbare K_M-Wert: $K_M = K_M(1 + c_i/K_i)$. Der Wert für die maximale Geschwindigkeit bleibt gleich, für die Erreichung von halbmaximaler Geschwindigkeit ist aber mehr Substrat nötig. Die maximale Geschwindigkeit kann trotz der Anwesenheit des Inhibitors erreicht werden, aber nur durch Erhöhung der Substratkonzentration: der Inhibitor muß durch viel Substrat vom aktiven Zentrum verdrängt werden. Die Inhibitorkonstante K_i ist ein Maß für die Affinität des Inhibitors zum Enzym, und K_M/K_i ist ein Charakteristikum für die Konkurrenzfähigkeit eines Hemmstoffs gegenüber einem Substrat.

Bei den anderen Arten der Beeinflussung der Enzymaktivität (z. B. nichtkompetitive Hemmung) tritt der Effektor nicht mit dem Substrat in Konkurrenz um das aktive Zentrum, sondern er verändert indirekt die Geometrie am aktiven Zentrum. Wenn der Inhibitor an das Enzym bindet – und zwar an einer anderen Stelle als am aktiven Zentrum –, bewirkt die damit an dieser Bindungsstelle hervorgerufene Änderung der Enzymstruktur über Konformationsänderungen innerhalb des Proteinmoleküls eine Änderung der Zugänglichkeit des Substrats an das aktive Zentrum.

Einige wenige Enzyme – an regulierbaren Stellen eines Stoffwechselwegs wirkend – fallen durch eine besondere Art der nichtkompetitiven Modulierbarkeit auf. Dies drückt sich in einer ungewöhnlichen Kinetik aus, und die finden wir eben bei Enzymen, die aus mehreren (n) Untereinheiten aufgebaut sind und pro Untereinheit ein aktives Zentrum für die Bindung des Substrats, und eine zusätzliche Bindungsstelle für den allosterischen Effektor haben. Mit der Tatsache, daß dann n Bindungsstellen für das Substrat pro Enzym zur Verfügung stehen, hängt zusammen, daß sich der Typ der Gleichung ändert; die Substratkonzentration geht zur n-ten Potenz ein (Abb. 2.4), und für den Bereich sehr niederer Substratkonzentrationen gilt, daß $v = \text{prop} \cdot c_S^n$ ist.

Eine derartige Abhängigkeit der Reaktionsgeschwindigkeit von der Substratkonzentration ergibt für den Bereich niederer Substratkonzentrationen einen anderen Kurvenverlauf. Statt der annähernd linearen Beziehung – wie bei Gültigkeit der Michaelis-Menten-Kinetik – steigt v exponentiell an (Abb. 2.4). Statt einer hyperbolen Kinetik tritt eine sigmoide Kinetik auf. Oder anders formuliert: für den Fall, daß ein Enzym durch Zusatz eines allosterischen Effektors sein kinetisches Verhalten umstellt, bei vorgegebener Konzentration an Enzym und Substrat, verändert die Zugabe eines dritten Stoffs (Effektors) die Reaktionsgeschwindigkeit drastisch. Diese Art der Modulation der Enzymaktivität besitzt besondere Bedeutung bei Enzymen, die in einer Stoffwechselkette den geschwindigkeitsbestimmenden Schritt katalysieren. Wenn ein Effektor die Kinetik eines Enzyms von hyperbol zu sigmoid umschalten kann, hat dies im Bereich niederer Substratkonzentration eine Reduktion von v von mehr als einer Größenordnung zur Folge.

Die Möglichkeit des Umschaltens zwischen zwei Kinetiken hat große Implikationen. Sie erklärt den Mechanismus, mit dem die Natur einen Stoffwechsel-Weg regelt.

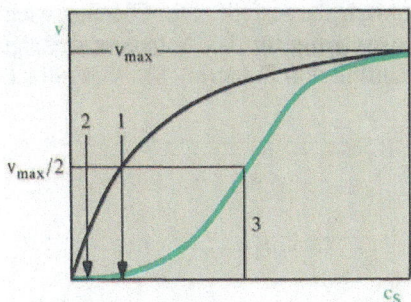

Abb. 2.3. Gegenüberstellung zweier Kinetiken mit unterschiedlichem Verhalten bei niedrigen Substratkonzentrationen. Bei $c_S \ll K_M$ wird $v = f(c_S)$ eine Gerade im Falle der Michaelis-Menten-Kinetik, eine Kurve vom Typ $y = k x^n$ bei sigmoider Kinetik. Der Anstieg der Geschwindigkeit mit der n-ten Potenz der Substratkonzentration bedeutet mit anderen Worten, daß v nicht proportional mit der Zugabe an Substrat ansteigt, sondern darüberhinaus erhöht wird (kooperativer Effekt). Je größer n ist, desto kleiner ist v im Bereich der niedrigen Substratkonzentrationen. Die halbmaximale Geschwindigkeit wird im Verlauf der sigmoiden Kurve erst bei wesentlich höheren Substratkonzentrationen als bei hyperboler Kinetik erreicht (siehe Vergleich bei 3). Bei $c_S = K_M$ für die hyperbole Kurve ist v für die sigmoide Kurve sehr viel kleiner als halbmaximal (Vergleich bei 1). Bei Konzentrationen $c_S \ll K_M$ (Vergleich bei 2), wie sie im Fließgleichgewicht die Regel sind, unterscheiden sich die Geschwindigkeiten bei unterschiedlicher Kinetik, aber gleicher Substratkonzentration, besonders stark

Für die Erklärung der Sigmoidität (in der v-c_S-Auftragung) und des damit verbundenen kooperativen Effekts wurden kinetische Modelle aufgestellt, die in vielen Fällen eine exakte mathematische Behandlung der Enzymkinetik erlauben. Ein vereinfachendes Modell geht davon aus: *allosterisch geregelte Enzyme* sind Oligomere, die sich aus mehreren identischen Untereinheiten (Protomeren) zusammensetzen; jedes Protomer hat je eine Bindungsstelle für das Substrat und den Effektor; die Wechselwirkungen zwischen den Protomeren sind derart, daß bei einer Konformationsänderung eines Protomeren die anderen mit ihm assoziierten Untereinheiten ebenfalls diese Änderung mitmachen.

Ein oligomeres Enzym (z. B. ein Tetrameres) soll in zwei unterschiedlichen Konformationen, T (tight) und R (relaxed), vorliegen. Ferner, das Gleichgewicht soll sich vor Zugabe des Substrats auf Seite der T-Form befinden: $T_o \gg R_o$. Der Index 0 deutet an, daß keines der 4 aktiven Zentren mit Substrat besetzt ist.

Wir implizieren, daß das Substrat bevorzugt an die R-Form gebunden wird. Dies bedeutet, daß die Zugabe von Substrat das Gleichgewicht zugunsten der R-Formen (R_1 mit einem Substrat pro Enzym, R_2 mit zwei Substratmolekülen usw.) verändert; durch die Bindung eines Moleküls Substrat werden – nach Umorientierung aller vier Protomeren – mehr R-Formen geschaffen als Substrat vorhanden ist. Da nur die R-Form reaktiv ist, hat die Anlagerung eines Substrat-Moleküls die Bereitstellung zusätzlicher reaktiver Konformationen zur Folge; und mit mehr enzymatisch aktiven Zentren kommt es zu zusätzlichen Umsetzungen, zu einer Beschleunigung der enzymatischen Reaktion (kooperativer Effekt). Unter diesen Annahmen läßt sich eine Sättigungsfunktion, als Funktion der Substratkonzentration, ableiten.

Die Sättigungsfunktion ist proportional c_{ES} und damit proportional der Reaktionsgeschwindigkeit. Diese Abhängigkeit entspricht in groben Zügen der oben angegebenen Gleichung für die sigmoide Kurve (ähnlich wie Michaelis-Menten, aber $n > 1$) und ist in Abb. 2.3 graphisch dargestellt. Die Gleichgewichtslage zwischen T-Form und R-Form – eine Voraussetzung für das Auftreten der sigmoiden Kinetik – unterliegt in der Regel dem Einfluß von Substrat (S), Aktivator (A) oder Inhibitor (I):

$$R_0 \rightleftharpoons R_1 \rightleftharpoons R_2 \rightleftharpoons R_n$$
$$I \Big\updownarrow \text{S, A}$$
$$T_0 \rightleftharpoons T_1 \rightleftharpoons T_2 \rightleftharpoons T_n$$

Die Skizze soll andeuten, daß vor der Zugabe des Substrats das Gleichgewicht zwischen T_o und R_o von einem Inhibitor I gerade umgekehrt beeinflußt wird als von einem Aktivator A. So erklärt sich, warum der Zusatz eines Inhibitors die Sigmoidität erhöht oder in anderen Fällen erst hervortreten läßt. Der Grund ist, daß das Gleichgewicht des Enzyms – zwischen R- und T-Formen – noch vor Zusatz des Substrats zur T-Form verschoben wird. Aus denselben Gründen wird durch einen Aktivator der kooperative Effekt aufgehoben; weil bereits vor Zugabe des Substrats ein Großteil der Enzym-Moleküle in der R-Form vorliegt.

Die physiologische Bedeutung dieser Regelmöglichkeit liegt darin, daß durch Umstellen von Michaelis-Menten-Kinetik auf sigmoide Kinetik eine Reaktion bei niedriger Substratkonzentration praktisch abgeschaltet werden kann. In erster Näherung kann man annehmen, daß bestimmte Enzyme sich bei konstanter Konzentration an Enzym-Protein und gleichbleibender Konzentration an Substrat von einer Kinetik in die andere shiften lassen; und zwar allein durch Zusatz eines Effektors. Man geht davon aus, daß dabei nur eine minimale Änderung in der Kinetik bei hohen Substrat-Konzentrationen erfolgt.

Der Enzymologe versucht, physikalisch-chemische Eigenschaften (z. B. kinetische Parameter) des zur Homogenität gereinigten Proteins zu bestimmen. Diese Informationen werden auch mit der Zielsetzung gesammelt, mehr über die Rolle des Enzyms im Stoffwechselgeschehen zu erfahren. Dabei wird stillschweigend angenommen, daß die Eigenschaften des isolierten und gereinigten Proteins mit denen des Katalysators in vivo übereinstimmen. Diese Annahme trifft zwar in vielen Fällen zu, das Problem der möglichen Isolierung von Artefakten und die Rolle Dritter in der Zweierbeziehung Enzym – Substrat ist aber nicht zu übersehen. Dazu kommt, daß die mögliche Konkurrenz von vielen niedermolekularen Verbindungen um die veränderliche Bindung an allosterischen Bereichen des Enzyms kaum theoretisch nachzuvollziehen ist.

Wenn zwei oder mehrere Substrate in die enzymatische Umsetzung eingehen, kann man verschiedene Wege der Reaktionsführung beobachten: neben dem Fall, daß in nicht definierter Reihenfolge ein ternärer oder noch höher strukturierter Komplex – als Voraussetzung für die eigentliche Reaktion – entstehen muß, finden sich auch Beispiele für geordnete Übergänge.

Beim Ping-pong-Mechanismus überträgt das Substrat A eine Gruppe auf das Enzym und verläßt das Enzym, bevor das Substrat B an das Enzym bindet und die Gruppe übernimmt (Beispiel: Transaminasen).

30

Die tatsächliche Stoffwechselsituation: ein Fließgleichgewicht

Nachdem wir die thermodynamischen Gleichgewichtssituationen behandelt und Überlegungen über die Kinetik einzelner, dem Gleichgewicht zustrebenden Reaktionen angestellt haben, wollen wir der Tatsache Rechnung tragen, daß in den Reaktionsräumen der Zelle die Erreichung von Gleichgewichtszuständen eine Ausnahmesituation ist. Wir müßten deshalb eigentlich mit Ungleichgewichten und der Thermodynamik irreversibler Prozesse operieren. Ein Ungleichgewicht – Fließgleichgewicht – wird durch ständige Energiezufuhr aufrechterhalten.

In einem offenen System, das mit seiner Umgebung Energie und Materie austauscht, werden wegen des ständigen Stoff-Zu- und -Abflusses Gleichgewichtskonzentrationen nicht erreicht. Wir sprechen von Fließgleichgewichten und von stationären Konzentrationen. Die stationären Konzentrationen werden – im Gegensatz zu den Gleichgewichtskonzentrationen – durch Enzymkatalyse kontrolliert.

In einem Zellkompartiment soll die Konzentration an A durch Zufluß von außen konstant auf dem Wert c_A gehalten werden. Wir postulieren, daß die Gleichgewichtskonstanten bei der Reaktion gleich 1 sind ($K_1 = K_2 = 1$). Dadurch ergibt sich ein thermodynamisches Gleichgewicht mit $c_A = c_B = c_C$. Wenn wir nun von diesem Zustand abweichen, indem wir in irreversibler Weise ständig C abtransportieren und so c'_C einstellen, hat dies auch unmittelbar auf die sich nun einpendelnde Konzentration von B Einfluß. Käme es dabei zur Konzentration c'_B, würde aufgrund der Beziehung von $v = k_2 c'_B$ die Zwischenstufe B schneller umgesetzt als gebildet werden. Dies ergibt sich in erster Näherung daraus, daß k_1 gleich k_2 sein muß, da ja $K_1 = K_2$.

Die Abnahme von B wird daher so lange andauern, bis eine Konzentration c''_B vorliegt, die ebenso weit von der Konzentration c_C entfernt ist wie c_A von c_B. Dies bedeutet, daß die stationäre Konzentration an B (c''_B) von den Geschwindigkeitskonstanten der Reaktionen für Bildung und Umsatz dieser Verbindung abhängt.

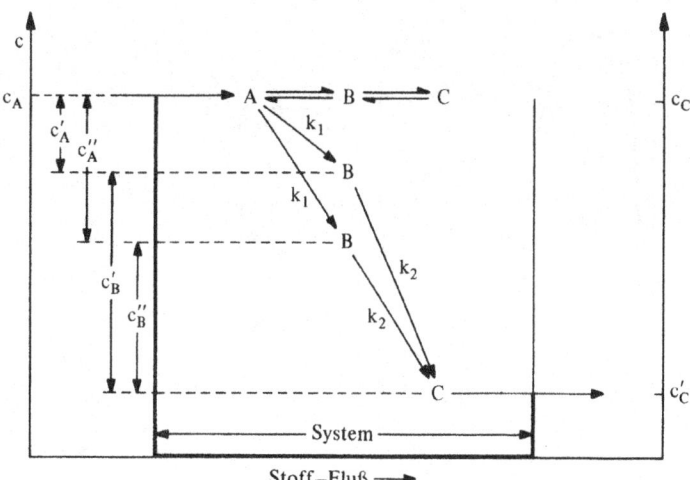

Abb. 2.4. Fließdiagramm, das den Weg A nach B und C mit den aktuellen Konzentrationen aufzeigt. Es werden zwei Situationen gegenübergestellt: ein thermodynamisches Gleichgewicht, wobei alle 3 Verbindungen mit den Konzentrationen $c_A = c_B = c_C$ vorliegen, sowie eine Situation, wo die Konzentration von C durch Manipulation von c_C auf c'_C gesenkt wurde

31

Wenn wir dieselben Überlegungen für einen längeren Stoffwechselweg anstellen, erkennen wir, daß vor einem langsamen Teilschritt die stationäre Konzentration einer Verbindung in der Stoffwechselsequenz beträchtlich erhöht ist gegenüber den Konzentrationen der darauffolgenden Intermediate. Die Geschwindigkeit des Gesamtprozesses ist identisch mit der Geschwindigkeit des langsamsten (geschwindigkeitsbestimmenden) Schritts.

Die Änderung der Geschwindigkeit des geschwindigkeitsbestimmenden Teilschritts hat die Beschleunigung oder Verlangsamung aller Reaktionen zur Folge; die Erhöhung der Geschwindigkeit der anderen Teilschritte hat keinen Einfluß auf die Geschwindigkeit des Gesamtwegs. Das Beispiel zeigt, daß der Einfluß des geschwindigkeitsbestimmenden Schritts auf das Ausmaß des Stoffwechsels ebenso von Bedeutung ist wie die Geschwindigkeitskonstanten der Einzelreaktionen auf die stationären Konzentrationen der Zwischenstufen. Die geschwindigkeitsbestimmenden Schritte sind für die Kontrolle des Stoffwechsels die geeigneten Schaltstellen.

Das Enzym erniedrigt die Aktivierungsenthalpie

Die Frage, in welcher Weise ein Enzym als Katalysator wirkt bzw. die Geschwindigkeitskonstante einer Reaktion erhöht, führt uns zum Vergleich der Energieprofile für einen unkatalysierten und einen katalysierten Übergang.

Bei der Reaktion A + B = AB wird ein Energieberg überwunden; dies ist gleichbedeutend mit der Erreichung des Übergangszustands X*. Die aufzuwendende freie Enthalpie ΔG^* (Index H für die Hinreaktion, Index R für die Rückreaktion) steht in keinem Zusammenhang mit der freien Enthalpie ΔG für die Gesamtreaktion. Rechts ist das entsprechende Profil für die katalysierte Reaktion zu sehen.

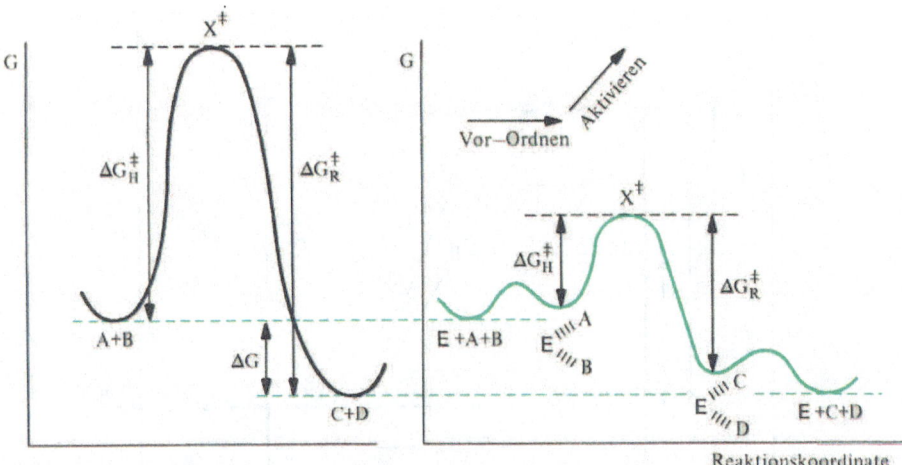

Abb. 2.5. Vergleich der Energieprofile unkatalysierter und katalysierter Reaktionen. Als Beispiel ist eine schwach exergone Reaktion von A + B nach C + D gezeigt. Die Niveaus der Ausgangssituation und der Endsituation sind bei beiden Prozessen gleich (grüne strichlierte Linie); somit ist auch das ΔG der Gesamtreaktion bei der Enzym-Katalyse unverändert. Das Vor-Ordnen (rechts) ist maßgeblich für die Erniedrigung von ΔG^* verantwortlich

Die Geschwindigkeit einer Reaktion hängt von der Höhe des Energiebergs ab. Wenn über diesen Sattel eine Schafherde zu treiben wäre, müßte nicht nur potentielle Energie aufgewendet, sondern spätestens beim engen Sattel vom Schäferhund auch Ordnungsarbeit geleistet werden.

Gegenüber der nicht-katalysierten Reaktion gibt es keine Änderung von ΔG für den Gesamtprozeß. Es gibt aber eine beträchtliche Veränderung, was die Aktivierungsenthalpie sowohl der Hin- als auch der Rückreaktion anlangt. Erniedrigt ist sowohl die Aktivierungsenthalpie für die Hinreaktion als auch diejenige für die Rückreaktion. Das Verhältnis der beiden Enthalpien sollte das gleiche bleiben, für beide Arten von Reaktionen, katalysiert und nicht-katalysiert.

Die empirisch abgeleitete Arrhenius-Gleichung (1) sagt aus, daß die Geschwindigkeitskonstante k eine Funktion von Aktivierungsenergie E und der Temperatur T ist. Zu einem ähnlichen Ergebnis kommt die Theorie der absoluten Reaktionsgeschwindigkeit (2).

$$k = A \cdot e^{-\frac{E}{RT}} \quad (1) \qquad \Delta G^{\ddagger} = -RT \ln K^{\ddagger} \quad \text{oder} \quad K^{\ddagger} = e^{-\frac{\Delta G^{\ddagger}}{RT}} \quad (2)$$

$$k = \frac{kT}{h} \cdot e^{-\frac{\Delta G^{\ddagger}}{RT}} \qquad \Delta G^{\ddagger} = \Delta H^{\ddagger} - T\Delta S^{\ddagger} \qquad k = \frac{kT}{h} \cdot e^{-\frac{\Delta H^{\ddagger}}{RT}} \cdot e^{\frac{\Delta S^{\ddagger}}{R}}$$

Die Geschwindigkeit einer Reaktion soll proportional der Konzentration des aktiven Komplexes (c_{X^*}) sein: $v = kT/h \cdot c_{X^*}$ (k: Boltzmann-Konstante, h: Plank'sches Wirkungsquantum). Der Ausdruck kT/h besitzt die Dimension einer Frequenz und verkörpert die Häufigkeit, mit der die Moleküle die Energiebarriere überwinden. Der Faktor ergibt sich aus Überlegungen der statistischen Thermodynamik und entspricht der Schwingungsfrequenz jeder Bindung innerhalb des aktiven Komplexes, die dann bei der Bildung der Produkte „zerreißt", also gespalten wird. Da $v = k \cdot c_A \cdot c_B$, folgt $k \cdot c_A \cdot c_B = kT/h \cdot c_X^*$ oder: $k = kT/h \cdot c_{X^*}/c_A \cdot c_B = kT/h \cdot K^*$, wobei K^* die Gleichgewichtskonstante für die Bildung des aktivierten Komplexes darstellt. Diese Gleichgewichtskonstante erhalten wir, wenn wir das Gleichgewicht $A + B = X^*$ nach den Gesetzen der Thermodynamik behandeln. Es ist vor allem die Erniedrigung von ΔH^*, die zur Erhöhung der Geschwindigkeitskonstante beiträgt. Entropische Einflüsse (ΔS^*) fallen hier nicht mehr besonders ins Gewicht, weil mit der Bildung des Enzym-Substrat-Komplexes bereits die Ordnungsarbeit geleistet wurde. Die Struktur der Substrate im Enzym-Substrat-Komplex unterscheidet sich nicht mehr wesentlich von ihrer Anordnung im Übergangskomplex. Die Vorfixierung im Enzym-Substrat-Komplex erleichtert ganz entscheidend die Erreichung des Übergangszustands. Andererseits verlangt diese Vorordnung Arbeitsaufwand in Form des Entropie-Teils $T \Delta S$; der Übergang von ungeordneten zu geordneten Strukturen (E + A + B = E-A-B) ist mit einem negativen ΔS verbunden. Dies kann durch freiwerdende Reaktionsenthalpie bei der Bindung ausgeglichen werden.

Für viele Überlegungen und Einstufungen der Qualität eines Enzyms ist es ausreichend, die katalytischen Eigenschaften bei „physiologischen Bedingungen", also bei $c_S \ll K_M$, den Eigenschaften anderer Enzyme gegenüberzustellen. Unter diesen Bedingungen wird die Michaelis-Menten-Gleichung die einer Geraden; und unter Berücksichtigung der Definition für $k_3 = k_{cat}$ (S. 26):

$$v = v_{max}/K_M \cdot c_S \qquad v_{max} = k_3 \cdot c_E \qquad v = k_{cat}/K_M \cdot c_E \cdot c_S$$

Damit wird das Verhältnis k_{cat}/K_M zum Charakteristikum des Enzyms: es beschreibt die katalytische Aktivität, den Umsatz pro Zeiteinheit bezogen auf die Menge des Enzyms; K_M wird wie eine Gleichgewichtskonstante gehandhabt und gibt Auskunft über die Affinität des Substrats bzw. über die Energie, die bei der Bildung des Komplexes ES frei wird. Wenn wir uns ein Enzym als Katalysator vorstellen, der eine besonders hohe Komplementarität zum Ausgangsstoff (Substrat) besitzt, dann wird der Komplex A-E-B im Energieprofil tief liegen und ΔH^* wird groß sein. Keine günstige Situation für eine gute Katalyse. Wenn aber das aktive Zentrum des Enzyms weniger komplementär zum Grundzustand (Substrat) ist, aber hohe Komplementarität zum Übergangszustand aufweist, wird das Niveau des Komplexes A-E-B nicht so niedrig liegen, dafür aber der Weg zum Übergangszustand verkürzt sein. Ein Enzym mit niedrigem ΔH^* und damit niedrigem ΔG^*: ein guter Katalysator.

Die Erniedrigung der Aktivierungsenthalpie bei den enzymkatalysierten Reaktionen wird dem Zusammenwirken mehrere Effekte zugeschrieben:

1. Durch die Bindung aller beteiligten Moleküle am aktiven Zentrum stehen die Reaktionspartner in größter Nähe und optimaler Stellung zueinander. Damit ist der Unterschied zwischen inter- und intramolekularen Reaktionen vergleichbar (Näherungseffekt).
2. Einfrieren der Bewegung des Substrats (Rotation, Translation).
3. Mit der Bindung des Substrats am aktiven Zentrum kommt es zu einer Konformationsänderung am aktiven Zentrum des Enzyms. Für das Substrat bedeutet das: Aufhebung der Resonanzstabilisierung des Grundzustands, Vorwegnahme der Konfiguration des Übergangszustands (Konformationsstreckungseffekt).
4. Stabilisierung des Übergangszustands. In der spezifischen Umgebung des aktiven Zentrums herrschen für die Erreichung des Übergangszustands günstige Solvatisierungsbedingungen (Milieueffekt).

Bio-Katalysatoren sind Proteine

Die in der Zelle wirkenden Katalysatoren sind Polymere, aufgebaut aus Aminosäuren (20 definierte α-L-Aminosäuren), die miteinander Kopf-Schwanz verknüpft sind. Die Bindungen, die bei der Polymerisation entstehen, werden als Peptidbindungen bezeichnet. Bindungsabstände, Bindungwinkel und andere Eigenschaften der Peptidbindungen – und vor allem der partielle Doppelbindungscharakter – determinieren, wie die polymere Peptidkette anschließend gefaltet wird. Es ergeben sich bereits aus der Primärstruktur (das ist die Aneinanderreihung der verschiedenen Aminosäuren-Reste im Peptid) Konsequenzen für die Raumstruktur der Peptidkette. Damit sind Sekundärstruktur (Konformation von geordneten Kettenabschnitten) und Tertiärstruktur (Weiterfaltung der durch Sekundärstruktur geordneten Abschnitte) gemeint.

Mesomerie-Stabilisierung und partieller Doppelbindungscharakter der C-N-Bindung sind die Ursache für die Verkürzung des C-N-Abstands im Vergleich zu einer C-N-Einfachbindung; und haben aufgrund der sp^2-Hybridisierung zur Folge, daß 6 Atome in einer Ebene liegen müssen. Diese Ebenen können im Peptid – innerhalb der Möglichkeiten aufgrund der Tetraederstruktur am C-α – gegeneinander gedreht werden (Abb. 2.7).

Ausgehend von den ebenen Strukturen, den Blättern, werden entweder α-Helices gebildet – wo intramolekulare Wasserstoffbrücken die Stabilisierung übernehmen – oder Faltungen erfolgen.

Bindungswinkel, Abstände und die Anordnung der Peptidbindung in einer Ebene sowie das Postulat, daß ein Maximum an intramolekularen und intermolekularen Wasserstoffbrücken innerhalb der Kette die Struktur stabilisieren soll, führten zum Modell der Faltblatt-Struktur (Abb. 2.6) und der α-Helix (Abb. 2.7).

Aus der Struktur der α-Helix ergibt sich, daß an der Oberfläche des Zylinders die Seitenketten nach außen gerichtet auftreten. Da der Schraubengang 3.6 Aminosäure-Resten entspricht, kommen nach 3–4 Aminosäuren die Reste – leicht versetzt – übereinander zu liegen. Dies hat Konsequenzen – bei der Erklärung der amphipathischen, isolierten und exponierten Helix (→ Abb. 3.22) sowie beim Leucin-Zippverschluß (→ Abb. 10.22).

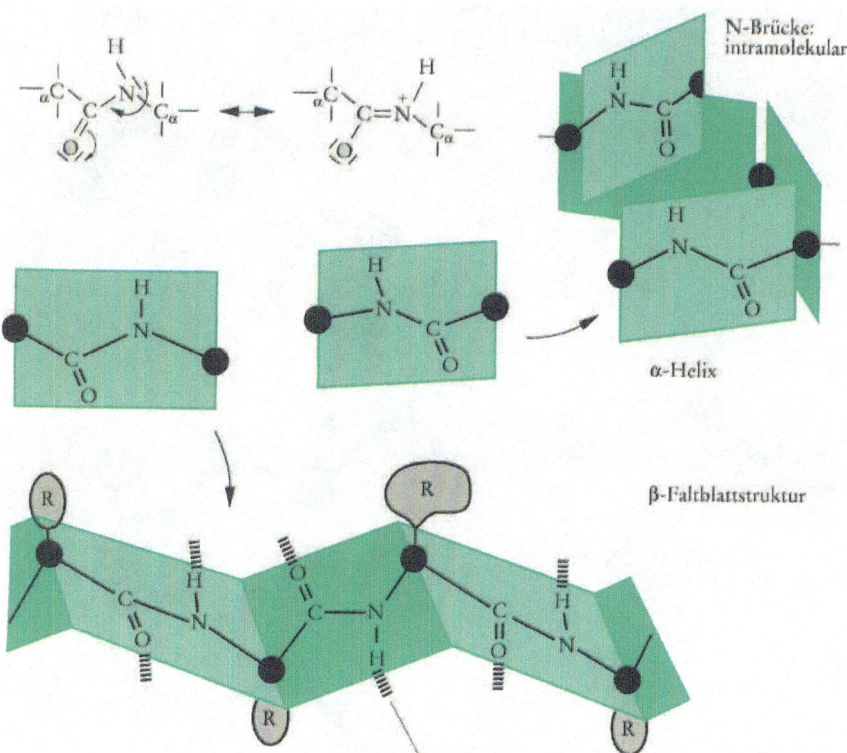

Abb. 2.6. Ebene Anordnung von 6 Atomen im Bereich der Peptid-Bindung. Beispiel einer α-Helix (oben rechts) sowie einer Faltblatt-Struktur (unten). Beide sind aufgebaut aus „Blättern". Zwischen zwei Faltblatt-Bereichen werden Wasserstoffbrücken wirksam. Die Wechselwirkungen zur Stabilisierung der α-Helix sind intramolekular; zwischen zwei übereinanderliegenden Peptid-Bindungen innerhalb der Schraube. Die Raumstruktur von löslichen, globoiden Proteinen, wie sich die meisten Enzyme ja darstellen, setzt sich aus sehr unterschiedlichen Domänen zusammen

Die gleichmäßige Anordnung der H-Brücken in der α-Helix bringt es mit sich, daß sich die Einzel-Dipole der Peptid-Bindung (im Falle der Abb. 2.7 oben negativ) zu einem Gesamt-Dipol der α-Helix verstärken. Globuläre Proteine enthalten solche helikalen Bereiche, neben β-Faltblattstrukturen und Abschnitten mit ungeordneten Knäueln. Für die Faltung von Ketten zur endgültigen Raumstruktur der Proteine sind Wechselwirkungskräfte innerhalb des Proteins selbst, zwischen den Seitenketten, und vor allem zwischen Lösungsmittel und Protein verantwortlich. Wir wissen, daß Enzyme in der hydrophilen Umgebung des Lösungsmittels Wasser versuchen, ihre polaren Gruppen nach außen anzuordnen und die hydrophoben Aminosäure-Seitenketten in den wasserfreien Innenbereich zu falten.

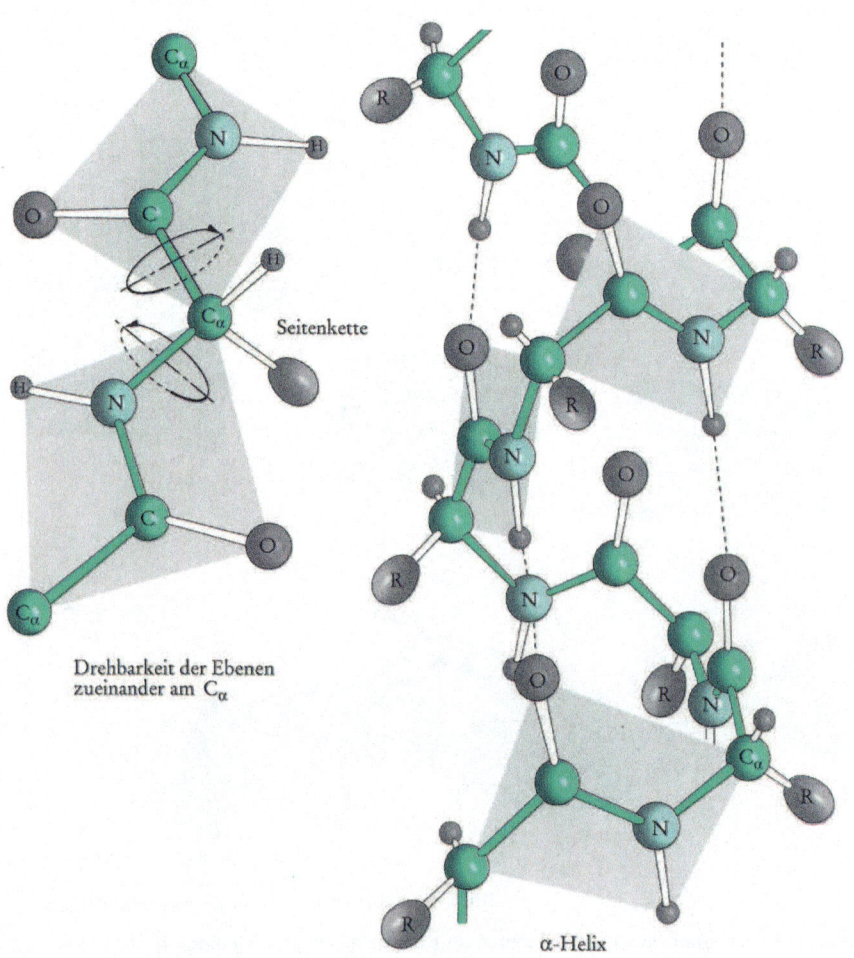

Abb. 2.7. α-Helix, eine Raumstruktur in Teilregionen von Enzymen. Die Darstellung zeigt die Anordnung von „Blättern" mit je 6 in einer Ebene liegenden Atomen. Die Drehung innerhalb der Schraube ergibt sich dadurch, daß jeweils am C-α Drehbarkeit herrscht. Dort resultiert die Anordnung der zusammenstoßenden Blätter, entsprechend dem Tetraederwinkel am C-α

Für die Stabilität des β-Faltblatts ist die Anordnung zweier oder mehrerer Einzelstrukturen notwendig. Antiparallele Anordnung, häufig in Form von zwei Strängen, verbunden mit einer 180°-Schleife, ist ein Standard-Motiv.

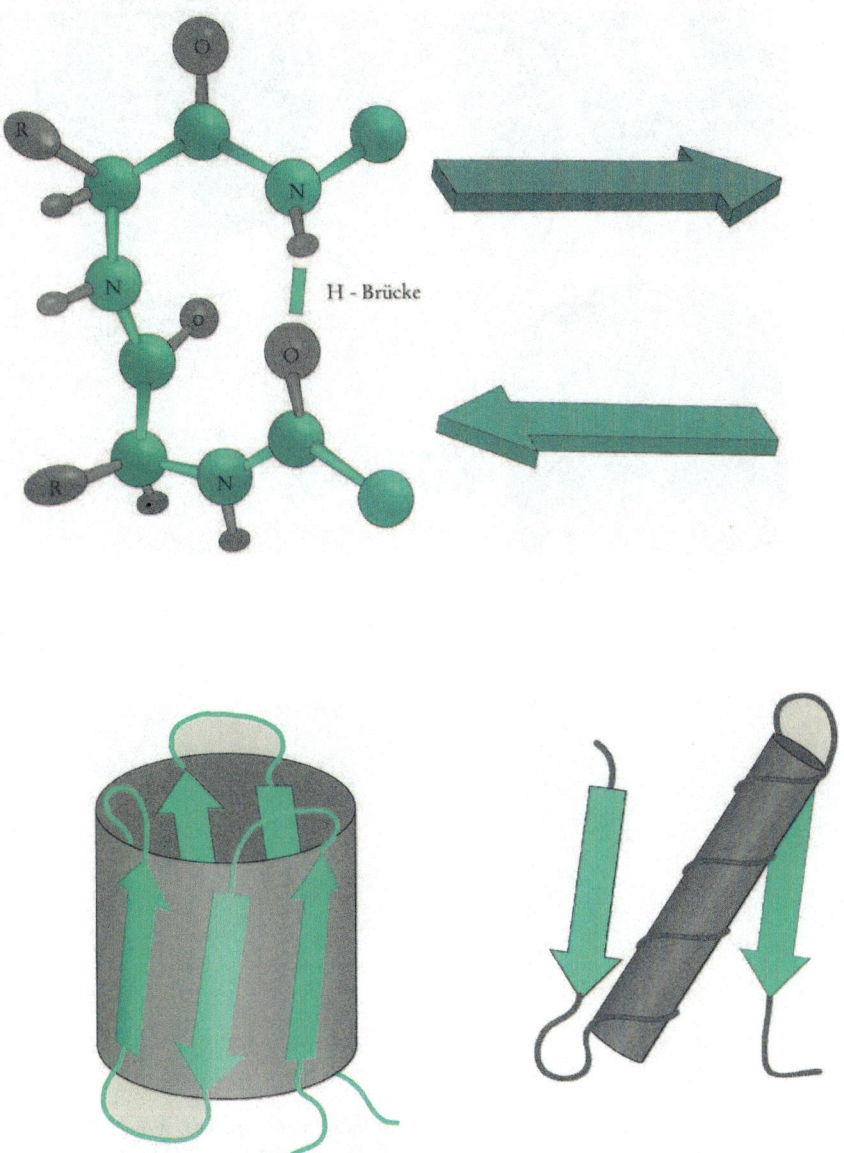

Abb. 2.8. Antiparallele Anordnung von β-Faltblättern. Innerhalb zweier benachbarter Bereiche eines Peptids können sich die Faltblätter antiparallel anordnen, wenn sich dazwischen eine Schleife (wie eine Haarnadelkurve) befindet (β-Turn, oben). Eine Kombination von mehreren β-Schleifen kann eine Faß-Struktur ergeben (β-Barrel). Auch eine Anordnung α-Helix – β-Faltblatt – α-Helix ist innerhalb eines Enzyms öfters anzutreffen

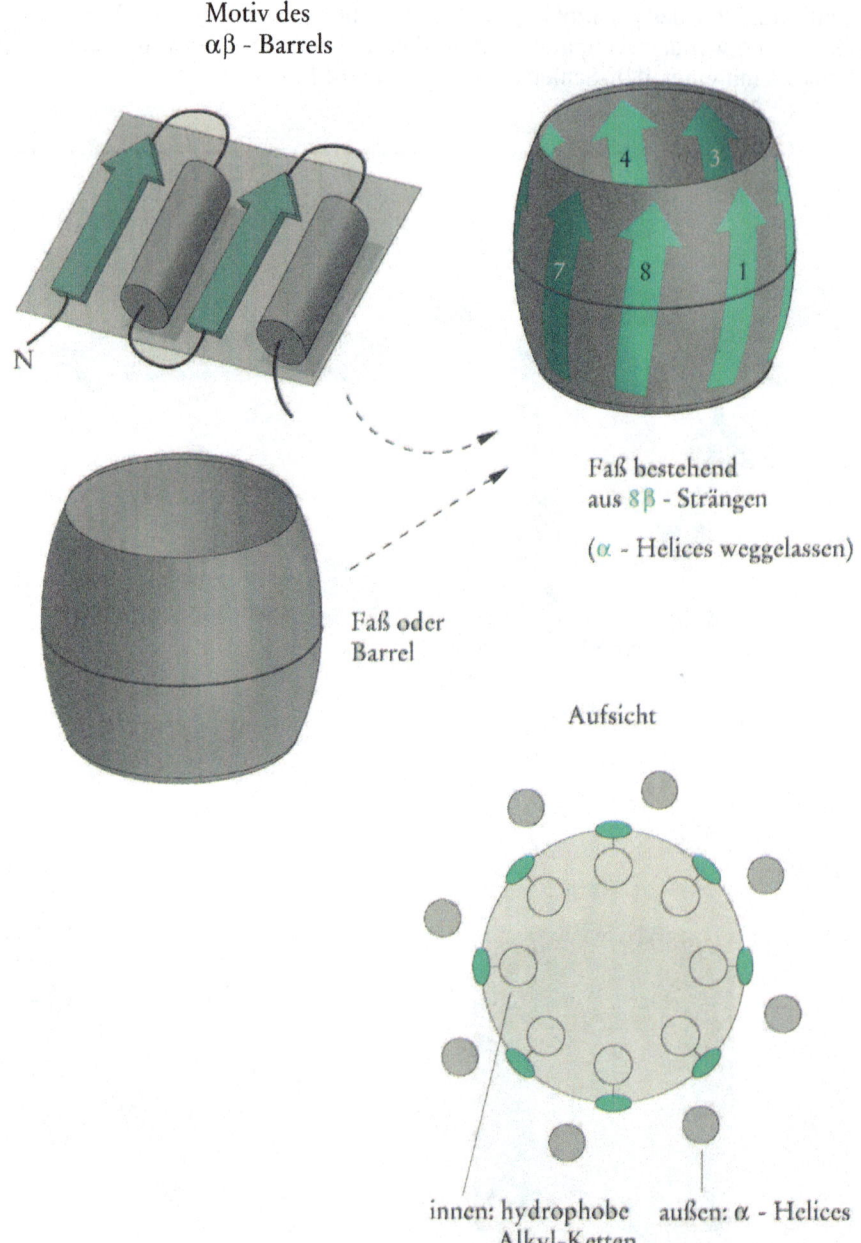

Motiv des
αβ - Barrels

N

4 3
7 8 1

Faß bestehend
aus 8 β - Strängen

(α - Helices weggelassen)

Faß oder
Barrel

Aufsicht

innen: hydrophobe   außen: α - Helices
Alkyl-Ketten

Abb. 2.9. α,β-Faß-Struktur (α,β-Barrel). Die Anordnung einer α-Helix unmittelbar nach einer β-Faltblatt-Struktur – wobei die α-Helix etwas schief oberhalb des Faltblatts liegt – wird als Grundmotiv angesehen; eine 8-fache Wiederholung dieses Motivs kann zu einer faßartigen Struktur führen. Dabei ergeben die Faltblatt-Strukturen zusammengenommen die Innenfläche des Fasses. Nach außen gerichtet, wie aufgeklebt, befinden sich die dazugehörenden α-Helices. Die Innenseite des Fasses ist mit hydrophoben Seitenketten der Aminosäure-Reste der Faltblätter ausgekleidet

Strukturen mit ausschließlich α-Helices sind selten; aber Bereiche mit mehreren α-Helices hintereinander sind ein häufiges Strukturmerkmal von Membranproteinen, besonders von Kanälen. β-Faltblattstrukturen sind fast immer in Kombination mit α-Helix anzutreffen, in Form des αβ-Motivs. Eine größere Anzahl von αβ-Motiven kann eine Faß-Struktur ergeben (siehe linke Seite).

Die gesamte Struktur eines Enzyms in dieser Weise zu sehen, ist nicht nur unübersichtlich, sondern auch für das Verständnis nicht ausreichend. Vielmehr kann man einzelne Motive, wenn sie nicht mit anderen Bereichen interagieren, getrennt betrachten. Wir sprechen von *Domänen* als topologischen Einheiten. Bei Domänen im engeren Sinn erwarten wir, daß sie so weit von den umgebenden anderen Bereichen des Proteins isoliert vorliegen, daß man sie mit chemischen Werkzeugen herausschneiden kann, ohne die andere Struktur notwendigerweise zu zerstören. Es gibt dann manchmal die Möglichkeit, ein Protein, das mehrere Zentren mit unterschiedlichen Funktionen besitzt, in diese Domänen aufzuspalten und die Bruchstücke noch als funktionelle Einheiten zu analysieren. In nicht wenigen Fällen kann man den Domänen auf der Ebene der Proteine auch Teilstrukturen auf den Genen zuordnen (Exons).

Das aktive Zentrum eines Enzyms kann man sich – belegt durch Röntgenstrukturanalysen – als Vertiefung oder Falte im Protein-Molekül vorstellen. Diese Falte enthält in den meisten Fällen hydrophobe Bereiche; nur wenige, am Reaktionsprozeß unmittelbar beteiligte polare Gruppen werden aus dieser hydrophoben Umgebung herausragen.

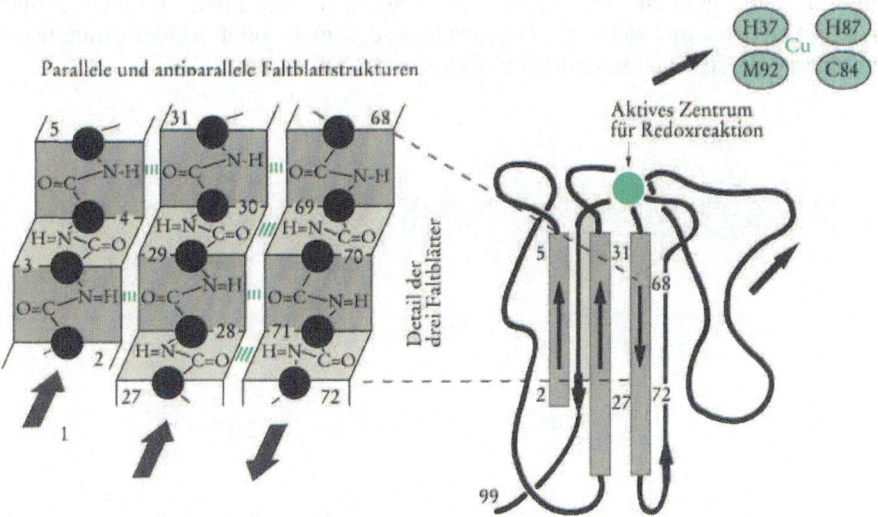

Abb. 2.10. Parallele und antiparallele Faltblätter am Beispiel des Plastocyanins. Für die Wechselwirkungen zwischen den einzelnen Strängen gibt es bei antiparalleler Anordnung mehrere Möglichkeiten für die Ausbildung von H-Brücken zwischen den Strängen. Dies ist beim Vergleich der Anzahl der H-Brücken zwischen dem zweiten und dritten Strang bzw. zwischen dem ersten und zweiten Strang ersichtlich. Im rechten Teil wird dargestellt, wie diese Wechselwirkungen innerhalb des Moleküls zu einer gewissen Starrheit und damit auch Fixierung der benachbarten Zentren – hier Cu vierfach mit $2 \times N$ (His) und $2 \times S$ (Cys und Met) koordiniert – führen

Für die Reaktion am aktiven Zentrum lassen sich je nach Reaktionstyp sehr unterschiedliche Mechanismen formulieren. In Transfer-Reaktionen nehmen häufig neben dem Enzym auch mehr oder minder fest gebundene prosthetische Gruppen bzw. Coenzyme teil. Bei vielen Enzymen werden Metall-Ionen in die Katalyse einbezogen. In anderen Fällen treten intermediäre Zwischenstufen auf, bei denen das Substrat kovalent gebunden ist. Allgemein darf man sagen, daß am aktiven Zentrum in optimaler stereochemischer und stereoelektronischer Anordnung mehrere Gruppen des Proteins zusammenwirken, z. B. Protonen-Donoren und Protonen-Akzeptoren, oder allgemein, nukleophile und elektrophile Bereiche. Aktive Zentren wurden auch – wie am Beispiel ATP-Synthase zu sehen – im Grenzbereich zwischen zwei UE beobachtet.

Im Falle einer Redoxreaktion vermittelt das Protein den Transfer von Elektronen. Da Proteine in der Regel die Elektronen nicht selbst aufnehmen können, bedienen sich Oxidoreduktasen verschiedener Nicht-Protein-Verbindungen: entweder eines nur durch mittelstarke Affinität an das Protein gebundenen Cofaktors oder einer fest – aber nicht notwendigerweise kovalent – gebundenen prosthetischen Gruppe. Der Cofaktor steht in seiner enzymgebundenen Form mit der in Lösung befindlichen Form im Gleichgewicht; die Affinität wird durch die Dissoziationskonstante des Komplexes beschrieben. Da Cofaktoren bei Redoxreaktionen stöchiometrisch zu den anderen Substraten umgesetzt werden, müßte man sie als Co-Substrate bezeichnen.

Ein Beispiel für einen Redox-Cofaktor ist das Pyridinnukleotid NAD^+. Bei einer Dissoziationskonstante von 10^{-5} M für den Komplex (Enzym···NAD^+) liegt ein nicht unbeträchtlicher Prozentsatz des vorhandenen Cofaktors in freier Form vor. Abb. 2.11 zeigt das Bauschema für ein Dinukleotid. Die Redoxreaktion findet am Pyridinring statt; dabei geht eine quasi-aromatische Struktur in eine den Chinonen ähnliche über. NADH zeichnet sich – im Gegensatz zu den mehr oder minder aromatischen Systemen – durch eine zusätzliche Extinktion bei 340 nm aus.

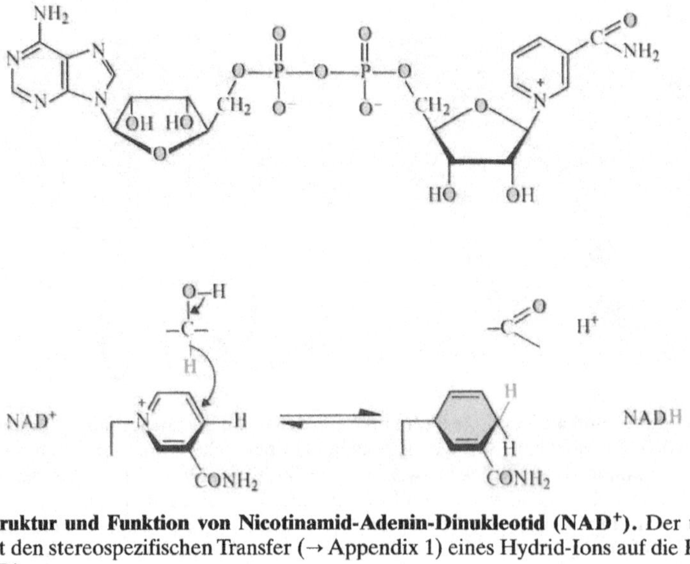

Abb. 2.11. Struktur und Funktion von Nicotinamid-Adenin-Dinukleotid (NAD^+). Der untere Teil der Abb. zeigt den stereospezifischen Transfer (→ Appendix 1) eines Hydrid-Ions auf die R-Seite des Nicotinamid-Rings

Ein Beispiel für die Dehydrogenase mit „eingebautem" Redoxfaktor finden wir in der in Pflanzen gut untersuchten Ferredoxin-NADPH-Oxidoreduktase. Als Flavo-protein vermittelt sie den Elektronentransfer zwischen Eisen-Schwefel-Proteinen, dem eingebauten Flavin und dem exogenen Substrat $NADP^+$. Als Substrate eignen sich verschiedene reduzierte Ferredoxine.

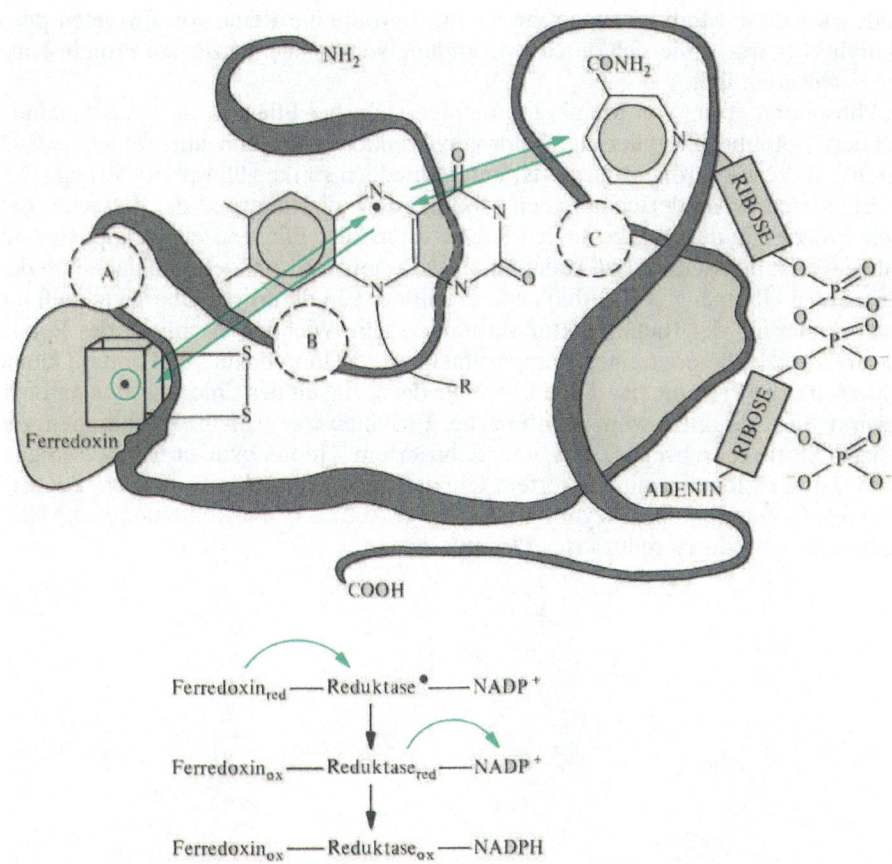

Abb. 2.12. Katalyse einer Oxidoreduktase am Beispiel der Ferredoxin-NADP⁺-Oxidoreduktase. Das Enzym besitzt als eingebauten Redox-Überträger ein Flavin, gebunden im Bereich B. Das Pro-tein – aufgebaut aus 314 Aminosäuren (35 kDa) – bindet als Substrat, jedoch an zwei verschiedenen Zentren (A und C), das Eisen-Schwefel-Protein Ferredoxin und Nicotinamid-Adenin-Dinuklotid-phosphat ($NADP^+$). Für letzteres Substrat (rechts gezeichnet) befindet sich im C-terminalen Bereich des Moleküls eine typische Nukleotidfalte. His in den beiden Bindungsbereichen können – durch Carbethoxylierung mit Diethylpyrocarbonat – chemisch modifiziert werden; dies hat zur Folge, daß die Substrate nicht mehr binden. Oxidation oder Modifikation der SH-Gruppen im Bereich B ändern die Bindung des eingebauten FAD. Ferner kann in vitro der ET umgekehrt werden; e können vom NADPH (Bereich C) auf einen künstlichen e-Akzeptor (Bereich A) zurückfließen. Im Falle des physiologischen Elektronentransports wird ein e von reduziertem Ferredoxin auf die Semichinon-Form des Enzyms übertragen, das dann in einem 2e-Schritt $NADP^+$ zu NADPH reduziert (Schema im unteren Teil der Abb.).

In der Bindungsstelle für $NADP^+$ befindet sich eine ε-Aminogruppe eines Lysyl-Rests; diese ist dansylierbar. Die Anwesenheit von 2 mM $NADP^+$ verhindert diese chemische Modifikation

41

Enzyme können in ihrer katalytischen Aktivität auch dadurch moduliert werden, daß das Enzymprotein chemisch modifiziert wird. Eine derartige, auf die Seitenketten des Peptids sich beziehende kovalente chemische Modifikation ist in vivo immer auch eine enzymkatalysierte Reaktion. Beispiele finden wir bei Pilzen und tierischen Zellen. Hier stellen die Modifizierungen an der Hydroxyl-Gruppe von Serin- bzw. Tyrosin-Resten von Enzymen – die Bildung von Phosphorsäure-Estern – einen sehr häufig eingeschlagenen Weg der Regulation der Enzym-Aktivität dar. In Pflanzen finden wir diese Modifizierung sehr selten, obwohl eine Reihe von Enzymen phosphorylierbar wäre, wie sich durch Verwendung von nicht-pflanzlichen Protein-Kinasen nachweisen läßt.

Phosphorylierung von Membranproteinen steht bei Pflanzen in Zusammenhang mit der Photophosphorylierung; Chlorophyll bindende Proteine unterliegen, je nach Intensität des Elektronentransports, unterschiedlich starker Phosphorylierung.

Eine andere Art der chemischen Modifikation, die aufgrund der Tatsache, daß viele Prozesse in der Pflanze an den Redoxzustand der Pflanzenzelle gekoppelt sind, naheliegt, ist die Reduktion/Oxidation eines Proteins. Es handelt sich dabei um den reversiblen Übergang von Dithiolen in Disulfide. Ein derartiger Übergang muß mit einer Änderung der Raumstruktur verbunden sein. Wichtige Vermittler des Redoxzustands der Zelle oder eines Kompartiments sind Thioredoxine und andere kleine schwefelreiche Proteine. Besonders im Falle der Tätigkeit des Chloroplasten im Licht bewirkt die Reduktion von Schrittmacher-Enzymen das Auf- bzw. Abdrehen von ganzen Stoffwechselwegen. Ein von reduziertem Thioredoxin ausgelöstes Signal kann durch Oxidation mit oxidiertem Glutathion wieder gelöscht werden. Als Beispiel der Regulation der Enzym-Aktivität zeigt Abb. 2.11 die Reduktion von Malat-Dehydrogenase durch reduziertes *Thioredoxin*.

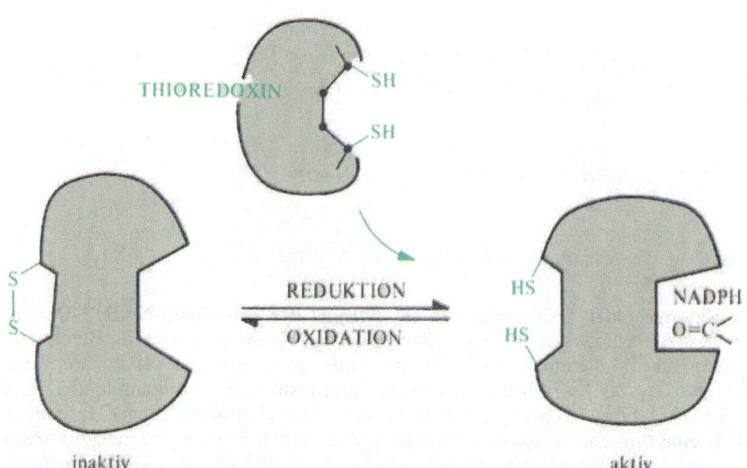

Abb. 2.13. Aktivierung der plastidären NADP$^+$-Malat-Dehydrogenase durch Reduktion. Thioredoxin, das durch Ferredoxin-Thioredoxin-Reduktase in die reduzierte Form gebracht worden war, kann als Reduktionsmittel für die Reduktion – und damit Aktivierung – der Malat-Dehydrogenase dienen. Vermittelt wird dieser Prozeß durch eine regulatorische Redoxkette, die vom Licht, das von Thylakoiden absorbiert wird, ausgeht und über Ferredoxin und Thioredoxin weiterläuft. Im Bild sind die oxidierte sowie die reduzierte Form der Malat-Dehydrogenase gezeichnet. Nur die letztere setzt die Substrate – nämlich Oxalacetat und NADPH – um

Vieles spricht für die Vorstellung, daß mehr als eine Stoffwechsel-Sequenz von dem aktuellen Angebot an chemischer Energie gesteuert wird. Man spricht von „energy charge" und meint eine bestimmte Relation von Energie (ATP) in bezug zu deren „entladenen" Formen (AMP, ADP). Man kann sich so ATP als beladenes Vehikel, ADP als unbeladenes Vehikel vorstellen. In ähnlicher Weise könnte man sich auch vorstellen, daß Teile der chemischen Prozesse in der Zelle, oder in einem bestimmten Zell-Kompartiment, vom aktuellen Redox-Zustand abhängen. Diese Vorstellung könnte man auf das Verhältnis von NADH/NAD$^+$ projizieren. Aber nicht nur unmittelbare Substrate wären in diesem Konzept zu betrachten, sondern auch regulatorische, also auf Proteine einwirkende Faktoren. Thioredoxin wäre ein derartiger Regulator. Wie sähe dieses Konzept in einer nicht mit Photosynthese beschäftigten Zelle aus?

Die Peptid-Bindung, die von der Carboxyl-Gruppe eines Prolyl-Rests ausgeht, kann in zwei geometrischen Isomeren vorliegen. Eine Prolyl-cis/trans-Isomerase katalysiert den Übergang zwischen den beiden Formen. Proteine enthalten einen geringen Prozentsatz von Prolin-Gruppen als cis-Isomere.

Proteine mit einer Art Motor-Funktion sind Teile von cytosolischen Protein-Komplexen. Eine Maschinerie, die für bestimmte Bewegungen innerhalb der Zelle verantwortlich ist, besitzt immer auch eine Motor-ATPase, ein ATP hydrolysierendes Enzym, das die chemische Energie der Anhydrid-Bindung in Bewegung umsetzt. Zuerst ist es die Konfigurationsänderung innerhalb der ATPase, die erzeugt wird, zwei Domänen des Enzyms bewegen sich zueinander. Diese Art der Eigenbewegung kann aber, wenn eine Domäne fixiert wird und die andere Domäne an ein bewegbares Makromolekül gebunden hat, den Transport von Makrostrukturen vermitteln.

Zu den Proteinen, die selbst einen derartigen Bewegungsapparat darstellen und dann im größeren Zusammenhang für die Dynamik im Cytosol sorgen, zählen wir Kinesine, cytosolische Dyneine und eng verwandte Proteine. Kinesine können direkt oder über Teile des Cytoskeletts an Organellen oder Vesikel andocken. Vermutlich gibt es spezifische, in der betreffenden Membran integrierte Rezeptoren für eine der Domänen des Kinesins. In anderen Fällen vermitteln die Kinesine ihre Eigenbewegung direkt auf Mikrotubuli, die z. B. eine Rolle bei der Bewegung von Golgi-Vesikeln oder im Spindelapparat spielen.

Vom Blickwinkel der Proteinchemie aus, und auch um die Konformationsänderungen innerhalb eines Proteins besser zu verstehen, versuchen wir, ein Modell für eine Maschine zu finden, die die chemische Energie bei der Hydrolyse in Bewegung umformen kann. Dabei stehen immer auch die Vorstellungen über das Erzeugen von Bewegung beim Myosin zum Vergleich an. Es bietet sich an, wie beim Myosin oder beim Dynein (bei Zilien und Flagellen), die ATPase-Reaktion in Teilschritte zu zerlegen; aufgrund der unterschiedlichen Affinitäten von Edukt und Produkt zum aktiven Zentrum – in An- und Abwesenheit dritter Stoffe – durchläuft das Enzym verschiedene Zustände.

Es gibt auch die Vorstellung, daß die ATP-Hydrolyse zuerst thermische Energie liefert und deren Fluktuation zur Bewegung führt. Welche Teile der molekularen Struktur sollten eine lokale Aufheizung in Bewegung versetzen?

Auch in Pflanzen ist die Familie der Kinesine durch mehrere Mitglieder vertreten; sie alle (Proteine von ca. 90 kDa) besitzen hohe Homologien zu den Kinesinen anderer Eukaryonten. Daraus darf man schließen, daß sie auch ähnliche Funktionen übernehmen.

Einteilung der Enzyme entsprechend ihrer Funktionen

Enzyme werden einer internationalen Konvention entsprechend nach dem Reaktionstyp, den sie katalysieren, klassifiziert und mit Kennummern versehen:

1. Oxidoreduktasen: übertragen Elektronen von einem Donor auf einen Akzeptor; in dieser Gruppe finden wir die große Untergruppe der Dehydrogenasen. Falls Sauerstoff als Elektronenakzeptor dient, sprechen wir auch von Oxidasen.

2. Transferasen: übertragen Gruppen wie Phosphat-Reste oder Zucker-Reste. In dieser Gruppe finden wir z. B. die Kinasen, die eine Phosphat-Gruppe von ATP auf eine alkoholische OH-Gruppe übertragen.

3. Hydrolasen: spalten C-O- und C-N-Bindungen hydrolytisch. Asparaginase spaltet z. B. die Amid-Bindung und überführt Asparagin in Aspartat.

4. Lyasen: katalysieren den nukleophilen Angriff eines Carbanions an eine Carbonyl-Gruppe (und die entsprechende Rückreaktion). Aldolase sowie Citrat-Synthase sind Beispiele dafür. Ammoniak-Lyasen spalten die C-N-Bindung einiger Aminosäuren; diese Spaltung ist aber keine Hydrolyse – das Enzym gehört daher zu den Lyasen und nicht zu den Hydrolasen.

5. Isomerasen: sind für den Übergang von Ketol zu Aldol oder von R-Form zu S-Form verantwortlich.

6. Synthetasen: führen – unter Verwendung von ATP – zur Bildung von energiereichen Bindungen. Beispiele: Herstellung von Carbonsäure-Derivaten; Bildung der „aktivierten" Aminosäure für die Translation – die Aminoacyl-tRNA.

Ein genaues Bild über das Zusammenspiel von mehreren Gruppen im aktiven Zentrum des Enzyms erhält man durch Modifizierungsreaktionen und vor allem aus der Röntgenstrukturanalyse. Da die Signale der Beugung an den Kernen etwa proportional der Kernladungszahl sind, bedeuten Proteinkomplexe, an die schwere Atome gebunden sind, eine wesentliche Erleichterung bei der Analyse der Proteinkristalle. Eine Erweiterung der Strukturanalyse – unter besonderer Berücksichtigung der H-Atome – bietet die Neutronenbeugung. Hier ist die Streuung nicht proportional der Kernladungszahl. Einige Atome – wie H, aber im Gegensatz zu D – führen zu zusätzlichen Verschiebungen der Neutronendichte; sie sind dann ungleich besser als bei der Röntgenbeugung zuzuordnen. So erlaubt diese Methode den Nachweis der Wasser-Moleküle; sowohl der hoch-geordneten Strukturen an der Oberfläche der Proteine, in der Grenzschicht zwischen Untereinheiten, als auch der Wasser-Moleküle in bestimmten Bereichen im Inneren der Enzyme. Wichtig ist die Bestimmung der hoch-strukturierten, starren Wasser-Moleküle, wie sie etwa in Falten der Proteine vorliegen oder z. B. an der Grenzschicht zwischen zwei identischen Untereinheiten eines Enzyms angeordnet sein können.

Nicht alle Prozesse, die in der Biochemie durch Proteine zu katalysieren sind, können auch durch die alleinige Vermittlung von Aminosäure-Seitenketten bewerkstelligt werden. In bestimmten Fällen wird ein Nicht-Protein – in Form eines Cofaktors oder einer prosthetischen Gruppe – einbezogen. Dies trifft häufig bei Gruppen-Transfer und fast immer bei Redox-Reaktionen zu. Vom Standpunkt der Methodik her ist es wichtig zu unterscheiden, ob diese „Hilfsgruppe" kovalent mit der Proteinkette verbunden ist oder ob starke, nicht-kovalente oder schwache Wechselwirkungen für die Bindung verantwortlich sind.

Aber nicht nur organische Verbindungen nehmen an der Enzym-Katalyse teil. Auch anorganische Ionen als Redoxpartner (z. B. Fe^{2+}/Fe^{3+}, Co^{2+}/Co^{3+}, Mn^{3+}/Mn^{4+}, Mo^{4+}/Mo^{5+}), Lewis-Säuren (z. B. Mg^{2+}) oder Stabilisatoren (z. B. Ca^{2+}, Zn^{2+}) werden einbezogen.

Methoden

Reinigung eines Enzyms durch Affinitätschromatographie

Eine sehr selektive Wechselwirkung – nämlich die zwischen Enzym und Substrat – kann herangezogen werden, um ein Enzym aus einer Mischung von Proteinen herauszufischen. Dazu wird ein Substrat oder dessen Analogon an eine immobile Matrix gebunden und dieses Material in einer Säulentrennung (Affinitätschromatographie) eingesetzt. Nach dem Binden des Enzyms und Auswaschen der anderen Proteine kann das gesuchte Enzym durch lösliches Substrat vom Säulenmaterial verdrängt werden. Im speziellen Fall wird Poly-L-Lysin kovalent mit tresyl-aktivierter Matrix gekoppelt. Letztere erhält man durch Umsatz einer alkoholischen OH-Gruppe der Matrix mit CF_3-CH_2-SO_2Cl.

Der Sulfonsäureester reagiert dann schnell mit Amino-Gruppen eines Liganden:

$$R\text{-}O\text{-}SO_2\text{-}CH_2\text{-}CF_3 + H_2N\text{-}L - R\text{-}NH\text{-}L$$

Prolyl-Hydroxylase, ein Enzym, das die Hydroxylierung eines Prolin-Rings in Stellung 4 katalysiert – aber nur von Prolin-Resten innerhalb einer Peptidkette – kann auf diese Weise mit dem immobilen Substrat aus einer Proteinfraktion herausgefischt werden. Die Proteinfraktion kann z. B. durch Solubilisierung einer ER-Membran aus Hypokotylen gewonnen werden. Anschließende Elution des Enzyms vom Affinitätsmaterial durch lösliches Poly-Prolin ergibt ein Enzympräparat sehr hoher spezifischer Aktivität.

Modifikation eines Histidin-Rests im aktiven Zentrum

Nicht selten stellt die Imidazol-Gruppe eine essentielle Struktur im aktiven Zentrum des Enzyms dar. Leicht zugängliche Histidin-Reste können durch Diethylpyrocarbonat (Anhydrid eines Ameisensäure-Derivats) modifiziert werden. Wenn bei gleichzeitiger Anwesenheit eines Substrats diese Modifikation unterbleibt, hat man einen guten Hinweis, daß diese Histidin-Gruppe sich im aktiven Zentrum befindet.

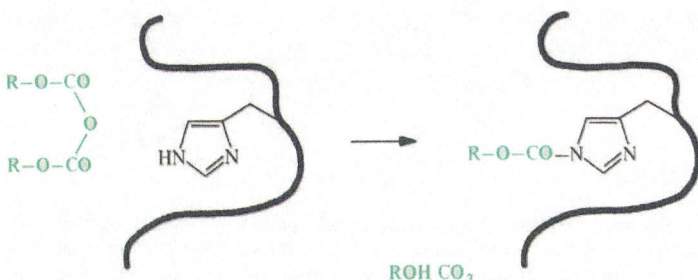

Abb. 2.14. Acylierung des Imidazol-Rests im aktiven Zentrum der Ferredoxin-NADP+-Oxidoreduktase. Durch ein reaktives Acyl-Derivat (Diethylpyrocarbonat, ein Anhydrid der Ethoxyameisensäure) kann die Aminogruppe von Histidin acyliert werden. Die Modifikation zerstört die katalytische Aktivität der Oxidoreduktase. Der Befund und die Tatsache, daß die Zugabe des Substrats die Modifikation verhindert, sprechen dafür, daß Histidin sich im aktiven Zentrum befindet. Die Acyl-Gruppe kann durch Hydroxylamin wieder entfernt werden

Erkennen räumlich benachbarter Proteine mittels bifunktioneller Reagenzien

Niedermolekulare Verbindungen mit zwei aktiven Gruppen unterschiedlicher Reaktivität eignen sich, die in unmittelbarer Nähe zu einem Protein befindlichen Nachbarn zu markieren. Zu den reaktiven Gruppen zählen Anhydride und Carbonsäure-Ester mit N-Hydroxysuccinimid. Sie reagieren bei neutralen pH-Werten mit Amino-Gruppen des Proteins zu Amiden. Die zweite reaktive Gruppe, die Azido-Gruppe, kann gezielt zum gewünschten Zeitpunkt durch Belichtung zur Reaktion gebracht werden. Das im folgenden verwendete Vernetzungsreagens besitzt einen sehr reaktiven Ester – für die erste Reaktion mit einem Protein (Protein 1) – und eine Azido-Gruppe, die später mit dem zweiten, benachbarten Partner (Protein 2) reagieren kann.

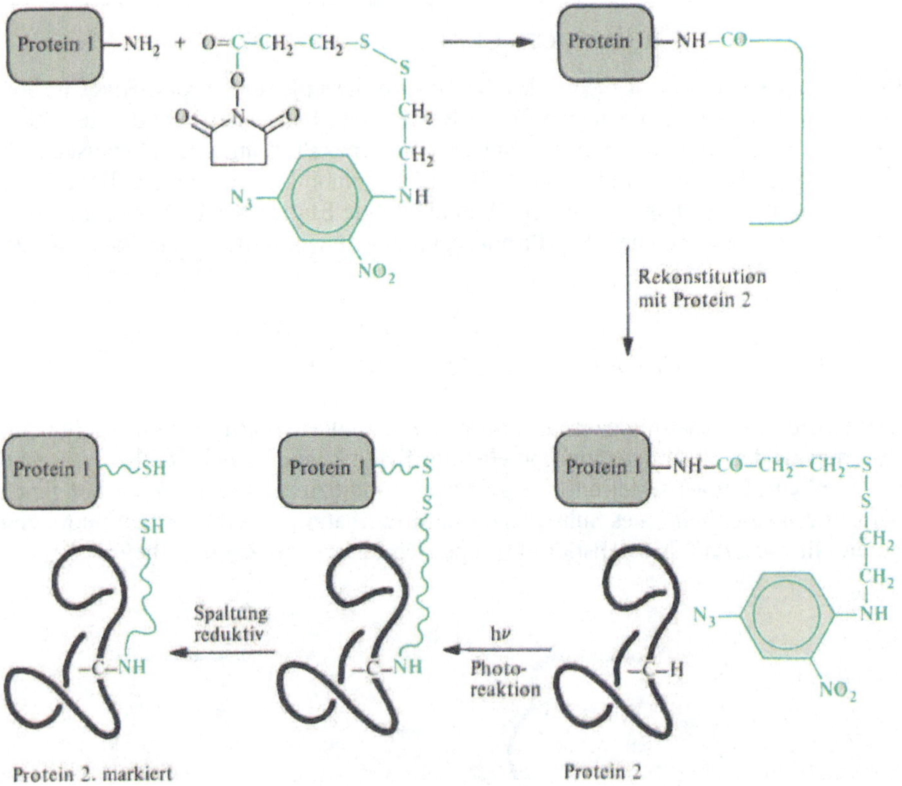

Abb. 2.15. Identifizierung benachbarter Proteine mittels spaltbarer Vernetzungsreagenzien. Ein Protein – hier dargestellt als X-NH_2 – kann mit einem reaktiven Ester (Vernetzungsreagens) in ein Amid überführt werden. Wenn dieses Reagens eine zweite – in diesem Fall photoreaktivierbare – reaktive Gruppe besitzt, gelingt die Verknüpfung zweier in räumlicher Nähe befindlicher Proteine. Das erste Protein wird dazu nach der Modifizierung gereinigt und in das System zurückgeführt, der ursprüngliche Zustand rekonstituiert. In dieser Situation bewirkt nun eine Photoreaktion (Anregung bei 270 nm, wobei ein Nitren mit einer Halbwertszeit von 1 µsec entsteht, das sofort mit einer C-H-Bindung reagiert) eine Verknüpfung der beiden benachbarten Proteine. Im Anschluß kann die kovalente Bindung durch Reduktion gespalten werden. Falls das Vernetzungsreagens am Schwefel radioaktiv markiert war, erlaubt zuletzt die Markierung am zweiten Protein dessen Identifizierung

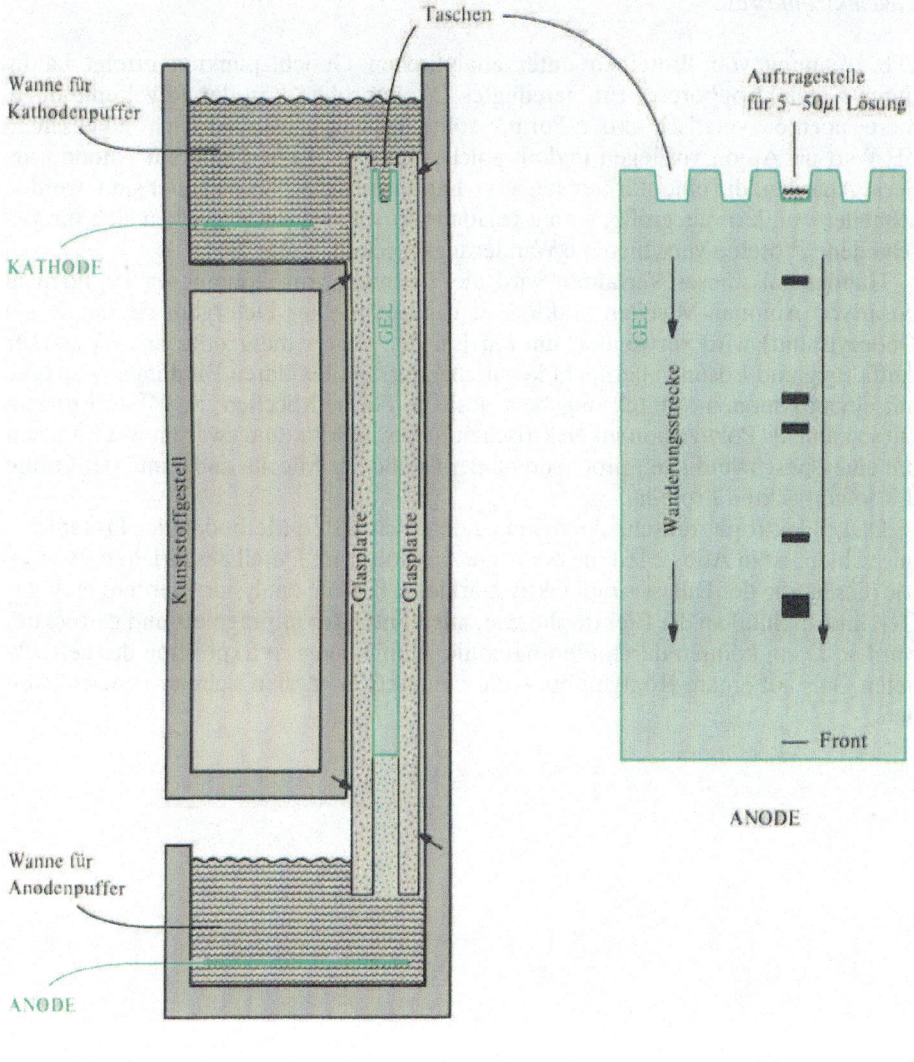

Seitenansicht   Vorderansicht (nur Gel)

Abb. 2.16. Gel-Elektrophorese. Zwischen zwei Glasplatten wird eine Lösung von Acrylamid gegossen, die sich nach einer kurzen Zeit durch Polymerisation zu einem stabilen Gel (grün) verfestigt. Damit die Acrylamid-Lösung nicht zwischen Platten durchläuft, wurde vorher ein Sockel aus ähnlichem Material (hier: grün, punktierter Bereich) fabriziert. Die Dichtigkeit der Apparatur wird durch vorhergehendes Verkleben mit Agar (siehe Pfeile) gewährleistet. Für Ionen ist der Zugang zum Gel sowohl vom Kathoden-Raum als auch vom Anoden-Raum aus möglich. Die Kathodenflüssigkeit wird im Bereich der vorgeformten Taschen mit der Probe, die durch Saccharose eine hohe Dichte erhält, unterschichtet. Nach Anlegen des elektrischen Felds wandern die Anionen von oben nach unten, oder die Proteine aus der Tasche in das Gel hinein. Wenn nach empirisch ermittelten Zeiten die Elektrophorese unterbrochen, das Gel aus der Apparatur herausgenommen und das Protein angefärbt wird, könnte sich das rechts abgebildete Muster ergeben. Zu sehen sind die Untereinheiten eines Proteins bzw. die Untereinheiten einer Proteinmischung

47

Gelelektrophorese

Die Trennung von Proteinen unter analytischen Gesichtspunkten erfolgt häufig durch Gelelektrophorese. Ein gereinigtes Enzymprotein – in der Regel eine oligo- mere, noch enzymatisch aktive Form – sollte bei vorgegebenem leicht alkalischem pH-Wert als Anion vorliegen und als solches im elektrischen Feld zur Anode wan- dern. Anionen, die eine stärkere negative Ladung besitzen oder kleiner sind, werden schneller wandern als große, wenig geladene Ionen. Dadurch ergeben sich für ver- schiedene Proteine verschiedene Wanderungsstrecken.

Häufiger als dieses Verfahren wird die Trennung von monomeren Peptiden in Form von Anionen-Micellen praktiziert. Ein anionisches Detergens (in der Regel Dodecylsulfat) wird verwendet, um ein Enzym – unter mehr oder minder starker Auffaltung und Lösung aller nicht kovalenten intramolekularen Bindungen – in eine mit einem Anionen-Mantel umgebene lösliche Form (Micellen, S. 94) zu bringen. Diese kann als Poly-Anion im elektrischen Feld wandern, und zwar im wesentlichen mit einer Geschwindigkeit proportional der Größe der Micelle und damit der Größe des so verpackten Proteins.

Da gelelektrophoretische Analysen zu den wichtigsten Methoden der Proteinche- mie zählen, ist in Abb. 2.16 eine derartige Apparatur im Detail beschrieben. Wenn – wie dies häufig der Fall ist – radioaktiv markierte Peptide analysiert werden, muß das Gel, im Anschluß an die Elektrophorese, mit Szintillator imprägniert und getrocknet werden. Dann können durch Fluorographie – durch längere Exposition des getrock- neten Gels auf einem Röntgenfilm – die radioaktiven Zonen sichtbar gemacht wer- den.

3. Informationsfluß und seine Regulation

Stoffwechsel setzt voraus, daß in einer Zelle Enzyme als Katalysatoren vorhanden sind. Deren Synthese erfolgt nach einem Bauplan; er ist in der DNA des Kerns, der Chloroplasten und Mitochondrien niedergelegt. Die der Zelle eigene Entwicklung läuft nach dem Programm der Gen-Expression ab. Andere gespeicherte Programme erlauben es der Zelle auch, sich an die von außen vorgegebenen Bedingungen zu adaptieren.

Die Molekularbiologie der pflanzlichen Zelle fasziniert wegen des großen Pools an Genen; auch nimmt sie aufgrund der Licht-Regulation der Gen-Expression im Kern und wegen der Rolle des Chloroplasten-Genoms eine Sonderstellung ein. Die Bildung und Funktion der Organellen sowie das weite Feld der Wechselwirkungen mit Licht, Pilzen, Bakterien und Viren enthalten besondere pflanzenspezifische Elemente. Symbiosen können von besonderem Interesse sein.

3.1 Struktur und Funktion der DNA

> DNA ist ein Polymeres aus Informationseinheiten. DNA mit hohem Molekulargewicht kann einen großen Informationsinhalt besitzen. In Form der Doppelhelix kennen wir DNA als Bestandteil des Chromatins im Zellkern von Eukaryonten sowie als Genom von Prokaryonten, Chloroplasten und Mitochondrien. Die Gen-Information wird vor der Zellteilung verdoppelt. Die Art der Information kann durch Rekombination zwischen Bereichen der DNA verändert werden.

Die Zahl der Gene, die in höheren Pflanzen exprimiert, also in Funktionen übersetzt werden, liegt bei 15 000 pro haploidem Genom. Geht man von der Existenz von 5.10^8 Basenpaaren (Bp) im Genom der Pflanze und von einer durchschnittlichen Größe eines Gens von 3.10^3 Bp aus, erkennt man, daß nur ein kleiner Teil der DNA exprimiert wird. Eine besondere Stellung – hinsichtlich ihrer Zahl – nehmen die rRNA-Gene ein, von denen mehr als 1000 vorliegen. Sie sind in der Nukleolus-Organisator-Region des Kerns konzentriert.

Häufig treten für eine bestimmte katalytische Aktivität mehrere Isoenzyme auf; ihre Expression kann differentiell geschehen und vom Entwicklungsstadium der Zelle abhängen. Für Proteine, die in größerer Menge auftreten, wie z. B. Reserveproteine der Proteinkörper, wurden *Multi-Genfamilien* nachgewiesen.

DNA liegt als *Doppelhelix* vor. Der Informationsteil befindet sich – wegen der gegenläufigen Anordnung von zwei komplementären Strängen und der Wechselwirkungen zwischen den beiden Strängen – im Inneren, ist daher verborgen. Der Strukturbereich der Basen liegt auf derjenigen Seite eines DNA-Strangs, der mit dem zweiten Strang in Kontakt kommt.

Der Zugang zur Information, d. h. die kontinuierliche Ablesung der Information durch ein Enzym, ist auch dadurch erschwert, daß der 2 nm dicke Faden der DNA-Doppelhelix in Form von stabilen Einheiten organisiert ist. Die Einheit der Organisation von Chromatin im Kern ist das *Nukleosom*.

Nukleosomen setzen sich aus Histonen und DNA zusammen. Im Nukleosom sind 140 Basenpaare (Bp) der DNA geschützt; sie befinden sich in Kontakt mit den Histon-Oligomeren. 60 Bp der DNA liegen im Bereich zwischen den Nukleosomen. Das ergibt eine sich wiederholende Einheit von etwa 200 Bp. Nukleosomen bilden die strukturelle, immer wiederkehrende Einheit der Informationsmoleküle im Kern. Ob und wie strukturelle Einheiten und Informations-Bereiche korrelieren, ist noch wenig bekannt. Die Kette der Nukleosomen kann einer geordneten Faltung unterliegen, was zu einer weiteren Verdichtung des Chromatins führt.

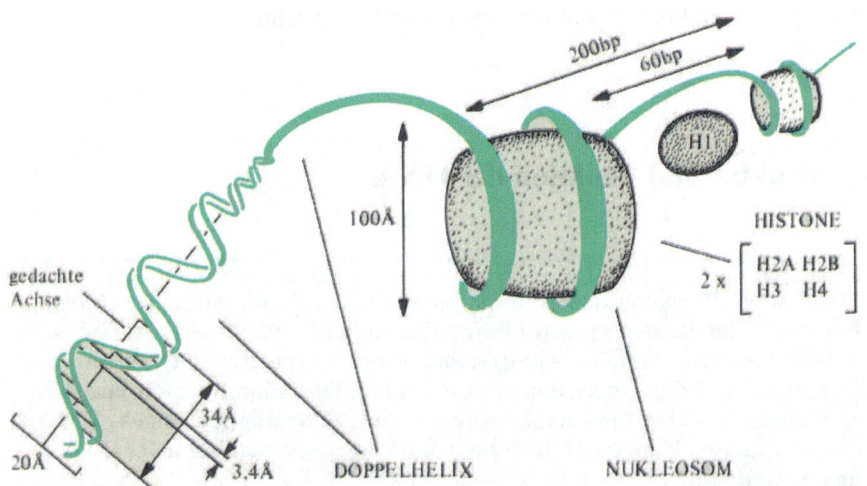

Abb. 3.1. Struktur des Chromatins. Für den Aufbau des Nukleosoms sind Histone (H2a, H2b, H3, H4) notwendig; und zwar je zwei jeder Spezies pro Nukleosom. Ein weiteres Histon (H1) stellt die Brücke zwischen den Nukleosomen dar und stabilisiert die Solenoid-Struktur durch H1-H1-Wechselwirkungen. Das Histon H1 kann selektiv entfernt werden, ohne die Nukleosomen-Struktur zu zerstören; dadurch wird der Bereich mit den etwa 60 Bp zwischen den Nukleosomen für DNasen zugänglich. Histone sind in Säuren lösliche, sehr stabile Proteine mit hohem Anteil an Lysin und Arginin. Sie sind charakteristisch für Chromatin und treten nicht bei Prokaryonten oder den DNA-Bereichen in Mitochondrien und Chloroplasten, die den Prokaryonten ähnlich sind, auf. H1: 24 kDa; Lys/Arg = 8; H4: 11 kDa; Lys/Arg = 0.6

Die an Arginin reichen Histone (H3, H4) verhalten sich deutlich anders als die an Lysin reichen Histone (H1). Chemische Modifizierung der Histone könnte nicht nur ein Auffalten der Nukleosomen bewirken, sondern allgemein eine der Voraussetzungen für die Aktivierung der betreffenden Gene sein.

50

Eine größere Anzahl anderer Kernproteine, HMG-Proteine (Proteine mit hoher Mobilität) binden an die Nukleosomen, wobei sie das Histon H1 verdrängen können.

Die Positionierung der Nukleosomen auf der DNA hängt mit der Information, die sie tragen, also auch mit der Funktion zusammen. Solange DNA am Nukleosom gebunden ist, ist sie topologisch relaxiert. Aktive Gene aber weisen eine Überdrehung auf. Mit Hilfe der stabilisierenden Wirkung von Proteinen kann diese DNA in Formen übergehen, die nicht der klassischen B-DNA entsprechen, z. B. in Z-DNA.

Ein Drittel der pflanzlichen Kern-DNA kann anstelle von Cytosin das 5-Methylcytosin enthalten. Mitochondriale DNA (mtDNA) ist frei von dieser Modifikation. Die Bildung des Methylcytosins ist eine post-replikationale Modifikation: eine Methyltransferase überträgt Methyl-Gruppen von S-Adenosyl-methionin auf verschiedene Positionen innerhalb der DNA. Diese Modifikation könnte im Zusammenhang mit Struktur und Aktivität von Nukleosomen stehen und Einfluß auf die Gen-Expression haben.

Die Gene sind auf Chromosomen organisiert. Die Zahl der Chromosomen pro diploide Zelle ist für eine bestimmte Pflanzenart konstant. Viele Pflanzen sind polyploid, sie besitzen mehr als zwei Sets von jedem Chromosom. Die Menge an DNA pro haploide Zelle kann 0.5 pg (*Arabidopsis*, Crucifere) oder über 30 pg (*Lilium*) betragen. Die besondere Stellung von *Arabidopsis* hinsichtlich der Genom-Größe hat dazu geführt, daß bei dieser Pflanze die Untersuchungen der Gene besonders vorangetrieben werden. Es liegt nahe, hier die eine oder andere aus den Arbeiten bei Bakterien oder Tieren erhaltene Nukleinsäure-Sonde einzusetzen, um diese genomische Bank nach homologen Sequenzen abzugrasen.

3.2 Replikation und Rekombination

Es existiert eine große Anzahl von Proteinen, die entweder an DNA binden oder DNA umsetzen. DNA-abhängige DNA-Polymerasen sind verantwortlich für die Synthese von DNA, Rekombinationsproteine für den Austausch von DNA-Fragmenten. Daß Rekombination auch bewegliche Elemente sowie DNA-Abschnitte von anderen Organismen einschließen kann, darauf wird in Kapitel 10 genauer eingegangen.

Welche Proteine werden für diese Replikation gebraucht? Bei Prokaryonten weiß man, daß viele Enzyme und mehrere Bindungsproteine an dem Prozeß teilnehmen. Ihre Zahl wird bei Pflanzen kaum kleiner sein. Für Eukaryonten ist es sehr wahrscheinlich, daß Protein-Komplexe mit allen notwendigen Enzym-Aktivitäten gemeinsam mit der DNA eine Replikationseinheit ergeben. So findet man Enzyme, die mit der Überstruktur der DNA zu tun haben, kovalent mit DNA verbunden, wenn replizierende Strukturen untersucht werden; dies gilt für die Topoisomerase II.

Da ein Substrat des Replikationsvorgangs eine schraubenartige Struktur besitzt, stellen Prozesse, die mit dem Aufdrehen dieser Schrauben zu tun haben, essentielle Teile des Gesamtprozesses dar. Der Teil, an dem es zur Verdopplung kommt, befindet sich in ständiger Rotation. Bereiche, die einzelsträngig gemacht wurden, müssen für eine bestimmte Zeit mit Hilfe von Proteinen, die diese Stränge abdecken, in dieser Form gehalten werden.

Helikasen können an den schraubenförmig geordneten Strukturen von DNA oder RNA arbeiten. Dabei handelt es sich um ein Aufdrehen der Strukturen, das unter Verbrauch von Energie (Spaltung von Nukleosidtriphosphat) vor sich geht. Helikasen haben ein Bindungszentrum für ATP und zwei Bindestellen für je einen Strang der dsDNA. Helikasen müssen sich entlang der DNA bewegen und zusätzlich die beiden DNA-Stränge gegeneinander versetzen.

Eine Primase, eine Polymerase, bildet kurze RNA-Stücke, die als Starter (primer) für die DNA-Polymerase dienen. Diese RNA-Polymerase unterscheidet sich von der RNA-Polymerase der Transkription und wird weder von Aphidicolin noch von α-Amantin gehemmt.

Eine DNA-Polymerase bildet einen Komplex mit der Primase. Sie zeichnet sich nicht – wie das Prokaryonten-Enzym – durch eine zusätzliche 3'-Exonuklease-Aktivität aus. Das Binden des Enzyms (140 kDa) an die DNA wird von ATP stimuliert. Die DNA-Polymerase in Mitochondrien und die DNA-Polymerase γ in Chloroplasten sind resistent gegenüber Aphidicolin. Aphidicolin, ein tetrazyklisches, aus Pilzen gewonnenes Diterpen ($\rightarrow$ S. 432), hemmt die DNA-Replikation in Kernen, aber nicht die in Prokaryonten. Der Inhibitor wirkt auf die Polymerase I des Kerns, also auf das für die Replikation verantwortliche Enzym; er wirkt in nicht-kompetitiver Weise auf die Bindung von dCTP. Die vermutlich mit Aufgaben der Reparatur betraute Polymerase β wird nicht von Aphidicolin gehemmt.

Aus den relativ spärlichen Daten über pflanzliche DNA-Polymerasen und durch Vergleich mit anderen eukaryontischen Systemen läßt sich folgendes Muster der DNA-Polymerasen ableiten: im Zellkern befinden sich mehrere „große" Polymerasen und eine „kleine" Polymerase. Einige davon haben mit der eigentlichen Polymerisierung zu tun, andere dienen dem Auffüllen von „Löchern" und der Reparatur.

DNA-Polymerase I (Polymerase α in tierischen Systemen) wird aufgrund ihrer Hemmbarkeit durch Aphidicolin erkannt. Das Holoenzym (150 kDa; aufgebaut aus den UE 78 kDa und 72 kDa) bindet an mehrere andere UE, die vermutlich die Primase-Aktivität des Komplexes darstellen. Polymerase I ist für die Initiation der Replikation zuständig.

DNA-Polymerase II und DNA-Polymerase III (Polymerase δ im tierischen System) sind auch jeweils aus mehreren UE aufgebaut; ihre Funktion ist die Elongation der Replikation. DNA-Polymerase III bindet Cyclin und steht damit im Zusammenhang mit dem Zell-Zyklus ($\rightarrow$ Abb. 10.2). Die kleine Polymerase (entspricht Polymerase β im tierischen System) ist ein Monomeres mit 50 kDa und hat mit Reparatur zu tun.

Eine besondere Region innerhalb des Zellkerns stellt der Nukleolus dar: hier sind die Gene für ribosomale RNA und zahlreiche dicht gepackte Produkte der Transkription. Eine Änderung dieser Struktur beobachtet man am Anfang der Prophase und bei der Re-Assemblierung in der Telophase. Hingegen bleibt die Nukleolus-Organisatorregion während der Mitose bestehen; die Nukleolus-Organisatorregion ist ein Cluster von rRNA-Genen. Es findet keine rRNA-Synthese während der Mitose statt.

DNA-Topoisomerasen führen verschieden stark verdrillte DNA-Strukturen ineinander über, wobei entweder einer der beiden Stränge der Doppelhelix gebrochen und wieder – nach Aufdrehen der Helix – geschlossen wird (Topoisomerase I) oder beide Stränge (Topoisomerase II). Als Substrate bei den Tests in vitro werden stark überdrehte Plasmide eingesetzt. Bei gleichem Molekulargewicht unterscheiden sich Plasmide je nach Zustand der Verdrillung im Laufverhalten bei der Elektrophorese. Das Typ I-Enzym schneidet einen der beiden DNA-Stränge und bindet das freie Phosphat-Ende kovalent an sich (einen Tyrosin-Rest). Prokaryontische Topoisomerase I und diejenige aus Chloroplasten sind dadurch charakterisiert, daß sie positiv überdrehte DNA nicht relaxieren. Das mitochondriale Enzym hingegen kann dies und ähnelt dadurch den entsprechenden eukaryontischen Enzymen.

DNA-Topoisomerasen spalten die Phosphodiester-Bindung der DNA und binden die Spaltstelle über eine Phosphat-Brücke kovalent an ein Tyrosin des Enzyms. Der anschließende Transfer dieses 5′-Phosphat-Endes auf eine freie 3′-OH-Gruppe der DNA ist abhängig von Mg^{2+}. Während Enzyme vom Typ I kein ATP benötigen, sind für den Typ II der Doppelstrangbruch und die folgende Wiederverknüpfung dann von ATP abhängig, wenn sich durch den Vorgang der superhelikale Streß erhöht.

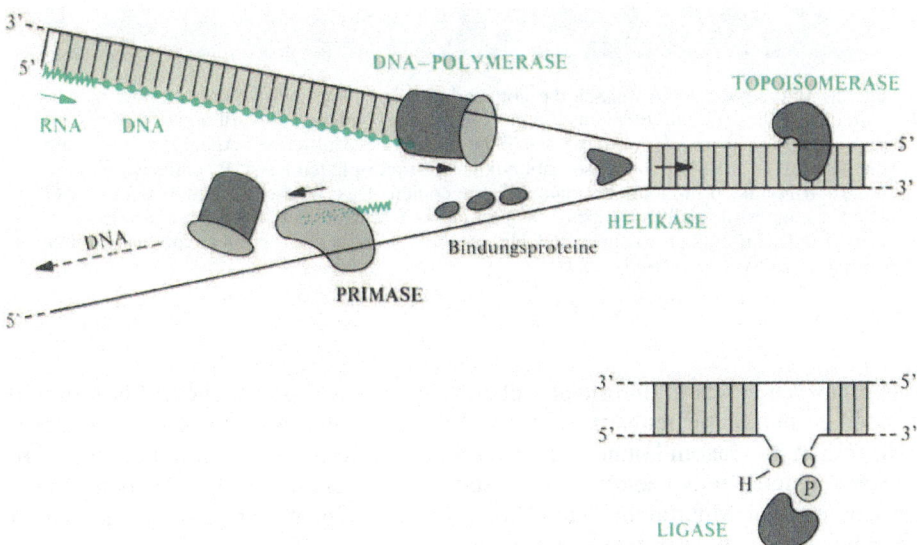

Abb. 3.2. Die an der Replikation beteiligten Proteine. Die Synthese der DNA von 5′ nach 3′ (grün gezeichnet) durch die DNA-Polymerase setzt das Vorhandensein eines Starters in Form von RNA voraus. Die Synthese am komplementären Strang hinkt hinterher. Auch sie wird mit RNA – hergestellt durch die Katalyse der Primase – gestartet. DNA entsteht beim 2. Strang nur in Form von Fragmenten. Zink-Metallproteine, die einsträngige DNA binden, halten die DNA-Struktur offen. Das Ausschneiden der RNA-Stücke und die Auffüllung der Lücken in einem der beiden DNA-Stränge nimmt die DNA-Polymerase vor. Die letzte, noch offene Bindung knüpft die DNA-Ligase, die als Substrat eine freie 3′-OH-Gruppe und eine phosphorylierte 5′-Position verlangt. Unter Verwendung eines Adenylat-Rests werden zuerst das Enzym und dann die 5′-Position der Nukleinsäure aktiviert, bevor unter Abspaltung von AMP die Phosphodiester-Bindung hergestellt wird. Als Zwischenstufe fungiert eine chemisch modifizierte DNA-Ligase; mit einer P-N-Bindung zwischen AMP und der Aminogruppe des Lysins im Enzym

Topoisomerasen vom Typ II enthalten eine kleine UE mit ATPase-Aktivität. Enzyme vom Typ II (Beispiel: Gyrase bei *E. coli*) relaxieren die verdrillten dsDNA-Bereiche. Sie arbeiten mit reversiblem Doppelstrangbruch. Bei einem Übergang von weniger stark verdrehter zu stark verdrehter DNA muß aber – für die kleine UE – ATP zugeführt werden. Die geöffneten Intermediate – die durch Zugabe von Acridin-Pharmaka abgefangen werden können – lassen sich auch zu Katena-Verbindungen zyklisieren. Katena-Verbindungen sind vergleichbar einer aus Ringen hergestellten Kette. Eine Topoisomerase aus *Brassica* erwies sich als sehr ähnlich der Gyrase aus *E. coli*. Die Topoisomerase I in Mitochondrien ist fest an die Membran gebunden und unterscheidet sich signifikant von der Topoisomerase I in Chloroplasten und von der des Kerns.

Fragen, die in diesem Bereich zu stellen wären, wie etwa nach der Kontrolle der Initiation der Replikation – daß z. B. keine Replikation nach Abschluß der S-Phase auftritt – können heute noch nicht beantwortet werden. Als ein Thema von besonderem Interesse erweist sich die Replikation in Abhängigkeit von der Chromatin-Struktur. Daß die Organisation in Nukleosomen eine Rolle für die Replikation und Transkription spielen muß, ist naheliegend; man stellt sich dabei eine Nukleosomen-Bewegung, ein schnelles, transientes, lokales Umlagern vor. Auch für die DNA-Reparatur müßten diese Voraussetzungen geschaffen werden.

Für die Bildung der DNA müssen die notwendigen Bausteine vorhanden sein; und zwar in dem die Synthese durchführenden Kompartiment. Wie kommen Desoxiribonukleosidtriphosphate in den Zellkern? Wo werden sie gebildet? Könnte es Multienzym-Aggregate geben, die die gesamte Fabrikation von Desoxiribonukleosid-triphosphaten aus z. B. einfachen Vorstufen wie Ribonukleosid-monophosphaten übernehemen? Da es Phasen gibt, in denen sehr viel DNA erzeugt wird, muß eine entsprechende Kontrolle über die Pools an Vorstufen existieren. Wie sieht das im Zellkern aus; wie im Chloroplasten? Gibt es einen Transfer von dNTPs oder erfolgt deren Synthese jeweils vor Ort?

Das pflanzliche Genom unterliegt – ebenso wie die DNA-Bereiche in Plastom und mtDNA – beträchtlichen Änderungen. Einsetzen und Ausschneiden von DNA-Abschnitten im Genom können zur Änderung von Struktur-Genen führen oder ihre Expression quantitativ beeinflussen. Besonderes Augenmerk wollen wir den instabilen somatischen Mutationen schenken. Auch deshalb, weil hier die molekularen Grundlagen bei Pflanzen relativ gut untersucht sind.

Eine Stillegung von DNA-Bereichen ist deshalb durchaus ein Thema. Gibt es weitere Mechanismen, die Ablesung von DNA bei Replikation, Rekombination und Transkription zu unterbinden? Einer dieser Mechanismen könnte die kontrollierte Methylierung sein. Sie ist tatsächlich feststellbar, und zwar an Amino-Gruppen der Basen der DNA. Eine **DNA-Methylase** spielt in Pflanzen eine beträchtliche Rolle bei der DNA-Modifikation; denn nach der DNA-Synthese müssen 25 % des Cytosins der DNA zu 5-Methylcytosin methyliert werden. Der Grad der Methylierung kann mit Hilfe zweier Endonukleasen bestimmt werden, die beide innerhalb der selben Nukleotid-Sequenz spalten, das eine Enzym aber bei einer Methylierung an der Spaltstelle inaktiv ist, während das zweite unabhängig vom Grad der Methylierung spaltet.

Rekombination, Austausch von genetischem Material, ist in erster Linie bei der sexuellen Vermehrung zu erwarten. Crossing-over werden in der Prophase der Meiosis (→ Abb. 10.3) beobachtet. Über den molekularen Mechanismus sind unsere Kenntnisse fast gleich Null. Man kann sich aber vorstellen, daß Prozesse der Erkennung durch Bindungsproteine gesteuert werden und Endonukleasen, Polymerasen und Ligasen bei der Spaltung und Wiedervereinigung der DNA-Bereiche eine Rolle spielen. Rekombination kann Austausch von DNA innerhalb homologer Bereiche bedeuten. Daneben kennen wir auch Insertion sowie replizierende Rekombination bei nicht-homologen Bereichen. Beispiele für den letzteren Fall sind in Zusammenhang mit den Transponierbaren Elementen zu besprechen.

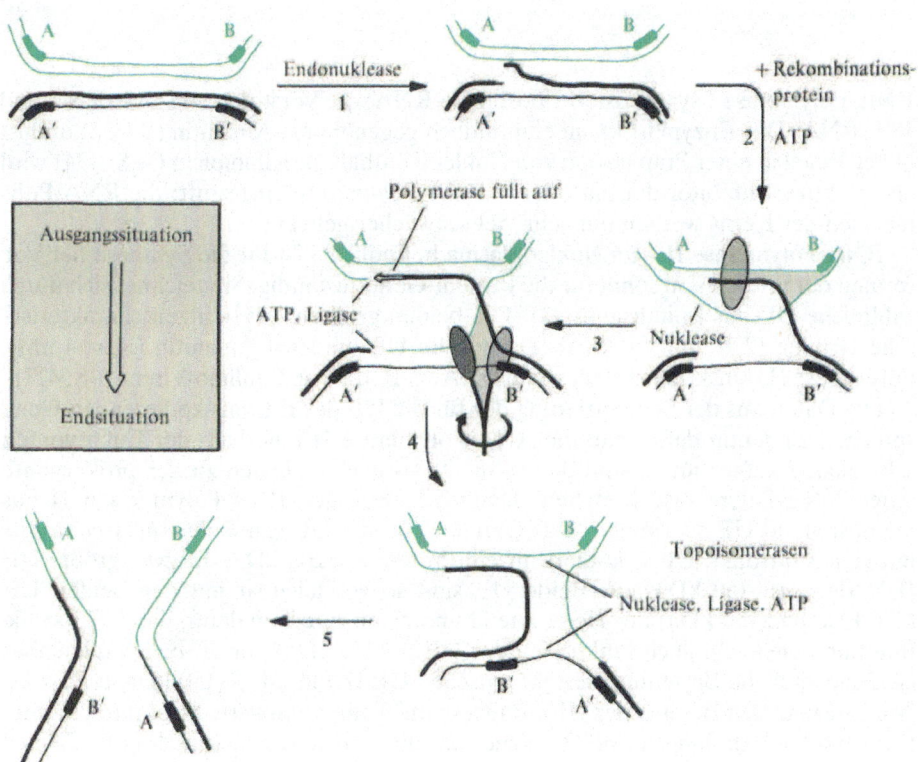

Abb. 3.3. Modell der Rekombination. Eine Endonuklease führt – an einer für die Integration geeigneten Stelle – einen Schnitt durch (1). Das zu A′ komplementäre und daher auch zu A komplementäre DNA-Stück wird teilweise einsträngig, hängt aus der Doppelhelix heraus, und kann mit Hilfe eines Rekombinationsproteins (recA-Protein bei *E. coli*) und Verbrauch von ATP in den homologen Doppelstrang eingefädelt werden (2; Bildung eines D-loop). Der zweite Einstrangbruch erfolgt innerhalb des homologen Bereichs auf der grünen DNA. In der Folge müssen Löcher durch Neusynthese (Polymerase) gefüllt und durch Ligase geschlossen werden (3). 4: Drehung des unteren Teils des Chiasma; Drehpunkt ist an der Überkreuzung des grünen und des dicken schwarzen Strangs. Am Modell könnte man mit Hilfe einer Pinzette die Fäden mit einer Linksdrehung aufdrehen. Der obere Teil bleibt ortsfest. 5: Schneiden, Auffüllen und Ligieren. Die Übersicht über den Gesamtprozeß erhält man, wenn man die Arrangements links oben und links unten vergleicht und die Gen-Orte im Auge behält

3.3 Transkription und die Bildung dreier verschiedener RNAs

> Die Transkription, das Kopieren der Information auf Ribonukleinsäure
> (RNA), ist in vielen Fällen die Stelle, an der der Informationsfluß der Zelle
> reguliert wird. Im Anschluß an die Transkription kommt es in der eukaryonti-
> schen Zelle – im Zellkern – zur umfangreichen Modifikation, zum Übergang
> vom Primärtranskript (Prä-mRNA) zur mRNA. Für die Transkription stehen
> im Zellkern drei verschiedene DNA-abhängige RNA-Polymerasen zur Verfü-
> gung; Polymerase II ist für die Synthese der Vorstufe der mRNA zuständig.

RNA-Polymerase I synthetisiert ribosomale RNA: die Vorstufen von 25S-rRNA und
18S-rRNA. Das Enzym ist kaum empfindlich gegenüber α-Amanitin (S. 432) und ist
in der Regel in einer Präparation von Nukleoli enthalten. Rifampicin (→ S. 434) wird
als selektiver Inhibitor der plastidären RNA-Polymerase eingestuft; die RNA-Polymerasen des Kerns werden nur sehr viel schwächer gehemmt.

RNA-Polymerase II – im Nukleoplasma befindlich – ist für die Synthese der Vor-
formen der mRNA und somit für die Protein-Gene zuständig. Sie zeichnet sich durch
zahlreiche UE aus (mindestens 12). Die beiden größten UE besitzen charakteristische Größen (220 und 140 kDa). Die größte UE bindet α-Amanitin (K_i = 4 nM).
Polymerase II transkribiert auch virale DNA, z. B. die von Caulimo-Viren (→ S. 417).

Die Daten aus der Sequenzierung der für die UE des Enzyms kodierenden Gene
sprechen eindeutig dafür, daß die RNA-Polymerase II innerhalb der Eukaryonten
sehr analog aufgebaut ist und daß selbst gewisse Homologien zu der prokaryontischen RNA-Polymerase bestehen. Danach setzen sich RNA-Polymerasen II aus
mindestens 10 UE zusammen. Das Gen der größten UE (im Falle von *Arabidopsis*
mit vielen Introns), UE I, kodiert für ein Protein mit 205 kDa; die zweitgrößte UE
(UE II) weist 150 kDa auf. Beide UE sind so vergleichbar mit den beiden UE
(220 kDa und 150 kDa) der Hefe. Die Homologien sprechen dafür, daß UE I strukturell und vielleicht auch funktionell der UE β' (155 kDa) von *E. coli* vergleichbar
ist. Eine ähnliche Beziehung besteht zwischen UE II und UE β (150 kDa in *E. coli*).
Am C-terminalen Bereich der UE I findet man 2 bemerkenswerte Strukturelemente:
Sequenz-Wiederholungen und Bereiche, die durch Kinasen mehrfach (10 – 20 mal
pro Molekül) phosphoryliert werden können. Ein derart modifiziertes Protein zeigt
ein ungewöhnliches Wanderungsverhalten; es migriert im elektrischen Feld langsa-
mer als ein vergleichbares Protein und täuscht so ein zu hohes Molekulargewicht vor.

UE I trägt, wie die UE β aus *E. coli*, die eigentliche katalytische Aktivität. Die
molekulare Struktur weist am N-terminalen Teil als Motiv einen Zink-Finger (→ Abb.
10.21) auf; RNA-Polymerase II war schon früher als Zn-Enzym eingestuft worden.

Die RNA-Polymerase III ist ebenfalls aus einer großen Anzahl unterschiedlicher
UE aufgebaut; von den kleineren UE sind einige identisch mit den UE von Polymerase I und II. Die Empfindlichkeit gegenüber α-Amanitin ist um den Faktor 500
geringer als im Falle von Polymerase II. RNA-Polymerase III ist für die Transkription der Vorstufen von tRNAs und einiger snRNAs zuständig.

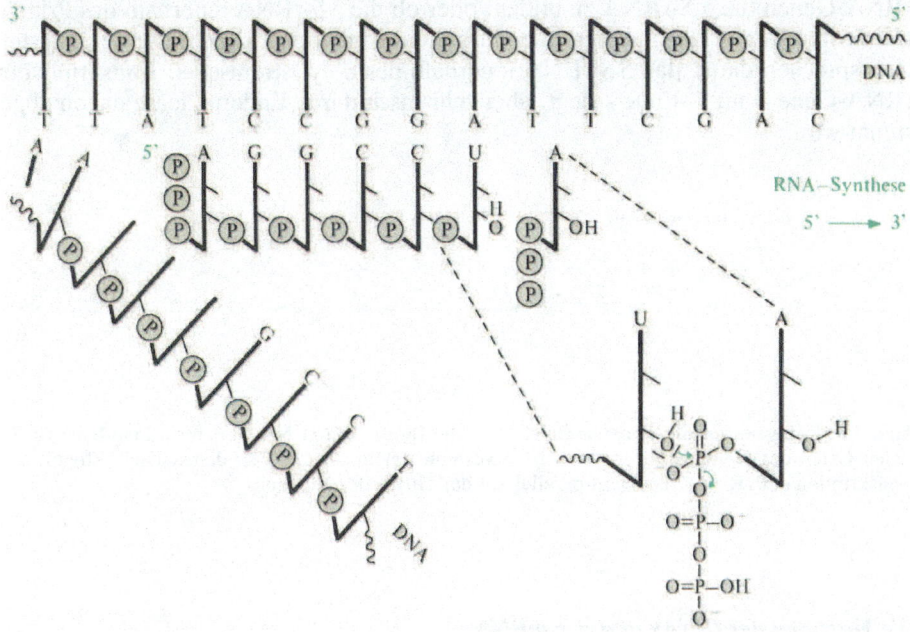

Abb. 3.4. Die RNA-Polymerase-Reaktion. Ein nukleophiler Angriff der 3′-OH-Gruppe auf den elektrophilen Phosphor des α-Phosphats des neu hinzukommenden Nukleosidtriphosphats führt zum Abgang von Diphosphat

Die Ablesung der Gene für rRNA ergibt polycistronische Vorstufen

Die fertige rRNA der Pflanze läßt sich durch ihre Größe und den Ort ihrer Funktion charakterisieren. Im Cytosol finden wir: die 25 S-, die 5.8 S- und die 5 S-Form in der großen UE der Ribosomen sowie die 18 S-Form in der kleinen UE. Im Chloroplasten: die 23 S-, die 5 S- und die 4.5 S-Form in der großen UE der Ribosomen sowie die 16 S-Form in der kleinen UE. In den Mitochondrien: die 24 S- und die 5 S-Form in der großen UE sowie die 18 S-Form in der kleinen UE.

Die Vorstufen der für das Cytosol bestimmten, ribosomalen RNAs im Kern werden unter der Katalyse der RNA-Polymerase I am Nukleolus hergestellt. Das Primärtranskript im Kern – als Vorstufe für die RNAs der Ribosomen im Cytosol – enthält freie Sequenzen (xxx), die mit-transkribiert, aber später ausgeschnitten werden:

$$(5')\text{-xx} - 18 \text{ S} - \text{xxx} - 5.8\text{S} - \text{xxx} - 25\text{S-}(3').$$

Zwischen den Cistrons befinden sich DNA-Abschnitte mit vielen Wiederholungen. Dort liegen die Promotoren für die Synthese des Primärtranskripts. Die vielen Promotoren binden die Transkriptions-Katalysatoren, die in limitierter Menge vorliegen. Die überreiche Zahl an Initiationsstellen erzwingt eine präferentielle Transkription der rRNA-Gene.

Die Frage, ob Pflanzen ähnlich wie tierische Zellen RNA-Polymerase III und eine Reihe von Transkriptionsfaktoren benötigen, um unabhängig von den anderen rRNA-Genen die 5 S-rRNA zu bilden, oder ob die 5 S-rRNA innerhalb des Primär-transkripts für alle rRNAs liegt, blieb bisher unbeantwortet. Ergebnisse der jüngsten Zeit sprechen dafür, daß 5 S-rRNA innerhalb des polycistronischen Transkripts der rRNA-Gene – am 3'-Ende – liegt, aber sehr rasch durch Endonuklease davon abge-trennt wird.

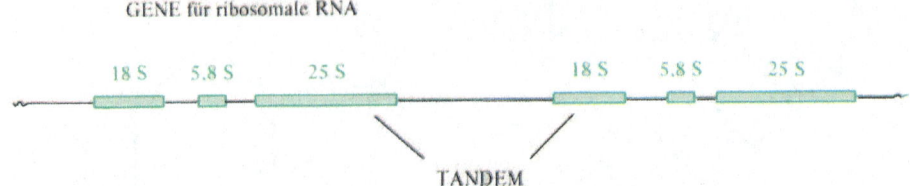

Abb. 3.5. Kerngene für die cytosolische rRNA. Die Blöcke mit rRNA-Genen sind tandemartig an vielen Orten des Genoms angeordnet. Man vermutet mehr als 1000 Tandems. Die Aktivität der Transkription der rRNA-Gene geht parallel mit der Größe der Nukleoli

Die Vorstufen der tRNAs und der mRNAs

Die Vorstufen der tRNAs unterscheiden sich von den reifen Spezies in der Regel durch zusätzliche Nukleotid-Sequenzen. Dies gilt sowohl für die im Chloroplasten synthetisierten als auch für die im Kern durch die RNA-Polymerase III hergestellten Formen. Besonders am 5'-Ende sind Veränderungen (Prozessierungen) – von Nukle-asen katalysiert – notwendig. Aber auch die Einschübe (Introns) in der Nähe der Anticodon-Schleife müssen herausgeschnitten werden. tRNA, wie sie im Cyto-plasma auftritt, hat – neben der Anticodon-Schleife – einen einsträngigen Bereich mit $T\psi CG$ als Charakteristikum. In Chloroplasten finden wir eine prokaryontische Form der tRNA mit einer $T\psi CA$-Schleife. Das 5'-Ende der Initiator-tRNA^{Met} enthält in Chloroplasten, wie in Prokaryonten, ein ungepaartes Nukleotid. Das Thymidin-Ribonukleotid in der tRNA entsteht erst durch Modifikation auf der Ebene der RNA: eine Synthase verwendet einen C_1-Körper auf der Oxidationsstufe des Alde-hyds (Methylen-Tetrahydrofolat) und ein Reduktionsmittel ($FADH_2$) und verändert damit ein U innerhalb einer Vorläufer-tRNA.

Daß die tRNA während der Evolution nur wenig verändert wurde, zeigt die Tatsa-che, daß tRNA^{Phe} der Plastiden von *Euglena* und Bohne sich nur in 5 aus 86 Nukleo-tiden unterscheiden.

RNA-Polymerase II im Nukleoplasma ist für die Transkription der Protein-Gene verantwortlich. Das Primärtranskript weist verschieden lange Bereiche (9 – 200 Nukleotide) vom 5'-Ende (cap site) bis zum Start-Codon der Translation (AUG auf der mRNA; ATG auf der DNA) auf. Auch das 3'-Ende enthält Sequenzen, die über den kodierenden Bereich hinausgehen und vor der Prozessierung am 3'-Ende – dem Verlängern mit A – entfernt werden. Ein besonders wichtiger Aspekt bei der Trans-kription ist die Geschwindigkeit, mit der die Polymerase den Initiationspunkt erkennt und mit dem Ablesen beginnt. Für diese Art der Kontrolle der Transkription sind vor allem Sequenzbereiche auf der 5'-Seite des Struktur-Gens entscheidend.

Da bei der Transkription die Informationen – Innenbereiche der DNA-Doppelhelix – zugänglich gemacht werden müssen, spielen Sekundärstrukturen der DNA, vor allem die Positionen an oder zwischen Nukleosomen eine Rolle.

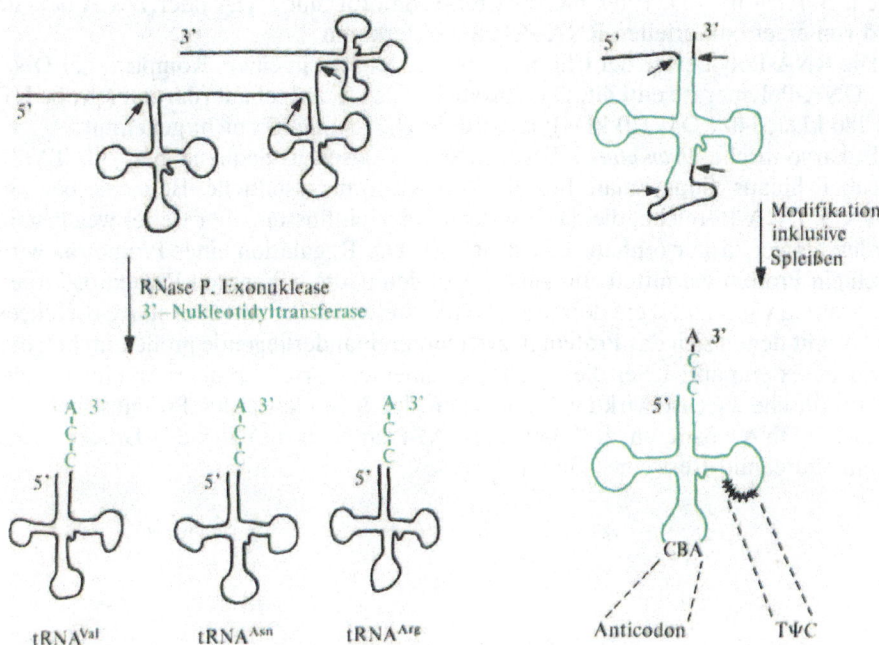

Abb. 3.6. Bildung der tRNA. Bei der Modifikation des Primärtranskripts für die Bildung der tRNA treten interessante Phänomene auf: polycistronische Transkripte als Vorstufen sowie Eliminieren von RNA-Zwischenbereichen durch Ausschneiden. Links ist als Beispiel die polycistronische Vorstufe von 3 tRNAs in *Euglena*-Chloroplasten gezeichnet. Rechts ein Beispiel – verwirklicht bei Chloroplasten höherer Pflanzen, in *E. coli* und Hefe – mit Spleißen aus dem späteren Anticodon-Bereich. In allen Fällen kommt es erst im letzten Schritt zur Anfügung des 3′-CCA-Teils durch eine Nukleotidyl-Transferase

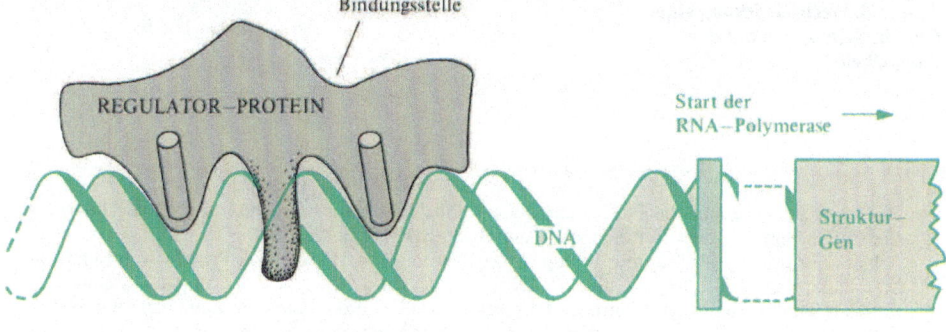

Abb. 3.7. Kontrollstellen für die RNA-Polymerase. Man erkennt das Prinzip, wie sich ein Protein durch einerseits spezifische und andererseits allgemein topologische Kontakte an einen ausgewählten DNA-Bereich binden kann

Chloroplasten-Promotoren weisen Ähnlichkeiten mit den Regulations-Sequenzen bei Prokaryonten auf. Bei prokaryontischen Genen, die ja meistens gemeinsam als Operons gesteuert werden, besteht der Steuerbereich aus einer Consensus-Region bei -10 (10 Basen vom Transkriptionsstart aufwärts; Pribnow-Box TATAAT) und einem Bereich bei -35. Ein Chloroplasten-Promotor, mit TATA oder TACA bei -10, wird von einer bakteriellen RNA-Polymerase erkannt.

Die RNA-Polymerase der Chloroplasten findet man in einem Komplex, der DNA und DNA-Polymerase enthält. Das Enzym ist aus UE aufgebaut (darunter große UE mit 180 kDa, 140 kDa, 110 kDa); es wird durch α-Amanitin nicht gehemmt.

Eukaryontische **Promotoren** besitzen eine Consensus-Sequenz bei -30: TATA. Darüber hinaus findet man für die Transkription essentielle Bereiche bei -80 (CAAT). DNA-Bereiche, die die Transkription beeinflussen, aber weiter weg liegen, werden als Verstärker (enhancer) bezeichnet. Die Regulation eines Promotors wird durch ein Protein vermittelt. In Analogie zu den heute bekannten Regulator-Proteinen nehmen wir an, daß ein derartiges DNA-bindendes Protein zwei starre α-Helices besitzt, mit denen sich das Protein in zwei hintereinanderliegende große Furchen der Doppelhelix einpaßt. Über diese mehr allgemeine, starre Verankerung hinaus müssen spezifische Wechselwirkungen zwischen der Seitenkette des Proteins und den Basen der DNA existieren; z. B. bei einem AT-Paar noch zusätzliche H-Brücken vom A zum Säureamid-Rest eines Glutamins.

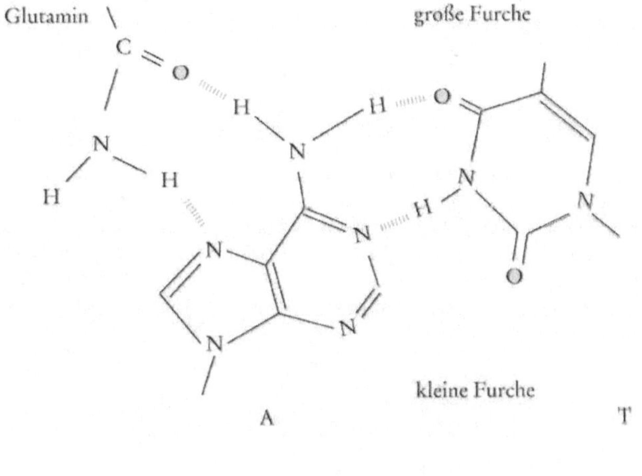

Abb. 3.8. Wechselwirkung einer Protein-Seitenkette mit der Doppelhelix

Bei Pflanzen kennt man das Phänomen, daß erhöhte Temperaturen zu einer starken Reaktion der Zellen führen. Zwei Befunde sind dabei leicht nachzuweisen: daß es zu einer gewissen Adaption kommt und daß eine verstärkte Produktion von Hitzeschock-Proteinen einsetzt. Wenn aber eine Zelle sich in einem Zustand befindet, in dem Transkription nicht so schnell aktiviert werden kann, dann führt der Hitzeschock zum Zelltod. Kann die Zelle nicht das Set von Hitzeschock-Proteinen herstellen, kann sie sich offenbar nicht auf den neuen Umweltfaktor einstellen. Wo und wie Hitzeschock-Proteine intrazellulär wirken, ist in bestimmten Ansätzen gut verstanden, in anderen Fällen gänzlich unbekannt. Aber wer ist der Sensor für die Temperaturerhöhung; wie gibt er sein Signal weiter, daß es schließlich zu einer selektiven Aktivierung von bestimmten Genen kommt?

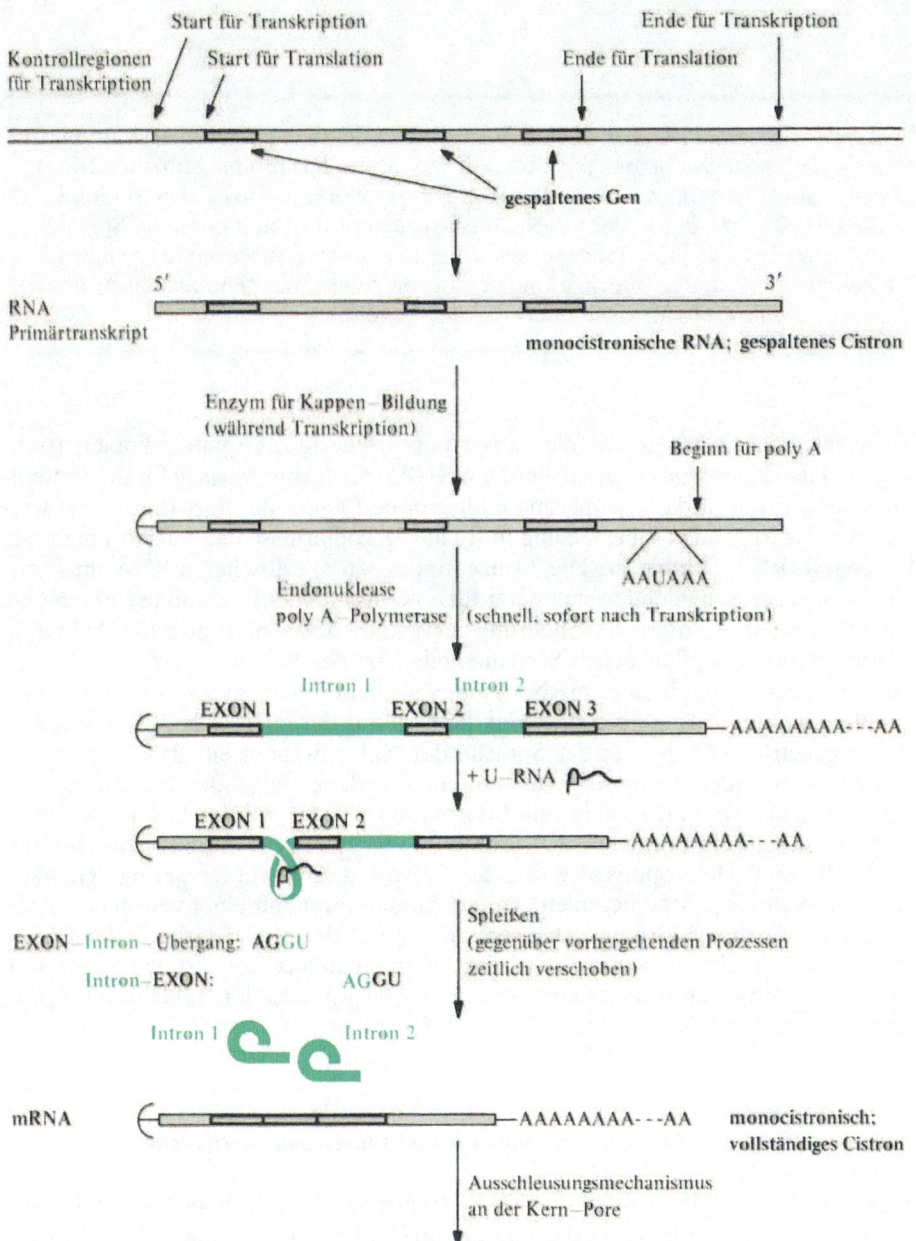

Abb. 3.9. Übersicht über die post-transkriptionalen Modifikationen. Zeitlich gestaffelt finden umfangreiche Änderungen am Primärtranskript statt, bevor die mRNA den Kern verläßt. Als Teil der Regulation müßte auch die Öffnung der Kern-Pore gesehen werden

3.4 Translation – die Information gelangt auf die Stufe der Proteine

> Bei der Translation sind zwei Systeme zu berücksichtigen: ein prokaryontisches mit den 70 S-Ribosomen, repräsentiert in Chloroplasten und Mitochondrien, sowie ein eukaryontisches mit den 80 S-Ribosomen im Cytosol. Translation ist die Übersetzung der in der mRNA niedergelegten Information in die Sprache der Proteine. Für die Translation werden neben dem Ribosom als Synthese-Maschinerie und der Information noch die an Adaptoren gebundenen Amino-säuren sowie Proteinfaktoren und Energie benötigt.

Wir haben bisher verfolgt, wie die im Kern gespeicherte Information kopiert (transkribiert) und zurechtgeschnitten wurde. mRNA – die fertige Vorlage für die Proteinsynthese – wurde in das Cytoplasma entlassen und kann nun dort translatiert werden. Bei der folgenden Übersetzung hilft eine Decodiermaschine – Ribosomen mit Aminoacyl-tRNA-Synthasen. Die Konzentration an spezifischer mRNA im Cytoplasma ist ein entscheidender Parameter für das Ausmaß der Proteinbiosynthese und damit für die Gen-Expression. Änderung der mRNA-Konzentration durch Abbau ist für eine Reihe von pflanzlichen Systemen eine Art der Kontrolle der Gen-Expression. Die Halbwertszeit einer mRNA kann vor allem durch externe Faktoren stark moduliert werden; hängt aber auch von der Struktur der mRNA im 3′-Bereich ab.

Der genetische Code – in der Sprache der Nukleinsäuren ein Basentriplett als Äquivalent zu einer Aminosäure im Protein – verlangt folgende Korrelation zwischen Nukleinsäure und Protein: die Information auf der mRNA wird in Richtung 5′→3′ abgelesen, das Protein vom N-Terminus in Richtung C-Terminus synthetisiert.

Proteine sind Heteropolymere. Für die Polymerisation werden geringfügig aktivierte Derivate der Monomeren eingesetzt: Aminosäuren mit einer veresterten statt einer freien Carboxyl-Gruppe. Die Veresterung mit der 3′-OH-Gruppe der tRNA geschieht aber nicht nur aus Gründen der Thermodynamik, sondern vor allem, um der Aminosäure einen Adapter aufzusetzen, der die Sprache der Nukleinsäuren, die Codons, erkennen kann.

Aminoacyl-tRNA-Synthetasen verknüpfen Aminosäuren mit Nukleinsäuren

Das für die Bildung der Aminoacyl-tRNA verantwortliche Enzym besitzt die Spezifität, für eine bestimmte Aminosäure die richtige tRNA auszuwählen. Dabei ist zu berücksichtigen, daß für eine Aminosäure mehrere unterschiedliche tRNAs existieren können. Die Aminoacyl-tRNA-Synthetase (→ Abb. 3.10) katalysiert die ATP-abhängige Veresterung der 3′-OH-Gruppe der tRNA mit der Carboxyl-Gruppe der jeweiligen Aminosäure. Aminoacyl-AMP entsteht dabei als enzymgebundenes Zwischenprodukt. Das proteinchemische Bauprinzip der Synthetasen: $\alpha_2\beta_2$ oder α_4.

Während wir für die 20 proteinogenen Aminosäuren mindestens 20 streng spezifische Aminoacyl-tRNA-Synthetasen fordern müssen, kann es als sicher gelten, daß für viele Aminosäuren mehrere unterschiedliche tRNAs als Partner möglich sind.

Unterschiedliche tRNAs mit z. T. verschiedenen Anticodons werden von unterschiedlichen Organismen in verschiedenen Entwicklungsstadien eingesetzt. So lassen sich in Sojabohnen 6 verschiedene tRNA^{Leu} nachweisen; 3 davon werden stark exprimiert. Der Unterschied bei der Verwendung von tRNAs könnte auch in deren unterschiedlichen post-transkriptionalen Modifikationen liegen. Welche Rolle spielt da z. B. eine im Zellkern lokalisierte tRNA-Methyltransferase?

Die aus Chloroplasten gereinigten Aminoacyl-tRNA-Synthetasen verhalten sich sehr ähnlich wie die prokaryontischen Enzyme. Diese Chloroplasten-Enzyme werden kernkodiert, im Cytoplasma synthetisiert und anschließend in die Plastiden importiert.

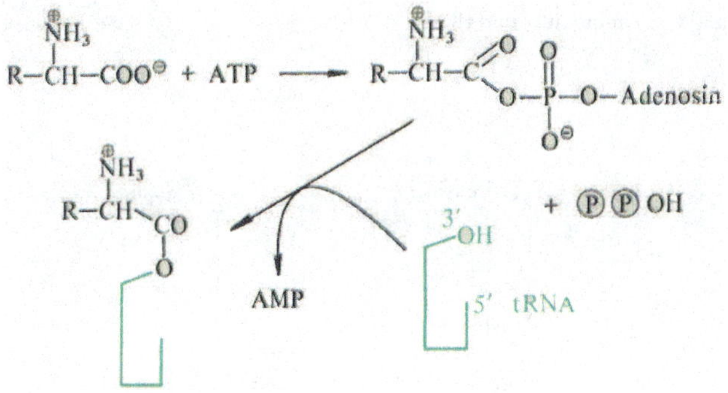

Abb. 3.10. Die Katalyse durch die Aminoacyl-tRNA-Synthetase

Dieses Erkennen, dieses Verknüpfen zweier Informationseinheiten unterschiedlicher Qualität, repräsentiert den Zeitpunkt, wo der Informationsmodus von der Sprache der Nukleinsäuren auf die Sprache der Proteine umgeschaltet wird. Die weiteren Wechselwirkungen, nämlich zwischen der Information auf der mRNA und dem Adapter, der tRNA, sind rechts oben symbolisiert.

Als Beleg, daß sich alle Organismen aus gemeinsamen Vorfahren entwickelt haben, könnte der allen gemeinsame genetische Code dienen. Nachdem sich die Universalität des Codes in unseren Köpfen festgesetzt hat, war es dann doch überraschend zu entdecken, daß gerade Organellen, also Nachkommen von Endosymbionten, sich nicht ganz regelgerecht verhalten. So interpretieren Mitochondrien von Hefen das Codon UGA als Tryptophan, während die Mitochondrien der Pflanzen „regelgerecht" darin ein Stopp-Zeichen sehen. Auch bei den Codons AUA und CUA, wo Hefen einen vom universellen Code abweichenden Code anwenden, bleiben die Pflanzen bei dem Code, der für sie auch in ihrem Cytosol gilt. Wenn den Hefen ohne Verlust ihrer Lebensfähigkeit erlaubt war, den Code im Laufe der Evolution zu ändern, warum gelingt diese Abzweigung von der Hauptlinie nicht auch einer Pflanze? Oder gibt es andere Mechanismen (Edieren), um eigene Wege bei der Suche nach Vorteilen zu gehen?

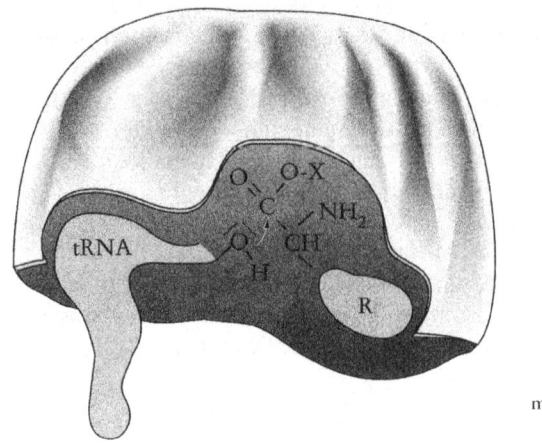

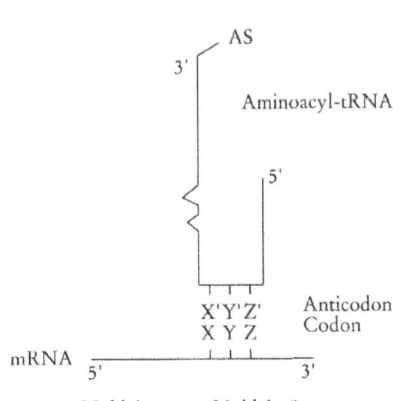

Verknüpfung von Aminosäure und tRNA

Nukleinsäure - Nukleinsäure-
Wechselwirkung

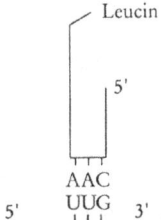

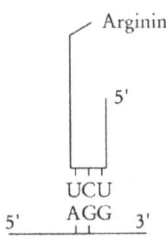

Abb. 3.11. Das Prinzip der indirekten Verknüpfung zwischen Aminosäure und dem Code auf der mRNA. Eine Aminoacyl-tRNA-Synthetase aktiviert nicht nur die Aminosäure, indem sie ein Aminoacyl-AMP-Derivat herstellt (siehe vorhergehende Abb.); sie setzt das Säure-Derivat (mit X als AMP) auch um mit dem Alkohol, der tRNA. Diese Situation ist schematisch angedeutet (links oben). Damit wird deutlich gemacht, daß das Enzym einerseits den Rest R der Aminosäure genau erkennen muß, aber andererseits auch einen Teil der dazu gehörenden tRNA. Untersuchungen mit mutierten tRNAs haben gezeigt, daß vom tRNA-Molekül im wesentlichen der Stammbereich mit der 3′-OH-Gruppe sowie der konkave Teil des Knies (grün) der Erkennung dienen

Die nächste Frage zielt darauf ab, welche Aminosäure über ihre tRNA mit dem Start-Codon auf der mRNA zu korrelieren ist. In Prokaryonten, Mitochondrien und Chloroplasten ist es N-Formyl-Methionin. Als Adaptoren für Methionin kann man zwischen zwei tRNA^{Met} unterscheiden. Das in Reaktion 2 gebildete Molekül kann nicht formyliert werden und dient ausschließlich für den Einbau von Methionin im Inneren des Proteins.

$$tRNA^{FMet} + Met \rightarrow Met\text{-}tRNA^{FMet} \rightarrow FMet\text{-}tRNA^{FMet} \qquad (1)$$

$$tRNA^{Met} \rightarrow Met\text{-}tRNA^{Met} \qquad (2)$$

Auch im Cytoplasma der Eukaryonten finden wir zwei verschiedene, mit Methionin

64

beladbare tRNAs. In Hefe ist eine Spezies Met-tRNA mit Hilfe einer Formylase aus *E. coli* (Hefe selbst besitzt kein solches Enzym im Cytoplasma) formylierbar und daher mit der Met-tRNA^{FMet} vergleichbar. Anders verhalten sich diesbezüglich höhere Pflanzen, die neben tRNA^{Met} und tRNA^{FMet} auch eine Transformylase besitzen. Diese Transformylase ist in der Lage, Met-tRNA^{FMet} aus *E. coli* zu formylieren.

Codon-Anticodon-Bindungen und Nukleinsäure-Protein-Wechselwirkungen garantieren die korrekte Translation

Die korrekte Übersetzung der im Codon der Nukleinsäure befindlichen Information im Protein wird durch zwei Arten spezifischer Wechselwirkungen ermöglicht: Da ist einmal das „Erkennen" der „richtigen" Nukleinsäure (tRNA) durch ein Protein (Aminoacetyl-tRNA-Synthase). Die andere Brücke zwischen Aminosäure und Codon wird durch die Basenpaarung zwischen Codon (mRNA und Anticodon (tRNA) hergestellt. In der Auswahl ihrer Substrate stellt die Aminoacyl-tRNA-Synthetase das Relais für die Übersetzungsautomatik (Nukleinsäure → Protein) und die Garantie für die Präzision der Übersetzung dar.

Man muß eine Vororientierung der beladenen tRNAs an der mRNA des Messenger-Ribosom-Komplexes in Betracht ziehen. Dadurch wird der geschwindigkeitsbestimmende Schritt der Translation, die Substratbindung, erleichtert. Darüber hinaus könnte es zu einer Basenpaarung zwischen der tRNA (TψC-Schleife) und Sequenzen der rRNA (z. B. 5 S-rRNA) im Ribosom kommen. Der Code für die Aminosäuren ist durch folgende Eigenschaften charakterisiert: (a) er ist ein Dreier-Code: aus einer Gesamtmenge von 4 Zeichen werden 3 Zeichen für ein Wort (Aminosäure) benötigt (3 Zeichen aus 4 Elementen ermöglichen 43 = 64 Codons); (b) er ist degeneriert: mehr als eine Dreiergruppe kann für ein- und dasselbe Wort kodieren; (c) er ist nicht überlappend und ohne Komma; (d) er besitzt ein Startzeichen (AUG) und 3 Stoppzeichen (UAG, UAA, UGA) und (e) er ist universell.

Ein Initiationskomplex wird am Ribosom zusammengebaut

Die reinen Größenangaben – 70 S oder 80 S – für die Ribosomen müssen immer so verstanden werden, daß hier zwei in ihrem Aufbau in vielen Belangen unterschiedlich strukturierte Nukleoprotein-Enzymkomplexe vorliegen. Inhibitoren können jeweils selektiv eine der beiden angeführten Protein-Synthesemaschinerien stoppen: Cycloheximid die 80 S-Ribosomen, Chloramphenicol die 70 S-Ribosomen.

Einen Eindruck von der Gestalt der für Chloroplasten und Bakterien charakteristischen 70 S-Ribosomen vermittelt das folgende Bild. Die große UE (50 S) enthält 34 Proteine (L1-L34), die kleine UE (30 S) 21 Proteine (S1-S21).

Die Raumstruktur der rRNAs spielt bei der Translation eine bisher wenig verstandene Rolle. Einzig die Tatsache, daß die rRNA auf der kleinen UE (16 S rRNA auf der 30 S-UE) mit ihrem 3′-Ende komplementär zu einer Sequenz auf der mRNA im Bereich unmittelbar vor dem Start-AUG ist, beweist eine aktive Teilnahme der rRNA am Translationsprozeß. Durch diese auf Komplementarität beruhende Auswahl erkennt das Ribosom auf der prokaryontischen mRNA das für den Start notwendige Methionin-Codon. Prokaryontische mRNAs besitzen eine Ribosomen-Bindungsstelle (Shine-Dalgarno-Sequenz) etwa 10 Nukleotid-Einheiten vor dem AUG.

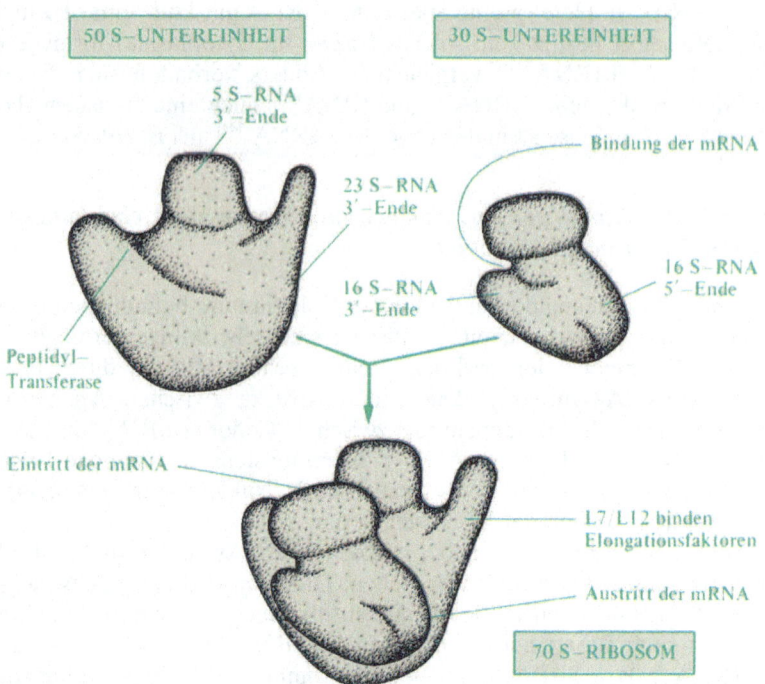

Abb. 3.12. Ungefähre Topographie des 70 S-Ribosoms. Das Ribosom liegt, wenn es nicht gerade an der Translation beteiligt ist, in Form zweier UE vor. Die kleinere UE besteht aus 16 S rRNA und etwa 20 Proteinen; die große UE setzt sich aus 23 S rRNA, 5 S rRNA, 4.5 S rRNA und etwa 34 Proteinen zusammen. Wenn das Ribosom an der Arbeit ist, wird der mRNA-Faden zwischen den beiden UE durchgeführt

Daß zwischen 70 S- und 80 S-Ribosomen größere Unterschiede existieren, läßt sich bereits beim Vergleich des Zusammenbaus von Initiationskomplexen erkennen. Dazu sind nicht nur Ribosomen-Einheiten und beladene tRNAs notwendig, sondern auch lösliche Proteinfaktoren. Im Falle der Initiation der Translation bei prokaryontischen und plastidären Ribosomen kennen wir drei Initiationsfaktoren. Einer davon (IF-2) ist ein GTP-bindendes Protein (G-Protein); IF-2 organisiert die Bildung eines ternären Komplexes, bestehend aus IF-2, GTP und Formylmethionyl-tRNA.

Diesem Prozeß – der Auswahl des Start-AUG – kommt bei der eukaryontischen mRNA der Umstand zu Hilfe, daß die eukaryontische mRNA am 5'-Ende ein besonderes Merkmal trägt (Kappe). Es gibt Proteine, die an diesen Bereich spezifisch binden und damit die Initiation steuern (Initiationsfaktor eIF-4F). Der Initiationsfaktor eIF-4F befindet sich in einem Gleichgewicht zwischen phosphorylierter und dephosphorylierter Form. Unterliegt er einer Dephosphorylierung, bindet er nicht mehr an die Kappe der mRNA und unterstützt dabei auch nicht mehr die Initiation der Translation. Letzterer Fall tritt bei O_2-Defizit ein; es ist aber nicht bekannt, wie ein O_2-Sensor in die Dephosphorylierung eingreift.

Die Bindungsstelle für das 40 S-Ribosom ist unmittelbar neben der Kappe auf der mRNA. Dann bewegt sich die Ribosomen-UE in Richtung 3′ und „scannt" die Sequenz bis zum ersten AUG für Met.

Die Vorgänge bei der **Elongation** an eukaryontischen Ribosomen sind nicht viel anders als in Abb. 3.14 für bakterielle und plastidäre Translation beschrieben. eEF-1a (60 kDa) entspricht dem EF-Tu, eEF-1b (30 kDa) dem Ts und eEF-2 dem EF-G der Prokaryonten. Das für die Translokation notwendige Protein eEF-2 ist ein 100 kDa-Protein mit hoher Affinität zum Ribosomen-Komplex.

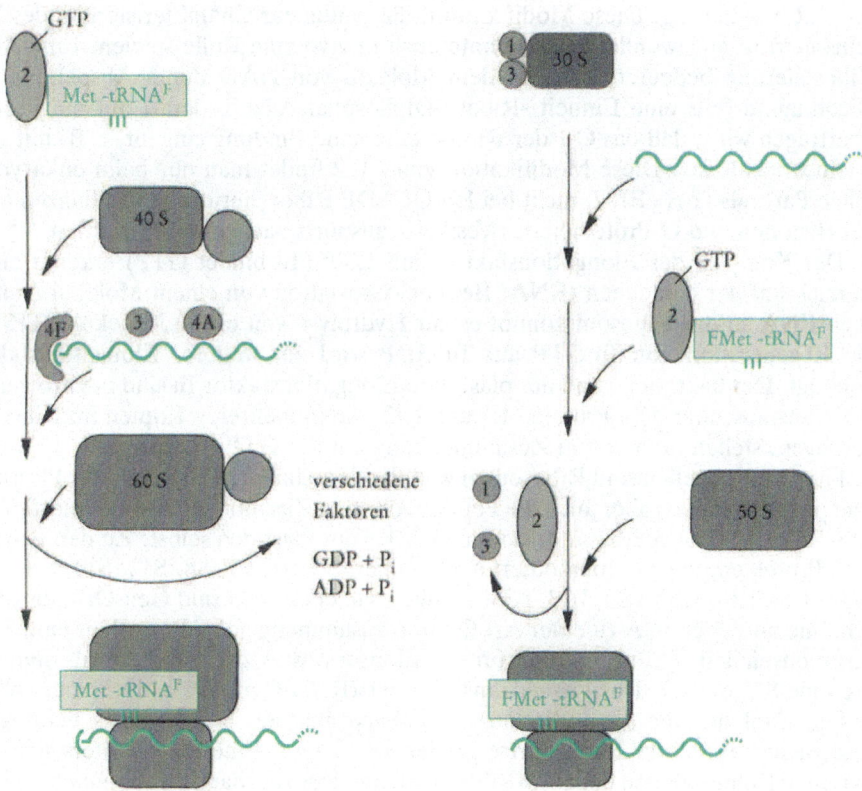

Abb. 3.13. Gegenüberstellung der Initiation der Translation bei 80 S-Ribosomen und 70 S-Ribosomen. IF-3 wirkt dissoziierend auf 70 S-Ribosomen und unterstützt die Bindung der mRNA an die 30 S UE. Reiner Faktor IF-2 kann in vitro FMet-tRNA binden

Die Analyse der zu einem bestimmten Zeitpunkt in einer Zelle vorhandenen Komponenten der Translation kann ergeben, daß Ribosomen und Translationsfaktoren nicht in stöchiometrischen Verhältnissen vorliegen. eEF-1a ist in der Regel 10mal stärker vertreten als Ribosomen; und Proteine, die an die 5′-Kappe der mRNA binden, mögen in noch geringeren Relationen zur Verfügung stehen. Dies ergibt ein Bild, daß durch Steuerung der Menge an Translationsfaktoren auch eine Regulation der Translation erfolgen kann.

Ausgehend vom Start-Codon AUG wird die mRNA – in der Elongationsphase – in Richtung 3′ abgelesen. Ein mRNA-Molekül kann gleichzeitig von mehr als einem Ribosom abgelesen werden. Ein Arrangement von mRNA und mehreren Ribosomen bezeichnet man als Polysom.

Eine andere Möglichkeit der Kontrolle auf der Ebene der Translation bietet sich durch chemische Modifikation von Komponenten der Translation an. Faktor eEF-1, der bis zu 5 % des Gesamtproteins des Cytosols ausmachen kann, besteht aus 3 oder 4 UE; eEF-1α bindet GTP und die UE βγ sind für die Austausch-Reaktion – GTP für GDP – verantwortlich. Letztere können durch Protein-Kinasen inaktiviert werden. UE-α von eEF-1 ist als G-Protein mit besonderer Struktur zugänglich für eine ADP-Ribosylierung. Diese Modifikation, die häufig zur Charakterisierung des Proteins in vitro angewendet wird, könnte auch in vivo eine Rolle spielen. Eine ADP-Ribosylierung bedeutet, daß aus dem Molekül von NAD durch Abspaltung des Nicotinamid-Teils eine Einheit -Ribose-Diphosphat-Adenin derart auf ein Protein übertragen wird, daß das C-1 der Ribose eine neue Bindung eingeht, z. B. mit dem N eines His-Rests. Diese Modifikation von EF-2 findet man nur beim eukaryontischen Part; also bei eEF-2, nicht bei EF-G. ADP-Ribosylierung ist in Pflanzen auch bei Histonen und G-Proteinen des Vesikel-Transports nachgewiesen worden

Der Komplex des Elongationsfaktors mit GTP (Tu bindet GTP) erkennt einen Bereich auf der beladenen tRNA. Bei der Assoziation von einem Molekül Aminoacyl-tRNA an das Ribosom kommt es zur Hydrolyse von einem Molekül GTP. Für die Regeneration von Tu.GTP aus Tu.GDP wird ein weiterer Elongationsfaktor benötigt. Der bakterielle und der plastidäre Elongationsfaktor Tu sind in vitro gegenseitig austauschbar. Die Proteine L7 und L12, die in mehreren Kopien im Ribosom vorliegen, stehen in direktem Zusammenhang mit der GTP-Hydrolyse.

Für die Organellen sind Ribosomen wichtige Maschinen: die rRNAs der Plastiden sind plastomkodiert; aber auch die Peptide, die zum Zusammenbau eines plastidären 70 S-Ribosoms notwendig sind, stammen z. T. vom Plastiden selbst. Zu den Ribosomen-Proteinen, die plastomkodiert sind, zählen S3, S4, S7, S8, S12, S14, S16, S19 sowie L14, L16, L20, L22, L23, L33. Ähnlich wie bei *E. coli* sind Gen-Orte für diese Proteine an der ctDNA zu einer Art Operon zusammengefaßt. So enthält eine Transkriptionseinheit die Information für die Elongationsfaktoren und die ribosomalen Proteine S12 und S7. Das Primärtranskript der rRNA-Gene ist „polycistronisch".

Die Zahl der für die Initiation des eukaryontischen 80 S-Systems benötigten zusätzlichen Proteinfaktoren dürfte größer als 10 sein. Eine klare Unterscheidung zwischen Komponenten der 80 S-Ribosomen und assoziierbaren, aber unabhängigen Partnern ist für diese Proteine nicht immer möglich. Das Start-Codon AUG wird mit Methionyl-tRNA besetzt.

Es sind unterschiedliche Pflanzen, in denen sich toxische Proteine befinden, die bestimmte Funktionen der eukaryontischen Ribosomen hemmen. Dabei fungieren die toxischen Proteine als N-Glykosidasen und spalten an einer definierten Stelle der 28S-rRNA eine glykosidische Bindung zum Adenin. Diese Modifikation bewirkt, daß das betreffende Ribosom lösliches eEF1α nicht mehr bindet; die Translation wird gehemmt. Zu der Klasse von Proteinen, die in nanomolaren Konzentrationen die Translation unterbinden, gehören Monomere (30 kDa) sowie Heterodimere wie Ricin und Abrin. Bei letzteren ist die enzymatisch aktive A-Kette durch S-S-Brücke an ein Lektin (B-Kette) gebunden. Der ternäre Komplex mit EF-1, GTP und Aminoacyl-tRNA wird nicht an den Initiationskomplex gebunden, wenn pilzliche Toxine wie Sacin oder Mitogillin einwirken. Diese Toxine spalten die 28S-rRNA der großen UE.

Elongation erfordert Einbringen der Aminoacyl-tRNAs – gebunden an Proteinfaktor Tu – und Translokation, unterstützt von Elongationsfaktor G und getrieben durch die Hydrolyse von GTP.

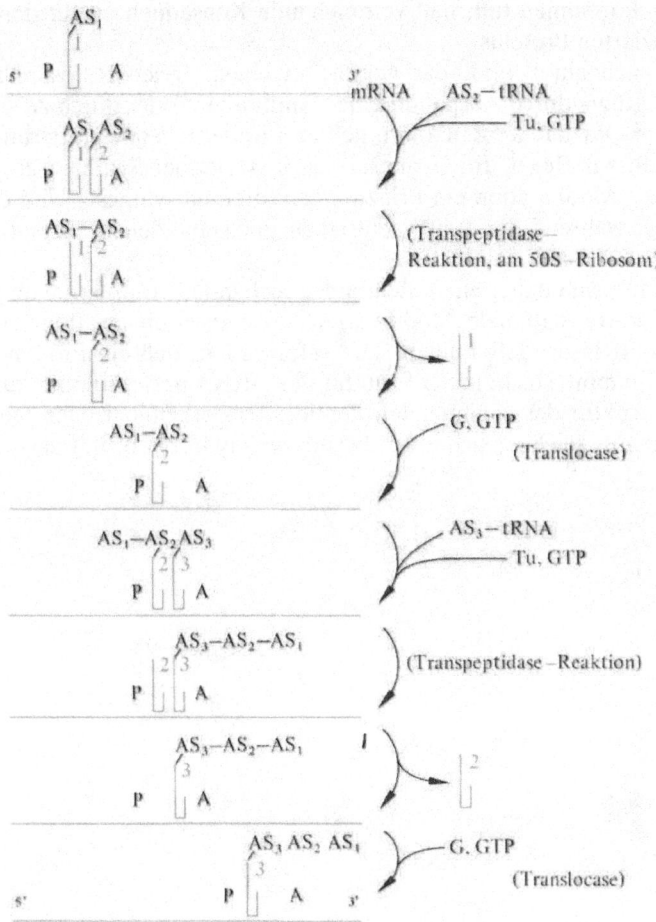

Abb. 3.14. Elongationsschritte der Translation im Chloroplasten an 70 S-Ribosomen. Eine Reihe von pflanzlichen Lektinen – dazu zählen Abrin, Ricin und Volkensin – hemmt die Translation in eukaryontischen Systemen. Es ist aber unwahrscheinlich, daß dies unter physiologischen Bedingungen eine Rolle spielt, da die Kompartimentierung eine Wechselwirkung in vivo ausschließen sollte. Zu Beginn der Elongationsphase ist die Starter-Aminosäure über die entsprechende tRNA mit dem mRNA-Ribosom-Komplex verbunden. Der Bereich, wo die tRNA mit der mRNA in Wechselwirkung tritt, ist das Codon (AUG für FMet). Der Bereich, in dem die tRNA an die große UE fixiert wird, soll mit P (Peptidyl- bzw. Donor-Bereich) bezeichnet werden. Die zweite Aminosäure wird über die tRNA an das Ribosom in Stellung A (Aminoacyl- bzw. Akzeptor-Bereich) gebunden. Dies erlaubt gleichzeitig die Beziehung zwischen der tRNA und dem zweiten Codon auf der mRNA. Die eigentliche Knüpfung der Peptid-Bindung erfolgt durch Transfer der Aminoacyl- bzw. Peptidyl-Gruppe auf die freie Amino-Gruppe der zuletzt hinzugekommenen Aminosäure, deren Carboxyl-Gruppe mit der tRNA verestert bleibt. Für die Anlagerung einer neuen Aminoacyl-tRNA und damit für den Fortgang der Peptid-Synthese ist es notwendig, daß sich der Peptidyl-tRNA-Komplex relativ zum Ribosom bewegt

Co-translationale und post-translationale Modifikationen am ER

Ob die Information der mRNA von freien, nicht an Membranstrukturen gebundenen Polysomen in Protein umgesetzt wird oder ob dies gebundene – mit dem ER assoziierte – Polysomen tun, hat weitreichende Konsequenzen für den Zielort des dabei produzierten Proteins.

Obwohl auch ein Peptid, das gerade an einem freien Ribosom fertiggestellt wurde, geringfügig durch Abspalten einer Aminosäure oder durch Acylierung einer Seitenkette modifiziert werden kann, gehören weitergehende Änderungen am Peptidstrang nicht zur Regel. Im Gegensatz dazu ist bei der Synthese an gebundenen Polysomen die Modifikation ein Prinzip der Proteinbiosynthese. Und diese Modifikation erfolgt während der Synthesetätigkeit der gebundenen Polysomen, also co-translational.

Drei Begriffe sind daher eng miteinander verbunden: Translation an gebundenen Polysomen, co-translationale Modifikation, co-translationaler Transfer des produzierten Proteins in das ER-Lumen. Die Information, daß ein Protein den Weg in Richtung ER nimmt, steckt in der Struktur der mRNA und wird nach kurzer Translation in der Struktur des beginnenden Peptidfadens erkennbar. Der zuerst synthetisierte N-Terminus zeichnet sich durch besondere Hydrophobizität aus.

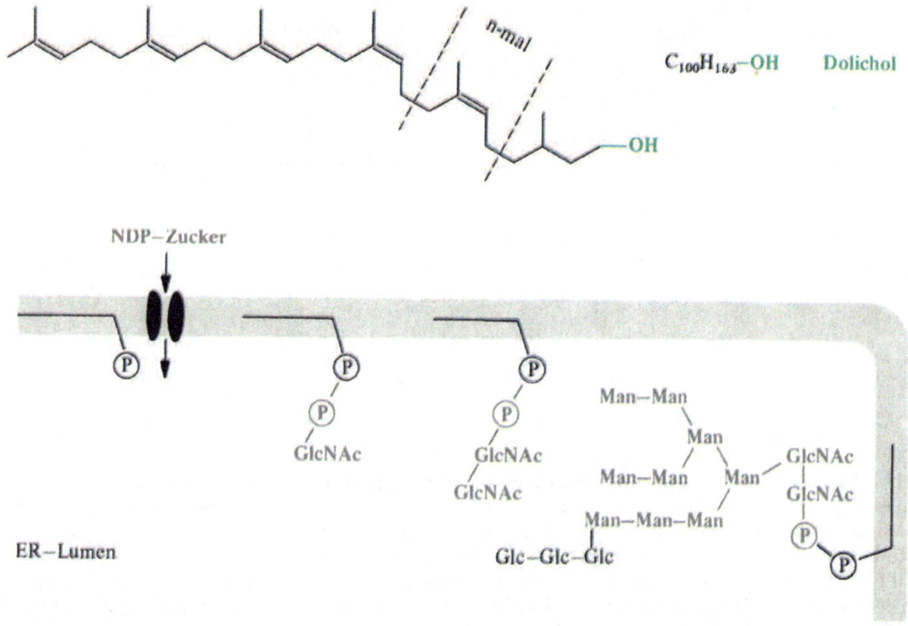

Abb. 3.15. Die Bildung von Oligosaccharid-Lipid als Vorstufe der Glykoproteine. Es wird gezeigt, wie im ER-Lumen Monosaccharid-Einheiten zu einem Oligosaccharid zusammengefügt werden. Die Monosaccharid-Bausteine werden als aktivierte Verbindungen für die Enzymreaktion benötigt: z.B. UDP-N-Acetylglucosamin, GDP-Mannose. Wie diese geladenen Teilchen die Membran passieren, ist kaum untersucht. Während der anschließenden Synthese bleibt die Oligosaccharid-Kette mit dem Träger-Lipid, das im hydrophoben Bereich der Membran verankert ist, kovalent verbunden. Glc: Glucose; Man: Mannose; GlcNAc: N-Acetylglucosamin

Dieser Signalbereich wird – unter Vermittlung eines *Signalerkennungspartikels* im Cytosol und eines Rezeptors an der ER-Membran – in das ER-Lumen hineingeschoben. Wenn ein ausreichender Teil des Proteinmoleküls in das ER-Lumen gelangt ist, wird das N-terminale Signal – ein Peptid von etwa 30 Aminosäuren – durch eine Peptidase abgespalten.

Glykoproteine besitzen Seitenketten mit der Struktur eines Oligosaccharids. Die Biosynthese des Oligosaccharids läuft an der ER-Membran ab, und zwar vorerst unabhängig von der Proteinsynthese. Erst die fertige Oligosaccharid-Struktur wird – als kompletter Baublock – auf die wachsende Proteinkette aufgesetzt. Ein derartiger Baublock besteht aus 2 Einheiten N-Acetylglucosamin, 9 Einheiten Mannose und 3 Einheiten Glucose. Die Synthese des Oligosaccharids aus Monosaccharid-Bausteinen erfolgt auf der Plattform eines in der Membran verankerten Lipids.

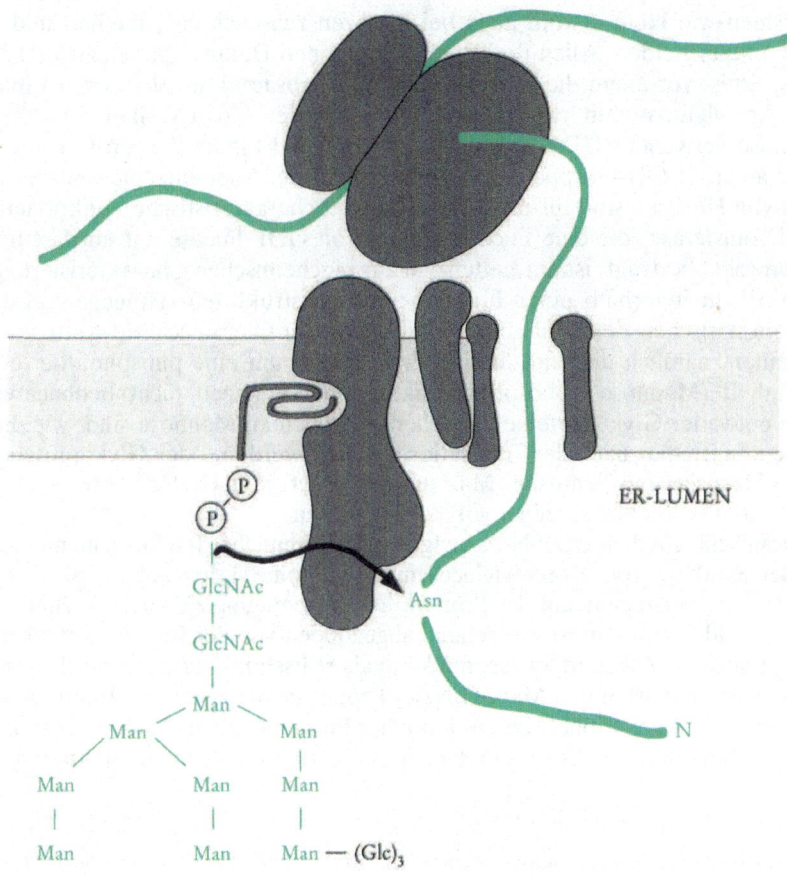

Abb. 3.16. Rolle der Ribophorine als UE der Oligosaccharyl-Transferase. Die auf dem Dolichol-Derivat zusammengebaute Oligosaccharid-Seitenkette wird auf den Asn-Rest eines gerade in das ER-Lumen transferierten Proteins übertragen. Die Transferase besitzt ihr aktives Zentrum auf der Lumen-Seite der ER-Membran. Das Enzym besteht aus drei verschiedenen UE; die zwei größeren UE sind identisch mit den Ribophorinen (66 kDa, 63 kDa), die als dominierende Glykoproteine des „rauhen ERs" (rERs) schon lange bekannt waren. Eines der beiden Ribophorine besitzt offenbar eine Domäne, die Dolichol-Derivate erkennen kann

Nachdem das Glykoprotein im ER-Lumen vormontiert wurde, wird es über mehrere Stufen zum endgültigen Bestimmungsort transportiert. Dabei erfährt es – vor allem im Glyko-Bereich – eine Reihe von Veränderungen (vgl. auch Abb. 6.28). Die folgende Abb. 3.31 ist als Überblick über die Modifikationen zu verstehen, die im Zuge der Bildung des reifen Glykoproteins für ein Zielorganell ablaufen können. Zuerst wird die Oligosaccharid-Struktur beträchtlich verkleinert: im ER und später im Golgi-Apparat werden Mannose-Einheiten entfernt. Die Reihenfolge der hydrolytischen Spaltungen ist genau festgelegt. Die Glucosidase im ER-Lumen entfernt die drei terminalen Glucose-Einheiten. Die dann frei werdenden endständigen Mannosen spaltet die Mannosidase I im ER, die anderen Mannosen die Mannosidase II im Bereich des Golgi-Apparats ab.

Ein Teil der anschließenden umfangreichen Modifikationen des Glykoproteins erfolgt im Golgi-Apparat; bei ihm sollten wir – in Analogie zu gut untersuchten Organismen wie Hefe – wohl auch bei Pflanzen zwischen cis-, medial- und trans-Bereich unterscheiden. Allen drei Bereichen können Detailaufgaben zugeschrieben werden. So ist vor allem die Erweiterung des Oligosaccharid-Blocks mit Einheiten von N-Acetylglucosamin eine zentrale Aufgabe der Golgi-Vesikel. Die Xylosyl-Transferase verwendet UDP-Xylose als Substrat und bindet die am C-1 aktivierte Pentose an die 2'-OH-Gruppe der zentralen Mannose. Aber auch die weiteren Anfügungen von Hexosen sind für den Golgi-Apparat charakteristische Funktionen. Die Fucosyl-Transferase, die eine Fucose-Einheit von GDP-Fucose auf ein fast fertiges Glykoprotein überträgt, ist ein Leitenzym zur biochemischen Charakterisierung von Golgi-Vesikeln innerhalb einer Fraktion von Zellstrukturen. Hingegen wird eine andere, in tierischen Zellen häufige Modifikation der Oligosaccharid-Kette von Glykoproteinen, nämlich die endständige Erweiterung um eine phosphorylierte Mannose-Einheit (Mannose-6-phosphat-Struktur), bei Pflanzen nicht beobachtet. So können entweder Glykoproteine entstehen, die reich an Mannose sind, wie diejenigen, die unmittelbar nach der Translation gebildet werden, oder Glykoproteine mit anderen Hexosen und Pentosen. Man unterscheidet, je nach der Verzweigung, zwischen 2-, 3- oder mehrantennigen Glyko-Strukturen.

Tunicamycin, ein dem UDP-N-Acetylglucosamin ähnlicher Inhibitor, hemmt auf der Stufe der Synthese von N-Acetylglucosaminyl-phosphoryl-dolichol (→ S. 435), also noch vor der Übertragung auf das Protein. Diese Hemmung zielt auf die Bildung des Oligosaccharid-Lipids und ist weitgehend abgekoppelt von der Proteinbiosynthese.

Das pflanzliche Alkaloid Swansonin kann als Hilfsstoff eingesetzt werden: in vivo bewirkt es einen Anstau von Man_5-$GlNAc_2$-Peptid, in vitro ist es ein Inhibitor von α-Mannosidase II. Auch Monensin, ein Ionophor für monovalente Kationen (→ S. 433), interferiert bevorzugt auf der Stufe der Modifikation durch den Golgi-Apparat.

Wenn man die aufwendigen Modifikationen bei der Herstellung von Glykoproteinen betrachtet, stellt sich unmittelbar die Frage, welche Funktionen diesen Strukturen zukommen. Sind es Signale, die über die spätere Lokalisierung der Proteine entscheiden? Offenbar nicht, denn auch Proteine mit geänderten Glykostrukturen gelangen an die „richtigen" Bereiche innerhalb der Zelle. Auch Modifikationen, bei denen der für die Glykosidierung notwendige Asn-Rest ausgetauscht wurde, zeigen keine Abnormitäten. Wozu dann dieser Aufwand? Liegt es schon nicht am Erkennen – und auch nicht an der enzymatischen Funktion mancher Glykoproteine – dann vielleicht an der Stabilität?

In Glykoproteinen sind die Oligosaccharid-Seitenketten in der Regel N-glykosidisch an die Seitenkette des Asparagins des Proteinteils gebunden. Daneben wurden auch O-glykosidische Bindungen an Threonin, Serin oder Hydroxyprolin beschrieben.

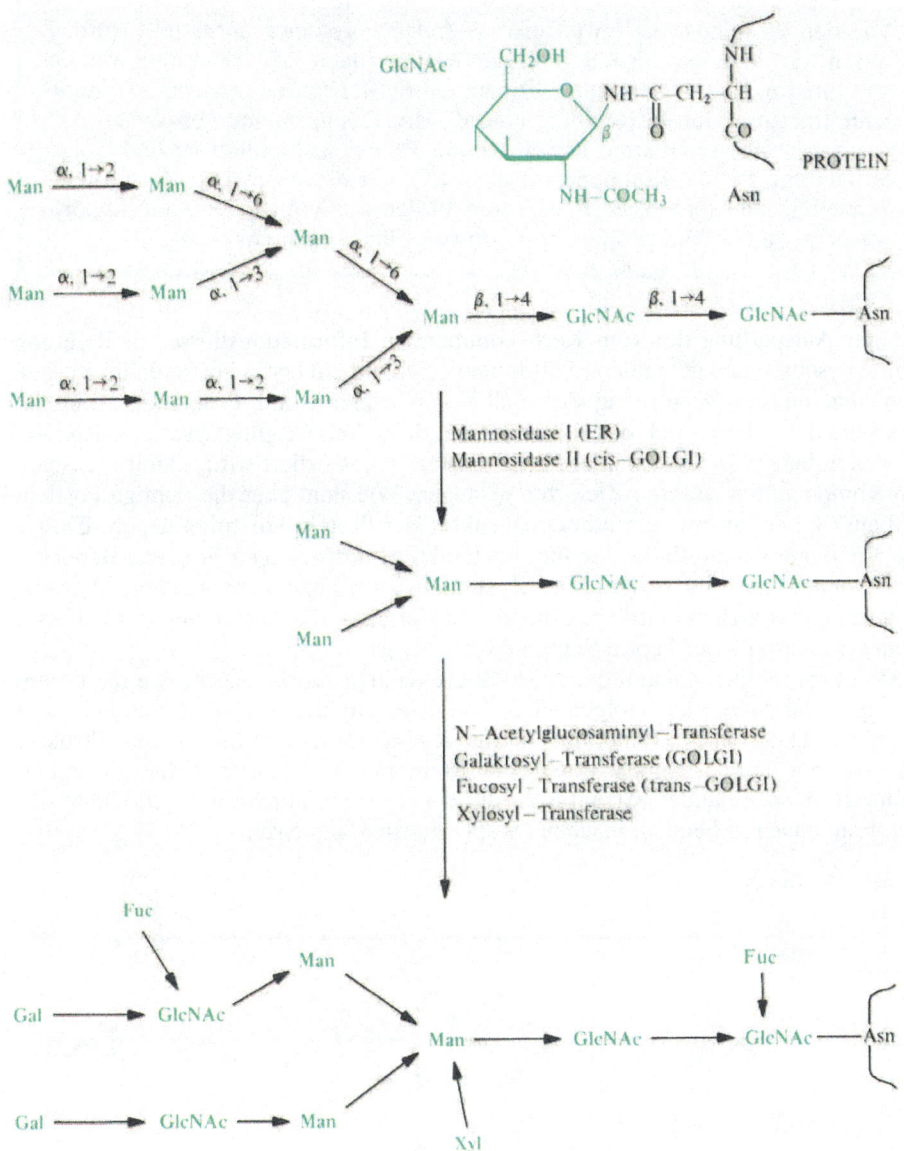

Abb. 3.17. Modifikation im Glyko-Teil des Glykoproteins im Anschluß an die Proteinsynthese. Neben den hier gezeigten 3-antennigen Strukturen muß man sich auch andere, z. T. komplexere, Glyko-Strukturen vorstellen. Mit Hilfe verschiedener, gut charakterisierter Lektine lassen sich Glykoproteine basierend auf den Antennen-Strukturen unterscheiden. Deshalb werden auch immobilisierte Lektine für die Affinitätschromatographie herangezogen

3.5 Biosynthese von Organellen

Von den Proteinen, die im Cytosol an freien Polysomen hergestellt worden waren, verbleibt nur ein Teil in diesem Kompartiment. Aus dem Pool werden Vorstufen zu bestimmten Kompartimenten transferiert. Gerichteter intrazellulärer Transport läuft in Richtung Plastid, Mitochondrion und Peroxisom. Auf der anderen Seite erhalten Proteinkörper, Vakuolen, Lipidkörper und Golgi-Vesikel ihre Protein-Komponenten vom ER. Für diese Vorgänge der Protein-Sortierung sind spezifische Rezeptoren an den Ziel-Organellen, eine Import-Maschinerie und Hilfsproteine in Form von Chaperonen notwendig.

Mit der Aufspaltung des vom Kern kommenden Informationsflusses in Richtung freie Polysomen und gebundene Polysomen geschieht ein erstes Sortieren im Zusammenhang mit der Versorgung der Zell-Kompartimente mit Proteinen. Auch im Anschluß daran bietet sich das Bild einer ständigen Verzweigung: Synthese-Routen, auf denen immer wieder in einer Zwischenstation aussortiert wird, damit die richtigen Komponenten zu ihren Zielorten gelangen. Wie sieht aber die richtige Postleitzahl aus? Offenbar muß diese in der Struktur der Protein-Vorstufen liegen. Entweder am Beginn oder Ende der für die Funktion notwendigen Sequenz-Bereiche; dann können diese im Verlaufe der Zustellung auch abgetrennt werden, ohne die spätere Funktion zu beeinträchtigen. Komplizierter ist die Auffindung der Adresse, wenn sie innerhalb der Peptid-Sequenz verstreut ist.

Man kann bereits anhand der Aminosäure-Sequenz vorhersagen, wie die Orientierung in der Membran erfolgen wird. Voraussetzung dafür ist, daß man aufgrund von vielen Daten über Membran-Proteine gewisse Grundelemente kennt: Strukturen, die ein Durchspannen durch die Membran bevorzugen (Membrananker-Sequenzen), sowie andere Strukturen, die ein Bewegen durch die Lipidschicht der Membran unwahrscheinlich machen (Stopp-Transfer-Sequenzen).

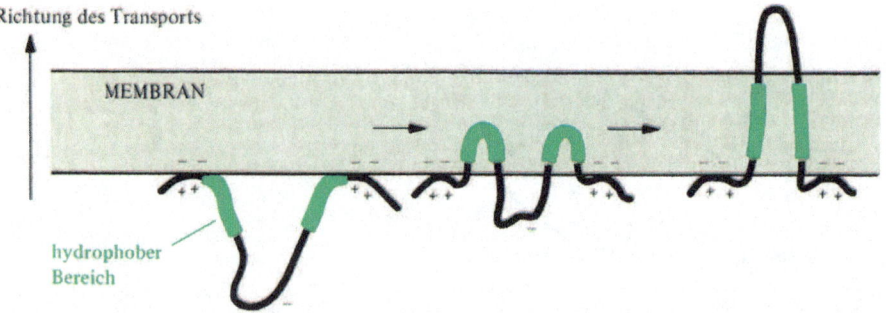

Abb. 3.18. Beispiel der Orientierung eines Membran-Proteins während und nach der Insertierung. Der grüne Bereich soll eine hydrophobe α-Helix darstellen, die von zwei polaren Bereichen flankiert wird. Der hydrophobe Bereich soll in der Länge der Dicke der Lipiddoppelschicht der Membran entsprechen. Die beiden stark geladenen Sequenzen am Anfang und Ende des Membran-Proteins stellen Stopp-Transfer-Sequenzen dar; sie können nicht durch die Membran gezogen werden

Membrananker-Sequenzen zeichnen sich durch einen hydrophoben Bereich (häufig α-Helix) einer Länge aus, die gerade für die Überbrückung der Lipiddoppelschicht ausreicht; vor und nach diesem hydrophoben Mittelteil müssen geladene Bereiche so angeordnet sein, daß eine feste Verankerung erzeugt wird. Stopp-Transfer-Sequenzen sind im wesentlichen stark geladene Bereiche, die es unwahrscheinlich machen, daß sie durch die Membran durchgezogen werden können.

Vorerst wollen wir festhalten, daß es zu unterscheiden gilt zwischen einem gerichteten Transport eines löslichen Proteins aus einem Vorstufen-Kompartiment in ein spezielles Kompartiment sowie einem Transport unter Zuhilfenahme von Transport-Vesikeln (→ Abb. 9.19). In beiden Fällen muß Aussortierung erfolgen. Im zweiten Falle geht das Sortieren dem Vesikelprozeß voraus.

Eine wichtige Weichenstellung beim Aufteilen der im Cytosol hergestellten Vorstufen könnte dadurch vorgenommen werden, daß bereits im Cytosol selbst spezifische Rezeptor-Proteine vorliegen, die das gerade neu gebildete Vorstufen-Protein binden und damit den Transfer in eine bestimmte Richtung einleiten. Diese Art der Adressierung trifft für Proteine des Zellkerns zu. Diese müssen ja nicht nur einmal, unmittelbar nach ihrer Synthese, sondern auch noch später immer wieder nach einer Kernteilung – und der damit verbundenen Auflösung der Kern-Hülle – aussortiert werden.

Zu dem hier favorisierten Konzept gehört, daß jedes Kompartiment oder Subkompartiment an der Außenseite einen für „seine" Proteine spezifischen Rezeptor besitzt; und daß eine energieabhängige Import-Maschinerie den vorne und hinten im importkompetenten Zustand gehaltenen Protein-Faden durch einen Kanal in das Organell einschleust. Der zuständige Kanal sollte ein oligomeres Protein sein und selbst einen Teil der Import-Maschinerie darstellen. Einen derartigen komplexen Prozeß und die strukturellen Komponenten konnte man bisher erst bei Mitochondrien charakterisieren.

Es ist häufig zu beobachten, daß im Zuge des Transports in das neue Kompartiment eine proteolytische Modifikation stattfindet; daß etwa eine N-terminale Peptid-Sequenz durch eine im neuen Kompartiment arbeitende Protease entfernt wird. Trotz ihrer Häufigkeit sind derartige Abspaltungen nicht als prinzipiell notwendig anzusehen.

Bei der Biosynthese von Organellen-Proteinen ist zu berücksichtigen, daß sie außer einer proteolytischen Modifizierung auch andere post-translationale Veränderungen erfahren können: O-Phosphorylierung, Abspaltung von Dipeptiden oder von größeren N-terminalen Bereichen. Palmitoylierung und Isoprenylierung sind weitere post-translationale Modifikationen. Schließlich sind die Bindung des Co-Enzyms oder der prosthetischen Gruppe und eine etwaige Oligomerisierung zu berücksichtigen.

Wir gehen davon aus, daß nur wenige Proteine sich spontan in die aktive Form falten können. *Chaperone* sind Hilfsproteine, die das Protein beim Faltungsprozeß unterstützen. Ob dieser Vorgang unter Verbrauch von ATP abläuft, muß noch im Einzelfall geklärt werden. Wir unterscheiden zwischen Chaperonen, die ohne weitere Unterstützung arbeiten, unabhängig davon, ob mehrere Moleküle ihrer Art an einem zu faltenden Protein tätig werden, und Chaperonen, die andere „Hilfs-Chaperone" („Chaperon-Kohorten") als modulierende Effektoren einbeziehen. Wir unterscheiden ferner zwischen den cytosolischen Chaperonen und den sehr ähnlich aufgebauten „Isoformen" in den verschiedenen Organellen; dafür wählen wir den Ausdruck Chaperonin.

Chaperonine in Funktion sind große oligomere Formen, die ringförmige und Käfigen ähnliche Strukturen annehmen. So waren es anfänglich singuläre Vorgänge, die man den gemeinsam agierenden Proteinen GroEL und GroES in *E. coli* sowie den entsprechenden plastidären Formen hsp60 und hsp10 zuschrieb. Letztere wurden als Rubisco-Bindungsproteine beschrieben, die für die Assemblierung des $\alpha_8\beta_8$-Komplexes notwendig sind. In ähnlicher Form war das hsp60 der Mitochondrien entdeckt worden; nämlich als Hilfsprotein für den Zusammenbau der ATPase.

Im Cytosol der Eukaryonten (und in Archaebakterien) ist ein anderes hsp60 als Faltungsprotein tätig: tcp-1 (tailless complex-Protein). Damit werden die Faltungen von Tubulinen und Actin katalysiert. Aber während die eigentliche Chaperonin-Maschine eine 7-fache Symmetrie aufweist, ist die große oligomere Chaperon-Maschine ein doppeltes Oktamer (59 kDa-UE).

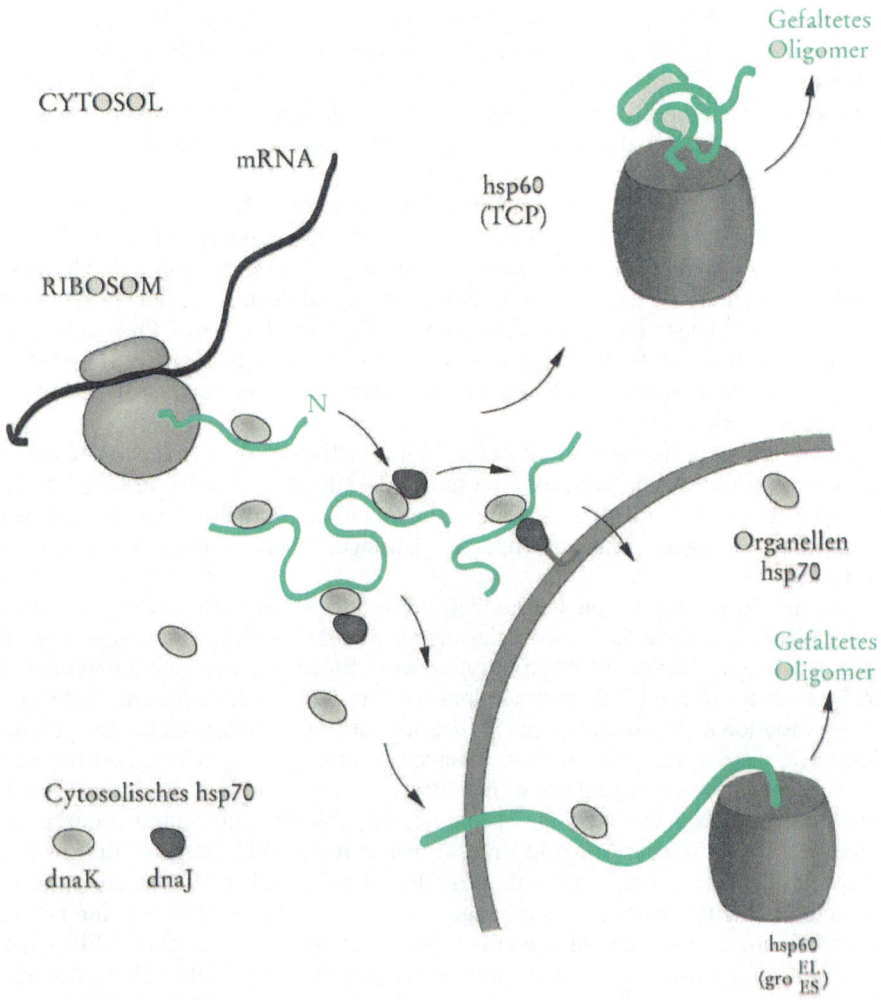

Abb. 3.19. Rolle von Chaperonen im Cytosol und Chaperoninen in verschiedenen Kompartimenten beim Protein-Transfer

Als Tetradekamere bilden Moleküle des Chaperonins cpn60 zwei übereinander liegende Ringe bzw. Käfige. Die Form der Käfige und die Größe der Zugangsöffnung werden durch ein Hilfs-Chaperonin cpn10 verändert. Die pflanzlichen Äquivalente des cpn10 können als 24 kDa-Einheiten vorliegen.

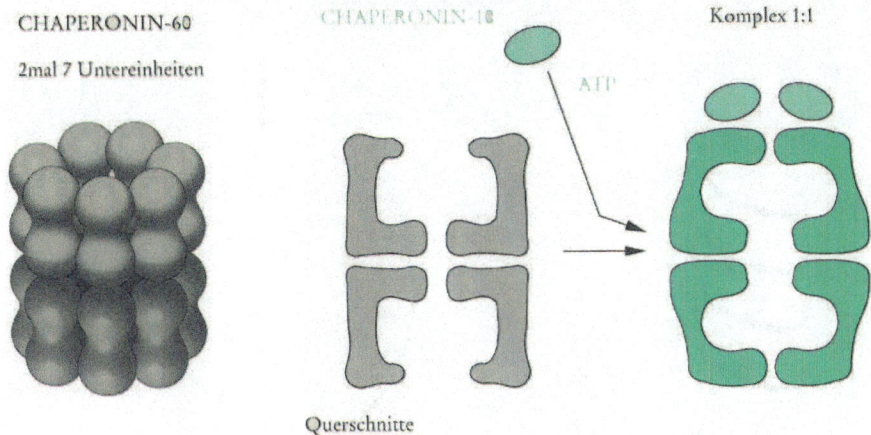

Abb. 3.20. Struktur und Form von Chaperoninen. Hilfsproteine, die den Chaperonen ähnlich sind, waren von den komplexen Vorgängen her bekannt, die bei der Änderung der Wechselbeziehungen zwischen Proteinen und Nukleinsäuren eine Rolle spielen. Das bakterielle dnaK-Protein (ein prokaryontisches hsp70-Analogon) fungiert gemeinsam mit einem dnaJ-Protein (als Modulator) bei der Replikation von Phagen. In Eukaryonten kommt diesen Proteinen eine ganz andere Funktion zu; vermutlich spielen Formen des dnaJ-Proteins beim Protein-Transport die Rolle eines bereits in den Zielorganellen verankerten Hilfs-Chaperons

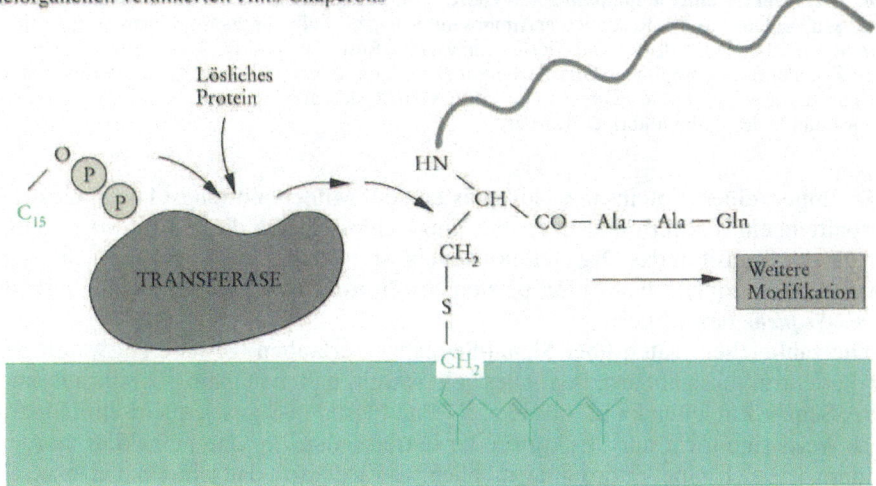

Abb. 3.21. Verankerung eines cytosolischen Proteins mit Hilfe einer Polyisoprenyl-Kette. Ähnlich den ras-Proteinen, die noch nicht verstandene Funktionen bei der Sprossung und Verteilung von Vesikeln übernehmen, besitzen auch die dnaJ-Proteine eine Verankerung in der Membran. Eine C_{15}- oder C_{20}-Einheit wird durch eine Transferase auf eine SH-Gruppe eines Cys übertragen, das sich in viertletzter Position am C-Terminus des Proteins befindet. Farnesyl-diphosphat oder Geranylgeranyl-diphosphat sind die Substrate für die lösliche Prenyl-Transferase

Bei unterschiedlichen Vorstufen-Proteinen, z. B. für den Import in Mitochondrien, weist der N-Terminus eine eigenartige physikalische Eigenschaft auf: eine amphipathische Helix, die mit der Phospholipid-Schicht der Membran interagieren kann und durch diese Störung den eigentlichen Import mit auslöst.

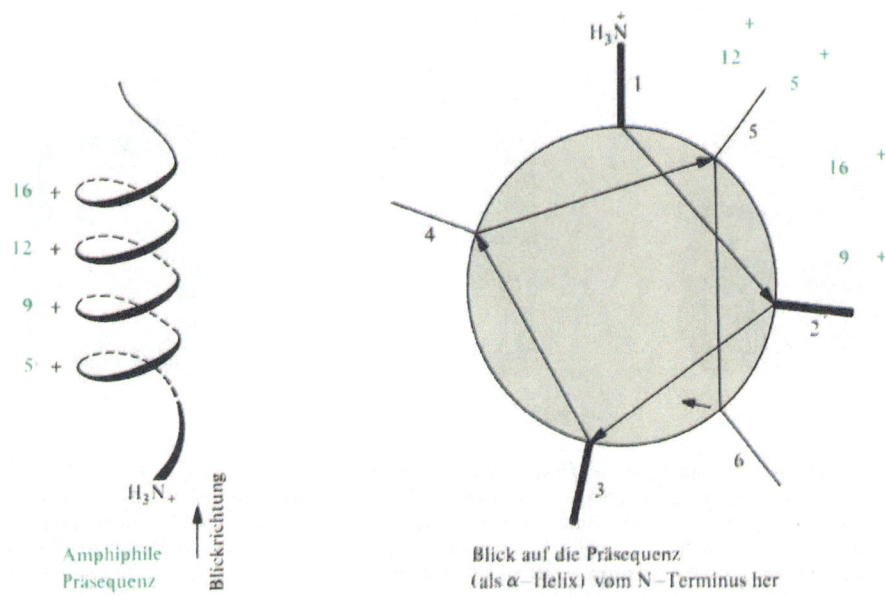

Abb. 3.22. Struktur einer amphipathischen Helix. Man stellt sich dazu die α-Helix als Zylinder vor, an dessen Außenseite die Reste R derAminosäuren liegen. Falls die hydrophoben Aminosäuren überwiegen, aber jeder dritte oder vierte Aminosäure-Rest eine positive Ladung trägt, hat man einen Zylinder mit hydrophober Oberfläche vor sich, der aber entlang einer Kante positive Ladungen konzentriert hat. Diese geometrische Form verhält sich amphipathisch – geladen an einem Bereich und hydrophob im übrigen Körper

Beim Import eines Proteins in Chloroplasten oder Mitochondrien ist fast immer eine Abspaltung eines N-terminalen Peptids eingeschlossen. Da diese Struktur offenbar nur für den Transit in das Organell notwendig ist und dann auch verloren geht, wird diese Peptid-Sequenz bei Chloroplasten als *Transit-Peptid*, bei Mitochondrien als *Signal-Sequenz* bezeichnet.

Die zahlreichen Daten über Signal-Sequenzen erlauben, gewisse Auswahlregeln für diese Strukturen aufzustellen. Dies geht soweit, daß man häufig bereits aus einer DNA-Sequenz ableiten kann, ob sie z. B. eine Plastiden-Signalsequenz enthält. Auf diese Weise sind nicht nur Strukturen der betreffenden Enzyme aufgeklärt worden, sondern ist auch eine Zuordnung möglich, etwa derart, daß ein Enzym bzw. ein bestimmter Stoffwechsel-Weg in Chloroplasten zu lokalisieren ist oder nicht.

Ziel-Sequenzen, die darüber entscheiden, in welches Kompartiment ein Protein transferiert wird, wurden bekannt. Und zwar dadurch, daß verschiedene Teil-Sequenzen aus der Struktur von Organellen-Proteinen mit Strukturen von Reporter-Proteinen fusioniert wurden. Nach deren Expression in einer transgenen Pflanze läßt sich bestimmen, ob das Fremd-Protein in das richtige Organell transportiert wird.

Die Information für den Transfer eines Proteins in den Thylakoid-Bereich des Chloroplasten muß ebenfalls im N-terminalen Bereich der Sequenz der Vorstufe liegen; auch er wird im Zuge des Imports abgespalten. Innerhalb des Bereichs der Signale ist also zu differenzieren, falls das Protein zuerst in das Ziel-Organell, dann aber anschließend durch eine weitere Membran innerhalb des Ziel-Organells geleitet wird. Bei jedem Transfer wird ein weiteres N-terminales Stück entfernt.

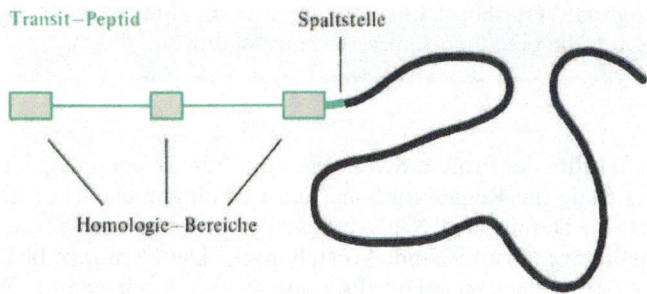

Abb. 3.23. Voraussetzungen in der Struktur des Transitpeptids

Unter den Ziel-Sequenzen gibt es solche, die abgespalten werden und andere, die sich an einem Ende des linear gedachten Moleküls befinden. Als Sequenz für die Rückhaltung eines Proteins im ER gilt die C-terminale Sequenz -KDEL. Bei Vakuolen-Proteinen kennen wir Beispiele für Abspaltung eines Peptids am C-Terminus oder auch am N-Terminus. Proteine, die in Glyoxysomen gelangen sollen, tragen in der Regel eine C-terminale Sequenz -SKL; aber auch Beispiele für N-terminale, abspaltbare Signal-Sequenzen wurden beschrieben.

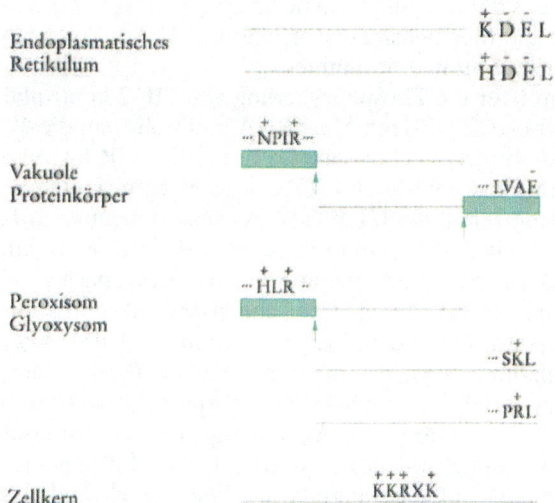

Abb. 3.24. Voraussetzungen in der Struktur des Import-Signals für Peroxisomen, Proteinkörper und Zellkernen. Kaum zu verallgemeinern sind die bisher erhobenen Befunde bei Kern-Signalen (NLS, Nuklear-Lokalisierungs-Sequenzen; stark positiv geladene Blöcke im Inneren des Moleküls)

3.6 Mechanismen, die den Informationsfluß regulieren

Die Syntheseleistung der Zelle im allgemeinen, der enzymkatalysierte Stoffwechsel im besonderen, werden (a) auf der Ebene der Protein-Synthese sowie
(b) durch Änderung der katalytischen Aktivität der Enzyme reguliert. Stoff-
wechsel-Produkte, Hormone, Licht, Temperatur und biotische Faktoren treten
als Signale auf, die eine Gen-Expression umsteuern.

Im Ablauf der Schritte der Protein-Synthese ist die Transkription diejenige Reaktion,
in die in erster Linie die Regulationsmechanismen eingreifen. Über die Mechanismen, wie z. B. im Detail die RNA-Synthese beschleunigt oder verlangsamt wird,
besitzen wir heute nur unzureichende Vorstellungen. Die Kernfrage bleibt, wie Aminosäure-Seitenketten eines Regulator-Proteins spezifisch mit den gepaarten Basen
einer Doppelhelix interferieren können und wie derartige Wechselwirkungen den
Zutritt und das Binden der Polymerase positiv oder negativ beeinflussen können. Es
ist bekannt, daß ein A···T-Basenpaar der dsDNA gleichzeitig über die Amino-Gruppe
des Adenins mit der Säureamid-Gruppe des Glutamyl-Rests eines Regulator-Proteins über H-Brücken wechselwirken kann. Für die meisten Signale, die den Vorgang
der Transkription kontrollieren, muß man als Vermittler Proteine postulieren, die
Bindungen mit bestimmten Bereichen der DNA eingehen können.

Minimal ist unser Wissen über die Regulation post-transkriptionaler Modifikationen. Die Entscheidung, wieviel von dem Primärtranskript als mRNA den Kern verläßt, ist von großer Bedeutung und hat sicher mit der Art der Signalaufnahme durch
den Kern zu tun. Gerade die Beziehungen Kernmembran···Poren···Porenöffnungs-
mechanismus sind bei Pflanzen eine terra incognita. Wichtiges Ziel zukünftiger Untersuchungen werden die Mechanismen sein, die den Abbau der mRNA – und damit
ihre stationäre Konzentration – bestimmen.

Translation kann über die Phosphorylierung von eIF-2 kontrolliert werden. Dieser Faktor bindet zuerst GTP, dann Met-tRNA und später an die 40S-UE des Ribosoms. Dabei wird das protein-gebundene GTP zu GDP + P_i hydrolysiert; GDP muß
später von eIF-2 abgelöst und durch GTP ersetzt werden. Durch Phosphorylierung
wird eIF-2 so verändert, daß der GDP/GTP-Austausch nicht mehr funktioniert. Ein
Recycling, das durch ein Austauschprotein vermittelt wird, ist so unmöglich.

Die Modulation der Enzym-Aktivität kann die Zelle nach zwei verschiedenen
Prinzipien vornehmen: (a) durch eine chemische Modifikation des Proteins,
wodurch ein Katalysator mit anderen Eigenschaften geschaffen wird, und (b) durch
allosterische Regulation. Wenn das niedermolekulare Produkt einer Stoffwechsel-
Sequenz das Enzym, das den ersten Schritt der Sequenz katalysiert, in seiner Enzym-
Aktivität modulieren kann, führt eine Anhäufung – eine Überproduktion – des End-
produkts zu einer Verminderung des Umsatzes. Dies gilt besonders dann, wenn die
allosterische Hemmung auf das langsamste, daher geschwindigkeitsbestimmende
Enzym der Sequenz einwirkt. Weitere Möglichkeiten der Regulation des Stoffwechsels eröffnen sich aus der Tatsache, daß Teilsequenzen kompartimentiert und durch
spezifische Translokatoren an ihren Grenzen kontrolliert werden.

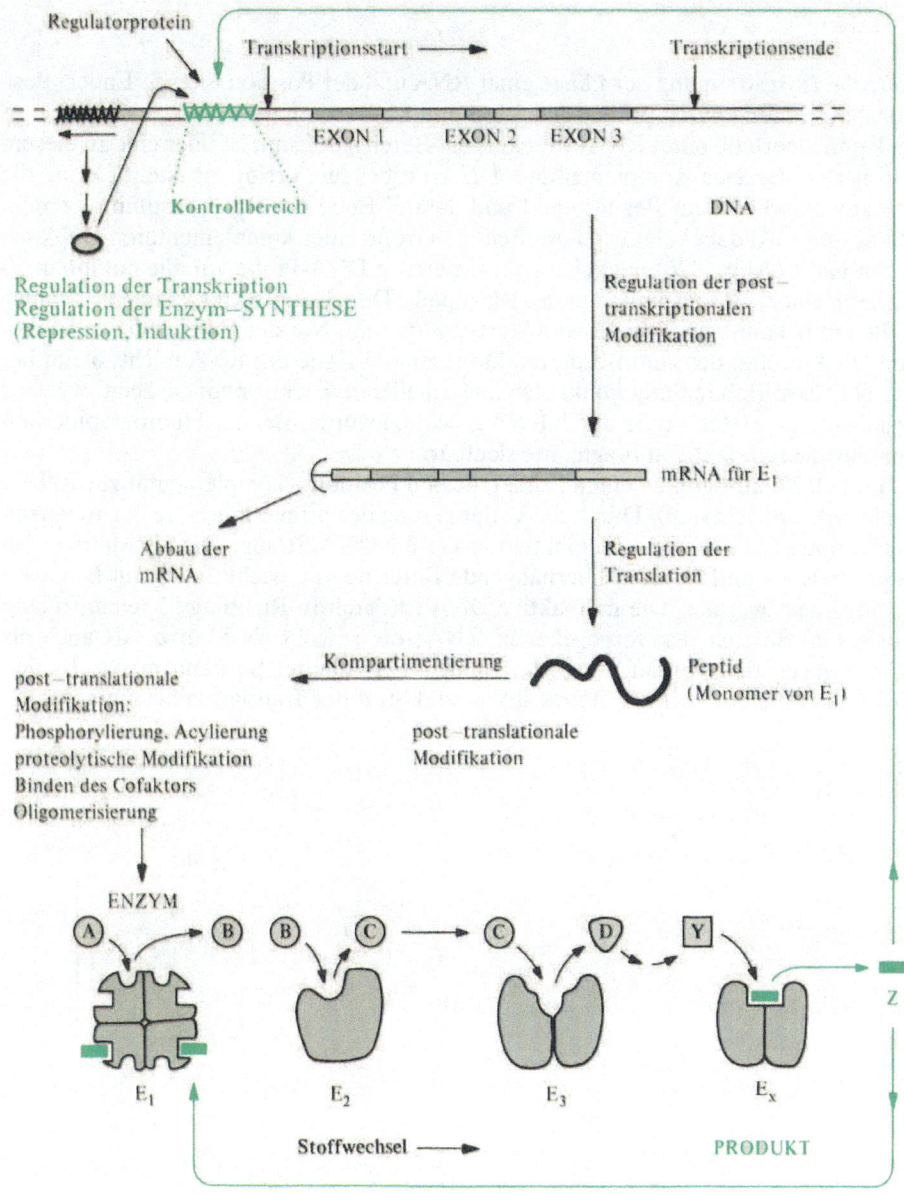

Abb. 3.25. Übersicht über Regulationsstellen. Die beiden Bereiche, auf denen Stoffwechsel-Vorgänge kontrolliert werden, liegen auf ganz unterschiedlichen Ebenen: Die Rate der Synthese eines Proteins wird bevorzugt auf der Ebene der Transkription bestimmt, aber auch durch die Stabilität der mRNA; Enzym-Aktivität wird moduliert – durch sehr verschiedene Stoffe, häufig dem Endprodukt einer Fließbandproduktion. Ein richtiges Fließband entsteht bei gezielter Anordnung von Enzymen zu Komplexen, die die Eigenschaft einer Intermediat-Schleuse erhalten können (→ S. 266)

3.7 Methoden

Aufgabe 1: Bestimmung der Länge einer RNA und der Position ihres 5'-Endes; Positionsbestimmung durch primer extension und S1-Kartierung.

Wenn innerhalb eines RNA-Moleküls ein Bereich bekannt ist oder eine zu diesem definierten Bereich komplementäre DNA-Probe zur Verfügung steht, kann die Distanz zwischen dem Bezugspunkt und dem 5'-Ende der RNA bestimmt werden. Gemessen wird dabei elektrophoretisch die Größe einer komplementären DNA.

Im Fall 1 (Abb. 3.26) liegt eine hybridisierbare DNA-Probe vor, die mit ihrem 5'-Ende zu einem Bezugspunkt auf der RNA paßt. Der Bezugspunkt kann eine Schnittstelle mit bekanntem Abstand vom Start-Codon sein. Nur der Bereich der radioaktiven DNA-Probe, der vom Bezugspunkt bis zum 5'-Ende der RNA reicht, bleibt bei der Nuklease-Behandlung intakt. Die anschließende Elektrophorese zeigt, welcher Teil der eingesetzten Probe durch RNA geschützt wurde. Bei der Fluorographie werden nur die radioaktiven Fragmente sichtbar.

Im Fall 2 benötigt man einen Primer, dessen Position – komplementär zur RNA – exakt bekannt sein muß. Durch die Verlängerung des primer mit Hilfe der Reversen Transkriptase entsteht ein radioaktiv markierter DNA-Strang. Die als Matrize vorliegende RNA enthält dann überhängende Bereiche, die nachträglich mit Nuklease S1 abverdaut werden. Die radioaktive DNA ist damit in Richtung 3' genau so lang wie der 5'-Bereich der vorgegebenen RNA; die sowohl als Matrize als auch als Schutz gegen den Verdau durch die Nuklease S1 diente. So kann man z. B. den Abstand zwischen Start der Transkription und Start der Translation bestimmen.

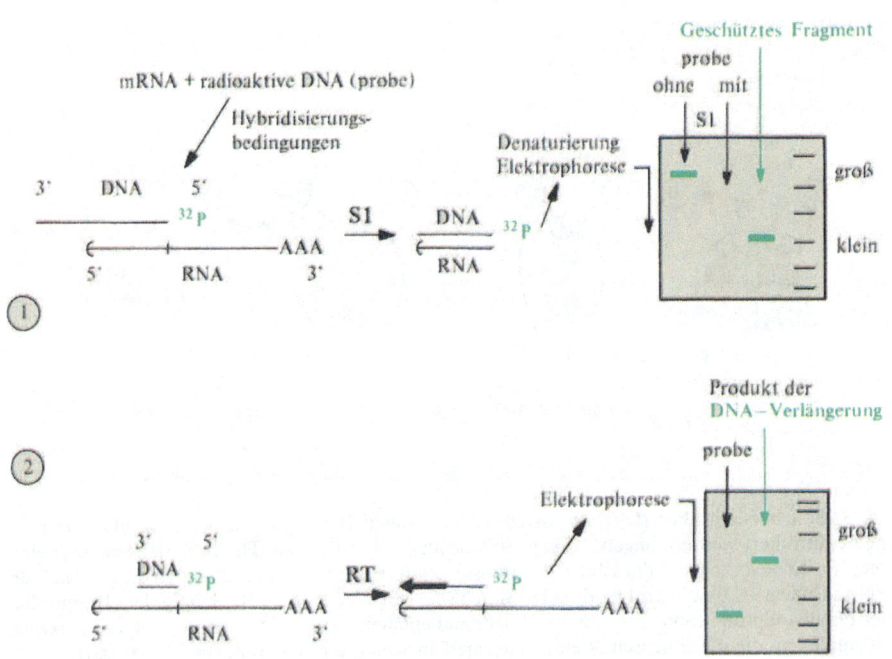

Abb. 3.26. S1-Kartierung

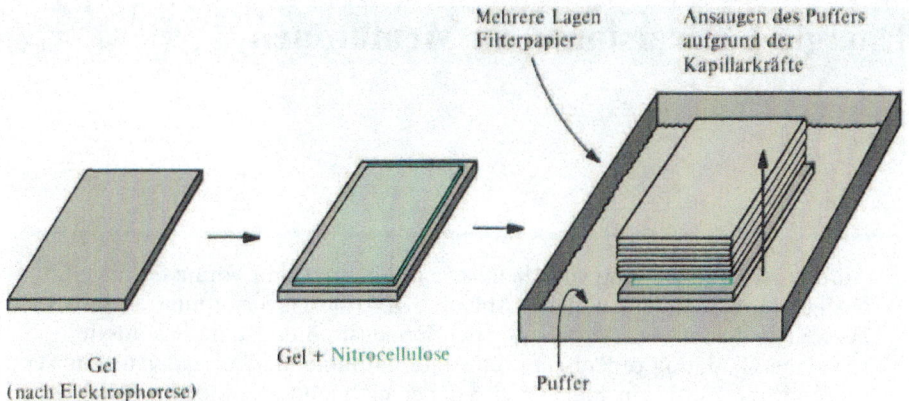

Abb. 3.27. Transfer von Nukleinsäuren oder Proteinen auf Nitrocellulose. RNA wird unter denaturierenden Bedingungen durch Elektrophorese getrennt. Eine Möglichkeit für eine optimale Trennung besteht darin, die unerwünschten Wechselwirkungen durch kovalente Modifikation des Guanin der RNA zu eliminieren: Glyoxylierung bei 50 °C mit Glyoxal in Dimethylsulfoxid. RNA bindet bei hoher Ionenstärke auch an Nitrocellulose

Aufgabe 2: Aufdeckung der Bereiche auf einer dsDNA, die durch spezifisches Binden eines Proteins gegen Modifikation geschützt sind. Reaktionen, die DNA spalten, methylieren oder sonst irgendwie modifizieren, werden immer dann in stark verminderter Form erfolgen, wenn die Bereiche auf der DNA „geschützt" sind.

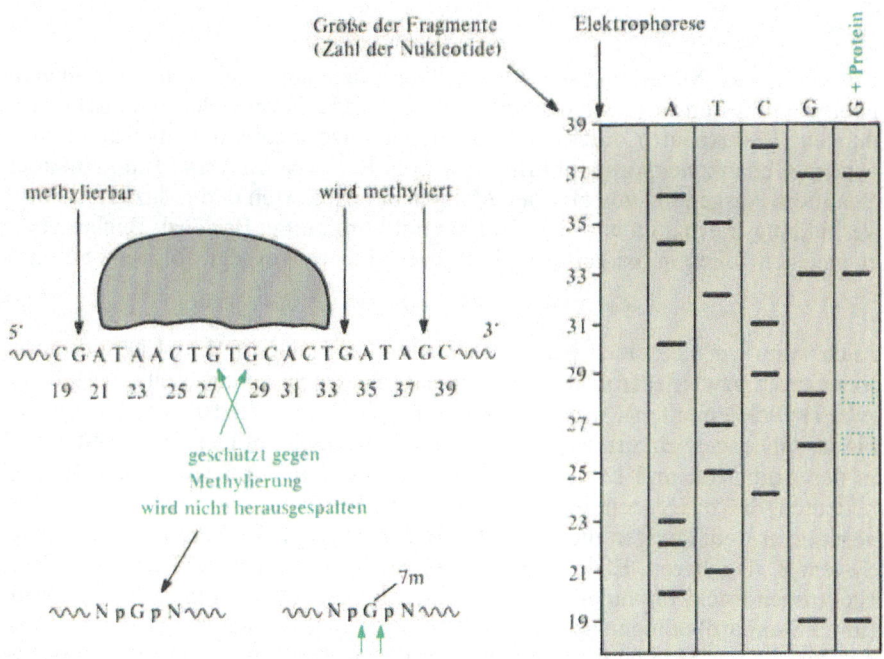

Abb. 3.28. Footprinting. Ein 5'-markiertes Fragment wird mit Modifizierungsreagenzien verändert

83

4. Energie-Konversionen an Membranen

Aufbau und Verwendung von chemischem Potential sind Voraussetzungen für das Funktionieren der zellulären Abläufe. Der Energieversorgung der pflanzlichen Zelle dienen: Die Verwertung der Sonnenstrahlung in der Photosynthese sowie die Oxidation organischer Substrate mit molekularem Sauerstoff in Mitochondrien. Zwei Prinzipien werden dabei miteinander gekoppelt: gerichteter Elektronen-Transport (ET) in der Membran und Phosphorylierung von ADP zu ATP an dieser Membran. Gerichteter ET findet in Membranen zwischen Proteinkomplexen statt. In einer Kette von Redox-Reaktionen gelangen die Elektronen von NADH auf O_2 (Respiration) – oder von Wasser auf $NADP^+$ (Photosynthese). Dabei entsteht an der Membran ein Potential, das für die Synthese von ATP aus ADP und Phosphat genutzt wird. Eine Membran, die zwei Räume voneinander trennt und an der das Potential aufgebaut wird, ist Voraussetzung für diese Art der Umformung chemischer Energie. Chemische Energie, die einmal auf diese Weise in Form von ATP konserviert wurde, kann für die Bildung neuer Membranpotentiale und für aktiven Transport verwendet werden.

Ebenso wie ein Metall und sein Ion nach der Gleichung $Me = Me^+ + e^-$ ineinander übergehen, lassen sich auch oxidierte und reduzierte Form vieler organischer Verbindungen (Redoxpaare) durch Elektronenübergänge ineinander überführen. Im folgenden Gedankenexperiment bringen wir die Redoxpaare A und B miteinander zur Reaktion. Ausgehend von gleichen Mengen der oxidierten und reduzierten Form der Verbindung A erhalten wir beim Umsatz mit Verbindung B, die zu Beginn ebenfalls zu gleichen Teilen in oxidierter und reduzierter Form vorliegt, folgende Situation:

$$c_{A(total)} = c_{B(total)} \quad \text{und} \quad c_{A-ox} = c_{A-red} = c_{B-ox} = c_{B-red}.$$

Auch wenn wir die beiden Redoxpaare räumlich trennen (Abb. 4.1) und nur einen Ionenstrom bzw. Elektronenstrom zulassen (elektrochemische Zelle, bestehend aus zwei Halbelelementen), wird die Reaktion (Elektronen-Transfer) solange ablaufen, bis das Gleichgewicht erreicht ist. Das kann z. B. dann der Fall sein, wenn A zu 90% in der oxidierten und B zu 90% in der reduzierten Form vorliegt. Dies würde bedeuten, daß das System A_{ox}/A_{red} trachtet, die Elektronen abzugeben und unter den gegebenen Bedingungen die oxidierte Form bevorzugt. Im Vergleich dazu wäre das System B_{ox}/B_{red} bereit, Elektronen aufzunehmen. Wir sprechen in dem einen Fall von Elektronendruck, im anderen Fall von Elektronensog. Wenn man die Potentiale E_o (unter Standardbedingungen, $c_{ox} = c_{red} = 1$) der Redoxsysteme – ähnlich wie bei der Redoxskala der Metalle – miteinander vergleicht, kann man auch bei den biochemischen Redoxvorgängen eine Reihung vornehmen (oben negativere Potentiale).

Das Halbelement besteht aus einer reduzierten und der korrespondierenden oxidierten Form eines Elements oder einer Verbindung. Wenn zwei dieser Halbelemente zusammengeschaltet werden (Ausgangssituation), kann das gekoppelte System Arbeit leisten, so lange, bis das Gleichgewicht erreicht wird. Dabei fließen e von A_{red} auf B_{ox}. Diese Situation ist vergleichbar mit dem Fließen von e in einer membranintegrierten ET-Kette.

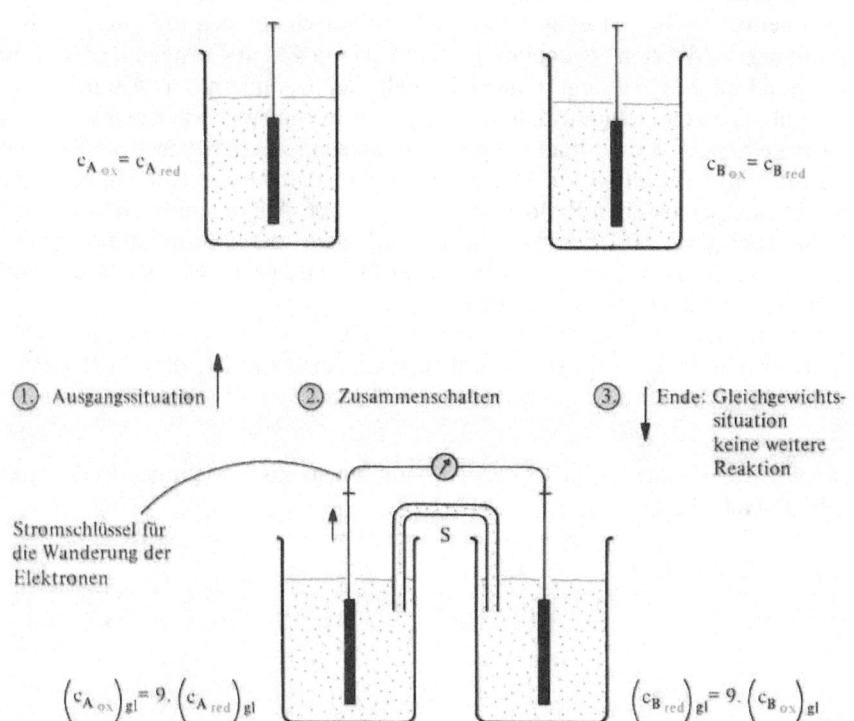

Abb. 4.1. Aus zwei Redoxpaaren aufgebautes, arbeitsfähiges Galvanisches Element. Zwei Halbelemente werden zusammengeschaltet. Da sich das System für die Gesamtreaktion nicht im Zustand des Gleichgewichts befindet, arbeitet das Element so lange, bis das Gleichgewicht zwischen den Redoxpaaren A und B erreicht ist

Die aktuellen Redoxpotentiale hängen entsprechend der Nernstschen Gleichung vom Verhältnis der Konzentrationen der oxidierten und reduzierten Form ab. (R: Gaskonstante; F: Faradaysche Konstante; n: Zahl der Elektronen, die pro Formelumsatz übertragen werden).

$$E = E_0 + \frac{2,3 \cdot RT}{nF} \log \frac{c_{ox}}{c_{red}} \qquad E_2 - E_1 = \Delta E = -\frac{1}{nF} \cdot \Delta G.$$

Die zweite Gleichung präsentiert die Potentialdifferenz (Spannung, ΔE), die sich bei Zusammenschalten zweier Redox-Halbelemente E_1 und E_2 ergibt. Die Spannung kann mit der freien Reaktionsenthalpie ΔG, die die Triebkraft der gekoppelten Reaktion wiedergibt, in Beziehung gebracht werden.

Der mit E_0 bezeichnete Anteil der Energie repräsentiert die Arbeit, um von einer Standardkonzentration c = 1 M auf die Gleichgewichtskonzentration zu kommen; der Ausdruck mit der log-Funktion enthält die Arbeit, die geleistet oder aufgewendet wird, um von der Gleichgewichtskonzentration zur aktuellen – vorgegebenen – Konzentration zu kommen. Da es sich für biochemische Prozesse anbietet, die Redoxpotentiale nicht in 1 N HCl sondern bei physiologischen pH-Werten um pH 7.0 zu vergleichen, wurden hier nicht die Standardkonzentrationen bei c_{H+} = 1 M, sondern bei c_{H+} = 10^{-7} M eingesetzt. Dadurch verschiebt sich die „biochemische" Skala mit den E_0'-Werten gegenüber der E_0-Skala um 420 mV in negativer Richtung; das Potential für 2 H^+/H_2 liegt dann nicht mehr bei 0, sondern bei –420 mV.

Obwohl bei einem Standardpotential von –700 mV in einer wäßrigen Lösung sich H_2 entwickeln muß, ordnet man einigen Redoxsystemen in Protein-Komplexen derart stark negative Potentiale zu. Man argumentiert, daß die spezielle Umgebung des in Protein eingeschlossenen Redoxsystems dies zuläßt. Auf der anderen Seite wird in der Folge auch von Oxidationsmitteln die Rede sein, deren Standardpotential auf +1000 mV geschätzt wird. Ein derart starkes Oxidationsmittel ist auch notwendig, um dem Wasser e entziehen zu können.

Der elektrochemischen Spannungsreihe entnehmen wir, ob ein Redoxpaar (Halbelement) an ein anderes Elektronen abzugeben imstande ist; dies trifft dann zu, wenn der Donor in der Skala höher (negativer) ist als der Akzeptor.

Tabelle 4.1. Redoxskala (auf pH 7 bezogen) mit biochemisch wichtigen Redoxpaaren und Metall-Halbelementen

Redoxpaar (Halbelement)	E_0' (mV)	
K/K^+	−3340	**Elektronegatives Redoxpaar,**
Zn/Zn^{++}	−1180	**Elektronen-Donator-System,**
Ferredoxin$_{red}$/Ferredoxin$_{ox}$	− 430	**hohes negatives Redoxpotential**
$H_2/2H^+$	− 420	
NADH + H^+/NAD$^+$	− 320	
Lactat/Pyruvat	− 190	
Succinat/Fumarat	+ 30	
Ubihydrochinon/Ubichinon	+ 100	
Cytochrom c_{red}/Cytochrom c_{ox}	+ 250	**Elektropositive Halbelemente,**
Fe^{2+}/Fe^{3+}	+ 770	**Elektronen-Akzeptor-System,**
$H_2O/½ O_2$	+ 820	**positives Redoxpotential**

Die Energie, die das Leben in unserer Natur ermöglicht, stammt letztlich von der Strahlung, die von der Sonne ausgeht. Genauer gesagt, von der Kernreaktion 4 ^{1}H → ^{4}He + 2e + *Energie*. Ein Teil dieser Energie erreicht die Erde als Licht im sichtbaren Bereich. Davon wieder fließt ein kleiner Teil in die Photoreaktionen und damit in die Form chemischer Energie; ein hoher Anteil erzeugt Entropie-Erhöhung und äußert sich in der Erwärmung. Leben stellt immer einen Prozeß der Konservierung von verwertbarer Energie dar und hält die Entropie-Verluste gering.

Der Unterschied zwischen Photosynthese und Respiration wird u. a. durch Betrachtung der *e*-Donatoren (Reduktionsmittel) und *e*-Akzeptoren (Oxidationsmittel) der beiden ET-Ketten ersichtlich. Er liegt aus energetischer Sicht vor allem in der Art und Weise, wie es zum Aufbau der hohen negativen Redoxpotentiale kommt: In dem einen Fall geschieht dies durch einen photochemischen Prozeß, im anderen Fall durch Redoxschritte im Stoffwechsel, Prozesse, die mit NADH eine Verbindung mit hohem negativen Potential zur Verfügung stellen. Der eigentliche Prozeß des ET schließt eine größere Zahl von *e*-Überträgern ein, Verbindungen, die selbst reduziert werden, indem sie *e* von einem anderen Redoxpaar übernehmen (→ S. 84). Dazu muß ein Vorgang kommen, der die in Form von Membranpotential, Konformationsenergie oder anderen chemischen Potentialen gespeicherten Energiepakete für den stark endergonen Vorgang der ATP-Bildung verwendet. Zwei Arten von Prozessen werden miteinander energetisch gekoppelt: (a) die Redoxvorgänge und (b) der Übergang, bei dem die Energie in Form von ATP konserviert wird. Die mit dem ET gekoppelte Phosphorylierung von ADP zu ATP finden wir bei der respiratorischen ET-Kette der Mitochondrien (Atmungskette) und der damit verbundenen oxidativen Phosphorylierung sowie bei der ET-Kette der Chloroplasten mit ihrer Photophosphorylierung.

Der ET zwischen 2 Redoxpaaren – einem als *e*-Donor, einem als *e*-Akzeptor dienend – muß durch Teile des Proteins erfolgen. Trotz der vergleichsweise großen Distanzen geschieht dies mit hoher Spezifität. Das Medium zwischen beiden Punkten verhält sich wie eine Brücke; identische, sich wiederholende Einheiten ergeben dabei eine besonders günstige Überbrückung. ET kann stattfinden, wenn 2 Redox-Zentren nicht mehr als 20 Å voneinander entfernt sind. Diese können innerhalb einer UE oder auf 2 benachbarten UE liegen. Man untersucht Modelle, um die Geschwindigkeit des ET zu beschreiben. Die entsprechende Theorie versteht diesen Transfer als schwache Kopplung eines Paars, mit Donor und Akzeptor. Die Frage ist, wie beschreibt man die dazwischen liegende Materie, als Lösung mit organischen Molekülen oder als Tunnel: Entweder mit der Vorstellung, daß der Bereich zwischen Donor und Akzeptor in miteinander gekoppelte, aber unterschiedliche Regionen aufzuteilen ist, oder mit dem entgegengesetzten Konzept, daß nur Abstand, Potentialdifferenz der beiden Redoxpartner sowie die Reorganisierungsenergie für den Transfer ausschlaggebend sind.

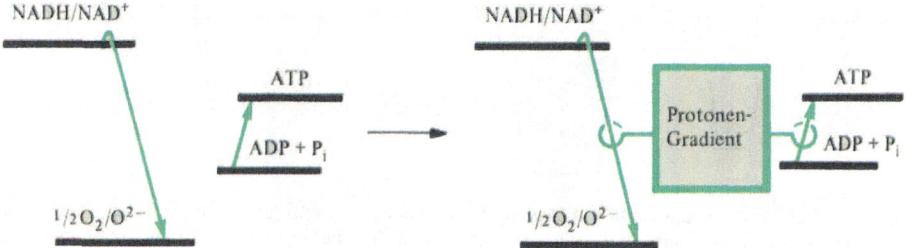

Abb. 4.2. Prinzip der energetischen Kopplung zweier Reaktionen. Eine Membran dient als Matrize für die Anordnung der Redoxüberträger und vermittelt die Kopplung; weil sie zwar zwei Räume voneinander isoliert, durch eine spezielle Maschine die Verwendung des Potentials aber zuläßt. Der ET erfolgt zwischen zwei Redoxpaaren – Donor und Akzeptor. Alle vier Partner befinden sich in Proteinen

4.1 Aufbau der Membranen

Membranen sind hydrophobe Phasen, die innerhalb der Zelle einzelne Räume gegenüber anderen isolieren, aber auch die Zelle in ihrer Gesamtheit von der Umgebung trennen. Membranen lassen als hydrophobe Barrieren – ohne daß Hilfskonstruktionen eingesetzt werden – keinen Stoffaustausch von Ionen oder anderen hydrophilen Stoffen zu, sie grenzen Reaktionsräume ab. Alle physiologischen Funktionen der Membran stehen in Zusammenhang mit der flüssigen hydrophoben Phase: Membranen repräsentieren die Matrize, in die Enzyme zu Suprastrukturen mit ganz bestimmter Topologie eingelagert werden können, Membranen stellen auch den Ort der wichtigsten Energieumsetzungen dar. Sowohl die Synthesen von ATP als auch viele wichtige ATP-umsetzende Prozesse sind in der Membran lokalisiert.

Wie begründet sich die thermodynamische Stabilität der Lipid-Phase der Membran, einem Vielkomponentensystem, einer Lipid-Doppelschicht? Der entscheidende Faktor für die Ausbildung der Lipid-Doppelschicht in einer wäßrigen Umgebung ist: der

hydrophobe Effekt.

Er ist die Ursache für die Bildung von Micellen und Membranen. Die Voraussetzungen für das Verständnis der Strukturen und Vorgänge in der lebenden Materie liegen in den Eigenschaften von Wasser. In der Struktur des Wassers stecken auch die ausschlaggebenden Faktoren für den hydrophoben Effekt.

Die Zusammenhänge sollen vorerst an einem formalen und – was das Fehlen von direkten Wechselwirkungen anlangt – extremen Beispiel herausgearbeitet werden. Wenn man das Wasser-Lipid betrachtet, stellt die Entropie des Lösungsmittels Wasser den Hauptfaktor für die Beurteilung des hydrophoben Effekts dar. Dies wird unmittelbar evident beim Versuch, eine hydrophobe Verbindung in Wasser zu lösen.

Zustand 1 („vorher") Zustand 2 („nachher")

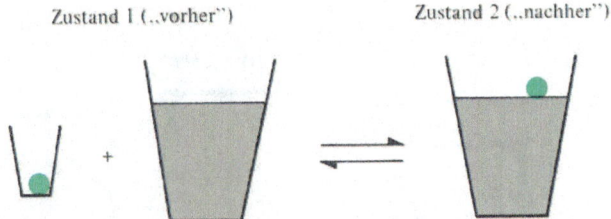

Abb. 4.3. Der Versuch, ein Lipid mit Wasser zu mischen. Wenn man einen Tropfen Lipid (grün) in einen Becher mit Wasser gibt und kräftig umrührt, wird sich das Lipid ungelöst an der Oberfläche wieder abscheiden (symbolisiert im rechten Teil der Abb.). Der Vorgang der Mischung läuft nicht freiwillig ab, ist mit einem positiven ΔG verbunden. Da zwischen so unterschiedlichen Verbindungen kaum Wechselwirkungen existieren, ist die Änderung der Enthalpie gering. Bei Vernachlässigung des ΔH ergibt sich ein positives $-T \cdot \Delta S$. Mit ΔS verstehen wir die Differenz zwischen S_2 (Zustand 2) minus S_1 (Zustand 1). Ein negatives ΔS ist daher gleichbedeutend mit der Feststellung, daß die Entropie bei Versuch der Mischung (= Zustand 2) kleiner wird

Den Vorgang der Mischung – und seine Freiwilligkeit – kann man formal aufteilen und durch je ein enthalpisches und entropisches Glied beschreiben: $\Delta G = \Delta H - T \cdot \Delta S$. Da Wechselwirkungskräfte zwischen Wasser und Lipid nicht existieren und deshalb ΔH zu vernachlässigen ist, erhält der entropische Anteil $-T \cdot \Delta S$ das Hauptgewicht. Ein positives ΔG (Aufwand von freier Enthalpie) bedeutet daher ein negatives ΔS; oder: Erniedrigung der Entropie – Abnahme der Freiheitsgrade – beim Mischen. Die Ursache dafür ist im wesentlichen die Abnahme der Freiheitsgrade in dem das Lipid umgebenden Wasser. Denn diesem Bereich des Wassers wird durch die Anwesenheit des Lipids eine höhere Ordnung aufgezwängt.

Die hier abgeleiteten Konsequenzen gelten nicht nur für stark hydrophobe Verbindungen wie Benzol oder Triglycerid, sondern auch für Verbindungen, die einen größeren hydrophoben Bereich neben ausgesprochen polaren Gruppen tragen. Auch bei Aminosäuren wurden für den Transfer in Wasser negative ΔS-Werte gemessen. Die starken Anziehungskräfte zwischen Wasser und den polaren Gruppen ergeben hier aber einen hohen Betrag an ΔH (negativ) und so – trotz des negativen ΔS – in Summe ein negatives ΔG – also einen freiwilligen Vorgang.

Die Entropie des Wassers wird offenbar durch den Zusatz eines hydrophoben Körpers reduziert. Eine Änderung der Ordnung des flüssigen Wassers wird verständlich, wenn man die Struktur des festen Wassers (Eis) betrachtet. Sauerstoff ist an zwei Atomen Wasserstoff kovalent gebunden, geht aber darüber hinaus Wasserstoff-Brücken zu weiteren H-Atomen ein, die anderen Wasser-Molekülen angehören.

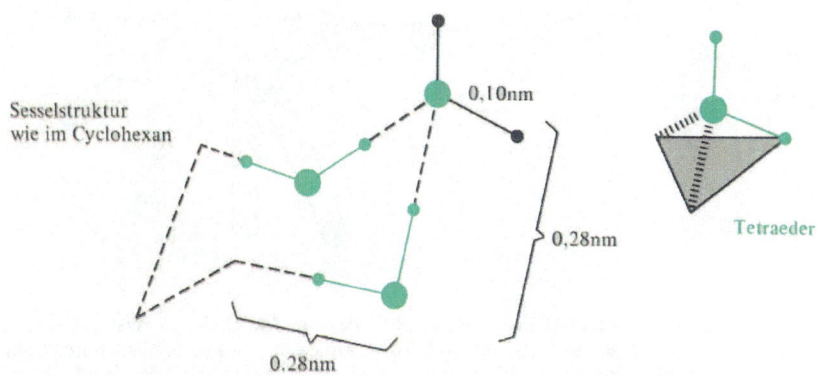

Abb. 4.4. Struktur des Wassers: Wasserstoff-Brücken verbinden die Moleküle. Die Position des Sauerstoffs wird im Zentrum des Tetraeders angenommen; im rechten Teil der Abb. sind die Grundfläche des Tetraeders sowie die Verbindungslinien vom Zentrum des Körpers zu den 4 Ecken hervorgehoben. 4 H-Atome können sich in der Umgebung von O befinden, wobei man die Betrachtung außer acht läßt, ob die Bindungen kovalenter Natur sind oder durch H-Brücken erfolgen. Ein Aggregat mit hexagonaler Struktur – ähnlich dem Sessel im Cyclohexan – ist auf der linken Seite dargestellt. O-Atome von 6 verschiedenen Wasser-Molekülen nehmen die Ecken des Sessels ein

Während im festen Zustand ein hexagonales Gitter existiert, bei dem jedes O von 4 H umgeben ist, brechen beim Übergang zur flüssigen Phase diese Strukturen teilweise auf, ergeben aber noch immer eine mittlere Anordnung von mehr als 3 H um ein O. In Wasser liegen also aggregierte Moleküle vor: *Eisbergstrukturen.*

Amphiphile – oder amphipathische – Moleküle besitzen zwei Gesichter; einen relativ großen hydrophoben Bereich und am anderen Ende des Moleküls eine polare, hydratisierbare Region. Nach diesem Prinzip sind einerseits Detergenzien, andererseits die polaren Lipide der biologischen Membranen aufgebaut.

Der hydrophobe Effekt ist die eigentliche Ursache, daß amphipathische Moleküle ab einer gewissen Konzentration versuchen, ein Minimum an hydrophoben Bereichen dem Lösungsmittel Wasser auszusetzen. So kommt es zum Zusammenlagern mehrerer Moleküle, zu Micellen und Aggregaten. Auch Lipid-Doppelschichten sind thermodynamisch stabile Anordnungen im System amphipathisches Lipid – Wasser. Misch-Micellen mit verschiedenen Spezies von amphipathischen Lipiden treten auf, wenn Membranen oder Phospholipid-Vesikel mit Detergenzien aufgelöst werden. Die wasserfreie Form von Phospholipiden hat einen hohen Schmelzpunkt (ca. 115 °C); dabei geht eine hoch-geordnete kristalline Struktur in eine Flüssigkeit über. In Anwesenheit von Wasser liegt das Phospholipid in einer geordneten flüssig-kristallinen Phase vor, die bei Temperaturerhöhung eine ungeordnete gelartige Phase ergibt.

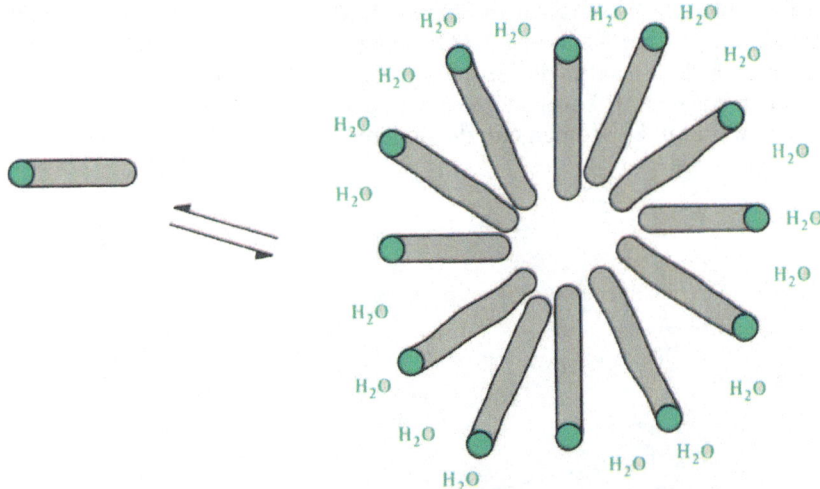

Abb. 4.5. Monomere Form und Micellen von amphipathischen Molekülen in Wasser. Bei großer Verdünnung im Medium Wasser werden amphipathische Moleküle am hydrophilen Bereich mit einer Hydrat-Hülle umgeben und somit gelöst. Wenn man die Konzentration des amphiphilen Stoffs erhöht, erreicht man bald eine kritische Konzentration (CMC, kritische Konzentration der Micellen-Bildung), oberhalb derer sich die amphipathischen Moleküle zu Aggregaten definierter Größe zusammenlagern. Die treibende Kraft für die Micellen-Bildung ist das Ziel, ein Minimum an hydrophoben Bereichen nach außen, dem Wasser zugewandt, zu exponieren

Dies geschieht bei einem definierten Umwandlungspunkt; der Umwandlungspunkt – vergleichbar mit dem Schmelzpunkt bei der Reinphase – liegt viel tiefer als der Schmelzpunkt: 55 °C für Distearoylphosphatidylcholin bzw. –22 °C für Dioleoylphosphatidylcholin; ungesättigte Galaktosyl-Diglyceride schmelzen bei –40 °C. Der Grad der Ungesättigtheit der Fettsäure-Gruppen, bei gleicher Kettenlänge, ist ein ausschlaggebender Faktor für die Fluidität einer Membran. Beim Übergang „geordnet" (flüssig-kristallin) in „ungeordnet" ändert sich der Abstand der Acyl-Seitenketten zueinander (von 0,42 nm → 0,47 nm) und gleichzeitig auch ihre Beweglichkeit.

Die Frage, welche Formen und Phasen die amphipathischen Lipide einnehmen, hängt von Konzentration und Temperatur ab. Neben Micellen sind in der Umgebung von Wasser auch Lipid-Doppelschichten stabile Phasen. Wichtig für die Funktion der biologischen Membran ist, daß die Lipide als flüssige Phase auftreten. Nur wenn die Enzyme und Enzym-Komplexe in einer beweglichen Phase „schwimmen" können, zeigen sie hohe Aktivität.

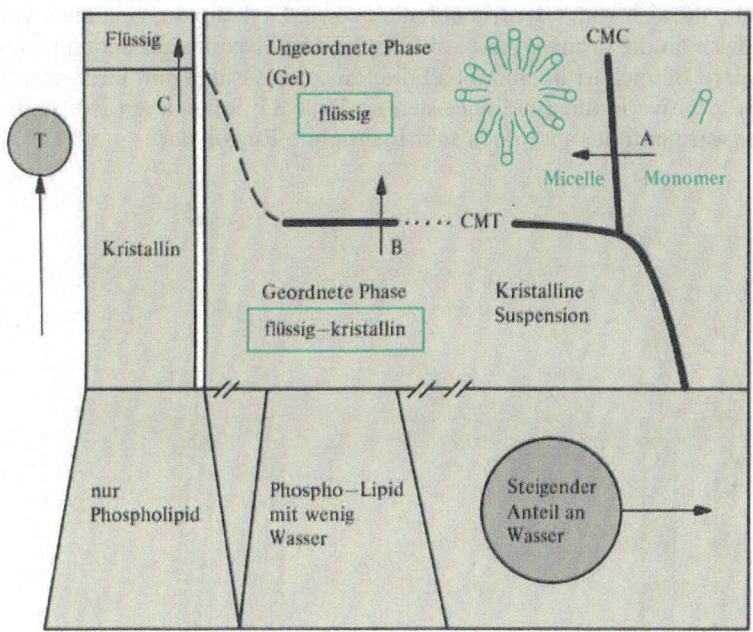

Abb. 4.6. Auftreten verschiedener Phasen und Strukturen im System amphipathisches Lipid – Wasser bei unterschiedlichen Temperaturen. Der rechte Teil der Abb. beschreibt die Situation, in der wenig Lipid (z. B. Phospholipid) neben viel Wasser vorliegt. Phasenübergang A: bei Erhöhung der Konzentration an Phospholipid bilden sich Micellen. Von beweglichen Micellen spricht man aber nur oberhalb einer kritischen Temperatur (CMT). Die kritische Konzentration zur Aggregation (CMC) wurde für Detergenzien mit 8 mM (SDS), 0,5 mM (SDS in 0,5 M NaCl) und 0,2 mM (Alkylpolyethylenglycole, wie Triton X-100) bestimmt. Hingegen liegt Phosphatidylcholin nur unterhalb von Konzentrationen von 10^{-9} M als Monomeres vor. Phasenübergang B: von flüssig-kristallin in quasiflüssig. Phasenübergang C: Schmelzen eines reinen Phospholipids

Damit wird der *Umwandlungspunkt* von „flüssig-kristallin" zu „quasi-flüssig" entscheidend. Viele Prozesse laufen nicht mehr – oder nur stark reduziert – ab, wenn in einem Organismus die Temperatur unter den Umwandlungspunkt gesenkt wird. Wenn man nicht nur diesen Umwandlungspunkt für ein Lipid in der Umgebung von Wasser betrachtet, läßt sich für das System amphipathisches Lipid – Wasser ein Phasendiagramm aufstellen. In ihm sind zwei Phasenübergänge für den Biochemiker von besonderer Bedeutung: die Temperatur, bei der sich der Übergang *„flüssigkristallin" → „quasi-flüssig"* vollzieht, sowie die Konzentration an amphipathischem Lipid, bei der im isothermen System Monomere und Micellen nebeneinander vorliegen.

Die Mitochondrien-Innenmembran von kältestabilen Pflanzen weist gegenüber den normalen Pflanzen einen deutlich tieferen Umwandlungspunkt für den Übergang „flüssig-kristallin" in „quasi-flüssig" auf. Pflanzen, die tiefen Temperaturen ausgesetzt werden, können die Fluidität der Membran dadurch steigern, daß sie bei der Synthese den Anteil an ungesättigten Fettsäuren innerhalb der Phospholipide und Glykolipide erhöhen.

Die amphipathischen Lipide der Membranen pflanzlicher Zellen sind vor allem Phospholipide, die sich vom Glycerin ableiten, sowie Glykolipide, bei denen Galaktose glykosidisch an die primäre Alkohol-Gruppe des Glycerins gebunden ist (Abb. 4.7). Der polare Bereich ist in einem Fall die Phosphat-Gruppe mit ihrer negativen Ladung (eine positive Ladung befindet sich im Rest R); im anderen Fall stellt der Zucker eine zwar neutrale, aber doch sehr hydrophile Region dar.

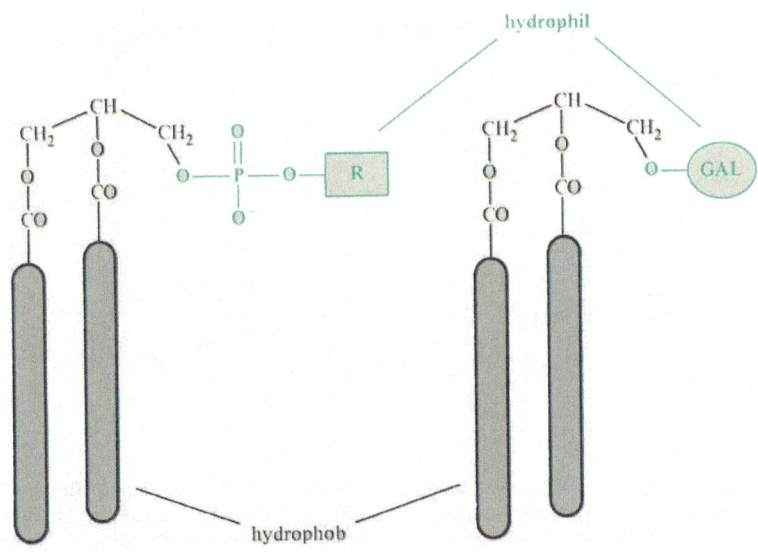

Abb. 4.7. Grundstruktur von amphipathischen Membran-Lipiden. Die hydrophoben Fettsäure-Reste sind als graue Flächen nur angedeutet. Beim Phospholipid (links, mit einer Glycerin-Struktur und einem Cholin-Rest als alkoholische Komponente) und beim Glykolipid (rechts, mit einem Galaktose-Rest, Gal) sind in grün die hydrophilen Bereiche angedeutet

Mit dem Zweikomponentensystem, amphipathisches Lipid plus Wasser, lassen sich Micellen, Membranen und Vesikel herstellen. Neben der globoiden Micelle ist – bei ausreichenden Mengen – die planare Lipid-Doppelschicht die Form, in der sich amphipathische Moleküle in einem Überschuß an Wasser anordnen können. Eine in sich geschlossene Doppelschicht führt zum Vesikel (→ S. 129). Die Lipid-Doppelschicht sehen wir in erster Linie als Permeabilitätsbarriere. Dies gilt vor allem gegenüber geladenen und größeren Molekülen.

Zu den selteneren Membran-Lipiden zählen Steroidalkohole wie Sitosterin (→ S. 233) sowie Ceramide, die sich vom Sphinganin ableiten (→ S. 219) und Inosit enthalten. Steroidalkohole können glykosidiert werden.

Die biologische Membran unterscheidet sich von dem vorher beschriebenen Bild der reinen Lipid-Doppelschicht durch eine höhere Komplexität der Lipidbausteine und vor allem durch zusätzliche Komponenten, die Membranproteine.

Membranproteine können wir – ausgehend von deren molekularen Eigenschaften, den Ladungen und hydrophoben Bereichen an der Oberfläche, der Art und Weise, wie sie mit der Membran wechselwirken, und geleitet durch die beträchtlichen Unterschiede in der Methodik – in zwei Gruppen einteilen:

integrale Membranproteine   *periphere Membranproteine*

Integrale Membranproteine tauchen mit ihren sehr hydrophoben Bereichen tief in die Lipidschicht der Membran ein oder durchspannen sie; periphere Proteine sind durch elektrostatische Wechselwirkungen mit Komponenten der Membran verbunden – wahrscheinlich immer durch Binden an integrale Proteine (Abb. 4.8).

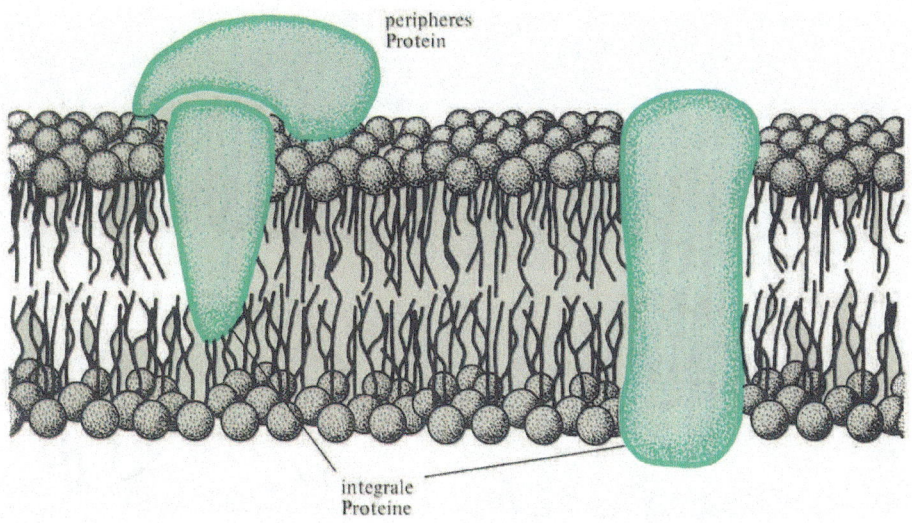

periphere
Protein

integrale
Proteine

Abb. 4.8. Integrale und periphere Membranproteine. Eine flüssige Phase, mit darin schwimmenden und einigen aufgesetzten Proteinen – so stellt man sich eine funktionelle biologische Membran vor. Die integralen Membranproteine tauchen ein, je nach Verteilung der Hydrophobizität auf ihrer Oberfläche; die peripheren Proteine sitzen auf den integralen Proteinen, festgehalten durch ionische Wechselwirkungen

Während man ein peripheres Protein allein durch Eingreifen in die elektrostatischen Wechselwirkungen – durch Verwendung hoher Salzkonzentrationen – von der Membran ablösen kann, erfordert die Solubilisierung eines integralen Membranproteins mehr oder minder die Zerstörung der Membran mittels Detergenzien. Ein hydrophobes Membranprotein wird man auch nach erfolgreicher Solubilisierung in der Regel nur als *Micelle* in Lösung halten können; die Entfernung des Detergens würde zur Aneinanderlagerung von hydrophoben Bereichen mehrerer Protein-Moleküle und damit zum Ausfallen führen. Auch in Form einer Detergensmicelle kann ein Protein noch Wechselwirkungen mit den exponierten Gruppen von Chromatographiematerial eingehen.

Es macht in der Regel einen Unterschied, ob für die Solubilisierung ein nicht-ionisches Detergens verwendet wird, das ein Enzym nicht gänzlich auffaltet und u. U. auch seine Enzym-Aktivität nicht stört, oder ein ionisches Detergens, das völlige Auffaltung und Desaktivierung bewirkt.

Mit Natrium-dodecylsulfat (SDS) als Detergens kommt es zur vollständigen Auffaltung – auch deshalb, weil die hohe kritische Micellen-Konzentration (CMC, Abb. 4.6) erlaubt, hohe Konzentrationen an monomeren Detergens-Molekülen einzusetzen. Anders verhalten sich Detergenzien wie Oktylglucosid, Triton X-100 und Lysolecithin.

Ein nur wenig wasserlösliches Detergens, wie Triton X-114, kann mit Wasser bei erhöhter Temperatur zwei Phasen ergeben. Wenn zwischen diesen beiden Phasen die stärker und schwächer hydrophoben Proteine einer Membran-Präparation verteilt werden, erzielt man eine beachtliche Anreicherung von Membranproteinen in der Triton-Phase.

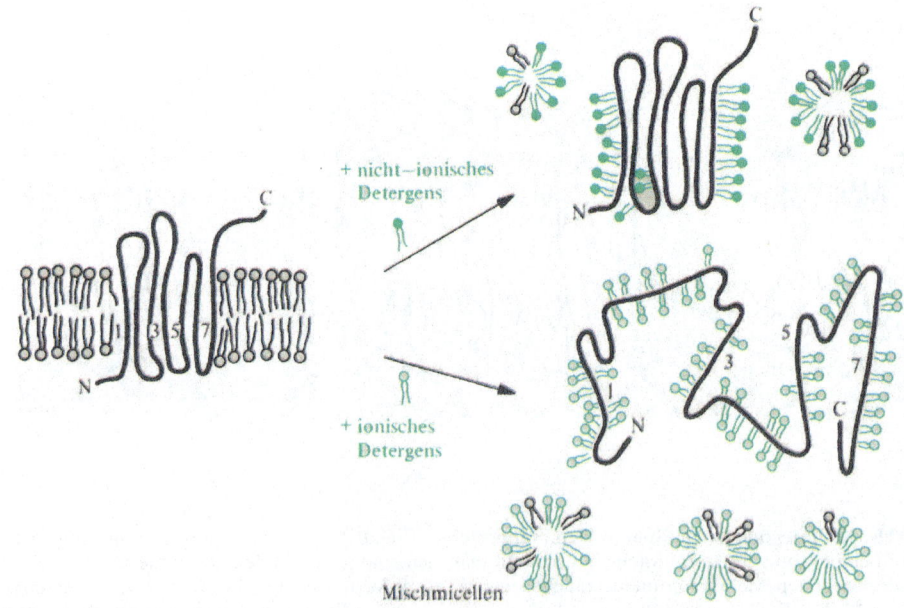

Abb. 4.9. Isolierung von Membranproteinen. Als Beispiel wurde ein integrales Membranprotein gewählt, dessen Peptidkette 7-mal die Membran durchspannt. Das bedeutet, daß innerhalb der Peptidkette 7 Bereiche so hydrophob sind – und von hydrophilen Regionen unterbrochen werden –, daß die Primärstruktur ausreicht, eine derartige Faltung im hydrophoben Milieu zu erzwingen. Wenn eine Aminosäure-Sequenz aus der cDNA-Sequenz abgeleitet wurde, sind bereits die membrandurchspannenden Regionen des Proteins erkennbar

Die Eigenschaften der Lipid-Doppelschicht nehmen Einfluß auf die in die Membran eingelagerten Enzyme oder Enzymkomplexe. So spiegelt sich der Phasenübergang des Lipids von „geordnet" → „nicht-geordnet" in den Änderungen der Eigenschaften der anderen Komponenten der Membran wider – vor allem bei den Proteinen der Membran. Da dazu auch Enzyme und Transportsysteme zählen, hat die Änderung der Fluidität der Membran starke Auswirkungen auf Stoffwechsel und Transport.

So werden bei Änderungen der Temperatur z. B. die katalytischen Eigenschaften (u. a. die Geschwindigkeitskonstante) eines Enzyms geändert. Die Änderung der Aktivierungsenthalpie für einen enzymkatalysierten Prozeß in Abhängigkeit von der Temperatur kann mit Hilfe einer Arrhenius-Auftragung sichtbar gemacht werden (→ S. 33). Eine Abweichung von der Gleichförmigkeit dieser Relation signalisiert eine diskrete Änderung an der Membran.

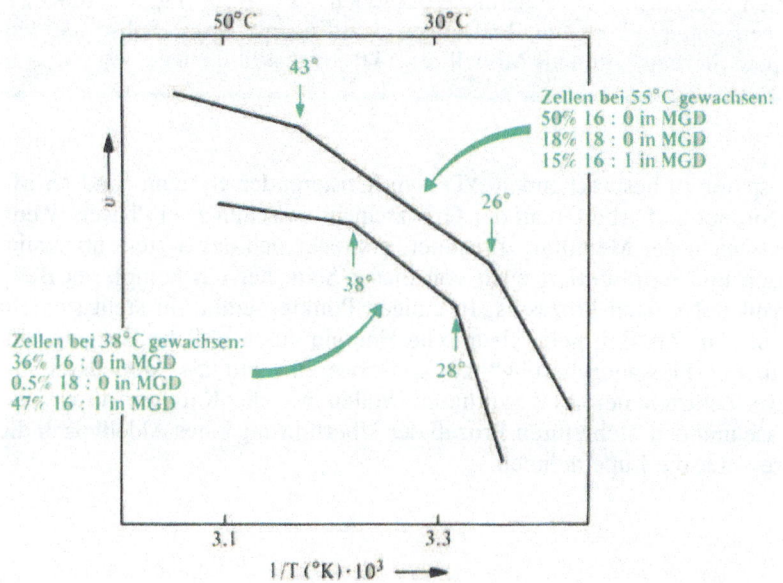

Abb. 4.10. Änderung der katalytischen Aktivität in Abhängigkeit von der Temperatur. Die Reaktionsgeschwindigkeit – und proportional dazu die Geschwindigkeitskonstante – ist gegen den reziproken Wert der absoluten Temperatur (K) aufgetragen. Die Reaktion, die verfolgt wurde, ist die Reduktion von oxidiertem Cyt f mittels ET vom PS II aus. Als Präparation für diese Reaktion an einer Membran dienten Zellen eines thermophilen Cyanobakteriums. Die Abb. läßt erkennen, daß die katalytischen Eigenschaften des Membrankomplexes sich an 2 Punkten ändern; man findet Umwandlungspunkte bei 27 und bei 40 °C. Diese Umwandlungspunkte haben etwas mit der Phasenänderung des Membran-Lipids zu tun. Darüber hinaus weist die Abb. darauf hin, daß die Membran, wenn die Zellen bei höheren Temperaturen wachsen, einen besonders hohen Anteil an gesättigten Fettsäuren aufweist. Diese sind gebunden, und zwar Bestandteile des Monogalaktosyl-diglycerids (MGD; → S. 206). Wachstum bei tieferen Temperaturen läßt die Zellen eine höhere Fluidität der Membran erreichen; indem sie den Anteil an tiefer schmelzenden ungesättigten Fettsäuren erhöhen

Die Fluidität einer Membran kann auch an den Transport- und Diffusionsvorgängen – also indirekt wieder über beteiligte Proteine – gemessen werden. Ein direktes Maß für die Beweglichkeit der Lipid-Phase selbst hat man dann in Händen, wenn Lipide in die Membran eingebaut werden, die sich z. B. aufgrund von radikalischen Strukturbereichen für ESR-Untersuchungen eignen. Für derartige Zwecke werden die Acyl-Seitenketten von Phospholipiden mit einer Nitroxid-Gruppe versehen; neben zwei Bindungen vom N zu Alkylgruppen und einer N→O-Bindung verbleibt am N ein ungepaartes Elektron. Signale, die für die innerhalb bestimmter Temperaturbereiche beweglichen Lipide auftreten, können wiederum von weiteren Signalen begleitet werden, die charakteristisch für die an Proteine fixierten Lipide sind.

4.2 ATP-Gewinnung: auf der Ebene der Substrate und durch vektorielle Prozesse an Membranen

> Die wichtigsten ATP-liefernden Prozesse finden an Membranen statt. Wir kennen aber auch ATP-bildende Reaktionen, die in Lösung an einfachen Enzymen, ohne gekoppelte Reaktionen, stattfinden. Diese „Substratketten-Phosphorylierung" kann als Modell für ATP-Synthasen dienen.

Die später zu besprechenden ATP synthetisierenden Systeme sind an Membranen angeordnet und arbeiten an der Grenzschicht zwischen zwei Phasen. Wenn man die Lipidschicht der Membran zurechnet, erstreckt sich das System über mindestens 3 Phasen und repräsentiert auch von dieser Seite her ein komplexes Beispiel eines enzymkatalysierten Prozesses. In einigen Punkten einfacher stellt sich ein gelöstes Enzym dar. Als Beispiele, chemische Energie durch lösliche Enzyme, durch „Substratketten-Phosphorylierung" zu konservieren, und als Modellsysteme für das aktive Zentrum der ATP-Synthasen wollen wir die Katalyse durch die Pyruvat-Kinase und den Mehrstufen-Prozeß der Überführung eines Aldehyds in die Carbonsäure unter die Lupe nehmen.

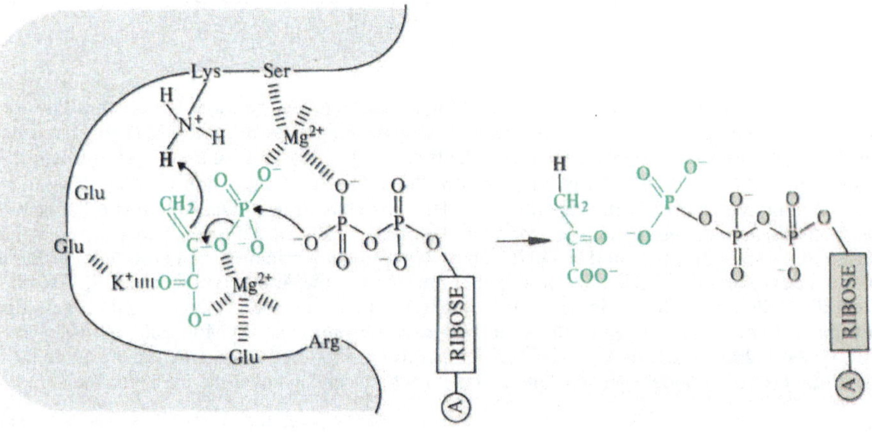

Abb. 4.11. Bildung von ATP durch Ausnützen der Energie, die in einem Enolphosphat steckt. Die Bindung des Phosphats in einem Enolphosphat erweist sich als besonders energiereich; ihre Hydrolyse ist mit der Freisetzung von so viel Energie verbunden, die der Hydrolyse von zwei Molekülen ATP entspricht. Die von der Pyruvat-Kinase katalysierte Reaktion setzt 32 kJ/mol frei (entsprechend 1 ATP) und konserviert einen Teil der Bindungsenergie durch die Überführung von ADP in ATP. Enzymgebundenes Mg^{2+} befindet sich an einem Glutamyl-Rest. Lysin fungiert als Säure-Basen-Katalysator. Die Überführung des Phosphat-Rests vom Enol-Ester auf das ADP verläuft über den nukleophilen Angriff des Anions des β-Phosphats vom ADP auf das elektrophile Phosphor-Zentrum des Phosphats. Dabei wird ein pentavalenter Phosphor im Übergangszustand gebildet, von dem sich ein Anion (Enolat) als Abgangsgruppe löst. Durch die Art des Prozesses (S_N2) kommt es zur Inversion der Konfiguration am P; falls unterschiedliche O-Nukleide oder auch S-Atome um P angeordnet waren, ist diese Inversion mit physikalisch-chemischen Methoden feststellbar

Die Überführung von 3-Phosphoglycerin-*Aldehyd* in 3-Phosphoglycerin-*Säure* stellt eine Redox-Reaktion dar. Dieser Übergang besitzt deshalb eine besondere Analogie zu der an Redoxprozesse gekoppelten ATP-Synthese an Membranen. Eine reduzierte organische Verbindung geht in eine oxidierte über; die Energie wird vorerst in Form von energiereichen Zwischenstufen am Protein konserviert, später aber für die Phosphorylierung von ADP zu ATP eingesetzt.

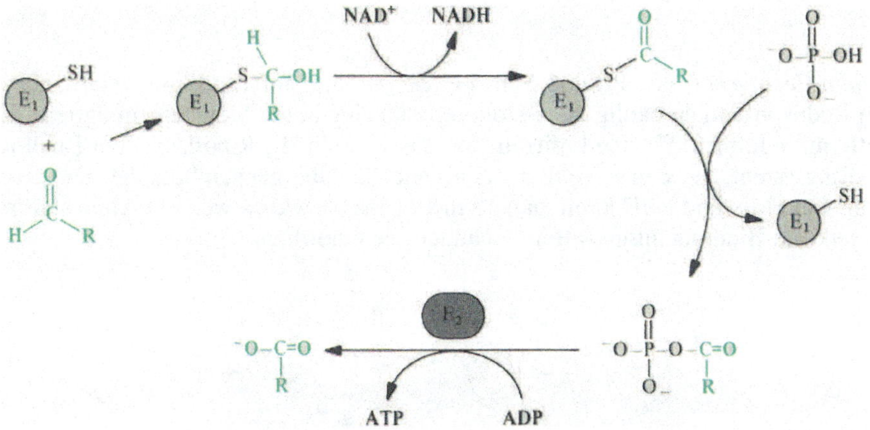

Abb. 4.12. Bildung von ATP bei der Oxidation eines Aldehyds. Die Oxidation des Aldehyds zur Säure erfolgt in 2 Schritten, katalysiert von 2 Enzymen. Die Glycerinaldehyd-phosphat-Dehydrogenase bindet den Aldehyd als Thioacetal und oxidiert ihn dann mittels eines fest gebundenen NAD^+. Die in der Thioester-Bindung liegende Energie bleibt beim Übergang zum gemischten Säureanhydrid erhalten. Im zweiten Schritt – katalysiert von der Phosphoglycerat-Kinase – kommt es zum Transfer des Phosphat-Rests auf ADP, somit zu einem Übergang von Anhydrid zu Anhydrid. Das Gleichgewicht zwischen Glycerat-bisphosphat plus ADP zu Glyceratphosphat plus ATP liegt mit $K = 10^4$ ganz auf der Seite der Produkte. Ursache dafür ist die extrem hohe Affinität des Glycerat-bisphosphats zum Enzym. ^{31}P-NMR-Analysen erlauben die Bestimmung der Konzentrationen von Edukten und Produkten am Enzym; sie ergeben, daß die Gleichgewichtskonstante – bestimmt aus den Gleichgewichtskonzentrationen – für die enzymgebundenen Formen der Reaktanten im Bereich von 1 liegt. Die besonderen Bedingungen, unter denen Substrate am Enzym gebunden werden, sind dafür verantwortlich, daß Gesamt-Reaktionen, die in der Bilanz stark exergon sind, in den Teil-Reaktionen des Transfers am aktiven Zentrum fast isoergonisch ablaufen. Der Sprung der Enthalpie zeigt sich bei Übergängen zwischen verschiedenen Enzymkonformationen; die in der Konformation gespeicherte Energie ist das Potential, das eine Kopplung von Energie liefernden und Energie verbrauchenden Prozessen erlaubt

Den umgekehrten Vorgang, die Reduktion einer Carboxyl-Gruppe zur Aldehyd-Funktion, finden wir bei der Gluconeogenese und Photoassimilierung sowie im Stoffwechsel der Asparaginsäure und bei der Bildung von Aminolävulinsäure.

Andere Formen der energiereichen Bindungen – Bindungen, bei deren Hydrolyse ein größerer Betrag an Energie frei werden würde – finden wir: in gemischten Säurehydriden und Säureamiden, in der N-P-Bindung von Phosphorsäure-Amiden (z. B. zwischen der Phosphat-Gruppe von AMP und der NH_2- Gruppe eines Lysyl-Rests; Phospho-Histidyl-Rest) und den C-S-Bindungen der zahlreichen Carbonsäure-Thioester. Darüber hinaus stellen sich aber selbst glykosidische Bindungen als geeignet dar, chemische Energie zu konservieren.

4.3 Komponenten der ET-Ketten

Funktionelle Bestandteile der in die Membranen eingelagerten Proteinkomplexe von ET-Ketten sind Flavoproteine, Cytochrome und Eisen-Schwefel-Proteine.

Pyridin-Coenzyme (→ S. 40) und *Flavin-Coenzyme* sind aufgrund ihrer relativ negativen Redoxpotentiale häufig die e-Donoren, die eine in die Membran integrierte ET-Kette mit e füttern. Flavine besitzen, wie das Vitamin B_2, Riboflavin, ein Isoalloxazin-Ringsystem. Sie sind sowohl an 1e- als auch 2e-Übergängen beteiligt. Die Strukturen von FMN und FAD kann man als nicht ganz perfekte – weil mit Amin statt mit N-Glykosid-Bindung ausgestattete – Nukleotide einordnen.

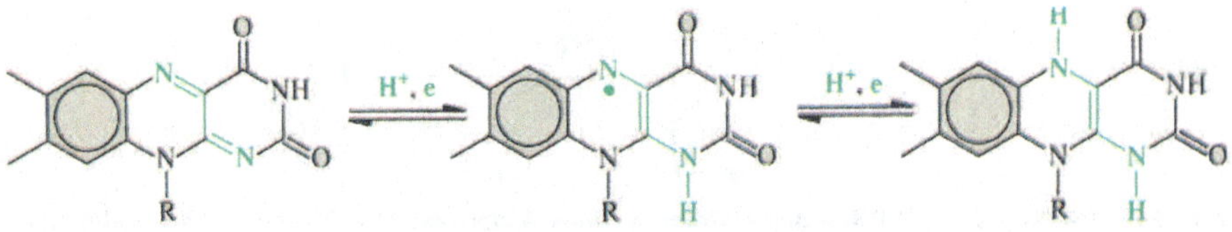

Abb. 4.13. Struktur und Redoxübergänge der Flavine. Durch Reduktion des Flavins mit einem e entsteht ein Semichinon, das bei physiologischen pH-Werten in Keto- und Enol-Struktur vorliegt; Metall-Ionen können an dem Enolat-Ion gebunden sein. Bei einem 2e-Übergang hingegen geht die Struktur -N = C-C = N- in -NH-C = C-NH- über. Reduziertes Flavin ist autoxidabel, ergibt mit molekularem Sauerstoff ein Hydroperoxid: eine Gruppe -O-OH an einem der beiden C-Atome, die sowohl Ring B als auch Ring C angehören. Aus dieser Zwischenstufe kann Wasserstoffperoxid abgespalten werden

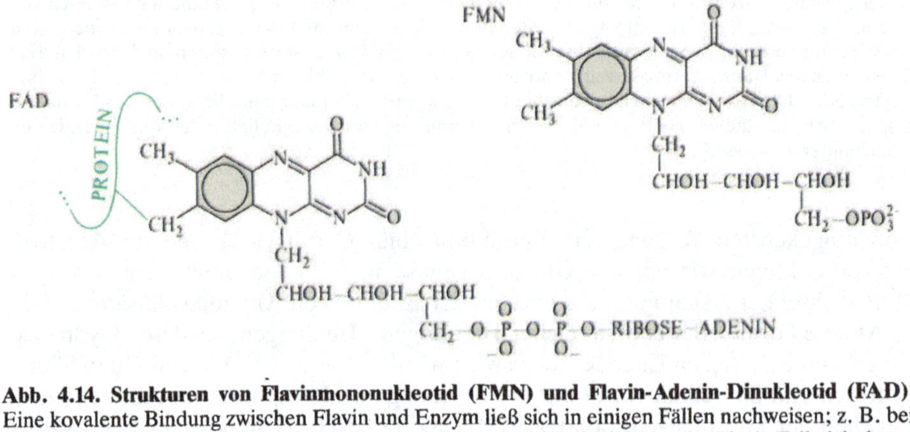

Abb. 4.14. Strukturen von Flavinmononukleotid (FMN) und Flavin-Adenin-Dinukleotid (FAD). Eine kovalente Bindung zwischen Flavin und Enzym ließ sich in einigen Fällen nachweisen; z. B. bei Succinat-Dehydrogenase. Sehr viel häufiger sind Flavoproteine, bei denen der Flavin-Teil nicht kovalent, aber mit hoher Affinität in einem Faß mit β-Faltblättern verankert ist. Als Beispiel kann die Struktur der Glykolat-Oxidase dienen (→ S. 155), bei der 8 Faltblätter eine Tonne bilden, in deren Zentrum das Flavin eingebettet ist

Cytochrome sind Proteine, die durch ihren Chromophor, einem Porphyrin-Skelett mit einem Fe^{2+}/Fe^{3+} als Zentralion (Häm), charakterisiert werden. Das Eisenion ist aufgrund der Abschirmung zwar zum Wechsel in der Oxidationsstufe, häufig aber nicht zur Bindung von O_2 in der Lage.

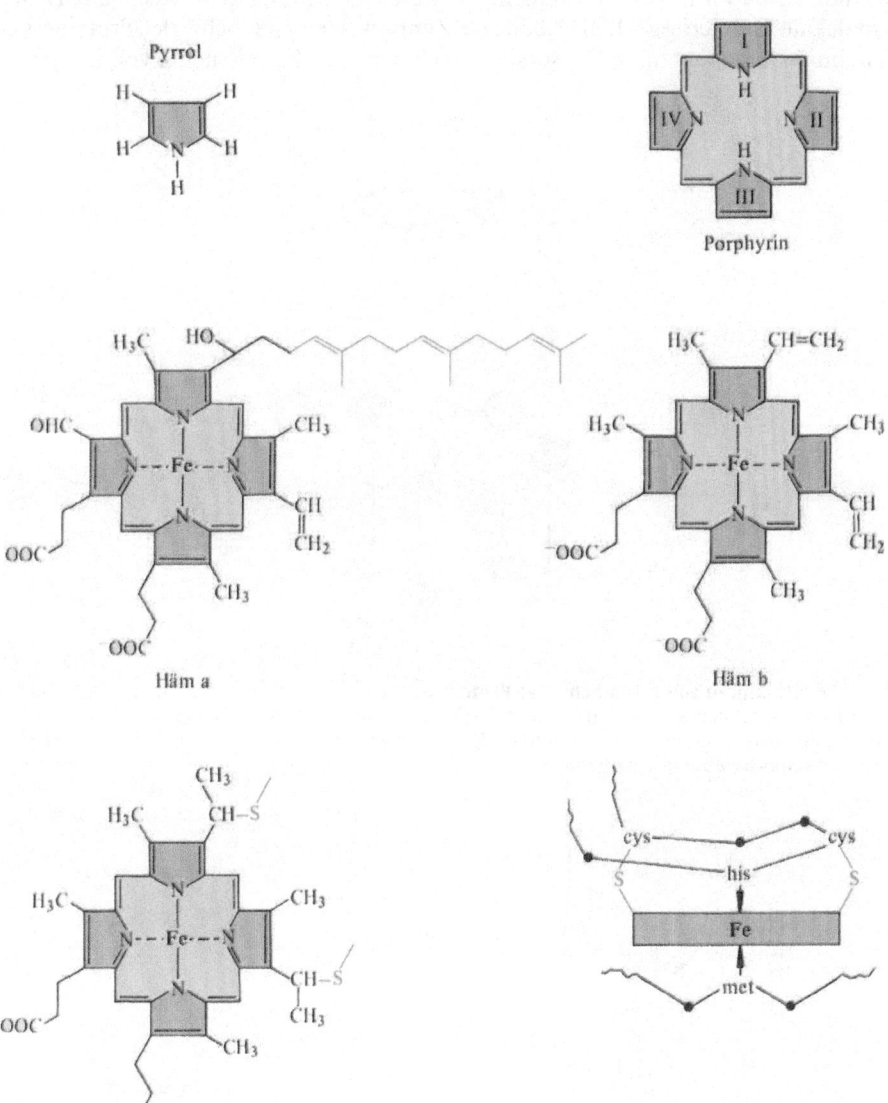

Abb. 4.15. Cytochrome und die Strukturen ihrer Häm-Komponenten. Cytochrome der Klasse a zeichnen sich durch ein Häm mit einer besonders hydrophoben Seitenkette (Farnesyl-Rest) aus. Im Cyt a ist das Zentralion Fe mit His des Proteins (5. Ligand) und mit O-O (6. Ligand) verbunden. Cytochrome der Klasse c besitzen nur kovalente S-Brücken zwischen Protein und Porphyrin-Ring; als Proteine sind sie nur mäßig hydrophob. Cytochrome der Klasse b sind häufig integrale Membranproteine, die Häm-Gruppe wird über den 5. und 6. Liganden (His im hydrophoben Bereich der Proteinkette) des Zentralions am Protein festgehalten

Eisen-Schwefel-Proteine enthalten Eisen; ebenso wie Häm-Proteine. Eisen-Ionen sind dann aber nicht an Porphyrin gebunden, sondern werden durch Sulfid-Brücken fixiert. Eisen-Schwefel-Proteine zeichnen sich durch folgend Eigenschaften aus: (1) durch im katalytischen Zentrum liegende, labile Fe- und S-Atome, die durch Säurebehandlung entfernt werden können; (2) durch Elektronen-Spin-Resonanz-(ESR)-Signale) im Bereich g = 1,90–2,05. Die Zentren der Eisen-Schwefel-Proteine sind nicht nur Komponenten im ET, sondern auch reine Strukturelemente von Enzymen.

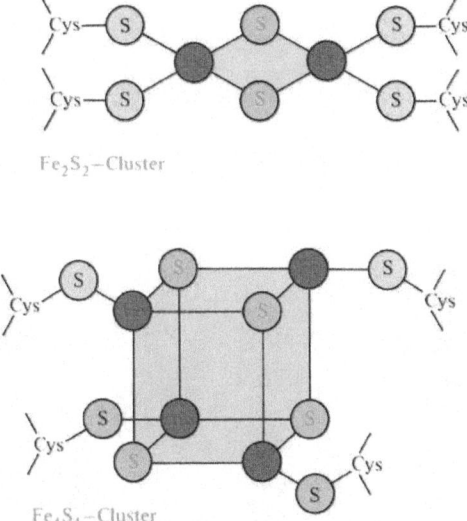

Abb. 4.16. Strukturen von Eisen-Schwefel-Proteinen. Im Fe_2S_2-Zentrum (oben) und Fe_4S_4-Zentrum (unten) sind die labilen S-Atome gegenüber den kovalent an das Cystein gebundenen S-Atomen hervorgehoben. Schwach saure Hydrolyse dieses Eisen-Schwefel-Proteins ergibt – neben denaturiertem Protein – Sulfid-Ionen und Eisen-Ionen

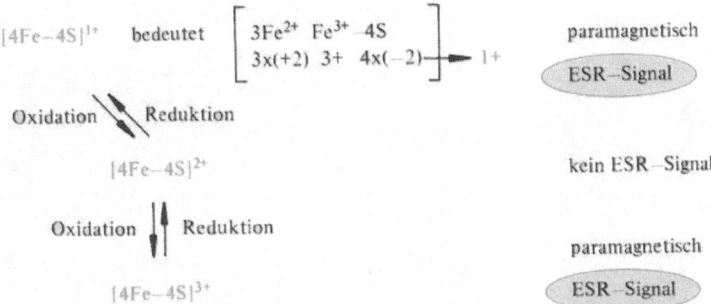

Abb. 4.17. Redox-Übergänge bei Eisen-Schwefel-Zentren. Durch 1*e*-Übergänge werden dem Cluster *e* entzogen (Oxidation). Dabei ändert sich die Geometrie nur geringfügig. Je nach Zahl der ungesättigten Spins erhält man Verbindungen mit ESR-Signalen. Das magnetische Moment der Elektronen ist die Ursache dafür, daß Atome mit ungerader Zahl der Gesamtelektronen ein permanentes magnetisches Feld besitzen: sie sind paramagnetisch. Die daraus resultierenden 2 Möglichkeiten der Orientierung in einem von außen angelegten Magnetfeld, bzw. ihre Energiedifferenz, können durch resonanzspektroskopische Methoden bestimmt werden

Die ESR-Absorption gestattet nicht nur den Nachweis von Paramagnetismus, sondern liefert vor allem Angaben über den g-Faktor, der für jedes Radikal eine charakteristische Größe hat und Aussagen über die chemische Umgebung des Atoms erlaubt. Eisen-Schwefel-Proteine zeichnen sich durch ihre stark negativen Redoxpotentiale aus, die häufig deutlich negativer als das Normalpotential der H-Elektrode sind. Eisen-Schwefel-Proteine sind Bestandteile membran-gebundener ET-Ketten (Mitochondrien, Plastiden, Mikrosomen, Bakterien) und von Enzymen (Nitrogenase, Dihydroorotat-Dehydrogenase, bakterielle Pyruvat-Dehydrogenase, Aconitase).

Während, abgesehen vom Cyt c, die meisten Cytochrome und Eisen-Schwefel-Proteine membran-integrierte, also immobile Redox-Überträger sind, treffen wir in den ET-Ketten auch sehr mobile, kleine Redox-Überträger an. Zu den in wäßriger Phase beweglichen Redox-Überträgern zählt ein Cu-Protein: **Plastocyanin.**

Es kann bei einigen Algen und Prokaryonten durch ein kleines bewegliches Cytochrom ersetzt werden. In der Funktion sind hier aber Cu-Protein und Cyt c sehr ähnlich.

Einige der beweglichen Redox-Überträger halten sich in der Lipid-Phase der Membran auf. Die ET-Ketten bedienen sich für den lateralen Transport innerhalb der hydrophoben Schicht der Membran – also von Protein-Komplex zu Protein-Komplex – kleiner, extrem hydrophober organischer Moleküle, deren Grundkörper auch in der Elektrochemie für Redox-Reaktionen Verwendung findet: **Chinone.**

Sie leiten sich von Benzol bzw. Naphthalin ab. Neben den Benzochinonen, denen eine eindeutige Position im ET zugeschrieben werden kann, enthalten Membranen auch Naphthochinone vom Typ Menachinon oder Vitamin K1. Bei anaerob wachsenden Bakterien übernehmen sie allein die Rolle des Redox-Überträgers in der Membran. Die Funktion von Naphthochinonen in Thylakoiden höherer Pflanzen ist nicht klar. Obwohl Tocopherole und Phyllochinon einen großen Prozentsatz der Membran ausmachen, kann man nicht davon ausgehen, daß sie direkt in den ET eingeschaltet sind.

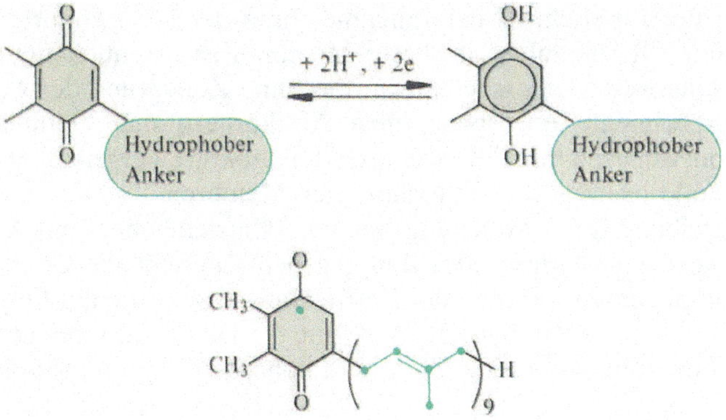

Abb. 4.18. Chinon-Hydrochinon als Redoxpaar. Durch Transfer von $2e$ und $2H^+$ können Ubichinon, Plastochinon, Menachinon und andere Chinone mit großen hydrophoben Bereichen als Redoxüberträger in der Lipid-Phase fungieren. Manchmal treten auch Semichinone auf, wie im Fall des Plastochinons im Reaktionszentrum von PS II

4.4 Die mitochondriale ET-Kette

Mitochondrien sind Orte intensivster Energieumsetzung in der Zelle. Die Elektronen werden in Form von löslichem NADH oder auch direkt über membran-gebundene Flavoproteine in die ET-Kette eingeschleust und letztlich auf O_2 übertragen. Ein Protonen-Gradient und im weiteren die ATP-Synthese sind die Ergebnisse des Elektronen-Flusses.

Dem Abbau und der Depolymerisierung von Nahrungsmitteln folgt in der Regel die totale Verbrennung der entstandenen kurzkettigen Verbindungen. Der Weg der Respiration in Mitochondrien besteht im wesentlichen aus Decarboxylierungs- und Oxidationsvorgängen. Die daraus gewinnbare Energie wird über Redoxfaktoren, wie Flavoproteine oder Pyridinnukleotide, auf die ET-Kette übertragen. Da die stationären Konzentrationen an Pyridinnukleotiden und anderen Redoxfaktoren in der Zelle, in Zellkompartimenten und besonders an der Membran limitierend sind, ergibt sich eine relativ strenge Kopplung der Oxidation dieser Redoxfaktoren durch die ET-Kette mit denjenigen Stoffwechselprozessen, die die Redoxäquivalente bereitstellen (Citrat-Zyklus). Eine weitere strenge Kopplung besteht zwischen dem ET und der Phosphorylierung von ADP. Dies äußert sich darin, daß bei Erschöpfung des Substrats für die oxidative Phosphorylierung, ADP, auch gleichzeitig der ET zum Stillstand kommt.

Bei gänzlicher Entkopplung der Oxidation des NADH von der oxidativen Phosphorylierung würden bei der Verbrennung von 1 mol NADH (nach der Gleichung $NADH + H^+ + \frac{1}{2} O_2 = NAD^+ + H_2O$) 220 kJ pro mol frei werden. Durch die schrittweise Energieübertragung kann die Energie in energetisch gekoppelten Prozessen zur Phosphorylierung von 3 molen ADP zu ATP verwendet werden; dies entspricht der Speicherung von etwa 90 kJ/mol. Alle an der Energiekonservierung beteiligten Verbindungen, sowohl für den ET wie für die oxidative Phosphorylierung, sind in der Lipidschicht der Innenmembran der Mitochondrien eingebettet. Die Anordnung (Topographie) in dieser Membran ist essentiell für die Funktion. Physikalisch-chemische Untersuchungen, die ohne Zerstörung der Membran möglich sind, Experimente mit spezifischen Antikörpern und Hemmstoffen sowie Rekonstitutionsversuche mit Hilfe isolierter Teilstrukturen ergeben einen guten Einblick in die Funktionsweise der Mitochondrien-Membran.

Die Beschreibungen der Mitochondrien von Pflanzen haben, mit Ausnahme einiger Fungi, bisher kein umfassendes Bild gegeben. Da aber die für die Respiration wichtigen Komponenten während der Entwicklungsgeschichte der Organismen konserviert blieben, wie der Vergleich auf der Stufe der Gen-Strukturen gezeigt hat, darf man die bei Lebermitochondrien, Hefe und höheren Pflanzen erhobenen Befunde zusammenfassen.

Die ET-Kette wiederum besteht aus mehreren Protein-Komplexen; zwischen diesen übertragen kleine, bewegliche, lipophile Verbindungen in der Lipidschicht oder kleine, mit der Membran assoziierbare Proteine die Elektronen. Alle Schritte, außer die von der Cytochrom-Oxidase katalysierten, sind reversibel.

NADH-Ubichinon-Oxidoreduktase enthält als Multienzymkomplex FMN und mehrere Eisen-Schwefel-Proteine (FeS-Proteine) Diese werden von -320 mV auf etwa 0 mV übertragen. Die Potentiale der FeS-Proteine liegen zwischen -370 mV und -20 mV. Der Enzymkomplex enthält viele integrale Proteine (über 25) und mehrere binukleare und tetranukleare FeS-Zentren. Hemmstoffe (Rotenon, Piericidin, Barbiturate) beeinflussen gleichzeitig die Oxidation des FeS-Clusters (meßbar mit ESR), die „Kopplungsstelle", und wirken auf die H^+-Pumpe. Bei Pilzen und verschiedenen Mutanten gehen die Eigenschaften Rotenon-Insensitivität und das Fehlen der ESR-Signale für Änderung am FeS-Zentrum parallel.

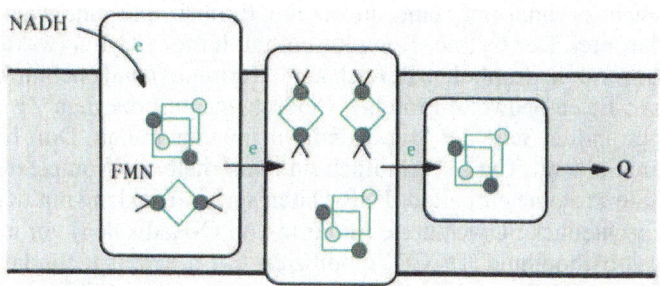

Abb. 4.19. Multienzymkomplex I des mitochondrialen ET. Als reduzierendes Substrat fungiert lösliches NADH, das vor allem im Citrat-Zyklus erzeugt wird. Der Komplex besteht aus mehreren Teilkomplexen. A: Subkomplex aus 3 Peptiden; 1 binukleares, 1 tetranukleares FeS-Protein mit FMN; letzteres bindet NADH und besitzt Diaphorase-Aktivität. B: Subkomplex aus 6 Peptiden; er enthält 3 binukleare FeS-Proteine und 1 tetranuklearen Cluster, der von der Wasserphase der Matrix aus erreichbar ist. Die Symbole sind entsprechend Abb. 4.16 gewählt. C: Subkomplex mit besonders hydrophoben Proteinen; 1 tetranukleares FeS-Protein als direktes Reduktionsmittel von Ubichinon

Aus dem Komplex der *Succinat-Ubichinon-Oxidoreduktase* läßt sich eine Succinat-Dehydrogenase isolieren, die nur mit Phenazinmethosulfat, aber nicht mit Ubichinon (Coenzym Q oder Q) als *e*-Akzeptor reagiert. Bei Zugabe von Cyt b-560 aber läuft der *e*-Fluß bis Q. Mit Cyt b-560 läßt sich ein weiterer Teilschritt realisieren: Zugabe von reduziertem Cyt b-560 erlaubt die Reduktion von Fumarat zu Succinat, und damit die Umkehr des ET.

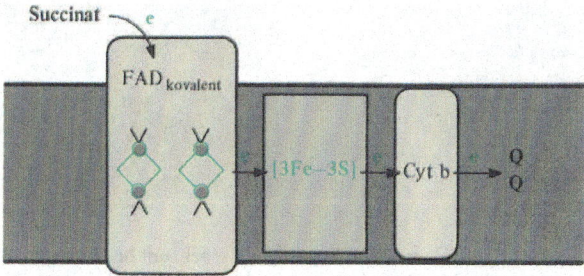

Abb. 4.20. Schematische Darstellung des Komplexes der Succinat-Dehydrogenase. Er besteht aus mindestens zwei Proteinen, die ein drittes (Cyt b-560) reduzieren können. Es ist nicht entschieden, ob H vom Succinat primär zur Reduktion einer Disulfid-Bindung verwendet oder sofort auf N im Flavin übertragen wird

Im Falle der *Hydrochinon-Cyt c-Oxidoreduktase* sind die Proteinkomponenten innerhalb der mitochondrialen ET-Ketten sehr verschiedener Organismen besonders stark konserviert. Sehr große Ähnlichkeit besteht zum Cyt b_6/f-Komplex der Thylakoide. Der intakte Komplex in der Mitochondrien-Innenmembran besitzt zwei spektroskopisch unterscheidbare Häm b (b-562, b-566). Nach Isolierung der Cytochrome liegt nur mehr eine Spezies (b-562) vor; das deutet auf besondere Wechselwirkungen in der Umgebung eines der beiden Fe innerhalb des Komplexes hin. Es spricht viel dafür, daß Cyt b mit mehreren α-Helices durch die Membran reicht: zwei dieser Helices stehen so in räumlicher Nähe, daß je ein Histidin auf jeder Kette die Liganden für das Häm ergeben. Diese Brücke, die so zwischen zwei Histidin-Resten entsteht, tritt gleich zweimal auf; eine im oberen Bereich und eine zweite mehrere Stockwerke darunter. Der Cyt bc_1-Komplex enthält ferner 1 Cyt c_1 (wasserlöslich im gereinigten Zustand, hydrophober Bereich am C-Terminus) und ein binukleares FeS-Protein (Rieske-Eisen-Schwefel-Protein). Beide liegen auf der dem Zwischenmembranraum zugewandten Seite der Mitochondrien-Innenmembran. Dort befindet sich auch das zweite Substrat, Cyt c. Vermutlich sind innerhalb des Komplexes auch Ubichinon bindende Proteine enthalten. ESR-Daten sind in Einklang mit dem Postulat, daß zwei unterschiedliche Ubichinone (in Form von Q-Radikalen) vorliegen.

Dicyclohexyl-carbodiimid (DCCD) modifiziert Cyt b. Dies spricht dafür, daß dieses Protein einen H^+-Kanal bildet. Man vermutet, daß DCCD eine Carboxyl-Gruppe einer Glutamyl-Seitenkette des Proteins modifiziert.

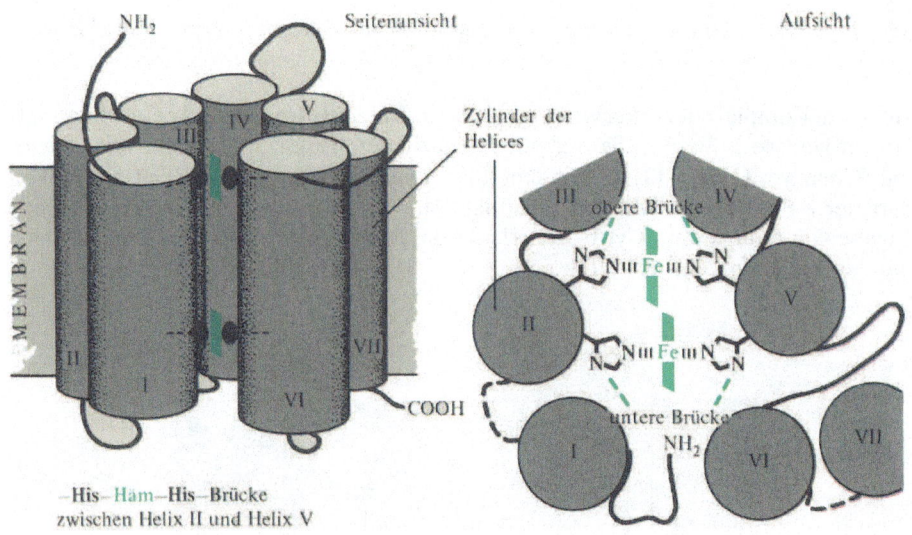

Abb. 4.21. Topologie eines Cytochroms der Klasse b im Cytochrom bc_1-Komplexes. Die Anordnung der Peptidkette von Cyt b in der Membran beruht auf 7 hydrophoben α-Helices, die hier als Zylinder gezeichnet sind. Zwischen Helix 2 und Helix 5 können zwei Chromophore eingebaut werden; ein Häm im oberen, ein anderes Häm im unteren Bereich. Festgehalten werden die planaren Häm-Strukturen durch die 5. und 6. Liganden; es sind Imidazol-Ringe von His-Resten, die exakt an diesen Positionen der Helices vorkommen

Cytochrom c-Oxidase überträgt 4 *e* auf O_2. Das aus der Membran isolierbare Enzym besteht aus 3 großen, von Mitochondrien kodierten UE sowie aus mehreren (bis zu 10) kleineren, kernkodierten UE, die vermutlich regulatorische Eigenschaften besitzen. *e* gelangen vom Cyt c, das vom Intermembranraum her an UE II andockt, über Cu_A auf das aktive Zentrum mit Cu_B und Häm a_3.

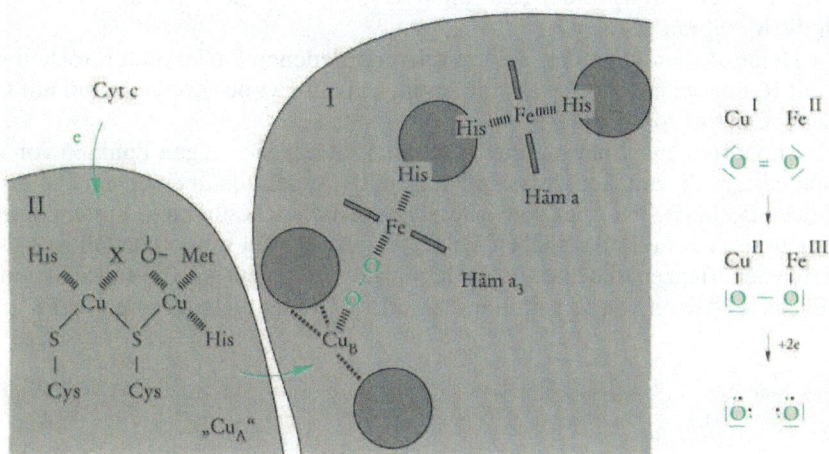

Abb. 4.22. Fluß der Elektronen im aktiven Zentrum der Cytochrom-Oxidase. Das aktive Zentrum der Oxidase wird mit 4e aufgepumpt. Diese gelangen in einem Schritt auf den molekularen Sauerstoff, der seinerseits als 6. Ligand an Fe im Zentrum von Häm a_3 gebunden ist

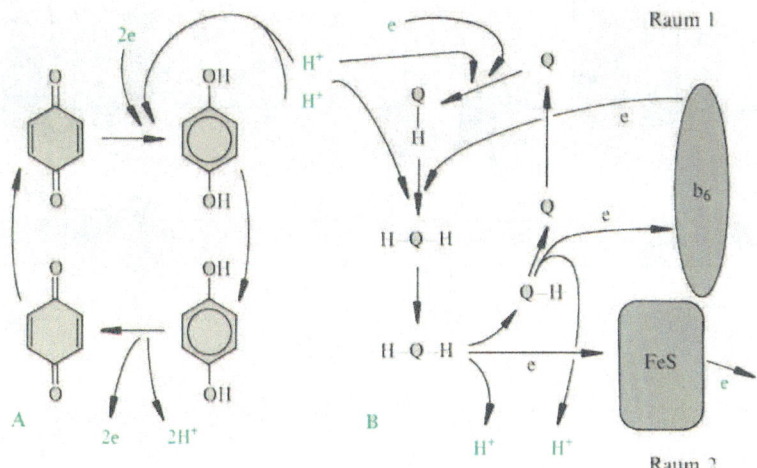

Abb. 4.23. Alternative Wege für den Transport von Protonen über die Membran: einfache Chinon-Schleife oder Q-Zyklus. Um pro 2e mehr als 2 H^+ über die Membran zu transferieren, wurde neben der einfachen Schleife (links), bei der 2e und 2 H^+ umgesetzt werden, das Konzept eines Q-Zyklus (rechts) entwickelt. Letzterer erklärt den Transfer von 2 H^+ pro Zufuhr von 1e; wobei eines der beiden mit Hydrochinon transferierten *e* über einen zyklischen Vorgang wieder verwendet wird

Mit einer einfachen Schleife, wie sie in Abb. 4.23 gezeigt wird, würden 2 H$^+$ pro 2e transferiert werden. Einen höheren Wert H$^+$/2e läßt der Q-Zyklus zu. Neben dem Chinon kommen keine (H$^+$ + e)-Überträger in der ET-Kette in Frage; man muß aber davon ausgehen, daß jeder der drei besprochenen Proteinkomplexe mindestens 2 H$^+$ pro 2e transferiert. Damit gewinnt die Idee der direkten H$^+$-Pumpe an Gewicht. Jeder Komplex – außer der Succinat-Ubichinon-Oxidoreduktase – sollte zwei oder mehr Protonen pro 2e-Redoxvorgang durch die Membran transferieren („pumpen"). So wäre der Redoxtransfer der 2e vom NADH zum O$_2$ mit dem Transfer von 6 H$^+$ durch die Membran gekoppelt.

Mit Hemmstoffen kann der ET an drei verschiedenen Stellen unterbrochen werden: mit Rotenon am Komplex 1, mit Antimycin am Cyt bc$_1$-Komplex und mit Cyanid bei der Cytochrom-Oxidase.

Mitochondrien aus Pflanzen unterscheiden sich nur in wenigen Punkten von den Mitochondrien, die aus tierischen Zellen isoliert wurden; dafür sprechen alle bisher erhobenen Befunde. Trotz der hohen Analogie zwischen bestimmten Proteinkomplexen der tierischen und pflanzlichen ET-Kette gibt es zwei sehr augenfällige Besonderheiten bei Pflanzen: die direkte Oxidation von exogenem NADH sowie das unterschiedliche Auftreten von Respiration, die durch Cyanid nicht gehemmt wird.

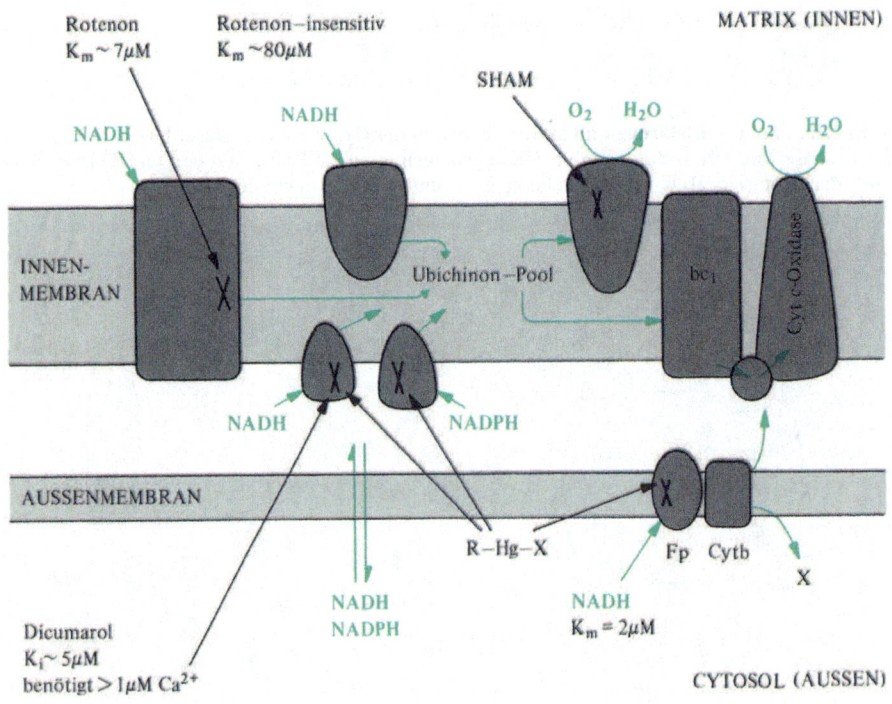

Abb. 4.24. Mögliche Bindungsstellen für die Oxidation von NADH bei pflanzlichen Mitochondrien. Die cyanid-resistente Atmung – man spricht von einem alternativen Weg der Respiration – läuft nicht über die Cytochrome, vor allem nicht über die cyanid-empfindliche Cytochrom-Oxidase. Es spricht vieles dafür, daß der ET von Ubichinon auf ein Flavoprotein erfolgt, das direkt von O$_2$ oxidiert werden kann. Eine andere direkte Oxidation von NADH kann an der Außenseite der Innenmembran oder an der Außenmembran erfolgen

Diese Fähigkeit pflanzlicher Mitochondrien, NADH direkt und ohne komplizierten Shuttle oxidieren zu können, hat nichts mit dem alternativen Weg zu tun. Die direkte NADH-Oxidation geht vielmehr von einem von außen zugänglichen Flavoprotein aus und ist im übrigen streng an den über Cytochrom gebundenen Weg gekoppelt.

Wir kennen Inhibitoren, die sehr selektiv den Weg der cyanid-insensitiven Atmung hemmen, z. B. Salicylhydroxamsäure und Thiuram.

Einwände gegenüber dem alternativen Weg beziehen sich u. a. auf die Möglichkeit, daß Kontamination der Mitochondrien mit Lipoxygenase den cyanid-insensitiven O_2-Verbrauch bei Messungen in vitro verursacht, sowie auf die offene Frage, welchen Anteil der alternative Weg einnimmt, wenn in vivo kein CN^- vorliegt.

Eine Besonderheit der cyanid-resistenten Atmung liegt darin, daß sie in verschiedenen Geweben verschieden stark auftritt, und daß ihr Auftreten vor allem sehr stark, und auch verhältnismäßig rasch, durch äußere Einflüsse (z. B. Verwundung) verändert werden kann.

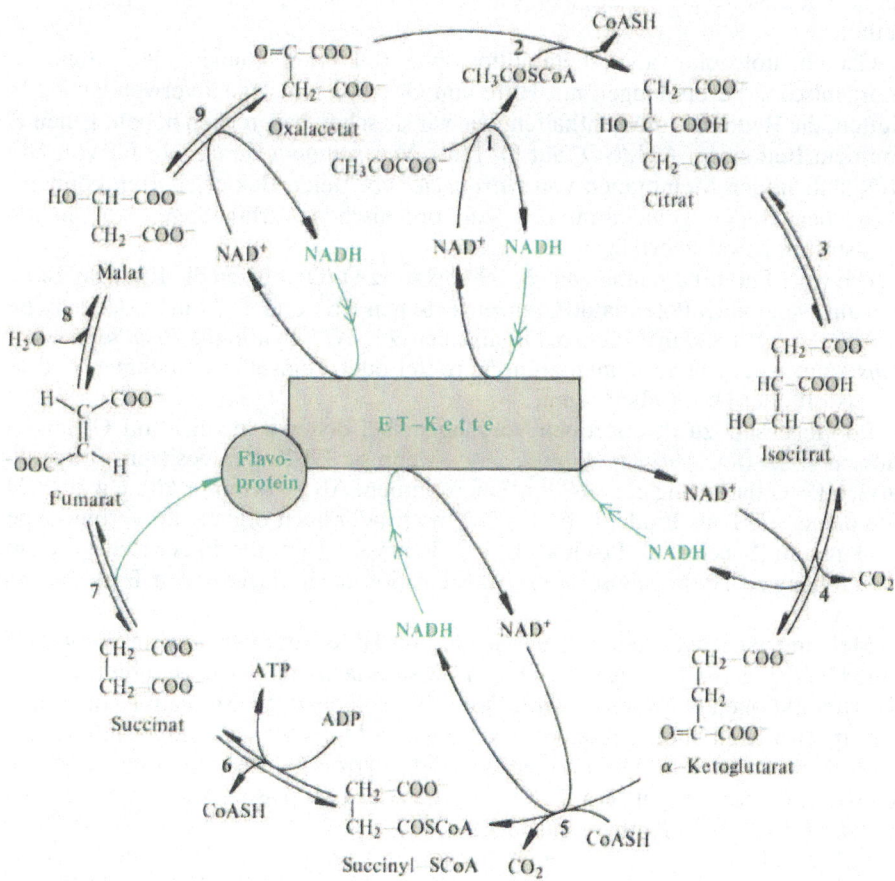

Abb. 4.25. Citrat-Zyklus: ein Stoffwechselweg mit vielen Reaktionen, die lösliches NADH für den ET liefern

Bei der frühen Keimung liegt die cyanid-insensitive Atmung bereits vor, bevor die Cytochrom-Oxidase richtig aktiv geworden ist. Bei angeschnittenen Knollen, nicht aber bei Kartoffelknollen, stellt man ein Umschalten von Kohlenhydrat-Metabolismus auf Lipid-Abbau fest; die cyanid-resistente Atmung nimmt ab. In Kartoffelknollen wurde beim Anschneiden und bei Alterung ein starkes Ansteigen der cyanid-resistenten Atmung gemessen.

Unterschiedliche Organismen – ja selbst verschiedene Membransysteme innerhalb einer Zelle – führen unterschiedlichen ET durch. Um die allgemeinen Prinzipien des ET in Membranen zu betonen, verwenden wir eine nach Redoxpotential ausgerichtete Übersicht.

Die in Abb. 4.26 beschriebenen Proteinkomplexe bewirken, daß im Verlauf des ET Protonen vom Inneren der Mitochondrien in den Raum zwischen den beiden Membranen transloziert werden. Es wird angenommen, daß jeder der Komplexe – außer der Succinat-Dehydrogenase – Protonen pumpt. Die dafür notwendige Energie wird aus der Differenz der Redoxpotentiale der beteiligten Substrate entnommen. Im Vergleich zu den Potentialen, die die einzelnen Redox-Partner der mitochondrialen Kette aufweisen, sind die Redox-Übergänge anderer ET-Ketten angedeutet.

Chemoautotrophe oder chemolithotrophe Bakterien können eine Reihe von anorganischen Verbindungen mit Hilfe von O_2 oxidieren. Dabei verwenden sie ET-Ketten, die Redoxfaktoren enthalten, wie wir sie schon besprochen haben. Einen ET von dem Redoxpaar NH_3/NO_2^- auf O_2 führt *Nitrosomonas* durch, ein ET von NO_2^-/ NO_3^- läuft in den Membranen von *Nitrobacter* ab. Beide Bakterienarten können in O_2-reichen Böden gemeinsam den von organischen Verbindungen kommenden Stickstoff in Nitrat überführen.

Die volle Potentialspanne von $H_2/2H^+$ bis zu ½ O_2/O^{2-} nützen die Knallgas-Bakterien aus. Aber auch Potentialdifferenzen zwischen S/S^{2-} und +820 mV oder zwischen Fe^{2+}/Fe^{3+} und +820 mV dienen Organismen zur ATP-Synthese. *Bacillus ferrooxidans* kann e dem H_2S, elementarem Schwefel oder Thiosulfat entnehmen und auf Sauerstoff oder Nitrat übertragen.

Im Gegensatz zu den aeroben Vorgängen, bei denen e letztlich auf O_2 landen, müssen anaerob wachsende Organismen – wenn sie ET-Ketten besitzen – ohne den großen Potentialsprung auf +820 mV auskommen. Als e-Akzeptor können aber Sulfate dienen (HS^- als Produkt; $E_0' = -220$ mV), oder auch organische Verbindungen wie Fumarat (Succinat als Produkt; $E_0' = +30$ mV). e-Donor ist in der Regel H_2; eine Ni^{2+}-abhängige Hydrogenase nimmt die Position am reduzierenden Ende des ET ein.

Methanogene Bakterien reduzieren CO_2 mit Hilfe von molekularem Wasserstoff. Eine Hydrogenase überträgt e von H_2 auf Desazaflavin, das wiederum für die einzelnen Reduktionen verwendet wird, über Formaldehyd zu Methanol. Im letzten Schritt wird Methanol, gebunden an Coenzym M (β-Mercaptoethansulfonsäure), unter Verwendung von ATP und eines Ni-Tetrapyrrols als Redoxpartner zu Methan reduziert. Dieser ET von H_2 auf CO_2 liefert an der Cytoplasma-Membran ein Potential, das für die ATP-Synthese ausreicht.

ATP-Synthese ohne ET betreiben manche Prokaryonten mit Hilfe von Membrankomplexen, die sich als Decarboxylasen herausstellten. Beim Übergang Oxalacetat → Pyruvat wird gleichzeitig Na^+ gepumpt, dessen Gradient durch eine ATP-Synthase in ATP umgesetzt werden könnte.

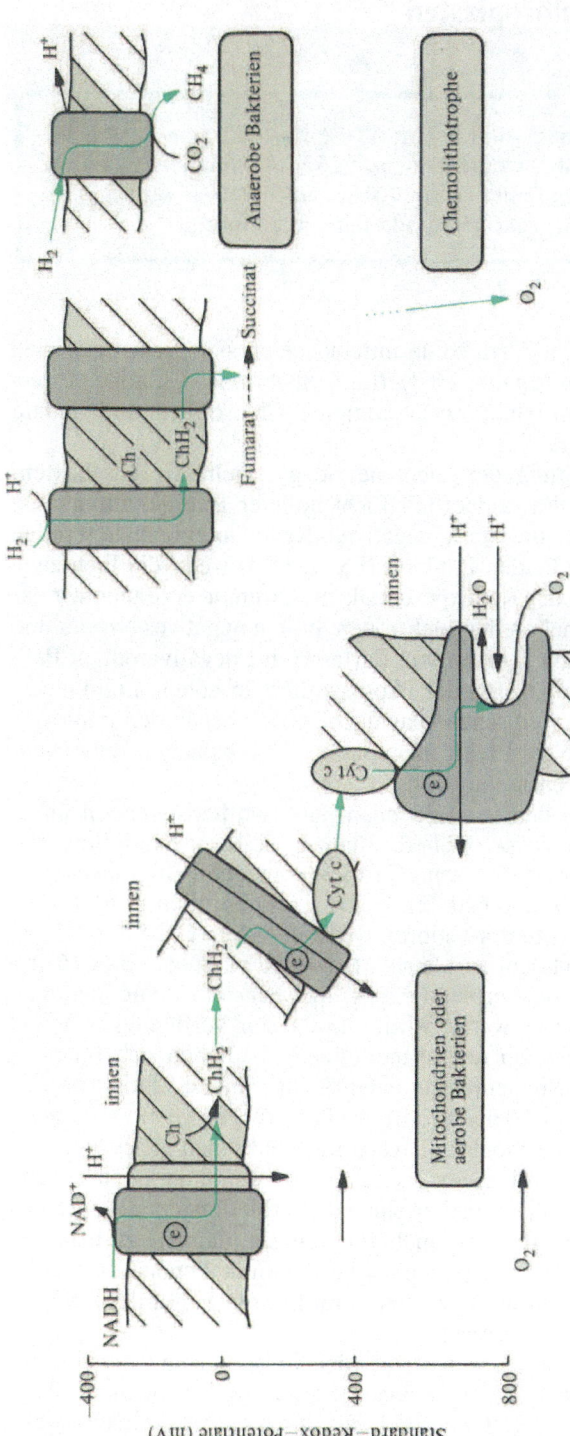

Abb. 4.26. Übersicht über Potentialbereiche und Proteinkomplexe der mitochondrialen ET-Kette und bakterieller ET-Ketten. Die Mitochondrien bauen das Potential in 3 Schritten ab; mit Chinon (ChH₂) und Cyt c als Zwischenstufen. Aerob wachsende Bakterien besitzen ET-Ketten, die denjenigen der Mitochondrien in den Teilkomponenten und der Funktion ähnlich sind. Strukturell bestehen aber z. B. bei der Cytochrom-Oxidase große Unterschiede. Während die Mitochondrien ein Enzym besitzen, das neben den 3 großen funktionellen UE weitere, vermutlich regulatorische UE aufweist, treffen wir bei Prokaryonten (Beispiel: *Paracoccus denitrificans*) ein Enzym mit nur 2 UE an. Daneben existieren Wege, die *e* vom Ubihydrochinon über Cyt p (Cyt vom b-Typ) auf O₂ übertragen. Chemolithotrophe Bakterien verwenden ebenfalls O₂ als letzten *e*-Akzeptor. Aber sie entnehmen die *e* einer ganz unterschiedlichen anorganischen Reduktionsmitteln, z. B. Fe²⁺ oder NO²⁻. Schließlich deutet das Schema an, daß auch im Bereich zwischen –400 und –200 mV an ATP-Gewinnung gekoppelte Redox-Reaktionen ablaufen – natürlich in Abwesenheit von O₂. Das Standardpotential für den Übergang Sulfat/Sulfid liegt soweit unterhalb der Wasserstoff-Elektrode, daß auch Sulfat-Reduzierer wie *Desulfovibrio* durch ET ihr ATP erzeugen können

109

4.5 Die ET-Kette der Chloroplasten

> Licht liefert die Energie für die Synthese von ATP und Reduktionsäquivalenten in Form von NADPH. Dabei werden e dem Wasser entnommen, wodurch O_2 entsteht. Die Photosynthese findet an der Thylakoid-Membran statt und ist die Voraussetzung für die damit gekoppelte Photoassimilierung.

Die Redoxpaare der ET-Kette der Thylakoide unterscheiden sich nicht prinzipiell von den Bausteinen der mitochondrialen ET-Kette: Cytochrome, Chinone, Eisen-Schwefel-Proteine und Kupferproteine. Dazu kommen Chlorophyll und andere Chromophore als Photonen-Sammler.

Die Aufnahme und Verarbeitung der Lichtenergie geschieht in Teilschritten: durch Lichtsammel-Pigmente, dann in dem mit Licht höherer Energie anregbaren Photosystem II (PS II) und dem die stark negativen Redoxpotentiale liefernden Photosystem I (PS I). An diesen beiden Punkten (PS II, PS I) treibt die Lichtenergie einen Fluß von e. Durch Wahl der Redoxpotentiale als Ordinate erkennen wir das durch Lichtenergie bewirkte Anheben der Elektronen auf ein negatives Niveau und die schrittweise Weitergabe der Elektronen von Partnern mit negativerem zu Partnern mit positiverem Redoxpotential. Bei der Photosynthese in höheren und niederen Pflanzen, auch in den prokaryontischen Blaualgen, nicht aber in den photosynthetisierenden Bakterien, werden die Elektronen, die von Redoxpaar zu Redoxpaar transferiert werden, dem Wasser entnommen.

Das Lichtsammeln erfolgt bei den verschiedenen photosynthetisierenden Organismen in sehr unterschiedlicher Weise. Höhere Pflanzen besitzen mindestens 200 Chlorophylle (a und b) pro Reaktionszentrum für diese Aufgabe. Chl a absorbiert bei 430 und 660 nm, Chl b bei 450 und 640 nm. Beide Energieformen werden über den ersten Singulettzustand des Rezeptor-Chlorophylls auf weitere Chl a durch Exzitonentransfer weitergeleitet. Nachdem so blaues (420 – 470 nm) und rotes (630 – 680 nm) Licht herausgefiltert wurde, verbleibt ein „grünes Fenster" – eine Lichtqualität, die nur von Spezialisten gut verwertet wird. Um das zur Verfügung stehende Licht optimal auszunutzen, aber auch um zu modulieren, bedienen sich Pflanzen unterschiedlicher akzessorischer Pigmente und einer Reihe von Regulationsprozessen. Chloroplasten, von denen etwa 50 in einer Blattzelle vorliegen können, besitzen mit den mehr oder minder stark gestapelten Thylakoid-Membranen gleichzeitig ein großflächiges System zum Lichtsammeln und zu dessen Umwandlung in chemische Energie. Wenn Chlorophyll-Moleküle umgeben sind von Verbindungen, die auch das Licht anderer, durch Chl nicht absorbierter Qualität einfangen, dann nützt diese Art einer Antenne einen sehr großen Teil des gerade zur Verfügung stehenden Lichts und eine Welle der Anregung geht durch die Thylakoide. Im tiefsten Punkt des Energietrichters sitzt das jeweilige Reaktionszentrum.

Die Resonanz zwischen 2 Chromophoren erlaubt den vollständigen Energietransfer von einem zum anderen. Auch in fester Phase oder Lösung kann man einen Transfer von Photonen über 50 Å feststellen und dies durch eine quantenmechanische Beschreibung erklären.

Antenneneffekte sind somit in künstlichen Polymeren, z. B. mit wasserlöslichen Polyvinylnaphthalin-Derivaten nachvollziehbar. Sie bilden eine Micelle um ein hydrophobes organisches Molekül, das als Akzeptor für das vom Vinyl-Derivat eingefangene Photon dient. Der Energietransfer in diesem künstlichen „Photozym" hilft bei Erklärung der photochemischen Spaltung von chlorierten Alkanen.

PS II enthält ein Chl a/b-bindendes Protein, das die Aufgabe des Lichtsammelns übernimmt. Darüber hinaus besitzen PS II und PS I zentrale Antennenpigmente mit Chl a. Etwa 300 Chlorophyll-Moleküle, eingebaut in Proteine, sind in den Thylakoid-Membranen zu einer Photosynthese-Einheit zusammengeschlossen; die meisten dienen dem Lichtsammeln.

Akzessorische Pigmente können auch, wie im Falle von eukaryontischen Algen (Rotalgen), in Form von Phycobilisomen an der Thylakoidoberfläche angeordnet sein. Cyanobakterien enthalten ähnliche Pigmente, aber integriert in die photosynthetische Membran. Dann ergibt sich für den Energietransfer folgendes Bild:

Phycoerythrin (565 nm) → Phycocyanin (620 nm) → Allophycocyanin (650 nm) → PS II

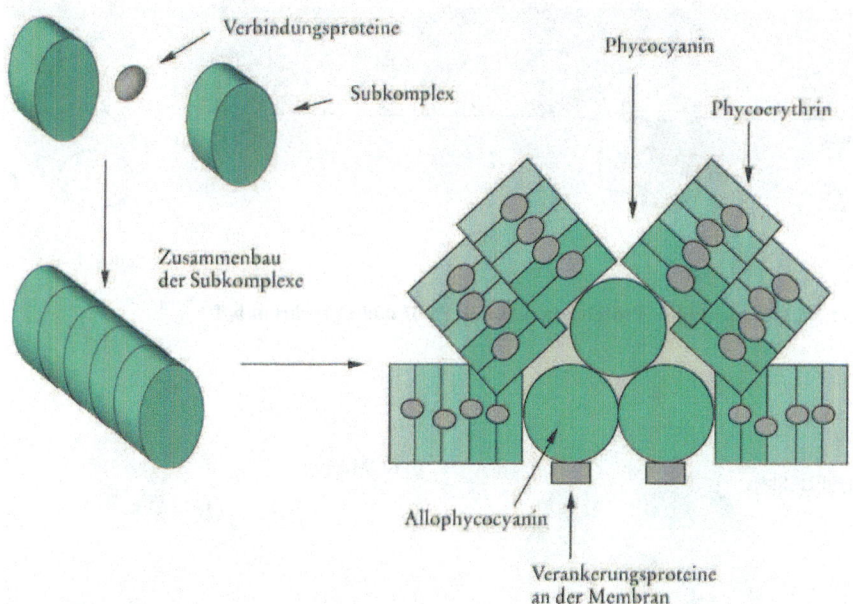

Abb. 4.27. Schematische Darstellung eines lichtsammelnden supramolekularen Komplexes: Phycobilisom. Den spektralen Eigenschaften entsprechend sind die Pigmente in den Subkomplexen der Phycobilisomen von außen nach innen angeordnet. Diese Anordnung und die einzelnen Komponenten sind aber nicht statisch zu sehen; je nach Lichtqualität und Quantität kann der Organismus seine Antennen umbauen und sich auf das Angebot optimal einstellen

Bei Braunalgen und Kieselalgen erweitert das Carotinoid Fucoxanthin das Aktionsspektrum und besorgt die Weitergabe der absorbierten Energie auf Chl a. Das Lichtsammeln geschieht auch bei Algen durch einen großen Apparat, unter Beteiligung von Chl b. Chl c dient den meisten Chromophyten (Braunalgen, Kieselalgen) zum Sammeln des Lichts. Cryptophyceen zeichnen sich dadurch aus, daß ihre Plastiden sowohl Biliproteide als auch Antennen mit Chl a/c enthalten.

Die Energie der Photonen landet im Falle der Photosynthese der höheren Pflanzen auf einem der beiden Photosysteme. Das Resultat der Anregung im Reaktionszentrum ist: Chl . X → Chl$^+$. X$^-$. Es entstehen zwei Radikale; eine Spezies X wird reduziert, ergibt ein Radikal-Anion und gibt später ein e an die ET-Kette weiter.

Im Falle von **Photosystem II** stammen die für den ET notwendigen e dem Wasser. Das positive Pendant zum primären e-Akzeptor, das Radikal-Kation Chl$^+$, entzieht als besonders starkes Oxidationsmittel dem Wasser e und stellt den ursprünglichen Zustand am Reaktionszentrum wieder her. O_2 entsteht als Produkt der Oxidation von Wasser.

Die für die Primärreaktion von PS II notwendigen Komponenten liegen alle auf zwei sehr ähnlichen Proteinen, einem Heterodimeren D1.D2.

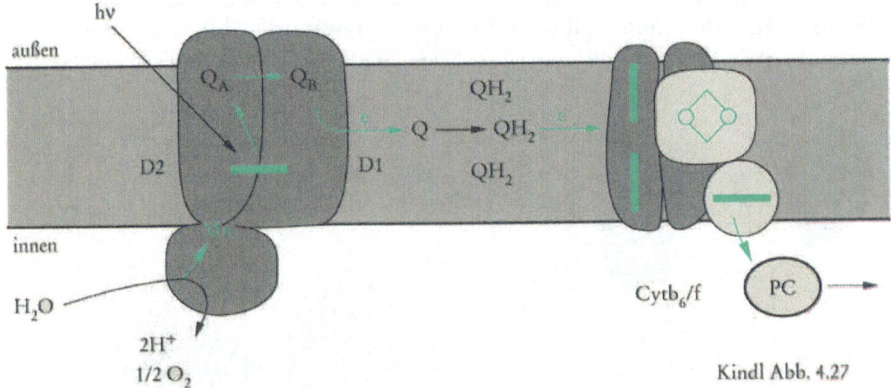

Kindl Abb. 4.27

Abb. 4.28. Übersicht über Proteinkomplexe im PS II und Cytochrom b$_6$/f

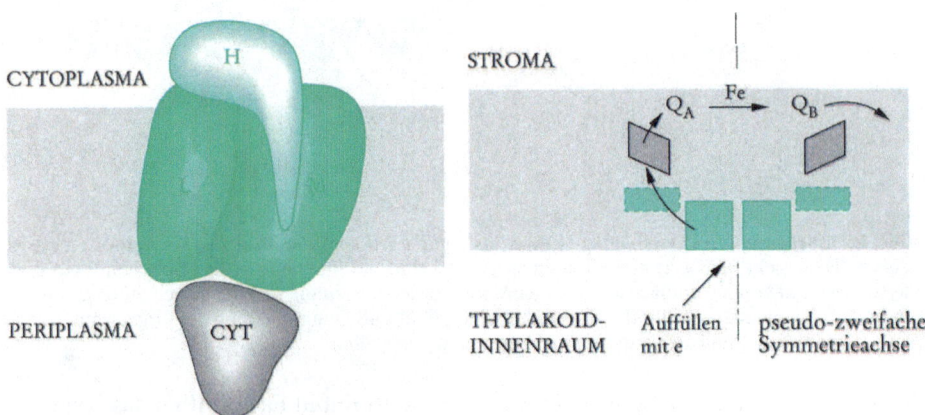

Abb. 4.29. Darstellung der Redoxpartner im Reaktionszentrum von PS II. Das Reaktionszentrum von PS II setzt sich aus den Proteinen D1 („32 kDa"; entsprechend der kodierenden Sequenz aber 39 kDa), D2 („34 kDa") und Cyt b559 zusammen. Die Einheit enthält Chlorophylle, Phäophytin, Plastochinon und β-Carotin; auf ihr liegen die Positionen für Q$_A$, Q$_B$ und die Radikal-Kationen am wasserspaltenden Ast von PS II (→ Abb. 4.30)

112

Das Reaktionszentrum von PS II ist vom Aufbau her vergleichbar mit dem Reaktionszentrum eines Purpurbakteriums, dessen Struktur u. a. durch Röntgenstrukturanalyse aufgeklärt wurde. Das Reaktionszentrum von *Rhodopseudomonas viridis* enthält 3 Protein-Komponenten (H, M, L), 4 Moleküle Bakteriochlorophyll b, 2 Moleküle Bakteriophäophytin b, 1 Fe^{2+}, 1 Menachinon (Q_A) und 1 Ubichinon (Q_B). Beim bakteriellen System weiß man: durch Licht wird ein *e* von P-960 auf Bakteriophäophytin b und dann auf Q_A übertragen; zwei fast symmetrisch angeordnete, ähnlich große UE (L, M) bilden einen Block; sie reichen jeweils mit helikalen Abschnitten 5-mal durch die Membran und tragen gemeinsam Donor und Akzeptor des PS; als primärer Donor sind zwei übereinander angeordnete Chlorophyll-Moleküle anzusehen, die von 4 (je 2 von L und M) die Membran durchspannenden α-Helices gehalten werden. Jede dieser 4 Helices besitzt eine His-Seitenkette, die durch die Bindung an das Eisen-Ion fixiert werden. Die beiden zentralen Chlorophyll-Moleküle liegen parallel zueinander, sodaß es zu Interaktionen zwischen den beiden kommt. Das Zentralion Mg^{2+} des einen Chlorophylls kann mit der Carbonyl-Gruppe (-CO-CH_3) des anderen Chlorophylls direkt wechselwirken. Von diesem „Paar" etwas entfernt befindet sich auf jedem „Ast" je ein weiteres (akzessorisches) Chlorophyll und ein Phäophytin. Es folgen die Chinone Q_A und Q_B. Die Ladungstrennung im Zentrum, der Transfer des *e* zum Phäophytin, erfolgt in 10 psec, der Transfer vom Phäophytin zum Chinon Q_A benötigt 200 psec. Der Weg des *e* zum Q_B läuft mit 100 µsec vergleichsweise langsam ab.

Nachdem der Photosynthese-Komplex der Purpurbakterien mit allen Details bekannt wurde, gingen von den neuen Vorstellungen viele Impulse aus, besonders was die Struktur von PS II anlangt. Dazu kamen die Daten über Protein-Sequenzen. Diese Analysen hatten gezeigt, daß L zu M und darüber hinaus zum 32 kDa-Protein der höheren Pflanzen (→ S. 112) hohe Homologien aufweisen. Während L und M mit ihren die Membran durchspannenden Helices sich wie integrale Membranproteine verhalten, unterscheidet sich die UE H dadurch, daß sie nur eine in die Membran reichende Helix besitzt und eher wie ein peripheres Protein als Kappe auf L und M sitzt. Der bakteriellen UE L entspricht UE D1 (32 kDa mit Q_B), während die UE M der UE D2 (34 kDa mit Q_A) in Vergleich gesetzt wird. Beim Purpurbakterium übernimmt ein Cytochrom die Versorgung des Zentrums mit *e*. Bei der höheren Pflanze sind es eine Reihe von Proteinen des Wasser spaltenden Astes der Photosynthese. Die auf das Phäophytin folgende Akzeptorstelle ist im Falle des Bakteriums mit einem Menachinon besetzt; mit einem Plastochinon beim Reaktionszentrum des Chloroplasten.

In den weiteren Eigenschaften unterscheiden sich aber bakterielles und pflanzliches System. Bei der Pflanze gehören zum erweiterten Zentralkomplex auch Cyt b-559 (es kann zumindest unter artifiziellen Bedingungen PS II reduzieren) sowie noch zwei durch das Plastom kodierte größere Proteine, CP47 und CP43; sie enthalten Chlorophyll und werden gemeinsam mit dem Reaktionszentrum angereichert, wenn PS II-Partikel präpariert werden. Ihre Funktion ist ausschließlich, oder in erster Linie, der Photonentranport zum P680. Um jedes Reaktionszentrum herum sind Hunderte von kleineren, die Antennenpigmente tragenden Proteine angeordnet. Deren Aufgabe ist es, die Photonen einzufangen und an das Reaktionszentrum weiterzugeben. Das gesamte PS II stellt einen supramolekularen Komplex in der Thylakoid-Membran der Grana dar, dem eine größere Anzahl von Chl a/b bindenden Proteinen (→ S. 119) sowie Xanthophyll, Lutein und Violaxanthin zugerechnet werden.

Das *Wasser spaltende System* finden wir bei höheren Pflanzen und Cyanobakterien; man spricht von oxygener Photosynthese. Anoxygen sind die Photosynthesen der anderen Prokaryonten. Für die Besprechung der Oxidation von Wasser greifen wir wieder die Entstehung des Radikal-Kations im Reaktionszentrum von PS II auf. Auf den UE D1 und D2 befinden sich nicht nur die primären und sekundären e-Akzeptoren, sondern auch die primären und sekundären e-Donoren.

Tyr-Reste auf D1 und D2 (in Abb. 4.30 mit Y bezeichnet) muß man sich als Zwischenstufen bei der Auffüllung der positiven Ladung am Reaktionszentrum vorstellen. Durch den $1e$-Übergang ergeben sich Radikale (am aromatischen Ring des Tyr), die früher als Z (auf D1) bzw. als D (stabil im Dunkeln, auf D2) bezeichnet wurden. Es ist schon längere Zeit bekannt, daß als Redoxvermittler zwischen den Radikalen Z und D die Proteine mit dem Mn-Zentrum fungieren. Lange Zeit waren die kleinen, im Thylakoidraum lokalisierten, kernkodierten peripheren Proteine für die Bindung des Mn-Zentrums verantwortlich gemacht worden. Heute überwiegt die Vorstellung, daß D1 und D2 an der Bindung des Mn-Zentrums beteiligt sind.

Das Reaktionszentrum des Wasser spaltenden Proteins weist 4 Mn-Ionen auf, die vermutlich einen Übergang von Mn^{3+} und Mn^{4+} durchmachen. Die beiden binuklearen Mn-Zentren sollen in einem Abstand von nur 0,27 nm positioniert sein. Durch 4 Lichtblitze kann man das PS II zwischen Reaktionszentrum und dem Ort der O_2-Spaltung mit 4 Oxidationsäquivalenten schrittweise aufpumpen; erst dann kommt es zur Wasserspaltung. Ca^{2+} und Cl^- stabilisieren den e-Fluß; Hydroxylamin stoppt den Prozeß der Oxidation des Wassers. Sobald der Mn-Cluster den höchsten Oxidationszustand erreicht hat, müßte durch Änderung der Anordnung der Liganden für das zu spaltende Wasser-Molekül der Zutritt eröffnet werden.

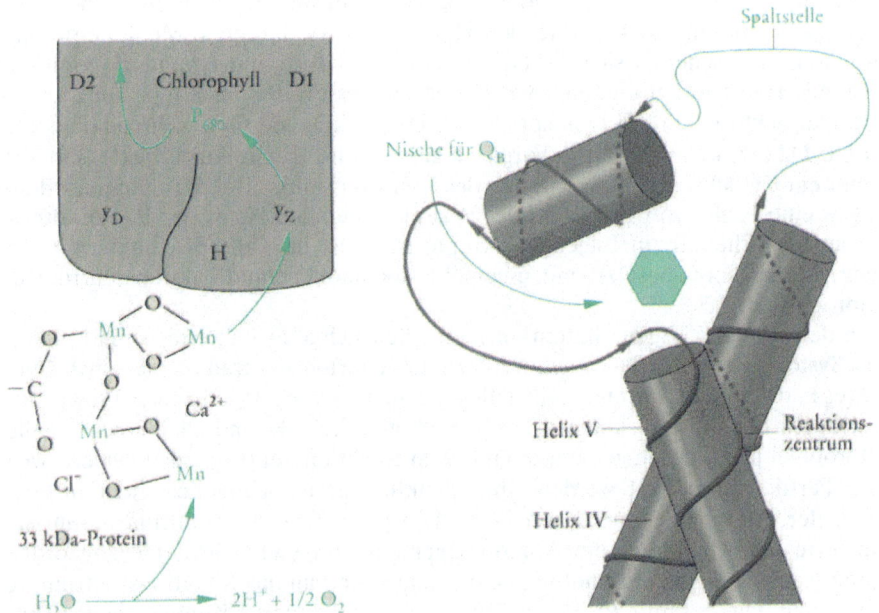

Abb. 4.30. Besonderheiten in der Struktur von D1: Bindung des Mn-Clusters sowie Angriffsstelle beim Turnover des Proteins

Der Zusammenbau von derart komplexen Strukturen in der richtigen Stöchiometrie verlangt umfangreiche Regulationsvorgänge; für das Angebot an Vorstufen im Cytosol, aber auch für die Produkte der den Plastiden eigenen Translation. Für alle aus dem Cytosol importierten Protein-Vorstufen gilt: Strikte Kontrolle der Gen-Expression im Kern, Synthese des Proteins im Cytosol, Import in die Chloroplasten; eine Protease im Stroma spaltet das N-terminale Transit-Peptid ab. Wie sieht aber die Regulation der Bildung und Zusammensetzung von Komplexen aus, wenn man ein im Plastiden erzeugtes Protein betrachtet? Eine post-translationale Modifikation besonderer Art finden wir bei der Bildung von D1. Da es sich bei D1 um einen Bestandteil des PS II handelt, der bei Belichtung einem sehr starken, kontrollierten Abbau unterliegt, ist auch die Biosynthese mit einer besonderen Kontrolle ausgestattet. Nach der Translation kommt es zu einer Modifikation, einer proteolytischen Prozessierung am C-Terminus durch eine spezielle Protease. Eine an plastidären Ribosomen hergestellte D1-Vorstufe von 36 kDa wird am C-Terminus, der in den Thylakoid-Innenraum ragt, bis auf die Größe von D1 zurückgeschnitten. Dieser Vorgang ist offenbar die Voraussetzung, daß D1 die Fähigkeit zum Binden des Mn-Clusters erlangt.

D1 unterliegt einem starken Abbau durch kontrollierte *Proteolyse*. Dieser Vorgang ist spezifisch, photochemische Zerstörung löst in erster Linie innerhalb von PS II den Abbau von D1 aus. Carotinoide stellen einen Schutz gegen Photoinhibierung dar. Was den Mechanismus anlangt, konnte man Vorstellungen erst erarbeiten, nachdem die Primärstruktur des Proteins und die Zugänglichkeit bestimmter Teile des Proteins für modifizierende Agenzien bekannt waren. Danach besteht das Konzept, daß die Destabilisierung an einer Extraschleife zwischen den Helices IV und V des Proteins einsetzt; eine bei pH 8 arbeitende Protease (Teil von PS II?) leitet an dieser Stelle den Abbau ein (Abb. 4.30). Besonders bei einem Zuviel an Licht, bei einer Überreduktion von Q_A kommt es über diesen Mechanismus zum Selbstabschalten.

Hier an der Extraschleife zwischen den Helices IV und V scheint das Zentrum der Photochemie zu liegen. Es ist PS II, das bei einem Überangebot an Licht abgedreht wird. Im Gegensatz zu den Mechanismen einer Pflanze, das angebotene Licht optimal zu nutzen, steht dann die Tatsache, daß eine hohe Dichte des Photonenflusses zur *Photoinhibition* führt. Photoinhibition bedeutet teilweise Zerstörung des photosynthetischen Apparats, besonders von PS II.

Auch Hemmstoffe greifen in diesen Bereich, wo das Chinon Q_B eingebettet ist, kompetitiv ein. Diese Hemmstoffe unterbinden den Abbau von D1. Der ET am PS II kann durch selektive Inhibitoren praktisch quantitativ unterbrochen werden. Triazine vom Typ Atrazin binden an D1 und verdrängen damit Q_B. Eine Punktmutation reicht aus, die Fähigkeit des Proteins, Atrazin zu binden, wieder zu zerstören; man erhält herbizid-resistente Pflanzen.

PS II hebt e von einem sehr positiven Niveau (E_o für $\frac{1}{2}$ O_2/O^{2-} = + 820 mV) auf die Stufe von etwa + 100 mV. Bei genügendem e-Fluß im Bereich des PS II wird Plastochinon vorwiegend reduziert und stellt dann ein relativ großes Reservoir an Reduktionsmitteln dar. Von diesem aus können e auf die Stufe von +450 mV fallen, bevor sie wieder durch eine zweite Lichtreaktion (PS I) auf ein noch höheres (negativeres) Potential gebracht werden. Die Potentialstufe von + 100 → + 400 mV wird für die ATP-Synthese genutzt und zwar durch die Vermittlung eines Cyt b_6/f-Komplexes, der die Energie vorerst als Protonengradient konserviert.

Der *Cytochrom b₆/f-Komplex* besteht aus 4–5 Peptiden. Auch hier stellt sich die Frage, ob der Komplex unmittelbar Protonen pumpt oder eine einfache Chinon-Schleife den Transfer von Protonen in das Lumen erklären kann. Neben den Cytochromen enthält der Komplex ein Eisen-Schwefel-Protein. Die Eigenschaften des Proteins mit dem Fe_2S_2-Cluster im Cyt b₆/f-Komplex sind in vieler Hinsicht unterscheidbar von denen der Ferredoxine. Besonders auffallend ist die Tatsache, daß das Redox-Potential des Fe_2S_2-Clusters bei +300 mV liegt, und nicht wie beim Ferredoxin bei -400 mV. Das Potential des Cyt f liegt noch geringfügig positiver. Im Fe_2S_2-Cluster ist ein Fe von zwei S und 2 His-Resten des Proteins komplexiert. Das Cyt b₆ des Cyt b₆/f-Komplexes nimmt auch am zyklischen ET teil. Dieser ist von der Zufuhr von *e* aus PS II unabhängig. Der Zufluß von *e* zum Cyt b₆/f-Komplex kann an der Thylakoid-Membran durch Dibromthymochinon (→ S. 433) blockiert werden, ohne daß dies für den zyklischen Prozeß von Bedeutung ist.

Wie könnte eine Ionen-Pumpe funktionieren? Kann ein Proteinkomplex in der Membran, wie z. B. der Komplex b₆/f, Protonen pumpen? Kann dies vielleicht nicht nur aufgrund des ET, sondern auch noch in Abhängigkeit von dem an der Membran erzeugten Potential geschehen? Das Bacteriorhodopsin mit seinen membran-durchspannenden Helices könnte ein Modell sein. Eine Bewegung von Peptiden zueinander in dimeren oder oligomeren Protein-Komplexen in einer Membran – Übergänge von einem Redox- oder Konformations-Zustand zu anderen; sind das ausreichende Vorstellungen für einen Pump-Mechanismus?

Das Reaktionszentrum von *Photosystem I* enthält, abgesehen von den Protein-Strukturen, 1 Molekül des speziellen Chl a, bezeichnet als P700, einen noch nicht charakterisierten primären *e*-Akzeptor A_0, ein Phyllochinon als sekundären Akzeptor und ein Fe_4S_4-Zentrum.

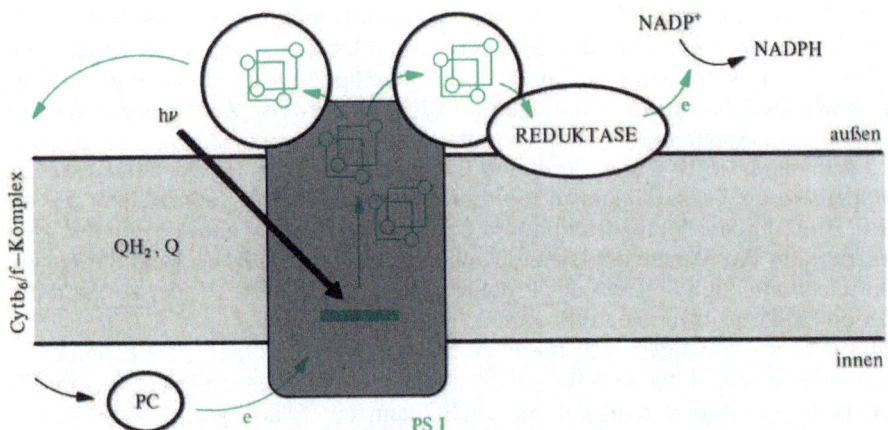

Abb. 4.31. Schematische Übersicht über PS I. Der nach oben gerichtete grüne Pfeil (im grauen Block) symbolisiert den *e*-Transfer vom P700 über A_0, Phyllochinon und dem Fe_4S_4-Cluster (F_A) zu den Fe_4S_4-Clustern (F_A, F_B), die nicht mehr auf dem Heterodimeren liegen. Das Redox-Potential des F_x-Clusters liegt bei dem für ein biologisches System extremen Wert von etwa –700 mV. Als nicht mehr zum PS I gehörend sind auf der Stroma-Seite 2 Moleküle Ferredoxin angedeutet. Damit können *e* entweder über die Reduktase zum $NADP^+$ oder auf den Cyt b₆/f-Komplex fließen

Die hier angeführten Redox-Komponenten liegen innerhalb von 4 Peptid-Ketten: je zwei Moleküle der beiden großen (82 kDa), zueinander nahe verwandten UE. Da diese beiden Peptide im Plastom kodiert sind, werden sie als Produkte der Gene psaA und psaB bezeichnet (psa für PS I; psb für PS II; A, B: UE, nach Größe gereiht). PS I weist aber noch weitere, kleine Peptide auf; darunter das Produkt von psaC, ein 9 kDa großes, an der Stroma-Seite gelegenes Peptid mit zwei anderen FeS-Clustern. In diesem Bereich befinden sich weitere Peptide (Produkte von psaD und psaE), an die Ferredoxin andockt und reduziert wird.

In welcher Anordnung und Reihenfolge der ET zur Ferredoxin-NADP-Oxidoreduktase erfolgt, ist nicht geklärt. Auf der Akzeptorseite des PS I finden wir als periphere Proteine Ferredoxin (ebenfalls ein FeS-Protein) und Ferredoxin-NADPH$^+$-Oxidoreduktase, ein Flavoprotein, das lösliches NADP$^+$ reduziert. Ferredoxin bildet mit dem membran-assoziierten Enzym Ferredoxin-NADP$^+$-Oxidoreduktase einen 1:1-Komplex. Vermutlich existieren in diesem Bereich weitere Enzyme, z.B. eines, das e vom Ferredoxin auf kleine Regulatorproteine ($\rightarrow$ S. 144) überträgt, andere, die e auf O_2 übertragen (Photoreduktion von O_2), oder Redoxüberträger, die e im zyklischen ET zurück auf den Cyt b$_6$/f-Komplex fließen lassen.

Aber auch PS I muß man sich als supramolekularen Komplex mit vielen LHC I-Proteinen vorstellen. Der Gesamt-Komplex von PS I beinhaltet also:

- PS I-Zentral-Komplex (Reaktionszentrum mit P700, plus periphere Proteine, plus 100 Moleküle Chl a, kein Chl b)
- Antennen-Komplex mit LHC I (Chl a und Chl b).

Im *nicht-zyklischen ET* gelangen e, auf der Stromaseite der Thylakoide, auf das Niveau eines FeS-Proteins, Ferredoxin, dann auf ein Flavoprotein, und weiter auf lösliches NADP$^+$.

Die *zyklische Photophosphorylierung* dient nur der Erzeugung von ATP und setzt einen zyklischen ET im Bereich des PS I voraus. Der Cyt b$_6$/f-Komplex, Plastocyanin und PS I – sowohl als Lichtsammler als auch als lichtgetriebene e-Pumpe – sind Glieder des Kreislaufs: Anheben auf höheres Potential durch Lichtreaktion (PS I) und Zurückfließen auf +400 mV über den Cyt b$_6$/f-Komplex, wobei ein pH-Gradient und in der Folge ATP entsteht. Diese durch Licht getriebene H$^+$-Pumpe ist vor allem dann von Bedeutung, wenn der Bedarf an ATP sehr hoch, das Angebot an CO_2 aber niedrig ist und somit limitierend für die Photoassimilation wird. DCMU hemmt die nicht-zyklische Photophosphorylierung, nicht aber die zyklische.

Ein vom Bauprinzip her dem PS I sehr ähnlicher (*Chromatium*) oder dem PS II ähnlicher (Purpurbakterien) zyklischer ET kann bei photosynthetisierenden Bakterien studiert werden. In Cyanobakterien wird der Cyt b$_6$/f-Komplex nicht nur aus zwei Richtungen mit e versorgt (PS II oder Akzeptor von PS I), er kann die e sowohl in Richtung von PS I oder – unter heterotrophen Bedingungen – mittels einer Cytochrom-Oxidase in Richtung O_2 abgeben.

Das hohe negative Redoxpotential auf der Akzeptorseite von PS I führt dazu, daß eine Reduktion von O_2 zu H_2O_2 oder Superoxidanion nicht ganz vermieden werden kann. Superoxid-Dismutase ($\rightarrow$ S. 254) und Ascorbat-Peroxidase ($\rightarrow$ S. 386) werden dann benötigt, um die reaktiven Sauerstoff-Spezies zu entfernen. Von der Ascorbat-Peroxidase gibt es eine cytosolische und eine plastidäre Form. Die Superoxid-Dismutase tritt in Chloroplasten als Cu/Zn-Form und als Fe-Form auf; und unterscheidet sich von der Mn-Form der Mitochondrien.

Mit welcher *Stöchiometrie* führt der ET zur Ausbildung des Protonengradienten? Ähnlich wie bei der mitochondrialen ET-Kette fehlt auch hier eine ausreichende Zahl von ($H^+ + e$)-Trägern mit den richtigen Redoxpotentialen, um reine „Schleifen"-Mechanismen für den Transfer von H^+ verantwortlich zu machen. Ein Q-Zyklus im Cyt b_6/f-Komplex ist ein Ausweg, eine reine H^+-Pumpe beim Cytochrom der Klasse b ist die Alternative. Wenn 2 e (verbunden mit der Bildung von ½ O_2) dem Wasser im Intrathylakoidraum entnommen und auf $NADP^+$ übertragen werden, ergeben sich 2 H^+ (von der Photolyse des Wassers) plus 2 H^+ (durch den Plastochinon-loop) = 4 H^+ (sauer im Intrathylakoidraum, alkalisch im Stroma). Der pH-Wert des Stroma steigt während der Photosynthese auf pH 8.0 an. Dies aktiviert die Schlüsselenzyme des Calvin-Zyklus.

Der Lichtsammel-Komplex II (LHC II, light harvesting complex) muß als Hauptkomponente der Thylakoide angesehen werden; seine Leistung als Lichtsammler und seine Position zu den beiden Photosystemen sind ausschlaggebend für die Abstimmung des Photosyntheseapparats.

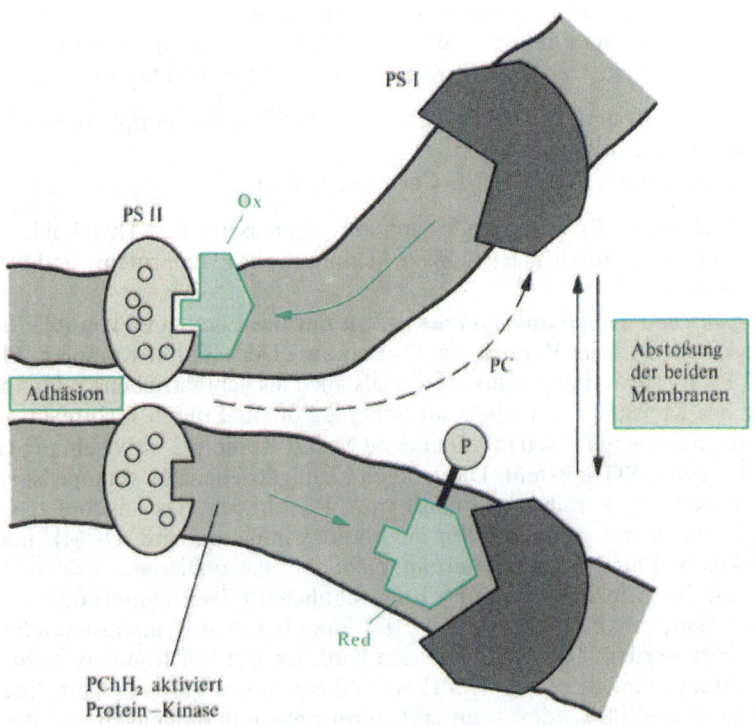

Abb. 4.32. Die Position des Lichtsammel-Komplexes hängt vom Redoxzustand und Grad der Phosphorylierung ab. Zwei Zustände sind in diesem Bild gegenübergestellt: links die Situation im Grana-Bereich, mit LHC (grün) zur Unterstützung von PS II; rechts ein phosphoryliertes LHC, das zur Abstoßung der beiden Membranen beiträgt. Dafür verantwortlich ist die LHC II-Kinase (64 kDa; in vivo an die Thylakoid-Membran gebunden, in vitro aber hydrophil genug, um in Lösung gehalten zu werden). Die Redox-Aktivierung der Phosphorylierung von LHC II wird durch die Wechselwirkung zwischen Kinase und Cyt b_6/f-Komplex vermittelt. Das bedeutet, daß der Cyt b_6/f-Komplex dazwischengeschaltet ist; er erhält Redoxäquivalente aus dem Pool von Plastohydrochinon. Der Redox-Zustand dieses Pools hängt vom Verhältnis der Photosyntheseleistung von PS I zu PS II ab

LHC-Proteine werden im Kern kodiert, als Multigen-Familie. Eine UE des LHC II (z. B. CP24, CP26, CP29) sollte 8 Moleküle Chl a, 6 Moleküle Chl b und 2 Moleküle Lutein binden. Die UE von LHC I (20 kDa bis 24 kDa) könnte mit der UE von LHC II (25 kDa bis 28 kDa) wechselwirken. Die Gene für LHC I und LHC II weisen in bestimmten Teilen der Sequenz beträchtliche Ähnlichkeit miteinander auf.

EM-Aufnahmen und biochemische Untersuchungen sprechen dafür, daß PS I und PS II sich nicht in räumlicher Nähe zueinander befinden, sondern in bestimmten Bereichen konzentriert sind: PS I im Stroma-Bereich, PS II dort, wo sich mehrere Thylakoid-Membranen zu Grana stapeln. Dieses Konzept macht einen Langstreckenstransport zwischen PS II und PS I notwendig, vermutlich über das kleine, mobile Cu-Protein (Plastocyanin) an der Innenseite der Thylakoide. Würde man diese Rolle beim e-Transfer dem Plastochinon als in der Membran lateral diffundierendem Lipid übertragen, sollte der Cyt b_6/f-Komplex nur in ungestapelten Thylakoiden vorhanden sein. Dies trifft nicht zu.

Man muß davon ausgehen, daß keine extreme laterale Heterogenität hinsichtlich der beiden PS zustande kommt, sondern PS II (PS II/I = 10) vorwiegend in gestapelten und PS I (PS II/I = 1/30) in ungestapelten Thylakoiden vorliegt. Eine Abstimmung der Aktivitäten von PS I im Vergleich zum PS II wird auf folgender Basis diskutiert: hoher Spillover, also Transfer von Photonen von PS II zu PS I, wird beobachtet, wenn der e-Fluß zum PS I unterbrochen ist. Man weiß, daß Membranproteine durch membran-gebundene Protein-Kinasen phosphoryliert werden können; man kennt auch den Einfluß von Mg^{2+} auf den Grad der Phosphorylierung und die Organisation der Membran.

Die räumliche Nähe von PS I und PS II ist durch Quench der Fluoreszenz von PS II bestimmbar. PS II zeichnet sich gegenüber PS I durch Fluoreszenz aus, dem mit Lichtausstrahlung verbundenen Übergang zwischen zwei Niveaus gleicher Multiplizität. Ein benachbartes PS I unterdrückt die Fluoreszenz; und da DCMU wieder zur Erhöhung der Fluoreszenz führt, schließt man daraus, daß sich PS II nicht mehr in der Nähe von PS I befindet, wenn der e-Fluß durch DCMU unterbrochen wurde.

Das Lichtsammelpigment (LHC) ist ein guter Kandidat für **die Abstimmung zwischen den beiden Photosystemen.** LHC ist in der Regel mit PS II assoziiert. In diesem Membranprotein befinden sich N-Terminus und Phosphorylierungsstelle außen, der C-Terminus im Lumen. Wenn Licht für PS II und PS I zueinander abgestimmt ist, erfolgt am LHC keine Phosphorylierung. Dominiert aber PS II, kommt es zur Phosphorylierung von LHC in der Membran. Zugabe von Licht der Qualität, die PS I anregt, führt zur Abnahme an phosphoryliertem Protein.

Man kann bestimmen, welches Redox-Potential für diese Phosphorylierungsübergänge notwendig ist: +50 mV, und dies entspricht dem Redox-Potential von Plastochinonen. Ein Anstau von Plastohydrochinon aktiviert die Protein-Kinase, die phosphorylierte Form des LHC nimmt bevorzugt eine Position in der Umgebung von PS I ein, die negative Ladung in diesem Bereich bewirkt eine Abstoßung. Eine Umordnung innerhalb der Thylakoid-Membran entscheidet über Adhäsion zwischen den Membranen (Abb. 4.32).

Chlorophyll ist nicht-kovalent an folgende Proteine gebunden:
P680, D1, D2, CP47 und CP43 (von PS II); P700; eine große Familie von LHC-Proteinen (von LHC I und LHC II; sowohl mobil als auch stationär).

Licht dient nicht nur als Energieform. Licht ist auch Modulator in dem Sinn, daß es je nach Qualität und vor allem Quantität Unterschiedliches bewirkt: es löst verschiedene Differenzierungsprozesse aus. Licht ist häufig Signal für Synthese, Abbau und Änderung von biochemischen Strukturen. Pflanzen stellen sich in vieler Hinsicht auf ihre Umgebung ein; auch auf Qualität, Intensität und Dauer des Lichts. Dies geschieht vor allem durch Änderung der Menge und Relation der Komponenten. So werden die Lichtsammelpigmente, die PS-Zentren, die Komplexe für den ET und die ATP-Synthase mengen- und funktionsmäßig moduliert; nicht zuletzt auch die Thylakoid-Struktur.

Höhere Pflanzen scheinen bei einem Überangebot von Licht zu reagieren:
mit Photoinhibierung am D1.

Cyanobakterien und Rotalgen stellen sich auch auf das Lichtangebot ein; es geschieht durch Änderung der Zusammensetzung der Photosysteme. Wenn das Licht über Phycobiliproteine aufgenommen wird, also im wesentlichen das PS II ansteuert, enthalten die Thylakoide 3-mal so viel PS I wie PS II. Kommt aber das Licht über Chl a zum Reaktionszentrum, stellt sich eine molekulare Zusammensetzung PS I/II = 1 ein. Die Antenne ist dann eben bei PS I größer als bei PS II; geändert wird die Zahl der PS I-Zentren, die Menge an PS II bleibt weitgehend konstant.

Carotinoide bieten den Thiorhodaceen Schutz für ihren Photosyntheseapparat in Anwesenheit von O_2: sie löschen Singulett-Sauerstoff und hemmen Radikal-Reaktionen. Singulett-Sauerstoff entsteht bei Reduktion von „normalem" Triplett-Sauerstoff – und darauffolgender Disproportionierung; z. B. auf dem Umweg über das Superoxid-Anion. Singulett-Sauerstoff und Superoxid-Anion sind hoch reaktive Verbindungen, die Biomoleküle zerstören.

Photosynthetisierende Schwefel-Bakterien gleichen sich dem Schwachlicht dadurch an, daß sie den Lichtsammelapparat verstärken: sie bilden 10-mal mehr intracytoplasmatische Membranen. Diese anaerob wachsenden Bakterien besitzen in der Plasmamembran BChl a und das PS-Zentrum. In *Chlorobium* sind die Zentren von über 1000 Molekülen Bakteriochlorophyll umgeben. Zusätzlich sind BChl c in großer Zahl vorhanden; in einer als Chlorosom bezeichneten, mit der Innenseite der Plasmamembran assoziierten Struktur. *Chlorobium* kann diesen zusätzlichen Lichtsammel-Apparat verstärken, in dem es in den Chlorosomen den Anteil an BChl c erhöht.

Einem, von den Komponenten her, sehr einfachen System, um Lichtenergie in einen pH-Gradienten an einer Membran umzuwandeln, begegnen wir im Bakteriorhodopsin als Bestandteil der Purpurmembran von *Halobacterium*. Mit Liposomen, in die einzig und allein Bakteriorhodopsin eingelagert wurde, kann man unmittelbar den von Licht getriebenen Transport von H^+ nachweisen. Bakteriorhodopsin, eine Protonenpumpe, durchspannt die Membran mit 7 α-Helices. Die Absorption von Licht durch das eingebaute Retinal bewirkt eine Bewegung der Helices zueinander. In der Membran von *Halobacterium* finden sich aber noch andere Retinal-Proteine, z. B. das Halorhodopsin, das in der Plasmamembran eine nach innen gerichtete, lichtgetriebene Chlorid-Pumpe darstellt.

Organismen kann man auch nach dem Prinzip einteilen, wie sie ihre Energiebedürfnisse befriedigen. Dazu und über die in verschiedenen Potentialbereichen arbeitenden ET-Ketten vermitteln zwei Abb. eine Übersicht: einmal für den nicht lichtabhängigen (→ Abb. 4.26), einmal für den licht-abhängigen (→ Abb. 4.30) ET.

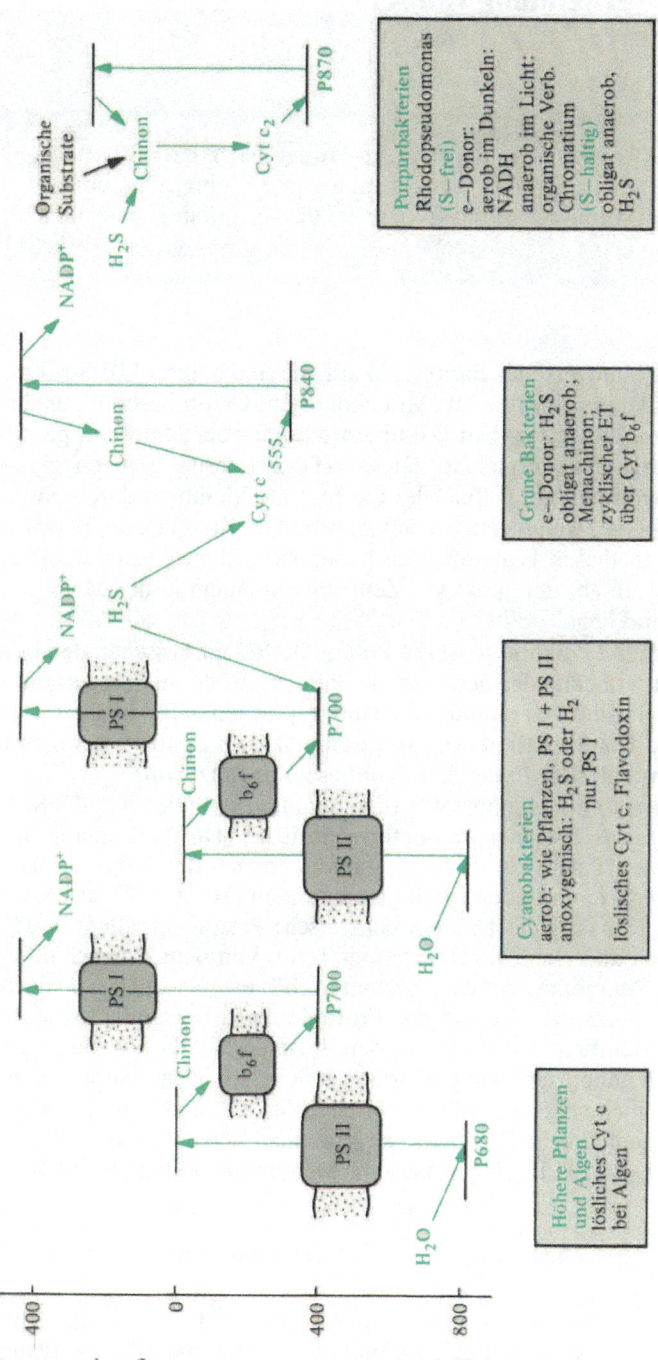

Abb. 4.33. Schematische Übersicht über die Potentialbereiche der verschiedenen bakteriellen Photosynthese-Komplexe. Cyanobakterien besitzen einen von Pflanzen kaum zu unterscheidenden ET. Es gibt aber offenbar mehrere Wege, e einzuspeisen oder auch abzuzweigen. H_2S kann als e-Donor für PS I dienen; so kommt es nicht zur O_2-Erzeugung. Purpurbakterien arbeiten mit ihrem PS in einem Spannungsbereich, der dem des PS I entspricht; die Struktur ihrer Komponenten ist aber sehr viel besser mit dem PS II vergleichbar (→ Abb. 4.29). Anders bei den grünen Bakterien (z. B. *Chlorobium*): der PS-Apparat mit seinen Heterodimeren im Reaktionszentrum und den FeS-Proteinen ist ähnlich dem PS I der höheren Pflanzen strukturiert. Eine Umkehr des ET kann in vielen Bereichen der Gesamt-Kette erreicht werden. Organismen, in deren ET-Kette das Potential des am stärksten negativen Redoxpartners nicht ausreicht, um NAD^+ zu reduzieren, verwenden ATP, erzeugt durch zyklische Photophosphorylierung, um e vom Niveau eines Chinons auf −320 mV zu pumpen (Purpurbakterien). Links: oxygenische Systeme; rechts: anoxygenische Systeme

4.6 Synthese und Verwendung von ATP

> ATP-Synthese an energetisierten Membranen erfolgt nach der Gleichung
> $ADP^{3-} + P_i^{2-} = ATP^{4-} + H_2O$ unter Verwendung von Membran-Potentialen
> und Ionen-Gradienten sowie der Katalyse einer an die Membran gebundenen
> ATP-Synthase.

ATP-Synthasen weisen ein universelles Bauprinzip auf, sie sind in ihrer UE-Struktur fast identisch, egal ob man die Enzyme aus Mitochondrien, Chloroplasten, aus der Cytoplasma-Membran von heterotrophen Bakterien oder aus der Membran photosynthetisierender Prokaryonten vergleicht. Diese ATP-Synthasen besitzen einen Membrananker, einen hydrophoben F_0-Teil, der die gesamte Membran durchspannt und einen Ionen-Kanal bildet, weiters ein aktives Zentrum im Komplex der peripheren Proteine (F_1-Teil). Mit diesen Eigenschaften heben sie sich strukturell deutlich von den Transport-ATPasen ab, deren aktives Zentrum auf einem in der Membran liegenden einzelnen Peptid liegt.

Treibende Kraft für die ATP-Synthase ist die Potentialdifferenz zwischen den beiden durch die Membran voneinander getrennten Räumen, an deren gemeinsamer Grenze das Enzym seine Position einnimmt. Alle Daten sprechen dafür, daß mit dem Abbau des Potentials die Konformation des Enzyms am aktiven Zentrum verändert und diese Konformationsänderung in die ATP-Synthese umgesetzt wird.

Entkoppler erweisen sich als Hemmstoffe der membrangebundenen ATP-Synthase, da sie den Abbau des Protonengradienten vermitteln. Die Verbindung mit dem vorher besprochenen ET stellt ein Protonengradient her, der durch direktes H^+-Pumpen der Proteinkomplexe und/oder durch gemeinsamen ($H^+ + e$)-Transfer der Chinone erzeugt wurde. Der tatsächliche elektrochemische Protonengradient $\Delta\mu H^+$ enthält einen elektrischen und einen Konzentrations-Term. Von dem Überschuß an H^+ an einer Seite der Membran, durch gerichteten ET erzeugt, kann je nach Beschaffenheit der Membran ein Teil für die Protonierung geeigneter basischer Gruppen an oder in der Membran verwendet werden. Damit erhält die eine Seite der Lipid-Doppelschicht gegenüber der nicht protonierten Seite ein Membranpotential. Daher wird das ursprünglich als H^+-Gradient zwischen Seite A und Seite B aufgebaute Potential – in der gedanklichen Reihenfolge kann man sich das so vorstellen – zuletzt in der Summe von zwei Teilbeträgen stecken: Membranpotential plus verbleibender H^+-Gradient.

$$\Delta\mu_{H^+} = F \cdot \Delta\psi + RT \ln \frac{(c_{H^+})_A}{(c_{H^+})_B} \qquad \frac{\Delta\mu_{H^+}}{F} = \Delta\psi - z\Delta pH = \Delta p$$

Die protonmotorische Kraft Δp an der Membran voll aktiver Mitochondrien setzt sich aus $\Delta\psi = 170$ mV und $z.\Delta pH = 40$ mV zusammen (z ist für einen 1e-Übergang 59 mV), besteht also vorwiegend aus Membranpotential. An der Thylakoid-Membran entsteht ein Δp von 200 mV, das gerade für v_{max} der ATP-Synthase ausreicht; hier ist $z.\Delta pH$ (2.7, entspricht 160 mV) die Hauptkomponente des Gesamtpotentials.

Für die Stöchiometrie der Kopplung von ET und ATP-Synthese darf man annehmen, daß 3 H⁺ für die Bildung von 1 ATP benötigt werden.

Eukaryontische *ATP-Synthasen* zeichnen sich durch sehr hohe Homologie untereinander, aber auch zum gut untersuchten Enzym aus *Escherichia coli* aus. Die ATP-Synthase der Thylakoide, deren CF_1-Teil dem Stroma zugewandt ist, zeigt auch hinsichtlich der UE den gleichen Aufbau wie das bakterielle Enzym. Das Gesamtenzym hat ein Mr von 500 000, wobei die beiden großen UE 57 kDa und 55 kDa aufweisen. Im hydrophoben Teil befindet sich das mit einem Carbodiimid (DCCD) reagierende Protein (8 kDa).

In Mitochondrien kommen weitere Proteine vor, die auf die Funktion der ATP-Synthase Einfluß nehmen: OSCP (Oligomycin-Sensitivität-übertragendes Protein) und F_6 (bindet an F_1 und F_0). Mitochondriales F1 bindet nicht an F_0, wenn nicht OSCP anwesend ist. Oligomycin selbst blockiert F_o und unterbricht damit die Passage von H⁺ durch den Membrankanal. Damit diese Eigenschaft auch auf das aktive Zentrum am F_1-Teil wirksam wird, muß das vermittelnde Protein (OSCP) zwischen F_0 und F_1 die Brücke bilden.

Die UE a des mitochondrialen F_0-Teils entspricht UE 6 bei *E. coli*; ähnliche Analogie besteht zwischen mitochondrialer UE c und UE 9 von *E. coli*, aber keine zwischen UE b und UE 8. UE 9 ist ein DCCD-bindendes Protein, so hydrophob, daß es sich im Chloroform-Methanol löst. Die durch DCCD modifizierte Seitenkette des Peptids ist ein Glutamyl-Rest.

Die plastidäre ATP-Synthase wird in ihrer Aktivität durch *Licht moduliert*. Es war schon lange bekannt, daß die Kombination von Mg^{2+} und Reduktionsmittel die ATPase-Aktivität stark erhöht.

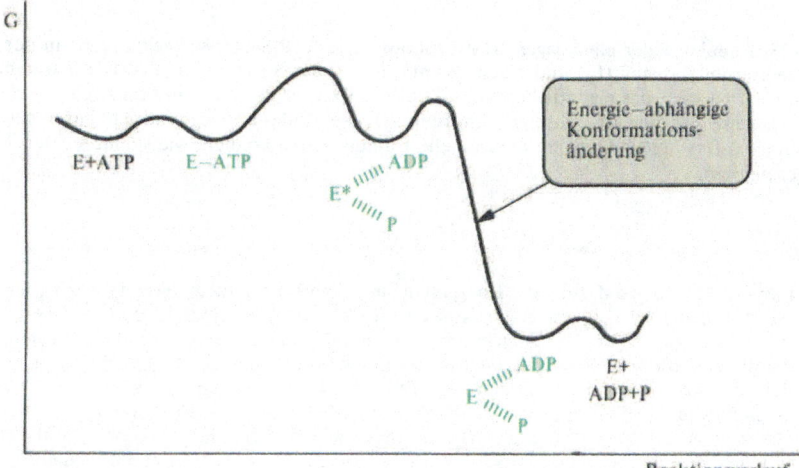

Abb. 4.34. Darstellung der ATP-Synthase-Reaktion im Energieprofil. Der Übergang zwischen ATP und ADP + P_i ist in wäßriger Lösung mit einer hohen negativen Enthalpie von 31 kJ/mol charakterisiert. Demgegenüber verläuft der entsprechende Übergang in der speziellen Umgebung des aktiven Zentrums der ATP-Synthase annähernd ohne Energiedifferenz. ³¹P-NMR bewies, daß für den Übergang von E-ATP = E*.ADP.P_i eine Gleichgewichtskonstante von etwa 1 anzusetzen ist. Die energieaufwendigen Schritte der ATP-Synthese (in der Abb. von rechts nach links) liegen daher vielmehr in der Änderung der Konformation im Enzym nach Binden von ADP und P_i

Man konnte zeigen, daß erst durch Behandlung mit Reduktionsmittel oder durch partielle Proteolyse das Enzym aktiviert wird. Die Frage blieb, ist dies auch in vivo ein relevanter Prozeß? Vieles spricht dafür, daß die Aktivität der ATP-Synthase über das System Ferredoxin/Thioredoxin an die Aktivität der Photosynthese gekoppelt ist. Für die membrangebundene ATP-Synthase besteht die Vorstellung, daß an der energetisierten Membran S-S-Brücken der γ-UE für die Reduktion zugänglich werden. Die Reduktion durch Thioredoxin (→ S. 117) soll dazu führen, daß die ATP-Synthese bereits bei niedrigem pH-Wert, z. B. bei Schwachlicht, erfolgen kann.

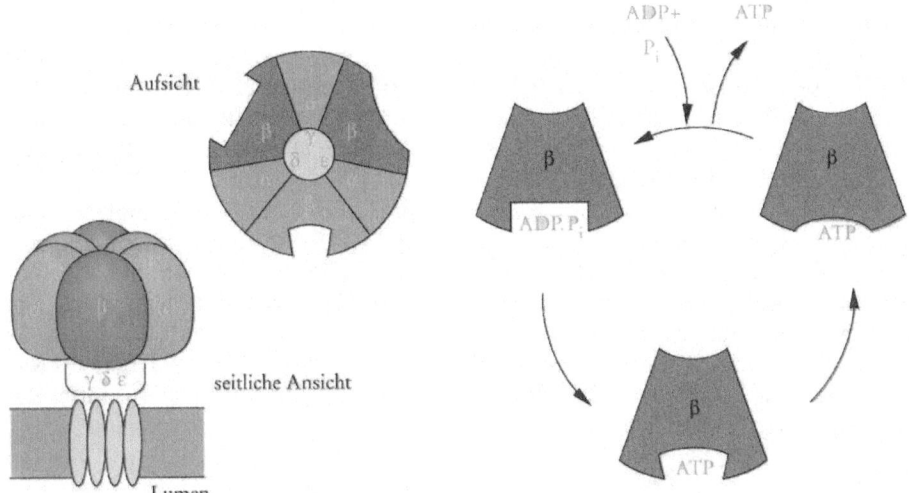

Abb. 4.35. Bauplan einer plastidären ATP-Synthase. Die ATP-Synthase besitzt einen in der Membran integrierten Basisteil (F_o) und einen „Kopf", der in das Stroma ragt (F_1). Die Zusammensetzung von F_1, auf dem das eigentliche aktive Zentrum sitzt, ist $\alpha_3\beta_3\gamma\delta\varepsilon$. F_1 besitzt eine dreizählige Symmetrieachse und eine abwechselnde Anordnung von α- und β-UE. Die Aufsicht auf F_1 betont die Vorstellung, daß α- und β-UE eine funktionelle Einheit bilden können, wie sie im rechten Teil der Abb. gezeigt wird

ATP-Synthese erfolgt aufgrund der Energie, die in einem H^+-Gradienten steckt. Ein wesentlicher Punkt in unserem gegenwärtigen Konzept ist die Vorstellung, daß der durch ein Tor kontrollierte Fluß von H^+ zu einer Speicherung der Energie in Form einer besonderen Spannung innerhalb eines Moleküls führt, zu einer Konformationsänderung. Wie könnte dies aussehen? Wollen wir eine Anleihe machen beim Bohr-Effekt, der die Änderung der Konformation des Hämoglobins in Abhängigkeit vom pH-Wert beschreibt? Kann man Konformationsänderungen tatsächlich feststellen, wenn die ATP-Synthase zu arbeiten anfängt? Ja; eine Reihe von chemischen Parametern (Austausch von Protonen an der Enzym-Oberfläche, Zugänglichkeit für modifizierende Agenzien) ändert sich, sobald die ATP-Synthase aus dem inaktiven Zustand, in dem sie isoliert wurde, durch Zugabe von Substraten in Zustände der Katalyse gebracht wird. Der Abstand zwischen UE ε und dem katalytischen Zentrum auf UE β kann vermessen werden; es zeigt sich eine deutliche Änderung in den Positionen der UE zueinander, wenn man Ruhezustand und Katalyse vergleicht. Eine weitere Komplikation bietet die ATP-Synthase: sie besitzt drei Zentren mit einer Rotation der Zwischenstufen während der Katalyse.

ATP wird vor allem für Bewegung und Transport benötigt

Als schnell abrufbares Zwischendepot an chemischer Energie wird ATP in verschiedenen Kompartimenten der Zelle für Synthesen, aktiven Transport an Membranen und Bewegungsvorgänge herangezogen. Jeder anabole Stoffwechsel benötigt ATP; formale Polymerisationen wie Aminosäuren zu Peptid, Hexosen zu polymeren Kohlenhydraten und Acetat zu Lipid laufen unter großem Verbrauch an ATP ab. Aktiver Transport von Zuckern, Aminosäuren oder Ionen gegen einen Konzentrationsgradienten erfordert ATP.

Die zweifache Hüllenmembran der Chloroplasten (envelope) enthält eine Reihe von Translokatoren, die einen Gegenaustausch von Metaboliten zwischen Chloroplasten-Stroma und Cytosol vermitteln. Gut untersucht ist der **Phosphat-Translokator,** der den Gegentausch von Triosephosphat gegen 3-Phosphoglycerinsäure oder Phosphat katalysiert. Dieser Translokator ist ein 33 kDa-Protein, das im Cytosol synthetisiert wird und dann in die innere der beiden Hüllenmembranen gelangt. Diese Hüllenmembran besitzt eine Reihe weiterer Translokatoren, für Dicarboxylat, Nukleotide usw. Man kann davon ausgehen, daß auch eine ATP-abhängige Pumpe für Ca^{2+} vorliegt.

Ein Membranpotential an der Hüllenmembran ist ja auch notwendig, wenn Protein-Vorstufen, die im Cytosol synthetisiert wurden, in die Plastiden importiert werden sollen.

Die Innenmembran der Mitochondrien ist mit vielen Translokatoren gespickt: für Dicarboxylat, Oxalacetat, für Tricarboxylat, Ketoglutarat, Phosphat und Aminosäuren. Hervorgehoben werden soll der ADP/ATP-Translokator, der im Gegentausch ATP gegen ADP transferiert; er stellt so das Verhältnis ATP/ADP im Cytosol mit demjenigen in den Mitochondrien in Beziehung. Während die meisten Translokatoren den Austausch von Ionen entsprechend einem bereits vorliegenden Ionengradienten ohne zusätzlichen Energieaufwand katalysieren, gibt es eine Reihe von Ionen-Pumpen, die unter Verbrauch von Energie, in der Regel durch Hydrolyse von ATP, Ionen gegen einen Konzentrationsgradienten von einem Kompartiment in ein anderes transferieren. Der Ca^{2+}-Translokator in der Membran des ER bewirkt den ATP-abhängigen Transport von Ca^{2+} aus dem Cytosol in das Lumen des ER. Damit wird die Konzentration an Ca^{2+} im Cytosol unter 1 µM gehalten (→ S. 368).

Je eine ATP-abhängige und eine von Diphosphat getriebene Protonen-Pumpe an der Vakuolenmembran hält den sauren pH-Wert im Inneren der lytischen Kompartimente aufrecht. Dies ist für die Hydrolasen in Vakuole und Proteinkörper von Bedeutung; aber auch für die Beladung und Entladung bei Exo- und Endocytose (→ S. 371).

Eine ATPase an der Plasmamembran baut primär einen pH-Gradienten (außen sauer) oder ein Membranpotential (außen +) auf. Diese Potentiale können die treibende Kraft für einen sekundären Schritt darstellen, z. B. für den Symport von Protonen mit Kohlenhydraten. Ein durch H^+-ATPasen entstandener Ionen-Gradient kann verwendet werden, um durch Symport (H+ plus Kohlenhydrat oder Aminosäure) an der PM oder durch Antiport (Ca^{2+} gegen H^+) an der Vakuolenmembran sekundäre Transportvorgänge zu treiben.

Die Aufnahme von C-, N-, S-Quellen wird in der Regel durch aktiven Transport erfolgen. Die sulfatreduzierenden Bakterien besitzen z. B. dafür einen Translokator, der im Symport mit Protonen die Sulfat-Ionen aufnimmt.

Das Öffnen und Schließen von Kanälen kann durch chemische Liganden erfolgen oder durch elektrische Spannung an der Membran. Anionen-Kanäle mit Selektivität für Cl⁻ wurden in der Plasmamembran nachgewiesen. Sie werden aktiviert durch Hyperpolarisierung der Membran oder durch Anstieg von Ca^{2+} im Cytosol. Dem aktiven Transport von Cl⁻ durch einen Cl⁻-Kanal geht ein primärer aktiver Transport von Protonen von innen nach außen voraus. Dann erst, durch Symport Cl⁻/H^+, wird Cl⁻ aus dem Medium aktiv in die Zelle transportiert, und vielleicht weiter in die Vakuole.

Kanäle der zuletzt angesprochenen Art verhalten sich wie ein Enzym; wie dieses werden sie durch eine sättigbare Kinetik und Spezifität für das zu bindende Ion charakterisiert. Aufgebaut sind Kanäle, quer durch die lebende Natur, aus verschiedenen UE, die alle mit α-Helices dazu beitragen, daß eine – im Durchlaß steuerbare – Röhre gebildet wird.

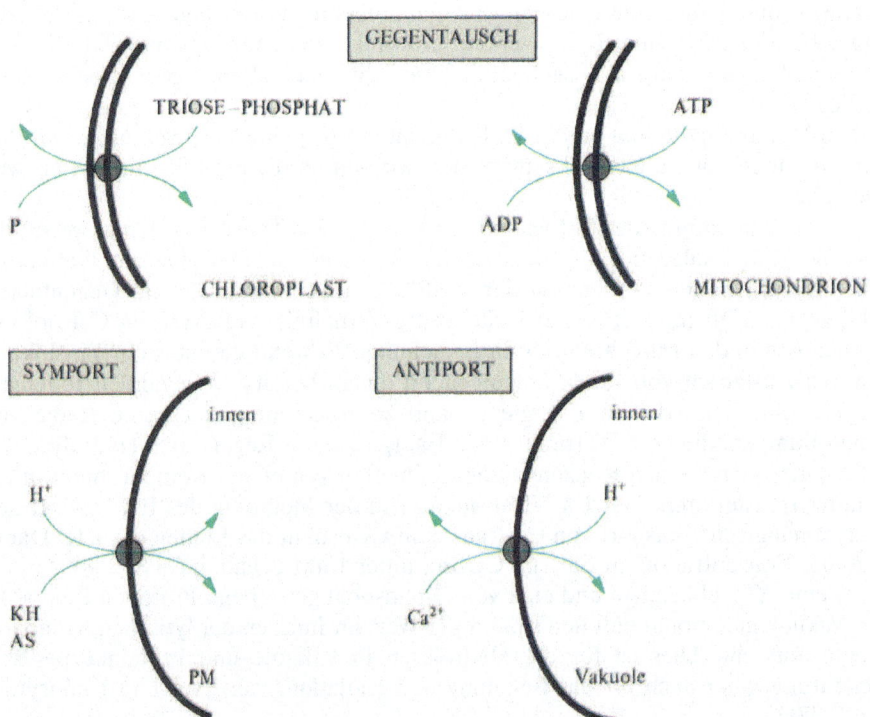

Abb. 4.36. Transport von Produkten, die unter Aufwand von ATP hergestellt worden sind. Kopplung von primärem aktiven Transport und sekundärem aktiven Transport. Triosephosphat, das als Produkt der ATP-abhängigen Photoassimilierung im Chloroplasten hergestellt worden ist, kann im Gegentausch gegen Phosphat oder 3-Phosphoglycerat in das Cytosol gelangen. Phosphat wird im Chloroplasten für die Herstellung von Phosphat-Estern benötigt. Im Mitochondrion synthetisiertes ATP wird im Gegentausch in das Cytosol transferiert und steht dort für Synthesen zur Verfügung. Andererseits kann ein hoher, vom Chloroplasten bewirkter ATP-Spiegel bis auf die Mitochondrien-Matrix wirken und über ein hohes Verhältnis von ATP/ADP die oxidative Phosphorylierung nach unten regulieren

4.7 Gene und Gen-Expression im Plastiden

> Plastiden besitzen ihr eigenes genetisches System. Im Gegensatz zu den Cyanobakterien, mit denen sie in vielen biochemischen Aspekten vergleichbar sind, sind Größe und Informationsinhalt des Genoms stark reduziert. Etwa 50 Gene, die für Plastiden-Proteine kodieren, sowie die Information für tRNAs und rRNAs sind auf der zirkulären Doppelhelix der Plastiden verankert.

Das Plastom besteht aus zirkulärer doppelhelikaler DNA von der Größe von 120 – 160 kBp. Da innerhalb eines Chloroplasten die ringförmige DNA in vielen Exemplaren (20 bis 200) vorkommt und die meisten Zellen mehrere Plastiden enthalten, muß eine Mutation in einer Spezies nicht notwendigerweise zu einem neuen Phänotyp führen. Charakteristisch für die Chloroplasten-DNA – mit Ausnahme der Leguminosen – ist die Anordnung von 2 Sequenzwiederholungen, die alle Gene für rRNAs enthalten. Die beiden Sequenzen mit den rDNA-Operons sind in invertierter Form angeordnet; *Euglena*-Plastiden stellen mit einer tandemartigen Plazierung der zwei rDNa-Operons eine Ausnahme dar.

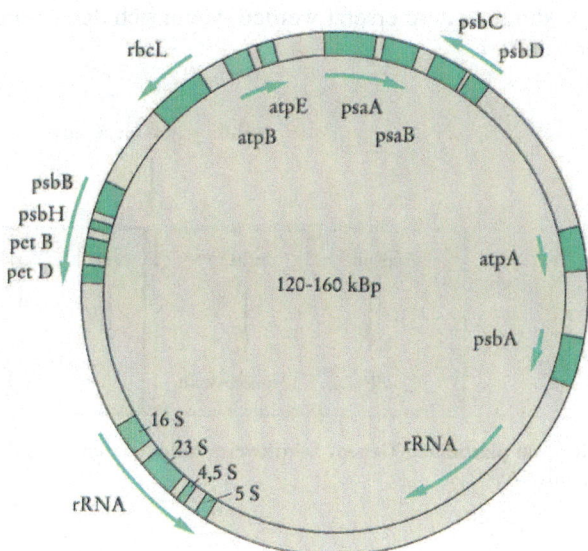

Abb. 4.37. Zirkuläre DNA der Plastiden und Gen-Orte. Fast alle Chloroplasten besitzen DNA mit zwei invertierten Sequenzwiederholungen, in denen RNA-Gen-Cluster liegen. Zwischen den Wiederholungen liegen ein kleiner Bereich (unten gezeichnet) und ein großer Ein-Kopie-Bereich (oben gezeichnet). Letzterer enthält die Protein-Gene. Die Gene für PS I werden mit psa, die Gene für PS II mit psb bezeichnet. Das Gen für Atrazin-Resistenz liegt am Allel psbA; eine Punkt-Mutation im Chloroplasten an dieser Stelle, der Ersatz von Ser durch Gly, führt dazu, daß Atrazin nicht mehr gebunden wird. Atrazin-resistente Mutanten sind sensitiver gegenüber Photodesaktivierung

Der eukaryontische Protist *Cyanophora paradoxa* besitzt eine Besonderheit, nämlich **Cyanellen** statt Plastiden. Cyanellen kann man auch als photosynthetische, mit bakterieller Zellwand und anderen bakteriellen Eigenschaften ausgestattete Plastiden ansehen; sie nehmen eine Mittelstellung zwischen frei lebenden Cyanobakterien und den Chloroplasten der Eukaryonten ein. Cyanellen weisen Strukturen der Prokaryonten auf (z. B. Peptidoglykan der Zellwand, Präprotein-Translokase, Phycobilisomen wie Cyanobakterien), sind aber – was die Größe des Genoms anlangt – mit 130 kBp eher den Chloroplasten vergleichbar als den Cyanobakterien (4000 kBp).

Das Operon als ein Strukturelement, eine Transkriptionseinheit, finden wir im Plastom nicht nur für die Ablesung der Gene für rRNAs. Im Gegensatz zur Struktur von Kern-Genen, weist das Plastom auch Operons auf, deren Information über eine polycistronische mRNA zu Proteinen führt. Als Beispiel dient uns die Transkription und post-transkriptionale Modifikation bei der Herstellung der Proteine für die ET-Kette (→ Abb. 4.38). Die Transkriptionsrate der Struktur-Gene wird so durch einen, für alle diese miteinander gekoppelten Gene wirksamen Promotor bestimmt. Die „Stärke" dieses Promotors sowie die Stabilität der entstehenden RNA sind ausschlaggebend für die Expression dieser Gene. Im Plastom gibt es aber auch Gene, die einzeln abgelesen werden, wie z. B. das Gen psbA von PS I.

Die Promotoren am Plastom sind denen der Prokaryonten vergleichbar: Consensus-Sequenzen bei –35 und –10. Es finden sich aber auch interne Promotorelemente, wie sie etwa bei tRNA-Genen im Kern von RNA-Polymerase III erkannt werden. In Analogie zu der bakteriellen RNA-Polymerase wird auch das Plastiden-Enzym durch σ-Faktoren in seiner Effizienz der Promotor-Erkennung gesteuert. σ-Faktoren können durch andere ersetzt werden, wenn sich der Differenzierungszustand des Plastiden ändert.

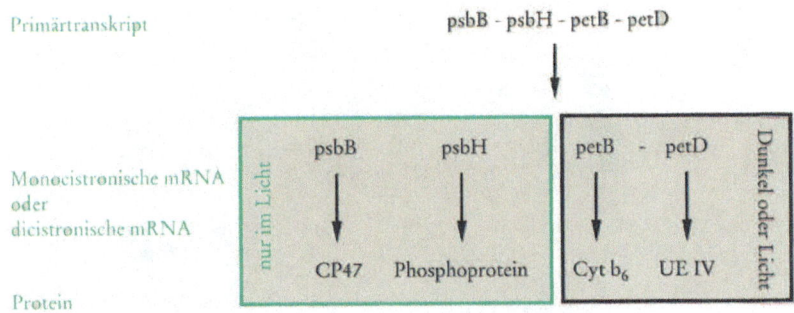

Abb. 4.38. Expression von plastidären Genen. Schrittweise Modifizierung eines polycistronischen Primärtranskripts zu mRNAs

Der Großteil der im Plastiden befindlichen Proteine muß aus dem Cytosol importiert werden. Auch Cyanellen müssen bestimmte Proteine importieren, weil die entsprechenden Gene im Kern und nicht auf der Cyanellen-DNA kodiert werden. Proteine erfahren auch einen gerichteten Transport in entgegengesetzter Richtung. Ein Protein, das in der Peptidoglykan-Schicht lokalisiert ist, aber durch die Cyanellen-DNA kodiert wird und innerhalb der Cyanelle hergestellt worden ist, muß mit einer den Bakterien vergleichbaren Maschinerie exportiert werden.

4.8 Methodik

Die Herstellung von Liposomen bringt große Vorteile für Versuche, Teilschritte eines an Membranen gebundenen Prozesses zu analysieren. Die Bildung von unilamellaren Vesikeln gelingt durch Entfernen des Detergens aus einer ursprünglichen Mischung von Lipid-Detergens-Mischmicellen. Dieses Entfernen kann durch Gelfiltration erfolgen oder durch Dialyse bei konstanter, über dem Umwandlungspunkt liegender Temperatur. Die zu analysierenden Proteine können entweder nachträglich eingefügt oder bereits als Micellen in die Mischung der Micellen zugesetzt werden.

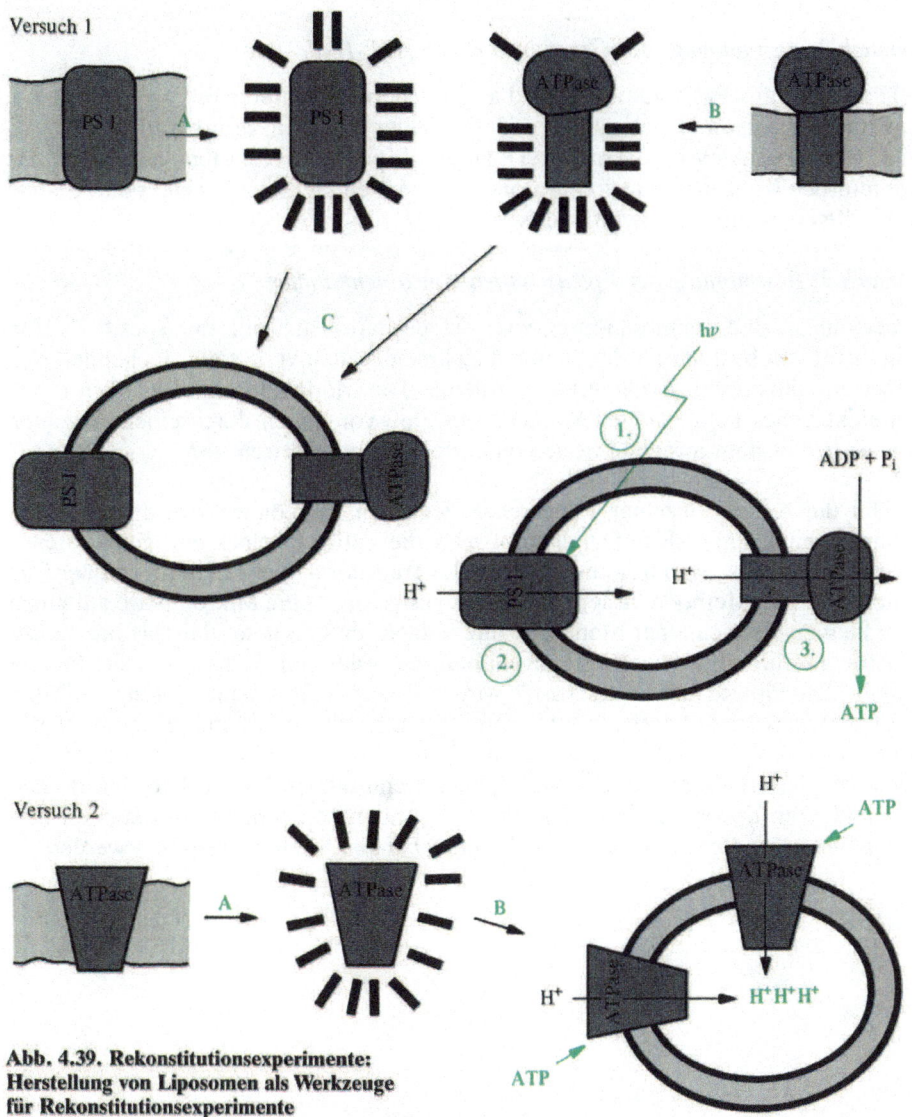

Abb. 4.39. Rekonstitutionsexperimente: Herstellung von Liposomen als Werkzeuge für Rekonstitutionsexperimente

Versuch 1: Kopplung von Photosynthese mit ATP-Herstellung

PS I-Reaktionszentren werden mit Triton-Micellen von Thylakoiden abgelöst und chromatographisch gereinigt (A; vorhergehende Seite). Proteoliposomen entstehen, wenn der Protein-Komplex gemeinsam mit Phospholipiden mit Ultraschall behandelt und anschließend das Detergen kontinuierlich entfernt wird. In einer zweiten Präparation gewinnt man ATP-Synthase in Form von Micellen; diese werden über einen Dichtegradienten gereinigt (B). Durch Verdünnen einer Mischung von Proteoliposomen und ATP-Synthase bilden sich Liposomen (C), die beide Enzym-Komplexe enthalten. An der Liposomen-Membran kann durch Belichten (1) ein Protonengradient erzeugt (2) und für die ATP-Synthese (3) verwendet werden. e werden dabei von einem künstlichen Reduktionsmittel bereitgestellt (→ Abb. 4.39).

Versuch 2: Aufbau eines pH-Gradienten durch ATP-Hydrolyse

ATPase wird aus PM solubilisiert und angereichert (A; unterer Teil von Abb. 4.39), in Proteoliposomen eingebaut (B) und diese über einen Glycerin-Gradienten gereinigt. Nach Zugabe von externem ATP zu den Liposomen stellt man eine Zunahme der internen Konzentration von Protonen fest; am einfachsten geschieht die Analyse mit Hilfe eines Fluoreszenzfarbstoffs.

Versuch 3: Bestimmung der Eigenschaften von Ionenkanälen

Ionenkanäle sind membran-integrierte, steuerbare Enzyme, die spezifisch den Durchtritt von bestimmten Ionen durch Zellmembranen vermitteln. Es handelt sich dabei um allosterisch modulierbare Proteine. Die Modulation muß letztlich durch ein elektrisches Feld erfolgen können. Ein Fluß von Ionen durch einen einzelnen Ionenkanal besteht aus einer Serie von einzelnen Transportschritten.

Um die Arbeit einzelner Ionenkanäle studieren zu können, wurde die patch-clamp-Technik eingeführt. Damit mißt man die Tätigkeit eines einzigen Proteins, eines Ionenkanals. Man bestimmt die Art des Transports und die Häufigkeit der Einzelschritte. Die Methode basiert darauf, daß es gelingt, eine Mikropipette auf einen sehr kleinen Bereich einer Membran aufzusetzen, und zwar so, daß das Innere der Pipette absolut abgedichtet ist gegenüber der wäßrigen Phase, die die Pipette umgibt. Die Pipette mit der Elektrode wird z. B. auf die Plasmamembran von Protoplasten aufgesetzt und durch leichtes Ansaugen eine dichte Verbindung zwischen der Pipettenspitze und der Membran erzeugt. Dies führt dazu, daß aus der Oberfläche des Protoplasten ein Membran-Fleck (patch) herausgerissen wird. Die elektrischen Eigenschaften des an der Pipettenspitze klebenden Membran-Stücks können nun gegenüber einer Referenz-Elektrode im umgebenden Medium bestimmt werden.

5. Der anabole Stoffwechsel des Chloroplasten

Ein photoautotropher Organismus wird durch die Funktion des Chloroplasten ernährt. Die Bereitstellung von ATP und NADPH durch lichtabhängige ET-Ketten ist die Voraussetzung für die weiteren Aktivitäten des Chloroplasten. Er stellt durch Photoassimilierung Zwischenstufen und Kohlenhydrate her, reduziert Stickstoff-Verbindungen auf die Stufe von Aminen und Schwefel auf die Stufe von Sulfid. Darüber hinaus hat sich der Chloroplast – fast wie ein richtiger Prokaryont – die Fähigkeit erhalten, Stoffwechselwege autonom durchzuführen, etwa die Lipid- und Aminosäure-Synthesen.

Ausgangspunkt für die meisten Stoffwechselwege im Chloroplasten, Voraussetzung für dessen Leistung in der Versorgung der anderen Zellkompartimente sowie Brücke zu den bioenergetischen Betrachtungen im vorhergehenden Kapitel ist die Photoassimilierung von CO_2. Mit dem Begriff Photoassimilierung umschreiben wir eine komplexe Reaktionssequenz, im Zuge derer CO_2 in Zwischenstufen und Kohlenhydrate umgewandelt wird. Es haben sich verschiedene Strategien und Strukturen für Photosynthese, Photoassimilierung und Folgeprozesse entwickelt.

Die Kohlenhydrat-Synthese läuft je nach Zelltyp und Bedarf des gesamten Organismus bevorzugt in eine der drei folgenden Richtungen:

- zur Synthese der Stärke als den mittelfristigen Speicher in demselben Kompartiment, das auch die Photoassimilierung durchführt;
- in Richtung Cytosol, um dessen Bedürfnisse zu befriedigen;
- in Richtung Export mit dem Ziel, Transportformen herzustellen und damit andere Zellen zu versorgen.

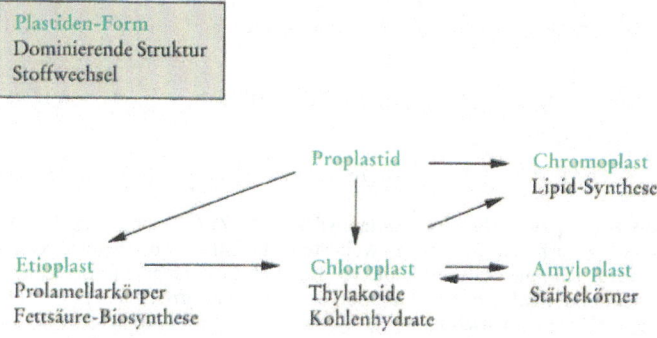

Abb. 5.1. Übersicht über Formen der Plastiden und ihre wichtigsten Funktionen

Im Vordergrund der folgenden Beschreibungen stehen Kohlenhydrate. Zur Einführung, Wiederholung oder Übersicht dient eine Zusammenstellung der Nomenklatur. Aus Gründen dieser Übersicht kann manchmal die Darstellung einer offenkettigen Formel von Nutzen sein; diese Vorgehensweise ist gerechtfertigt, weil offenkettige Strukturen mit den zyklischen Strukturen im Gleichgewicht stehen und auch unter physiologischen Bedingungen in nachweisbaren Konzentrationen vorkommen.

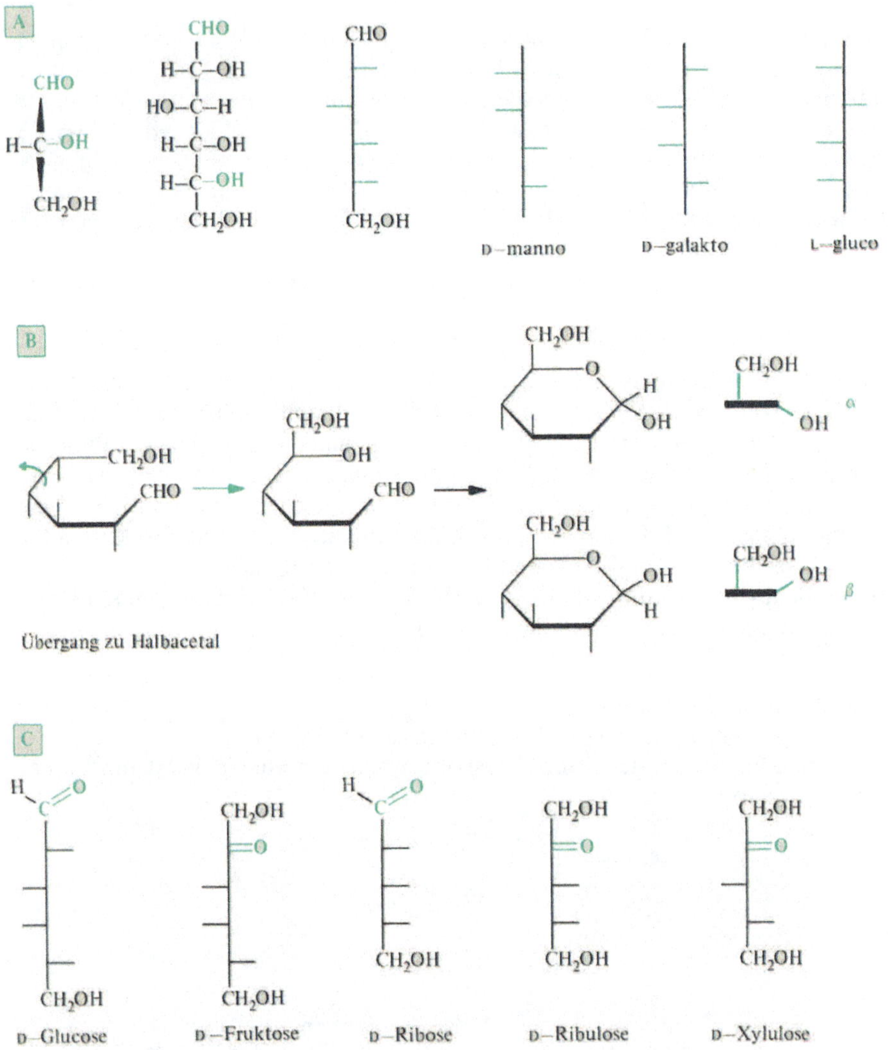

Abb. 5.2. Übersicht zur Nomenklatur der Kohlenhydrate. A. Zur Bestimmung der D-Reihe: die OH-Gruppe, die von der Carbonyl-Gruppe am weitesten entfernt ist, entscheidet. Nach einer Konvention erfolgt der Vergleich mit D-Glycerinaldehyd. Bei mehr als einem chiralen Zentrum werden Silben wie *gluco, manno* oder *galakto* zur Charakterisierung der Zentren zueinander herangezogen. Zwei Konventionen, D-Glucose anzuschreiben. B. Beim Übergang von offener zu zyklischer Formel (Halbacetal) entsteht ein zusätzliches Chiralitätszentrum, das dann mit α oder β bezeichnet wird. C. Aldosen und Ketosen

5.1 Biosynthese der Plastiden

Die Funktion des Chloroplasten wird durch die Expression von Genen im Kern und von Genen auf der Plastiden-DNA (ctDNA) gesteuert. Ein Großteil der Enzyme und Membranproteine des Plastiden wird im Kern kodiert, im Cytosol synthetisiert und spezifisch importiert. Ein Teil der Proteine des ET und der ATP-Synthese werden im Plastiden kodiert und dort auch hergestellt. Die Ausbalancierung dieser zwei Produktwege geschieht auf ganz unterschiedliche Weise.

Das Plastom trägt die Information für etwa 30 Proteine der Thylakoid-Membran, für viele Proteine der großen und kleinen UE der Chloroplasten-Ribosomen, die RNA-Polymerase ($\alpha_2\beta\beta'$), Elongationsfaktoren und Initiationsfaktoren. Dazu kommt die Information für 30 tRNAs und 4 rRNAs.

Der einzelne Plastid einer Pflanze kann bis zu 100 Chromosomen in Form einer zirkulären Doppelhelix der Größe 120–160 kBp enthalten. Dies bedeutet, daß eine Zelle, je nach Entwicklungsstadium, einige tausend Kopien trägt. Demgegenüber kann u. U. – auf eine einzelne haploide Zelle bezogen – ein einziges Kern-Gen stehen. Eine derart unterschiedliche Gen-Dosis wirft Fragen auf, wie dann die Entstehung eines Proteinkomplexes geregelt wird, der im Verhältnis 1:1 aus zwei derartigen Gen-Produkten gebildet wird.

Daß erfolgreiche Isolierung von Mutanten oft erst nach starker Reduktion der Zahl der ctDNA-Kopien möglich ist, hängt mit der erwähnten Tatsache zusammen, daß ein Chloroplasten-Genom (Plastom) stark polyploid ist. In einer Zygote enthält der Chloroplast zuerst die doppelte Chromosomenzahl, die aber schnell reduziert wird. In der Mitose kann es zwischen den einzelnen Chromosomen zur Rekombination kommen; ob dies während der Replikation der ctDNA verstärkt geschieht, ist bisher unbekannt.

Die Weitergabe einer Eigenschaft auf dem Plastom an die neue Generation erfolgt häufig uniparental – nur durch den mütterlichen Gameten ($\rightarrow$ Abb. 8.10). Biparentale Vererbung tritt mit geringerer Häufigkeit auf; Kern-Gene, die auch sonst auf diesen Prozeß Einfluß nehmen, sind für die Besonderheit verantwortlich. Ähnlich wie dies später bei der Weitergabe des mitochondrialen Genoms diskutiert wird, kommt es bei der Entwicklung des männlichen Gametophyten vor der eigentlichen Befruchtung zum Verlust des gesamten Cytoplasmas – auch der Plastiden. Die erste Pollen-Mitose mit ihrer, durch das Cytoskelett verursachten, extrem asymmetrischen Verteilung der Plastiden ist die eigentliche Ursache, daß die vegetative Zelle, die den Pollenschlauch bildet und mit der Eizelle fusioniert ($\rightarrow$ Abb. 8.10), praktisch keine Plastiden mehr enthält.

Eine wichtige Erkenntnis war die, daß die Ausstattung des Plastiden- oder Mitochondrien-Genoms uneinheitlich ist. Verschiedene Pflanzen-, Pilz- und Algenfamilien können sich durchaus darin unterscheiden, daß sie das Gen für eine bestimmte UE der ATP-Synthase oder der Cytochrom-Oxidase besitzen oder nicht. Die Zahl der Gene im Plastom einer höheren Pflanze liegt bei etwa 120.

Das Chloroplasten-Genom einer Rotalge weist etwa 220 Gene auf. Während das pflanzliche Plastom vorwiegend für Proteine des Photosynthese-Apparats, für rRNAs und tRNAs kodiert, sind im Chloroplasten-Genom einer Rotalge auch Informationen für die Biosynthesen von Aminosäuren, Chlorophyll und Fettsäuren enthalten. Gene für die kleine UE der Rubisco, sonst im Kern lokalisiert, sowie für Thioredoxin, Chaperonin und Phycocyanine sind bei *Porphyra* im Plastom.

Ein plastidäres Chromosom mit einer typischen Verteilung der Gene ist in Abb. 4.37 gezeigt. ctDNA kann methyliert vorliegen; der Grad der Methylierung in bestimmten Bereichen könnte mit der Abnahme der entsprechenden Gen-Aktivität zusammenhängen. Die Transkription von plastidären Genen trägt sowohl eukaryontische als auch prokaryontische Merkmale. Ähnlichkeiten mit dem prokaryontischen Pendant besitzt die RNA-Polymerase. Die Analyse von σ-Faktoren spricht dafür, daß von der Polymerase in verschiedenen Formen der Plastiden unterschiedliche σ-Faktoren verwendet werden. Promotoren sind ähnlich aufgebaut wie bei Prokaryonten (→ S. 60); daher ist auch die bakterielle Polymerase in der Lage, diese Startpunkte zu finden. Mechanismen und Strukturen, die eine Kontrolle der Gen-Expression auf der Ebene des Transkriptionsstarts erklären, sind noch unbekannt. In vereinfachter Form gilt, daß die Bildung von im Plastom kodierten Proteinen in erster Linie auf der Stufe der Translation geregelt wird. Die funktionelle Organisation der Plastiden-Gene ist unterschiedlich, je nachdem, ob es sich um Grünalgen, Monokotyledonen oder Dikotyledonen handelt. Die Transkripte können monocistronisch oder auch polycistronisch sein. Da letztere häufig auftreten, existieren vermutlich deutlich weniger Promotoren als Gene. Große Operons wurden für ribosomale Proteine gefunden. Aber, eine Modifikation der RNA findet statt, ganz à la Zellkern: die Bildung einer 5′-Kappe erfolgt fast gleichzeitig mit der Transkription.

Besonderes gilt auch für die Abtrennung der Cistrons einer polycistronischen RNA durch eine sehr spezifisch wirkende Endonuklease, sowie – im Falle der Transkription von gespaltenen Genen – Entfernung der Introns durch Spleißen. Die jeweiligen Introns besitzen die Eigenschaft eines Ribozyms (→ Abb. 10.28) und können, zumindest unter Bedingungen in vitro, ohne Hilfe eines Proteins den Spleißvorgang exakt durchführen. Man muß aber annehmen, daß im Plastiden Proteine helfen, den Vorgang zu beschleunigen. Als typisches, für höhere Pflanzen geltendes Beispiel für die Transkription und die folgende Modifikation ist das Operon mit psbB (zweitgrößte UE von PS II) zu sehen (Abb. 4.38).

Die Translationsmaschinerie der Plastiden ist im wesentlichen eine prokaryontische. Dies gilt für die Ribosomen (Typ 70 S), die eigenen tRNAs und die Faktoren für Initiation und Elongation.

Nur ein kleiner Teil der im Plastiden arbeitenden Proteine wird im Plastiden gebildet, nach Transkription der auf dem Plastom befindlichen Gene. Der überwiegende Teil der plastidären Proteine muß importiert werden. Import von Proteinen, die im Kern kodiert und im Cytosol an freien Polysomen mit 80 S-Ribosomen synthetisiert werden, wird durch eine am N-Terminus der cytosolischen Vorstufe liegende Information gesteuert; diese Sequenz – auch als Transitpeptid bezeichnet – wird nach dem Import proteolytisch entfernt. Das Kern-Gen für ein plastidäres Protein weist also eine um 90–300 Nukleotide (30–100 Aminosäure-Reste) längere Sequenz auf, als man sie aufgrund von Sequenzbestimmung des reifen Proteins feststellen kann. Der Import von cytosolischen Vorstufen verlangt einen Erkennungsmechanismus spezifisch für dieses Protein an der äußeren Hüllenmembran des Plastiden (→ Abb. 5.3).

Für die Stabilisierung bestimmter Faltungsisomere oder gänzlich aufgefalteter Peptide stehen „Faltungshilfsproteine" zur Verfügung (→ Abb. 3.19). Sie werden im folgenden als Chaperone bezeichnet, oder als Chaperonine, wenn sie in den Organellen tätig werden. Chaperonine sind auch im Chloroplasten am korrekten Zusammenbau der meist oligomeren Proteine und Enzyme beteiligt. Eine Übersicht über die Teilschritte, die z. B. notwendig sind, um zu einer funktionsfähigen Rubisco zu kommen, ist in Abb. 5.3 gegeben.

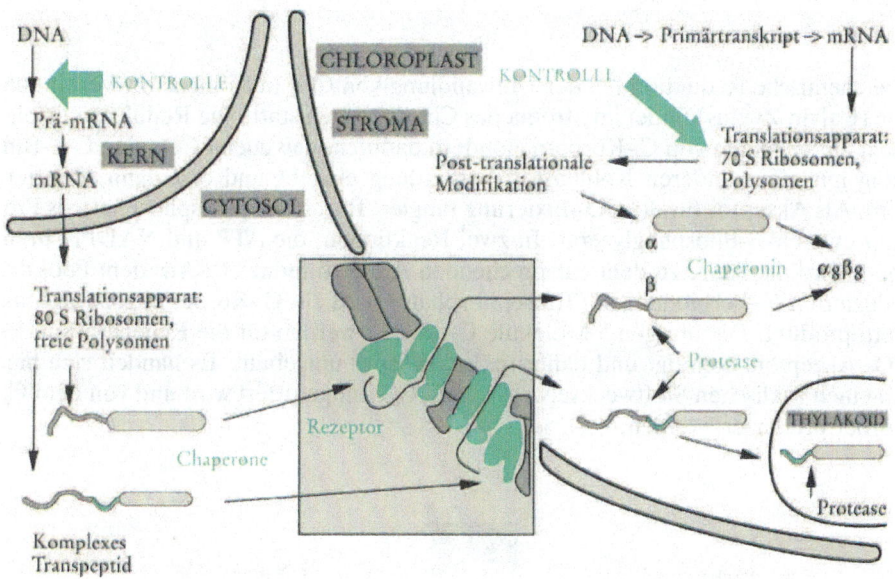

Abb. 5.3. Übersicht über die Biosynthese und den Zusammenbau eines heterooligomeren Enzyms des Plastiden

Besonders umfangreich sind die Untersuchungen im Falle der durch Licht aktivierten Synthese der kleinen UE der Rubisco und der Proteine des Lichtsammelkomplexes (Chl a/b bindende Proteine, cab). Beide werden im Zellkern kodiert und gehören genetisch je einer Multi-Genfamilie an. So kann es in einer Pflanze bis zu 20 cab-Gene geben. Über die Expression einzelner Gene entscheiden Proteine, die Kontakte zum Promotor herstellen können oder selbst im Bereich des Promotors binden. Viele dieser (trans-agierenden) Proteine wirken dadurch, daß sie die Zahl der Prä-Initiationskomplexe zwischen DNA und allgemeinen Transkriptionsfaktoren erhöhen; damit steigt die Wahrscheinlichkeit der Transkription. Ein DNA-Bereich, der auf demselben Strang wie der Promotor liegt, wird auch als cis-agierend bezeichnet, wenn er auf die Transkription einwirkt: das cis-agierende DNA-Element bindet spezifisch ein Protein Z, das dann mit dem Protein A interagiert, welches Teil der Transkriptionsmaschinerie ist. Da die DNA zwischen den betreffenden, von Proteinen gebundenen Bereichen eine Schleife bilden kann, wird auch für Elemente, die weit vom Promotor entfernt sind, eine Kopplung mit der Transkription errreicht (→ Abb. 10.15).

5.2 Photoassimilierung von CO_2

> Bei der Fixierung von CO_2 ist der Chloroplast auf ein carboxylierendes, ein reduzierendes und ein Alkyl-Reste umlagerndes System angewiesen. In diesen Kreisprozeß – den reduktiven Pentosephosphat-Weg – fließen CO_2, ATP und NADPH ein und Triosephosphat wird produziert.

Die chemische Reduktion bei der Umwandlung von CO_2 in Kohlenstoff-Verbindungen (Calvin-Zyklus) findet im Stroma des Chloroplasten statt. Die Reduktion erfolgt nicht auf der Stufe von C_1-Körpern, sondern dadurch, daß zuerst CO_2 eine C-C-Bindung mit einer anderen Kohlenstoff-Verbindung eingeht und erst dann reduziert wird. Als Akzeptor für die CO_2-Fixierung fungiert Ribulose-1,5-bisphosphat; als Produkt entsteht 3-Phosphoglycerat. In zwei Reaktionen, die ATP und NADPH brauchen, wird die Säure zu dem entsprechenden Aldehyd reduziert. Aus dem Pool der reduzierten C_3-Verbindungen (Triosephosphate) wird ein C_3-Körper abgezweigt, als Nettoprodukt. Die übrigen 5 Moleküle C_3-Körper werden für die Regeneration des CO_2-Akzeptors benötigt und daher in 3 C_5-Körper umgebaut. Es handelt sich hier um einen zyklischen Stoffwechselweg, in den CO_2 eingefüttert wird und von dem C_3-Körper produziert werden.

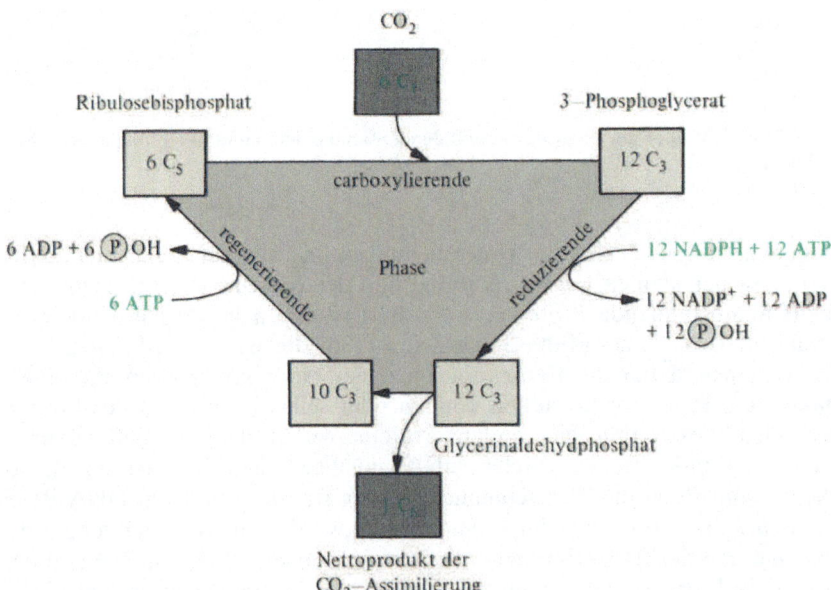

Abb. 5.4. Die Bilanz der Photoassimilierung. Aus Gründen der Übersicht über die Art der chemischen Reaktionen teilen wir den Zyklus in drei Schritte ein: die carboxylierende Phase, wo CO_2 fixiert, die reduzierende Phase, in der das Fixierungsprodukt 3-Phosphoglycerat reduziert, und die regenerierende Phase, in der für die Regenerierung des Akzeptors gesorgt wird

Die Carboxylierung von Ribulose-1,5-bisphosphat

Wir beginnen den zyklischen Prozeß mit der Carboxylierungsreaktion. Als Substrat dient Ribulose-bisphosphat. Im Falle der Photoassimilierung ist das zweite Substrat CO_2. Die darauffolgende Carboxylierung wird von der Ribulose-1,5-bisphosphat-Carboxylase durchgeführt, dem dominierenden Protein des Blatts. Da dieses Enzym aber alternativ zu CO_2 ein anderes gasförmiges Substrat (O_2) mit Ribulose-1,5-bis-phosphat umsetzen kann, ist die Frage des Angebots an CO_2 entscheidend für den weiteren Stoffwechsel.

Wie handhabt ein Organismus den ausreichenden Nachschub an CO_2? Je nach seiner Stellung im Ökosystem. CO_2 kann in wäßriger Lösung in gelöster Form und als Bicarbonat zur Verfügung stehen; beide befinden sich in einem vom pH-Wert abhängigen Gleichgewicht. Die rasche Einstellung des Gleichgewichts vermittelt die Carboanhydrase. Bei Algen ist der rasche Übergang Bicarbonat – gelöstes CO_2 von großer Bedeutung, da Kohlenstoff die Zellen in Form von Bicarbonat erreicht. Dies könnte auch bei höheren Pflanzen gelten, wenn der aktive Transport von Bicarbonat an der PM mit der Diffusion von CO_2 konkurriert. Es gibt jedenfalls Berichte, daß bei höheren Pflanzen Carboanhydrase mit der Thylakoid-Membran oder auch mit PS II-Partikeln assoziiert ist. Gibt es CO_2-Ankonzentrierungsmechanismen? Algen kennen Pumpen; manche Pflanzen aber raffen alles zusammen, was beim Nachtschluß-verkauf angeboten wird.

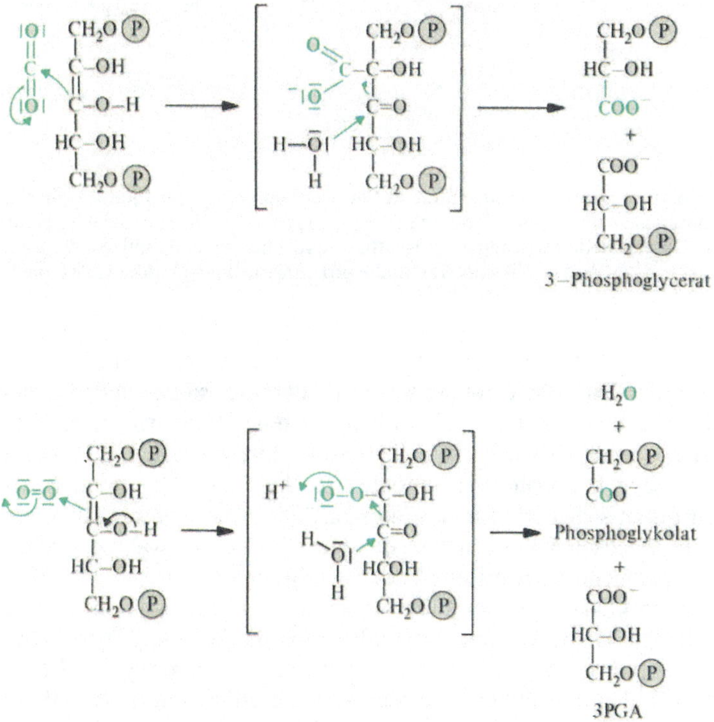

Abb. 5.5. Die beiden Reaktionen der Rubisco, Ribulose-1,5-bisphosphat-Carboxylase/Oxygenase

Das Ribulose-bisphosphat umsetzende Enzym, *Rubisco,* ist nicht nur eine Carboxylase, sondern bei ausreichendem Angebot an O_2 auch eine Oxygenase. CO_2 und O_2 sind konkurrierende Substrate und je nach Partialdruck der beiden überwiegt die Carboxylase- oder die Oxygenase-Reaktion. Der Partialdruck von O_2 ist z. B. hoch am Ort der Photolyse des Wassers. Es gelang bisher nicht, weder durch proteinchemische Verfahren, noch durch gezielte Mutagenese, die beiden Aktivitäten voneinander zu trennen.

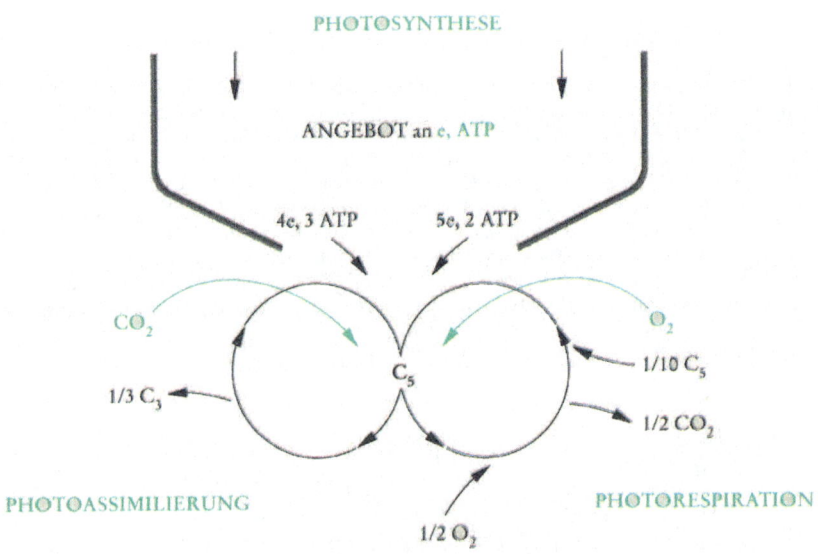

Abb. 5.6. Die Reaktion der Rubisco entscheidet, ob Photoassimilierung oder Photorespiration stattfindet. Wenn die durch die Rubisco eingeleiteten Prozesse im großen Zusammenhang betrachtet werden, ergeben sich Unterschiede zwischen Photosynthese und Photoassimilation im Verbrauch von ATP und *e*. Eine Bilanz des Verbrauchs von ATP und *e* pro umgesetzten CO_2 oder O_2 ist angedeutet

Rubisco besitzt eine Quartärstruktur nach dem Bauprinzip $\alpha_8\beta_8$ (560 kDa). Die UE α ist durch eine einem Faß vergleichbare Struktur charakterisiert; ein β-Barrel bestehend aus 8 gleichgerichteten Faltblättern ist keine seltene Strukturform. Im Falle der großen UE Rubisco muß man sich ein Faß ($\rightarrow$ Abb. 2.9) vorstellen, das im unteren Teil zu 80 % mit den hydrophoben Seitenketten der innen liegenden Faltblätter gefüllt ist; oben findet sich Platz für das Substrat, das senkrecht zur Faßachse liegt und durch polare Wechselwirkungen festgehalten wird. Es ist wahrscheinlich, daß der UE β eine vorwiegend allosterische Funktion zukommt.

Die große UE (55 kDa) wird vom Plastiden kodiert und auch an den 70 S-Ribosomen synthetisiert. Die kleine UE (ca. 14 kDa) wird von Genen im Kern kodiert und im Cytosol als Vorstufe (20 kDa) hergestellt. Chaperonin vom Typ GroEL ist notwendig, um im Plastiden die Einheit α für den Zusammenbau mit der UE β in richtiger Faltung zu halten. Vermutlich benötigt der Import von UE β auch Chaperone im Cytosol.

Damit Rubisco enzymatisch aktiv wird, ist eine chemische Modifikation in Form der Bildung eines Carbamats notwendig. Diese von ATP abhängige Reaktion einer Lysin-Gruppe der Rubisco mit CO_2 wird von der Rubisco-Aktivase katalysiert. Rubisco-Aktivase liegt im Stroma von Plastiden in hoher Konzentration vor.

Mg^{2+} spielt sowohl bei der Reaktion der Rubisco-Aktivase als auch als Koordinierungszentrum im Zwischenprodukt der Carboxylierungsreaktion eine Rolle. Bei letzterer ergibt sich für das Metall-Ion eine Koordinationszahl von 6 (wie in der Abb. 5.7 angedeutet, aber inklusive einem nicht eingezeichneten Wasser-Molekül).

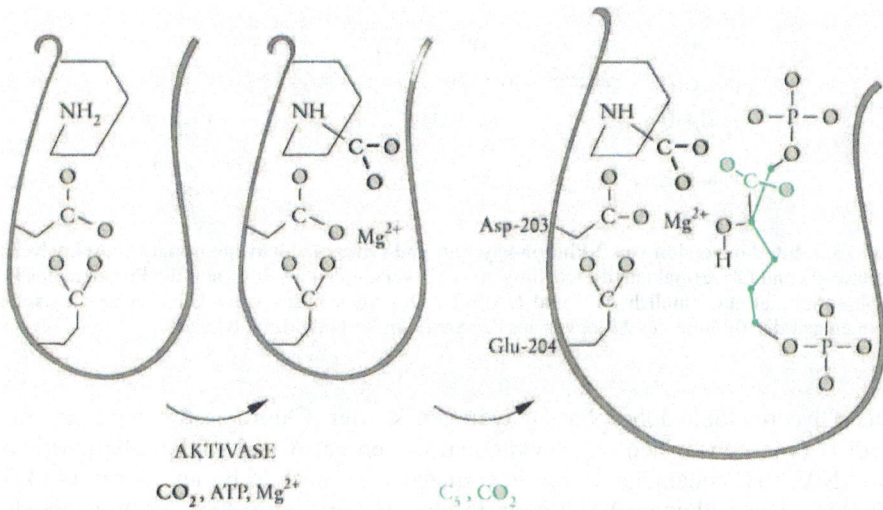

Abb. 5.7. Die Aktivierung der Rubisco und die unterschiedliche Rolle der beiden am Prozeß beteiligten CO_2. Rubisco ist das Substrat der Rubisco-Aktivase, die für die Carbamylierung von Lys-201 verantwortlich ist. Nach dem Binden der beiden Substrate der aktivierten Rubisco (hier nicht gezeichnet), nämlich CO_2 (grün) und Ribulose-bisphosphat, entsteht das C_6-Zwischenprodukt (rechts gezeichnet)

Eine andere Art der Modulierung der Enzym-Aktivität von Rubisco ergibt sich aus ihrer Aktivierung durch Mg^{2+} und pH-Werten um 8 (ein steiler Anstieg der Aktivität bei Änderung des pH-Werts von 7 auf 8). Sowohl die Erhöhung des pH-Werts von 7 auf 8 als auch der Anstieg der Konzentration von Mg^{2+} ergeben sich im Stroma als Konsequenz der Lichtreaktion.

Eine Rubisco mit einem ganz anderen Baumuster treffen wir in *Rhodobacter* an. Die Aktivität befindet sich auf einem Homodimeren α_2. Teile des aktiven Enzyms können mit dem Chaperonin-60 (GroEL-Protein) als Komplex vorliegen.

> Es kann also auch anders gehen; anders als bei den grünen Eukaryonten, wo man den Eindruck gewinnt, daß die UE α und β der Rubisco zusammenwirken müssen, um ein aktives Enzym zu erhalten. Es läßt sich zeigen, daß ohne UE β beim pflanzlichen Enzym keine Aktivität zu finden ist. Welche wunderbare Rolle spielt dann diese UE?

Die Reduktion von 3-Phosphoglycerat, dem Primärprodukt der CO₂-Fixierung

Der reduktive Pentosephosphat-Weg (Calvin-Zyklus) kann nur im Licht ablaufen; er ist ja von der massiven Anlieferung von ATP und NADPH abhängig. Diese beiden mit Energie geladenen Transport-Vehikel beliefern den Zyklus bei der Bildung des Triosephosphats. Die Reduktion von 3-Phosphoglycerat zu Glycerinaldehydphosphat erfolgt in 2 Schritten: einer Kinase-Reaktion und einer Reduktion des gemischten Anhydrids in den Aldehyd (→ Abb. 4.12).

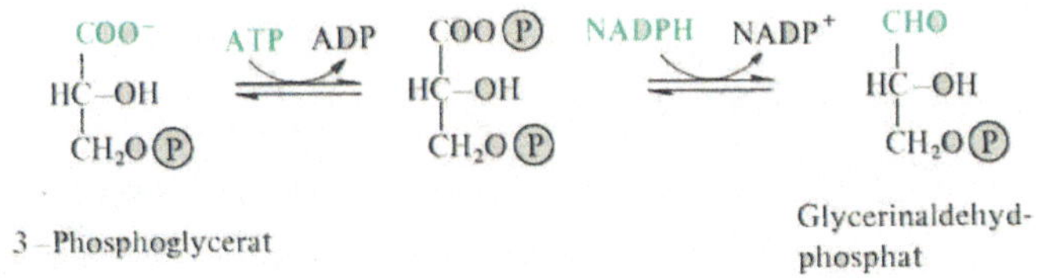

Abb. 5.8. Interkonversion von 3-Phosphoglycerat und Glycerinaldehydphosphat. Phosphoglycerat-Kinase (1) und Glycerinaldehyd-Dehydrogenase (2) verwenden als Substrate die Produkte der Photophosphorylierung, nämlich ATP und NADPH. Der Mechanismus der Umsetzungen entspricht demjenigen der Bildung des Aldehyds aus der Säure im Verlaufe der Glykolyse

Die Glycerinaldehydphosphat-Dehydrogenase der Chloroplasten wird im Kern kodiert (von den beiden eng verwandten Genen gapA und gapB). Die plastidäre, von NADPH abhängige Form des Enzyms ist nach $\alpha_2\beta_2$ aufgebaut (43 kDa, 37 kDa). Diese kleinere Form kann in eine größere Form $\alpha_8\beta_8$ überführt werden. Ihre Sequenz zeigt hohe Homologie zu dem Enzym der Cyanobakterien. Man kann in vivo zeigen, daß Licht die Aktivität des Enzyms reguliert bzw. das Verhältnis zwischen großer und kleiner Form beeinflußt. Die UE des Enzyms ist so zu 2 Domänen gefaltet, daß ein Bereich, der für die Bindung des Coenzyms dient, große Ähnlichkeit mit anderen Dehydrogenasen aufweist; die zweite Domäne trägt das katalytische Zentrum und ist spezifisch für Glycerinaldehydphosphat. Der Cystein-Rest, der ebenfalls für die Katalyse notwendig ist, liegt gegenüber der Bindungsstelle für das Coenzym. Es läßt sich zeigen, daß 8 Mole Acyl-Gruppen pro Mol Enzym $\alpha_8\beta_8$ kovalent gebunden werden.

Neben den plastidären Formen des Enzyms finden wir eine cytosolische Form, vermutlich ein Homotetramer. Dieses Enzym – es verwendet NADH als Reduktionsmittel – spielt seine Rolle in der Glykolyse. Es ist vergleichbar mit den gut untersuchten Bakterien- und Hefe-Enzymen. Alle für die Glykolyse zuständigen Glycerinaldehydphosphat-Dehydrogenasen (abgeleitet vom Gen gapC) sind sehr ähnlich zueinander.

Die umfangreichen Analysen von Genen der Glycerinaldehydphosphat-Dehydrogenasen lassen immer besser die Evolution einzelner Gen-Strukturen erkennen. Besonders anhand der Gene gapA,B,C lassen sich die primären und sekundären Endosymbiosen im Pflanzenreich verstehen. Ein mögliches, etwas gewagtes Modell dazu findet man in Abb. 5.78. Es verdeutlicht, daß die gap-Gene von Cyanobakterien und Purpurbakterien in den Kern eingewandert sind, bevor Rhodophyten und Chlorophyten sich auseinanderentwickelten.

Phosphoglycerat-Kinasen in Plastiden und im Cytosol besitzen eine ähnliche Struktur (43 kDa). Die Zusammenarbeit der Kinase mit der im Stoffwechsel folgenden Dehydrogenase geschieht vermutlich durch Bildung eines größeren Enzymkomplexes.

Die energiereiche Bindung eines gemischten Säureanhydrids wird bei der Glykolyse verwendet, um eine neue Anhydrid-Bindung im ATP herzustellen. Die Carboxylat-Gruppe ist als Abgangsgruppe dargestellt. So wird sowohl beim Anabolismus als auch beim Katabolismus (Glykolyse) die etwa äquivalente Umwandlung einer Anhydrid-Bindung im Diphosphat in ein gemischtes Anhydrid im Carboxyl-phosphat als Prinzip der Konservierung einer energiereichen Bindungsart genutzt.

Die Struktur der Kinase zeigt 2 etwas auseinanderliegende Domänen. Jede Hälfte kann eines der beiden Substrate binden. Mit deren Bindung kommt es zur Konformationsänderung, die zum Zusammenklappen der Domänen führt. Damit befinden sich die Substrate nicht nur in optimaler Position zueinander, sondern auch in einer wasserfreien Umgebung. Das in der Abb. skizzierte Zusammenklappen zweier Lappen eines Proteins ist ein von der Natur öfters angewandtes Prinzip.

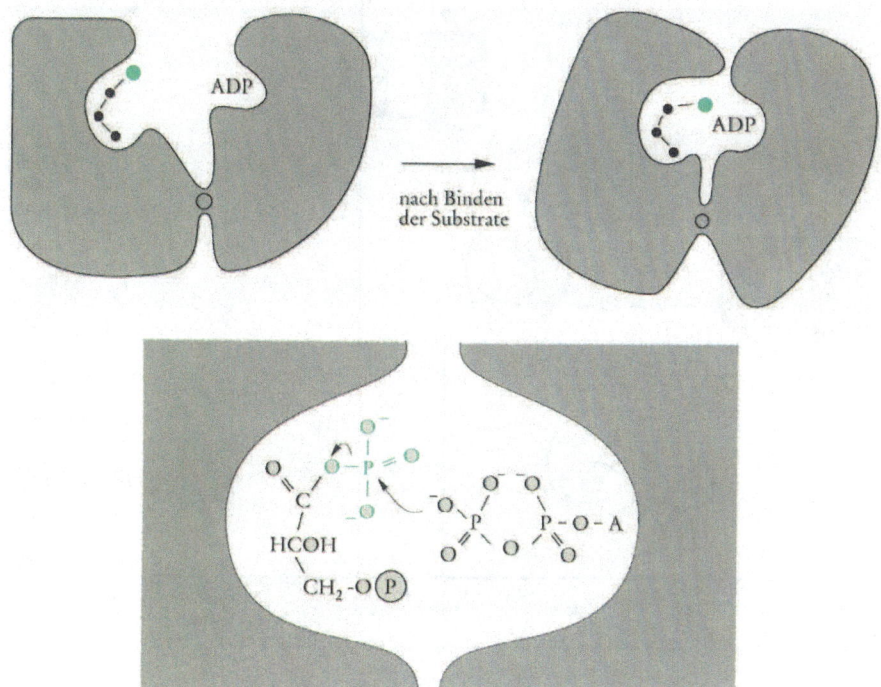

Abb. 5.9. Übertragung der Phosphoryl-Gruppe von Glyceratbisphosphat (gemischtes Säureanhydrid) auf ADP unter Bildung von 3-Phosphoglycerat (analog zur Hexokinase)

Mit der Bildung des Triosephosphats ist die Fixierung des CO_2 und die Reduktion des Produkts auf die Stufe der Zucker vorerst beendet. Aus dem Pool des Triosephosphats können jederzeit Hexose-Derivate hergestellt werden. Aber für die Möglichkeit, einen zyklischen Prozeß kontinuierlich ablaufen zu lassen, muß ein Teil des Produkts für die Bereitstellung neuer Akzeptor-Moleküle „geopfert" werden.

Aus 5 C₃ mach' 3 C₅ – die regenerierende Phase

Der Umbau von C_3 zu C_5 erfolgt nicht auf einem direkten Weg. Das ist wohl auch nicht ohne Verluste möglich. Der Weg steigt vielmehr unregelmäßig an, tapsend wie die Chromatik einer Katzenfuge (K30). Die vom Triosephosphat zum Ribulosephosphat verlaufende Regenerierungsphase schließt Aldol-Reaktionen und Transketolase-Reaktionen ein. Damit ist der Umbau des C-Gerüsts erklärt.

Aber genauso wichtig ist die Betrachungsweise, daß 2 irreversible Schritte – ohne Änderung des C-Gerüsts – in der Gesamtsequenz eine Rolle spielen. Es sind 2 Schritte, die auch für die Regulation des Gesamtprozesses verwendet werden: Phosphatasen auf der Stufe von C_6 und C_7. Beide unterliegen der Kontrolle durch den aktuellen Redoxzustand, also über plastidäre Thioredoxine.

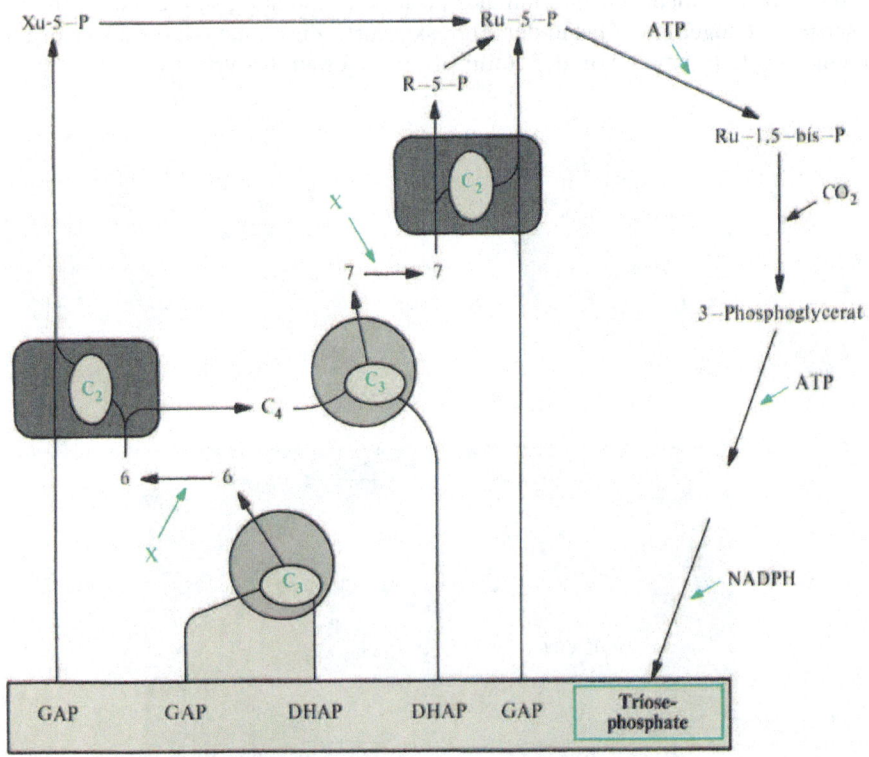

Abb. 5.10. Übersicht über Bildung und Spaltung von C-C-Bindungen während der Photoassimilation. Ausgehend von Triosephosphat (GAP: Glycerinaldehydphosphat; DHAP: Dihydroxyacetonphosphat) werden neue C-C-Bindungen hergestellt und andere wieder gespalten. Die Symbole C_3 und C_2 stehen für die Zahl der C-Atome, die übertragen werden: C_3 in einer Aldol-Reaktion und C_2 in einer Transketolase-Reaktion. Die Schritte 6 → 6 und 7 → 7 symbolisieren die von der Phosphatase katalysierten Reaktionen, bei denen das C-Gerüst nicht verändert wird. Die Abkürzungen für die C_5-Körper sind: Xu5P: Xylulose-5-phosphat; Ru5P: Ribulose-5-phosphat; R5P: Ribose-5-phosphat; SbP: Sedoheptulose-bisphosphat; E4P: Erythrose-4-phosphat. Mit grünem X sind die Reaktionen hervorgehoben, die durch einen regulatorischen e-Fluß „licht-reguliert" sind. Sedoheptulose-1,7-bisphosphatase und Fruktose-1,6-bisphosphatase werden von zwei verschiedenen Genen kodiert. Beide Gene sind durch Licht aktivierbar; so daß die Aktivität der beiden Phosphatasen sowohl auf der Ebene der Transkription als auch der Modulation beeinflußt wird

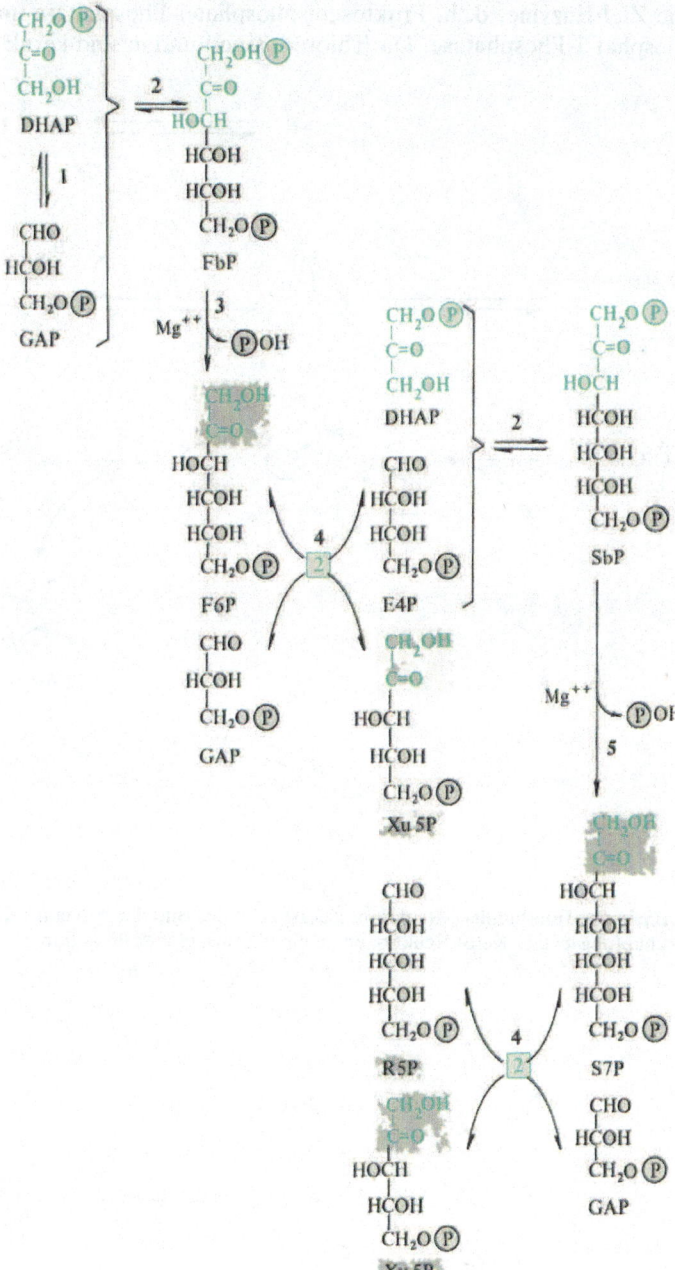

Abb. 5.11. Regenerierung von Pentosen aus C$_3$-Körpern – im Detail. Aldolase-Reaktionen sind grün hervorgehoben. Es ist jeweils die Einheit von Dihydroxyacetonphosphat, die auf Aldehyde aufgesetzt wird. Der Transfer einer C$_2$-Einheit im Zuge der Transketolase-Reaktion ist grau unterlegt und entspricht dem C$_2$-Transfer (dunkles Viereck) auf der linken Buchseite

Thioredoxin f vermittelt über eine Ferredoxin-Thioredoxin-Oxidoreduktase den *e*-Fluß auf die Ziel-Enzyme, d. h. Fruktosebisphosphat-1-Phosphatase und Sedoheptulosebisphosphat-1-Phosphatase. Die Thioredoxine f und m sind kernkodiert.

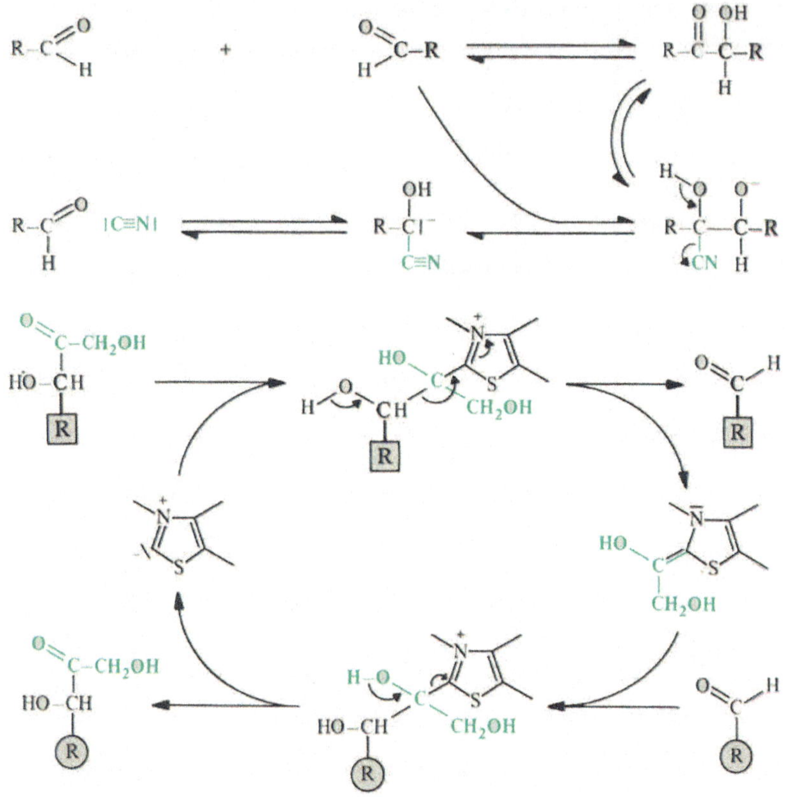

Abb. 5.12. Prinzip der Transketolase-Reaktion. Zuerst zeigt das Bild den Typ einer Ketol-Reaktion, dann die Verknüpfung zweier Ketol-Reaktionen zu einer Transketolase-Reaktion

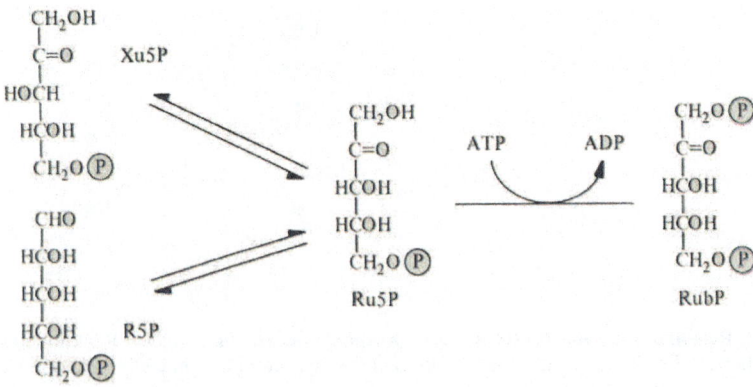

Abb. 5.13. Unterschiedliche Arten von Isomerisierungen und Epimerisierungen

5.3   Bildung der Transport- und Speicherform des Assimilats

> Der mittelfristige Speicher für Kohlenhydrate ist Stärke. Triosephosphat, das Nettoprodukt des reduktiven Pentosephosphat-Wegs, kann der Chloroplast zu Stärke verarbeiten und damit eine Reserve für mittelfristige Aufgaben bilden. Im Dunkeln fehlt der kontinuierliche Nachschub an ATP und NADPH, regulatorische Schritte drehen den reduktiven Pentosephosphat-Weg ab; dann wird die abgelagerte Stärke wieder verbraucht. Bei Bedarf wird Triosephosphat aber in das Cytosol gebracht und dort zu Saccharose umgebaut. Damit entsteht die Transportform, mit der andere Zellen versorgt werden, die ohne Photosynthese auskommen müssen.

Stärke wird im Licht aufgebaut – im Chloroplasten als Speicherform für assimiliertes CO_2. Die Bildung des Polymeren erfolgt durch Verknüpfen einer aktivierten Form der Glucose mit dem nicht-reduzierenden Ende einer Oligosaccharid-Kette. Das Verlängerungsagens ist die nukleosiddiphosphat-aktivierte Glucose, nämlich ADP-Glucose. ADP-Glucose entsteht im Chloroplasten aus Glucose-1-phosphat. Das verantwortliche Enzym kann als ADP-Glucose-Synthetase oder – entsprechend der Rückreaktion – als ADP-Glucose-Pyrophosphorylase bezeichnet werden. Das Ausmaß der Bildung an Stärke wird in erster Näherung durch die Konzentration an ADP-Glucose bestimmt. Es ist daher nicht überraschend, daß der ADP-Glucose-Pyrophosphorylase, dem Enzym der Bildung von ADP-Glucose, eine Schlüsselrolle bei der Regulation der Stärkebildung zugeschrieben wird. Das Enzym wird in vitro allosterisch durch 3-Phosphoglycerat aktiviert und durch Phosphat inhibiert. 1 mM 3-Phosphoglycerat erhöht beträchtlich die Affinität des Enzyms zu ATP und Glucose-1-phosphat. Diese Befunde wurden dahingehend interpretiert, daß bei arbeitendem Calvin-Zyklus im Licht ein hoher Spiegel von 3-Phosphoglycerat die Stärkebildung begünstigen sollte, während eine ansteigende Konzentration an Phosphat im Dunkeln die Stärke-Synthese aufhören läßt. Wenn im Licht für den Chloroplasten das Phosphat limitierend wird, nimmt die Konzentration an ATP ab und verlangsamt sich auch der Übergang von Phosphoglycerat in Glycerinaldehydphosphat.

Die ADP-Glucose-Pyrophosphorylase der Chloroplasten ist vom Baumuster $\alpha_2\beta_2$, während das Enzym aus Amyloplasten nach α_4 zusammengesetzt ist. In C_4-Pflanzen sind es die Chloroplasten der Gefäßbündelscheide, die die drei Enzyme der Stärke-Biosynthese enthalten.

Stärke wird im Chloroplasten in der Nacht abgebaut. Diese Mobilisierung der Kohlenhydrat-Reserve soll der Versorgung der Zelle dienen, dem Grundstoffwechsel und der Erzeugung von ATP in den Mitochondrien. Die Reserve an Stärke in dieser Hinsicht ist offenbar ein entscheidender Faktor für die Pflanze. Mutanten mit einer verringerten Fähigkeit, Stärke zu speichern, sind sehr viel weniger fit, wenn es gilt, eine lange Nacht zu überdauern.

Stärke-Synthese erfolgt auch in den nicht-grünen Teilen der Pflanze. Eine besondere Stellung nehmen die Amyloplasten ein, als Speicherorganellen für Stärke.

Beim Vergleich der Akkumulierung von Stärke in grünen und nicht-grünen Geweben kann man charakteristische Unterschiede feststellen. Es gibt mehrere Formen von Stärke-Synthase; sie unterscheiden sich in ihrer Struktur und ihrer Affinität gegenüber Amylopektin. Einige an die Stärkekörner gebundene Formen der Stärke-Synthase weisen darüber hinaus als Besonderheit auf, daß sie eine weniger ausgeprägte Selektivität gegenüber UDP-Glucose versus ADP-Glucose als Substrat besitzen. Eine der vielen, gewebespezifisch exprimierten Stärke-Synthasen sollte mit dem Genort waxy korrelierbar sein. Bei dieser Mutation ist das Endosperm nur aus Amylopektin aufgebaut, was zu einem glasig, wachsigen Phänotyp der Maiskörner führt.

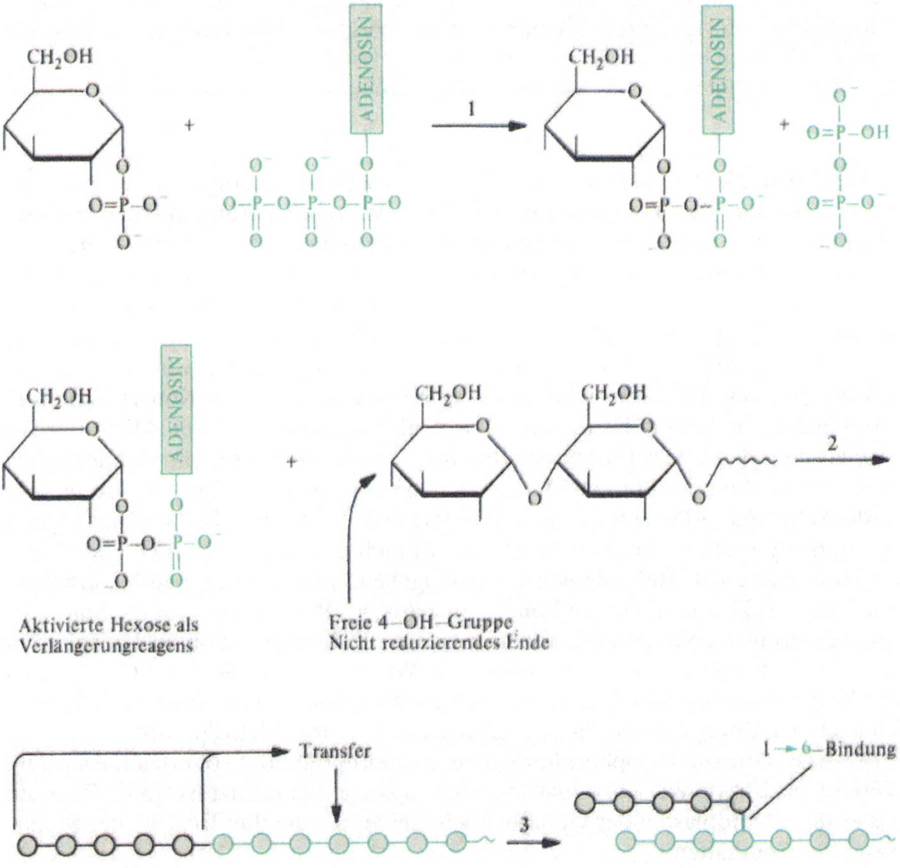

Aktivierte Hexose als
Verlängerungreagens

Freie 4–OH–Gruppe
Nicht reduzierendes Ende

Transfer

1 → 6–Bindung

Abb. 5.14. Die Bildung von ADP-Glucose und seine Verwendung als Verlängerungsreagens. ADP-Glucose-Pyrophosphorylase, Stärke-Synthase und das Verzweigungsenzym, diese drei Enzyme entscheiden über die Bildung der Stärke. Stärke besteht aus Amylose und Amylopektin; also aus einer polymeren Verbindung mit linearer Primärstruktur und einem zweiten, verzweigten Polymeren. Es reicht daher nicht aus, eine Kette mit α,1–4-verknüpften Glucose-Einheiten zu erzeugen. Es muß auch die Erstellung von Verzweigungen gesichert sein. Für die Bildung der α,1–6-Bindungen ist ein Verzweigungsenzym („Q-Enzym") verantwortlich. Es katalysiert die Abspaltung eines Oligomeren aus der wachsenden Kette von α,1–4-gebundenen Glucanen und überträgt dieses Stück auf die Position 6 im Mittelteil des verbleibenden Glucans

Saccharose-Synthese im Cytosol

Die Photoassimilation im Chloroplasten kann nicht losgelöst vom Geschehen im Cytoplasma behandelt werden. Die enge Kopplung des Stoffwechsels in den beiden Kompartimenten ist durch den Phosphat-Translokator gewährleistet; dessen selektiver, aber hoch effizienter Stoff-Austausch informiert die beiden Kompartimente über die Situation des anderen.

Triosephosphat kann mit seiner Hilfe im Gegentausch gegen Phosphat in das Cytosol gebracht werden. Dieser Vorgang wird dann besonders substantiell werden, wenn sekundäre Mechanismen das Triosephosphat im Cytosol verbrauchen und so dessen Konzentration niedrig halten. Durch die Existenz bestimmter Translokatoren wird gesteuert, welche Produkte der Photoassimilation in das Cytosol transportiert werden. Der einzige Translokator mit hoher katalytischer Konstante (Wechselzahl) ist der Phosphat-Translokator.

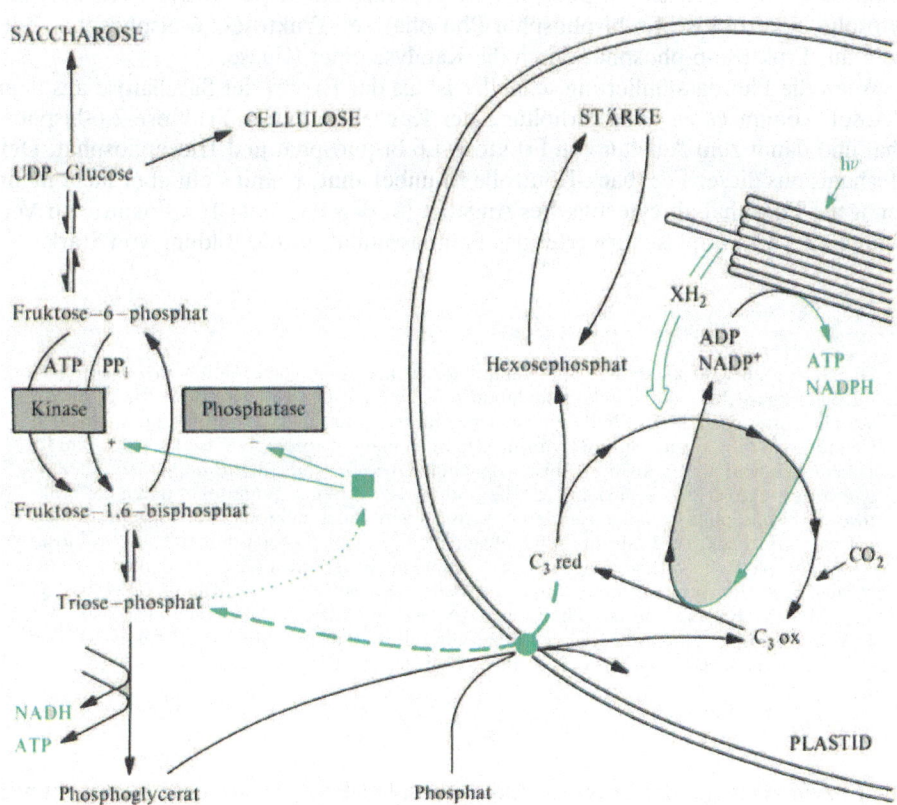

Abb. 5.15. Die Funktion des Chloroplasten bei der Bildung von Stärke, Saccharose und Cellulose.
Als Produkt des Calvin-Zyklus wird Triosephosphat – hier symbolisiert als C_3-red – angesehen. Es dient sowohl als Vorstufe bei der Stärke-Synthese im Chloroplasten als auch als Baustein für Synthesen im Cytosol. Der Translokator in der Hüllenmembran ist als grüner Punkt angedeutet. Die mögliche Funktion von Fruktose-2,6-bisphosphat bei der Steuerung von Glykolyse versus Saccharose-Synthese wird durch das grüne Viereck angedeutet

Der Phosphat-Translokator transportiert C_3-Körper wie Triosephosphat und 3-Phosphoglycerat sowie Phosphat als Dianionen. Da die Dissoziation des dritten Protons der 3-Phosphoglycerinsäure (pK = 7.2) bei leicht alkalischem pH-Wert zum Großteil erfolgt ist, die Verbindung als Trianion und nicht als Dianion vorliegt, muß man den Transport von 3-Phosphoglycerat *aus* dem Stroma als vernachlässigbar ansehen.

Der Export von Glycerinaldehyd-3-phosphat und der Import von Phosphat sind die dominierenden Vorgänge an der inneren Membran der Hülle. Dies bedeutet aber auch, daß die Konzentration an Phosphat im Cytosol die Tätigkeit des Translokators steuert.

Ein hoher Output an Photoassimilat aktiviert die Bildung von Saccharose im Cytosol. Die Kontrolle darüber erfolgt vor allem an zwei Positionen der Stoffwechselsequenz, an *den* beiden Steuerstellen der Saccharose-Biosynthese: durch Aufhebung jeder Inaktivierung der Fruktose-1,6-bisphosphat-Phosphatase sowie durch Aktivierung der Saccharosephosphat-Synthase. Beide Vorgänge könnte man als Feedforward-Kontrolle bezeichnen. Regulator der Interkonversion von Fruktosebisphosphat und Fruktose-6-phosphat ist Fruktose-2,6-bisphosphat; es hemmt die cytosolische Fruktose-1,6-bisphosphat-Phosphatase. Fruktose-2,6-bisphosphat entsteht aus Fruktose-6-phosphat durch die Katalyse einer Kinase.

Wenn die Photoassimilierung schneller ist als der Export der Saccharose aus dem Cytosol, kommt es zu einer Erhöhung der Konzentration an Fruktose-2,6-bisphosphat und damit zum Aufstau von Fruktose-1,6-bisphosphat und Triosephosphat. Der Mechanismus dieser Feedback-Kontrolle ist unbekannt. Damit steht aber nicht mehr genügend Phosphat als cytosolisches Angebot für den Phosphat-Translokator zur Verfügung. Der Chloroplast verwertet das Photoassimilat für die Bildung von Stärke.

> Der Stoff-Fluß wird katalysiert von Katalysatoren, kontrolliert aber durch Erzeugen eines Fließgleichgewichts oder durch Modulation der Aktivität der Katalysatoren. Einer dieser Wunderstoffe, nach dessen Pfeife die Enzyme tanzen, ist Fruktose-2,6-bisphosphat. Da aber Fruktose-2,6-bisphosphat nur im Cytosol existiert, sind nur cytosolische Enzyme betroffen. In Leberzellen wird mit Fruktose-2,6-bisphosphat die Glykolyse aufgedreht. In pflanzlichen Zellen wirkt Fruktose-2,6-bisphosphat auf die Bildung von Fruktose-6-phosphat durch die Fruktose-1,6-bisphosphat-Phosphatase; deren Aktivität wird durch mikromolare Konzentrationen des Effektors Fruktose-2,6-bisphosphat gehemmt. Dieselben Konzentrationen von Fruktose-1,6-bisphosphat, die vorher noch zu einem Umsatz mit anständiger Geschwindigkeit führten, reichen nach Zusatz des Effektors und Umschalten zu einer sigmoiden Kinetik (→ Abb. 2.3) kaum für die Fortführung der Gluconeogenese aus. Das tiefere Geheimnis der Rolle des Fruktose-2,6-bisphosphats liegt in der Steuerung von Bildung und Abbau dieses Stoffs. Dafür sind 2 verschiedene Enzyme verantwortlich. Und wer reguliert dann diese?

Die Enzym-Aktivität der Fruktose-1,6-bisphosphat-Phosphatase unterliegt nicht nur der Kontrolle von Fruktose-2,6-bisphosphat, sondern auch dem Einfluß von anderen Metaboliten (wie AMP). Cytosolische Fruktose-1,6-bisphosphat-Phosphatase aus Mesophyll-Zellen einer C_4-Pflanze ist bei gleicher Substratkonzentration viel weniger aktiv als das Enzym aus einer C_3-Pflanze. Daher müssen im ersteren Fall viel höhere Konzentrationen an Fruktose-bisphosphat bzw. Triosephosphat vorliegen, bevor der irreversible Schritt in Richtung Hexose richtig aktiv wird.

Saccharosephosphat-Synthase ist ein Homotetramer, aufgebaut aus 118 kDa-UE. Die kinetischen Eigenschaften des Enzyms werden durch seinen Phosphorylierungsstatus verändert. Eine Protein-Phosphatase überführt das im Dunkeln höher phosphorylierte Protein in eine weniger phosphorylierte Form; letztere erweist sich als die aktivere. Die Enzym-Aktivität unterliegt der Kontrolle durch allosterische Effektoren. So wirkt Phosphat nicht nur als negativer allosterischer Effektor, sondern auch als Inhibitor der Protein-Phosphatase.

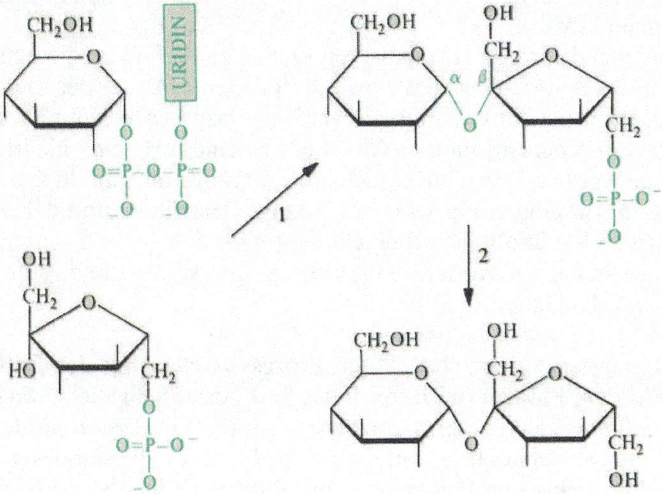

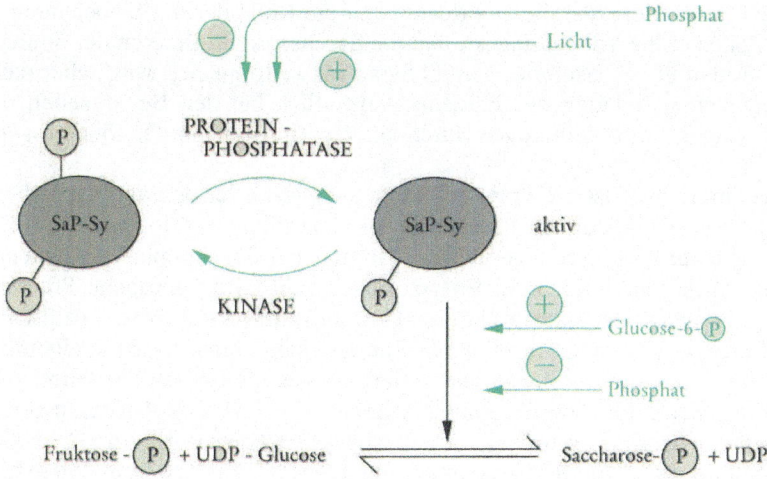

Abb. 5.16. Synthese von Saccharose durch die Katalyse der Saccharosephosphat-Synthase und einer Phosphatase. Uridindiphosphat-Glucose, die aus Glucose-1-phosphat gebildet wird (→ Abb. 5.14), ist das Substrat für die Saccharosephosphat-Synthase. Die anschließende Phosphatase-Reaktion ist irreversibel

Abb. 5.17. Regulation der Saccharosephosphat-Synthase durch chemische Modifikation und allosterische Modulation. Uridindiphosphat-Glucose, das aus Glucose-1-phosphat gebildet wird, ist neben Fruktose-6-phosphat das Substrat für die Saccharosephosphat-Synthase

Im Zustand der heterotrophen Ernährung befinden sich für kurze Zeit auch junge Blätter; sie erhalten die Transportform des Photoassimilats. Ähnliches gilt für Gewebe, wo Reserven angelegt werden, also z. B. Kartoffelknollen im Frühstadium. Es geht dabei um den Transport von einem Gewebe, das als Quelle (Source) des Stoff-Flusses fungiert, zu einem Gewebe, das Bedarf an Transport-Metaboliten hat und deshalb als Abfluß (Sink) dient. Es gibt je nach Eigenart des Organismus und der jeweiligen Stoffwechselsituation ganz verschiedene Arten der Beziehung Sink/Source. Der Transport kann in beide Richtungen erfolgen; man darf annehmen, daß in einem externen Phloem der Transport A → B, in einem internen Phloem der Transport B → A gelenkt wird.

Ausschlaggebend für den Transport von Quelle zu Abfluß ist die energieaufwendige Tätigkeit des Source-Gewebes sowie der effiziente Abzug des Transport-Metaboliten im Bereich des Sink-Gewebes. Der Weg dazwischen kann als Fließen von einer Stelle hoher Konzentration an Metabolit zu einem Bereich niedriger Konzentration gesehen werden. Das schließt nicht aus, daß auch im Umfeld des Phloems zur Erhaltung der notwendigen Funktionen Glykolyse stattfindet und dabei ein kleiner Teil des Transport-Metaboliten verbraucht wird.

Zwei Fragen stehen im Vordergrund, wenn es um das Verständnis des Transports geht. Wer leistet die Hauptarbeit bei der

Beladung des Phloems

mit z. B. Saccharose; welche chemischen Prozesse stellen mit der Entfernung der Saccharose aus dem Phloem (im Bereich des Sink) das Fließgleichgewicht ein?

Bei der Beladung des Phloems entzündet sich die Diskussion an der Frage, ob vorwiegend oder ausschließlich über Zell-Zell-Kontakte (Plasmodesmen) im Symplast die Saccharose bis zum Phloem transportiert wird oder ob ein Teil in den extrazellulären Raum (Apoplast) gelangt und erst aus diesem in das Phloem gepumpt wird. Exakte Studien zur Morphologie dieser Bereiche und Heranziehen von transgenen Pflanzen, die im Bereich der Source eine zusätzliche Enzym-Aktivität erhalten haben, verbessern unsere Vorstellungen auf diesem Gebiet.

Dabei konzentriert sich die Überlegung auf die Rolle der das Siebelement umgebenden Zellen. Eine Vorstellung ist, daß die Saccharose im Bereich der Source über mehrere Zellen über Plasmodesmen im Symplast weitergeleitet wird, aber dann vor dem eigentlichen Beladen des Phloems, vermutlich bei den Begleitzellen, in den Apoplast gelangt, von dem aus es durch aktiven Transport in das Phloem gepumpt wird.

Ebenso umstritten ist die Frage, ob über Symplast oder den apoplastischen Weg die Entladung, der Abzug der Saccharose aus dem Phloem, erfolgt.

Ein möglicher Weg im Source-Gewebe (Blatt) über den Apoplast ist dann erkennbar, wenn in diesen Bereich ein Enzym eingebracht wird (transgene Pflanzen mit einem neuen Gen im Bereich des Source-Gewebes), das Saccharose spezifisch nur in diesem Bereich – also im extrazellulären Raum – spaltet (Invertase mit einem Signal, das den Transport in die Zellwand garantiert). Invertase hydrolysiert Saccharose zu Glucose plus Fruktose. Die Ergebnisse zeigten ein verstärktes Auftreten von Spaltprodukten der Saccharose und einen nur schwachen Transport Source → Sink. Saccharose mußte also zumindest z. T. im Source-Gewebe den Weg über den extrazellulären Raum genommen haben.

Nachdem ein Saccharose-Translokator (55 kDa-Protein) auf genetischem Wege (durch Komplementation einer Hefe-Mutante) charakterisiert wurde, ist ein Modell gerechtfertigt: Saccharose-Transport aus der Mesophyll-Zelle nach außen; von dort durch Symport in den Phloem-Bereich.

Nun zum zweiten Teil des Transports, dem **Beladung des Phloems**

Um die Bedeutung des Sink-Gewebes hinsichtlich des Ausmaßes des Transports zu testen, manipulierte man mit einem Gen, das die Stärke-Bildung im Sink-Gewebe verändert. Durch Reduktion der Bildung von ADP-Glucose-Pyrophosphorylase (antisense-RNA zu diesem Protein wurde exprimiert) kam es zu einer starken Abnahme der Stärke-Bildung. Überexpression des entsprechenden Gens hingegen bewirkte Erhöhung der Stärke-Bildung.

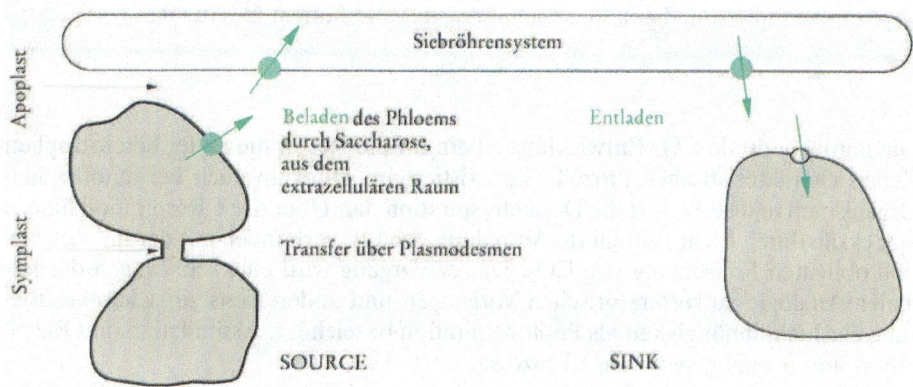

Abb. 5.18. Saccharose als Transport-Metabolit. Der Fluß Source → Sink innerhalb des Siebröhrensystems erfolgt entlang des Konzentrationsgradienten. Das Beladen der Quelle geschieht *gegen* einen Konzentrationsgradienten

Wenn Stärke nicht als mittelfristiger Speicher dient, sondern in Reservestoff-Organellen deponiert werden soll, geschieht dies in Amyloplasten. Die Zellen mit Speicherfunktionen werden mit Saccharose als Transportmetabolit versorgt. Für den Transport der Spaltstücke von Saccharose in die Amyloplasten bedient sich die Zelle eines Translokators, der selektiv mit Glucose-6-phosphat arbeitet. Die Hexose-Einheit wird bei diesen Plastiden nicht auf die Stufe der Triosephosphate fragmentiert, sondern direkt in die Stärke eingebaut. Die Regulation der Stärke-Bildung liegt im wesentlichen bei der ADP-Glucose-Pyrophosphorylase.

Rotalgen weisen nicht die für höhere Pflanzen typischen Stärkekörner im Plastiden auf. Sie besitzen eine dem Amylopektin ähnliche Form des Reserve-Kohlenhydrats (Floridéen-Stärke); diese liegt aber als Partikel im Cytosol vor. Die Enzyme für die Synthese der speziellen Form einer Stärke befinden sich im Cytosol, z. T. assoziiert mit den Stärke-Partikeln. Den Hauptteil von niedermolekularen Kohlenhydraten der Rotalgen stellt Floridosid dar, α-D-Galaktopyranosyl-1–2-Glycerin. Für seine Synthese wird UDP-Galaktose mit Glycerin-3-phosphat umgesetzt (→ Abb. 6.27).

Rotalgen besitzen – wie auch Grünalgen und Braunalgen – innerhalb der Plastiden kristalline Aggregate, die Pyrenoide. Man muß sich darunter im wesentlichen eine starke Ankonzentrierung von Rubisco vorstellen.

5.4 Photorespiration

Während der Photosynthese entsteht O_2. O_2 konkurriert aber bei der Photoassimilation mit CO_2 und statt der hydrolytischen Spaltung im Verlauf der Carboxylierung von Ribulose-bisphosphat kommt es zur oxidativen Spaltung. Als Photorespiration wird die Zusammenarbeit von Chloroplasten mit Peroxisomen und Mitochondrien sowie die Umsetzung von Glykolat zu CO_2 und einem C_3-Körper bezeichnet. Photorespiration bedeutet teilweises Abschalten der CO_2-Assimilierung bei hoher Lichtintensität und hohem O_2-Angebot.

Die mitochondriale CO_2-Entwicklung ist ein für die Respiration aller heterotrophen Zellen charakteristischer Prozeß. Sie existiert im Dunkeln auch bei autotrophen Organismen und stellt dort die Dunkelrespiration dar. Über diese Respiration hinaus gibt es die durch Licht stimulierte Aufnahme von O_2, verbunden mit der für Respiration obligaten Freisetzung von CO_2. Dieser Vorgang wird einerseits wegen der formalen Analogie zu respiratorischen Vorgängen und andererseits zur Charakterisierung der Lichtabhängigkeit als Photorespiration bezeichnet. Assimilation und Respiration sind formal gegenläufige Prozesse.

Ausgangspunkt für beide, Photoassimilation und Photorespiration, ist Ribulosebisphosphat; sowie die in der Struktur der Rubisco liegende Eigenschaft, Carboxylase und Oxygenase sein zu können. Photorespiration und Photoassimilation kann man sich auch als zusammengehörende Mechanismen unter dem Gesichtspunkt der Ausbalancierung von O_2 und CO_2 in der Atmosphäre vorstellen. Diesen Eindruck soll auch die Gegenüberstellung ($\rightarrow$ Abb. 5.6) vermitteln. Photorespiration könnte unter dem Aspekt „Effizienz" der CO_2-Assimilierung und Kohlenhydrat-Gewinnung entbehrlich, ja schädlich, erscheinen. Aber offenbar ist für die Pflanze dieser Prozeß unentbehrlich – als Regulationsmöglichkeit bei intensiver Lichteinstrahlung und zu geringem Angebot an CO_2. Vermutlich wäre die Folge des Fehlens der Möglichkeit zur Photorespiration eine Zerstörung des Photosyntheseapparats, etwa beim D1 von PS II. Ein Befund, der vielleicht den Schlüssel zum Verständnis der Notwendigkeit der Photorespiration gibt: Mutanten, die keine Photorespiration durchführen können, sind nicht überlebensfähig. Photosynthetisierende Organismen wie Grünalgen und Cyanobakterien, die keinen vollständigen Zyklus für die Umsetzung von Glykolat besitzen, zeichnen sich durch ein besonders effektives System zur Ankonzentrierung von CO_2 aus.

Damit ergibt sich beim Überwiegen der Photorespiration das Bild einer Maschine, die bei voller Brennstoffzufuhr, aber bei Mangel an zu verarbeitendem Material, läuft; es wird ausgekuppelt, die Photosynthese läuft weiter, ihre Produkte aber werden nicht genützt.

Die Konsequenzen für diese besondere Adaptionsfähigkeit der Pflanze sind umfangreich, werden aber trotz des Aufwands offenbar hingenommen. Es werden zusätzliche Kompartimente (und deren Translokatoren) gebraucht; neue Stoffwechselwege und komplizierte Re-Assimilierungsvorgänge.

Als Produkt der Oxygenase-Reaktion fällt Phosphoglykolat an. Daraus setzt eine spezifische Phosphatase das Glykolat frei, welches dann zu den Peroxisomen und Mitochondrien zur weiteren Umformung geleitet wird.

Die Kooperation von verschiedenen Reaktionsräumen bei der Photorespiration umfaßt die Entstehung des C_2-Körpers im Chloroplasten, die Oxidation und Transaminierung im Peroxisom und die Konversion von Glycin zu Serin im Mitochondrion. Schließlich wird Serin verändert und das C-Gerüst auf der Stufe der C_3-Körper in die Chloroplasten zurückgebracht.

Dieses aus der biochemischen Ausrüstung der Organellen heraus verständliche Zusammenspiel dreier Kompartimente ist auch morphologisch als Kooperation verständlich. Die elektronenmikroskopische Aufnahme (Abb. 5.19) zeigt ein Peroxisom zwischen zwei Chloroplasten und Mitochondrien eingeklemmt. Es findet offenbar ein intensiver Stoffaustausch zwischen diesen drei Organellen statt. Für den biochemischen Aspekt ergibt sich, daß man an die entsprechenden Translokatoren zu denken hat.

In grünen Blättern kann die Respiration über den Weg der Photorespiration 5-mal intensiver sein als die mit dem Citrat-Zyklus gekoppelte Respiration. Daher ist davon auszugehen, daß NADH, das bei der Oxidation von Glycin in Mitochondrien entsteht, dort für die ATP-Bildung verwendet wird.

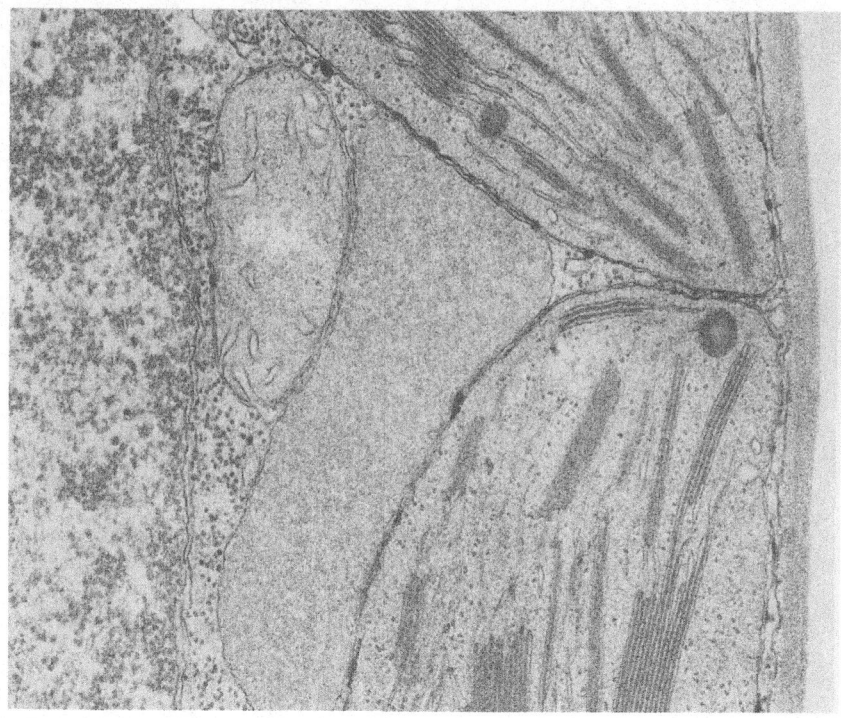

Abb. 5.19. Zusammenspiel von Chloroplast und Peroxisom: Schnitt durch ein Laubblatt. In der Bildmitte, sich von oben nach unten erstreckend, ist ein Peroxisom an 2 Chloroplasten (erkennbar an den Thylakoiden und der doppelten Hüllenmembran) angepreßt. Auf der linken Seite liegt ein Mitochondrion in unmittelbarer Nähe des Peroxisoms. Abb. von E. H. Newcomb

Eingeleitet wird die Photorespiration im Chloroplasten durch die O_2-abhängige Bildung von Phosphoglykolat. Plastiden besitzen eine spezifische Phosphatase, die nur Phosphoglykolat, nicht aber die Zuckerphosphate im Plastiden angreift.

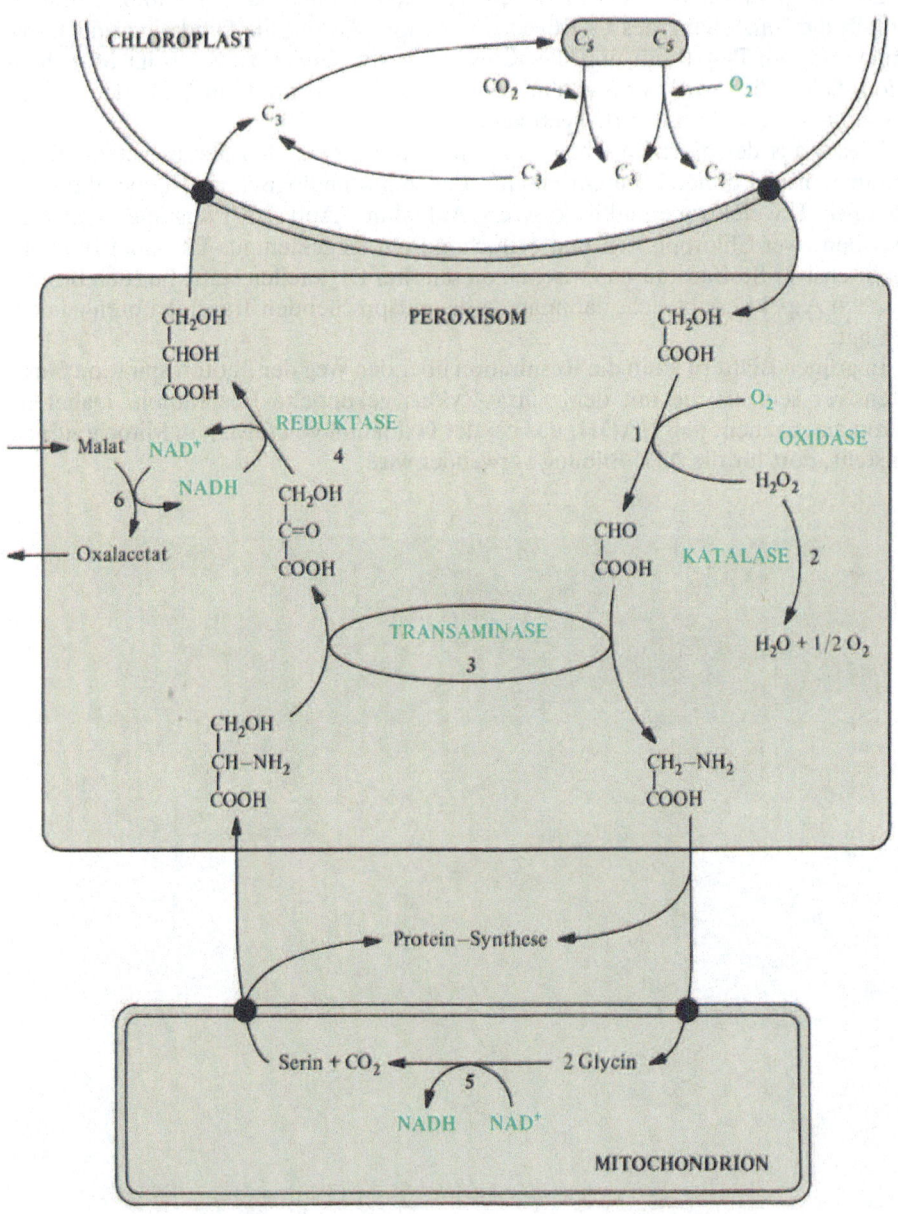

Abb. 5.20. Kooperation von Chloroplast, Blatt-Peroxisom und Mitochondrion bei der Photorespira-tion. Das Schema ist insofern stark vereinfacht, als es nicht auf die Frage eingeht, wie die Redox-äquivalente in die Peroxisomen gelangen. Es unterschlägt auch vorerst das Problem, daß mit der Photorespiration große Mengen an NH_3 freigesetzt werden. In der Regel werden die Enzyme für die Blatt-Peroxisomen parallel zu der Entwicklung der Chloroplasten im Licht synthetisiert

Glykolat-Oxidase überführt Glykolat, das vom Chloroplasten abgegeben wird, in Glyoxylat plus H_2O_2. Wie in vielen anderen Fällen ist auch hier eine H_2O_2-bildende Oxidase (1) von dem H_2O_2 spaltenden Enzym Katalase (2) begleitet. Von der Glykolat-Oxidase gibt es eine Röntgenstrukturanalyse, die dazu führte, daß man das Enzym in die Kategorie der α/β-Faßstrukturen einordnet (→ Abb. 2.9). Reduziertes FMN (→ Abb. 4.13) als autoxidabler Redoxpartner und Glykolat werden bei der Umsetzung in das Faß plaziert.

Glykolat-Oxidase und Katalase zählen zu den Enzymen, die zur Charakterisierung von Blatt-Peroxisomen verwendet werden. Blatt-Peroxisomen werden bei Belichtung immer parallel zu den Chloroplasten gebildet; durch Umdifferenzierung und starke Vermehrung von den in allen Zellen vorhandenen undifferenzierten Peroxisomen. Proteine der Blatt-Peroxisomen werden im Kern kodiert. Die Gene weisen – ähnlich wie die der kleinen UE der Rubisco oder der LHCs – Promotoren auf, die durch ein vom Phytochrom (→ Abb. 9.17) ausgehendes Signal aktiviert werden. Anders als die Vorstufen für plastidäre oder mitochondriale Enzyme (→ Abb. 8.12) unterliegt das in die Peroxisomen transportierte Protein keiner proteolytischen Modifikation. Im Inneren des Organells wird die prosthetische Gruppe eingefügt – Häm b bei der Katalase und FMN bei der Glykolat-Oxidase – und durch Oligomerisierung das katalytisch aktive Enzym hergestellt.

Photorespiration muß man auch unter dem Gesichtspunkt des Ammoniak-Stoffwechsels sehen; denn es werden genau so viele mole NH_3 freigesetzt wie CO_2 durch Decarboxylierung entsteht. Die Refixierung von NH_3 setzt in der Regel mehr Masse um als die Grundversorgung durch NH_3-Assimilierung. Beide Prozesse erfolgen im Chloroplasten durch die Glutamin-Synthetase. Damit aber NH_3 vom Ort der Entstehung – den Mitochondrien – zum Ort der Refixierung gelangt, wird ein Shuttle bestehend aus α-Ketoglutarat und Glutamat eingerichtet (→ Abb. 5.21).

Der mitochondriale Teil der Photorespiration ist durch einen Komplex repräsentiert, der Glycin in Serin umwandelt. Dabei muß zum einen berücksichtigt werden, daß aus 2 C_2-Einheiten eine C_3-Einheit und CO_2 entstehen; zum anderen handelt es sich hier um eine Redox-Reaktion, *e* fließen in den NADH-Pool der Matrix.

Serin gelangt aus den Mitochondrien in die Peroxisomen, wo nach Transaminierung und Reduktion (4) schließlich Glycerat entsteht. Die Chloroplasten nehmen aufgrund ihres Translokators, der sowohl mit Glykolat als auch mit Glycerat arbeitet, den C_3-Körper auf, der vor dem weiteren Gebrauch noch phosphoryliert werden muß.

Die an der Photorespiration beteiligten Formen der Peroxisomen, die Blatt-Peroxisomen, unterscheiden sich in ihrer Ausrüstung an Enzymen ganz außerordentlich von Peroxisomen anderer Zellen. In Form der Glyoxysomen sind diese Organellen Spezialisten der Fett-Mobilisierung (→ S. 314), während Peroxisomen von Hefen eine zentrale Funktion im C_1-Stoffwechsel (→ S. 282) einnehmen können. Bemerkenswert ist, daß Peroxisomen aus einer Form in eine andere übergehen können, indem sie kontinuierlich ihre alte Enzym-Ausstattung gegen eine neue austauschen. Darf man sich einen derartigen Austausch von Proteinen innerhalb eines Kompartiments so vorstellen, daß – bei gleichzeitig verstärktem Turnover – ausschließlich die Änderung der Gen-Expression und damit verbunden die Neusynthese und Aufnahme von Komponenten der Peroxisomen für den Umbau verantwortlich sind?

Euglena handhabt Glykolat, indem es die Verbindung in Mitochondrien mit Hilfe einer Glykolat-Dehydrogenase in Glyoxylat umwandelt; ähnliches gilt für Chlorophyceen. Auch Bakterien und Cyanobakterien setzen Glykolat mit Hilfe einer Dehydrogenase um. Rotalgen und Kieselalgen besitzen neben der mitochondrialen Glykolat-Dehydrogenase eine peroxisomale Glykolat-Oxidase. Charophyceen hingegen verlassen sich auf eine sehr aktive Glykolat-Oxidase in den Peroxisomen.

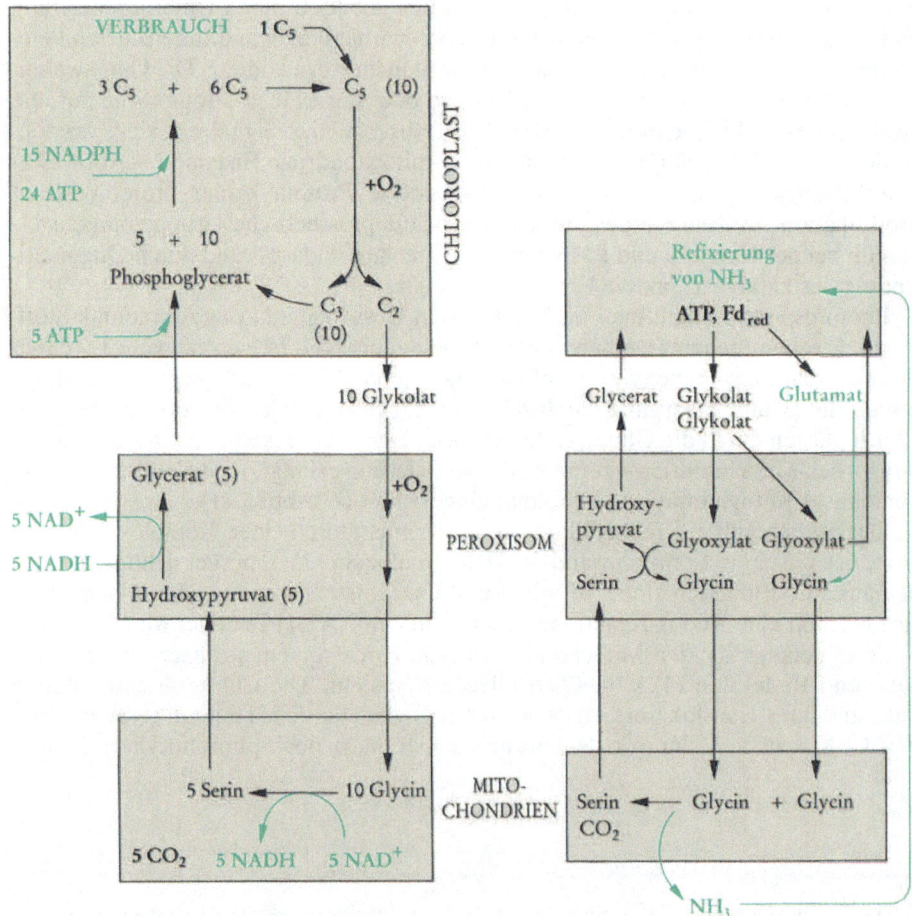

Abb. 5.21. Schematische Übersicht über die Bildung und Refixierung von NH_3. Ausgehend von der Bildung von Ammoniak in den Mitochondrien ergeben sich zwei verschiedene Wege der Refixierung im Chloroplasten (rechter Teil der Abb.). Damit der Nachschub an Glycin gewährleistet ist, muß Glutamat als NH_2-Donor von Chloroplasten abgegeben und von Peroxisomen aufgenommen werden. Links: Bilanz der Redox-Äquivalente und des ATP-Bedarfs. Die Versorgung von Peroxisomen mit NADH muß nicht von Mitochondrien ausgehen; NADH kann auch durch Oxidation von Triosephosphat im Cytosol entstehen

5.5 Kooperation zweier Formen der Chloroplasten bei C_4-Pflanzen

> Eine Aufgabenteilung zwischen zwei verschiedenen Zelltypen erlaubt, den Ort, an dem intensive Photosynthese abläuft und hohe Konzentration an O_2 herrscht, von dem Bereich zu trennen, in dem vorkonzentriertes CO_2 durch den reduktiven Pentosephosphat-Weg in Kohlenhydrate überführt wird.

Eine Reihe von Pflanzen, Monokotyledonen und Dikotyledonen, bilden als Primärprodukt der CO_2-Fixierung nicht 3-Phosphoglycerat, sondern die C_4-Säuren Malat oder Aspartat. Für diese C_4-Photosynthese besitzt die Pflanze zwei unterschiedliche Typen von photosynthetisierenden Zellen; Zelltypen, mit entsprechend unterschiedlichen Funktionen im Stoffwechsel. Beide Zelltypen sind aufeinander angewiesen; sie müssen miteinander kommunizieren, Stoffe austauschen. Die beiden unterschiedlichen Zelltypen sind in einer Kranzanatomie angeordnet; diese Anordnung ist typisch für die C_4-Pflanzen. In den nahe der Blattoberfläche angeordneten Mesophyll-Zellen wird CO_2 in Form der C_4-Säuren vorfixiert und werden Reduktionsäquivalente in der Photosynthese bereitgestellt. Die Schaltstelle für die Vorfixierung von CO_2 liegt bei der Phosphoenolpyruvat-Carboxylase (PEP-Carboxylase); die Substrate sind PEP und Bicarbonat. Dann kommt die zweite Zellart an die Reihe. Chloroplasten der Gefäßbündelscheiden-Zellen im Inneren des Blatts übernehmen das bereits angereicherte CO_2 und fixieren es endgültig mit Hilfe der Rubisco-Reaktion.

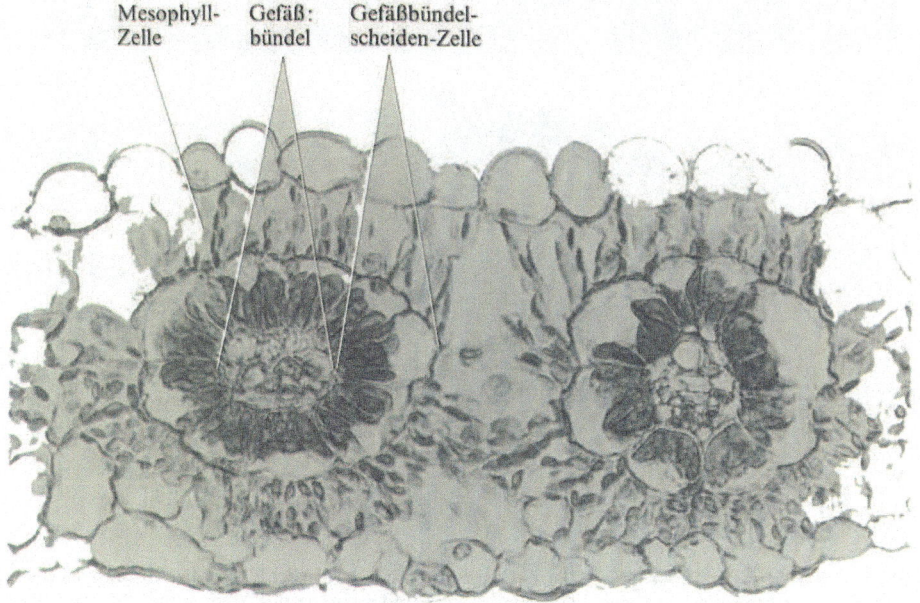

Abb. 5.22. Die Kranz-Anatomie bei C_4-Pflanzen. Aufnahme: W. M. Laetsch

Im Gegensatz zu den photosynthetisch kaum aktiven Gefäßbündeln der C_3-Pflanzen, besitzen die Gefäßbündelscheiden-Zellen der C_4-Pflanzen gut ausgebildete Chloroplasten. Nicht alle C_4-Pflanzen arbeiten auf biochemischer Ebene mit derselben Aufgabenteilung zwischen *Gefäßbündelscheide* und *Mesophyll*.

Panicoide Gräser bewerkstelligen den Transfer von CO_2 und Redoxäquivalenten mit Hilfe von Malat als Transportform. Die Tatsache, daß mit Malat auch Reduktionsmittel zu den Chloroplasten der Gefäßbündelscheide transferiert werden, erklärt gut, warum diese Chloroplasten mit einem stark reduzierten, nicht-zyklischen ET auskommen. Die Chloroplasten der Gefäßbündelscheide sind frei von Grana und verfügen über fast kein PS II. Charakteristisch für diese Art der C_4-Pflanzen ist eine lichtregulierte, plastidäre $NADP^+$-abhängige Malat-Dehydrogenase.

Pflanzen, die als Intermediate zwischen C_3- und C_4-Photosynthese anzusehen sind, können zwar Kranz-Anatomie zeigen, besitzen aber in beiden Zelltypen Rubisco.

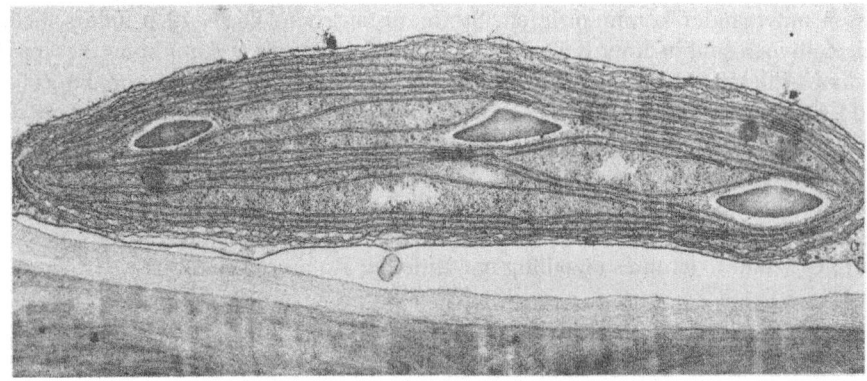

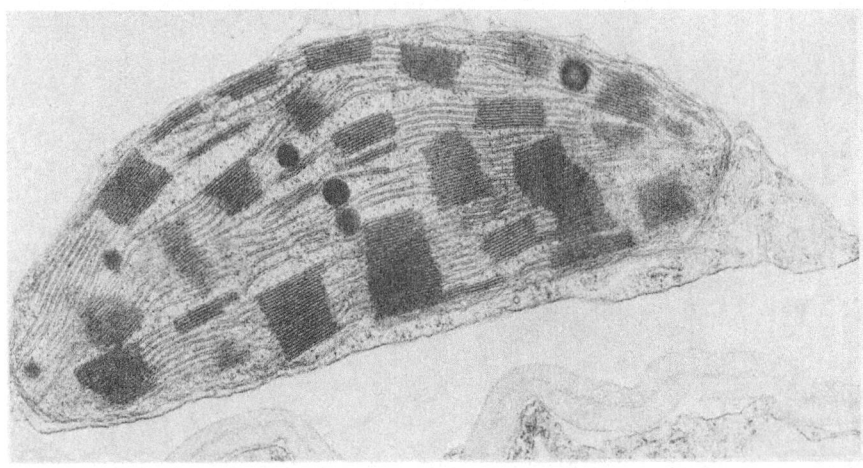

Abb. 5.23. Struktur der Chloroplasten in Zellen der Gefäßbündelscheide und des Mesophylls. Der oben gezeigte Chloroplast aus einer Zelle der Gefäßbündelscheide des Mais enthält Stärke, aber keine Grana. Dicht gepackt mit Grana ist hingegen der Chloroplast der Mesophyll-Zelle. Aufnahme von O. G. Bishop

Die Teilung der Aufgaben im biochemischen Bereich ist in Abb. 5.24 und 5.25 zusammengefaßt. Die Photosynthese und Photoassimilierung der C_4-Pflanzen zeichnet sich durch einen sehr effizienten Weg der Vorfixierung von CO_2 und durch die Möglichkeit aus, die Photorespiration zu unterdrücken. Die Chloroplasten der Mesophyll-Zellen, in denen auch der Hauptteil der Photosynthese stattfindet, bieten mit ihrem Produkt Malat nicht nur einen potentiellen Lieferanten von CO_2 an, sondern ein Vehikel, das auch einen Teil der Photosynthese-Leistung (NADPH als Reduktionsäquivalent) mitbringt. Die Hauptfunktion der Rubisco liegt im Chloroplasten der Zelle der Gefäßbündelscheide, also räumlich getrennt von dem Ort, wo die höchste Konzentration an O_2 vorliegt.

Man klassifiziert C_4-Photosynthesen nach der Art der Decarboxylierung in den Gefäßbündelscheiden-Zellen: (1) Decarboxylierung durch plastidäres $NADP^+$-Malat-Enzym (z. B. bei *Sorghum bicolor* und *Panicum bulbosum*), (2) Decarboxylierung in den Mitochondrien mittels eines NAD^+-Malat-Enzyms (z. B. bei *Atriplex* und *Panicum miliaceum*) und (3) Decarboxylierung im Cytosol durch PEP-Carboxykinase im Zuge der Reaktionen Oxalacetat – PEP – Pyruvat (z. B. bei *Panicum maximum*).

Auch im Hinblick auf die Photorespiration unterscheiden sich C_4-Pflanzen von C_3-Pflanzen. Peroxisomen findet man vorwiegend in Zellen der Gefäßbündelscheide. Geringfügige CO_2-Freisetzung im Mesophyll würde sofort durch die effiziente CO_2-Fixierung dort kompensiert werden. Eine genauere Betrachtung der ATP-Bilanz läßt erkennen, daß die Arbeitsteilung der C_4-Pflanzen zusätzliches ATP erfordert. Unter den gegebenen Umständen ist dies aber kein limitierender Faktor.

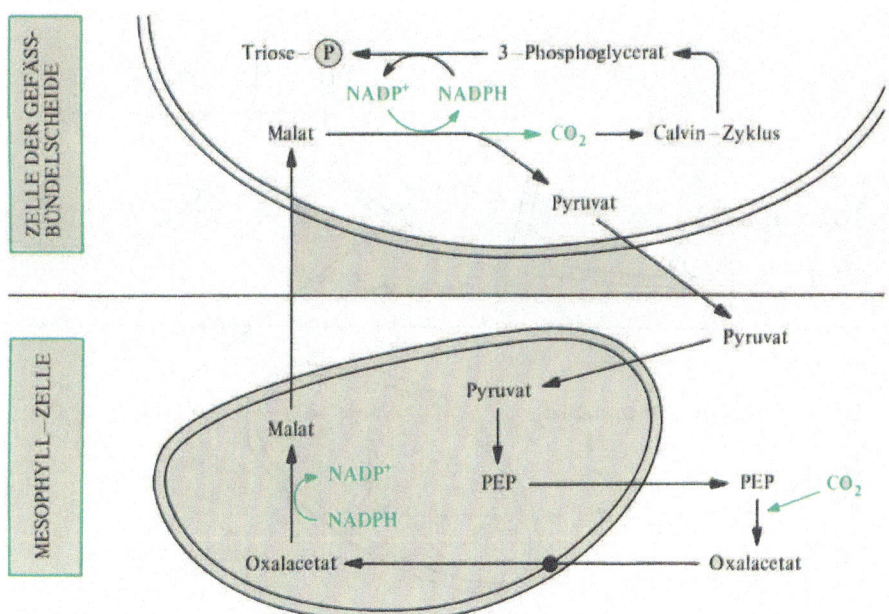

Abb. 5.24. Kooperation von 2 Zelltypen mit unterschiedlicher Funktion der Chloroplasten: $NADP^+$-Malat-Enzym-Typ. Malat stellt die Transportform dar, von Chloroplast zu Chloroplast; unter Transfer von Reduktionsäquivalenten

Wie Abb. 5.24 zeigt, müssen Oxalacetat – und eine Reihe von Dicarbonsäuren (α-Ketoglutarat, Aspartat, Glutamat, Malat) – die Hüllenmembran des Chloroplasten im Mesophyll passieren. Dafür ist der Dicarboxylat-Transporter zuständig. Auch eine noch offene Frage: ob die Hüllenmembran der Chloroplasten von C_4-Pflanzen PEP im Gegentausch zu Phosphat transportieren, so wie das in den Abb. 5.24 und 5.25 angenommen wurde.

Im Falle der *NADP⁺-Malat-Dehydrogenase* war schon früh bekannt, daß DCMU die Aktivierung des Enzyms sowohl in intakten Blättern als auch in isolierten Chloroplasten verhindert. Der ET (nicht zyklisch) ist notwendig, um einen regulatorischen *e*-Fluß von der Thylakoid-Membran zu den Enzymen im Stroma zu gewährleisten. In einer noch nicht verstandenen Weise werden im Stroma lösliche FeS-Proteine an der Thylakoid-Membran reduziert. Sie können dann die Reduktionsäquivalente weitergeben auf die durch Reduktion modulierbaren Enzyme. Eine Ferredoxin-Thioredoxin m-Oxidoreduktase führt dazu, daß bei hoher Photosyntheseaktivität reduziertes Thioredoxin entsteht; und damit mehrere Schlüsselenzyme in reduzierte (= aktivierte) Form gebracht werden.

Von der *Pyruvat-Phosphat-Dikinase* liegen im Zellkern von C_4-Pflanzen 3 Gene vor: 2 Gene kodieren für 2 cytosolische Enzyme, ein drittes Gen weist ein zusätzliches Exon (Exon 1) auf und kodiert für das plastidäre Enzym. Dessen Gen-Sequenz ist gegenüber den anderen beiden nur im 5′-terminalen kodierenden Bereich anders; es enthält mit dem zusätzlichen Exon die Information für das Transit-Peptid. Die Expression des Gens, das für das Chloroplasten-Enzym kodiert, wird in doppelter Weise kontrolliert; einmal durch Gewebe-Spezifität (die Expression in Mesophyll ist um ein Vielfaches höher als in der Gefäßbündelscheide) und zum anderen durch Licht.

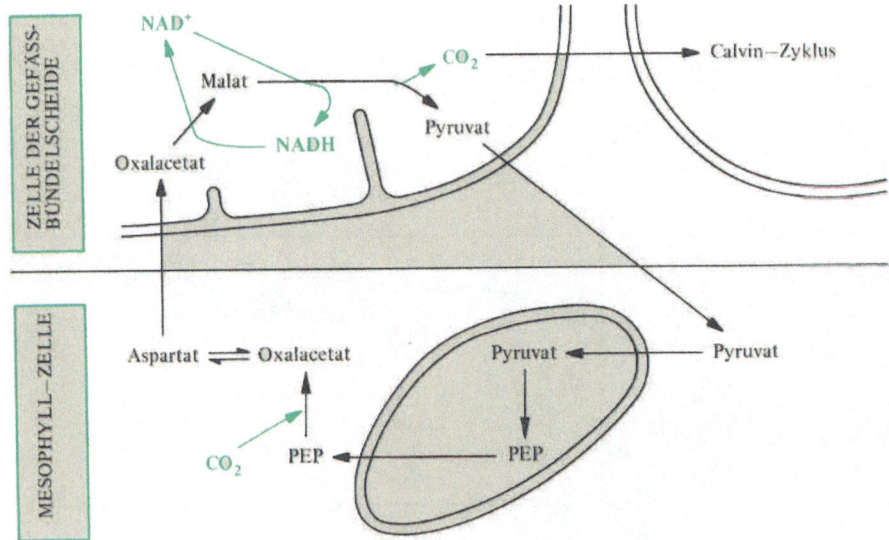

Abb. 5.25. Kooperation von 2 Zelltypen mit unterschiedlicher Funktion der Kompartimente: NAD⁺-Malat-Enzym-Typ. Aspartat dient hier als Transportform; es wird die Decarboxylierung des Malats mit Hilfe der Mitochondrien betrieben. Eine zusätzliche Versorgung der Gefäßbündelscheide mit Reduktionsmitteln aus dem Mesophyll findet nicht statt

Ein weiteres Charakteristikum für den C_4-Stoffwechsel ist die besondere *Regulation der Pyruvat-Phosphat-Dikinase*. Dieses Enzym erlaubt aufgrund der ungewöhnlichen Reaktionsführung eine Umkehr des sonst irreversiblen Schritts von PEP zu Pyruvat. Wie aus den Abb. davor leicht ersichtlich ist, wird immer für die Fixierung von CO_2 ausschließlich PEP als Akzeptor benötigt. Das heißt aber immer auch, daß davor PEP aus Pyruvat entstehen muß. Die Bildung von PEP läuft ab unter gleichzeitiger Spaltung der beiden Anhydrid-Bindungen im ATP. Dazu kommt die Bildung von Diphosphat durch Phosphorylierung von Phosphat.

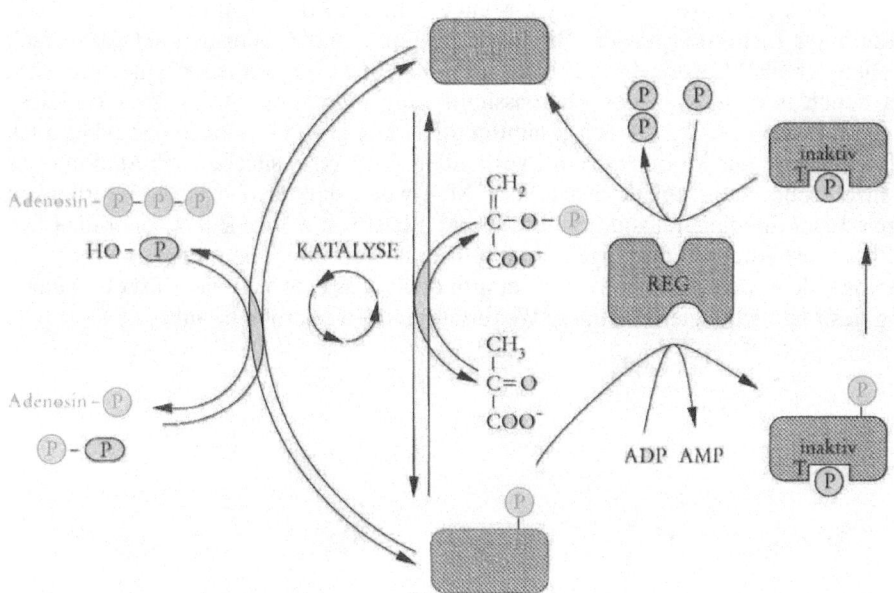

Abb. 5.26. Mechanismus und Regulation der Aktivität von Pyruvat-Phosphat-Dikinase. Im linken Teil ist als zyklischer Vorgang die aufeinanderfolgende Phosphorylierung von Phosphat und Pyruvat gezeigt. Dabei spielt eine am His des Enzyms phosphorylierte Zwischenstufe eine Rolle. Aus diesem zyklischen Prozeß heraus kann die am aktiven Zentrum am His phosphorylierte Zwischenstufe entfernt und desaktiviert werden; und zwar durch eine weitere, an einem Thr erfolgende Phosphorylierung mit ADP als Phosphat-Gruppen-Donor. Vermittelt oder katalysiert wird diese Desaktivierung durch ein Regulatorprotein, das für die Modifikation ADP verwendet. Die Entfernung des Phosphat-Rests vom Thr mit Phosphat als Akzeptor und Diphosphat als Produkt führt zu einer Reaktivierung des Enzyms; die Reaktivierung wird wie die Desaktivierung durch das Regulatorprotein vermittelt

Pyruvat-Phosphat-Dikinase unterliegt einer strikten Licht/Dunkel-Regulation; im Dunkel erfährt das Enzym, auch bei Anwesenheit von Pyruvat, eine schnelle Desaktivierung. Viel Licht führt zu einer hohen Konzentration an ATP. Durch die Kopplung über die Adenylat-Kinase bedeutet das ein niedriges Niveau an AMP, ADP. Damit kann das vorhandene Kinase-Protein bei hoher Lichtintensität nur den katalytischen Kreislauf durchlaufen. Erhöhte ADP-Konzentration bei niedriger Lichtintensität führt zum Ausscheren aus dem Zyklus (untere Zeile, nach rechts); ADP inaktiviert durch Phosphorylierung eines Thr.

Pyruvat-Phosphat-Dikinase ist im Stroma von Chloroplasten des Mesophylls in hoher Konzentration enthalten. Sie wird im Cytosol als Vorstufe (110 kDa) hergestellt; das reife Enzym im Chloroplasten weist mit 95 kDa eine deutlich niedrigere molekulare Masse auf. Der Unterschied im Molekulargewicht, den wir der Entfernung des Transitpeptids beim Import zuschrieben, entspricht mehr als 100 Aminosäure-Resten. Dies wäre ein Fall mit der Abspaltung eines besonders großen Bereichs am N-Terminus des Proteins. Eine cytosolische Form der Pyruvat-Phosphat-Dikinase gibt es auch, aber – anders als die Vorstufe des plastidären Enzyms – ohne die Transitsequenz.

PEP-Carboxylase ist – wenn man Masse als Kriterium wählt – ein dominierendes Protein der C_4-Pflanzen. Die Enzym-Menge hängt von der Lichtintensität ab. Wenn bei höherer Lichtintensität die Biomasse zunimmt, findet man parallel dazu einen Anstieg der PEP-Carboxylase. In der C_4-Pflanze Mais wurden Isoenzyme gefunden, von denen nur eines an der Photoassimilierung teilnimmt. Die mRNA für diese Form stellt mehr als 0.2 % der gesamten mRNA in grünen Blättern dar. Aber auch auf der Ebene der Modulation des vorhandenen Enzyms sind je nach Stadium der Pflanze große Unterschiede feststellbar. Man weiß, daß das Enzym in C_4-Pflanzen durch Licht in eine phosphorylierte Form überführt wird. Ein so modifiziertes Enzym weist eine wichtige Eigenschaft auf: es ist gegenüber dem Produkt der Vorfixierung – dem Malat – nicht mehr so empfindlich, was eine sehr viel stärkere Anhäufung des Malats bei gleichzeitigem Weiterlaufen der Fixierung erlaubt.

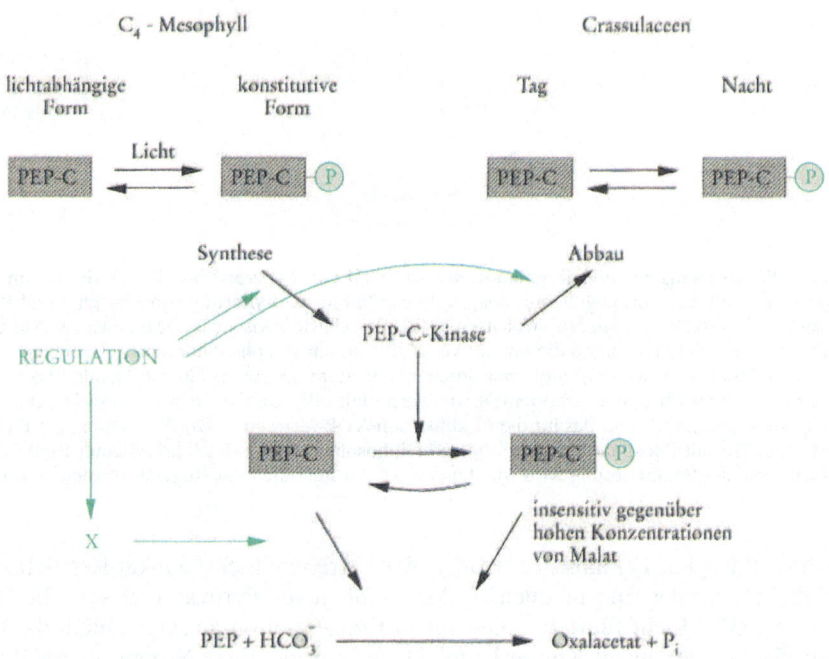

Abb. 5.27. Enzym-Mechanismus der PEP-Carboxylase. Auf der Ebene der Regulation der Enzymmenge als auch bei der Modulierung der Enzym-Aktivität wird Einfluß auf die Fixierung des CO_2 genommen. Allen phosphorylierten Formen der PEP-Carboxylase ist gemeinsam, daß sie eine stärkere Anhäufung von Malat zulassen, ohne ihre Aktivität einzustellen

5.6 Säure-Stoffwechsel bei Crassulaceen

Crassulaceen haben sich als Adaption zu einer trockenen Umwelt auf einen diurnalen Rhythmus bei Photosynthese und Stoffwechsel eingerichtet. Die Anhäufung von Malat während der Nacht ist ein Charakteristikum. Prozesse, die bei C_4-Säure-Stoffwechsel und Photosynthese der Gräser örtlich getrennt ablaufen, sind bei Crassulaceen zeitlich getrennt. Die besonderen Eigenschaften im Crassulaceen-Säure-Stoffwechsel – CAM – liegen im Tag-Nacht-Rhythmus. Nachts werden Reserve-Kohlenhydrate zu C_3-Körpern abgebaut; die Pflanze nimmt CO_2 auf und fixiert es auf der Stufe von C_4-Säuren. Im Licht wird das vorfixierte CO_2 in den reduktiven Pentosephosphat-Weg eingeschleust.

Sukkulenten (Crassulaceen, Cactaceen) führen nachts bei niedriger Temperatur den Gasaustausch durch und fixieren CO_2. Zu Beginn der Lichtphase wird die CO_2-Fixierung verstärkt, und zwar sowohl in Richtung Malat als auch bereits in der Rubisco-Reaktion. Später werden die Stomata geschlossen und Malat aus der Vakuole wird mobilisiert. Eine intensive Synthese von polymeren Kohlenhydraten setzt ein. Da in dieser Phase – häufig bei sehr hohen Außentemperaturen – die Stomata geschlossen bleiben, werden die Wasserverluste stark herabgesetzt. Da darüber hinaus die nächtliche Stärke-Mobilisierung die endogenen Energie-Reserven reduziert hat, kommt die Pflanze mit einem hohen Lichtangebot besser zurecht.

Die Fixierung von CO_2 im Dunkeln geschieht in der PEP-Carboxylase-Reaktion. Das dafür benötigte PEP stellt die Pflanze im Dunkeln durch Abbau von Kohlenhydraten bereit; die Mobilisierung der Stärke im Chloroplasten erfolgt durch Amylasen und Maltodextrin-Phosphorylase.

Pflanzen können danach eingeteilt werden, wie sie im Licht die Bildung von PEP im Chloroplasten bewerkstelligen: durch mitochondriales NAD^+-Malat-Enzym und plastidäre Dikinase, oder durch die Katalyse einer ATP-abhängigen PEP-Carboxykinase. Doch im letzteren Fall benötigt die Pflanze keine Dikinase – eine $NADP^+$-abhängige Malat-Dehydrogenase übernimmt als lichtreguliertes Enzym – über Thioredoxin m – die entscheidende Rolle bei der Mobilisierung des Malats.

An ein anderes Thioredoxin, nämlich Thioredoxin f, sind die Schlüsselenzyme des reduktiven Pentosephosphat-Wegs im Chloroplasten gekoppelt: Fruktose-bisphosphatase und Sedoheptulose-bisphosphatase.

Es gibt eine Anzahl von fakultativen CAM-Pflanzen. In Abhängigkeit von Alter und Streß, denen die Pflanze unterliegt, kann ein Umschalten des Stoffwechsels von C_3 auf CAM erfolgen. Hier muß als ökonomisch bedeutende Pflanze die Ananas erwähnt werden. Starke Temperaturschwankungen zwischen Tag und Nacht führen zur stärkeren Ausprägung der CAM-Photosynthese, während ausreichende Bewässerung bei etwa gleichbleibender Temperatur den Typ der C_3-Photosynthese bestimmt. Bei *Mesembryanthemum crystallinum* kann die Biosynthese von CAM-Enzymen durch Salz-Streß induziert werden.

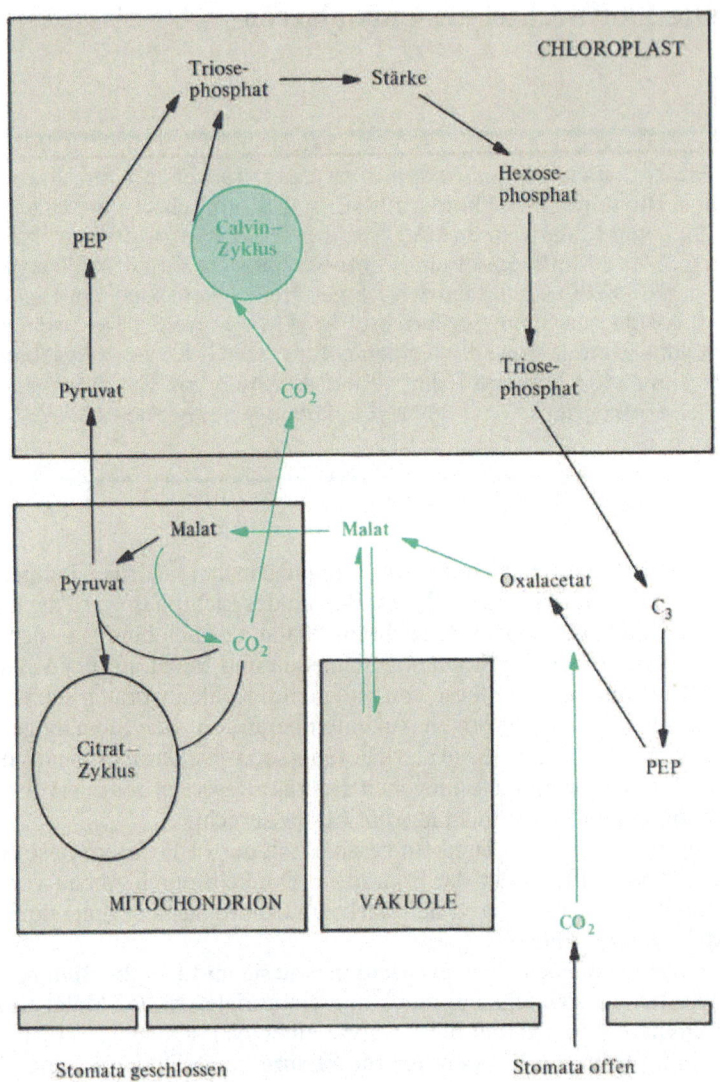

Abb. 5.28. Säure-Stoffwechsel der Crassulaceen in Abhängigkeit von Licht oder Dunkel. Innerhalb einer Zelle wird durch Aufgabentrennung und zeitliche Staffelung das erreicht, wofür bei C_4-Pflanzen zwei Zelltypen notwendig sind. In der Nacht schützen die tieferen Temperaturen und das osmotische Potential der großen Mengen an Äpfelsäure und Malat in der Vakuole die Pflanze vor Wasserverlusten; auch wenn sie die Stomata zum Gasaustausch öffnet. Die Affinität der PEP-Carboxylase gegenüber PEP und ihre Regulation durch Malat ändern sich während des diurnalen Zyklus. Zwei Faktoren sind in erster Linie verantwortlich, daß die Bildung von Malat im Licht stark reduziert wird: die Tag-Form der PEP-Carboxylase (nicht-phosphoryliert) ist sehr viel empfindlicher gegenüber Malat als negativen Effektor; das decarboxylierende System, das mitochondriale NAD^+-Malat-Enzym oder cytosolische $NADP^+$-Malat-Enzym, ist inaktiv im Dunkeln. Malat, das durch die Reduktion des Oxalacetats entsteht, gelangt durch aktiven Transport – katalysiert durch eine membrangebundene, H^+-pumpende ATPase – in die Vakuole. Im Licht (linker Teil der Abb.) wird Malat mobilisiert. Der notwendige Sog wird durch die Aktivierung der Umsetzung von Pyruvat erzeugt

CAM-Pflanzen öffnen in der Nacht ihre Stomata. Spaltöffnungen stellen komplexe Regelapparate dar; die begleitenden, elastischen Schließzellen bewirken durch die Änderung ihres Volumens die Größe der Öffnung. Das Öffnen der Stomata setzt eine Erhöhung im osmotischen Druck (Anschwellen) der Schließzellen voraus.

Schließzellen sind unabhängige Einheiten und weisen oft einen speziellen Stoffwechsel auf, der sich von dem der Mesophyll-Zellen unterscheidet. PM der Schließzellen besitzen K^+-Kanäle, die durch Spannung kontrolliert werden. Auf unterschiedliche Signale hin (z. B. Blaulicht im Falle von Schließzellen von C_3-Pflanzen) wird die Tätigkeit einer H^+-Pumpe aktiviert. Dadurch entsteht ein hohes Membranpotential, das durch einem Einstrom von K^+ in die Zelle abgebaut werden kann. Dieser starke Einstrom von K^+ erhöht das osmotische Potential und das Volumen der Schließzelle. Die Stomata öffnen sich. K^+ wird gemeinsam mit Malat in die Vakuole eingelagert. Die Energie für diese Transportvorgänge muß durch Glykolyse im Chloroplasten oder Respiration in den Mitochondrien dem Cytosol zur Verfügung gestellt werden.

Damit Malat in die Vakuole einfließt, ist ein Überschuß an Protonen in der Vakuole die Voraussetzung. Eine von ATP getriebene sowie eine durch Hydrolyse von Diphosphat getriebene H^+-Pumpe arbeiten am Tonoplast.

Isotopeneffekte als Indikatoren für C_3- bzw. C_4-Photosynthese

In der Luft befindet sich CO_2 mit $^{12}CO_2$ und $^{13}CO_2$ im Verhältnis von 98.89 : 1.11. Höhere Pflanzen nehmen bei der Photoassimilierung geringfügig mehr $^{12}CO_2$ als $^{13}CO_2$ auf. Pflanzen nach ihrem $\delta^{13}C$-Wert einzuteilen, erwies sich als hilfreiches Kriterium für bestimmte Stoffwechsel-Wege.

$$\delta\ ^{13}C \text{ in } \permil = \left(\frac{^{13}C/^{12}C \text{ der Probe}}{^{13}C/^{12}C \text{ des Standards}} - 1 \right) \times 1\,000 .$$

Bezogen auf Kalkstein als Standard ergeben sich positive $\delta^{13}C$-Werte als Zeichen der Anreicherung von ^{13}C. In der Atmosphäre findet man einen $\delta^{13}C$-Wert von minus 7‰. Die Diskriminierung zwischen den Isotopen basiert auf Unterschieden in der Diffusion von CO_2, der CO_2-Fixierung sowie der Decarboxylierung. Höhere Pflanzen weisen einen negativeren $\delta^{13}C$-Wert auf als das CO_2 der Luft. Die $\delta^{13}C$-Werte für C_3-Pflanzen betragen etwa minus 28‰; die $\delta^{13}C$-Werte der C_4-Pflanzen liegen um minus 14‰. Untersuchungen fossiler Pflanzenproben ergaben $\delta^{13}C$-Werte um minus 29‰; dies spricht für Photosynthesen über den Calvin-Zyklus. Analysen von Crassulaceen lieferten $\delta^{13}C$-Werte zwischen minus 14 und minus 33‰; diese Werte können je nach Art der Pflanze und dem Alter der Blätter schwanken. Wasser-Streß führt häufig zu positiveren $\delta^{13}C$-Werten.

Die $\delta^{13}C$-Werte stellen sich als unterschiedlich heraus, wenn innerhalb einer Pflanze nach chemischen Verbindungsklassen getrennt wird. Lipide fallen durch besonders negative Werte auf. Die Ursache ist die eigenartige Diskriminierung zwischen ^{13}C und ^{12}C auf der Stufe der Pyruvat-Dehydrogenase-Reaktion.

Auch bei Wasserstoff ist ein Isotopeneffekt feststellbar. Dabei ergeben CAM-Pflanzen einen positiveren $\delta^{13}C$-Wert als C_3- oder C_4-Pflanzen. Für Isotopenanreicherung als analytisches Mittel eignen sich auch die Verhältnisse $^{34}S/^{31}S$ und $^{15}N/^{14}N$.

5.7   Nitrat- und Sulfat-Assimilation im Plastiden

> Plastiden sind die Kompartimente, in denen Sulfat reduziert sowie Ammoniak gebildet und assimiliert wird. Diese Prozesse sind mit hohem Energieaufwand verbunden.

Schwefel erfährt in der Biosphäre Oxidationen und Reduktionen. Für die Pflanzen spielt in erster Linie die assimilatorische Sulfat-Reduktion eine große Rolle. Im Gesamtkreislauf des Schwefels steht diese aber im Zusammenhang mit den bakteriellen Tätigkeiten: die Freisetzung von Sulfid bei anaerober Zersetzung von pflanzlichem Material; die Oxidation des so entstandenen Sulfids unter anaeroben Bedingungen zu elementarem Schwefel oder Sulfat. In diesen Fällen (Chemolithotrophe Bakterien) fungiert Sulfid als e-Donor und O_2 als e-Akzeptor. Eine derartige ET-Kette eignet sich zur Gewinnung von Energie. Ganz andere Voraussetzungen (strikt anaerob) müssen erfüllt sein, wenn Sulfat als terminaler e-Akzeptor dient und bei diesem ET eine Synthese von ATP gekoppelt ist. Wir sprechen dann von dissimilatorischer Sulfat-Reduktion (Sulfat-Atmung).

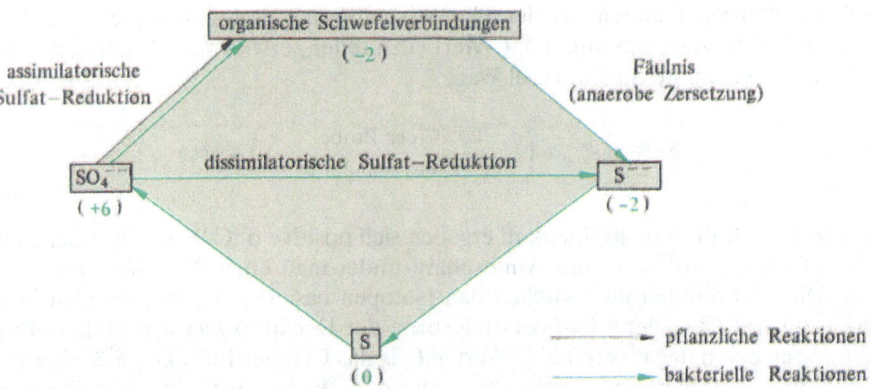

Abb. 5.29. Kreislauf des Schwefels: Oxidationsstufen in Pflanzen und Bakterien

Pflanzen nehmen Sulfat aus dem Boden auf, reduzieren Schwefel auf die Stufe von Sulfid bzw. Sulfonsäure und bauen ihn in dieser Form in zelleigene Verbindungen ein. Tiere hingegen sind auf die Aufnahme reduzierter Schwefel-Verbindungen, z. B. in Form der für sie essentiellen Aminosäure Methionin, mit der Nahrung angewiesen.

Die Sulfat-Reduktion erfolgt im Chloroplasten; reduziertes Ferredoxin ist direktes oder indirektes Reduktionsmittel. Die Hälfte des Bedarfs an reduziertem Schwefel resultiert aus der Notwendigkeit, Sulfolipide (→ Abb. 5.60) für die Thylakoid-Membran bereitzustellen.

Die Biochemie der Sulfat-Reduktion

Der Großteil des von der Pflanze aufgenommenen Sulfats wird in der Vakuole als Reserve abgelagert. Der Pool an Sulfat übt indirekt eine Kontrolle auf viele Enzyme und das Transportsystem aus. Schwefelmangel aktiviert die Bildung von Proteinen.

Der Mechanismus der Sulfat-Reduktion schein bei Hefen (Cytosol), Algen und höheren Pflanzen sehr ähnlich zu sein. Er setzt auf alle Fälle ein hohes Angebot an Reduktionsmittel voraus; 8 e sind für die Bildung von Sulfid notwendig. Der Reduktionsprozeß setzt aber auch ein hohes Angebot an ATP voraus, denn Sulfat muß zu allererst aktiviert werden. Wie auch sonst für aktivierten Transfer geläufig: ein gemischtes Säureanhydrid ist die Form, in der Sulfat in den Reduktionszyklus eingebracht wird.

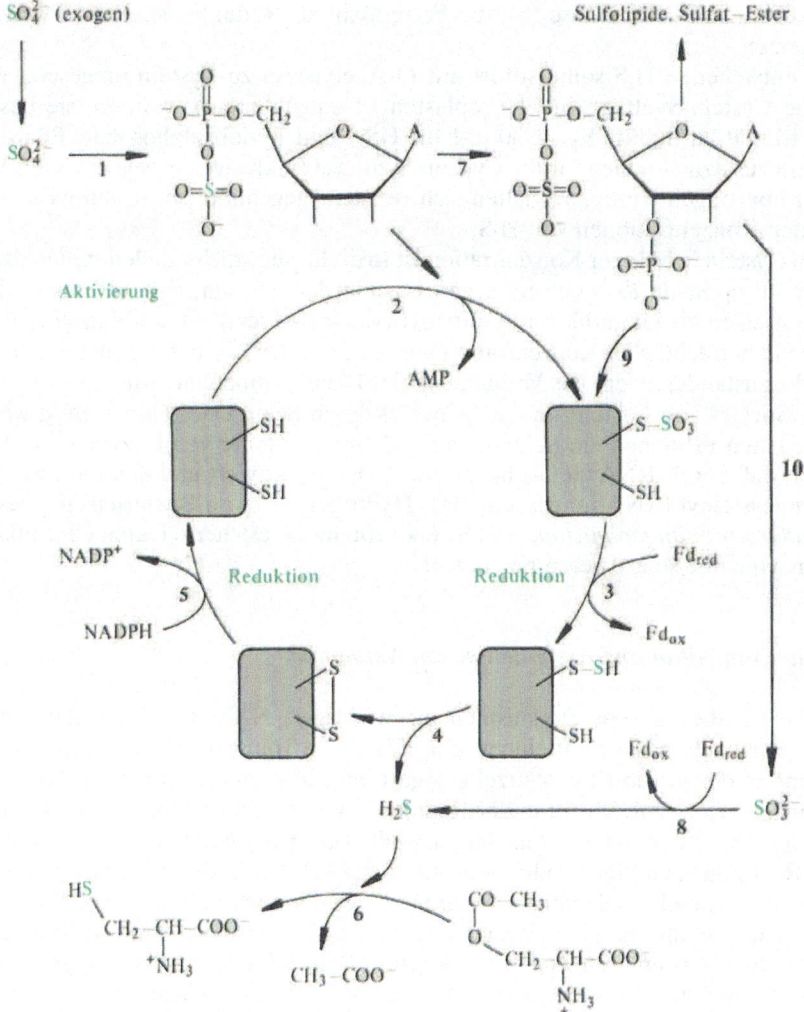

Abb. 5.30. Alternative Wege der Reduktion von Sulfat sowie Assimilation von H$_2$S

Die ATP-Sulfurylase (1) katalysiert die Synthese des aktivierten Sulfats, Adenosin-phospho-sulfat. Letzteres könnte in den Komplex reduzierender Enzyme (2) gebracht werden, aber vermutlich muß noch eine weitere Aktivierung (7) zum Phosphoadenosyl-phosphosulfat erfolgen, bevor die eigentliche Reduktion einsetzt. Für Bakterien gilt Phosphoadenosyl-phosphosulfat als Substrat für die folgende Reduktion; bei Pflanzen ist die Diskussion über die Alternativen (2 oder 7,9) nicht beendet. Für eine Sulfotransferase, die mit Adenosyl-phosphosulfat als Substrat arbeitet (2), sprechen die Befunde, daß dieses Enzym durch verschiedene Feedback-Prozesse reguliert und daher als an diesen Prozessen beteiligt angesehen wird.

Es ist ferner nicht geklärt, ob die Reduktion schrittweise über ein Thiosulfat und Disulfid (3,4) oder über Sulfit (10,8) abläuft. Auch ist nicht klar, ob ein Dithiol eines Protein-Komplexes als Akzeptor für die SO_3-Gruppe dient (2) oder die Reduktion mit reduziertem Thioredoxin nach 10 erfolgt. Letzterer Weg, über Sulfit, würde die Aktion einer Sulfit-Reduktase (8), die Ferredoxin als Reduktionsmittel verwendet, voraussetzen.

Das entstehende H_2S sollte sofort mit O-Acetylserin zu Cystein umgesetzt werden. Die Cystein-Synthase in Chloroplasten ist gut untersucht worden; sie besitzt hohe Affinität zu Sulfid (K_M = 30 µM für HS^-) und Pyridoxalphosphat. Pflanzen, denen ein zusätzliches Gen für die Cystein-Synthase (inklusive eines geeigneten Promotors) übertragen wurde, verhalten sich resistent gegenüber sonst bereits toxisch wirkenden Konzentrationen von H_2S.

Auch Cystein in höherer Konzentration ist toxisch; pflanzliche Zellen stellen daher eine für sie optimale Konzentration von Cystein dadurch ein, daß sie einen Überschuß umsetzen zu Glutathion (γ-Glutamyl-cysteinyl-glycin). Glutathion kommt in Pflanzen in beträchtlicher Konzentration vor; es dient der Einstellung eines bestimmten Redoxzustands, indem das Verhältnis Thiol/Disulfid moduliert wird.

Eine Spezies von Cystein, in der Schwefel durch Selen ersetzt ist, treffen wir in verschiedenen Proteinen an. Selenocystein als Komponente von Enzymen entsteht dadurch, daß Seryl-tRNA zu O-Phosphoseryl-tRNA aktiviert und dann mit Selenid zu Selenocysteinyl-tRNA umgesetzt wird. Hydrogenasen von Bakterien, u. a. auch von *Bradyrhizobium japonicum,* sind Selenoproteine. Gesicherte Daten über pflanzliche Enzyme mit Se existieren noch nicht.

Reduktion von Nitrat und Assimilation von Ammoniak

Nitrat ist für die meisten Organismen die wichtigste N-Quelle. Seine Aufnahme durch die Wurzeln basiert auf einem sehr effizienten Transportmechanismus. Nitrat wird dann in der Vakuole der Wurzel gelagert oder über das Xylem zu den Blättern transportiert. Der erste Schritt in der Reduktion von Nitrat zu Ammoniak ist ein 2e-Übergang zum Nitrit. Diese von der (assimilatorischen) Nitrat-Reduktase katalysierte Reaktion benötigt Reduktionsmittel (NADH), findet aber trotz dieses Bedarfs, der scheinbar leichter im Plastiden zu erfüllen wäre, im Cytosol statt. Die intrazelluläre Lokalisation der Formen des Enzyms ist aber nicht unumstritten; auch die PM wird in bestimmten Zellen als Ort der Nitrat-Umsetzung angesehen.

Wenn Cyanobakterien oder andere Prokaryonten Nitrat reduzieren, ist reduziertes Ferredoxin das Substrat. Auch eine dissimilatorische Nitrat-Reduktion wäre in einer Übersicht über alle Organismen mit einzubeziehen.

Nitrat-Reduktase enthält ein relativ aufwendiges Redoxsystem; FAD, Cyt b und Mo sind die Redoxpartner innerhalb des Proteins. Man unterscheidet mindestens 2 Domänen: eine, die mit Hilfe von FAD die *e* von NADH auf einen künstlichen *e*-Akzeptor (Ferricyanid) oder auf die zweite Domäne übertragen kann; eine andere Domäne, die Cyt b und einen Mo-Cofaktor als prosthetische Gruppen enthält. Man kann daher mit einer Nitrat-Reduktase-Präparation und NADH entweder Ferricyanid reduzieren, wenn die *e* aus dem FAD-Bereich entzogen werden, oder Cyt c oder Dichlorphenolindophenol, wenn *e* bis zum Cyt b, aber nicht bis zum Mo-Cofaktor fließen. Schließlich gibt es auch mehrere Tore, *e* in diese ET-Kette einzuschleusen.

Chlorat kann als Analogon des Nitrats für Untersuchungen der Nitrat-Assimilierung herangezogen werden; dabei wird Chlorat zu Chlorit reduziert. Chlorit wird aber nicht weiter gestoffwechselt und ist toxisch für die Pflanze. Diese Zusammenhänge nützt man aus, wenn man Mutanten mit defekter Nitrat-Reduktase sucht; nur Mutanten, die Chlorat nicht reduzieren können, überleben auf einem Medium mit Chlorat.

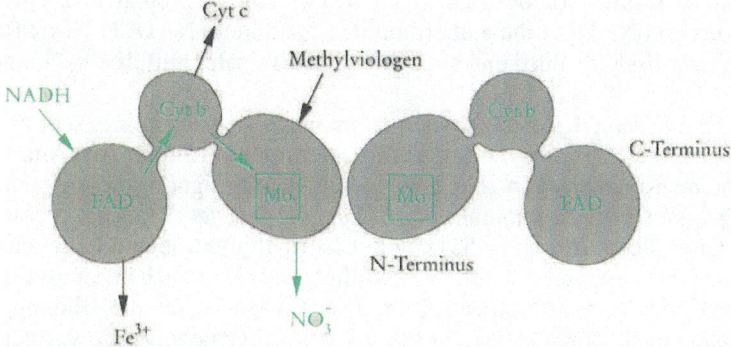

Abb. 5.31. Schematische Darstellung der Struktur der Nitrat-Reduktase. Innerhalb des Dimeren sind Domänen-Strukturen mit ihren prosthetischen Gruppen angedeutet. Der mit grünen Pfeilen beschriebene *e*-Fluß entspricht der physiologischen Rolle des Enzyms. In vitro können aber Teilreaktionen durch vorzeitiges Abnehmen der *e* mit Hilfe von artifiziellen *e*-Akzeptoren untersucht werden. Das grüne Kästchen mit Mo weist auf eine an das Protein gebundene Substruktur hin, die als Mo-Cofaktor bezeichnet wird

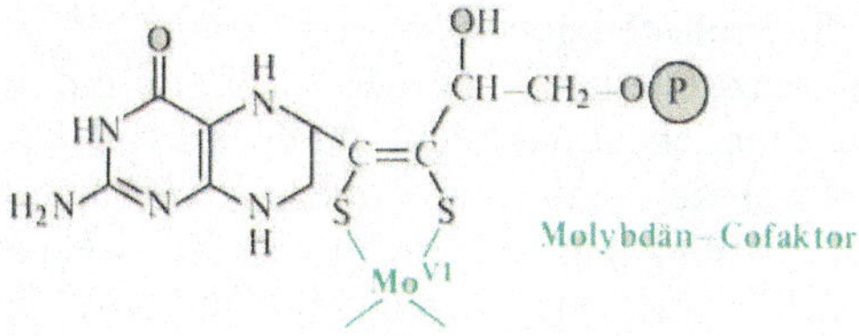

Abb. 5.32. Pterin-Struktur des Molybdän-Cofaktors. Molybdän ist an einen Cofaktor gebunden, der für eine Reihe von Mo-abhängigen Enzymen ähnlich oder identisch ist. Neben Nitrat-Reduktase konnte er für Xanthin-Oxidase und Sulfit-Oxidase nachgewiesen werden. Das Pterin-Grundgerüst entsteht aus Guaninnukleotiden (→ Abb. 6.63)

Beim molekularen Aufbau der Nitrat-Reduktase gehen wir von einem Homodimeren aus (UE 100 kDa). Jede UE besitzt ein vollständiges Set der Redoxpaare. Durch limitierte Proteolyse kann man die Domänen auseinanderschneiden und erhält funktionsfähige Bruchstücke, etwa der Art, wie sie in Abb. 5.31 angedeutet sind.

Die Aktivität der Nitrat-Reduktase wird in erster Linie durch Neusynthese einerseits und verstärkten Abbau durch spezifische Proteasen andererseits reguliert. Es gibt zahlreiche Befunde, daß die Bildung der Nitrat-Reduktase durch äußere Parameter, z. B. durch Nitrat oder Aktivierung des Phytochroms, induziert wird. Zu Recht besteht aber die Annahme, daß auch konstitutiv exprimierte Nitrat-Reduktasen vorliegen. In *Neurospora crassa* enthält sowohl die Nitrat-Reduktase als auch die Xanthin-Dehydrogenase ein Mo-Zentrum, das einen Pterin-Cofaktor besitzt. Wenn man einem Apo-Enzym der pilzlichen Nitrat-Reduktase eine denaturierte Präparation eines Mo-Enzyms aus tierischen Zellen zusetzt, ist Reaktivierung feststellbar.

Ab Nitrit verläuft die Bildung des organisch gebundenen N im Chloroplasten ab. Bei C_4-Pflanzen sind alle Enzyme dafür im Mesophyll-Chloroplasten lokalisiert. *Nitrit-Reduktasen* enthalten 1 Sirohäm pro Enzym-Molekül. Die Ferredoxin-Nitrit-Reduktasen (61 kDa) arbeiten mit reduziertem Ferredoxin als Substrat und einem tetranuklearen FeS-Cluster (und einem Cyt) innerhalb des Proteins. Diese Form der Nitrit-Reduktase kennen wir bei Pflanzen und Grünalgen. Proplastiden enthalten ein Enzym, das von NADPH die e übernimmt. Eine andere NADPH-Nitrit-Reduktase ist charakteristisch für Pilze und vollbringt den e-Transfer mittels eines eingebauten FAD.

Für die Assimilierung des entstandenen Ammoniaks bedarf es eines sehr effizienten NH_3-umsetzenden Enzyms, das aufgrund seiner hohen Affinität zum Ammoniak dessen stationäre Konzentration sehr niedrig hält. Dafür eignet sich, aufgrund des niedrigeren K_M-Werts für Ammoniak, die *Glutamin-Synthetase* (3; Abb. rechts). Im Plastiden arbeitet dieses Enzym (GS2) eng mit Nitrit-Reduktase und Glutamat-Synthase (4; Abb. 5.33) zusammen. Glutamin-Synthetase ist aber auch im Cytosol (GS1) und anderen Kompartimenten anzutreffen. Das Enzym ist für die Bildung eines Säure-Derivats, eines Säure-Amids, an der γ-Carboxyl-Gruppe verantwortlich. Als Synthetase bildet es diese Bindung unter Verwendung der Anhydrid-Bindung von ATP. Ein Glutamyl-phosphat als Zwischenstufe verbleibt enzymgebunden.

Es wurde vermutet, daß eine wichtige Funktion des Chloroplasten-Enzyms (GS2) die Refixierung desjenigen NH_3 sei, das im Zuge der Photorespiration in Mitochondrien freigesetzt wird. Diese Überlegung berücksichtigt aber nicht, daß der Ammoniak aus der Photorespiration eher als an Glutamat gebunden über die notwendigen Transporter in die Chloroplasten gelangt.

Glutamat-Synthase setzt Glutamin mit α-Ketoglutarat um, wobei sich 2 Moleküle Glutamat bilden. Oder anders ausgedrückt: NH_3 wird vom Säureamid Glutamin auf die Keto-Gruppe der α-Ketoglutarsäure übertragen. Glutamat-Synthase gibt es sowohl in einer NADH-abhängigen Form, als auch als Ferredoxin verwendendes Enzym. Es handelt sich bei diesem Schritt um eine reduktive Stufe, da ja formal eine Ketosäure zu einer Aminosäure umgewandelt wird.

In Wurzeln von C_4-Pflanzen findet man, in Plastiden, sowohl eine Glutamin-Synthetase als auch eine von Ferredoxin abhängige Glutamat-Synthase. In Wurzelknöllchen von Leguminosen läßt sich eine Glutamat-Synthase, die mit NADH als Reduktionsmittel arbeitet, in Plastiden lokalisieren. Glutamin-Synthetase ist in diesen Zellen sowohl im Plastiden als auch im Cytosol vorhanden. Da im Cytosol auch mehrere Formen der UE der Glutamin-Synthetase nebeneinander vorliegen können, ist es nicht überraschend, daß neben homooktameren auch heterooktamere Isoenzyme gebildet werden.

170

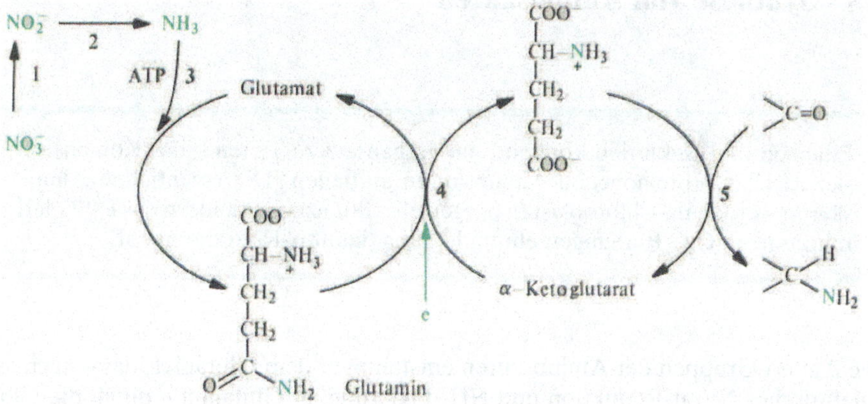

NO_2^- ⟶ NH_3

2

1 ATP / 3 Glutamat

NO_3^-

$\begin{matrix} COO^- \\ | \\ CH-NH_3^+ \\ | \\ CH_2 \\ | \\ CH_2 \\ | \\ COO \end{matrix}$

$\rangle C=O$

4

5

$\begin{matrix} COO \\ | \\ CH-NH_3^+ \\ | \\ CH_2 \\ | \\ CH_2 \\ | \\ O=C \diagdown NH_2 \end{matrix}$ Glutamin

α-Ketoglutarat

e

$\diagdown C \diagup^H_{NH_2}$

Abb. 5.33. Reduktion von Nitrat und Assimilierung von NH₃. Glutamin-Synthetase ist ein Homooktamer (UE 42 kDa). Multi-Genfamilien kodieren für eine Anzahl von 4–6 unterschiedlichen Proteinen. Mindestens eine Form ist in den Plastiden lokalisiert. In grünen Blättern wird je eine cytosolische und eine plastidäre Form exprimiert. In den Chloroplasten arbeitet die Glutamin-Synthetase mit einer von Ferredoxin abhängigen Glutamat-Synthase zusammen. In Chloroplasten von C₄-Pflanzen sind beide Enzyme in beiden Zelltypen vorhanden. Dies demonstrieren Mutanten der Gerste, die keine plastidäre Glutamin-Synthetase besitzen. Diese Pflanzen wuchsen normal, solange die Konzentration an O₂ niedriger gehalten wurde. Wenn aber eine Konzentration an O₂ vorgegeben wurde, die der in Luft entspricht, war das Wachstum stark reduziert. Die mutierten Pflanzen entwickelten 50mal mehr Ammoniak als der Wildtyp. Dies zeigt eindeutig, daß die Rolle der plastidären Glutamin-Synthetase mit der Refixierung von Ammoniak bei der Photorespiration zusammenhängt

Asparagin, ein Baustein der Proteine, kommt in verschiedenen Kompartimenten der pflanzlichen Zelle vor. In hoher Konzentration trifft man Asparagin im Xylem-Saft von Leguminosen an, in deren Knöllchen N₂-Fixierung abläuft. Die Bildung von Asparagin kann durch die Asparagin-Synthetase katalysiert werden; sie überträgt die Amino-Gruppe des Säureamids Glutamin auf Aspartat, wobei gleichzeitig in Anwesenheit von Mg²⁺ ein ATP in AMP plus Diphosphat gespalten wird. Daneben existiert die Möglichkeit, Cyanoalanin in Asparagin zu überführen, also ein Nitril zum Säureamid zu hydrolysieren. Cyanoalanin entsteht aus einem Serin-Derivat durch Umsetzung mit Cyanid, einem Produkt des Abbaus von cyanogenen Glucosiden.

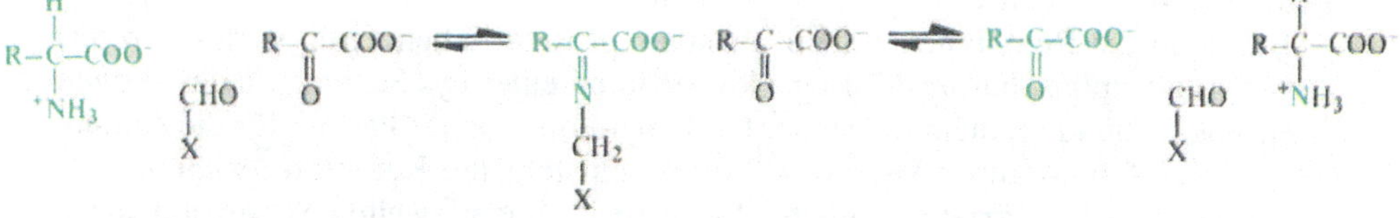

$\begin{matrix} H \\ | \\ R-C-COO^- \\ | \\ ^+NH_3 \end{matrix}$

$\begin{matrix} R-C-COO^- \\ || \\ CHO \quad O \\ | \\ X \end{matrix}$ ⇌ $\begin{matrix} R-C-COO^- \\ || \\ N \\ | \\ CH_2 \\ | \\ X \end{matrix}$ $\begin{matrix} R-C-COO^- \\ || \\ O \end{matrix}$ ⇌ $\begin{matrix} R-C-COO^- \\ || \\ O \end{matrix}$

$\begin{matrix} H \\ | \\ R-C-COO^- \\ | \\ CHO \quad ^+NH_3 \\ | \\ X \end{matrix}$

Abb. 5.34. Prinzip der Umsetzung mit Transaminasen. Die Reaktion der grünen Aminosäure mit Pyridoxalphosphat (X-CHO; vollständige Formel in Abb. 5.35) führt zu einer Schiffschen Base. Damit ist die grüne Struktur vorerst an das Coenzym gebunden; sie bleibt auch gebunden, wenn durch Umlagerung die Doppelbindung zu C-α der grünen Aminosäure wandert. Eine hydrolytische Spaltung der neuen C=N-Bindung setzt Pyridoxamin und die grüne α-Ketosäure frei. Nun wird ein zweites Mal eine Schiffsche Base gebildet – diesmal zwischen Pyridoxamin und der schwarzen Ketosäure

5.8 Synthese von Aminosäuren

Pflanzen und Bakterien können – im Gegensatz zu Tieren – das Kohlenstoff-skelett aller proteinogenen Aminosäuren aufbauen. Die essentiellen Amino-säuren werden im Chloroplasten hergestellt. Pflanzen verändern das C-Skelett, führen neue C-C-Bindungen ein und bauen damit α-Ketosäuren auf.

Die Amino-Gruppen der Aminosäuren entstammen dem Glutamat, das – nach assimilatorischer Nitrat-Reduktion und NH_3-Fixierung an Glutamin – durch die Glutamat-Synthase im Chloroplasten entsteht. Die Biosynthesewege zu den verschiedenen Aminosäuren lassen sich entweder auf der Basis der gemeinsamen Ausgangsverbindungen oder aufgrund einer Analogie der chemischen Reaktionen bei der Bildung des C-Gerüsts einteilen. Wir sprechen dann von der Aspartat-Familie, den Gruppen Valin, Leucin und Isoleucin, der Glutamat-Familie und den aromatischen Aminosäuren. Die Besprechung der Biosynthese der Aminosäuren erfolgt an dieser Stelle – bei der Funktion der Chloroplasten – auch auf die Gefahr hin, inkonsequent zu sein, da ja einige Wege sowohl im Chloroplasten als auch im Cytosol ablaufen oder Teilschritte im Cytosol stattfinden. Selbst in Fällen, wo die eindeutige biochemische Lokalisierung bestimmter Enzyme noch nicht gelungen ist, darf man die Lokalisation im Chloroplasten als gegeben annehmen, wenn z. B. die Gen-Strukturen für die betreffenden Proteine eindeutig ein Transit-Peptid und damit eine plastidäre Vorstufe vorhersagen lassen.

Die Amino-Gruppe des Glutamats wird durch Transaminasen auf α-Ketosäuren verteilt

Transaminasen, mit Pyridoxalphosphat als Coenzym, übertragen die im Glutamat vorfixierte Amino-Gruppe auf unterschiedliche α-Ketosäuren. Die Bildung von Glutamat im Chloroplasten wird so zur Schlüsselreaktion des N-Anabolismus. Der keimende Samen ist – nur mit Etioplasten bestückt – auf seine endogenen Reserven angewiesen und deckt den Bedarf an Aminosäuren für die Neusynthese von Enzymen durch den Abbau von Reserveproteinen.

Transaminase-Reaktionen finden an einer prosthetischen Gruppe des Enzyms statt. Pyridoxalphosphat, in der Regel kovalent mit einer Lys-Seitenkette des aktiven Zentrums verbunden, dient mit seiner Carbonyl-Funktion als Partner für die Amino-Gruppe der Aminosäure. Als erstes Produkt entsteht die Ketosäure, während die Amino-Gruppe am Enzym verbleibt. Sie wird in einem zweiten Schritt auf die – andere – Ketosäure übertragen (→ Abb. 5.34).

Enzyme mit Pyridoxalphosphat eignen sich für eine Reihe von chemischen Modifikationen am aktiven Zentrum des Enzyms. Wenn ein Enzym mit einer derartigen Modifikation proteolytisch abgebaut wird, verbleibt ein kleines Peptid mit der modifizierenden Gruppe. Wenn es gelingt, die Sequenz dieses Peptids zu bestimmen, erhält man auf sehr elegante Weise die Information über das aktive Zentrum; oder indirekt eine Sequenz für Hybridisierungen mit Nukleinsäuren.

Zu den einfachsten Modifikationen zählt die Hydrierung der C-N-Bindung der Schiffschen Base mit Hydrid-Ion. Die so entstehende Amin-Bindung ist – anders als die C-N-Bindung der Schiffschen Base – säurestabil. Eine andere Modifikation, bei der man sich die katalytische Aktivität des Enzyms zunutze macht, ist im folgenden skizziert.

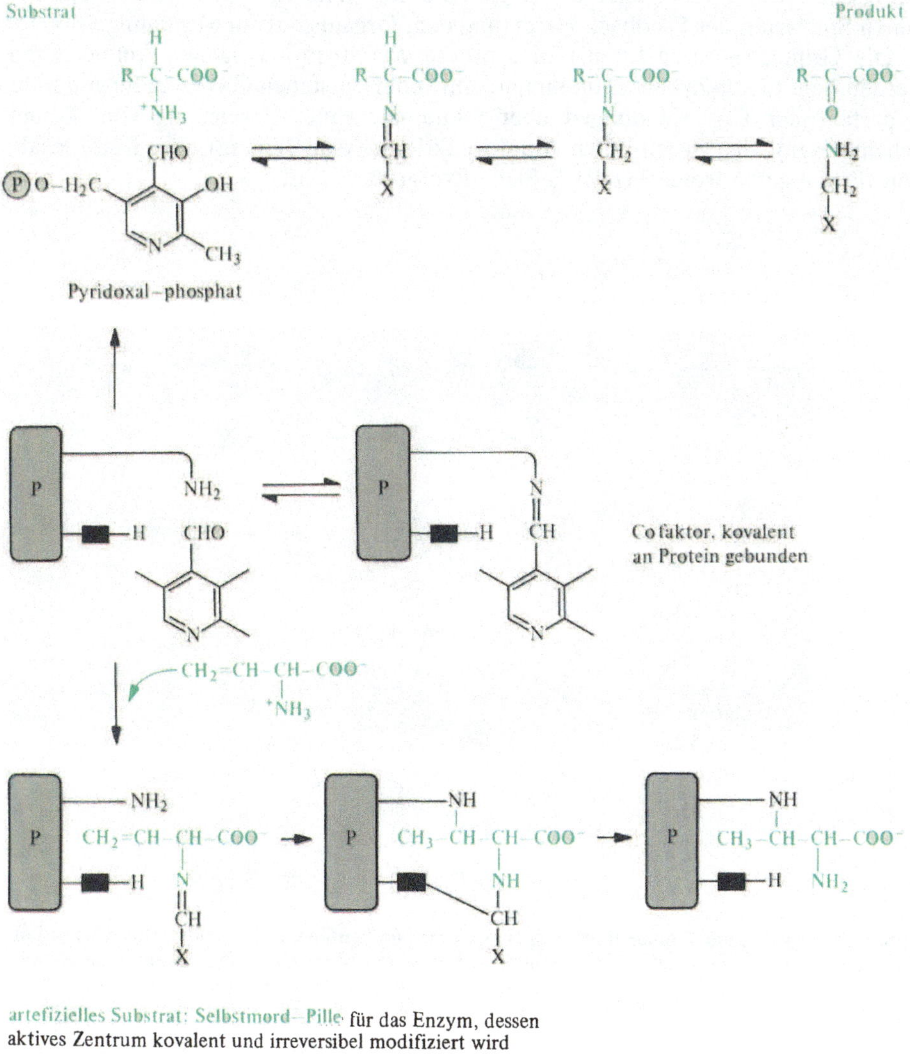

artefizielles Substrat: Selbstmord–Pille für das Enzym, dessen aktives Zentrum kovalent und irreversibel modifiziert wird

Abb. 5.35. Mechanismus der Transaminase-Reaktion. Der Ausgangspunkt ist das Enzym mit dem kovalent gebundenen Pyridoxalphosphat (Bildmitte). Nach Lösung der C=N-Bindung und Umsatz mit einer natürlichen Aminosäure entsteht Pyridoxamin (oberer Teil der Abb.). Wenn aber statt dessen eine Aminosäure angeboten wird, die zusätzliche Reaktivität in der Seitenkette besitzt, erfolgen irreversible Protein-Modifizierung und Blockierung weiterer Reaktionen

173

Die Grundstrukturen vieler Aminosäuren leiten sich von Aspartat und Glutamat ab

Ausgehend von zwei mit dem Citrat-Zyklus verbundenen Aminosäuren führen die Synthesen – häufig unter Erhalt der C-Gerüste – zu den für Mensch und Tier essentiellen Aminosäuren. Die meisten der hier skizzierten Synthese-Wege sind – von Einzelheiten wie Bau der Enzyme und Art der Regulation abgesehen – für Bakterien, Pilze und höhere Pflanzen identisch. Worin sich aber Organismen deutlich voneinander unterscheiden können, ist die Art und Weise, wie sie die Stoffwechselkontrolle bewerkstelligen. Dabei stehen die Regulation der Transkription sowie die verschiedenen Spielarten der Feedback-Hemmung dem Organismus zur Verfügung.

Die Grundstrukturen für die Biosynthese von 10 proteinogenen Aminosäuren werden dem Citrat-Zyklus entnommen. Entweder entstehen C_4-Verbindungen über Aspartat oder C_5-Verbindungen über Glutamat. Eine Abweichung von diesem Schema ergibt sich, wenn durch Aldol-Reaktion (Lysin-Bildung) oder Ketol-Reaktion (Bildung von Isoleucin) das C-Skelett vergrößert wird.

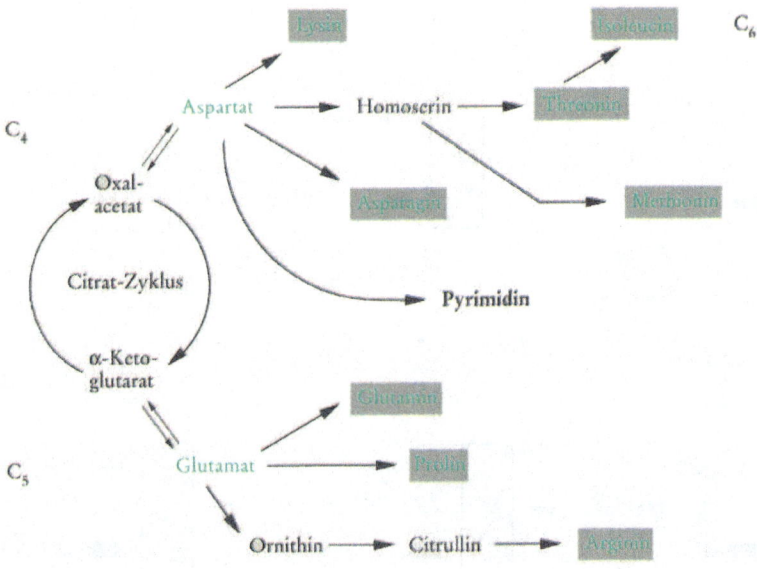

Abb. 5.36. Aspartat und Glutamat als Ausgangspunkte von Synthesen. Die beiden Ausgangsverbindungen werden in Form der entsprechenden α-Ketosäuren dem Citrat-Zyklus entnommen; die Translokatoren für die Carbonsäuren sind sowohl an Mitochondrien als auch an Plastiden vorhanden. Glutamat ist als universeller Donor für Amino-Gruppen über alle Kompartimente verteilt

Für die Katalyse des Übergangs α-Ketoglutarat – Glutamat existieren neben Transaminasen verschiedene – meist von NADPH abhängige – Glutamat-Dehydrogenasen. In der Matrix von Mitochondrien befindet sich eine NADH-abhängige Form dieses Enzyms.

174

Vom Aspartat ausgehende Biosynthese-Wege

Aspartat-Kinase, das erste Enzym der Sequenz, ist in allen bisher untersuchten Organismen regulierbar. Pflanzen besitzen – wie *Escherichia coli* – ein bifunktionelles Protein mit Aktivitäten für Aspartat-Kinase (1) und Homoserin-Dehydrogenase (3). In *E. coli* finden sich von diesem Protein zwei Formen; sie unterliegen einer Endprodukt-Hemmung durch Threonin oder Lysin.

Auch die meisten Pflanzen besitzen zwei Formen der Aspartat-Kinase, eine hemmbar durch Lysin, die andere durch Threonin. Das hängt auch damit zusammen, daß beim Aspartat-Semialdehyd eine Verzweigung zu berücksichtigen ist; der Weg zum Threonin (Abb. 5.37) und die Sequenz zum Lysin (→ Abb. 5.42).

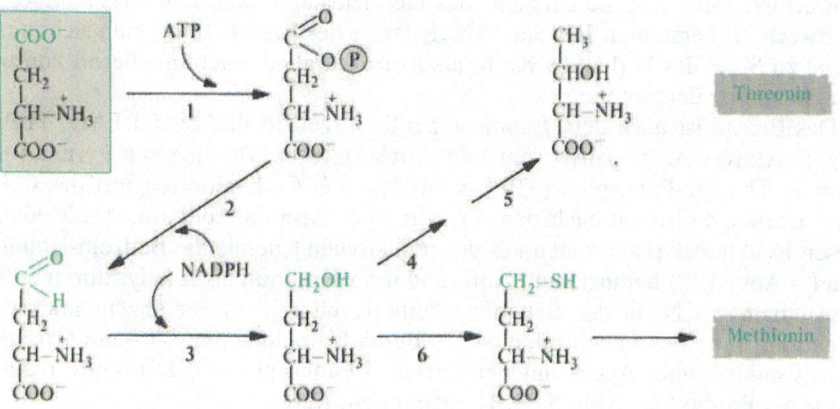

Abb. 5.37. Bildung von Threonin aus Aspartat durch Änderung der Oxidationszustände an den C-Atomen, aber bei Erhalt des C-Gerüsts. 1: Aspartat-Kinase. 2: Aspartat-semialdehyd-Dehydrogenase. Die Reaktionen 1 und 2 laufen völlig analog zu den beiden Teilschritten der Reduktion von 3-Phosphoglycerat

Von Homoserin-phosphat zweigt durch Acetylierung (und Succinylierung in Bakterien) der Weg zu Homocystein (6) und Methionin ab (→ Abb. 6.32). Cystathionin-Synthase und die Lyase, die Homocystein freisetzt, sind Chloroplasten-Enzyme; die darauffolgenden Schritte, die Bildung von Methionin und S-Adenosyl-methionin, sind wohl nicht im Plastiden lokalisiert. Diese Art von Kompartimentierung erfordert Transporter für den Austausch von Metaboliten zwischen Plastiden und Cytosol. Homocystein wird rückgewonnen, wenn Methionin bzw. S-Adenosylmethionin in größerer Menge für Methylierungen umgesetzt wurden. S-Adenosyl-homocystein, ein „Nebenprodukt" der Methylierung, wird zu Homocystein hydrolysiert (→ Abb. 6.36).

Threonin-Synthase (5) setzt Homoserin-phosphat um; dabei werden Eliminierung und Anlagerung durch Pyridoxalphosphat als Cofaktor unterstützt. Von Threonin führt der Weg durch Desaminierung weiter zu α-Ketobutyrat und Isoleucin. Die Threonin-Synthase (5) wird in Gerste durch ein Produkt des „Methionin-Zweigs", dem S-Adenosyl-methionin, stark aktiviert. Ein Rückstau auf dem einen Ast forciert den Fluß in dem anderen Ast.

Valin und Isoleucin werden durch C_2-Verlängerung mit Acetaldehyd aufgebaut

Ausgangspunkte für die Bildung der beiden Aminosäuren sind die um 2 C-Atome kürzeren α-Ketosäuren. Nach Kondensation mit einer C_2-Einheit (TPP-gebundener Acetaldehyd) wird das C-Gerüst durch eine anschließende Alkyl-Umlagerung verändert. Auf diese Weise gelangt man von Pyruvat zu Valin sowie von α-Ketobutyrat zu Isoleucin.

Acetolactat-Synthase katalysiert den ersten Schritt, eine Ketol-Reaktion, und stellt eines der Ziele bei der Verwendung von Herbiziden dar. Sowohl die bakteriellen als auch die pflanzlichen Formen der Acetolactat-Synthase werden durch Sulfonyl-Harnstoff-Derivate (wie z. B. Chlorsulfuron) gehemmt. Da der K_i-Wert bei 30 nM liegt, die Bindung des Substrats Pyruvat aber durch eine K_M von 3 mM charakterisiert ist, kann man die Effizienz des Herbizids an dieser Stelle des Aminosäure-Stoffwechsels verstehen. Für eine Abschätzung des Effekts sollte man sich entsprechend zu S. 28 das Verhältnis K_M/K_i als Korrekturglied einer annähernd kompetitiven Hemmung überlegen.

Das Enzym ist nach dem Baumuster $\alpha_2\beta_2$ aufgebaut und bindet FAD, TPP und Mg^{2+}. „Aktiver Acetaldehyd" entsteht durch Decarboxylierung von Pyruvat; er ist dann an Thiamindiphosphat (TPP) gebunden. Als Carbanion reagiert das C-1 mit einer Carbonyl-Gruppe nach dem Prinzip einer Acetoin-Addition. Als Modell für diesen Reaktionstyp kann man aus der organischen Chemie die Benzoin-Kondensation (→ Abb. 5.12) heranziehen. Aufgrund ihrer Funktion als Katalysatoren entsprechen einander CN^- in der Benzoin-Addition und TPP in der enzymkatalysierten Reaktion. In beiden Fällen bildet sich – durch Umpolung am C-1 – ein Carbanion, das als nukleophiles Agens mit der Carbonyl-Funktion der α-Ketosäure reagieren kann. Als Produkt (→ Abb. 5.38, 1) entsteht ein Ketol.

Acetolactat-Synthase ist als erstes Enzym der Valin-Bildung entsprechend reguliert; man beobachtet eine konzertierte Feedback-Hemmung durch Valin plus Leucin.

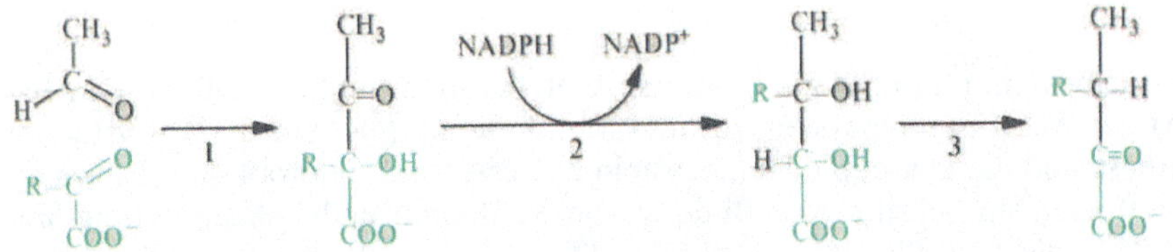

Abb. 5.38. Aufbau des Kohlenstoff-Gerüsts der verzweigt-kettigen aliphatischen Aminosäuren. Als Ausgangsstoffe werden Pyruvat und α-Ketobutyrat benötigt; letzteres entsteht aus Threonin. Threonin-Dehydratase katalysiert, unter Einbeziehung von Pyridoxalphosphat, die Abspaltung von Wasser aus Threonin. Dies hat eine nicht-oxidative Desaminierung zur Folge. Threonin-Dehydratase ist das erste Enzym der Bildung von Isoleucin; in *E. coli* wird das Enzym spezifisch durch hohe Konzentrationen an Isoleucin inhibiert. Die reduktive Isomerisierung (2) impliziert zwei Arten von chemischen Reaktionen, eine Wanderung der Alkyl-Gruppe nach Art der säurekatalysierten Pinacolin-Umlagerung sowie eine anschließende Reduktion der Carbonyl-Funktion. Obwohl man die Reaktion formal in mehrere Teilschritte zerlegen kann, verläuft die Umsetzung mit dem gereinigten Enzym ohne isolierbare Zwischenstufen. Allein NADPH kann als Coenzym der Reaktion dienen. Vier Enzyme, verantwortlich für die Kettenverlängerung um zwei C-Atome und die Umlagerung, besitzen duale Spezifitäten für die Reaktion von „aktivem Acetaldehyd" mit den homologen Substraten Pyruvat und α-Ketoglutarat sowie für die anschließenden Reaktionen

Das Prinzip der C_1-Kettenverlängerung am Beispiel des Übergangs Valin in Leucin

Die C_1-Kettenverlängerung führt von einer α-Ketosäure zur nächst höheren. Von α-Ketoisovalerat, der zu Valin korrespondierenden α-Ketosäure, zweigt der Weg zur Bildung von Leucin ab. Dabei gilt das Reaktionsprinzip: Addition einer Acetat-Einheit, gefolgt von einer Decarboxylierung. Reaktionsfolgen dieser Art begegnen wir: im Citrat-Zyklus, bei der Bildung von Homocitrat (bei der Biosynthese von Lysin), bei der Synthese von Homo-Derivaten des Methionins. Methionin kann in Homo-methionin und durch mehrfache C_1-Kettenverlängerung in langkettige Aminosäuren mit einer Methylthio-Gruppe umgewandelt werden ($\rightarrow$ Abb. 6.33); dies ist vor allem eine Spezialität der Cruciferen.

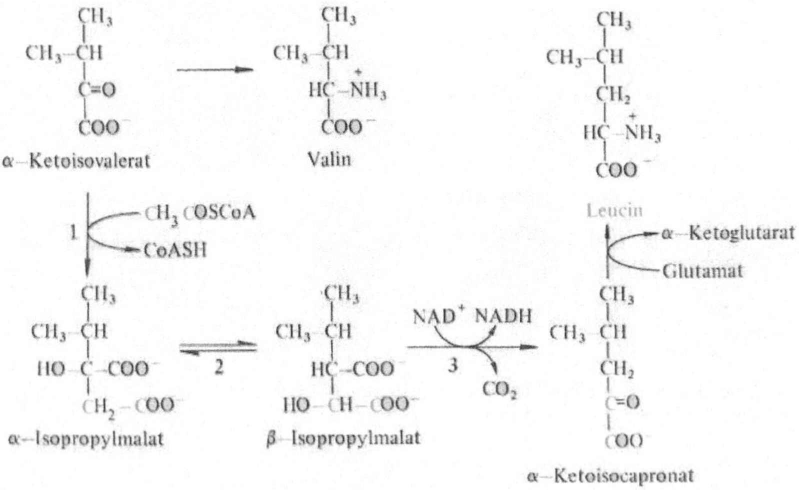

Abb. 5.39. Biosynthese von Leucin durch C_1-Kettenverlängerung. 1: α-Isopropylmalat-Synthase. 2: Isopropylmalat-Isomerase. Die Reaktion verläuft analog der Isomerisierung von Citrat zu Isocitrat im Citrat-Zyklus. Eine dem Aconitat entsprechende ungesättigte Zwischenstufe wurde postuliert, konnte aber nicht nachgewiesen werden. Auch im Falle der β-Isopropylmalat-Dehydrogenase-Reaktion (3) findet man eine weitgehende Analogie zu der entsprechenden Reaktion im Citrat-Zyklus (Isocitrat $\rightarrow$ α-Ketoglutarat). In Hefen kann durch Überexpression von α-Isopropylmalat-Synthase eine verstärkte Produktion von Leucin und seinen Derivaten erzielt werden. Nachdem dies bei der Gärung auch mit der Bildung von Isoamylalkohol und dessen Essigsäure-Ester verbunden ist und beide zu den charakteristischen Aromen von Sake zählen, sind die Enzyme der C_1-Kettenverlängerung auch für den Molekularbiologen von Interesse

Kettenverlängerung von Isoleucin zu Homoisoleucin, sowie die Verzweigung dieses Wegs in Richtung Angelicasäure und Tiglinsäure, treffen wird bei Hippocastanaceen an. Tiglinsäure, trans-2-Methylbutensäure, ist Baustein der Tropanalkaloide in *Datura* und *Atropa belladonna*. Es ist bemerkenswert, daß polyploide *Datura*-Pflanzen einen höheren Gehalt an Alkaloiden aufweisen als diploide oder haploide Pflanzen. Weitere Ester-Alkaloide mit Tiglinsäure als Säure-Komponente finden wir bei den Pyrrolizidin-Alkaloiden der Boraginaceen. Leucin kann über die α-Keto-säure und nach oxidativer Decarboxylierung in einen C_6-Körper überführt werden ($\rightarrow$ Abb. 8.8).

Für die Bildung von Lysin finden wir in der Natur zwei verschiedene Aufbauwege

Bakterien, Grünalgen, Farne und höhere Pflanzen bilden Lysin aus Aspartat, und zwar durch eine Abzweigung aus dem Weg zum Homoserin. Höhere Pilze und *Euglena* synthetisieren Lysin aus Glutamat. Die folgende Abb. stellt die unterschiedliche Herkunft der C-Atome im Lysin-Molekül vergleichend gegenüber.

Bei der Bildung von Lysin, einem C_6-Körper, nach dem Diaminopimelat-Weg (Aspartat + Pyruvat, C_4 + C_3) geht ein C-Atom durch Decarboxylierung als CO_2 verloren. Diese Carboxyl-Gruppe des Pyruvats ist außerhalb des Kastens mit dem C-Gerüst des Lysins gezeichnet. Ebenso geht im Verlauf des α-Aminoadipat-Wegs (rechts symbolisiert) ein C-Atom verloren; wenn nämlich Glutamat und Acetat (C_5 + C_2) für den Aufbau verwendet werden. Beide Male bleibt das übrige C-Gerüst ohne Umlagerung erhalten.

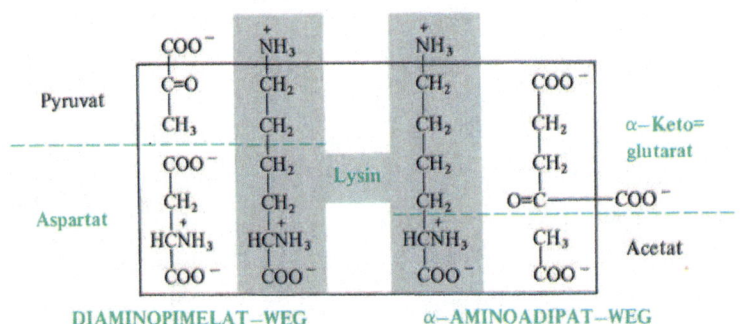

Abb. 5.40. Übersicht über die Herkunft der C-Atome des Lysins. Links das plastidäre Bauprinzip, rechts die Fabrikation des Lysins à la Pilz

Eine Aldol-Reaktion zwischen dem Aldehyd, Aspartatsemialdehyd, und dem C-2 des Pyruvats als Carbanion führt im ersten Schritt nach der Abzweigung zur Bildung einer C_7-Dicarbonsäure; in zyklisierter Form, als Dihydropyridin-Derivat, heißt das Produkt Dihydro-dipicolinat. Die Dihydro-dipicolinat-Synthase katalysiert in Plastiden der Pflanzen den ersten Schritt in Richtung Lysin (Abb. rechte Seite).

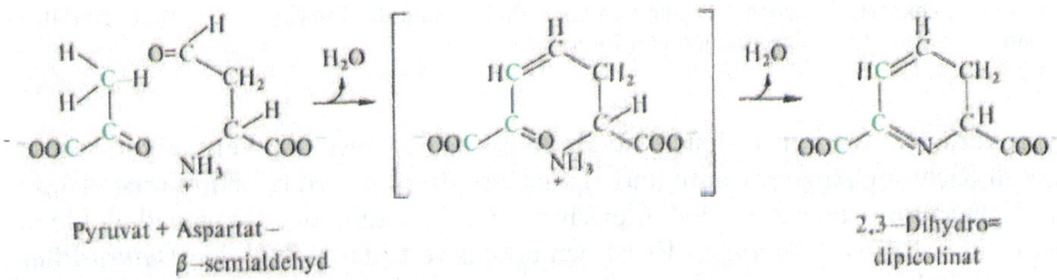

Abb. 5.41. Reaktion der Dihydrodipicolinat-Synthase. Das pflanzliche Enzym wird bei einer Konzentration von 0.5 mM Lysin bereits über 90% gehemmt. Wenn man aber einer Pflanze ein Gen eines mutierten bakteriellen Enzyms überträgt (einschließlich der Sequenz für das Transitpeptid), das sehr viel weniger sensitiv gegenüber einem Aufstau von Lysin reagiert, findet man eine Dihydrodipicolinat-Synthase im Plastiden, die bei 0.5 mM Lysin noch zu 70% aktiv ist

Der von Aspartat ausgehende *Diaminopimelat-Weg* führt über heterozyklische Inter-mediate zu der C_7-Dicarbonsäure Diaminopimelinsäure, die nach Decarboxylierung den C_6-Körper Lysin liefert. Die Bildung von Lysin wird an zwei Stellen der Stoff-wechsel-Sequenz durch Lysin als Endprodukt kontrolliert: sowohl die Aspartat-Kinase als auch die Dihydrodipicolinat-Synthase unterliegen dem Feedback. Bei der von Lysin gesteuerten Aspartat-Kinase sollte es sich um ein anderes Protein handeln als bei der Aspartat-Kinase, die für den Weg zum Threonin und Methionin zuständig ist; denn letztere ist ein Protein, das auch Homoserin-Dehydrogenase-Aktivität ent-hält – ganz wie bei *E. coli*.

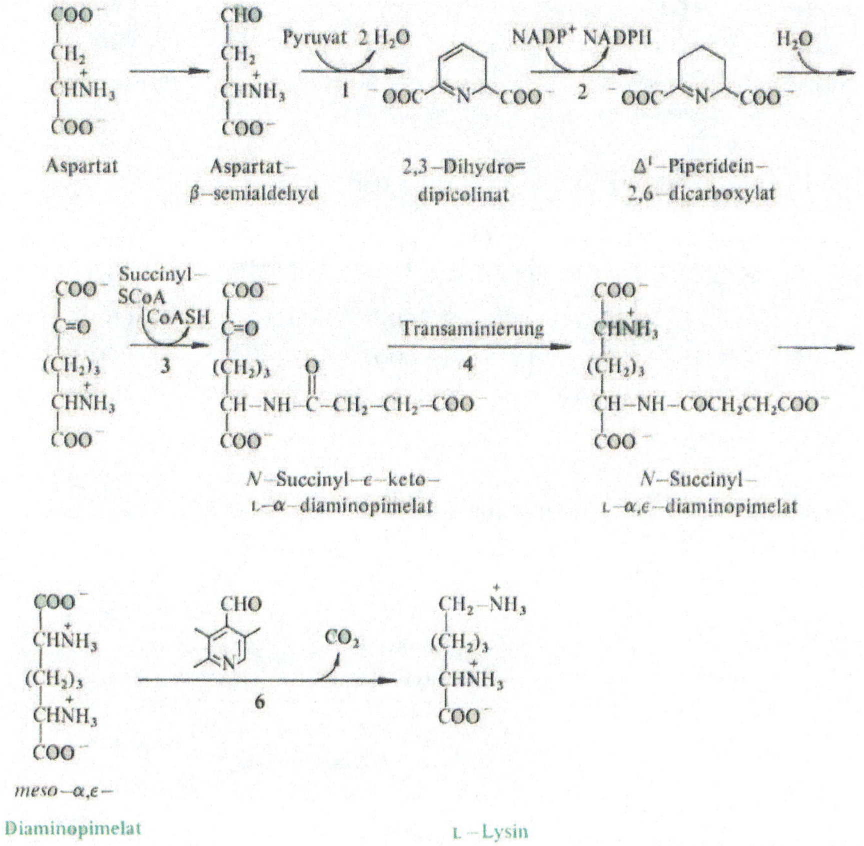

Abb. 5.42. Biosynthese von Lysin auf dem Diaminopimelat-Weg. Nach der Aldol-Reaktion (1) folgt die Reduktion der Schiffschen Base (2) und eine Acylierung der Amino-gruppe (3). Durch die Succi-nylierung (3) wird eine Schutzgruppe für die α-Amino-Funktion eingesetzt, um eine Zyklisierung vor Einführung der zweiten Amino-Gruppe zu verhindern. Glutamat ist der Donor der Amino-Gruppe bei der Transaminierung (4). Die Decarboxylase (6) aus Bakterien oder Pflanzen benötigt Pyridoxal-phosphat als Cofaktor

Eine Lysin-Decarboxylase wurde im Stroma von Chloroplasten gefunden. Dies ist bei Pflanzen von Bedeutung, die aus Polyaminen wie Cadaverin komplexe Alkaloide erzeugen.

179

Eine C_1-Kettenverlängerung führt von α-Ketoglutarat zu α-Ketoadipat und damit auf den α-*Aminoadipat-Weg*. Vom Aminoadipat weiter folgen nur noch Reaktionen, die den Redox-Zustand einzelner C-Atome verändern. Saccharopin ist auch Zwischenprodukt des Lysin-Abbaus.

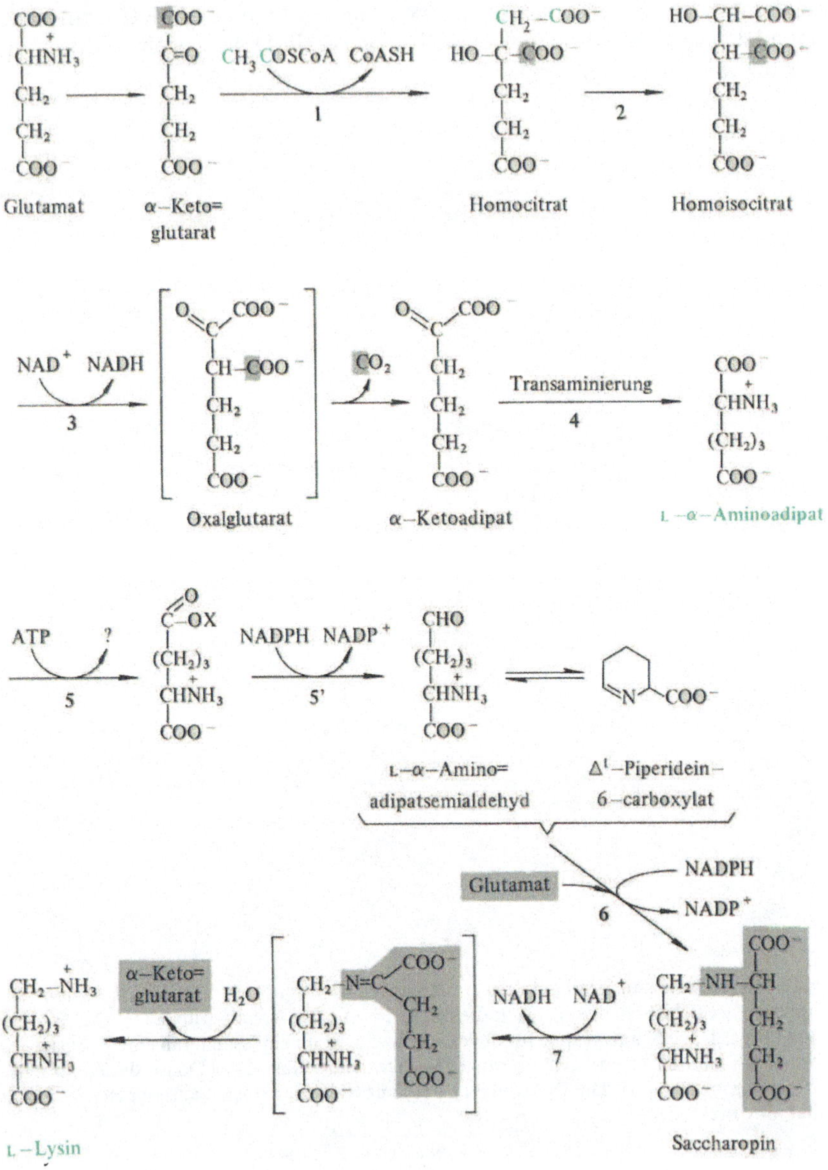

Abb. 5.43. Biosynthese von Lysin auf dem Aminopimelat-Weg. Homocitrat, das aus α-Ketoglutarat entsteht, kommt auch als Baustein des FeMo-Cofaktors der Nitrogenase vor. Die Umsetzung zwischen Piperideincarboxylat und Lysin ist als umkehrbar anzusehen. Piperidein-6-carboxylat entsteht aus Lysin auch durch eine Diamin-Oxidase

Basische Aminosäuren und C_1-Bausteine

Die Bildung von Ornithin und Citrullin aus Glutamat ist innerhalb der Pflanzen-Zelle im Plastiden lokalisiert. Der Übergang Citrullin – Arginin scheint im Cytosol (→ Abb. 7.27) abzulaufen (setzt Translokatoren voraus).

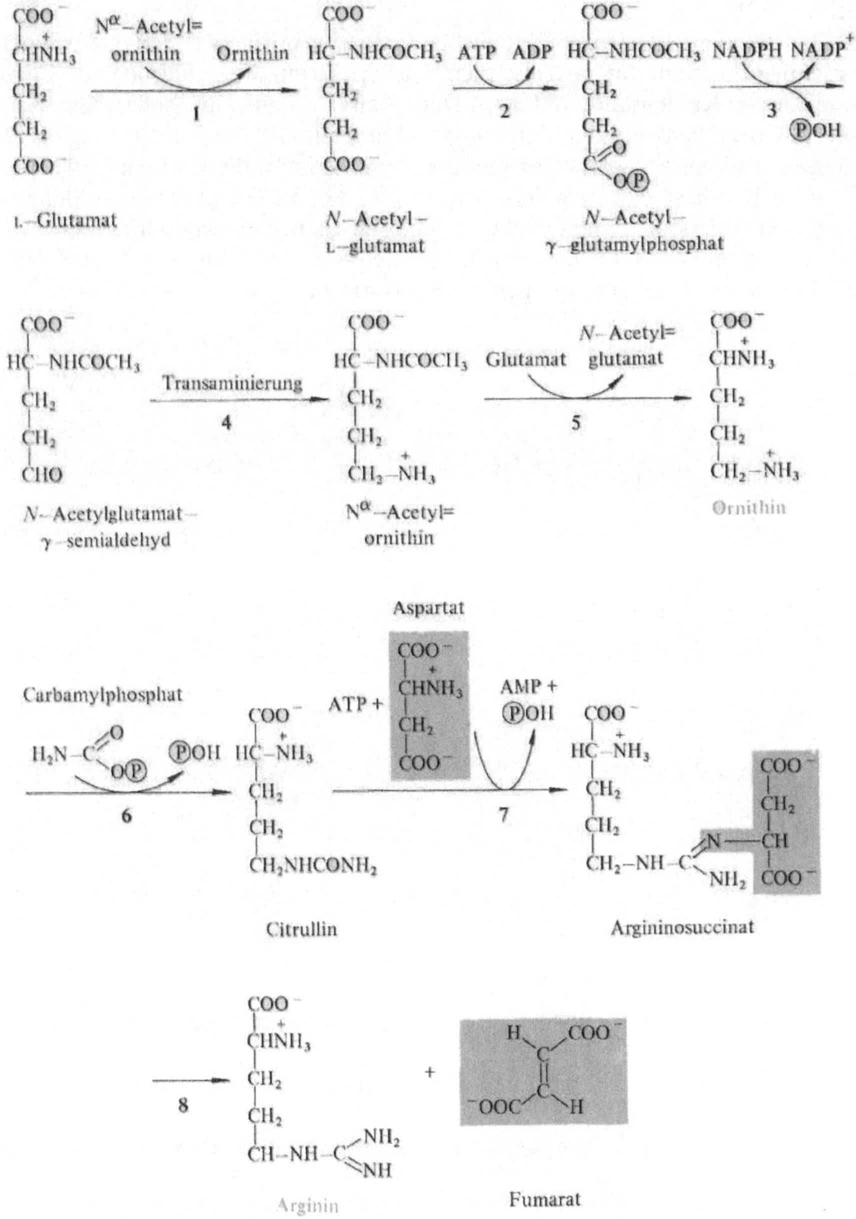

N^{α}–Acetyl= ornithin   Ornithin   ATP ADP   NADPH NADP$^+$

1

2

3    $\textcircled{P}$OH

L.–Glutamat N–Acetyl– N–Acetyl–
                     L–glutamat γ–glutamylphosphat

Transaminierung   4 N–Acetyl= glutamat   Glutamat   5   Ornithin

N–Acetylglutamat– N^{α}–Acetyl=
γ–semialdehyd   ornithin

Aspartat

Carbamylphosphat   ATP +   AMP + $\textcircled{P}$OH

6   7   8

Citrullin   Argininosuccinat

+

Arginin   Fumarat

Abb. 5.44. Übergänge innerhalb von C_5-Körpern: Biosynthese von Ornithin und Arginin aus Glutamat. Die Schritte 1 und 5 sind miteinander gekoppelt

N-Acetylornithin: Glutamat-Acetyltransferase koppelt die Schritte 1 und 5 (→ Abb. 5.44) miteinander. Das Enzym unterliegt dem Feedback durch Arginin. Dieses Enzym sowie Carbamoylphosphat-Synthetase und Ornithin-Carbamoyl-Transferase wurden bisher den Plastiden zugeordnet. Da Argininosuccinat-Synthase sowie das darauffolgende spaltende Enzym – in Pflanzen – dem Cytosol zugerechnet werden, muß man feststellen, daß Biosynthese von Arginin mehr als ein Kompartiment beansprucht.

C$_1$-Bausteine mit ganz unterschiedlichen Oxidationsniveaus stellen in der Biochemie wichtige Elemente für Synthesen dar. Das Spektrum dieser Formen von C$_1$-Körpern reicht von Kohlensäure und ihren Derivaten (Carbamoylphosphat) über Ameisensäure, Formaldehyd bis zu Methanol; und im Falle der Archaebakterien bis zum Methan oder CO. Aktiviertes Kohlensäure-Amid in Form des Carbamoylphosphats wird für die Synthese von Pyrimidin-Ringen (→ Abb. 5.52) und für die Bildung von Arginin und Harnstoff eingesetzt. C$_1$-Körper werden ineinander überführt; trotz ihrer unterschiedlichen Oxidationszahl bleiben sie dabei an Tetrahydrofolsäure (THF) gebunden. THF ist sozusagen die Plattform für C$_1$-Körper.

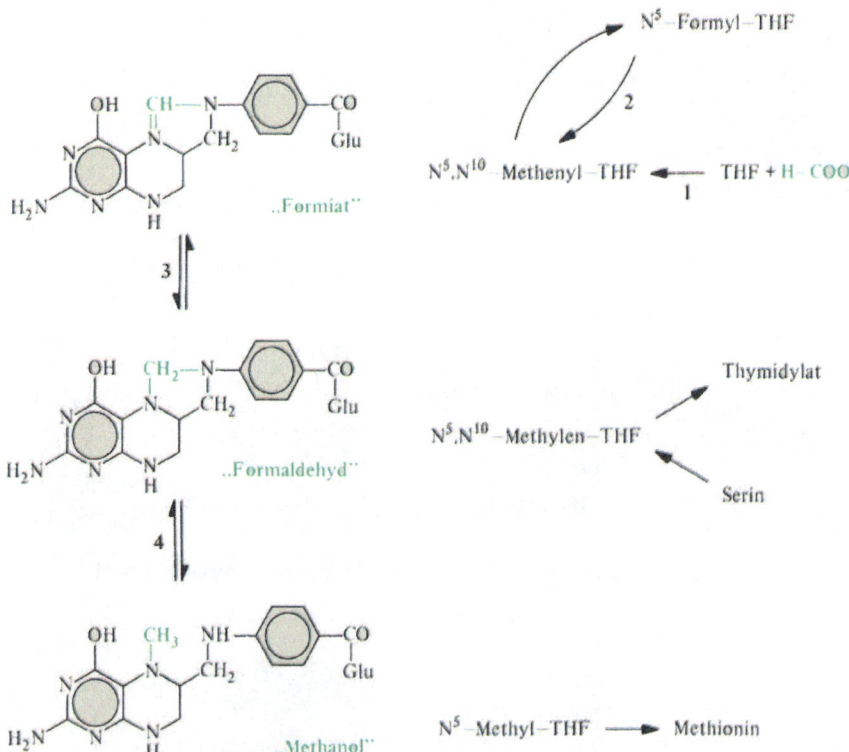

Abb. 5.45. Übersicht über den Teil des C$_1$-Stoffwechsels, der auf der Ebene der THF-Derivate abläuft. Tetrahydropteryl-monoglutamat oder -oligoglutamat reagieren aufgrund des stark basischen N^5 (N unterhalb des grünen CH) als Nukleophil. In einer Synthetase-Reaktion kann N^{10}-Formyl-THF entsteht, das mit N^5,N^{10}-Methenyl-THF im Gleichgewicht steht. Methylen-THF wird bei der Reaktion der Thymidylat-Synthase (→ Abb. 5.53) benötigt. N^5-Methyl-THF ist der Methylgruppen-Donor für die Bildung von Methionin aus Homocystein

Es ist also eine ATP-abhängige Reaktion (1), die zu einer Art Säureamid führt. Eine spezifische Dehydrogenase (3) reduziert das „Formiat" zum „aktiven Formaldehyd". Beispiele für die Beteiligung von N^5,N^{10}-Methenyl-THF sind die Umwandlung von Glycin zu Serin (→ Abb. 8.7) oder die Bildung von Thymidin-5'-phosphat aus Desoxiuridin-5'-phosphat (→ Abb. 5.53). In einem weiteren Reduktionsschritt (4) entsteht „aktives Methanol". Von N^5-Methyl-THF wird die Methyl-Gruppe formal als Kation (CH_3^+) auf den Schwefel in Homocystein übertragen.

Glycin/Serin → Methyl-THF → S-Adenosyl-methionin → Methyl-Derivat

Die Biosynthese der aromatischen Aminosäuren über den Shikimisäure-Weg

Der Weg zur Biosynthese der drei aromatischen Aminosäuren Phenylalanin, Tryptophan und Tyrosin wurde zuerst und sehr ausführlich in *E. coli* untersucht. Der Stoffwechsel-Weg als solcher verläuft in anderen Prokaryonten und in höheren Pflanzen in den prinzipiellen Punkten sehr ähnlich. Aber, wie auch sonst bei vergleichbaren Fällen: die Chemie der Reaktionen ist fast identisch, auch die Enzyme unterscheiden sich zwischen Prokaryonten und Plastiden kaum; aber jeder Organismus sucht nach Besonderheiten und einmaligen Strukturen, wenn es um die Regulation der Enzym-Aktivität oder der Gen-Expression geht.

Ein Überblick über die Bildung der wichtigsten aromatischen Verbindungen zeigt als Ausgangsstoffe Kohlenhydrate, als Zwischenstufen Derivate des Cyclohexans, Chorisminsäure als Verzweigungsstelle und aromatische Verbindungen als vorläufige Endprodukte. Die Reaktionssequenz wird als Shikimisäure-Weg bezeichnet – nach einem charakteristischen Zwischenprodukt, das auch schon früh als Inhaltsstoff erkannt worden war.

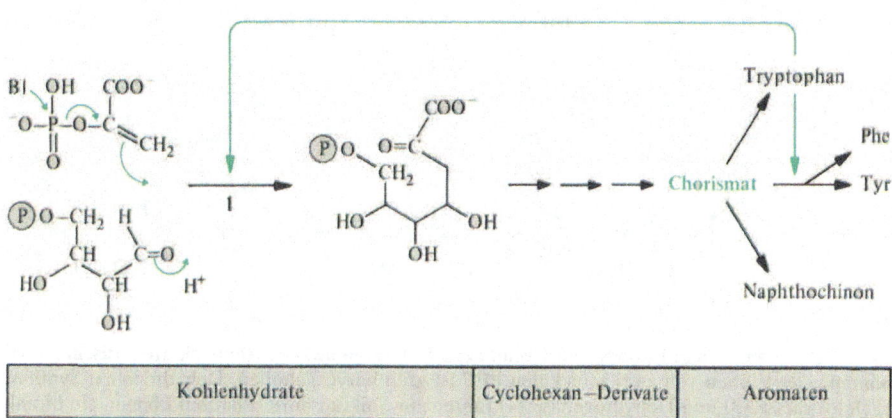

Abb. 5.46. Ausgangspunkt und Übersicht über die Biosynthese der aromatischen Aminosäuren. Von der 3-Desoxiarabinoheptulosonat-7-phosphat-Aldolase existieren mindestens 2 Formen: eine plastidäre Form (dimer, 53 kDa-UE, stimulierbar durch Mn^{2+}); eine cytosolische Form mit Bedarf an Co^{2+}. Demgegenüber sind die drei aus *E. coli* erhaltenen Enzyme (dimer, 39 kDa-UE) durch ihren Gehalt an Fe^{2+} deutlich abgegrenzt. Durch Co^{2+} stimulierbare Enzyme wurden in *Pseudomonas* angetroffen. Die Details der Spaltung der C-O-P-Bindungen des PEP im Zuge der Aldol-Reaktion sind nicht geklärt

Die Synthese-Sequenz beginnt mit zwei Aldol-Reaktionen, der Bildung des C_7-Körpers und seiner Zyklisierung. Mit der Reaktion der *3-Desoxiarabinoheptulosonat-7-phosphat-Aldolase* zweigt der Weg zu den Aromaten von dem übrigen Intermediär-Stoffwechsel ab. Die Erwartung, daß das erste Enzym eines Stoffwechsel-Wegs, der sich später verzweigt und zu verschiedenen Endprodukten führt, charakteristisch reguliert werden sollte, wurde für einige Organismen bestätigt. In *E. coli* findet man drei isofunktionelle Enzyme, die entweder durch Phenylalanin, Tyrosin oder Tryptophan inhibierbar sind und alle kooperativ durch Erythrose-4-phosphat und Phosphoenolpyruvat aktiviert werden. Bei Pflanzen ist die Aldolase häufig durch Tryptophan hemmbar. Aber man findet auch Gen-Aktivierung: Verwundung führt zur Induktion der C_7-Aldolase.

Es gibt selektive Inhibitoren für das Enzym Enolpyruvylshikimat-3-phosphat-Synthase. Das Herbizid Glyphosat konkurriert aufgrund von Struktur-Ähnlichkeiten mit PEP. Die Affinität des Glyphosats zum aktiven Zentrum des Enzyms ist um den Faktor 100 höher als die des physiologischen Substrats. Diesen Engpaß können Pflanzen oder Bakterien durch Mutationen, Gen-Duplikationen oder Überproduktion des Enzyms umgehen.

Pflanzen, denen ein mutiertes, herbizid-insensitives, bakterielles Enzym in das Genom eingesetzt wurde, können auch in Anwesenheit des betreffenden Herbizids wachsen, während alle anderen autotrophen Organismen unter diesen Bedingungen absterben. Bei diesen Manipulationen ist zu berücksichtigen, daß ein an 80S-Ribosomen synthetisiertes Protein die richtige Ziel-Sequenz am N-Terminus tragen muß.

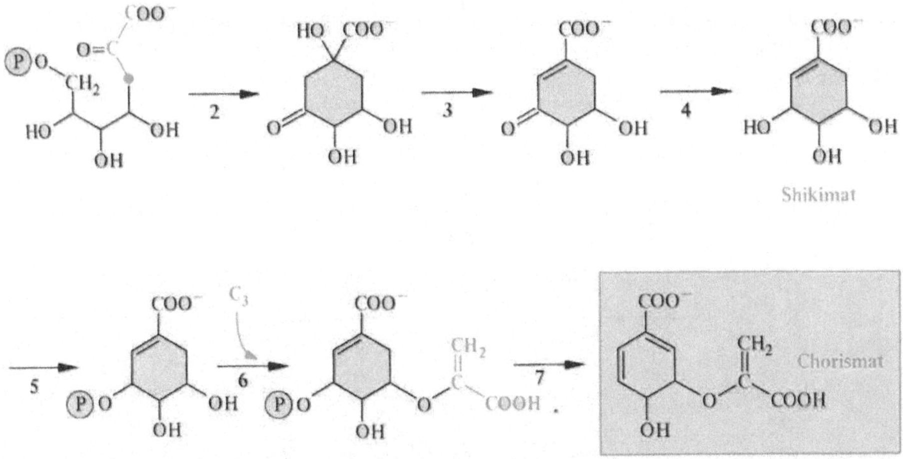

Abb. 5.47. Shikimat-Weg: Bildung von Cyclohexan-Derivaten auf der Route zu aromatischen Aminosäuren. Der Einbau von zwei Molekülen PEP ist grün hervorgehoben. Dehydrochinat-Synthase (2), Dehydratase (3) und Dehydrogenase (4) führen zur Shikimisäure. Pflanzen können ein bifunktionelles Protein aufweisen, das die Aktivitäten 2 und 3 besitzt. Shikimat-Kinase (5) und Enolpyruvylshikimat-phosphat-Synthase (6) führen zu einem Derivat der Shikimisäure, das durch 1,4-Eliminierung von Phosphat (7) in Chorisminsäure überführt werden kann. Reaktion 2 wird katalysiert durch ein Zn^{2+}/Co^{2+}-abhängiges Enzym, das ein eingebautes NAD^+ trägt; die Reaktion verlangt, daß vor der Aldol-Reaktion eine Oxidation am C-6 stattfindet und nach der Aldol-Reaktion das intern gebundene NADH als Reduktionsmittel fungiert. Obwohl die Reaktion der Chorismat-Synthase nicht mit einem Wechsel der Oxidationszahl verbunden ist, benötigt das Enzym reduziertes Flavin (z. B. $FMNH_2$)

184

Eine Abzweigung des Shikimisäure-Wegs reicht von Dehydrochinat zu Chinat. Chinasäure ist in nicht wenigen Pflanzen ein Inhaltsstoff, der in größeren Mengen vorkommt. Die Dehydrochinat-Dehydrogenase wird durch Phosphorylierung und Dephosphorylierung in ihrer Enzym-Aktivität moduliert. In den Plastiden befindet sich ein bifunktionelles Protein, das den Übergang von Dehydrochinat über Dehydroshikimat zu Shikimisäure katalysiert (Abb. linke Seite).

Chorisminsäure ist ein wichtiger Verzweigungspunkt im Shikimisäure-Weg. Chorismat-Mutase (8) der Chloroplasten unterscheidet sich vom cytosolischen Enzym in Größe, kinetischen Eigenschaften und in der Tatsache, daß bereits 2 µM Tryptophan stark aktiviert. Die Reaktion führt zum Prephenat, das in der Folge entweder dehydratisiert (9) oder dehydriert (11) werden kann. Dies ist aber der Mechanismus bei *E. coli.* Doch höhere Pflanzen und *Euglena* bilden sowohl Phenylalanin als auch Tyrosin über Arogenat.

Produkt-Hemmung wurde nachgewiesen: Arogenat-Dehydratase (14) durch Phenylalanin bzw. Arogenat-Dehydrogenase (13) durch Tyrosin. Cyanobakterien synthetisieren Tyrosin über das Arogenat, Phenylalanin aber über Phenylpyruvat.

In *E. coli* wurden zwei bifunktionelle Proteine beschrieben, eine Chorismat-Mutase/Prephenat-Dehydratase (8,9) sowie eine Chorismat-Mutase/Prephenat-Dehydrogenase (8, 11).

Chorismat kann auch zu Aminobenzoesäuren umgesetzt werden. Die o-Verbindung ist Intermediat auf dem Weg zum Tryptophan; die p-Verbindung ist Bestandteil der Folsäuren. Schließlich ist eine Isomerisierung der Chorisminsäure zur Isochorisminsäure für die später notwendige Besprechung der Bildung von Naphthochinonen zu erwähnen.

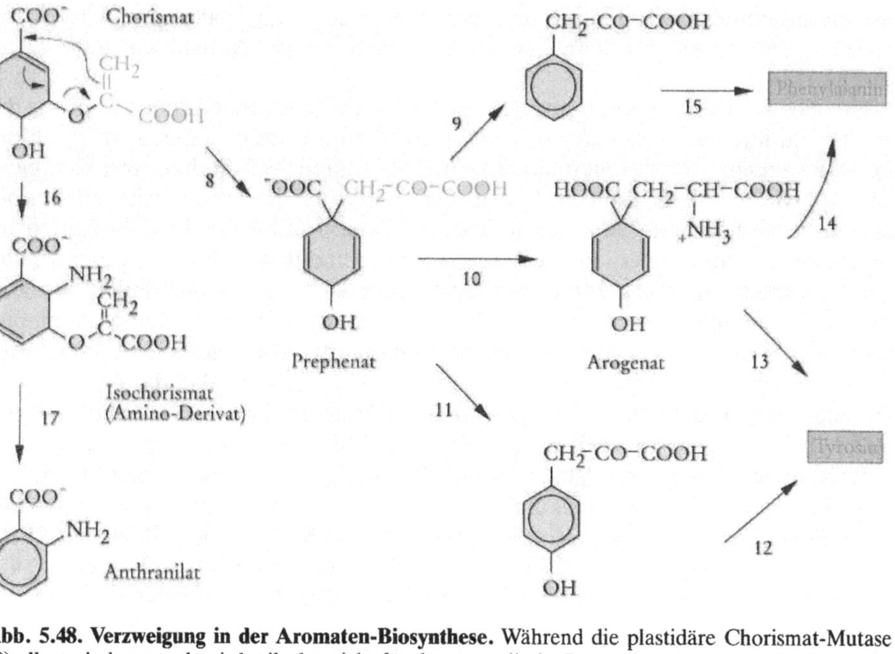

Abb. 5.48. **Verzweigung in der Aromaten-Biosynthese.** Während die plastidäre Chorismat-Mutase (8) allosterisch geregelt wird, gilt das nicht für das cytosolische Isoenzym

Die Struktur eines Stoffwechsel-Weges kann man unter sehr verschiedenen Aspekten betrachten und analysieren: unter dem Gesichtspunkt der gemeinsamen Kontrolle der Enzyme und ihrer Expression in einem Operon; unter Berücksichtigung der Verklammerung einer Stoffwechsel-Sequenz dadurch, daß ein Produkt des Umsatzes ein weit vor dem betreffenden Stoff – aber innerhalb der Sequenz – liegendes Enzym moduliert (Feedback-Hemmung); sowie in Hinblick auf eine besonders enge Strukturierung auf der Ebene der Enzyme selbst. Zu letzterem Phänomen zählen zwei Varianten, die Enzyme einer Kette zu strukturieren. Beide Varianten haben weitreichende Implikationen für den Modus, wie ein Stoffwechsel unter physiologischen Bedingungen funktioniert.

Alle diese Modelle finden wir in der Biosynthesekette zu den aromatischen Aminosäuren verwirklicht – allerdings in verschiedenen Organismen: die Struktur des Operons in Bakterien; die Enzymkomplexe in Chloroplasten; und multifunktionelle Proteine in Pflanzen und Pilzen.

Enzym-Komplexe oder multifunktionelle Proteine

Auffallend große multifunktionelle Proteine mit einer besonders hohen Zahl von katalytischen Zentren innerhalb einer Peptidkette besitzen *Neurospora* und andere Pilze. Bei *Neurospora* trifft man ein Protein an, das 5 aufeinander folgende Teilschritte des Biosynthese-Wegs katalysiert, nämlich beginnend mit der Aktivität der Dehydrochinat-Synthase bis zur Enolpyruvylshikimat-3-phosphat-Synthase. Um aus C_3 plus C_4 zu Chorisminsäure zu kommen, fehlen dann nur noch die Aldolase für den ersten Schritt und die Chorismat-Synthase.

Das multifunktionelle Protein aus *Neurospora* ist ein Dimeres und besteht aus zwei identischen UE (165 kDa). Zu demselben Molekulargewicht kommt man, wenn man die bekannten Molekulargewichte der 5 Einzelenzyme aus anderen Organismen zusammenzählt. Limitierte Proteolyse erlaubt die Spaltung und Trennung einzelner Domänen, die dann nur mit einzelnen Enzym-Aktivitäten ausgestattet sind.

Um eine Kette von Reaktionen in einer lebenden Zelle schnell zu machen, hat die Natur nicht nur das Prinzip der besonders effizienten Katalyse eingesetzt. Auch die Strategie, immer wieder innerhalb einer Kette – durch Aufwendung von Energie – eine „aktivierte" Verbindung zu bilden, die dann in einem Folgeschritt irreversibel umgesetzt wird, erhöht ganz wesentlich die Konzentration der Zwischenstufen im folgenden Abschnitt einer langen Synthese-Kette; und damit auch die Geschwindigkeit des Gesamtprozesses. Ein dritter Gesichtspunkt betrifft die besondere Strukturierung des katalytischen Apparats. Wie später auch anhand von Membrankomplexen zu besprechen ist (→ Abb. 6.55), kann ein multifunktionelles Protein den Stoffwechsel in eine Richtung fließen lassen – oder schleusen, ohne daß die Zwischenstufen dem Flußbett entweichen können. In dieser Hinsicht kann sich ein multifunktionelles Protein oder ein Enzym-Komplex wie ein Mikrokompartiment verhalten.

Es ist interessant zu verfolgen, wie in der Evolution die verschiedenen Prinzipien, einen Stoffwechsel-Weg zu strukturieren und mit höchster Effizienz ablaufen zu lassen, von den einzelnen Organismen eingesetzt wurden. Bakterien, Pilze und Pflanzen stellen Phenylalanin nach dem gleichen Prinzip der Synthese, ja über die identischen Zwischenstationen her; aber sie verwenden ganz unterschiedliche Strategien der Regulation.

Eine der vielen Verzweigungen, die von Chorismat weiterführen, geht in Richtung *Tryptophan* und dessen vielfältigen Produkten. In *E. coli* liegen alle Gene für die Enzyme des Übergangs Chorismat – Tryptophan auf einer gemeinsam gesteuerten Einheit, einem Operon. Als Enzyme sind die bakteriellen Proteine alle monofunktionell. Aber in *E. coli* z. B. sind die Aktivitäten der Anthranilat-Synthase (Abb. 5.48; 16, 17) und der Phosphoribosyl-Transferase in einem Komplex $\alpha_2\beta_2$ untergebracht. Dabei entspricht die UE α dieses Komplexes bei anderen Bakterien einer Anthranilat-Synthase, die den Übergang Chorismat + NH_3 = Anthranilat + Pyruvat katalysiert. Die UE β des Enzyms aus *E. coli* ist sowohl eine Amido-Transferase, die der Anthranilat-Synthase die Möglichkeit gibt, anstelle von NH_3 Glutamin als NH_3-Donor zu verwenden als auch eine Phosphoribosyl-Transferase (Abb. 5.49, 18).

Bei Pilzen wie *Neurospora crassa* ist die Strukturierung der Enzyme dieses Stoffwechsel-Wegs noch komplexer: die UE β ist ein trifunktionelles Protein, es enthält die Aktivitäten für Glutamin-Amido-Transferase, für Phosphoribosyl-Transferase (18) und für Indolylglycerinphosphat-Synthase (20). Dabei gilt, daß die Pilze Gene, die bei Bakterien zu einzelnen Proteinen führten, miteinander fusionierten.

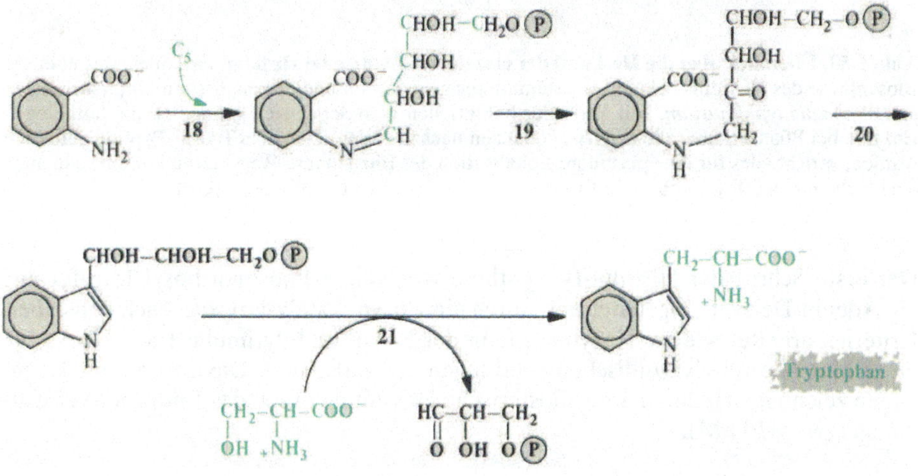

Abb. 5.49. Biosynthese von Tryptophan. Der Weg geht von Anthranilsäure aus, einem Benzoesäure-Derivat und ist durch die Übernahme und Modifizierung einer C_5-Einheit charakterisiert. Eine Amadori-Umlagerung (19) stellt einen der irreversiblen Schritte dar. Über eine Phosphoribosyl-Transferase (18), eine Isomerase (19) und die Indol-3-glycerinphosphat-Synthase (20) gelangt die Synthese auf die Stufe eines Indol-Derivats

Volle Aktivität als Tryptophan-Synthase (21) besitzt nur der Enzymkomplex mit dem Baumuster $\alpha_2\beta_2$. Er kann die Teilschritte katalysieren: (1) Bildung von Indol unter Freisetzen von Glycerinaldehydphosphat; (2) Umsetzung von Indol mit Serin zu Tryptophan. Jede Teilreaktion ist einer Aldol-Reaktion ähnlich. Für jeden Teilprozeß ist eine UE des aus $\alpha_2\beta_2$ zusammengesetzten Enzyms primär verantwortlich: UE α katalysiert die Bildung von Indol, der Komplex β_2 kann in Anwesenheit von Pyridoxalphosphat die zweite Teilreaktion vermitteln. Nur der Gesamtkomplex zeigt maximale Aktivitäten. Im Falle des Enzyms aus Hefe treffen wir wieder eine Gen-Fusion an: Die beiden besprochenen Teil-Aktivitäten sind auf einem Protein lokalisiert, das in der Aminosäure-Sequenz der Fusion von UE β-Scharnier-Region-UE α entspricht.

Die C-Atome des Histidins stammen von Ribose bzw. aus dem Purin-Ring

Teile des C-Gerüsts von Histidin gehen aus den 5 C-Atomen einer Ribose-Einheit hervor. Dazu kommt eine C-N-Einheit, die aus dem Ringskelett eines Purin-Derivats herausgeschält wird – eine auf den ersten Blick überraschende Strategie, einen Imidazol-Ring neu aufzubauen. Aber offenbar haben sowohl Bakterien als auch die Plastiden sich für diese Konzeption entschieden.

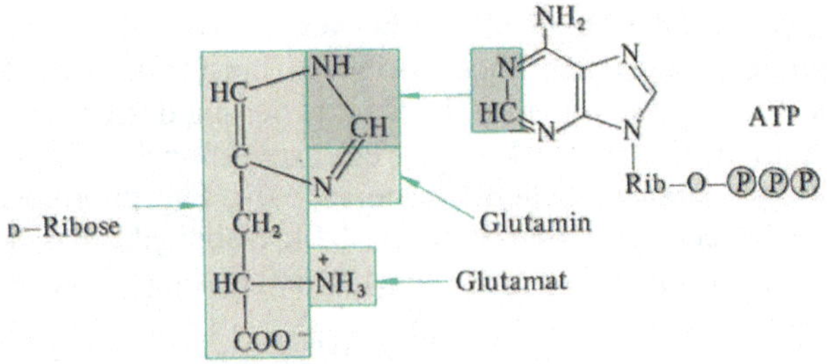

Abb. 5.50. Überblick über die Herkunft der einzelnen C-Atome im Histidin. Fast alles, was über die Biosynthese des Histidins bekannt ist, stammt aus genetischen und enzymatischen Untersuchungen an *Salmonella typhimurium*. Mit Hilfe der bakteriellen Gen-Sequenzen gelingt es, die homologen Enzyme bei Pflanzen über die cDNA-Sequenzen nachzuweisen. Da dabei Transit-Peptide gefunden wurden, spricht alles für eine plastidäre Lokalisation des Biosynthese-Wegs. Dazu kommt, daß auch die biochemischen Daten über die Enzyme für eine derartige Lokalisation sprechen

Der erste Schritt der Histidin-Biosynthese wird durch Phosphoribosyl-Transfer auf ein Adenin-Derivat eingeleitet und durch ein Enzym katalysiert, das nach denselben Kriterien arbeitet wie die Enzyme, die in der Purin- und Pyrimidin-Biosynthese für die Bildung der N-glykosidischen Bindungen zuständig sind. Das Enzym aus Keimlingen zeichnet sich durch eine allosterische Hemmung durch das Endprodukt Histidin aus ($K_i = 10 \ \mu M$).

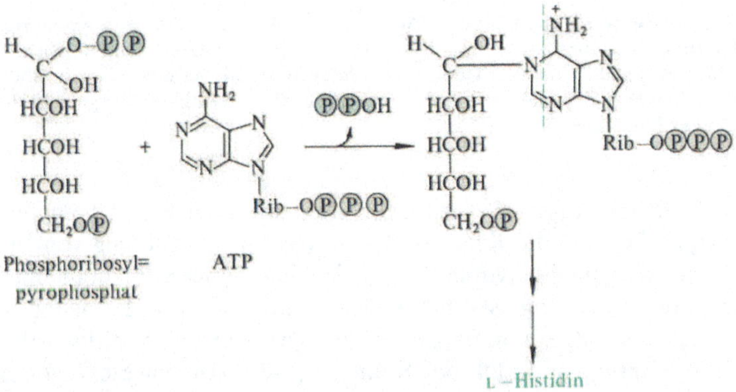

Abb. 5.51. Der Eingangsschritt zur Biosynthese von Histidin. In den folgenden Reaktionen wird der Pyrimidin-Ring des Purins geöffnet und ein Imidazol-Derivat abgespalten. Ein neuer Imidazol-Ring wird zusammengebaut – wie in der Übersicht angedeutet. Imidazolylglycerophosphat ist dann eine Zwischenstufe

188

5.9 Biosynthese von Heterozyklen

Ringsysteme mit Stickstoff-Atomen sind bei Cofaktoren der Enzymreaktionen anzutreffen. Ihre Synthese des Pyrimidin-Rings bedarf der Kondensation einer C_4-Aminosäure mit einem aktivierten C_1-Körper. Purin-Ringe hingegen werden dadurch hergestellt, daß Baustein auf Baustein auf eine Plattform gesetzt wird. Die Synthese von Pyrrol-Ringen wiederum folgt nach einem ganz anderen Plan, dem Prinzip Dimerisierung.

Nicht wenige Biomoleküle – nämlich Coenzyme, Redox-Zentren von Proteinkomplexen sowie Nukleinsäuren – besitzen eine heterozyklische Grundstruktur. Sechserringe mit zwei Heteroatomen (Pyrimidin) und Fünferringe mit einem Heteroatom (Pyrrol) oder zwei Heteroatomen (Imidazol) werden auch vom Plastiden hergestellt. Die Syntheseprinzipien für die drei verschiedenen Ringsysteme sind ganz unterschiedlich. In allen Fällen schließt sich die Synthese der Heterozyklen an den Stoffwechsel der Aminosäuren im Plastiden an.

Biosynthese von Pyrimidin-Derivaten

Der Pyrimidin-Ring des Uracils und des Cytosins wird aus Aspartat und einem sehr aktivierten Kohlensäure-Derivat aufgebaut. Carbamoyl-phosphat bringt eine C-N-Bindung mit und enthält gleichzeitig eine aktivierende Gruppe in Form eines gemischten Säureanhydrids. Carbamoyl-phosphat entsteht formal in 3 Teilschritten: zuerst führt der nukleophile Angriff eines Bicarbonat-Ions an den elektrophilen γ-P des ATP zu einem Anhydrid (Phosphorsäure – Kohlensäure) plus ADP; dann folgt eine Substitution des Phosphats durch NH_3, das aus Glutamin stammt; schließlich wird Carbamat (Kohlensäureamid) mit ATP umgesetzt. Alle Teilschritte werden von der Carbamoylphosphat-Synthetase katalysiert. Die Bildung dieses Enzyms ist in vielen Fällen durch Licht induzierbar.

Als Donor für die NH_2-Gruppe dient Glutamin. Eine kleine UE des Enzyms ist für den Amid-Transfer zuständig. Diese kleine UE ist vergleichbar mit Glutamin umsetzenden Proteinen bei anderen enzymatischen Prozessen: p-Aminobenzoat-Synthase, Anthranilat-Synthase sowie bei einem Schritt der Purin-Biosynthese.

Carbamoyl-phosphat ist gleichzeitig die Vorstufe von Pyrimidinen und von Arginin; beide Wege sind – zumindest in den ersten Schritten – im Plastiden lokalisiert. In Bakterien gibt es nur eine Carbamoylphosphat-Synthetase, sie ist sowohl für die Biosynthese in Richtung Pyrimidin-Derivat (UMP) als auch für den Weg zum Arginin verantwortlich. Das plastidäre Enzym ist mit dem aus *E. coli* vergleichbar.

Aspartat-Carbamoyltransferase („Transcarbamylase") unterliegt im Plastiden der Endprodukt-Hemmung durch Uridin-monophosphat (UMP). Vermutlich besitzt das Enzym viel Ähnlichkeit mit der Transcarbamylase von *E. coli*. Die bakterielle Transcarbamylase ist ein Beispiel für die Konformationsänderungen eines Proteins bei

Wechselwirkungen über große Distanzen und ein Modell für die allosterische Modulation mit sigmoider Kinetik. CTP (Abb. rechts) wirkt als allosterischer Inhibitor und UTP verstärkt diesen Effekt. T-R-Übergänge, wie sie früher beschrieben wurden (→ S. 29), beruhen auf Unterbrechung der Wechselwirkung zwischen bestimmten komplementären Oberflächen und gleichzeitiger Bildung anderer. Jede regulatorische UE bindet ein Molekül CTP.

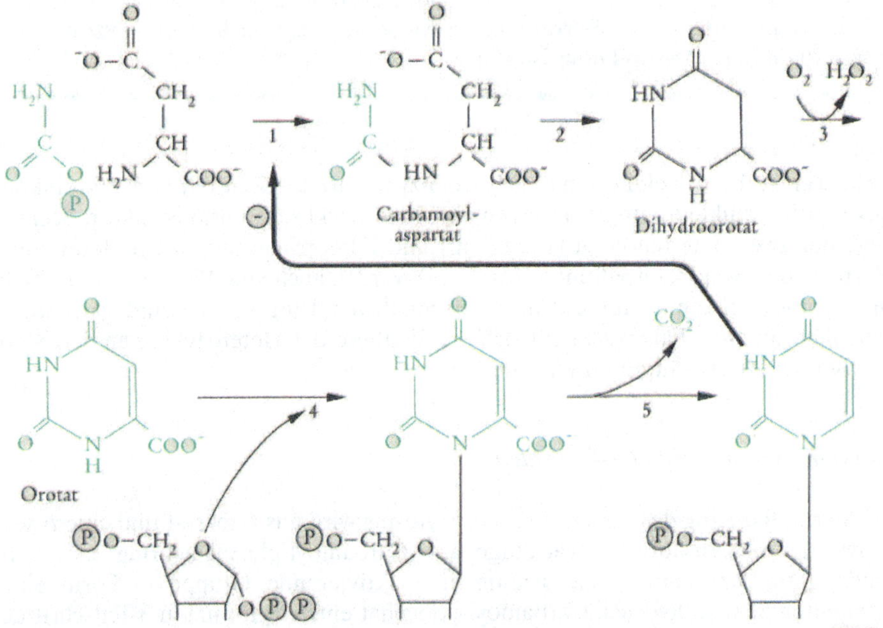

Abb. 5.52. Biosynthese von Pyrimidin-Nukleotiden. Carbamoyl-phosphat entsteht aus Bicarbonat und NH_3, das aus Glutamin stammt. Dabei werden 2 Moleküle ATP verbraucht. Im folgenden kommt es zum Transfer der Carbamoyl-Gruppe auf Asparaginsäure, katalysiert durch Aspartat-Carbamoyltransferase (1). Hier handelt es sich vermutlich um die modulierbare Reaktion innerhalb der ganzen Synthesekette. 2: Dihydroorotase; 3: Oxidase; 4: Phosphoribosyl-Transferase. Bei Pilzen wurden Proteine bekannt, die die Aktivitäten aller 3 Reaktionen zu Beginn der Pyrimidin-Biosynthese beinhalten (die Synthetase sowie 1 und 2). Auch zwei andere Enzyme der Pyrimidin-Biosynthese, die Aktivität der Phosphoribosyl-Transferase (4) und der Orotidin-5-phosphat-Decarboxylase (5) befinden sich auf einem Protein. Der Carbamoylphosphat-Synthetase in *E. coli* und Hefe dient eine kleine UE, die Glutamin bindet. Bei den Enzymen der Pflanzen und Tiere ist das Äquivalent zu dieser kleinen UE mit der Synthetase fusioniert, aber als eigene Domäne noch erkennbar

Die glykosidische Bindung zwischen einem Amin (oder NH_3) und dem C-1 der Ribose kommt durch die Verwendung von 5-Phosphoribosyl-1-diphosphat zustande. Bei der Bildung der Pyrimidin-Derivate erfolgt dies vom Orotat aus (4); bei der Purin-Biosynthese wird bereits im ersten Schritt so auf die „Plattform" Ribosyl-5-phosphat aufgebaut. Das in Position 1 aktivierte Ribose-Derivat entsteht aus Ribose-5-phosphat und ATP. 2-Desoxiribose ist kein natürlich vorkommender Zucker, sondern wird auf der Stufe der Nukleotide erzeugt.

Auf der Stufe des Pyrimidin-Nukleotids UMP verzweigt der Syntheseweg: UTP kann zu CTP aminiert werden; UMP erleidet eine Reduktion zu dUMP (Uracil-Desoxyribonukleotid) und daraus entsteht durch C_1-Transfer das Thymin-Derivat (dTMP, Thymidylsäure). Die durch die Thymidylat-Synthase katalysierte Reaktion besteht aus einem Transfer einer C_1-Gruppe und einer Redox-Reaktion. Letztere umfaßt die Oxidation von Tetrahydrofolat zu Dihydrofolat sowie die Reduktion von Methanal zu Methanol.

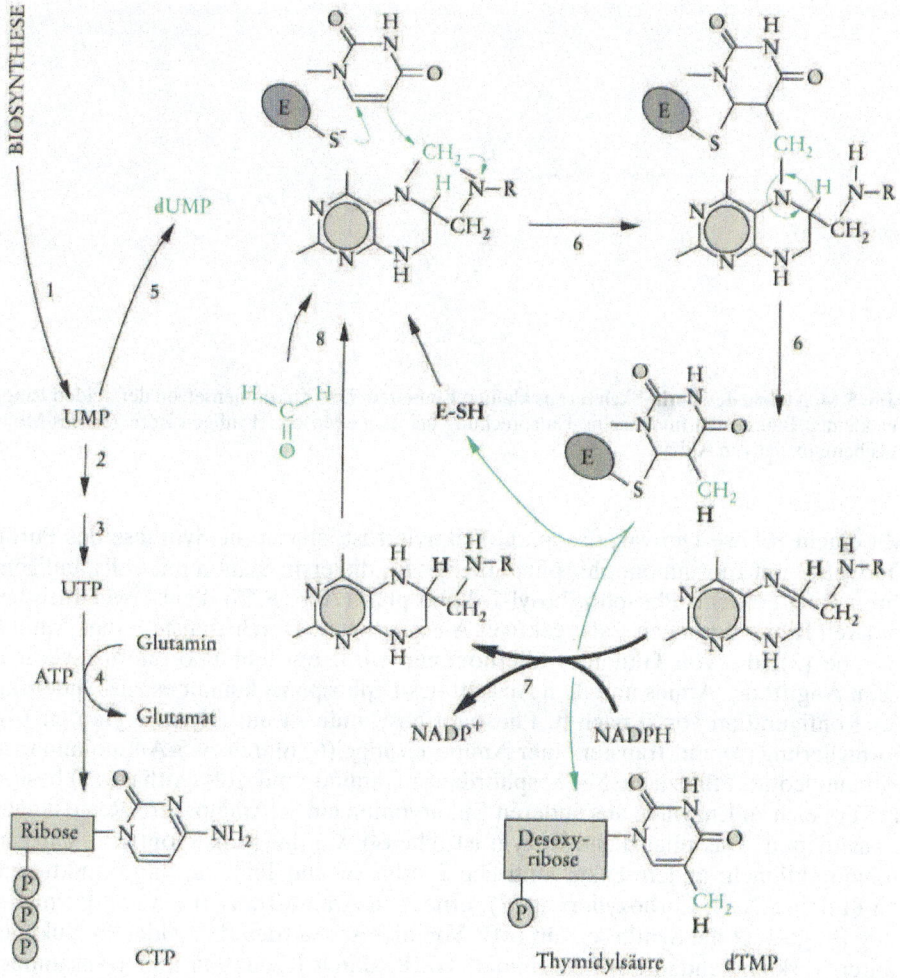

Abb. 5.53. Veränderungen am Pyrimidin-Gerüst: Bildung der Thymidylsäure. Die Bildung von UMP (1) erfolgt aus Aspartat plus Carbamoylphosphat. Kinase-Reaktionen (2,3) und eine Aminotransferase (4) führen zu Cytidintriphosphat. Ein reduktiver C_1-Transfer läßt uns zu dem C-Methylpyrimidin, Thymin, kommen. Formal beginnt die Reaktion mit dem nukleophilen Angriff einer elektronenreichen C=C-Bindung auf ein Derivat des Formaldehyds. Diese Reaktion wird von der Thymidylat-Synthase (6) katalysiert. Da dabei Formaldehyd zur Oxidationsstufe des Methanols reduziert wird, muß ein zweiter Partner oxidiert werden: ein Tetrahydrofolat wird zum Dihydrofolat. Um den Zyklus zu schließen, überträgt eine Dihydrofolat-Reduktase (7) H von NADPH und regeneriert so Tetrahydrofolat

Biosynthese des Purin-Gerüsts

Die Synthese läuft auf der Stufe der Ribonukleosidmonophosphate ab. Schrittweise wird aus dem Amino-Derivat das Purin-Derivat Inosinmonophosphat zusammengebaut. Der größte Einzelbaustein ist das Glycin. In mehreren Organismen wurde ein multifunktionelles Protein untersucht, das ausgehend von Phosphoribosylamin vier Teilschritte der Purin-Biosynthese katalysieren konnte. Teilweise Proteolyse des Proteins ergab UE mit getrennten Enzymaktivitäten.

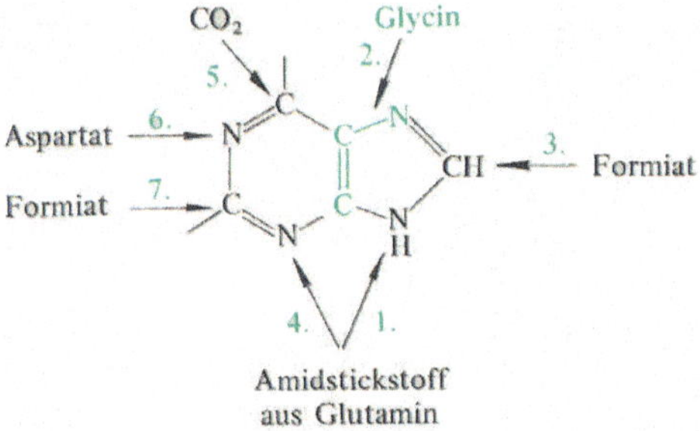

Abb. 5.54. Aufbau des Purin-Skeletts aus kleinen Einheiten. Das Zusammensetzen der beiden Ringe aus kleinen Bausteinen findet seine Entsprechung bei dem ebenso vielstufigen Zerlegen des Moleküls beim oxidativen Abbau

Mit einem Ribose-Derivat, das am C-1 aktiviert ist, startet die Synthese des Purin-Derivats – mit Inosinmonophosphat (IMP) wird die erste Station mit vollständigem Purin-Ring erreicht. Phosphoribosyl-1-diphosphat (Abb. 5.55) dient – wie auch bei anderen Ribosylierungen – als reaktiver Ausgangsstoff. Durch Transfer einer Amino-Gruppe (2), die von Glutamin übernommen wird, entsteht Phosphoribosylamin. Beim Angriff des Amins und dem Austritt des Diphosphats kommt es zur Änderung der Konfiguration von α nach β. Phosphoribosylamin ist mit Glycin acylierbar (3). Formylierung (4) und Transfer einer Amino-Gruppe (6) führen zu 5-Aminoimidazol-Ribonukleotid. Pflanzliche 5'-Phosphoribosyl-5-amino-imidazol-Synthase (6) besitzt im Vergleich zu Enzymen aus anderen Eukaryonten ein 58 Aminosäure-Reste langes Transitpeptid. Das pflanzliche Enzym ist, ebenso wie das prokaryontische Enzym, monofunktionell; andere eukaryontische Synthasen sind Teil eines multifunktionellen Proteins. Nach Carboxylierung (7), erneutem Amino-Transfer (8) und Formylierung (9) gelangt die Synthese zum IMP. Von hier aus werden die beiden in Nukleinsäuren vorkommenden Purine gebildet: GMP (durch Reduktion und Transaminierung; 10, 11) und AMP (durch Transaminierung, 12). Purin-Nukleoside gehen beim Abbau oder Transport in die freien Purin-Basen über. Der Übergang, katalysiert durch Phosphoribosyl-Transferase, kann auch für die Wiederverwendung von freien Purinen zur Synthese von Nukleinsäuren herangezogen werden (15).

Im Molekül des Xanthins stehen 3 sekundäre Amin-Stickstoffe für Alkylierungen zur Verfügung. Durch N-Methylierung können Di- und Trimethyl-Derivate des Xanthins entstehen: Theobromin (im Kakao), Theophyllin (im Tee) und Coffein. Auch Mate-Blätter (*Ilex vomitoria*) enthalten bis über 2 % Coffein.

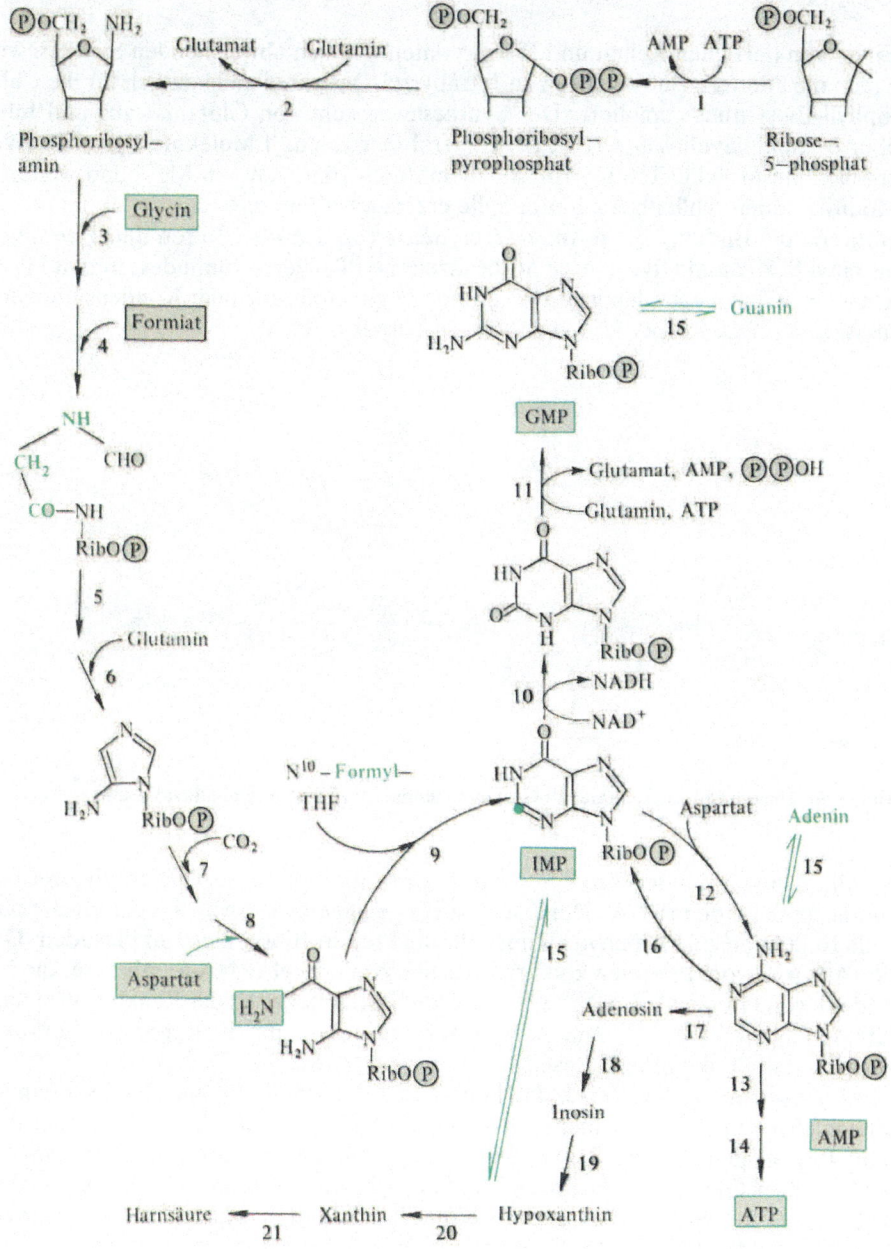

Abb. 5.55. Übersicht über den Stoffwechsel der Purine und die Rolle von Inosinmonophosphat. D-Ribose-5-phosphat und ATP sind die Substrate für die 5-Phosphoribosyl-1-diphosphat-Synthetase. Mit dem 1-Diphosphat besitzt die Zelle ein überaus reaktives Ribose-Derivat, das sie nicht nur zur Purin-Biosynthese einsetzt. Der Abbau von Purinen vollzieht sich durch schrittweise Oxidation von der Monohydroxy-Verbindung Hypoxanthin zum Dihydroxypurin (Xanthin) und Harnsäure (20, 21)

Die spezielle Art der Plastiden, das Tetrapyrrol-System aufzubauen

Einen von tierischen Zellen und Prokaryonten deutlich abweichenden Syntheseweg haben die Pflanzen zum Aufbau von Tetrapyrrol-Derivaten und letztlich für die Chlorophyll-Biosynthese etabliert. Der Syntheseweg geht von Glutamat aus und führt über δ-Aminolävulinsäure (ALA) zu Pyrrol-Derivaten. 4 Moleküle Pyrrol-Derivat ergeben ein Molekül Tetrapyrrol, aus dem durch Einfügen von Mg^{2+} und weiteren Modifikationen schließlich Chlorophylle erzeugt werden.

Während die Bildung von δ-*Aminolävulinsäure* (δ-ALA) bei Tieren und Pilzen von Succinyl-SCoA und Glycin ausgeht, besitzen die Pflanzen – zumindest in den Plastiden – einen davon unabhängigen Weg: ohne Fragmentierung oder Kondensation entsteht aus dem C_5-Körper Glutamat der C_5-Körper δ-ALA.

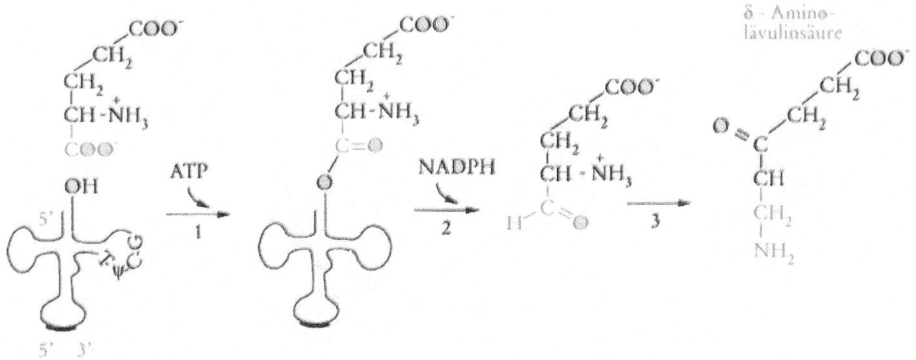

Abb. 5.56. Übergang von Glutamat zu Glutamat-semialdehyd und δ-Aminolävulinsäure

Für die Aktivierung der Säure verwendet der Chloroplast die Veresterung mit der Glu-akzeptierenden tRNA. Der Ester ist ein geeignetes Derivat sowohl für die partielle Reduktion zum Aldehyd als auch für die Protein-Biosynthese im Plastiden. Die tRNA^{Glu} wird vom Plastiden kodiert. Dieselbe Aminoacyl-tRNA-Synthetase, die für Bildung von Glutamyl-tRNA^{Glu} verantwortlich ist, leitet auch die Reaktionssequenz zum Glutaminyl-tRNA^{Glu} ein; eine Amidotransferase modifiziert die γ-Carboxy-Gruppe des Glutaminsäure-Rests.

Als Ausnahme zu der Regel, daß höhere Pflanzen und Grünalgen über Glutamat-semialdehyd zur ALA kommen, gilt *Euglena*. Von dieser einzelligen Alge oder diesem „Phytoflagellaten" weiß man, daß beide Synthesewege zur δ-ALA vorkommen, der Weg über Glutamat-semialdehyd und der Weg vom Succinyl-SCoA aus (→ Abb. 8.5). Es entfällt wohl die Frage, wie Chloroplasten zum Succinyl-SCoA kommen?

Aus zwei Molekülen δ-ALA wird Porphobilinogen, ein Pyrrol-Derivat, gebildet. Daraus entsteht dann das Tetrapyrrol-System, wie in Kap. 8 (→ Abb. 8.6) ausführlich behandelt. Die Ergebnisse sprechen vorerst dafür, daß alle Schritte von δ-Aminolävulinsäure bis Protoporphyrin IX im löslichen Stroma – vor allem in dem der sich entwickelnden Plastiden – ablaufen. Dies steht in einem gewissen Gegensatz zu den Befunden von Bakterien, Hefen und tierischen Zellen, bei denen Koproporphyrinogen-Oxidase und Protoporphyrinogen-Oxidase membrangebundene Enzyme sind.

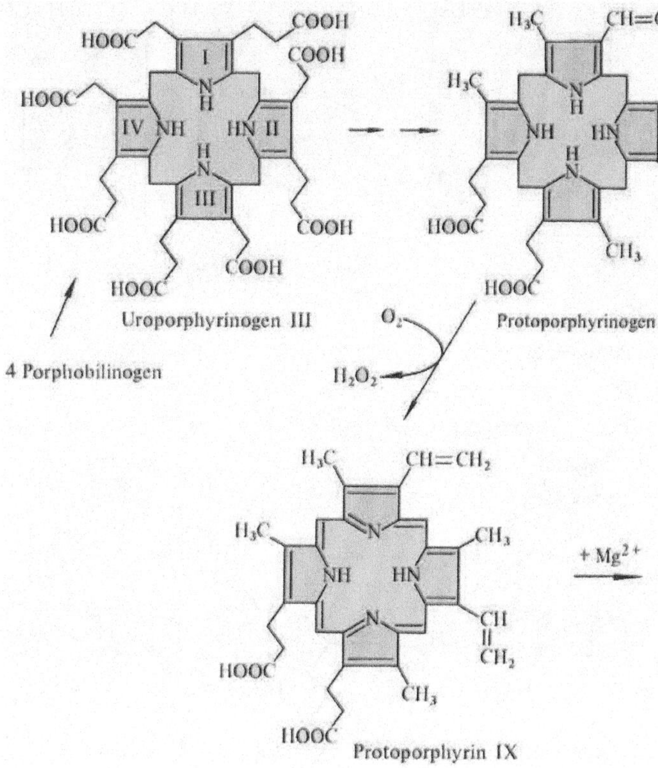

Abb. 5.57. Synthese von Protoporphyrin IX aus Porphobilinogen. Neben Pflanzen und Algen verwenden auch Archaebakterien und einige Eubakterien diesen Weg zur Aminolävulinsäure

Protoporphyrin IX ist als Verzweigungspunkt bei der Biosynthese von verschiedenen Tetrapyrrol-Systemen anzusehen. Chloroplasten dürften von hier ab auch ihre Cytochrome herstellen; und nicht aus dem Cytosol importieren, wie auch vorstellbar wäre. Man kann beweisen, daß isolierte Chloroplasten Aminolävulinsäure in Cytochrom c einbauen.

Eine Mg^{2+}-Chelatase wurde aus Plastiden gewonnen und untersucht: der Prozeß ist ATP-abhängig. Als nächster Schritt ist eine Veresterung am Ring III notwendig, um bei den folgenden Reaktionen und dem Auftreten von β-Keto-Strukturen die fast zwangsläufig ablaufende Decarboxylierung zu vermeiden.

Als nächstes entsteht der für Chlorophylle typische Cyclopentanon-Ring. Damit gelangen wir von den Derivaten des Protoporphyrins zu der Gruppe der Phäoporphyrine. Die Bildung des zusätzlichen isozyklischen Rings, ankondensiert an Ring III, ist vermutlich ein Oxidase-Schritt. Auch der sich nun anschließende Übergang zu Mg^{2+}-2,4-Divinyl-phäoporphyrin, zeigt strenge Abhängigkeit von O_2. Die Bildung des isozyklischen Rings verlangt die Übernahme von 6 e durch ein Oxidationsmittel; vermutlich kommt es zuerst zur Bildung eines α,β-ungesättigten Esters. Beides – Eisenmangel und Fehlen von O_2 – kann zum Aufbau von Mg^{2+}-Porphyrin führen.

195

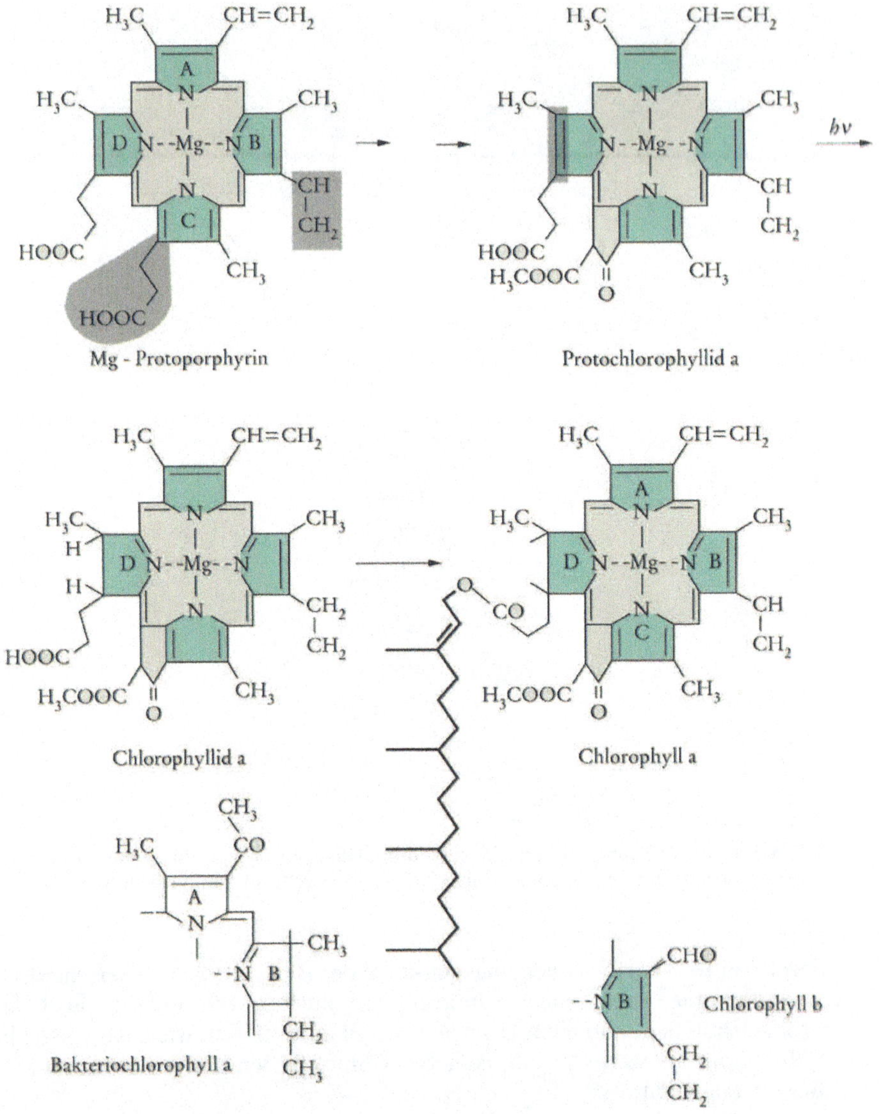

Abb. 5.58. Biosynthese von Chlorophyll aus Protoporphyrin IX. Bei der Photoreduktion von Protochlorophyllid fungiert das Substrat selbst als Licht-Rezeptor. Chemisch handelt es sich um eine trans-Addition von Wasserstoff an die Doppelbindung in Ring D. Licht führt Protochlorophyllid in weniger als 1 µsec in eine Zwischenstufe über, die bei 695 nm absorbiert; daraus bildet sich nach wenigen µsec das Chlorophyllid. Die photoaktive Form ist vermutlich der ternäre Komplex, bestehend aus NADPH, Enzym (Oxidoreduktase) und Protochlorophyllid. Ein Komplex aus Protochlorophyllid und Oxidoreduktase wurde auch als Protochlorophyllid-Holochrom bezeichnet; er läßt sich aus Keimlingen, die im Dunkeln angewachsen sind, leicht isolieren. Isolierung und Charakterisierung des Enzyms haben folgendes ergeben: 36 kDa; exponierte SH-Gruppe, die durch die beiden Substrate geschützt werden kann. Niedere Pflanzen und Gymnospermen synthetisieren Chlorophyll auch im Dunkeln; Angiospermen aber brauchen für die Umsetzung von Protochlorophyllid Licht. In Gymnospermen wurden zwei Formen von Reduktase gefunden: am Prolammelarkörper des Etioplasten eine den Angiospermen vergleichbare, durch Licht beeinflußbare Form sowie an den Thylakoiden eine lichtunabhängige Spezies.

196

Im nächsten Schritt wird eine der Vinyl-Gruppen reduziert; es entsteht Magnesium-2-Vinyl-Phäoporphyrin, Protochlorophyllid. Ab hier müssen besondere Mechanismen der Kontrolle der Chlorophyll-Biosynthese berücksichtigt werden. Während bisher das Porphyrin-Gerüst oxidativ verändert wurde, folgt nun ein reduktiver Schritt.

Während der licht-induzierten Überführung von Etioplasten (→ Abb. 1.5) in Chloroplasten kommt es zur Photokonversion von Protochlorophyllid. *NADPH-Protochlorophyllid-Oxidoreduktase*, die diesen Übergang katalysiert, ist im Prolamellarkörper lokalisiert. Kontinuierliches Licht bzw. auch ein kurzer Licht-Stoß führen zu einer starken Abnahme der Enzym-Aktivität. Licht bewirkt dabei zweierlei: Abbau des Enzym-Proteins sowie drastische Abnahme des Pools an mRNA im Cytosol, wo das Enzym synthetisiert wird. Die cytosolische Vorstufe trägt eine 60 Aminosäuren lange Transit-Sequenz (→ Abb. 3.23). Phytochrom bewirkt in diesem Fall eine starke Verminderung der Transkription. Im Gegensatz zu den Angiospermen sind Gymnospermen und viele Algen in der Lage, Chlorophyll auch im Dunkeln zu synthetisieren.

Die Fähigkeit von Etioplasten, Protochlorophylle anzuhäufen, wird beträchtlich erhöht, wenn das etiolierte Gewebe mit Cytokinin vorbehandelt wurde. Es wird vermutet, daß Cytokinin die Ausbildung der Plastiden-Membran begünstigt. Wichtig ist die Einsicht, daß der Übergang von Prolamellarkörper in Thylakoide nicht nur ein Ereignis ist, bei dem die Pigmente geändert werden, sondern vor allem eine Umstrukturierung und Neusynthese von Membranen – einschließlich von Membranproteinen – bedeutet.

Der letzte Schritt im Zuge der Chlorophyll-Biosynthese ist eine Veresterung. Wer für diesen Schritt verantwortlich ist und welcher Prenylalkohol übertragen wird, scheint nicht ganz unumstritten zu sein. Neben Phytol kann auch Geranylgeraniol als Alkoholkomponente verwendet werden; wobei das Substrat das Diphosphat ist. Es spricht nicht viel gegen die Annahme, daß die Geranylgeranyl-Gruppe auf der Stufe des Chlorophyllid-Esters schrittweise mit NADPH reduziert wird; dieser Vorgang dominiert im etiolierten Gewebe. Im grünen Blatt aber herrscht die Umsetzung von Chlorophyllid mit Phytyl-diphosphat vor.

Eine Esterase, Chlorophyllase, kann die Esterbindung zum Phytol hydrolysieren. Dies kann sowohl mit Chlorophyll als Substrat erfolgen als auch mit Phäophytin, dem Analogon ohne dem Zentralion Mg^{2+}. Eine erhöhte Chlorophyllase-Aktivität tritt bei Chlorosen auf; Chlorosen trifft man u. a. nach Hitzebehandlung (z. B. 32° bei Gräsern) oder Befall mit verschiedenen Mosaik-Viren an.

Der Übergang von Chlorophyll a in Chlorophyll b ist gleichbedeutend mit der Oxidation einer Methyl-Gruppe zu einer Formyl-Gruppe. Es spricht aber manches dafür, daß diese Oxidation nicht auf der Stufe des fertigen Chlorophylls, sondern auf der Ebene der Chlorophyllide geschieht. Man kann jedenfalls Chlorophyllid b aus ergrünenden Keimlingen isolieren. Ein anderer Weg zu dieser Verbindung wäre die Abspaltung von Phytol aus Chlorophyll b.

Bei Angiospermen scheint der ternäre Komplex mit Protochlorophyllid-Reduktase – neben Phytochrom und Blaulichtrezeptor – einer der drei Photorezeptoren zu sein, die die Entwicklung der Plastiden steuern. Wie ist aber die Tatsache zu erklären, daß durch diese photochemische Reaktion nicht nur die Reaktion zum Chlorophyllid führt, sondern auch die gesamte Umordnung von Etioplasten in Chloroplasten eingeleitet wird?

5.10 Synthese von Fettsäuren, Galaktolipiden, Isoprenoiden und Chlorophyll in Plastiden

Die Biosynthese der Fettsäuren erfolgt im grünen Blatt in Chloroplasten, im reifenden Samen in Proplastiden. Die Katalysatoren für diese Reaktionssequenz sind ähnlich wie bei Bakterien strukturiert: als unabhängige Einzelenzyme setzen sie Acyl-Gruppen um, die als Thioester an Träger-Protein gebunden sind. Die Umwandlung der Fettsäuren zu Reservestoffen oder Membranlipiden geschieht durch Kooperation des Chloroplasten mit anderen Organellen.

Die in der Natur häufig vorkommenden Fettsäuren enthalten 16 oder 18 C-Atome. Sie können gesättigt sein oder eine oder mehrere *cis*-Doppelbindungen aufweisen. Fettsäuren kommen in der Natur nicht frei vor, sondern als Acyl-Gruppen in Triglycerid oder Membranlipiden. Triglyceride sind Reservestoffe, in der Regel in eigenen Organellen, den Lipidkörpern, deponiert.

Zunächst wollen wir uns eine Übersicht über die wichtigsten natürlichen Fettsäuren und die Strukturen von Membranlipiden verschaffen. Aus den Strukturen läßt sich bereits erahnen, welche Bau- und Modifizierungsprinzipien zum Zuge kommen.

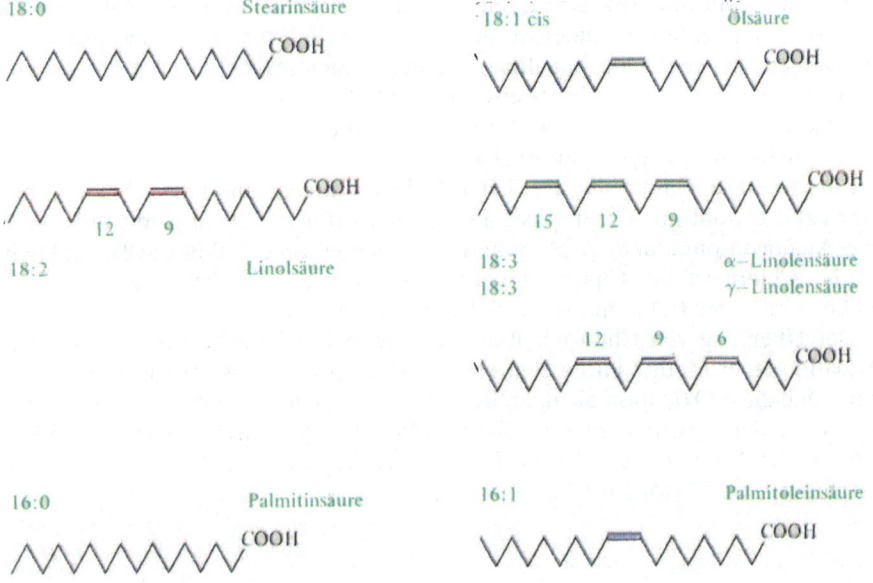

Abb. 5.59. Schematische Darstellung der Struktur wichtiger Fettsäuren. Zur rationalen Bezeichnung der Fettsäuren bedient man sich einer Kurzschreibweise, wobei lediglich die Zahl der Kohlenstoffatome sowie die Zahl der Doppelbindungen angegeben werden. So will man beispielsweise durch die Notation 16:0 für Palmitinsäure anzeigen, daß die Verbindung 16 Atome (einschließlich der Carboxylgruppe) hat und keine Doppelbindung aufweist. 18:1 *cis* entspricht Ölsäure (mit einer *cis*-Doppelbindung) oder 18:2 *cis* Linolsäure mit zwei Doppelbindungen

Die meisten **Membran-Lipide** leiten sich vom Glycerin ab. In der polaren Kopf-gruppe treten aber so unterschiedliche Strukturen wie ungeladene Zucker, Anionen von Phosphorsäure-Diestern oder Betaine auf.

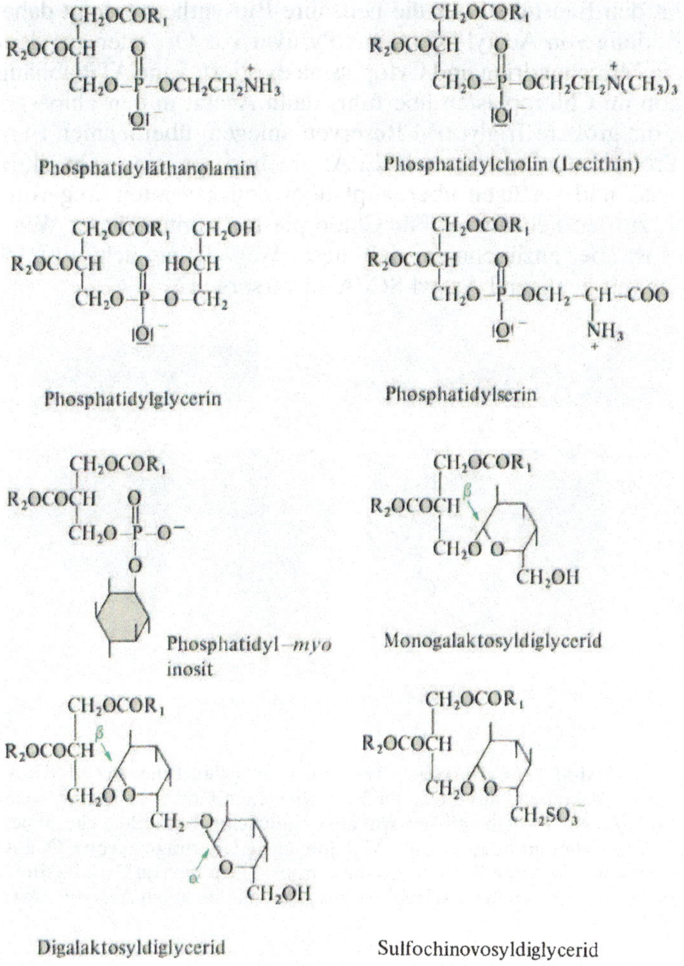

Abb. 5.60. Strukturformen der wichtigsten Membranlipide der Thylakoide

Die Biosynthese der Fettsäuren ist in Pflanzen eine Spezialität der Plastiden. In vielen Fällen aber gelangen die fertigen Produkte der Fettsäure-Synthase-Reaktion in das Cytoplasma und andere Kompartimente; dort erst werden sie modifiziert und zum Endprodukt zusammengebaut.

Chloroplasten sind in der Lage, Fettsäuren de novo aus Acetat-Einheiten aufzu-bauen. Neben der Kettenverlängerung von mittellangen Fettsäuren zu langkettigen Fettsäuren, die im Cytoplasma stattfindet, ist bei Pflanzen der Plastid wohl der einzige Ort, wo Fettsäure-Synthese erfolgt. Ausgangsmaterial für die Fettsäure-Synthese sind Acetyl-SCoA, Malonyl-SCoA und NADPH.

Die Bildung von Malonyl-SCoA im Chloroplasten

Malonyl-SCoA wird durch Carboxylierung aus Acetyl-SCoA hergestellt. Für beide CoA-Ester sind die Organellenmembranen undurchlässig. Die Versorgung des Chloroplasten mit den Bausteinen für die Fettsäure-Biosynthese erfolgt daher entweder durch die Bildung von Acetyl-SCoA aus Pyruvat vor Ort oder aus dem Vorrat an Acetat, der in Mitochondrien und Cytoplasma existiert. Eine ATP-abhängige Thiokinase-Reaktion im Chloroplasten überführt dann Acetat in den Thioester. In reifenden Samen, die größere Triglycerid-Reserven anlegen, übernehmen Etioplasten die Rolle der Produzenten von Acetyl-SCoA: sie besitzen eine sehr aktive Pyruvat-Dehydrogenase und verfügen überhaupt über den gesamten Weg von Glucose-6-phosphat bis zu den Fettsäuren. Für Chloroplasten könnte dieser Weg u. U. auch zutreffen; es ist aber anzunehmen, daß dieser Weg alleine nicht ausreicht, um den Chloroplasten mit genügend Acetyl-SCoA zu versorgen.

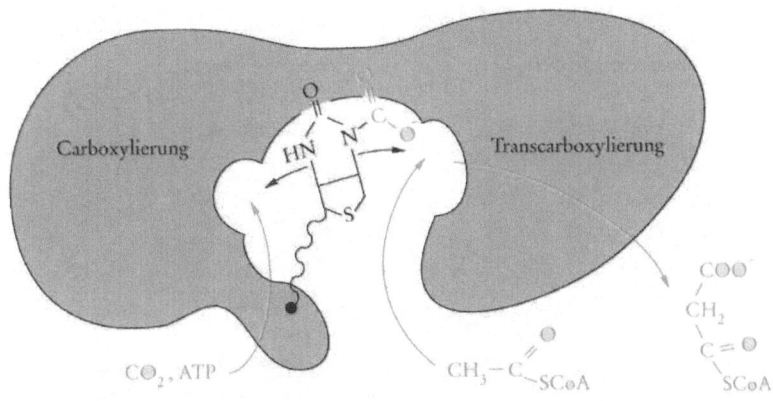

Abb. 5.61. Die Acetyl-SCoA-Carboxylase-Reaktion. Die pflanzliche Acetyl-SCoA-Carboxylase besteht nicht wie die bakterielle aus 3 UE mit 3 verschiedenen Funktionen, sondern aus einem großen Protein. Auf diesem Protein müssen wir aber unterschiedliche Bereiche annehmen. Einen Bereich für die Carboxylierungsreaktion, die ATP-abhängige Übertragung von CO_2 auf das kovalent gebundene Biotin; einen weiteren Bereich, wo die Carboxyl-Gruppe von Carboxy-Biotin auf Acetyl-SCoA transferiert wird. Aryloxiphenoxipropionsäure-Derivate hemmen Acetyl-CoA-Carboxylase

Acetyl-CoA-Carboxylase (UE 230 kDa, vermutlich Dimer) kann aufgrund des kovalent gebundenen Biotins leicht detektiert werden (z. B. mit Avidin). Es ist für das plastidäre Enzym noch nicht geklärt worden, ob eine Modifizierung an einem Serin-Rest im C-terminalen Bereich des Enzyms die Biosynthese der Fettsäuren kontrolliert. Die Enzym-Aktivität wird durch Licht erhöht; der Mechanismus der Aktivierung ist nicht bekannt. Da aber Malonyl-SCoA nicht nur für die Fettsäure-Biosynthese benötigt wird, sondern in anderen, induzierbaren Wegen eine wichtige Rolle spielt, sollte man eine komplexe Art der Regulation des Enzyms erwarten.

Fettsäure-Biosynthese kann man als einen Prozeß verstehen, bei dem der Start mit Acetyl-SCoA erfolgt und dann mit Malonyl-SCoA verlängert wird. Das Verlängerungsreagens ist eine aktivierte Essigsäure; die intermediär eingesetzte Carboxylgruppe geht bei der anschließenden Kondensation wieder als CO_2 verloren.

Wie kommen Chloroplasten zum Acetyl-SCoA, dem Baustein für Fettsäuren und Isoprenoide? Überraschenderweise gibt es für ein so zentrales Intermediat wie Acetyl-SCoA dann durchaus Lücken im Kenntnisstand, wenn es darum geht, sein Vorkommen oder seine Bildung in den einzelnen Kompartimenten einzuordnen. Acetyl-SCoA wird in der Pyruvat-Dehydrogenase-Reaktion in den Mitochondrien gebildet. Wenn Citrat die Mitochondrien-Membran mittels des Tricarboxylat-Transporters passiert, kann es durch die ATP-Citrat-Lyase im Cytoplasma zu Acetyl-SCoA und Oxalacetat gespalten werden. Genauso würden Hefe- oder Leberzellen vorgehen, um an die Bausteine für die Lipid-Biosynthese zu kommen, die dort im Cytosol stattfindet. Müssen im Falle der Lipid-Biosynthese im Chloroplasten gleich mehrere Kompartimente beteiligt werden? In Etioplasten ist die Bildung von Acetyl-SCoA aus Pyruvat mit mehreren Beispielen belegt. Einige Formen der Plastiden können wahrscheinlich 3-Phosphoglycerat in Schritten, die der Glykolyse ähnlich sind, in Acetyl-SCoA überführen. Von der Pyruvat-Kinase z. B. kennen wir zwei sich deutlich unterscheidende Isoenzyme; das spricht dafür, daß Plastiden einen eigenen Weg vom Triosephosphat zum Acetyl-SCoA besitzen. Müssen wir davon ausgehen, daß dieser Weg in Plastiden und Cytosol in ähnlicher Weise abläuft und die Frage des Hauptwegs in erster Linie von der Expression der entsprechenden Gene abhängt, also von Organismus und dem Differenzierungszustand der Plastiden?

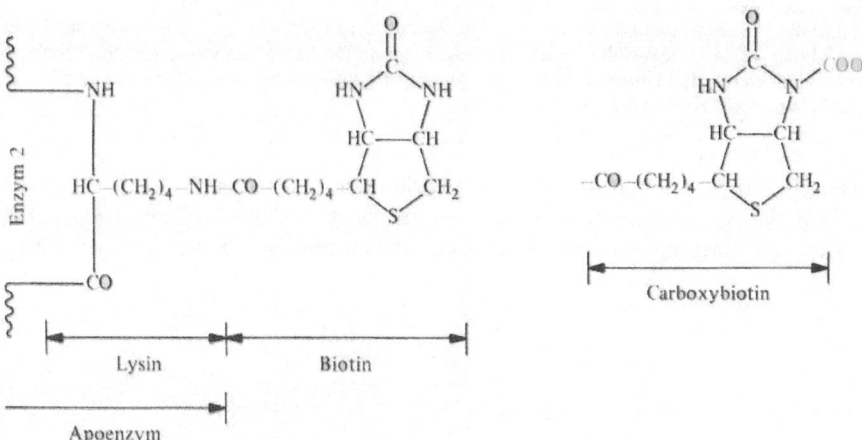

Abb. 5.62. Die Struktur von freiem und gebundenem Biotin. In Bakterien ist das Biotin über eine Amid-Bindung an ein kleines Trägerprotein (22 kDa) gebunden. Man vermutet, daß eine ähnliche Struktur innerhalb des großen Monomeren der plastidären Acetyl-SCoA-Carboxylase für die Bindung des Biotins zuständig ist

Sowohl der Acetyl-Rest als auch der Malonyl-Rest werden in Form der CoA-Ester für die Fettsäure-Synthese bereitgestellt. Das Substrat der Kettenverlängerung aber ist Malonyl-SACP, d. h. eine Acyl-Gruppe, die kovalent an ein kleines Trägerprotein gebunden ist. Dieses Trägerprotein – Acyl-Träger-Protein (10 kDa) – trägt einen Teil des CoA-Moleküls – nämlich den Phosphopanthein-Rest – an einem Seryl-Rest (siehe Abb. 5.63, links). Das Trägerprotein, das im Chloroplasten-Stroma in einer Konzentration von etwa 8 μM vorkommt, ist eng verwandt mit dem entsprechenden Protein aus *E. coli*.

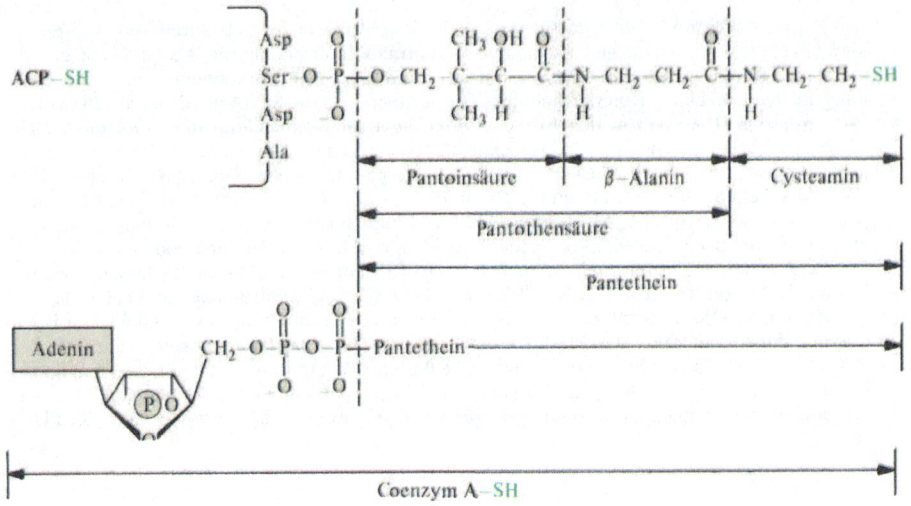

Abb. 5.63. Coenzym A und der Phosphopantethein-Rest des Acyl-Träger-Proteins. Es mag verwundern, daß Carbonsäuren beim Stoffwechsel in der Natur in Form von Thioestern umgesetzt werden. Sowohl das „kleine" CoA-SH als auch das Trägerprotein (10 kDa) sind wasserlösliche Thiole. Es ist aber einleuchtend, daß Thioester sich für die hier zur Diskussion stehenden Umsetzungen besser eignen als Sauerstoff-Ester oder gar freie Säuren

Als aktivierte C_2-Einheit für die Kettenverlängerung dient ein Thioester. Die Strategie läßt sich so zusammenfassen: das Anion am C-α eines Ketons ist ein reaktiver Partner; ein Carbanion in einem Alkylcarboxylat aber so gut wie nicht präsent.

Abb. 5.64. Reaktivität verschiedener Carbanionen. Für eine Aldol- oder Claisen-Reaktion muß neben der Carbonyl-Funktion als zweiter Partner ein Carbanion als Nukleophil zur Verfügung stehen. Als Vergleich dient uns das C-α eines Ketons; je besser die korrespondierend Base, das Carbanion, stabilisiert ist, desto wahrscheinlicher wird die Abgabe eines Protons der Ausgangsverbindung. Im Falle des Ketons mit seiner echten C=O-Doppelbindung ist eine Delokalisierung der Ladung möglich. In einem O-Ester hingegen ist der Doppelbindungscharakter der C=O-Bindung aufgrund der Mesomerie innerhalb der Ester-Gruppierung nur mehr teilweise vorhanden. Die Folge ist, daß eine Delokalisierung der am C-α befindlichen negativen Ladung vermindert ist. Anders beim Thioester; da aufgrund der fehlenden Möglichkeit zur Überlappung der d-Orbitale des S mit dem Orbital am C eine Mesomerie-Stabilisierung innerhalb der Ester-Gruppierung nicht möglich ist, steht die C=O-Doppel-Bindung des Esters voll zur Verfügung für die Delokalisierung der Ladung am C-α. Diese Überlegungen können auch experimentell belegt werden: der pK-Wert für die Dissoziation des Protons vom C-α ist beim Thioester niedriger als beim O-Ester. Da die Reaktionen in einem wäßrigen Milieu bei fast neutralen pH-Werten ablaufen müssen, ist die Frage ganz entscheidend, ob unter diesen Bedingungen eine Verbindung auch tatsächlich ein Carbanion in ausreichender Konzentration liefert. Durch weitere Erhöhung der Delokalisierung wird die Reaktivität des Nukleophils weiter verstärkt; dies treffen wir beim Malonyl-SCoA an

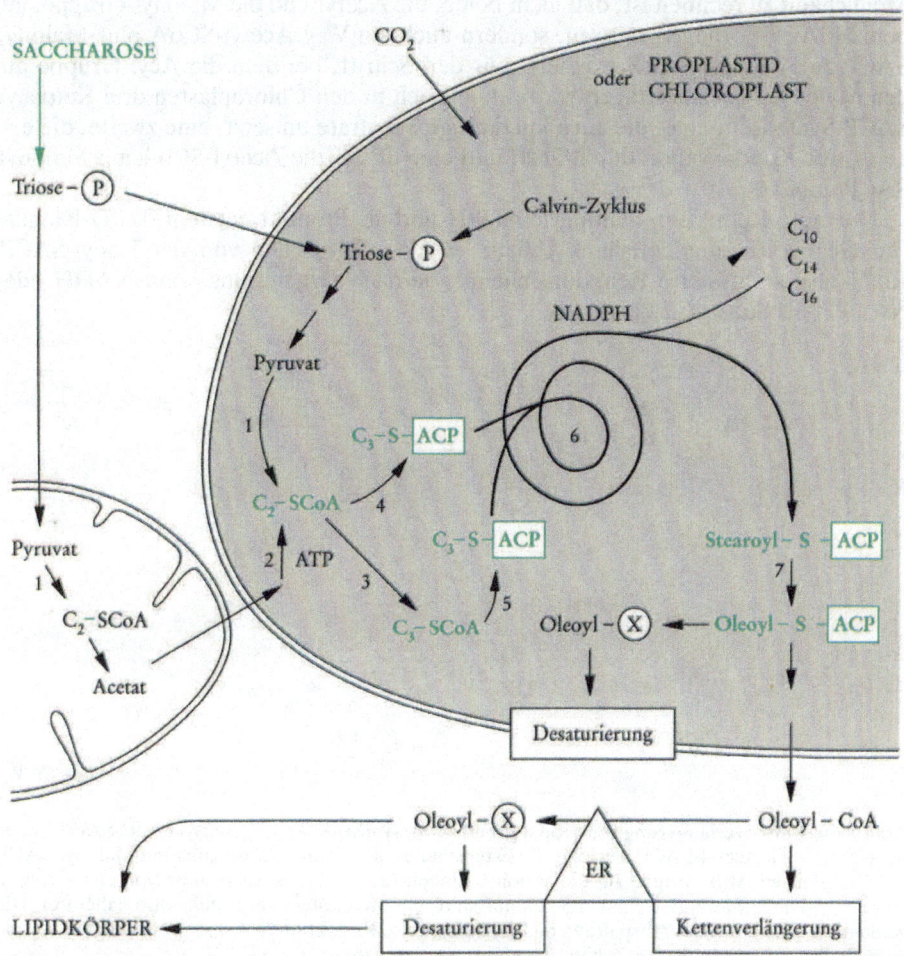

Abb. 5.65. Überblick über die Fettsäure-Biosynthese. Nach der Versorgung der Plastiden mit Acetyl-SCoA, entweder aus Acetat (2) oder durch die Pyruvat-Dehydrogenase-Reaktion (1), wird ein Großteil in Malonyl-SCoA überführt (3). Die eigentlichen Substrate sind Acetyl-SACP und Malonyl-SACP, die durch Transfer auf das Trägerprotein entstehen (4,5). Für die Fettsäure-Synthese (6) sind dann pro Verlängerung nur eine C_2-Einheit und 2 Moleküle NADPH notwendig. Als Produkt tritt in der Regel der C_{18}-Körper Stearoyl-SACP auf. Die Einführung der ersten cis-Doppelbindung – in Bindung 9 – geschieht noch im Chloroplasten (7). Die weiteren Modifikationen finden am ER statt. Desaturierung kann auf der Stufe der Membranlipide entweder an der Hüllenmembran oder am ER ablaufen

Bemerkenswert sind bei der Fettsäure-Synthese im Chloroplasten die Einbringung von Acetat, der Weg auf der Stufe der acylierten Trägerproteine, die Verwendung von NADPH als Reduktionsmittel und die Abgabe von Oleat als Produkt.

Als eine Erhöhung der Komplexität der ersten Schritte der Fettsäure-Synthese muß man die Tatsache bewerten, daß es unterschiedliche Formen von Acyl-Träger-Protein und Malonyl-SCoA:HSACP-Transacylase gibt, und daß offenbar mit der

Möglichkeit zu rechnen ist, daß nicht beide, die Acetyl und die Malonyl-Gruppe, auf dem HSACP vorliegen müssen, sondern auch ein Weg Acetyl-SCoA plus Malonyl-SACP zu Ketoacyl-SACP existiert. Für den Schritt, bei dem die Acyl-Gruppe auf den Malonyl-Rest übertragen wird, finden sich in den Chloroplasten drei Ketoacyl-SACP-Synthasen; eine, die auch kurzkettige Substrate umsetzt, eine zweite, die erst ab C_{14} die Kondensation durchführt, und eine dritte, die Acetyl-SCoA mit Malonyl-SACP umsetzt.

Die erste Reduktion benötigt NADPH und als Produkt entsteht das D-Isomere (im Gegensatz zum Fettsäure-Abbau; → Abb. 7.18). Die von der Enoyl-SACP-Reduktase katalysierte Reaktion scheint – je nach Organismus – mit NADH oder NADPH als Substrat zu arbeiten.

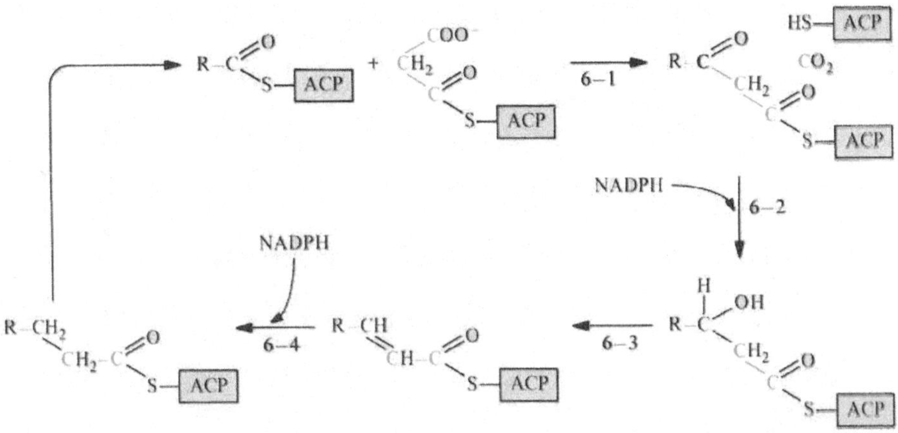

Abb. 5.66. Kettenverlängerung während der Fettsäure-Synthese. Ausgehend von Acyl-SACP – oder beim Start auch Acetyl-SACP – erfolgt die Esterkondensation durch Umsetzung mit Malonyl-SACP. Der Transfer der Acyl-Gruppe auf die Malonyl-Einheit (das C-Gerüst ist grün hervorgehoben) wird von einem kondensierenden Enzym 6–1 katalysiert; ein Molekül Trägerprotein wird dabei frei. Die Reduktion 6–2, die Wasserabspaltung 6–3 und die zweite Reduktion 6–4 sind notwendig, bevor die Acyl-Gruppe erneut in diesen Zyklus eingeführt werden kann

Eine lösliche *Thioesterase* im Stroma kann bei bestimmten Pflanzen die Kettenlänge der freigegebenen Fettsäure bestimmen; sie spaltet z. B. nämlich ganz bevorzugt C_{12}-SACP. In diesen Pflanzen trifft man C_{12}-Säuren in den Triglyceriden an. Wenn das Gen für die Thioesterase mit dieser besonderen Spezifität in eine „normale", kaum C_{12}-bildende Pflanze übertragen wird, kommt es in den Lipiden der transgenen Pflanze zu einem starken Anstieg der C_{12}-Säure im Triglycerid.

Da Chloroplasten einen hohen Anteil an ungesättigten Fettsäuren in ihren Membranlipiden aufweisen, läge es nahe, ihnen auch die Desaturierung (= Einführung der Doppelbindung) zuzuschreiben. Es spricht viel dafür, daß die erste Desaturierung, die Bildung des Ölsäure-Derivats, im Chloroplasten abläuft. Die Stearoyl-SACP-Desaturase liegt im Stroma von Plastiden vor. Sie unterscheidet sich vom Desaturierungssystem der Hefen und Tiere, das membrangebunden ist und mit Stearoyl-SCoA als Substrat arbeitet. Als Reduktionsmittel verwendet der Chloroplast reduziertes Eisen-Schwefel-Protein, als e-Akzeptor O_2.

Glyko- und Sulfolipide als Glycerin-Derivate

Als ersten Schritt in Richtung der Glycerolipide kann man die Reduktion von Dihydroxyacetonphosphat ansehen. Die entsprechende Dehydrogenase im Chloroplasten könnte in ihrer Aktivität durch Thioredoxin kontrolliert werden.

Bei der Synthese der Phosphodiester-Brücke in Membranlipiden gilt das Prinzip, daß einer der beiden über Phosphorsäure zu verknüpfenden Alkohole aktiviert sein muß – ein Nukleosid-diphosphat als Abgangsgruppe vorweisen kann. Es kann dies der Glycerin-Teil sein oder der einwertige Alkohol – etwa Cholin.

Es ist wohl davon auszugehen, daß die Synthese der Phospholipide an der Membran des ER stattfindet. Die Galaktolipide aber werden im Plastiden, vor allem an den Hüllenmembranen, hergestellt. Wie weit nun ein Austausch der Produkte zwischen dem Ort der Synthese und anderen Membranen der Zelle erfolgt, ist nur ansatzweise zu beschreiben. In Analogie zum tierischen System muß man wohl den Phospholipid-Austauschproteinen eine wichtige Rolle zuschreiben.

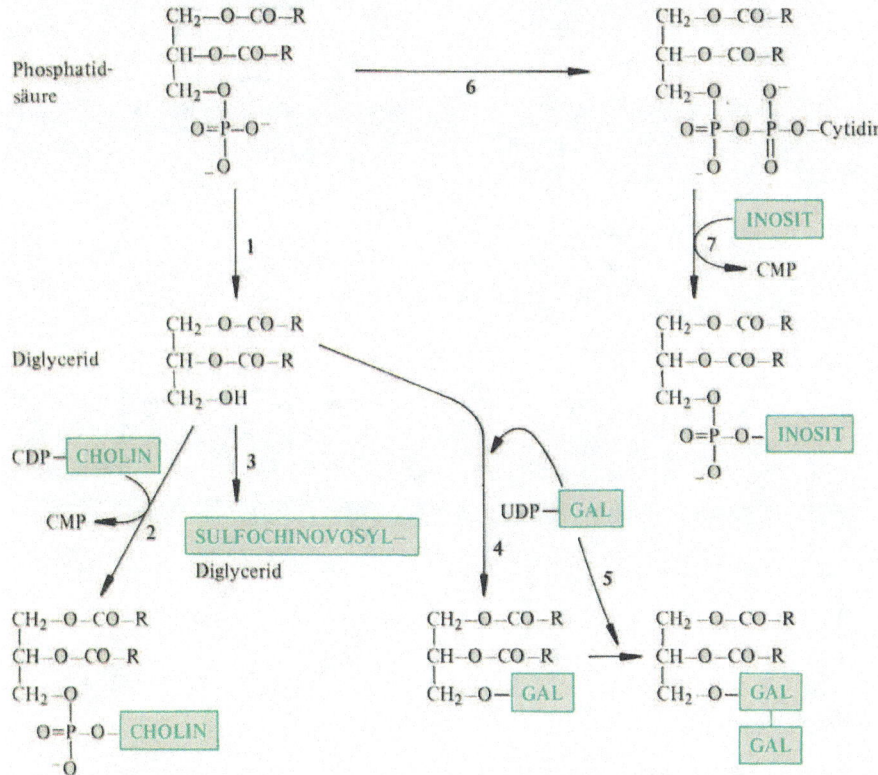

Abb. 5.67. Glykolipid-Synthese an der Hüllenmembran des Chloroplasten. Sie enthält alle Enzyme für die Synthese von Galaktosyl-Diglyceriden. Die Synthese der Phosphatidsäure kann vermutlich aus Acyl-SACP erfolgen. Phosphatidat-Phosphatase und Galaktosyltransferase wurden der inneren Hüllenmembran zugeordnet. Diglycerid ist auch das Substrat für die Synthese von Sulfochinovosyl-lipid und Phosphatidyl-glycerin, dem dominierenden Bestandteil der Chloroplasten-Membranen. Dazu kommt die Synthese von Phosphatidyl-glycerin aus CDP-Diacyl-glycerin

Die Acyl-Transferase, die den ersten Transfer durchführt, übernimmt den Oleoyl-Rest von Oleoyl-SACP. Ausnahmen können kälteempfindliche Pflanzen sein, bei denen diese Präferenz der Transferase nicht existiert und die deshalb eher gesättigte Fettsäuren in die Position 1 einbauen. Der Transfer in Position 2 erfolgt durch eine Transferase, die bevorzugt 16:0 einbaut. Die Kälteempfindlichkeit bestimmter Pflanzen beruht auf der unterschiedlichen Spezifität einer Acyl-Transferase. *Desaturasen* (→ Abb. 6.2) entscheiden über Acyl-Gruppen von Glyceriden.

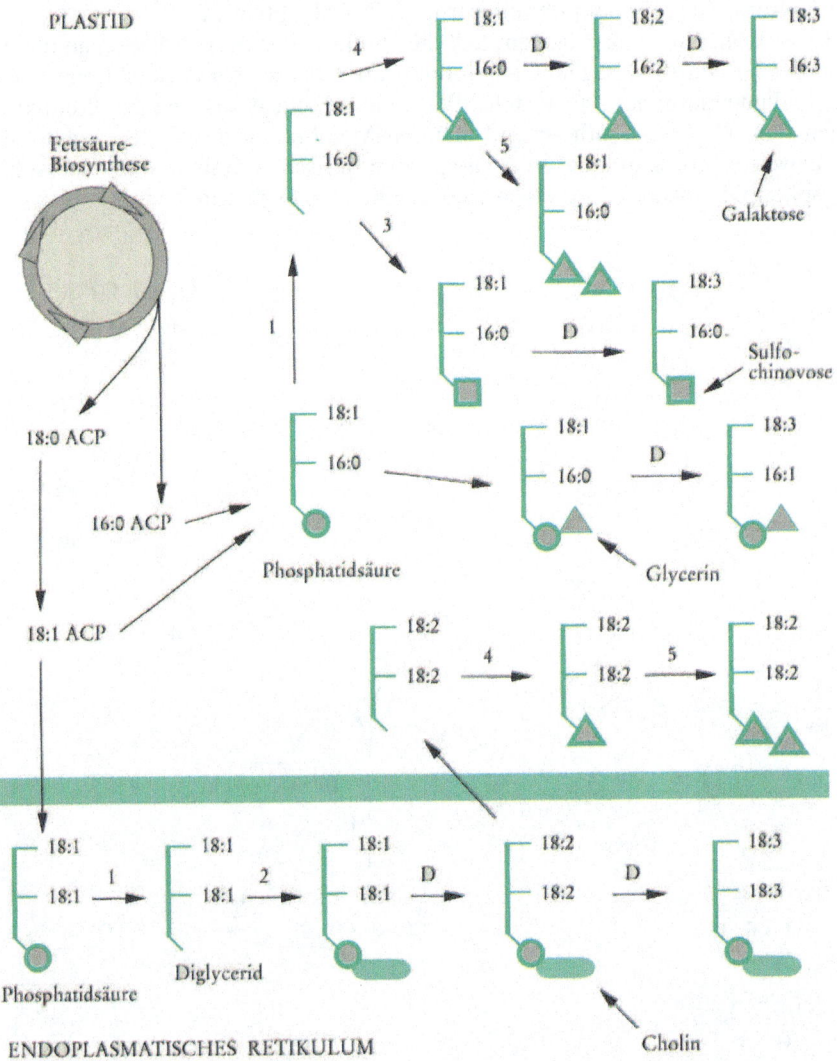

Abb. 5.68. Übersicht über die Desaturierungen im Plastiden und Endoplasmatischen Retikulum. Oleoyl-Reste werden sowohl im Plastiden als auch am Endoplasmatischen Retikulum umgesetzt. Diejenigen Übergänge, die von einer Desaturase katalysiert werden, sind mit D gekennzeichnet. Für die alkoholische bzw. Glyko-Komponente der Lipide wurden Symbole gewählt, um nicht zu stark von dem Geschehen am Acyl-Rest abzulenken. 1: Phosphatase; 2: Umsetzung mit CDP-Cholin

Isoprenoide entstehen aus Isopentenyl-diphosphat

Isoprenoide werden in zwei Kompartimenten – relativ unabhängig voneinander, aber nach identischen oder sehr ähnlichen Prinzipien – aufgebaut. Die Frage, ob es sich bei den Reaktionen zu Beginn der langen Synthesekette um Vorgänge handelt, die von Isoenzymen im Cytosol und in den Plastiden nach denselben Mechanismen katalysiert werden, muß mangels enzymologischer Arbeiten auf diesem Gebiet offen bleiben. Vieles spricht dafür, daß die Synthese von Isopentenyl-diphosphat und die ersten Prenyl-Transferase-Reaktionen in Cytosol und Plastiden gleich ablaufen – vielleicht in ihrer Regulation aber unterschiedlich zu handhaben sind. Spätestens bei der Betrachtung der Endprodukte – oder in der zweiten Hälfte der Synthesekette – kann man deutlich zwischen der Funktion von Plastiden und Cytoplasma unterscheiden: Diterpene und Tetraterpene sind Markenzeichen der Plastiden, Triterpene ordnet man dem Cytoplasma zu. Bei dieser Sachlage läßt es sich nicht vermeiden, daß Isoprenoid-Synthese und -Stoffwechsel hier und später im Subkapitel 6.1 besprochen werden.

Isopentenyl-diphosphat – und das isomere Dimethylallyl-diphosphat – sind die Reagenzien, mit denen wir die Synthese der manchmal überaus komplizierten Terpen-Moleküle beginnen können. Das Verknüpfungsprinzip in dieser ersten Phase des Aufbaus heißt: Umsetzung eines reaktiven C_5-Körpers mit Isopentenyl-diphosphat zum C_{10}-Körper, weitere Verlängerung zu C_{15}- und C_{20}-Verbindungen.

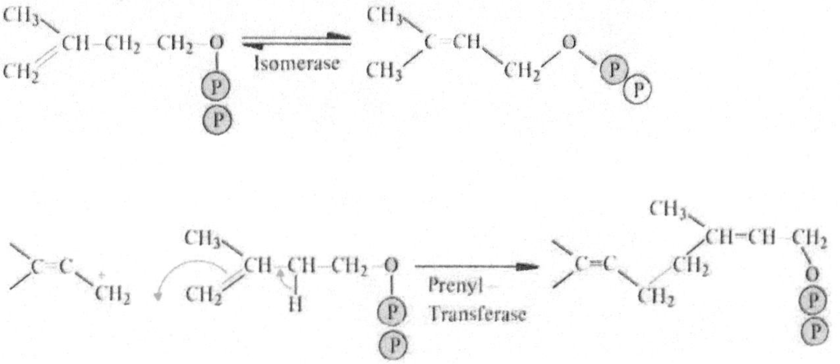

Abb. 5.69. Isomerisierung und Kettenverlängerung bei der Synthese von Isoprenoiden. Die Stereochemie dieser Reaktionen wird in Abb. A1.5 behandelt

In der zweiten Phase der Synthesen von Terpenen werden intramolekulare Brücken gebaut und Umlagerungen von Carbokationen (Wagner-Meerwein-Umlagerungen) vorgenommen. Zwei Beispiele von Diterpenen, die sich vom Geranylgeranyl-diphosphat ableiten, werden im folgenden etwas genauer unter die Lupe genommen. Es handelt sich beide Male um Verbindungen mit bedeutenden physiologischen Funktionen. Gibberellinsäure, deren Synthese im Plastiden abläuft, ist ein wichtiges Pflanzen-Hormon. Wir kennen eine sehr große Anzahl von Gibberellinen mit sehr unterschiedlichen Modifikationen am Grundgerüst (→ Abb. 5.71); ihre Bildung läuft aber vorerst über einen gemeinsamen Weg, nämlich über Kopalyl-diphosphat zu Kauren. Genauer beschrieben wurde in diesem Zusammenhang nur die Kauren-Synthase.

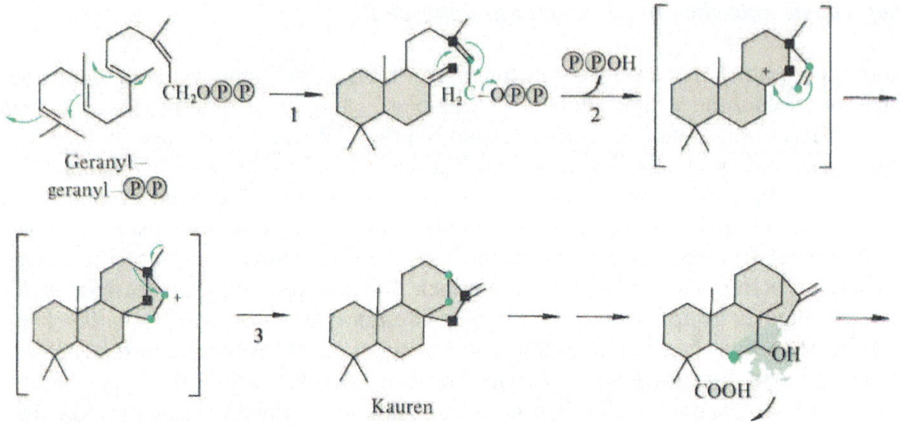

Abb. 5.70. Eingangsschritte bei der Biosynthese der Gibberellinsäure. Die Kauren-Synthase führt die Zyklisierung von Geranyl-geranyl-diphosphat durch. Eine Reihe von Oxygenase-Schritten erfolgt am Ringsystem des Kaurens. Die Hydroxylierung (grünes Feld) ist notwendig, damit die Ringverengung unter Ausscheren eines ursprünglich dem mittleren Ring angehörenden C-Atoms in Form einer Carboxyl-Gruppe ablaufen kann. Plastide sind in reifenden Samen die Orte der Synthese der zahlreichen Gibberellinsäure-Derivate

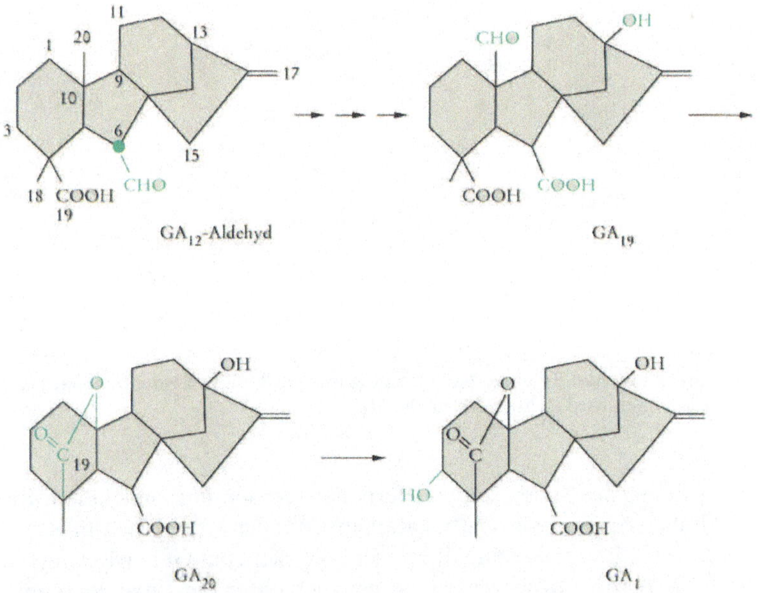

Abb. 5.71. Biosynthese der Gibberellinsäure. Als Beispiel wird die Sequenz zu GA_1 angedeutet. Nachdem die Aldehyd-Gruppe von GA_{12}-Aldehyd oxidiert ist, dominiert derjenige Weg, bei dem am rechten Ring (Position 13) eine Hydroxyl-Gruppe eingefügt wird. Anschließend kommt es zur schrittweisen Oxidation am C-20, bis zur Decarboxylierung. Dabei entsteht in noch ungeklärter Weise eine Hydroxyl-Gruppe am C-10; dies erlaubt den Ringschluß mit C-19 zu einem Lacton (GA_{20}). Durch Hydroxylierung am C-3 entsteht das Gibberellin, das in Pflanzen als das biologisch aktive anzusehen ist

208

Vom Kauren ausgehend kommt es zuerst zu einer Oxidation einer Methyl-Seiten-kette bis auf die Stufe der Carbonsäure; dann wird der mittlere Ring (Position 7) hydroxyliert. Durch Umlagerung und Ausscheren von C-7 ergibt sich eine Ringver-engung; es entsteht das erste Gibberellin, GA_{12}-Aldehyd (Abb. linke Seite).

Eine Prenyl-Transferase – nämlich die Geranylgeranyl-diphosphat-Synthase – und die Casben-Synthase erweisen sich im Endosperm von *Ricinus*-Keimlingen als Kom-ponenten der Proplastiden; ihre Synthese kann durch Pilzbefall induziert werden.

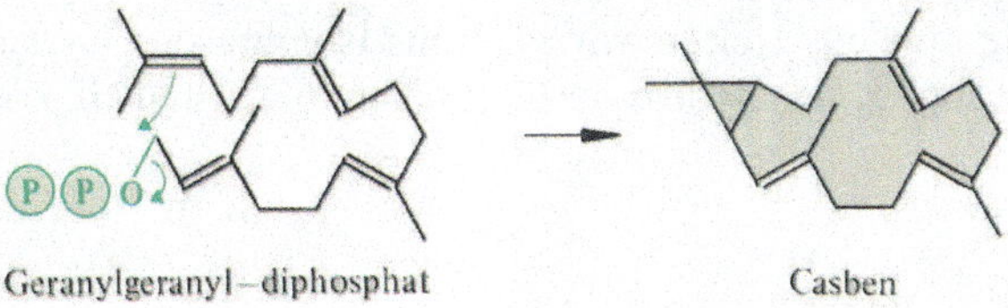

Geranylgeranyl–diphosphat   Casben

Abb. 5.72. Casben-Synthase-Reaktion. Die Bildung von Casben aus einer C_{20}-Vorstufe sowie die Induktion dieses Synthesewegs durch biotische Faktoren muß man in Zusammenhang mit einer ähn-lichen Reaktion sehen: dem Übergang einer C_{15}-Vorstufe in Rishitin und Phytuberin (→ Abb. 6.17). Bei all diesen Verbindungen handelt es sich, von der physiologischen Rolle her gesehen, um Phyto-alexine

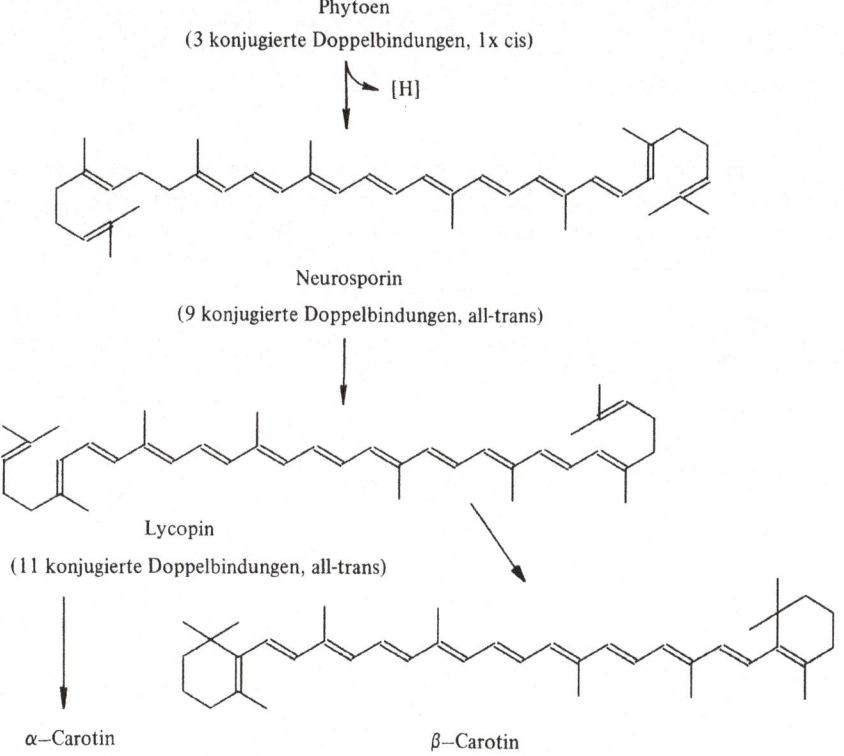

Phytoen
(3 konjugierte Doppelbindungen, 1x cis)

[H]

Neurosporin
(9 konjugierte Doppelbindungen, all-trans)

Lycopin
(11 konjugierte Doppelbindungen, all-trans)

α–Carotin   β–Carotin

Abb. 5.73. Übersicht über die Bildung von Carotinoiden aus Phytoen. Auf dem Weg zu den Caroti-noiden wird eine C_{40}-Vorstufe (Phytoen) durch wiederholte Oxidation mehr und mehr mit Doppel-bindungen im C-Gerüst versehen

Diterpene ergeben durch Dimerisierung Tetraterpene. Die wichtigsten Vertreter sind Carotinoide. Aus Geranylgeranyl-diphosphat wird über Prephytoen-diphosphat (→ Abb. 6.19) ein Phytoen gebildet. Ob für den weiteren Weg Pflanzen von 15-trans-Phytoen ausgehen, während Pilze 15-cis-Phytoen verwenden, ist noch nicht ganz gesichert. Unter der Katalyse von multifunktionellen Desaturasen, wie sie z. B. in der Membran von Chromoplasten zu finden sind, entsteht zuerst Phytofluen, dann ζ-Carotin und Neurosporin.

Auf dem Weg zu den weiteren Carotinoid-Derivaten, die im Plastiden eine entscheidende Rolle spielen, treffen wir cis-trans-Isomerasen, Cyclasen, die Ionon-Ringe bilden (→ Abb. 5.74), Hydroxylasen (→ Abb. 6.45) und Glykosyl-Transferasen an.

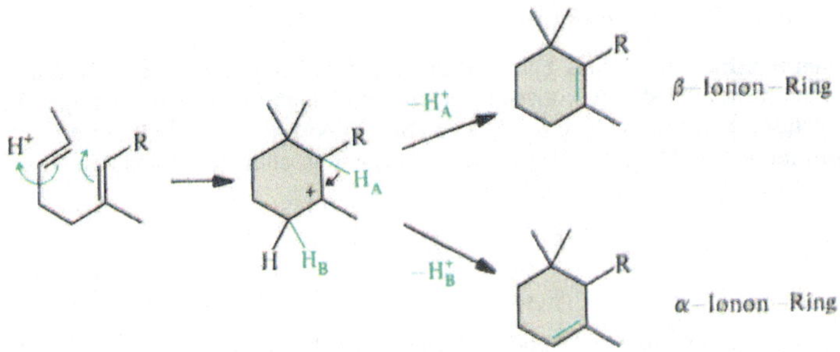

Abb. 5.74. Bildung des Iononrings

Carotinoide mit den Cyclohexan-Ringen an beiden Enden des Moleküls erfahren weitere Modifikationen und ergeben dann die Sauerstoff enthaltenden Xanthophylle. Die Einführung von zwei Hydroxyl-Gruppen läßt uns von α-Carotin zum Lutein und vom β-Carotin zum Zeaxanthin gelangen. Vom Mechanismus her muß man von einer Monooxygenase-Reaktion ausgehen.

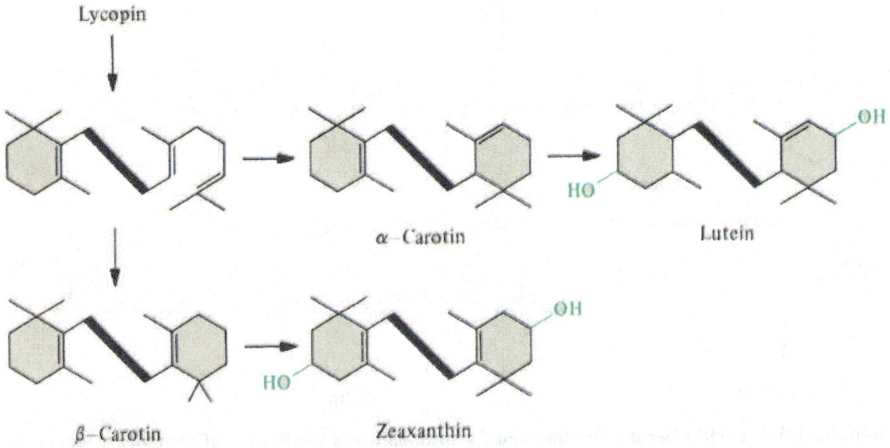

Abb. 5.75. Übergang zu Lutein und Zeaxanthin

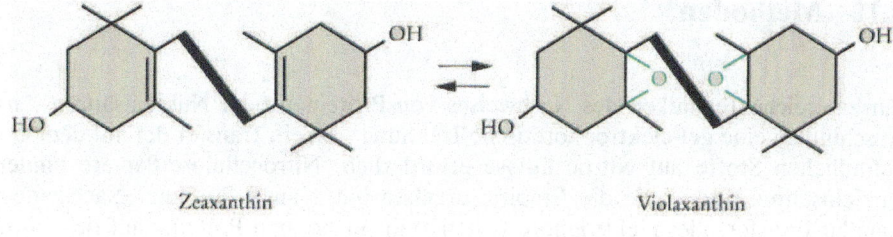

Zeaxanthin　　　　　　　　　　　　Violaxanthin

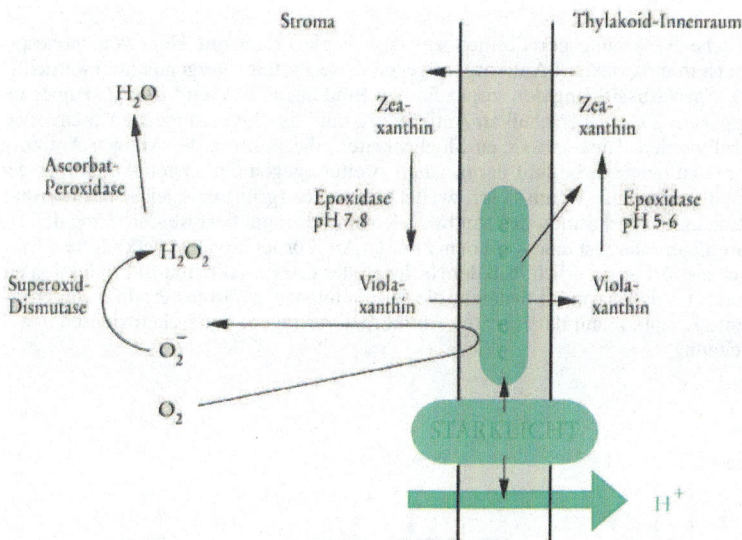

Abb. 5.76. Der Xanthophyll-Zyklus bei hoher Beleutungsdichte. Schon früher war festgestellt worden, daß der Gehalt an Violaxanthin bei Belichten abnimmt. Die lichtabhängige Reaktion (505 nm) stellte sich als De-Epoxidierung heraus. Die Funktion des Xanthophyll-Zyklus könnte in einer noch nicht verstandenen Art der Adaption liegen oder mit dem Schutz vor Photooxidation zusammenhängen. Violaxanthin, ein Epoxid, entsteht in einer NADPH-abhängigen Monooxygenase-Reaktion an der Stromaseite der Thylakoide. Die De-Epoxidierung ist eine Reduktion, die an der dem Innenraum zugewandten Seite der Thylakoide abläuft. In vitro wird diese Reaktion durch Ascorbat vermittelt. Die Xanthophyll-Zusammensetzung der Plastiden-Hülle ändert sich bei Belichtung. Der Anteil an Violaxanthin nimmt stark ab, wenn Etioplasten in Chloroplasten übergehen. Parallel mit der Änderung der Carotinoide, die man auch beim Übergang Chloroplast → Chromoplast antrifft, ändert sich auch die Permeabilität der Hüllenmembran. Phytoen-Synthase und Phytoen-Dehydrogenase wurden an der Hüllenmembran lokalisiert

Der Xanthophyll-Zyklus besteht aus einer, von der Lichtintensität abhängigen Konversion von 3 hydroxylierten Carotinoiden. Es ist ein Übergang von Epoxiden zu Verbindungen, die frei sind von einer Epoxid-Struktur und umgekehrt.

Auch bei Organismen, die Plastiden nicht besitzen, übt Licht – vor allem Blaulicht – die Rolle des Induktors aus. Ein Flavoprotein als Rezeptor und Kontrolle der Transkription gehören zu der Signalkette, die bei *Neurospora crassa* zur Synthese von Enzymen auf dem Weg von Isopentenyl-diphosphat zu β-Carotin führt. Phytoen liegt bereits im Dunkeln vor; Licht induziert Phytoen-Dehydrogenierung.

211

5.11 Methoden

Für zahlreiche Techniken des Nachweises von Proteinen oder Nukleinsäuren – im Anschluß an eine gel-elektrophoretische Trennung – ist ein Transfer der auf dem Gel befindlichen Stoffe auf Nitrocellulose erforderlich. Nitrocellulose-Papiere binden Nukleinsäuren und – wie die Empirie ergeben hat – auch Proteine. Nach einem Kapillar-Transfer oder elektrophoretischen Transfer können Proteine auf der Nitrocellulose (NC) durch allgemeine oder spezifische Anfärbungen sichtbar gemacht werden.

Eine spezifische Anfärbung der Position auf dem Papier kann mit Hilfe von monospezifischen (natürlich auch monoklonalen) Antikörpern gegen diese Proteine vorgenommen werden (Immunodekoration). Nach Absättigung der unspezifischen Bindungsstellen wird das NC-Papier in Antikörper-Lösung gebadet; der Überschuß an Antikörpern muß durch verschiedene Waschvorgänge sorgfältig entfernt werden. Eine von vielen Möglichkeiten, die Position des Antigen-Antikörper-Komplexes sichtbar zu machen, besteht darin, einen zweiten, gegen den ersten Antikörper gerichteten Antikörper zu verwenden. Wenn dieser zweite Antikörper (grün) eine leicht nachweisbare Eigenschaft trägt, kann so die Position des Sandwich-Komplexes detektiert werden. Eine derartige leicht nachweisbare Eigenschaft ist eine – mit dem zweiten Antikörper kovalent verknüpfte – Enzym-Aktivität. Wünschenswert ist natürlich, daß der Nachweis der Enzym-Aktivität zu Produktion eines farbigen Stoffes führt. Als Enzym-Aktivitäten, die für ein intensiv gefärbtes Produkt sorgen, aber auch eine kovalente Kopplung mit dem zweiten Antikörper vertragen, finden Peroxidasen bzw. Phosphatasen Verwendung.

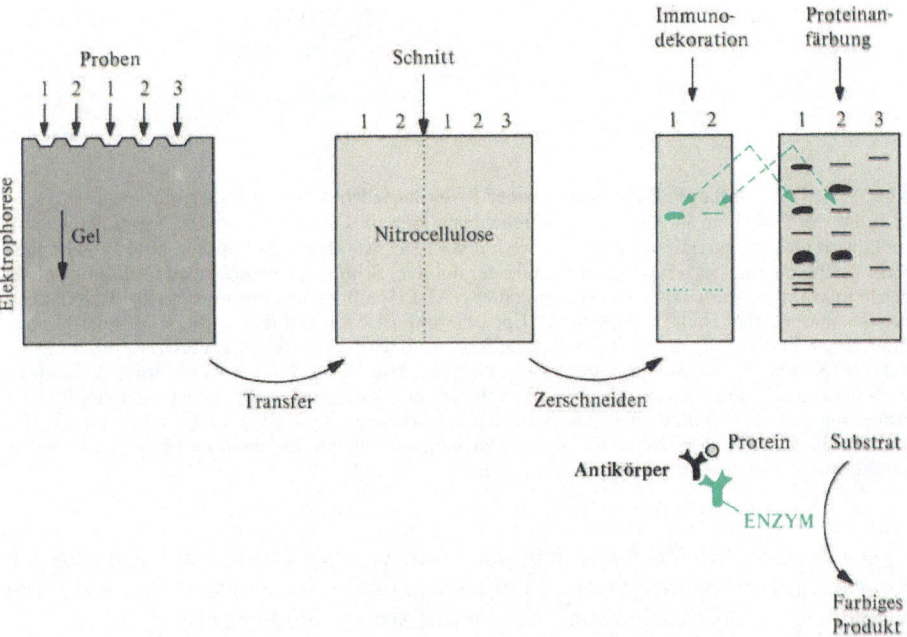

Abb. 5.77. Nachweis eines Proteins nach Transfer auf Nitrocellulose-Membran. Durch Immunodekoration (Western-Blot) können aus der großen Anzahl von vorhandenen Proteinen ganz bestimmte sichtbar gemacht und halb-quantitativ bestimmt werden. Durch besondere Verstärkereffekte gelingt es, mit diese Methode Mengen von kleiner als 0.1 µg eines Proteins in einer Mischung von 200 µg Protein nachzuweisen

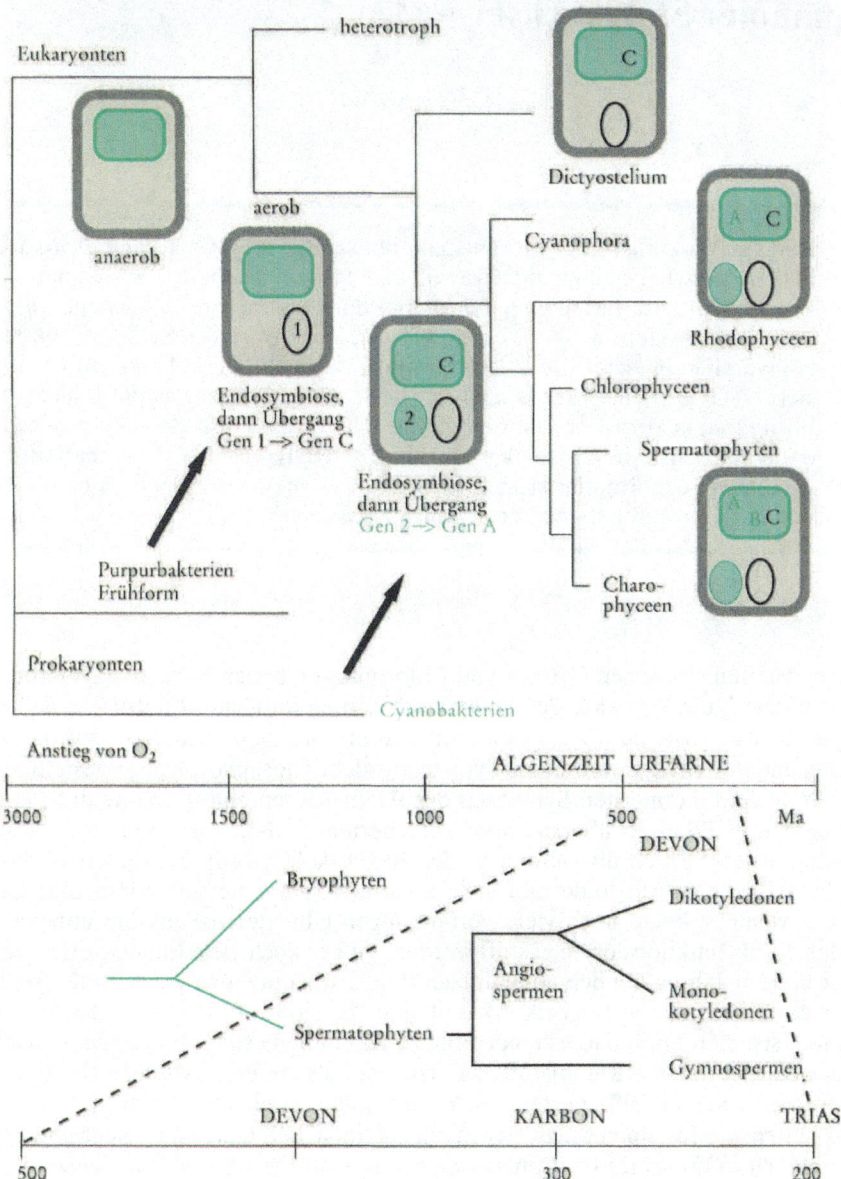

Abb. 5.78. Phylogenetische Beziehungen zwischen verschiedenen Genen der Glycerinaldehydphosphat-Dehydrogenase und molekulare Phylogenie. Das Schema geht davon aus, daß Purpurbakterien in einen primitiven, einzelligen Pro-Eukaryont eingewandert sind und als Mitochondrien adoptiert wurden. Dabei wanderte das Gen 1 der GAPDH über die Proform der Mitochondrien in den Kern und wurde als Gen C etabliert. Später gelangten Cyanobakterien in diesen Eukaryont und wurden als Plastiden domestiziert (mehrfache primäre Endosymbiose); oder Plastiden gelangten aus einem Eukaryonten in einen bereits mit Mitochondrien ausgerüsteten Eukaryonten (sekundäre Endosymbiose). Dabei lag Gen 2 zuerst in der Proform des Chloroplasten vor und gelangte später in den Zellkern, als Gen A. Schließlich spaltete sich bei der Entwicklung der höheren Pflanzen das Gen A nach Gen-Duplizierung auf; Zellkerne unserer heutigen Pflanzen weisen die Gene A und B auf

6. Anaboler Stoffwechsel

Bei der Biosynthese der für die Zelle notwendigen Stoffe kommt es in vielen Fällen zu Arbeitsteilungen. Cytosol und Plastiden arbeiten zusammen. Ein Beispiel dafür ist die Bildung der Membranlipide, die je nach Verwendungsziel im Plastiden oder im ER gefertigt werden. Viele Wege der Synthese von Kohlenhydraten, in erster Linie der Transport-Metaboliten, sind im Cytosol lokalisiert. ATP und eine Menge an Hexose-Bausteinen kostet es die Pflanze, die Strukturen in Form der Zellwand herzustellen. Reservestoffe werden in eigens dafür spezialisierte Organellen eingelagert: Triglyceride in den Lipidkörpern, Proteine in den Proteinkörpern. Isoprenoide, Abkömmlinge der Aminosäuren und der Fettsäuren dienen der Pflanze als Signale.

Arbeitsteilung zwischen Cytosol und Chloroplasten haben wir kennengelernt, als es darum ging, die Produkte der Photoassimilierung im Cytosol umzusetzen. Kohlenhydrate als Bausteine für die Zellwand und in Form von Saccharose für die Versorgung anderer Zellen werden im Cytosol aus dem Triosephosphat hergestellt.

Wohl sind die meisten Synthesen der Aminosäuren eine Domäne der Plastiden, aber den in Pflanzen überaus breit gefächerten Umbau von Aminosäuren zu den vielfältigsten Stoffen übernimmt in der Regel das Cytosol. Zu diesen Wirkstoffen zählen Phenole, Alkaloide und viele andere, sogenannte sekundäre Inhaltsstoffe. Auch wenn es heute noch viele Verbindungen gibt, deren Funktion unbekannt ist oder die als funktionslos eingestuft werden, gibt es doch viele Inhaltsstoffe, die noch vor einigen Jahren ähnlich abqualifiziert wurden, heute aber als zentrale Bindeglieder einer besonderen Logistik erkannt sind. Es stößt oft auf Unverständnis, wenn man feststellen muß, daß es einer Pflanze an einem bestimmten Standort wichtiger erscheint, besondere Kampfstoffe zu erzeugen, als die Produktion an Kohlenhydrat-Reserven noch um 20% zu steigern. Warum sollte für eine Pflanze nicht Vergleichbares gelten wie für einen Staat, der in einer feindlichen Umgebung liegt und deshalb beschließt, 30% seines Bruttonationalprodukts für die Abwehr auszugeben?

Stärker abgekoppelt von der Syntheseleistung der Chloroplasten sind die Biosyntheseketten, die ausschließlich im Cytosol angesiedelt sind und in Kooperation mit der Vakuole stehen. Dazu zählt auch die Massenproduktion von Reserveprotein, das bei der Anlage eines Nährgewebes im Samen im Cytosol synthetisiert wird. Letztlich stammen natürlich die Aminosäuren, die für die Synthese benötigt werden, aus den Laubblättern und deren Chloroplasten. Als Depot, in das Überschüsse zwischengelagert werden, ist die Vakuole zu betrachten. Sofern der Tonoplast Transportsysteme für Intermediate besitzt und bei Bedarf die Öffnung seiner Kanäle angesteuert werden, ist der Raum der Vakuole als Erweiterung des Cytosols anzusehen.

6.1 Biosynthesen aus Acetat-Einheiten: Fette, Membranlipide, Isoprenoide

> Fettsäuren erfahren nach ihrer Synthese zahlreiche Veränderungen; diese Prozesse finden im ER statt. Triglyceride werden in Lipidkörpern abgelagert, Isoprenoide im Cytosol hergestellt.

Aktivierte C_2-Einheiten, Acetyl-SCoA, oder die noch stärker für die Alkylierung aktivierte Form Malonyl-SCoA, sind Bausteine für die Synthese sehr unterschiedlicher Substanzklassen. Funktionell umfaßt dieses Kapitel Membranlipide, Reserve-Lipide und aromatische Verbindungen; lipidartige Isoprenoide zählen ebenso dazu wie die Chinone und Steroide als Membranbestandteile.

Fettsäuren: Synthese im Cytoplasma und Modifikation am ER

Plastiden stellen in Pflanzen die Fettsäuren her; für Pilze und Tiere aber ist das Cytoplasma der Ort des Fettsäure-Aufbaus. Ein Komplex mit bi- oder monofuktionellen Proteinen stellt dabei ein Mikrokompartiment dar, das mit Acetyl-SCoA, Malonyl-SCoA und NADPH gefüttert wird und Stearoyl-SCoA ausspuckt.

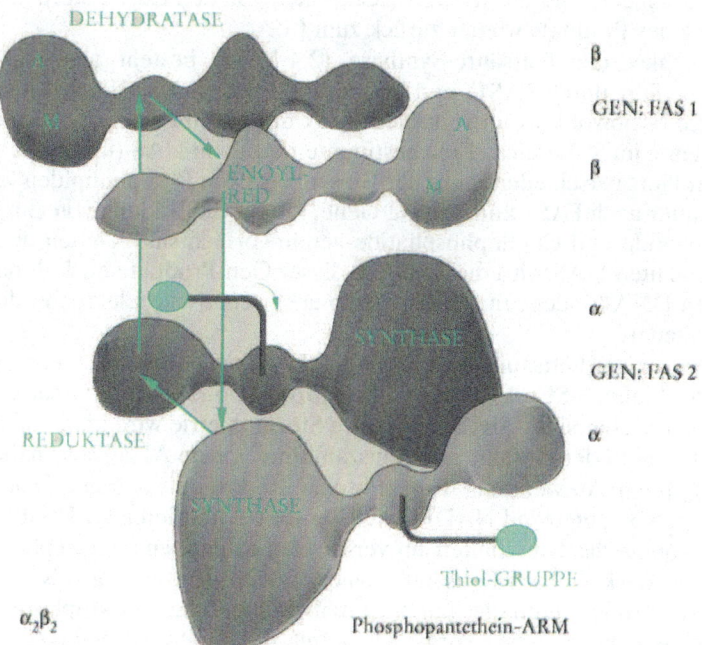

Abb. 6.1. Die Fettsäure-Synthase der Hefe. Dieses System besteht aus zwei verschiedenen Proteinen; aber erst als Komplex $\alpha_6\beta_6$ ist es enzymatisch voll aktiv (Teilreaktionen → Abb. 5.66)

215

Im Gegensatz zu den autotroph wachsenden Eukaryonten, die in Plastiden eine Fett-säure-Biosynthese betreiben, die der prokaryontischen Form sehr ähnlich ist, domi-niert in allen anderen Eukaryonten die cytosolische Fettsäure-Biosynthese an großen multifunktionellen Proteinen. Da die multifunktionellen Proteine noch dazu Kom-plexe bilden, ist der cytosolische Syntheseapparat für Fettsäuren eine große zelluläre Struktur. Die Besonderheit dieses Apparats besteht darin, daß nicht Acyl-SACPs umgesetzt werden, sondern Acyl-Reste auf den Phosophopantethein-Arm der Syn-thase übertragen werden.

Die funktionelle Einheit der *Fettsäure-Synthase* innerhalb des Komplexes $(\alpha_2\beta_2)_3$ enthält je zwei räumlich entgegengesetzt angeordnete UE α und β (Abb. auf vorher-gehender Seite). Die UE α besteht aus den Domänen der Synthase und der Reduk-tase, die miteinander über den Bereich des Acyl-Träger-Proteins verbunden sind. Alle anderen Aktivitäten der Synthase liegen auf der UE β. Substrate für diesen Enzym-Komplex sind die CoA-Ester von Essigsäure und Malonsäure.

Sobald durch die Aktivität von Transferasen die Malonyl-Einheit auf die Thiol-Gruppe des zentralen Arms und die Acetyl-Gruppe auf eine Thiol-Gruppe der Syn-thase übertragen wurden, beginnt die eigentliche Umsetzung. Die Kondensation (C_2 + C_3 = C_4 + CO_2) und die folgenden Schritte können dadurch ablaufen, daß der bewegliche Arm den Acyl-Rest zu den einzelnen aktiven Zentren hin bewegt. Auf diese Weise bleibt die ursprünglich zwischen der Malonyl-Gruppe und dem Thiol am beweglichen Arm hergestellte Bindung während einer ganzen Runde erhalten. Der bewegliche Arm ist in der Abb. schwarz symbolisiert. Was die Abb. darüber hinaus skizzieren soll, ist die Vorstellung, daß von den vier UE von $\alpha_2\beta_2$ jeweils nur eine Domäne für den Vorgang der C_2-Kettenverlängerung verwendet wird. Worauf die Skizze nicht eingeht, sind die Transfer-Reaktionen von den CoA-Estern zum Enzym und der Weg des Produkts wieder zurück zum CoA.

Der Komplex der Fettsäure-Synthase (2.4 MDa) besteht aus 2 UE. UE β (229 kDa, kodiert durch FAS1) und UE α (206 kDa, kodiert durch FAS2). Beide Gene besitzen – obwohl sie auf verschiedenen Chromosomen liegen – fast identische Steuerelemente im 5'-Bereich. Eine bestimmte Form von UAS (upstream activating sites) kontrolliert verschiedene, mit der Biosynthese von Phospholipiden korrelierte Gene, darunter auch FAS1 und 2 sowie Gene, die für die Bildung von Enzymen der Inositphosphatide und Cholinphosphatide verantwortlich sind. Neben den cis-agie-renden Elementen UAS wird die Synthese dieser Gen-Produkte auch durch die ent-sprechenden DNA-bindenden Proteine (also über genetische Elemente, die in trans agieren) gesteuert.

Der Komplex der Fettsäure-Synthase $\alpha_6\beta_6$ überführt 1 Molekül Acetyl-SCoA und 8 Moleküle Malonyl-SCoA in Stearoyl-SCoA – ohne daß Zwischenstufen im Medium nachweisbar sind. Aus der weiteren Stöchiometrie wird klar, daß eine lang-kettige Fettsäure in der Gesamtoxidationszahl für C einem Alkan sehr nahe kommt; es entsteht durch Aufwendung von sehr viel Redoxäquivalenten. Daher ist die Bereitstellung von genügend NADPH im Cytosol ein limitierender Faktor. Im Falle einer Hefe könnte das Umschalten auf verstärkten oxidativen Pentosephosphat-Weg diesen Bedarf decken. Falls Fettsäuren einer anderen Kettenlänge als C_{16} oder C_{18} erzeugt werden sollen, muß dies durch Kettenverlängerung im Cytoplasma (vermut-lich am ER) geschehen; dieser Vorgang benötigt Malonyl-SCoA und NADPH. Oder die plastidäre Fettsäure-Synthese wird durch eine art-spezifische, auf C_{10} oder C_{12} spezialisierte Thioesterase vorzeitig abgebrochen.

Desaturierung bzw. **Kettenverlängerung** über C_{18} hinaus verlangen rudimentäre ET-Ketten, die im ER liegen. Cyt b_5, eine Komponente des Desaturase-Komplexes, ist mit einem kleinen Teil seiner Struktur in der Membran verankert, der Hauptteil ist hydrophil und ragt in das Cytosol. Dieses Protein wird an freien Polysomen synthetisiert und erst nachträglich in das ER insertiert. Damit kennen wir eines der wenigen Beispiele, daß ER-Proteine nicht nur über gebundene Polysomen hergestellt werden.

Die Desaturierung der Fettsäuren erfolgt auf der Stufe der Membranlipide, also der Monogalaktosyl-diglyceride in der Hüllenmembran der Plastiden oder als Phospholipide in der Membran des ER. Daß es für die Struktur der Membranlipide und der Triglyceride bevorzugte Aufbauschemata gibt – prokaryontisch (im Plastid) und eukaryontisch (im ER) –, entnimmt man der Übersicht in Abb. 5.68.

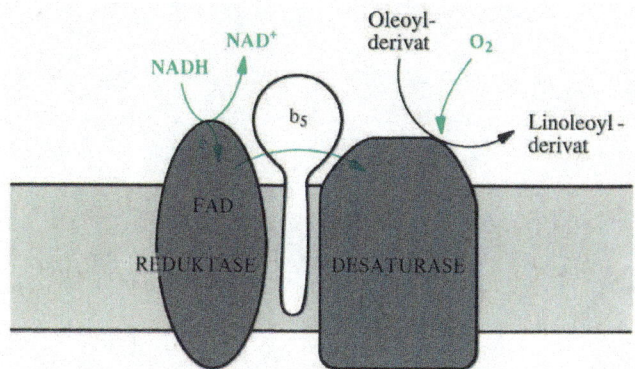

Abb. 6.2. Desaturierung von Fettsäure-Derivaten. Die Desaturierung ist ein Prozeß, der auf O_2 und Reduktionsmittel angewiesen ist und daher Ähnlichkeiten mit einer Monooxygenase-Reaktion hat. Cyt b_5 (17 kDa) wird mit Hilfe einer FAD-abhängigen Reduktase zum e-Donor der eigentlichen Desaturase. Gene für die Desaturierung von $18:1$ (fad2) und $18:2$ (fad3) wurden charakterisiert; sie unterscheiden sich nur wenig von den Genen für plastidäre Desaturasen

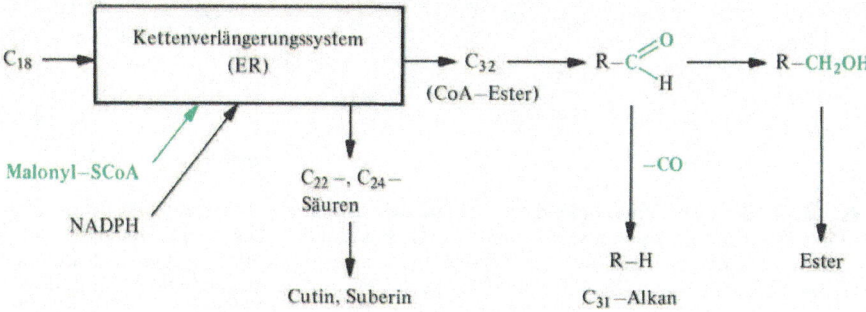

Abb. 6.3. Übersicht über Kettenverlängerung und weitere Modifikationen. Für die Kettenverlängerung wird ein zusätzliches mikrosomales System benötigt. Wachse sind Ester und bestehen häufig aus C_{22}-Fettsäure und C_{26}-Alkohol. Aber auch C_{32}-Alkohole werden für die Ester verwendet. Eine extrazelluläre Acyl-Transferase bildet die Ester. Alkane – ebenfalls Komponenten der hydrophoben Oberfläche von pflanzlichen Geweben – sind ungeradzahlig und entstehen durch Decarbonylierung von geradzahligen Aldehyden. Reifende Samen von Cruciferen, die Lipid-Reserven aufbauen, überführen in einer NADPH-abhängigen Reaktion Oleoyl-SCoA in Erucasäure (22:1, 13cis)

Die Biosynthese von Membranlipiden (Strukturlipiden) erfordert die Aktivierung von alkoholischen Funktionen – entweder am Diglycerid oder bei Cholin bzw. Ethanolamin. Diese Schritte finden am ER statt. Durch Reduktion von Dihydroxyacetonphosphat – das der Photoassimilierung entnommen wird – entsteht Glycerinphosphat, das acyliert werden kann. Die Phosphorsäureester-Gruppierung wird in vielen Fällen durch Hydrolyse geändert, wenn nämlich das Diglycerid der Ausgangspunkt für die Synthese der Membran-Lipide ist.

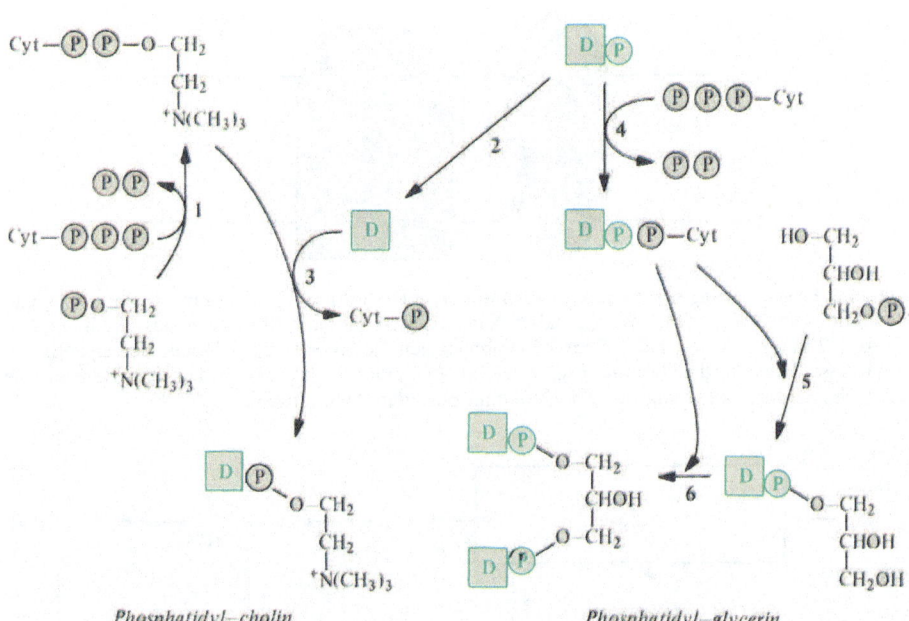

Abb. 6.4. Synthese von Phospholipid am ER und Mitochondrien. Ausgangspunkt für die Bildung der Phospholipide mit Glycerin-Gerüst sind Phosphatidsäure oder Diglycerid (Diacylglycerid). Die Grundkörper werden hier aus Gründen der Übersichtlichkeit mit Symbolen abgekürzt. Cholinphosphat, das durch eine Kinase-Reaktion aus Cholin entsteht, wird durch eine Cytidyl-Transferase (1) in Cytidin-diphosphat-Cholin überführt. Diese aktivierte Form des Cholins kann mit Diglycerid, das durch eine spezifische Phosphatase (2) aus Phosphatidsäure gebildet wird, zu Phosphatidyl-cholin umgesetzt werden. Die Cholin-Phosphotransferase (3) ist ebenso wie die Cytidyl-Transferase am ER lokalisiert. Nach einem anderen Schema werden Phosphatidyl-glycerin und Phosphatidyl-inosit aufgebaut: hier entsteht formal zuerst die aktivierte Form des Diglycerids. Phosphatidat wird mit Cytidintriphosphat umgesetzt (4). Cytidin-diphosphat-Diglycerid ist die Vorstufe von Phosphatidyl-glycerin (Reaktion 5) und Diphosphatidyl-glycerin (Reaktion 6). Die Produkte sind Komponenten der Mitochondrien; die Teilschritte sind mitochondrial

218

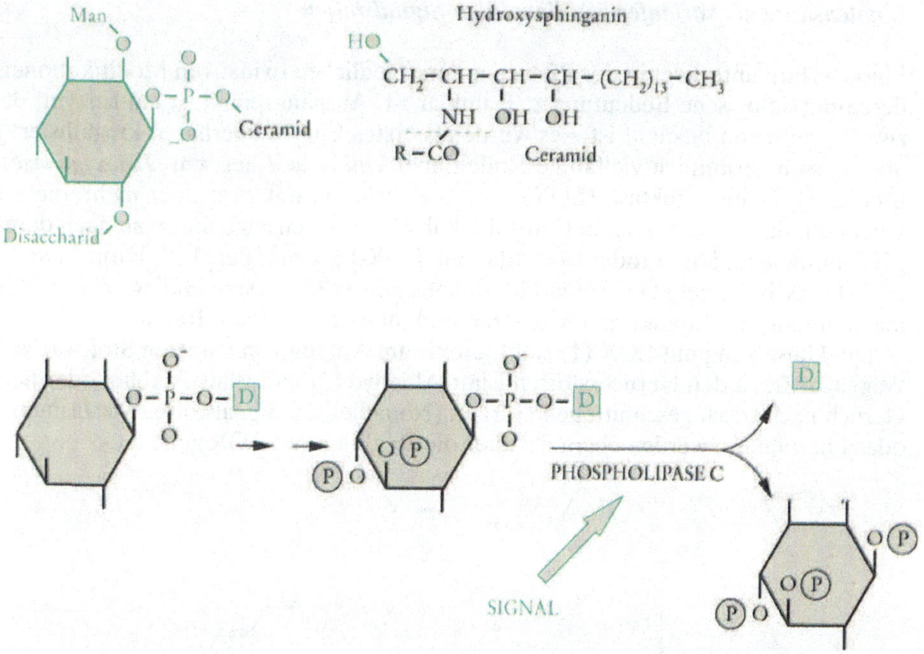

Abb. 6.5. Inositphosphatide und Vorstufen für die Freisetzung von Inosittrisphosphat als Signalstoff.
Ein Ceramid, ein N-acyliertes Sphinganin-Derivat, ist Teil eines komplexen Membranlipids. Unten:
D-Phosphatidyl-myo-inosit (→ Abb. 5.60) als Ausgangsstoff für die Freisetzung von Inosit-trisphos-
phat und Diglycerid (grün; → Abb. 6.4)

Triglyceride sind die Reservestoffe in den Lipidkörpern

Das Speicherfett in Samen besteht in erster Linie aus Triglyceriden. Das Nährgewebe
der fettreichen Samen ist voll von Lipidkörpern. Lipidkörper entstehen aus dem ER,
und zwar wird das neugebildete Triglycerid in den hydrophoben Bereich zwischen
zwei Schichten einer Membran eingelagert. Es resultiert ein Gebilde, das noch
Appendices mit ER aufweisen kann. Aus der Art und Weise, wie die Lipidkörper
entstehen, ist verständlich, daß sie an ihrer Oberfläche eine Monoschicht an Phospholipiden als Halbmembran besitzen. Zur Stabilisierung dieses Organells gehören
Oleosine, Proteine, die aufgrund ihrer Struktur einerseits in die Lipidphase des Körpers ragen, andererseits mit ihren C-terminalen und N-terminalen Bereichen in die
wäßrige Phase hineinreichen. Dazwischen befinden sich helikale Domänen, die die
Oberfläche des Organells abdecken und so eine Fusion verhindern.

γ-Linolensäure ist ein fast ubiquitärer Bestandteil der Lipide von Tieren, Protozoen, Pilzen, Algen und Moosen. In höheren Pflanzen treffen wir diese Verbindung
nur selten an – und wenn, dann nur als Komponente der Reserve-Lipide. Es kommt
vor, daß eine Pflanze, die sich durch γ-Linolensäure im Samen auszeichnet, überhaupt keine γ-Linolensäure in den Membranen der sich später bildenden Laubblätter enthält. In der Fraktion der neutralen Lipide enthalten Samen auch höher-ket-
tige, ungesättigte Fettsäuren: 20:1 und 22:1. Erucasäure im Raps (22:1) entsteht
durch Kettenverlängerung aus C_{18}, mit Malonyl-SCoA als Verlängerungs-Agens.

Linolensäure als Vorläufer von lipophilen Signalstoffen

Linolensäure unterliegt in der Pflanze unterschiedlichen oxidativen Modifikationen, deren physiologische Bedeutung z. T. unklar ist. Ausgangspunkt ist ein Enzym, das zwar lange schon bekannt ist – es wurde als erstes Enzym überhaupt kristallisiert – über dessen vermutlich vielfältige Rollen aber Unklarheit herrscht. *Lipoxygenase* – Linolat:O$_2$-Oxidoreduktase (LOX) – setzt Fettsäuren mit zwei oder mehreren cis-Doppelbindungen um. Die im Cytosol lokalisierten Isoenzyme teilt man nach deren pH-Optimum und der Produktspezifität ein: LOX-1 arbeitet bei pH 9, Form 2 hat die höchste Aktivität bei pH 6.5. Darüber hinaus gibt es Isoenzyme im ER, an der Plasmamembran, der Lipidkörper-Membran und im extrazellulären Raum.

Die Umsetzung mit LOX (1) steht jeweils am Anfang von längeren Stoffwechsel-Wegen, z. B. zu den Geruchsstoffen Blatt-Aldehyd (3) und Blatt-Alkohol oder dem Geruch nach frisch geschnittenen Gurken (Nonadienal). Signalstoffe, wie Jasmonat oder Pheromone, werden ebenfalls über die Reaktion mit LOX gebildet.

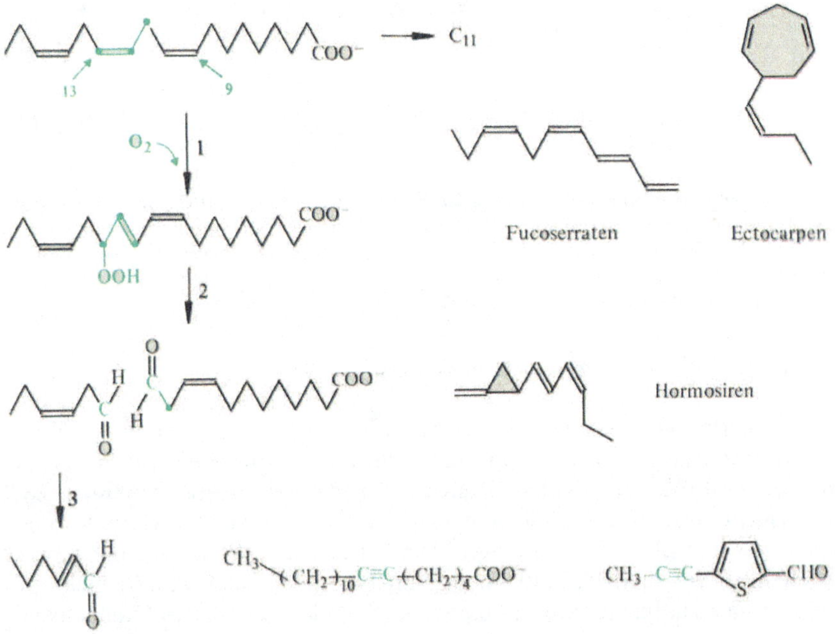

Abb. 6.6. Linolensäure als Vorläufer von Geruchsstoffen und Sexuallockstoffen

Die Substrate der LOX sind cis, cis-1,4-Pentadien-Strukturen, in der Regel mehrfach ungesättigte langkettige Fettsäuren. Als Produkte entstehen stereospezifisch Hydroperoxide (z. B. 13-Hydroperoxioktadekatriensäure), die durch die Allenoxid-Synthase weiter umgesetzt werden. Allenoxid-Synthase ist ein Protein (54 kDa) mit Cyt P450. Eine Allenoxid-Zyklase katalysiert eine Reihe von Umlagerungen von Carbokationen, darunter auch die Isomerisierung der 12-trans-Bindung und die Bildung des Cyclopentenon-Rings (Abb. rechte Seite). Der wiederum wird durch eine Dehydrogenase mit NADPH zur 12-Oxophytodiensäure reduziert.

220

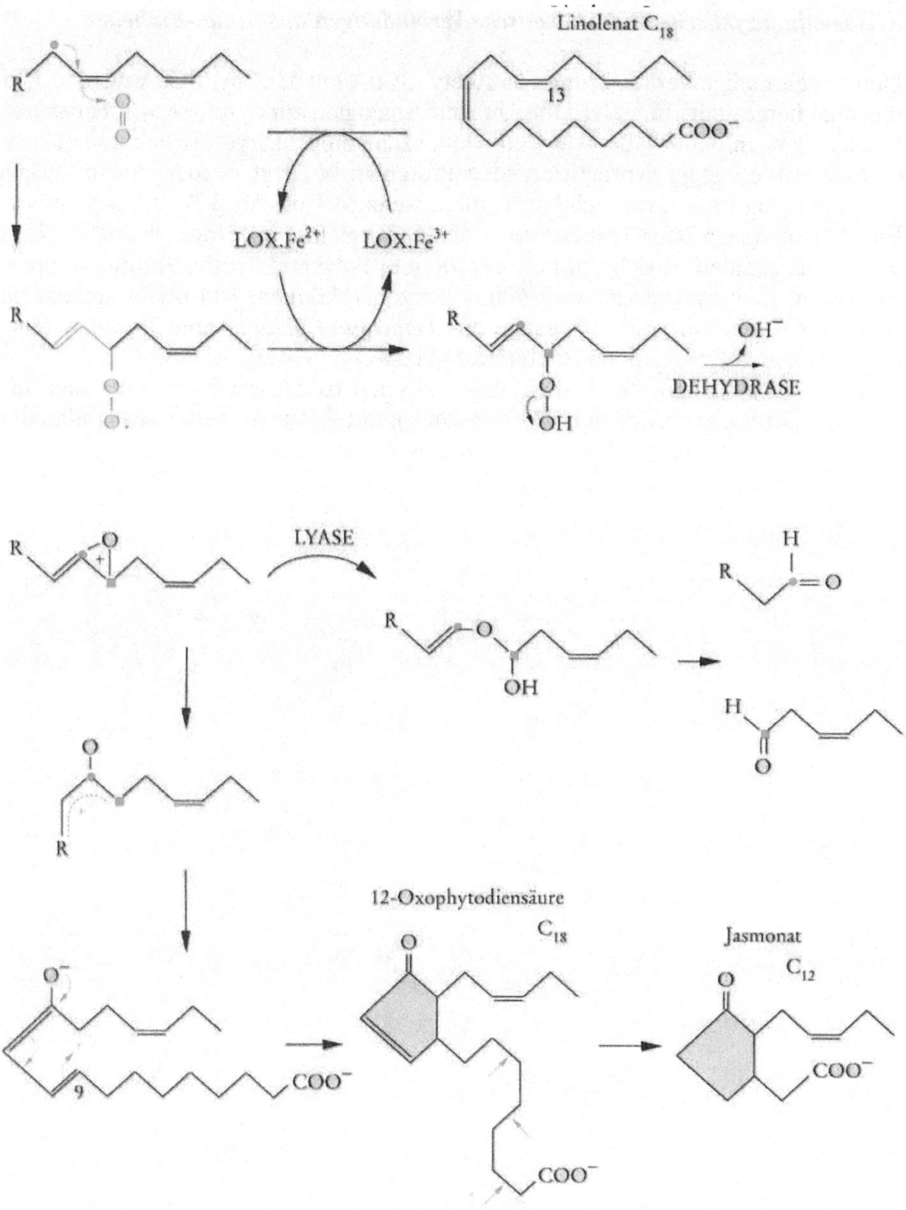

Abb. 6.7. **Bildung und Umsetzung von Fettsäure-Hydroperoxiden: Mechanismen von Lipoxygenase, Hydroperoxid-Dehydrase und Hydroperoxid-Lyase.** Die Lipoxygenase ist ein Monomeres (95 kDa) mit einem Eisen-Zentrum. Das Eisen-Ion, von His-Resten am aktiven Zentrum gebunden, nimmt am katalytischen Prozeß teil. Zur Aktivierung des Enzyms muß Fe^{2+} durch ein Äquivalent Hydroperoxid in Fe^{3+} überführt werden. In einer $1e$-Reaktion wird die Dien-Verbindung zu einem Radikal oxidiert. O_2 reagiert damit und ergibt ein Hydroperoxid-Radikal. Das 13-Hydroperoxid-Derivat der Linolensäure, Produkt der Aktion der LOX, wird in das Allenoxid umgewandelt (durch eine Dehydrase oder Allenoxid-Synthase) und dann entweder durch eine Lyase in zwei Bruchstücke zerlegt oder durch die Allenoxid-Zyklose in die 12-Oxophytodiensäure überführt, einem Vorläufer der Jasmonsäure. Mehrfache Kettenverkürzung ist dazu notwendig

221

Acetogenine: zyklische und aromatische Verbindungen aus Acetat-Einheiten

Durch mehrmalige Verlängerung von Acetyl-SCoA mit Malonyl-SCoA werden Acetogenine hergestellt. In vieler Hinsicht sind Analogien zur Synthese von Fettsäuren festzustellen. In dem Maße, wie Gen-Sequenzen von prokaryontischen und eukaryontischen Acetogenin synthetisierenden Proteinen bekannt werden, beeindrucken auch die Homologien, die sichtbar werden, wenn Module für β-Ketoacyl-Synthase, Enoyl-Reduktasen oder Thioesterasen einem Vergleich unterzogen werden. Nicht selten aber handelt es sich um Fusionsproteine, Polyketid-Synthasen, die in einem Zug die u. U. polyzyklische Verbindung herstellen können. Am besten untersucht sind die **6-Methylsalicylsäure-Synthase** aus *Penicillium patulum* und Enzymsysteme von Antibiotika erzeugenden Bakterien (Abb. rechte Seite).

6-Methylsalicylsäure kann Ausgangspunkt einer oxidativen Umsetzung sein, die mit Ring-Öffnung verbunden ist. Verbindungen mit Pyran-Ringen, wie Patulin oder Kojisäure sind charakteristisch für *Aspergillus*-Arten.

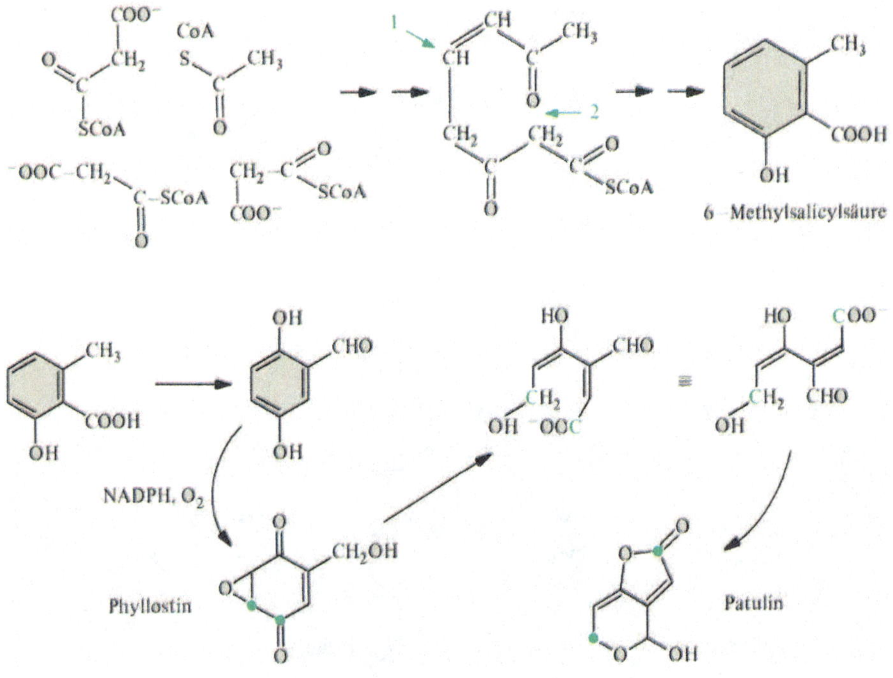

Abb. 6.8. Bildung von aromatischen Carbonsäuren aus Acetyl-SCoA. 6-Methylsalicylsäure kann oxidativ umgebaut werden. Ähnlich der Umsetzung an der Fettsäure-Synthase wird auch innerhalb der 6-Methylsalicylsäure-Synthase (4x 180 kDa) eine Acyl-Gruppe auf den Malonyl-Rest transferiert, der seinerseits an einen Phosphopantethein-Arm des Enzyms verankert ist. Ein Reduktionsschritt erfordert NADPH. Die Polyketid-Zwischenstufe wird am Enzym im Zuge einer Aldol-Reaktion zyklisiert und gleich aromatisiert. Wenn man das Molekül der 6-Methylsalicylsäure-Synthase etwas entfaltet, kann man hintereinander (vom N-Terminus beginnend) den Block der Ketoacyl-Synthase, der Acyl-Transfersen, einer Reduktase und des Acyl-Trägerproteins erkennen. Der Weg von der 6-Methylsalicylsäure zum Patulin zeigt einiges aus dem Repertoire an Oxygenase-Reaktionen. Ohne den Reduktionsschritt bei 1 würde eine Dihydroxy-Verbindung entstehen, die Orsellinsäure

222

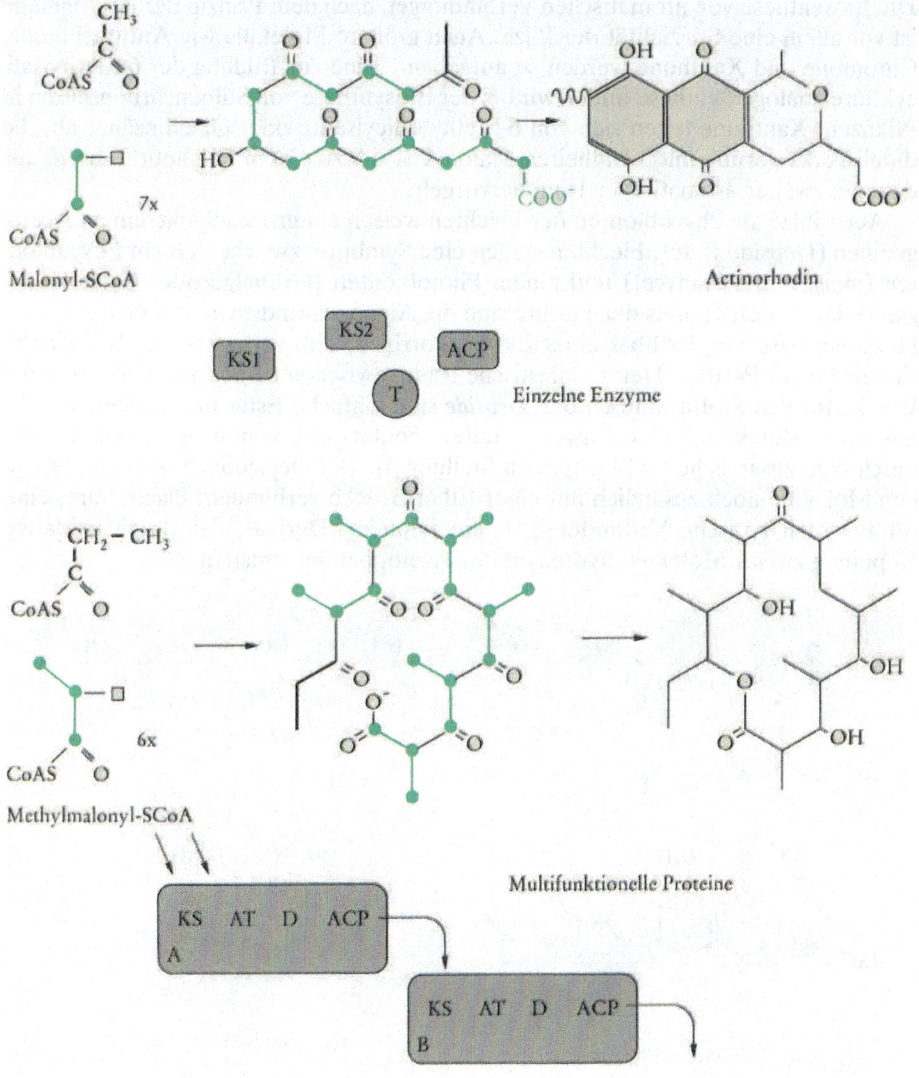

Abb. 6.9. Bildung von Polyketiden: Strukturierung von Gen-Clustern und Multifunktionellen Proteinen. Das Antibiotikum Actinorhodin (aus *Streptomyces*) ist ein Acetogenin; es wird aus einem Molekül Acetyl-SCoA und 7 Molekülen Malonyl-SCoA zusammengebaut. Zuerst entsteht eine Kette des Polyketids (mit vielen Carbonyl-Gruppen); Folgereaktionen führen zu einem Naphthochinon, das zum Actinorhodinon dimerisiert wird. Charakteristisch für die Synthese ist, daß sich auf dem entsprechenden Gen-Cluster die Information für verschiedene einzelne Enzyme befindet. Dies bedeutet, daß hier eine Struktur der Enzyme vorliegt, die vergleichbar ist mit den einzelnen Aktivitäten bei der Fettsäure-Synthese in Bakterien. Erythromycin (aus *Saccharopolyspora*) ist ein Makrolid-Antibiotikum, das als Baustein 6-Desoxyerythronolid besitzt. Ein Polyketid wird aus Propionyl-SCoA als Starter und Methylmalonyl-SCoA als Verlängerungsreagens hergestellt. Anschließend wird das Polyketid modifiziert und an seltene Zucker gebunden. Diese Biosynthese soll als Beispiel gelten, daß alle enzymatischen Aktivitäten, die für eine Runde notwendig sind, auf einem multifunktionellen Protein liegen. Im wesentlichen bestehen die Aktivitäten von Polyketid-Synthasen aus einer β-Ketoacyl-Synthase (KS), Acyl-Transferasen (zum Beladen; AT), Oxidoreduktasen (D) und den Äquivalenten eines Trägerproteins (ACP)

Die Biosynthese von aromatischen Verbindungen nach dem Prinzip der Acetogenine ist vor allem eine Spezialität der Pilze. Auch größere Moleküle wie Anthrachinone, Chromone und Xanthone werden so aufgebaut. Eine zur Bildung der 6-Methylsalicylsäure analoge Synthese finden wir bei der Biosynthese von Stilbencarbonsäuren in Pflanzen. Xanthone leiten sich von 6-Methylsalicylsäure oder Orsellinsäure ab, die durch Verlängerung mit 3 Einheiten Malonyl-SCoA zu einem Polyketid führen, aus dem ein zweiter aromatischer Ring hervorgeht.

Auch Pilze als Phycobionten der Flechten weisen ein großes Spektrum an Acetogeninen (Depsiden) auf. Flechten stellen eine Symbiose zwischen einem Phycobionten (meist ein Ascomycet) und einem Photobionten (Grünalge oder Cyanobakterium) dar. In den Thallus der Flechte sind die Algen als Endosymbionten extrazellulär eingelagert, vergleichbar einer Ektomykorrhiza; dies verbessert die biologische Fitness beider Partner. Der apoplastische Raum zwischen beiden Partnern stellt die Brücke für den Stoffaustausch dar. *Depside* sind einfache Ester und entstehen z. B. aus zwei Molekülen Orsellinsäure (unterscheidet sich von 6-Methylsalicylsäure durch eine zusätzliche OH-Gruppe in Stellung 4). Bei Depsidonen werden die beiden Moleküle noch zusätzlich mit einer Ether-Brücke verbunden. Usninsäure, eine für Flechten typische Verbindung, ist ein Diphenyl-Derivat, das durch oxidative Kopplung zweier Moleküle hydroxylierter Acetophenone entsteht.

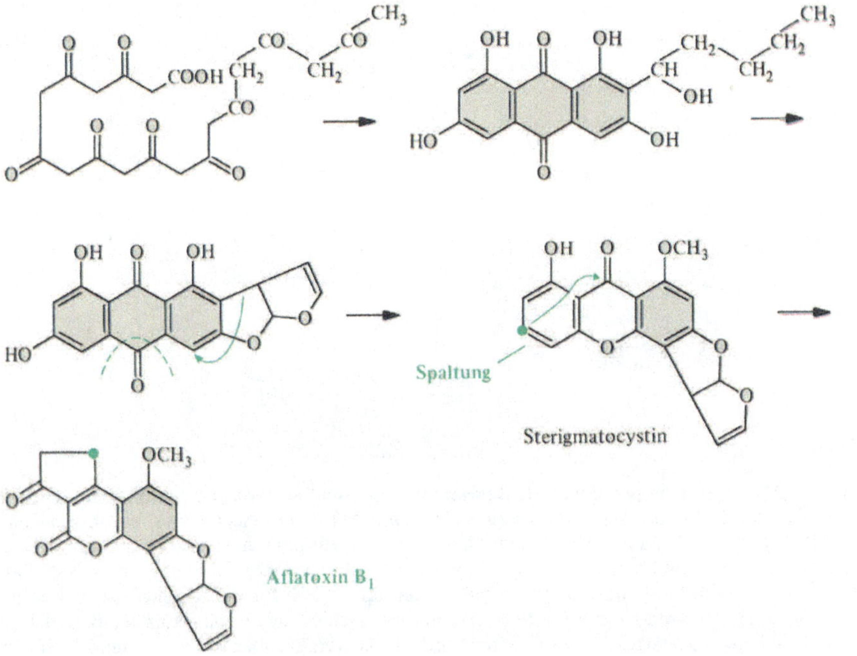

Abb. 6.10. Biosynthese von Acetogeninen am Beispiel von Aflatoxin. Durch Kondensation von vielen C_2-Einheiten entsteht ein Polyketid, das an der Enzym-Oberfläche so fixiert wird, daß nur mehr eine Möglichkeit der Ring-Bildung offen bleibt. Aflatoxine (Mykotoxine) zählen zu den am stärksten karzinogen wirksamen chemischen Verbindungen. Ebenso wie die pflanzlichen Phorbolester (Diterpene) werden sie für die experimentelle Bildung von Tumoren verwendet. Aflatoxin B1 ist ein Produkt von *Aspergillus flavus*, der – als er aus dem Grab von Tutanchamon oder eines Jagelonen entkam – sich für Wissenschaftler als tödlich herausstellte

Isoprenoide: Stoffklasse, die aus C₅-Bausteinen hergestellt wird

Isoprenoide können sowohl im Cytoplasma als auch in Plastiden gebildet werden. Wir wollen sie hier als eine biochemische Strukturklasse betrachten und dieser Betrachtungsweise ausnahmsweise ein höheres Gewicht geben als der intrazellulären Lokalisation. Einige Beispiele für ausschließlich in Plastiden hergestellte Isoprenoide wurden bereits in Kapitel 5 angeführt.

Isoprenoide repräsentieren innerhalb der Unzahl von Pflanzeninhaltsstoffen eine sehr große, hinsichtlich der chemischen Struktur sehr vielfältige Gruppe. Es sind so scheinbar wenig verwandte Verbindungen wie Kautschuk, Badezusatz (Pinen) und Antibabypille sowie Chinone zu einer Gruppe zusammengefaßt – nach dem Prinzip der Biosynthese. Den Namen erhielt die Klasse nach dem Grundbaustein Isopren (2-Methylbutadien), aus dem man technisch z. B. durch Kopf-Schwanz-Polymerisation künstlich Kautschuk herstellen kann. Da im Produkt auch Doppelbindungen auftreten, gibt es unterscheidbare Isomere.

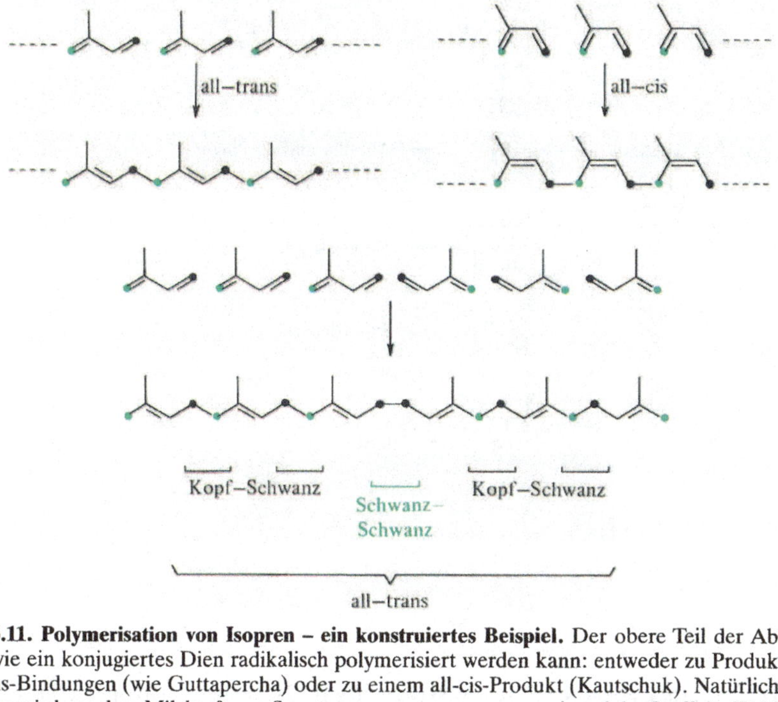

Abb. 6.11. Polymerisation von Isopren – ein konstruiertes Beispiel. Der obere Teil der Abb. skizziert, wie ein konjugiertes Dien radikalisch polymerisiert werden kann: entweder zu Produkten mit all-trans-Bindungen (wie Guttapercha) oder zu einem all-cis-Produkt (Kautschuk). Natürliches Guttapercha wird aus dem Milchsaft von Sapotaceen gewonnen; es war einmal der Stoff der Wahl für ein Überseekabel

Anders als die chemische Industrie, die den künstlichen Kautschuk durch radikalische Reaktionen erzeugt, baut die Natur auf ionische Prozesse mit Carbokationen als reaktive Zwischenstufen. Für die Bildung von Carbokationen werden häufig Ester der Diphosphosäure mit Prenolen herangezogen; nach Abgang einer Diphosphat-Gruppierung entsteht das reaktive Kation – geeignet für Kettenverlängerung oder Umlagerung.

Die Bezeichnungen Monoterpen, Diterpen usw. sind historisch zu sehen und basieren dabei auf einem C_{10}-Körper. Daher:

C_{10} = Monoterpen – entspricht 2 Isopren-Einheiten;
C_{20} = Diterpen – aus 4 Isopren-Einheiten aufgebaut;
Triterpen (C_{30}), Sesquiterpen (C_{15}).

Eine Art Schlüssel oder Gebrauchsanweisung ist schon notwendig, um bei der Vielfalt der Isoprenoide nicht die Übersicht zu verlieren. Wenn man das Biosyntheseprinzip zum Einteilungsprinzip wählt und zwischen dem Aufbau des Grundgerüsts und den späteren Modifikationen unterscheidet, ergibt sich ein vergleichsweise einfaches Schema (Abb. 6.12). Wir sollten zwischen mehreren Phasen unterscheiden: Bildung des C_5-Bausteins aus Acetat, Verlängerung mit C_5-Einheiten nach dem Prinzip Kopf-Schwanz, Dimerisierung nach dem Prinzip Schwanz-Schwanz; sowie jede Menge an Folgereaktionen: Umlagerungen, Methylierungen, Hydroxylierungen, Oxidation, Decarboxylierung.

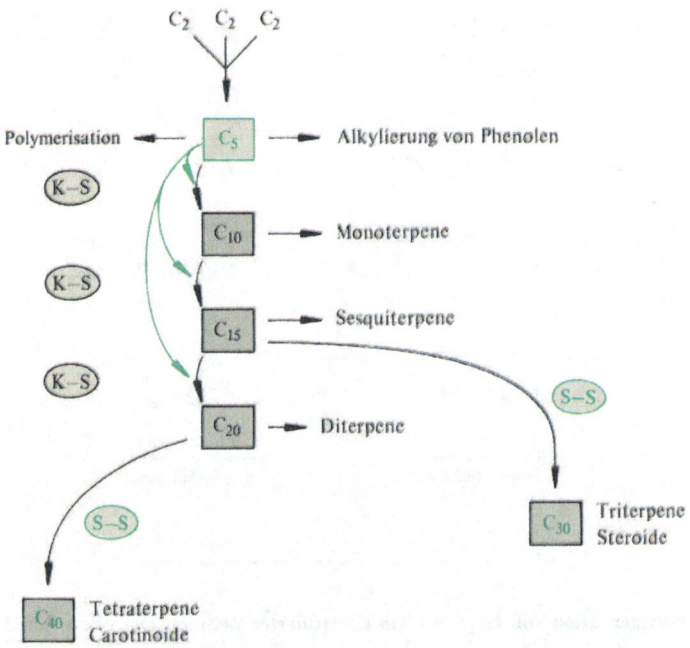

Abb. 6.12. Übersicht über die Synthese und Verwendung von Isopentenyl-diphosphat; Bauprinzipien für die verschiedenen Untergruppen der Isoprenoide

Die Produktion setzt als Ausgangsstoff Acetyl-SCoA voraus. Drei Einheiten sollen einen C_6-Körper ergeben, der später zum Isopentenyl-diphosphat verkürzt werden kann. Die Bildung von Acetoacetyl-SCoA könnte durch Umkehr der Thiolase-Reaktion erfolgen. Ob aber in jedem Kompartiment diese Art einer Thiolase vorliegt, ist mehr als fraglich. Also muß man auch einen Weg über andere Acetoacetyl-Derivate in Betracht ziehen; die „klassische" Thiolase ist nur in Glyoxysomen anzutreffen.

Die Irreversibilität des nächsten Schritts ist Garantie dafür, daß die Biosynthese in die gewollte Richtung vorangeht. Die 3-Hydroxy-3-methylglutaryl-SCoA-Synthase (HMG-CoA-Synthase, 3) katalysiert eine Reaktion, die von der Spaltung einer Thioester-Bindung begleitet ist. Dieses Prinzip der Nichtumkehr einer Aldol-Reaktion ist am Beispiel der Citrat-Synthase zu diskutieren.

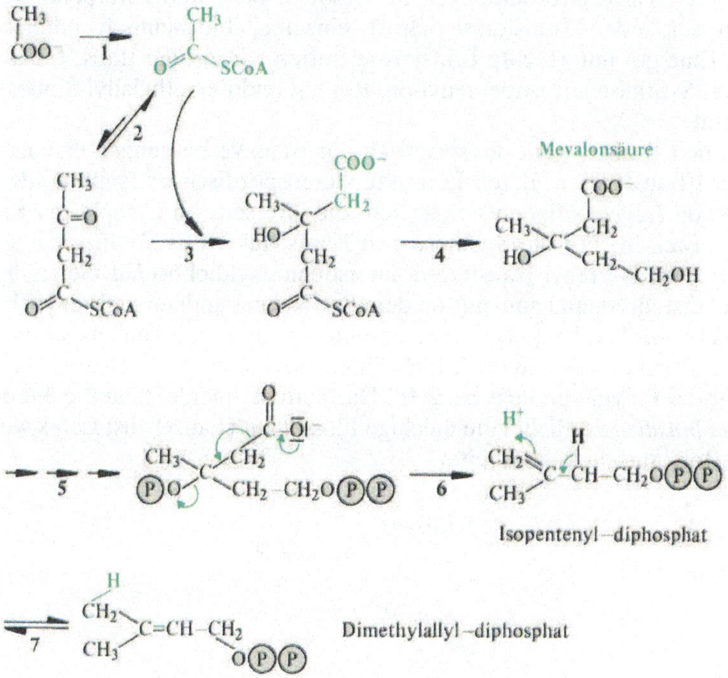

Abb. 6.13. Synthese von Isopentenyl-diphosphat. Aus 3-mal C$_2$ minus CO$_2$

Auf der Stufe des C$_6$-Körpers erfolgt die Reduktion, von HMG-SCoA zu Mevalonsäure. Es spricht viel dafür, daß dieser NADPH-abhängige Reduktase-Schritt bei den meisten Organismen derjenige innerhalb der langen Synthese-Sequenz ist, der kontrolliert wird. In tierischen Zellen kennt man die Regulation über Phosphorylierung/Dephosphorylierung des Enzyms. Eines der Isoenzyme ist an ER gebunden. Die Rate seiner Biosynthese kann durch Induktion stark erhöht werden. Im Falle der Steroid-Biosynthese bei Hefen stellte sich heraus, daß die **HMG-SCoA-Reduktase**, ein an der ER-Membran lokalisiertes Enzym, ein Glykoprotein ist. Dadurch, daß mit Trypsin ein Schnitt zwischen der hydrophoben Domäne („Membrananker") und dem hydrophilen Kopf gemacht wird, läßt sich das Enzym solubilisieren.

Es gibt mehrere Formen der Mevalonat-Kinase (5); sie führen zu 5-Phosphat und 5-Diphosphat. Eine weitere Stufe – das 3-Phospho-5-diphospho-mevalonat – wird vermutlich auf dem Weg zum Isopentenyl-diphosphat passiert. Natürlich arbeiten die für den Übergang von Mevalonsäure zu Isopentenyl-diphosphat (5,6) und Dimethylallyl-diphosphat (7) verantwortlichen Enzyme streng stereospezifisch, wie in Abb. A1.5 eingehend dargestellt wird.

Verlängerung um eine C₅-Einheit: Allyl-Kation plus Isopentenyl-diphosphat

Verlängerung um eine C_5-Einheit: Allyl-Kation plus Isopentenyl-diphosphat

Die Kopf-Schwanz-Kondensation (siehe Übersicht, Abb. 6.14) benötigt eine reaktive Spezies, Dimethylallyl-diphosphat, sowie Isopentenyl-diphosphat als Verlängerungsreagens. Dabei entsteht zuerst Geranyl-diphosphat (C_{10}) als Grundkörper der Monoterpene, dann Farnesyl-diphosphat (C_{15}) und Geranylgeranyl-diphosphat (C_{20}). Letztere sind die Ausgangsverbindungen für Sesquiterpene und Diterpene. Vermutlich existieren für jeden Transferase-Schritt einzelne, biochemisch unterscheidbare Enzyme. Eine gut untersuchte Transferase treffen wir mit der trans, trans-Farnesyl-diphosphat-Synthase an: Isopentenyl-diphosphat und Dimethylallyl-diphosphat sind die Substrate.

Neben den Transferasen, die spezifisch nur trans-Verbindungen erzeugen, findet man Prenyl-Transferasen, deren Produkte stereospezifisch cis-Isoprenoide sind. Im Milchsaft von *Hevea* befinden sich Zellen, die ihrerseits im Cytoplasma Kautschuk-Partikel aufweisen. Für die Synthese von Kautschuk ist es Voraussetzung, daß im Cytosol eine trans-Prenyl-Transferase aus Isopentenyldiphosphat Geranylgeranyldiphosphat herstellt; dann kann eine an dem Partikel gebundene cis-Prenyl-Transferase an das Starter-Molekül anpolymerisieren und ein kautschuk-ähnliches Produkt ergeben. Latex-Partikel treten in den Milchröhren von Euphorbiaceen auf. Das Molekulargewicht des Polymeren liegt bei 200 kDa. Durchschneidet man die äußere Rinde von *Hevea brasiliensis*, fließt eine milchige Flüssigkeit (Latex) aus; Latex wird zu plastischem Rohkautschuk verarbeitet.

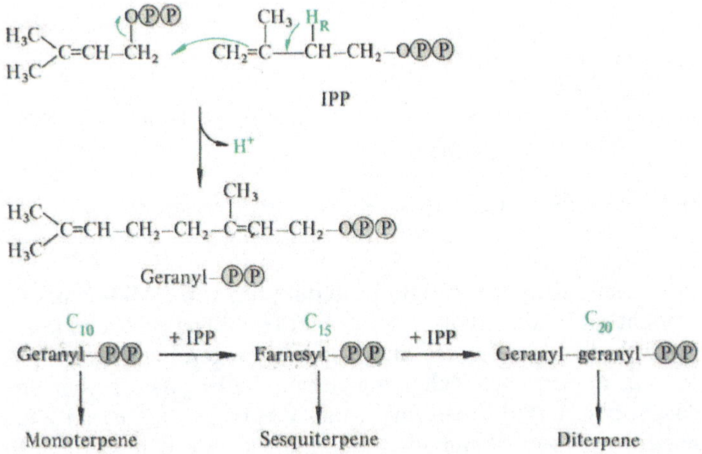

Abb. 6.14. Bildung und Umsetzung eines reaktiven Allyl-Kations. Dimethylallyl-diphosphat ergibt beim Abgang der Diphosphat-Gruppe ein sehr reaktionsfähiges Allyl-Kation. Isopentenyl-diphosphat, der zweite Partner für die Verlängerungsreaktion, verliert stereospezifisch das H am C-2. Dies ist derselbe Wasserstoff, der bei der Isomerisierung von Isopentenyl-diphosphat zu Dimethylallyl-diphosphat abgespalten wird. Häufig wird stereospezifisch tritiierte Mevalonsäure verwendet. Dabei entspricht dem H-2R des Isopentenyl-diphosphats das H-4S der Mevalonsäure (→ Abb. A1.5)

Obwohl Monoterpen-Synthasen mit Geranyl-diphosphat als Substrat arbeiten, ist nicht auszuschließen, daß die durch Allyl-Verschiebung entstehende Verbindung, Linalyl-diphosphat, die „eigentliche", richtig gefaltete Vorstufe darstellt.

Monoterpene werden aus Geranyl-diphosphat gebildet. Dazu ist häufig nur ein einziges Enzym notwendig, das über mehrere Schritte hinweg – zumeist über Umlagerungen von Carbokationen – die Alkyl-Gruppen verbindet und zyklische Systeme aufbaut. Sobald das Molekül des Ausgangsstoffs richtig an der Enzym-Oberfläche gefaltet ist, kann mit der Bildung des reaktiven Kations auch die gesamte Reaktion gelenkt werden. Nur ist zu beachten, daß u. U. andere Stereoisomere verlangt werden; dann muß der eigentlichen Reaktion eine Isomerisierung vorangehen.

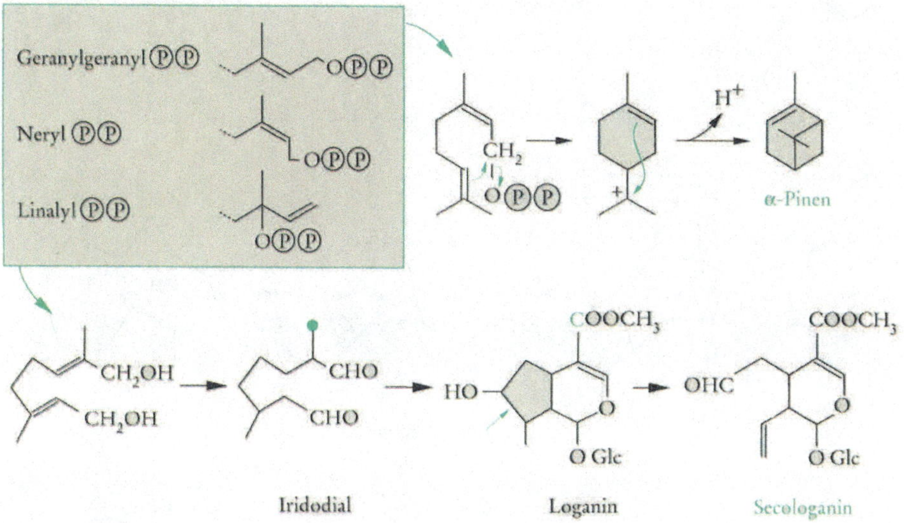

Abb. 6.15. Bildung von Monoterpenen aus Geranyldiphosphat: Pinen und Loganin. Der Weg zum Pinen verlangt ein Derivat des Allylalkohols mit einer cis-Doppelbindung. Es ist aber wahrscheinlich, daß nach Abspaltung der Diphosphat-Gruppe das entstehende Kation Zeit zur Umlagerung findet und es deshalb nicht mehr relevant ist, ob ein Geranyl- oder ein Neryl-Derivat eingesetzt wurde. Selbst ein Linalyl-Derivat wäre umsetzbar. Das als Vorstufe zu α-Pinen gezeichnete Terpinyl-Kation kann durch Abstraktion von H$^+$ in der Isopropyl-Gruppe Limonen ergeben. Eine Monterpen-Zyklase (Limonen-Synthase; Monomer von 56 kDa) wurde aus den Drüsenhaaren der Minze isoliert. 10-Hydroxygeraniol, durch eine Cyt P450 abhängige Oxygenase entstanden, ist die Vorstufe von Iridoiden (wie Loganin)

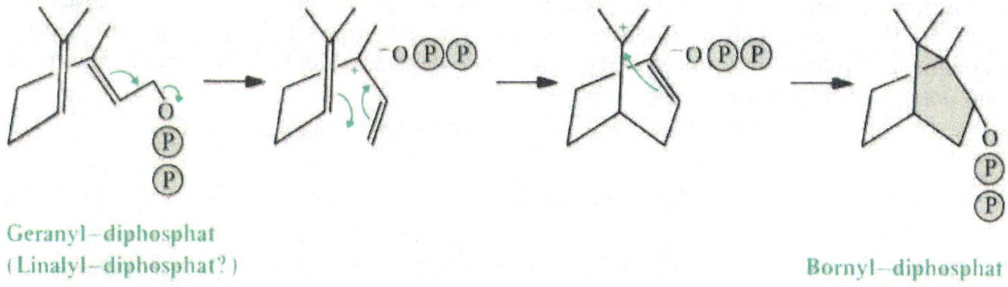

Abb. 6.16. Bildung des Monoterpens Borneol. Eine Bornyl-diphosphat-Synthase katalysiert den Übergang von Geranylgeranyl-diphosphat in Bornyl-diphosphat. Letzteres kann durch eine Diphosphatase zu dem entsprechenden Alkohol, nämlich Borneol, hydrolysiert werden. Eine Oxidation der sekundären Alkohol-Gruppe würde Campher ergeben

Sesquiterpene entstehen aus dem C_{15}-Körper Farnesyl-diphosphat. Rishitin und Phytuberin werden nach Infektion in Kartoffelknollen, nicht aber in Blättern gebildet. Auch Capsidiol kann nach Angriff von Pilzen oder Bakterien verstärkt synthetisiert werden. Diese Verbindungen bezeichnet man wegen ihrer fungistatischen Wirkung als Phytoalexine.

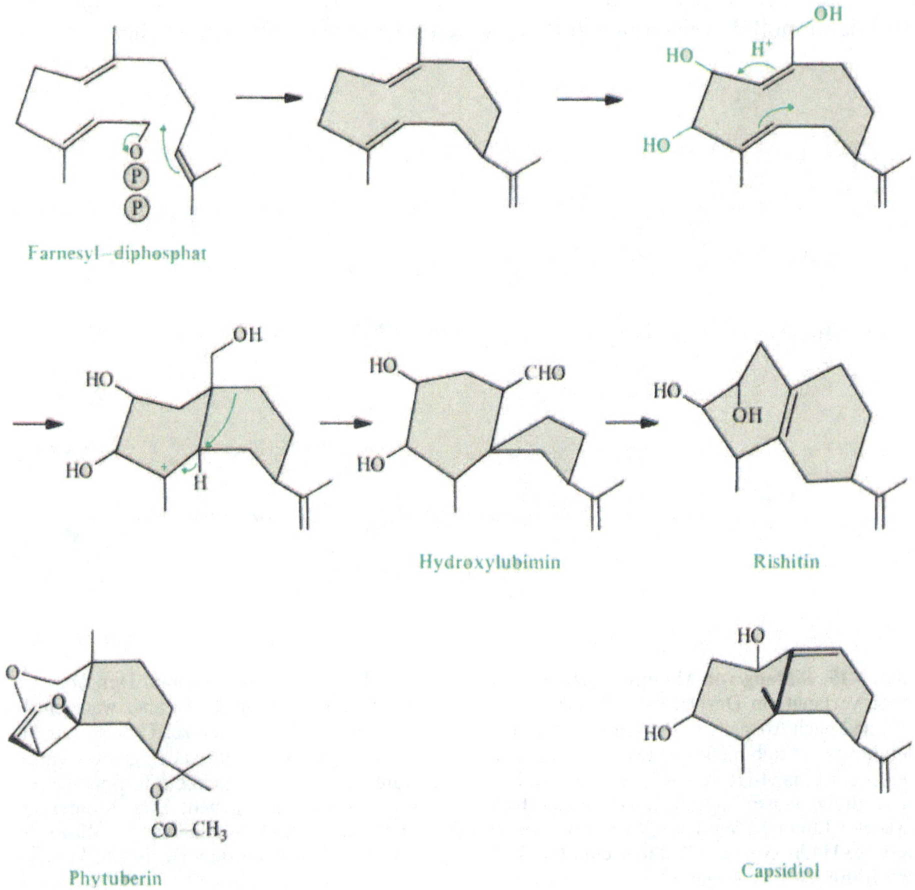

Farnesyl–diphosphat

Hydroxylubimin

Rishitin

Phytuberin

Capsidiol

Abb. 6.17. Sesquiterpene: Übergang von Farnesyl-diphosphat zu Rishitin. Rishitin kann aus mit Pilzen infizierten Kartoffelknollen isoliert werden. Capsidiol ist ein Inhaltsstoff von *Capsicum*. Die noch nicht im Detail aufgeklärte Biosynthese schließt eine Reihe von Umlagerungen ein. Die Eliminierung einer C_1-Einheit erfolgt vermutlich durch Oxidation der Aldehyd-Gruppe am Hydroxylubimin und der anschließenden Decarboxylierung

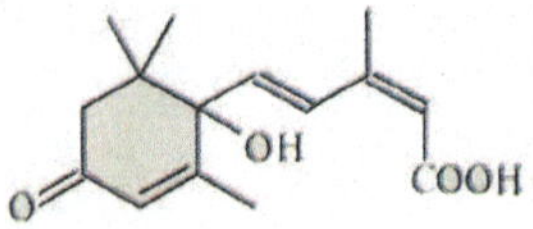

Abscisinsäure

Abb. 6.18. Sesquiterpen: Abscisinsäure. Die Rate seiner Biosynthese aus Xanthinen wird bei Wasser-Streß erhöht. Abscisinsäure forciert die Seneszenz und stabilisiert das Stadium des ruhenden Samens. Das Hormon induziert die Bildung einer anionischen Peroxidase, die für die Polymerisation von Suberin zuständig ist (→ Abb. 9.15)

Farnesyl-diphosphat bzw. Geranylgeranyl-diphosphat ergeben bei Dimerisierung vom Typ Schwanz-Schwanz das Squalen (C_{30}) bzw. die C_{40}-Verbindungen Lycopersen und Phytoen. Man kann bei der Dimerisierung zwei Mechanismen unterscheiden: (a) eine reduktive Dimerisierung, die zu einer C-C-Einfachbindung an der Verknüpfungsstelle führt – und das bedeutet Flexibilität; und (b) eine Dimerisierung, bei der sich die Zwischenstufe durch Eliminierung von H^+ stabilisiert und dann eine Doppelbindung zwischen C-20 und C-21 – und daher ein Produkt mit sehr viel starrerem Skelett – ergibt. Die Starrheit in der Struktur der Folgeprodukte resultiert aus weiteren Doppelbindungen oder Zyklisierungen.

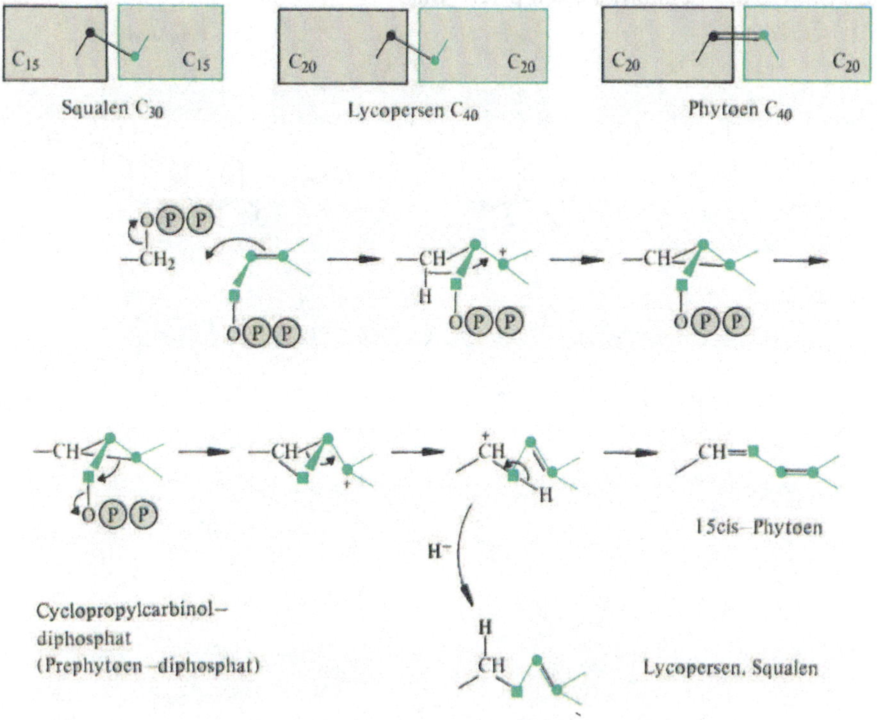

Abb. 6.19. Dimerisierung Schwanz-Schwanz: Bildung von Squalen und Phytoen

Squalen, das durch Schwanz-Schwanz-Kondensation entstanden ist, kann je nach Topologie des verantwortlichen Enzyms in zyklische Verbindungen überführt werden. Dazu ist die Faltung des Substrats wichtig, die durch die Oberfläche des Enzyms bei der Bindung erzwungen wird. Aber auch das Substrat muß aktiviert werden. Durch eine Oxygenase-Reaktion entsteht das 2,3-Epoxid. Es ergibt unter Säure-Katalyse ein Kation am C-2. Damit wird eine Kaskade von Folgereaktionen ausgelöst, die schließlich mit der Zyklisierung zum *Cycloartenol* endet. Damit gelangen wir zu den Phytosterinen. Die Zyklisierung des Squalenepoxids durch ER-Membranen öffnet den Weg zu den Triterpenen wie β-Amyrin. Triterpene stellen die wachsartigen Komponenten an der Oberfläche von Blättern dar. Das dem β-Amyrin etwas ähnliche Betidin gibt der Birkenrinde die weiß-graue Farbe. Saponine mit Triterpen-Gerüst werden in Vakuolen angehäuft und bei Verwundung freigesetzt.

Squalen-epoxid ist das Substrat für verschiedene Enzyme, die nach streng topologisch erzwungener Faltung des linearen C_{30}-Moleküls zu ganz unterschiedlichen Produkten zyklisieren. Ein Weg von Squalen-epoxid zu Lanosterin und Cholesterin wird nur in nicht-photosynthetisierenden Eukaryonten beschritten. Pflanzen stellen die tetra-zyklischen Sterine über das Cycloartenol her. Die Cycloartenol-Synthase (55 kDa) ist ein mikrosomales Enzym und katalysiert sowohl die Zyklisierung als auch die anschließenden Umlagerungen. Die Cycloartenol-Synthase bewirkt eine Reihe von Isomerisierungen, bei denen in Wagner-Meerwein-Umlagerungen die *e*-Sextette durch benachbarte Alkyl-Gruppen aufgefüllt werden. Ein anderes Enzym katalysiert die Synthese des pentazyklischen β-Amyrins.

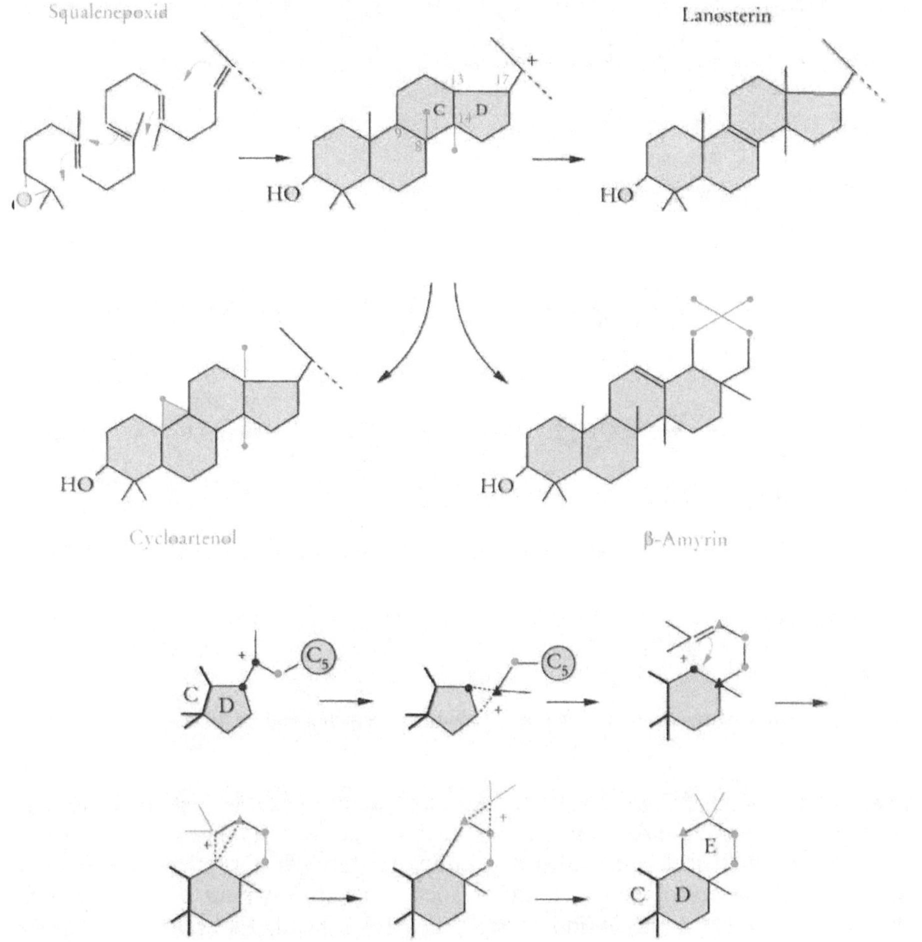

Abb. 6.20. Squalen-epoxid als Vorstufe für die Zyklisierung zu Cycloartenol. So könnte ein H am C-17 in die Seitenkette wandern, ein H der Methyl-Gruppe am C-13 zum C-17, die Methyl-Gruppe am C-14 in Position C-13, die Methyl-Gruppe am C-8 in Position C-14 sowie ein H von C-9 nach C-8 wandern. Schließlich würde das *e*-Sextett am C-9 durch die Methyl-Gruppe am C-10 aufgefüllt, womit der für das Cycloartenol charakteristische Cyclopropan-Ring entsteht. Auch die β-Amyrin-Synthase verwendet das Squalen-epoxid als einziges Substrat. Das Enzym (35 kDa) wurde aus Mikrosomen gereinigt. Ausgehend von der zyklischen Zwischenstufe mit der positiven Ladung in der Seitenkette kommt es hier aber zu noch komplizierteren Umlagerungen der Carbokationen

β-Amyrin kommt als Lipid der Blattoberfläche in größeren Mengen vor. Die Bildung von pentazyklischen Triterpenen macht eine Kette von Umlagerungen notwendig. Die Modifizierung von Sterinen hingegen erfolgt vorwiegend durch Alkylierung, Alkyl-Umlagerung und Abspaltung von Methyl-Gruppen.

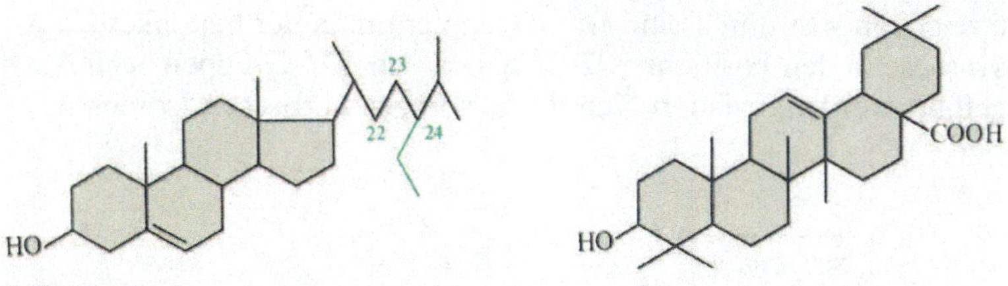

β−Sitosterin

Stigmasterin
(Doppelbindung zwischen C−22 und C−23)

Fucosterin
(Doppelbindung zwischen C−24 und C_2)

Oleanolsäure
(Bestandteil von Saponinen)

Abb. 6.21. Beispiele häufig vorkommender Steroide: Sterin und pentazyklisches Triterpen. Die Zusammensetzung von Sterinen in der PM ist eine Frage des Entwicklungszustands der Zelle. Ein Teil der bei der Seneszenz auftretenden Änderungen hängt mit der Ausstattung an Sterinen zusammen

Die ersten Methylierungen – am C-24 – erfährt der Sterin-Vorläufer auf der Stufe mit einer Cycloartenol-Struktur. Erst dann kommt es zur Eliminierung einer C_1-Einheit am C-4 sowie zur Öffnung des Cyclopropan-Rings. Der Übergang von Cycloartenol zu den Sterinen wie Ergosterin und Fucosterin verlangt die Öffnung des Cyclopropan-Rings und die oxidative Abspaltung von Methyl-Gruppen.

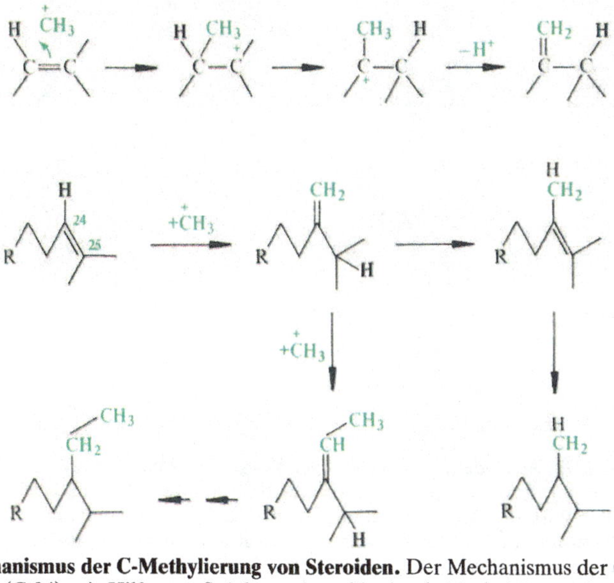

Abb. 6.22. Mechanismus der C-Methylierung von Steroiden. Der Mechanismus der C-Methylierung an einem Sterin (C-24) mit Hilfe von S-Adenosyl-methionin als Methyl-Donor ist bekannt. Extra-Ethyl-Gruppen – wie etwa im Sitosterin – resultieren aus zwei aufeinanderfolgenden Methylierungen

233

Die ersten Demethylierungen – am C-4 – erfährt der Sterin-Vorläufer auf der Stufe mit einer Cycloartenol-Struktur. Erst dann nimmt die Pflanze die Öffnung des Cyclopropan-Rings vor. In vielen Fällen wird im Anschluß an die Ringöffnung auch die Methyl-Gruppe am C-14 entfernt. Hydroxylierte Sterine mit Wachstum stimulierenden Eigenschaften werden unter der Bezeichnung Brassinosteroide zusammengefaßt. Sie zeichnen sich durch eine Diol-Gruppierung in der Seitenkette aus. Da bei der Biosynthese in den Positionen 22–24 neben den OH-Gruppen auch Alkyl-Gruppen eingeführt werden, existiert eine Reihe von geometrischen Isomeren.

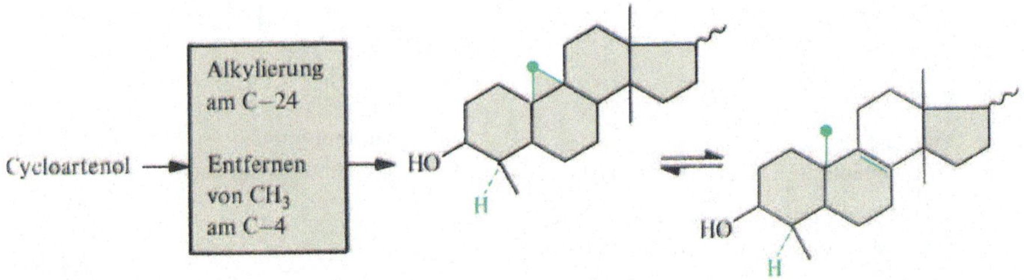

Abb. 6.23. Öffnung des Cyclopropan-Rings am Sterin-Gerüst. Auf diese Reaktionen kann eine Demethylierung am C-14 folgen. Die Demethylase ist ein mit Cyt P450 arbeitendes oxidatives System, das durch Triazol-Herbizide selektiv gehemmt wird. Bei Hefen bewirken Inhibitoren der Demethylase, daß Lanosterin akkumuliert. Der damit stark reduzierte Pegel an Ergosterin führt zum Stopp des Wachstums

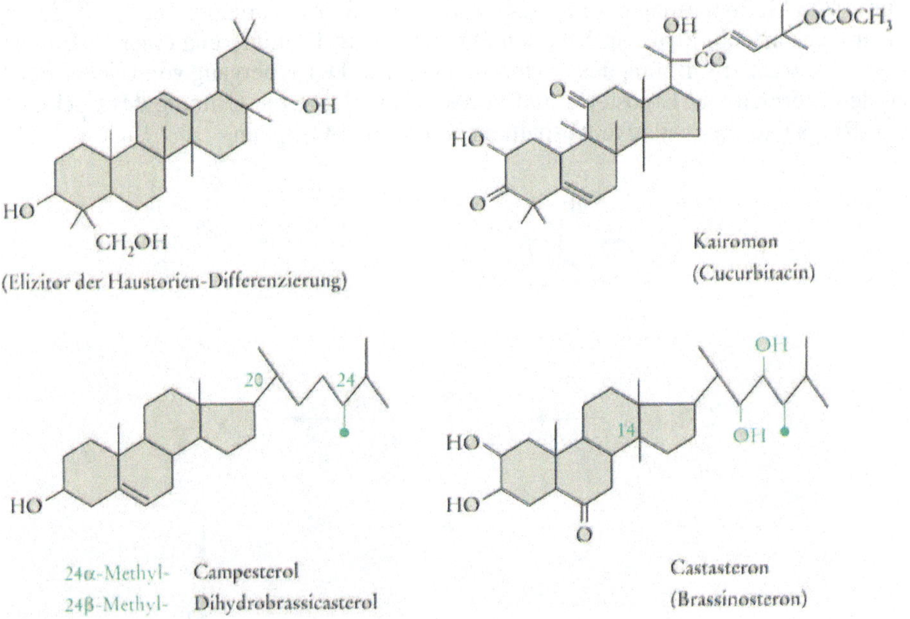

Abb. 6.24. Beispiele für Steroide mit speziellen physiologischen Funktionen. Mit Hilfe der Brassinosteroide konnten in Feldversuchen bei verschiedenen Nutzpflanzen die Ernteerträge erhöht werden. Man stellt eine der Wirkung der Gibberellinsäure vergleichbare Stimulierung des Zellwachstums fest. Manche Bitterstoffe sind wohl als Abschreckungsmittel gedacht und sind für die meisten Insekten tödlich. Für einige wenige Käfer aber ist die LD_{50} um ein Vielfaches höher; das Triterpen erzeugt gesteigerte Freßlust. So wird der Bitterstoff zum Kairomon, einer von der Pflanze als Abwehrstoff hergestellten Verbindung, aus der der Konsument aber Vorteile zieht

234

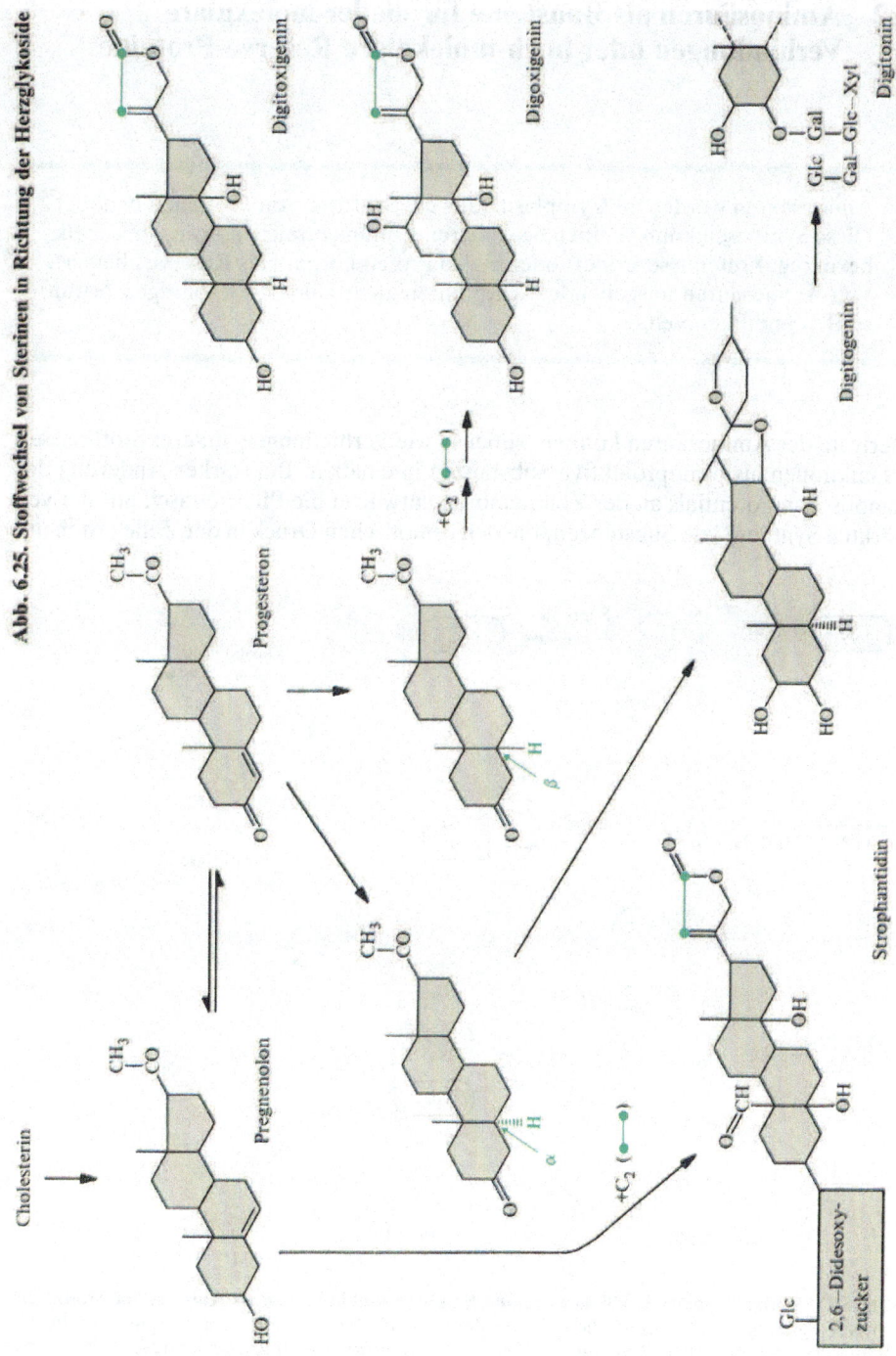

Abb. 6.25. Stoffwechsel von Sterinen in Richtung der Herzglykoside

6.2 Aminosäuren als Bausteine für nieder-molekulare Verbindungen oder hoch-molekulare Reserve-Proteine

> Aminosäuren werden im Cytoplasma für die Synthese von Proteinen benötigt. Diese Synthesen können einen besonderen Umfang erreichen, wenn eine Zelle bevorzugt Proteine sezerniert oder in den Proteinkörpern als Reserve ablagert. Von Aminosäuren ausgehende Wege führen zu Alkaloiden, S-haltigen Naturstoffen und Phenolen.

Derivate der Aminosäuren können – ebenso wie Verbindungen anderer Stoffklassen – Funktionen als osmoprotektive Substanzen innehaben. Bei starker Änderung des osmotischen Potentials an der Zellmembran antwortet die Pflanze rasch mit der verstärkten Synthese von Substanzen, die den osmotischen Druck in der Zelle erhöhen.

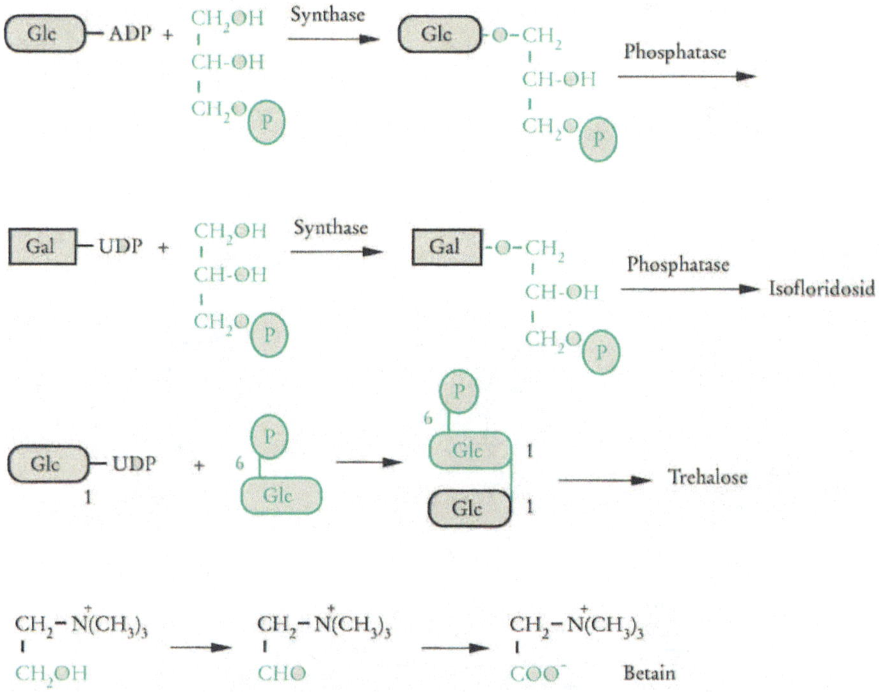

Abb. 6.27. Synthese unterschiedlicher osmotisch aktiver Verbindungen als Antwort auf Streß. Die Synthese derjenigen Substanzen, die sich von Zuckern ableiten, verläuft nach bekanntem Schema: Bildung der glykosidischen Bindung mit Hilfe eines NDP-aktivierten Zuckers, irreversible Hydrolyse des Phosphorsäure-Esters. Beispiele für osmoprotektive Verbindungen bei Cyanobakterien (Glucosylglycerin), Algen (Isofloridosid), Hefen (Trehalose), Bakterien und Pflanzen sind zusammengefaßt. Prolin spielt eine entsprechende Rolle bei höheren Pflanzen

Glutamat nimmt im Aminosäure-Stoffwechsel eine zentrale Stellung ein. Für viele Transaminase-Reaktionen ist Glutamat der NH_3-Donor. Während der Periode der Samenreifung werden die N-Reserven durch Einbau in Speicherproteine angelegt, die reich an Gln und Asn sind. Daher stellt in reifenden Samen die Bildung der Säureamide Glutamin und Asparagin einen quantitativ bedeutenden Prozeß dar.

Eng verbunden mit dem Stoffwechsel von Glutamat sind Bildung und Abbau von Prolin. Die Bildung von Prolin ist häufig nicht von der Mobilisierung abzukoppeln; der Stoffwechsel geht von Glutaminsäure aus und mündet auch wieder dort. Prolin-Stoffwechsel erzielte gesteigertes Interesse in Zusammenhang mit dem Verhalten von Pflanzen (z. B. *Sorghum*, Gerste) bei Trockenheit und Salz-Streß.

Die Schäden bei Belastung von Pflanzen mit Salzen – besonders durch Chlorid – stellen nicht nur im Zusammenhang mit Streusalz eine Herausforderung dar. Auch dort, wo Meerwasser die Böden erreicht, sind chlorid-tolerante Pflanzen (z. B. Zukkerrübe, Mais, Tomaten) von Interesse.

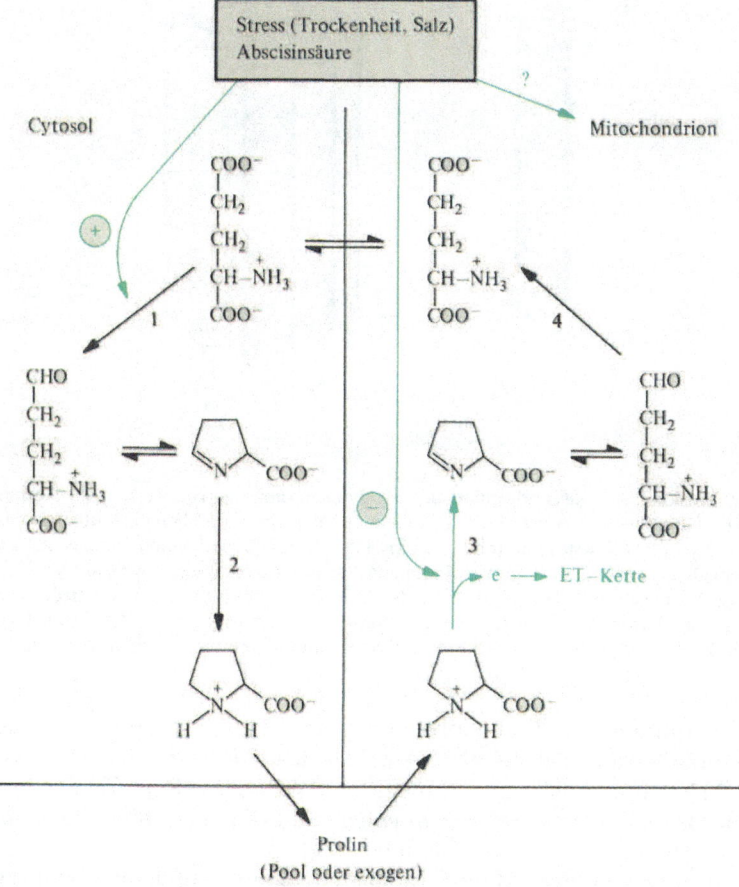

Abb. 6.26. Biosynthese und Mobilisierung von Prolin. Bei Streß oder Knöllchen-Bildung in Leguminosen werden osmoregulierte Gene angeschaltet. Der Pool an Prolin liegt in der Vakuole

Struktur, Löslichkeitsverhalten und Biosynthese der Speicherproteine der Proteinkörper

Die Reserveproteine der Dikotyledonen sind als Globuline in 0.5–4 M Salzlösungen löslich und werden aus diesen Lösungen bei Dialyse ausgefällt. In dieser Hinsicht verhalten sich Globuline ganz anders als Albumine, zu denen – was das Kriterium „Löslichkeit" anlangt – die Enzyme zählen. Albumine sind zwar in sehr verdünntem Puffer löslich, fallen aber aus, wenn die Salzkonzentration über 1 M ansteigt. Die Speicherproteine der Leguminosen haben ein relativ hohes Molekulargewicht, bestehen aus verschiedenen Untereinheiten und sind reich an Arginin, Glutamin und Asparagin. Bekannt sind Phaseolin aus Bohnen (*Phaseolus vulgaris*) oder Legumin und Vicilin aus Erbsen (*Pisum sativum*). Die Legumine (340 kDa) sind in der Regel aus 6 UE (35 kDa) und 6 UE (22 kDa) aufgebaut. Nach demselben Schema sind die Globuline von Cucurbitaceen und *Ricinus communis* zusammengesetzt.

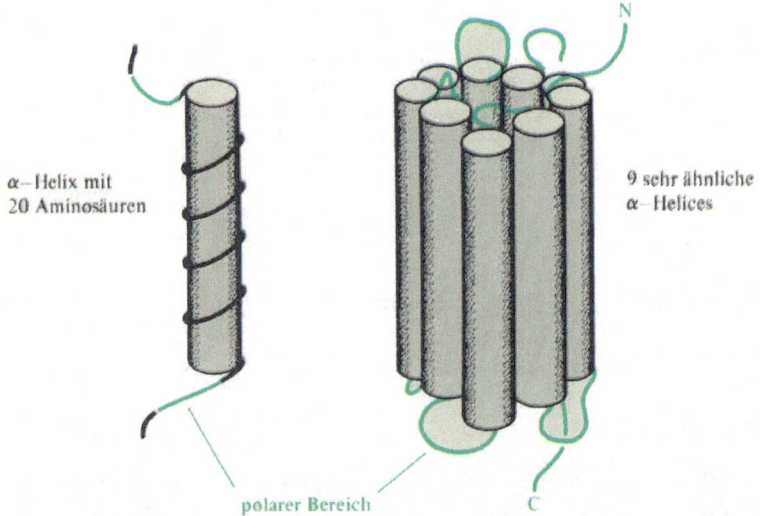

Abb. 6.28. Struktur von Zein, Bauplan mit Motivwiederholung. Blöcke von 20 Aminosäuren in Form von α-Helices werden wiederholt. Zwischen den einzelnen Blöcken besteht ein hoher Grad an Homologie. Lysin und Tryptophan fehlen. Zeine (19 oder 22 kDa) können wir uns aus 9 derartigen Helices aufgebaut vorstellen. Die Verbindungen zwischen den Helices werden von Gln-reichen Schleifen (grün) hergestellt. Die Expression der Zein-Gene steht unter der Kontrolle von sequenzspezifisch bindenden Proteinfaktoren. Eine Mutation im Gen (opaque-2) für diesen Proteinfaktor bewirkt ein Fehlen des Zeins im Maiskorn, das zu einem milchig-trüben Phänotyp führt

Die Speicherproteine der Monokotyledonen sind häufig Prolamine – charakterisiert durch ihre Löslichkeit in 60 bis 80 % Alkohol – und Gluteline – löslich in Alkali oder Säuren. Zu letzteren gehören die Proteine aus Weizen und Reis. Zu den Prolaminen zählen Hordein aus Gerste (*Hordeum vulgare*) und Zein aus Mais (*Zea mays*). Das Reserveprotein aus Hafer ist ein Globulin.

Zeine werden von einer Multi-Genfamilien kodiert; auf dem Chromosom 7 von Mais befinden sich 55 Gene für ein Zein (19 kDa) und auf dem Chromosom 4 mindestens 25 Gene für ein Zein (22 kDa).

Das Prolamin in Weizen ist Gliadin. Es ist ein zentrales Anliegen der genetischen Forschung an Weizen, die Expression der Gliadin-Gene im reifenden Samen zu verstärken. Gliadin-Gene bilden eine Multi-Genfamilie, die keine Homologie mit Glutenin oder Zein besitzt. Eine Verstärkung der Gen-Expression kann durch Faktoren geschehen, die auf anderen Chromosomen der Heterozygoten liegen – also trans wirken. Vielleicht noch bedeutender wäre die Kenntnis über *cis-wirkende DNA-Abschnitte*, die sich auf demselben DNA-Bereich befinden wie das zu transkribierende Struktur-Gen.

Dem ursprünglich aus Komplementationstests hervorgehenden Einteilungsprinzip liegt die Idee zugrunde, daß eine cis-Heterozygote zwei Merkmale (z. B. Mutationen auf ein und demselben Chromosom) trägt, trans-Konfiguration läge vor, wenn die beiden interessierenden DNA-Bereiche auf verschiedenen Chromosomen ihre Position einnähmen.

Die *trans-wirkenden Faktoren* könnten Proteine sein, die durch Gen-Expression an einem Chromosom abgelesen und im Cytosol translatiert werden und dann ihre Wirkung bei der Transkription des Gliadin-Gens auf einem anderen Chromosom entfalten. Diese Faktoren sollten gereinigt und charakterisiert werden können. Ihre Rolle wäre unter dem Stichwort „DNA bindende Proteine" zu sehen (→ Abb. 10.22).

Einige cis-wirkende Bereiche wurden bereits in Eukaryonten und in Eukaryonten befallenden Viren untersucht. Beispiele: der Transkriptions-Verstärker tierischer Viren (SV 40-Promotor; dsDNA) sowie die Sequenzwiederholungen bei Retroviren. β-Globin-Gene werden 100-fach besser transkribiert, wenn ein derart cis-wirkender Verstärker (enhancer) oberhalb des 5′-Bereichs des Gens insertiert wurde. 90 Bp lange Stücke reichen bereits aus. Hybrid-Gene, die neben dem Struktur-Gen diese cis-wirkenden DNA-Bereiche enthalten, werden in transgenen Pflanzen oder kultivierten Protoplasten getestet.

Die Proteinkörper enthalten neben Reserve-Protein – in Form von Kristalloiden – auch Phosphat-Reserven und lösliche Proteine. Die Reserven wurden bei der Samenreifung angelegt und bei der Keimung mobilisiert.

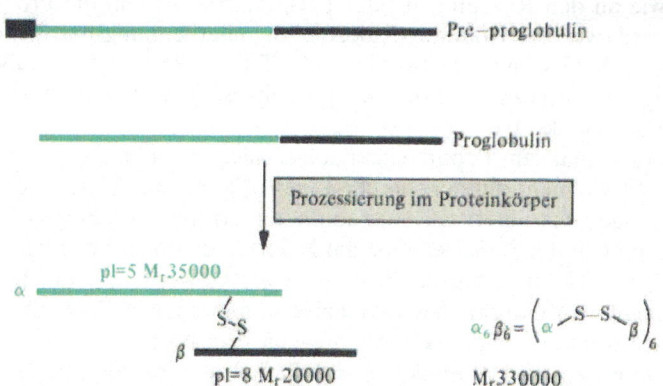

Abb. 6.29. Bauprinzip und Synthese-Schema für die Globuline. Aus einer großen Protein-Vorstufe entstehen am Ort der Reserve-Ablagerung durch endoproteolytische Spaltung zwei Peptide sehr unterschiedlicher Ladung (siehe Isoelektrischen Punkt pI). Disulfid-Brücken halten die Peptide zusammen. Sechs dieser Einheiten ergeben in der Regel das Gesamtmolekül mit mehr als 330 kDa

Die Biosynthese der Reserve-Proteine – und die der anderen Protein-Komponenten der Proteinkörper – erfolgt durch gebundene Polysomen am ER. Es schließen sich zahlreiche Modifikationen an; z. T. noch im ER, oder anschließend bei der Passage durch den Golgi-Apparat und im Zielorganell, den Proteinkörpern. Man unterscheidet zwischen co-translationalen und post-translationalen Modifikationen.

Ob die Information der mRNA an freien Polysomen oder – wie im Falle der Proteine der Proteinkörper – an gebundenen Polysomen in Protein umgesetzt wird, steht in engem Zusammenhang mit dem Zielorganell für das neu gebildete Protein. Dies haben wir bereits im Kapitel 3 feststellen können, vor allem im Zusammenhang mit der Bildung der Glykoproteine. Die Entscheidung, ob sich Polysomen, die sich an einer mRNA befinden, an die ER-Membran anhaften, fällt aufgrund der Information, die in der mRNA steckt und gleich zu Beginn der Translation – eben am 5′-Bereich des gerade in der Synthese befindlichen Peptids – umgesetzt und daher erkennbar wird. Der zuerst synthetisierte N-Terminus zeichnet sich im Falle der Reserve-Proteine durch besondere Hydrophobizität aus. Dieser Signalbereich wird durch ein **Signalerkennungspartikel** erkannt, solange das Ribosom sich noch frei im Cytosol bewegt. Das Signalerkennungspartikel (auch als 11 S-Partikel definiert) besteht aus 6 Peptiden und einer 7 S-RNA. Es zeichnet sich durch zwei Domänen aus: (a) einen Bereich, der die etwa 20 Aminosäuren lange Signalsequenz erkennt, die im Austrittsbereich an der 60 S-UE des synthetisierenden Ribosoms erscheint; (b) eine Domäne, die für die Arretierung der Translation verantwortlich ist. Es ist nämlich ein Merkmal des Partikels, daß es die Translation in vitro stoppt, wenn es zu translatierenden Polysomen zugesetzt wird. Erst ein auf dem ER befindlicher Rezeptor kann diesen Translations-Stopp aufheben. Unter den Peptiden des Partikels befindet sich auch ein G-Protein; der Transfer des entstehenden Proteins in das ER ist von GTP abhängig.

Aufgefunden und analysiert wurde das Signalerkennungspartikel aufgrund der Eigenschaft, Membranen, die durch Salz-Behandlung von peripheren Proteinen befreit wurden, ihre Translokationsaktivität – das entstehende Protein in das ER-Lumen einschleusen zu können – wieder zurückzugeben. Die Signalerkennungspartikel liegen z. T. frei vor, aber auch gebunden, an das mit der Synthese beginnende Ribosom sowie an den Rezeptor auf der ER-Membran. Wenn die Proteinsynthese entarretiert wird, weil der Komplex Ribosom···Signalerkennungspartikel den Rezeptor am ER gefunden hat, und ein ausreichender Teil des Protein-Moleküls in das ER-Lumen gelangt ist, wird das N-terminale Signal abgespalten. Dafür verantwortlich ist eine Signalpeptidase des ER.

Der Teil des Signals am Peptid zeichnet sich nicht so sehr durch eine einmalige Sequenz aus, als vielmehr durch generelle Eigenschaften, wie hohe Hydrophobizität gepaart mit einigen charakteristisch angeordneten positiven Ladungen.

Peptide, die noch die Signalsequenz am N-Terminus tragen, werden als Prä-Peptide bezeichnet. Sie können nur in vitro nachgewiesen werden, nämlich dann, wenn die Translation ohne Membranen und Signalerkennungspartikel abläuft. Oder, wenn es sich um post-translationalen, ATP-abhängigen Transport als Ausnahme handelt.

Der post- oder co-translationalen Translokation am ER folgt ein Aussortieren, Verpacken und Verschicken in Richtung Golgi-Apparat. Hier wird vor allem am Glyko-Teil herumgebastelt. Dazu müssen Mannose- und Fucose-Bausteine aus dem Cytosol importiert werden (Abb. rechte Seite). Eine letzte – proteolytische – Änderung erfährt das Protein im Zielorganell.

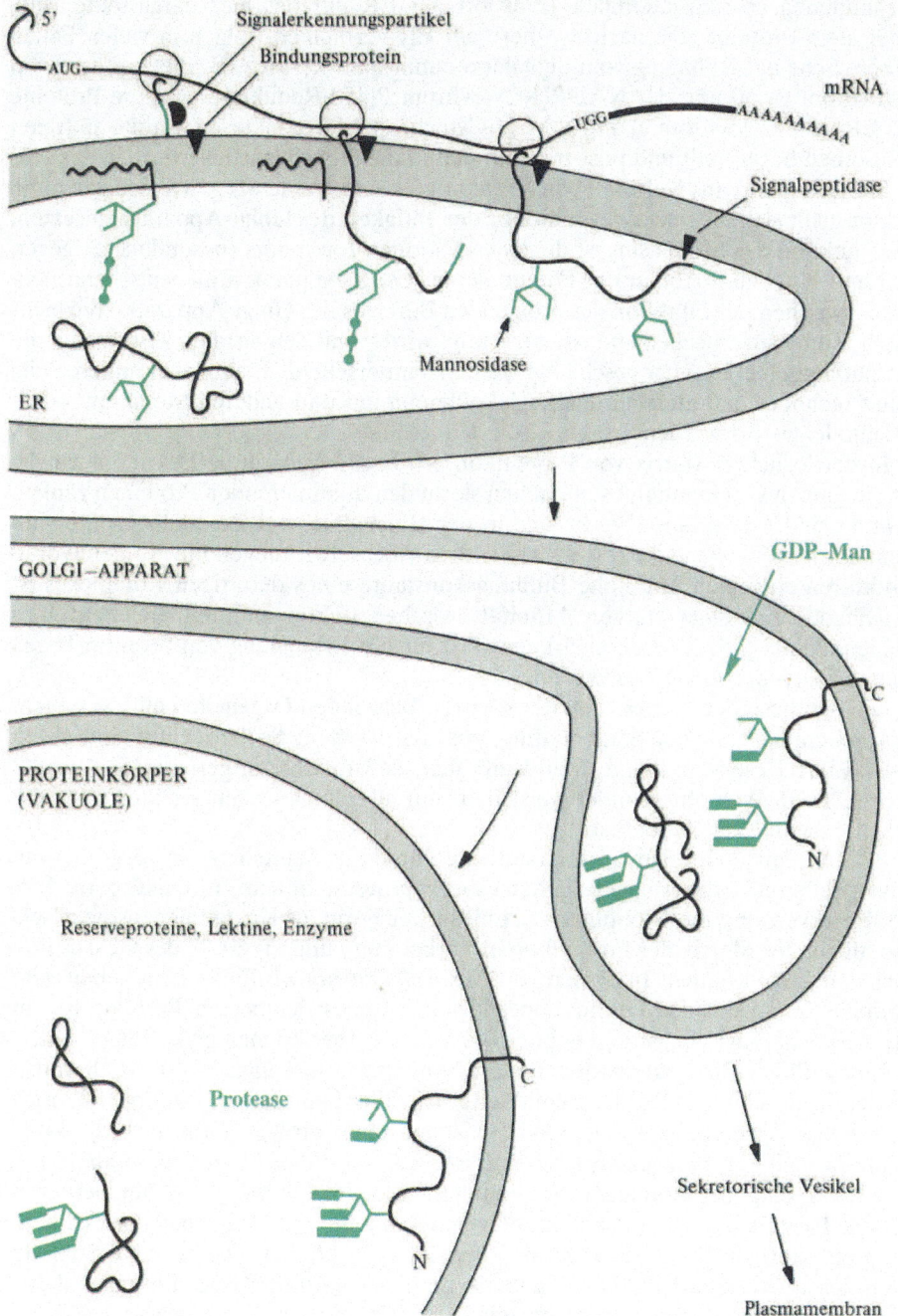

Abb. 6.30. Biosynthese von Proteinen und Glykoproteinen der Proteinkörper über 3 Komparti-mente. Im Lumen des ER befinden sich neben der Signalpeptidase eine Protein-Disulfid-Isomerase und mindestens ein Chaperon (ein hsp70-Äquivalent)

241

Für die Translation von Reserve-Proteinen und Sekretions-Proteinen und dem damit verbundenen co-translationalen Transport am ER gilt das hier dargestellte Bild. Aber auch Proteine, die nach Synthese am ER verbleiben, folgen in vielen Fällen diesem Schema. Abhängig vom Signalerkennungspartikel ist z. B. die Synthese von Cytochrom P-450 und der NADPH-Cytochrom P-450-Reduktase. Andere Proteine des ER– wie Cytochrom b_5 und NADH-Cytochrom b5-Reduktase– werden an freien Polysomen hergestellt und post-translational in die Oberfläche insertiert.

Monensin, ein aus Kulturen von *Streptomyces cinnamonensis* gewonnenes Antibiotikum, läßt sich als selektiver Inhibitor der Tätigkeit des Golgi-Apparats einsetzen. Die Funktion des Monensins ist die eines Kationen-Ionophors (besonders K^+ gegen H^+) und führt zum Abbau der Potentiale am Golgi-Apparat. Einerseits kann man damit zwischen der Funktion des proximalen Bereichs des Golgi-Apparats – die nicht durch Monensin entscheidend beeinträchtigt wird – und den distalen Zisternen – die morphologisch erkennbar geschädigt werden – unterscheiden, muß aber andererseits damit rechnen, daß auch an der Thylakoidmembran und anderen Membranen H^+-Potentiale gestört werden.

In der löslichen Matrix von Proteinkörpern lassen sich häufig Lektine nachweisen; in Samen von Leguminosen können sie zu den dominierenden Proteinen zählen. Lektine sind interessante Werkzeuge in der Biochemie und Zellbiologie. Sie sind dann definiert als Proteine, die sehr selektive Wechselwirkungen mit Kohlenhydrat-Strukturen eingehen. Die hohe Bindungskonstante eines derartigen Komplexes ist gleichbedeutend einer starken Affinität zwischen Lektin und Teilbereichen eines Kohlenhydrats. Diese Wechselwirkung wird für die Erkennung von Struktur-Bereichen auf Glykoproteinen angewendet.

Die Synthese der Lektine und der sie beherbergenden Organellen muß in engem Zusammenhang mit der Samenreifung gesehen werden. So betrachtet sind sie in erster Linie Reserveproteine. Man weiß aber, daß Lektine in geringerem Ausmaß auch z. B. in Wurzeln gebildet werden. Dann allerdings stellen sie Stoffe für die Erkennung anderer Zellen dar.

Bei der Anlage des Samens folgt auf eine Phase der Zellteilung die Vergrößerung dieser Zellen und die Ablagerung der Reserveproteine in den Proteinkörpern. Protein-Reserven sind die Globuline – in unlöslicher Form als Kristalloide – sowie Lektine, die in der Matrix der Proteinkörper vorkommen und bis 20 % des Gesamtproteins darstellen können. In Samen von *Canavalia ensiformis* findet man neben dem Globulin Canavalin das Lektin Concanavalin. Keines der beiden Proteine ist ein Glykoprotein. Zwischenstufen bei der Biosynthese aber können glykosiert sein.

Das wirklich Bemerkenswerte an der Synthese von Concanavalin ist die post-translationale Umordnung der Peptidkette. Die Tatsache, daß im Zielorganell noch proteolytische Spaltungen ablaufen, daß neben einer großen Form auch die Fragmente in größeren Mengen vorkommen, ist nicht auf dieses Lektin beschränkt.

dsRNA, eingebettet in einer Proteinhülle, wurde im Cytosol von Hefen beobachtet. Die Expression der Information führt zur Synthese von Proformen von Toxinen, die prozessiert und letztlich sezerniert werden. Sie können andere Hefe-Stämme töten. Das Cistron enthält Signal-Sequenz, Sequenzen für die UE-a, für einen glykosylierbaren Verbindungteil (der im reifen Protein nicht mehr aufscheint), für die UE-b und einen ebenfalls zu eliminierenden Bereich am C-Terminus. Das reife Protein besteht aus UE-a und UE-b, die über S-Brücken zusammengehalten werden. Diese Art der Biosynthese ähnelt der Biosynthese der pflanzlichen Lektine.

Lektine können selbst Glykoproteine sein. Abgesehen davon, daß nicht selten Iso-
lektine auftreten, die aus geringfügig unterschiedlichen UE aufgebaut sind, richtet
sich der Bauplan in der Regel nach folgendem Muster: Aufbau aus 4 identischen UE
(25–35 kDa); reich an Asp, Ser, Thr; benötigen Ca^{2+} oder Mn^{2+} für die optimale
Bindung der Zucker.

Das Monomere von Concanavalin A besteht fast ausschließlich aus β-Faltblatt-
Struktur. In einer Einfaltung befindet sich die Bindungsstelle für Ca^{2+} und Mn^{2+} (nur
0,4 nm voneinander entfernt und hexakoordiniert; 2 Asp). Relativ weitab davon
(2,3 nm) liegt die zweite Falte, die Bindungsstelle für den Kohlenhydrat-Anteil.

Da Lektine pro Molekül mehrere Bindungsstellen für Oligosaccharid-Strukturen
besitzen, eignen sie sich, Membranstrukturen mit beweglichen – in der flüssigen
Membran schwimmenden – Glykoproteinen oder Glykolipiden (Beispiel: Ganglio-
side) zu agglutinieren. Ihre besonderen Eigenschaften machen Lektine zu Werkzeugen bei der Isolierung von Glykoproteinen, bei der histochemischen Anfärbung von
Glyko-Strukturen, bei der Rezeptor-Forschung usw.

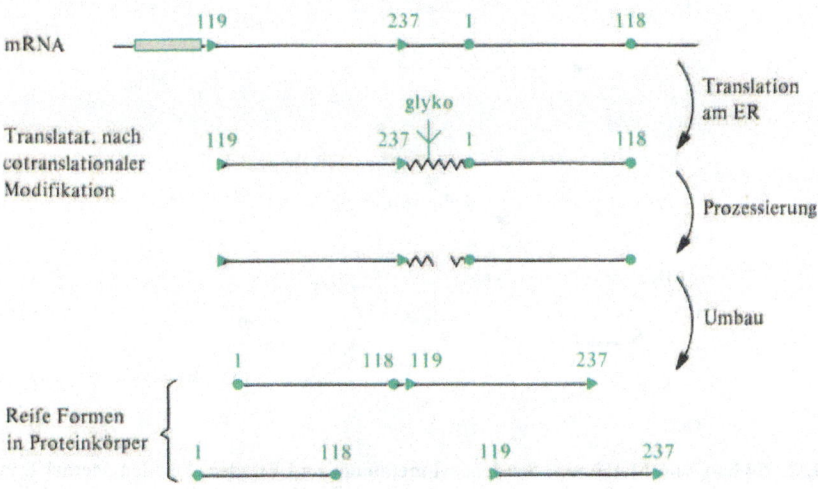

Abb. 6.31. Schrittweise Synthese und Translozierung eines Lektins. Als Beispiel wird die Bildung von
Concanavalin A im reifenden Samen skizziert. Die Synthese an den gebundenen Ribosomen des ER
schließt eine Signal-Sequenz am N-Terminus ein (als offener Balken auf der Stufe der mRNA eingezeichnet). Während der Translation unterliegt das Peptid einer Reihe von Änderungen. Diese co-
translationalen Modifikationen sind in diesem Fall neben der Entfernung der Signal-Sequenz auch
die Glykosidierung (symbolisiert mit glyko). Auf dem Weg zum Proteinkörper reift das Protein, was
in diesem Falle bedeutet, daß einerseits die Glykostruktur abgespalten werden muß und zum anderen das Peptid in zwei Teile zerlegt und neu zusammengefügt wird. Im Falle der Reifung muß also
eine N-Glykosidase als Modifizierungsreagens eingreifen

Neben den dominierenden Reserve-Proteinen in den Proteinkörpern, den Lektinen
und Depots an Phytinsäure und Mineralsalzen müssen „Proteinase-Inhibitoren" und
Albumine (unter 15 kDa) als vermutliche Protein-Reserven berücksichtigt werden.
All diese Verbindungen werden wieder abgebaut, wenn bei der Samenkeimung die
Reserven mobilisiert werden und aus Proteinkörpern sich wieder Vakuolen bilden.

Der von Methionin und den basischen Aminosäuren abzweigende Stoffwechsel

Ausgehend von Aspartat bzw. Homoserin wird das C-Gerüst von Methionin gebildet. Das Schwefel-Atom stammt aus Cystein und wird über die Zwischenstufe Cystathionin übertragen. Die Methyl-Gruppe kommt aus dem C_1-Stoffwechsel und wird von Tetrahydrofolsäure-Derivaten übernommen. Bemerkenswert ist, daß es Rückführungsmechanismen gibt, die Teile des im folgenden verbrauchten Methionins wieder in den Stoffwechsel einbringen.

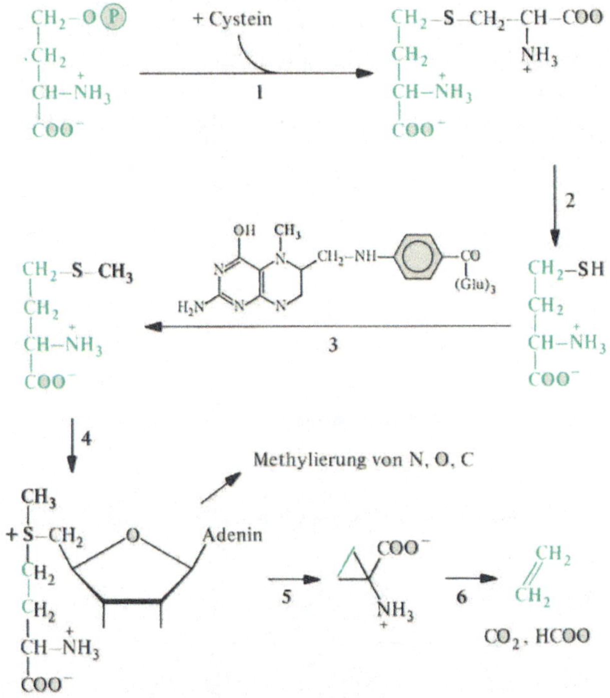

Abb. 6.32. Bildung von Methionin, S-Adenosyl-methionin und Ethylen. Für den Methyl-Transfer muß die Methyl-Gruppe am S aktiviert werden. In einer ATP-abhängigen Reaktion wird Methionin in S-Adenosyl-methionin überführt. Dieses Sulfonium-Ion ist ein gutes Alkylierungsmittel; als Produkt entsteht S-Adenosyl-homocystein (→ Abb. 6.37)

Die Bildung von Cystathionin-Synthase (1) wird durch Methionin reprimiert; auch andere Faktoren modulieren die Enzym-Aktivität. Wenn zuviel Methionin in der Zelle vorliegt, kommt es zur Induktion eines Systems, das Methionin zu Methanthiol spaltet. Cystathionase (2) setzt Homocystein frei, das durch eine Methyl-Transferase (3) in Methionin überführt wird. Methionin ist nicht nur ein Baustein für Proteine; die C_1-Gruppe des Methionins wird von sehr unterschiedlichen Substraten für Methylierungen verwendet. Sowohl phenolische OH-Gruppen als auch Amine werden so modifiziert. Methyl-Ester wie Chlorophyll werden damit hergestellt. Durch Transfer einer CH_3-Gruppe auf C erfährt das Kohlenstoff-Gerüst dieser Verbindungen eine Erweiterung. Beispiele sind der aromatische Ring bei der Biosynthese von Plastochinon oder die Seitenkette von Sterinen (→ Abb. 6.22).

Durch Induktion der Aminocyclopropancarbonsäure-Synthase (*ACC-Synthase*, 5) wird der Weg zum Ethylen eröffnet. Die Synthese dieses Enzyms und damit die Bildung von Ethylen unterliegt einer Reihe von Kontrollen. Auxine induzieren die Gen-Expression. Da Ethylen seinerseits hormonähnliche Funktionen übernimmt, ist die Hierarchie der Signalstoffe oft schwer zu beschreiben. Die Aminocyclopropan-carboxylat-Oxidase (*ACC-Oxidase*, 6; Abb. linke Seite) ist ein Fe^{2+}-hältiges Enzym (37 kDa), dessen Biosynthese bei Seneszenz induziert wird.

Im Stoffwechsel kann nicht nur die C_1-Gruppe des Methionins Verwendung finden. Bei einigen Synthesen wird die gesamte Grundstruktur des Methionin-Moleküls übernommen; es kann zu homologen Verbindungen aufgebaut werden. Dies bedeutet, daß im Zuge einer Verlängerungssequenz jeweils eine neue CH_2-Gruppe eingefügt wird.

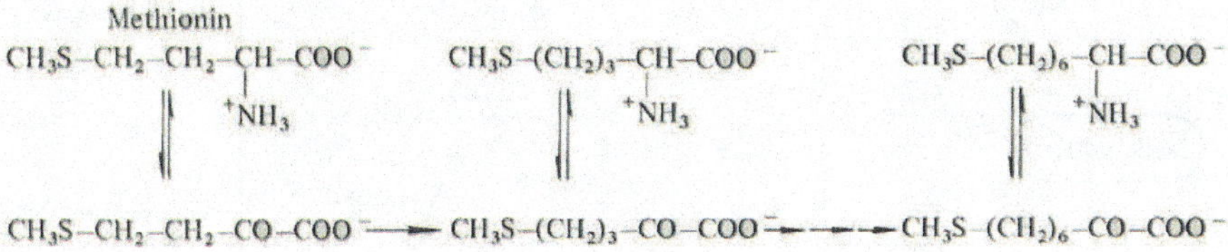

Abb. 6.33. Methionin als Ausgangspunkt für die Synthese von Homomethionin und anderen homologen Aminosäuren

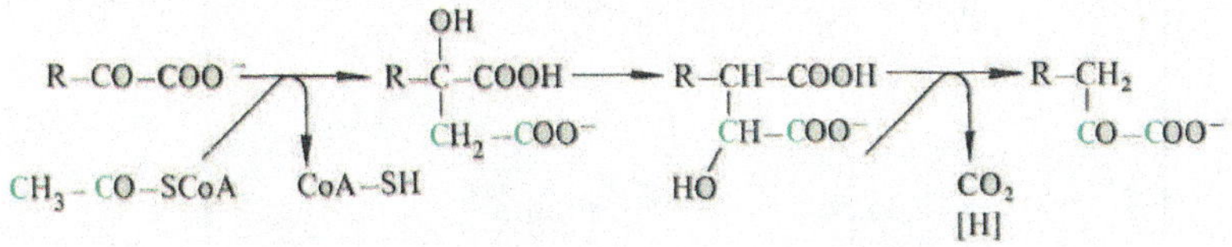

Abb. 6.34. Bildung einer homologen α-Ketosäure durch C_1-Kettenverlängerung. In Cruciferen trifft man eine besonders große Anzahl von nicht proteinogenen Aminosäuren an. Sie leiten sich vom Methionin ab

Das Prinzip der Kettenverlängerung taucht im Citrat-Zyklus, bei der Biosynthese von Leucin und bei aromatischen Verbindungen mit unterschiedlicher Seitenkettenlänge auf. Aus den Methionin-Homologen können Senfölglucoside entstehen.

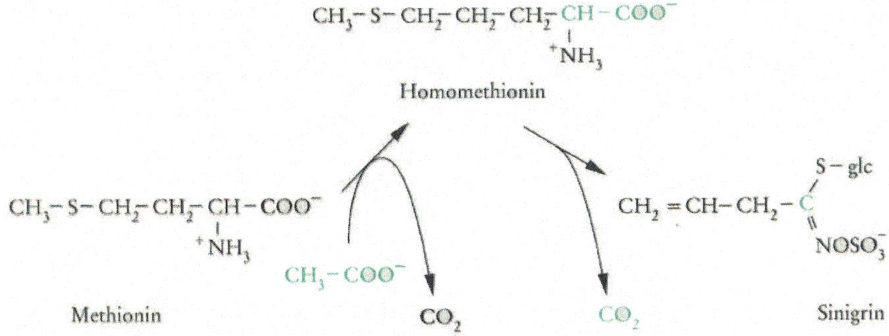

Abb. 6.35. Umsetzung von Methionin zu Homomethionin und Senfölglucosiden

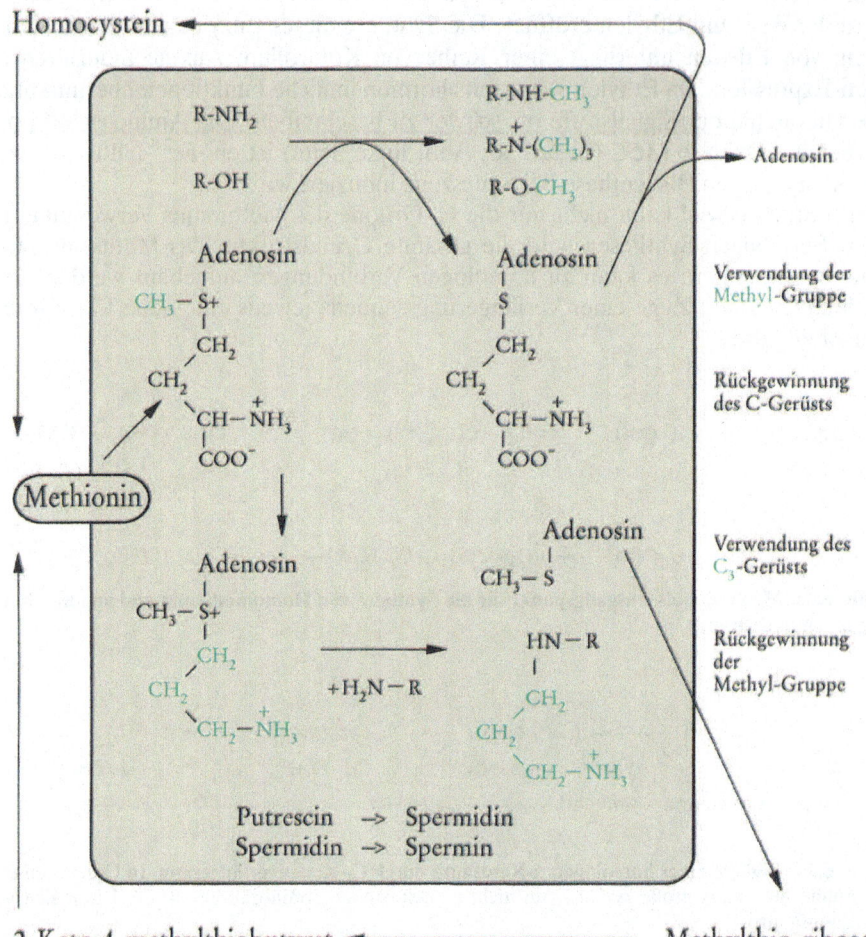

Homocystein ←

R-NH₂
R-OH

$CH_3 - S+$
CH_2
CH_2
$CH - NH_3^+$
COO^-

Adenosin

Methionin

R-NH-CH₃
R-N⁺-(CH₃)₃
R-O-CH₃

→ Adenosin

Adenosin
S
CH_2
CH_2
$CH - NH_3^+$
COO^-

Verwendung der
Methyl-Gruppe

Rückgewinnung
des C-Gerüsts

Adenosin
$CH_3 - S+$
CH_2
CH_2
$CH_2 - NH_3^+$

$+H_2N - R$

Adenosin
$CH_3 - S$

$HN - R$
CH_2
CH_2
$CH_2 - NH_3^+$

Verwendung des
C₃-Gerüsts

Rückgewinnung
der
Methyl-Gruppe

Putrescin → Spermidin
Spermidin → Spermin

2-Keto-4-methylthiobutyrat ←——————— Methylthio-ribose

Abb. 6.36. Verwendung von S-Adenosyl-methionin

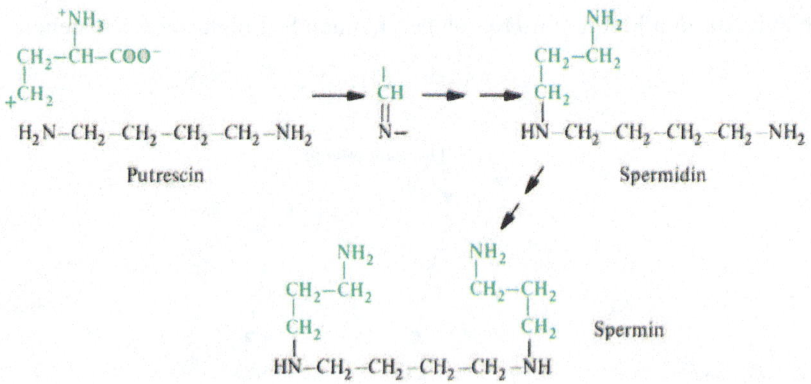

$^+NH_3$
$CH_2 - CH - COO^-$
$_+CH_2$
$H_2N - CH_2 - CH_2 - CH_2 - CH_2 - NH_2$

Putrescin

CH
$\|$
$N-$

→ →

NH_2
$CH_2 - CH_2$
CH_2
$HN - CH_2 - CH_2 - CH_2 - CH_2 - NH_2$

Spermidin

NH_2
$CH_2 - CH_2$
CH_2
$HN - CH_2 - CH_2 - CH_2 - CH_2 - NH$

NH_2
$CH_2 - CH_2$
CH_2

Spermin

Abb. 6.37. Bildung von Spermidin und Spermin durch Transfer einer C₃-Einheit aus Methionin

Die Wiederverwendung eines Teils des ursprünglichen Moleküls von Adenosyl-methionin wird dadurch gewährleistet, daß S-Adenosyl-homocystein als Produkt der Methylierungs-Reaktion nach Hydrolyse zu Homocystein und Adenosin ohne Fragmentierung wieder in Methionin überführt werden kann. Voraussetzung ist eine Adenosyl-homocystein-Hydrolase, die in der Regel parallel zum Methylierungsapparat in Pflanzen induziert wird.

Spermidin und Spermin sind ubiquitäre Pflanzeninhaltsstoffe. Ubiquitäre Polyamine – aber mit welcher Funktion? Auch in tierischen Geweben und Mikroorganismen sind die beiden Verbindungen weit verbreitet; und gelten als Wachstumsfaktoren.

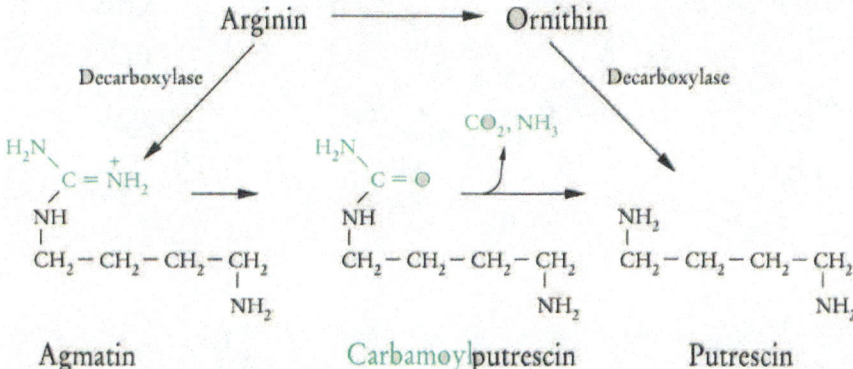

Abb. 6.38. Bildung von Putrescin. Die Biosynthese der Polyamine geht von Arginin aus und verläuft über Putrescin. Durch Decarboxylierung und die Funktion einer Agmatin-Desiminase entsteht Carbamoyl-putrescin

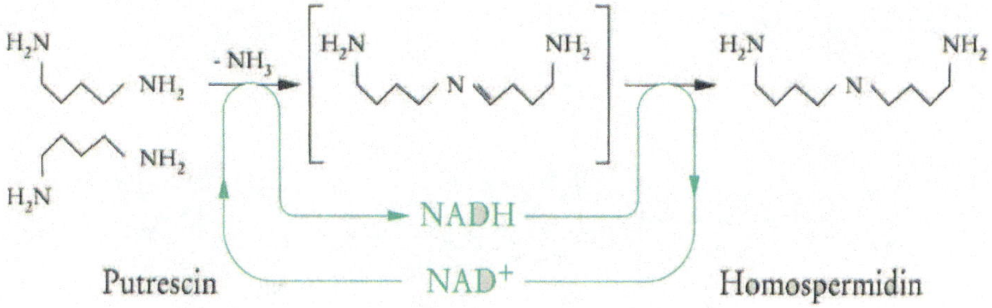

Abb. 6.39. Die von der Homospermidin-Synthase katalysierte Reaktion

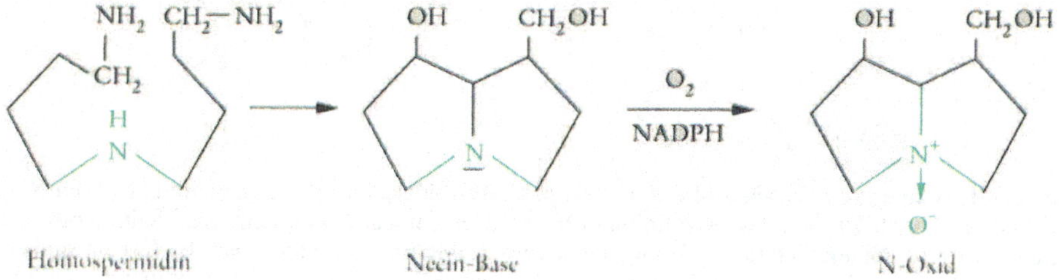

Abb. 6.40. Pyrrolizidin-Alkaloide. Diese Alkaloide bestehen meist aus einer Necin-Base und Carbonsäuren, die mit einer oder beiden Alkohol-Funktionen der Necin-Base verestert sind. Die Biosynthese aus Homospermidin läuft in der Wurzel ab. Später finden sich die Alkaloide in Blüten und Früchten. Durch die Katalyse einer mikrosomalen Hydroxylase entstehen die N-Oxide

Ornithin ist der Vorläufer von *Tropan-Alkaloiden*. Durch Decarboxylierung und N-Methylierung entsteht N-Methylputrescin; und durch eine Oxidase-Reaktion erreichen wir die Stufe des N-Methylpyrroliniumsalzes (1). Man vermutet, daß eine zweifache Kettenverlängerung mit einer aktivierten C_2-Einheit (2) und anschließende Oxidation (3) die Voraussetzungen für einen zweiten Ringschluß (4) liefern. Die Decarboxylierung (5) ist z. Z. Spekulation. Das Produkt, Tropinon, aber ist ein gesichertes Intermediat. Eine stereospezifisch arbeitende Dehydrogenase (6) liefert den Alkohol, der anschließend mit Tropasäure verestert werden kann (7). Von Interesse ist die gut untersuchte Hyoscyamin-6β-Hydroxylase (8), eine Monooxygenase.

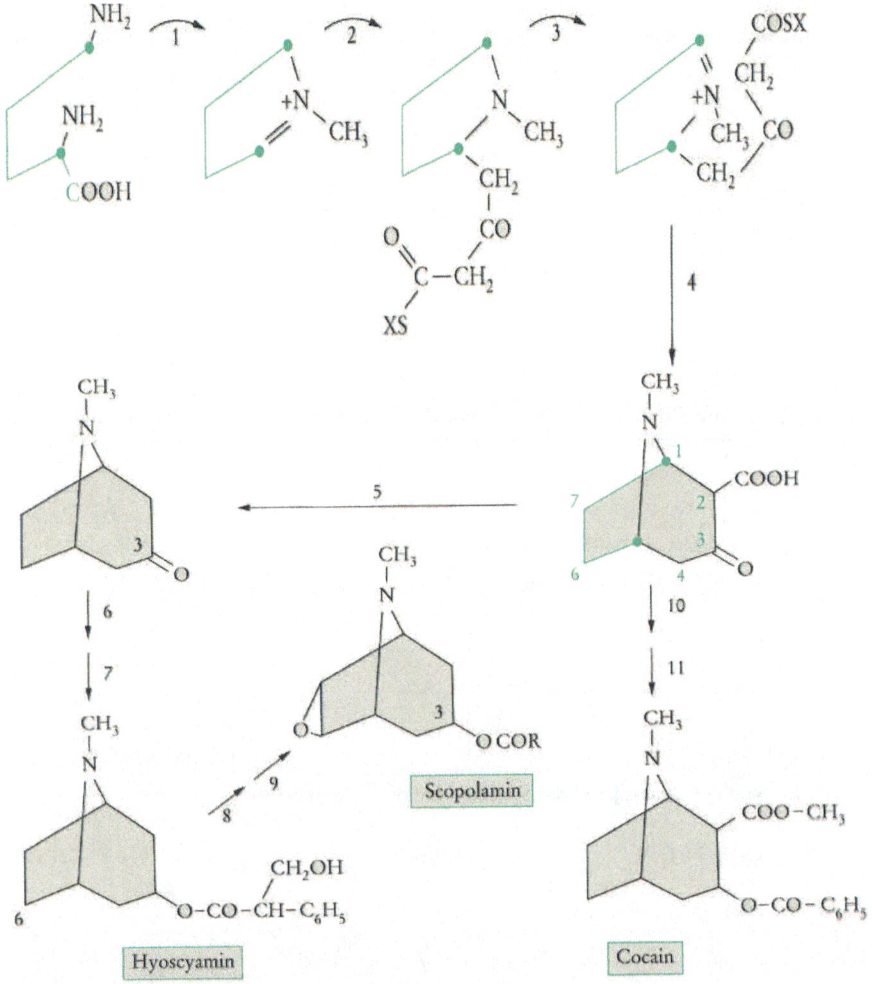

Abb. 6.41. Bildung von Cocain und anderen Tropan-Alkaloiden. Ornithin kann zum Pyrrolidin-Ring zyklisieren. Durch Umsatz des Pyrrolidinium-Ions mit einem Carbanion kann eine Seitenkette hergestellt werden, die letztlich für die Bildung eines zweiten Rings verwendet wird. Im Cocain sind die Bausteine Ecgonin, Methanol und Benzoesäure in Form von zwei Esterbrücken miteinander verbunden. Der Grundkörper, die Säure Ecgonin, ergibt bei Decarboxylierung Tropanol. Atropin und Scopolamin sind die von der Natur vorgezeichneten Strukturen, die heute bei der Synthese von Parasympatholytika nachempfunden werden. In ähnlicher Weise hat die Struktur von Cocain die Synthese von Lokalanästhetika (z. B. Procain) stimuliert

Vom Lysin führt der Weg zu den Chinolidizin-Alkaloiden. Die Synthese läuft im Chloroplasten ab. Sowohl die Lysin-Decarboxylase – mit Cadaverin als Produkt – als auch das Schlüsselenzym Oxospartein-Synthase wurden dem Plastiden zugeordnet. Oxospartein ist die Vorstufe von Lupanin, Spartein und Cytisin. Chinolizidin-Alkaloide sind vor allem in Leguminosen anzutreffen.

Die Substrate der Oxospartein-Synthase sind 3 Moleküle Cadaverin und 4 Moleküle Pyruvat. Letzteres dient als Akzeptor der 4 Amino-Gruppen. Die Produkte der komplexen Reaktion sind vermutlich ausschließlich Oxospartein – und 4 Moleküle Alanin. Die schematische Darstellung in Abb. 6.42 gibt nicht das Diamin Cadaverin als ausschließliches Substrat wieder, sondern skizziert nur das Grundgerüst und die möglichen Wege der Gesamtreaktion. Wir lernen bereits hier wichtige Prinzipien der Alkaloid-Biosynthese kennen: (1) die Bildung einer Schiffschen Base; (2) den nukleophilen Angriff eines durch Reduktion gebildeten Amin-Stickstoffs; (3) den nukleophilen Angriff des C eines Aldehyds, also eines Carbanion-Äquivalents, an ein Imin oder Iminiumsalz.

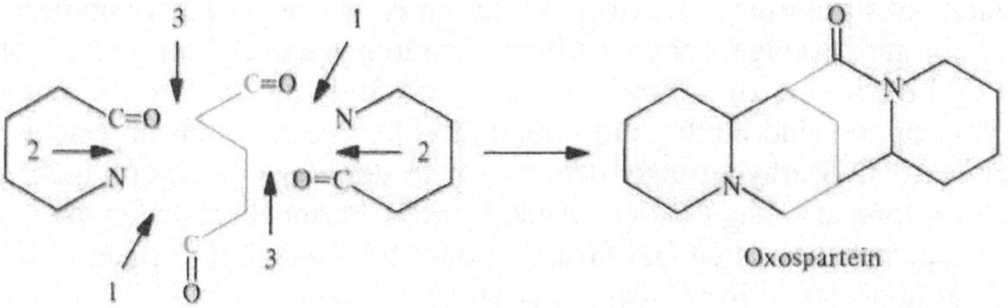

Abb. 6.42. 3 Moleküle Cadaverin, dem Produkt der Decarboxylierung von Lysin, dienen als Bausteine für Oxospartein

In teilweiser Umkehr der Biosynthese-Sequenz bewirkt in Pflanzen eine Diamin-Oxidase die Überführung von Lysin in Piperidein-6-carbonsäure. Durch Reduktion entsteht daraus Pipecolinsäure (Inhaltsstoffe in Angiospermen).

Leguminosen bilden verschiedene Homo-Aminosäuren, die nicht in Protein eingebaut werden. Dazu zählen 4-Hydroxy-homoarginin und Lathyrin (2-Aminopyrimidylalanin). Die Biosynthese könnte von Homoarginin über 4-Hydroxy-homoarginin durch Zyklisierung zum Tetrahydropyrimidin-Derivat und weiter zum Latyrin führen. Isoleucin kann durch C_1-Kettenverlängerung in Homoisoleucin umgewandelt werden. Eine ganz andere Art der C_1-Kettenverlängerung geht von Blausäure aus: mit dem Übergang von Serin plus Cyanid in β-Cyanoalanin besitzen Pflanzen einen zusätzlichen Weg zur Asparaginsäure. Viele Pilze sind in der Lage, Aminosäuren ohne Oxidation zu desaminieren. So kennen wir die Umwandlung von Asparaginsäure unter Eliminierung von NH_3 zu Fumarat, von Histidin zu Urocaninsäure, von Phenylalanin zu Zimtsäure. Abgesehen vom letzten Beispiel kommt diesen Prozessen bei höheren Pflanzen keine so große Bedeutung zu; die entsprechenden Enzym-Aktivitäten wurden aber für Pflanzen beschrieben. Ammoniak-Lyasen enthalten im aktiven Zentrum eine Dehydroalanin-Struktur. Es muß sich um eine post-translationale Modifikation handeln. Diese reaktive Struktur, mit einer Doppelbindung zwischen dem in der Peptidkette liegenden C-α und dem C der Seitenkette, sollte mit der Amino-Gruppe des Substrats reagieren.

Der von Phenylalanin ausgehende Stoffwechsel und seine Vielfalt

Phenylalanin – hier auch als C_6C_3-Körper gesehen – wird von der Pflanze in sehr unterschiedlichen chemischen Reaktionen umgesetzt. Es wird zur Herstellung einer, für normalen Aminosäure-Stoffwechsel schon fast extremen Vielfalt an Produkten verwendet. Allein auf der Ebene der C_6C_3-Körper finden wir mehrere Naturstoff-Klassen: Zimtsäuren, Zimtalkohole und Cumarine. Durch Verkürzung oder Verlängerung der Seitenkette ergeben sich weitere Übergänge. Große strukturelle Vielfalt und ein Reservoir an interessanten chemischen Reaktionen trifft man bei den Alkaloiden an, die sich in ihrer Mehrheit von aromatischen Aminosäuren ableiten.

Eine Übersicht über die Verzweigung der wichtigsten Stoffwechsel-Sequenzen finden Sie in Abb. 6.44. Viele der hier angedeuteten Wege können auch von Tyrosin oder Tryptophan aus ablaufen; deshalb werden in dieser Übersicht die Modifikationen am aromatischen Ring nicht angesprochen. Diese sind in erster Linie Hydroxylierungen, O-Methylierungen und Alkylierungen (Isoprenylierungen). Als Regel mit wenig Ausnahmen kann dazu gelten, daß Hydroxylierungen, wenn sie an einem noch nicht weiter substituierten C_6C_3-Körper oder an einem seiner Abkömmlinge stattfinden, sich auf ganz wenige, sehr spezifische Monooxygenase-Reaktionen reduzieren lassen. Hydroxylierungen in ortho- oder para-Stellung zu bereits eingeführten Hydroxyl-Gruppen sind häufig und finden auf allen Ebenen mit unterschiedlichem C-Gerüst statt. O-Methylierungen treffen wir in der Regel an, wenn mehr als eine Hydroxyl-Gruppe am Ring existiert. Auch Isoprenylierung beobachtet man erst nach Einführung der phenolischen OH-Gruppe oder OH-Gruppen; da phenolische Gruppen den aromatischen Ring reaktionsfreudiger gegenüber C-Alkylierungen mit einem Carbeniumion machen.

Der Einstieg in den Phenol-Stoffwechsel findet – und dies gilt für die Mehrzahl der darauffolgenden Stoffwechsel-Sequenzen – durch die Katalyse eines Enzyms statt:

Phenylalanin-Ammoniak-Lyase (PAL)

Das Enzym ist ubiquitär im Pflanzenreich verbreitet. Seine Funktion wird aber sorgfältig kontrolliert: auf der Ebene der Transkription, durch Veränderung im Turnover der mRNA sowie durch Modulation der Enzym-Aktivität. Besonderheiten des molekularen Aufbaus: Tetrameres (UE mit 77 - 83 kDa); viele Isoenzyme; Dehydroalanin im aktiven Zentrum; Kinetik mit kooperativen Effekten. Das Enzym wird durch das Produkt stark gehemmt; besonders effiziente Hemmung – charakterisiert durch Affinitätskonstanten um µM – erreicht man mit einem artifiziellen Inhibitor: Aminoxiessigsäure oder Aminoxiphenylpropionsäure (→ Abb. 6.43).

Man muß davon ausgehen, daß die pflanzlichen Zellen viele verschieden gesteuerte Gene für PAL besitzen. Ihre Expression wird gewebe-spezifisch angeschaltet. In einer bestimmten Situation werden jeweils nur ein oder zwei Gene stark exprimiert und die Auswahl, welche der Informationen umzusetzen ist, wird von der Pflanze geändert. Möglichkeiten zur unterschiedlichen Regulation der Transkriptions-Aktivität liegen in den 5′-flankierenden Bereichen (bis in den Bereich –700) der PAL-Gene.

Besondere Beachtung findet die differentielle Expression; ob
- ein bestimmtes PAL-Gen gemeinsam mit einem Gen für ein Folge-Enzym aktiviert wird (Abb. rechte Seite),
- ein bestimmtes PAL-Gen durch bestimmte Signale bevorzugt angeschaltet wird.

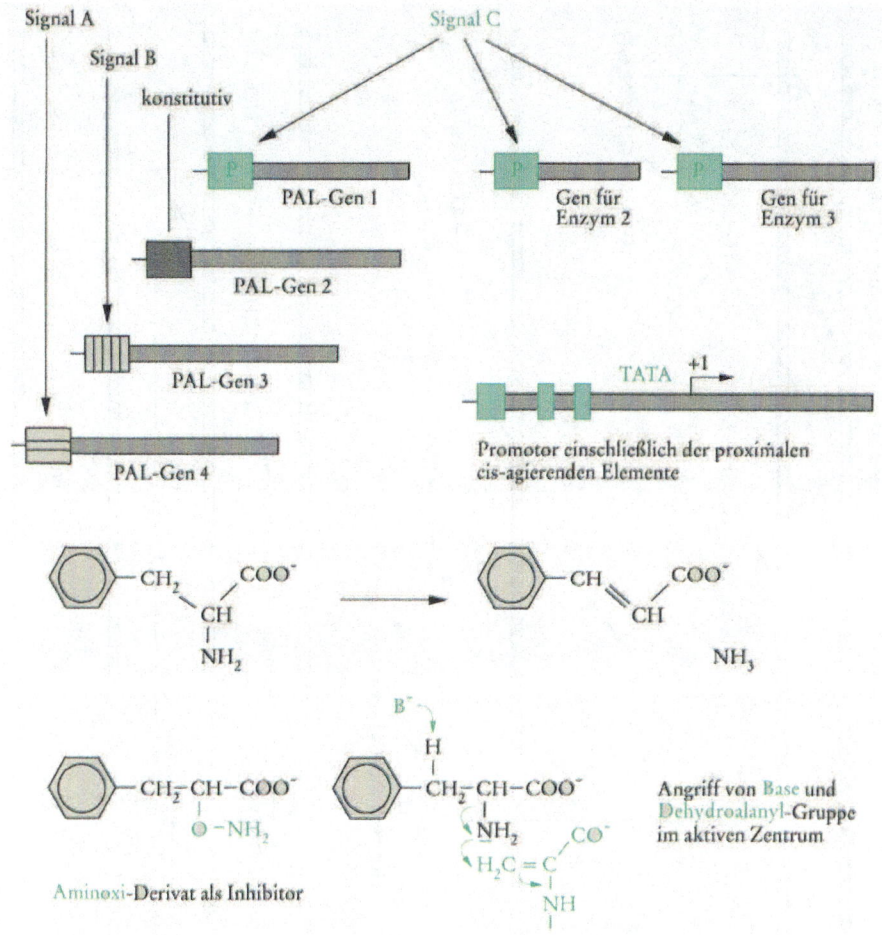

Abb. 6.43. Die Regulation der Gen-Expression von Phenylalanin-Ammoniak-Lyase und verwandter Enzyme. In abstrakter Form werden verschiedene Signale aufgeführt, die eine Aktivierung unterschiedlicher Gene bewirken. Falls PAL und verwandte Enzyme durch ähnliche Promotoren ihrer Gene charakterisiert sind, kann es zur konzertierten Expression einer Sequenz innerhalb eines Stoffwechsels kommen

Die Zahl der Gene kann von Pflanze zu Pflanze stark unterschiedlich sein und die Expression einzelner Gene sich von Gewebe zu Gewebe dramatisch ändern. Die Kartoffel mit über 40 PAL-Genen (pro haploidem Genom) stellt ein besonders komplexes System dar. Einige der Gene werden gemeinsam mit einem der beiden Gene für p-Cumaroyl-SCoA-Synthese aktiviert. Kleinere Genfamilien (4 Gene) treffen wir bei Bohnen oder Petersilie an. Auch hier werden nur 1 oder 2 Gene aktiviert, wenn durch Verwundung ein Signal ausgelöst wurde.

Damit hätten wir auch den Schlüssel für das Verständnis der Befunde, daß PAL die Schlüssel-Reaktion zu den meisten Phenolen katalysiert, aber in unterschiedlichem Kontext aktiviert wird.

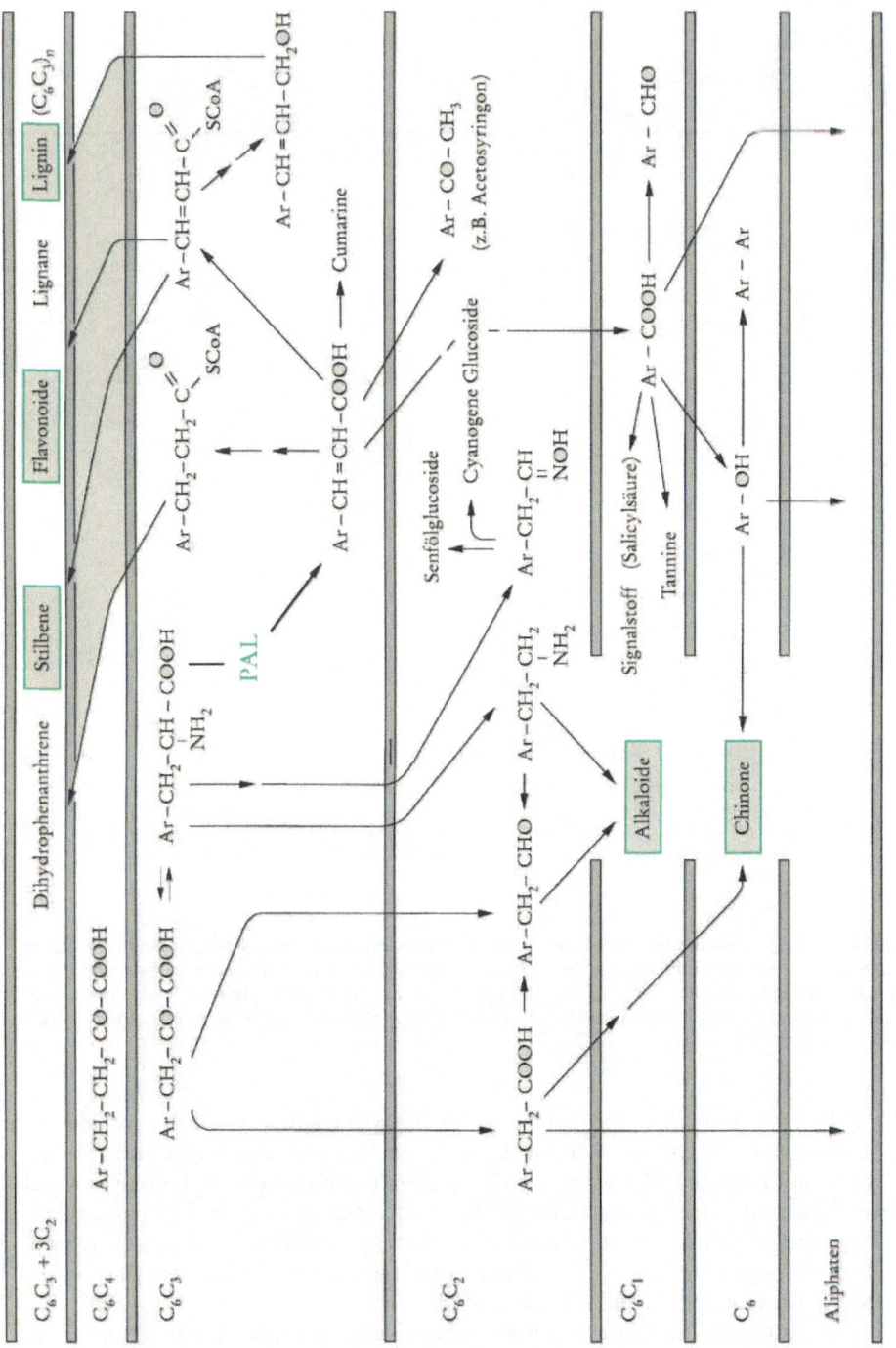

Abb. 6.44. Übersicht über Phenole und Phenolcarbonsäuren: Stoffwechsel aromatischer Aminosäuren. Ar steht für eine Aryl-Gruppe

Aus Zimtsäuren – in erster Linie aus p-Cumarsäure (p-Hydroxyzimtsäure) – kann nach Reduktion zur Stufe der Alkohole und Polymerisation der in großen Mengen vorkommende Naturstoff Lignin hergestellt werden. Das C-Skelett der Zimtsäuren eignet sich zur Verlängerung um mehrere C_2-Einheiten; nach Zyklisierung und Aromatisierung der Polyketide eröffnet sich das weite Feld der Flavonoide und Stilbenoide. Schließlich sind Zimtsäuren die Vorstufen der Benzoesäuren und Phenole; Kettenverkürzung ist hier das Syntheseprinzip. Der rechte Ast, in Abb. 6.44, faßt den Teil des Stoffwechsels, der durch PAL eingeleitet wird, zusammen. Mengenmäßig dominiert dabei die Bildung von Lignin.

Aber nicht alle Wege in Richtung Phenole laufen über die Phenylalanin-Ammoniak-Lyase-Reaktion. Phenylpyruvat und das aus Phenylalanin durch Decarboxylierung entstehende Amin sind ebenfalls Ausgangsstoffe für weitere Übergänge. N-Hydroxylierung von Phenylalanin ergibt Phenylacetaldoxim, die Vorstufe von Senfölglucosiden und cyanogenen Glucosiden.

Zu den wichtigen Reaktionen im Aromatenstoffwechsel zählen **Hydroxylierungen** und andere Umsetzungen mit verschiedenen O-Spezies. Bei der Öffnung des aromatischen Rings, im Zuge des Abbaus, begegnen wir Dioxygenasen. Auch Oxidasen und Peroxidasen, im Zusammenhang mit der oxidativen Kopplung zweier aromatischer Systeme und bei der Lignin-Polymerisation, gehören zum Spektrum der O-abhängigen Reaktionen des Aromaten-Stoffwechsels. Es ist daher angebracht, die mit verschiedenen Sauerstoff-Spezies ablaufenden Enzymreaktionen in Form einer Übersicht zusammenzufassen.

Durch schrittweise Reduktion von Sauerstoff mit Elektronen erhält man reduzierte O-Spezies ($\rightarrow$ Abb. 6.45), die alle im Zellgeschehen eine Rolle spielen. Als Nebenprodukt von Oxidase-Reaktionen tritt das Superoxid-Anion auf; es ist ein für die Zelle sehr gefährliches Agens und wird durch Disproportionierung (Dismutase) entfernt. Auch H_2O_2 kann durch Disproportionierung entfernt werden; wenngleich ein Enzym (Katalase) mit seiner hohen Affinität zu H_2O_2 diese Verbindung auch ohne Umsatz abfangen oder wie ein Puffer speichern kann.

Dioxygenasen transferieren beide Atome des molekularen Sauerstoffs auf das Substrat – ein Reaktionstyp, der bei der Spaltung aromatischer oder quasi-aromatischer Ringsysteme eine Rolle spielt. Monooxygenasen, auch als Hydroxylasen bezeichnet, übertragen nur ein Atom des molekularen Sauerstoffs auf das Substrat. Das zweite O wird mit Hilfe eines Reduktionsmittels – das bei Pflanzen häufig NADPH oder α-Ketoglutarat sein wird – bis auf die Stufe von H_2O reduziert. Viele Hydroxylasen arbeiten mit Cyt P450, als dem Ort, an dem das Enzym die von einer Reduktase angelieferten Elektronen umsetzt und die Spaltung der O-O-Bindung vorbereitet (mittlerer Teil in Abb. 6.45). Schließlich ist zu erwähnen, daß im Zuge einer Hydroxylierung – und das gilt z. B. für den Übergang Zimtsäure $\rightarrow$ p-Cumarsäure sowie für die Modifizierung des Prolyl-Rests innerhalb eines Peptids – die Wanderung einer Gruppe stattfinden kann; dies kann eine Gruppe oder eine Atom-Spezies sein, die vor Beginn der Hydroxylase-Reaktion an der zu hydroxylierenden Position saß. Die durch Hydroxylierung induzierte Wanderung wird auch als NIH-Shift bezeichnet. Mit einer Hydroxylierung – z. B. der p-Hydroxyphenylbrenztraubensäure – kann die Wanderung eines Alkylrests verbunden sein; Beispiel: die Gruppe -CH_2-COOH im Falle der Bildung der Homogentisinsäure. Die Hydroxylierung löst auch Decarboxylierung aus: Salicylsäure $\rightarrow$ Brenzkatechin; p-Hydroxybenzoesäure $\rightarrow$ Hydrochinon.

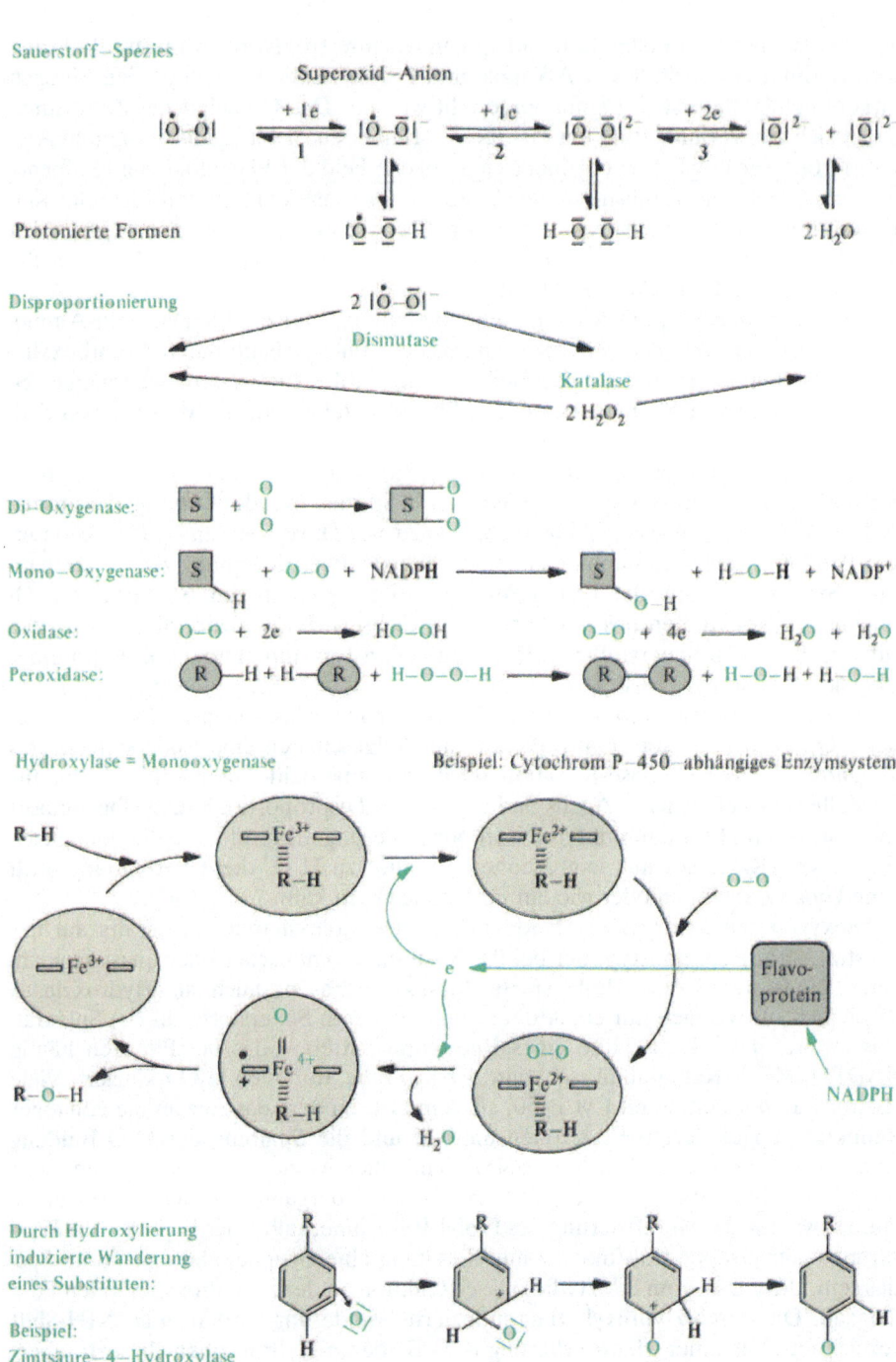

Abb. 6.45. Umsetzungen mit verschiedenen Sauerstoff-Spezies: Übersicht über Oxygenasen, Hydroxylasen, Oxidasen und Peroxidasen. Im oberen Teil werden verschiedene Sauerstoff-Spezies gezeigt, die durch schrittweise Reduktion von molekularem Sauerstoff entstehen

Oxidasen können O_2 als *e*-Akzeptor mit 2*e* oder 4*e* beladen. Ascorbat-Oxidase (Tetramer, UE 70 kDa) ist ein Cu-Protein, das durch einen 4*e*-Übergang die Reduktion von O_2 zu Wasser katalysiert. Dabei geht Ascorbinsäure ($\rightarrow$ S. 291) in das Radikal über. Jede UE des Enzyms weist 2 N-glykosidische Oligosaccharid-Seitenketten auf. Die 4 Cu sind auf ein mononukleares und ein trinukleares Zentrum verteilt.

Als *Dioxygenasen* werden Enzyme bezeichnet, die beide Atome des molekularen Sauerstoffs in ein Substrat einbauen. In vielen Fällen sind diese Enzyme von einem weiteren Substrat abhängig, dem α-Ketoglutarat. Letzteres dient als Reduktionsmittel: α-Ketoglutarat wird oxidativ decarboxyliert zu Succinat. In der Gesamtreaktion gelangt so ein O in das Succinat, das zweite O in die Hydroxyl-Gruppe der aromatischen oder pseudoaromatischen Verbindung. Für maximale Enzym-Aktivität muß das Eisen-Ion im aktiven Zentrum in Form von Fe^{2+} gehalten werden, was durch die Anwesenheit von Fe^{2+} und Ascorbat erreicht wird. Beispiele für derartige Oxygenasen werden wir bei der Bildung von Hydroxyprolin-Einheiten in sekretierbaren Proteinen sowie bei Modifizierungen des Gerüsts von Flavonoiden kennenlernen. Auch im Falle der Hydroxylierung von Hyoscyamin ($\rightarrow$ S. 248) findet dieser Mechanismus Anwendung. Sequenz-Vergleiche zeigen Homologien zur ACC-Oxidase ($\rightarrow$ S. 245) und zu Enzymen der Indol-Alkaloid-Biosynthese auf.

Bei der Biosynthese von Gibberellinsäuren ($\rightarrow$ S. 208) und Steroiden ($\rightarrow$ S. 234) kommt es zu Oxidation von Methyl-Seitenketten, die mit einer Decarboxylierung enden. Auch hier könnte es sich um die beschriebenen Dioxygenasen handeln.

Peroxidasen sind Häm-Proteine und verwenden H_2O_2 als Oxidationsmittel. In zwei aufeinanderfolgenden 1*e*-Übergängen können zwei Substrate nach dem Schema R-H + H-R = R-R miteinander oxidativ gekoppelt werden. In den meisten Fällen handelt es sich um C-H-Bindungen, deren Nachbar-Gruppen eine radikalische Oxidation begünstigen. Die oxidierte Form des Enzyms gibt mit H_2O_2 den Komplex I, bei dem dem Porphyrin-Ring ein kationisches Radikal zuzuordnen ist und Fe formal die Ladung +4 trägt. Durch zwei 1*e*-Übergänge werden zuerst das C-Radikal und dann das Fe-Zentrum reduziert.

Peroxidasen sind Glykoproteine (40 kDa, Monomer) mit vielen Isoenzymen. Einige davon werden in den extrazellulären Raum sezerniert. Sie fungieren dort u. a. als Agenzien für die Kopplung zwischen aromatischen Seitenketten von Zellwandbestandteilen wie Lignin und Extensinen ($\rightarrow$ S. 360).

Zimtsäure-p-Hydroxylase (2) ist ein ER-gebundenes Enzym-System von hoher Spezifität; Aminosäuren, Phenylessigsäure oder Benzoesäure werden nicht hydroxyliert. Gemeinsam mit Phospholipiden und der NADPH-Cyt P450-Oxidoreduktase (einem Flavoprotein) ergibt die Cyt P450 enthaltende Hydroxylase einen enzymatisch aktiven Komplex. Das die elektronenreiche aromatische Struktur angreifende Agens im Zentrum von Cyt P450 könnte ein atomarer Sauerstoff (Oxen) sein. Das Substrat, in unserem Fall Cinnamat, muß aber in präziser Orientierung an das Cyt P450 gebunden sein, bevor der aktive Zustand hergestellt wird. Cyt P450 werden als Häm-Proteine definiert, die in reduzierter Form einen Komplex mit CO geben, der eine Absorptionsbande bei 450 nm aufweist. Cystein, als Thiolat, bildet einen der axialen Liganden. In Abb. 6.46 ist das in der Nähe der 6. Koordinationsstelle des Fe positionierte Substrat nicht eingezeichnet. Hingegen wird betont, wie nach Binden von O_2 und 1*e*-Reduktion am Eisen-Ion ein Zustand hoher Valenz erzeugt wird, der vergleichbar ist mit demjenigen des Komplexes I bei Peroxidasen.

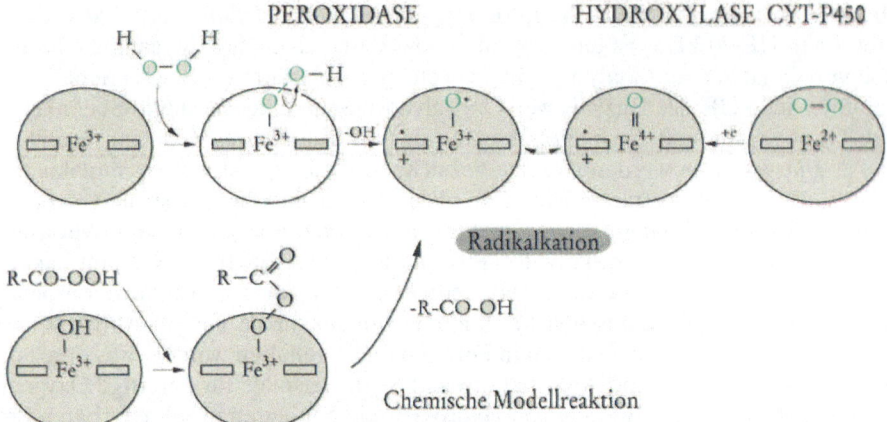

Abb. 6.46. Gegenüberstellung von Wegen, die zur Bildung eines Radikal-Kations führen, das entweder die Oxen-Spezies für die Hydroxylierung oder die aktive Spezies für die peroxidatische Reaktion liefert. Beide Katalyseprozesse führen zu dem gleichen Valenzzustand des Fe im Häm

Zimtsäure-p-Hydroxylase (2) ist Teil eines Enzym-Systems, in dem gemeinsam mit Phospholipiden und der NADPH-Cyt P450-Oxidoreduktase die Cyt P450 enthaltende Hydroxylase einen enzymatisch aktiven Enzym-Komplex bildet. Die Hydroxylase arbeitet in einem Komplex mit PAL zusammen, so daß Zimtsäure als Produkt der ersten Reaktion unmittelbar als Edukt der zweiten Reaktion zur Verfügung steht.

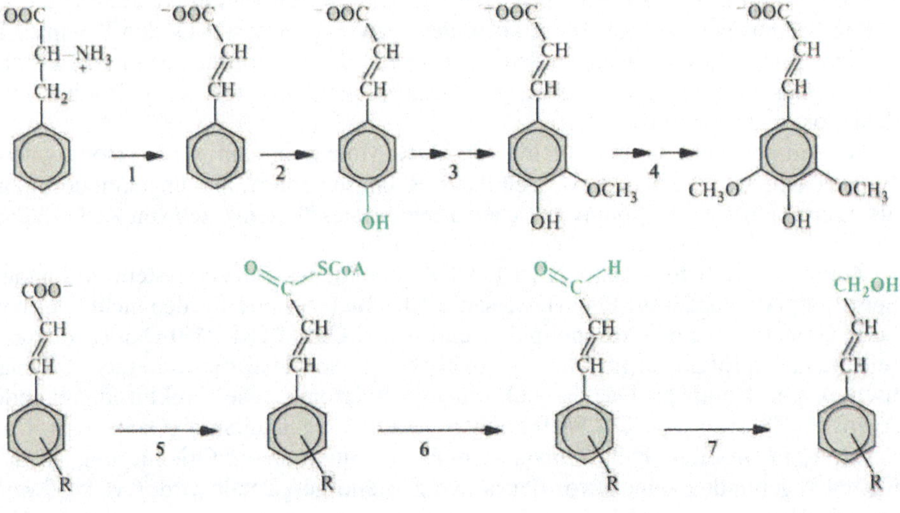

Abb. 6.47. Bildung von Lignin-Vorstufen. Für die Geschwindigkeit des Übergangs von Phenylalanin zu p-Cumarsäure stellen die Hydroxylase bzw. der Komplex von PAL und Hydroxylase, der ein Mikrokompartiment an der ER-Membran bildet, den geschwindigkeitsbestimmenden Schritt dar. Da einerseits die PAL-Reaktion praktisch irreversibel ist, man aber andererseits feststellen muß, daß Zimtsäure nur in sehr geringen stationären Konzentrationen in Pflanzen vorkommt, muß man eine Kompartimentierung zur Erklärung fordern. p-Cumarsäure kann aber auch auf anderem Weg gebildet werden: aus Tyrosin durch eine Tyrosin-Ammoniak-Lyase-Aktivität. PAL enthält immer auch TAL-Aktivität, das Enzym aus Gräsern z. B. eine sehr hohe

Auf der Stufe der p-Cumarsäure verzweigt der Stoffwechsel in viele Richtungen. p-Cumarsäure kann durch kombinierte Hydroxylierungen und Methylierungen (3,4) in Ferulasäure und Sinapinsäure überführt werden. Diese Säuren werden in einer Ligase-Reaktion (5) in die entsprechenden CoA-Ester umgesetzt; ATP dient als Substrat, Diphosphat plus AMP sind die Produkte. Der Ester erfährt eine Reduktion in zwei Schritten (6,7) zum *Zimtalkohol*. 4-Hydroxy-3-methoxyzimtalkohol (Coniferylalkohol) ist einer der Monomeren für die Polymerisation zum Lignin. Die obere Reihe umfaßt den schrittweisen Übergang zu Ferulasäure und Sinapinsäure (4). Der untere Teil konzentriert sich auf die Änderungen in der Seitenkette (→ Abb. 6.47).

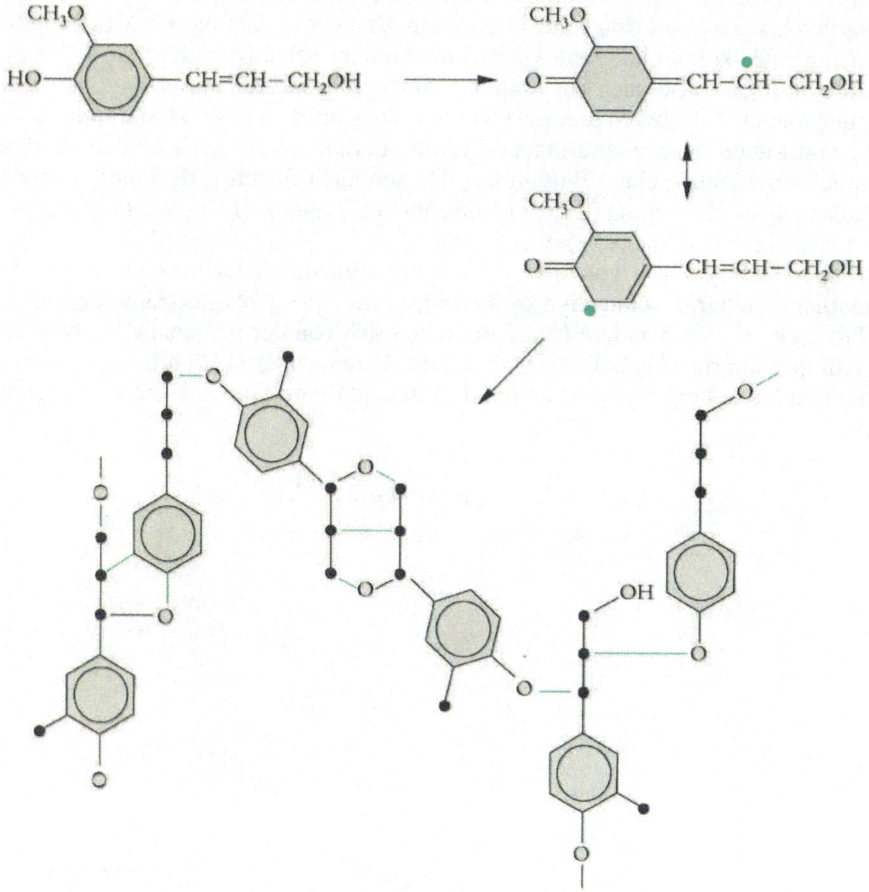

Abb. 6.48. Dehydrierende Polymerisation von Coniferylalkohol zu Lignin. Ein Dimeres, das aus der Mischung vieler möglicher Reaktionsprodukte isoliert werden kann, wird als Pinoresinol bezeichnet. Seine Struktur ist als Mittelteil des Zwischenprodukts (Abb 6.48) zu sehen, dort wo zwei Propan-Seitenketten zusammenstoßen und über 3 Brücken zusammengehalten werden: C-O-C, C-C, C-O-C. Coniferylalkohol und andere Zimtalkohole können in Form ihrer Glucoside für die Lignin-Biosynthese gespeichert vorliegen. Eine Glucosidase wird diese Vorstufen bei Bedarf spalten und damit die eigentlichen Substrate der Lignifizierung freisetzen. Für die dehydrierende Polymerisation sind Laccasen (oder Peroxidase und H_2O_2) notwendig. H_2O_2 wird im extrazellulären Raum durch Reduktion von O_2 durch NADH produziert, das durch eine Malat-Dehydrogenase-Reaktion erzeugt wird

257

Coniferylalkohol, p-Hydroxyzimtalkohol und Sinapylalkohol, die drei monomeren Ausgangsstoffe für die Polymerisation zu Lignin, müssen zur Zellwand transportiert werden. In der Zusammensetzung des Lignins wird beim Holz der Laubbäume eine Mischung von Coniferyl- und Sinapyl-Strukturen, beim Holz der Gräser ein beträchtlicher Anteil an p-Hydroxyphenylpropyl-Strukturen anzutreffen sein. Die dominierende Struktur bei Gymnospermen leitet sich vom Coniferylalkohol ab. Innerhalb des Hartholzes einer Birke kann sich das Verhältnis von Coniferyl- zu Sinapyl-Strukturen von 0.15 (in der Sekundärwand der Fasern) zu 10 (in der Sekundärwand der Tracheiden) ändern.

Die Differenzierung zwischen der Bildung von Angiospermen-Lignin und Gymnospermen-Lignin liegt vermutlich in der Synthese der Vorstufen. Die Hydroxylierung der Ferulasäure erfolgt nur in Angiospermen, wo auch die CoA-Ligasen und die Cinnamylalkohol-Oxidoreduktasen eine breitere Selektivität gegenüber den Substraten besitzen – also auch Substrate mit Sinapyl-Strukturen umsetzen. Die Lignifizierung kann bei Pilzbefall induziert werden. Dies führt zu einer verstärkten Ablagerung von Lignin um die eindringende Hyphe herum. Koniferen scheiden als Reaktion auf Verwundung einen Balsam aus. Dessen nicht-flüchtige Bestandteile enthalten, besonders im Stadium des Wundverschlusses, Lignane (Lignole). Pinoresinol ist ein Beispiel für ein dimeres Phenylpropan.

Cumarine leiten sich von o-Hydroxyzimtsäuren durch Lactonisierung ab. Das eigentliche Cumarin – ohne Hydroxylierungsmuster – liegt als glucosidische Vorstufe in Pflanzen vor. Viele andere Cumarine leiten sich von der p-Cumarsäure bzw. dem 7-Hydroxycumarin (Umbelliferon) ab. Das Furanocumarin Xanthotoxin wird in erhöhtem Maße hergestellt, wenn die dazu fähige Pflanze durch Elizitoren angeregt wird.

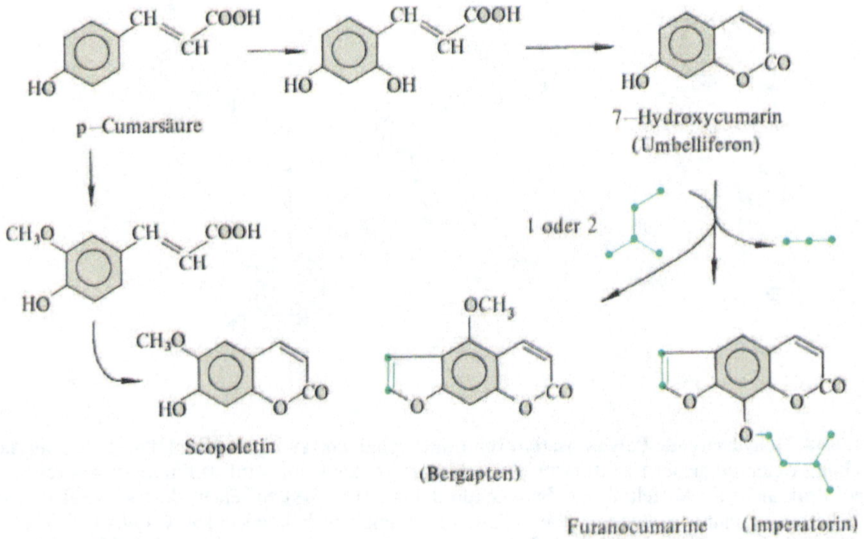

Abb. 6.49. Bildung von Cumarinen. Die Synthese geht entweder von der bereits richtig substituierten Zimtsäure aus und o-Hydroxylierung ergibt das fertige Cumarin. Oder der Weg p-Cumarsäure → Umbelliferon wird eingeschlagen; hier können dann noch Modifikationen nach Fertigstellung des Cumarin-Ringsystems vorgenommen werden

Phenylpropan-Derivate erfahren Kettenverlängerung mit 3 C₂-Einheiten

C_6C_3-Körper in Form der CoA-Ester von Zimtsäuren können mit 3 Molekülen Malonyl-SCoA zu Polyketiden umgesetzt werden, die in einer definierten Weise zyklisiert und aromatisiert werden. Nach diesem Rezept entstehen Flavonoide, Stilbene und Bibenzyle; und Chalkon-Synthase, Stilben-Synthase und Bibenzyl-Synthase öffnen den Weg zu jeweils einer größeren Klasse von biologisch aktiven Stoffen.

Der Informationfluß zur Synthese dieser Enzyme, niedergelegt in Gen-Familien, läßt sich über einen Schalter ein- und ausschalten. Signalketten, die von Elizitoren angeschaltet werden, überbrücken den Weg zwischen PM, Cytosol und Zellkern.

Eine Multi-Genfamilie hält alle möglichen Promotoren bereit, um die Information für Chalkon-Synthase mit unterschiedlichen Signalen abrufbar zu machen. Die Studien zu den durch Licht, Elizitoren oder allgemeinen Streß ansprechbaren Promotoren können im Falle der Chalkon-Synthase als modellhaft angesehen werden. Der Bereich zwischen TATA-Box (→ Abb. 10.15) und –400 enthält mehrere cis-agierende Consensus-Sequenzen für die Umsetzungen von Signalen (Licht, Verwundung). Ein einziges aktives Gen einer Stilben-Synthase reicht einer Pflanze aus, ein Phytoalexin zu erzeugen und damit ihre Resistenz gegenüber Pilzen zu verbessern.

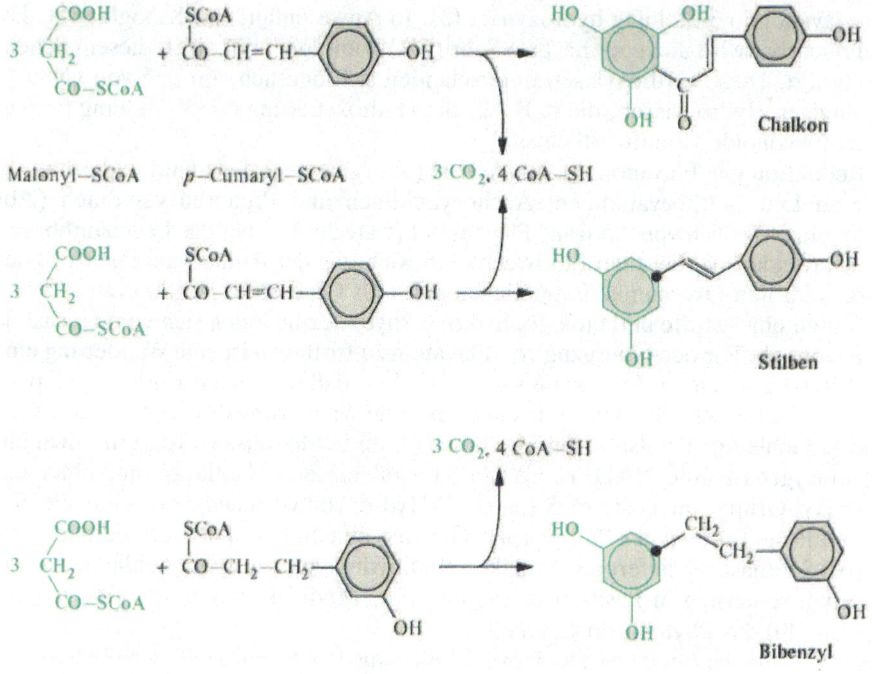

Abb. 6.50. Biosynthese von Flavonoiden, Stilbenen und Bibenzylen. Aus p-Cumaroyl-SCoA und Malonyl-SCoA entsteht – je nach Art der Bildung des zweiten aromatischen Rings (grün) – entweder ein Chalkon oder ein Stilben. Wenn statt des Zimtsäure-Esters ein Ester der Phenylpropionsäure eingesetzt wird, ist das Produkt ein Bibenzyl. Für jede der 3 angegebenen Reaktionen ist ein anderes Enzym verantwortlich: Chalkon-Synthase, Stilben-Synthase, Bibenzyl-Synthase. Diese 3 Enzyme sind ähnlich aufgebaut (2 UE aus 45 kDa), immunologisch aber nicht identisch. Der Kondensationsreaktion voran geht eine Gleichgewichtsreaktion Malonyl-SCoA + E = E⋯Acetyl-SCoA + CO_2

Flavonoide und Stilbene können unterschiedliche Funktionen haben. Einmal sind es die Farbstoffe, die den Schauapparat der Blüte attraktiv gestalten, dann die Polyphenole, die in größerer Menge vorkommen oder in Wandstrukturen einpolymerisiert werden. Unter ihnen finden wir aber auch physiologisch hoch aktive Verbindungen.

Ein Chalkon ist die Stamm-Verbindung einer großen Anzahl von Pflanzen-Inhaltsstoffen. Flavonole und Flavone leuchten uns als Blüteninhaltsstoffe entgegen. Die meist stark gefärbten Anthocyane, Glykoside der Anthocyanidine, finden sich bei Keimlingen (z. B. im Hypokotyl) ebenso wie in Blüten oder Samen (z. B. Mais). In die Untergruppe der Isoflavonoide bzw. deren Abkömmlinge, die Pterocarpane, sind eine Reihe von Phytoalexinen (z. B. Glyceollin) einzuordnen.

Um den Blick nicht vom wesentlichen abzulenken, ist in der Übersicht (Abb. rechts) eine Reihe von Modifizierungen am Flavonoid-Gerüst nicht berücksichtigt. Nicht erwähnt werden O- und C-Methylierungen sowie Glykosidierungen.

Aus einem Chalkon kann durch die Chalkon-Isomerase (1) (27 kDa) das entsprechende Flavanon gebildet werden; es ist ein stereospezifischer Vorgang, bei dem am C-2 die S-Konfiguration entsteht. Zwei unterschiedliche Enzym-Systeme können den Übergang zum Flavon (2) katalysieren: eine lösliche Flavon-Synthase, die α-Ketoglutarat, Fe^{2+} und Ascorbat benötigt und als Dioxygenase einzustufen wäre, sowie eine membrangebundene und von Cyt P450 und NADPH abhängige Monooxygenase. Eine von α-Ketoglutarat abhängige Dioxygenase ist auch das Enzym, das ein Flavanon in 3-Stellung hydroxyliert (3). In Anwesenheit von Ketoglutarat, Fe^{2+} und Ascorbat wird auch der nächste Schritt (4), zum Flavonol, nach diesem Schema katalysiert. Diese Hydroxylasen unterscheiden sich deutlich von den von Cyt P450 abhängigen Hydroxylasen, die z. B. für die Hydroxylierung der 3'-Stellung im Ring B der Flavonoide verantwortlich sind.

Reduktion von Flavanonol mit NADPH (5) ergibt ein 3,4-cis-Diol und öffnet den Weg zu Leucoanthocyanidinen, Anthocyanidinen und Proanthocyanidinen (Abb. 6.56); einschließlich von 2,3-trans-Flavan-3-ol (Catechin). Über das Leucoanthocyanidin (Flavandiol) verläuft der Stoffwechsel in Richtung der Anthocyanidine (6). Diese stark gefärbten Oxoniumkationen liegen meist als Glucoside – Anthocyane – vor.

Blüteninhaltsstoffe und biologisch aktive Phytoalexine leiten sich vom Gerüst des Isoflavons ab. Für den Übergang von Flavanon zu Isoflavon ist eine Wanderung eines Aryl-Rests notwendig. Man kann sich vorstellen, daß aus einem Endiol ein Epoxid und eine kationische Struktur entstehen, die eine Wanderung des Aryl-Rests von C-2 zum C-3 einleitet. Die Isoflavon-Synthase (7), im ER lokalisiert, ist vermutlich eine Monooxygenase, die NADPH als Co-Substrat einsetzt. Isoflavanone, ohne eine Hydroxyl-Gruppe in Position 5 (z. B. 2'-Hydroxydihydrodaidzein), sind die Substrate für die Bildung des Pterocarpan-Gerüsts; eine mit NADPH arbeitende Pterocarpan-Synthase (8) liefert als Produkt 3,9-Dihydroxypterocarpan. Schließlich ergibt ein Hydroxylierung in Position 6a (9) und eine Modifizierung durch eine Isopren-Einheit (10) das Phytoalexin Glyceollin.

Damit sind wir bei einer neuen Stoffklasse angelangt, innerhalb der Phytoalexine mit den Namen Glyceollin, Phaseollin und Pisatin anzutreffen sind. Die Alkylierung mit Dimethylallyl-diphosphat kann in aktivierten Positionen des aromatischen Systems erfolgen. Damit ist eine Erhöhung der Hydrophobizität verbunden; sie ist ein wichtiger Faktor, um Fungistatika mit hoher Wirkung zu erhalten. Pilz-Stämme, die durch chemische Modifikationen die Hydrophobizität von Phytoalexinen erniedrigen können, verschaffen sich Vorteile.

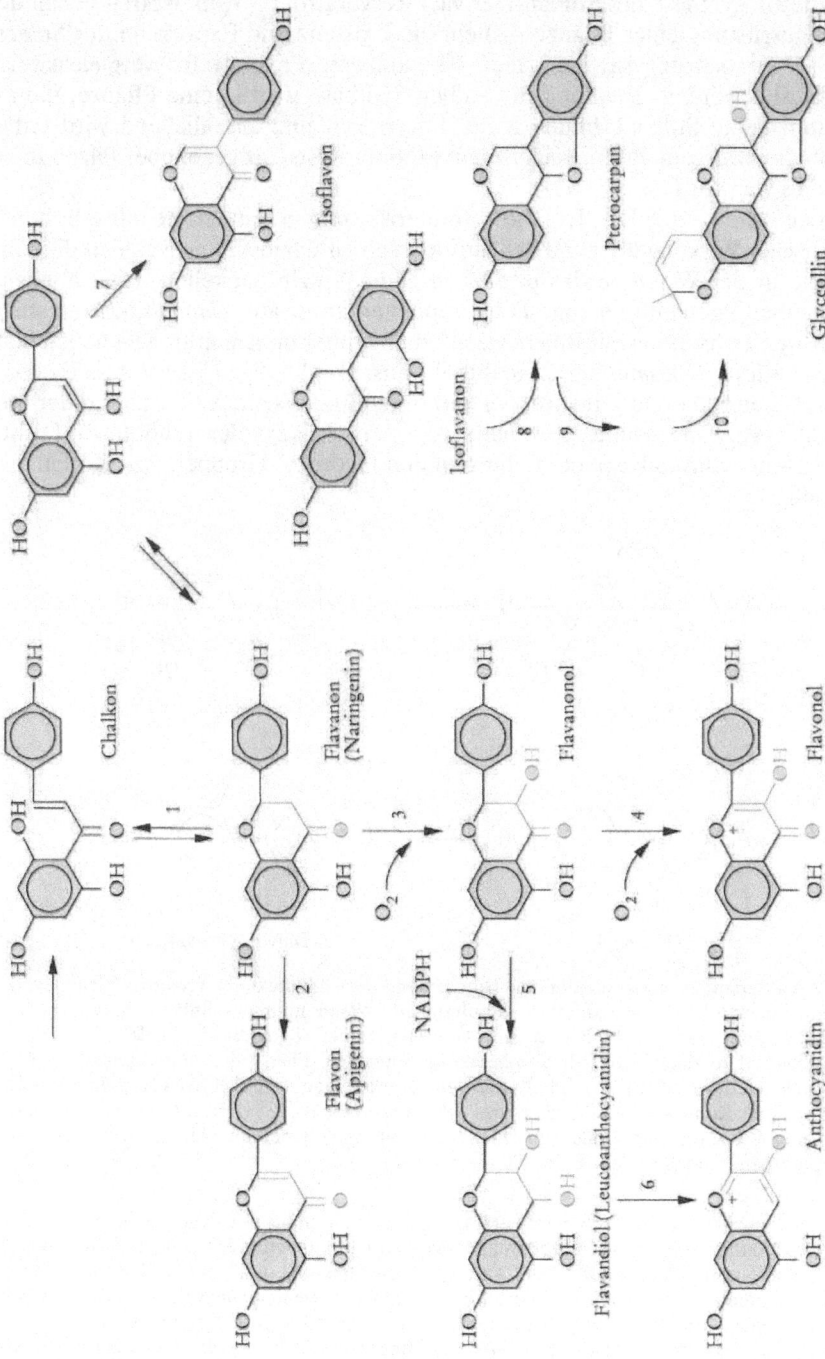

Abb. 6.51. Übergänge innerhalb der Gruppe der Flavonoide: Änderungen am Pyran-Ring durch Redox-Reaktionen und Umlagerungen

Da für die Biosynthese des Stilben-Derivats Resveratrol (→ Abb. 6.50) – neben der Standardausrüstung einer Pflanze – allein die Existenz und Expression der **Stilben-Synthase** Voraussetzung ist, kann hier das Konzept „Phytoalexin" vergleichsweise leicht getestet werden. Das Gen für Stilben-Synthase wird in eine Pflanze, die als Wildstamm keine Stilbene bilden kann, übertragen und anschließend wird untersucht, ob die transgene Pflanze signifikant erhöhte Resistenz gegenüber Pilzen zeigt. Genau dies war der Fall.

Stilbene gehen durch Di-, Tri- und Tetramerisierung in Naturstoffe mit sehr hoher fungistatischer Wirkung über. Zu der Stoffklasse von Oligostilbenen zählen die Viniferine, die in der Weinrebe das pilzabwehrende Prinzip darstellen. Eine ähnliche Funktion üben Phenanthrene und Dihydrophenanthrene aus. *Cannabis*-Arten scheiden mit ihren Drüsen sowohl Bibenzyle als auch Dihydrophenanthrene – neben dem Alkylsalicylsäure-Abkömmling Cannabinol – aus. Das häufige gleichzeitige Vorkommen von Bibenzylen und Dihydrophenanthrenen findet seine Erklärung in der biogenetischen Verwandtschaft. Gesteuert von dem Prinzip der erhöhten e-Dichte kommt es – in ortho- oder para-Stellung zu den Hydroxyl-Gruppen – zu Kopplungsreaktionen.

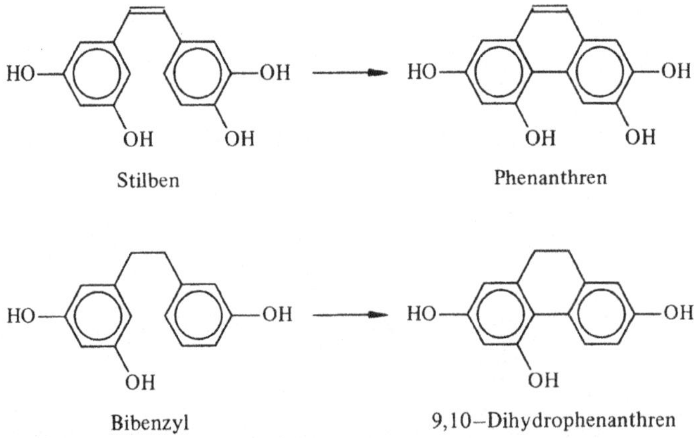

Abb. 6.52. Umsetzungen von Stilbenen und Bibenzylen. Stilbene, die durch Hydroxyl-Gruppen aktiviert sind, gehen leicht eine oxidative Kopplung ein. Wenn man das Stilben in der cis-Form anschreibt, erkennt man die Möglichkeit zum Übergang in ein Phenanthren. Analog ist die Oxidation von Bibenzyl zu einem 9,10-Dihydrophenanthren möglich. Phenanthrene und Dihydrophenanthrene (Orchinol, Batatasine) sind Inhaltsstoffe mit starker fungistatischer Wirkung; ihre Synthese ist durch pilzliche Komponenten induzierbar. Die meisten Hepaticae besitzen Ölkörper. Es handelt sich um Idioblasten, die eine große, mit einer Membran umgebene Vakuole aufweisen. Ihr Inhalt sind Sesquiterpene und vor allem Bibenzyle

Viele der pflanzlichen Enzyme ließen sich erst genauer studieren, als es gelang, sie in einer Zellkultur selektiv zu induzieren und so in größerer Menge und Aktivität zur Verfügung zu bekommen. In der Regel wird eine Zellkultur durch ein Profil des Wachstums und durch den Verlauf der Aktivität des interessierenden Enzyms charakterisiert. Von Vorteil ist es, wenn in einer Phase geringen Wachstums durch Signale eine bevorzugte Synthese des gewünschten Enzyms ausgelöst werden kann (→ Abb. 6.82). Zur Quantifizierung der Protein-Biosynthese werden die neu entstehenden Proteine in vivo markiert. Man kann die aktuelle Expression auch eine Stufe davor, auf der Ebene der mRNA-Niveaus, bestimmen (durch Hybridisierung auf Northern-Blots). Das Niveau einer mRNA ändert sich bei der Induktion (Abb. 6.82; A → B); Primärtranskripte im Zellkern (A^K, B^K) unterscheiden sich in der Größe von der mRNA.

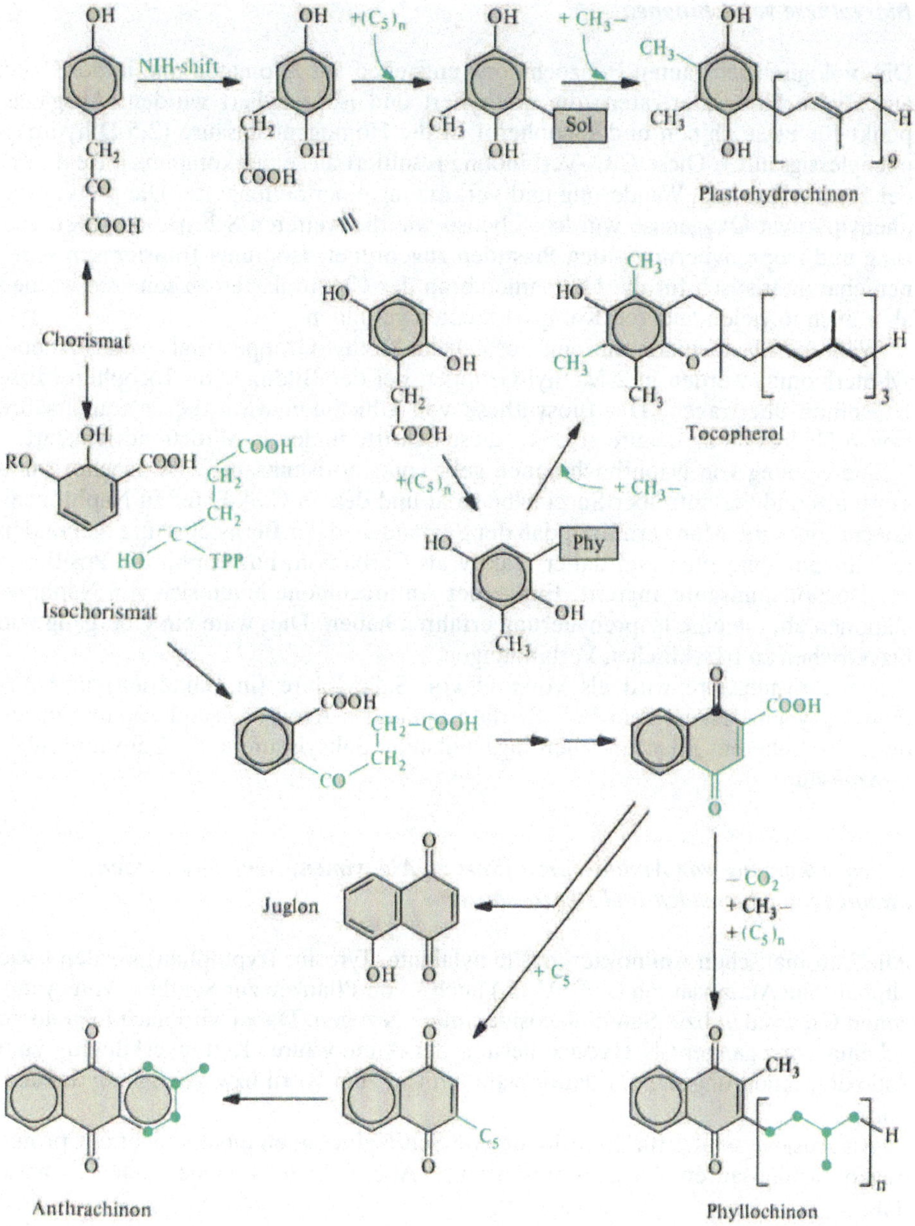

Abb. 6.53. Biosynthese von Chinonen. Der Übergang von p-Hydroxyphenylbrenztraubensäure in Homogentisinsäure – links oben gezeichnet – ist Voraussetzung für die Bildung von Plastochinon und Tocopherolen. Durch Aromatisierung von Chorismat oder Isochorismat entsteht o-Succinylbenzoat; es ist die Vorstufe für die Naphthochinon-carbonsäure. Daraus können das ubiquitär, in Thylakoiden und anderen ET-Ketten vorkommende Phyllochinon oder einfache Naphthochinone oder einige Anthrachinone hergestellt werden. Viele andere Anthrachinone leiten sich von Polyketiden ab

263

Biosynthese von Chinonen

Die biologisch relevanten Benzochinone entstehen aus Aromaten und in der Regel aus Hydrochinon-Derivaten, die methyliert und isoprenyliert wurden. Ausgangspunkt für Plastochinon und Tocopherol ist die Homogentisinsäure (2,5-Dihydroxyphenylessigsäure). Diese C_6C_2-Verbindung resultiert aus einer komplexen Reaktion: der Hydroxylierung, Wanderung und Verkürzung einer Seitenkette. Die p-Hydroxyphenylpyruvat-Oxygenase wurde – ebenso wie die weiteren Schritte der Methylierung und Isoprenylierung – den Plastiden zugeordnet. Isoprenyl-Transferasen scheinen charakteristisch für die Hüllenmembran der Chloroplasten zu sein; sie werden aber auch in vielen anderen Kompartimenten gefunden.

Während Plastochinon nur eine zusätzliche Methyl-Gruppe erhält, von S-Adenosyl-methionin, werden je 2 Methyl-Gruppen bei der Bildung von Tocopherol bzw. Ubichinon übertragen. Die Biosynthese von Ubichinon wird über p-Cumarsäure bzw. p-Hydroxybenzoesäure gelenkt; diese Schritte finden in Mitochondrien statt.

Die Bildung von Naphthochinonen geht von Chorisminsäure bzw. Isochorisminsäure aus und verläuft über Succinylbenzoat und dessen CoA-Ester zu Naphthochinoncarbonsäure. Man vermutet, daß der Semialdehyd der Bernsteinsäure, gebunden an Thiamindiphosphat und daher reaktiv als Carbanion, nukleophil die Position 6 der Isochorisminsäure angreift. Einige der Anthrachinone leiten sich von Naphthochinonen ab, die eine Isoprenylierung erfahren haben. Dies wäre ein Übergang von bizyklischen zu trizyklischen Verbindungen.

Isochorisminsäure wird als Vorstufe von Salicylsäure (in Bakterien) und 2,3-Dihydroxybenzoesäure (ein Fe^{3+}-Chelate bildendes Agens, ein Siderophor) diskutiert. In höheren Pflanzen allerdings entsteht Salicylsäure aus Zimtsäure über Benzoesäure.

Kettenverkürzung von Aminosäuren führt zu Aldoximen, Senfölglucosiden, cyanogenen Glucosiden und Benzoesäuren

Alle 3 aromatischen Aminosäuren (Phenylalanin, Tyrosin, Tryptophan) werden – wie aliphatische Aminosäuren (z. B. Valin) auch – von Pflanzen zur Synthese von cyanogenen Glucosiden bzw. Senfölglucosiden herangezogen. Dabei wird nach folgendem Schema vorgegangen: N-Hydroxylierung der Aminosäure, Kettenverkürzung zum Aldoxim, Änderung der Oxidationszahl am C-1 zum Nitril bzw. zur Thiohydroxamsäure.

Als Ausgangsstoffe für die Bildung von Senfölglucosiden dienen nicht nur proteinogene Aminosäuren. Auch Homosäuren (→ Abb. 6.33, 6.44) eignen sich als Vorstufen.

Der Abbau von cyanogenen Glucosiden bzw. Senfölglucosiden erfordert, daß Glucoside und hydrolytische Enzyme zunächst in unterschiedlichen Kompartimenten und verschiedenen Zelltypen gelagert werden und erst bei Zellzerstörung in Kontakt kommen. Hydroxynitrilase, ein Flavoprotein, läßt nach Spaltung des Glucosids ein Cyanhydrin entstehen, das mit HCN + Aldehyd im Gleichgewicht steht.

Senfölglucoside werden bei Kontakt mit Myrosinasen abgebaut; und zwar zu Senfölen. Myrosinasen sind Glykoproteine – im lytischen Kompartiment lokalisiert.

Die verschiedenen Isoenzyme sind charakterisiert durch einen sehr sauren isoelektrischen Punkt und eine Größe von 140 kDa (2x 65 kDa). Myrosinase spaltet – als Glucosidase – die thioglucosidische Bindung des Senfölglucosids und liefert Isothiocyanate. Ascorbinsäure (1 mM) aktiviert das Enzym.

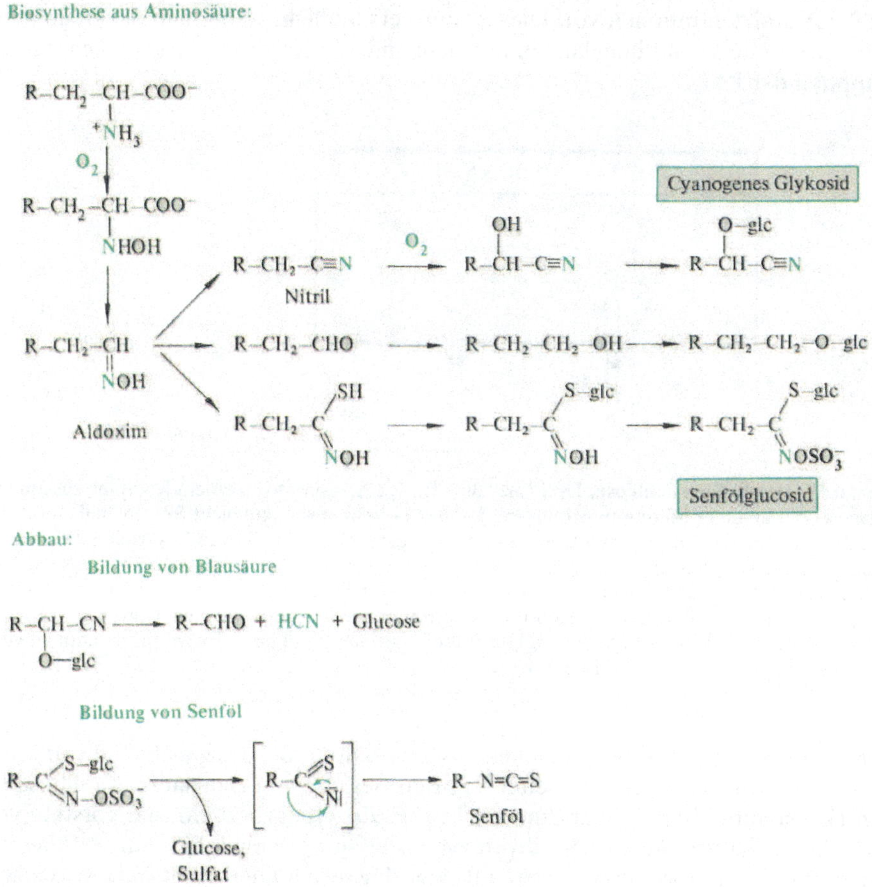

Abb. 6.54. Bildung und Umsetzung von cyanogenen Glucosiden und Senfölglucosiden

Sowohl bei der Bildung von Aldoximen aus Aminosäuren als auch beim Übergang Phenylalanin → Benzoesäure beobachtet man ein eigenartiges, für Pflanzen aber gar nicht seltenes Phänomen: Stoffwechsel als Durchschleusen, als Fließen in einer engen Röhre. Ohne daß Verzweigungen möglich wären oder andere Metabolite Einfluß nehmen können, bewirkt das Arrangement von mehreren Enzymen zu einem Enzymkomplex die Bildung eines Systems, das ein sehr effizientes Umsetzen und ein ungestörtes Fließen in eine einzige Richtung gewährleistet. Dieses enge Zusammenspiel von mehreren Enzymen geschieht in vivo sicher sehr viel häufiger als sich dies in vitro nachweisen läßt. Jeder Versuch einer Isolierung riskiert nämlich unter den willkürlichen Bedingungen einer Extraktion den Zerfall von nur schwach aggregierten Komplexen.

Bei der Synthese von Benzoesäure und Salicylsäure aus Phenylalanin (über Zimtsäure) und beim Übergang Tyrosin → p-Hydroxyphenylacetaldoxim (über N-Hydroxytyrosin) läßt sich dieses Channeling aber gut nachweisen. Größere Bedeutung kommt den Metaboliten-Schleusen zu, wenn Phenylalanin am ER direkt in p-Cumarsäure (→ Abb. 6.47) überführt wird; Zimtsäure kommt in Zellen fast nie in größeren Konzentrationen vor. Dies ist nur verständlich, wenn man davon ausgeht, daß der Großteil von Phenylalanin in einem anderen Kompartiment vorliegt als der Hauptteil der PAL.

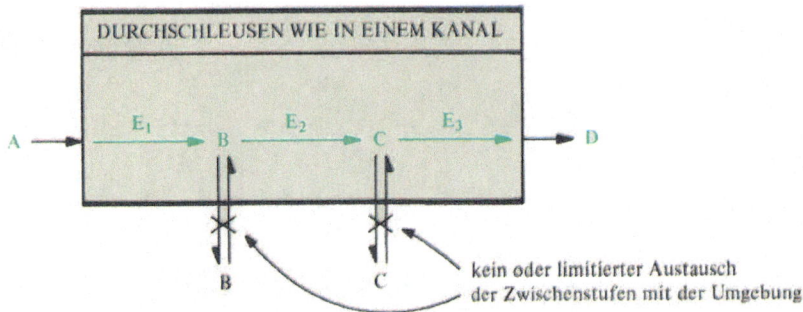

Abb. 6.55. Metaboliten-Schleuse. Drei Enzyme – E_1, E_2, E_3 – sind so zu einem Komplex zusammengelagert oder an einer Membran gebunden, daß die Zwischenprodukte nicht frei zugänglich sind: B als Produkt vom aktiven Zentrum E_1 wird sofort weitergereicht zum aktiven Zentrum E_2; C gelangt unmittelbar zu E_3. Dies impliziert, daß B weder als Produkt von E_1 nachweisbar ist, noch daß von außen zugesetztes B als Substrat für E_2 dienen kann. Der Stoffwechsel von A nach D fließt wie in einer Röhre, ohne daß Verzweigungen oder interferierende Vorgänge möglich sind. Bei Vorliegen eines derartigen Schleusens (Channeling) muß ein Experiment, mit einer Enzympräparation in vitro den Übergang B → D nachzuweisen, scheitern

Substituierte Benzoesäuren entstehen aus Zimtsäuren, die das gleiche Substitutionsmuster am Ring aufweisen. So leitet sich Benzoesäure von Zimtsäure, Vanillinsäure von Ferulasäure ab; p-Cumarsäure ergibt p-Hydroxybenzoesäure, die Vorstufe von Ubichinon. Gentisinsäure (2,5-Dihydroxybenzoesäure) ist ein sehr häufiger Pflanzeninhaltsstoff. Die Biosynthese verläuft von Phenylalanin→ Zimtsäure→ Benzoesäure→ Salicylsäure zur Gentisinsäure.

Gallussäure ist Bestandteil von Tannin. Der Ausdruck **Tannin** schließt sehr unterschiedliche aromatische polyhydroxylierte Verbindungen ein. Unter Gerbstoffen verstehen wir in erster Linie Polyphenole, Catechine und die oligomeren Formen, die Proanthocyanidine, sowie die partiell glucosidierten Gallussäure-Derivate. Das Anfügen von neuen Galloyl-Resten an die Glucose geschieht mit Hilfe von 1-O-Galloyl-β,D-glucose als Donor; durch Wiederholung dieses Transfers entsteht Pentagalloylglucose.

Als Gallotannine werden die leicht hydrolysierbaren Glucoside von Phenolcarbonsäuren – besonders von Gallussäure – bezeichnet. Bei verstärktem Auftreten des Strukturelements Ellagsäure, einer Diphenyl-dicarbonsäure, spricht man von Ellagitanninen. Durch C-C-Kondensation von zwei Molekülen Gallussäure entsteht eine Hexahydroxydiphenyldicarbonsäure und durch anschließende intramolekulare Veresterung die Ellagsäure.

Die Bildung von kondensierten Tanninen kann man sich als Polymerisation mit Einheiten von Flavan-3,4-diolen vorstellen. Die Dimerisierung zu Proanthocyanidinen benötigt ein Carbenium-Ion am C-4 des Flavan-3-ols sowie ein Molekül Flavan-3-ol, das an der 8-Position überbrückt werden soll. Durch wiederholte Herstellung dieser C-C-Brücken zwischen Flavanolen entstehen lösliche Oligomere oder wasserunlösliche Polymere.

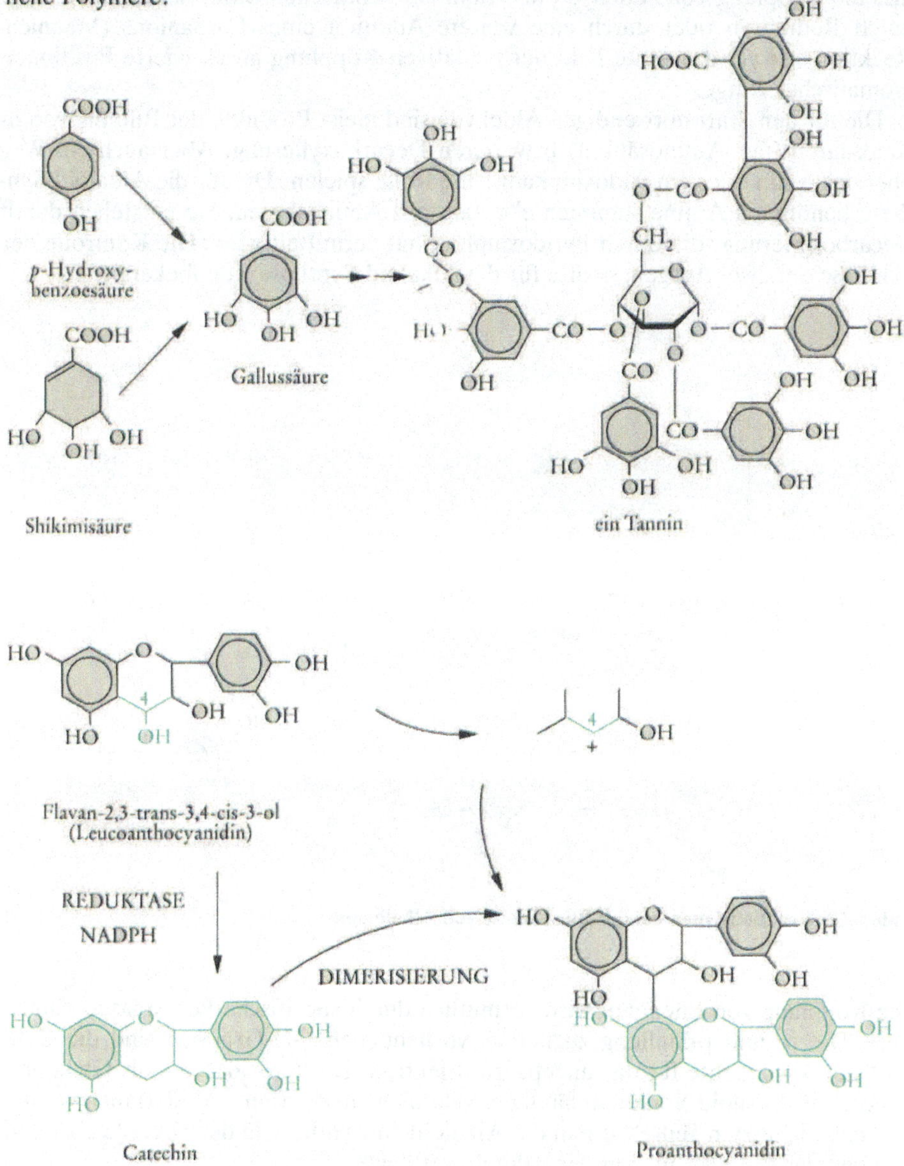

Abb. 6.56. Struktur von Tanninen. Derivate der Ellagsäure (rechts oben) treffen wir z. B. in Gallen, Eicheln und Kastanien an. Eichenrinde war lange Zeit eine Hauptquelle für die Erzeugung der Gerberlohe. Als Derivate mit Flavan-Gerüst (rechts unten) unterscheiden sich die „kondensierten" Tannine deutlich von den vorher genannten Gruppen. Flavan-3-ole mit den Namen Catechin (3S-Stereoisomeres, 2,3-trans) und Epicatechin (3R-Stereoisomeres, 2,3-cis) bilden die Grundkörper

Alkaloide: von Aminosäuren abgeleitete, zyklische Verbindungen mit basischem N

So grundsätzlich verschieden die chemischen Strukturen von Alkaloiden sein können, so leicht lassen sich die Reaktionstypen, die bei der Biosynthese der komplizierten Moleküle eine Rolle spielen, auf einige wenige Prinzipien reduzieren. Es sind dies die Kopplung von Aldehyd plus Amin zur Schiffschen Base, manchmal gefolgt durch Reduktion oder durch eine weitere Addition eines Carbanions (Mannich-Reaktion), sowie das weite Feld der oxidativen Kopplung an aktivierte Positionen aromatischer Ringe.

Die für den Start notwendigen Aldehyde sind meist Produkte der Bildung von α-Ketosäuren (aus Aminosäuren) bzw. deren Decarboxylierung. Aber auch ein Weg über das Amin oder ein Aldoxim kann eine Rolle spielen. Die für die Alkaloid-Synthese benötigten Amine stammen ebenfalls aus Aminosäuren. Sie entstehen durch Decarboxylierung, die durch Pyridoxalphosphat vermittelt wird. Die Kontrolle der Synthese der zwei Ausgangsstoffe für die Alkaloid-Synthese ist unbekannt.

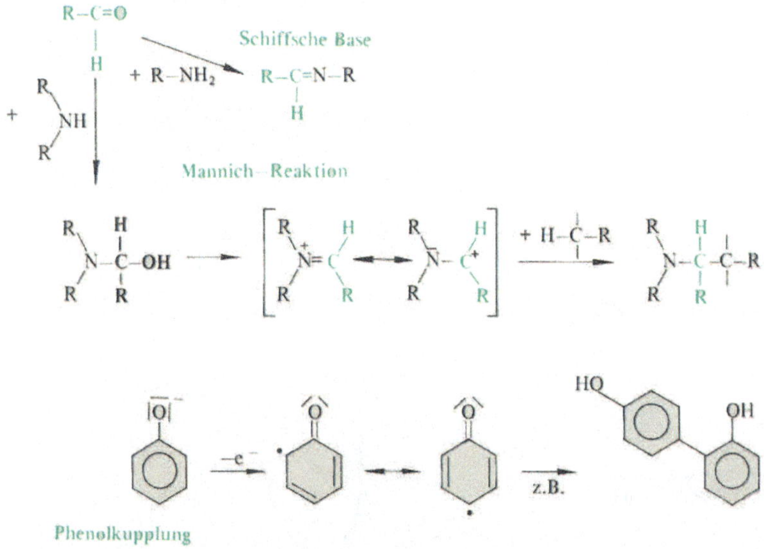

Abb. 6.57. Reaktionstypen bei der Biosynthese von Alkaloiden

Die Kopplung von Phenolen wird vermutlich durch spezifische Peroxidasen katalysiert. Die o- und p-Stellung zu bereits vorhandenen OH-Gruppen sind die Orte höchster Spinndichte für das ungepaarte Elektron. Da Peroxidasen – als Glykoproteine – und Alkaloid-Vorstufen häufig in Vakuolen anzutreffen sind, darf man vermuten, daß die letzten Teilschritte in der Alkaloid-Biosynthese in der Vakuole ablaufen und daß das Produkt auch in der Vakuole verbleibt.

Peroxidase enthält Häm-Eisen und die meisten Oxidasen benötigen Metall-Ionen; es ist daher naheliegend, daß die oxidative Kopplung und andere späte Schritte der Alkaloid-Biosynthese von der Anwesenheit bestimmter Metall-Ionen abhängen. Diese werden in der Regel in Vakuolen gespeichert.

Alle die auf der vorhergehenden Seite beschriebenen Prinzipien kommen zur Anwendung, wenn wir die Verknüpfung zweier C_6C_2-Einheiten zu einem Isochinolin-Derivat und dessen Modifizierung zu einem polyzyklischen Alkaloid verfolgen. Die Stereoisomere des Reticulins sind wichtige Verzweigungspunkte der Biosynthese von Isochinolin-Alkaloiden.

Ausgangspunkt ist Tyrosin, das sowohl das C_6C_2-Amin, Dopamin, als auch den C_6C_2-Aldehyd, Hydroxyphenylacetaldehyd, liefert. Norcoclaurin, das erste Benzyl-isochinolin, entsteht aus Dopamin und p-Hydroxyphenylacetaldehyd. Die Reaktion wird von der Norcoclaurin-Synthase katalysiert. Mit der Bildung des S-Isomeren von Norcoclaurin bleibt die weitere Synthese auf der Seite der S-Isomeren, bis zum S-Reticulin (und S-Scoulerin). Aus Norcoclaurin ergibt sich das Reticulin durch Methylierungen an O und N. Durch Übergang zu einer ebenen Struktur kann eine Isomerisierung zum R-Reticulin erfolgen. R-Reticulin ist die Vorstufe von Morphin und Codein (→ Abb. 6.58, nächste Seite).

Ein Hauptast der Biosynthese der Indol-Alkaloide führt zu Berberinen. Alkaloide mit dieser Struktur sind für Rutaceen und Papaveraceen typisch. Das Enzym, das die Berberin-Brücke ausbildet, überführt S-Reticulin in S-Scoulerin. Diese Oxidase reduziert O_2 zu H_2O_2.

Im letzten Schritt wird das Tetrahydroberberin, Canadin, in Berberin durch eine von Flavin abhängige Oxidase überführt; $NADP^+$ ist das Oxidationsmittel. Davor verlangt der Stoffwechsel-Weg eine Methylierung und die Ausbildung einer Methylendioxi-Gruppierung am aromatischen Ring. Diese doppelte Ether-Brücke wird aus einer o-Methoxy-hydroxy-phenyl-Struktur gebildet; ein Cyt P450-abhängiges mikrosomales Enzym mit NADPH als Co-Substrat katalysiert diesen Schritt. Methylendioxi-Gruppierungen finden sich in vielen Klassen von Naturstoffen.

Eine oxidative Kopplung zwischen zwei benachbarten aromatischen Ringen erfolgt, wenn die entsprechenden Positionen aktiviert sind, z. B. durch Hydroxyl-Gruppen in o-Stellung. Als geeignetes Enzym für diesen Prozeß stellte sich ein Cyt P450 heraus, das gemeinsam mit einer NADPH:Cyt P450-Reduktase (und O_2 als Substrat) fungiert. In die Reihe der Cyt P450-Enzyme sind daher zu zählen: Hydroxy-lasen, Demethylasen, Enzyme für Bildung und Spaltung der Methylendioxi-Brücke.

Die Umsetzung von Dopamin mit p-Hydroxyphenylacetaldehyd kann aber auch so erfolgen, daß nicht die 6-Stellung des Dopamins (wie bei der Bildung von Norcoclaurin), sondern die 2-Stellung des Dopamins in die Bildung des neuen heterocyclischen Rings einbezogen wird; daraus resultieren ein 7,8-Dihydroxy-Derivat des 1-Benzyl-isochinolins und später die Cularin-Alkaloide.

Vom Tryptophan und Tryptamin leiten sich mehrere Klassen von Alkaloiden ab.:

(a) die Indol-Alkaloide, die durch Kondensation zwischen Tryptamin und Isoprenoiden entstehen

(b) die Mutterkorn-Alkaloide, die über 4-Dimethylallyl-tryptophan gebildet werden, sowie

(c) Kondensationsprodukte von Tryptamin mit Phenylacetaldehyd, das uns in Richtung Yohombin führt.

Verschiedene *Claviceps*-Arten – darunter der Erreger des Mutterkorns – produzieren über 30 unterschiedliche Indol-Alkaloide. Durch Transfer einer Dimethylallyl-Gruppe von Dimethylallyl-diphosphat auf den Alanin-Teil von Tryptophan und zwei Ringschlüsse zwischen der C_5-Seitenkette und dem Alanin-Teil des Tryptophans entsteht Agroclavin, die Vorstufe der Lysergsäure.

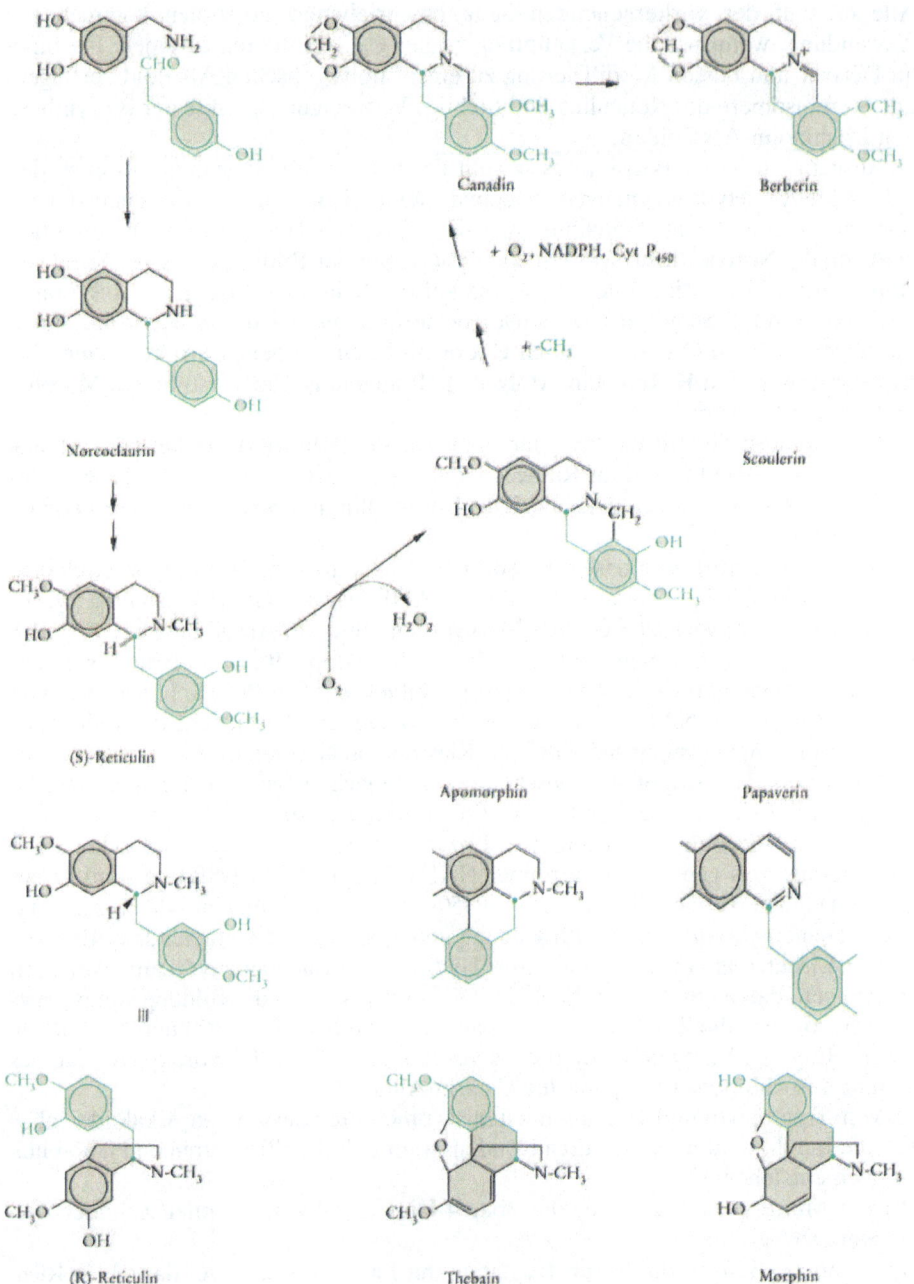

Abb. 6.58. Wege zu den Isochinolin-Alkaloiden. Norcoclaurin ist die Verzweigungsstelle für die Biosynthesen in Richtung Berberine und Morphine. Nach der Ausbildung der jeweiligen Grundgerüste überwiegen oxidative Prozesse, die ein starres Molekül als Produkt ergeben

Tryptophan ist der Ausgangsstoff für Indol-Alkaloide. Aber auch einfache Indol-Derivate spielen in speziellen Situationen bestimmter Pflanzen eine wichtige Rolle. C_2-Verkürzung von Tryptophan führt zu Indolylmethylamin, das bei N-Methylierung Gramin ergibt. Besonders bei Temperatur-Streß kommt es zu einer starken Akkumulierung von Gramin in Blättern. Gramin besitzt sowohl in den jungen Schößlingen der Gersten-Pflänzchen als auch in den Blättern eine phytotoxische Wirkung. Tryptamin, 5-Hydroxytryptamin und seine N-Methyl-Derivate werden oft angetroffen.

Das Schlüsselenzym auf dem Weg zur Biosynthese der Indol-Alkaloide (Typ a, in der Aufzählung auf S. 269) ist die Strictosidin-Synthase; sie verbindet ein Amin aus dem Aminosäure-Stoffwechsel mit einer Carbonyl-Funktion eines Isoprenoids (Iridoid,→ S. 229). Das Enzym (34 kDa) – in Apocynaceen häufig vertreten – wurde aus Catharantus-Zellkulturen gereinigt. Strictosidin ist die Vorstufe von Ajmalicin (→ Abb. 6.59) und von komplexeren Indol-Alkaloiden, wie Strychnin und Yohombin. Wenn statt Tryptamin das entsprechende Phenylethan-Derivat Dopamin mit Secologanin (→ S. 229) umgesetzt wird, gelangt man zu den Ipepac-Alkaloiden (Cephaelin, Emetin).

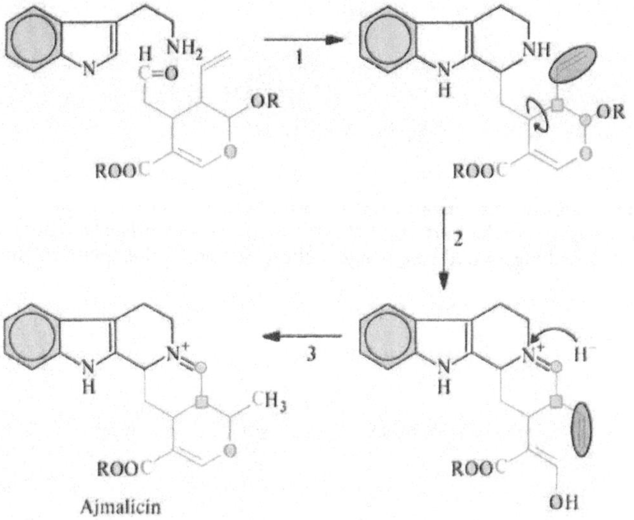

Abb. 6.59. Bildungsweg für Indol-Alkaloide. Strictosidin-Synthase (1) katalysiert die Umsetzung von Tryptamin mit Secologanin zu Strictosidin. Durch Öffnen des Acetal-Rings (grün; rechte untere Ecke) und Drehen des Substituenten am C kann das C-o in räumliche Nähe zum Amin-Stickstoff kommen; ein nukleophiler Angriff des N an das C=O des intermediären Aldehyds führt zu einem neuen Ringschluß (2). Aus dieser Verbindung entsteht in mehreren Stufen Ajmalicin (3), und zwar durch zwei hintereinanderfolgende Reduktionen mit NADPH und Acetal-Bildung zu einem neuen Pyron-Ring (grün)

Phenylalanin ist der Ausgangspunkt für die Synthese von Isochinolin-Alkaloiden. Durch Umsetzung von Dopamin mit einem C_6C_2-Aldehyd wird das Gerüst eines Phenylethyl-tetrahydro-isochinolin-Derivats aufgebaut. Durch oxidative Kopplung sowie durch weitere Umlagerungen und Eliminierungen entstehen schließlich Colchicin oder andere Cycloheptan-Strukturen (z. B. Cephalotoxin in *Cephalotaxus*).

Colchicin mit seinen beiden Siebener-Ringen wird aus der Herbstzeitlose gewonnen und häufig für zellbiologische Untersuchungen eingesetzt; wenn es nämlich gilt, den Apparat der Mikrotubuli zu lähmen. Colchicin bindet sehr fest an Tubulin (→ S. 393).

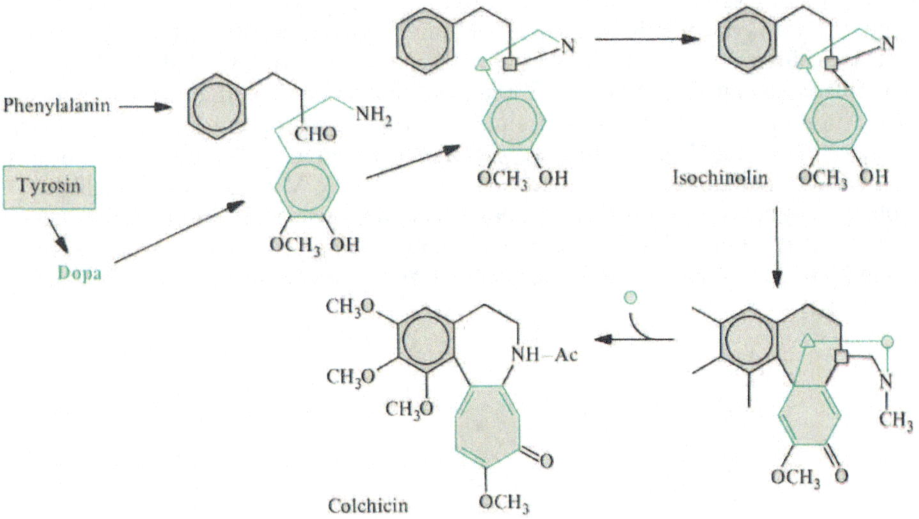

Abb. 6.60. Bildungsweg zum Colchicin. Zwei C_6C_2-Einheiten unterschiedlichen Ursprungs werden zu einer Schiffschen Base kondensiert, die Folgeschritte führen zum Isochinolin-Derivat. Es schließen sich oxidative Kopplung an und eine Ringerweiterung zum Cycloheptatrien-Ring

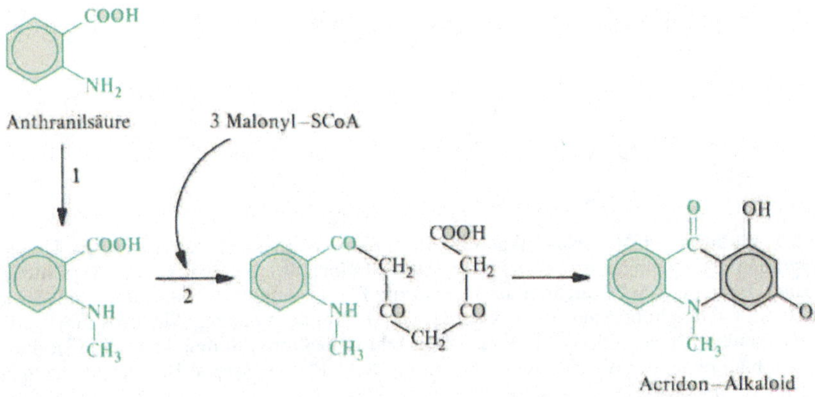

Abb. 6.61. Der Weg zu Acridon-Alkaloiden über Polyketid-Zwischenstufen

Anthranilsäure, die aus Chorisminsäure gebildet wird, kann nach Methylierung und Überführung in den CoA-Ester mit Malonyl-Einheiten zu einem Polyketid verlängert werden. Acridone sind gelb gefärbte, stark fluoreszierende Alkaloide der Rutaceen. Anthranilsäure und 3-Hydroxyanthranilsäure sind Vorstufen von Cinnabarin.

6.3 Biosynthese von Heterozyklen

Purin- und Pyrimidin-Nukleotide werden in unterschiedlichen Kompartimenten synthetisiert. Falls sie auch als Bausteine für die Bildung von DNA dienen sollen, unterliegen sie der Reduktion durch die Ribonukleotid-Reduktase. Die Ring-Systeme von Flavinen, Pterinen, Pyridin- und Pyrrol-Derivaten müssen aus kleineren Vorstufen zusammengesetzt werden.

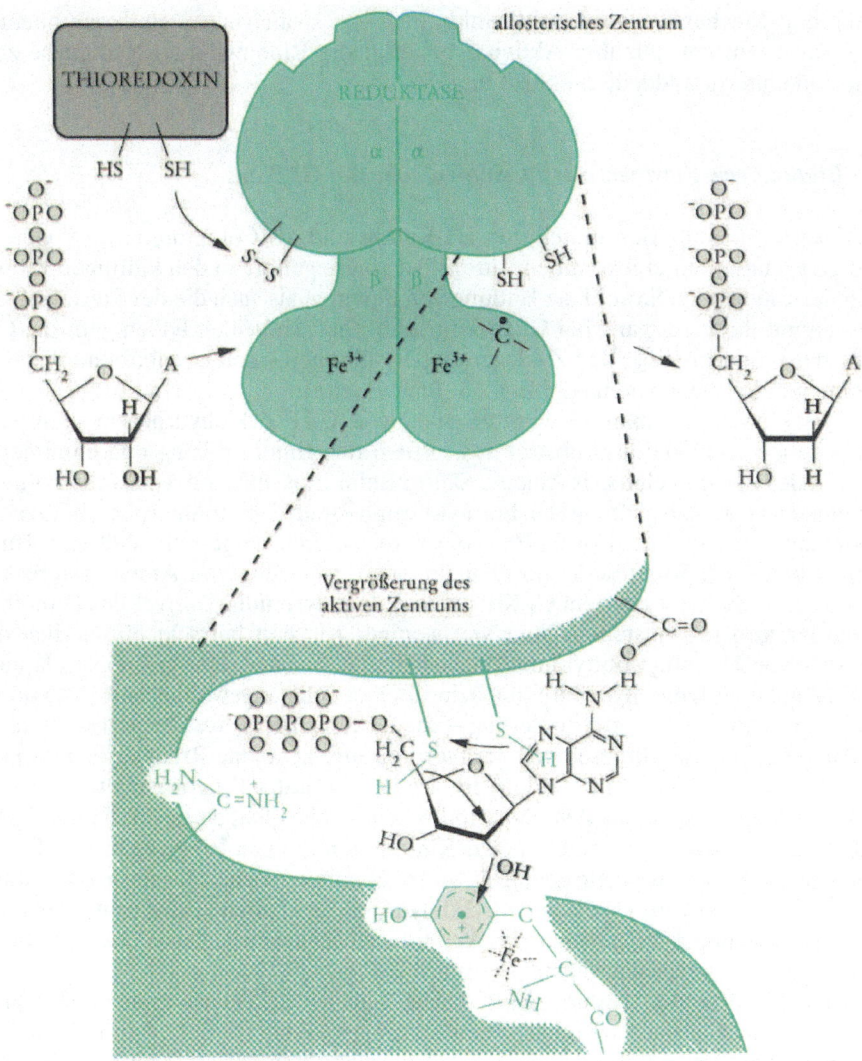

Abb. 6.62. Ribonukleotid-Reduktase-Reaktion. Die Reduktase ist nach dem Bauplan $\alpha_2\beta_2$ aufgebaut. Das aktive Zentrum ist zwischen UE-α und UE-β angeordnet und enthält ein Tyrosin-Radikal

Zu den in der Biochemie bedeutenden heterozyklischen Verbindungen zählen Coenzyme und Bausteine für Nukleinsäuren. Purine und Pyrimidine wurden in Kap. 5 abgehandelt. Es sollte aber betont werden, daß z. Z. nicht entschieden werden kann, ob in mehreren Kompartimenten nebeneinander Neusynthesen von Nukleotiden stattfinden. Unabhängig davon muß ein Teil der Ribonukleotide in Desoxiribonukleotide überführt werden, damit die nötigen Bausteine für die DNA-Synthese vorhanden sind. Diese Reduktion geschieht nicht auf der Stufe der Ribose, sondern am fast fertigen Nukleotid. Purin- und Pyrimidin-Nukleotide, Nukleosid-diphosphate oder -triphosphate, sind die Substrate einer Ribonukleotid-Reduktase, die reduziertes Thioredoxin als e-Donor verwendet.

Dazu muß an der Ribose in Stellung 2' formal ein OH durch ein H ersetzt werden. Über den Mechanismus herrscht Unklarheit – obwohl viele Detailkomponenten untersucht wurden. Für ihre Aktivität benötigt die Ribonukleotid-Reduktase zum Start eine interne radikalische Struktur.

Die Bildung von Flavinen und Pteridinen geht von GTP aus

Flavine sind uns als Bestandteil von ET-Ketten und als Cofaktoren von Oxidasen und Oxygenasen untergekommen. Ihre Biosynthese gehört zu den kniffligen Problemen der Biochemie. Sowohl die Bildung von Flavinen als auch die der Pteridin-Derivate nimmt ihren Ausgang bei Guanosintriphosphat. In beiden Fällen geht die Öffnung des Imidazol-Rings den Zyklisierungs-Reaktionen – unter Einbeziehung der C-Atome von Ribose – voraus (Abb. 6.63, rechte Seite).

In Bakterien hat man zwei unterschiedliche GTP-Zyklohydrolasen gefunden; beide gehen von GTP als Substrat aus, öffnen den Imidazol-Ring und eliminieren das C-8 des Purin-Skeletts als Ameisensäure. Beim Biosynthese-Weg zum Riboflavin (1) entsteht nach Abspaltung der Formyl-Gruppe und Transaminierung ein Derivat des Diaminopyrimidins. Ein C_4-Baustein wird dadurch hergestellt, daß eine Butanon-Synthase (2) Ribulose-5-phosphat unter Eliminierung von Ameisensäure kettenverkürzt. So kann aus dem C_4-Körper und dem Pyrimidin-Derivat das Dimethylribityl-lumazin (3) entstehen. Sehr viel weniger Klarheit herrscht hinsichtlich der Sequenz von Dimethyl-ribityl-lumazin zu Riboflavin. Man geht davon aus, daß aus zwei Molekülen Dimethyl-ribityl-lumazin in einer sehr ungewöhnlichen Reaktion – vielleicht in einer Disproportionierung – das Isoalloxazin-Gerüst hergestellt wird.

Auch bei der Biosynthese der Tetrahydrofolsäure geht eine Ribose-Einheit in die Ringstruktur ein. Eine GTP-Zyklohydrolase erzeugt unter Ringöffnung und Abspaltung von Ameisensäure als Zwischenprodukt ein Triphosphat eines Ribitylamins, das sofort durch Zyklisierung einen neuen Ring, einen Pyrazin-Ring ergibt (5). Durch Änderung der C_3-Seitenkette gelangen wir (6, 7) entweder zum Biopterin oder durch eine Aldolase (8) zum Hydroxymethyl-dihydropterin. Durch Aktivierung der alkoholischen Gruppe, Anhängen von p-Aminobenzoesäure und einem oder mehreren Molekülen Glutaminsäure entsteht Folsäure.

Auf dem Weg zur Folsäure wird die Seitenkette des Pterin-Gerüsts verkürzt, bevor p-Aminobenzoesäure und Glutáminsäure gebunden werden. Synthetische Sulfonamide sind Antimetabolite, die bei Mikroorganismen anstelle von p-Aminobenzoesäure in die Pteroinsäure eingebaut werden können oder als Substrat-Analoga die Dihydrofolat-Synthetase hemmen.

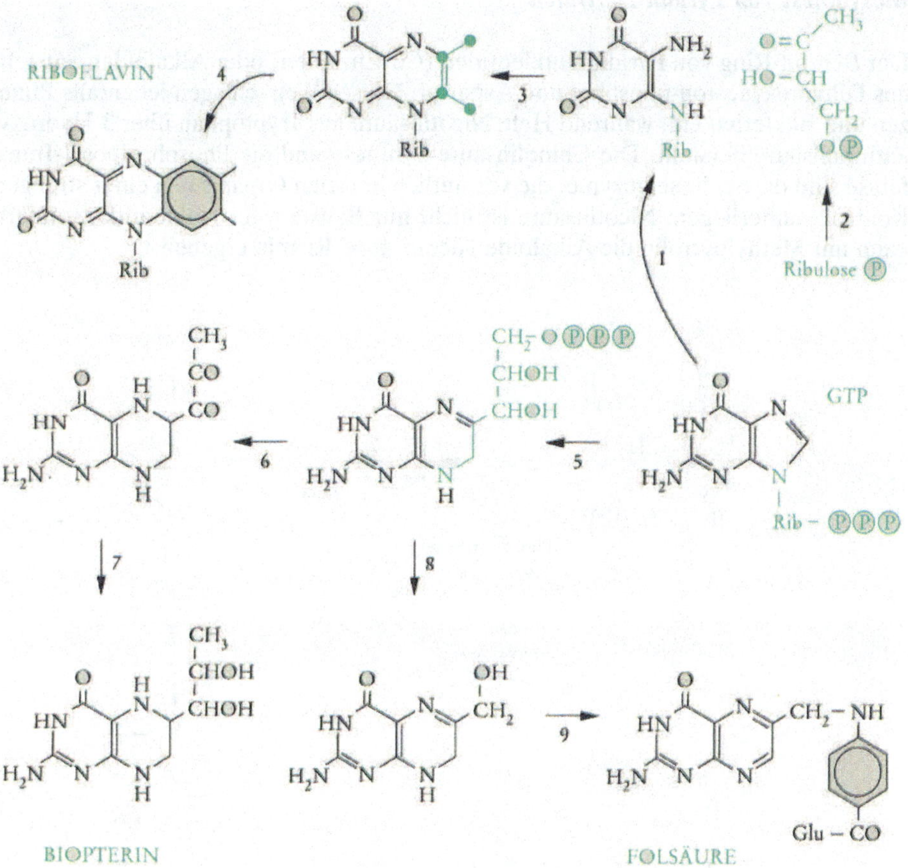

Abb. 6.63. GTP als Vorstufe von Riboflavin und Folsäure. Nach Öffnung des Rings zwischen C-8 und N-9 und Eliminierung von C_1 als Ameisensäure wird die C_5-Struktur, die sich von der Ribose ableitet, für den Ringschluß zu einem neuen Ring verwendet

In Mikroorganismen trifft man Monooxygenasen an, die nicht mit NADPH als Reduktionsmittel arbeiten, sondern mit Tetrahydrobiopterin. Ein *Chromobacterium* verwendet ebenfalls diese Verbindung, als Coenzym bei der Hydroxylierung von Phenylalanin, einem Vorgang, der bei höheren Pflanzen keine Rolle spielt.

Einige der Toxine, die marine Cyanobakterien produzieren, enthalten Heterozyklen (z.B. Lyngbyatoxin). Häufig wirken diese Stoffe beim Menschen durch dermatotoxische Effekte. Einige dieser Verbindungen wirken auch als Tumorpromotoren, vergleichbar den pflanzlichen Phorbolestern. Vermutlich kommen den Toxinen der Algen bestimmte Rollen im ökologischen Bereich zu: Zooplankton reagiert darauf. Ein breites Spektrum von Toxinen konnte man in letzter Zeit bei Dinoflagellaten finden. Dinoflagellaten wehren mit Toxinen Fische ab, Schwämme kämpfen mit Okadainsäure (→ S. 433) gegen die feindliche Umgebung; dies alles deutet auf eine ökologische Rolle hin

Biosynthese von Pyridin-Derivaten

Der Pyridin-Ring von Pyridin-Nukleotiden (Co-Enzymen) oder Alkaloiden entsteht aus Dihydroxyaceton-phosphat und Aspartat. Diesen Weg schlagen jedenfalls Pflanzen und Bakterien ein, während Hefe Nicotinsäure aus Tryptophan über 3-Hydroxy-anthranilsäure herstellt. Die Chinolinsäure-Synthese und die Phosphoribosyl-Transferase sind die Schlüsselenzyme, die vermutlich in vielen Organismen einer strengen Kontrolle unterliegen. Nicotinsäure ist nicht nur Baustein für Nukleotide, sondern kann mit Methylpyrrolin die Alkaloide Nicotin bzw. Ricinin ergeben.

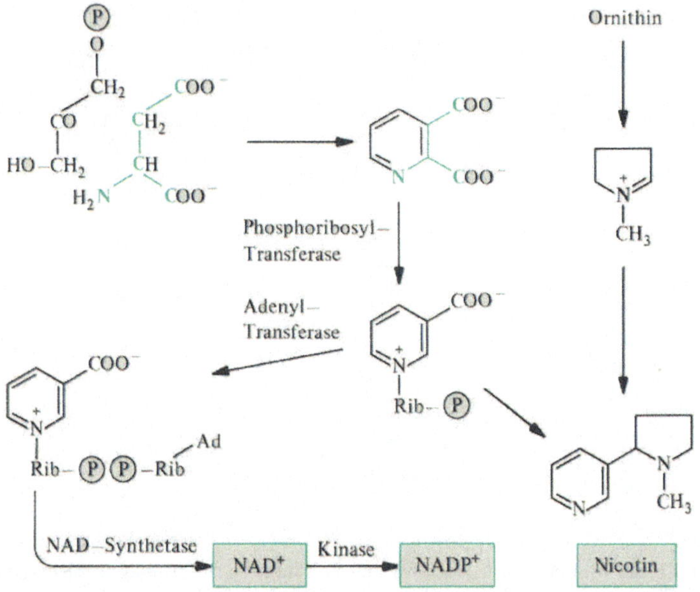

Abb. 6.64. Pflanzen synthetisieren Nicotinsäure-Derivate: das Coenzym NAD$^+$ und das Alkaloid Nicotin

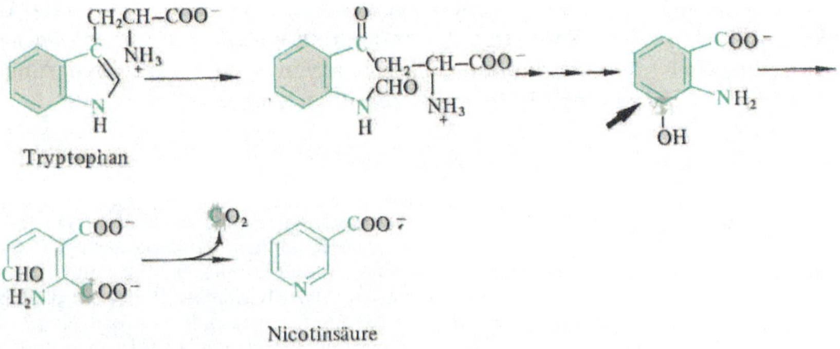

Abb. 6.65. Tryptophan als Vorstufe bei der Bildung von Nicotinsäure in Hefe

Lineare Tetrapyrrole entstehen durch Ringöffnung von oxidiertem Häm; Phycobiline und Phytochrom werden ebenso gebildet. Ein ähnlicher Vorgang führt in tierischen Zellen zur Bildung von Biliverdinen.

Ein dem tierischen Hämoglobin nahestehendes Protein findet man auch in Pflanzen – exprimiert aber nur im Stadium der Knöllchenbildung bei Leguminosen. Die Struktur des Apoproteins von Leghämoglobin ist sehr ähnlich dem Bau von Myoglobin und Hämoglobin. Es dient dem O_2-Transport: erst bei niedrigem pO_2 in der Umgebung des Bakteroids gibt es gebundenes O_2 ab. Leghämoglobin stellt eine Art O_2-Puffer dar, durch den das bakterielle Nitrogenase-System vor Desaktivierung geschützt wird. Die Struktur der Gene für Leghämoglobin ist sehr ähnlich der von Globin, z. B. auch, was die Lage der zwei Introns betrifft. Die meisten Leguminosen besitzen 2–4 normale Gene neben Pseudo-Genen. In etablierten Knöllchen kommt zwar das Globin von der Pflanze, das Häm allerdings vom Bakteroid.

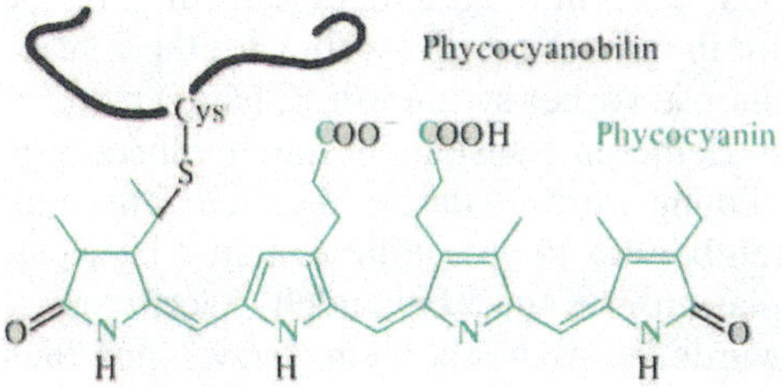

Abb. 6.66. Phycocyanin: ein offenes Tetrapyrrol-System mit 2 geometrischen Isomeren

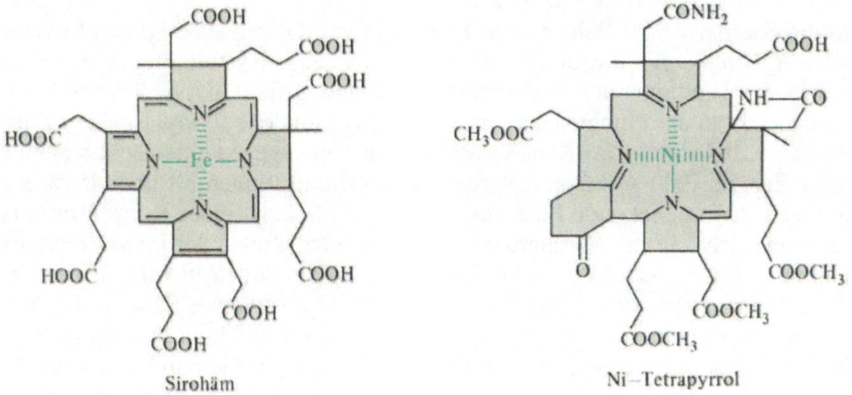

Sirohäm

Ni–Tetrapyrrol

Abb. 6.67. Zyklische Tetrapyrrol-Systeme, die bei Redox-Vorgängen eine Rolle spielen

Andere Fe-Verbindungen spielen, abgesehen von den Häm-Derivaten, in der pflanzlichen Zelle ebenfalls eine wichtige Rolle: die Eisen-Schwefel-Proteine (S. 100) sowie ein Phytoferritin, ein Eisen-Träger-Protein als Transportform und Speicher.

Pilze und Bakterien synthetisieren Siderophore, Chelatbildner für Eisen-Ionen. In einem Ökosystem – oder einer Infektion – herrscht eine harte Kompetition um Eisen-Ionen. Pflanzen bilden dann schnell Chlorosen.

6.4 Synthese von Kohlenhydraten

Eine Reihe von Kohlenhydraten entsteht durch Umwandlung von Hexose-phosphaten im Cytoplasma; dies gilt für Pentosen, Onsäuren und Uronsäuren sowie für die zyklischen Inosite. Die Oligosaccharid-Synthese aus Nukleosid-diphosphat-aktivierten Zuckern sowie die Bereitstellung der Bausteine für die Zellwand-Synthese wird als Leistung des Cytoplasmas eingeordnet.

Saccharose ist häufig die Transportform, durch die eine Zelle eine andere mit Kohlenstoff für Synthesen oder mit Brennmaterial zur Energiegewinnung versorgt. Oder, Saccharose wird in spezielle Zellen gebracht, die Zucker speichern. In all diesen Fällen wird Saccharose vorher synthetisiert; häufig bei der Photosynthese – aber auch heterotroph aus kleineren Bausteinen: durch Gluconeogenese.

Die Saccharose-Bildung wurde – da sie in engem Zusammenhang mit der Tätigkeit des Chloroplasten bei der Photosynthese steht – bereits unter den Syntheseleistungen des Chloroplasten in Kap. 5 behandelt. Saccharose, die im Mesophyll der Blätter hergestellt wurde, gelangt über ein verzweigtes Siebröhrensystem in das Reservegewebe und wird letztlich innerhalb dieser Zellen in Amyloplasten abgelagert. Transfer von Saccharose erfolgt sowohl zu den Zellen, die Reserven einlagern – und dies sind neben Wurzeln auch Knospen und Vegetationspunkte – als auch zu anderen Zellen zum Unterhalt des Grundstoffwechsels. Im Verlauf des Transports muß die Saccharose im Phloem den Übergang von Geleitzellen zu den Siebröhren passieren. Um die durch Assimilation oder Gluconeogenese erhaltenen Zucker zum Ort ihrer Verwendung oder Ablagerung zu bringen, erfolgt aktiver Transport an der Plasmamembran des Phloem. Das miteinander verbundene Cytoplasma der Phloemzellen wird „beladen". Das Beladen stellt ein Pumpen gegen einen sehr steilen Gradienten dar; im Phloem können Saccharose-Konzentrationen bis über 15 % vorliegen. Der sich anschließende Fluß der gelösten Stoffe längs eines Konzentrationsgradienten in Richtung der Saccharose verbrauchenden Zellen wird dadurch aufrecht gehalten, daß u. a. Saccharose dem Siebröhrensystem entzogen wird. Dieses Entladen des Phloems könnte passiv geschehen – durch Fehlen eines Phloem beladenden Systems. Aber auch zwei weitere Möglichkeiten der Entladung des Phloems scheinen realisiert zu sein: eine extrazelluläre, an die Zellwand gebundene, saure Invertase könnte die Entfernung der Saccharose aus dem Fließgleichgewicht bewirken; oder der Abtransport der Saccharose wird dadurch vermittelt, daß passives Einfließen in die Zielzellen mit aktivem Transport innerhalb der Zelle gekoppelt wird.

Für die hohe Konzentration an Saccharose, die beim Beladen des Phloems erreicht wird, ist ein sekundärer aktiver Transport – ein Zucker-Protonen-Symport – verantwortlich. Dafür ist Vorbedingung, daß primär durch eine Protonen translozierende ATPase eine proton-motorische Kraft an der PM erzeugt wird. Das Enzym ist ein integrales Membranprotein mit M_r 100 000 und unterscheidet sich von den meisten anderen ATPasen durch seine Hemmbarkeit durch Vanadat. Diese Eigenschaften behält es, wenn es mit nicht-ionischen Detergenzien solubilisiert wird.

Eine gerade umgekehrt arbeitende Maschine, ein Zucker-Protonen-Antiport-System, muß man für die Beladung von Vakuolen in den Zellen des Reservegewebes annehmen. Die Wurzeln der Zuckerrübe besitzen am Tonoplasten eine Protonen-pumpe, die auf Kosten von ATP ein Protonen-Potential an der Membran aufbaut und damit die Voraussetzung für den Antiport schafft. Einige Zelltypen bei Gräsern erlauben eine erleichterte Diffusion am Tonoplast. Zellen des Zuckerrohrs besitzen eine weitere Möglichkeit, gegen einen Konzentrationsgradienten Zucker in der Vakuole anzuhäufen: am Tonoplast befindet sich ein Transportsystem für UDP-Glucose, die dann innerhalb der Vakuole in einem Fließgleichgewicht abgefangen werden kann. So kommt es zur Ablagerung von Saccharose in den Vakuolen der Phloem-Parenchym-Zellen.

Die gelösten Stoffe bewegen sich im Symplast, von Zelle zu Zelle über die Plasmodesmen. Zuletzt gelangen sie in den Apoplast – in einen Bereich zwischen Begleitzellen und Siebelement. Die Symplasten-Kontinuität bedeutet, daß es keine Barriere zwischen Mesophyll und den kleinen Leitungsbahnen gibt. Man darf vermuten, daß durch Calcium-Ionen gesteuerte ATPasen an den Plasmodesmen den Fluß kontrollieren.

Das elektrochemische Potential an der Membran ist die treibende Kraft für den Transport. Wenn der Transportvorgang eingeschaltet wird, indem das Substrat – also z. B. der Zucker – zugesetzt wird, ergibt sich an der Membran ein Verbrauch, eine Abnahme an elektrochemischem Potential: Zugabe von transportierbaren Zuckern zu Zellen in vitro bewirkt eine vorübergehende Depolarisation der Membran.

Eine Ausnahme gegenüber den Saccharose transportierenden Pflanzen stellen u. a. Cucurbitaceen dar, die Zucker in Form der Stachyose für die Translokation verwenden. Dabei wirkt eine ATPase als Pumpe; sie ist für einen Symport von Zucker und H^+ zuständig. Der aktive Transport gegen ein hohes Zucker-Niveau im Phloem einerseits und eine ATP-abhängige Aufnahme von Zuckern am Ort der Verwendung andererseits bestimmen letztlich das Fließen der Stoffe im Phloem. Die für ein Phloem charakteristischen P-Proteine scheinen weder die Funktion von Aktin oder Tubulin – und damit für Bewegungsabläufe – übernehmen zu können, noch definierte Enzymaktivitäten zu besitzen.

Gluconeogenese

Kohlenhydrate in größeren Mengen aus C_2-, C_3- oder C_4-Verbindungen stellen Zellen dann her, wenn ein beträchtliches Angebot an diesen Vorstufen herrscht und gleichzeitig kein anderer Weg der Bereitstellung von Hexosen funktionsfähig ist. Dies trifft zu, wenn im Dunkeln Fett- oder Protein-Reserven mobilisiert und aus den Bausteinen Kohlenhydrate aufgebaut werden. Sie werden entweder in der eigenen Zelle gebraucht oder in andere, sich teilende Zellen gebracht (vgl. Abb. 7.2). Darüber hinaus, Algen und Pilze leben so auf Medien, die reich sind an Acetat oder aus denen Acetat produziert werden kann.

Gluconeogenese geht vom Citrat-Zyklus aus; sie würde bei größeren Umsätzen den Zyklus an seinen Zwischenstufen verarmen lassen, ihn zum Erliegen bringen. Deshalb spielen auffüllende – anaplerotische – Prozesse in dieser Stoffwechselsituation eine Rolle. Alanin, und vor allem Glutamat aus dem Abbau der Proteine, sowie Acetyl-SCoA durch Lipid-Mobilisierung, sind die wichtigsten auffüllenden Stoffe.

Zu den Schlüsselenzymen der Gluconeogenese zählt die Fruktose-bisphosphatase. Während die chloroplastidäre Form – im Zuge der Photoassimilierung – der durch Thioredoxin vermittelten Lichtregulation unterliegt, kennen wir bei der cytosolischen Form, zumindest in Zusammenhang mit der Saccharose-Synthese im Licht, die Modulation durch Fruktose-2,6-bisphosphat. Bereits mikromolare Konzentrationen von Fruktose-2,6-bisphosphat führen zu starker Erniedrigung der Affinität des Enzyms zu seinem Substrat Fruktose-1,6-bisphosphat.

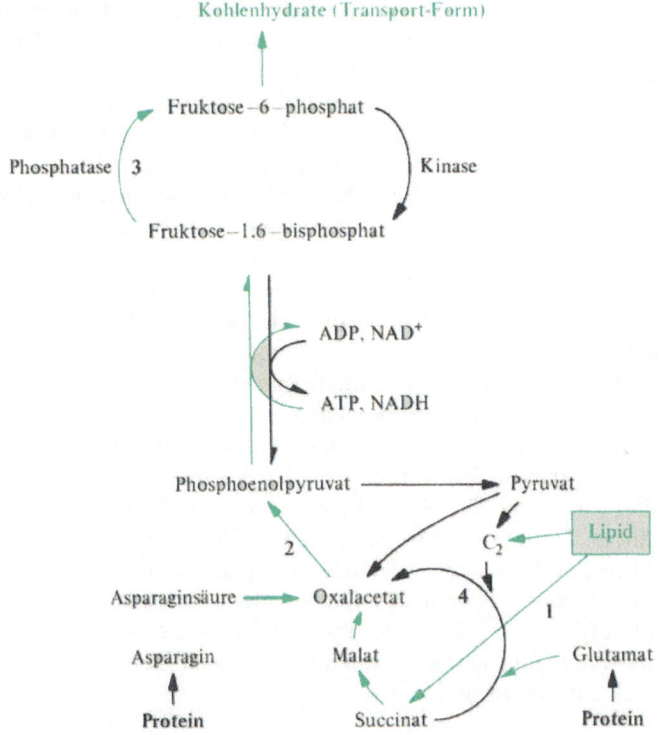

Abb. 6.68. Übersicht zur Gluconeogenese. Für den Übergang vom Katabolismus anderer Reserven in die Synthese von Kohlenhydraten gibt es nur wenige Möglichkeiten. Der Glyoxylat-Zyklus erreicht quantitativ die größte Bedeutung. Aber auch Aminosäuren und Ketosäuren eignen sich als Vorstufen der Gluconeogenese. Die Frage bleibt aber, ob eine bestimmte enzymkatalysierte Reaktion unter physiologischen Bedingungen auch tatsächlich in Richtung Gluconeogenese verwendet wird. Ein Gegenbeispiel ist vermutlich der Übergang von Pyruvat zu Oxalacetat oder Malat. Was in tierischen Zellen durchaus eine anaplerotische Funktion besitzt, kann in Pflanzen für andere Aufgaben genützt werden. Ein $NADP^+$-Malat-Enzym im Cytosol von Wurzelzellen kann für die Bereitstellung von NADPH verantwortlich sein. Dicarbonsäuren wie Fumarat aktivieren das Enzym, wobei die Enzymaktivität von sigmoider in hyperbole Kinetik umgeschaltet wird

Voraussetzung für die Versorgung der Gluconeogenese mit Substraten ist ein Auffüllen des Citrat-Zyklus (4) auf der Stufe von C_5- oder C_4-Säuren. Eine der Voraussetzungen stellt der Nachschub über den Glyoxylat-Zyklus (1) dar. Er ist in Abb. 6.68 als Brücke von Lipid zu Succinat gezeichnet. Das soll anschaulich machen, daß Fettsäuren in C_4-Säuren und in Richtung Gluconeogenese umgebaut werden können.

Der Einstieg in die Gluconeogenese-Sequenz erfolgt durch die Reaktion mit der Phosphoenolpyruvat-Carboxykinase (2). Das Enzym katalysiert den Übergang:

$$Oxalacetat + ATP = Phosphoenolpyruvat + CO_2 + ADP \qquad \Delta G = -21 \text{ kJ/mol}$$

Tierische Zellen verwenden das Enzym zur Gluconeogenese, mit GTP oder ITP als Co-Substrat. Pflanzen besitzen in der Pyruvat-Phosphat-Dikinase-Reaktion eine Möglichkeit, den Schritt Phosphoenolpyruvat – Pyruvat zu umgehen. Trotzdem verwenden sie in bestimmten Situationen den von der Carboxykinase katalysierten Übergang. Und zwar, ähnlich wie Hefe, mit ATP als Co-Substrat. Während die Carboxykinase-Reaktion (trotz des negativen ΔG) in beide Richtungen umsetzt – zu Phosphoenolpyruvat und Triosephosphaten ebenso wie zu Oxalacetat und anderen C_4-Säuren– stellt die Carboxylase-Reaktion eine Einbahn dar. Die von der Phosphoenolpyruvat-Carboxylase katalysierte Reaktion führt ausschließlich in Richtung Oxalacetat. In vielen Stoffwechselsituationen dient dieser Schritt zur Fixierung von CO_2 und Bildung von Malat. Das Enzym verwendet Bicarbonat als Substrat, benötigt Mg^{2+} und arbeitet bei alkalischem pH-Wert. In Schließzellen ist die Aktivität des Enzyms eng mit der Stomata-Bewegung verbunden. Während die Konzentration an K^+ ansteigt, erhöht sich auch die Aktivität.

Der zweite, für die Gluconeogenese charakteristische und in diesem Sinne regulierende Schritt unterliegt der Katalyse der Phosphatase, die Fruktose-bisphosphat zu Fruktose-6-phosphat hydrolysiert (3). Diese Einweg-Reaktion unterliegt einer strengen Kontrolle auf der Ebene der Modulation der Enzymaktivität. Fruktose-2,6-bisphosphat, der Aktivator der Glykolyse, hemmt bereits bei Konzentrationen von 2 µM. Bei der Hemmung wird die Sigmoidität der Kinetik der Phosphatase verstärkt. Offen bleibt vorerst, wie der Spiegel an Fruktose-2,6-bisphosphat eingestellt wird; Metabolite regulieren offenbar Bildung (und Hydrolyse) des Bisphosphats aus Fruktose-6-phosphat.

Im Cytosol stellen ATP-abhängige PEP-Carboxykinase und Fruktose-bisphosphatase die Schrittmacher-Enzyme bei der Biosynthese von Cellulose oder Saccharose dar. Eines der Enzyme wird durch den „Verstärker" der Glykolyse, nämlich Fruktose-2,6-bisphosphat, gehemmt. Die wichtigste Aussage ist daher: Glykolyse und Gluconeogenese bedienen sich weitgehend derselben Reaktionen, das Fließgleichgewicht wird von außen, durch Zufuhr von Ausgangsstoffen und Entfernen des gewünschten Produkts, gesteuert. Aber, an mindestens zwei Stellen sind Schrittmacher-Enzyme eingebaut: nämlich für die Glykolyse beim Übergang Fruktose-6-phosphat $\rightarrow$ Fruktose-bisphosphat und beim Übergang Phosphoenolpyruvat $\rightarrow$ Pyruvat. Wenn wir dem die Gluconeogenese gegenüberstellen, erkennen wir in der Phosphatase-Reaktion mit Fruktose-1,6-bisphosphat einen irreversiblen, für den speziellen Stoffwechselweg entscheidenden, regulierbaren Schritt. Aus der Zeichnung (Abb. 6.69) soll auch der Einfluß der „Energie-Ladung", das Angebot an ATP und NADH, zu ersehen sein.

Carboxylierungsreaktionen, wie der Übergang von PEP + CO_2 zu Oxalacetat, können auch unter dem Gesichtspunkt des C_1-Stoffwechsels betrachtet werden. Neben den Prokaryonten (z. B. Methanogene Bakterien) sind einige heterotrophe Eukaryonten in der Lage, auf C_1-Körpern als C-Quelle zu wachsen. Hefen wie *Hansenula* oder *Candida* setzen Methanol oder Methylamin zuerst zu Formaldehyd um, der dann in den weiteren C-Stoffwechsel eingeschleust wird. Somit bauen sie ihre Zellen, was C anlangt, ausschließlich aus Methanol auf.

Pilze wie *Hansenula* betreiben, ebenso wie manche Prokaryonten, den Xylulose-monophosphat-Weg – als anabolen Stoffwechsel zu Hexosen und besonders zu den Struktur-Polysacchariden. Das Wachstum von Hefen auf Methanol ist ein wirtschaftlich bedeutendes Beispiel für die Herstellung von Biomasse aus leicht zugänglichen C-Quellen. Methanol dient dabei sowohl als Mittel zur Erzeugung von ATP – über eine ET-Kette – als auch als Baustein in einem Assimilierungs-Zyklus (Abb. 6.69). Wichtige Schritte in diesem Stoffwechsel laufen dabei in Peroxisomen ab. Kein Wunder, daß unter diesen Bedingungen die Peroxisomen dominierende Zellorganellen sind. Alkohol-Oxidase (1) und Dihydroxyaceton-Synthase (2) zählen in diesem Stadium zu den Hauptproteinen der Zelle. Dieses Bild ändert sich drastisch, wenn die Zellen von Methanol auf ein Glucose-Medium gesetzt werden.

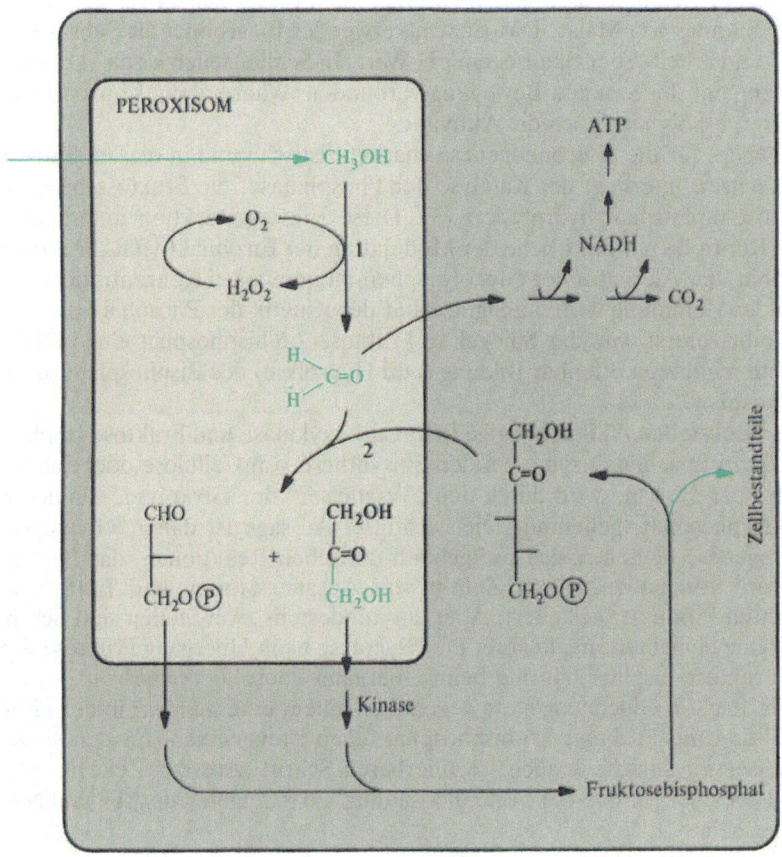

Abb. 6.69. Bildung von Kohlenhydraten aus C_1-Körpern. Methanol wird durch eine Oxidase (1) in Formaldehyd überführt. Methanol-Oxidase (560 kDa) ist ein Oktameres mit 1 FAD pro UE. Dihydroxyaceton-Synthase (2) transferiert nach Art einer Transketolase eine C_2-Einheit (Glykolaldehyd) auf Formaldehyd; Xylulose-6-phosphat geht als C_2-Donor in die Reaktion ein. Dihydroxyaceton-Synthase und Transketolase sind nicht identisch; aber beide verwenden Thiamin-diphosphat als prosthetische Gruppe. Der Zyklus verlangt, daß Xylulose-5-phosphat über C_6-Körper regeneriert wird; ein Teil der C_6-Körper aber wird abgezweigt für die Bildung der Zellwand und anderer Strukturen

Peroxisomen dominieren als Organellen in denjenigen Zellen, in denen sie Haupt-aufgaben im Stoffwechsel zu erfüllen haben. Die Bildung und Umsetzung von Form-aldehyd ist ein derartiger Fall. Die Abb. zeigt Hefe-Zellen, die auf C_1-Körpern im Chemostat gezogen worden sind. Im linken Bild (Abb. 6.70) erscheint die Zelle voll-gepackt mit Peroxisomen. Der rechte Teil der Abb. zeigt, daß bei der Zellteilung auch Peroxisomen in die Tochterzellen weitergegeben werden. Peroxisomen teilen sich und wachsen wieder zu größeren Organellen aus. Ändert man das Medium von Methanol auf Glucose, werden die Peroxisomen schnell auf eine Minimal-Population abgebaut. Mindestens ein Peroxisom pro Zelle ist aber notwendig, um die Vererbung der peroxisomalen Membran zu garantieren.

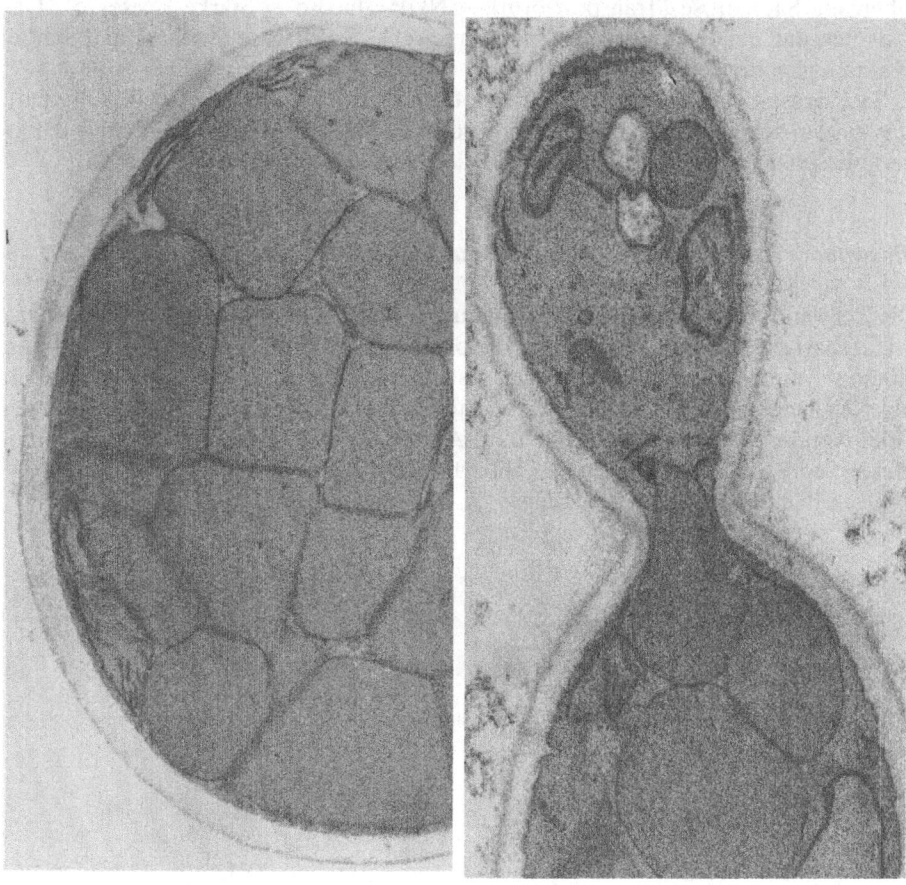

Abb. 6.70. Elektronenmikroskopische Darstellung von Hefe-Peroxisomen. Die Aufnahme mit *Hansenula polymorpha* stellte M. Veenhuis, Groningen, zur Verfügung

Pflanzen können Saccharose in hoher Konzentration in den Vakuolen ablagern. Die treibende Kraft für den Transport in die Vakuole ist ein Saccharose/H^+-Antiport. Für die Spaltung der angehäuften Saccharose steht, im Cytosol, eine Saccharose-Syn-thase bereit.

Saccharose wird durch das Zusammenwirken zweier Enzyme hergestellt: Saccharose-phosphat-Synthase plus Saccharose-6-phosphat-Phosphatase (Abb. 5.16). Beide Enzyme erreichen bei pH 7.0 ihre höchste Aktivität. Die Aktivität der Phosphatase, die eine nicht umkehrbare Reaktion katalysiert, ist in der Zelle immer sehr viel höher als die der Synthase.

Neben der Saccharose-phosphat-Synthase kennen wir eine *Saccharose-Synthase*, die für das Gleichgewicht

$$\text{NDP-Glucose} + \text{Fruktose} = \text{Saccharose} + \text{NDP}$$

verantwortlich ist. Die physiologische Rolle der Saccharose-Synthase ist vermutlich ausschließlich die Spaltung der Saccharose, besonders im Zusammenhang mit dem Übergang Saccharose (Transportform) → NDP-Glucose → Stärke (Reserve). Das bedeutet, daß bei der Anlage des Speichergewebes Saccharose-Synthase und Stärke-Synthase gleichzeitig exprimiert werden.

Saccharose-Synthase wurde als Homotetrameres charakterisiert (UE 100 kDa). Das Enzym zeichnet sich nicht durch besondere Selektivität innerhalb der Nukleosiddiphosphate aus, die für die Spaltung des Disaccharids gebraucht werden.

Biosynthese von Zuckern, die für den Bau der Zellwand gebraucht werden

Die Zellwand setzt sich nicht nur aus β-Glucanen zusammen, sondern enthält je nach Pflanzenart wechselnde Mengen an Hexosuronsäuren und Pentosen, in Form von Homopolymeren oder – viel häufiger – als Heteropolymere. Die Bausteine dafür, in der Regel nukleosid diphosphat-aktivierte Zucker, werden im Cytoplasma durch Modifikation der Glucose hergestellt. L-Arabinose ist Bestandteil vieler „Gummizucker" und Arabinogalaktane (→ Abb. 9.4). D-Arabinose hingegen wurde nur in wenigen Phenolglykosiden gefunden.

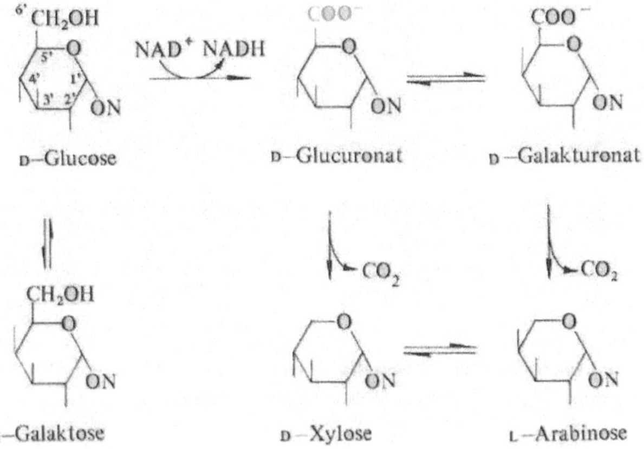

Abb. 6.71. Bildungswege zu Uronsäuren und Pentosen. Die meisten Modifikationen finden auf der Ebene der NDP-Zucker statt. Dies sollte dort geschehen, wo die Zucker für weitere Reaktionen benötigt werden. UDP-Glucose-Dehydrogenase wird häufig in den Zellen induziert, bei denen wegen der Bildung neuer, differenzierter Formen ein großer Bedarf an Pektin und Hemicellulosen besteht. Mit UDP-Galakturonsäure werden die Pektinketten verlängert

Epimerisierungen – die Änderungen der Chiralität an einem C-Atom innerhalb der Verbindung R-CHOH-R' – gehören in der Zuckerchemie zu den häufigen Umsetzungen. Wenn sich unmittelbar neben dem betrachteten C-Atom – also in α-Stellung – eine Carbonyl-Gruppe befindet, kommt es zuerst zur Bildung eines Endiols. Die Anlagerung von H_2O an diese ebene Struktur läßt die Bildung beider Epimere zu. Fehlt eine Carbonyl-Gruppe, muß die Epimerisierung durch eine zweifache Redox-Reaktion erfolgen. Ein Beispiel dafür ist der Übergang von Glucose und Galaktose – durch Änderung der Händigkeit am C-4. Dies geschieht auf der Stufe des UDP-Derivats.

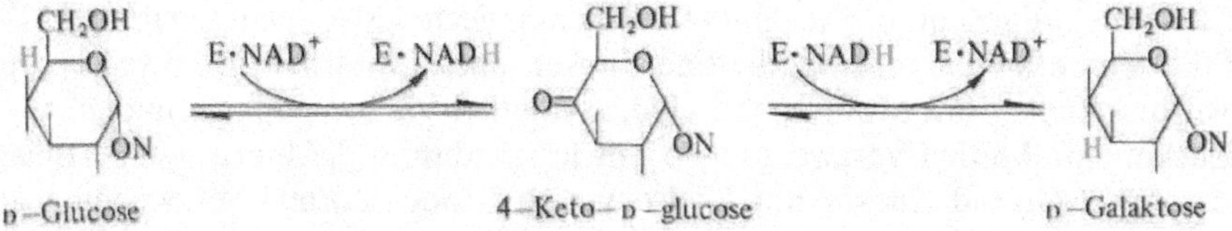

Abb. 6.72. **Die Umsetzung durch UDP-Glucose-4-Epimerase als doppelte Redox-Reaktion**

N-Acetylglucosamin ist Baustein des Homopolymeren Chitin, einer Reihe von Heteropolymeren und auch der Glykoproteine. Das UDP-Derivat ist die aktive Form, die für die Synthesen eingesetzt wird. Es wird aus Fruktose-6-phosphat in mehreren Stufen hergestellt: Transaminierung des Fruktose-Derivats liefert Glucosaminphosphat, das durch Acetyl-SCoA acyliert werden kann.

6-Desoxyzucker, wie Rhamnose und Fucose, treffen wir bei Struktur-Polymeren und in Glykoproteinen an. Die Biosynthese schließt Eliminierung von H_2O und Reduktion von C-C-Doppelbindungen ein. Fucane sind Bestandteile der Zellwand von Braunalgen. 2,6-Didesoxyzucker findet man in Steroidglykosiden.

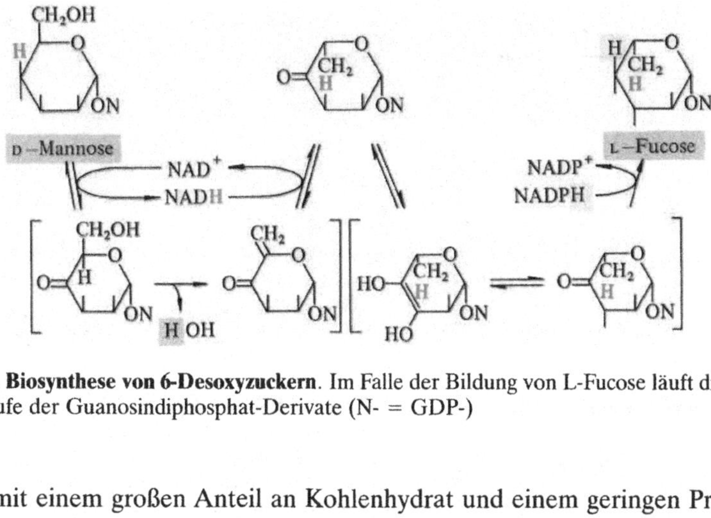

Abb. 6.73. **Biosynthese von 6-Desoxyzuckern**. Im Falle der Bildung von L-Fucose läuft die Synthese auf der Stufe der Guanosindiphosphat-Derivate (N- = GDP-)

Toxine, mit einem großen Anteil an Kohlenhydrat und einem geringen Prozentsatz an Peptid, werden von Bakterien wie *Corynebacterium* gebildet und bei Befall von Pflanzen ausgeschieden. Rhamnose und Fucose sind Bestandteil dieser Toxine.

Biosynthese von verzweigtkettigen Zuckern und Oligosacchariden

Verzweigtkettige Zucker sind aus Mikroorganismen und höheren Pflanzen als glyko-sidische Bestandteile von Antibiotika oder phenolischen Verbindungen isoliert wor-den. Makrolide sind Antibiotika, die von *Streptomyces*-Stämmen produziert werden; die ringförmigen Formen besitzen eine Lactam-Struktur mit einer größeren Anzahl an OH-Gruppen, an die Zucker gebunden sind. Im Verlauf der Biosynthese werden Desoxyzucker oder verzweigtkettige Zucker mit Acyl-Einheiten verbunden, die Ver-zweigungen aufweisen und meist mehr als 20 C-Atome enthalten. Die Acylkompo-nente der Makrolide wird aus Glykolat, Acetat, Propionat und dem veränderten C-Skelett von Aminosäuren – vermutlich über aktivierte Ester – aufgebaut.

Pflanzen enthalten verzweigtkettige Zucker, auch in Form von Polysacchariden. Es wurden Zucker mit Methyl- und Hydroxymethyl-Verzweigung gefunden.

Zucker mit Methyl-Verzweigungen entstehen durch C_1-Übertragung (Beispiel: Mycarose), während Zucker mit Hydroxymethyl- oder Formyl-Verzweigung durch Umlagerung des Kohlenstoffgerüsts einer Hexose- oder Pentose-Kette gebildet wer-den (Beispiel: Apiose). UDP-Apiose-Synthase wird de novo synthetisiert, wenn Licht als Signal das entsprechende Gen aktiviert. Mit UDP-Glucuronat als Substrat entstehen sowohl UDP-D-Xylose als auch UDP-Apiose.

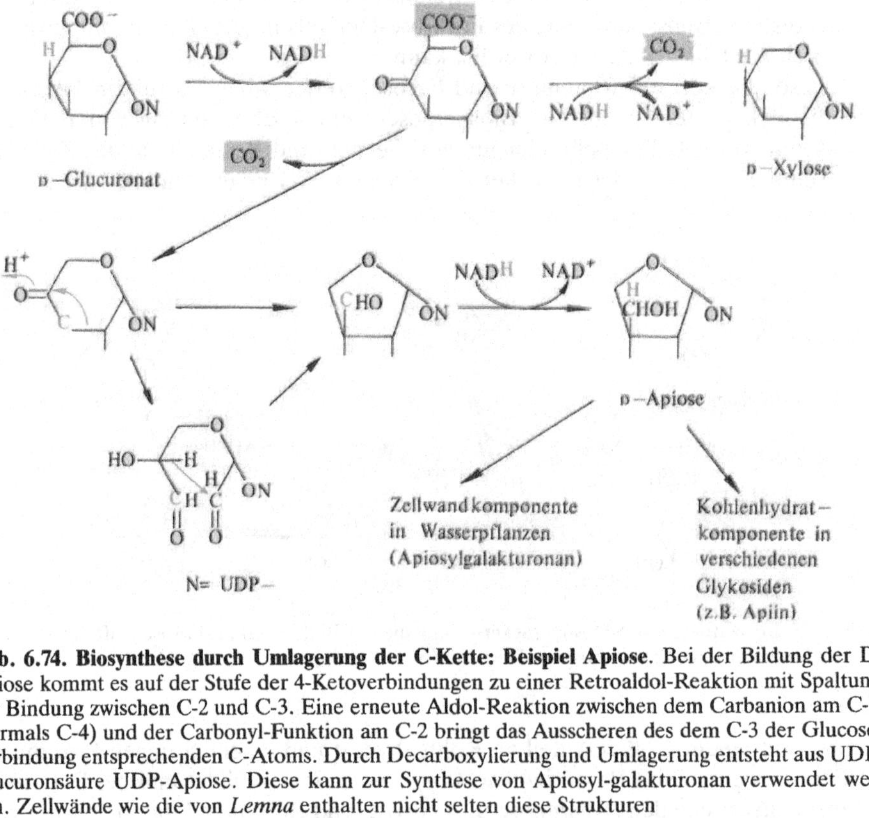

Abb. 6.74. Biosynthese durch Umlagerung der C-Kette: Beispiel Apiose. Bei der Bildung der D-Apiose kommt es auf der Stufe der 4-Ketoverbindungen zu einer Retroaldol-Reaktion mit Spaltung der Bindung zwischen C-2 und C-3. Eine erneute Aldol-Reaktion zwischen dem Carbanion am C-α (vormals C-4) und der Carbonyl-Funktion am C-2 bringt das Ausscheren des dem C-3 der Glucose-Verbindung entsprechenden C-Atoms. Durch Decarboxylierung und Umlagerung entsteht aus UDP-Glucuronsäure UDP-Apiose. Diese kann zur Synthese von Apiosyl-galakturonan verwendet wer-den. Zellwände wie die von *Lemna* enthalten nicht selten diese Strukturen

Die Mehrzahl der Polysaccharide entsteht unter der Katalyse von Glykosyl-Transferasen, die nukleosiddiphosphat-gebundene Zucker als am C-1 aktivierte Glykosyl-Donoren verwenden. Daneben aber kennen wir Oligosaccharide, die einen Monosaccharid-Rest von einem Disaccharid abtrennen und auf ein Oligosaccharid transferieren. Bei der Biosynthese von Oligosacchariden mit unterschiedlich langen Galaktose-Anteilen erfolgt die Kettenverlängerung mit Hilfe von Galaktinol oder mit UDP-Galaktose. Mit der Galaktinol-Synthase, einem Mn^{2+}-Enzym, erfolgt die Festlegung auf die Biosynthese der Stachyose-Familie.

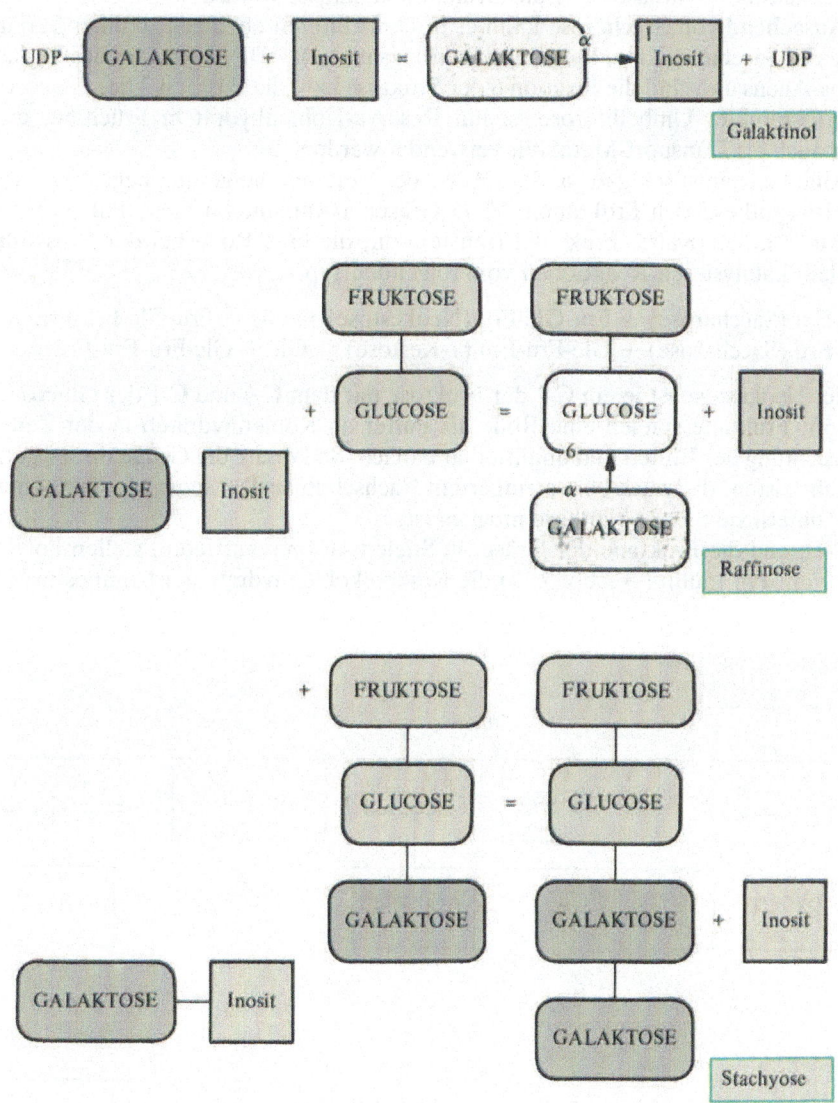

Abb. 6.75. Biosynthese von Zuckern der Raffinose-Familie mit Galaktinol als aktiviertem Galaktose-Derivat. Nach Saccharose sind Raffinose und Stachyose die in höheren Pflanzen am weitesten verbreiteten Oligosaccharide. Sie akkumulieren in den Speicherorganen der Pflanze

287

Trotz der glykosidischen Bindung am C-1 der Galaktose stellt diese Form der Galaktose, das Galaktinol, ein Verlängerungs-Reagens dar. Damit wird die Position 6 der Glucose-Einheit in der Saccharose modifiziert. Die Unterscheidung gegenüber der Modifizierung der Fruktose-Einheit innerhalb des Saccharose-Moleküls ist strikt: Stachyose-Synthase akzeptiert nur Galaktinol als Substrat, nicht aber UDP-Galaktose. Oligosaccharide der Raffinose-Familie werden in bestimmten Pflanzen als Transport-Metabolite bevorzugt; 80% der C-Verbindungen im Phloem-Saft können dann aus diesen Verbindungen bestehen. Es überrascht deshalb nicht, daß das Gen der Galaktinol-Synthase für Transformationen eingesetzt wird.

Ausgehend von Saccharose kann es in Umbelliferen ebenfalls zu einer Verlängerung der Saccharid-Kette kommen; allerdings ist hier UDP-Galaktose das Verlängerungs-Agens und sind die Position 6 der Fruktose bzw. die Position 2 der Glucose die Angriffspunkte. Umbelliferose ist ein Reserve-Kohlenhydrat in Früchten, dürfte aber auch als Transport-Metabolit verwendet werden.

Eine mechanistisch ganz andere Weise der Kettenverlängerung begegnen wir bei der Biosynthese von Fruktanen. Viele Gräser akkumulieren diese Polymeren der Fruktose in der Kälte. Fruktosyl-Transferasen, die eine Rolle bei der Biosynthese spielen, katalysieren Reaktionen vom folgenden Typ:

Glc-Fru (Saccharose) + Fru-Glc-Fru (Neokestose) = Glc + Fru-Glc-Fru-Fru
Glc-Fru (Saccharose) + Glc-Fru-Fru (1-Kestose) = Glc + Glc-Fru-Fru-Fru

In der Neokestose ist je ein C-2 der Fruktose mit dem C-6 und C-1 der Glucose verknüpft. Fruktane spielen eine Rolle als Puffer an Kohlenhydraten in der Zeit der Befruchtung der Blüten und unmittelbar danach. So könnte die Größe dieses Puffers gewährleisten, daß auch bei verringertem Nachschub an Transport-Metaboliten eine kontinuierliche Stärke-Synthese möglich ist.

Während die Fruktane der Gräser in Stielen saisonal auftreten, stellen Polyfruktane vom Typ Inulin (→ Abb. 7.13) die Reservekohlenhydrate der Compositae dar.

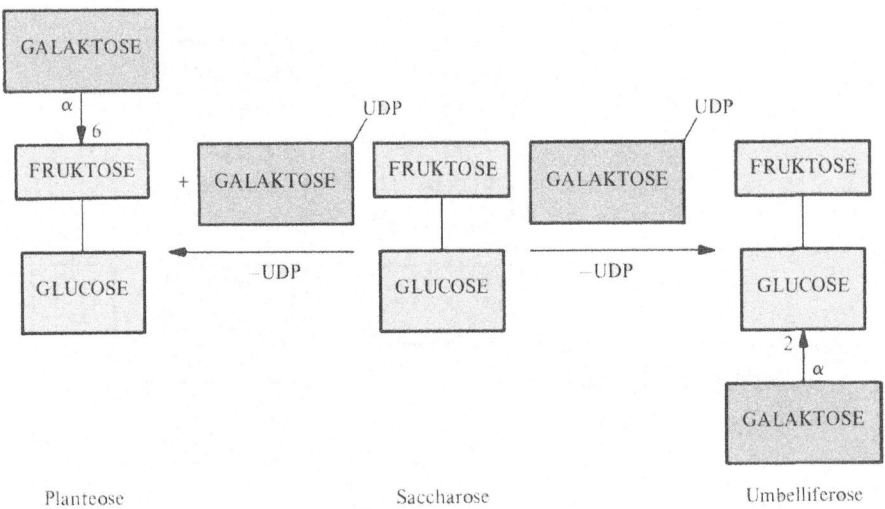

Abb. 6.76. Umsetzung von UDP-Galaktose mit Saccharose. Planteose kommt in größeren Mengen in Samen vor

288

Biosynthese von Inositen und Phytinsäure

Inosite, Cyclohexanhexole, kommen in der Natur in unterschiedlichen Formen vor: als Komponenten von Membranlipiden, als Kohlenhydrat-Äquivalente und Phosphat-Speicher, als Osmotikum, Gefrierschutz und vor allem als Teilstrukturen von Signalstoffen.

Glucose-6-phosphat kann man als Verzweigungspunkt im Kohlenhydrat-Stoffwechsel sehen. Neben den Aufbauwegen zu C-1-aktivierten Zuckern und dem Abbau in Glykolyse und Pentosephosphat-Weg finden wir in allen Zellen die Zyklisierung zu Inositen. Das Cyclohexangerüst von myo-Inosit kommt durch eine intramolekulare Aldol-Reaktion zwischen C-1 und C-6 der Glucose zustande, wobei die räumliche Anordnung der Hydroxylgruppen erhalten bleibt.

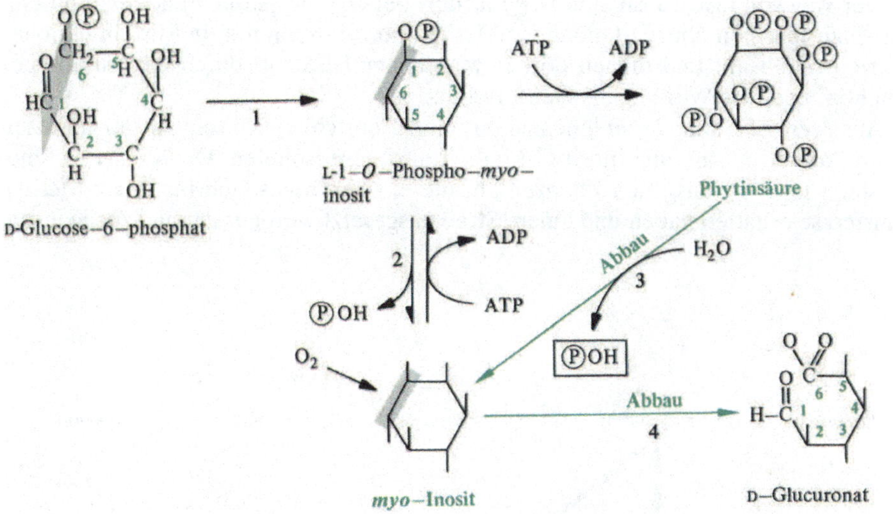

Abb. 6.77. Biosynthese und Abbau von myo-Inosit und Phytinsäure. Eigentlich handelt es sich bei der Bildung des Cyclohexan-Derivats um zwei Redox-Reaktionen und eine Aldol-Reaktion. Die Inositphosphat-Synthase (1) benötigt NAD$^+$. Man nimmt an, daß 5-Keto-D-glucose-6-phosphat zu 2-Keto-L-1-O-phospho-myo-inosit zyklisiert. Letzterer wird dann mit demjenigen Molekül NADH zu L-1-O-Phospho-myo-inosit (1-L-Inosit-1-phosphat, 1-D-Inosit-3-phosphat) reduziert, das bei der Oxidation von Glucose-6-phosphat gebildet wurde (vergleiche UDP-Glucose-4-Epimerase, Abb. 6.72). Wird zu einer rohen Cycloaldolase-Präparation neben dem Substrat und NAD$^+$ auch Mg^{2+} zugegeben, entsteht als Produkt myo-Inosit; eine spezifische Phosphatase (2) katalysiert die Hydrolyse der Esterbindung. Die Inosit-1-phosphat-Synthase der Hefe (Homotetramer, UE 63 kDa) steht gemeinsam mit anderen Enzymen der Biosynthese der Phospholipide unter der Kontrolle von Metaboliten-Niveaus; freier Inosit oder Cholin reprimieren die Expression von Inosit-1-phosphat-Synthase in der gleichen Weise wie die der Fettsäure-Synthase. Die Phosphorsäure-Ester-Bindung bei der Bildung von Inosit aus Glucose-6-phosphat befindet sich *nicht* an derjenigen Position, wo wir sie im Phosphatidyl-inosit antreffen

Die myo-Inositphosphat-Synthase ist hoch aktiv bei der Samen-Reifung, wenn große Mengen an Inosit für die Synthese von Phytinsäure benötigt werden. In Lemnaceen fungiert Abscisinsäure als morphogenes Signal und aktiviert dabei die Expression des Gens für die Synthase.

myo-Inosit ist in freier oder gebundener Form in allen Organismen enthalten. Seine wichtigste Rolle spielt er vermutlich – da er Baustein der Inositphosphatide (→ Abb. 5.60) ist – beim Membranaufbau und -stoffwechsel. Im Fall der tierischen Zellen ist die Funktion von Phosphatidylinosit-bisphosphat bei der Umschaltung eines extrazellulären Signals in ein intrazelluläres und bei der Aktivierung von Protein-Kinase c bekannt. Es mehren sich die Berichte, daß auch Pflanzen Phosphatidylinosit-4,5-bisphosphat als Vorstufe von intrazellulären Signal-Molekülen verwenden (→ Abb. 6.5). Kinasen, die Phosphatidylinosit umsetzen, sind bekannt.

Unter den neun theoretisch möglichen, stereoisomeren Hexahydroxycyclohexanen (Inositen) wurden fünf als Naturstoffe isoliert. Im Gegensatz zur ubiquitären Verbreitung des myo-Inosits ist das Vorkommen der anderen Inosite und Inosit-Abkömmlinge auf einzelne Pflanzenfamilien beschränkt. Inosite spielen in Pflanzen in speziellen Situationen eine physiologische Rolle.

Der Weg von myo-Inosit zum D-Pinit führt bei Gymnospermen über Sequoit und bei Angiospermen über D-Ononit. O-Methyl-inosite treten u.a. in Misteln in hoher Konzentration auf und dienen dort in zweifacher Hinsicht: durch ihr osmotisches Potential und ihre Wirkung als Gefrierschutz.

Aus *Mesembryanthemum* läßt sich das Gen – einschließlich seinem salz-induzierbaren Promotor – für eine Inosit-O-Methyltransferase isolieren. Die Menge an Ononit steigt in den transgenen Pflanzen an, die ein derartiges Gen für Inosit-Methyltransferase erhalten haben und einem Streß ausgesetzt wurden. Parallel zur Konzen-

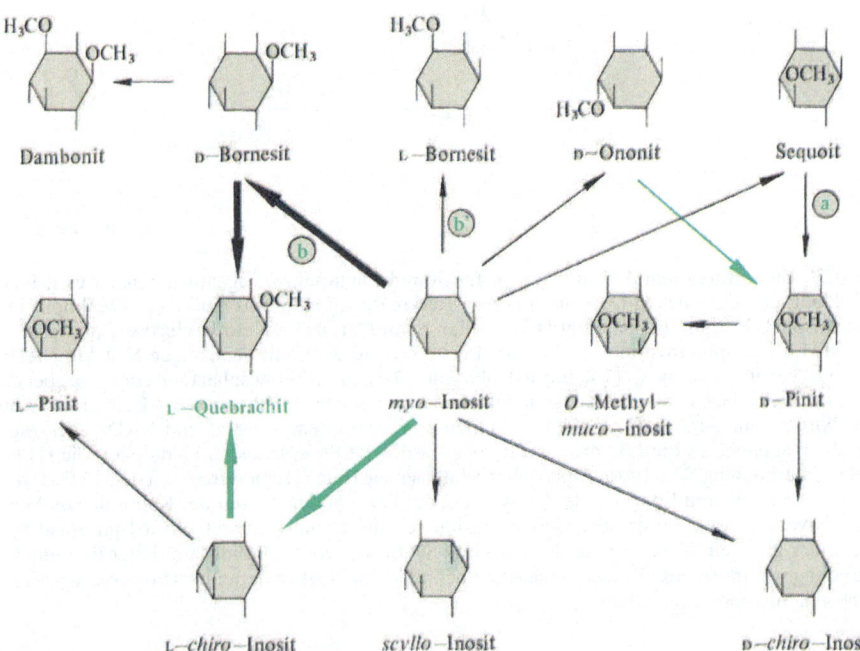

Abb. 6.78. Bildung von Inositen durch Epimerisierung und Methylierung von myo-Inosit. Bestimmte Pflanzengattungen synthetisieren auch Cyclohexanpentole und Cyclohexentetrole. Beim Barrique-Ausbau von Weinen gelangt neben Tanninen auch Quercit (Cyclohexanpentol) aus dem Eichenholz in den Wein. Einige Algen bilden Cyclohexantetrole als Antwort auf Streß

tration an Ononit steigt bei der transgenen Pflanze die Toleranz gegenüber Salz-Streß.

Vor allem in den Samen der höheren Pflanzen (aber auch z. B. in Vogelerythrozyten) findet man myo-Inosit in Form eines Hexaphosphorsäureesters: Phytinsäure (als Calcium oder Magnesiumsalz, Phytat). Phytinsäure fungiert als Speichersubstanz; als Zucker-Derivat und als Speicher für Phosphat ist sie in Proteinkörpern deponiert. Während der Keimung wird Phosphat aus Phytinsäure freigesetzt.

Ein besonders während der Keimung physiologisch signifikanter Prozeß ist der oxidative Abbau von myo-Inosit zu D-Glucuronat. Eine Oxygenase spaltet dieselbe C-C-Bindung, die in der Inositphosphat-Synthase-Reaktion geknüpft wurde. In Hefe und Säugetieren findet man den gleichen Abbauweg für myo-Inosit. Die weiteren Enzyme führen den Stoffwechsel von D-Glucuronat über UDP-Glucuronat und, durch Epimierisierung, über UDP-Galakturonat zum Pektin. So wird in bestimmten Fällen (z. B. Erdbeeren) myo-Inosit als Vorstufe von Pektin (→ Abb. 9.6) anzusehen sein.

Bildung von Ascorbat und Tartrat aus Glucuronsäure

D-Glucuronsäure kann aus UDP-Glucose über UDP-Glucuronsäure entstehen oder aus der Oxidation von myo-Inosit resultieren. Der Übergang von D-Glucuronsäure in L-Gulonsäure – und weiter zur Ascorbinsäure – ist in Abb. 6.79 zusammengestellt. L-Gulonsäure ist auch das Substrat für die Kette L-Xylulose → Xylit → D-Xylulose → D-Xylulose-5-Phosphat. L-Gulonat ist auch die Vorstufe von Tartrat.

Durch Oxidation von UDP-Glucose, oder durch Umsetzung von Glucuronsäure über Glucuronsäure-1-phosphat, bildet die Pflanze die großen Mengen UDP-Glucuronsäure, die als Vorstufe für UDP-Galakturonsäure und Pektin, z. B. in einer reifenden Frucht, benötigt werden.

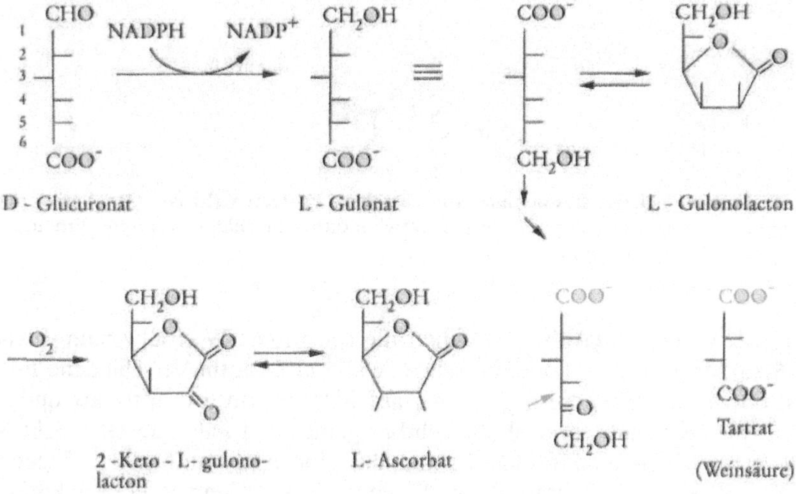

Abb. 6.79. Bildung von Ascorbinsäure und Weinsäure aus Glucuronsäure. Durch Spaltung einer C_6-Verbindung, vermutlich einem Abkömmling der Gluconsäure, entstehen eine C_2-Einheit und der C_4-Körper der Weinsäure (Tartrat). Reifende Früchte enthalten größere Mengen dieser Säure

6.5 Methoden

Proteine, die keine Enzym-Aktivität besitzen, oder Enzyme, die im Laufe einer Operation denaturiert wurden, können mit Hilfe spezifischer Antikörper detektiert werden. Eines dieser immunologischen Verfahren arbeitet mit dem Prinzip der Verstärkung; durch eine Verknüpfung immunologischer und enzymatischer Techniken.

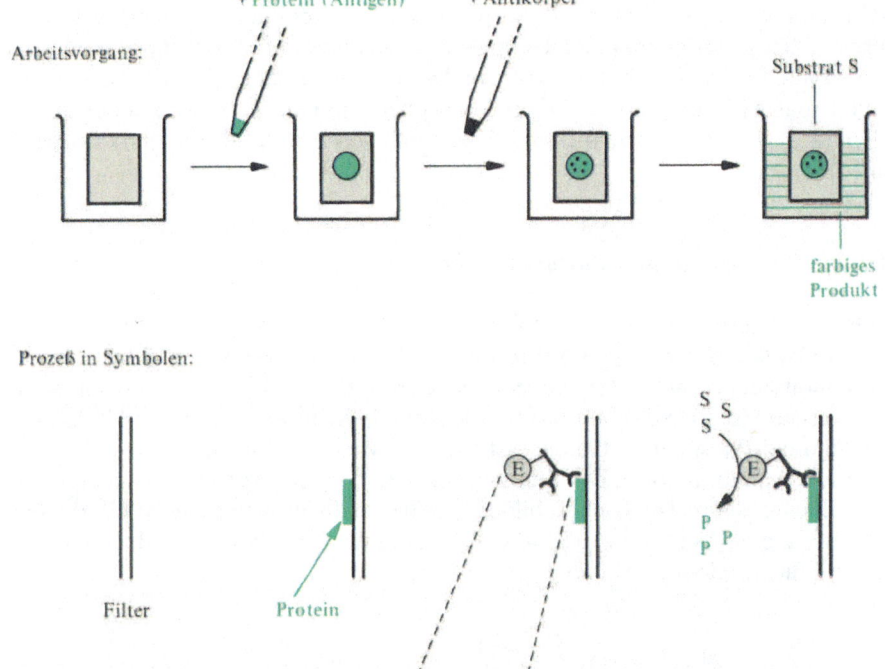

Abb. 6.80. Immunologische Bestimmung von einzelnen Proteinen (Elisa). Der Antikörper wird kovalent mit einem Enzym gekoppelt, dessen Aktivität durch die Bildung gefärbter Produkte leicht und quantitativ zu bestimmen ist

Ein anderes Verfahren (Abb. 6.81) nützt die spezifische Wechselwirkung zwischen Glyko-Struktur und Lektin oder zwischen Avidin und Biotin. Verschiedene Proteine wurden durch Elektrophorese getrennt, auf Nitrocellulose transferiert und durch unterschiedliche Nachweisverfahren sichtbar gemacht. Eine erste Übersicht liefert die allgemeine Proteinanfärbung. Lektin, das eine leicht auffindbare Eigenschaft trägt (X: z.B. Peroxidase, Radioaktivität), dient zum Erkennen der Glykoproteine in den Bahnen 1 und 2. Bahn 3 enthält Vergleichsproteine, die kovalent mit Biotin verknüpft (biotinyliert) wurden.

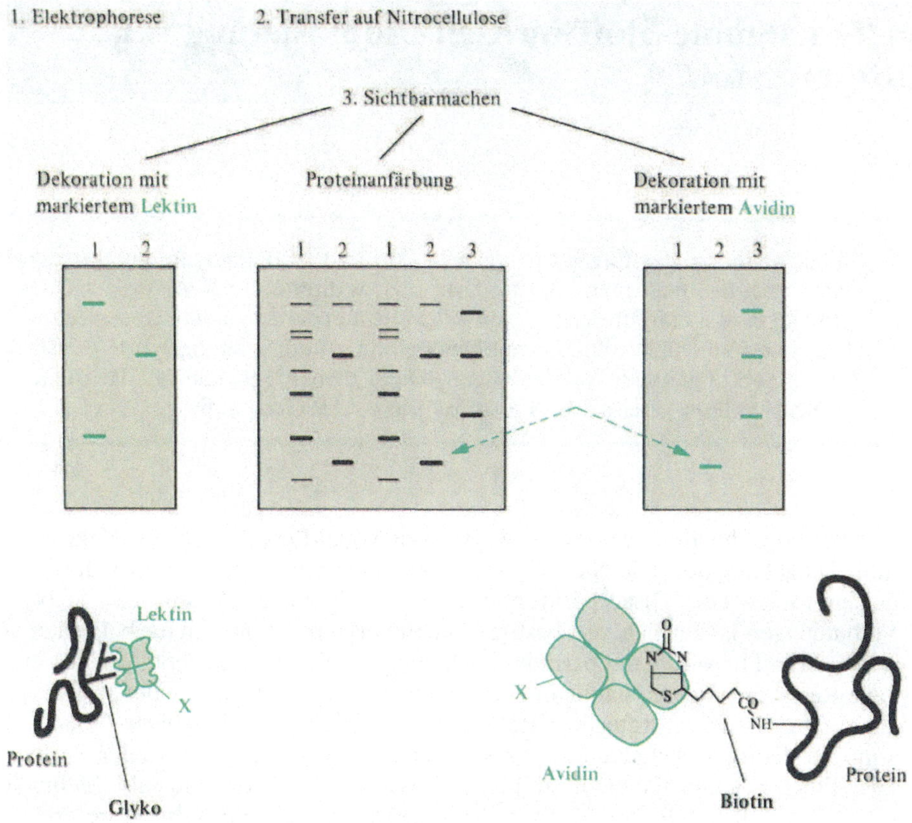

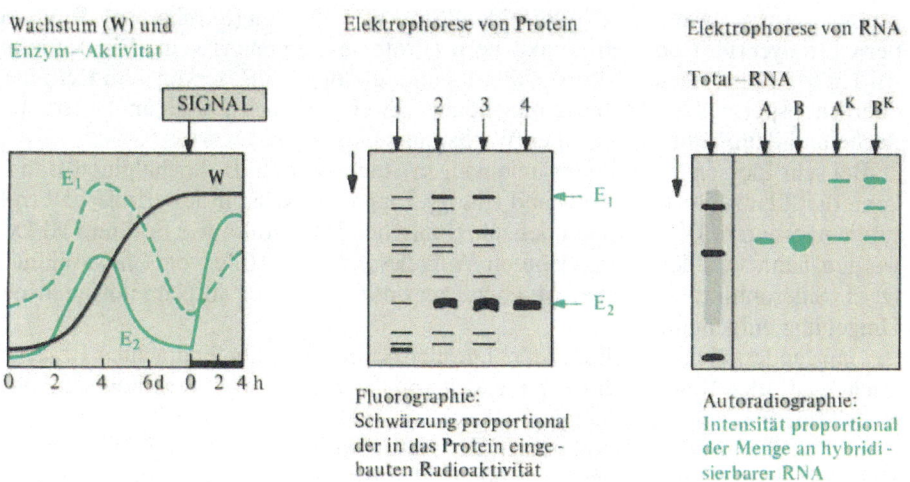

1. Elektrophorese   2. Transfer auf Nitrocellulose

3. Sichtbarmachen

Dekoration mit markiertem Lektin

Proteinanfärbung

Dekoration mit markiertem Avidin

Lektin

X

Protein

Glyko

X

Avidin

Biotin

Protein

Abb. 6.81. Anwendung von Lektinen (Text: Glykoproteine) und biotinylierten Proben

Wachstum (W) und Enzym–Aktivität

SIGNAL

E_1

W

E_2

0 2 4 6 d 0 2 4 h

Elektrophorese von Protein

1 2 3 4

E_1

E_2

Fluorographie: Schwärzung proportional der in das Protein einge-bauten Radioaktivität

Elektrophorese von RNA

Total–RNA

A B A^K B^K

Autoradiographie: Intensität proportional der Menge an hybridi-sierbarer RNA

Abb. 6.82. Induktion der Enzymsynthese im Modellsystem Zellkultur (→ S. 262). Enzym-Profile; Neusynthese von Proteinen; Anstieg des Niveaus der entsprechenden mRNA (rechter Teil)

293

7. Der katabole Stoffwechsel: Mobilisierung von Reservestoffen

Pflanzen sind in der Lage, Reserven in Form von Kohlenhydraten, Lipiden oder Proteinen anzulegen. Bei Bedarf, z. B. während der Keimung im Dunkeln, beginnt die Mobilisierung dieser Reserven in den speziellen Reservestoff-Organellen und führt durch Depolymerisierung und Spaltung von C-C-Bindungen zu kurzkettigen Verbindungen. Diese dienen entweder als Bausteine für Neusynthesen oder als Brennstoffe für die ATP-Gewinnung.

Heterotroph lebende Organismen wie Bakterien oder Pilze nehmen die Nahrung aus ihrer Umgebung auf. Die Nahrungsquelle kann ein polymeres Kohlenhydrat, seltener ein Mono- oder Disaccharid, aber auch ein Lipid oder Protein sein. Selbst C_1-Verbindungen lassen sich von bestimmten Eukaryonten oder Archaebakterien verwerten. Ein Pilz wird – um partiell unabhängig von diesem Angebot zu sein – endogene Reserven anlegen: häufig in Form polymerer Kohlenhydrate oder Triglyceride. Eine ganz ähnliche Strategie verfolgt eine Pflanze. Als mehrzelliger Organismus kann sie derartige Aufgaben auf verschiedene hoch spezialisierte Zellen verteilen. Die Pflanze kann daher mittelfristig Reserven bunkern und als Mehrzeller bestimmte Zellen dafür abordnen, sich als Speichergewebe für Nahrungsreserven zu spezialisieren. Die Hauptreserven einer Pflanze werden entweder im Chloroplasten als schnell abrufbare Energiequellen liegen oder in ausgesprochenen Speichergeweben abgelagert, wie Wurzel, Endosperm, Keimblatt usw. Je nach chemischer Struktur der Reserven werden sie in Plastiden (Stärke), Vakuolen (Saccharose), Lipidkörpern (Triglyceride) oder Proteinkörpern (Proteine) deponiert sein. Ein Keimling wird in der Regel trachten, durch Abbau seiner endogenen Reserven – im Keimblatt oder Endosperm – und Fertigstellung neuer Gewebe möglichst rasch an die Erdoberfläche und damit zum autotrophen Wachstum zu kommen.

Bei sehr kleinen Samen oder ungünstigen Standorten, z. B. hochalpinen Böden, kann die Pflanze ihr Nährstoff- und Energiekapital zunächst in unterirdische Strukturen investieren. Die limitierenden anorganischen Nährstoffe, wie Fe^{2+} und HPO_4^{2-}, werden dann von dem ausgedehnten Wurzelsystem mit Hilfe von Chelatbildnern (z. B. Siderophore) oder über Mykorrhizen optimal aus der an Nährstoffen armen Umgebung aufgenommen.

Ganz anders sieht die Situation bei großen Samen aus. Die endogenen Reserven reichen aus, den Keimling für längere Zeit von der Zufuhr an C-Verbindungen, aber auch Mineralsalzen, unabhängig zu machen. Dies gilt ebenfalls für die Phosphat-Reserven, die in den Proteinkörpern der Nährgewebe angelegt sind. Während der Keimung werden Lipide abgebaut und aus den Bruchstücken Transport-Zucker aufgebaut. Die Zucker werden dann dem meristematischen Gewebe zum Zellaufbau zur Verfügung gestellt.

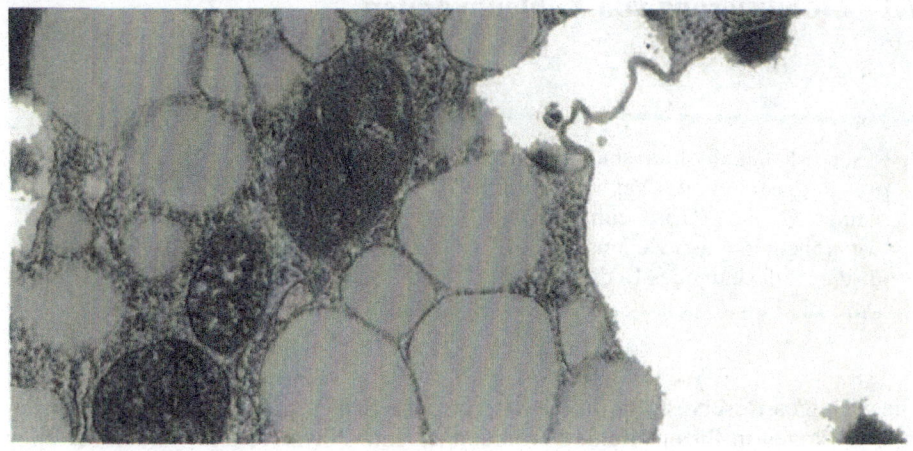

Abb. 7.1. Elektronenmikroskopische Aufnahme eines Nährgewebes nach der Keimung. Rechts ist eine Vakuole zu sehen, die aus Proteinkörpern hervorgegangen ist; dunkel angefärbte Glyoxysomen und hellgraue Lipidkörper dominieren in der Zelle. Aufnahme: G. Wanner, München

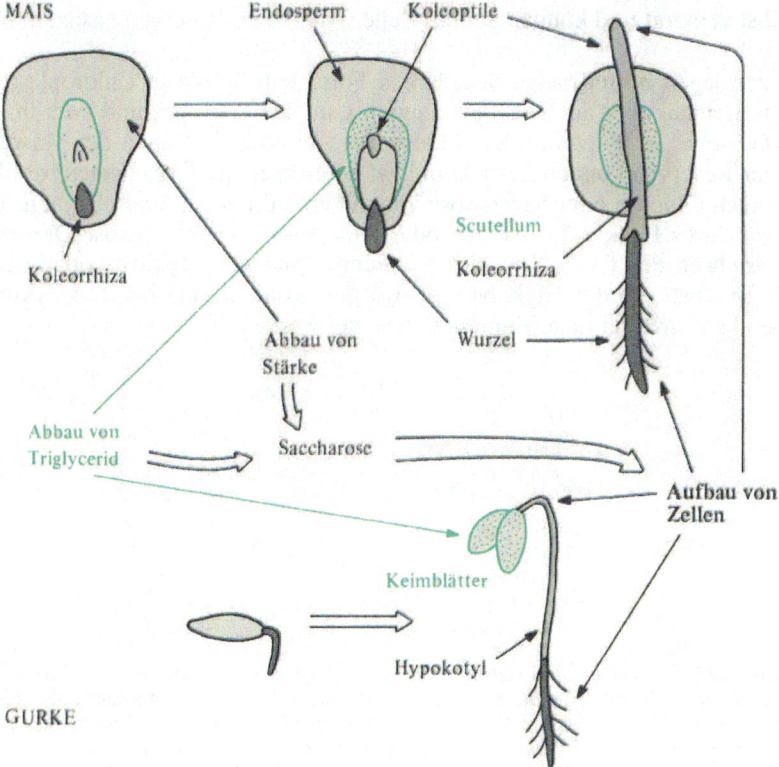

Abb. 7.2. Die Funktion unterschiedlicher Nährgewebe bei der Keimung. Nährgewebe, die reich an Lipid und Protein sind, findet man im Scutellum von Mais und in den Keimblättern von Cucurbitaceen

7.1 Mobilisierung von Kohlenhydraten

> Reserve-Kohlenhydrate sind oligomere oder polymere Hexosen. Ihre Mobilisierung in Plastiden oder Vakuolen ergibt – nach Depolymerisation und Glykolyse – einen Pool an Zwischenprodukten. Dieser Pool steht für die Synthese von Komponenten neuer Zellen bereit. Er kann auch, nach Abbau im Citrat-Zyklus, für die Abdeckung des Bedarfs an chemischer Energie genutzt werden.

Die wichtigen Reservestoffe für die heterotrophe Ernährung sind Stärke in Pflanzen bzw. Glykogen in Pilzen. Beide Verbindungen sind Polymere und werden bei ihrer Mobilisierung in die monomeren Bausteine, die Hexosen, überführt. Lösliche Zukker können in andere Gewebe transferiert werden. Hexosen liefern beim Abbau eine Reihe von Verbindungen, die als Bausteine für die Synthese von Zellkomponenten Verwendung finden. Schließlich kann der glykolytische Abbau der Hexosen mit der ATP-Synthese in Mitochondrien gekoppelt werden. So sind die Zellen in jeder Hinsicht selbst versorgt und können andere Zellen, die keine Reserven besitzen, mitversorgen.

Pflanzen legen mittelfristige Speicher in Form von Stärke in Chloroplasten an. Stärke findet man aber auch als bevorzugten Langzeit-Speicher, und zwar im nichtgrünen Gewebe, in Wurzeln oder Endosperm von Samen. Neben der Verwertung endogener Reserven können fast alle obligat heterotrophen Organismen bzw. Pflanzenteile auch Glucose oder Saccharose von außen aufnehmen und abbauen. Unabhängig von ihrer Herkunft – exogen oder endogen – werden Hexose-Derivate im Stoffwechselweg der Glykolyse oder des Pentosephosphat-Zyklus oxidativ gespalten. Die Bruchstücke der Glykolyse (C_3-Körper) können in den Citrat-Zyklus einfließen und so zur Energiegewinnung verwendet werden.

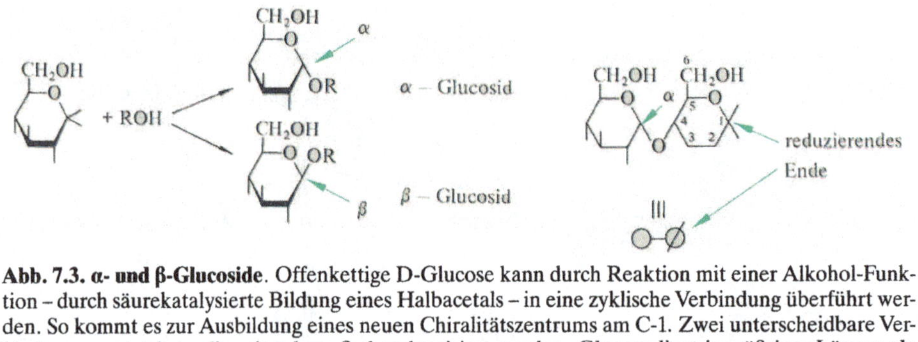

Abb. 7.3. α- und β-Glucoside. Offenkettige D-Glucose kann durch Reaktion mit einer Alkohol-Funktion – durch säurekatalysierte Bildung eines Halbacetals – in eine zyklische Verbindung überführt werden. So kommt es zur Ausbildung eines neuen Chiralitätszentrums am C-1. Zwei unterscheidbare Verbindungen entstehen, die mit α bzw. β charakterisiert werden. Glucose liegt in wäßriger Lösung als Gemisch von offener Aldehyd-Struktur und α- und β-Form vor. Glucose kann als intramolekulares Halbacetal mit der Hydroxylgruppe eines Alkohols zum Vollacetal, einem Glucosid, reagieren. In Maltose ist die Hydroxylgruppe am C-4 eines zweiten Glucose-Moleküls diese Alkoholkomponente. Die frei bleibende Halbacetal-Gruppierung wird als reduzierendes Ende des Moleküls bezeichnet

Beim Abbau von Stärke wirken hydrolytische und phosphorolytische Enzyme zusammen

Die beiden in der Natur am weitesten verbreiteten Reservekohlenhydrate, Stärke und Glykogen, sind hochmolekulare Verbindungen, Homopolymere, aufgebaut aus dem Baustein D-Glucose. Die einzelnen Glucose-Einheiten sind durch α-glucosidische Bindungen miteinander verknüpft.

Stärke ist ein Gemisch zweier Komponenten, Amylose und Amylopektin. Amylose besteht aus linearen Ketten von Glucose-Molekülen, die glucosidisch (α,1→4) miteinander verknüpft sind. Der mittlere Polymerisationsgrad variiert – je nach Herkunft der Stärke – zwischen 200 und 2000 Glucose-Einheiten; er ist jedoch eine für die Stärke einer bestimmten Pflanze charakteristische Größe. Amylose ist in einer wäßrigen Lösung zu einer Spirale (Helix, Ganghöhe 1.06 nm) gewunden, die Jod-Moleküle einlagern kann. Auf dem blau gefärbten Amylose-Jodkomplex basiert ein sehr empfindlicher Nachweis für Amylose. Amylopektin ist ein verzweigtes Polymeres, es enthält zusätzliche α,1→6-Bindungen – im Abstand von 20–24 Einheiten.

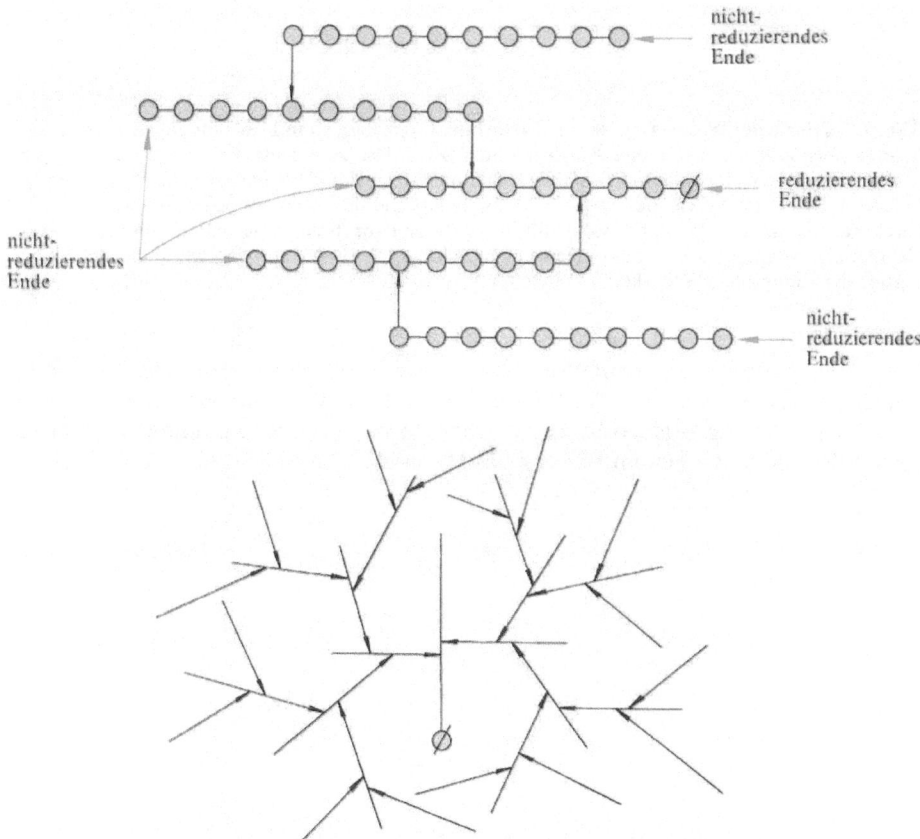

Abb. 7.4. Schematische Darstellung eines Modells für die Struktur von Amylopektin und Glykogen.
Ähnlich wie Amylopektin ist auch Glykogen ein verzweigtes polymeres Molekül; die Verzweigungen findet man alle 10 bis 15 Glucose-Einheiten

Die Struktur von Stärke und Glykogen macht verständlich, daß bei ihrer Mobilisierung sowohl Enzyme, die α,1→4-Bindungen spalten, als auch Enzyme, die α,1→6-Bindungen lösen, beteiligt sind. In manchen Pflanzen findet man verzweigte Kohlenhydrate, die mehr dem Amylopektin ähneln, in anderen Pflanzen Polymere, die eher als Glykogen („Phytoglykogen") anzusprechen sind.

β-Amylase hydrolysiert, vom nicht-reduzierenden Ende her fortschreitend, jede zweite glucosidische Bindung, und zwar unter Freisetzung von Maltose. Der Name des Enzyms rührt daher, daß die Hydrolyse der α,1→4-glucosidischen Bindungen unter Inversion der Konfiguration am neu entstehenden reduzierenden Ende der Maltose erfolgt, d. h. als Produkt erscheint β-Maltose. β-Maltose ist ein exo-wirkendes Enzym (Exoenzym).

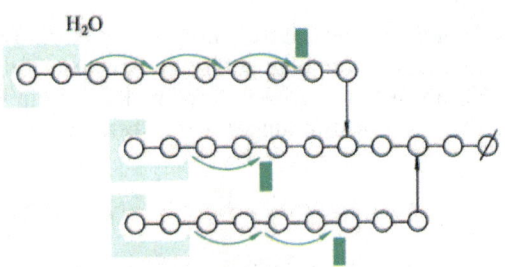

Abb. 7.5. Prinzip der Wirkungsweise von β-Amylase. β-Amylase kann 1→6-Bindungen weder hydrolysieren noch umgehen. Während Amylose durch β-Amylase zumindest theoretisch vollständig zu Maltose abgebaut werden kann, kommt die Reaktion mit Amylopektin nach etwa 60 % Umsatz zum Stillstand. Das Restmolekül, das noch alle Verzweigungen enthält, wird als β-Amylase-Grenzdextrin bezeichnet. β-Amylase kommt ausschließlich in Pflanzen vor. β-Amylase findet man nicht nur im Nährgewebe, sondern auch in Chloroplasten von Blättern. Dort wird sie benötigt, um an der Mobilisierung der Chloroplasten-Stärke im Dunkeln mitzuwirken

α-Amylase hydrolysiert ebenfalls α,1→4-glucosidische Bindungen. Die Konfiguration am reduzierenden Ende der Produkte ist im Gegensatz zum Wirkungsmechanismus der β-Amylase α-glucosidisch. α-Amylase ist ein endo-wirkendes Enzym, es spaltet α,1→4-Bindungen im Inneren des Moleküls.

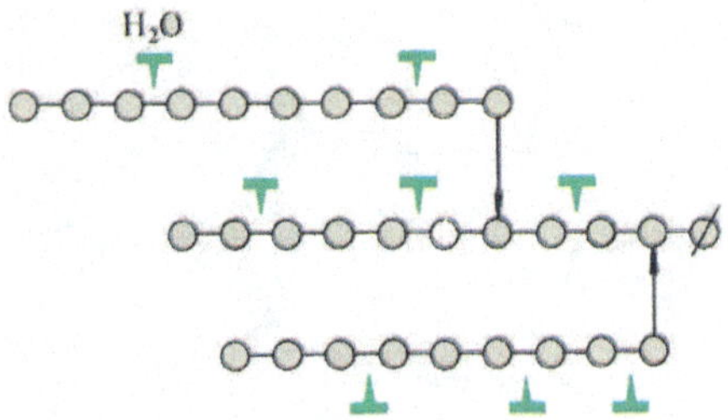

Abb. 7.6. Prinzip der Wirkungsweise von α-Amylase. Charakteristisch für ein endo-wirkendes Enzym ist das breite Spektrum verschiedener Produkte. α-Amylase kann die 1→6-Bindungen nicht hydrolysieren, als Endoenzym aber umgehen. Außer Pflanzen, die auch im Chloroplasten α-Amylase enthalten, bilden zahlreiche Bakterien, Pilze und höhere Organismen α-Amylase

Die 1,6-Verzweigungsstellen von Amylopektin, von Amylopektin-β-Amylase-Grenz-dextrin, aber auch die 1,6-Bindungen der niedermolekularen Spaltprodukte nach Einwirkung von α-Amylase werden durch R-Enzym hydrolysiert.

Stärke-Phosphorylase überträgt – schrittweise, vom nicht-reduzierenden Ende her beginnend – Glucose-Einheiten auf anorganisches Phosphat. Das Enzym, das aus Pflanzen (z. B. Kartoffelknollen) isoliert wird, setzt in vitro neben Amylopektin oder Amylose auch niedermolekulare Maltodextrine um. Maltodextrine enthalten drei oder mehr Glucose-Einheiten, die nach dem Bauprinzip der Maltose miteinan-der verknüpft sind. Maltotetraose ist das niedrigste Homologe dieser Serie, zu dem pflanzliche Phosphorylase noch Affinität zeigt. Die Produkte der Phosphorylase-Reaktion sind Glucose-1-phosphat sowie das um eine Hexose-Einheit verkürzte Glu-can.

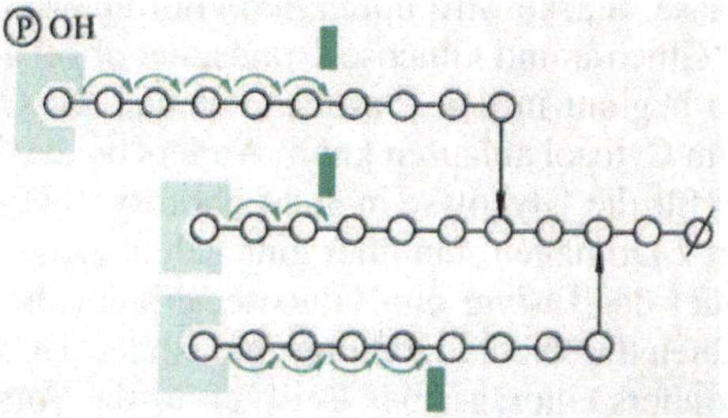

Abb. 7.7. Wirkungsweise der Phosphorylase. Phosphorylase kann α,1→6-Bindungen weder spalten noch umgehen. Während Amylose vollständig zu Glucose-1-phosphat abgebaut werden kann, kommt die Reaktion mit Amylopektin mit der Bildung des sogenannten Amylopektin-Phosphory-lase-Grenzdextrins zum Stillstand. Eine durch Maltodextrine induzierbare Phosphorylase aus *E. coli* zeigt identische Substratspezifität. Die Phosphorylase aus Kartoffeln enthält – im Vergleich zum Enzym aus Muskeln – einen 78 Aminosäuren langen Einschub in der Mitte des Moleküls. Das erklärt das höhere Mr von 104 000 im Gegensatz zum Mr des Muskel-Enzyms von 94 000. Für den Mecha-nismus der Phosphorylase ist ein Pyridoxalphosphat entscheidend. Es ist an ein Lysin gebunden; seine Phosphat-Gruppe liegt unmittelbar neben der Phosphat-Gruppe von Glucose-1-phosphat. Das Kartoffel-Enzym weist hohe Affinität zu Amylopektin, aber sehr geringe Affinität zu Glykogen auf. Cyclodextrine hemmen stark das Kartoffel-Enzym, nicht aber das Muskel-Enzym. Das Muskel-Enzym ist durch einen speziellen Bindungsort für Glucane charakterisiert, der vor dem aktiven Zen-trum sitzt und eine Art Vorfixierung durchführt; dem pflanzlichen Enzym fehlt dieser Bereich. In grünen Blättern findet man zwei Formen von Phosphorylasen – eine chloroplastidäre und eine cyto-solische. Die beiden Formen sind proteinchemisch sehr verschieden

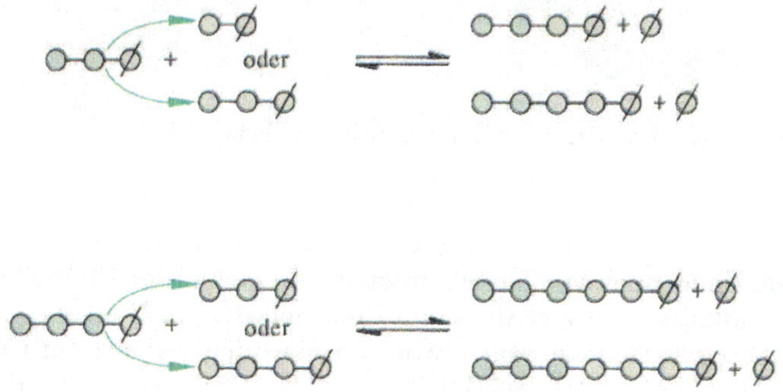

Abb. 7.8. Prinzip der Wirkungsweise von Glucano-Transferase

Anders als β- oder α-Amylase bzw. Phosphorylase, die den Transfer einer Glykosyl-Gruppe auf Wasser bzw. Phosphat vermitteln, katalysiert das D-Enzym (Glucano-Transferase) den Transfer eines Glykosyl-Rests auf ein Maltodextrin-Akzeptormolekül.

Am Abbau der Stärke in Pflanzen sind mindestens vier Enzyme beteiligt, wobei sich phosphorolytische und hydrolytische Schritte etwa die Waage halten.

Stärke wird durch den gleichzeitigen Angriff von α-Amylase, β-Amylase und R-Enzym zu linearen, niedermolekularen Maltodextrinen abgebaut. Diese Maltodextrine bilden die Substrate für die Glucano-Transferase. Von den dann entstehenden Maltodextrinen spaltet Phosphorylase Glucose-1-phosphat ab. Phosphorylase besitzt höhere Affinität zu Dextrinen als zu Maltotetraose. D-Enzym fungiert als akzessorisches Enzym zur Phosphorylase, indem es laufend zum Angriff durch Phosphorylase geeignete Substrate regeneriert. Aber auch Amylopektin und Amylose sind Substrate der Phosphorylase. Stärke wird durch den koordinierten Ablauf dieser Reaktionen vollständig zu Glucose und Glucose-1-phosphat abgebaut.

Der Stärke-Abbau beginnt in den Plastiden, so daß die Glykolyse erst auf der Stufe der C_3-Körper im Cytosol ablaufen kann. Anders bei der Verwendung von Saccharose und Hexosen für die Glykolyse in nicht photosynthetisierenden Geweben.

Hexokinase besitzt 2 Domänen, die über eine gelenkartige Struktur miteinander verbunden sind. Bindet das Enzym nun Glucose, erlaubt die bewegliche Struktur, daß die beiden Domänen durch eine Drehung zueinander das Substrat fest einschließen. Dies ist ein besonders einprägsames Beispiel für die Vorstellung, daß ein Substrat nicht einfach wie ein Schlüssel in das Schloß paßt, sondern daß sich das Schloß – ausgelöst durch den Kontakt mit dem Schlüssel – umorientiert und den Schlüssel noch besser umfängt (*induced fit*).

Falls Saccharose abgebaut wird, ist davon auszugehen, daß im Cytosol in erster Linie die Aktivität der Saccharose-Synthase dafür verantwortlich ist.

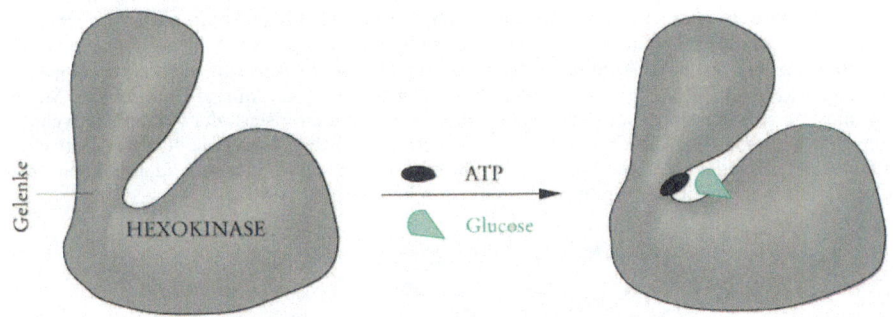

Abb. 7.9. Reaktion der Hexokinase zur Demonstration des induced fit

Der hier besprochene Abbauweg wurde im Zusammenhang mit der Mobilisierung von Stärke im Endosperm von Samen untersucht. Die meisten Mechanismen treffen auch für die Mobilisierung von Stärke im Chloroplasten im Dunkeln zu.

Pflanzen besitzen Hexokinasen sowohl im Plastiden als auch im Cytosol. Zwei Formen zeichnen sich durch Selektivität bei der Umsetzung von Fruktose aus; andere Hexokinasen setzen Glc, Fru und Man gleich gut um.

Regulation der Gen-Expression bei der Mobilisierung der Reserven des Endosperms

Als gutes Beispiel für die Kohlenhydrat-Mobilisierung bei heterotrophem Wachstum ist der Stärke-Abbau während der Keimung von Weizen anzusehen. Die Aufnahme von Wasser durch den Embryo löst die Keimung aus. Nach kurzer Verzögerung steigt die Aktivität beider Enzyme rasch an. Dies geht im Fall der α-Amylase auf eine Neu-Synthese des Enzyms zurück.

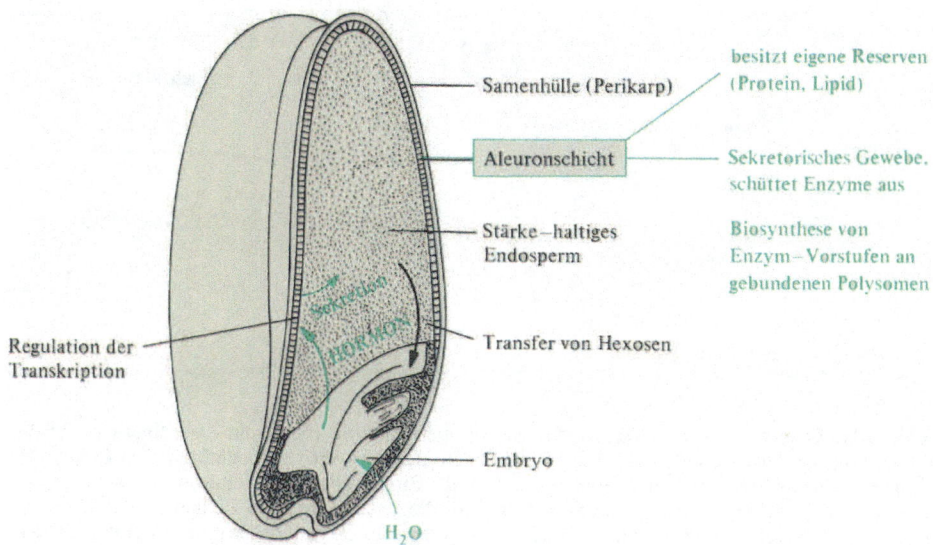

Abb. 7.10. Biochemie der einzelnen Zelltypen im Weizensamen: Endosperm und Aleuron

Das sequentielle Anschalten von 3 Zelltypen erfolgt solchermaßen, daß Zellen des Embryos Gibberellinsäure (GA₃) in die Aleuronschicht des Samens abgeben. GA schaltet dort die Transkription von α-Amylase und anderen hydrolytischen Enzymen an. Damit erhöht sich der Pool an mRNA im Cytosol und die Synthese an gebundenen Polysomen steigt stark an. α-Amylase ist – zumindest in einigen Gattungen – ein Glykoprotein. Synthese und Prozessierung schließen ER und Golgi-Apparat ein. Schließlich kommt es zur Sekretion der α-Amylase aus den Aleuron-Zellen und dem Eindringen in die stärkereichen Zellen des Endosperms.

Abscisinsäure hebt spezifisch den Effekt von GA auf, ohne nennenswert die allgemeine Protein-Synthese zu beeinflussen. Mit Hilfe des selektiven Inhibitors Monensin kann bei einem sekretorischen Protein wie α-Amylase zwischen Enzym-Synthese und Sekretion unterschieden werden: Monensin hemmt nur die Sekretion der Glykoproteine. Es führt zur Akkumulation von α-Amylase, hat aber unterschiedliche Wirkung auf die verschiedenen Isoenzyme.

Gibberellinsäure löst in Aleuron-Zellen nicht nur die de novo-Synthese von Stärke und β-Glucan abbauenden Enzymen aus; auch Endoproteasen, die im Aleuron selbst wirksam werden, bildet die Pflanze bei der Keimung. Das aus Stärke zusammengesetzte Endosperm von Getreide wird bei der Keimung abgebaut.

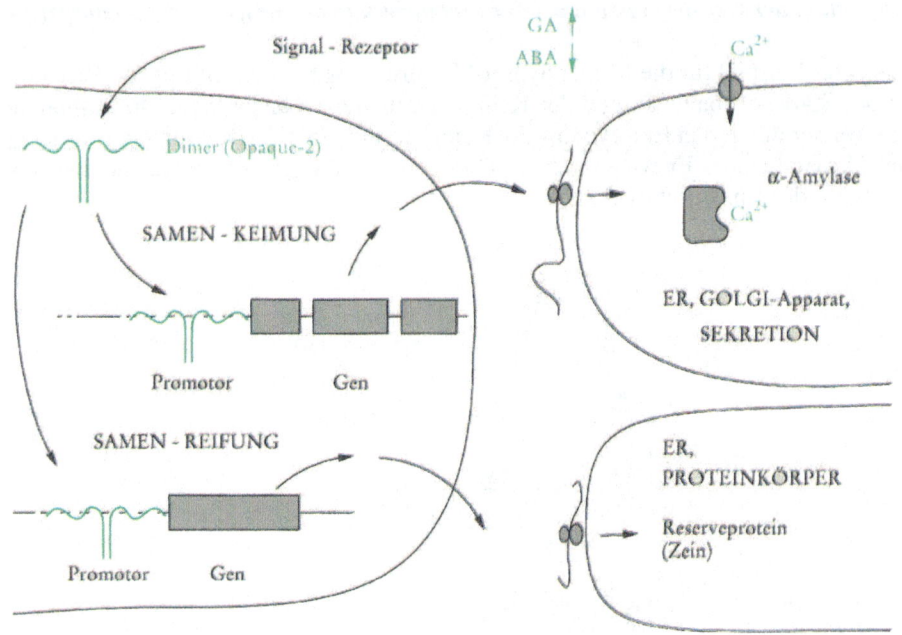

Abb. 7.11. Expression von α-Amylase-Genen. Gibberellinsäure (GA) und Abscisinsäure (ABA) modulieren die Funktion eines Regulator-Proteins, das die Gen-Aktivität beeinflußt. Das Regulator-Protein besitzt mehrere Domänen: eine basische für die Bindung der DNA, eine leucin-reiche für die Dimerisierung und einen Bereich, der das Signal für die Lokalisierung im Zellkern enthält. In der Regel wirken noch gewebespezifische und entwicklungsspezifische Transkriptionsfaktoren in der Regulation der Transkription mit. Die Abb. zeigt, daß ein bestimmtes DNA bindendes Protein sowohl bei der Expression der α-Amylase in keimenden Samen als auch bei der Expression von Zein in reifenden Samen mitwirkt. In beiden Fällen wird die mRNA an gebundenen Polysomen translatiert und das Produkt cotranslational in das ER transferiert. Es können mehr als 10 Gene für α-Amylase (45 kDa) vorliegen. α-Amylase ist ein Metallo-Protein, 1 Ca^{2+} pro Molekül. Für die Faltung und die Stabilisierung der α-Amylase ist Ca^{2+} notwendig. Das DNA bindende Protein (nach dem Gen-Ort opaque-2 bezeichnet) ist ein 47 kDa-Protein, das einen Bereich auf der DNA (opaque-2-Box) bindet

Es ist daher nicht verwunderlich, daß nicht nur die Stärke das Angriffsziel der hydrolytischen, aus dem Aleuron kommenden Enzyme ist, sondern selbst das β,1→3- und β,1→4-Glucan der Zellwand der toten Endosperm-Zellen hydrolysiert und verwertet werden. Dank des großen Interesses der Bierindustrie an Gerstenkeimlingen gibt es dazu umfangreiche enzymologische Untersuchungen.

Obwohl wir damit zwei gänzlich unterschiedliche Stoffwechselsituationen in Verbindung bringen, bietet sich an, die Synthese der α-Amylase bei der Mobilisierung und die Synthese von Zein (22 kDa) und Albumin (32 kDa) bei der Samenreifung auf der Ebene der Regulation als vergleichbar zu sehen. Dann gälte: Die Regulation setzt ein bei der Modulation der Translation eines Transkriptionsfaktors. Die mRNA, die für den Transkriptionsfaktor kodiert, weist im 5'-Bereich Information auf, welche die Translation dieser mRNA drosselt (vgl. GCN4; → Abb. 10.18). Das translatierte Protein, der Transkriptionsfaktor, gelangt in den Zellkern, bindet an die entsprechenden cis-aktivierenden Bereiche vor den Genen und aktiviert die Expression.

Wie baut ein Pilz seine Glykogen-Reserven ab?

Der Abbau von Glykogen in Pilzen – oder in Säugetieren – unterscheidet sich im Mechanismus vom Stärke-Abbau bei Pflanzen vor allem in der Art der Hydrolyse der α,1→6-Verzweigungsstellen. Pilze und Säugetiere besitzen weder R-Enzym noch D-Enzym. In entfernter Analogie erfüllt Amylo-1,6-Glucosidase/Oligoglucan-Transferase diese Funktion. Ferner ist die Substratspezifität der Glykogen-Phosphorylase in Pilzen verschieden von der der pflanzlichen Phosphorylase. Die Glykogen-Phosphorylase aus Pilzen hat keinerlei Affinität zu niedermolekularen Dextrinen, sondern nur zum hochmolekularen, verzweigten α-Glucan.

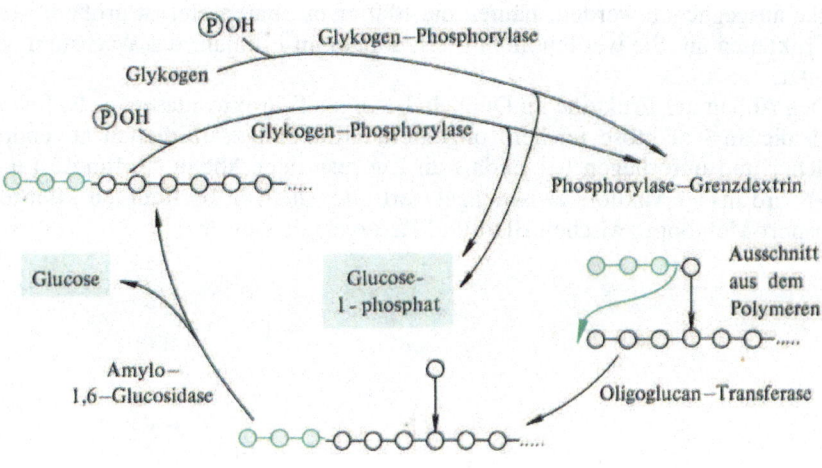

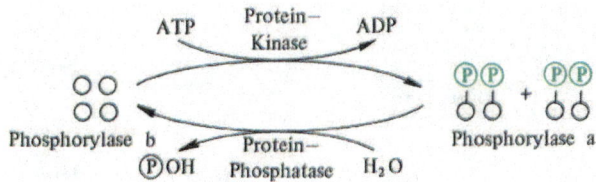

Abb. 7.12. Stoffwechselweg der Mobilisierung von Reservekohlenhydrat in Pilzen. Aus Untersuchungen an *Saccharomyces* oder *Neurospora* ist bekannt, daß die Regulation des Glykogen-Abbaus durch enzymatisch katalysierte chemische Modifizierung der Glykogen-Phosphorylase erfolgt. Die enzymatisch inaktive Phosphorylase b wird mit Hilfe von ATP durch eine Protein-Kinase in die aktive, die phosphorylierte Form – Phosphorylase a – überführt. Bei Pilzen weiß man wenig über die Umwandlung von Phosphorylase b in Phosphorylase a. Im Gegensatz dazu sind bei Säugetieren, die sich des gleichen Stoffwechselwegs zum Abbau von Glykogen bedienen, Einzelheiten über die hormonelle Steuerung bekannt: die Regulation der Adenylat-Zyklase, die Aktivierung einer Kaskade von Protein-Kinasen, die Rolle von Ca^{2+} und Calmodulin (als UE einer Kinase) und einiges über Inhibitoren, die ebenfalls in die Enzym-Modifizierungen eingreifen. Die Situation bei der überaus komplizierten und ineinander verzahnten Regulation von Glykogen-Abbau und -Aufbau im Cytoplasma tierischer Zellen unterscheidet sich von einer möglichen Kontrolle der Stärke-Bildung, die in einem eigenen Kompartiment wirksam wird. cAMP steuert das Niveau von Protein-Kinasen. Ob dies aber nur zu einer verstärkten Phosphorylierung und damit Aktivierung der Phosphorylase führt oder ob die Konzentration an cAMP auch für ein erhöhtes Niveau der Phosphorylase-mRNA sorgt, ist noch nicht ganz geklärt

Abbau anderer Kohlenhydrat-Reserven

Fruktane sind Polyfruktosyl-Saccharosen. Sie treten anstelle von Stärke als Reserve-stoffe auf: Compositae besitzen in ihren Samen Inulin als endogene Reserve, man-che Gräser akkumulieren Phleine. Für ihren Abbau bei der Samenkeimung müssen β-Fruktosidasen de novo synthetisiert werden. Galaktomannane im Endosperm von Leguminosen-Samen werden als Reserven innerhalb der ersten Tage nach der Kei-mung vollständig abgebaut. Auch in den vegetativen Organen der Gräser findet man Fruktane, und zwar als saisonale Speicher-Verbindungen. Während auch bei Gräsern die diurnalen Schwankungen zwischen Photoassimilation, Kohlenhydrat-Export und Konsumation von Photosyntheseprodukt im Dunkeln mit Hilfe von Saccharose und Stärke ausgeglichen werden, häufen die Blätter im späten Herbst größere Mengen an Fruktanen an. Sie werden mobilisiert, sobald im Frühjahr das Wachstum wieder einsetzt.

Den Abbau der Fruktane im Dunkeln besorgen β-Fruktosidasen, z. B. Invertase. Auch die an Galaktose reichen, oligomeren Kohlenhydrate dienen als endogene Speicher und unterliegen bei Bedarf an Zuckern dem Abbau. Raffinose (→ Abb. 6.75) wird in der Vakuole zwischengelagert oder dient in bestimmten Pflanzen als Transport-Metabolit zwischen Blatt und Reservestoff-Gewebe.

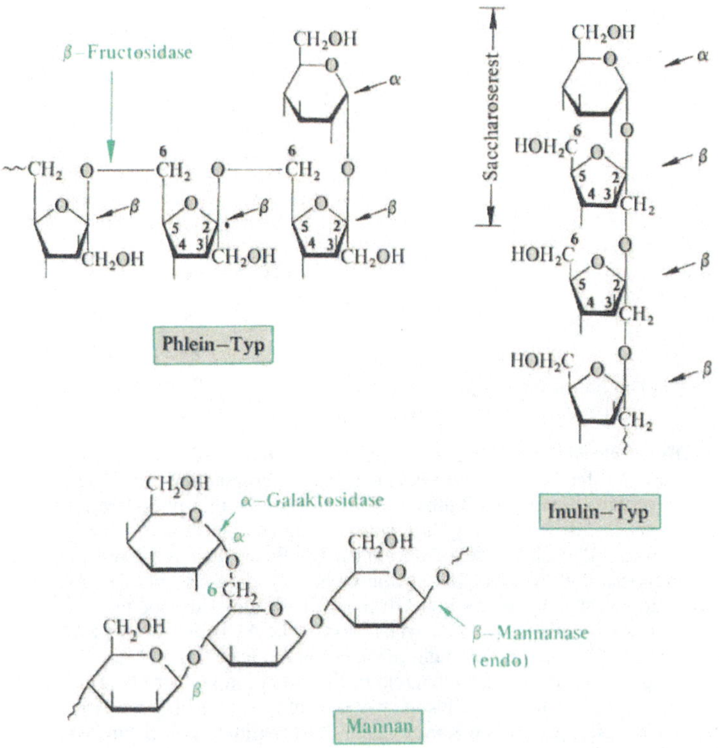

Abb. 7.13. Abbau von Fruktanen und Mannanen. Reservestoffe der hier angeführten Art können in Samen die Stärke als Speicherform ersetzen

β-Fruktosidase ergibt beim Abbau von Raffinose im Blatt einen beträchtlichen Pool an Melibiose, 6-O-α-D-Galaktopyranosyl-D-Glucose. In anderen Fällen erfahren Stachyose und Raffinose ihren Abbau durch die Aktivität einer α-Galaktosidase. Dies gilt in erster Linie für die Mobilisierung von Reserven bei Keimung und Sprossung.

Gentianose liefert in der Wurzel bei Mobilisierung Fruktose und Gentiobiose, 6-O-β-D-Glucose. Daneben gibt es aber eine Unzahl kaum bekannter Oligosaccharide, die für bestimmte Zellen Speicher darstellen; etwa Sophorose, eine β,1→2-Glucosyl-Glucose.

Lösliche Oligosaccharide, die glykosidisch mit Phenolen verknüpft sind und in größerer Konzentration in Vakuolen vorkommen, stellen zweifellos auch mobilisierbare Kohlenhydrate dar. Man darf nicht außer acht lassen, daß die glykosidischen Bindungen zu Flavonoiden oder Steroiden mit mehr als 15 kJ/mol als Energie-Speicher zu Buche schlagen.

Zu den Kohlenhydraten mit Speicher-Funktion können auch Inosit bzw. Phytinsäure gehören. Inosit ergibt bei oxidativer Ringöffnung D-Glucuronsäure, und damit einen Baustein für Zellwand-Synthesen. Aber auch andere Inosite wie Ononit fungieren in bestimmten Geweben als C-Speicher.

Für eine Reihe von Pflanzen stellt Saccharose nicht eine Transportform, sondern eine Speicherform für Kohlenstoff dar. Die Mobilisierung beginnt dann durch Entfernen der Saccharose aus dem Speicherorganell, der Vakuole, und Spaltung durch eine Invertase zu Fruktose und Glucose.

Neben dem Abbau endogener Reserven ist für zahlreiche obligat oder fakultativ heterotrophe Organismen die Aufnahme von Glucose oder Saccharose in die Zelle von Bedeutung. Nicht Diffusion ist verantwortlich für die Stoffaufnahme in die Zelle, sondern ein in der Plasmamembran lokalisiertes, spezifisches Transportsystem. Der Transport kann auch gegen einen Konzentrationsgradienten erfolgen. Zur Aufrechterhaltung dieses Vorgangs ist ein Potential an der Membran – aufgebaut durch eine H^+-pumpende ATPase – notwendig. Die Stoffaufnahme – Symport von H^+ und Zucker – ist daher energieabhängig. Dem Import von Saccharose aus dem Phloem kann eine Spaltung durch die Saccharose-Synthase folgen. Und was geschieht beim Transport von Raffinose?

Der Geist des Reisfelds. Es war einmal der Bauer Ah Poo, der ein Reisfeld auf den Terrassen der Karen sein eigen nannte. So wie seine Ahnen in den letzten 2000 Jahren bestellte er zweimal im Jahr den fruchtbaren Boden und regelte die Bewässerung. Dann kam der Vertreter des Hochkommissars der Unesco und verbat ihm den weiteren Anbau von Reis: der Schutz der Erdatmosphäre und die Höhe des Treibhauseffekts ließen weitere Methan-Bildung in Süßwassersedimenten nicht mehr zu. Eine Fiktion? Die Produktion von Methan durch methanogene Bakterien basiert auf den organischen Verbindungen, die von den Wurzeln der Reispflanzen ausgeschieden werden, und den weitgehend anoxischen Bedingungen. Methanogene Bakterien, zur Gruppe der Archaebakterien gehörend, leben davon, daß sie C_1-Körper zu Methan reduzieren. Pflanzen versorgen die Methan-Produzierer mit Futter; die Exsudate der Wurzeln bilden die Substrate. Pflanzen spielen aber auch bei der Frage, wieviel des so gebildeten Methans in die Atmosphäre gelangt, eine wichtige Rolle: zum einen transportieren sie O_2 in die Rhizosphäre und erlauben dadurch den Methan konsumierenden – methanotrophen – Bakterien den Abbau; zum anderen kann Methan aus dem Sediment über die Pflanze zu deren Sproß und damit in die Atmosphäre gelangen. Kann auch eine Pflanze Alkan erzeugen?

Glykolyse: Der Weg von der Hexose zum Pyruvat

Der Abbau von Glucose in der Glykolyse liefert chemische Energie, ist aber vor allem ein Umbau am Kohlenstoff-Gerüst. Oder: Glykolyse ist eine Abfolge enzymatisch katalysierter Reaktionen, bei denen Glucose oxidativ in C_3-Körper gespalten wird. Die bei der Oxidation freiwerdende Energie wird in Form von ATP bzw. NADH für die Zelle nutzbar gemacht. Die Glykolyse läuft im Cytoplasma der Zelle ab.

Hexosephosphat-Isomerase katalysiert den Übergang zwischen Glucose- und Fruktose-Derivaten (1). Man nimmt an, daß die Isomerisierung über ein enzymgebundenes cis-Endiol verläuft, ähnlich wie beim Übergang von Dihydroxyacetonphosphat in Glycerinaldehyd-3-phosphat (4). Die bevorzugten Substrate für die Hexosephosphat-Isomerase sind α-D-Glucopyranose-6-phosphat bzw. α-D-Fruktofuranose-6-phosphat. Aber, das Folgeenzym bei der Glykolyse, Phosphofrukto-Kinase, setzt als Substrat β-D-Fruktofuranose-6-phosphat um. Der Kinase-Reaktion muß somit eine Epimerisierung am C-1 (Anomerisierung) von α- zu β-D-Fruktofuranose-6-phosphat vorangehen. Diese Epimerisierung wird ebenfalls von Hexosephosphat-Isomerase katalysiert. In einigen Organismen ist hierfür ein eigenes Enzym verantwortlich.

Die folgende Abb. weist Sie auf die verschiedenen Gesichtspunkte hin, unter denen man die Glykolyse sehen kann. Mit den Reaktionen 2 und 10 haben wir die Schaltstellen des Prozesses vor uns.

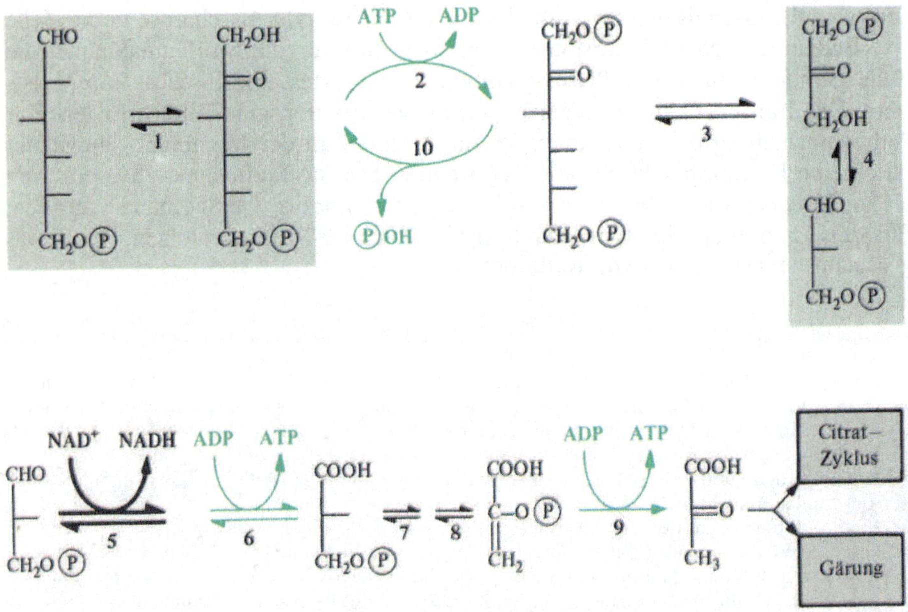

Abb. 7.14. Glykolyse, der Abbau von Hexosen. Die Reaktionstypen des Stoffwechselwegs sind hervorgehoben. Isomerisierungen (1, 4), Kinase-Reaktionen (2, 6, 9) und die Redox-Reaktion (5) sind besonders betont. Das Augenmerk soll dabei auf die Bilanz der Co-Substrate gelenkt werden. Fett und schwarz sticht die Reaktion hervor, die uns im folgenden Bild aufgrund der limitierten Mengen an Redox-Überträgern beschäftigen wird: der Verbrauch an NAD^+ während der Glykolyse

Phosphofrukto-Kinase (2) zeigt als allosterisch regulierbares Enzym eine sigmoide Kinetik (→ S. 28). ATP ist ein negativer allosterischer Effektor. Die Schlüsselrolle dieses Enzyms bei der Regulation der Glykolyse in Hefe wird beim Umschalten von anaerobem zu aerobem Stoffwechsel sichtbar. Ein hoher Spiegel von ATP bei aerobem – auch die Mitochondrien einbeziehenden – Stoffwechsel führt über die Hemmung der Phosphofrukto-Kinase dazu, daß der Durchsatz von Kohlenhydrat durch die Glykolyse beträchtlich herabgesetzt wird. Da mit der sehr viel effizienteren, an den ET gekoppelten ATP-Synthese pro Hexose ungleich mehr ATP entsteht, kann es zur Limitierung an ADP bzw. zu einem sehr hohen Verhältnis ATP/ADP kommen.

Das thermodynamische Gleichgewicht der von der Aldolase (3) katalysierten Reaktion liegt ganz auf der Seite des C_6-Körpers. In der Zelle, unter den Bedingungen des Fließgleichgewichts (→ S. 31) ist aber die Lage des Gleichgewichts nicht ausschlaggebend für den Ablauf des Gesamtwegs.

Die Interkonversionen 3 und 4 haben wegen der unterschiedlichen Stereospezifität der beiden beteiligten Enzyme Konsequenzen. Beide Wasserstoffe (H_R bzw. H_S) in Dihydroxyacetonphosphat können mit dem Lösungsmittel austauschen: H_R durch Triosephosphat-Isomerase und H_S bei der Aldolase-Reaktion.

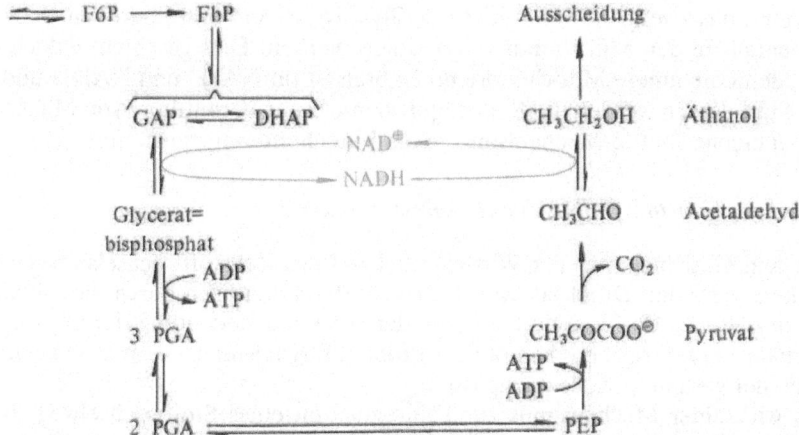

Abb. 7.15. Prinzip der Kopplung NADH-liefernder und NADH-verbrauchender Reaktionen bei Gärung. Alkohol-Dehydrogenase oder Lactat-Dehydrogenase können die Regenerierung von NAD^+ übernehmen; z. B. nach der Gleichung Pyruvat + NADH = L-Lactat + NAD^+. Die Bildung von Ethanol oder Lactat ist in grünen Pflanzen von untergeordneter Bedeutung. Ausnahmen bilden Reis und Mais, deren Keimlinge bei Anaerobiosis ihre Stärke mobilisieren. Lactat wird in einer Reihe von Pflanzen unter anaeroben Bedingungen akkumuliert. Aber auch Glycerin (in Wurzeln) und Ethanol – nach Aktivierung der Pyruvat-Decarboxylase im Cytosol bei saurem pH-Wert – sind Produkte der anaeroben Glykolyse

Unter aeroben Bedingungen wird in Mais- und Reis-Keimlingen ein Inaktivator der Alkohol-Dehydrogenase produziert. Aber unter anaeroben Bedingungen beobachtet man die Induktion der Synthese von Alkohol-Dehydrogenase, im Fall von Mais die Expression von zwei Genen (eines mit 9 Introns). Die Aktivierung der Gen-Expression basiert auf einem cis-agierenden DNA-Bereich vor dem Promotor; dazu kommt ein trans-agierendes Bindungsprotein.

Als Produkte der Glykolyse können wir Pyruvat, ATP und NADH ansehen. Für den kontinuierlichen Ablauf der Glykolyse muß gewährleistet sein, daß das Coenzym (eigentlich Co-Substrat) für die oxidative Spaltung von Glucose, nämlich NAD^+, laufend regeneriert wird. Dieser Gesichtspunkt soll durch die Abb. 7.15 vermittelt werden.

Unter anaeroben Bedingungen, d. h. wenn die Zelle nicht ausreichend mit O_2 versorgt wird, muß im Cytoplasma Pyruvat (oder ein Folgeprodukt) mit NADH reduziert werden. Zweifellos, NAD^+-regenerierende Reaktionen im Cytoplasma sind – bei Fehlen der mitochondrialen NADH-Oxidation – für den stetigen Ablauf der Glykolyse und damit der Energieversorgung der Zelle essentiell.

Das bekannte Beispiel der alkoholischen Gärung – das einer anaerob wachsenden Hefe – illustriert das Prinzip der substrat-gekoppelten NADH-Reoxidation: die Balance an Redoxäquivalenten auf der Stufe der Pyridinnukleotide.

Unter aeroben Bedingungen, d.h. unter Bedingungen einer ausreichenden O_2-Versorgung, besitzt die Zelle funktionsfähige Mitochondrien: Pyruvat wird aus dem Cytoplasma in die Mitochondrien transportiert und dort zu CO_2 und Wasser verbrannt. Ein großer Teil des chemischen Potentials wird als nutzbare Energie (ATP) gespeichert.

NADH, das zweite Nettoprodukt der Glykolyse, kann unter aeroben Bedingungen ebenfalls in den Mitochondrien reoxidiert werden. Dies geschieht jedoch nicht direkt, denn die innere Mitochondrienmembran ist für NAD^+ und NADH undurchlässig. Statt dessen werden die Redoxäquivalente unter Vermittlung von Malat/Oxalacetat in einem Shuttle-Mechanismus in die Mitochondrien transferiert.

Wie wird der Substanzfluß in der Glykolyse reguliert?

Unter dem Gesichtspunkt der Wirtschaftlichkeit des Zellstoffwechsels erscheint es wünschenswert, den Durchsatz von Kohlenstoffverbindungen durch die Glykolyse-kette sorgfältig zu dosieren und – wegen der zentralen Bedeutung der Glykolyse in der Ernährung zahlreicher chemoorganotropher Organismen – dem Stoffwechselgeschehen der gesamten Zelle anzupassen.

Ein wirksamer Mechanismus zur Feinregulation eines Stoffwechselwegs ist die Modulation der Aktivität eines Schlüsselenzyms durch Metaboliten ($\rightarrow$ S. 29). Im Fall der Glykolyse ist die Phosphofrukto-Kinase jener „Hahn", der entsprechend den Bedürfnissen der Zelle mehr oder weniger weit geöffnet ist. Die Regulation der Phosphofrukto-Kinase durch verschiedene wichtige Zell-Metaboliten wurde bei Hefe – einem fakultativen Anaerobier – besonders gut untersucht.

Über die Regulation des Schlüsselenzyms der Glykolyse, der Phosphofrukto-Kinase, treffen wir bei Pflanzen kein ganz einheitliches Bild an. In den meisten Pflanzen fungiert Phosphoenolpyruvat als Feedback-Inhibitor. Bereits 1 µM Phosphoenolpyruvat oder 20 µM 3-Phosphoglycerat hemmen die Reaktion zu 50 %. Mit dem zweiten Substrat der Phosphofrukto-Kinase, dem MgATP, ergeben sich kooperative Effekte unterschiedlicher Art. ATP wirkt dann als starker Inhibitor, wenn die Konzentration an ATP diejenige von Mg^{2+} übersteigt. Auch die Pyruvat-Kinase kann das Ziel einer Regulation sein: Dihydroxyacetonphosphat aktiviert, Phosphat hemmt. Pyruvat-Kinase unterliegt – wie andere Enzyme der Glykolyse – der chemischen Modifikation durch Phosphorylierung. Aber, man kann sich z.Z. nicht sicher sein, daß damit eine Modulation der Aktivität verbunden ist.

Zwischen Fruktose-bisphosphat und Phosphoenolpyruvat sind alle Reaktionen der Glykolyse frei reversibel. Die Richtung des Flusses dieses Stoffwechselwegs ist durch die relativen Konzentrationen aller jeweils beteiligten Partner gegeben. Die letzte Reaktion der Glykolyse, katalysiert durch die Pyruvat-Kinase, verläuft ebenso wie die erste Reaktion praktisch irreversibel. Durch den Einbau einiger weniger irreversibler Teilschritte werden die stationären Konzentrationen der Zwischenstufen so stark erhöht, daß der Gesamtweg in ausreichender Geschwindigkeit ablaufen kann.

Isoenzyme für die Katalyse der Glykolyse wurden sowohl im Cytosol als auch in Chloroplasten gefunden. Neben der Phosphofrukto-Kinase – ATP: Fruktose-6-phosphat-1-Phosphotransferase – tritt im Cytosol ein weiteres Enzym auf, das für den Übergang Fruktose-6-phosphat → Fruktose-1,6-bisphosphat verantwortlich zeichnet: eine Diphosphat:Fruktose-6-phosphat-1-Phosphotransferase. Beide Enzyme werden von Fruktose-2,6-bisphosphat stark aktiviert. Diese Verbindung wird vielfach als Signal und Aktivator der Glykolyse angesehen. Ein bifunktionelles Protein, das Kinase und Phosphatase-Aktivität enthält, ist für das Niveau an Fruktose-2,6-bisphosphat verantwortlich; es katalysiert die Bildung aus Fruktose-6-phosphat und den Abbau zu Fruktose-6-phosphat. Hexokinase katalysiert die Synthese von Glucose-6-phosphat.

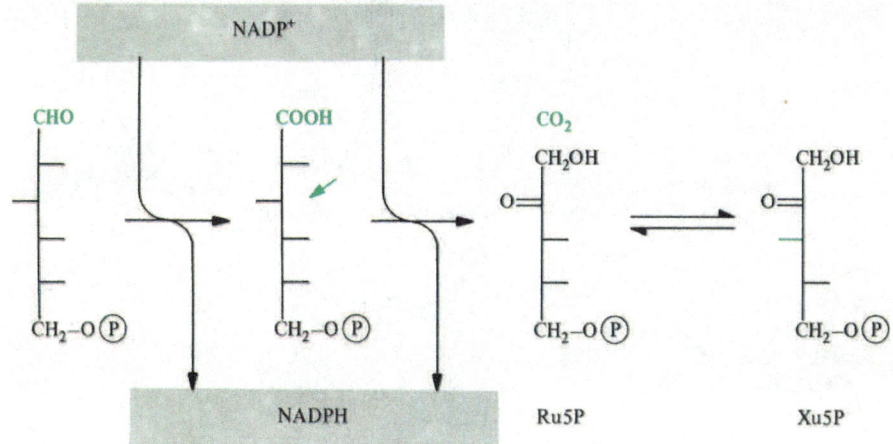

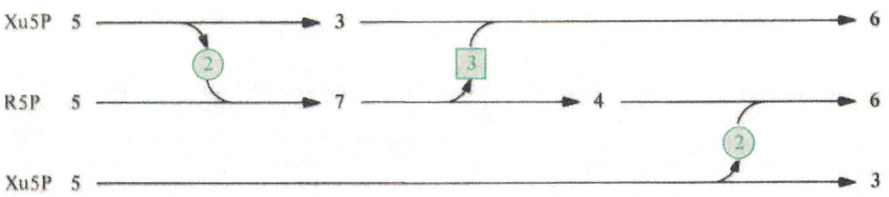

Abb. 7.16. Einstieg in den Pentosephosphat-Weg mit zwei NADPH-bildenden Redox-Reaktionen. Der untere Teil enthält eine Übersicht über C_2- und C_3-Transfers (Abkürzungen, → Abb. 5.10)

Der oxidative Pentosephosphat-Weg

Chloroplasten enthalten – ebenso wie das Cytosol – die ersten beiden Enzyme des oxidativen Pentosephosphat-Wegs, Glucose-6-phosphat-Dehydrogenase und 6-Phosphogluconat-Dehydrogenase (→ Abb. 7.16). Auf der Stufe der Glucose-6-phosphat-Dehydrogenase-Reaktion erfolgt eine Kontrolle durch das Verhältnis NADPH/NADP$^+$. NADPH ist ein kompetitiver Inhibitor gegenüber der Bindung von NADP$^+$ als Substrat.

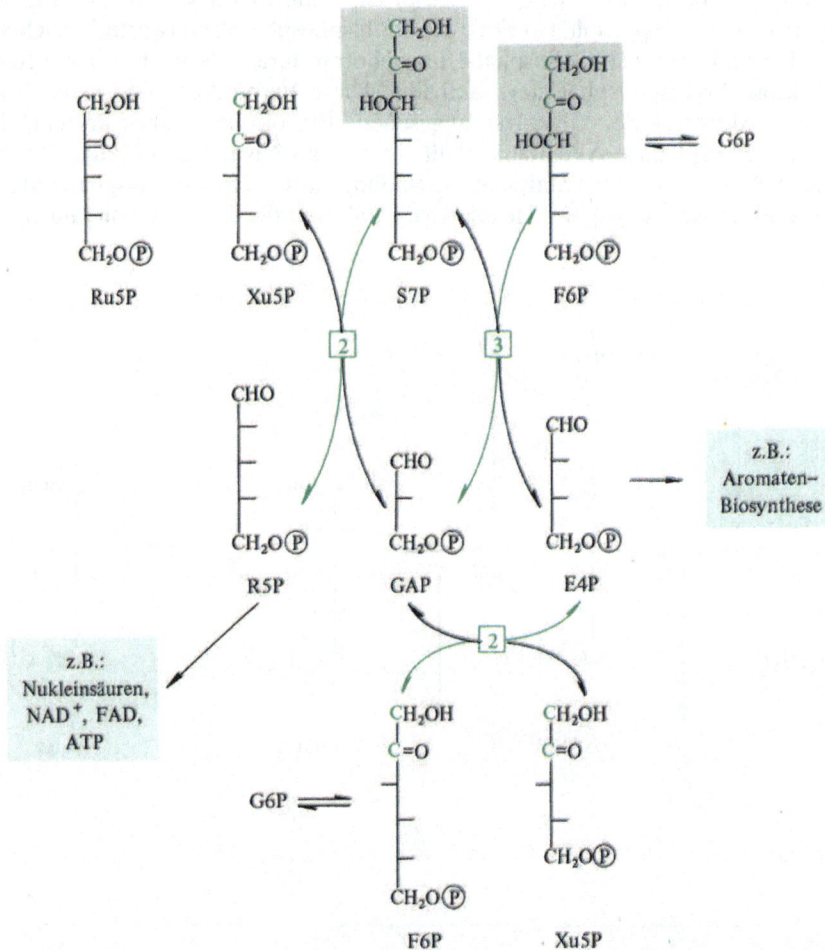

Abb. 7.17. Transaldolase- und Transketolase-Reaktionen im oxidativen Pentosephosphat-Weg. Die Transfers von C$_2$-Gruppen (Transketolase-Reaktion) und von einer C$_3$-Einheit (Transaldolase-Reaktion) sind hervorgehoben. Mit dem Übergang von 6-Phosphogluconsäure zu den C$_5$-Körpern befinden wir uns auf dem oxidativen Pentosephosphat-Weg, wie er in den meisten Organismen abläuft; so auch im Chloroplasten. Dort kann vom reduktiven zum oxidativen Pentosephosphat-Weg umgeschaltet werden. Der oxidative und der reduktive Pentosephosphat-Weg (→ Abb. 5.11) unterscheiden sich in einigen wesentlichen Punkten: im Einstieg, in der Verwendung von Phosphatase-Schritten zur Steuerung (beim reduktiven Weg) sowie in der Einbeziehung einer Transaldolase (nur im oxidativen Weg)

7.2 Mobilisierung der Reservefette

Die in den Lipidkörpern angelegten Fett-Reserven werden – nach Esterspaltung durch eine Lipase – in der Fettsäure-β-Oxidation der Glyoxysomen und Peroxisomen abgebaut. Mit Acetyl-SCoA erreicht die Pflanze eine Zwischenverbindung, die entweder im Glyoxylat-Zyklus in Richtung Gluconeogenese geschleust oder über den Citrat-Zyklus für die ATP-Gewinnung eingesetzt wird.

Triglyceride stellen die bevorzugten Fett-Reserven des Samens dar; sie sind in Lipidkörpern gespeichert. Die relativen Mengen von Fettsäuren der Baumuster 16:0, 18:1 und 18:2 variieren bei verschiedenen Pflanzen. Außerdem enthält Samenfett kleine Mengen von 18:0, 18:3, 20:0, 20:2 und viele andere Fettsäuren. Das Verteilungsmuster der Fettsäuren ist artspezifisch.

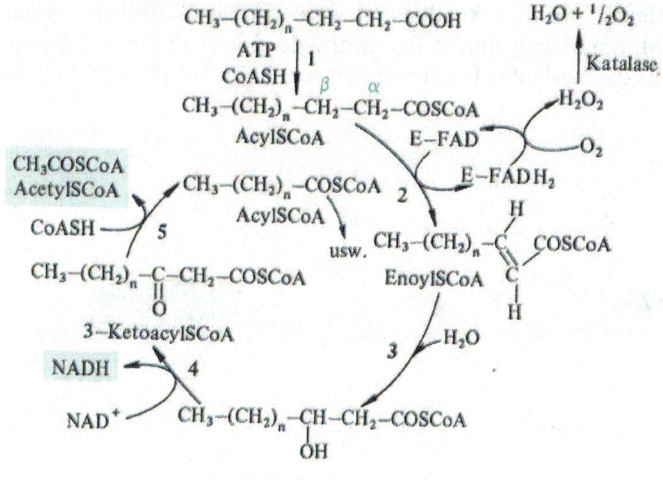

L–3–HydroxyacylSCoA

Abb. 7.18. β-Oxidation von gesättigten Fettsäuren. Der Abbau der Fettsäuren in der β-Oxidation setzt voraus, daß die Fettsäuren in Form ihrer Coenzym A-Derivate vorliegen. Diese Aktivierung – Überführung in den Thioester – verbraucht ATP (1: Thiokinase; Acyl-SCoA-Ligase). Die Aktivierung am Enzym erfolgt in zwei Stufen: zuerst wird das gemischte Anhydrid der Carbonsäure mit Phosphat der Adenylsäure (AMP) gebildet, dann folgt der Transfer der Acyl-Gruppe auf CoASH. Das bevorzugte Substrat der Thiokinase-Reaktion ist eine langkettige, ungesättigte Fettsäure. Acyl-SCoA-Oxidase (2) reduziert O_2 zu H_2O_2. Letzteres wird durch Katalase gespalten. Enoyl-SCoA-Hydratase-Aktivität und L-Hydroxyacyl-SCoA-Dehydrogenase-Aktivität sind an einem multifunktionellen Protein (3 + 4) lokalisiert. Dieses multifunktionelle Protein ist ein strukturelles Charakteristikum der Peroxisomen – von Pilzen über Pflanzen zu Leberzellen. Thiolase (5) katalysiert die Abspaltung des Ketosäureesters durch Umkehrung einer Claisen-Reaktion. Produkte der β-Oxidation sind Acetyl-SCoA und NADH

311

Auch viele der sogenannten „seltenen" Fettsäuren, die man in pflanzlichen Ölen manchmal antrifft, erweisen sich oft als artspezifisches Charakteristikum. Der Ausdruck „seltene" Fettsäuren rührt daher, daß sie eine ungewöhnliche funktionelle Gruppe oder einen Substituenten an ungewöhnlicher Position besitzen. Doppelbindung cis oder trans, Dreifachbindung, eine oder mehrere Hydroxyl-Gruppen, Keto-Gruppen und Epoxid-Gruppen: das sind die zusätzlichen Strukturelemente.

Die wirtschaftliche genutzten Öle enthalten vor allem Ölsäure und Linolsäure. Unter den neuen Kulturpflanzen ist das Öl des Büffelkürbis mit 65 % Linolsäure und 23 % Ölsäure interessant. Eine Konkurrenz ist innerhalb der Cruciferen aufgetreten: nicht nur Raps (45%), sondern auch Crambe (60%) enthalten die langkettige Erucasäure, die für verschiedene industrielle Produkte gebraucht wird. Das Mehl dieser Samen ist wegen des hohen Gehalts an Senfölglucosiden (→ S. 248) nur bedingt zur Verfütterung geeignet. Die Lipide im Öl aus Jojoba-Samen weichen in ihrer chemischen Struktur vom bisher besprochenen Schema ab: nicht Triglyceride stellen die Basis der Ölfraktion dar, sondern Wachsester, z. B. der Monoester der 20:1-Säure mit 22:1-Alkohol. Damit ist dieses Öl als Ersatz für das Öl aus Pottwal, einem hochwertigen, besonders hitzestabilen Schmiermittel, von Interesse.

Keimung initiiert den vielstufigen Prozeß der Fett-Mobilisierung durch Hydrolyse der Triglyceride. Der Abbau der Fettsäuren durch β-Oxidation ist bei Pflanzen in Glyoxysomen lokalisiert und liefert C_2-Einheiten. Damit gekoppelt ist in der Regel die Verwertung des C_2-Körpers (Acetyl-SCoA), wobei zwei C_2-Einheiten im Glyoxylat-Zyklus zu einer C_4-Einheit kondensiert werden. Die C_4-Einheit verläßt das Glyoxysom; unter Mitbenutzung einiger Teilschritte des Citrat-Zyklus der Mitochondrien entstehen daraus die Vorläufer für die Gluconeogenese. Diese läuft im Cytoplasma ab.

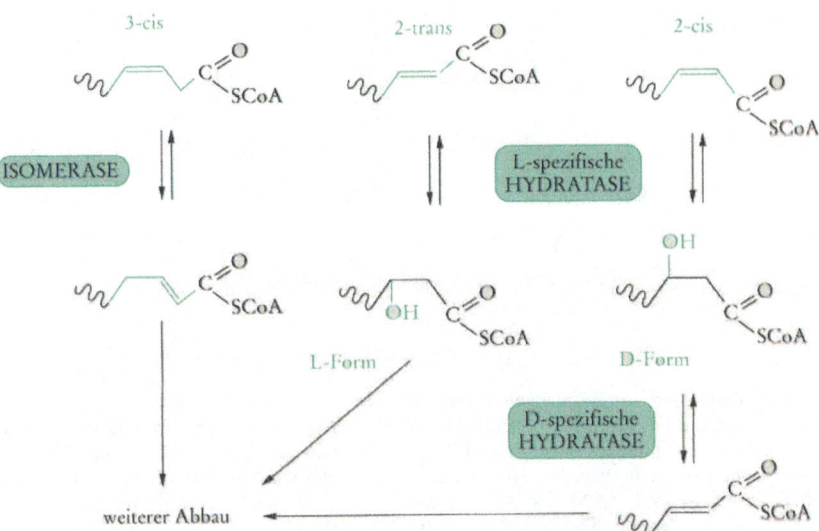

Abb. 7.19. Abbau von ungesättigten Fettsäuren. Je nachdem, ob die Doppelbindung in gerader oder ungerader Position steht, werden unterschiedliche Mechanismen zur Auflösung dieser „Komplikation" verwendet. Die Hydratisierung der 2-trans-Verbindung durch das L-spezifische Enzym (Mitte) ist der „Normalfall". Dasselbe Enzym kann aber auch eine 2-cis-Bindung umsetzen; gemeinsam mit einer D-spezifischen Hydratase

Die β-Oxidation von Fettsäuren wird komplizierter, wenn cis-Doppelbindungen vorliegen; und das ist bei den häufig vorkommenden Fettsäuren auch der Fall.

Das multifunktionelle Protein ist ein Markenzeichen aller Formen von Peroxisomen; Peroxisomen der menschlichen Leber besitzen dieses Protein genauso wie Blatt-Peroxisomen oder Glyoxysomen. Isomerase-Aktivität und Hydratase-Aktivitäten finden sich auch auf monofunktionellen Proteinen.

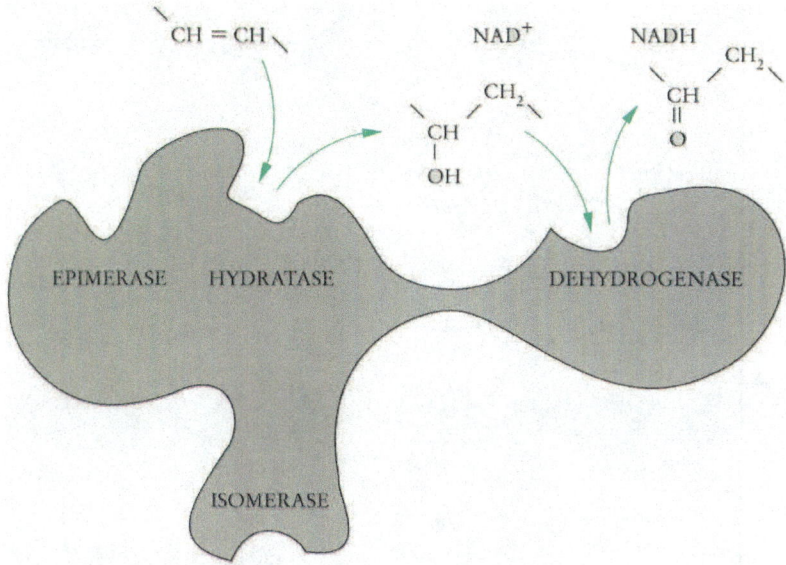

Abb. 7.20. Funktionen des multifunktionellen Proteins der β-Oxidation

Glyoxylat-Zyklus: Voraussetzung für die Verwertung von C in Acetat und Fettsäuren

Der Glyoxylat-Zyklus ist eine notwendige Voraussetzung für den Umbau der Reservefette in Kohlenhydrate. Während der Keimung fettreicher Samen verläuft die Synthese von Strukturpolysacchariden im meristematischen Gewebe auf Kosten der Triglyceride des Nährgewebes. Zahlreiche Algen, Pilze oder Bakterien können auf Acetat im Dunkeln wachsen. Auch sie brauchen dafür den Glyoxylat-Zyklus.

Die Produkte der β-Oxidation von Fettsäuren sind Acetyl-SCoA und NADH. Acetyl-SCoA tritt aber nicht in größeren Konzentrationen auf, sondern wird in dem ebenfalls in Glyoxysomen lokalisierten Glyoxylat-Zyklus sofort weiterverarbeitet. Plausibel ist, daß NADH – oder Redoxäquivalente in Form von Malat – die Glyoxysomen verlassen, zur Re-Oxidation in Mitochondrien.

Der Glyoxylat-Zyklus beginnt mit Aldol-Reaktionen zwischen dem Carbanion von Acetyl-SCoA und der Carbonyl-Gruppe von Glyoxylat (4) oder Oxalacetat (1). Letztere Reaktion – katalysiert von der Citrat-Synthase (1) – haben wir im Zusammenhang mit dem Citrat-Zyklus besprochen. Mitochondriale und glyoxysomale Citrat-Synthase besitzen unterschiedliche Strukturen, leiten sich von unabhängigen Genen ab. Malat-Synthase (4) gibt es in Eukaryonten nur in Glyoxysomen. Es handelt sich hier um ein sehr großes Protein, ein Oktameres (560 kDa).

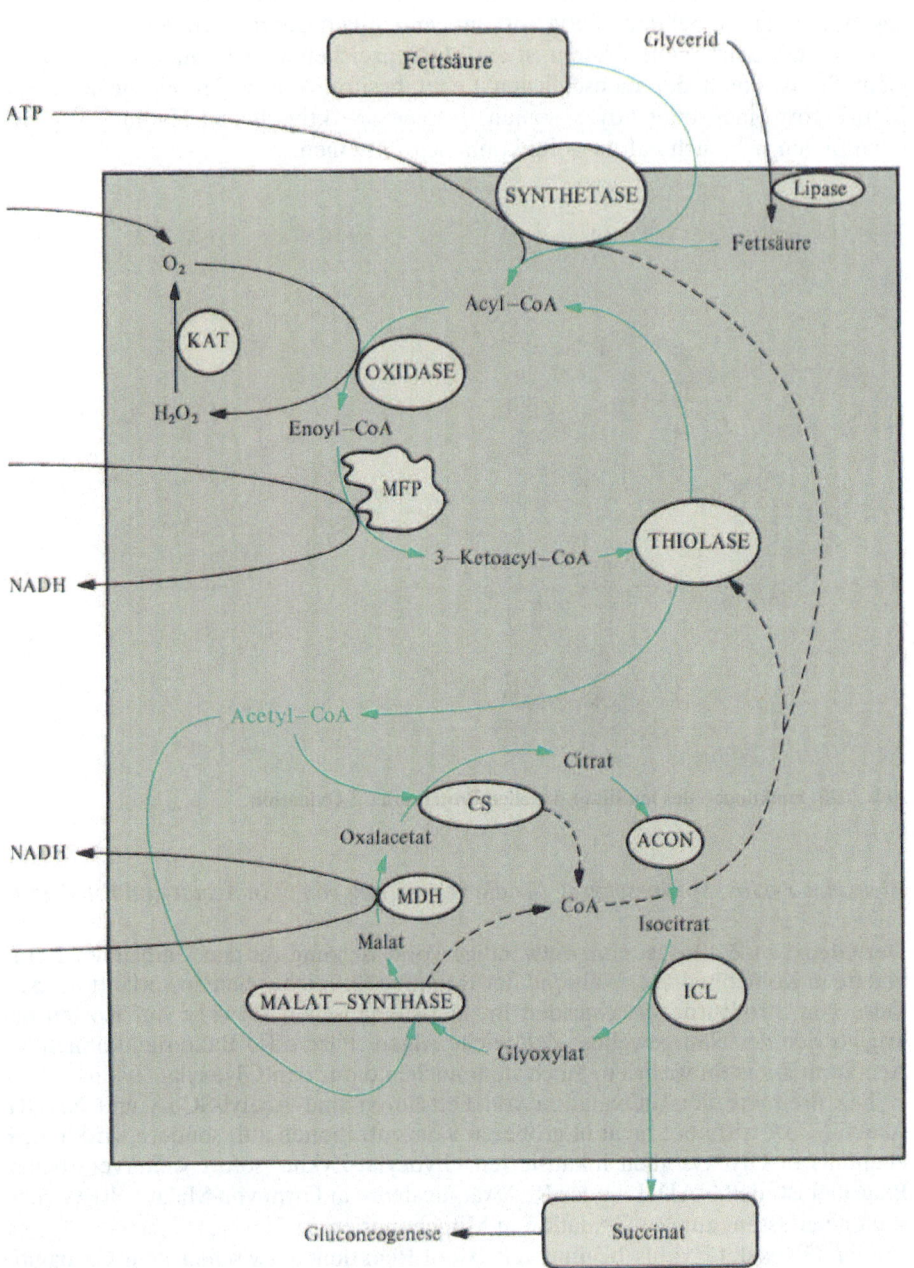

Abb. 7.21. Übersicht über β-Oxidation und Glyoxylat-Zyklus. Das Schema zeigt die Position von Acetyl-SCoA als Bindeglied zwischen β-Oxidation und Glyoxylat-Zyklus. Die Bilanz für CoA ist ausgeglichen, die für NADH nicht: ein Shuttle muß für den Abtransport sorgen. MFP: Multifunktionelles Protein; CS: Citrat-Synthase (1); ACON: Aconitase (2); ICL: Isocitrat-Lyase; MDH: Malat-Dehydrogenase; KAT: Katalase. Die Umsetzung von Succinat muß in den Mitochondrien erfolgen (siehe auch Abb. rechte Seite)

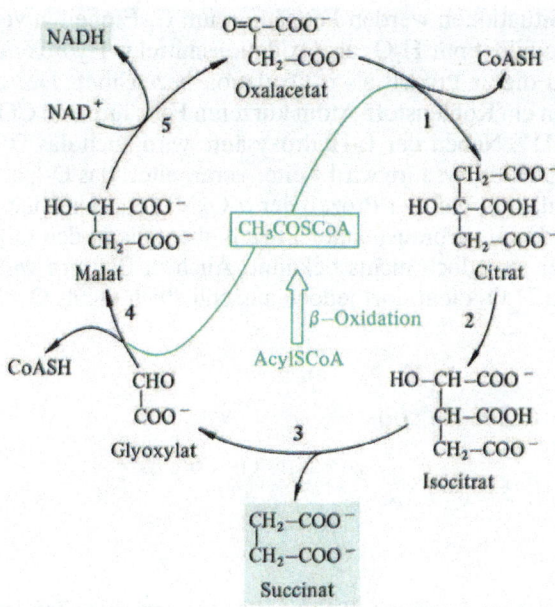

Abb. 7.22. Glyoxylat-Zyklus. Die Reaktionsbilanz zeigt, daß die Funktion des Glyoxylat-Zyklus darin besteht, oxidativ zwei Moleküle Acetyl-SCoA zu Succinat zu kondensieren. β-Oxidation und Glyoxylat-Zyklus als funktionale Einheit führen Fettsäuren in Succinat über, bei ausgeglichener Bilanz am Coenzym A

Isocitrat-Lyase (3) und Katalase zählen zu den dominierenden Proteinen in der Matrix der Glyoxysomen. Isocitrat-Lyase und Malat-Synthase (4) sind die Leit-Enzyme des Glyoxylat-Zyklus und der Glyoxysomen. Katalase wird – wie in allen Mikrokörpern – für die Bindung und Entfernung des dort entstehenden H_2O_2 gebraucht.

Anknüpfend an unsere Diskussion der anaplerotischen Sequenzen, die ein Ausverdünnen des Citrat-Zyklus verhindern, stellt der Glyoxylat-Zyklus den effizientesten Weg dar, durch ein Auffüllen des Citrat-Zyklus die Entnahme der C_4-Bausteine für die Gluconeogenese zu garantieren. Aber vom zellbiologischen Standpunkt aus sind β-Oxidationen und Glyoxylat-Zyklus eine Einheit und der Übergang Succinat → Oxalacetat eine zusätzliche Konstruktion.

Werden verschiedene Pilze (*Neurospora crassa, Saccharomyces cerevisiae, Hansenula polymorpha*) auf langkettigen Alkansäuren oder *Euglena gracilis* auf Acetat gezüchtet und anschließend elektronenmikroskopisch auf Organellen untersucht, so können die für Mikrokörper charakteristischen Strukturen stets aufgefunden werden. Im Gegensatz dazu sind bei Wachstum auf Glucose solche Strukturen praktisch abwesend. Biochemisch sind die Glyoxysomen niederer Pflanzen wesentlich weniger gut untersucht als die Glyoxysomen höherer Pflanzen. Obwohl die Glyoxysomen von *Euglena* bei Wachstum auf Acetat nur die Enzyme des Glyoxylat-Zyklus, nicht aber jene der β-Oxidation von Fettsäuren enthalten, konnte *Euglena* (und viele Pilze) schrittweise auf die Verwertung von Alkansäuren adaptiert werden. Die dann aus solchen Zellen isolierten Glyoxysomen enthielten neben den Glyoxylat-Zyklus-Enzymen die zur Verwertung dieser Fettsäuren nötigen Enzyme der β-Oxidation.

In besonderen Situationen werden Fettsäuren um C_1-Einheiten verkürzt. Eine Fettsäure-Peroxidase bildet mit H_2O_2 als Oxidationsmittel α-Hydroxyfettsäuren: aus diesem Grund wird dieser Prozeß als α-Oxidation bezeichnet. Der zweite Schritt der Oxidation zur um ein Kohlenstoff-Atom kürzeren Fettsäure und CO_2 erfolgt mit Hilfe von O_2 und NAD^+. Neben der L-Hydroxysäure wird auch das D-Isomere gebildet. Jedoch nur die L-Hydroxysäure wird weiter verarbeitet, das D-Isomere akkumuliert. Man kann spekulieren, daß der Prozeß der α-Oxidation in keimenden Samen wegen seiner Natur als H_2O_2 verbrauchender Prozeß ebenfalls in den Glyoxysomen lokalisiert ist. Darüber ist jedoch nichts bekannt. Auch in Blättern wurde dieser Prozeß beobachtet. Statt H_2O_2 dient dort jedoch ausschließlich O_2 als Oxidationsmittel.

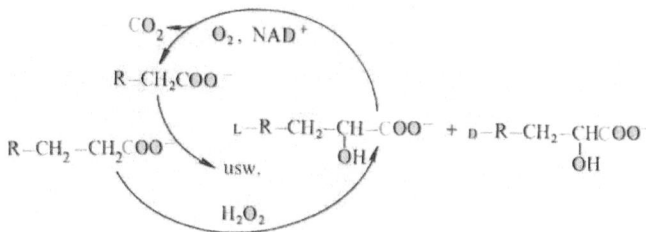

Abb. 7.23. α-Oxidation von Fettsäuren. R-CH$_2$-CHO ist eine mögliche Zwischenstufe

Pflanzen können auch Fettsäuren mit einer ungeraden Zahl von Kohlenstoff-Atomen vollständig abbauen. Am Ende des Abbaus von Fettsäuren mit einer ungeraden Zahl von Kohlenstoffatomen bleibt nach mehreren Abspaltungen von Acetyl-SCoA schließlich Propionyl-SCoA übrig. Propionyl-SCoA ist als solches kein Substrat für eine weitere β-Oxidation, wird aber in einer Reihe spezieller Reaktionen weiter umgewandelt. In tierischen Zellen würde eine Mn^{2+}-abhängige Propionyl-SCoA-Carboxylase zum Einsatz kommen.

Es gibt pflanzliche Nährgewebe (→ Abb. 7.2), die bei der Keimung ihre Lipid-Reserven abbauen, aber bald danach auch photosynthetisch kompetent werden können. Keimblätter von Sonnenblumen oder Gurken zählen dazu. Dann kann – innerhalb ein und derselben Zelle – das Set an Organellen umgebaut werden. Das Umschalten der Stoffwechselwege geht parallel mit einer sehr weitgehenden Umstrukturierung der intrazellulären Strukturen. Etioplasten werden zu Chloroplasten; die Organellen mit den Reservestoffen sind entleert und werden ab- oder umgebaut. Auf der Ebene der Mikrokörper bedeutet dies, daß Glyoxysomen, die zuerst mit der Fettsäure-Oxidation beschäftigt waren, zu Blatt-Peroxisomen werden, die in der Photorespiration tätig sind. Die für die beiden Arten von Mikrokörpern typischen Proteine und die entsprechenden mRNAs können in der Umschaltphase bestimmt werden (→ Abb. 7.30). Katalase – und zu einem geringeren Ausmaß auch die Enzyme der Fettsäure-β-Oxidation – sind in beiden Formen der Mikrokörper enthalten. Der Übergang von der einen Organellenform zu der anderen ist ein schrittweises Umbauen und Austauschen der Proteinkomponenten – und nicht ein Ersetzen der Glyoxysomen durch eine neue Population, die Blatt-Peroxisomen.

Abgesehen von dieser Situation im keimenden Samen treffen wir Mikrokörper mit weitgehend glyoxysomaler Ausstattung bereits im reifenden Samen an. Ein Teil der glyoxysomalen Funktion ist daher bereits bei Beginn der Keimung präsent.

7.3 Mobilisierung von Reserveprotein

> Die Reserven an Proteinen befinden sich in der Pflanze in Proteinkörpern. Der Abbau in diesen Organellen wird dadurch eingeleitet, daß aufgrund geänderter Genexpression Endopeptidasen und andere hydrolytische Enzyme synthetisiert und an den Ort der Mobilisierung gebracht werden. Der Pool an Aminosäuren und Oligopeptiden wird entweder direkt für Neusynthesen von Proteinen verwendet oder liefert nach Transaminierung Bausteine für den Intermediärstoffwechsel.

Proteine als ausgesprochene Reserven treffen wir fast nur in Samen an. Der überwiegende Teil der Proteine im Samen ist in spezialisierten Speicher-Organellen, den *Proteinkörpern*, enthalten. Dort können die art-spezifischen Proteine in Form von ungelösten, mehrere µm großen Strukturen („Kristalloide") vorliegen, die in eine lösliche, ebenfalls proteinreiche Matrix eingebettet sind. Die Matrix enthält häufig Lektine und Enzyme.

Weitere „Globoide" sind in einigen dieser Organellen als elektronendichte Bereiche erkennbar. Sie bestehen aus Ca^{2+} und Mg^{2+}-Salzen der Phytinsäure ($\rightarrow$ Abb. 6.77). Dem Abbau der Phytinsäure im Nährgewebe des Keimlings kommt besondere Bedeutung zu: Phytinsäure ist eine organische Verbindung mit einem extrem hohen Verhältnis von Phosphat zu Kohlenstoff. Phosphat ist oft ein limitierender Faktor beim Wachstum; der Keimling deckt seinen Bedarf aus dem Speicher Phytinsäure.

In Rohhomogenaten keimender Samen ist stets eine größere Zahl von Endoproteasen nachweisbar. Sie werden bei der Keimung synthetisiert und über das ER in die Proteinkörper gebracht. Dasselbe gilt für Enzyme, die andere Reserven abbauen; z. B. Phytase, saure Phosphatase und Glykosidasen.

Die bekannten Endoproteinasen lassen sich aufgrund des aktiven Zentrums und anhand des Reaktionsmechanismus bei der Spaltung der Peptidbindung in vier Gruppen einteilen: im aktiven Zentrum wurden entweder ein Seryl-Rest, eine SH-Gruppe, eine Carboxylgruppe (Aspartyl-Proteasen) oder ein Metall-Ion identifiziert. Bekannte Beispiele für Proteinasen mit einem Seryl-Rest im aktiven Zentrum sind Trypsin und Chymotrypsin. Einen Cysteinyl-Rest im Wirkzentrum besitzen die pflanzlichen Proteinasen Papain, Actinidin und Ficin. Eine Carboxylgruppe (Aspartyl-Gruppe) ist für die katalytische Wirkung bei Pepsin oder der bakteriellen Proteinase Subtilisin essentiell. Alle Carboxypeptidasen enthalten Zn^{2+}.

Nach einem anderen Ordnungsprinzip teilt man Proteinasen aufgrund ihrer Wirkspezifität als Endopeptidasen oder Exopeptidasen ein. Exopeptidasen können vom N-terminalen oder C-terminalen Bereich des Proteins fortschreitend Aminosäuren freisetzen (Aminopeptidasen bzw. Carboxypeptidasen).

Zu den gut untersuchten Peptidasen gehört Papain, das aus Papaya-Latex (*Carica papaya*) in großen Mengen gewonnen und leicht kristallisiert werden kann. Papain besteht aus einer einzelnen Polypeptidkette, deren Struktur bekannt ist. Aus den Ergebnissen umfangreicher Untersuchungen wurde abgeleitet, daß die SH-Gruppe im aktiven Zentrum im Verlauf der Hydrolyse der Peptidbindung acyliert wird.

Proteinasen (und Esterasen) mit einem Serin-Rest im aktiven Zentrum werden durch Diisopropylfluorphosphat, einem gemischten Säureanhydrid, fast irreversibel inhibiert, weil die OH-Gruppe des Seryl-Rests mit Diisopropylphosphorsäure verestert wird. Man benützt diese Reaktion manchmal, um Enzympräparationen vor dem Angriff von Proteinasen zu schützen und damit zu stabilisieren. Im folgenden allgemeinen Beispiel für einen hypothetischen Reaktionsmechanismus einer Peptidase oder Esterase ist die intermediäre Acylierung von Serin angedeutet. DFP gehört zu einer Klasse von Verbindungen, die ursprünglich als Pestizide entwickelt worden sind. Diese Substanzklasse ist auch für Säugetiere außerordentlich toxisch, sie hemmt die Acetylcholin-Esterase.

Die Wirkungsweise der pflanzlichen Cystein-Proteasen weist viel Ähnlichkeit mit der Katalyse der tierischen Serin-Proteasen auf.

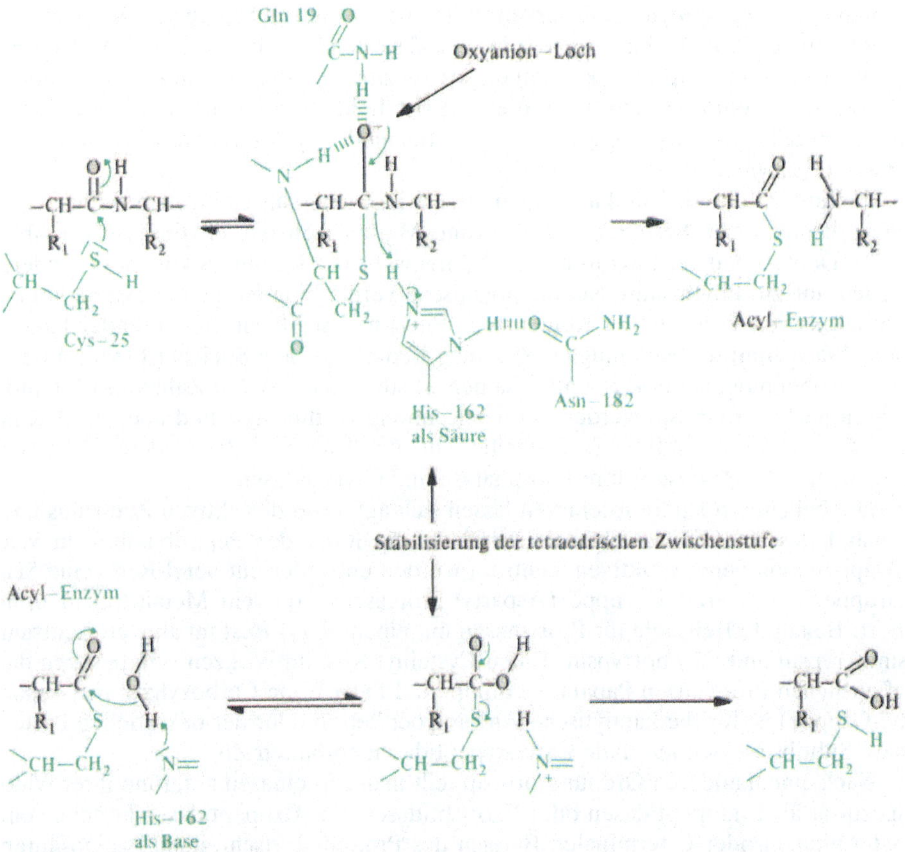

Abb. 7.24. **Wirkungsweise von Papain und Actinidin.** Strukturelemente der Protease sind grün gezeichnet, die Peptid-Bindung des Substrats in schwarz gehalten. Die Nukleophilie der angreifenden SH-Gruppe wird vorneweg durch ein anderes Nukleophil erhöht. Der negativ geladene Übergangszustand mit tetraedrischem C im Zentrum geht in das Acyl-Enzym über. Der zweite Teil der Reaktion (unten), die Hydrolyse, wird durch ein Histidin als Base unterstützt. Während der Katalyse wird der Acyl-Rest (linker Teil des Acyl-Enzyms) – der ja eine Faltblatt-Struktur besitzen kann – über H-Brücken antiparallel an ein Faltblatt des Enzyms gebunden

318

Bei der Isolierung von Enzymen aus Zellhomogenaten, besonders auch bei der Analyse von monomeren Vorstufen, stellen proteolytische Aktivitäten ein Problem dar. Um diese störenden Aktivitäten auszuschalten, werden auch pflanzliche Protease-Inhibitoren verwendet. Während die sonst üblichen Protease-Hemmstoffe wie Phenylmethylsulfonylfluorid das Protein modifizieren oder wie Ethylendiaminotetraessigsäure das Ionenmilieu ändern, weisen Protease-Inhibitoren diese Nachteile nicht auf. Die Protease-Inhibitoren aus der Kartoffel sind zwar genauso effizient, interferieren aber nicht selten mit den zu bestimmenden Enzymaktivitäten. Protease-Inhibitoren können an immobile Träger gebunden und so zur Affinitätschromatographie von Proteasen verwendet werden.

Die Pflanze kann die vorhandenen Reserveproteine und Enzyme abbauen und die entstehenden Aminosäuren für die Synthese neuer Enzyme verwenden. Der Abbau von Protein bekommt für die Pflanze einen besonderen Stellenwert, wenn (1) Protein, als Reserve angelegt, intrazellulär abgebaut wird, weil Aminosäuren bei nicht photoautotrophen Bedingungen zur Versorgung anderer Zellen benötigt werden, wenn (2) die Zelle zu besonderer Sekretion von Enzymen angeregt wird, und (3) wenn – ausgelöst durch einen Stimulus – der Stoffwechsel und damit auch die Enzym-Ausstattung stark verändert werden muß und Proteolyse so zum wichtigsten Regulationsvorgang wird.

Für die weitere Beschreibung dieser drei zellulär unterschiedlich lokalisierten Vorgänge wollen wir zwei Standardsituation herausgreifen: die Mobilisierung einer echten Reserve sowie die Situation, in der die Enzym-Aktivität vorwiegend dadurch reguliert wird, daß bei einem sehr hohen Turnover die Synthese einzelner Enzyme verstärkt wird. Ein sehr hoher Turnover muß eingestellt werden, wenn ein Kompartiment eine neue Aufgabe übernehmen soll. Auch bei gleichbleibendem Abbau wäre durch Änderung der Rate des Aufbaus das Niveau eines Enzyms über einen größeren Bereich einstellbar. Letzteres gilt natürlich nicht nur für Enzyme, sondern auch für regulatorische Proteine wie Transkriptionsfaktoren, Protein-Kinasen sowie Regulatoren des Zellzyklus und der Entwicklung. Ein Beispiel für die für ein einzelnes Protein spezifische, entwicklungsabhängige Proteolyse ist die durch den Zellzyklus gesteuerte Entfernung von Cyclin (→ Abb. 10.2).

Der Abbau der Reserveproteine findet in der Vakuole oder im Proteinkörper statt. Diese Mobilisierung verlangt ein ganzes Set von Exo- und Endo-Peptidasen. An der besonders starken de novo Synthese unter den Bedingungen der Keimung (induziert durch Gibberellinsäure) läßt sich erkennen, welche der katalytischen Aktivitäten als den Gesamtabbau regulierend zu betrachten sind. Dies kann eine Cystein-Endopeptidase (z. B. Aleurain) sein; aber auch Metalloproteinasen (Zn^{2+}-Enzym) und saure Aspartat-Proteasen werden angetroffen. Aspartat-Proteinasen besitzen eine Carboxyl-Gruppe einer Aspartyl-Einheit im aktiven Zentrum. Der katalytische Mechanismus ist vergleichbar mit dem von Pepsin und Cathepsin D.

Abbau findet auch durch sekretierte Proteasen statt. Proteasen und Kohlenhydrat abbauende Hydrolasen werden bei der Mobilisierung des Endosperms eingesetzt. Unter den sekretierten Enzymen befinden sich Cystein-Proteasen als Endoproteasen und Carboxypeptidasen als Exoproteinasen mit saurem pH-Optimum. Letztere sind nach dem Bauprinzip AB aufgebaut; die beiden UE entstehen durch Proteolyse aus einer Vorstufe (UE A-Verbindungsstück-UE B).

In jedem Kompartiment befinden sich auch Proteasen, die für die „Reifung" von Polyproteinen, Vorstufen-Proteinen und Zwischenstufen verantwortlich sind.

Abbau im Chloroplasten: Die oft dramatischen Änderungen der Enzym-Ausstattung der Plastiden machen es verständlich, daß dem Prozeß der Entfernung nicht benötigter bzw. auch störender Enzym-Aktivitäten eine hohe Priorität zukommt. Es ist daher nicht ganz verwunderlich, daß Gene, die mit Proteolyse zu tun haben, im Chloroplasten-Genom verankert sind. Ein in Bakterien und Plastiden präsentes, dem cytosolischen Ubiquitin-System ein wenig verwandtes Protease-System wird als clp (caseinolytisch) bezeichnet. Die UE P (23 kDa) ist im Plastom kodiert und besitzt proteolytische Eigenschaften; die Vorstufe von UE A (92 kDa), die eine Transit-Sequenz (9 kDa) aufweist, wird aus dem Cytosol importiert. UE A verhält sich wie eine regulatorische UE und zeigt ATPase-Aktivität. ATP ist jedenfalls notwendig, um aus den UE den hochmolekularen aktiven Komplex zu ergeben.

Abbau in anderen Kompartimenten: Da die pflanzliche Zelle sehr verschiedene Kompartimente besitzt, in denen gelegentlich die Enzym-Ausstattung geändert werden muß, ist das Vorkommen von vielen hydrolytischen Enzymen zu postulieren, die alle, mit unterschiedlichen Signal-Sequenzen ausgestattet, diese Organellen erreichen können müssen. Dazu zählt auch der Übergang von Glyoxysomen zu Blatt-Peroxisomen, der unter Erhalt der umschließenden Membran geschieht und gleichzeitig die selektive Entfernung des Sets der alten Enzym-Ausrüstung verlangt.

KEX-Gene (killer expression) kodieren für Proteasen, z. B. die kex2-Protease, das Äquivalent zum tierischen Furin. Eine kex2-Protease ist für die Prozessierung des α-Pheromons (auf dem Weg zur Sekretion) zuständig; oder anderer Proteine, die den Golgi-Apparat zu passieren haben.

Ubiquitinierung – der selektive Abbau

Eine ATP-abhängige Proteolyse läuft im Cytosol ab. In der Eingangsreaktion katalysiert Spezies E1, das *Ubiquitin* aktivierende Enzym, die Bildung eines gemischten Anhydrids zwischen AMP und Ubiquitin; unter Abspaltung von AMP wird der Acyl-Rest des Ubiquitins (der C-Terminus, ein Gly) auf eine Thiol-Gruppe von E1 übertragen. Anschließend erfolgt der Transfer der Acyl-Gruppe auf Spezies E2, das Ubiquitin konjugierende Enzym. Die Spezies E2 und E3 sind für die Identifizierung derjenigen Proteine notwendig, die abgebaut werden sollen. Spezies E2 dient auch der Herstellung der Polyubiquitin-Kette, die notwendig ist, damit der Zielort Proteasom gefunden wird. Die kovalente Verbindung von Ubiquitin-Einheiten erfolgt über K-48, also zwischen der Carboxyl-Gruppe des C-Terminus des einen Moleküls mit der ε-Amino-Gruppe des internen Lysins des nächsten Ubiquitin-Moleküls.

Sobald ein Protein mit einer Ubiquitin-Einheit oder einer Polyubiquitin-Kette markiert worden ist, kann es durch eine Maschine – bezeichnet als **Proteasom** – in die Bausteine zerlegt werden: in Aminosäuren und freies Ubiquitin.

Wenn Ubiquitin-Gene im Bereich des Codons für Lysin-48 mutiert und dann so in Pflanzen übertragen wurden, daß es zu einer Überexpression dieses „falschen" Ubiquitins kommt, beobachtet man morphologische Änderungen in der Struktur der Blätter bis hin zu nekrotischen Läsionen. In Hefe führt die Ausschaltung des Ubiquitin-Systems zuerst zu abnormen Protein-Mustern, später zum Zelltod. Kann man daraus schließen, daß ständiger Turnover der Enzyme ein essentielles Prinzip der lebende Zelle ist? Daß im normalen Leben einer Zelle in so kurzer Zeit so viele Fehler oder Läsionen auftreten, daß ständige Reparatur Voraussetzung für „Gesundheit" ist?

Proteasomen sind als Partikel durch das Sedimentationsverhalten von 26S charakterisiert. Der Zusammenbau dieses aus 12 Komponenten bestehenden Komplexes erfordert ATP. Die charakteristische Struktur, einem Zylinder ähnlich, wurde bisher in Zellkernen und Cytosol nachgewiesen.

Die Information für Ubiquitin wird von einer Multi-Genfamilie geliefert. Es sind Polyubiquitin-Gene mit hintereinander fusionierten Bauelementen bekannt, die zur Bildung eines Polypeptids führen; erst die Spaltung dieses Peptids ergibt das freie Ubiquitin. Auch die Transkription und Translation der anderen Ubiquitin-Gene führen zur Bildung von Protein-Fusionen; die für Ubiquitin kodierende Region ist dabei direkt mit dem 5'-Ende eines anderen Gens verknüpft (Ubiquitin-Extensions-Gene). Erst eine proteolytische Prozessierung ergibt ein funktionelles Ubiquitin.

Auch das Schicksal des zweiten Teils des Fusionsproteins ist von Interesse. Was da vom C-Terminus der Vorstufe des Ubiquitins abgespalten werden mußte, besitzt seinerseits eine Funktion, nämlich als Teil von Ribosomen. Irgendwie gibt es so ein lockeres Band zwischen Protein-Biosynthese und -Abbau.

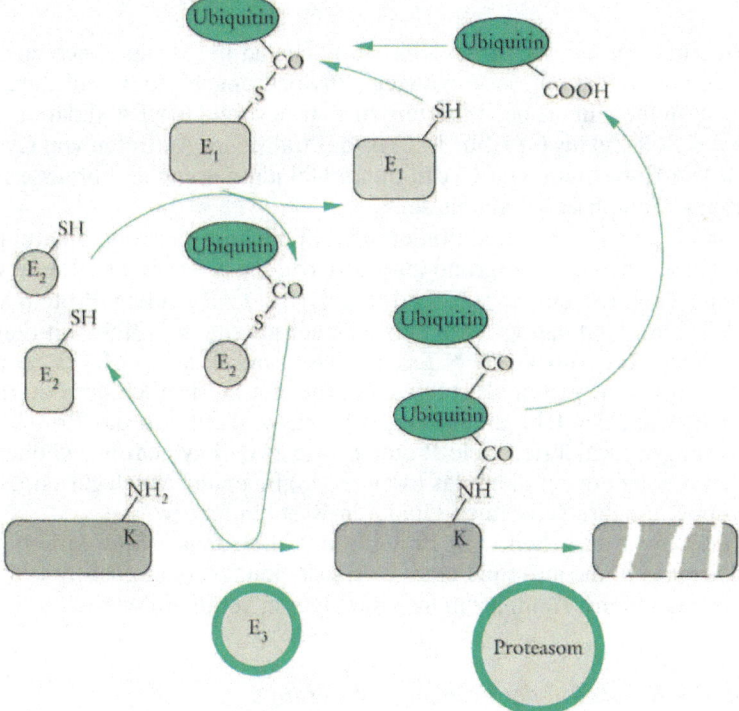

Abb. 7.25. Protein-Abbau durch Ubiquitin. Ubiquitin ist ein kleines Protein mit etwa 76 Aminosäure-Resten. Die C-terminale Carboxyl-Gruppe kann aktiviert und mit Lysin-Seitenketten von anderen Proteinen gekoppelt werden. Das Ubiquitin selbst besitzt auch einen internen Lysin-Rest (K-48), der die Ankopplungsstelle für ein zweites Ubiquitin darstellen kann. Ubiquitin wird von einer Multi-Genfamilie kodiert; einige der Gene enthalten die Information für ein Polyubiquitin. In Sonnenblumen gibt es von dieser Art 2 Gene, die jeweils 6 Wiederholungen des Monomeren darstellen (→ Abb. 7.26). Auch Mais enthält mindestens 2 Gene, die einer Fusion von 7 Wiederholungen entsprechen; jede Wiederholung ist die kodierende Sequenz für ein Ubiquitin-Molekül. Dies bedeutet, daß nach Transkription und Translation eines Polyubiquitin-Gens das Polypeptid durch Proteasen in die Einheiten von 9 kDa überführt werden muß

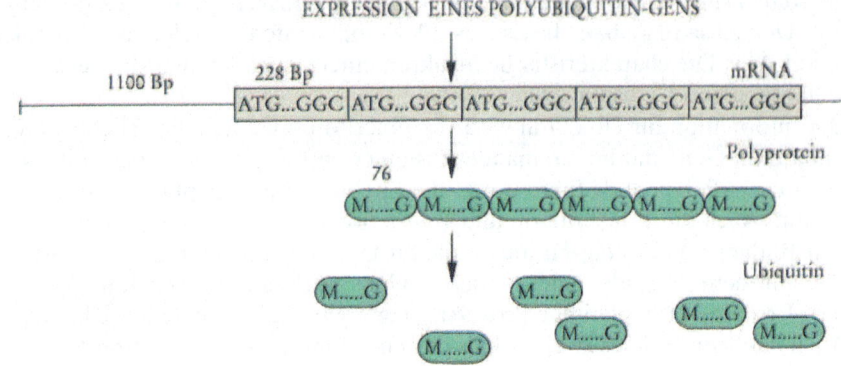

Abb. 7.26. Struktur und Expression eines Gens, das für ein Ubiquitin-Fusionsprotein kodiert

Welche Proteine werden nach dem Ubiquitin-Schema bevorzugt abgebaut? Cyclin, Repressoren von Transkriptionsvorgängen, Phytochrom, Histone und durch Auxin induzierte Proteine zählen bei Pflanzen zu den bevorzugten Kandidaten. Für die Kontrolle des Zell-Zyklus (→ Abb. 10.2) ist das transiente Auftreten von Cyclin entscheidend. Die Entfernung von Cyclin durch Ubiquitinierung ist Voraussetzung für den Übergang Metaphase → Anaphase.

Die Proteine, die für die Ubiquitinierung und die anschließende Spaltung ausgewählt werden, können u. a. aufgrund ihrer Struktur am N-Terminus erkannt werden. Die Reihung entsprechend der N-End-Regel gibt z. B. einem Protein mit der Sequenz AG- eine 1000-mal größere Lebensdauer als einem Protein mit dem N-terminalen Bereich RF-. Blockierte N-Termini, wie man sie in der Regel bei pflanzlichen Proteinen findet, gelten als stabil. Die Auswahl hinsichtlich der N-terminalen Struktur und damit der Ubiquitinierung trifft im wesentlichen das Protein E_3 der Ubiquitinierungsmaschinerie. Viele Proteine, wie z. B. Phytochrom, können multiubiquitiniert werden; dabei dient das Lysin (K-48) im ersten angelagerten Ubiquitin als die Gruppe, die ihrerseits einen Ubiquitin-Rest bindet usw.

Man muß davon ausgehen, daß Proteine das N-terminale Met verlieren – und nicht nur diejenigen, die aufgrund eines co-translationalen oder post-translationalen Transfers in ein anderes Kompartiment proteolytisch verändert werden.

Die hormonale Regulation der Proteinmobilisierung

Ausgelöst durch die Wasseraufnahme sekretiert der Embryo Gibberellinsäure (GA_3) in die Aleuronschicht des Keimlings. Dort induziert GA_3 die de novo-Synthese hydrolytischer Enzyme, die ins Endosperm zum Abbau von Reservesubstanzen transportiert werden. Niedermolekulare Spaltprodukte stehen dann dem Embryo als Substrate für sein Wachstum zur Verfügung (→ S. 295). Im Gerstenkeimling ist eine rasche de novo-Synthese einer Endopeptidase-Aktivität nachweisbar. Darüber hinaus findet man auch eine Reihe anderer proteolytischer Enzyme, deren Aktivität sich ebenfalls im Verlauf der Entwicklung des Keimlings ändert.

Insgesamt kann man acht verschiedene Peptidasen aufgrund von Substratspezifität und pH-Optimum unterscheiden (drei Carboxypeptidasen, drei Aminopeptidasen und zwei Dipeptidasen). Diese drei Gruppen sind spezifisch in bestimmten Bereichen des Keimlings lokalisiert: Das Endosperm enthält ausschließlich Carboxypeptidasen, im Skutellum sind Aminopeptidasen und Dipeptidasen, und im Embryo Aminopeptidasen aktiv. Mit verfeinerten Methoden gelingt eine wesentlich weitergehende Differenzierung innerhalb der drei Gruppen.

Die bisherigen Ergebnisse lassen sich dahingehend zusammenfassen, daß die Speicherproteine nach ihrer Hydrolyse zu Aminosäuren auch als Quelle von Substraten für eine durch GA_3 stimulierte Enzym-Synthese im Aleuron fungieren. Abgesehen davon wird ja auch der Embryo mit Aminosäuren versorgt. Es ist weitgehend unbekannt, welche Rollenverteilung für die verschiedenen Proteinasen und ihre multiplen Formen bei der Aufteilung des Reserveproteins für die Enzym-Synthese der Aleuronzellen und des Embryos besteht. Unklar ist auch, wie die mit Proteinkörpern assoziierte proteolytische Aktivität einzuordnen ist. Eine selektive Stimulierung der Aktivität bestimmter Peptidasen oder einzelner multipler Formen durch GA_3 sollte entscheidende Konsequenzen nicht nur für die Regulation der Proteinmobilisierung an sich, sondern auch für die relative Menge der Hydrolyseprodukte in verschiedenen Bereichen des Keimlings haben.

Der Abbau der Proteine beginnt im Proteinkörper. In dem Maße, wie die Proteinreserven verschwinden, ändern sich auch die übrigen Eigenschaften der Organellen, die immer mehr in Richtung Vakuole umdifferenzieren. Zuletzt muß man wohl den endgültigen Abbau von kleinen Peptiden als eine Tätigkeit der Vakuole ansehen. Die kleinen, aus Proteinkörpern hervorgegangenen Vakuolen fusionieren zur großen Zentralvakuole, die in einem späteren Stadium den Großteil des Volumens einer Zelle einnehmen kann.

Eine Hauptfunktion der Vakuole ist die Adaption des osmotischen Drucks der Gesamtzelle auf die äußeren Bedingungen bzw. entsprechend der Stoffwechselfunktionen der Zelle. In der Vakuole finden wir zahlreiche anorganische Ionen in erhöhter Konzentration. Auch Reserven – zum Teil in Form von Aminosäuren, einfachen Carbonsäuren oder Zuckern – sind in der Vakuole enthalten; in dieser Hinsicht kann sich die Vakuole wie ein Reserve-„Puffer" des Cytosols verhalten.

Spezielle Stoffwechselprodukte wie Glucosinolate, cyanogene Glucoside, Alkaloide, Anthocyane und Saponine können in speziellen Vakuolen – u. U. in spezialisierten Zellen – abgelagert sein. Ablagerung bedeutet häufig: Ankonzentration dieser Stoffe in den Vakuolen – gegen einen Konzentrationsgradienten. Dies wiederum geschieht durch die Funktion einer in der Membran integrierten ATPase als Pumpe von Ionen, z. B. von H^+, Ca^{2+}. Als Pumpe kann auch eine Diphosphatase dienen; sie verwertet das im Cytosol anfallende Diphosphat und pumpt H^+ in das Innere der Vakuole. Diesem primären aktiven Transport kann ein sekundärer folgen, etwa ein Symport oder Antiport von H^+/Zucker. Es gibt Berichte über Antiport von Ca^{2+}/H^+ und H^+/Na^+. Vakuolen sind sehr dynamische Strukturen, sie verändern ihre Form und Größe je nach den vorgegebenen Bedingungen.

Ein anderer dynamischer Aspekt ist die Fusion und Spaltung in der Population der Vakuolen. Über ihre enzymatische Ausstattung herrscht Unklarheit. Glykosidasen, besonders α-Mannosidase und saure Invertase, wurden nicht nur bei Hefe den Vakuolen zugeordnet. Carboxypeptidasen und Endoproteinasen sind in Vakuolen lokalisiert worden.

In Zusammenhang mit der heterotrophen Ernährung einer Pflanzenzelle ist die Mobilisierung der Saccharose und der Proteine im Nährgewebe zu sehen. Aber auch Zellen, die kurzfristig über ein Überangebot an bestimmten Aminosäuren oder Dicarbonsäuren verfügen, benützen den „Speicher" Vakuole. Nicht nur bei der Mobilisierung von Reserven während der Keimung spielen Peptidasen eine Rolle. Mobilisierung der noch verbliebenen Proteine stellt man gleichfalls bei Seneszenz der Blätter fest. Bei natürlicher Seneszenz verlieren die Laubblätter die Fähigkeit, Nitrat zu produzieren und zu assimilieren. Die NADH-abhängige Nitrat-Reduktase – mit Flavoprotein und Molybdän-Cofaktor – unterliegt dabei besonders stark dem proteolytischen Abbau. Die biochemischen Prozesse der Seneszenz können in abgeschnittenen Blättern studiert werden; oder nach Behandlung mit Jasmonsäure.

Aminosäuren werden bevorzugt zur Enzym-Synthese verwendet, können aber auch abgebaut werden

Infundiert man einem Samen während der Keimung eine ^{14}C-Aminosäure, so kann man das Schicksal des C-Gerüsts der Aminosäure im Stoffwechselgeschehen des Keimlings in groben Zügen rekonstruieren. Die Hauptmenge der Radioaktivität wird wohl in Proteine eingebaut, jedoch läßt sich radioaktive Markierung auch anderer Substanzklassen, wie Kohlenhydrate oder Lipide, nachweisen. Hydrolysiert man das radioaktiv markierte Protein und analysiert die Bestandteile, so ist Radioaktivität nicht nur in der vorgegebenen Aminosäure, sondern auch in bestimmten anderen Aminosäuren lokalisiert. Daraus ist zu schließen, daß die Aminosäuren des Keimlings nicht nur in Protein eingebaut werden, sondern auch einem Abbau unterliegen. Obwohl die Stoffwechselwege zum Abbau der einzelnen Aminosäuren in Pflanzen wenig bekannt sind, ist doch klar, daß sie in den Citrat-Zyklus münden.

Der Abbau von Aminosäuren gehört, abgesehen von den Übergängen durch Transaminase-Reaktionen, zu den bei Pflanzen mit wenig Erfolg untersuchten Stoffwechselwegen. Aminosäuren werden entweder unmittelbar zur Enzym-Synthese verwendet oder aber abgebaut und – meist via Citrat-Zyklus – zur Neubildung anderer Aminosäuren benützt. Über diesen amphibolen Stoffwechselweg finden C-Atome der Aminosäuren zu einem kleinen Teil auch Eingang in Kohlenhydrate und Lipide.

Da Säureamide wie Glutamin und Asparagin in Samenproteinen dominieren, kommt bei der Keimung z. B. der Funktion der Asparaginase große Bedeutung zu. Der „Überschuß" an NH_4^+, der im Verlauf der Keimung durch Hydrolyse der Säureamide Glutamin und Asparagin entsteht, wird in andere stickstoffhaltige Verbindungen des Keimlings (z. B. Nukleinsäuren) eingebaut. So ist der keimende Samen bis zum Ergrünen von einer exogenen Stickstoffquelle völlig unabhängig. Für eine Ausscheidung von N-Verbindungen, wie sie der Harnstoff-Zyklus bei Tieren darstellt, gibt es bei Pflanzen keine Voraussetzung.

Die Fixierung von NH_3 kann z. B. in keimenden Erdnüssen dadurch erfolgen, daß eine Synthetase NH_3 unter Verwendung von ATP an 4-Methylenglutamat bindet. 4-Methylenglutamin ist die N-Reserve des Keimlings und der jungen Pflanze.

Wenn N-Verbindungen in einem Gewebe in Überschuß vorliegen, kann es zum Ferntransport zu einem anderen Gewebe kommen. Natürlich gelten dann all die Überlegungen, die im Falle der Beziehung Source-Sink für Transport-Metabolite angestellt wurden.

Den Abbauwegen ist gemeinsam, daß sie mit Transaminierung zu α-Ketosäuren beginnen und dann das C-Gerüst der Carbonsäuren so aufbereiten, daß die Endprodukte des Abbaus in den Citrat-Zyklus eingeschleust werden können. Bei höheren Pflanzen besitzen wir, durch Einsatz von sterilen Untersuchungsobjekten (z. B. Suspensionskulturen), gesicherte Hinweise, daß z. B. der Abbau von Tyrosin über Homogentisinsäure zu den aliphatischen Carbonsäuren bzw. der Stoffwechsel von Leucin über die durch oxidative Decarboxylierung entstehende Isovaleriansäure verläuft. Das bedeutet, daß Pflanzen vermutlich auch die bei Tieren gut untersuchten Abbauwege verwenden.

Der Abbau des N von Glutaminsäure kann in einer Art Harnstoff-Zyklus stattfinden: Glutamat wird über Ornithin in Citrullin überführt; nach Aufnahme einer Amino-Gruppe aus dem Aspartat und der Bildung von Arginino-succinat entsteht Arginin.

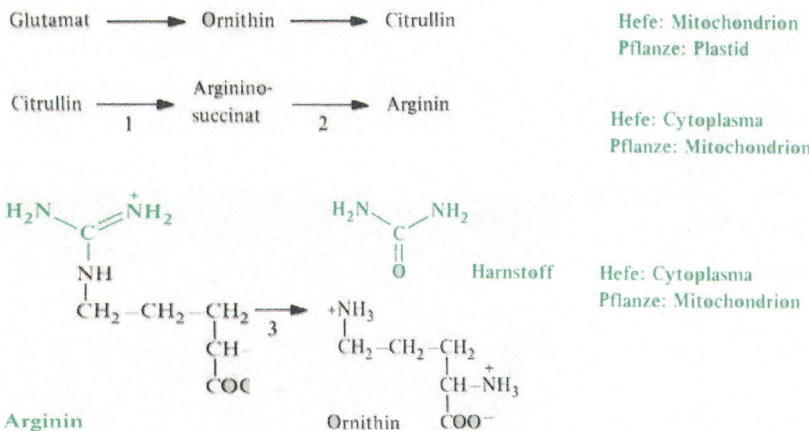

Abb. 7.27. **Bildung und Spaltung von Arginin: Vergleich Pflanze – Hefe (Tier)**

Arginin wird durch die Arginase in Ornithin und Harnstoff gespalten. Diese Schritte finden je nach Organismus in unterschiedlichen Kompartimenten statt: die Pflanze verbindet dabei die Funktion des Chloroplasten, für den Übergang Glutamat – Citrullin mit der des Cytoplasmas (Bildung von Arginin) und des Mitochondrions; die Mitochondrien führen – ganz im Gegensatz zu Hefe und Tier – die Arginase-Reaktion durch.

Der Abbau von Histidin wird durch eine Ammoniak-Lyase eingeleitet.

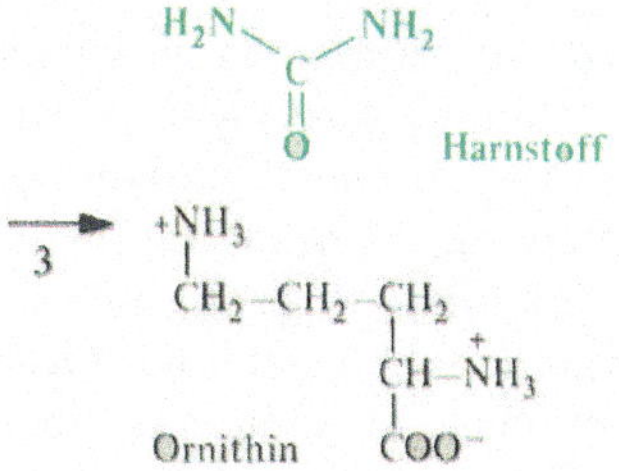

Abb. 7.28. **Abbau von Histidin über Urocaninsäure.** Nach der Hydratisierung zum midazolonpropionat kommt es zur hydrolytischen Spaltung des Imidazol-Rings

Purin-Derivate, wie sie aus dem Turnover von Nukleinsäuren anfallen oder im N-Stoffwechsel von tropischen Leguminosen eine Rolle spielen, werden über Xanthin und Harnsäure abgebaut (→ Abb. 7.29). Urat-Oxidase führt zu Allantoin (1), Allantoat (2), und eine Amino-Hydrolase zu Ureidoglycin (3). Ureidoglykolat kann durch eine Amido-Hydrolase (5) in Glyoxylat, CO_2 und NH_3 gespalten werden, ohne daß Harnstoff ein obligate Zwischenstufe wäre.

Unabhängig von diesem Weg könnte ein Teil des Stoffwechsels auch unter Einbeziehung der Urease (6), einem von Ni^{2+} abhängigen Enzym, ablaufen. Urease müßte aber als Enzym alleinig wirksam sein, wenn Harnstoff als Blatt-Dünger gesprüht wird und über die Stomata in die Blätter gelangt. Im Boden würde Harnstoff durch die Urease der Mikroorganismen schnell abgebaut werden.

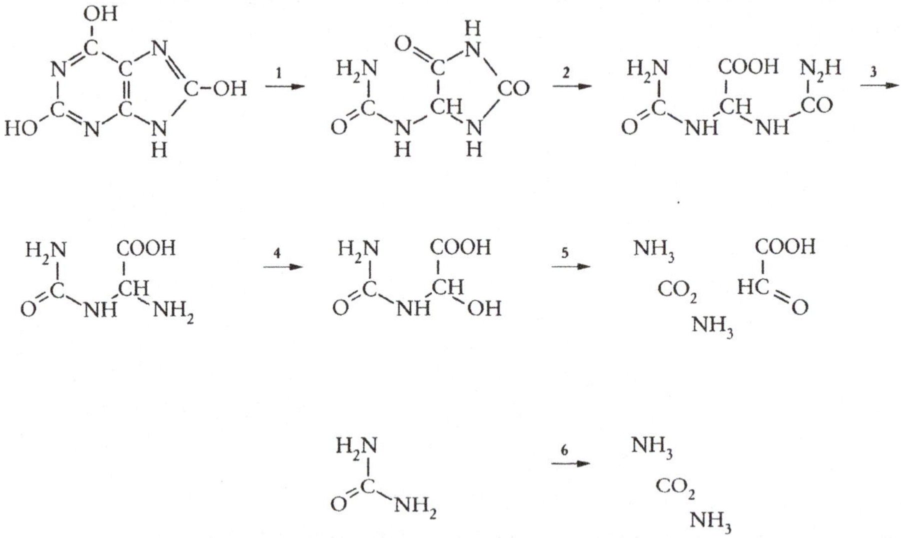

Abb. 7.29. Abbau von Purin-Derivaten.

Abb. 7.29. Abbau von Purin-Derivaten. Urat-Oxidase (1) trägt als peroxisomales Enzym eine charakteristische C-terminale Sequenz -SKL. Allantoinase (2) wurde dem ER zugeordnet. Die Enzyme des Purin-Abbaus können durch Kontrolle der Gen-Aktivierung bei ganz bestimmten Bedingungen aktiviert werden; bei der Ausbildung von Knöllchen zählen sie zu den Nodulinen. Urease (6), das erste Enzym, dessen Kristallisation gelang (1926), wurde aus Samen präpariert. Es besitzt einen ungewöhnlichen K_M-Wert (200 mM). Anders verhält sich das Enzym aus Blättern ($K_M = 1$ mM), dessen Funktion auch beim Abbau von Arginin anzusiedeln ist. Ureasen sind Metall-Enzyme; Gewebekulturen, die in Anwesenheit von Chelat-Bildnern und in Abwesenheit von Ni^{2+} wachsen gelassen wurden, zeigen keine Urease-Aktivität

Bei der Pathogenese durch *Pseudomonas phaseolicola* kommt es zu Läsionen und verbreiteter Chlorosis. Ein sich ausbreitender – systemischer – Faktor überträgt diese Folgen auf die ganze Pflanze. Dabei kommt es zu einem starken Anstieg an Histidin und Ornithin. Eine der Ursachen ist, daß ein Toxin des Bakteriums die Carbamoyl-Transferase und damit den Übergang Ornithin → Citrullin in der Pflanze unterdrückt. Das Toxin Phaseolotoxin hat strukturelle Ähnlichkeit mit Ornithin.

Ein anderes Produkt von *Pseudomonas*-Stämmen, das Tabtoxin, blockiert die Glutamin-Synthetase. Da aber gleichzeitig NH_3 gebildet wird, kommt es im Licht zur Anhäufung von NH_3 im Chloroplasten.

Proteinase-Inhibitoren und Thionine: Mittel für biochemische Schutzmechanismen?

Die Speicherorgane vieler Pflanzen enthalten häufig große Mengen niedermolekularer Proteine (Mr unter 10 000), die proteolytische Enzyme inhibieren. Diese Inhibitorproteine sind meist gegen trypsin- oder chymotrypsin-artige Proteinasen tierischen oder bakteriellen Ursprungs gerichtet und hemmen selten pflanzliche Proteinasen; sie zeichnen sich durch einen hohen Gehalt an Cystein aus. Es ist bekannt, daß Actinomycetes Oligosaccharide herstellen, die Inhibitoren für tierische α-Glucosidase und α-Amylase sind.

Ein Trypsin-Inhibitor (Typ Kunitz) mit (21 kDa) repräsentiert bis zu 5% des Samenproteins von Leguminosen. Der Trypsin-Inhibitor (Typ Kunitz) aus Sojabohnen ist in der Spezifität vergleichbar mit dem entsprechenden Inhibitor aus dem Pankreas. Der Zusatz von Sojabohnen-Trypsin-Inhibitor (Typ Kunitz) zur Diät von Insektenlarven führt in deren Verdauungstrakt zur verstärkten Ausschüttung von Proteasen. Wenn Tabak mit dem Gen für Inhibitor Typ II transformiert und diese Pflanze als einzige Nahrungsquelle einer Larve angeboten wurde, kam es zu deutlichen Wachstumsstörungen des Insekts.

Kompetitive Inhibitoren findet man in Solanaceen: Typ I (8 kDa) und Typ II (12 kDa). Strukturell und funktionell stellen sie ganz unterschiedliche Proteine dar. Der Inhibitor vom Typ I wirkt auf Proteasen von Mikroorganismen (Subtilisin) während der Inhibitor vom Typ II mit tierischen Proteasen interagiert. Inhibitor Typ I wird als Prä-Pro-Protein mit einem 23 Aminosäure-Reste langem Signal-Peptid und einer Pro-Sequenz von 19 Aminosäure-Resten synthetisiert. Beide Sequenzen werden abgespalten, bevor das reife Protein in der Vakuole abgelagert wird. In transgenen Pflanzen mit einer starken Expression der Gene für die Protease-Inhibitoren findet man außer in den Vakuolen auch im extrazellulären Bereich Ablagerungen dieser Proteine. Der Inhibitor vom Typ II wird als Prä-Protein mit einer Signal-Sequenz von 25 Aminosäure-Resten gebildet.

Inhibitoren von Cystein-Proteasen sind vermutlich ubiquitär in Pflanzen; genauer beschrieben ist das Protein aus Reis. Cystein-Proteasen befinden sich nicht unter den sekretierten Proteinen im Darmtrakt der höheren Tiere; aber eine Reihe von Blätter fressenden Insekten sezerniert Cystein-Proteasen in den Verdauungstrakt. Diese Tiere könne sehr wohl große Mengen an Blättern konsumieren, die reich sind an Serin-Protease-Inhibitoren. Aber verschiedene natürliche und synthetische Inhibitoren der Cystein-Proteinasen bewirken bei diesen Tieren den Tod.

Inhibitoren von Metallo-Proteinasen und von Aspartat-Proteasen (vom Typ Cathepsin D) wurden in Kartoffeln gefunden. Gemeinsam mit den Serin-Protease-Inhibitoren Typ I und Typ II akkumulieren sie in der Kartoffel-Knolle. Auch Verwundung führt zu verstärkter Synthese dieser verschiedenen Inhibitoren.

Die für den Protease-Inhibitor kodierende mRNA stellt im reifenden Samen eine der dominierenden mRNA-Spezies dar; im trockenen Samen ist sie kaum detektierbar. Diese strikte Kontrolle der Transkription wird durch ein Regulator-Protein ausgeübt. In Blättern wird die Gen-Expression durch Verwundung ausgelöst. Dabei kommt es nicht nur zu einem lokalen Anstieg der Protease-Inhibitor-mRNA, sondern auch zu einem systemischen Effekt: Über größere Distanzen wird das Signal „Verwundung" durch eine chemische Verbindung über das Phloem transportiert. Dadurch werden die anderen Zellen zur Synthese von Protease-Inhibitoren angeregt ($\rightarrow$ Abb. 9.1).

Gene für Protease-Inhibitoren besitzen einen Promotor, der bei Verwundung angesteuert und aktiviert wird. Während diese Gene bei normalem Wachstum nicht exprimiert werden, erzeugen bestimmte Arten von Streß Signale, die auf die Transkription einwirken. Insekten oder mechanische Verwundung lösen einen lokalen und
einen systemischen, über die ganze Pflanze wirkenden Effekt aus. Besonderes Interesse steckt in der Frage, welche chemische Verbindung als Hormon für die Ausbreitung der Reaktion auf die Verwundung sorgt. Abscisinsäure, flüchtige Jasmonsäure-
Derivate und gut wasserlösliche Pektin-Fragmente wurden in diesem Zusammenhang untersucht.

Pflanzliche Proteinase-Inhibitoren können einen hohen Anteil des Samen- oder
Knollen-Proteins ausmachen. Über die physiologische Funktion der Proteinase-Inhi-
bitoren bei Pflanzen sind wir auf Vermutungen angewiesen. Es wird ihnen eine Rolle
bei der komplexen Wechselbeziehung zwischen Pflanzen und Mikroorganismen oder
Insekten zugeschrieben. Zahlreiche bakterielle Proteinasen besitzen trypsinartige
Spezifitäten; ihre Hemmung durch Inhibitorproteine könnte pflanzliches Gewebe
vor dem Angriff von Mikroorganismen schützen. Wahrscheinlich liegt die Rolle der
Inhibitoren in der Abschreckung von Insekten. In Blättern löst eine mechanische
Verletzung die Synthese eines Proteinase-Inhibitors nach Art einer primitiven
Immunreaktion aus: das schützende Agens akkumuliert an der Wundstelle; durch
einen systemischen Faktor kann das Signal der Verwundung aber auch über die
ganze Pflanze verteilt werden und sollte an anderen Stellen durch die Induktion der
Synthese des Inhibitors eine Barriere gegen die Invasion von Insekten aufbauen.

Unabhängig von der Funktion haben wir zuletzt mehrere Beispiele kennengelernt, bei denen
Proteine durch einen gerichteten intrazellulären Transport in die Vakuolen gelangen. Es han-
delte sich um Proteine, die bereits bei der Betrachtung der cDNA-Struktur und der Ableitung
der Aminosäure-Sequenz aufgrund ihrer Signal-Sequenz am N-Terminus als Komponenten
des sekretorischen Apparats erkannt werden. Aber die Frage, ob das Translationsprodukt in
Richtung Sekretion und extrazellulärer Raum einzustufen ist oder ob es durch vesikulären
Transfer in andere Kompartimente exportiert wird, ist schwerer zu beantworten. Signal-
Sequenzen (Targeting Signale) für Vakuolen-Proteine liegen wohl in erster Linie im Inneren
der Struktur des Proteins (→ Abb. 3.24). Wenn man den Gesamtprozeß überdenkt, müßte
man auch auf die im ER-Lumen fungierenden Chaperone (→ Abb. 3.19) Rücksicht nehmen.
Welche Strategien der Adressierung und des Transfers in Vesikel (→ Abb. 9.19) sind da zu
bedenken? Manche der fraglichen Proteine werden als Proproteine in die Vakuolen, oder auf
den Weg zu den Vakuolen, gebracht. Eine Entfernung der Pro-Sequenz könnte zum Verlust
des Ziel-Signals führen; das Protein bliebe im ER stecken. Wie könnte man die Position und
die Größe einer Signal-Sequenz bestimmen?

Thionine bilden eine gut definierte Gruppe von niedermolekularen Proteinen (ca.
5 kDa), die toxisch gegenüber Mikroorganismen wirken. Bemerkenswert ist der
hohe Anteil an Cystein-Resten; in der Regel sind sie zu Disulfid-Brücken oxidiert.
Die Analyse der cDNA-Sequenzen weist auf ein N-terminales Signalpeptid hin. Es
gibt Thionine, die charakteristisch für das Blatt sind, oder andere, die fast ausschließlich im Endosperm vorkommen.

Die Gene für die Thionine des Blatts bilden eine große Familie von über 50 Strukturen. Deren Expression zeigt sehr unterschiedliche Werte.

7.4 Methodik

Signale können in der Zelle den Umbau von Organellen vermitteln. Häufig handelt es sich um eine Aktivierung der Gen-Aktivität. Wenn dabei viele Gene, kodierend für ein Set von Proteinen, betroffen sind und die Gen-Produkte vorwiegend in ein bestimmtes Kompartiment transloziert werden, kommt es zu einer starken funktionellen Änderung des Kompartiments. Verstärkt kann dieser Umbau dadurch werden, daß fast gleichzeitig ein anderes Set von Proteinen in dem betreffenden Kompartiment selektiv abgebaut wird. So entsteht der Eindruck, daß ein Organell – ohne seine in der Membran liegende Identität zu verlieren – für die neuen Aufgaben umstrukturiert wird. Der Vorgang erinnert an eine behutsame Renovierung eines schönen alten Hauses, bei dem am Ende zumindest die Front stehen bleibt.

Es gibt pflanzliche Nährgewebe, die bei der Keimung im Dunkeln die endogenen Lipid-Reserven abbauen, aber bald danach photosynthetisch kompetent werden. Keimblätter von Sonnenblumen oder Cucurbitaceen zählen dazu. Dann kann – innerhalb ein und derselben Zelle – das Set an Enzymen in den Organellen ausgetauscht und die Organellen können umgebaut werden. Etioplasten werden zu Chloroplasten, Glyoxysomen zu Blatt-Peroxisomen.

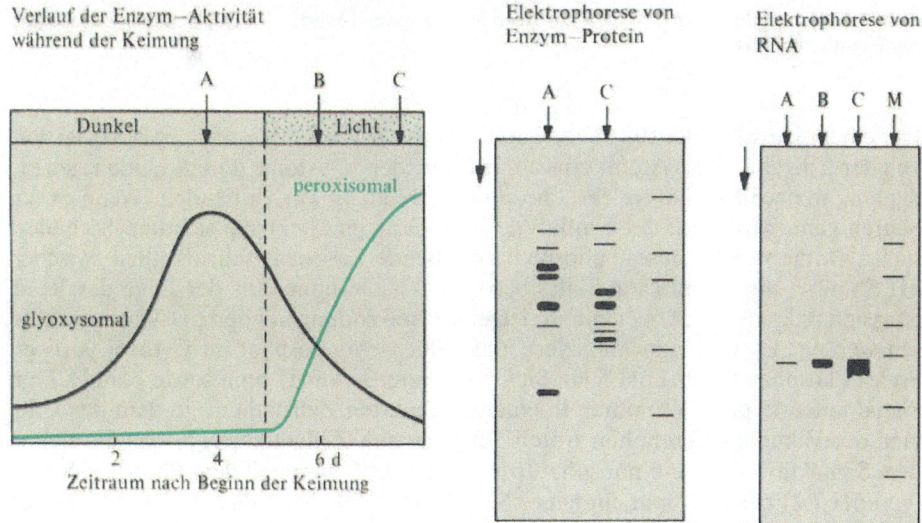

Abb. 7.30. Umschalten von heterotropher auf photoautotrophe Ernährung. Das Diagramm (links) gibt den Verlauf der Enzym-Aktivitäten der Leit-Enzyme für den Glyoxylat-Zyklus (schwarz) und für die in Blatt-Peroxisomen lokalisierten Reaktionen der Photorespiration (grün) wieder. Die peroxisomalen Aktivitäten treten erst nach Belichtung auf. Ein Vergleich der Mikrokörper ist durch gelelektrophoretische Trennung der Proteine einer gereinigten Organellenfraktion möglich (Bildmitte). A: das Proteinmuster zeigt nur glyoxysomale Proteine, wie Malat-Synthase und Isocitrat-Lyase. C: die glyoxysomalen Proteine sind weitgehend abgebaut, statt dessen treten die Leit-Proteine der Blatt-Peroxisomen auf: Glykolat-Oxidase und Hydroxypyruvat-Reduktase. Eine dicke Bande – die der Katalase – findet sich in beiden Präparationen. Die Hybridisierung mit einer spezifischen DNA-Probe zeigt (rechts), daß innerhalb der Fraktion der Gesamt-mRNA der Anteil an mRNA, die für Glykolat-Oxidase kodiert, stark ansteigt

Die Bestimmung des pH-Werts in bestimmten Teilbereichen der Zelle ist selten möglich, ohne daß es zu Zerstörungen oder Perturbationen in der Zelle kommt. Eine Methode, die zerstörungsfrei eine Abschätzung des pH-Werts erlaubt, ist die Kernresonanz-Spektroskopie. Sie setzt allerdings voraus, daß der zu analysierende Bereich innerhalb der Zelle einen beträchtlichen Anteil am Gesamtvolumen der Zelle darstellt.

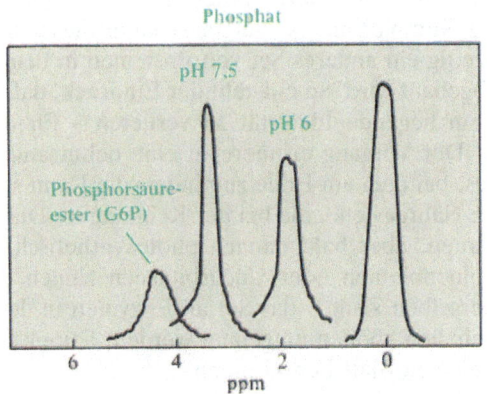

Abb. 7.31. Anwendung von ^{31}P-NMR zur Bestimmung von pH-Werten in verschiedenen intrazellulären Kompartimenten

Der chemische Shift der Resonanzsignale hängt bei der Kernresonanz-Spektroskopie von der Umgebung des Atomkerns ab. Im Falle der ^{31}P-Atome unterscheiden sich die Signale, je nachdem um welche Phosphor-Verbindung es sich handelt. Wenn es um Säuren geht, wird auch der Einfluß des pH-Werts im Spektrum sichtbar. So ändert sich z. B. die von Glucose-6-phosphat kommende Resonanz sehr deutlich zwischen pH 5 und 7: die chemischen Shifts betragen 12 – 16 ppm. Aus der Lage des Resonanzsignals kann daher bei ein und derselben Verbindung auf den pH-Wert geschlossen werden. Es wird nun impliziert, daß Glucose-6-phosphat im Cytosol vorliegt. Freies Phosphat gibt bei pH 5 ein Signal im Bereich von 17 ppm sowie bei pH 7 ein Signal unter 15 ppm. Wenn nun in einem definierten Zellstadium, in dem das Volumen der Vakuole einen hohen Anteil des gesamten Zellvolumens ausmacht, neben dem Signal für Glucose-6-phosphat (pH 7.2) bei 12.6 ppm und dem Phosphat-Signal (von pH 7.2) bei 14.7 ppm ein neues Signal auftaucht, kann dieses einem Phosphat in der Umgebung von pH 5.5 zugeordnet werden. Der indirekte Schluß – untermauert durch Relationen zum physiologischen Zustand der Zelle – ist dann, daß es sich bei dem zusätzlichen Pool um Phosphat in der Vakuole handeln sollte.

8. Mitochondrien: mtDNA, Protein-Import und C-Stoffwechsel

Mitochondrien besitzen mit dem Citrat-Zyklus die effizienteste Maschinerie, organische Verbindungen zur Gewinnung von sofort abrufbarer chemischer Energie zu nutzen. Da aber mit der Photosynthese der Chloroplasten in vielen Situationen eine mehr als vergleichbare Alternative existiert, ist die dominierende Rolle der Mitochondrien bei der Versorgung der Zelle mit ATP auf die nicht ergrünenden oder noch nicht ergrünten Zellen beschränkt. Durch Austausch von Metaboliten ist die Tätigkeit der Mitochondrien mit dem Stoffwechsel anderer Organellen gekoppelt; dies gilt für die Zusammenarbeit mit Peroxisomen und Chloroplasten bei der Photorespiration sowie für den Umbau des Succinats, das Glyoxysomen bei Fettsäure-Oxidation und Glyoxylat-Zyklus liefern.

Da in Pflanzen die Zusammenarbeit der Mitochondrien mit den anderen Kompartimenten sehr umfangreich sein kann, muß den Eigenschaften der selektiven Translokatoren an der Innenmembran besonderes Augenmerk gelten. Über die Spezifität der Translokatoren entscheidet sich, auf welcher Stufe der Austausch von Metaboliten erfolgt und wie die cytosolischen Niveaus an ATP, Aminosäuren und anderen Carbonsäuren direkt mit denen der Mitochondrien gekoppelt sind.

Das Einfließen einer Substanz aus dem Cytosol in das Mitochondrion setzt zuerst einmal den Durchtritt durch die Außenmembran voraus. Hier scheint es keine enge Spezifität für den Transport zu geben, denn die vom Porin (31 kDa) gebildeten Kanäle erlauben allen nieder-molekularen Verbindungen den Durchtritt. Dies gilt aber nicht für jeden Zustand des Mitochondrions: So ist der Durchmesser des aus mehreren Porin-Molekülen gebildeten Zylinders abhängig von dem Membranpotential. Das Besondere an der Struktur des Porins ist ferner, daß nicht α-Helices ($\rightarrow$ Abb. 2.6), sondern β-Faltblätter die Membran durchspannen. Porine (auch bei gram-negativen Bakterien) bilden β-Barrels in der Membran. Im Vergleich zu den Kanäle bildenden Proteinen, die α-Helices aufweisen, war dieser Befund überraschend.

Ganz anders verhält sich die Innenmembran der Mitochondrien. Sie ist für Glucose und viele Ionen impermeabel. Daher müssen Translokatoren für den geregelten Austausch von Metaboliten sorgen. Der *ATP/ADP-Translokator* in der Innenmembran arbeitet als Antiporter. Über ihn wird das im Cytosol nach Synthesen anfallende ADP in die Mitochondrien gebracht – bei gleichzeitigem Transfer des ATP aus den Mitochondrien. Die Umsatzrate des Translokators kann da leicht zum limitierenden Schritt werden, der die Konzentration an mitochondrialem ADP und damit der oxidativen Phosphorylierung begrenzt. Mit einem Export von ATP ist eine Verarmung der Mitochondrien an Phosphat verbunden; während die Konzentration von Phosphat im Cytosol im millimolaren Bereich liegt. So muß über den *Phosphat-Translokator*, im Symport mit H^+, $H_2PO_4^-$ in die Matrix gelangen.

8.1 Stoffwechsel der Mitochondrien

> Der Stoffwechsel der Mitochondrien besteht in erster Linie aus dem Citrat-Zyklus und dessen Verzweigungen. Viele Reaktionen sind über den Pool an NAD$^+$/NADH mit der ET-Kette verbunden.

Im nicht-ergrünten Gewebe oder auch in Blättern im Dunkeln sorgt die Tätigkeit der Mitochondrien, im wesentlichen der Citrat-Zyklus, gekoppelt an die oxidative Phosphorylierung, und der Export von ATP in das Cytosol für ein ausreichend hohes Verhältnis von ATP/ADP im Cytosol. Die Mitochondrien ihrerseits können nicht nur mit Pyruvat versorgt werden, sondern auch mit Redoxäquivalenten wie Malat. Eine besondere Erwähnung soll der Oxalacetat-Translokator erfahren. Neben den relativ wenig selektiven Transportsystemen für Mono-, Di- und Tricarbonsäuren, wie sie in tierischen Zellen charakterisiert wurden, besitzen die pflanzlichen Mitochondrien mit dem Oxalacetat-Translokator eine Besonderheit; die Innen-Membran der tierischen Mitochondrien nämlich ist für Oxalacetat impermeabel. Der Translokator der pflanzlichen Mitochondrien zeichnet sich durch hohe Affinität zum Oxalacetat aus ($K_M = 8\ \mu M$). Er vermag sowohl Oxalacetat als auch Malat – unabhängig voneinander – durch elektrogenen Uniport über die Innenmembran transportieren. Damit sind die Verhältnisse von Malat/Oxalacetat im Cytosol und in den Mitochondrien miteinander gekoppelt. Oder: Der jeweilige Redox-Gradient kontrolliert den Fluß von Metaboliten zwischen Chloroplasten, Peroxisomen und Mitochondrien.

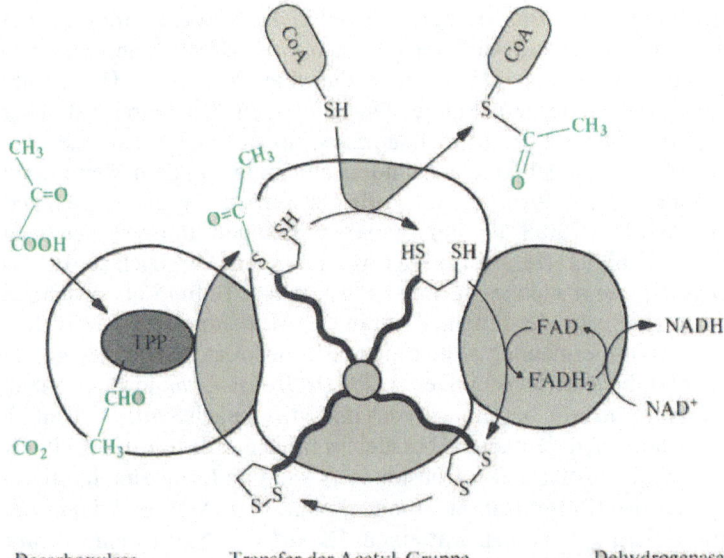

Abb. 8.1. Hypothetische Anordnung der Komponenten zum Pyruvat-Dehydrogenase-Komplex. Drei verschiedene Arten von UE sowie drei unterschiedliche prosthetische Gruppen nehmen teil

Pyruvat kann in den Mitochondrien vollständig verbrannt werden

Wenn unter aeroben Bedingungen die Mitochondrien voll entwickelt sind und auch als Substrat genügend O_2 zur Verfügung steht, wird Pyruvat, das Produkt der Glykolyse, in die Mitochondrien transportiert und dort vollständig zu CO_2 und Wasser umgesetzt.

Den ersten Schritt der Oxidation von Pyruvat (Abb. links) katalysiert der in den Mitochondrien lokalisierte *Pyruvat-Dehydrogenase-Komplex*. Ein Enzymkomplex, der für die Überführung von Pyruvat in Acetyl-SCoA verantwortlich ist, wurde einerseits in Proplastiden und im Stroma von Chloroplasten gefunden, andererseits in der Innenmembran der Mitochondrien lokalisiert.

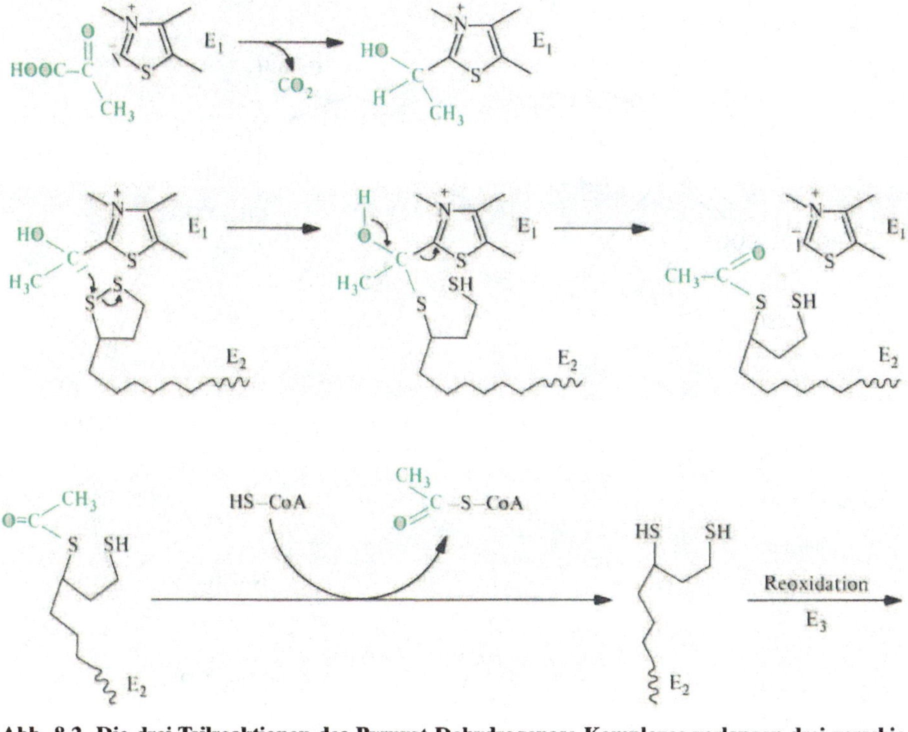

Abb. 8.2. Die drei Teilreaktionen des Pyruvat-Dehydrogenase-Komplexes verlangen drei verschiedene prosthetische Gruppen

Der Komplex aus Mitochondrien von Erbsen-Keimlingen (2 000 kDa) besteht aus mehreren UE. Neben den UE (Kinase, Phosphatase), die regulatorische Funktionen erfüllen, findet man 3 katalytische UE.

Eine ATP-abhängige Kinase desaktiviert, eine Mg^{2+}-abhängige Protein-Phosphatase reaktiviert. Da der Dehydrogenase-Komplex immer assoziiert mit der Protein-Kinase und der Protein-Phosphatase gefunden wird, genügt die Zugabe von 1mM ATP zum Gesamtkomplex, um die Enzym-Aktivität abzudrehen.

Die Teilschritte und Funktionen des Citrat-Zyklus

Der Citrat-Zyklus stellt sich als zyklischer Stoffwechselweg mit der formalen Möglichkeit dar, Essigsäure zu 2 CO_2 zu verbrennen. Diese Betrachtungsweise reicht bestenfalls aus, die Kohlenstoff-Bilanz zu charakterisieren. Citrat-Zyklus ist vielmehr ein sehr vielseitiges Mittel des Intermediärstoffwechsels und ein zentraler Punkt des Energiestoffwechsels. Der Citrat-Zyklus kann ein Sammelbecken der katabolen Wege, aber auch ein vielfältiges Reservoir für anabole Synthesewege darstellen. Dazu ist er ein höchst effizienter Weg, um aus vorher „zerkleinerten Molekülen", innerhalb kürzester Reaktionssequenzen, ein Maximum an Redox-Äquivalenten – H in gebundener Form – freizusetzen.

Die in der Übersicht angesprochenen Reaktionen und Enzyme werden auf der Seite rechts im Detail behandelt. Die Freisetzung von CO_2 sowie die anderen Produkte des „Mahlens" von Pyruvat sind in der Übersicht erkennbar.

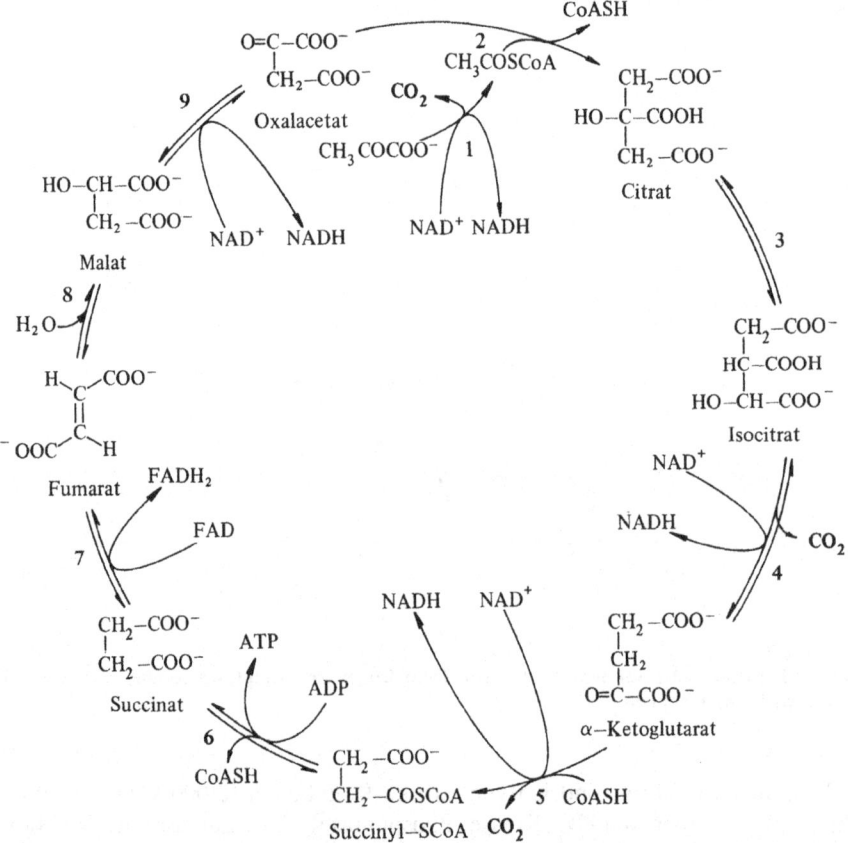

Abb. 8.3. Der Citrat-Zyklus. Der Citrat-Zyklus als zyklischer Prozeß des C-Stoffwechsels kann nur in Zusammenhang mit dem Schicksal der dabei in großen Mengen umgesetzten Redoxäquivalente gesehen werden. Da diese aber nur in limitierten Mengen zur Verfügung stehen, ist das Verhältnis von NAD^+/NADH von entscheidender Bedeutung für die Geschwindigkeit des Umsatzes (vgl. Abb. 4.25)

Der Einstieg in den Citrat-Zyklus erfolgt mit Hilfe der *Citrat-Synthase*-Reaktion (1). Die Einstiegsreaktion ist praktisch irreversibel: die energiereiche Thioesterbindung – eingebracht durch Acetyl-SCoA – bleibt vorerst bei der Knüpfung der C-C-Bindung erhalten; es entsteht Citryl-SCoA. Bis hierher wäre eine Reversibilität für Bildung bzw. Spaltung der C-C-Bindung gegeben. Im anschließenden Schritt wird aber CoA-SH vom Citryl-SCoA durch Hydrolyse (ΔG = -35 kJ/mol) abgespalten. Die Bildung von Citryl-CoA, eine Aldol-Reaktion, ist reversibel; die Gesamtreaktion zum Citrat aber ist ein irreversibler Vorgang und eine Umkehr, eine Spaltung von Citrat zu Oxalacetat und Acetyl-SCoA, nicht möglich. Eine Umkehr der Citrat-Bildung kann aber auf einem Umweg erreicht werden: ein anderes Enzymsystem – eine ATP-abhängige Citrat-Lyase – katalysiert über einen von der Citrat-Synthase-Reaktion unabhängigen Weg die Spaltung von Citrat + HS-CoA + ATP = Oxalacetat + Acetyl-SCoA + ADP + P_i. Dieses Enzym kommt im Cytoplasma vor und hat die Aufgabe, Citrat, das in Mitochondrien gebildet und über den Tricarboxylat-Transporter exportiert wurde, in Oxalacetat und Acetyl-SCoA zu spalten; damit steht letzteres z. B. für Lipid-Synthesen in reifenden Samen zur Verfügung. Die Lyase konnte in mehreren Geweben, in denen sie vorher kaum nachweisbar war, durch Pilz-Infektion stark induziert werden; der Anstieg des Enzyms ging parallel zur Bildung von Sesquiterpenen.

Aconitase ist aus proteinchemischem und stereochemischem Blickwinkel von Interesse. Aconitase enthält ein FeS-Zentrum; diese Struktur hilft dabei, die stereospezifische Abspaltung und Anlagerung von Wasser zu vermitteln. Nicht cis-Aconitat, sondern ein enzymgebundenes Carbeniumion ist wahrscheinlich die Zwischenstufe bei der Umwandlung von Citrat zu Isocitrat. In der Regel ist cis-Aconitat kein Substrat für das Enzym; die Bildung größerer Mengen von Aconitat in einigen Pflanzen muß auf anderem Wege erfolgen.

Bei der Katalyse durch Isocitrat-Dehydrogenase (4) tritt intermediär und enzymgebunden Oxalsuccinat auf, das als β-Ketosäure leicht decarboxyliert. Das mitochondriale Enzym arbeitet mit NAD^+ als Cofaktor; eine weitere multiple Form dieses Enzyms mit anderer physiologischer Funktion ist im Cytoplasma lokalisiert und oxidiert dort Isocitrat mit $NADP^+$. Die Rolle der mitochondrialen Form einer $NADP^+$-abhängigen Isocitrat-Dehydrogenase ist nicht klar.

Die Teilschritte der Oxidation von α-Ketoglutarat zu Succinyl-SCoA mit Hilfe des α-Ketoglutarat-Dehydrogenase-Komplexes verlaufen völlig analog zur Pyruvat-Dehydrogenase-Reaktion (Abb. 8.2).

Malat-Dehydrogenase finden wir bei Pflanzen in der Regel in mehreren Kompartimenten. Man muß davon ausgehen, daß mehrere Isoenzyme – alle kern-kodiert, mit unterschiedlicher Aminosäure-Sequenz – dieselbe katalytische Aktivität besitzen. Ähnlich wie im Fall der Citrat-Synthase ist je eine Form den Mitochondrien und den Glyoxysomen bzw. Peroxisomen zuzuschreiben. Bei Malat-Dehydrogenase findet man aber darüber hinaus noch mindestens eine cytostolische Form und in der Regel auch eine Form in den Plastiden.

Wichtig für die Pyridinnukleotid-Pools der Mitochondrien ist die Feststellung, daß das Gleichgewicht der Malat-Dehydrogenase-Reaktion sehr weit auf der Seite von Malat + NAD^+ liegt. Dies hat zur Konsequenz, daß die Zufuhr von Oxalacetat zuerst zu einer starken Abnahme des noch vorhandenen NADH und zur Bildung von Malat führt. Erst wenn die ET-Kette in Schwung kommt und für die Regenerierung von NAD^+ sorgt, wird Malat in den Citrat-Zyklus hineingezogen.

Die Rolle von Acetyl-SCoA in Katabolismus und Anabolismus

Die Produkte der Pyruvat-Dehydrogenase-Reaktion, Acetyl-SCoA und NADH, werden im Citrat-Zyklus bzw. in der ET-Kette vollständig oxidiert. Vom Abbau der Kohlenhydrate abgesehen, münden noch zahlreiche andere katabole Stoffwechselwege in den Citrat-Zyklus. So entsteht Acetyl-SCoA nicht nur aus Pyruvat, und Pyruvat nicht nur im Verlauf des Kohlenhydrat-Abbaus, sondern auch beim Abbau der Aminosäuren Alanin, Serin und Cystein. α-Ketoglutarat wiederum bildet die Endstufe des Abbaus der Aminosäuren Prolin, Ornithin, Citrullin und Arginin.

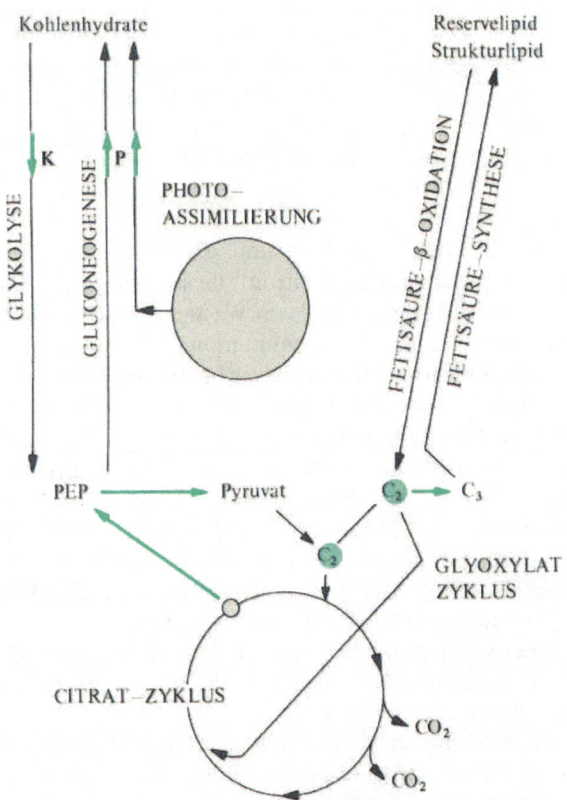

Abb. 8.4. Die Rolle von Acetyl-SCoA im Stoffwechsel. Acetyl-SCoA ist grün symbolisiert als C_2. Ein Schritt von $C_2 \rightarrow C_3$ ist als Zugang zur Synthese von Fettsäuren und Lipiden angedeutet. Auf diesem Wege kann Acetyl-SCoA, das aus Kohlenhydraten oder Protein entsteht, in Richtung anaboler Stoffwechsel geschleust werden. Nicht nur der Eröffnungszug in Richtung Fettsäuren wird so getan; auch Polyketide werden aus Malonyl-SCoA aufgebaut. Die Kontrolle des Citrat-Zyklus erfolgt über das Verhältnis der Cofaktoren (CoA, acyliert oder frei; NADH und NAD^+) und durch die chemische Modifikation der Pyruvat-Dehydrogenase. Wegen der Kopplung des Citrat-Zyklus mit ET und ATP-Synthese darf die Verfügbarkeit an ADP nicht außer acht gelassen werden. Aber auch der Transport von Metaboliten durch die Mitochondrien-Innenmembran ist zu berücksichtigen. Die Übersicht und Gegenüberstellung von Katabolismus und Anabolismus schält aus dem Gewirr zahlreicher Stoffwechselverknüpfungen diejenigen heraus, die vom Standpunkt der Regulation von Bedeutung sind

Succinyl-SCoA ist – vermutlich nur in Mitochondrien – der Vorläufer für die Synthese von Porphyrin. Oxalacetat wiederum steht durch Transaminierung im Gleichgewicht mit Aspartat und ist damit ein Vorläufer für die Synthese zahlreicher Aminosäuren wie Asparagin, Methionin, Threonin, Isoleucin und Lysin; aber auch Ausgangspunkt der Bildung von Pyrimidin-Nukleotiden.

Der Citrat-Zyklus wird deshalb auch – wegen seiner Schlüsselfunktion bei der Vermittlung zwischen katabolen und anabolen Sequenzen – als amphiboler Stoffwechselweg bezeichnet. Er ist ein Sammelbecken, das sowohl dem Aufbau als auch dem Abbau dient. *Anaplerotische* – auffüllende – *Reaktionen* halten den Spiegel an Zwischenstufen des Citrat-Zyklus konstant. Beim Aufbau von Aminosäuren aus Kohlenhydraten via Citrat-Zyklus werden laufend α-Ketoglutarat oder Oxalacetat dem Citrat-Zyklus entnommen. Durch Verarmung an Zwischenstufen käme der Zyklus zum Stillstand. Dies ist offensichtlich aber nicht der Fall, weil Mitochondrien Wege besitzen, um den Bedarf an Zwischenstufen aufzufüllen: einmal mittels Carboxylierung von Pyruvat zu Oxalacetat oder Malat, durch den Weg von den Aminosäuren Glutamat und Aspartat zu den Ketosäuren Ketoglutarat und Oxalacetat, und zum anderen durch Einschleusen von Succinat. Diese Reaktionen – auffüllende oder anaplerotische Sequenzen – besitzen besonders bei pflanzlichen Mitochondrien ein erhöhtes Gewicht, weil diese – anders als in tierischen Zellen – neben dem Energie-Stoffwechsel sehr viel mit C-Stoffwechsel zu tun haben.

Das mitochondriale NAD^+-Malat-Enzym dient ebenfalls der Auffüllung an Zwischenstufen im Citrat-Zyklus; nämlich dann, wenn wenig Pyruvat zur Verfügung steht – oder kein Acetyl-SCoA aus dem Lipid-Abbau angeboten wird. Das Malat-Enzym liefert dann die Vorstufe für die Herstellung von Acetyl-SCoA nach der Gleichung

$$Malat + NAD^+ = Pyruvat + CO_2 + NADH$$

NAD^+-Malat-Enzym wurde beim CO_2-Stoffwechsel in Zellen der Gefäßbündelscheide besprochen. Pflanzliche Mitochondrien besitzen die Eigenschaft, Malat auch in Abwesenheit von Thiamindiphosphat unter O_2-Aufnahme abzubauen. Dies ist fast ausschließlich der Katalyse durch das NAD^+-Malat-Enzym zuzuschreiben. Das Enzym benötigt Mn^{2+} und ist ein Protein der Art $\alpha\beta$ oder $\alpha_2\beta_2$. Es kann Malat, aber nicht Oxalacetat in Pyruvat umsetzen. Das Malat-Enzym wurde in allen pflanzlichen Mitochondrien, die bisher untersucht wurden, angetroffen. Deshalb vermutet man, daß seine Funktion, den Citrat-Zyklus auch bei Fehlen eines Nachschubs an Pyruvat laufen zu lassen, in unterschiedlich differenzierten Zellen relevant ist. Die physiologische Rolle des Enzyms scheint in bestimmten Fällen mit der cyanid-insensitiven Respiration gekoppelt zu sein; dadurch wäre eine anaplerotische Funktion des NAD^+-Malat-Enzyms für den Betrieb des Citrat-Zyklus gegeben.

Eine Verbindung zwischen dem Aminosäure-Stoffwechsel und dem Citrat-Zyklus stellt die Glutamat-Dehydrogenase her:

$$\alpha\text{-Ketoglutarat} + NH_4^+ + NADH = Glutamat + NAD^+ + H_2O$$

Die von der Glutamat-Dehydrogenase katalysierte Reaktion kann sowohl für den Übergang zur Glutamat-Bildung als auch in umgekehrter Richtung dem Abbau der Glutamat ergebenden Aminosäuren dienen. Die mitochondriale Form in Wurzeln dient vermutlich dem Abbau von Glutamat. Eine mit NADPH arbeitende Form der Chloroplasten ist als Unterstützung der Glutamat-Synthase zu sehen.

Die Biosynthese von Tetrapyrrol-Systemen aus δ-Aminolävulinsäure (ALA)

Das Tetrapyrrol-System wird sowohl im Plastiden als auch im Zusammenspiel zwischen Mitochondrien und Cytosol aufgebaut. Wir haben deshalb bereits in Kapitel 5 mit Teilen des Biosynthesewegs Bekanntschaft gemacht. Bei den Prokaryonten findet man sowohl den Weg von Ketoglutarat zu ALA als auch die Synthese von ALA aus C_2 plus C_4. *E. coli* arbeitet nach dem Prinzip $C_5 \rightarrow C_5$; bei Untersuchungen an photosynthetisierenden Bakterien aber kam klar heraus, daß die δ-Aminolävulinsäure-Synthase ($C_4 + C_2$) die Hauptrolle spielt und daß sie einer Feedback-Kontrolle durch Häm unterliegt.

Die Häm-Gruppe mit dem Zentralion Fe^{2+} stellt eine wichtige Redoxkomponente für biochemische Reaktionen dar. Neben Cytochromen gibt es auch Enzyme, die Häm als prosthetische Gruppe aufweisen, z. B. Katalase und Peroxidase. Katalase besitzt ein Häm b, das tief im hydrophoben Bereich des Proteins eingelagert ist. Das Häm ist über Wechselwirkungen von Kationen (Arginin in der Seitenkette) und über H-Brücken zu eingelagertem Wasser mit den Carboxylat-Anionen des Porphyrin-Rings verbunden. Ein Phenolat-Ion des Tyrosins stellt den 5. Liganden am Eisen dar. Die negative Ladung des Liganden trägt dazu bei, daß die hohe Oxidationsstufe als Fe^{3+} am Zentralion erhalten bleibt.

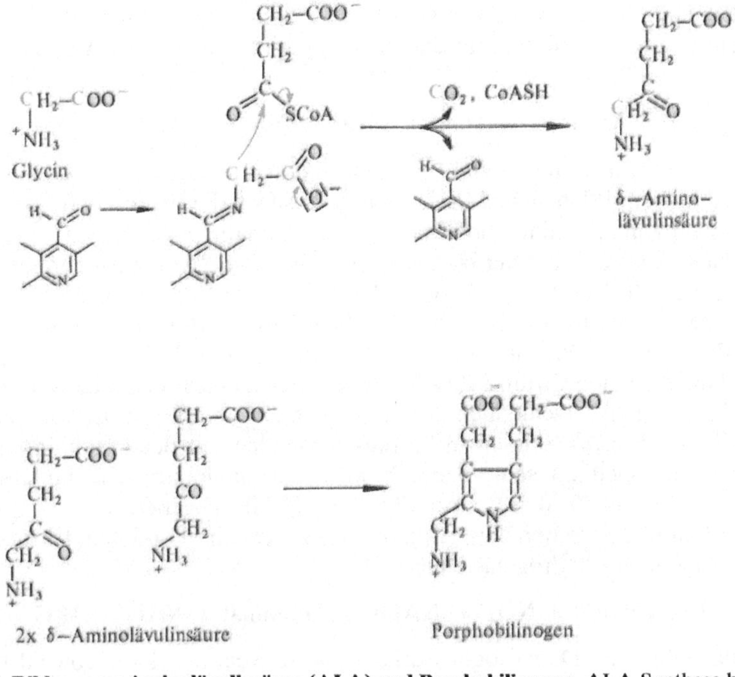

Abb. 8.5. Bildung von Aminolävulinsäure (ALA) und Porphobilinogen. ALA-Synthase besitzt Pyridoxalphosphat für die Aktivierung von Glycin als nukleophiles Agens. ALA-Dehydrase (unten) bindet die Carbonylgruppe des Substrats an die ε-Aminogruppe einer Lysin-Seitenkette (Schiffsche Base), es entsteht ein Carbanion am C-3, das die Carbonylgruppe eines zweiten Moleküls ALA angreifen kann

Außer in Cytochrom c sind alle Häm-Gruppen nicht-kovalent an das Protein gebunden. 5. und 6. Liganden sind Seitenketten des Proteins (His, Met). Daneben kennen wir andere Tetrapyrrolsysteme: das Sirohäm bei Sulfit-Reduktase, Nitrit-Reduktase sowie ein Ni-Tetrapyrrol. Ni^{2+}-Enzyme findet man im C_1-Stoffwechsel in Bakterien, aber auch bei Hydrogenasen, z. B. Rhizobien in Symbiose.

Uroporphyrinogen III kann einerseits durch Decarboxylierung Protoporphyrinogen IX und durch anschließende Oxidation Protoporphyrin IX ergeben; andererseits eröffnen Methylierung und Oxidation den Weg zum Sirohäm. Uroprophyrinogen III liefert – in Bakterien – über Cobyrinsäure das Corrinoid-Gerüst von Vitamin B_{12}.

Die Insertion von Fe^{2+} in Protoporphyrin IX kann sowohl in Mitochondrien als auch in Plastiden erfolgen; beide benötigen Cytochrome. Da mit Cytochrom b_5 und Cytochrom P-450 auch Proteine zu berücksichtigen sind, die am ER zusammengebaut werden, könnte es einen dritten Ort der Häm-Bildung geben.

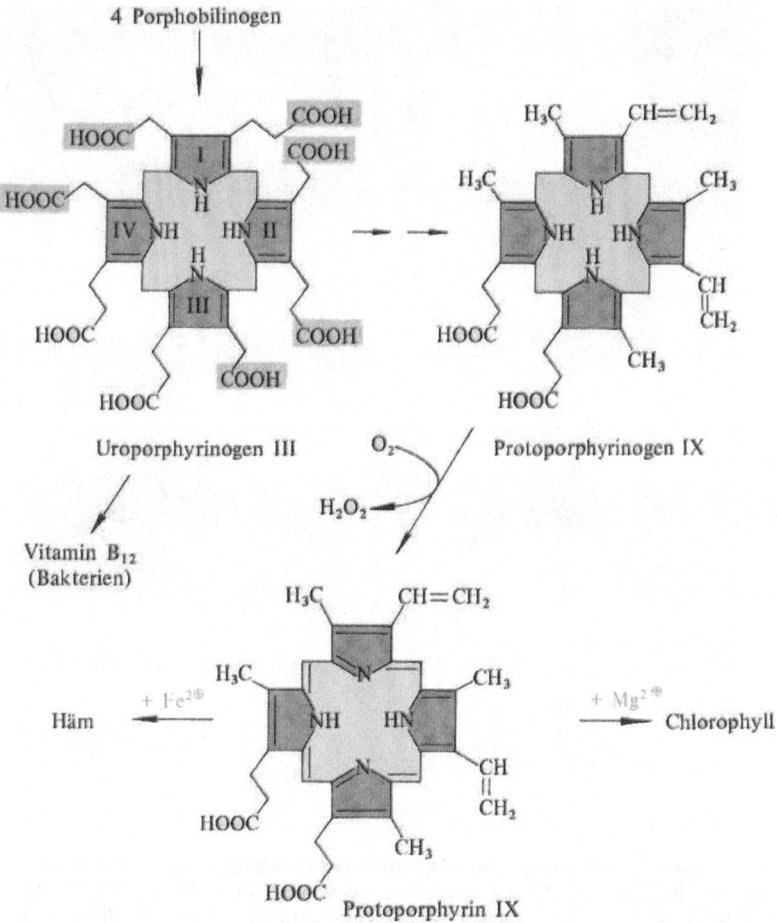

Abb. 8.6. Bildung von Protoporphyrin IX. Die Bildung von Uroporphyrinogen III aus 4 Molekülen Porphobilinogen unter Abspaltung von NH_3 steht unter der Katalyse eines Komplexes von Uroporphyrinogen III-Synthetase plus Uroporphyrinogen III-Cosynthase

Teilschritte beim Übergang von Glycin zu Serin

Der mitochondriale Teil der Photorespiration ist durch einen Komplex repräsentiert, der Glycin in Serin umwandelt. Dabei muß berücksichtigt werden, daß aus 2 C$_2$-Einheiten eine C$_3$-Einheit und CO$_2$ entstehen; zum anderen handelt es sich hier um eine Redox-Reaktion, e fließen in den NADH-Pool der Matrix. Strukturell besteht der Komplex aus einer *Glycin-Decarboxylase* und einer *Hydroxymethyl-Transferase*.

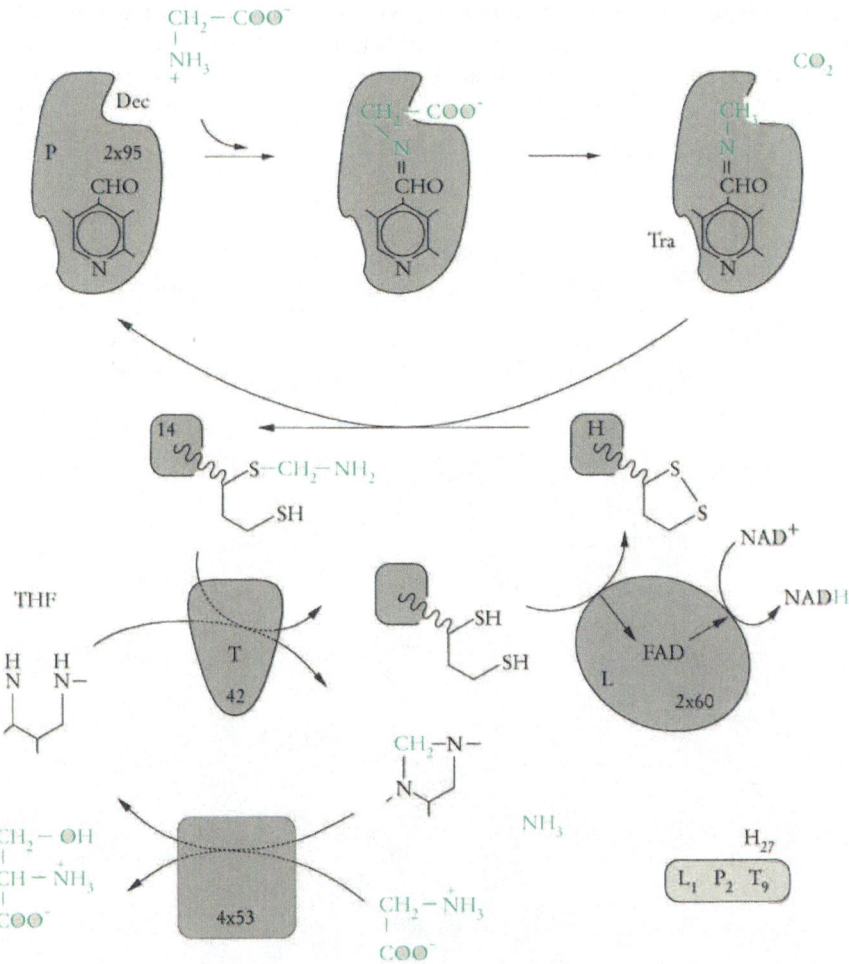

Abb. 8.7. Übergang von Glycin zu Serin; ein Prozeß mit Pyridoxalphosphat, Liponsäure und Tetrahydrofolat. Der Komplex der Glycin-Decarboxylase besteht aus 4 UE (grau). Formaldehyd als Methylentetrahydrofolsäure wird in einer Aldol-Reaktion durch die Serin-Hydroxymethyl-Transferase auf das C-α von Glycin (grün) übertragen. Einer der Gründe für das Fehlen einer effizienten Photorespiration in den Mesophyll-Zellen ist die niedrige Konzentration von UE P der Glycin-Decarboxylase. In den Mitochondrien der Zellen der Gefäßbündelscheide aber liegen alle 4 UE der Decarboxylase sowie die Hydroxymethyl-Transferase vor

Decarboxylierung von Glycin unter der Katalyse von Pyridoxalphosphat (auf UE P) ergibt Methylamin, das mit Hilfe von Liponsäure zu Formaldehyd oxidiert wird (UE T). Formaldehyd – gebunden auf dem C_1-Stoff-Transporteur Tetrahydrofolat – wird anschließend in einer Aldol-Reaktion mit einem zweiten Molekül Glycin umgesetzt. 5,10-Methylen-tetrahydrofolat ist damit das Produkt des Decarboxylierungsprozesses und das Edukt für die Serin-Hydroxymethyl-Transferase. Für die Regeneration des oxidierten Lipoats auf einem kleinen Trägerprotein (UE H) ist eine Lipoat-Dehydrogenase (UE L) zuständig.

Ein Aspartat/Glutamat-Transporter und ein Serin/Glycin-Transporter sorgen im Gegentausch für die Kommunikation zwischen Cytosol und Mitochondrion.

Der Stoffwechsel in Mitochondrien ist nicht auf allen Gebieten ausreichend untersucht und daher z. T. auch umstritten. Dieser Aspekt tritt uns entgegen, wenn wir die Frage stellen, bei welchen Reaktionen in der Synthese von Membran-Lipiden die Mitochondrien als autonom zu betrachten sind. Mitochondrien besitzen die Enzyme, um Diacylglycerin in Phosphatidylcholin oder über CDP-Diglycerid in Phosphatidylglycerin zu überführen. Mitochondrien sind der einzige Bereich der Zelle, wo Diphosphatidylglycerin (Cardiolipin) synthetisiert wird. Für den Austausch von Phospholipiden, die am ER fertiggestellt werden, übernimmt ein Lipid-Transfer-Protein eine Art katalytische Rolle. Es transferiert einzelne Lipid-Moleküle von einer Membran zur anderen. Auch eine „eigene" Fettsäure-Biosynthese ist nicht auszuschließen.

Mitochondrien müssen auch die Coenzyme wie CoA-SH und NAD^+ in irgendeiner Form aufnehmen. Der ausreichend aktive Import von NAD^+ aus dem Cytosol, der bei pflanzlichen Mitochondrien zu beobachten ist, kann deshalb von Bedeutung sein, weil die Konzentration von NAD^+ in der Matrix der Mitochondrien relativ hoch sein muß, um den Transfer der Redoxäquivalente aus der Matrix zur Innenmembran zu gewährleisten bzw. zu sättigen. Mitochondrien können NAD^+ an das Cytosol verlieren, wobei ihre Kapazität des O_2-Umsatzes schnell abnimmt. Besonders die gegenüber Rotenon insensitive Respiration ist davon betroffen. Auch für das Coenzym A scheint es einen aktiven Aufnahmemechanismus zu geben. Die Konzentration von CoA-SH ist aber viel geringer als die des NAD^+.

Abbau von Aminosäuren bis auf die Stufe von Acetyl-SCoA ist bei Pflanzen nur in besonderen Situationen zu erwarten. Dann sind es in der Regel Reaktionen wie sie auch bei tierischen Zellen bekannt sind.

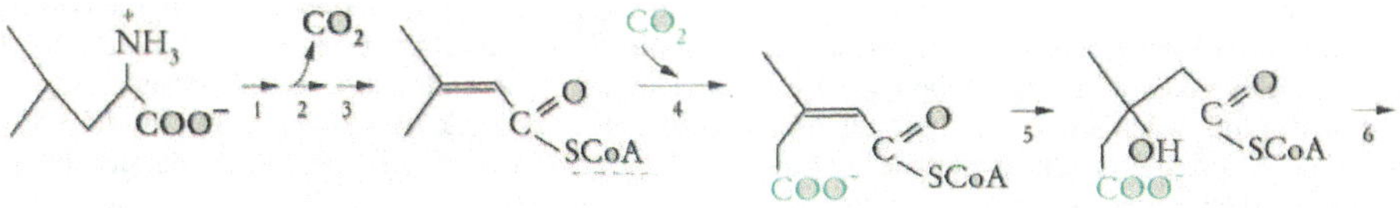

Abb. 8.8. Abbau von Aminosäuren. Das C-Skelett vieler Aminosäuren gelangt durch Transaminierung (1) in den katabolen Stoffwechsel. α-Ketosäuren bieten sich als Substrate für die oxidative Decarboxylierung (2) an. Analog zum Abbau von Fettsäuren kann eine Oxidation (3) zur α, β-ungesättigten Säure stattfinden. Der weitere Abbau verlangt wegen der β-Methyl-Gruppe eine Umgehung mit Hilfe einer Carboxylierung (4). Durch Anlagerung von Wasser (5) gelangen wir auf die Stufe von 3-Hydroxy-3-methylglutaryl-SCoA, das durch eine Aldolase gespalten werden kann. β-Methylcrotonyl-SCoA-Carboxylase (4) ist ein Biotin-Enzym

8.2 Mitochondriale DNA (mtDNA)

Das mitochondriale Genom enthält Informationen für wenige Protein-Gene, tRNAs und rRNAs. Als Besonderheit sind die häufige Rekombination innerhalb der mtDNA sowie das Edieren von mitochondrialer mRNA anzusehen.

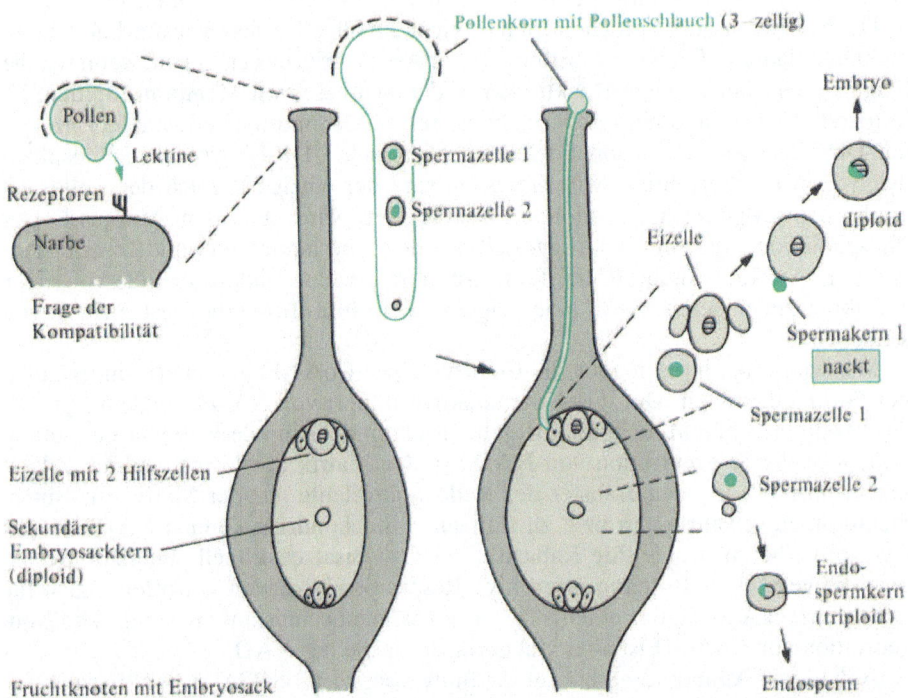

Abb. 8.9. Übersicht über den Transfer von maternaler und paternaler Information im Verlauf der sexuellen Vermehrung. Pollenkörner der Angiospermen sind 3-zellig, die zwei Spermazellen besitzen noch Mitochondrien und Proplastiden. Im Pollenschlauch ändert sich die Zusammensetzung des Cytoplasmas – hier definiert als Zellinhalt minus Kern. Vorher kommt es bei der Erkennung zwischen Pollen und Narbe zu einer interessanten biochemischen Wechselwirkung, vermutlich zwischen einer vom Pollen freigesetzten, lektinartigen Verbindung und Rezeptoren (wahrscheinlich Glykoproteine) auf der Narbe. Die sporophytische Kompatibilität/Inkompatibilität, die von den Tapetum-Zellen den Pollenkörnern mitgegeben wird, entscheidet über die Einnistung. Nach Feststellung der Kompatibilität wächst der Pollenschlauch in Richtung Embryosack. Bei Nicht-Kompatibilität kann auch noch auf dieser Stufe die Befruchtung gestoppt werden. Die Differenzierung der beiden Sperma-Zellen kann unterschiedlich verlaufen: Die Spermazelle 1 erhält sehr viele Plastiden, aber fast keine Mitochondrien (Fall A; selten). Mitochondrien befinden sich aber in Spermazelle 2. Es kann zur Vererbung von cytoplasmatischer Information – über Spermazelle 1 – kommen. In der Regel (Fall B) wird aber die Spermazelle 1 fast alle Plastiden verlieren und der Spermakern 1 wird nackt – also ohne Cytoplasma – in die Eizelle gelangen. Das bedeutet: die Information des Cytoplasmas der männlichen Zelle geht verloren. Mitochondrien findet man hier in der Regel nur in Spermazelle 2, die – bei doppelter Befruchtung – mit dem diploiden Embryosackkern fusioniert und zum triploiden Endosperm führt

342

Mitochondriales und plastidäres Genom einer Pflanze stammen bei der sexuellen Vermehrung von der Mutterpflanze. Das bedeutet, daß Mutationen in mtDNA oder ctDNA nur maternal vererbt werden. Wie wirkt sich eine mitochondriale Mutation aus?

Das mitochondriale Genom zeichnet sich durch variable Größe (zwischen 200 und 2 500 kBp) und Instabilität aus. Selbst die kleinsten pflanzlichen mtDNAs sind komplexer als die mtDNA der Hefe (75 kBp) oder die mtDNA von Tieren (15 kBp). In den Mitochondrien ist das Genom in Form einer zirkulären Doppelhelix von etwa 200 – 500 kBp vorhanden. Dabei findet man neben der Hauptform auch kleinere zirkuläre oder lineare DNAs. Die Instabilität der mtDNA scheint ein Charakteristikum zu sein; Rekombinationsvorgänge schaffen subgenomische Strukturen. Für diese Vorgänge sind direkte oder invertierte Sequenzwiederholungen die Voraussetzung. Innerhalb der mtDNA finden wir auch andere Sequenzwiederholungen; z. B. liegt das Gen für die UE α der ATPase zweifach vor. Häufig erkennt man neben einer großen, alle Gene umfassenden Kopie auch kleinere Kopien mit wechselndem Informationsinhalt (subgenomische, zirkuläre DNA).

Durch Rekombination innerhalb des mitochondrialen Genoms können die subgenomischen Zirkel gebildet werden, aber auch chimäre Gene entstehen, die für neue Proteine kodieren. Durch intramolekulare Rekombination – zwei direkte Sequenzwiederholungen innerhalb der großen zirkulären mtDNA lagern sich zusammen und bewirken crossing-over – wird die Bildung zweier kleiner Ringe erklärt. DNA in Form von Minizirkeln ist bei Mitochondrien mancher Pilze anzutreffen; in pflanzlichen Mitochondrien sind sie (etwa 1.5 kBp groß) fast die Regel. Da sie häufig einer Sequenz auf der Master-DNA entsprechen, werden sie als Episome bezeichnet; obwohl nicht auszuschließen ist, daß diese DNA-Stücke von Pilzen oder Viren stammen. Episome vom Typ R, S oder D ergeben schließlich ein Charakteristikum für das „Cytoplasma" bestimmter Pflanzensorten.

Da mtDNA nur für wenige tRNAs kodiert, müssen auch RNAs aus dem Kern über das Cytosol in die Mitochondrien gebracht werden. Diesem indirekten Schluß auf Anwesenheit von kernkodierten tRNAs in Mitochondrien konnte auch ein direkter Nachweis folgen. Hybridisierungstechniken erlauben in der aus Mitochondrien gewonnenen tRNA-Fraktion zwischen kernkodierten und den von Mitochondrien kodierten Formen zu unterscheiden. Schließlich gelang der Beweis des Imports von cytosolischen RNAs durch Experimente in vivo. Welcher Mechanismus könnte für den Transport von Nukleinsäure durch Membranen zuständig sein?

Bei Mais vermutet man innerhalb der mtDNA etwa 50 Gene. Die pflanzliche mtDNA wäre mit dieser Zahl der Gene im Vergleich zur mtDNA tierischer Zellen relativ komplex. Viele Ergebnisse deuten darauf hin, daß sich im Genom der Mitochondrien variierende Sequenzen befinden können, die z. T. von Chloroplasten stammen könnten. Es wurden sowohl Sequenzen gefunden, die homolog zur großen UE der Ribulose-bisphosphat-Carboxylase sind, als auch Bereiche, die identisch sind mit dem Gen für tRNA[His] in Chloroplasten.

Einige Gene auf der mtDNA überlappen; die Translation des zweiten Gen-Produkts beginnt innerhalb der kodierenden Sequenz des ersten Gens. Dieses Phänomen konnte bei Bakteriophagen, Eukaryonten-Viren und ctDNA beobachtet werden.

Mitochondrien enthalten lineare und zirkuläre Plasmide. Die linearen Plasmide S1 und S 2 bei Mais stehen in Zusammenhang mit der Sterilität der Pollen. Reversion zur Fertilität des Pollens bedeutet Integration des Plasmids in das Genom (mtDNA). Dabei wird mtDNA derart linearisiert, daß der integrierte Plasmidteil an einem Ende der mtDNA zu liegen kommt. Kern-Gene können in den Vorgang der Rekombination innerhalb der Mitochondrien eingreifen.

Rekombinationen innerhalb des mitochondrialen Genoms sind manchmal bei Pflanzen als Mutationen leicht erkennbar. Ein Beispiel dazu kristallisierte sich allmählich bei Kreuzungsexperimenten heraus. Durch Hybridisierung – Kreuzung zwischen verschiedenen Sippen – können Pflanzen mit neuen Merkmalen und besonderer Produktivität entstehen. Dieses als Heterosis bezeichnete Ergebnis beruht auf einer besonders vorteilhaften Wechselwirkung zwischen Kern und Cytoplasma (inklusive Mitochondrien) in den neu entstehenden Linien. Deshalb werden die Kreuzung von Inzuchtlinien und der daraus resultierende Heterosis-Effekt angewendet, um in F1 ein Saatgut besonderer Qualität zu erhalten.

Bei der Produktion des Saatgutes ist es – bei Pflanzen mit getrennten Blütenständen (z. B. Mais) – von großem praktischen Vorteil, als Mutterpflanze eine pollensterile Linie zu verwenden. Dies erlaubt die gezielte und manipulierbare Bestäubung. Pollensterilität wird maternal vererbt und beruht auf einer Mutation in der mtDNA. Die cytoplasmatische Sterilität, charakterisiert durch das Fehlen der Eigenschaft, lebensfähigen Pollen zu produzieren, wird maternal vererbt. Im wesentlichen besteht der biochemische Hintergrund darin, daß eine Wechselbeziehung zwischen Kern-Genen und mtDNA zu der Auslösung bestimmter Rekombinationsvorgänge an der mtDNA führt.

Bei der Verwendung von Mutterpflanzen mit *Pollensterilität* Mutante T trat 1970 eine hohe Empfindlichkeit gegenüber einem pilzlichen Pathogen auf. Die Mitochondrien der Mutante T waren besonders empfindlich gegenüber einem Toxin des Pilzes. Der auf mtDNA verankerte Genotyp konnte durch bestimmte Kern-Gene supprimiert werden. Es ist möglich, die im Cytoplasma verankerte Sterilität vom Typ T mit dem Auftreten eines Proteins (T-urf-13) zu korrelieren, das in der Pflanze wie ein Rezeptor für ein Pilz-Toxin wirkt. Obwohl das Gen für das Protein T-urf-13 allem Anschein nach mosaikartig durch Kombination aus mehreren anderen Genen entstanden ist, besitzt das Protein eine Funktion. Die Pflanze handelt sich dadurch eine hohe Empfindlichkeit gegenüber ihrem Pathogen (*Helmintosporium maydis*) ein; mit dem Verlust von T-urf-13 geht auch die Sensitivität gegenüber dem pilzlichen Toxin verloren.

Rekombinationen im mitochondrialen Genom können auch zu chimären Genen führen, deren Auftreten aber in irgendeiner Weise mit der Sterilität gekoppelt ist.

Kern-Gene steuern die Rekombination der mtDNA in den Mitochondrien und damit auch die Sterilität. Die Rekombination der mtDNA führt zu Mitochondrien mit geänderter Funktion, neue Proteine treten auf.

Die Fruchtbarkeit der Pollen kann wieder hergestellt werden, wenn ein Kern-Gen (Restorer) aktiviert wird. Das führt zu einer stabilen Änderung der Konfiguration der mtDNA, in bestimmten Fällen zum Verlust größerer DNA-Fragmente, die nicht Teil der mitochondrialen Master-DNA sind, sondern eher als autonom replizierende Einheiten angesehen werden müssen. Unter der Wirkung der Kern-Gene trat der ursprüngliche Phänotyp mit befruchtenden Pollen und verringerter Sensitivität gegenüber dem Pilz-Toxin wieder auf. Dies legt eine Wechselwirkung Kern-Mitochondrion auf der Ebene der DNA nahe.

Die cytoplasmatische Sterilität Typ S ist verbunden mit dem Auftreten der Episome S1 und S2. Ihr Informationsgehalt würde die Expression von 4 Proteinen erlauben, die Homologien zu RNA- bzw. DNA-Polymerasen aufweisen.

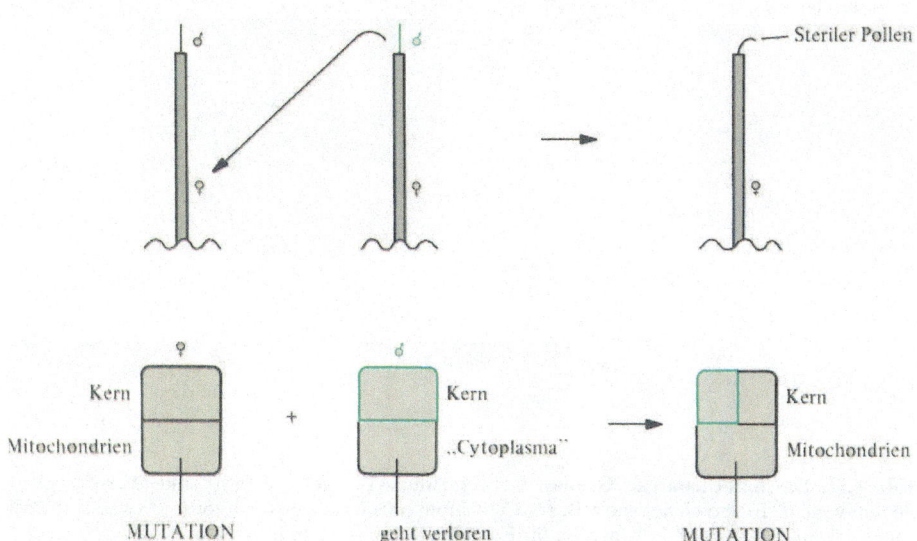

Abb. 8.10. Übersicht über maternale Vererbung einer Mutation im Mitochondrion. Als Phänomen beobachtet man eine weibliche Blüte, die eine Mutation trägt. Mit Pollen befruchtet, treten in F1 Pflanzen mit sterilen Pollen auf. Die biochemisch untermauerte Erklärung für das Phänomen ist im unteren Teil der Abb. skizziert

Nun könnte man annehmen, daß pflanzliche Mitochondrien mit einer 10 bis 100-fach größeren DNA als Vertebraten entsprechend eine höhere Zahl von Genen aufweisen. Dies ist – zumindest so – nicht der Fall. Man weiß aber, daß ein Gen für die 5S-rRNA ausschließlich in pflanzlichen Mitochondrien vorkommt und daß auch das Vorhandensein oder Fehlen des cox2-Gens (für Cytochrom-Oxidase UE2) in der mtDNA nicht mit deren Größe parallel geht.

Die Diversität in der Ausstattung des mitochondrialen Genoms ist besonders eklatant, wenn man die Lokalisation des Gens für die große UE der ATP-Synthase (aptA) näher betrachtet. Der Schleimpilz *Physarum*, der Oomycet *Phytophthora* und Samenpflanzen besitzen diese Information in den Mitochondrien; die Hefe, Tiere und die Alge *Chlamydomonas* tragen das Gen im Zellkern. Das Gen für die zweitgrößte UE der Cytochrom-Oxidase ist in einigen Pflanzen und Algen mito-chondrial kodiert, in anderen Pflanzen oder Algen kernkodiert. *Chlamydomonas* zeichnet sich durch ein besonders stark reduziertes (und lineares) mitochondriales Genom aus, was sich auch in der Größe von 16 kBp ausdrückt. Die meisten Algen besitzen ein zirkuläres mitochondriales Genom von etwa 50 kBp.

Während in Mitochondrien von Tier und Hefe eine Abweichung vom universellen Code beobachtet wurde – UGA bedeutet nicht Stopp sondern Tryptophan –, sprechen die Ergebnisse nicht dafür, daß dies bei Pflanzen-Mitochondrien zutrifft. Protozoen verwenden UAA und UAG für Glutamat; und Prokaryonten verwenden kaum UAG.

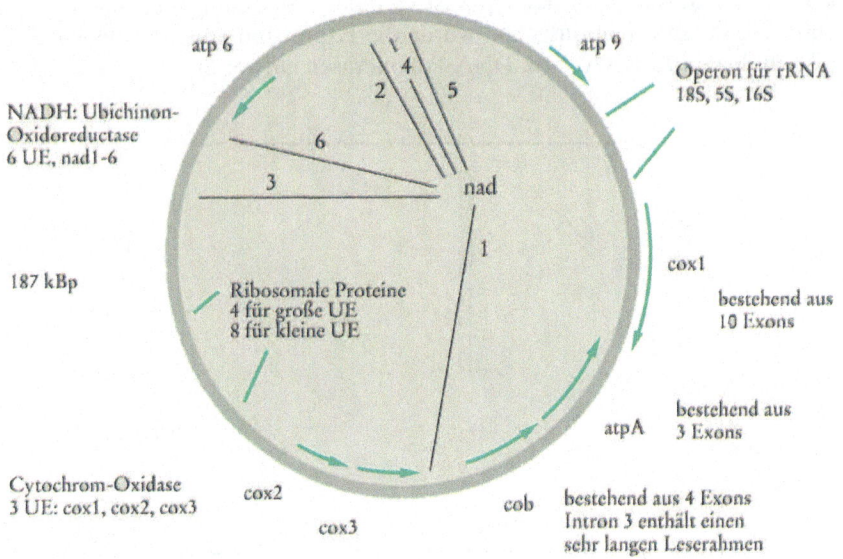

Abb. 8.11. Das mitochondriale Genom. Gene für die ATP-Synthase (atp) sind über das ganze Genom verteilt. Einige Gene, wie z.B. für Cytochrom b (cob), enthalten Exons. Mit nad sind Positionen gekennzeichnet, wo Information für Komplex I der ET-Kette liegt

tRNAs der Organellen – Plastiden und Mitochondrien – ähneln den entsprechenden Strukturen der Prokaryonten, sind aber kaum homolog zu den cytosolischen Spezies. Mitochondrien besitzen die Gene für einen Großteil der benötigten tRNAs, aber nicht alle. Diese Zahl der fehlenden tRNA-Gene kann bei Gymnospermen höher sein als bei Angiospermen. Aus den Details der Strukturen der vorhandenen tRNAs und den Kern-Genen muß man schließen, daß einige, in den Mitochondrien wirkende tRNAs kern-kodiert sind und über das Cytosol in die Mitochondrien importiert werden. Da auch Anzeichen für tRNA-Gene auftauchen, die während der Evolution aus den Chloroplasten in das mitochondriale Genom eingewandert sind, ist die Herkunft der funktionsfähigen tRNAs in den Mitochondrien sehr divers.

Es sind nur zwei Proteine für die Transkription in Mitochondrien erforderlich: eine RNA-Polymerase und ein spezieller Transkriptionsfaktor (mtTF).

Bei der Gegenüberstellung der Sequenzen, die aus dem Gen einerseits und aus der reifen mRNA andererseits zugänglich waren, erkannte man den Austausch von C der genomischen Struktur in ein U auf der betreffenden Stelle der mRNA. Es kann auch notwendig sein, zusätzlich die Primärsequenz der Proteine zu bestimmen, wenn nämlich die Edierung neue Start- und Stopp-Codons kreiert. Anti-sense-RNA, die als Führung für die Edierung bei Protozoen dient, ist bei Pflanzen bisher noch nicht gefunden worden.

Während **RNA-Edieren** bei einigen wenigen Organismen (Trypanosomen) ein notwendiger Prozeß ist, um eine sinnvolle, in Protein umsetzbare Information zu erhalten, sah es bei dieser Art von post-transkriptionaler Modifikation bei pflanzlichen Mitochondrien eher nach einer Kuriosität aus. Inzwischen kennt man Beispiele mit sehr umfangreicher Editierung: die cox2-mRNA wird an 24 Stellen geändert.

8.3 Wie Mitochondrien Proteine und Nukleinsäuren importieren

Die Maschinerie des Imports von cytosolischen Vorstufen in die Mitochondrien und die Funktion mehrerer direkt beteiligter Proteine ist exemplarisch bei Pilzen charakterisiert worden. Da mtDNA nur für wenige tRNAs kodiert, müssen auch RNAs aus dem Kern über das Cytosol in die Mitochondrien gebracht werden.

Drei Fragen, die sich bei allen gerichteten Transporten von einem Kompartiment in ein anderes ergeben, stehen auch beim Transfer von Proteinen durch die Mitochondrien-Membran im Vordergrund. Diese Fragen im Falle der Biosynthese von kernkodierten mitochondrialen Proteinen zu stellen, ist naheliegend aufgrund der Tatsache, daß hier besonders viele Details erarbeitet worden sind.

(1) Welches sind die Signale, die ein Aussortieren der mitochondrialen Proteine aus dem Pool des Cytosols erlauben? (2) Wie und aus welchen Komponenten ist die Maschinerie aufgebaut, die den Transfer durchführt, und (3) welcher Art ist der Mechanismus, der für die eigentliche Bewegung des Proteins durch die Membran verantwortlich ist?

Die Arbeiten der letzten Jahre an Pilzen haben ein sehr detailliertes Bild ergeben, was die Signale und die Import-Maschinerie betrifft, aber noch kaum zu Vorstellungen geführt, was die eigentliche Bewegung durch die Membran anlangt. Für das Erkennen zwischen der Vorstufe im Cytosol und der Oberfläche des Organells sorgen entweder membrangebundene *Rezeptoren* oder auch lösliche Bindungsproteine, die den Transfer zum Mitochondrion unterstützen. Eine Rolle von Ubiquitin an diesem Prozeß ist möglich. Ein 70 kDa-Protein (MOM72 in *Neurospora*, Mas70p in *Saccharomyces*) kann als Rezeptor angesehen werden, ist aber sicher nicht der einzige. Ein Import-Rezeptor der Außenmembran ist ein 19 kDa-Protein (MOM19 in *Neurospora*). MOM72 als Rezeptor scheint in erster Linie für die Bindung des ADP/ATP-Translokators bestimmt zu sein; es handelt sich ja bei dem Translokator um das dominierende Protein der inneren Mitochondrien-Membran. Auch für das Protein, das den Translokations-Kanal in der Außenmembran bilden soll, gibt es einen Kandidaten: MOM38 (bei *Neurospora*) bzw. ISP42 (bei *Saccharomyces*) sind Teil der *Generellen Insertions-Pore (GIP)*. Mehrere Moleküle davon sollten einen flexiblen Kanal ergeben. Die Zahl der am Import durch die Innenmembran beteiligten Proteine ist unbekannt; ISP45 und auch eine mitochondriale Form des dnaJ-Proteins nehmen an den Prozessen teil.

Zu den Reifungsprozessen gehört die Entfernung der N-terminalen Signal-Sequenz. Als Protease fungiert ein heterodimeres Protein, mit einer katalytischen und einer modulierenden UE. Einige Vorstufen tragen eine zweiteilige Prä-Sequenz, dem Signal für Transfer in die Matrix folgt ein Signal für den weiteren Transfer in den Intermembran-Raum (Konservatives Aussortieren). Dazu bedarf es nach der Abspaltung des ersten Signals durch die lösliche Peptidase der Matrix (MPP, Mitochondriale Prozessierungs-Peptidase) noch der Funktion einer anderen Peptidase, einem integralen Protein der Innenmembran (IMP, Innenmembran-Peptidase).

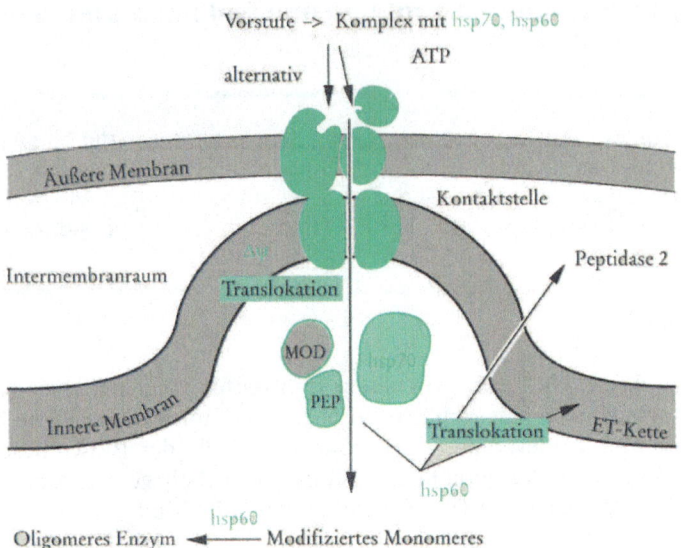

Abb. 8.12. Übersicht über die wichtigsten Komponenten der Import-Maschinerie. Wichtige Strukturen beim Import in Mitochondrien sind die Kontaktstellen zwischen äußerer und innerer Membran. Das Vorläufer-Protein mit seinem positiv geladenen N-terminalen Bereich, der Signal-Sequenz, gelangt über die Kontaktstellen und das generelle Insertions-Protein in den Matrix-Raum der Mitochondrien. Hier wirken zuerst das mitochondriale Protein hsp70 (→ Abb. 3.19) und die Protease (PEP und MOD) auf den Neuankömmling ein. Später kommt es durch Unterstützung – mit Protein hsp60 – zum Falten. Anders bei denjenigen Proteinen, die von der Matrix aus in den Intermembranraum der Mitochondrien gebracht werden. Neben der löslichen Peptidase der Matrix existiert eine andere Peptidase als integrales Protein der Innenmembran (symbolisiert als Peptidase 2). Eine Intermediat-Protease ist nur im Falle einiger weniger Mitochondrien-Proteine notwendig. Sie spaltet 8 weitere Aminosäure-Reste vom N-Terminus ab. Für die Translokation eines Peptids aus der Matrix *in* die, oder *durch* die Innenmembran ist die Unterstützung durch hsp60 notwendig

Viele experimentelle Daten deuten darauf hin, daß es Proteine gibt, die zuerst vollständig in die Matrix der Mitochondrien importiert werden, dann aber re-transloziert werden in den Intermembran-Raum bzw. an die Außenseite der Innenmembran. Der Mechanismus dieses Exports hat vermutlich viel gemeinsam mit dem Export-Mechanismus der Bakterien, Cyanellen und Plastiden. Dabei geht man von der Vorstellung aus, daß Mitochondrien sich von prokaryontischen Vorläufern ableiten, die einen Teil ihrer ursprünglichen genetischen Autonomie verloren oder an den Zellkern abgegeben haben (Endosymbionten-Hypothese). Nun mußte man feststellen, daß hinsichtlich der Export-Signale am N-Terminus des Vorstufen-Proteins und der beteiligten Chaperonine viele Details für den bakteriellen Export und den der Mitochondrien, Plastiden und Cyanellen übereinstimmen. Die Proteine, die in Bakterien Teile der Export-Maschinerie sind (Proteine SecB als oligomeres cytosolisches Chaperonin, SecA als Rezeptor, SecY für die Translokation), müßten strukturell und funktionell bestimmten Komponenten der Mitochondrien-Matrix (z. B. hsp60) entsprechen. SecY wurde bei Cyanellen gefunden, die ja in mancher Hinsicht als Plastiden-Vorstufen betrachtet werden können. Dem Modell des konservativen Aussortierens steht die Vorstellung gegenüber, daß die betreffenden Proteine des Intermembran-Raums direkt aus dem Kanal der äußeren Membran kommend in die Innenmembran insertiert werden, ohne in die Matrix zu gelangen. Wie müßten Experimente konzipiert werden, um zwischen diesen beiden Möglichkeiten zu unterscheiden?

8.4 Methodik

Versuch 1: Pflanzliche Zellen werden mit einem Gen transformiert, das für eine cyto-solische tRNA kodiert. Dabei wird als Methode des Transfers der DNA die Elektro-poration gewählt. Zur Herstellung von Protoplasten inkubiert man in Suspension kultivierte Zellen mehrere Stunden mit Cellulasen und Pektinasen. Die Protoplasten werden gereinigt und auf Lebensfähigkeit untersucht. In einer kleinen Küvette werden das DNA-Konstrukt und die Protoplasten suspendiert und der *Elektroporation* unterworfen. Wenn eine Zellmembran rasch (< 100 µsec) durch hohe Spannung polarisiert wird, kommt es zu einer kurzzeitigen Öffnung der Membran an einigen Stellen und anschließender Regeneration, ohne daß die Zelle ihre Lebensfähigkeit verliert. Zwei Elektroden mit geringem Abstand werden in die Küvette eingebracht und (unter Kühlung) ein kurzer elektrischer Puls bei einer elektrischen Feldstärke von etwa 50 µF erzeugt.

Nach der Regenerierung der pflanzlichen Zellen werden Mitochondrien isoliert und deren tRNA analysiert. Dabei tritt neben dem üblichen Set an tRNAs, die in den Mitochondrien kodiert werden, auch eine neue Spezies auf, deren Gen in der transformierten Zelle innerhalb des Kerns liegt. Damit kann der Beweis erbracht werden, daß tRNAs aus dem Kern über das Cytosol in die Mitochondrien gelangen.

Versuch 2: Um zu demonstrieren, daß der Vorgang des Imports in die Mitochondrien aus unterscheidbaren Teilschritten besteht, wurde ein Indikator-Protein konstruiert und unter unterschiedlichen Bedingungen den isolierten Mitochondrien zum Import angeboten. Das Indikator-Protein bestand aus 3 Abschnitten: am N-Terminus befand sich die für den Import notwendige Signal-Sequenz, im Mittelteil ein Reporter-Protein (leicht nachweisbar, in Wildtyp-Mitochondrien nicht vorhanden) und am C-Terminus ein besonderes Protein, das sich durch SH-Gruppen auszeichnet, die bei Oxidation eine Disulfid-Brücke ergeben, bei Reduktion eine Öffnung derselben zulassen. Der Import wurde unter 3 verschiedenen Bedingungen durchgeführt: (1) ohne Reduktionsmittel (DTT) und ATP, (2) mit Reduktionsmittel, aber ohne ATP, sowie (3) in Anwesenheit von beiden. Bei der anschließenden Analyse fand man bei (1), daß das Protein im Import-Komplex steckenblieb, die Signal-Sequenz aber schon so weit in die Matrix hineinreichte, daß die Protease (MPP) das Signal abspalten konnte; bei (2) war eine Zwischenstufe des Imports erreicht (der C-Terminus war nicht mehr zugänglich von außen) und (3) führte zum vollständigen Transfer.

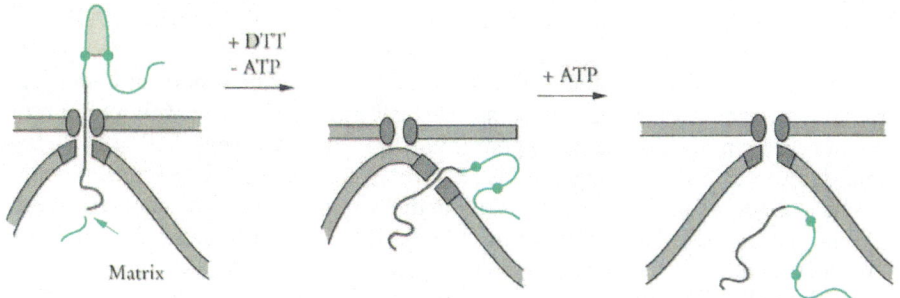

Abb. 8.13. Voraussetzungen für den Import in Mitochondrien. Mitochondrien werden mit einer Vor-stufe inkubiert, die vorher aus drei verschiedenen Bereichen konstruiert wurde

9. Die Kommunikation der Zelle mit der Außenwelt und dem extrazellulären Kompartiment

Die Zelle betreibt Stoffaustausch mit dem sie umgebenden Raum, in erster Linie mit dem „eigenen" extrazellulären Kompartiment. Sie sekretiert Verbindungen unterschiedlicher Struktur und schleust Bausteine für die eigene Wand aus. Die Kommunikation mit dem extrazellulären Raum schließt die Aufnahme von biotischen Umweltsignalen ein; sie betrifft auch die stoffliche Wechselbeziehung mit anderen Zellen derselben Pflanze und mit anderen Organismen – bis hin zur Symbiose.

9.1 Sekretion von Proteinen und Kohlenhydraten

Der Golgi-Apparat spielt sowohl bei der Sekretion von Proteinen und Glykoproteinen als auch bei der Weiterleitung von Bausteinen der Zellwand eine Rolle. Leitenzyme, Chaperone und Hüllenproteine sind Charakteristika für die Beschreibung der verschiedenen intrazellulären Stationen der Proteine auf dem Weg zum extrazellulären Kompartiment.

Ein mehrzelliger Organismus mit differenzierenden Strukturen weist jedem Zelltyp spezifische Aufgaben zu. Der Austausch von Produkten zwischen den verschiedenen Zellen ist bei einer derartigen Spezialisierung unumgänglich. Für die Aufgabe, den extrazellulären Raum bzw. andere Zellen mit chemischen Verbindungen zu versorgen, besitzt die Zelle verschiedene Mechanismen: Transportsysteme in der Membran und die Exocytose, die Sekretion mit Hilfe von Vesikeln. Sekretorische Vesikel gelangen an die Innenseite der Plasmamembran (PM) und verschmelzen mit ihr; dabei geben sie ihren Inhalt in den Außenraum ab.

Proteine und Glykoproteine, die für die Sekretion vorgesehen sind, werden am rauhen ER synthetisiert und im Lumen des ER modifiziert. Der weitere Sekretionsapparat besteht aus dem Golgi-Apparat und Transport-Vesikeln. Dabei ist zu beachten, daß verschiedene, biochemisch noch wenig charakterisierte Kompartimente als Zwischenstufen fungieren: das intermediäre Kompartiment zwischen ER und cis-Golgi-Apparat, die Substrukturen des Golgi-Apparats, die Vesikel, die den Transfer zwischen den Substrukturen des Golgi-Apparats durchführen, sowie die Transport-Vesikel auf dem Weg zur Plasmamembran (PM). Durch Analyse der Hüllen-Proteine läßt sich eine Unterscheidung zwischen der Art der Vesikel treffen: die Vesikel, die den Verkehr zwischen den Golgi-Stapeln aufrecht halten, sind mit Proteinen vom Typ

COP (Coat-Protein, α-COP, β-COP) ummantelt, während die Vesikel, die als Vehi-kel zur PM fungieren, mit einer Hülle umgeben sind, in der Clathrin dominiert. Die beiden Typen von Protein-Hüllen sind unterschiedlich, aber in Details ihrer Kompo-nenten homolog zueinander.

Proteine, die das Lumen des ER passieren, werden in ihrer Faltung durch Chape-rone (BiP), Isomerasen (für den Übergang zwischen geometrischen Isomeren bei Prolyl-Resten) und eine Protein-Disulfid-Isomerase (tauscht intramolekulare Disul-fid-Brücken aus) beeinflußt.

Viele der sekretierten Proteine zeichnen sich durch einen hohen Anteil an Hydro-xyprolin-Resten aus. Prolyl-Reste sind die Vorstufen dieser Hydroxyprolyl-Einhei-ten. Die Hydroxylierung erfolgt auf der Stufe des Peptids, und zwar im ER-Lumen. Dementsprechend ist auch kein Code für eine Aminosäure Hydroxyprolin vorhan-den. Die Prolyl-Hydroxylase des ER ist ein Heterotetramer ($\alpha_2\beta_2$). UE β ist iden-tisch mit der Protein-Disulfid-Isomerase (β_2). Viele der das ER passierenden Pro-teine sind Glykoproteine.

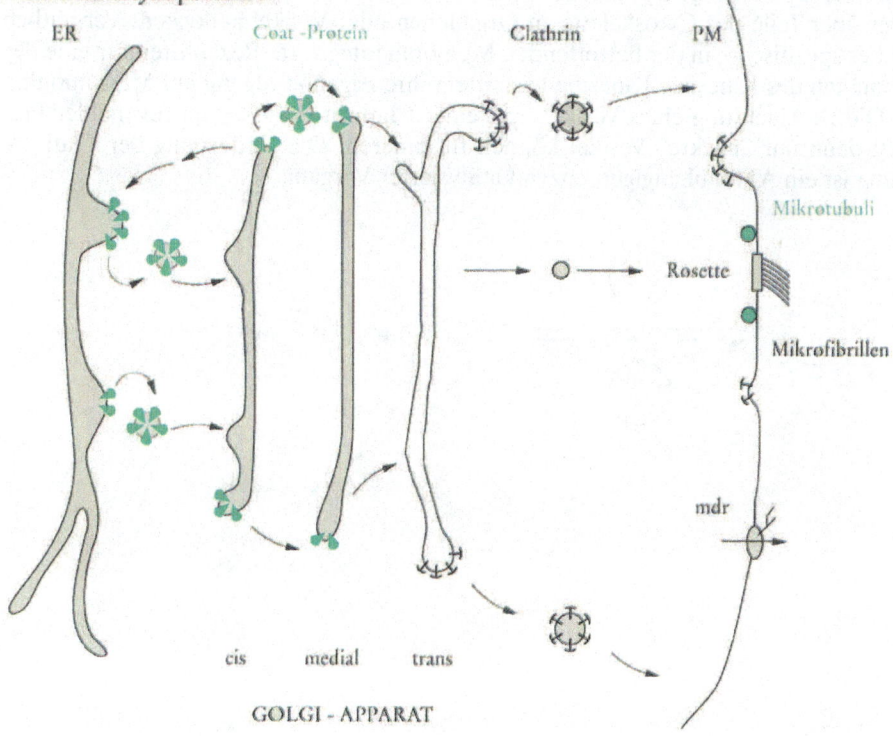

Abb. 9.1. Wege der Sekretion. Glykostrukturen werden am ER synthetisiert und innerhalb des Gol-gi-Apparats mehrfach modifiziert. Der Golgi-Apparat besteht aus mehreren, morphologisch und biochemisch unterscheidbaren Subkompartimenten: cis- und medial-Golgi-Apparat, trans-Golgi-Cisternen und trans-Golgi-Netzwerk. Clathrin spielt bei dem Transfer von Vesikeln zwischen Golgi-Apparat und PM eine wichtige Rolle; es umhüllt die Transfer-Vesikel und die Vertiefungen in der PM (coated pits). Ausgesprochen sekretorische Organe sind bei Drüsenhaaren die endständigen Drüsen-zellen oder auch die Übergangszellen im Tapetum. Die Abgabe von Glykoproteinen zählt sicher zu den sekretorischen, über Golgi-Apparat und Vesikel verlaufenden Prozessen; sie können unter den artifiziellen Bedingungen von Zellkulturen verstärkt auftreten und leicht untersucht werden. Zu den sekretierten Proteinen gehören α-Amylase, saure Phosphatasen und Peroxidasen

Die Struktur der Oligosaccharid-Seitenketten beim komplexen Typ der Pflanzen unterscheidet sich von den entsprechenden Strukturen der tierischen Zelle durch das Fehlen von terminalen Sialinsäure-Resten und durch Xylose-Reste, die mit der zentralen Mannose-Einheit $\beta,1\rightarrow2$-verknüpft sind.

Proteine mit einer Art Motor-Funktion sind Teile von cytosolischen Protein-Komplexen. Eine Maschinerie, die für Bewegungen der Vesikel innerhalb der Zelle verantwortlich ist, besitzt immer auch eine Motor-ATPase, ein ATP hydrolysierendes Enzym, das die chemische Energie der Anhydrid-Bindung in Bewegung umsetzt. Zuerst ist es die Konfigurationsänderung innerhalb der ATPase, die erzeugt wird; zwei Domänen des Enzyms bewegen sich zueinander. Diese Art der Eigenbewegung kann aber, wenn eine Domäne fixiert wird und die andere Domäne an ein bewegbares Makromolekül gebunden hat, den Transport von Makrostrukturen vermitteln.

Zu den Proteinen, die selbst einen derartigen Bewegungsapparat darstellen und dann im größeren Zusammenhang für die Dynamik im Cytosol sorgen, zählen wir Kinesine, cytosolische Dyneine und eng verwandte Proteine. Kinesine können direkt oder über Teile des Cytoskeletts an Organellen oder Vesikel andocken. Vermutlich gibt es spezifische, in der betreffenden Membran integrierte Rezeptoren für eine der Domänen des Kinesins. Kinesine vermitteln ihre Eigenbewegung auf Mikrotubuli.

Die Beschichtung eines Vesikels mit einer Clathrin-Hülle ist ein reversibler Prozeß; denn nur „nackte" Vesikel können fusionieren. Die Entfernung der Clathrin-Hülle ist ein ATP-abhängiger, enzymkatalysierter Vorgang.

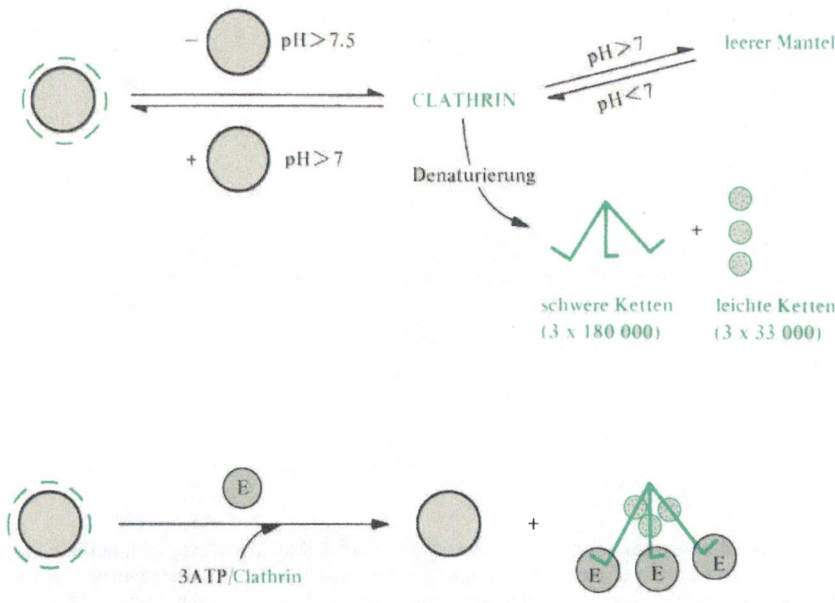

Abb. 9.2. Umhüllen und Enthüllen von Vesikeln. Im Reagenzglas-Versuch kann die Ummantelung von Vesikeln mit Clathrin sowie die Desaggreagation des Clathrins gezeigt werden (oberer Teil). Unterer Teil: Die Funktion eines Enzyms (uncoating protein) bei dem Enthüllen des Vesikels. Das für die Entfernung des Clathrin-Mantels verantwortliche Enzym arbeitet nur, wenn noch die leichten Ketten des Clathrins vorhanden sind. Es zeichnet sich aber durch eine noch höhere Affinität zu den schweren Ketten aus, sodaß ein Komplex, bei dem das Enzym an eine der schweren Ketten gebunden ist, als Produkt des Enthüllens entsteht. Der Prozeß ist ATP-abhängig, hsp70 wirkt als ATPase

Die komplexen **Polysaccharide der Zellwand** werden im Golgi-Apparat gebildet. So muß man sich bei der Biosynthese von Xyloglucan einen Enzymkomplex vorstellen, der zur Verlängerung des Startermoleküls sowohl UDP-Glucose als auch UDP-Xylose als Substrate benötigt. Diese Polymerisation zu einem Heteropolymeren wird im trans-Golgi-Netzwerk beendet, bevor diese Einheit in Vesikel (ohne Clathrin) verpackt und zur Zellwand transferiert wird.

Als wertvolles Werkzeug, um selektiv die Funktion des Golgi-Apparats auszuschalten, hat sich der pilzliche Metabolit Brefeldin-A (→ S. 432) erwiesen. Brefeldin fördert die Dissoziation von β-COP und blockiert so die Sekretion von Xyloglucan.

Größere Bauteile für die Bildung der Zellwand werden aus den monomeren Bausteinen im Inneren der Zelle vorfabriziert. Erst am endgültigen Bestimmungsort kommt es zum Zusammenbau der Fertigteile. Was die Kenntnis der einzelnen Vorgänge anlangt, liegen die Schwachpunkte bei der genauen Definierung des Bereichs der Zelle, wo die aktivierten Monomeren in die Polymerisationsmaschinerie eingesetzt werden. Man kann z. B. bei der Bildung der Cellulose sich an das Modell halten, daß ein mehr oder minder gleichzeitiges Polymerisieren und Einsetzen in die Zellwand erfolgt. Das wäre dadurch möglich, daß an dem Grenzbereich zwischen Innen und Außen der Zelle (also an der Plasmamembran) ein Cellulose-Synthase-Komplex sitzt, der auch gleichzeitig die Translozierung bewerkstelligt.

Aber spätestens bei Heteropolysacchariden, die aus unterschiedlichen Blöcken aufgebaut zu sein scheinen, stellt sich die Frage, ob nicht einzelne Bauteile – wie bei der Biosynthese von N-glykosidischen Glykoproteinen – auf membranverankerten Plattformen hergestellt werden. Dies ergäbe das Bild einer Endfertigung vor Ort, unter Verwendung der Produkte der Zulieferer. Demgegenüber steht die Vorstellung, daß eine β,1→4-Glucan-Synthase in der Plasmamembran kontinuierlich UDP-Glucose als Substrat aufnimmt und mit dem Baustein das nach außen wachsende Polymere verlängert. Mikrotubuli, deren Bedeutung für die Orientierung der Cellulose-Mikrofibrillen gesichert ist, könnten bei letzterem Modell nur sehr indirekt mitwirken, vielleicht durch Positionierung der Glucan-Synthase in der Membran. Gefrierbruchaufnahmen der Plasmamembran führten in den letzten Jahren zum Nachweis von Proteinkomplexen, die mit den Enden von Cellulose-Mikrofibrillen verbunden sind. Daraus ergab sich die Vorstellung, daß die Partikel (einige in Form von Rosetten) Cellulose-Synthese-Komplexe darstellen.

Die Bildung von Xyloglucan verlangt die Zusammenarbeit einer β,1→4-Glucan-Synthase und einer Xylosyl-Transferase; beide sind in Golgi-Vesikeln lokalisiert. Die Glucan-Kette wird β,1→4 nur verlängert, wenn auch einzelne Xylose-Reste an die Position 6 der bereits zusammengesetzten Glucose-Einheiten gebunden werden.

Bei der Synthese von Rhamnogalakturonan (→ S. 357) ist zu berücksichtigen, daß die einzelnen Pflanzenspezies spezifische Muster dieses Polymeren herstellen; und der Syntheseapparat hätte dem zu entsprechen.

In der Zellwand beträgt der Anteil an Cellulose meistens weniger als 30 % des Trockengewichts. Die Festigkeit der Zellwand wird in erster Linie durch die Ketten von Xyloglucan bewirkt. Das bedeutet, daß die Modifikation von Xyloglucan mit der Änderung der Stabilität der Zellwand beim Zellwachstum zusammenhängen könnte. Die Mikrofibrillen der Cellulose (4 nm Durchmesser) werden mit Hilfe von langen (1 µm) Molekülen von Xyloglucan, das an einem Ende mit einer Glucan-Kette der einen Mikrofibrille wechselwirkt und mit seinem anderen Ende in eine andere Mikrofibrille hineinreicht, fixiert.

Damit werden Enzyme, die Xyloglucane in endo-Stellung spalten und später wieder verknüpfen, also Transglycosidasen, zu Kandidaten für das Konzept des temporären Aufweichens der Zellwand. Glucan-Synthase II, die gerne als Leitenzym für die Plasmamembran verwendet wird, ist eine β, 1→3-Glucan-Synthase und damit für die Bildung der Kallose verantwortlich. Sie ist ein von Ca^{2+} abhängiges Enzym.

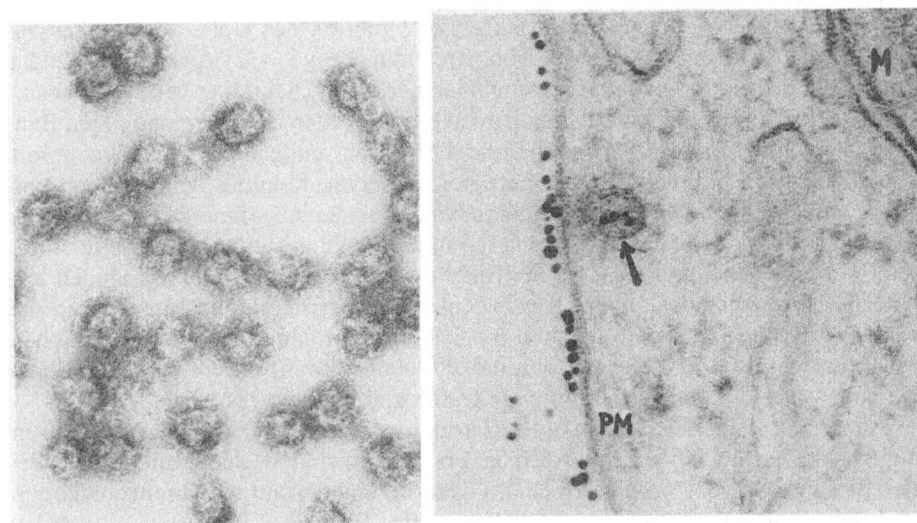

Abb. 9.3. Elektronenmikroskopische Darstellung von isolierten Transfer-Vesikeln. Die Präparation der mit Clathrin ummantelten Vesikel wurde aus Blättern von *Vicia faba* hergestellt (links). Die Teilaufnahme rechts zeigt die Ausschnittsvergrößerung eines fixierten Protoplasten. Die aneinandergereihten schwarzen Punkte auf der Außenseite der Plasmamembran stellen Concanavalin A-Gold-Komplexe dar. Damit werden die Glykostrukturen der integralen Proteine der Plasmamembran sichtbar gemacht. Eine Einstülpung (coated pit) ist mit einem Pfeil hervorgehoben. (PM = Plasmamembran; M = Mitochondrion. Aufnahme: D. G. Robinson, H. Depta, S. Hillmer (Göttingen)

An verschiedenen Membranen der Zelle sitzen Pumpen, die unter „Verbrauch von ATP" (der Verwendung der in der Anhydrid-Bindung steckenden Bindungs-Energie) niedermolekulare Stoffe über die Membran transportieren. Man kann diese Proteine unter dem Begriff ABC-Proteine (eine Familie gekennzeichnet durch eine *A*TP-*B*indungs-*C*assette) zusammenfassen. Sie sind am Transport sehr unterschiedlicher Verbindungen beteiligt. Die MDR-Proteine stellen innerhalb der ABC-Proteine eine Untergruppe dar. Sie sind an der PM lokalisiert, sind phosphorylierbare Glykoproteine und zeichnen sich durch hohe Affinität zu bestimmten Alkaloiden wie Vinblastin (→ S. 434) aus. An der dem Cytosol zugewandten Seite sind die Bindungsstellen für ATP. Der Ausdruck MDR-Proteine rührt davon her, daß sie ursprünglich im Zusammenhang mit dem Export von Pharmaka aus menschlichen Zellen charakterisiert wurden (*M*ulti-*D*rug-*R*esistenz). Man könnte das in der PM verankerte MDR-Protein als Drug-Efflux-Pumpe bezeichnen. In jüngster Zeit sind MDR-Gene und ihre Expression auch in Pflanzen gefunden worden. In Hefe ist ein MDR-Protein (das Produkt des Gens STE6) am Ausschleusen des Peptid-Pheromons Faktor-a (→ S. 405) beteiligt. In Pflanzen ist ein derartiges Protein ein Kandidat für das Ausschleusen von cytosolischen Stoffwechsel-Produkten (z. B. Phytoalexinen).

9.2 Zellwand

Die Zellwand besteht aus Hemicellulose, Pektin, Glykoproteinen und Cellulose. Eine Verfestigung erfährt sie durch die chemische Quervernetzung und die Einpolymerisation von Lignin.

Die Wand der Pflanzenzellen hat vor allem Schutzfunktion; nämlich Schutz gegen mechanische Beanspruchung, Austrocknung, Strahlung und den Angriff von Mikroorganismen. Benachbarte Zellen sind voneinander durch eine interzelluläre Schicht getrennt, die je nach Bedarf mehr oder minder verstärkt wird. Die Primärwand besteht aus einer amorphen Matrix zwischen den Zellen und unlöslichen Struktur-Polysacchariden in Form von Mikrofibrillen. Die Matrix setzt sich aus Hemicellulosen und Pektin zusammen. Eingebettet sind die Fibrillen der Cellulose.

Hemicellulose enthält Pentosen

Xylane, $\beta,1 \rightarrow 4$-verknüpfte Xylose-Einheiten, und Arabino-xylane (mit Arabinose-Resten, die $\alpha,1 \rightarrow 3$ mit der Hauptkette verknüpft werden) sind in Monocotyledonen diejenigen Moleküle, die mit Cellulose H-Brücken ergeben. Die Glucurono-arabino-xylane der Dicotyledonen zeigen diese Eigenschaft nicht; die Rolle der Brücke zur Cellulose übernehmen dann Xyloglucane, deren Hauptkette strukturell der Cellulose ähnlich ist.

Arabinogalaktane – aufgebaut auf β-D-Galaktopyranose-Einheiten, an die L-Arabinose angehängt ist – findet man als Teil von Pektin-Strukturen oder als neutrale Glykane. Letztere stellen mit einer Galaktan-Hauptkette, in der Galaktosen miteinander $1 \rightarrow 3$ und $1 \rightarrow 6$ verknüpft sind, die Hauptmenge des Holzes von Gymnospermen dar. Die Zuordnung der Arabinogalaktane ist nicht eindeutig.

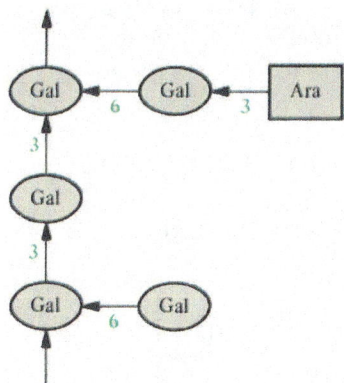

Abb. 9.4. Ausschnitt aus der Struktur von Arabino-galaktan. Die Pfeile deuten an, daß jeweils das glykosidische C-1 der einen Einheit mit einer in grün angegebenen Position auf der folgenden Einheit verbunden ist. Die Galaktose-Kette von unten nach oben stellt das Rückgrat des Polymeren dar

Viele Zellen kommen mit einer Primärwand – Matrix mit Cellulose-Fibrillen – aus. Bei der weiteren Verfestigung zur Sekundärwand erhöht sich der Anteil an Cellulose; Lignin kommt als Strukturelement hinzu.

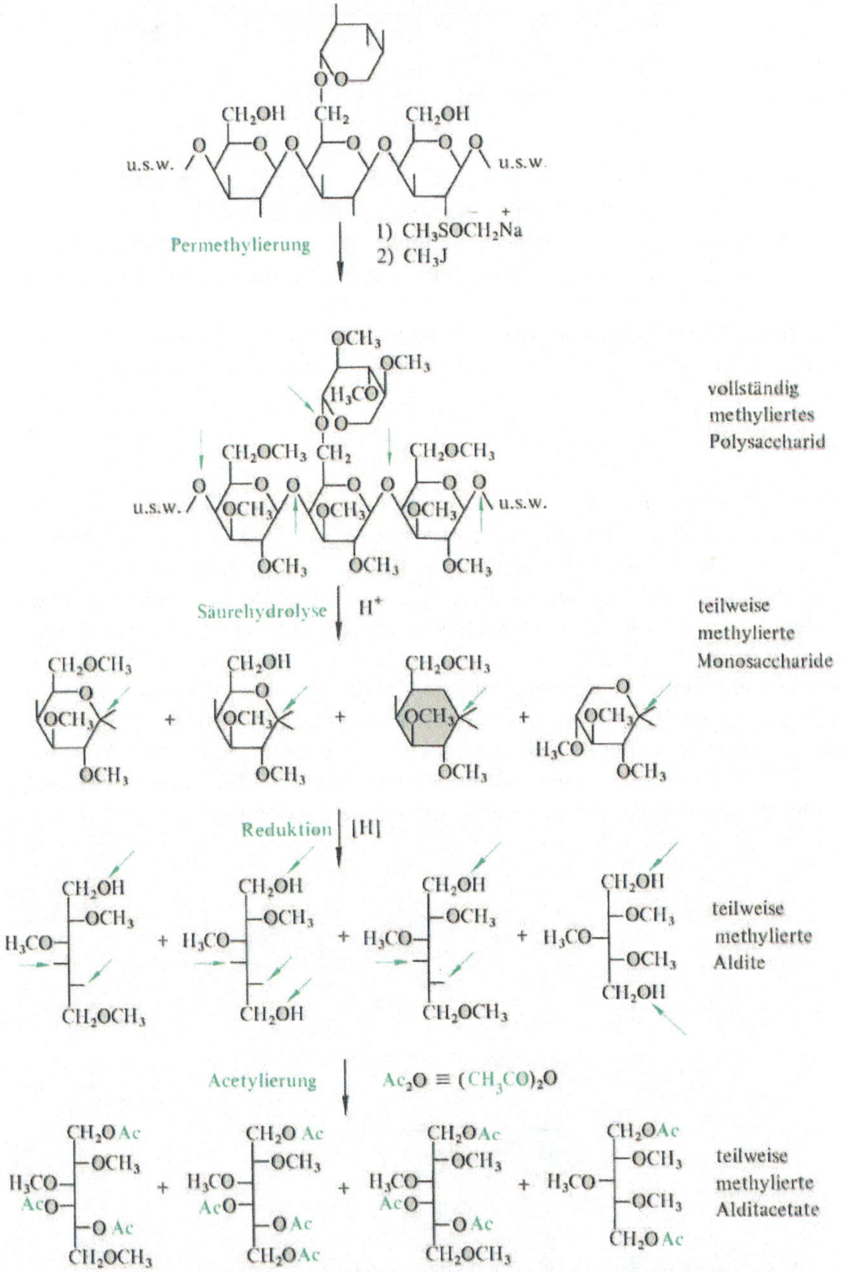

Abb. 9.5. Die Analyse des Verknüpfungsmusters bei polymeren Kohlenhydraten basiert auf der gaschromatographischen Trennung von unterschiedlich substituierten Zucker-Derivaten

Eine weitgehend automatisierbare Analyse von polymeren Kohlenhydraten basiert auf der Kombination von hochauflösender Gaschromatographie und Massenspektrometrie. Abb. 9.5 (linke Seite) zeigt die chemischen Modifikationen zur Unterscheidung zwischen „frei" und „gebunden"; wie durch Permethylierung der freien Hydroxylgruppen die nicht in Bindungen involvierten Positionen abgesättigt werden. Nach Hydrolyse der acetalischen Bindungen entstehen die Monosaccharid-Einheiten mit unmodifizierten Positionen dort, wo vorher eine Bindung vorlag. Schließlich resultieren die Alditacetate, die leicht flüchtig und durch Gaschromatographie gut analysierbar sind. Das Fragmentierungsmuster im Massenspektrum erlaubt eine eindeutige Charakterisierung.

Große Fragmente bis Mr über 1000 lassen sich ohne Abbau durch FAB-MS (*fast atom bombardment mass spectrometry*) mit hochenergetisierten Xenon-Strahlen analysieren.

Pektin: eine gelartige Matrix

Pektin macht vor allem bei Dicotyledonen die Hautpmasse der Wand aus. Dazu zählen: Homo-galakturonan und L-Rhamnosyl-galakturonan. Die Bausteine dazu werden als UDP-Zucker zur Verfügung gestellt.

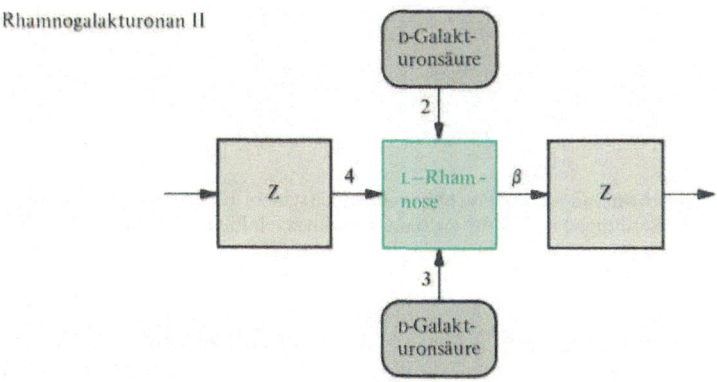

Abb. 9.6. L-Rhamnosyl- und D-Galakturonsäure-Reste im Rhamnogalakturonan. Dem linearen Rhamnogalakturonan I ist ein Rhamnogalakturonan II gegenübergestellt, das eine Reihe seltener Zucker (Z: Apiose, 3-Carboxyxylosuronsäure, Octulonsäure) enthalten kann

357

Die Zellen der Wurzelhaube produzieren und sekretieren Schleim, der gegen Austrocknung schützt und eine geeignete Rhizosphäre aufbauen hilft. Es handelt sich bei diesem Schleim um eine hochpolymere Verbindung (Mr $\geq 10^6$).

Enzyme, die *Pektin abbauen* oder depolymerisieren können, spielen offenbar bei der Reifung von Tomaten eine größere Rolle. Man findet zwei Isoenzyme der Polygalakturonase, von denen eines im Stadium der Fruchtreife massiv neusynthetisiert wird. Dieses Isoenzym wird mit einem Signalpeptid in das ER hineinsynthetisiert und anschließend sekretiert. In dieser Phase kann man die entsprechende mRNA gewinnen und anreichern, da sie etwa 1 % der polyA-RNA der Frucht ausmacht.

Von Klonen, die eine cDNA der Polygalakturonase enthalten, läßt sich leicht durch Transkription in die beiden entgegengesetzten Richtungen die mRNA als auch eine dazu komplementäre RNA („anti-sense"-RNA) gewinnen. Transgene Tomaten, die eine RNA komplementär zur mRNA, also eine anti-sense-mRNA, exprimieren, weisen einen um den Faktor 10–100 reduziertes Niveau an Polygalakturonase auf. Reife Früchte dieser Pflanzen zeigen eine vorteilhafte Festigkeit.

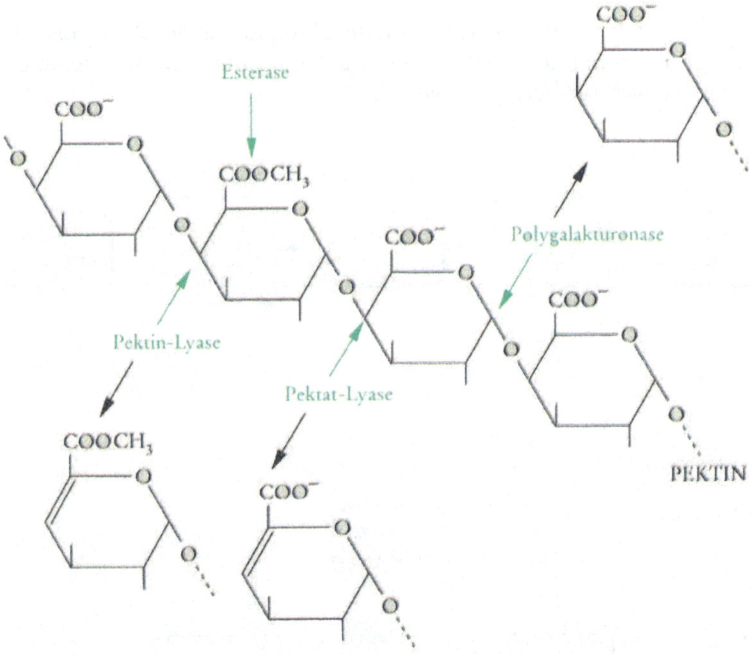

Abb. 9.7. Strukturen von Pektin und Aktion von abbauenden Enzymen. Es sind die Enzyme aufgeführt, die unterschiedliche Bindungen im Pektin spalten. Die schwarzen Pfeile symbolisieren die Bildung der Produkte

β-Glucane treten z. B. bei Gräsern in größeren Mengen auf. Neben β,1→3-Bindungen sind variierende Anteile an β,1→4-verknüpften Glucopyranosyl-Resten enthalten; ein Homoglucan – ausschließlich aus β,1→3-verbundener Glucose aufgebaut – ist die Kallose. Kallose wird als Reaktion auf eine Verwundung der Zelloberfläche gebildet; in Zellkulturen kann ihre Biosynthese durch Streß induziert werden.

Die für die Zellwand bestimmten Glykoproteine werden nach der Sekretion unlöslich gemacht

Glykoproteine stellen in der Regel etwa 20 % der Primärwand dar. Unter den nach außen abgegebenen Glykoproteinen befinden sich Strukturelemente wie Extensin und Arabinogalaktan-Proteine sowie Enzyme (Peroxidase, Glykosyltransferasen, saure Phosphatase).

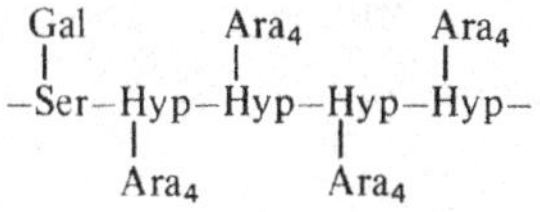

$$
\begin{array}{ccccc}
Gal & & Ara_4 & & Ara_4 \\
| & & | & & | \\
-Ser- & Hyp- & Hyp- & Hyp- & Hyp- \\
| & & | & & \\
Ara_4 & & Ara_4 & &
\end{array}
$$

Abb. 9.8. Strukturelement des Extensins. Das Gen für Extensin enthält – im Anschluß an die für ein sekretorisches Protein notwendige Signal-Sequenz – wiederholte Bereiche für S-P-P-P, wobei 45 % der Proline (P) hydroxyliert sind. An die Hydroxyprolin-Reste sind Tetraarabinose-Einheiten gebunden. 40 % der Serine (Ser) tragen Galaktose-Reste

Die intrazelluläre Vorstufe des Extensins ist ein basisches Protein (40 kDa) mit einem hohen Anteil an Hydroxyprolin, Serin und Lysin. Die intrazellulären, löslichen Vorstufen ergeben dann – nach Sekretion – in der Zellwand unlösliche Strukturen. Eine Verknüpfung von zwei Tyrosin-Resten – je ein Tyrosin von je einer der beiden nebeneinanderliegenden Ketten – bewirkt das Unlöslichwerden. Das Auftreten von *„Isodityrosin"* (isolierbar nach Spaltung der Wand mittels $NaClO_2$) gilt als Indikator für die Vernetzung der Bauelemente. Die Ether-Brücke zwischen zwei aromatischen Ringen ist überaus stabil; das gleiche gilt für die Tyrosin-Struktur: während die anderen Strukturen durch Hydrolyse gespalten werden, bleibt allein Isodityrosin (Abb. 9.9, nächste Seite) erhalten.

Die wenigen Tyrosin-Reste, die in der löslichen Vorstufe enthalten sind, werden – sobald das Protein in der Wand eingelagert ist – mit Hilfe von H_2O_2 und einer Peroxidase vernetzt. Ob die Extensin-Peroxidase identisch ist mit der Coniferylalkohol-Peroxidase und anderen extrazellulären Peroxidasen, ist unbekannt. Zwei verschiedene Ketten des Extensins werden so verknüpft, das Protein wird unlöslich. Dieser Vorgang der Vernetzung von Glykoproteinen und das Einpolymerisieren von verschiedenen aromatischen Carbonsäuren wird durch biotischen Streß massiv verstärkt. Isodityrosin, die Brücke zwischen zwei Ketten, ist damit ein Strukturelement des unlöslichen Wandproteins. Dityrosin findet man auch als Brücke in polymeren Strukturen der Wand von Ascosporen.

Im Gegensatz zu Extensin ist das Arabinogalaktan-Protein, das zweite wichtige Glykoprotein, löslich in Wasser; es enthält einen noch höheren Anteil an Kohlenhydraten. Viele Arabinogalaktane weisen ein Molekulargewicht von über 300 000 auf. Arabinogalaktan-Seitenketten sind O-glykosidisch an Hydroxyprolin gebunden. Der Protein-Anteil ist sauer (auch dadurch vom basischen Extensin unterscheidbar) und reich an Hydroxyprolin, Serin und Glycin. Der Unterschied in der Ladung, verglichen zu Extensin, ist vorerst schwer verständlich, da beide Proteine Sequenzhomologien in einem periodisch wiederkehrenden Pentapeptid aufweisen. Arabinogalaktan-Proteine können einen sehr niedrigen Protein-Gehalt besitzen und sind dann eher als Arabinogalaktane zu bezeichnen.

Sobald eine Peroxidase in der Zellwand H_2O_2 und phenolische Substrate vorfindet, kommt es zur unspezifischen Vernetzung aller reaktionsfähigen Bausteine. Eine Aktivierung der Sekretion von Peroxidase und reaktionsfähigen Phenolen führt lokal sehr viel schneller zur Verstärkung der Wand als durch eine Lignifizierung.

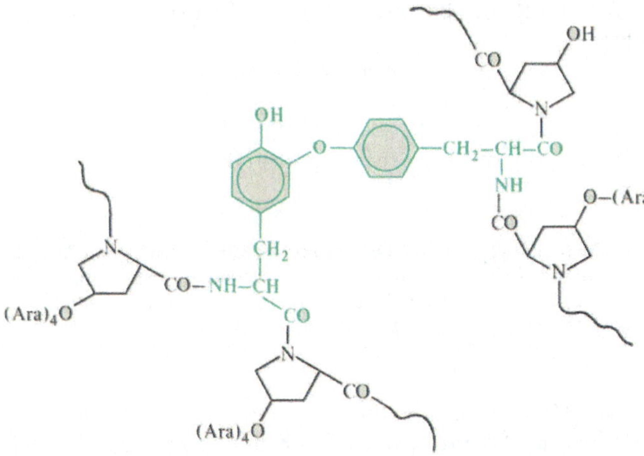

Abb. 9.9. Verknüpfung zweier Ketten im Extensin durch eine Tyrosin-Brücke. Es handelt sich um einen oxidativen Prozeß, der durch eine spezifische Peroxidase der Zellwand katalysiert wird

Cellulose: das fibrilläre Element der Wand

Die in Wasser unlösliche Cellulose ist ein $1 \rightarrow 4$-verknüpftes β-D-Glucan. Stränge des Polymeren – mit etwa 5 000 Einheiten im Falle der Primärwand und mehr als 15 000 in der Sekundärwand – können sich durch zwischenmolekulare H-Brücken zu kristallinen Bereichen zusammenlagern. Eine Mikrofibrille mit 15 nm Durchmesser besteht aus einem Bündel von etwa 1 000 Ketten. Aufgebaut werden diese Strukturen vermutlich durch Verlängern eines Oligoglucans (primer) mit nukleosid-diphosphat-aktivierter Glucose. „Terminale" Enzymkomplexe in der Plasmamembran (Rosetten oder hexagonale Formen) könnten die Glucan-Synthase-Aktivität enthalten und die darauffolgende „Kristallisation" (parallele Aneinanderlagerung der Ketten) vermitteln. Die Glucan-Synthase, die für die Bildung der Cellulose verantwortlich ist, befindet sich in der PM. Sie bildet dort Komplexe mit der wachsenden Cellulose-Kette in Form von „Rosetten". Rosetten können sichtbar gemacht werden, wenn durch Gefrierätzung die PM an der Grenze zwischen den Doppelschichten der Membran aufgebrochen wird. Man geht davon aus, daß eine Elementarfibrille pro Rosette erzeugt wird. Die einzelne Glucan-Kette sollte etwa aus 10 000 Glucose-Einheiten (ca. 5 µm) bestehen, die Elementarfibrille – aus der Rosette wachsend – müßte ein Vielfaches (z. B. 30-faches) dieser Kette repräsentieren. Nach der Synthese sollte der Rosetten-Komplex wieder zerfallen.

Während man über die Funktion des ER bei der Synthese und Prozessierung von Glykoproteinen z.T. gute Kenntnisse besitzt, ist die Frage, wo Xylosyl-Transferasen oder Galaktosyl-Transferasen arbeiten, weitgehend offen.

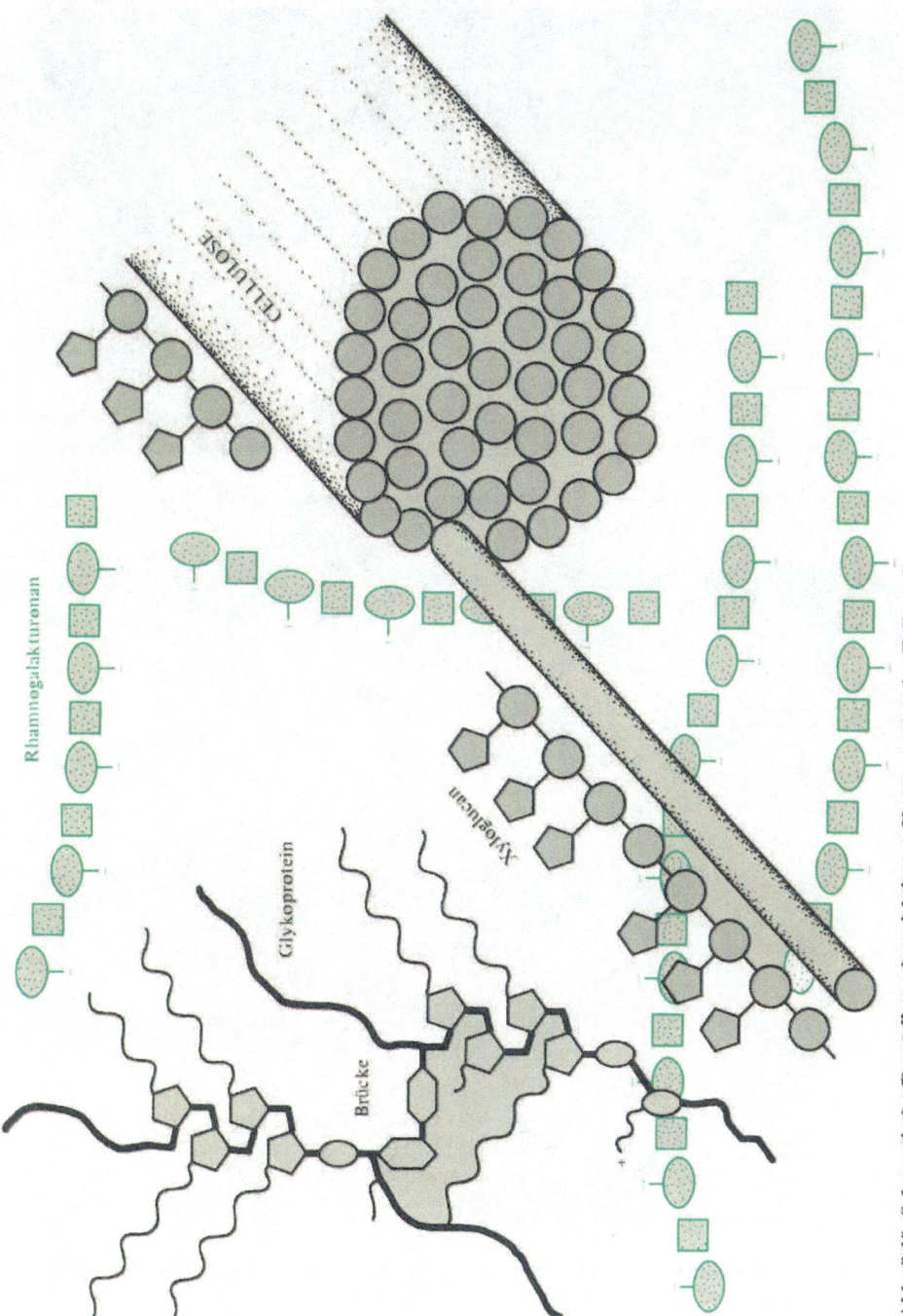

Abb. 9.10. Schematische Darstellung der wichtigsten Komponenten der Zellwand

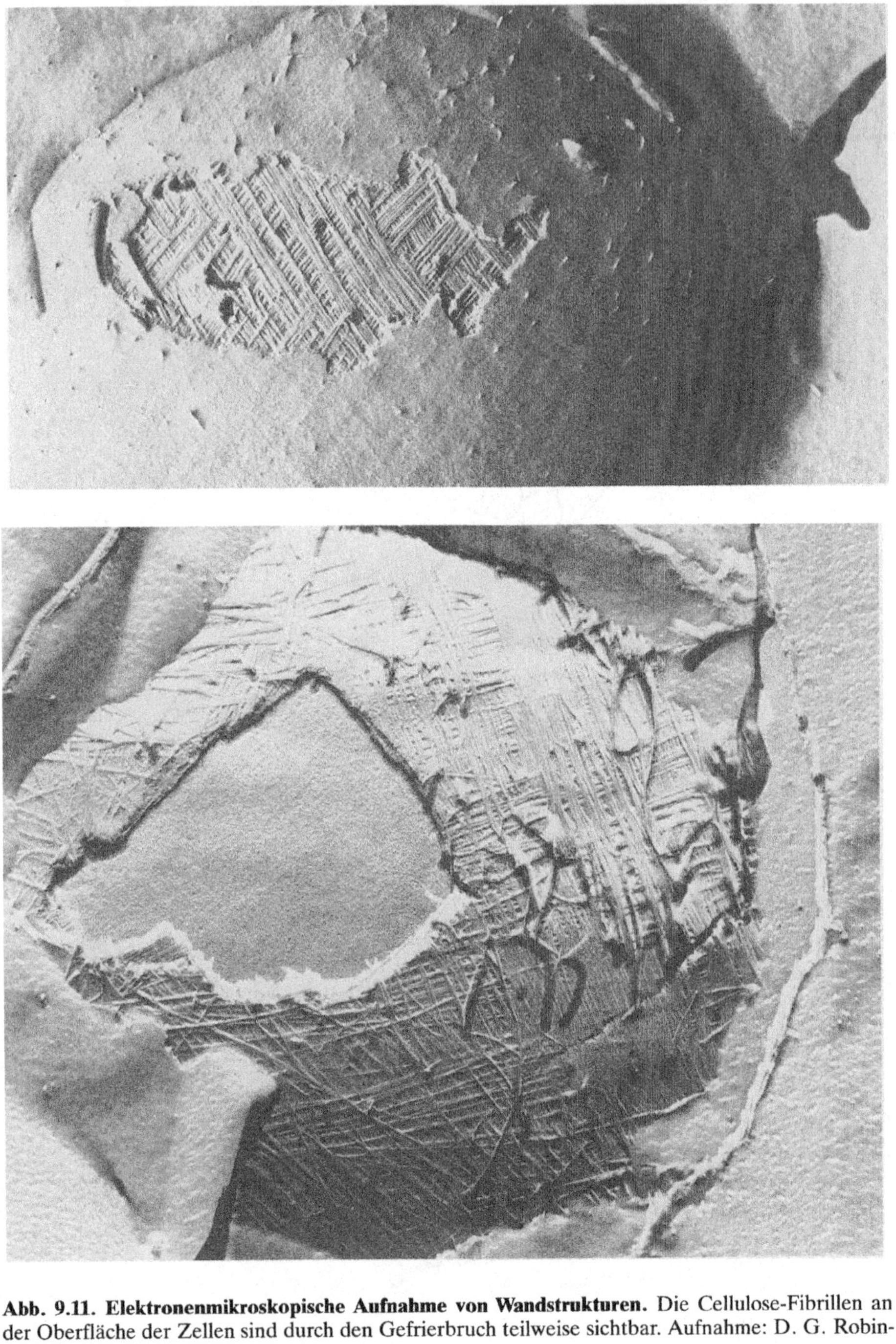

Abb. 9.11. Elektronenmikroskopische Aufnahme von Wandstrukturen. Die Cellulose-Fibrillen an der Oberfläche der Zellen sind durch den Gefrierbruch teilweise sichtbar. Aufnahme: D. G. Robinson, Göttingen

Die Lignin-Polymerisation verfestigt die Primärwand

Dieses unlösliche Polymere leitet sich von Derivaten des Phenylalanins ab. Als Bausteine dienen Coniferylalkohole (→ Abb. 6.48); sie werden aus den in der Wand abgelagerten Glucosiden freigesetzt und durch eine Peroxidase mit H_2O_2 oder durch eine Laccase mit O_2 dehydrierend polymerisiert. In der starren Sekundärwand ersetzt das entstehende hydrophobe Lignin die mit Wasser gefüllten Bereiche der wachsenden Primärwand. Bei der Polymerisation werden kovalente Bindungen – in erster Linie Ether-Brücken – auch zwischen Lignanen und Hemicellulosen erzeugt. Lignane (wie Pinoresinol) entstehen aus Coniferylalkohol durch oxidative Dimerisierung.

Zum Abbau von Lignin – nach dem Tod einer Pflanzenzelle – sind Pilze befähigt. Die Arylether-Bindung zwischen dem C-β der Seitenkette und dem Phenyl-Ring der anderen Einheit spaltet *Phanerochaete chrysosporium* mit Hilfe eines H_2O_2-abhängigen Häm-Enzyms. H_2O_2 stellt der Pilz u.a. durch β-Oxidation von Fettsäure her.

Sporopollenin ist ein anderes Polymeres, das sich von Phenylalanin ableitet. Es bildet die schwer abbaubare Wand von Pollen. Extensive Fragmentierung führt zu p-Hydroxybenzoesäure.

Die Wand von Algen und Pilzen

Algen besitzen oft einen stark ausgeprägten sekretorischen Apparat. Komponenten der Zellwand, Bausteine für die Bildung von Flagellen und Schleimstoffe werden synthetisiert und ausgeschleust. Einen Eindruck von der Dynamik dieser Zellen soll Abb. 9.13 mit dem Golgi-Apparat und seinem Umfeld geben. Geißelhaare (Mastigonemen) sind neben vielen ummantelten Vesikeln und Einstülpungen erkennbar.

Die Hauptkomponenten der Zellwand von Pilzen sind Glucan, Chitin und Glykoprotein. Ein Mannoprotein mit N- und O-glykosidischen Bindungen zwischen dem Oligosaccharid und der Proteinkette macht bei Hefen einen großen Anteil der Wand aus. Innerhalb der „Hefen" unterscheidet man zwischen der β,1→3- und β,1→6-glucan-reichen Wand der Ascomyceten (*Saccharomyces, Candida*) und der chitin-reichen Wand bei Basidiomyceten (*Sporobolomyces*). Glucan – mit β,1→3 und β,1→6-Bindungen – ist Wandbestandteil von Oomycetes (z. B. *Phytophthora*).

Man muß postulieren, daß Chitinasen von Pilzen produziert werden, um die Wand beim Wachstum plastisch zu halten.

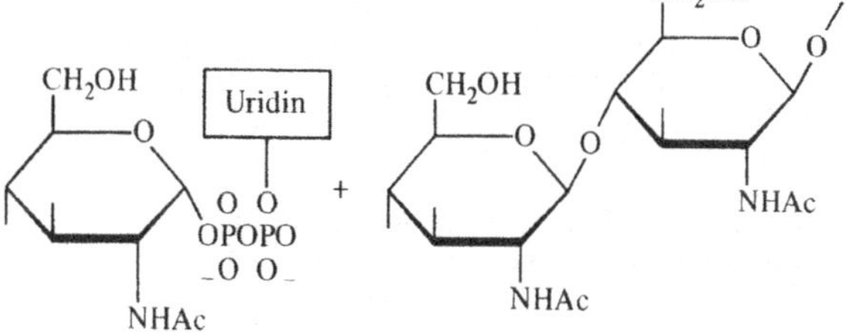

Abb. 9.12. Biosynthese von Chitin durch Kettenverlängerung mit UDP-N-Acetylglucosamin. Nikkomycin weist in der Struktur Ähnlichkeiten mit UDP-N-Acetylglucosamin auf; es wirkt als kompetitiver Inhibitor auf die Chitin-Synthase. Chitin kann in einer Mykorrhiza zur Charakterisierung des pilzlichen Anteils dienen. Chitosan stellt die ent-acetylierte Form des Chitins dar

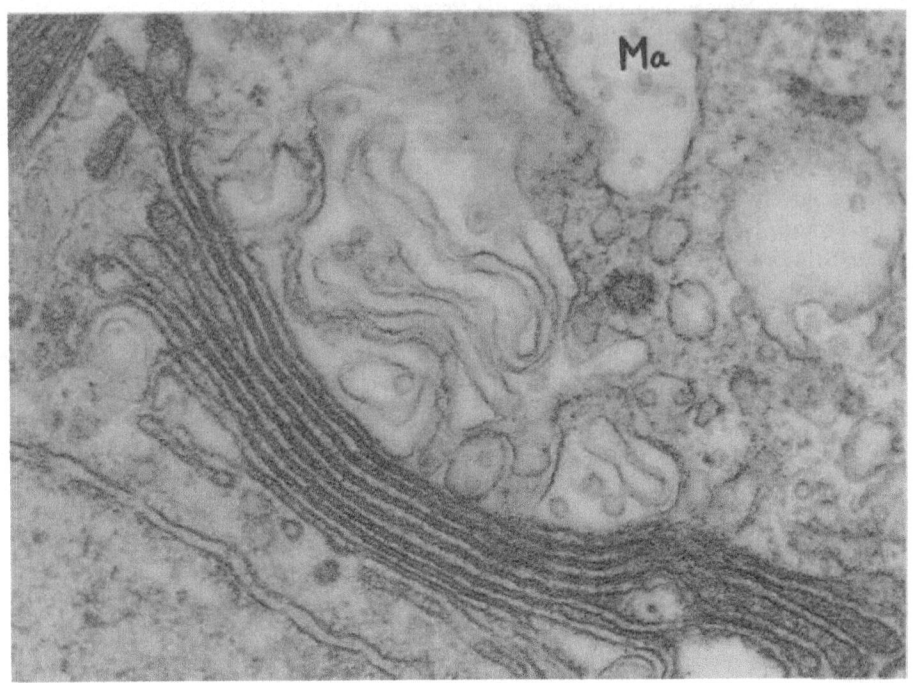

Abb. 9.13. Aktiver Golgi-Apparat und Vesikel bei einer Alge. Das Golgi-Feld von *Poterioochromonas* ist von ummantelten Vesikeln umgeben. Aufnahme: D.G. Robinson (Göttingen)

Phaeophyceae besitzen in der Wand ein extrahierbares lineares Polymeres, aufgebaut aus β,1→4-D-Mannuronsäure und α,1→4-L-Guluronsäure. Diese Bausteine unterscheiden sich voneinander durch die Konfiguration am C-5. Sie entstehen aus GDP-D-Mannose. Alginsäuren sind ein Markenzeichen der Braunalgen. Daneben findet man heteropolymere Fucane.

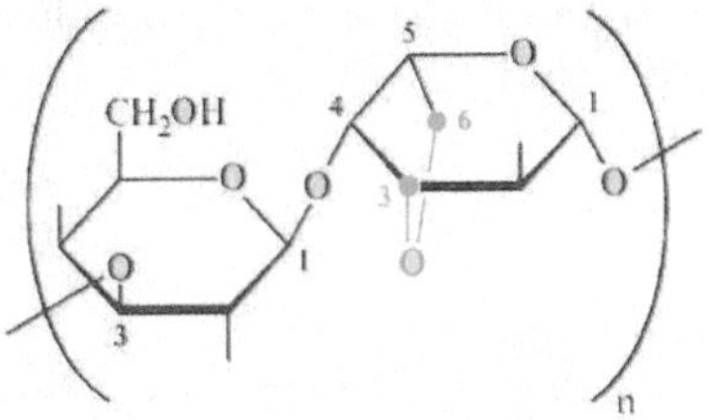

Abb. 9.14. Struktur der Agarose. D-Galaktose ist β-glykosidisch verbunden mit 3,6-anhydro-L-Galaktose. Die Etherbrücke zwischen C-3 und C-6 ist hervorgehoben

Die Oberfläche vieler Pflanzenorgane wird mit einer hydrophoben Schicht abgeschirmt. Zur Lipidschicht gehört Cutin, das in Wachs (Ester mit Alkoholen C_{26} und C_{28}) und Kohlenwasserstoffe (C_{29} und C_{31}) eingebettet ist.

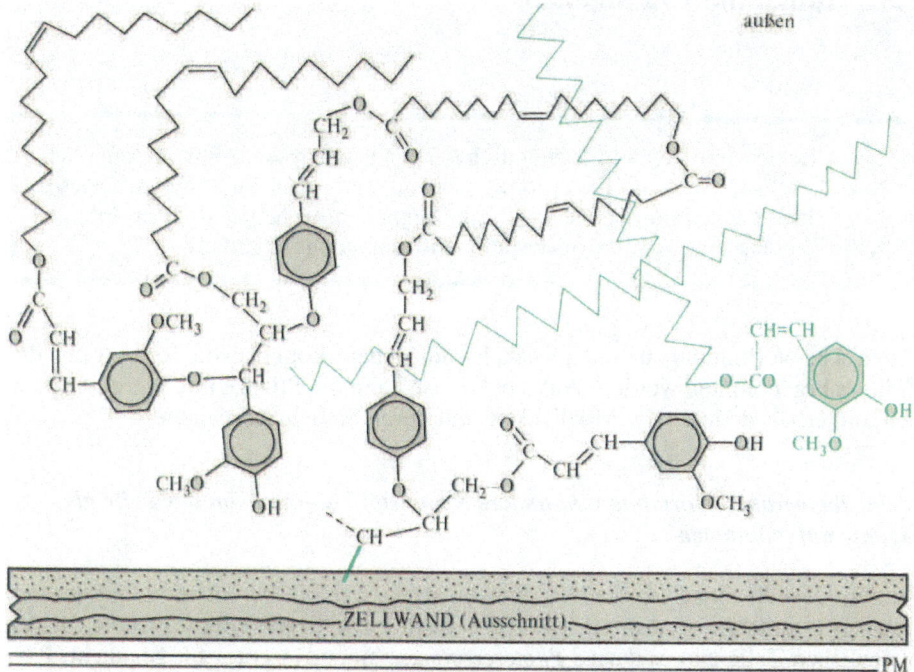

Abb. 9.15. Schematischer Ausschnitt aus der Lipidschicht an der Oberfläche eines Pflanzenorgans.
Beispiel: die Suberin-Schicht einer Kartoffel-Knolle oder Oberfläche einer Tannen-Nadel. Außerhalb der Zellwand liegend, aber mit ihr kovalent verbunden, enthält die Suberin-Schicht zahlreiche Coniferylalkohol-Reste. Eingelagert in das Polymere sind Wachse – hier die grün gezeichneten n-Alkane und Alkyl-Ester. Sie bilden eine hydrophobe Schicht, die aus der Umgebung (Gas-Phase) hydrophobe, chlorierte Kohlenwasserstoffe – unter gleichzeitiger starker Anreicherung – aufnehmen kann. Die C-Cl-Bindung wird durch UV-Licht homolytisch gespalten

Cutin ist ein hydrophobes, unlösliches Polymeres. Die Hydrolyse ergibt vor allem Dihydroxypalmitinsäure und ω-Hydroxyölsäure; dies sind Verbindungen mit mindestens zwei funktionellen Gruppen. Vergleichbar mit Cutin – zumindest in der Funktion und teilweise in den chemischen Bausteinen – ist Suberin. Als Folgereaktion einer Verwundung tritt dieser Polyester auf, der vor allem Ferulasäure enthält.

Pilze, die durch die Cutin-Schicht in die Pflanze einzudringen versuchen, synthetisieren und sezernieren Cutinase. Das „Substrat" Cutin löst vorher durch Induktion die Synthese der Cutinase im Pilz aus. Cutinase arbeitet als Esterase wie eine Serin-Protease (→ S. 318). Inhibitoren der Cutinase sind geeignet, das Eindringen des Pilzes zu verhindern. Mutanten von Pilzen, die cutinase-defizient sind, verhalten sich nicht mehr pathogen. Dem Überwinden der Lipidschicht mit Hilfe der Cutinase schließt sich in der Regel der Abbau der Zellwand an.

Mit Cutinase wird von Pilzen eine Reihe weiterer lytischer Enzyme sezerniert, um die Oberflächenstrukturen der Pflanze zu überwinden. Dazu zählen Pektinasen, Pektin-Esterasen und Cellulasen. Inhibitoren gegenüber diesen Enzymen können als Schutzmittel vor der Besiedlung von Pflanzen durch Pilze eingesetzt werden. Schutzmittel fungieren häufig – wie Benomyl – als Inhibitoren der Cutinase.

9.3 Aufnahme von Signalen

Die Effekte, die Licht und chemische Signale bewirken, sind umfangreich dokumentiert. Über die Rezeptoren besitzen wir – vom Phytochrom abgesehen – kaum Erkenntnisse. So muß man Signalketten heute als hoch interessante Themen ansehen, die aber spekulativ gehandhabt werden.

Chemische Verbindungen und physikalische Signale können von Rezeptoren der Zelle wahrgenommen werden. Auf diese Weise kann die Pflanze ihre Umwelt erkennen und erhält dadurch die Möglichkeit, auf deren Signale zu reagieren.

Licht, Temperatur, Hormone und andere Signalstoffe werden von der Zelle als Signale aufgenommen

Zu den Umwelt-Signalen, die bei Pflanzen starke Effekte hervorrufen und deshalb schon früh untersucht wurden, zählt das Licht einer bestimmten Qualität. In der pflanzlichen Zelle gibt es dazu 3 **Photorezeptoren**: einen Rezeptor für Blaulicht, Phytochrom für Rotlicht und Protochlorophyllid. Blaulicht beeinflußt den Phototropismus in *Phycomyces*, die Carotinoid-Biosynthese in *Neurospora*, die Öffnung von Stomata und Bewegung von Chloroplasten. Die durch Blaulicht hervorgerufene Änderung der Absorption von Chromophoren in der PM zeigt ein sehr ähnliches Aktionsspektrum wie der Phototropismus. Die Photorezeptoren für Licht von 400 nm (Blaulichtrezeptor, Cryptochrom) und für UV-B (300 nm) sind unzureichend beschrieben. Wir wissen aber, daß z. B. im Gen der Chalkon-Synthase (→ S. 259) Promotoren vorliegen, die indirekt durch UV-B aktivierbar sind. Der Blaulichtrezeptor weist Ähnlichkeiten mit der bakteriellen Photolyase (Flavoprotein) auf.

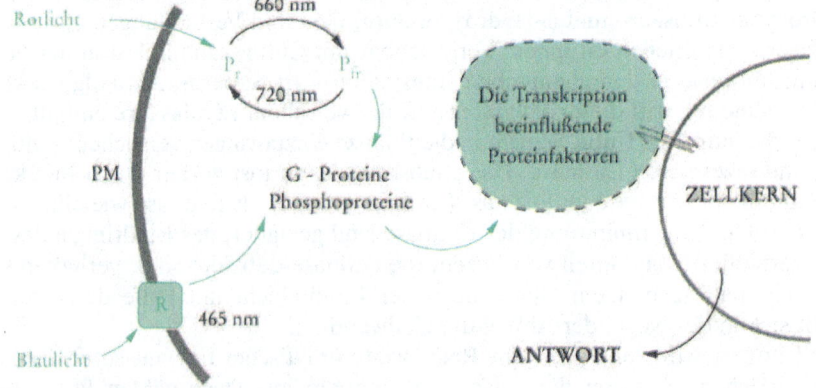

Abb. 9.16. Struktur des Chromophors von Phytochrom. Vom Phytochrom gibt es zahlreiche Spezies, die sich deutlich in der Protein-Struktur, nicht aber im Chromophor unterscheiden. Phytochrome sind Dimere (UE 124 kDa). Die Farbänderungen des Chromoproteins werden durch eine cis/trans-Isomerisierung an der Doppelbindung zwischen Ring 3 und 4 hervorgerufen

Phytochrom ist ein Chromoprotein – aufgebaut aus zwei UE mit 124 kDa – mit einer offenen Tetrapyrrol-Struktur. Es fungiert als Photorezeptor im Bereich von 650 oder 720 nm. Zwei Formen des Proteins werden durch diese Lichtqualitäten ineinander übergeführt. Die Form Pfr ist das eigentliche photomorphogenetische Signal bzw. Signal der Gen-Aktivierung. Viele Gene des Zellkerns, aber auch der Plastiden werden indirekt durch das Phytochrom Pfr angeschaltet.

Phytochrom reguliert auch seine eigene Synthese. Eine Änderung in der Aktivität der Gene für Phytochrom tritt beim Übergang von etiolierten Pflanzen in das Licht ein. Da es mehrere Gene für Phytochrom mit unterschiedlicher Regulation ihrer Aktivität gibt, ist das Zusammenspiel aller Gene dafür entscheidend, wie hoch das Niveau der entsprechenden mRNAs und der Bildung des Proteins ist. Bei Belichtung wird die Transkription von phyA abgeschaltet. Für das Einpegeln auf eine stationäre Konzentration von Phytochrom ist der Abbau von Phytochrom-mRNA sowie der durch Licht von 660 nm ausgelöste stark beschleunigte Abbau von Phytochrom mit entscheidend. Pfr hat eine 100-mal höhere Abbaurate als Pr. Es ist bemerkenswert, daß sich die Gene phyA und phyB und damit die entsprechenden Proteine so weit unterscheiden, daß sich dies in der Identität von nur 50 % der Aminosäure in der Primärsequenz und in der geringen immunologischen Verwandtschaft der Proteine äußert.

Die aktuellste Frage z. Z. lautet: Ist Phytochrom eine Protein-Kinase? Dann wäre es vorstellbar, daß das chemische Signal in Form von Phosphoproteinen vom Cytosol in den Zellkern gelangt und an der Transkription beteiligt ist. Am Abbau des Signals Phytochrom scheint Ubiquitin (→ S. 321) beteiligt zu sein.

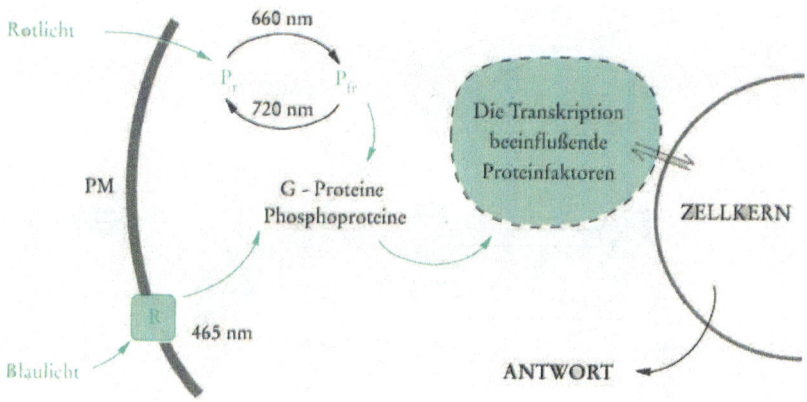

Abb. 9.17. Schema für eine mögliche, von Phytochrom ausgehende Signalkette. G-Proteine und Protein-Kinasen sind Kandidaten für die Glieder einer Signalkette, die aus dem Cytosol in den Zellkern führt

Zu den lichtregulierten Genen im Plastom zählen die Gene für die ATP-Synthase und für die Reaktionszentren der Photosysteme I und II. Auch Kern-Gene wurden als lichtreguliert eingestuft: Kern-Gene für Chloroplasten-Proteine (kleine UE der Ribulose-bisphosphat-Carboxylase; Lichtsammel-Protein) und auch Kern-Gene für cytoplasmatische Enzyme. Die Biosynthese von Enzymen in anderen Organellen kann ebenfalls lichtreguliert sein (z. B. die Bildung der Glykolat-Oxidase).

Durch Fusionen von Promotoren mit Reporter-Genen weiß man, daß cis-agierende Sequenzen zwischen dem Promotor und dem Bereich um -750 für die maximale Lichtinduktion der Gen-Expression notwendig sind. Eine genauere Analyse dieser Bereiche läßt mehrere Blöcke mit Consensus-Sequenzen erkennen, die bei unterschiedlichen Genen die Bindungsstellen für spezielle Transkriptionsfaktoren darstellen.

Phytochrom kann mit Hilfe monoklonaler Antikörper auch durch immunocytochemische Methoden in der Zelle lokalisiert werden. In einer Reihe von Zellen findet man eine gleichmäßige Verteilung über das Cytoplasma. Nach Belichten mit Rotlicht ist Phytochrom in bestimmten Bereichen des Cytosols lokal konzentriert.

Jasmonat ist ein Signalstoff, der sowohl innerhalb einer Zelle als auch zwischen unterschiedlichen Geweben agieren kann. Die Bildung von Jasmonat setzt eine aktivierbare Phospholipase voraus, so daß z. B. an der PM Linolensäure freigesetzt werden kann. Durch Lipid-Peroxidation, katalysiert von einer an der PM lokalisierten Lipoxygenase, können, in einer Sequenz von Reaktionen, der C_{12}-Körper Jasmonsäure oder dessen Derivate erzeugt werden. Jasmonsäure hemmt das Wachstum bei Reis-Pflänzchen, unterdrückt das von Cytokinin abhängige Wachstum des Kallus und erhöht die Geschwindigkeit der Seneszenz bei Laubblättern.

In Analogie zu unseren Vorstellungen über Signaltransduktion bei tierischen Zellen sollte man davon ausgehen, daß auch Pflanzen sich einer Signalkette bedienen, die Inositphosphate als wasserlösliche Botenstoffe einschließt. So wirkt Inosit-trisphosphat als Schalter für die Freisetzung von Ca^{2+} aus dem ER in das Cytosol.

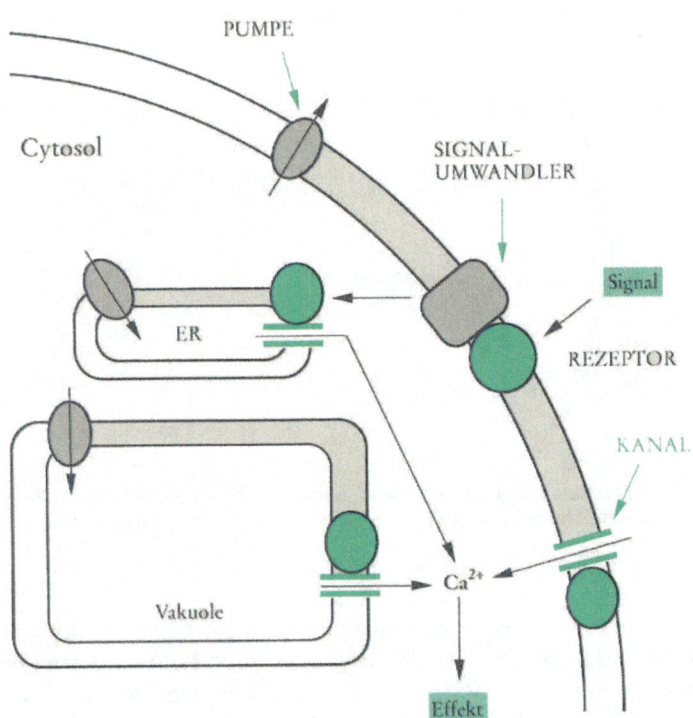

Abb. 9.18. Möglichkeiten, wie Signale von außen den cytosolischen Ca^{2+}-Spiegel beeinflussen. Das Öffnen von Kanälen wird durch danebenliegende Rezeptoren (grüne Kreise) gesteuert

Ca^{2+} zählt zu den Stoffen, die im Hinblick auf Modifikationen im Cytosol mit besonderem Augenmerk zu berücksichtigen sind. Seine Funktion ist in tierischen Zellen sehr viel besser untersucht als bei Pflanzen. Ca^{2+} ist ein rein intrazelluläres Signal (second messenger). Ca^{2+} als Signal kann in bestimmten Fällen erst wirksam werden, wenn ein spezifisches Ca^{2+}-bindendes Protein – Calmodulin – beteiligt ist. Es gibt Enzyme, die erst durch den Ca^{2+}-Calmodulin-Komplex aktiviert werden. Die Erhöhung der Ca^{2+}-Konzentration vom Ruhezustand ($< 1\mu M$) auf 1–$10 \mu M$ bewirkt in der pflanzlichen Zelle die Aktivierung folgender Enzyme: Glucan-Synthase, Dehydrochinat-Reduktase und Protein-Kinasen. Ca^{2+} kommt eine wichtige Rolle beim Strömen des Cytoplasmas, bei der Regulation der Mitose und bei Chemotaxis zu. Die Stimulierung der Sekretion von α-Amylase im Pankreas durch Ca^{2+} hat dazu angeregt, auch bei der von Gibberellinsäure induzierten Sekretion von α-Amylase im Aleuron den Einfluß von Ca^{2+} zu vermuten.

Signalstoffe können extrazellulär oder intrazellulär fungieren. Ein von außen kommendes Signal wird in der Regel an der Plasmamembran in ein intrazelluläres umgewandelt; das kann entweder ein Enzym aktivieren, Ionen-Kanäle öffnen, Membraneigenschaften verändern oder die Transkription im Kern starten.

Hormone dienen der Kommunikation zwischen Zellen verschiedenen Typs. Gibberellinsäure (GA), Cytokinin, Abscisinsäure (ABA) und Ethylen sind in ihrer generellen Funktion gut beschrieben; ein Verständnis der molekularen Vorgänge fehlt uns noch. Bei einigen Hormonen stellt sich die Frage, ob ausschließlich Gen-Aktivierung den Effekt beschreiben kann oder ob die sehr viel rascheren Vorgänge an Membranen (z. B. Potentialänderungen) das beobachtete Phänomen erklären können.

Auxin bzw. konjugierte Auxine (mit Inosit) sind Signale der Morphogenese. Die Wirkung auf Zellwachstum und Elongation konnte bisher nur ansatzweise beschrieben werden. Der Transport von Auxin in der Pflanze wiederum kann entweder passiv und nicht-polar sein – oder polar. Der polare Transport benötigt Transport-Proteine, die Auxin binden. Das in der PM befindliche Transport-Protein bindet Naphthylphthalaminsäure. Diese Eigenschaft dient zur Charakterisierung des Transporters. Auxin führt zur Aufweichung der Zellwand.

Man muß bei der Wirkung von Auxin zwischen schnellen Effekten (unter 15 min) und den sehr viel langsameren Effekten auf der Ebene der Gen-Aktivierung (60 min) unterscheiden. Zu den schnellsten Vorgängen, die durch Auxin gesteuert werden, zählt die Hyperpolarisation der PM. Die Signalkaskade könnte eine Phospholipase einschließen, die über eine Protein-Kinase die Protonen-Pumpe der PM aktiviert. Zur Komplexität der Vorgänge trägt bei, daß Auxin selbst durch Symport mit H^+ in die Zelle gelangt.

Auxin bindende Proteine, die dem ER oder dem sekretorischen Apparat zuzurechnen sind, wurden genauer untersucht. Ein favorisiertes Modell sieht vor, daß Auxin zuerst an einen löslichen extrazellulären Rezeptor bindet, der wieder seinerseits an ein integrales Protein an der Außenseite der PM andockt.

Eine eindrucksvolle Gegenüberstellung der Regulation von Sproß- und Wurzelwachstum – und ihre Ausbalancierung mit Auxin und Cytokinin – kann man aus Mutationen bei Pflanzenzellen, die T-DNA integriert haben, ersehen. Aus dem undifferenzierten Kallus bilden sich Sprosse, wenn die Gene für Auxin-Bildung gestört sind; Mutanten, denen die Gene für die Cytokinin-Synthese fehlen, bilden Wurzeln ($\rightarrow$ S. 401). Werden Auxin und Cytokinin produziert, resultiert meristematisches Wachstum.

Signalstoffe könnten ihre Wirkungen an Membranen einsetzen. Dies wiederum bedeutete, daß G-Proteine als Vermittler zwischen der Membran und der Wasser-Phase für die Weiterleitung des Signals zuständig sind.

G-Proteine spielen eine Rolle, wenn an der PM ein extrazelluläres Signal in ein intrazelluläres umgewandelt wird; oder wenn ein Donor-Vesikel mit einem Akzeptor-Vesikel fusioniert werden soll.

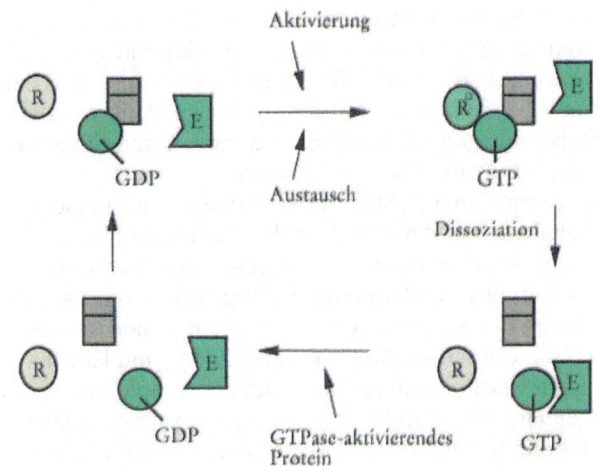

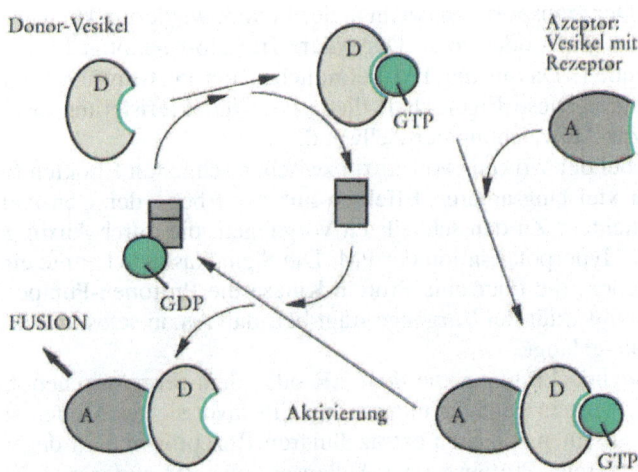

Abb. 9.19. Rolle von G-Proteinen bei der Aktivierung von cytosolischen Enzymen oder beim Vesi-kel-Transport. Im oberen Teil sind, ohne das Medium Membran zu berücksichtigen, der durch das Binden am Rezeptor R ausgelöste Austausch von GDP gegen GTP sowie die Aktivierung des Enzyms E gezeigt. Der untere Teil soll einen Eindruck vermitteln, wie G-Proteine den Vesikel-Trans-port steuern. Der Austausch von GDP gegen GTP setzt die Bindung an einen Rezeptor auf dem Donor-Vesikel voraus. In dieser Form erkennt das Vesikel das Akzeptor-Vesikel. Mit der Erkennung ist die Hydrolyse von GTP und die Fusion der Vesikel verknüpft. Als Unbekannte nimmt an diesem Prozeß ein GDP/GTP-Austauschprotein (als Rechteck gezeichnet) teil

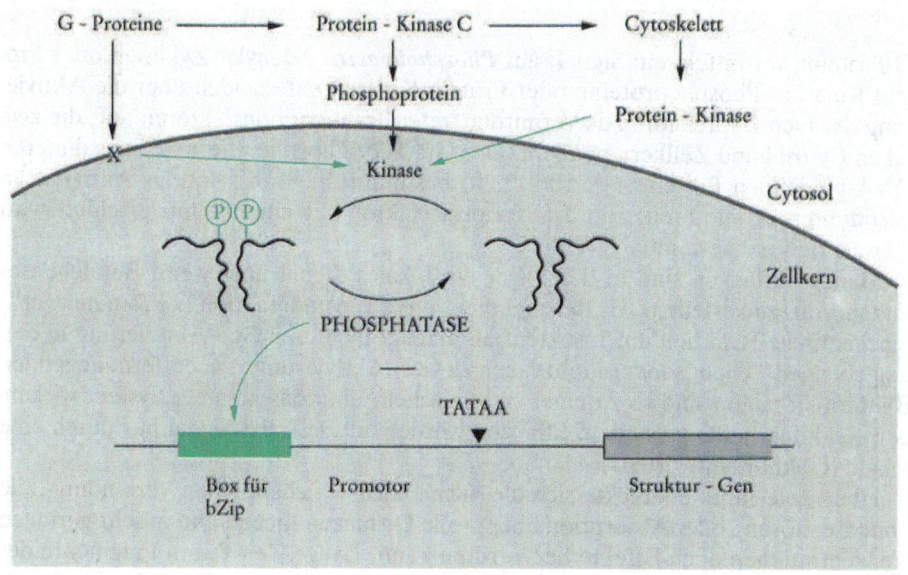

Abb. 9.20. Mögliche Signalketten unter Einbeziehung von Protein-Kinasen und Phosphoproteinen

Zu den Protein-Kinasen, die eine besondere Besprechung rechtfertigen, gehören die *Rezeptor-Kinasen*. Sie zeichnen sich dadurch aus, daß sie eine größere extrazelluläre Domäne besitzen, die bestimmte Liganden ganz spezifisch und mit hoher Affinität binden kann. Daran schließt sich eine einzige Membran-Domäne an, eine Helix, deren Länge gerade ausreicht, um die PM zu durchspannen. Schließlich sind diese Rezeptor-Kinasen durch eine dem Cytosol zugewandte Kinase-Domäne charakterisiert. In der Regel sind die Kinase-Domänen in der Lage, durch Autophosphorylierung auch ihr eigenes aktives Zentrum zu modifizieren. Rezeptor-Kinasen kann man sich als Schalter bei der Inkompatibilität vorstellen.

Das Wechselspiel Ligand – Rezeptor-Kinase treffen wir bei Pflanzen an, wenn Pollen und Narbe ihre Kompatibilität austesten. Das gegenseitige Erkennen erfolgt durch die Präsentation eines Liganden durch die eine Zelle und durch dessen Bindung an eine Rezeptor-Kinase (z. B. das Produkt des Gens TMK1) der anderen Zelle. Letztere wird aktiviert, indem das Signal, nämlich die Bindung eines Liganden an der Außenseite, auf die cytosolische Kinase-Domäne übertragen wird.

Im S-Locus von Cruciferen liegen Gene, die eine Reaktion des Stempels gegen eine Identitätsgruppe des Pollenschlauchs (→ S. 342) hervorrufen. Eine Selbstbefruchtung wird durch eine Inkompatibilität (Unverträglichkeit) auf chemischer Ebene unterbunden. Diese Inkompatibilität basiert auf einer Interaktion zwischen Pollen und Narbe. Eine chemische Interaktion führt bei Inkompatibilität zur Hemmung der Bildung des Pollenschlauchs; als spätes sichtbares Zeichen der Zurückweisung erkennt man eine Bildung von Kallose an der Kontaktstelle. Glykoproteine, die für den S-Locus spezifisch sind, werden vom Pollen sekretiert. Wenn Pollen und Stempel das gleiche S-Allel besitzen, wird das Auskeimen des Pollen gehemmt. Dies führte zu der Vorstellung, daß der S-Locus sowohl für ein sekretierbares Glykoprotein des Pollen als auch für eine Rezeptor-Kinase des Stempels kodiert.

G-Proteine vermitteln ein Signal; auf *Phospholipasen*, Adenylat-Zyklasen oder Protein-Kinasen. Phosphoproteine oder Protein-Kinasen entscheiden über die Aktivierung der Gen-Expression. Als Vermittler treten Transkriptionsfaktoren auf, die zwischen Cytosol und Zellkern pendeln. Der Grad der Phosphorylierung eines dimeren DNA-bindenden Proteins (→ Abb. 9.20) bestimmt die Transkriptions-Aktivität an bestimmten Promotoren. Ein Transkriptionsfaktor mit einem Zippverschluß wird hier als Beispiel gewählt.

Manche Pflanzen sind in der Lage, ein lokales Signal über weite Bereiche des Organismus zu verteilen. Als Beispiel dient uns die Wundreaktion bei Tomaten: eine biochemische Reaktion auf Insektenfraß erzeugt nicht nur Gen-Aktivierung in den umgebenden Zellen, sondern führt auch zu Gen-Aktivierungen in entfernt liegenden Blättern. Tomaten sind so zu einer systemischen, über das gesamte System wirkenden Reaktion befähigt; andere Pflanzen würden auf dasselbe Signal nur durch eine lokale Reaktion antworten.

Über viele Jahre erstreckte sich die Suche nach der chemischen Verbindung, die ohne Zerstörung oder Absorption über große Distanzen fließen und in sehr geringen Konzentrationen noch Effekte hervorrufen kann. Lange Zeit waren Fragmente des Pektins (→ Abb. 9.26) favorisiert worden; auch das fast ubiquitäre Salicylat. Letztlich aber scheinen Peptide sich als diejenigen Stoffe herauszustellen, die höchste spezifische Aktivitäten aufweisen.

So eignet sich für den Ferntransport eines Signals das Peptid *Systemin*, dessen induzierbare Bildung und Wirkung in Abb. 9.21 angedeutet wird. Durch Wundreaktion wird die Expression des Systemin-Gens aktiviert. Es entsteht Prosystemin, das später zum kleinen Peptid (18 Aminosäure-Reste) prozessiert werden muß.

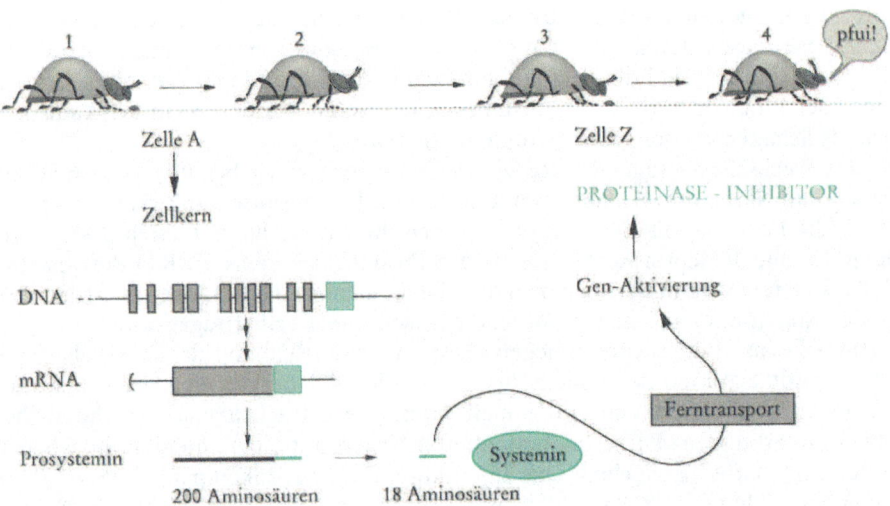

Abb. 9.21. Bildung und Funktion von Systemin als Signalstoff für die Information von entfernt liegenden Zellen. Systemin, das in Zelle A hergestellt wird, gelangt durch Ferntransport in andere Gewebe; u. a. auch in Zelle Z. Bei der Expression des Gens für Systemin bzw. Prosystemin in Zelle A fällt die große Anzahl von Exons auf. Nur die Information des letzten Exons gelangt letztlich als Systemin in den Umlauf. Die mRNA wird in das Prosystemin übersetzt; die Proform Prosystemin ist der Vorläufer des eigentlichen Signalstoffs, der von der Zelle abgegeben wird

9.4 Symbiotische Wechselwirkungen

Pilzliche Elizitoren veranlassen die Pflanze zur Synthese von Phytoalexinen. Symbiosen – wie Mykorrhizen oder Knöllchen bei Leguminosen – basieren auf vielfachen biochemischen Interaktionen der Partner.

Die Erkennung von pflanzlichen Zellen untereinander kann durch Stoffe, die sekretiert werden, oder durch besondere Oberflächenstrukturen erfolgen. In einigen Fällen kann man heute schon die Art der biochemischen Beziehung beschreiben. Glykoproteine an der Oberfläche scheinen für die Selbst-Inkompatibilität zwischen Pollen und Fruchtknoten verantwortlich zu sein (→ S. 371). Diese Gametophyten-Inkompatibilität, das Erkennen von „Selbst" und „Anders", führt auch noch im Pollenschlauch zu biochemischen Konsequenzen: zur Arretierung des Wachstums des Pollenschlauchs und seiner Fixierung durch Kallose-Hüllen, wenn keine Kompatibilität signalisiert wird.

Bei heterothallischen Organismen, wie der einzelligen, mit zwei Flagellen ausgestatteten Grünalge *Chlamydomonas*, signalisieren die komplementären Befruchtungstypen ihre Identität durch Ausschütten von spezifischen Stoffen, die von der jeweils komplementären Zelle gebunden und erkannt werden. Die Erkennung kann aber auch durch komplementäre Agglutinine, die auf der Oberfläche fixiert sind, eingeleitet werden. Bei Gameten von *Chlamydomonas* kennen wir die – an der Plasmamembran und der Flagellenmembran angeordneten – Glykoproteine, die sich durch seltene O-Methylzucker auszeichnen. Sie sind für das Erkennen, die Agglutination und die weitere Adhäsion der beiden komplementären Zellen verantwortlich.

Den von außen kommenden biotischen, aber fremden Signalen wollen wir in der Folge besondere Aufmerksamkeit schenken. Die Oberfläche von Pflanzen gelangt zwangsläufig auch mit anderen Organismen in Kontakt. In der Regel entsteht daraus eine komplizierte Wechselbeziehung. Dabei kommt es in der pflanzlichen Zelle – nach dem extrazellulär eingeleiteten Prozeß der Erkennung – zu intrazellulären Folgereaktionen auf verschiedenen Ebenen; die Aufnahme der biotischen Signale ist mit einer qualitativen und quantitativen Änderung der Gen-Expression verbunden. Letztlich ist das Resultat einer Wechselwirkung mit Mikroorganismen für die Pflanze: Tod (Läsion in kleinen Bereichen; Nekrosis), Resistenz oder Symbiose.

Pilze als Pathogene und die Reaktion der Pflanze

Barrieren gegen das Eindringen von Mikroorganismen besitzen hohen Stellenwert. Pflanzen, die von einem pathogenen Pilz angegriffen werden, sind in bestimmten Fällen in der Lage, Resistenzen durch Synthese von Enzymen aufzubauen, die pilzliche Zellwände abbauen. Eine Chitinase, die von der Pflanze synthetisiert und sekretiert wird, stellt so gesehen eine mögliche Abwehr gegenüber chitin-haltigen Pilzen dar.

Chitin (→ Abb. 9.12) ist ein Hauptbestandteil der Zellwand von Ascomyceten und Basidiomyceten. Die Erhöhung der Syntheserate von Chitinase in Laubblättern von Gurken kann nach Behandlung durch Elizitoren oder Ethylen um den Faktor 600 betragen. Dieses Verhalten stellt eine überaus starke Änderung der Gen-Expression dar. Gewebe, die zur systemischen Weiterleitung derartiger Signale befähigt sind, fallen durch die folgende Korrelation der beiden Phänomene auf: ist die Induktion der Chitinase systemisch, breitet sich auch die Induktion von Resistenz in der fraglichen Pflanze systemisch aus. Andere Pflanzen synthetisieren und sekretieren β-Glucanasen, die z. B. die Wand von Oomyceten angreifen.

Chitinasen können je nach Pflanze in die Vakuole transportiert werden oder gelangen zur Sekretion in den extrazellulären Raum. Vermutlich unterscheiden sich die entsprechenden Signale für die beiden Wege. Da es sich in der Regel um interne Targeting-Signale handelt, sind ihre Struktur und Funktion noch nicht ausreichend geklärt.

Tomaten- und Kartoffel-Pflanzen bilden Proteinase-Inhibitoren und lagern sie in den Vakuolen ab. Es ist vorstellbar, daß diese Verbindungen in ausreichenden Konzentrationen vorkommen, um die Proteasen von Pilzen oder Insekten zu hemmen. Davon abgesehen sind Blätter in der Lage, bei Verwundung oder durch ein systemisches Signal die Proteinase-Inhibitoren in großem Umfang neu herzustellen. Als sich systemisch ausbreitendes Signal wurde auch Oligogalakturonsäure erkannt. In einem Modellsystem – in Tomaten-Suspensionskulturen – konnte die Induktion unter sterilen Bedingungen untersucht werden.

Eine von der Pflanze vorgeformte Barriere gegen einen Pilz kann entweder eine verstärkte Schutzschicht sein oder die Akkumulation eines das Pilz-Wachstum hemmenden Stoffs. Das Steroidglykosid Tomatin wirkt auf viele Pilze toxisch, vor allem in den Teilen der Pflanze, in denen es in höheren Mengen abgelagert ist. Bei Pilz-Mutanten mit Insensitivität gegenüber Tomatin in vitro gehen reduzierte Sensitivität und erhöhte Pathogenität gegenüber dieser Verbindung parallel.

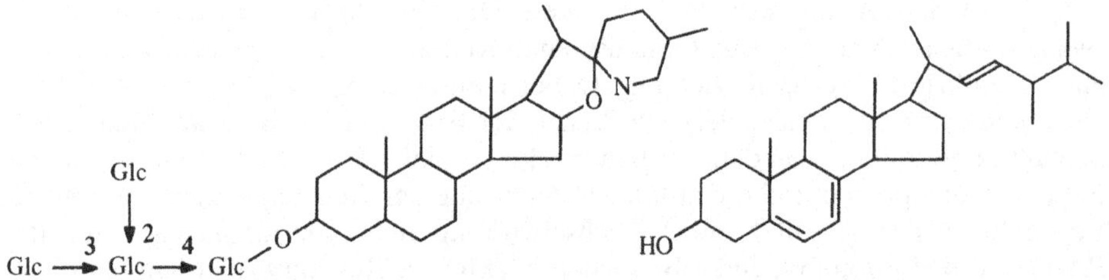

Steroid–Glykosid der Pflanze   Sterin des Pilzes

Abb. 9.22. Struktur von Tomatin und einem Sterin der Pilz-Plasmamembran. Ein virulenter Pilz besitzt weniger Sterine in seiner Membran als ein avirulenter. Wenn dann Glucosidase aus dem Steroidglykosid der Pflanze Steroide freisetzt, ergeben sich weniger Steroid-Sterin-Komplexe. Letztere sind verantwortlich, wenn die Integrität der Pilz-Zelle – ihre Potentiale an der Plasmamembran – zerstört wird. Komplexe eines Steroids mit einem anderen (nicht aber mit einem Steroidglucosid) entsprechen in ihrer Starrheit einer quasi-kristallinen Struktur (→ S. 104); bevorzugte Strukturen sind hexagonale Poren mit mehr als 5 nm Durchmesser. Das führt zu einer löchrigen Membran. Ein geringer Anteil an freiem Sterin in der Plasmamembran macht einen Pilz daher weniger anfällig gegenüber den Folgen der Einlagerung von Wirt-Steroiden. Eine induzierbare extrazelluläre β,1→2-Glucosidase des Pilzes kann das stark toxische α-Tomatin in das wenig toxische β-Tomatin überführen. Damit kann ein hoch-virulenter Pilz die von der Pflanze aufgebaute Barriere überwinden

Mögliches Ergebnis der biotischen Wechselwirkung: Tod, Resistenz der Pflanze, oder Symbiose

Viele Pflanzen besitzen die Fähigkeit, nach Pilzbefall dem drohenden Zelltod zu entgehen; und zwar dadurch, daß sie Barrieren bereits vorgeformt hatten oder – durch Aktivierung der Gen-Expression nach Erkennen des Pilzes – die Enzyme für die Synthese von niedermolekularen, fungistatischen Phytoalexinen erzeugen. Häufig findet man auch eine – für beide Seiten vorteilhafte – Form der Coexistenz von Pflanze und Pilz: eine Mykorrhiza, eine Symbiose im Wurzelbereich.

Falls die Abwehrmechanismen der Pflanze zu schwach sind und es zur eigentlichen Besiedlung der Pflanzenzelle durch den Pilz kommt, bildet der Pilz Haustorien.

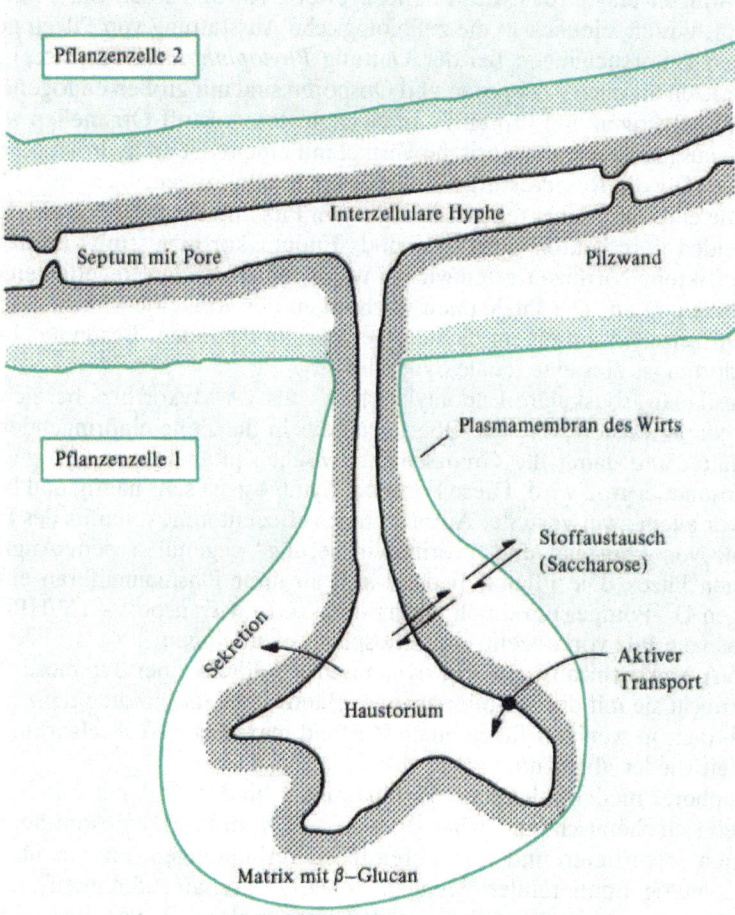

Abb. 9.23. Schematische Darstellung eines Stoffaustauschs über ein Haustorium. Die Begrenzung der pflanzlichen und pilzlichen Zelle durch ihre Plasmamembranen bleibt erhalten. Unbekannt ist die Biochemie des Raums zwischen beiden. Die zur Pflanze gehörenden Strukturen sind grün gezeichnet

Spezielle Organe des Parasiten, die innerhalb der Wirtszelle als Verzweigungen der extrazellulären Hyphen auftreten, nehmen Kohlenhydrate und Zwischenstufen aus dem Cytoplasma der Pflanzenzelle auf und bilden eigene Depots in Form von Lipidkörpern und Glykogen. Haustorien sind reich an Mitochondrien. Eine erhöhte Sekretion an Invertase, um die Saccharose vor der Aufnahme zu hydrolysieren, und $\beta,1{\rightarrow}3$-Glucanase, um die Kallose-Bildung der Pflanze zu verhindern, sind für den Pilz von Vorteil.

Als Vertreter bei der Pathogenese, ausgelöst durch Hyphomycetes, können *Sclerotium rolfsii* (Teleomorph: *Athelia rolfsii*) und *Cercospora* (Teleomorph: *Micosphaerella*) angesehen werden. *Cercospora* bildet ein Toxin, das im Licht mit O_2 reagiert und hochreaktive O-Spezies erzeugt, die ihrerseits die Pflanzenzelle zerstören. *Sclerotium* schüttet in großer Menge Oxalsäure und Polygalakturonase aus. Die Hyphen dringen erst in das tote Pflanzengewebe ein und lösen mit Cellulase die Wände auf. Guten Einblick in die zellbiologische Ausstattung von Pilzen geben die zahlreichen Untersuchungen bei der Gattung *Phytophthora* (Oomycetes). Sowohl Hyphenspitzen als auch Zoosporen und Oosporen sind mit großen endogenen Reserven (Lipid, Glykogen und Protein) – in eigenen Reservestoff-Organellen wie Lipidkörpern – ausgestattet. Sekretorische Vesikel mit einem Set an hydrolytischen Enzymen werden für die Reservestoff-Mobilisierung herangezogen.

Im Falle einer permanenten Assoziation von Pilz und Wurzelzellen (Mykorrhiza) unterscheiden wir Ektomykorrhiza und Endomykorrhiza (mit intrazellulären Hyphen). Ektomycorrhiza treffen wir bei Waldbäumen als den Regelfall einer intakten Bewurzelung an. Die Pilzhyphen wachsen an der Wurzeloberfläche und umhüllen die Wurzelzellen mit einem dichten Gespinst an Pilzfäden. Besonders bei feuchten Standorten ist dies eine ideale Symbiose.

Die vesikulär-arbuskuläre Endomykorrhiza – als VA-Mykorrhiza bezeichnet – ist dadurch charakterisiert, daß die Oberfläche der in die Zelle eindringenden Hyphe stark gefaltet und damit die Grenzschicht zwischen pflanzlichem Cytoplasma und Hyphe besonders groß wird. Diese Form der Symbiose ist sehr häufig und bringt der Pflanze vor allem zwei Vorteile: Ausnützen des effizienteren Apparats des Pilzes zur Aufnahme von Phosphat und „Vorimmunisierung" gegenüber dem Angriff eines pathogenen Pilzes. Die Pflanze bedient sich an ihrer Plasmamembran einer ATP-abhängigen H^+-Pumpe, um durch sekundären aktiven Transport – H^+/HPO_4^{2-}-Symport – das vom Pilz vorkonzentrierte Phosphat aufzunehmen.

Eine VA-Mykorrhiza ist ein sehr dynamisches Stadium einer Symbiose. In vielen Fällen erreicht sie mit der Ausbildung eines Bäumchens, das in die pflanzlichen Zellen hineinragt, in wenigen Tagen einen Zustand maximaler Wechselwirkung, der in kurzer Zeit wieder abgebaut wird.

Siderophore, niedermolekulare Verbindungen, binden Fe^{3+} mit hoher Affinität. Es handelt sich chemisch um Chelat-Bildner, z. B. vom Typ Hydroxamsäure. Mikroorganismen produzieren und sekretieren diese Verbindungen, um aus ihrer Umgebung die häufig limitierenden Mengen an Fe^{3+} optimal aufnehmen zu können. Besonders Bakterien sind Spezialisten im Einsammeln z. B. von Eisen-Ionen. Sie bilden dafür u. a. 2,3-Dihydroxybenzoesäure aus Chorisminsäure. Es wäre vorstellbar, daß (a) Siderophore bei der Pathogenese eine Rolle spielen, daß sie mithelfen, der Pflanze Fe^{3+} zu entziehen, und daß (b) der Pilz bei Symbiosen mit Hilfe der in die Umgebung ausgeschütteten Siderophore den Prozeß der Fe^{3+}-Aufnahme verbessert. Beispiele für Siderophore sind Ferrichrom und Rhodotorulinsäure ($\rightarrow$ S. 434).

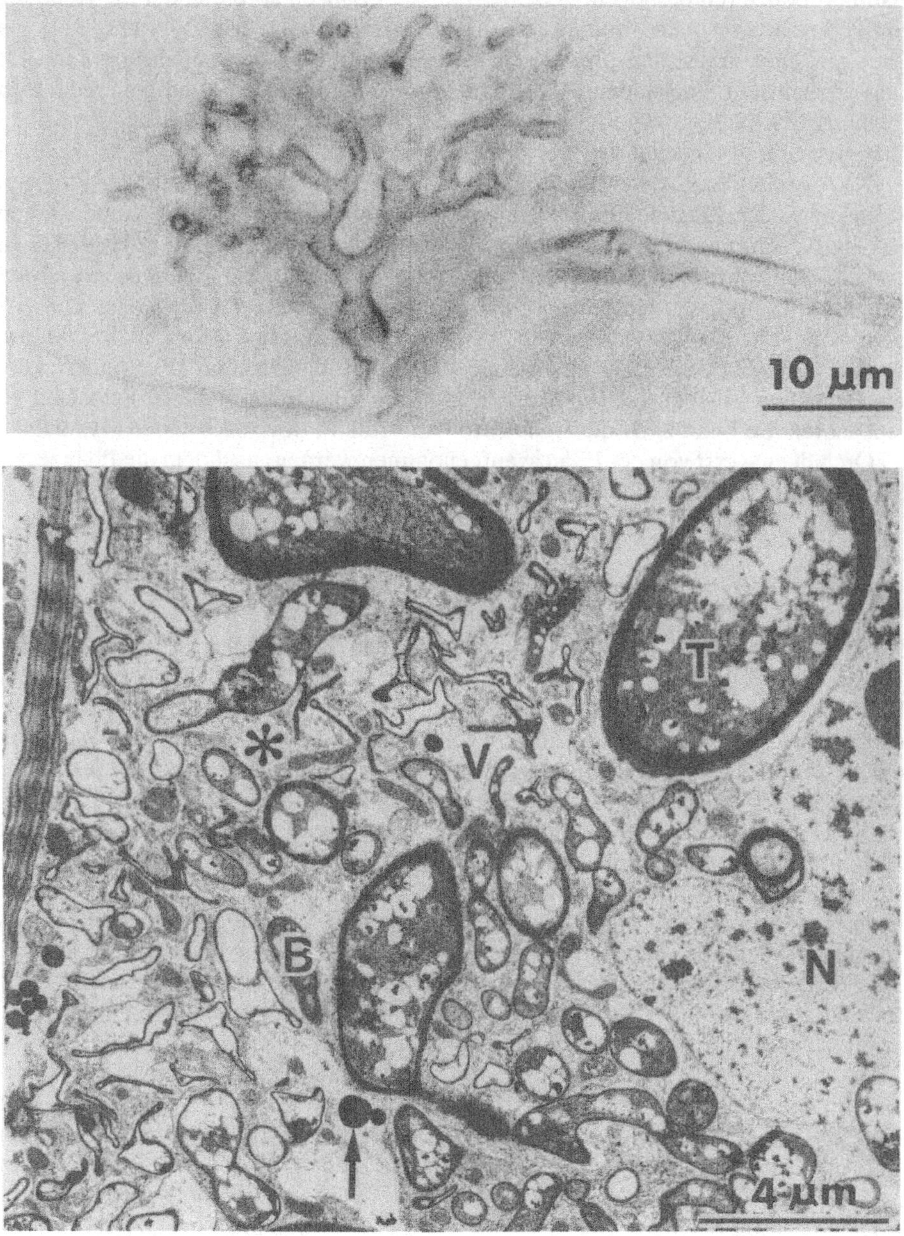

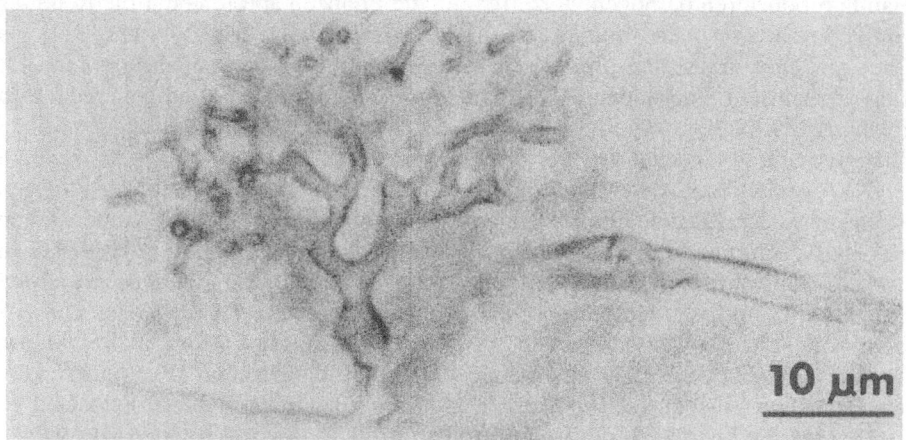

Abb. 9.24. Morphologie einer VA-Mykorrhiza. Oberes Bild: eine Übersicht über eine Arbuskel (Bäumchen), die in die Wirtszelle hineinreicht. Eine Begrenzung der Wirtszelle am unteren Rand des Bildes ist als Basis des Bäumchens erkennbar. Unteres Bild: Schnitt durch die Baumkrone, wobei Äste und Stämme des Bäumchens angeschnitten wurden. Durch die stark schwarze Umrandung abgehoben stellen sich die verästelten Teile des Pilzes *Glomus* (T: trunk, B: branch) im Bild dar. Von der Wirtszelle (*Avena*) heben sich der Kern (N) und Sektoren der Vakuole (V) ab. Die Aufnahmen wurden von T. Alexander und H. C. Weber, Marburg, zur Verfügung gestellt

Häufig produzieren pathogene Pilze Toxine, die Pflanzen abtöten oder die Keimung von Pflänzchen stoppen. Moniliformin, 1-Hydroxycyclo-but-1-en-3,4-dion, wird von fast allen *Fusarium*-Arten produziert; so kontaminierte Pflanzennahrung kann für Tiere tödlich sein. Verschiedene Kultivare von Gerste können gegenüber einem Pilz-Toxin unterschiedlich empfindlich sein; die Konzentrationen, die zu demselben Phänotyp führen, können sich wie 1:10000 verhalten.

Die Ausscheidung von organischen Verbindungen durch die Wurzeln der Pflanzen ist ein normaler Zustand. Zusätzlich zum Schleim sind dies Zucker, Aminosäuren und Carbonsäuren. In symbiontischen Systemen kommt es zu einem zusätzlichen Lecken. Ähnliches trifft man bei Flechten an. Innerhalb der Symbiose zwischen Flechten-Pilz und Cyanobakterien bzw. Grünalge werden von der Alge sehr viel mehr Kohlenhydrate ausgeschieden, verglichen mit derselben Alge in Reinkultur. Auch pilzliche Steroide sollten die Permeabilität der pflanzlichen PM verändern können. Daneben ist aber auch immer die Induktion der Sekretion von Proteinen zu beobachten. So kann z. B. die Trehalose – ein Produkt des Pilzes in der Mykorrhiza bei Orchideen – erst von der Pflanze aufgenommen werden, nachdem die Pflanze zur Hydrolyse des Disaccharids das Enzym Trehalase sezerniert hat.

Hypersensitivitäts-Reaktion und Resistenz

Die Hypersensitivitäts-Reaktion, erkennbar durch den schnellen Zelltod in einem sehr begrenzten Bereich (lokale Läsionen), ist die Summe vieler Veränderungen an der Pflanze, die bei einer nicht-kompatiblen Beziehung unmittelbar nach Infektion festzustellen ist. Durch einen schnellen lokalisierten Zelltod werden das Wachstum und die Ausbreitung des Pilzes gestoppt, während weite Bereiche der Pflanze mit der Akkumulation von Phytoalexinen eine Resistenz aufbauen.

Die Hypersensitivitäts-Reaktion und die damit parallel laufende Resistenz sind Vielkomponentenprozesse mit folgenden Stufen: 1. Die Hyphen des Pilzes treten in Kontakt mit der Plasmamembran der Wirtszelle; es brechen Potentiale zusammen, die an der Membran der ungeschädigten Zelle existierten. Die Zelle steuert um; als Antwort werden bestehende Barrieren verstärkt und Abwehrstoffe synthetisiert. 2. Die Resistenz wird an der Wand der ersten Wirtszelle oder einer später attackierten Zelle ausgeprägt. Die Produkte der Pflanzenzellen verhindern, daß die Pilz-Hyphen weiterwachsen und sich normal verzweigen.

Der kausale Zusammenhang zwischen Hypersensitivitäts-Reaktion und Phytoalexin-Synthese – den beiden Antworten der Pflanze auf den Angriff eines Pilzes – ist nicht klar. Im Gegensatz zum lokalen Charakter der Hypersensitivitäts-Reaktion wirkt die Induktion der Phytoalexin-Synthese auf einen größeren Bereich oder kann u. U. auch als Signal nach Art eines systemischen Faktors verbreitet werden.

Die Spezifität der Wechselwirkung Pilz – Pflanze wird in der Regel durch Komponenten des Pilzes, Suppressoren (glykolytische Enzyme), verursacht. Suppressoren sind von Zoosporen oder Hyphen des Pilzes abgegebene Verbindungen, durch die Hypersensitivitäts-Reaktion und darauffolgende Akkumulation von Phytoalexinen unterbunden werden. Das Auftreten von Suppressoren kann eine nicht-kompatible Wechselwirkung in eine kompatible überführen. Die **kompatible Beziehung** umfaßt das Eindringen des Pilzes in die Pflanze, die Verzweigung des Infektionsschlauchs innerhalb der Pflanze und die Abtötung der Pflanzenzelle.

Nach der Auskeimung von Konidien bildet der Pilz Appressorien; darauf scheinen resistente oder nicht-resistente Pflanzen bzw. Nicht-Wirtspflanzen keinen unterschiedlichen Einfluß zu nehmen. Bei der Verankerung des Appressoriums an die Wand des Wirts spielen vermutlich von den beiden Partnern sekretierte Enzyme eine Rolle, die sowohl lysierend als auch polymerisierend arbeiten. Cutinase muß bereits vorher vom Pilz sezerniert worden sein. Pilz-Enzyme, die Pektin spalten und damit Primärzellwand und Mittellamelle aufweichen, spielen die Hauptrolle. Ein Set von hydrolytischen Enzymen steht zur Verfügung (→ Abb. 9.7). Dabei können durchaus Fragmente dieser Schneide-Arbeit den benachbarten Pflanzenzellen die Anwesenheit des Pilzes signalisieren (Abb. 9.26).

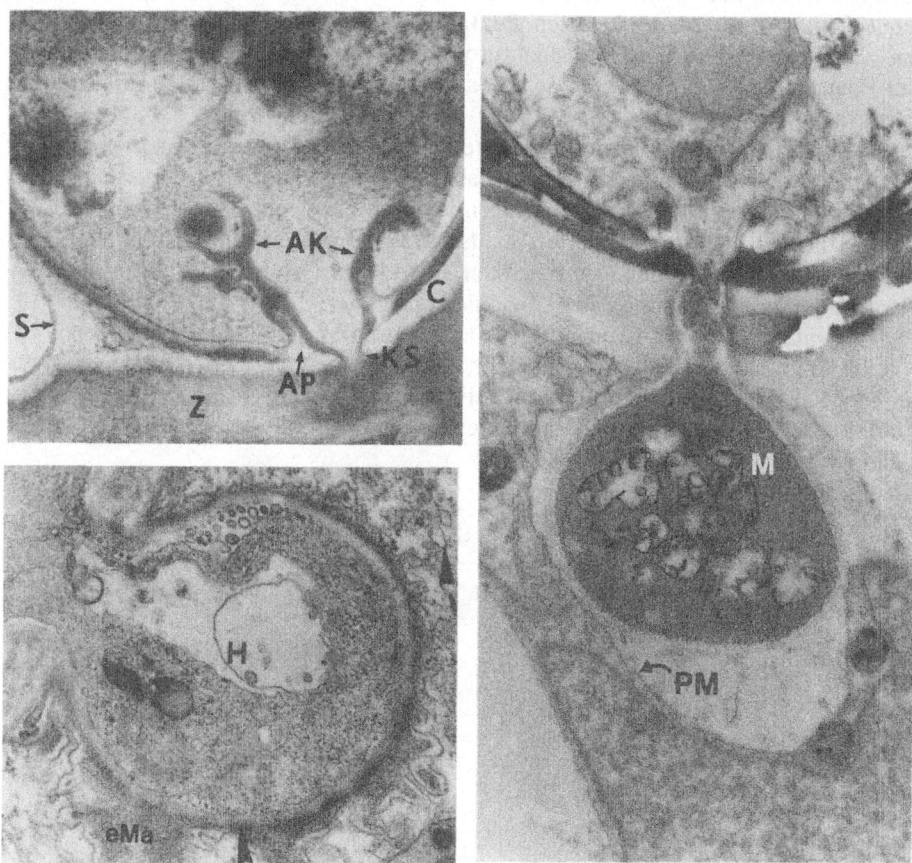

Abb. 9.25. Eindringen des Pilzes über eine intrazelluläre Hyphe. Links oben: Erstes Stadium, in dem der Pilz ein Appressorium bildet. Schleimsubstanzen verkitten die Pilzoberfläche mit der Cuticula (C) der Pflanze (Z: Zellwand). Im Inneren des Appressoriums ist der Appressorien-Kegel (AK) sichtbar. Durch die Appressorien-Pore (AP) schiebt sich die Penetrationshyphe in Richtung Pflanzenzelle (unten) vor. Rechts: Primärhyphe im Zell-Lumen der Pflanze. Diese Aufnahme entspricht etwa der Skizze in Abb. 9.23, mit der Pflanzenzelle im unteren Bereich. PM: Plasmamembran der Pflanze. Im Inneren der Hyphe befinden sich zahlreiche Mitochondrien (M). Links unten: Stark ausgeprägtes Haustorium. Die Aufnahmen wurden von G. M. Hoffmann, München, zur Verfügung gestellt

An der Spitze der eindringenden Hyphe befindet sich eine Ansammlung von Organellen; sie verraten, daß dort besonders hohe Stoffwechselaktivität herrscht. ER und Golgi-Vesikel deuten auf verstärkte Sekretion hin, Lipidkörper und Mikrokörper (Woronin-Körper) lassen vermuten, daß ein Großteil der benötigten Energie aus dem Abbau von Reserve-Lipid hervorgeht.

Akkumulation von **Phytoalexinen** durch die Pflanzenzelle wird durch chemische Verbindungen (biotische Signale) ausgelöst, die vom Pilz kommen: **Elizitoren**.

Sind Elizitoren Komponenten des Pilzes oder der Pflanzen-Zellwand? Für beide Möglichkeiten gibt es gut untersuchte Beispiele. Oomyceten (z. B. *Phytophthora*) bauen ihre Wand aus $\beta,1\rightarrow6$ und $\beta,1\rightarrow3$-verknüpften Polyglucanen auf; eine daraus isolierte Hepta-Glucan-Einheit erwies sich bei vielen Pflanzen als potenter Elizitor. Ganz anders ist der Elizitor-Begriff bei *Rhizopus* definiert. Der Pilz sezerniert eine Endo-Galakturonidase, die aus dem Pektin der pflanzlichen Zellwand Oligogalakturonsäure freisetzen kann; Oligogalakturonsäure – das heißt letztlich, ein Baustein der Pflanzen-Zellwand (ein endogener Faktor) – wirkt, in bestimmten Pflanzen, als Elizitor.

Pilzliche Endopolygalakturonidasen stellen zwar ein aggressives Agens gegenüber der Pflanzen-Zellwand dar, sie verraten aber auch der Pflanze die Anwesenheit des Pathogens und erlauben so das Einsetzen von Abwehrmechanismen. Denn die von dem pilzlichen Enzym produzierten Spaltstücke sind wasserlöslich und können über die Pflanze verteilt werden. Sie bewirken an anderen Orten Änderungen der Gen-Expression und die Synthese von Phytoalexinen.

Oligogalakturonsäure kann übrigens auch durch Verletzung von Pflanzen – bei Insektenfraß – lokal entstehen, sich dann aber über die ganze Pflanze wie ein systemischer Faktor ausbreiten. Auf diese Weise werden Abwehrmechanismen induziert, im speziellen Fall die Akkumulation eines Proteinase-Inhibitors in der Vakuole der Pflanze.

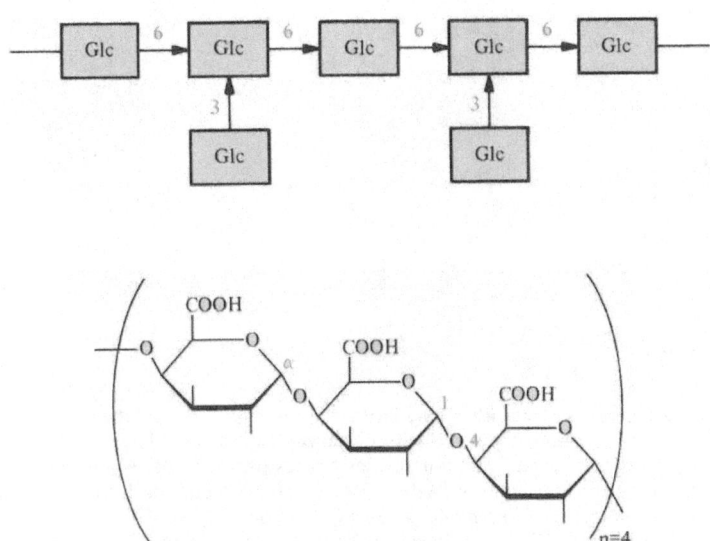

Abb. 9.26. Strukturen von Elizitoren. Ein Heptaglucan – eine Pilzkomponente, die als Elizitor wirksam ist. Darunter ein endogener Elizitor, aus der pflanzlichen Zellwand freigesetzt

Unter den von außen kommenden Signalen können sich auch Schwermetall-Ionen befinden oder Stoffe, die das intrazelluläre Redoxpotential verändern. Auch damit kommt in der Regel die pflanzliche Zelle klar. γ-Glutamyl-cystein-glycin (Glutathion) ist ein Tripeptid, dessen SH-Gruppe durch Oxidation und Dimerisierung eine Disulfid-Brücke (oxidiertes Glutathion mit Cystin) ergeben kann. Das Paar Glutathion$_{red}$/Glutathion$_{ox}$ stellt einen Redox-Puffer der Zelle dar; eine NADPH-abhängige Glutathion-Reduktase überführt die oxidierte Form in ein reduziertes Glutathion.

Xenobiotika können von der Zelle dadurch inaktiviert werden, daß sie durch eine Glutathion-S-Transferase mit einem Glutathionyl-Rest chemisch modifiziert werden. Glutathion ist auch der Ausgangspunkt für die Herstellung von Phytochelatinen, Verbindungen, die Schwermetall-Ionen aus dem Verkehr ziehen. Sowohl Synthese als auch die Aktivierung der Phytochelatin-Synthase erfordern Metall-Ionen.

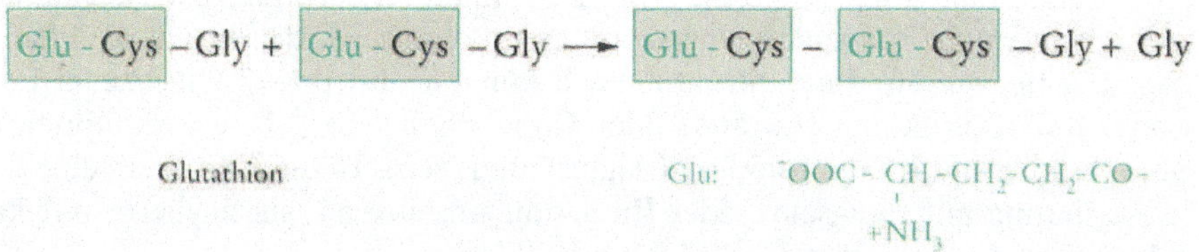

Abb. 9.27. Bildung von Phytochelatin durch die Phytochelatin-Synthase. Das Enzym zeichnet sich durch ein scharfes pH-Optimum bei pH 8 aus. Die Reaktion ist von der Anwesenheit von Cd^{2+} oder anderen Schwermetall-Ionen abhängig

Wechselwirkung Pflanzen – Bakterien

Bakterien sind häufige Bewohner der Blattoberfläche. Bakterien können Pflanzenzellen z. B. mittels Toxinen auch töten oder aber in einer Weise kolonisieren, daß die Pflanze weiterlebt und beide durch die Symbiose Vorteil ziehen. *Agrobacterium tumefaciens* schafft es, Dikotyledonen-Zellen durch genetische Kolonisation für seine Ziele umzufunktionieren. Anders verhält sich *Rhizobium*, es etabliert stabile Symbiosen (Knöllchen) in Leguminosen.

Acetophenone, die aus der Wunde der Pflanze austreten, wirken als chemotaktisches Signal für das Bakterium; wenn es in den Bereich hoher Konzentrationen der Phenole eingewandert ist, wirken dieselben Verbindungen als Induktoren der vir-Region. Die Infektion mit *Agrobacterium tumefaciens* führt zur Bildung einer Wurzelhalsgalle; einem tumorartigen Gewebe, das der hormonellen Kontrolle entzogen ist und wie ein Kallus dedifferenziert wächst. Das Umfunktionieren des Stoffwechsels der Pflanze erreicht das Bakterium mit Hilfe seines Plasmids; durch Integration von Plasmid-dsDNA in das Genom der Pflanze wird diese transformiert (→ S. 399). Durch Expression der zusätzlichen Gene in der transformierten Zelle werden unkontrolliert Hormone (Auxine und Kinetine) hergestellt. Auf demselben Weg zwingt das Bakterium der Pflanze die Synthese von Verbindungen auf, die nur von *Agrobacterium* als C- und N-Quelle genutzt werden können (genetische Kolonisation); ein besonders raffiniertes Verfahren, sich eine ökologische Nische zu schaffen.

Das gram-negative Bakterium *Erwinia amylovora* attackiert Äpfel und weitere Rosaceen. Mit nur wenigen Bakterienzellen können Blätter erfolgreich infiziert werden. Daraus resultiert wegen der Proliferation im Xylem und der schnellen Verteilung der Bakterien über großе Distanzen eine systemische Infektion der ganzen Pflanze. Ein hochmolekulares *extrazelluläres Polysaccharid* des Bakteriums, das sowohl in der Kapsel als auch im Schleim vorkommt, ist ausschlaggebend für die Virulenz. EPS-defiziente Mutanten von *Erwinia* sind avirulent. Das extrazelluläre Polysaccharid wirkt als Suppressor der Resistenz des Wirts, die zumindest zum Teil durch ein vom Wirt produziertes Agglutinin aufgebaut wird. Das extrazelluläre Polysaccharid, von dessen Struktur man nur weiß, daß sie ein Mr von über 10^8 aufweist und vor allem aus Galaktose-Glucuronsäure-Glucose-Einheiten mit Pyruvat-Gruppen aufgebaut ist, stört den Wasserhaushalt der Pflanze. Extrazelluläres Polysaccharid wirkt auf die Plasmamembran der Xylem-Parenchym-Zellen ein und bewirkt Plasmolyse. Das Polysaccharid wird auch als Amylovorin bezeichnet.

Exopolysaccharide der Bakterien spielen fast immer eine bedeutende Rolle bei der Wechselbeziehung mit Pflanzen. Sowohl Symbionten der Pflanze als auch attackierende Pathogene produzieren und sekretieren Polysaccharide, die auf die Pflanze als Signalstoffe wirken. Ihrer Struktur nach können dies $\beta,1\rightarrow2$-Glucane, $\beta,1\rightarrow4$-Glucane, $\beta,2\rightarrow6$-Fruktane (Lävane) oder Copolymere aus $\beta,1\rightarrow4$-verknüpfter D-Mannuronsäure und L-Guluronsäure (Alginsäuren) sein. Häufig trifft man eine partielle Acylierung mit Essigsäure oder Brenztraubensäure an; succinyliertes Glykan charakterisiert den Schleim von *Rhizobium meliloti*.

Agrobacterium tumefaciens verwendet bei der Besiedlung von Pflanzen ein $\beta,$ $1\rightarrow2$-Glucan, um an die Oberfläche der pflanzlichen Zelle anzuhaften. Ähnliches gilt, wenn *Rhizobium meliloti* den ersten Kontakt mit Alfalfa aufnimmt. Auch bei der späteren Bildung der Knöllchen scheinen die Exopolysaccharide eine Rolle zu spielen, z. B. in der Matrix des Infektionsschlauchs.

Prokaryonten, die durch ihre extrem kleinen und wandlosen Zellen (60 - 200 nm Durchmesser) eine Sonderstellung einnehmen, wurden als Parasiten von Pflanzen und Insekten erkannt. Die Transmission geschieht auch durch Insekten, die das Phloem der Pflanze infizieren. Die Sensitivität gegenüber Tetracyclin und das Fehlen der Sensitivität gegenüber Penicillin gelten als Kriterium für das Vorliegen von wandlosen Prokaryonten. Mycoplasma und Spiroplasma, als Vertreter dieser Gruppe, bevölkern die Oberflächen von Pflanzen; andere Pathogene dieser Art sind in den Siebröhren der Pflanze anzutreffen.

Wenn man die Hemmung der RNA-Polymerase durch Rifampicin als Kriterium heranzieht, dann sind die insensitiven Mycoplasmen eher mit den sich in dieser Hinsicht ähnlich verhaltenden Archaebakterien zu vergleichen als mit den Eubakterien. Auf der anderen Seite stellten sich Zahl und Art der rRNA-Operons bei den Mycoplasmen als sehr ähnlich jenen von *E. coli* heraus. *Spiroplasma citri*, das eine böse Erkrankung von Citrus-Pflanzen hervorruft, ist der Wirt für ein ssDNA-Virus.

Xanthomonas campestris enthält ein durch Konjugation übertragbares Plasmid, auf dem bei gewissen Stämmen die Eigenschaft „Resistenz gegenüber Cu^{2+}" verankert sein kann. Stämme mit dieser Resistenz zeichnen sich immer auch durch Avirulenz gegenüber Wirtspflanzen mit einem Resistenz-Gen aus. Für die Resistenz ist es daher notwendig, daß die Pflanze ein dominantes Resistenz-Gen und das pathogene Bakterium ein dominantes Avirulenz-Gen aufweist. Welcher Mechanismus zur Verbindung der beiden Loci – Resistenz und Avirulenz – führt, ist unbekannt.

Die hier beschriebenen Bakterien verstopfen die Gefäße und bringen so die Pflanze zum Welken. Sie können sich aber auch im Interzellular-Raum ansiedeln und von hier aus die Mittellamellen auflösen. Es kommt zur Naßfäule; das Pflanzengewebe ist nur mehr eine breiige Masse.

Bakterien produzieren auch Proteine, die bei Pflanzen folgendes hervorrufen: (a) K^+-Ausfluß und (b) Produktion von reaktiven O-Spezies (O_2^-, H_2O_2).

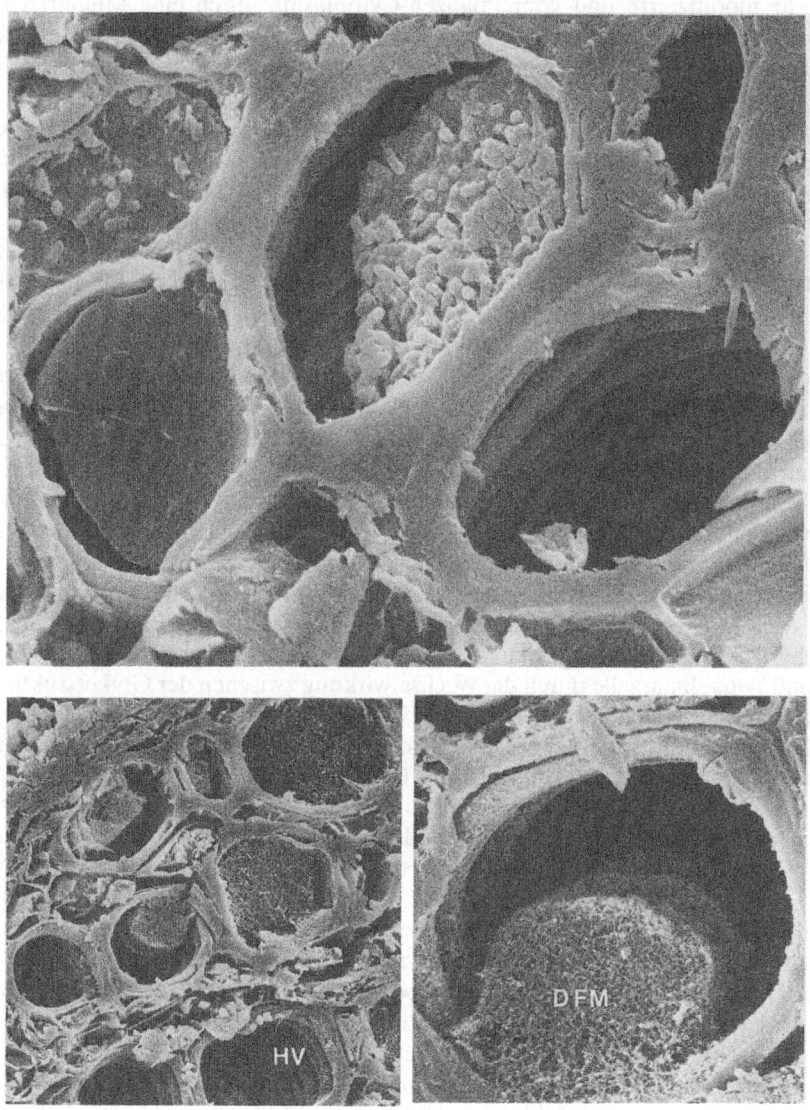

Abb. 9.28. Besiedelung einer Siebröhre durch *Erwinia*. Die Aufnahme zeigt die Siebröhren von Knospen eines Apfelbaums. Oben erkennt man eine Röhre, die schon fast vollständig durch die Bakterien blockiert ist. Im unteren Teil wurde eine ähnliche Wechselwirkung zwischen EPS und Xylem-Agglutinin künstlich durch Applikation einer gereinigten EPS-Fraktion erzeugt. Die Aufnahmen wurden von R. N. Goodman (Columbia, Missouri) zur Verfügung gestellt

Durch eine spezifische Infektion von Wurzelhaarzellen von Leguminosen mit Rhizobien-Stämmen kommt es unter Änderung der Gen-Expression – im Bakterium und in der Pflanze – zu einer stabilen Symbiose. Dies äußert sich makroskopisch in *Knöllchen*, bestehend aus meristematisch wachsenden Pflanzenzellen mit Bakteroiden. Auf molekularer Ebene erkennt man eine Stoffwechselabhängigkeit dadurch, daß nunmehr modifizierte und vom Pflanzen-Cytoplasma durch eine Membran abgetrennte Bakterien N_2 zu NH_3 reduzieren. Die Pflanze liefert dazu die Reduktionsäquivalente. NH_3 wird in der Folge in den infizierten Pflanzenzellen in organische N-Verbindungen überführt.

Wie das Erkennen der Partner (*Rhizobium* – Leguminose) und die Infektion erfolgen, ist nicht eindeutig geklärt. Rhizobien sind am Boden lebende, begeißelte gram-negative Bakterien; für diesen C-defizienten, N_2-fixierenden heterotrophen Organismus wäre eine Symbiose mit der Pflanze ein Vorteil, aber nicht notwendig.

Wie unterscheidet sich der Stoffwechsel von frei lebenden Bakterien gegenüber den Bakteroiden, die in Symbiose leben? Woher kommt die Energie für die N_2-Fixierung? Die schnell wachsenden Rhizobien (in *Trifolium, Pisum, Vicia*) verwenden Saccharose als C-Quelle, die langsam wachsenden (in *Glycine, Arachis*) stellen sich in ihrer Ernährung in erster Linie auf Monosaccharide ein. Deren Abbau verläuft hauptsächlich über den Entner-Doudoroff-Weg, über 6-Phopho-glucuronsäure zu Pyruvat und Glycerinaldehyd-phosphat. Anders aber bei der Symbiose: Nicht Zukker sind die Hauptnahrungsquelle, sondern organische Säuren – der C_4-Dicarbonsäure-Transport ist essentiell. Es wird angenommen, daß in Knöllchen ein ähnlicher Stoffwechsel wie in submersen Wurzeln vorherrscht, nämlich anaerobe Glykolyse. Poly-β-hydroxybutyrat wird im Bakteroid als Reserve angelegt.

Rhizobien besitzen außerhalb der Plasmamembran – wie Enterobacteriaceen – einen Murein-Sacculus, eine Kapsel aus Mucopolysacchariden und auch Schleim ähnlicher Zusammensetzung. Man hat Hinweise, daß das Erkennen zwischen Bakterium und Wurzelhaarzelle durch die Wechselwirkung zwischen der Glykostruktur des Kapselmaterials (α-galaktosidische und β-1,3-glucosidische Bindungen) und dem spezifischen Lektin der Pflanzenzelle erfolgt. Das dafür benötigte Lektin könnte z. B. das Aminodidesoxyzucker bindende Trifoliin bei Klee sein.

Die Infektion der Wurzelhaarzelle beginnt nach dem Binden des Bakteriums mit einem Einrollen des Haars und der Ausbildung eines Infektionsschlauchs, der zuletzt über die gesamte Länge des Wurzelhaars bis in die Basiszellen der Wurzelrinde reicht. Der Infektionsschlauch entspricht in seiner chemischen Zusammensetzung der Primärwand der Pflanze, sein Inhalt besteht aus Bakterienzellen und Mucopolysacchariden, die von den Bakterien produziert werden.

Der Übergang vom Bakterium zum *Bakteroid* in der Pflanzenzelle ist von folgenden Änderungen begleitet: Verschwinden der Poly-β-hydroxybutyrat-Granula (Reserve der Bakterien), Vergrößerung der Zahl der Bakteroide, Vergrößerung der Zelle, Auftreten von rosa gefärbtem Leghämoglobin, meristematisches Wachstum der Pflanzenzelle sowie Ausbildung der Peribakteroid-Membran, die das Bakterium vom Cytoplasma der Pflanze abtrennt. Für die Biosynthese der Peribakteroid-Membran ist die Teilnahme von G-Proteinen im Rahmen des Vesikel-Transports ($\rightarrow$ Abb. 9.19) notwendig.

Die hohe Stabilität von N_2 kann bei der Umsetzung zu NH_3 nur durch besondere

Katalysatoren überwunden werden; unter Aufwendung von 16 ATP, 8 e und 10 H^+ (pro N_2) und gleichzeitiger Bildung von H_2. Das Fe-Mo-Protein besitzt neben dem Fe-Mo-Cofaktor als Reaktionszentrum noch 4 FeS-Cluster als e-Lager.

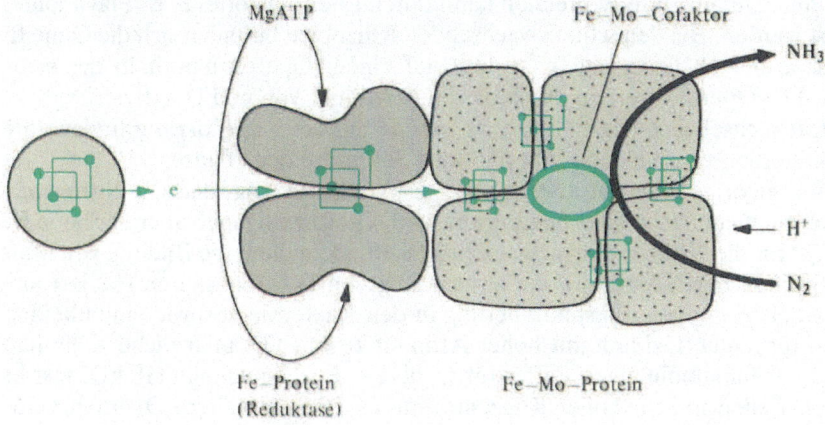

Abb. 9.29. Die Nitrogenase-Reaktion. Für die Synthese der Nitrogenase sind 3 Gene notwendig: nif H für das Fe-Protein, nifD + nif K für die beiden Untereinheiten des Fe-Mo-Proteins. Hinzu kommen weitere Gene, damit ein „Cofaktor" für das Fe-Mo-Protein gebildet werden kann

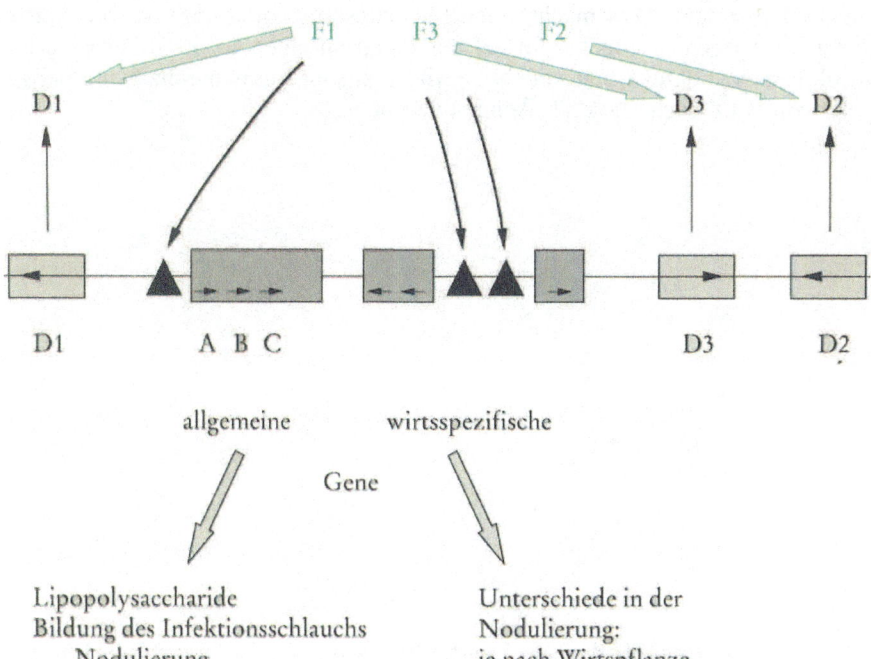

Abb. 9.30. Aktivierung der nod-Gene in *Rhizobium meliloti*. Pflanzliche Signale (Flavonoide, F) werden von Sensoren (D) erkannt. Diese wirken als positive Regulation auf die Promotoren (Dreiecke) der Operons (z. B. nach A, B, C). Die Gen-Aktivierung ist notwendig für die Nodulierung

Die vom Pflanzen-Genom kodierten Gen-Produkte, deren Synthese durch das Bakterium induziert wird, bezeichnet man als Noduline (z. B. Glutamat-Synthase, Urat-Oxidase).

Die Gene auf dem Plasmid des Bakteriums heißen nod-Gene und sind in Operons zusammengefaßt. Ihre Expression kann durch Pflanzenstoffe, z. B. Flavonoide, ausgelöst werden. Bei den schnell wachsenden Rhizobien befinden sich die Gene für die Prozesse der N_2-Fixierung (nif-Gene) auf einem Operon innerhalb des sym-Plasmids. Die Operons werden durch das Gen-Produkt von nod D aktiviert.

Stoffwechselwege des Bakteriums ruhen zum Teil: *N_2-Fixierung* findet statt, die Assimilierung von NH_3 aber überläßt das Bakteroid der Pflanze.

Eine niedrige Konzentration von O_2 ist Voraussetzung, daß die Nitrogenase im Bakteroid nicht irreversibel denaturiert wird. Gleichzeitig muß aber der hohe Bedarf an ATP für die N_2-Fixierung gewährleistet sein. Dem dient die Bildung von Malat als Endprodukt der Glykolyse, die Verwendung von Dicarbonsäuren (Malat) als Substrate der oxidativen Phosphorylierung in den Bakteroiden sowie eine überaus effiziente terminale Oxidase mit hoher Affinität zu O_2. Die pflanzliche Zelle hält mit dem Leghämoglobin einen Puffer für O_2 bereit. Leghämoglobin (16 kDa) ist in infizierten Zellen in sehr hoher Konzentration (3 mM) enthalten. Dadurch wird eine Konzentration von O_2 eingestellt, die ausreicht, um die terminale Oxidase mit dem Substrat zu bedienen, aber niedriger liegt, als daß es zur Inaktivierung der Nitrogenase käme.

Leghämoglobin liegt in der Zelle in der Fe^{2+}-Form (zu etwa 20 % beladen mit O_2) vor. In dieser Form kommt es zur Autoxidation, die aus O_2 sowohl Superoxid-Anion als auch H_2O_2 bildet. Dies macht einen Mechanismus notwendig, der das Peroxid entfernt. Der Mechanismus beruht auf der Funktion einer Ascorbat-Peroxidase im Cytosol. Ein plastidäres Isoenzym haben wir bereits im Zusammenhang mit der Zerstörung von H_2O_2 nach Starklicht kennengelernt.

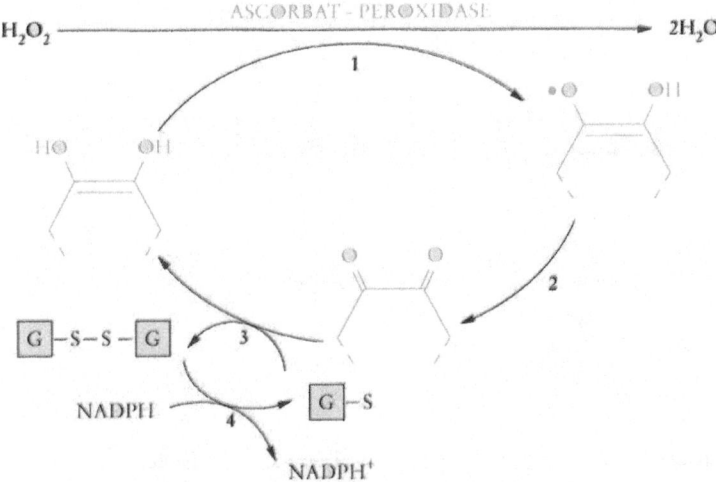

Abb. 9.31. Zerstörung von H_2O_2 durch die Ascorbat-Peroxidase. Ascorbat fungiert als 1e-Donor. Die Ascorbat-Peroxidase (1; Monomer, 30 kDa, Häm-Protein) überführt das Endiol in ein Radikal, das durch Disproportionierung (2) Ascorbat und Dehydroascorbat ergibt. Letzteres wird durch Dehydroascorbat-Reduktase (3) und Glutathion reduziert; eine Glutathion-Reduktase (4) regeneriert das Glutathion

Die Erzeugung der Transportform für N erfordert großen Aufwand. Durch Zusammenarbeit von Plastiden und Peroxisomen entstehen Allantoin und Allantoinsäure. Nach dem Transport über das Xylem müssen diese Verbindungen gespalten werden, um wieder Bausteine für Aminosäure-Bildung zur Verfügung zu haben.

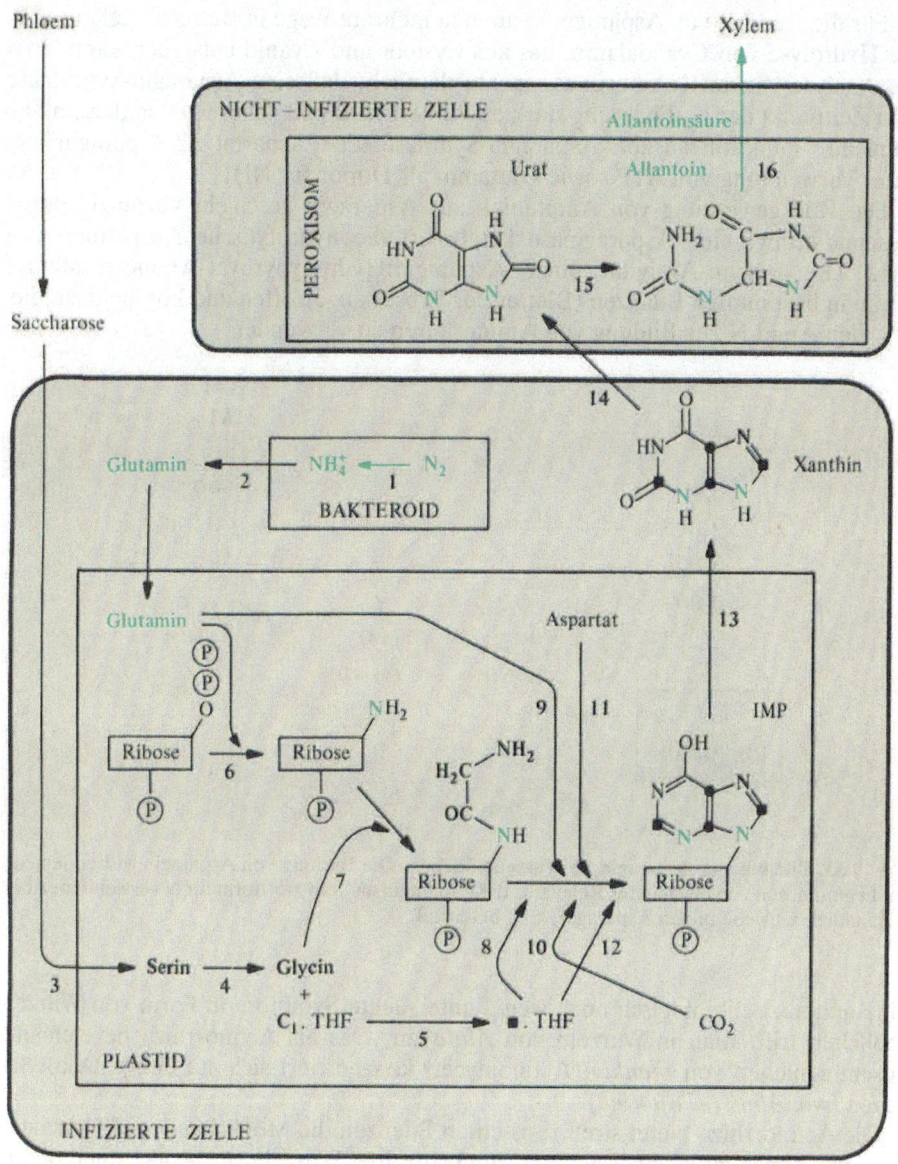

Abb. 9.32. Austausch von C und N in N₂-fixierenden Pflanzen: Allantoin als Transportform. Der Bakteroid – abgegrenzt gegenüber der Pflanzen-Zelle durch die Peribakteroid-Membran – enthält die Nitrogenase (1). NH_3-Assimilierung (2) und Purin-Biosynthese (6–13) laufen in der infizierten Pflanzenzelle ab

Die Pflanzenzelle fixiert NH_3 mit Hilfe der Glutamin-Synthetase und der NADH-abhängigen Glutamat-Synthase. Als Transportform für N bei der Versorgung der oberirdischen Organe der Pflanze dienen Asparagin (bei der Erbse) oder Allantoin (bei *Glycine, Phaseolus*). Das bedeutet, daß die Pflanze für N z. B. den Umweg Glutamat → Aspartat → Asparagin oder Glutamat → Glutamin (Glycin, Aspartat) → Inosinmonophosphat → Xanthin → Harnsäure → Allantoin wählt.

Für die Bildung von Asparagin kann man mehrere Wege in Betracht ziehen; u. a. die Hydrolyse von Cyanoalanin, das aus Cystein und Cyanid entstehen kann. Erst die Analyse von mRNA-Niveaus machte deutlich, daß eine Asparagin-Synthetase zum Zeitpunkt der N_2-Fixierung stark exprimiert wird und daher wohl in diesem Stadium ihre Funktion ausübt. Asparagin-Synthase setzt Aspartat zu Asparagin um, unter Verwendung von ATP sowie Glutamin als Donor für NH_3.

Die Rückgewinnung von Ammoniak aus Asparagin geschieht vorrangig durch Desamidierung; eine Asparaginase katalysiert die hydrolytische Abspaltung von NH_3. Die Enzym-Aktivität einer Asparagin:Hydroxypyruvat-Aminotransferase wurde in bestimmten Pflanzen (Blätter der Erbse) angetroffen und könnte dazu dienen, den Amid-N zur Bildung von Aminosäuren zu verwenden.

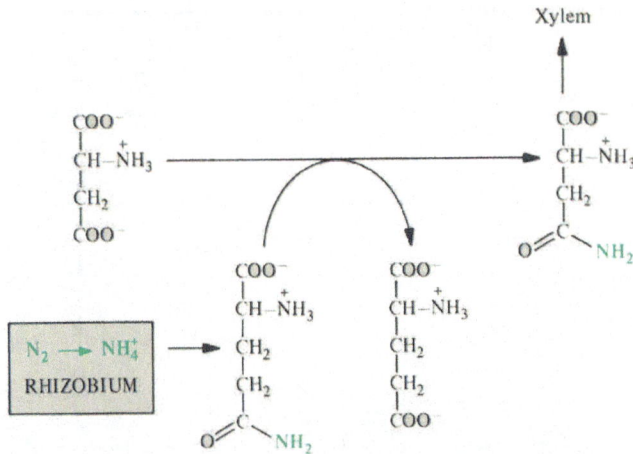

Abb. 9.33. Bildung von Asparagin im Wurzelknöllchen. Die Bildung von Asparagin ist bei denjenigen Leguminosen von besonderer Relevanz, die Asparagin als Transportform für N verwenden. Aber auch andere Gewebe bilden Asparagin; z.B. bei Streß

Eine andere, zellbiologisch noch wenig untersuchte Symbiose in Form von Wurzelknöllchen trifft man in Wurzeln von *Alnus* an. Das als Actinorrhiza bezeichnete Zusammenleben von *Frankia* (Actinomycet) konzentriert sich auf einige Dikotyledonen (wie *Alnus, Casuarina*).

Die Actinorrhiza bietet streß-resistenten Pflanzen die Möglichkeit, auf N-armen, steinigen Böden zu leben. Das Bakterium tritt über Wurzelhaare – oder auch durch interzelluläre Infektion – in das Rindengewebe der lateralen Wurzeln ein. Durch Anschwellen der Hyphenspitzen entstehen vesikelartige Strukturen. Die Pflanze versorgt das Bakterium mit Carbonsäuren und anderen Produkten der Photosynthese, das Bakterium trägt mit N_2-Fixierung zur Symbiose bei.

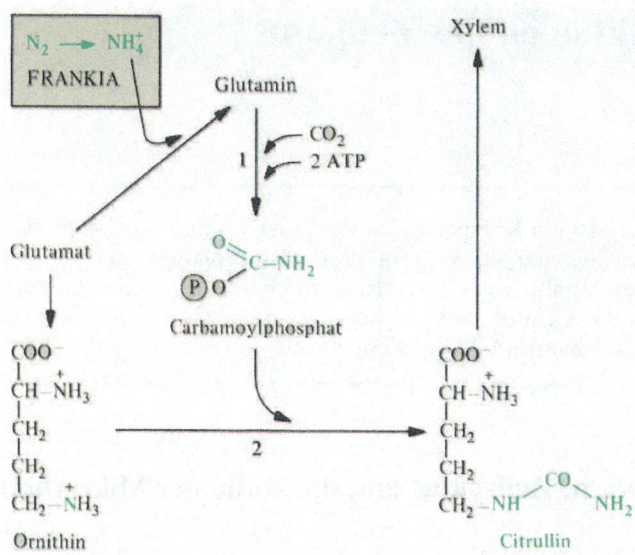

Abb. 9.34. Bildung von Citrullin als Transportform für den in der Actinorrhiza fixierten Stickstoff. Die N_2-Fixierung läuft aber auch in aerober Umgebung ab. Die O_2-empfindliche Nitrogenase wird durch einen noch nicht verstandenen Mechanismus (physikalische Barriere) vor Desaktivierung geschützt. Die anschließende NH_3-Assimilierung läuft unter der Katalyse der Glutamin-Synthetase

9.5 Methodik

Eine zellwandreiche Präparation von ansprechender Ästhetik und anregendem Flair soll alle diejenigen versöhnen und verwöhnen, die sich bis hierher durchgearbeitet haben. Da noch das dicke Kapitel 10 auf seine Beachtung wartet, könnte eine Stärkung angebracht sein. Und da vieles zu zweit schöner sein kann, eignen sich die molaren Mengen nicht für eine miniprep, eher für einen doppelten Ansatz:

Ein oxalatreicher Blattstiel von *Rheum rhaponticum* (oder eine malatreiche Renette) wird in kleine Segmente geteilt, mit 40 g Saccharose versetzt (auch die mit Invertase behandelte Version ist zulässig) und in 30 ml Chasselas (auch die resveratrol-reiche, rote Mistral-Variante und die Unstrut-Version werden geduldet) weichgedünstet; etwas reduzieren und auskühlen lassen. 130 g trockener 40 %-Quark werden mit 3 Eigelben und 50 ml Crème fraîche homogen gerührt und mit der vorhergehenden Präparation vermischt.

Auf zwei Teller legen Sie Scheiben von polygalakturonat-reichen, aber reifen Früchten von *Fragaria* – in einer Ihrem Gemütszustand entsprechenden, aber dekorativen Form – und garnieren mit der Crème. Zuletzt dekorieren Sie mit hitze-prozessiertem Endosperm von *Triticum* (Gaufres oder andere Waffeln). Grüne, triglycerid-reiche Splitter von *Pistacia*-Samen (90) sollten Sie nur darüberstreuen, wenn Sie die Kombination rot-grün anspricht.

10. Die Funktionen des Zellkerns

Der Zellkern ist ein Kompartiment des Nukleinsäure-Stoffwechsels. Fast alles bezieht sich hier auf die Weitergabe der Information, die Verdopplung der DNA, deren Veränderung durch Rekombination und deren Ablesung für den Transfer in das Cytosol. Mit der Regulation der Gen-Expression fungiert der Zellkern als Schaltzentrale der Zelle.

10.1 Zellkern, Zellzyklus und die Rolle der Mikrotubuli

Die Bildung von Tochterzellen mit demselben Informationsgehalt wie die Elternzelle wird im Zellzyklus gesteuert. Einer Phase der Verdopplung der DNA folgen Phasen, in denen diese doppelte Information exakt auf zwei Zellkerne verteilt wird. Dem Cytoskelett kommt eine wichtige Rolle zu.

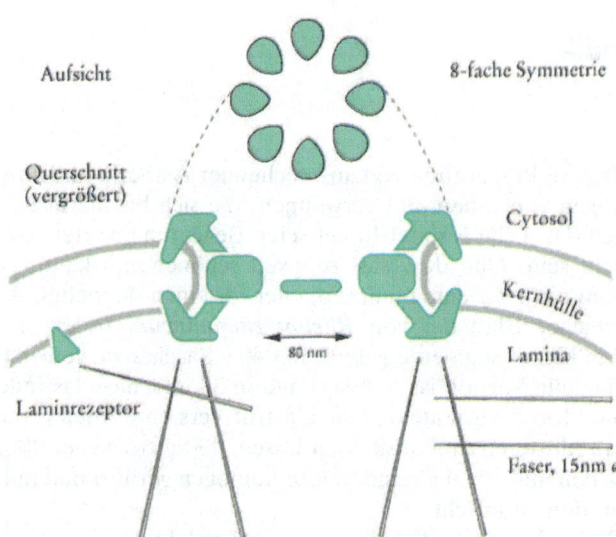

Abb. 10.1. Struktur der Kernpore. Ein Ring von Protein-Komplexen ist so in die Kernhülle eingesetzt, daß dadurch eine kontrollierbare Passage zwischen Cytosol und Nukleoplasma entsteht. Neben den ausschließlich als Strukturelemente dienenden Bereichen der Kernpore existieren weitere noch unbekannte Proteine, die dem Öffnen und Schließen des Tores dienen. Unmittelbar unter der Kernhülle befinden sich die Fasern des Lamins

Eukaryontische Zellen besitzen einen durch Membranen vom Cytosol abgetrennten Zellkern. Daraus ergibt sich die Notwendigkeit einer kontrollierten Teilung, wenn Zellen vermehrt werden. Im Zellzyklus ist die Teilung des Zellkerns der zentrale Vorgang. Signalketten sowie das Prinzip, daß durch eine Kaskade von Protein-Phosphorylierungen die enzymatischen oder Bindungseigenschaften eines Proteins modifiziert werden, scheinen bei der Regulation die Hauptrolle zu spielen.

Die Übergänge zwischen den einzelnen Phasen des Zellzyklus werden durch Protein-Kinasen und Phosphoprotein-Phosphatasen kontrolliert. So steht am Ende eine Protease, die das Protein Cyclin zerstört. Damit fehlt die aktivierende UE der alles steuernden *Protein-Kinase* (mit p34 als katalytische UE; Abb. 10.2).

Cycline gehören einer Gruppe von negativ geladenen Proteinen an (36–50 kDa), die abhängig vom Zellzyklus akkumulieren. Es sind dies Proteine, die entweder beim Übergang G_2/M bzw. G_1/S auftreten.

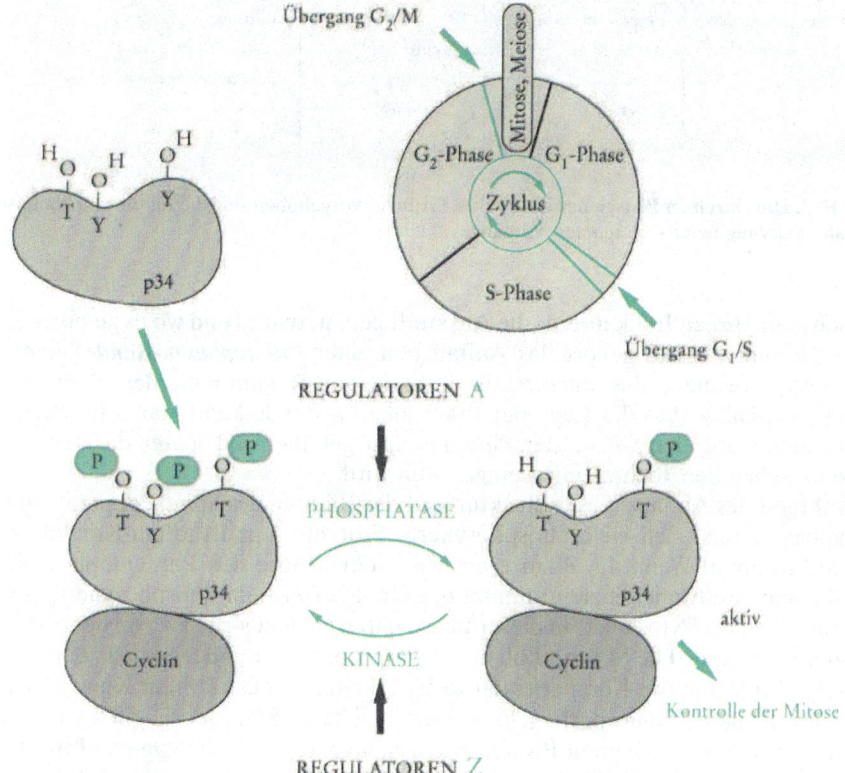

Abb. 10.2. Regulation des Zellzyklus durch Protein-Modifizierung. Der Komplex aus Cyclin und p34 stellt je nach Grad und Art der Phosphorylierung eine aktive (rechts) oder inaktive (links) Form einer Protein-Kinase dar. Der Grad der Phosphorylierung wird durch Regulatoren A und Z kontrolliert. Sobald ein Cyclin an die Protein-Kinase p34 gebunden hat, aktiviert es nicht nur die katalytische UE, sondern kontrolliert auch deren Phosphorylierung und den Grad der Phosphorylierung. Besonderen Einfluß auf die Aktivität des Holo-Enzyms der Kinase besitzt die Modifizierung am Thr-161. Wenn diese Phosphorylierung erfolgt ist, besitzt die an Cyclin gebundene Protein-Kinase, also das Holo-Enzym, volle Aktivität

Am Ende des Phasenübergangs wird das für den Übergang spezifische Cyclin abgebaut; an diesem Abbau scheint Ubiquitin beteiligt zu sein. Dem proteolytischen Abbau von Cyclin folgt die Dephosphorylierung von p34 (am T-161). Da Okadainsäure (→ S. 433) die Dephosphorylierung verhindert, inhibiert es auch die Desaktivierung der Protein-Kinase und damit den Phasenübergang. Was die Zielmoleküle der aktivierten Protein-Kinase anlangt, wissen wir, daß durch Phosphorylierung die Lamina abgebaut, Histone und Topoisomerasen modifiziert, sowie Mikrotubuli umorganisiert werden. Die immer wiederkehrenden Phasen der Zellteilung kann man als zyklischen Vorgang symbolisieren. Nach einer Phase der Synthesen und der Verdopplung der DNA können Kernteilung und Zellteilung aktiviert werden.

PROPHASE	METAPHASE	ANAPHASE	TELOPHASE/CYTOKINESE
Positionierung der Pole	Fragmentierung der Kernhülle	Proteolyse der Cycline	Bildung des Phragmoplasten
Bildung der Spindel	Mikrotubuli an Kinetochor	Trennung der Chromatide	Bausteine für die Zellwand Zellwand

Abb. 10.3. Die einzelnen Phasen des Zellzyklus. Grün hervorgehoben sind die für eine biochemische Charakterisierung bereits geeigneten Vorgänge

Zu den ganz frühen Indikatoren, die Auskunft geben, daß es und wo es zu einer Zellteilung kommen wird, gehört das Auftauchen einer *Präprophasen-Bande*, einer an Mikrotubuli reichen, aber auch Aktin enthaltenden Region nahe der Plasmamembran („kortikal"). Aus der Lage der Präprophasen-Bande kann man schließen, wo nach Beendigung der Mitose der Phragmoplast gebildet und später die neue Zellwand zwischen den Tochterzellen eingezogen wird.

Während des Abbaus dieser Struktur und der Bildung des Spindelapparats in der Metaphase finden sich viele phosphorylierte Proteine – und Protein-Kinasen – an den Mikrotubuli. Wenn die Pflanze am Ende der Mitose den Phragmoplast bildet und die neue Zellwand einzieht, nimmt der Grad der Protein-Phosphorylierung wieder stark ab. Das Cytoskelett in dieser Phase unterscheidet sich klar von der Struktur im Spindelapparat. Die Mikrotubuli in der Präprophasen-Bande werden „depolymerisiert", also in Tubulin-Komponenten zerlegt. Dafür ist eine Protein-Kinase zuständig, die z. B. durch Stauroporin gehemmt werden kann. Stauroporin gilt als sehr spezifisches Werkzeug: es hemmt Protein-Kinasen vom Typ C (abhängig von Lipid). Es könnte wohl sein, daß die Protein-Kinase p34 in der Präprophasen-Bande lokalisiert ist und direkt mit der Einleitung der Umstrukturierung des Cytoskeletts zu tun hat.

Tubulin (55 und 56 kDa) aggregiert zu Mikrotubuli in einem Prozeß, bei dem jedes Molekül Tubulin 2 Moleküle GTP bindet. Zuerst entsteht das $\alpha\beta$-Dimere; es läßt sich an das (+)-Ende des bereits bestehenden Mikrotubulus einsetzen, wobei eines der beiden GTPs zu GDP + P_i hydrolysiert. Eine lineare Kette von $\alpha\beta$-Einheiten ($\alpha\beta$-$\alpha\beta$-$\alpha\beta$-) wird als Protofilament bezeichnet. 13 derartige Ketten ergeben eine röhrenartige Struktur mit einem Durchmesser von etwa 24 nm (Abb. 10.4).

Das Wachsen der Mikrotubuli durch Anlagerung des Tubulin-Dimeren und die Ablö-
sung von Tubulin am Minus-Ende ergeben ein sehr dynamisches Bild für Mikrotu-
buli-Stränge. In der mitotischen Spindel liegt die Halbwertszeit für den Verbleib von
Tubulin innerhalb der Struktur im Bereich von 20 sec.

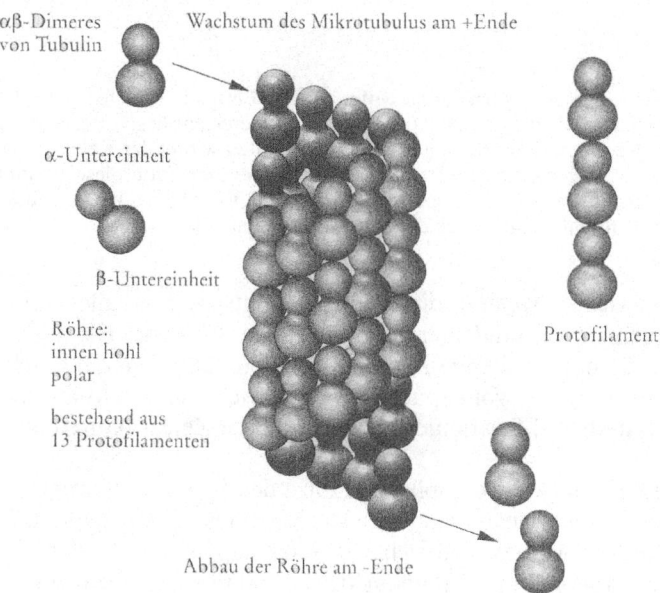

Abb. 10.4. Aggregation von Tubulin. Ein Mikrotubulus stellt eine Röhre dar, deren Wand aus schraubenförmig angeordneten Tubulin-Dimeren (Heterodimere aus UE α und β) aufgebaut ist. Die Anlagerung der Dimeren erfolgt am wachsenden Ende (+Ende) der Röhre. Eine Dissoziation der Dimeren kann nur am -Ende stattfinden. Ein Protofilament ist durch eine lineare Aneinanderlagerung von
Dimeren definiert

Die dem Cytosol zugewandte Oberfläche der Kernhülle scheint der Ausgangspunkt
(Organisationsbereich) für den Zusammenbau von Mikrotubuli zu sein. Im Gegen-
satz zu Pilzen besitzen Pflanzen kein als Centrosom klar definiertes Zentrum, das mit
Mikrotubuli-Fäden die Organisation einer Zelle kontrolliert. In der pflanzlichen
Zelle vermuten wir statt dessen an der Kernhülle mehrfache Ankerpunkte, von
denen aus Mikrotubuli in Richtung anderer Formen des Cytoskeletts führen.

Um die Positionierung des Zellkerns vor der Kernteilung darzustellen, wählen wir
für die Betonung des Prinzips „Polarität" die Hefezelle aus. Bei der Sproßhefe (*Saccharomyces cerevisiae*) beginnt der Zellzyklus mit der Verdopplung des Spindelpol-
körpers am Zellkern. Einer der Spindelpole (nämlich der neu gebildete) wandert in
Richtung der entstehenden Ausstülpung und zieht die Spindel mit (Abb. 10.5). Die
Position der Spindel hängt von der Position der cortikalen Anheftungsstelle für das
Cytoskelett ab. Sobald die Mikrotubuli vom Organisationszentrum am Zellkern aus
wachsend den Bezugspunkt, den cortikalen Punkt an der Plasmamembran erreicht
haben, sind die Positionen für die Zellteilung festgelegt.

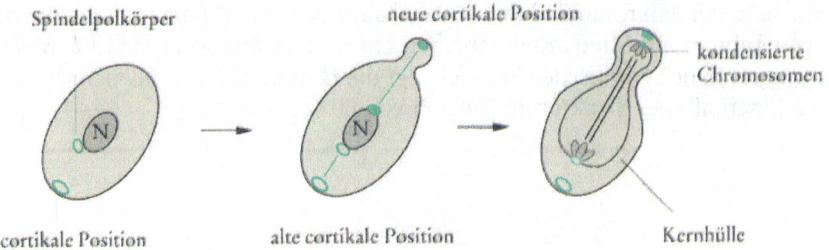

Abb. 10.5. Spindelpole als Einheiten der Orientierung. Am Beispiel der Hefe – deren Organisationszentren im Bereich der PM einerseits und der Kernhülle andererseits liegen – ersieht man die Orientierung, in der die Tochterzellen entstehen. Interessiert wären wir an der Kenntnis, welche chemische Verbindung die Organisationszentren bilden und in welcher Form diese Positionen mit den Mikrotubuli verbunden sind. Als eine spezifische Eigenschaft der Hefen ist die Tatsache zu sehen, daß während der Mitose die Hüllen der Zellkerne nicht fragmentiert werden

Die Polarität sowie ein Apparat, dieser Polarität entsprechend alles weitere zu organisieren, gehören zu den fundamentalen Prinzipien der Zelle. Ein anderer Spindelpolkörper und die entsprechende kortikale Position definieren die durch Sprossung sich bildende Tochterzelle. Vom Spindelpol gehen viele hundert Mikrotubuli aus, die für die Organisation und Positionierung der weiteren Zellstrukturen die Verantwortung tragen.

Beim Übergang zur Mitose duplizieren Pilze den Spindelpolkörper; bei Pflanzen sollte ein anderer, bisher nicht bekannter Mechanismus dafür sorgen, daß die Mikrotubuli neu geordnet werden und sich der Spindelapparat ausbilden kann. Gegen Ende der Mitose kommt es zur Trennung des Cytoplasmas für die beiden Zellen. Als Organisationsstruktur dafür kann man den Phragmoplast sehen. Dieser an Strukturen reiche, mikroskopisch erkennbare Bereich entsteht dadurch, daß Mikrotubuli von den beiden Kernen aus in Richtung der Äquatorialebene wachsen.

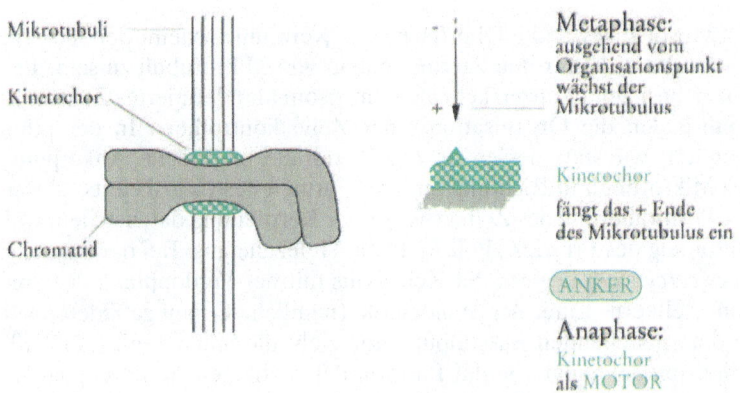

Abb. 10.6. Kinetochor. Innerhalb des verdichteten, mit Mikrotubuli bestückten Bereichs am Chromosom (Centromer) stellt der Kinetochor eine definierte Teilstruktur dar – die Verknüpfungsstelle

Der Kinetochor ist eine spezialisierte Region am Chromosom und die Verknüpfungsstelle, die das Chromosom mit der Spindel verbindet. Der Spindelapparat besteht
aus den 2 Spindelpolen und den Spindelfasern. Letztere sind Mikrotubuli. Der Kinetochor – für die Mikrotubuli der Anhaftungspunkt an das Chromosom – ist Teil der
Struktur des Centromers. Im Bereich des Kinetochors findet man Membranstrukturen, Aktin und Ca^{2+}-bindende Proteine. Es könnte der Ort sein, an dem die Kraft für
die Bewegung der Chromosomen erzeugt wird. Der Kinetochor ist in Abb. 10.6 nur
als Proteinschicht auf den Chromatiden gezeichnet. Vielleicht schließt er auch ATP-
spaltende Proteine ein, die sich im Verlauf der Anaphase gemeinsam mit den an
ihnen haftenden Proteinen entlang einer anderen Struktur bewegen. Daher bleibt
die Frage: Ist der Kinetochor in der Anaphase ein Motor?

Zusammenbau und Abbau von Mikrotubuli könnten die Kraft für die Bewegung
der Chromosomen während der Anaphase zur Verfügung stellen. Diese Bewegung
scheint auch abzulaufen, wenn kein ATP vorliegt oder Inhibitoren gegen Dynein vorhanden sind. Trotzdem sollte man zögern, das „Motor-Enzym" Dynein gänzlich vom
Prozeß der mitotischen Bewegung auszuschließen. Ähnlich unsicher ist auch eine
Annahme, daß Kinesin am Zusammenbau der Spindel beteiligt ist. Abb. 10.7 zeigt,
wie nach der Trennung der Chromatide in der Anaphase neben den Kinetochor-
Tubuli, die das Chromatid mit dem Spindelpol verbinden, andere Mikrotubuli in
Richtung des Äquatorialbereichs wachsen; ständiger Einbau von neuem Tubulin
wird an den +-Enden der Mikrotubuli feststellbar. Von der Oberfläche der Kernhülle wachsen aber später die Mikrotubuli nicht nur in Richtung der Äquatorialebene bzw. des späteren Phragmoplasts, sondern auch zur cortikalen Position.

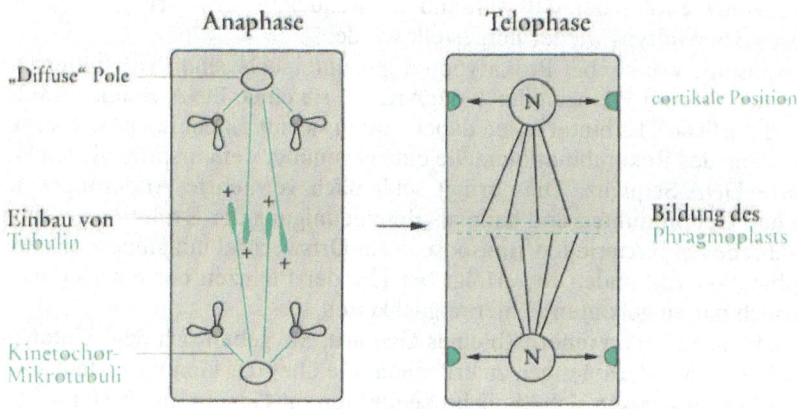

Abb. 10.7. Organisation von Zellkernen und Phragmoplast im Verlauf von Anaphase und Telophase.
Dargestellt ist das Zusammenspiel von Organisationszentren und Mikrotubuli

Der Phragmoplast ist eine komplexe Struktur, die nach der Trennung der Chromosomen zwischen den sich abzeichnenden Tochterzellen entsteht. Im Phragmoplast
dominieren Komponenten des Cytoskeletts (einschließlich Aktin), aber auch Vesikel
und Bausteine für die anschließende Bildung der PM und der Zellwand sind vorhanden. Brefeldin, das die Ummantelung von Golgi-Vesikeln stört, interferiert auch mit
der Bildung des Phragmoplast.

10.2 Rekombinations-Vorgänge und Transformation mit *Agrobacterium*

Neben der homologen Rekombination tragen bewegliche DNA-Elemente zur Variation in der DNA bei. Selbst für Bakterien ist die pflanzliche DNA nicht tabu.

Transponierbare Elemente (TEs) geistern durchs Genom

DNA-Elemente wandern innerhalb eines Chromosoms. Wenn dabei das Element in einem Gen eine neue Position einnimmt, wird die betroffene Gen-Aktivität verändert oder abgedreht. TEs wurden zuerst als Mutationen während der Zellvermehrung beobachtet. Wenn sie ihren Ort innerhalb des Genoms wechseln, taucht der Phänotyp einer instabilen somatischen Mutation auf. Instabil: denn bei einer Mutante, die sich gegenüber dem Wildtyp z. B. durch eine geänderte Farbe im reifenden Samen bemerkbar macht, kann eine Rückmutation – Herausspringen des TEs aus dem Locus – in dem sich noch teilenden Gewebe zu einer Farbänderung führen. Die Farbe des Wildtyps tritt innerhalb des Bereichs mit den Farben der Mutante auf; innerhalb des Samenkorns oder in einer farbigen Blüte ergibt sich ein variegierter Phänotyp (Scheckung, Variegation). Dieser Phänotyp einer Rückmutation bedeutet vom Genotyp her, daß während der asexuellen Vermehrung der ursprüngliche Locus des Wildtyps wieder hergestellt wurde.

Transposons, wie sie bei Prokaryonten gut untersucht sind (Tn), unterscheiden sich von den TEs der Pflanzen durch die Art, wie sie einen DNA-Bereich wieder verlassen. Pflanzliche TEs hinterlassen dabei – wenn sie aus einem Locus wieder herausspringen – an der Rekombinationsstelle eine gegenüber dem ursprünglichen Wildtyp geänderte DNA-Sequenz. Dies bringt schließlich vermehrte Änderungen in den Genen und Genprodukten und kann als Beschleunigung der Evolution gesehen werden. Während bei bakteriellen Transposons ein Ortswechsel mit einer replizierenden Rekombination verbunden ist, erfolgt bei TEs der Pflanzen nur ein Herausschneiden; jedoch mit eingebauten Fehlermöglichkeiten.

TEs sind nicht selten innerhalb eines Genoms. Sie geben sich dem Untersuchenden als Sequenzwiederholungen zu erkennen, die über das Genom verteilt sind. Mit einer TE-Sequenz lassen sich ähnliche Sequenzen im Genom durch Hybridisierung herausfischen. TEs tragen terminale Sequenzwiederholungen. TEs werden effizient transkribiert und machen keinen geringen Prozentsatz der poly-A-RNA im Cytoplasma aus.

TEs können mutieren; sie springen dann nicht mehr. Man unterscheidet zwei Arten von TEs: größere autonome DNA-Bereiche, die ein Transposase-Gen tragen, sowie kleinere, nicht-autonome Bereiche, die man als Deletionsderivate von den ersteren, den autonomen Elementen ansehen kann. Die nicht-autonomen TEs sind im Falle der Transposition von der Anwesenheit korrespondierender autonomer TEs abhängig, da sie nicht selbst die für den Transpositionsvorgang notwendigen Gene tragen.

Bei den genetisch gut untersuchten Mutationen im reifenden Samen von Mais hat man folgende TE-Paare charakterisieren können: Ac (autonom) und Ds (nicht-autonom; ein Deletionsderivat von Ac); En (autonom) und Spm. Bei Ds kann gegenüber Ac – je nach Mutation – ein Mittelteil des Elements von 0.5 – 3 kBp fehlen. Im deletierten Bereich stecken das Transposase-Gen und die Information für ein oder zwei weitere Proteine. Das nicht-autonome TE reagiert auf die trans-Funktion des autonomen Elements. Dessen Transposase verlangt für den DNA-Bereich, der ausgeschnitten werden soll, ganz charakteristische Enden, die offenbar durch Protein-Nukleinsäure-Wechselwirkungen vorfixiert werden.

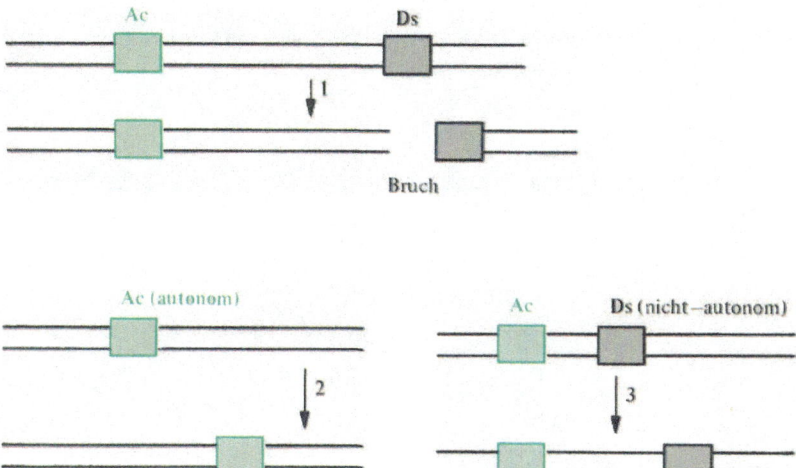

Abb. 10.8. Autonome und nicht-autonome transponierbare Elemente. Ac ist ein DNA-Bereich, der seine eigene Transposition vermittelt (2), aber auch ein Genort, der bewirkt, daß Ds springt (3) oder daß bei Ds ein Chromosomenbruch (1) stattfindet. Ac und Ds können am gleichen, aber auch auf verschiedenen Genen liegen

Autonome TEs besitzen u. U. die Informationen für mehrere Proteine; in einem großen Intron können die DNA-Sequenzen für zwei Enzyme enthalten sein. Es ist bemerkenswert, daß der Promotor für das erste Gen unmittelbar an den für die Insertion nötigen Bereich der Sequenzwiederholung angrenzt. Es ist außerdem überraschend, daß sich im ersten Intron dieses Gens zwei weitere Gene befinden.

Falls Sie längere Zeit vor dem PC weilen und vielleicht auf eine Sequenz aus einer Datenbank warten müssen, könnten Sie sich eine(n) Gleichgesinnte(n) suchen und dann auf folgende Weise die Zeit überbrücken bzw. Ihre Nerven stärken: 130 g Knollen von noch nicht transformierten Kartoffelpflanzen werden von der Suberinschicht befreit, in Würfel geschnitten und gemeinsam mit 5 ml PBS, einer Spatelspitze *Origanum majorana* und 200 ml Aqua dest. für 20 min auf 99 °C erhitzt. Nach Entfernen des Supernatants homogenisiert man das noch heiße Pellet in einem Blender unter Zusatz von 2 mg *Capsicum annuum*, 5 mg *Myristica fragrans*, 30 mg *Allium sativum*, 150 ml Brühe, 50 g saurem Rahm und 80 g Butter. Um das Produkt sehr heiß zu genießen, transferiert man die resultierende Masse in zwei zuvor gespülte Bechergläser und behandelt kurz in der Mikrowelle. Nach einem RETURN sind Sie wieder drin und dran.

Ein gut untersuchtes Paar von TEs besteht aus dem autonomen Element En und dem Deletionsderivat I. Letzteres ist nicht-autonom in bezug auf die Transposition. Es hemmt die Gen-Expression, wenn es im Bereich eines Struktur-Gens sitzt. Derartige Mutationen gegenüber dem Wildtyp sind solange stabil, als ein En-Element nicht aktivierend eingreift. Da I in dieser Hinsicht das von En ausgehende Signal aufnimmt und umsetzt, wurde I auch als Rezeptor bezeichnet. Ein Rezeptor I kann z. B. in das Exon eines Gens für Saccharose-Bildung oder Zein-Ablagerung eingebunden sein. Dadurch kommt es nicht zur Synthese von genügend Saccharose oder Zein und das Korn besitzt einen anderen Phänotyp (waxy).

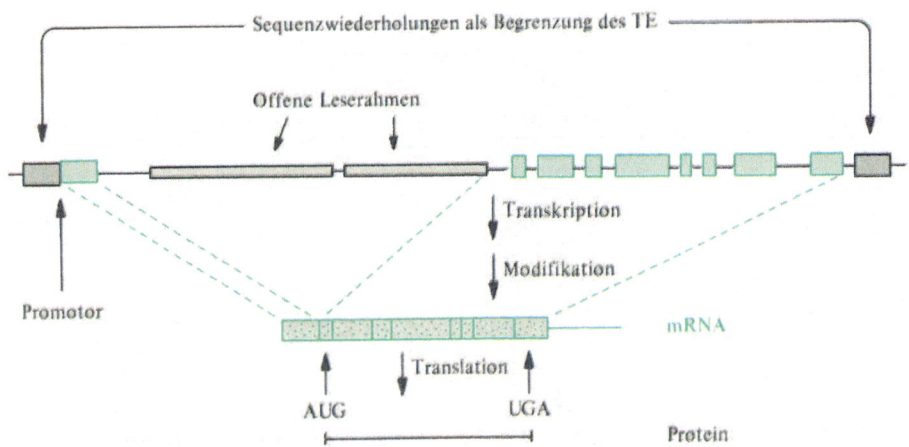

Abb. 10.9. Autonomes Element mit drei Genen. Das in Mais gut untersuchte autonome Element En ist 8 kBp groß und weist an jedem Ende eine 13 Bp lange invertierte Sequenzwiederholung auf

Dort, wo DNA-Segmente ausgeschnitten worden waren, sieht man Änderungen in der Sequenz (z. B. 2 Basen). Dies deutet darauf hin, daß im Zuge der Transposition auch eine Reparatur von Löchern in einem der beiden Stränge erfolgt. Daraus schließt man, daß ein einfacher Mechanismus vorliegt: Erkennen (mit Hilfe eines im TE kodierten DNA-bindenden Proteins); sequenzspezifischer Schnitt; Reparatur.

Ganze Gene können kloniert und charakterisiert werden, wenn man sie erst einmal in die Hand bekommen hat. Dazu ist in der Regel eine gewisse Kenntnis des so kodierten Proteins notwendig. Bei vielen Genen ist es aber eher so, daß wir ihre Rolle in einem Prozeß der Pflanzen-Entwicklung, nicht aber eine direkte Funktion erkennen. Für die Isolierung derartiger Gene kann es von Vorteil sein, TEs als Mutagene einzusetzen (Transposon-Tagging). Eine direkte Korrelation zwischen einem Phänotyp einer Mutante und einer DNA, die wiedererkennbar ist aufgrund des Einschubs des Transposons, ist herstellbar. Der Versuch beginnt mit einer genetischen Kreuzung, bei der einer der Eltern ein aktives, bereits gut untersuchtes TE enthalten soll. Es folgt die Suche nach Mutationen für den interessierenden Phänotyp. Von der Mutante wird eine genomisch Bank angelegt und mit einer Sonde gegen das eingesetzte TE die vorhandene Information weiter abgesucht. Wie müßte die Versuchsdurchführung im Detail aussehen?

Rekombination zwischen pflanzlicher DNA und Plasmid-DNA aus Bakterien

Das gram-negative Bakterium *Agrobacterium tumefaciens* löst – auf verwundete Pflanzenzellen gebracht – die Bildung eines tumorartigen Gewebes aus. Verantwortlich für die Veränderung der pflanzlichen Zellen ist der Einbau von DNA, die aus einem bakteriellen Plasmid stammt, in die DNA des Zellkerns der Pflanze. Die Expression der Gene dieser zusätzlichen DNA bewirkt u. a. die Bildung von Hormonen, so daß das Wachstum der infizierten Pflanzenzellen der Kontrolle entzogen ist und ein ungehemmtes Wachstum – ähnlich einer Tumorzelle – daraus resultiert. Die Interaktion zwischen Bakterium und Pflanze, bei der es zum Austausch von genetischem Material kommt, ist vorerst der einzige bekannte Fall, daß DNA zwischen zwei in ihrer Verwandtschaft sehr weit auseinanderliegenden Organismen in einem natürlichen Prozeß transferiert wird. In Analogie zum DNA-Austausch bei Bakterien erscheint der Transfer der T-DNA dem Vorgang der Konjugation vergleichbar.

Für die Besiedlung der Pflanze durch das Bakterium und die damit verknüpfte genetische Modifikation der Pflanze durch das Bakterium muß es zu einem Zusammenspiel kommen; zwischen Komponenten der Pflanze einerseits und Proteinen, die durch das Ti-Plasmid (pTi) kodiert werden, und chromosomal kodierten bakteriellen Proteinen andererseits. Chromosomal kodiert ist die Synthese von Exopolysacchariden, die für den Kontakt des Bakteriums mit der Pflanze notwendig erscheinen. pTi enthält die für den Transfer geeignete T-DNA sowie einen Block von Genen (vir-Region), die mit der Infektiosität des Bakteriums im Zusammenhang stehen.

Wie überträgt das Bakterium die T-DNA in den Zellkern der Pflanze? Vermutlich ähnlich wie die Konjugation zwischen 2 Bakterien-Zellen abläuft: nach einem spezifischen Schnitt in die Donor-DNA wird ein durch Protein geschützter DNA-Bereich (hier T-DNA) in die Akzeptor-Zelle und dort in den Zellkern transferiert. Die auf Kern-Transport spezialisierten Proteine unterstützen diesen Vorgang.

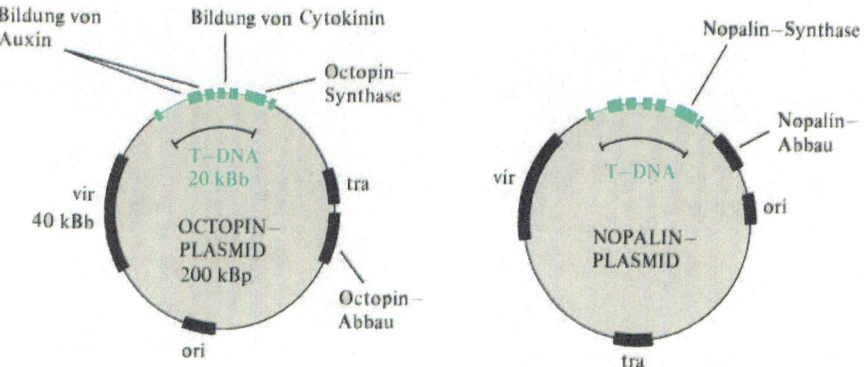

Abb. 10.10. Genetische Karte eines Octopin-Plasmids und eines Nopalin-Plasmids. Die T-DNA in der Pflanze besitzt Eukaryonten-Promotoren und wird durch RNA-Polymerase II abgelesen. Die Signale auf der DNA sind typisch eukaryontisch, die RNA hat Eigenschaften einer eukaryontischen mRNA. Innerhalb des T-DNA-Bereichs befinden sich die Gene für Auxin- und Cytokinin-Bildung sowie das Gen für die Herstellung des Opins (Octopin- bzw. Nopalin-Synthase). Das Plasmid enthält einen von Sequenzwiederholungen (25 Bp, TL, TR) flankierten Bereich, der als einziger in das Pflanzen-Genom eingebaut wird: die T-DNA (etwa 20 kBp)

Als Startsignal für die Etablierung der Wechselwirkung fungiert eine phenolische Verbindung, die von der Pflanze produziert worden ist (z. B. ein Acetophenon, Ar-CO-CH₃). Dieses Signal wird von einem Rezeptor auf der Cytoplasma-Membran des Bakteriums erkannt und weitergeleitet. In der Folge wird ein Transkriptionsfaktor aktiviert, der wiederum andere Gene der vir-Region aktiviert (→ Abb. 10.11).

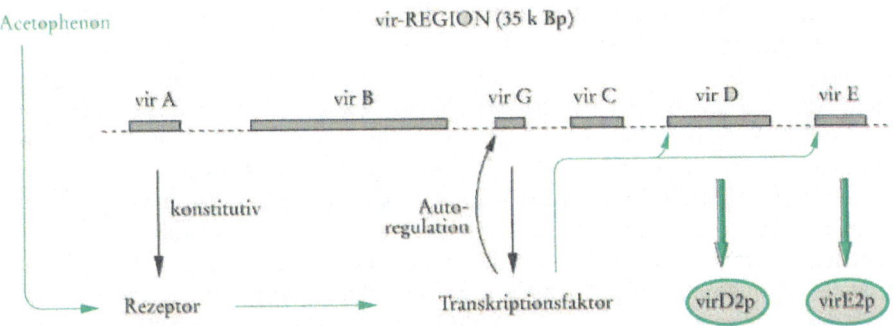

Abb. 10.11. vir-Gene auf dem Ti-Plasmid und ihre Expression. Unter den von der vir-Region kodierten Proteinen des Bakteriums gehen wir in der Folge auf virD2p und virE2p ein; sie besitzen Kern-Signal-Sequenzen (NLS) und sind am Transfer von T-DNA in den Kern der Pflanze beteiligt. Ihre Synthese steht ebenso wie die von anderen vir-Proteinen unter der gemeinsamen Kontrolle eines Transkriptionsfaktors (vermutlich virG-Protein). Das virA-Protein könnte eine Rezeptor-Kinase sein

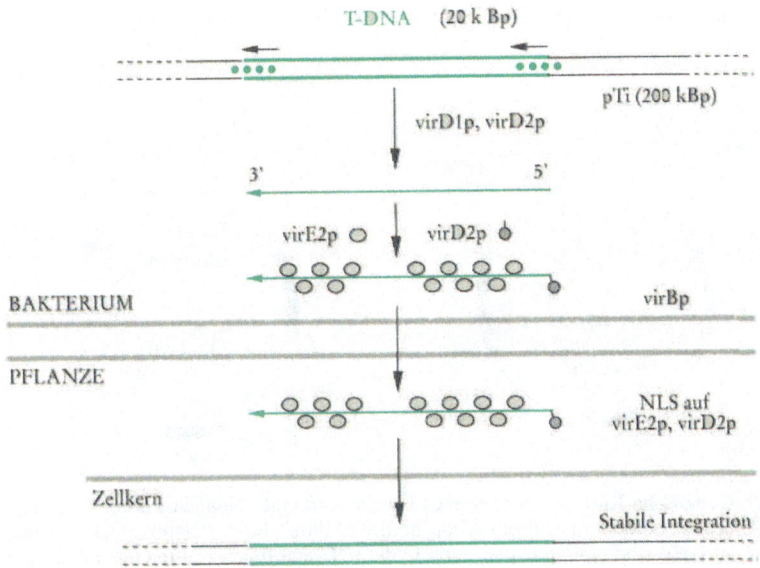

Abb. 10.12. Transfer von T-DNA in den Zellkern der Pflanze. T-DNA, die durch Sequenzwiederholungen an beiden Enden markiert ist, wird repliziert und als Einzelstrang über mehrere Barrieren in den Zellkern transportiert. Dort kann eine Integration in die Akzeptor-DNA erfolgen

Die Information auf der T-DNA, die bei der Transformation auf die Pflanze übergeht, umfaßt 3 Bereiche:

- für die Herstellung einer Nahrungsquelle, die nur von Agrobakterien genutzt werden kann (z. B. Gen für Nopalin-Synthase; konstitutiver Promotor),
- für die Mobilisierung dieser Nahrungsstoffe (Opine),
- für die hormonelle Manipulation der Pflanze (tumorartiges Wachstum, 3 Gene).

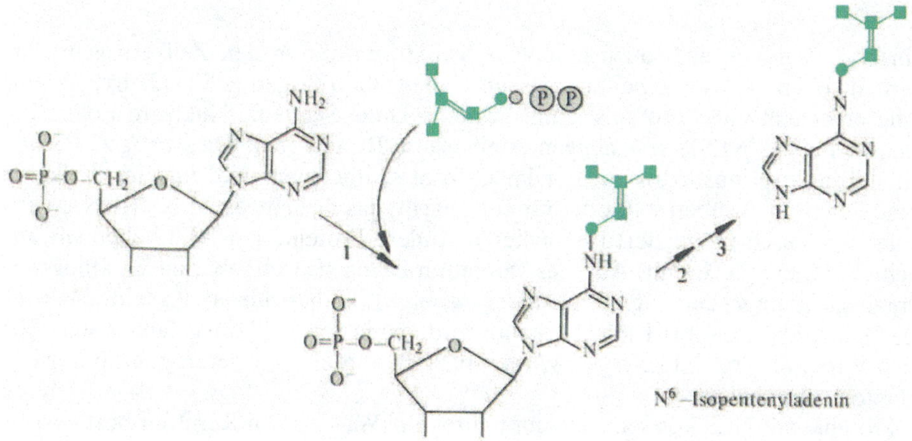

N^6-Isopentenyladenin

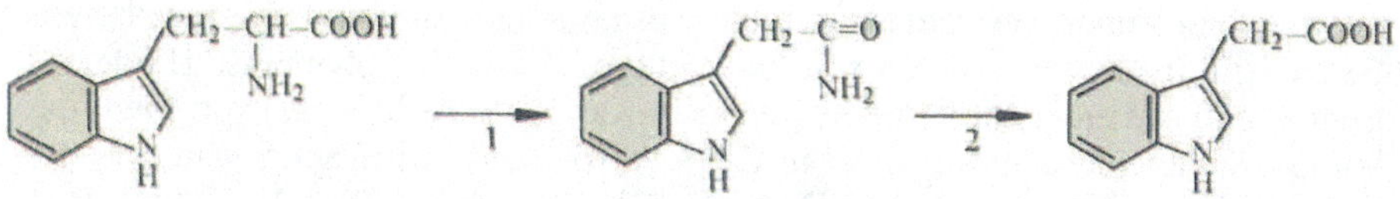

Abb. 10.13. Biosynthese von Kinetin und Auxin entsprechend den Genen auf der T-DNA. Eine Oxygenase überführt Tryptophan in das Amid der Indolylessigsäure; eine Hydrolase spaltet das Amid in Indolylessigsäure und Ammoniak. Die Synthese der Cytokinine geht von AMP und einer aktivierten Isopren-Einheit aus. Phytopathogene können auch dadurch den Hormonhaushalt der Pflanze durcheinanderbringen, indem sie Enzyme einsetzen, welche Hormone aus ihren Konjugaten freisetzen; das Gen-Produkt von rolC (*Agrobacterium rhizogenes*) ist eine β-Glucosidase, die β-Glucoside des Cytokinins hydrolysiert

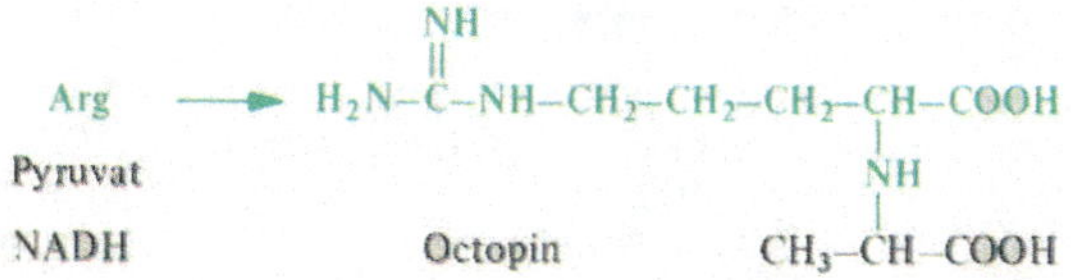

Abb. 10.14. Biosynthese von Opinen. Opine entstehen durch Bildung einer Schiffschen Base – und anschließender Reduktion – zwischen einer Aminogruppe am C-α einer Aminosäure (Arginin, Lysin, Ornithin) und einer α-Ketosäure (Pyruvat bei Octopin oder α-Ketoglutarat bei Nopalin). Wenn das Bakterium diese Nahrung abbaut, spaltet es die C-N-Bindung durch eine Oxygenase-Reaktion

10.3 Gerichteter Transport in den Zellkern

> Für den spezifischen Transport von Proteinen in den Kern sind Adressierungen notwendig: interne Signal-Sequenzen oder besonders markierte Nukleinsäuren.

Einzelne Proteine, aber auch komplexe Strukturen, die in den Zellkern gebracht werden sollen, müssen eine Adresse mit Zielangabe (Targeting-Signal) tragen. Im Falle eines einzelnen Proteins kann dies eine kurze Sequenz, Nukleare Lokalisierungs-Sequenz (NLS), von einigen Aminosäure-Resten sein. Dies trifft z. B. für einen Transkriptionsfaktor zu, der im Cytosol synthetisiert wird und im Zellkern seine Funktion ausüben soll; oder für ein Enzym, das Primärtranskripte (tRNA-Vorläufer) chemisch modifiziert (methyliert). Andere Proteine mit NLS haben wir an mehreren Stellen erwähnt. Auf diese Situation haben sich offenbar auch pathogene Organismen eingestellt. *Agrobacterium tumefaciens* kodiert für ein Protein, das von der Pflanze als Transport-Einheit erkannt wird, die in den Zellkern gelangen soll. Ob auch Viren, die im Zellkern des Wirts repliziert werden, mit derartigen Strategien arbeiten, ist unbekannt.

Proteine mit NLS können auch auf indirektem Weg für den Kerntransport ausgewählt werden. Es gibt offenbar auch Proteine (NLS-Rezeptoren), die ein anderes Protein mit einer NLS-Domäne binden und beim Transport in den Kern unterstützen.

Aber auch Superstrukturen, bestehend aus Proteinen und U-RNAs, gelangen als große Aggregate durch die Kernpore in das Innere des Zellkerns. Der Zusammenbau von Spleißosomen geschieht durch ein Zusammenfügen von mehreren, bereits größeren Strukturen. Die snRNA wird im Zellkern durch die Polymerase II oder III hergestellt und mit einer Monomethylguanosin-Kappe (→ Abb. 10.27) versehen; das ist Voraussetzung für den Transport in das Cytosol. Dort wird am 5'-Ende weiter methyliert (zum Trimethylguanosin-Derivat). Die so vorbereitete RNA bildet dann das Zentrum für die Assemblierung eines Pro-Spleißosoms. So muß man vom Transfer eines Nukleoprotein-Komplexes in den Zellkern ausgehen, wo ein weiteres Zusammenbauen bis zum großen Spleißosom stattfindet. Dies setzt voraus, daß einige der im Komplex befindlichen Komponenten eine spezifische Markierung tragen: keine NLS auf dem Protein, sondern eine Trimethylguanosin-Gruppe am 5'-Ende der entsprechenden U-RNAs.

Zur Taxonomie und zur Gegenüberstellung von verwandten Sorten eignet sich der Vergleich von DNA-Fragmenten, die durch Spaltung mittels Endonukleasen erhalten werden (RFLP, restriction fragment length polymorphism). Nach dem Verdau mit der Endonuklease wird die (nicht überblickbare) Summe der Fragmente durch Elektrophorese aufgetrennt und nach dem Blot werden mit Hilfe einer Sonde für ein bestimmtes Gen diejenigen Fragmente sichtbar gemacht, die Teile des Gens enthalten. Wenn sich zwei Organismen geringfügig in der DNA-Sequenz unterscheiden, kann es zum Auftauchen oder Verschwinden von Schnittstellen beim Vergleich der DNAs aus den beiden Organismen kommen. Wenn mehr als eine spezifische Sonde zur Verfügung steht, ist eine umfassende Taxonomie möglich.

10.4 Regulation der Transkription

Die Bindung der RNA-Polymerase II, die allgemeinen Transkriptionsfaktoren und die durch Proteine vermittelte Kopplung des Promotors mit cis-agierenden Elementen auf der DNA steuern die Transkriptions-Aktivität. Viele unterschiedliche chemische Signale fließen in diese Schaltung ein.

Voraussetzung für die Transkription ist die Bindung der RNA-Polymerase an einen definierten Bereich oberhalb (5′-aufwärts) des späteren Startpunkts der RNA-Synthese und damit auch 5′-aufwärts des Struktur-Gens. In diesem Promotor-Bereich finden wir in der Regel eine Consensus-Sequenz in Form der TATA-Box. Der DNA-Bereich um die TATA-Box herum wird zuerst mit einem Protein belegt, das als TATA-Box-Protein (TBP) oder Transkriptionsfaktor IID bezeichnet wird. Während das einzelne TBP ein kleines Protein sein kann (22 kDa im Falle von *Arabidopsis*), stellt der gesamte Faktor einen größeren Protein-Komplex dar.

Für den Start der Transkription wird eine größere Anzahl von allgemeinen Transkriptionsfaktoren (TF; TF II im Falle der RNA-Polymerase II; mehr als 6) benötigt. TF IIB z. B. bildet die Brücke zwischen dem Initiationskomplex und den weiter 5′-aufwärts liegenden Aktivatoren. TF IIF bindet an die Polymerase II und erhöht die Geschwindigkeit der Initiation und Elongation. Vergleichbar der Funktion von bakteriellen σ-Faktoren müssen auch bei der RNA-Polymerase bestimmte Proteine das sequenzspezifische Anlagern des Enzyms vermitteln.

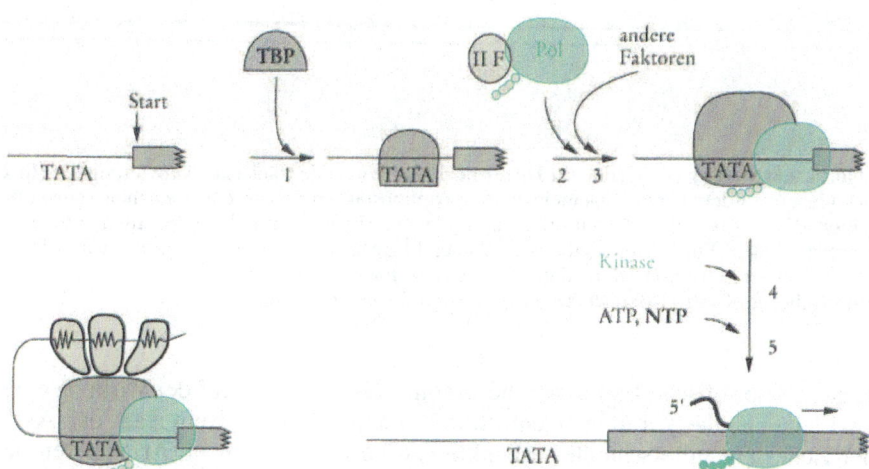

Abb. 10.15. Schematische Darstellung des Zusammenwirkens von Transkriptionsfaktoren bei der Initiation der Transkription. Ausgehend von der TATA-Box und der Bindung von TBP (1) wird die RNA-Polymerase sequenzspezifisch gebunden (2) und durch Phosphorylierung am C-Terminus aktiviert (4,5). Alternativ muß die Mitwirkung von cis-agierenden DNA-Elementen sowie von Proteinen beachtet werden, die das 5′-aufwärts liegende DNA-Element mit dem Promotor koppeln (links unten)

Der Übergang von einem Präinitiationskomplex zur aktiven RNA-Synthese verlangt noch ATP zur Konformationsänderung und natürlich nach den 4 NTPs, den Substraten. Gleichzeitig ist die post-translationale Modifikation der RNA-Polymerase zu bedenken: der N-terminale Bereich enthält einen Zinkfinger und eine Bindungsstelle für DNA. Die C-terminale Domäne der größten UE der RNA-Polymerase II ist Teil des Aktivierungsprozesses bei der Einleitung der Transkription; hier findet vielfache Phosphorylierung statt. Einer der für die Transkription notwendigen Faktoren könnte eine entsprechende Kinase sein.

Die Transkription wird selektiv umgesteuert, wenn Pflanzen einem Hitze-Streß ausgesetzt werden. Hitze-Schock wird durch eine Temperaturerhöhung von 10–12 °C erzeugt. Es handelt sich in der Regel um ein transientes Ansteigen von 5–10 Proteinen (83 kDa, 70 kDa, 60 kDa, 15–25 kDa). Nicht alle Glieder einer Familie von Hitzeschock-Proteinen (HSPs) werden auch durch Hitze reguliert. Diejenigen HSPs, deren Bildung nicht induziert wird, bezeichnen wir als HSP-Homologe (oder HSC, heat shock protein cognate). Bei der Transkription der Gene für Hitze-Schock-Proteine spielt ein spezifisches DNA-Element (HSE, Hitzeschock-Promotor-Element) und ein spezieller Transkriptionsfaktor (70 kDa) eine Rolle. Eine Aktivierung des Hitzeschock-Faktors ist Voraussetzung, damit er an die Hitzeschock-Box, einer DNA-Sequenz vor dem Promotor für Hitzeschock-Gene binden kann. Dies leitet die Expression der Hitzeschock-Proteine ein. Viele dieser Proteine stellten sich als Chaperone oder Chaperonine heraus.

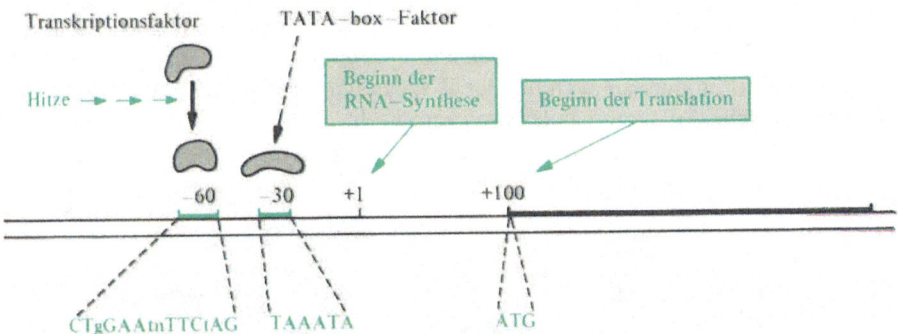

Abb. 10.16. Aktivierung von Genen für Hitzeschock-Proteine. Die transiente Aktivierung der Hitze-Schock-Gene erfordert neben allgemeinen Transkriptionsfaktoren auch einen eigenen Transkriptionsfaktor. Dieser kann die Affinität erhalten, an das für Hitze-Schock charakteristische Promotor-Element zu binden. Für letzteres gibt es eine über 10 Bp lange Consensus-Sequenz. Unter Hitze-Streß wird der Transkriptionsfaktor durch ein Sensor-Molekül in eine höher phosphorylierte Form überführt, die am Kontroll-Bereich bindet und damit die Genexpression aktiviert

Eine gewebespezifische Expression bestimmter Gene basiert auf der Wirkung eines DNA-Elements, das vor dem eigentlichen Promotor liegt. So weiß man, daß Aktin in der Zelle sehr unterschiedliche Funktionen besitzt, z. B. beim Arrangieren des Phragmoplast oder der Strukturierung der Zellwand, der Lage der Organellen usw. Es ist daher auch verständlich, daß sich die dafür benötigten Aktin-Gene auch in der Regulation unterscheiden. So werden in einer wachsenden Wurzel die Gene des λ-Aktins in den meisten Gewebetypen kaum exprimiert, außer im Protoderm. Die Gene des ϰ-Aktins kommen in fast allen Geweben zur starken Expression, ausgenommen die Wurzelhaube. Die Wurzelhaube, in der starke Cytoplasma-Strömung stattfindet, besitzt ein ganz anderes Aktin.

Daß eine Pflanze auf Licht als Signal mit Gen-Aktivierung reagieren kann, setzt u. a. voraus, daß die entsprechenden Gene oberhalb der TATA-Box DNA-Elemente tragen, die das Protein GT-1 binden. GT-1 ist einer unter mehreren Transkriptionsfaktoren, die das Signal „Licht" bis auf die Ebene der Gene übertragen. Auch DNA-Elemente, die für die Gewebe-Spezifität der Expression verantwortlich sind, liegen in unmittelbarer Nähe der lichtabhängigen Schaltstellen.

Eine Reihe weiterer Streß-Situationen, in denen Pflanzen mit der Synthese neuer Proteine antworten, sind beschrieben worden: Salzkonzentrationen über 100 mM, Schwermetallsalze, Trockenheit. Selektive Gen-Expression wird bei Induktion durch biotische Faktoren – ausgehend von anderen Organismen, z. B. beim Angriff eines pathogenen Pilzes – beobachtet. Auch bei Integration eines Virus findet man eine Reihe von Pathogenese-Proteinen, die von der Pflanze exprimiert werden.

Bei der Transkription ist eine Umordnung der Nukleosomen Voraussetzung. Die induzierten Änderungen im Nukleosomen-Arrangement können durch erhöhte Sensitivität gegenüber DNasen erkannt werden. Dabei bleiben die sich wiederholenden Bereiche in der Nukleosomen-Struktur typisch für den Organismus erhalten.

Gibberellinsäure (→ S. 208) aktiviert die Transkription von α-Amylase-Genen; Abscisinsäure (→ S. 229) unterdrückt diese Aktivierung. Auch Auxine (→ S. 401) können auf die Gen-Regulation einwirken; spezifische mRNAs treten nach Hormonbehandlung mit 500-fach höherem Niveau auf.

Hormonelle Steuerung der Gen-Aktivität konnte man am Beispiel der Wirkung von Sexuallockstoffen der Hefe studieren. Das Signal, ein Peptid einer anderen Zelle, gelangt an die Zielzelle, bindet an den Rezeptor und wird in ein intrazelluläres Signal umgewandelt. Die weitere Signalkette geht bis in den Zellkern, wo es zur Aktivierung ganz bestimmter Gene kommt.

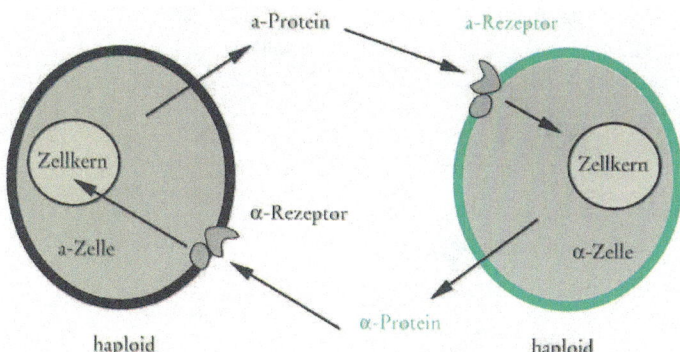

Abb. 10.17. Signalkette bei Hefe: Kommunikation zwischen zwei verschiedenen Zelltypen. Zellen vom Typ a scheiden ein Peptid a aus, das als Sexuallockstoff für die Zellen vom Typ α dient. Nach Aufnahme des Signals durch den a-Rezeptor auf der α-Zelle werden G-Proteine (→ S. 370), zuerst in der PM und später in Vesikeln aktiviert. UE γ des G-Proteins auf der PM der α-Zellen wird durch einen Farnesyl-Rest an der Membran verankert. Zwar ist die Signalkette von der PM bis zur Gen-Aktivierung im Kern nur ansatzweise aufgeklärt; aber man darf davon ausgehen, daß Protein-Kinasen eingeschaltet sind und daß zuletzt STE12-Protein als ein DNA-bindendes Protein auf die Transkription und die Bildung des α-Proteins wirkt. Die phosphorylierte Form von STE12-Protein aktiviert die Gen-Expression für die Zellfusion

Ein Transkriptionsfaktor kann in konzertierter Weise die Aktivierung mehrerer Gene (etwa 4 bei der Mobilisierung von Galaktose; etwa 15 bei der Biosynthese von Aminosäuren bei „Hunger") bewirken. Wie viele andere spezielle Transkriptionsfaktoren erkennt auch GCN4-Protein als Dimeres eine relativ kurze Sequenz oberhalb des Promotors. Ähnlich wie Onkoproteine (myc, jun, fos) weist auch GCN4-Protein einen Zippverschluß bei der Dimerisierungsstelle auf. Als zweite Domäne besitzt der Transkriptionsfaktor eine Bindungs-Domäne für das bestimmte DNA-Element. Ein einziger Transkriptionsfaktor (GAL4-Protein) ist für die Bildung der Enzyme der Umsetzung von Galaktose verantwortlich. Dieses Regulatorprotein besitzt (1) einen Bereich für die Bindung der DNA, (2) einen Bereich für die Dimerisierung und (3) einen Bereich für die Bindung eines weiteren Regulatorproteins (GAL80-Protein).

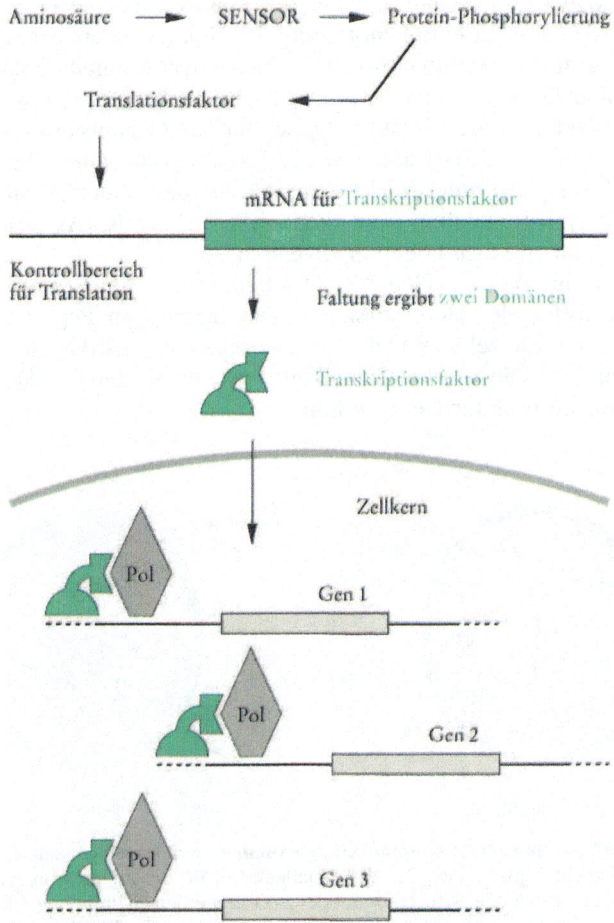

Abb. 10.18. Wirkung eines Transkriptionsfaktors an mehreren Genen. Ein Transkriptionsfaktor entsteht durch Translation im Cytosol. Diese Translation steht unter der Kontrolle von Regulatorproteinen und einem Sensor, der die Konzentration der vorhandenen Aminosäuren messen kann. Der Transkriptionsfaktor interagiert mit mehreren Promotoren

In vereinfachter Form besteht der Bereich des Starts der Transkription aus der TATA-Box und den DNA-Elementen, die sich unmittelbar oberhalb der TATA-Box befinden (z. B. eine CAAT-Box). Davor können regulatorische DNA-Elemente liegen: Sie gehören nicht mehr zum eigentlichen Promotor; sie stellen Bindungsstellen für Regulator-Proteine dar, die mindestens 2 Domänen besitzen, eine für die sequenzspezifische Bindung der DNA und eine zweite für Wechselwirkungen mit niedermolekularen Effektoren oder für andere Proteine.

Auch DNA-Elemente, die in großer Distanz zum Promotor liegen, können die Aktivität eines Promotors beeinflussen: Enhancer können oberhalb oder unterhalb des Gens liegen, sich selbst in Introns befinden oder in umgekehrter Orientierung zum Gen angeordnet sein.

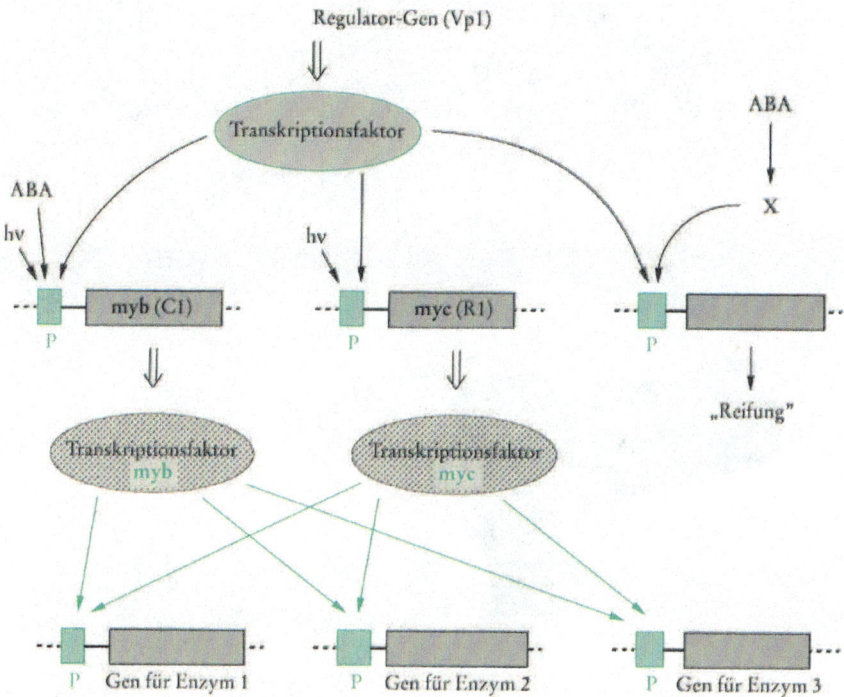

Abb. 10.19. Regulation der Transkription durch übergeordnete Transkriptionsfaktoren. Ein Transkriptionsfaktor kann die Transkription eines anderen Transkriptionsfaktors regulieren und dieser wiederum die Expression eines Enzyms. Zusätzliche steuernde Faktoren kommen dazu: Signale von Licht-Rezeptoren und Hormonen (z. B. Abscisinsäure) können die Expression der myc- und myb-Gene überlagern oder verstärken. Beide zusammen können die Biosynthese von Flavonoiden aktivieren

Zu den häufiger auftretenden Motiven bei Transkriptionsfaktoren gehören die der myb- und myc-Proteine. Das myc-Gen war durch Mutagenese bei Hühner-Lymphomen entdeckt und als zelluläres Äquivalent in Form von im Zellkern lokalisierten Myc-Proteinen beschrieben worden. Myc-Proteine tragen 2 für Transkriptionsfaktoren charakteristische Motive: ein „Helix-Turn-Helix"-Motiv und einen „Zippverschluß". Myb-Proteine (entdeckt über Mutationen bei Affen-Retroviren) tragen ebenfalls Kern-Signale (NLS) und ein Bindungszentrum für DNA. Sie sind charakterisiert durch einen „Zippverschluß". In Pflanzen sind dies Transkriptionsfaktoren (C1, P, O2; GL1 bei der Entwicklung von Trichomen).

Proteine mit dem Motiv Helix-Turn-Helix (oder Helix-Schleife-Helix) wurden zuerst bei DNA bindenden Proteinen von Bakterien, später in zunehmendem Maße bei eukaryontischen Transkriptionsfaktoren gefunden. Die Helix besteht dabei aus etwa 8 Aminosäure-Resten, die Schleife dazwischen aus 3–4. Dimere Proteine, die hintereinander die Motive Basischer Block und Helix-Turn-Helix und Zippverschluß tragen, kristallisieren sich als Regulatorproteine immer mehr heraus. Dimerisierung scheint ein nicht seltenes Prinzip von DNA bindenden Proteinen zu sein.

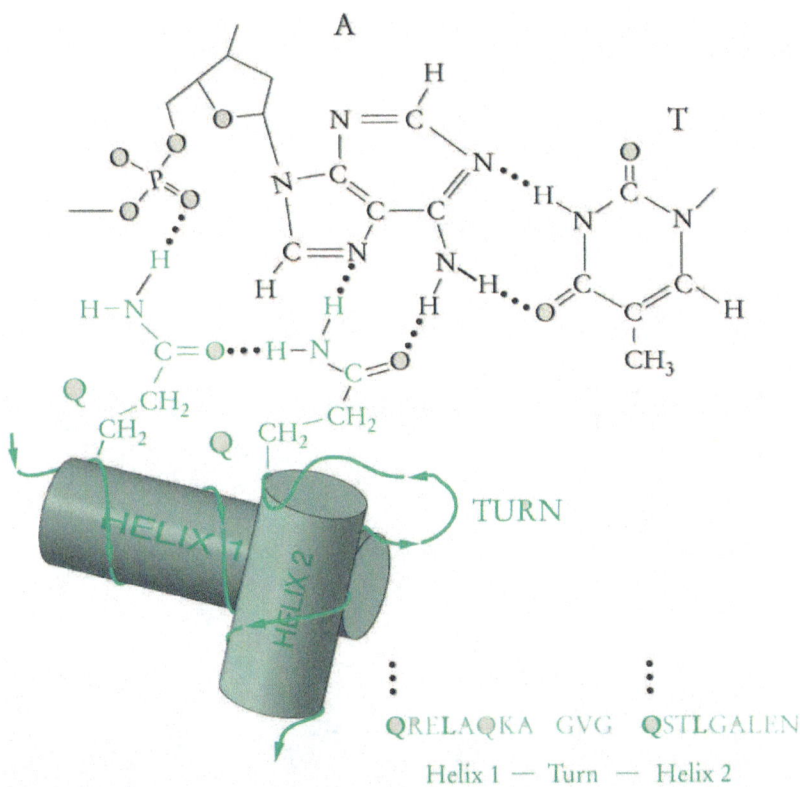

Abb. 10.20. Transkriptionsfaktoren mit einem Motiv Helix-Turn-Helix interagieren mit der DNA-Doppelhelix. Der Bereich des Proteins ist grün gezeichnet, die DNA schwarz

Obwohl ein DNA bindendes Protein mehrere α-Helices enthalten kann, sind diese nicht in der bei Enzymen üblichen Weise verpackt; vielmehr stehen 2 in der Primärstruktur benachbarte Helices, nach einer kurzen Schleife, fast senkrecht zueinander. Bei einer genaueren Analyse stellt sich heraus, daß von den Seitengruppen der beiden Helices Wasserstoff-Brücken zu den Basen im Inneren der DNA-Doppelhelix ausgehen. Besonders geeignet scheinen die Amid-Gruppen (Gln) zu sein, die aus dem Zylinder der α-Helix weit genug herausragen, um in die AT-Basenpaarung eintauchen zu können. Dies ist eine Voraussetzung für eine sequenzspezifische Wechselwirkung zwischen dem Regulatorprotein und einem Element auf der DNA.

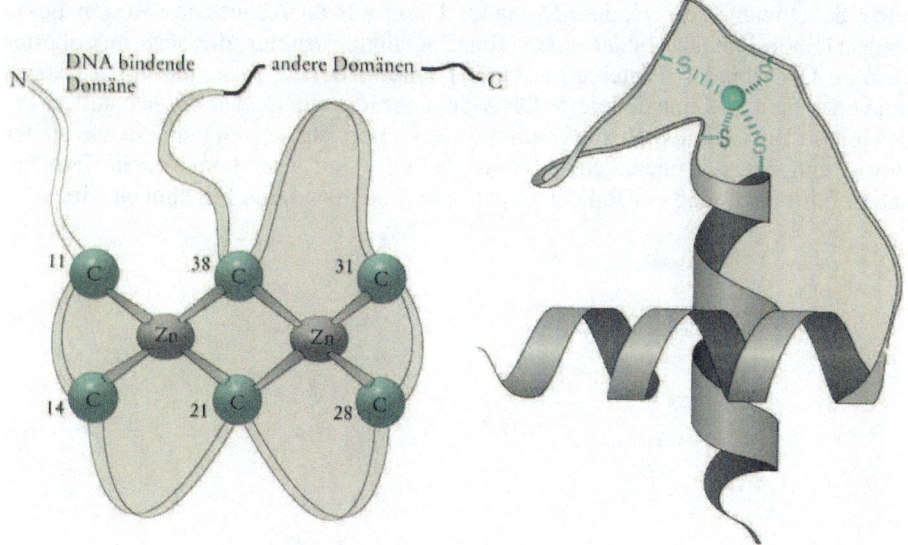

Abb. 10.21. Transkriptionsfaktoren mit Motiv Zink-Finger. Rechts ist ein Motiv -Cys-X_5-Cys-X_{14}-Cys-X_2-Cys- mit zusätzlicher Anordnung Helix-Turn-Helix gezeichnet. Links ein Motiv -Cys-X_2-Cys-X_6-Cys-X_6-Cys-X_2-Cys-, wie es im GAL4-Protein vorkommt

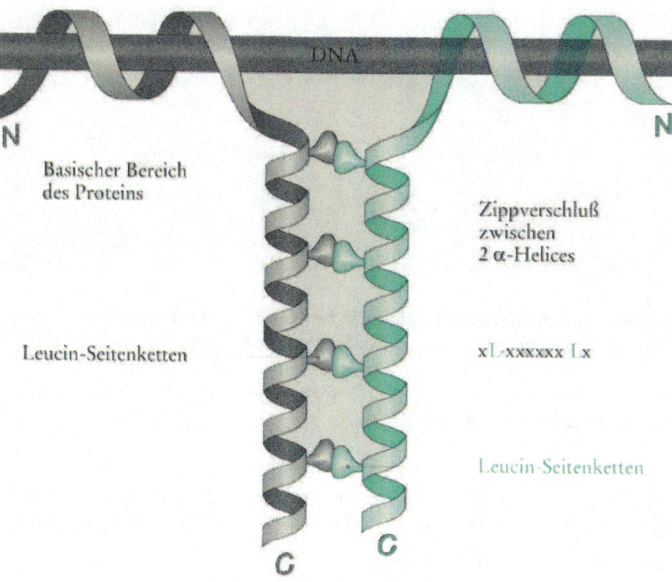

Abb. 10.22. Dimerer Transkriptionsfaktor mit dem Motiv eines basischen Zippverschlusses. Ein α-helikaler Bereich des Proteins dient dem Kontakt, um ein Homodimeres zu bilden. Die Anordnung der hydrophoben Leucin-Seitenketten ist derart, daß nach jeder zweiten Schraubendrehung ein hydrophober Rest an der gleichen Seite des Zylinders zu liegen kommt

Eine Familie von DNA bindenden Regulator-Proteinen besitzt eine spezielle DNA-bindende Domäne, die Homöo-Domäne. Diese aus 60 Aminosäure-Resten bestehende Homöo-Domäne bildet eine stabile, gefaltete Struktur, die auch in isolierter Form an DNA bindet. Proteine mit einer Homöo-Domäne entstehen durch Expression von Genen, die eine definierte DNA-Sequenz im kodierenden Bereich aufweisen, die Homöo-Box. Homöo-Boxen charakterisieren Bereiche von Genen, die alle an der Entwicklung eines Segments einer Pflanze beteiligt sind. Eine homöotische Transformation führt dazu, daß ein Teil des Organismus einem anderen Teil ähnlich wird.

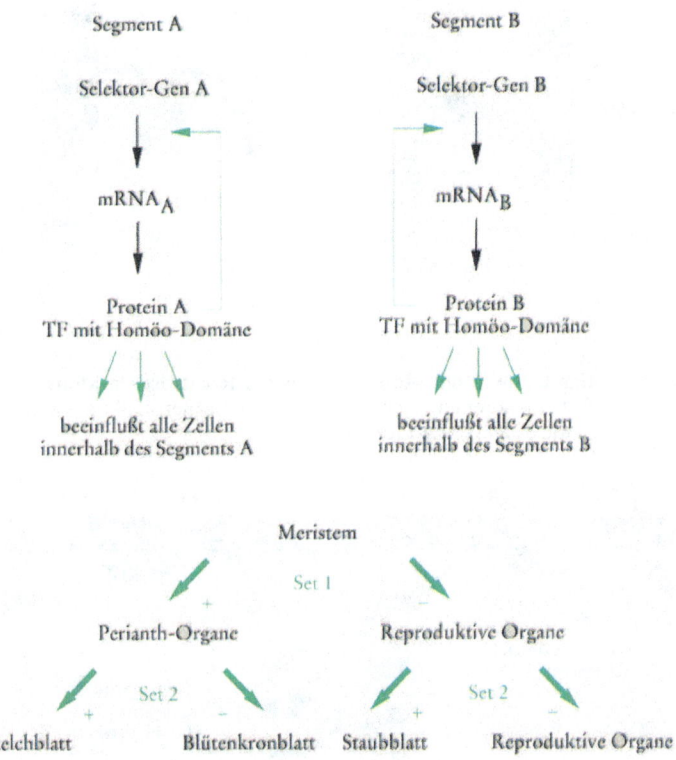

Abb. 10.23. Steuerung von Zellen durch homöotische Gene. Ein Gen mit einer Homöo-Box kodiert für ein Protein mit einer Homöo-Domäne. Transkriptionsfaktoren (TF) mit einer Homöo-Domäne steuern viele Gene einer Zelle. Ein Set von Transkriptionsfaktoren und von Zelle zu Zelle diffundierende Faktoren definieren ein Gewebe. Ist Set 1 vorhanden, wird ein Perianth-Organ gebildet; ist zusätzlich Set 2 präsent, entsteht ein Kelchblatt

Für die Ausbildung von Organen müssen folgende Mechanismen ablaufen:
1) Es werden Kollektive A, B, usw. gebildet; dies wird durch Austausch von Signalen zwischen den Zellen erreicht.
2) Die einzelnen Zellen werden über ein Selektor-Gen gesteuert. Ein Selektor-Gen besitzt eine Homöo-Box.
3) Das Gen-Produkt des Selektor-Gens kontrolliert die Gene, die für einen bestimmten Ort der Zellen zu einem bestimmten Zeitpunkt der Entwicklung charakteristisch sind.

10.5 Post-transkriptionale Modifikationen und Spleißosomen

> Eine funktionsfähige mRNA wird erst nach umfangreichen Modifikationen an dem Primärtranskript im Zellkern hergestellt und in das Cytosol transportiert. Nach Bildung einer Kappe am 5′-Ende und Anfügen des Poly-A-Schwanzes am 3′-Ende werden die Introns mit Hilfe der Spleißosomen herausgeschnitten.

Erst durch post-transkriptionale Modifikationen entsteht die mRNA. Parallel zur Bildung der RNA wird deren 5′-Ende modifiziert. Die Transkription der DNA geht über den Bereich des Struktur-Gens weiter hinaus, gelangt zu einer Consensus-Sequenz AAUAAA und wird erst nach weiteren 20–100 Nukleotiden abgebrochen. Bald darauf wird ein Stück des 3′-Endes entfernt. Eine Polymerase ist für die Herstellung des Poly-A-Schwanzes von 50–200 Nukleotiden verantwortlich.

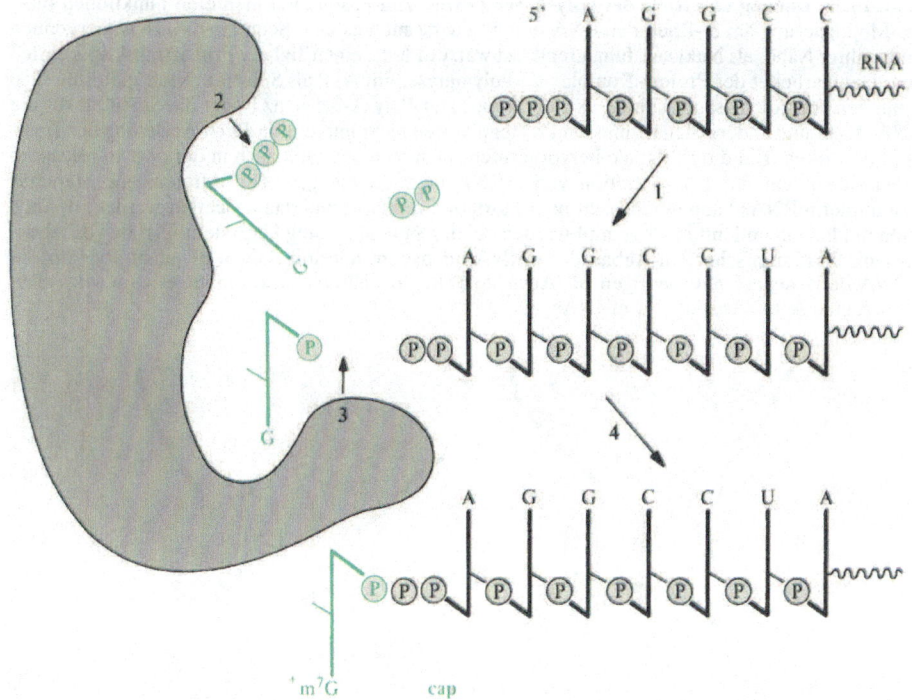

Abb. 10.24. Bildung der Kappe am 5′-Ende der RNA. Bereits nach der Synthese von etwa 30 Nukleotid-Einheiten auf der RNA wird diese – an Ort und Stelle, also im Kern – modifiziert. Sie erhält am 5′-Ende eine Kappe; eine Bindung mit „verkehrter" Richtung des Nukleotids, was vor Exonukleasen schützen könnte. Das 5′-Ende der RNA, das von der Synthese her noch ein Triphosphat trägt, wird zuerst durch eine Phosphatase in das Diphosphat überführt (1). Das multifunktionelle Protein spaltet dann (2) ein GMP aus GTP und überträgt den Guanylsäure-Rest auf den 5′-Terminus der RNA (3). Es folgen weitere Modifikationen in Form von Methylierungen

Zur Herstellung der 5'-Kappe setzt der Zellkern einen Enzym-Komplex ein, der aus einer Phosphatase und einer Guanylyl-Transferase besteht. Die Phosphatase überführt das Triphosphat am 5'-Ende der RNA in das Diphosphat. Die Guanylyl-Transferase ist ein bifunktionelles Enzym und bildet aus GTP, unter Abspaltung von Diphosphat, GMP. GMP als Zwischenstufe bleibt kovalent am Enzym gebunden (über eine ε-Amino-Gruppe des Lysyl-Rests) und wird dann auf die endständige Phosphat-Gruppe am 5'-Ende der Nukleinsäure übertragen.

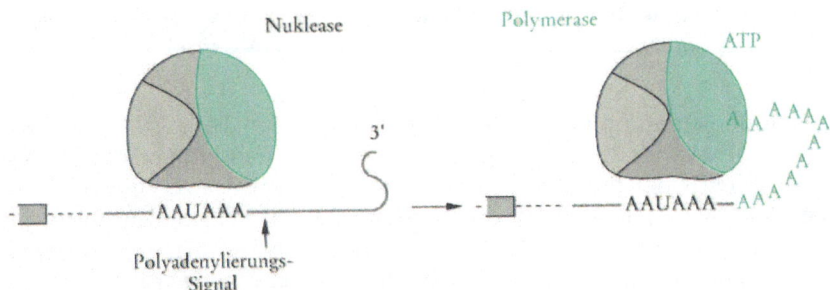

Abb. 10.25. Bildung und Rolle des poly-A-Schwanzes. Ein Protein mit mehreren Funktionen führt die Modifizierung am 3'-Ende der RNA durch. Zuerst muß es eine Sequenz AAUAAA erkennen und in ihrer Nähe, als Nuklease fungierend (schwarzer Pfeil), einen Teil des Primärtranskripts entfernen. Dann arbeitet der Protein-Komplex als Polymerase, mit ATP als Substrat. Nach spätestens 200 Einheiten von Adenylsäure kommt es zum Stopp. Der Poly-A-Schwanz bringt die Stabilität für die RNA. Licht und andere Signale müssen als Regulatoren nicht immer nur durch Änderung der Transkription wirken. Ein durch Signale hervorgerufenes Umschalten kann auch in der post-transkriptionalen Regulation der Konzentration von mRNA begründet liegen. Die differenzielle Stabilität bestimmter mRNAs kann durch Licht oder Hormone verstärkt und damit sichtbar werden. α-Amylasen mit hohem und mit niedrigem pI werden bei der Samenkeimung hergestellt. Zusatz von Abscisinsäure führt zum schnellen Abbau der mRNA für das Protein mit hohem pI, nicht aber für die mRNA der Amylase mit niedrigen pI. Auch im Falle von Hitzeschock kommt es zum selektiven bevorzugten Abbau bestimmter mRNAs

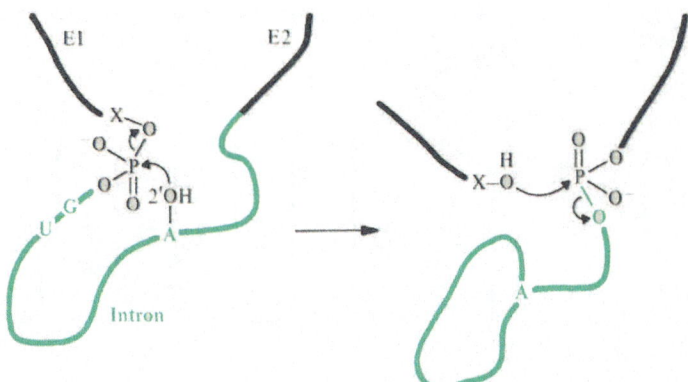

Abb. 10.26. Spleißen von RNA. Der erste Schritt führt zum Strangbruch zwischen dem Ende des ersten Exons und dem Beginn des Introns 1 (grün). Dadurch entsteht eine freie 3'-OH-Gruppe am Exon 1. Diese Spaltung einer Phosphodiester-Bindung erfolgt durch nukleophilen Angriff einer 2'-OH-Gruppe eines bevorzugten Adenosins innerhalb der Kette des Introns. Die nukleophile Substitution am elektrophilen P ergibt ein zyklisches Produkt – eine Schleife im Intron

Nach der Modifikation am 5'-Ende und der Verlängerung am 3'-Ende kommt es – zeitlich davon abgesetzt – zum stufenweisen Spleißen, dem Ausschneiden der Introns. Eigentlich handelt es sich um einen Vorgang, der mit der Arbeit einer Cutterin im Filmstudio vergleichbar ist: die übersetzbaren Teile der RNA werden ausgeschnitten und die ausgeschnittenen Bereiche miteinander verbunden – neu montiert. Neben den Endonukleasen und Ligasen wird der Spleiß-Prozeß durch Ribonukleoproteine unterstützt. snRNA U1 und U2 hybridisieren mit Strukturen am Exon-Intron-Übergang.

Neben dem durch Enzyme vermittelten Spleißen bei mRNA ist auch ein „Selbst-Spleißen" bekannt, bei dem kein Enzym katalysiert. Prä-rRNA von *Tetrahymena* wird so nach Ausbildung einer RNA-Doppelhelix im Bereich der Spleiß-Stelle prozessiert. Eine 2'-OH-Gruppe greift dabei den P am Beginn des Introns an.

Die Information für die Herstellung eines Peptids kann auf der Ebene des Gens in mehreren Stücken vorliegen, die durch mehr oder minder große Bereiche ohne Informationsgehalt voneinander getrennt sind (→ S. 56, 79). Gestückelte Gene – oder Mosaik-Gene – sind bei Pflanzen im Zellkern, den Plastiden und Mitochondrien die Regel. Nicht selten findet ein Teilstück eines Gens (Exon) seine Entsprechung auf der Ebene des Proteins: es stellt die Information für eine Teilstruktur mit einer Teilaufgabe des Proteins dar, die man sich in einem Sektor des Proteins verankert denken kann; ein Exon kann das Äquivalent für eine Protein-Domäne darstellen.

Lage und Zahl der nicht-kodierenden Einschübe in ein Gen (Introns) stellen ein Charakteristikum für einen Organismus oder eine Pflanzenfamilie dar. So können z. B. Monokotyledonen für ein bestimmtes Gen ohne Introns auskommen, wo Dikotyledonen ein oder mehrere Introns besitzen. Beim Vergleich der Introns wollen wir nicht nur Kern-DNA, sondern auch die Gene auf der DNA von Plastiden und Mitochondrien einbeziehen. Dann kann man bei Introns je nach Sekundärstruktur und nach dem Mechanismus, mit dem sie aus der Vorläufer-RNA herausgeschnitten werden, unterscheiden: Introns der Gruppe I und Gruppe II, die beide prinzipiell zum Selbstspleißen in der Lage sein sollten, sowie diejenigen Introns, die nur durch die Maschinerie des Spleißosoms aus der Prä-mRNA entfernt werden. Letztere sowie die Introns der Gruppe II liegen am Ende des Spleißprozesses als Lariate vor (linke Seite, → Abb. 10.26; die verbleibende grüne Struktur).

Den Vorgang, daß RNA ohne die Hilfe eines Proteins sich selbst unter Lösung kovalenter Bindungen verändern kann, bezeichnet man als Selbstspleißen. Die Tatsache, daß man für bestimmte Introns diesen Vorgang in vitro feststellen kann, bedeutet aber nicht, daß es sich in vivo nicht um protein-katalysierte Prozesse handelt. Aber im Gegensatz zu dem durch Spleißosomen katalysierten Vorgang im Zellkern bei der Herstellung der mRNA muß man beim Spleißen der Introns der Gruppe I und II mit einem „einfachen" Enzym, einer Maturase, rechnen. Dies gilt für die Introns bei mitochondrialen Genen der Pilze, vermutlich aber auch für die Prozessierung von Primärtranskripten bei der Ablesung von Chloroplasten-DNA. Selbstspleißende Introns der Gruppe I wurden bei Prä-rRNA (*Tetrahymena*), Prä-mRNA (Pilze) und Prä-rRNA (*Physarum*) angetroffen.

Im Gegensatz zu den Mechanismen beim Spleißen von Introns der Gruppe II oder bei Spleißosomen, wo die 2'-OH-Gruppe eines Adenosins des Introns als Nukleophil an die Ester-Bindung angreift, wird das Spleißen der Introns der Gruppe I durch die 3'-OH-Gruppe eines Guanosins eingeleitet. Mg^{2+} unterstützt die S_N2-Reaktion durch Komplexierung der O-Atome am pentavalenten Phosphor.

Wie Abb. 10.28. in vereinfachter Form zeigt, verläuft die erste Umesterung durch einen nukleophilen Angriff eines Guanosins; während dabei eine Ester-Bindung dieses externen Nukleosids mit dem 5'-Ende des Introns entsteht, wird das 3'-Ende des ersten Exons frei. Mit der zweiten Umesterung werden die beiden Exons miteinander verbunden.

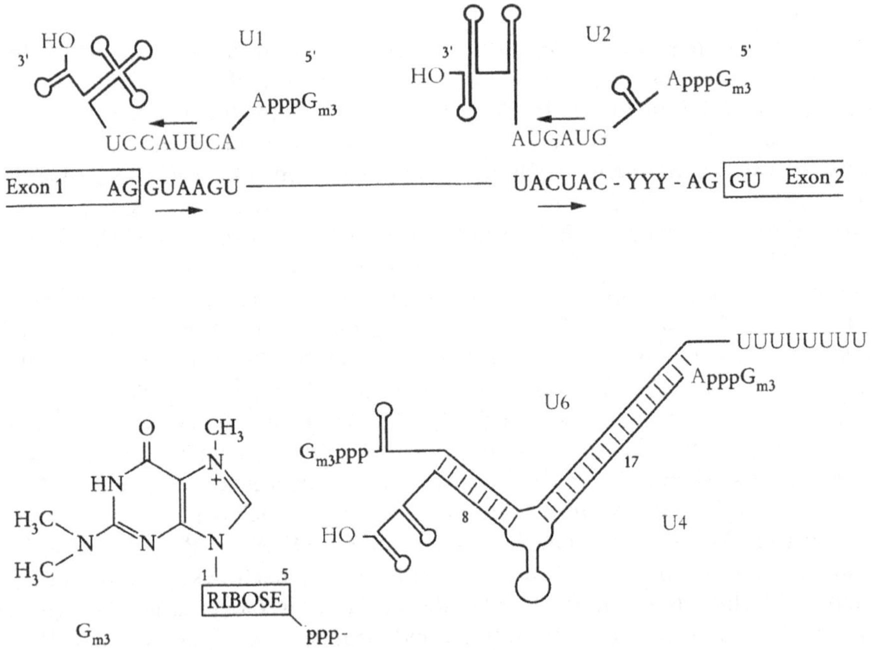

Abb. 10.27. Rolle der U1-RNA und U2-RNA beim Erkennen der Spleißstellen sowie die Struktur des Komplexes von U6-RNA/U4-RNA

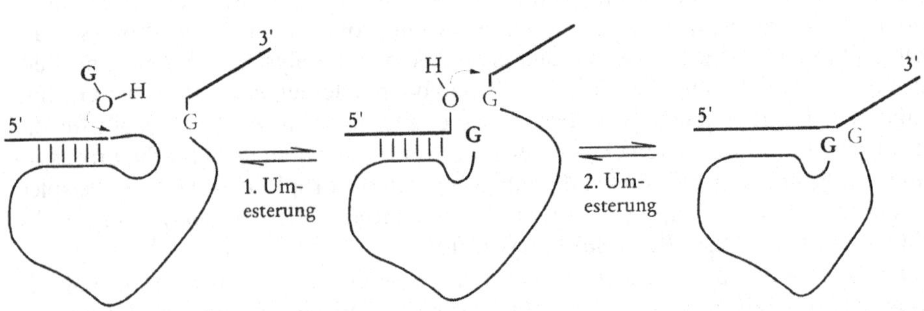

Abb. 10.28. Umesterung beim Spleißen. Ein Guanosin (G-OH) leitet mit einem nukleophilen Angriff die Spaltung des Esters ein. Das Guanosin gelangt so an die 5'-Stelle des Introns. Eine zweite Umesterung bricht die Bindung zwischen Intron und Exon

414

Chloroplasten und Mitochondrien besitzen keinen den Spleißosomen vergleichbaren Apparat für das Entfernen der nichtkodierenden Bereiche auf dem Primärtranskript. So kann es vorkommen, daß bei großer Distanz zwischen den Exons eine mRNA aus mehreren Primärtranskripten zusammengesetzt werden muß. Maturasen – und nicht Spleißosomen – entfernen die Introns bei mitochondrialen RNAs; und vermutlich auch bei der Prozessierung der Primärtranskripte, wie sie im Plastiden als Zwischenstufen auf dem Weg zur mRNA entstehen. Das Gen für Maturase – oder der Genort als Voraussetzung für den Spleißvorgang – kann im Intron liegen, das herausgespleißt werden soll. Auch einige der Plastiden-Gene sind Mosaik-Gene; ihre Exons können sehr weit auseinander liegen. Als Beispiel dafür ziehen wir das Gen für die große UE von PSI in *Chlamydomonas* heran.

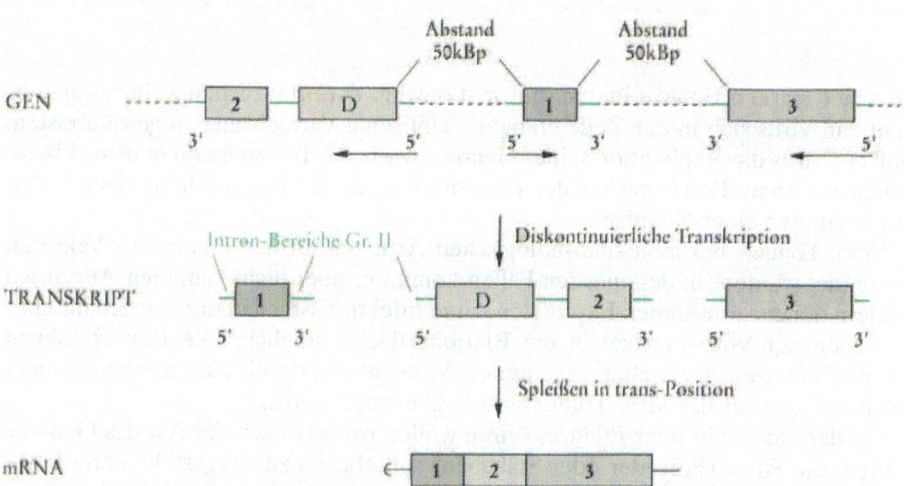

Abb. 10.29. Spleißen in trans-Position. Dieses Gen (psaA) findet sich auf der zirkulären ctDNA in Form von 3 Exons; ganz anders als in Tabak oder Erbse, wo psaA kein Mosaik-Gen ist. Da zwischen den 3 Exons in der ctDNA große Bereiche mit Exons anderer Gene liegen, ist es verständlich, daß jedes Exon einzeln transkribiert wird, zusammen mit flankierenden Bereichen, die strukturell Introns ähnlich sind. Um zu einer funktionsfähigen mRNA zu gelangen, müssen die Exons aus den Primärtranskripten zusammengefügt werden; dies ist – weil die jeweils flankierenden Sequenzen die nötigen Voraussetzungen bilden – einem Spleißen vergleichbar

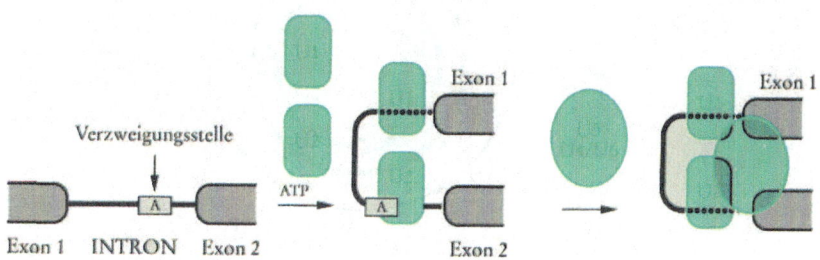

Abb. 10.30. Spleißosom: Übersicht über den Zusammenbau. Ribonukleopartikel (small nuclear ribonucleoprotein particles, snRNPs), bestehend aus einer bestimmten U-RNA und mehreren Proteinen, sind die Einheiten, die mit der Prä-mRNA interagieren. Durch schrittweise Anlagerung der snRNPs U1, U2, U4, U5, U6 entsteht das funktionsfähige Spleißosom

415

10.6 Pflanzenpathogene Viren

Die meisten Pflanzen-Viren enthalten einzelsträngige RNA als Genom. Die genetische Information kann auf mehrere verschiedene RNA-Moleküle verteilt sein (gespaltenes Genom). Bei der Expression der Gene von +ssRNA-Viren ist es möglich, daß die RNA direkt als Matrize wirkt oder erst nach Replikation und Bildung einer subgenomischen RNA von der Translationsmaschinerie des Wirts umgesetzt wird. Caulimo-Viren stellen mit ihrer doppelsträngigen DNA im Genom eine Ausnahme unter den Pflanzen-Viren dar.

Zu einem starken Eingriff in den Informationsfluß der pflanzlichen Zelle kommt es, wenn ein Virus sich in der Zelle etabliert. Um seine Vermehrung zu gewährleisten, muß ein Virus die Replikation seines Genoms sowie die Transmission in benachbarte Zellen erreichen. Das Einnisten des Virus führt bei der Pflanze nur in wenigen Fällen zum Phänotyp einer Nekrose.

Viren können bei molekularbiologischen Arbeiten an der Pflanze als Vektoren verwendet werden; in den meisten Fällen kommt es aber nicht zum Gen-Austausch sondern nur zur transienten Expression. Eine Infektion ist leicht durch mechanisches Einreiben der Virus-Partikel in die Blattoberfläche möglich. Die Biotechnologie erlaubt, Pflanzen gegenüber bestimmten Viren unempfindlich zu machen, indem ihnen das Gen für das Virus-Hüllenprotein übertragen wird.

Bei der Übersicht über Pflanzen-Viren wollen wir uns nach der Art des Genoms richten; die Form (Polyeder oder Stäbchen) soll ebenso zurückgestellt werden wie die Unterscheidung zwischen Viren mit und ohne Membran an der Oberfläche.

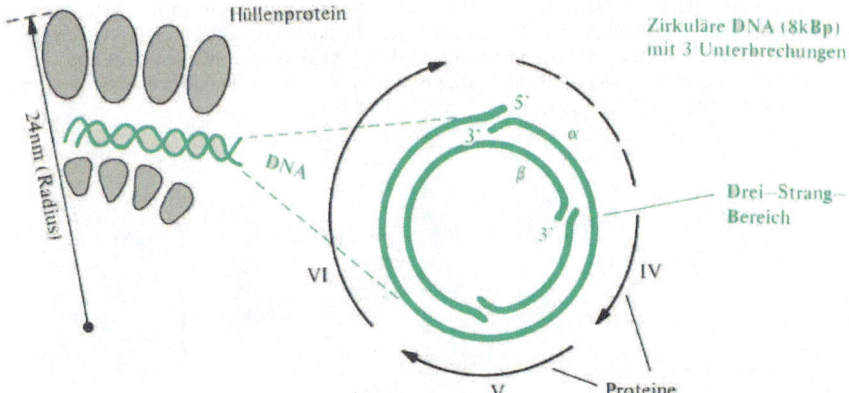

Abb. 10.31. Struktur eines Caulimo-Virus. Das Partikel besitzt einen Durchmesser von 50 nm und trägt außen eine Hülle, bestehend aus dem Protein von 42 kDa. Darunter befindet sich dsDNA von 8 kBp. Die zirkuläre dsDNA des Genoms von Caulimo-Viren enthält drei Unterbrechungen. Die Expression dieser Information kann zu 8 Proteinen führen. Dem Gen IV wird das Hüllenprotein, Gen V eine Reverse Transkriptase zugeordnet. Gen VI kodiert für das Viroplasma-Protein

416

Caulimo-Viren

In dieser Gruppe sind Viren zusammengefaßt, die Cruciferen befallen können; dazu zählt das *cauli*flower *mos*aic virus, das der Gruppe den Namen gegeben hat. Die äußere Form des Virus ist ein fast kugelförmiger Polyeder, der an der Oberfläche eine Proteinschicht trägt. Unterhalb dieser Schale befindet sich die zirkuläre doppel-strängige DNA (→ Abb., linke Seite).

Die Transkription, die im Zellkern der infizierten Pflanze stattfindet und durch die RNA-Polymerase II des Wirts katalysiert wird, ergibt 2 RNAs, die polyadenyliert werden: eine 35S-Spezies (entsprechend dem Strang α) sowie die 19S-RNA, die für das Protein VI kodiert. Die Translation der polycistronischen 35S-RNA – mitkon-trolliert durch Protein VI – ist überaus komplex und führt letztlich zur Bildung von 6 weiteren Proteinen. Der Beginn des 35S-Transkripts liegt beim Ende der kodieren-den Sequenz von Gen VI. Der Promotor für das 35S-Transkript ist durch eine TATA-Box und eine CAAT-Box charakterisiert und weist ein Enhancer-Element zwischen -80 und -300 auf. Der Promotor und der Enhancer werden bei der Gen-Expression in transgenen Pflanzen häufig angewendet. Protein VI besitzt regulatorische Eigen-schaften im Zusammenhang mit der Wirtsspezifität; transgene Pflanzen, die zur Pro-duktion von Protein VI veranlaßt werden, zeigen einen Phänotyp, der einer Hyper-sensitivität entspricht.

Dem 35S-Transkript fällt eine wichtige Rolle bei der Replikation zu; es dient als Matrize für die Herstellung der (-)DNA durch die Reverse Transkriptase. Die anschließende Synthese des (+)Strangs beginnt beim dritten Drei-Strang-Bereich, liegt also ganz asymmetrisch zu dem Start der Synthese des (-)Strangs. Viele Details dieser Replikation weisen auf die überraschende Ähnlichkeit zwischen der Vermeh-rung von Caulimo-Virus und Retroviren hin. Eine RNA-abhängige DNA-Polyme-rase wurde in infizierten Blättern nachgewiesen.

Gemini-Viren

Der Aufbau der Virions aus zwei aneinandergesetzten Polyedern hat zur Namensge-bung („Zwillinge") geführt. Interessant ist, daß das Genom auf zirkulärer, einsträn-giger DNA (ssDNA) vorliegt, und zwar verteilt auf zwei unterschiedliche Frag-mente. Die beiden DNAs, DNA-A und DNA-B, sind etwa von gleicher Größe (2.6 kB) und besitzen innerhalb dieser Struktur einen Bereich von 230 B, der bei beiden identisch ist. DNA-A enthält die Information für Replikation und Umhüllung; DNA-B deckt Funktionen ab, die für die Verteilung des Virus im Wirt notwendig sind.

Die Replikation der ssDNA über dsDNA erfolgt im Kern der Pflanze, wo auch die Virus-Partikeln fast ausschließlich zu finden sind. Für die Verbreitung der Viren (z. B. BGMV, Bohnen-Goldener-Mosaik-Virus; Tomaten-Goldener-Mosaik-Virus) sorgen Insekten; Phloem-Zellen werden so bevorzugt infiziert.

Für die Expression der Gene dient die RNA-Polymerase II des Wirts; auch eine Poly-Adenylierung findet statt. Eines der von DNA-A kodierten Proteine ist ein DNA-bindendes Protein mit einem Zink-Finger-Motiv.

Neben den Gemini-Viren, die Dikotyledonen befallen, lassen sich auch solche iso-lieren, die Mais (MSV, Mais-Streak-Virus) oder andere Monokotyledonen infizieren; hier wurde nur eine ssDNA gefunden.

Einsträngige RNA-Viren

Die Übertragung von Viren geschieht unter Laborbedingungen durch mechanisches Einreiben der Viruspartikel in die Blattoberfläche; in der Natur ist die Übertragung ein Werk der Insekten. Die Vermehrung des Virus erfordert die Abfolge von 5 Schritten: Entfernung der Hülle, direkte Translation der ssRNA als mRNA, Erzeugung der Virus-Proteine, Replikation der RNA durch eine virus-kodierte RNA-abhängige RNA-Polymerase, Zusammenbau des Virus-Partikels.

Als Beispiel eines Virus mit einem RNA-Genom dient uns Brome-Mosaik-Virus (BM-Virus), das verschiedene Getreidearten befällt. Sein Genom ist dreiteilig und besteht aus +ssRNA; eine vierte, subgenomische RNA, die dem 3'-Ende der RNA3 entspricht, liegt ebenfalls vor. RNA1 und RNA2 werden getrennt mit einer Proteinkapsel umgeben; RNA3 und RNA4 befinden sich in einem gemeinsamen Capsid. Zusammen mit Cluster des Hüllenproteins ergibt sich daraus ein Partikel (Polyeder) mit einem Durchmesser von 26 nm.

Die +RNA des Virus – ausgerüstet mit einer 5'-Kappe und einer der Struktur der tRNA ähnlichen Faltung am 3'-Ende – kann direkt als mRNA translatiert werden. Die Translation der Cistrons auf RNA1 und RNA2 ergeben die UE einer RNA-abhängigen RNA-Polymerase, des Enzyms für die Virus-Replikation. Der Ort der Replikation des Virus ist die Kernhülle des Wirts.

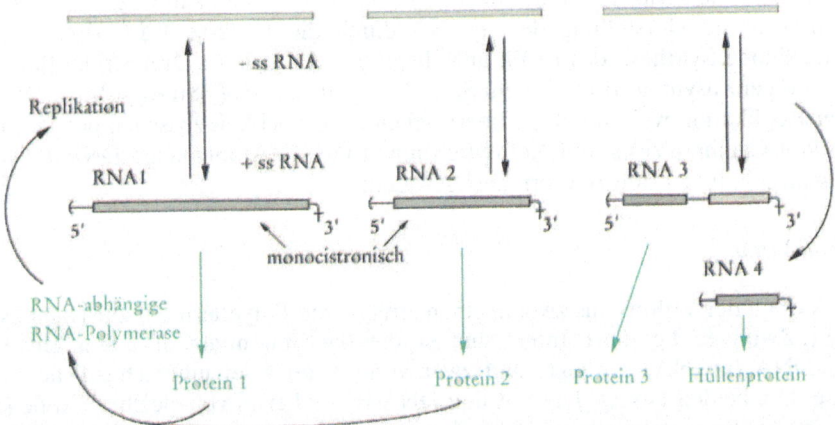

Abb. 10.32. Expression des Genoms eines ssRNA-Virus. Die Information auf dem geteilten Genom des Virus kodiert für die Replikase und das Hüllenprotein. Die Information für das Hüllenprotein liegt am 3'-Ende der RNA3, wird aber hier nicht abgelesen. Von den Ribosomen wird nur die subgenomische RNA4 translatiert, die erst über eine -ssRNA4 und deren spezifische partielle Kopierung hergestellt werden muß. Dabei geht es vor allem darum, eine Polymerase nachzuweisen, die zur Initiation der Polymerisierung im Innenbereich der Matrize befähigt ist

Ein anderes Beispiel wäre das Tabak-Mosaik-Virus (TMV). Es hat eine stäbchenförmige Gestalt (18 nm Durchmesser und 300 nm Länge) und stellt eine Helix aus Einheiten des Hüllenproteins dar, die wiederum eine Helix von ssRNA (6.4 kB) umschließen. Bei der – häufig systemisch verlaufenden – Infektion von Pflanzen mit TMV reagieren die Pflanzen mit der Synthese von speziellen Proteinen: Pathogenese-Proteine. Unter ihnen befinden sich Proteinase-Inhibitoren und Chitinasen.

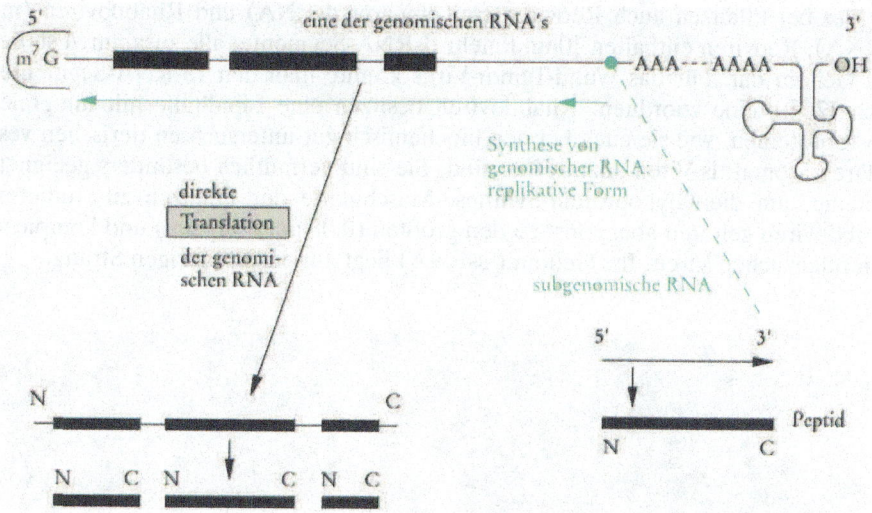

Abb. 10.33. Bildung von subgenomischer RNA. Subgenomische RNA entsteht durch Replikation einer intermediären (-)ssRNA. Die Besonderheit der darauffolgenden Replikation liegt in der Eigenschaft der RNA-abhängigen RNA-Polymerase, eine interne Startstelle zu finden

Die für die Replikation des Virus-Genoms notwendige RNA-Polymerase ist vom Virus kodiert und unterscheidet sich von dem pflanzlichen Enzym durch Selektivität gegenüber der viralen Matrize. Antikörper, erzeugt gegen das Protein 1, können die Bildung von -ssRNA vollständig unterdrücken. Die Polymerase muß einen am 3'-Ende der Matrize liegenden Bereich erkennen, der eine der tRNA vergleichbare Faltung aufweist.

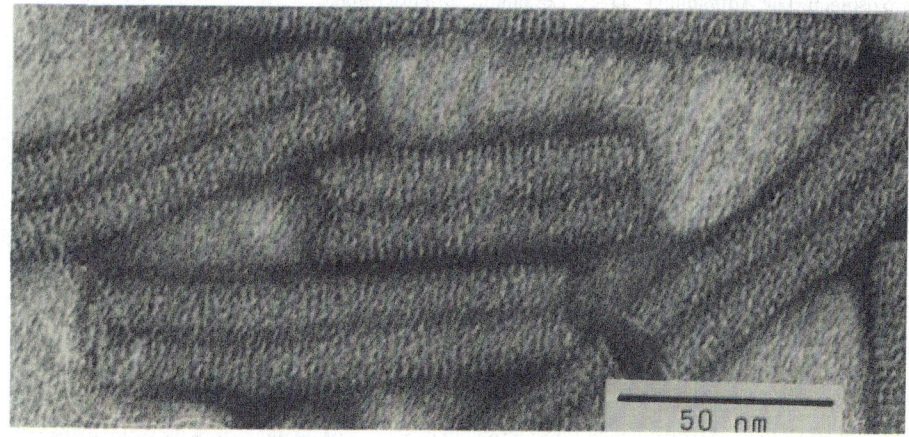

Abb. 10.34. Elektronenmikroskopische Aufnahme eines Tobra-Virus (Tabak-rattle-Virus). Das (+)ssRNA-Virus mit geteiltem Genom wird von Nematoden auf die Wurzel von Pflanzen übertragen. Die Abb. zeigt eine isolierte Partikelpräparation mit 22 nm dicken Stäbchen. Die Schraubenhöhe der Helix beträgt 2.5 nm. In diesem Bereich sind 25 UE des Hüllenproteins, bzw. 100 Nukleotide auf der RNA im Inneren, angeordnet. Das Virion wurde mit Uranylacetat negativ kontrastiert. Die Aufnahme wurde von D.-E. Lesemann, Braunschweig, zur Verfügung gestellt

419

Es gibt bei Pflanzen auch Reoviren (mit linearer dsRNA) und Rhabdoviren (mit ssRNA). Reoviren enthalten 10 und mehr dsRNA-Segmente; alle zusammen stellen das Genom dar. Für das Wund-Tumor-Virus konnte man den 12 RNA-Segmenten auch 12 Proteine zuordnen. Rhabdoviren besitzen eine Lipidhülle mit integralen Glykoproteinen, wie sie auch bei den biochemisch gut untersuchten tierischen vesikulären Stomatitis-Viren anzutreffen sind. Sie sind vermutlich besonders geeignete Systeme, um die Glykoprotein-Synthese-Maschinerie der Pflanzen zu studieren. Rhabdoviren gehören aber sonst zu den größten (0.08 µm × 0.5 µm) und komplexesten pflanzlichen Viren. Ihr Genom (-ssRNA) liegt auf einem einzigen Strang.

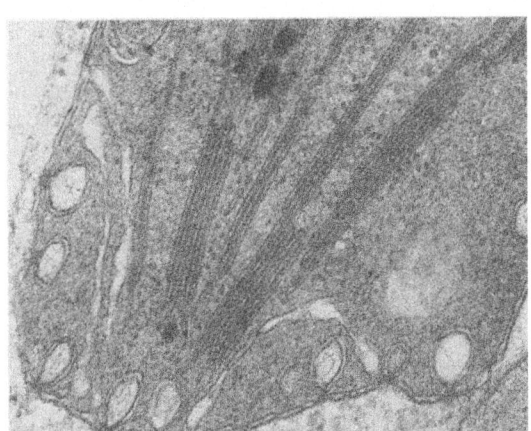 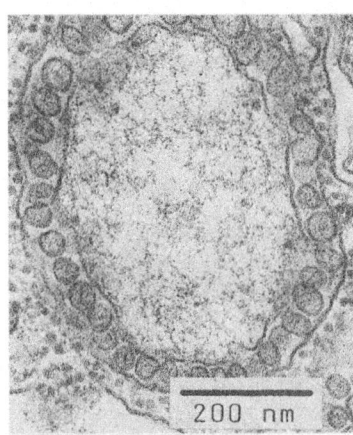

200 nm

Abb. 10.35. Veränderung der Chloroplasten- bzw. Peroxisomen-Hülle durch ssRNA-Viren. Links ein Vertreter der Thymo-Viren (Belladonna-mottle-Virus) als Auslöser der Veränderungen beim Chloroplasten. Rechts ein Vertreter der Tombus-Viren, verantwortlich für die pathologische Situation bei Peroxisomen. Die Aufnahmen : D.-E. Lesemann, Braunschweig

Viroide

Viroide sind subvirale Pathogene, deren zirkuläre ssRNA (300 B) durch die RNA-Polymerase II des Wirts repliziert wird. Das Virus-Teilchen besteht aus einem Strang von RNA, der durch eine besonders große Zahl von Wasserstoff-Brücken besonders gut stabilisiert ist. Die RNA ist nicht von Protein eingekapselt. Pflanzenkrankheiten, die durch Viroide ausgelöst werden, können wirtschaftlich ins Gewicht fallen: langsames Wachstum und blaßgrüne Früchte bei Gurken; Befall der Pfropfstelle bei *Citrus*.

Zur schnellen Auffindung und Identifizierung von pflanzlicher cDNA kann das Prinzip der Klonierung durch Komplementation angewendet werden. Falls für einen bestimmten Vorgang oder ein bestimmtes Enzym eine entsprechende Hefe-Mutante bereits vorliegt und wenn die Enzyme der beiden Organismen ausreichend ähnlich sind, kann die Mischung der pflanzlichen DNA in den Mikroorganismus durch Transformation eingebracht und der Phänotyp der Rückmutation herausgesucht werden. Dieser Klon sollte sich gegenüber der ursprünglichen Mutante durch die gesuchte Information unterscheiden.

10.7　Methodik

Herstellung von transgenen Pflanzen

Der Versuch, Genkonstruktionen zum Testen in *Agrobacterium* einzubringen, folgt der Strategie, die Klonierung zuerst in *E. coli* vorzunehmen und dann den Transfer der DNA von *E. coli* in *Agrobacterium* durchzuführen. Homologe Bereiche auf dem Rezeptor-Plasmid, das sich bereits in *Agrobacterium* befindet, und auf dem *E. coli*-Plasmid als Donor, sind die Voraussetzung für die Rekombination, die Co-Integration der manipulierten DNA mit den Bereichen von pBR 322. Die Bildung eines derartigen onc⁻-Vektors, dem die T-DNA und damit die Gene für die Hormonbildung fehlen, zeigt Abb. 10.36.

Der Vektor trägt die Gene für Virulenz (vir⁺), die Fähigkeit zum Transfer von T-DNA-Bereichen in das Pflanzen-Genom. Es fehlen ihm aber die Funktionen für das ungesteuerte Wachstum, er ist onc⁻. Zum Erkennen der DNA nach dem Transfer in die Pflanze besitzt diese DNA eine Markierung, nämlich ein von einem Pflanzen-Promotor gesteuertes Resistenz-Gen.

Eine zweite Strategie geht von einem Vektor aus, der sowohl in *E. coli* als auch in *Agrobacterium* repliziert wird. Auch hier wird die manipulierte DNA statt des zentralen Bereichs der T-DNA eingesetzt. Es fehlen aber die vir-Regionen. Die Virulenz wird erst später einprogrammiert; in Form eines zweiten Plasmids, das die vir-Region, aber keine T-DNA enthält (binäres System).

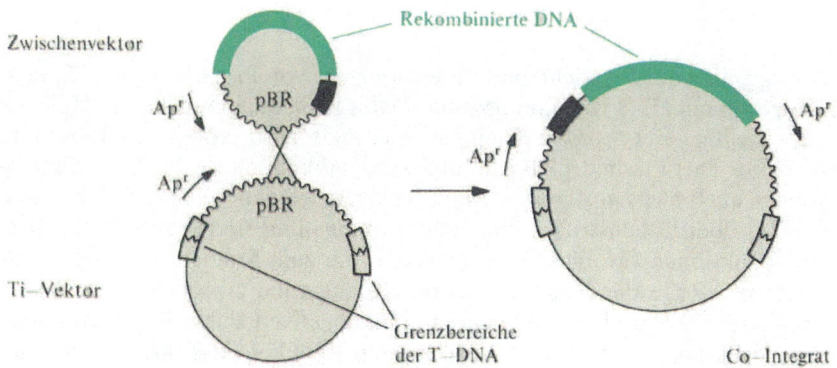

Abb. 10.36. Verwendung eines onc⁻-Vektors für Co-Integration. Übersicht über den Einbau einer in pBR 322 klonierten DNA in einen Ti-Vektor, der statt der zentralen Region der T-DNA einen Bereich von pBR 322 enthält. Dadurch sind homologe Regionen auf beiden Plasmiden gewährleistet. Unbedingt erforderlich für die spätere Integration der DNA in das Pflanzen-Genom sind die beiden Grenzbereiche der T-DNA; die zwischen diesen Bereichen liegende DNA wird mit DNA der Pflanze rekombiniert. Für die Erkennung der Rekombinanten enthält der Zwischenvektor sowohl eine Resistenz, die in Bakterien exprimiert wird (Apʳ), als auch ein Resistenz-Gen, das von einem Pflanzen-Promotor gesteuert wird (schwarzes Feld). Wenn das so erzeugte Plasmid die Pflanze genetisch transformieren können soll, muß die vir-Region auf dem Ti-Vektor vorhanden sein

Der Vorgang (Abb. 10.37) für die Überführung und Expression eines Gens in eine Pflanze setzt sich aus folgenden Teilschritten zusammen: 1. Rekombination in vitro und Einsetzen der DNA in einen *E. coli*-Vektor; 2. Transfektion (T) des Vektors in *E. coli*; 3. nach Zufügung eines Helfer-Plasmids überträgt eine Konjugation (K) die Plasmide auf *Agrobacterium*; 4. schließlich werden Pflanzen-Zellen mit dieser *Agrobacterium*-Mutante infiziert und transformiert.

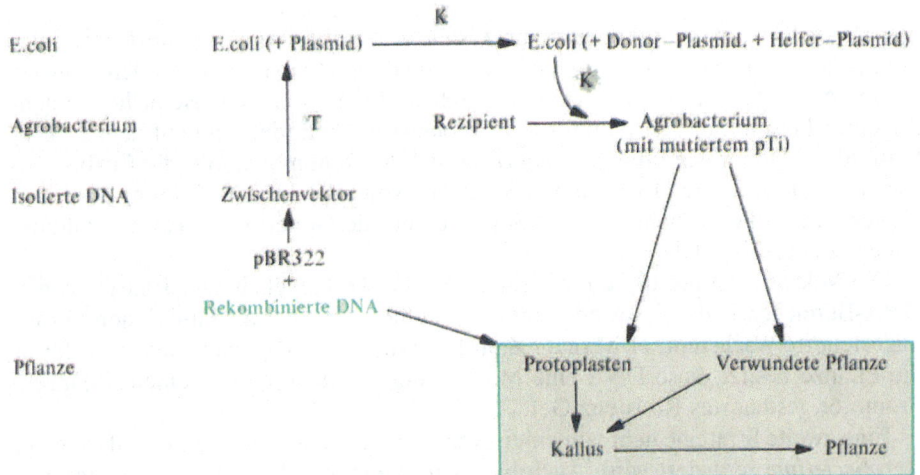

Abb. 10.37. Strategie des Gen-Transfers. DNA, die in vitro rekombiniert wurde, kann auf zwei Wegen in die Pflanze eingebracht und im Genom verankert werden. Bei dem Weg über *Agrobacterium* wird zuerst in vitro manipuliert und die DNA in einen *E. coli*-Vektor eingebaut. Dann erfolgt der Transfer in *Agrobacterium*, mit dem anschließend Kallus-Zellen der Pflanze transformiert werden. Darüber hinaus stehen Methoden zur Verfügung, DNA über ein Virus oder durch direkte Transformation in die Pflanze einzuführen

Die vorangegangene Übersicht enthält den Transfer von Plasamiden von *E. coli* auf *Agrobacterium* mit Hilfe von Konjugation. Dafür bedient man sich eines Helfer-Plasmids, das wichtige Gene für die Konjugation enthält: mob-Proteine und tra-Proteine (Abb. 10.38). Das Plasmid pBR 322 und seine Abkömmlinge besitzen diese nicht und können auch nicht in *Agrobacterium* repliziert werden. Die Gene mit tra-Funktionen (Pili, Oberflächenstrukturen bei der Konjugation) sind ebenso Voraussetzung wie mob-Funktionen (Mobilisierungsproteine, die zum Strangbruch führen). Abb. 10.39 hebt die Rolle der Plasmide bei der Konjugation zwischen einer Zelle von *E. coli* (hier gezeigt) und einem anderen gram-negativen Bakterium (nicht gezeigt) hervor. Die Plasmide von *E. coli* besitzen kein Replikon, das ihre Vermehrung in *Agrobacterium* erlauben würde. Wenn aber – aufgrund von homologen Sequenzen – Teile des transferierten Vektors mit Ti rekombinieren, kommt die rekombinierte DNA unter die Kontrolle eines in *Agrobacterium* aktiven Replikons. Das Prinzip dieser Vorgangsweise ist in Abb. 10.38 dargestellt.

Die Aufgabenteilung der Plasmide in *E. coli* – als Donor bei der Konjugation – bedeutet (→ Abb. 10.38): pBR 322 (mob⁻) mit der rekombinierten DNA besitzt die bom-Region (oriT), die von mob-Funktionen eines anderen Plasmids (links) aktiviert wird.

Der gezielten Mutation im pTi gehen zwei Operationen voraus: das Einfügen aller notwendigen Informationen in die Donor-Zelle und die Rekombination in der Akzeptor-Zelle. Vermehrungsfähig ist das Konstrukt in der Akzeptor-Zelle nur, wenn es in das Ti-Plasmid eingekreuzt wurde (Abb. 10.40, nächste Seite).

Die 1. Rekombination ergibt ein Co-Integrat. Eine 2. Rekombination führt zu einem Plasmid, das in *Agrobacterium* nicht repliziert (ori von pBR 322), und einer Mutante des Ti-Plasmids, die das manipulierte Gen sowie den im *Agrobacterium* aktiven Replikator einschließt. Wenn man sich statt des grünen Bereichs und der flankierenden, von pTi stammenden Regionen (dünne schwarze Linie) ein durch Insertion (grün) inaktiviertes Ti-Gen vorstellt, eignet sich das Bild auch zur Beschreibung, wie ein mutiertes Ti-Gen ein intaktes Gen in einem Wildtyp-Plasmid (dicke schwarze Linie) ersetzt. Der grüne Bereich symbolisiert dann das Tn, die flankierenden Abschnitte das Gen.

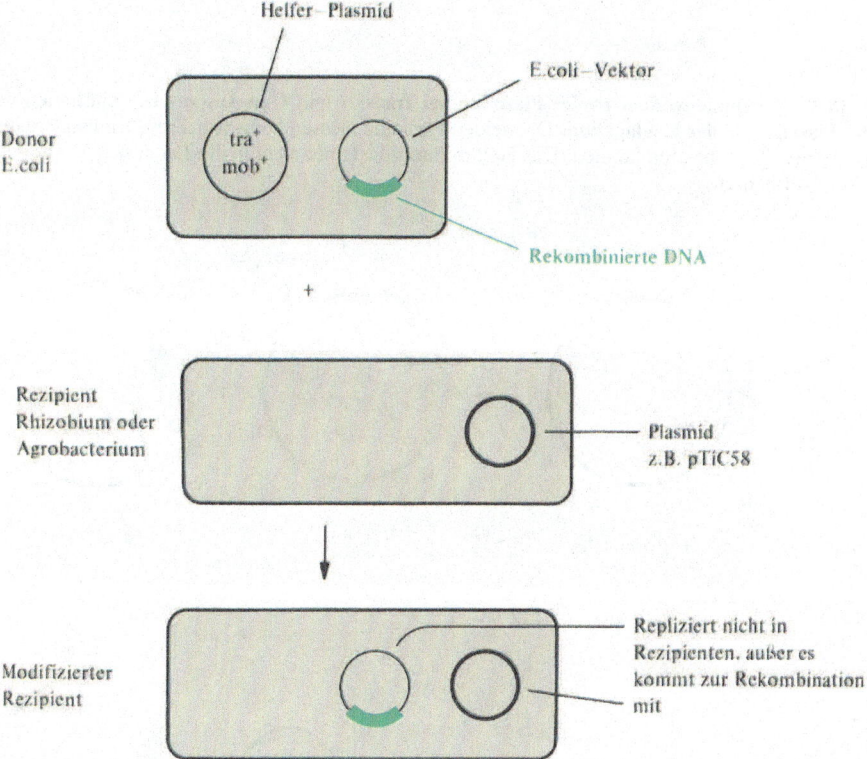

Abb. 10.38. Transfer eines Zwischenvektors von *E. coli* in *Agrobacterium* durch Konjugation. Im Bild sind nur die Plasmid-DNAs der Bakterien berücksichtigt. Ein Helfer-Plasmid mit einem ColE1-Replikon unterstützt Konjugation und DNA-Austausch; repliziert aber nicht in *Agrobacterium*. Der gleichzeitig übertragene *E. coli*-Vektor kann in *Agrobacterium* auf ein und dasselbe Plasmid gelangen: das geschieht aber nur, wenn Rekombination zwischen Vektor und pTi erfolgt

Ein beträchtlicher Vorteil der binären Vektoren liegt in der Tatsache, daß sie durch Mobilisierung in jede Art von *Agrobacterium* gelangen können, auch wenn der Rezeptor keine homologe DNA zum Einkreuzen enthält.

Die Tatsache, daß hier auch andere, pflanzenfremde DNA in das Genom der Pflanze integriert werden kann, macht das System Pflanze – *Agrobacterium* zu einem molekularbiologischen Testsystem ersten Ranges. Durch Rekombinationstechniken können Elemente und Struktur-Gene verschiedener Herkunft miteinander verknüpft und dann in einer transgenen Pflanze getestet werden.

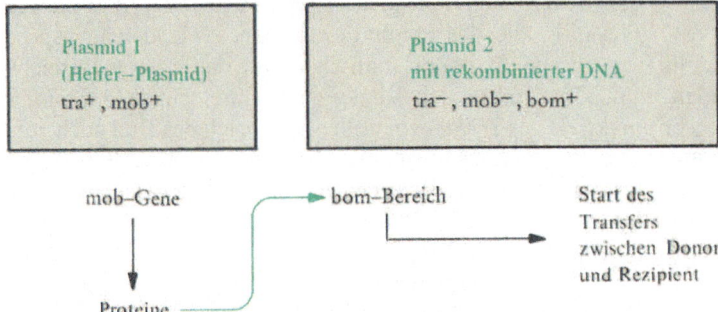

Abb. 10.39. Zusammenwirken zweier Plasmide bei Transfer und Gen-Austausch: Funktionen des Helfer-Plasmids bei der Konjugation. Die beiden Plasmide müssen kompatibel sein – müssen in derselben Wirtszelle replizieren können. Das Helfer-Plasmid ist aber nicht in der Lage, sich in *Agrobacterium* zu vermehren

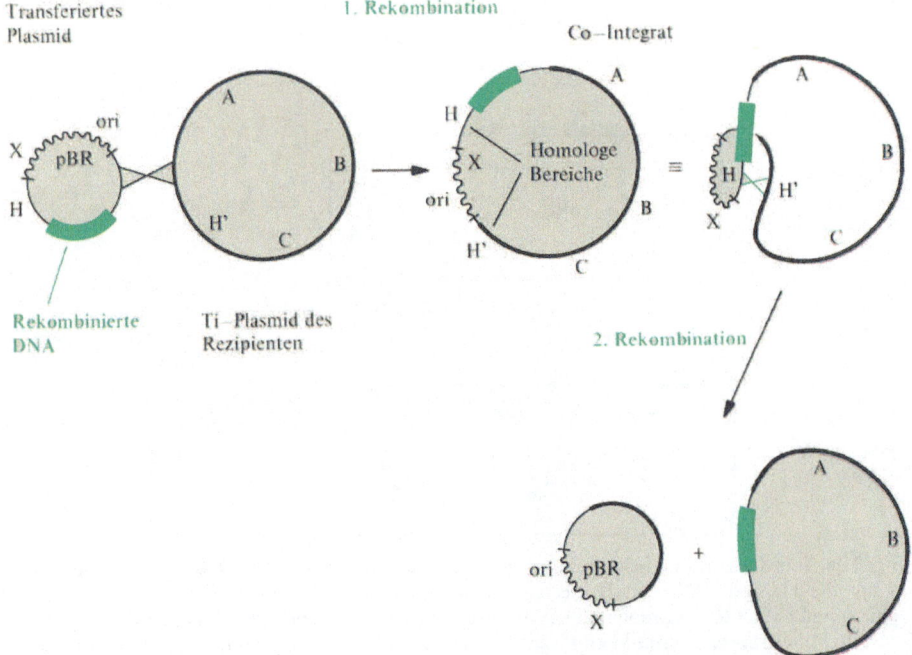

Abb. 10.40 Rekombination zwischen Plasmiden im Anschluß an Konjugation (Austausch-Rekombination). Ein in *E. coli* replizierendes Plasmid (ori: Replikation im Bereich des pBR 322), das sowohl ein manipuliertes Gen als auch Teilbereiche vom Ti-Plasmid (dünne schwarze Linie) aufweist, wird in *Agrobacterium* transferiert. Das Ti-Plasmid des Rezipienten rekombiniert mit dem transferierten Plasmid aufgrund homologer Sequenzen

Appendix 1 Prochirale Substrate

Stereochemische Überlegungen sind für die Analyse und das Verständnis von einzelnen Enzym-Mechanismen oder auch längeren Stoffwechsel-Wegen von großem Vorteil. Mit dem folgenden Abschnitt soll Hilfe für das Eindringen in die in einigen Passagen des Buches angeschnittene Problematik stereospezifischer Prozesse geleistet werden.

Im Zusammenhang mit der hohen Spezifität der Enzymkatalyse bei biochemischen Prozessen haben wir zur Kenntnis genommen, daß Enzyme zwischen Isomeren, auch Stereoisomeren, unterscheiden können. Die Interaktion zwischen Enzym und Substrat wird als spezifisch bezeichnet. Der Ausdruck „Spezifität" wird dabei häufig als Synonym zu „Selektivität" verwendet, obwohl diese beiden Ausdrücke im Sprachgebrauch außerhalb der Enzymologie mit unterschiedlichem Begriffsinhalt gebraucht werden. Die Selektivität oder Spezifität der Enzyme gegenüber chemisch und physikalisch unterscheidbaren Konstitutions-Isomeren ist aufgrund der unterschiedlichen geometrischen Formen dieser Verbindungen gegeben.

Stereo-Isomere teilt man in zwei Klassen: in solche, bei denen die beiden zu vergleichenden Verbindungen sich wie Bild und Spiegelbild verhalten – und die wir als Enantiomere bezeichnen – sowie in solche, bei denen diese Gegenüberstellung wie Bild und Spiegelbild nicht möglich ist, die sich auch in Atomabständen und Bindungswinkeln unterscheiden und die wir unter dem Begriff Diastereomere einordnen.

Enantiomere (optische Isomere) können vom Enzym unterschieden werden, weil eine mehrfache Wechselbeziehung zwischen der Enzymoberfläche und dem Substrat zustande kommt. In ihren physikalischen und chemischen Eigenschaften unterscheiden sie sich, in einer achiralen Umgebung, nur dadurch, daß sie die Ebene des linear polarisierten Lichts in entgegengesetzte Richtungen drehen; daher auch der Ausdruck optische Isomere.

Die Eigenschaft der optischen Aktivität einer Verbindung ist eng verbunden mit der Dissymmetrie des Moleküls. Die Dissymmetrie, auch als Chiralität (Händigkeit) bezeichnet, ist eine inhärente Eigenschaft aller Verbindungen *ohne* das Symmetrieelement der Spiegelsymmetrie. Alle anderen Verbindungen, die eine Symmetrieebene besitzen, also spiegelsymmetrisch sind, werden als achiral bezeichnet.

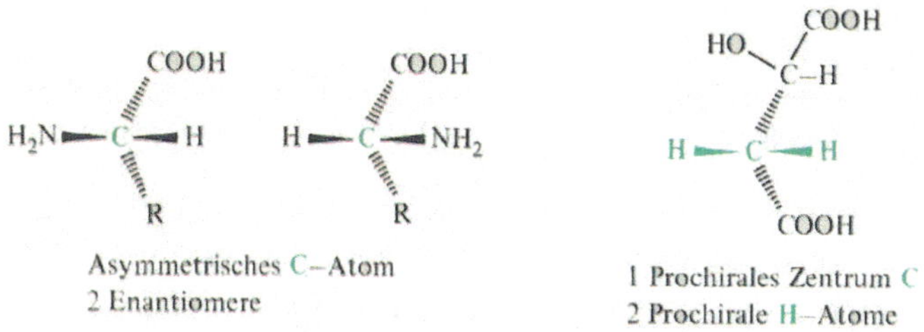

Abb. A1. 1. Asymmetrisches C-Atom und prochirales Zentrum

Ein einfaches Beispiel, wie uns in der Natur Chiralität gegenübertritt, finden wir im asymmetrischen C-Atom, das von 4 verschiedenen Substituenten umgeben ist. Das Enzym, selbst eine chirale Verbindung, kann zwischen den Enantiomeren unterscheiden. Darüber hinaus ist aber ein chirales Reagens, wie ein Enzym, in der Lage, in einer achiralen Verbindung auch zwischen zwei identischen Gruppen an einem Zentrum zu unterscheiden, wenn es sich um ein sogenanntes prochirales Zentrum handelt. Die Tatsache, daß die Spezifität der Enzyme gegenüber solchen an sich identischen prochiralen Gruppen erst den tiefen Einblick in die Mechanismen enzym-katalysierter Reaktionen erlaubt und ein Charakteristikum für bestimmte Biosynthese-Sequenzen darstellt, ist der Anlaß, daß wir uns, besonders anhand der prochiralen H-Atome, damit auseinandersetzen. Bevor wir auf die Bezeichnung prochiraler H-Atome eingehen, müssen wir uns kurz mit den Sequenzregeln des R,S-Systems im Falle chiraler Zentren auseinandersetzen, da dieselben Regeln auch für die Charakterisierung prochiraler Liganden angewendet werden. Bei einem prochiralen Zentrum, bei dem z. B. noch kein asymmetrisches C-Atom vorliegt, ist zusätzlich noch die folgende Regel einzubeziehen: derjenige Ligand, der charakterisiert werden soll, erhält den Vorzug gegenüber dem zweiten, identischen Liganden.

Für die Aufstellung der Prioritätenfolge der Liganden, einmal für das chirale Zentrum zum anderen für die prochirale Gruppe, werden die um das Zentrum liegenden Gruppen nach willkürlich definierten Regeln gereiht (Sequenzregeln): (1) Atome mit höherer Kernladungszahl vor Atomen mit niedriger (z. B. O > C). (2) Bei gleicher Kernladungszahl erhalten die Atome mit höherer Massenzahl Priorität vor Atomen mit niedrigerer Massenzahl (z. B. $^3H > {}^1H$). (3) Ist aufgrund von (1) und (2) keine Differenzierung zwischen Atomen in unmittelbarer Nachbarschaft des chiralen oder prochiralen Zentrums möglich, so schreitet man längs der Valenzen der Hauptkette nach außen weiter, bis man mit Hilfe von (1) und (2) unterscheiden kann. Wenn Doppelbindungen auftreten, z. B. C=O, wird die Zahl der O-Atome verdoppelt aus C=O wird C$\langle^O_O$. So besitzt der Substituent -OH Priorität gegenüber -CH$_2$-COOH, weil für das erste Atom, das auf das Zentrum folgt, O vor C gereiht wird. Die Reihenfolge kann sich auch erst durch Unterschiede im dritten Glied ergeben, wie unten gezeigt wird.

d > c   ——— Blickrichtung ———▶   Aufsicht

Abb. A1. 2. Prioritätsregeln. Die hier links angedeutete Anzahl der O-Atome ergibt sich formal in der CHO- bzw. COOH-Gruppe bei Verdoppelung der O wegen der C=O-Bindung

Danach leitet sich, für einige wichtige Gruppen, folgende Prioritätenfolge ab:

$$SH > OR > OH > NH_2 > COOR > COOH > CHO > CH_2OH > C_6H_5 >$$
$$CH_3 > {}^3H > {}^2H > H$$

In einem System Cabcd wollen wir nun mit Hilfe der Regeln (1, 2, 3) die Konfiguration von C (chirales Zentrum, a ≠ b ≠ c ≠ d) und darüber hinaus von einer prochiralen Gruppe a_2 (innerhalb der 4 Substituenten an einem C, mit $a_1 = a_2 ≠ c ≠ d$) bestimmen. Die 4 Liganden müssen bei Zuordnungsverfahren im Raum so angeordnet werden, daß die Gruppe geringster Priorität vom Betrachter entfernt ist: daher die Blickrichtung C → a. Ergibt sich aus der Reihenfolge der anderen Liganden – nach fallender Priorität $d > c > b > a$ bzw. $d > c > a_2 > a_1$ geordnet – eine Drehung *im* Uhrzeigersinn, so wird dem Asymmetrie-Zentrum – oder im anderen Falle, der prochiralen Gruppe – die Bezeichnung R zugeordnet. Sinngemäß umgekehrt ist S durch die Reihenfolge *gegen* den Urzeigersinn definiert.

Für das asymmetrische Zentrum im angegebenen Fall gilt daher:

wenn: $d > c > b$ dann: asymmetrische $C = C_R$

Wird ein C-Atom von zwei identischen Gruppen – die wir aber aus rein formalen Gründen unterschiedlich bezeichnen wollen ($a_1, a_2; a_1 = a_2$) – und zwei weiteren Liganden c und d ($c ≠ d$) umgeben, so könnte durch Austausch von a_1 oder a_2 gegen eine neue Gruppe ein chirales Zentrum geschaffen werden. Wir sprechen dann von prochiralen Gruppen a_1 und a_2, sowie von einem prochiralen Zentrum.

Für eine prochirale Gruppe gilt daher: daß a_2 zu bezeichnen ist und daher willkürlich Priorität von a_1 erhält: wenn $d > c > a_2$, dann hat das Zentrum R-Konfiguration. Dann: a_2 = pro-R-Ligand.

Für den Fall, daß die prochiralen Liganden H-Atome sind, bezeichnen wir sie als pro-R-Wasserstoffatome oder H_R bzw. als pro-S-Wasserstoffatome oder H_S.

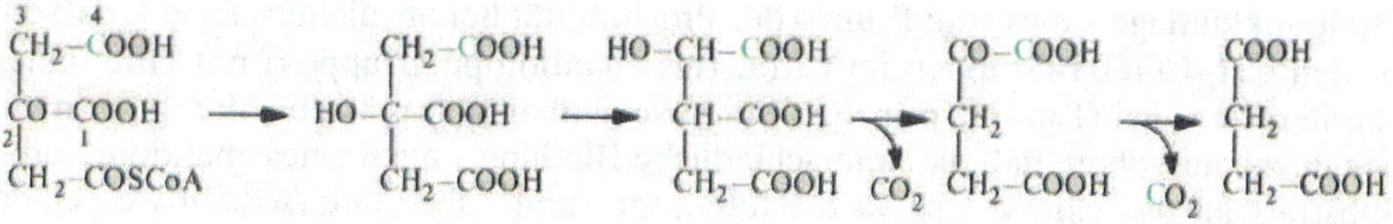

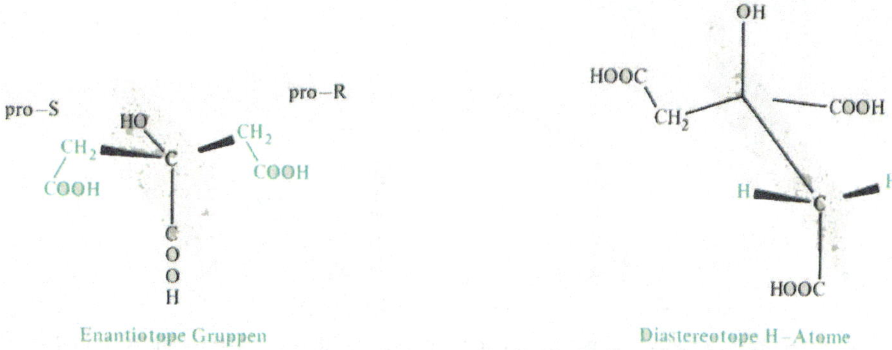

Abb. A1. 3. Citronensäure enthält enantiotope und diastereotope Paare. Die beiden enantiotopen Gruppen trennt eine Symmetrieebene, die durch CH, C und COOH geht. Bei den diastereotopen Gruppen (rechts gezeichnet) gelingt es nicht, eine Symmetrieebene in den H-C-H-Winkel zu legen; die eingezeichnete Ebene ist keine Symmetrieebene, da beim rückwärtigen C-3 rechts und links der Ebene verschiedene Substituenten vorliegen

Ersetzt man in einer Verbindung ein prochirales H-Atom durch Tritium (^{3}H), wird das Zentrum selbst chiral. Dem Tritium kommt die R-Form zu, wenn auch das entsprechende ersetzte H-Atom bereits pro-R war. Die Konfiguration ändert sich bei diesem Austausch nicht. Dieser Umstand erlaubt die Anwendung der stereospezifischen Tritium-Markierung für die Aufklärung von Reaktionsmechanismen. Wird hingegen ein prochirales H-Atom durch einen anderen Liganden ersetzt, so ist die Konfiguration der entstehenden chiralen Verbindung nach den Prioritätsregeln neu festzulegen. Für die weitere Behandlung von prochiralen H-Atomen ist es notwendig, daß wir zwischen zwei Formen von prochiralen Gruppen unterscheiden: in einem Fall führt der Ersatz des pro-R- bzw. pro-S-Atoms durch Tritium zu zwei diastereomeren Verbindungen; solche Wasserstoffatome sind bereits im ^{1}H-NMR-Spektrum unterscheidbar und werden als diastereotope H-Atome bezeichnet. Für ihre Differenzierung ist also kein chirales Reagens notwendig. Im anderen Fall entstehen bei Ersatz von H durch Tritium die Enantiomere. Oder ein anderes Kriterium: durch den H-C-H-Winkel solcher Verbindungen läßt sich eine Symmetrieebene legen. Für die Unterscheidung zwischen diesen enantiotopen Wasserstoffatmen ist ein chirales Reagens (z. B. ein Enzym) Voraussetzung.

Diese beiden Arten von prochiralen Gruppen treffen wir z. B. in Citrat an; und folgende strenge Stereospezifität tritt zutage, wenn Oxalacetat-4-^{14}C im Zuge des Citrat-Zyklus in α-Ketoglutarat überführt wird (→ Abb. A1.3).

Obwohl im Stoffwechsel mit Citrat eine Verbindung mit einer Symmetrieebene durchlaufen wird, kann Aconitase genau zwischen den beiden prochiralen CH$_2$-COOH-Gruppen unterscheiden. Zum Verständnis dieses Befundes kann man sich eine Dreipunkt-Auflage des Substrats auf der Enzymoberfläche vorstellen. Zur Erklärung reicht es aber auch aus, sich – unabhängig von den Überlegungen zur Dreipunktauflage – dies vom Prinzip der Prochiralität her abzuleiten. Es gilt, daß die beiden CH$_2$-COOH-Gruppen im Citrat (als enantiotope Gruppen) mit Hilfe eines chiralen Reagens (Enzym) prinzipiell unterscheidbar sein müssen. Man kann nämlich davon ausgehen, daß die unterschiedliche Bindung – auch eines enantiomeren – Substrats an das chirale Enzym diastereotope, und daher unterscheidbare, Übergangskomplexe ergibt, die mit unterschiedlicher Geschwindigkeit weiter reagieren.

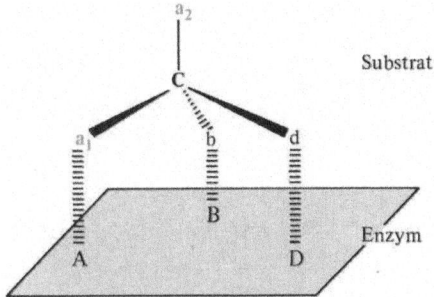

Abb. A1. 4. Dreipunktauflage des Substrats auf der Enzymoberfläche. Die Bereiche A, B und D auf der Enzymoberfläche sind vorgegeben; sie stellen diejenigen Regionen des Enzyms dar, die mit entsprechenden Regionen innerhalb des Substrat-Moleküls nicht weiter definierte Wechselwirkungen eingehen (a mit A, B mit b, D mit d). Unter der Bedingung der korrekten Dreipunktauflage des Substrats auf dem Enzym bleibt immer a$_2$ vom Enzym abgewandt; nur so können alle drei Bereiche (A, B, D) interagieren. Das Enzym unterscheidet so zwischen a$_2$ und a$_1$

Anders als die enantiotopen Carboxymethyl-Gruppen sind die beiden H-Atome der CH₂-Gruppen in Citrat diastereotop und können auch ohne chirale Reagenzien differenziert werden.

Ein weiteres Beispiel für die Implikationen der Prochiralität finden wir bei der genauen Betrachtung der Stereochemie der Bildung und des Stoffwechsels von Isopentenyldiphosphat. Prochirale H-Atome der Mevalonsäure werden im Zuge der Biosynthese von Isoprenoiden spezifisch eliminiert, andere bleiben während der Reaktionssequenz im Molekül.

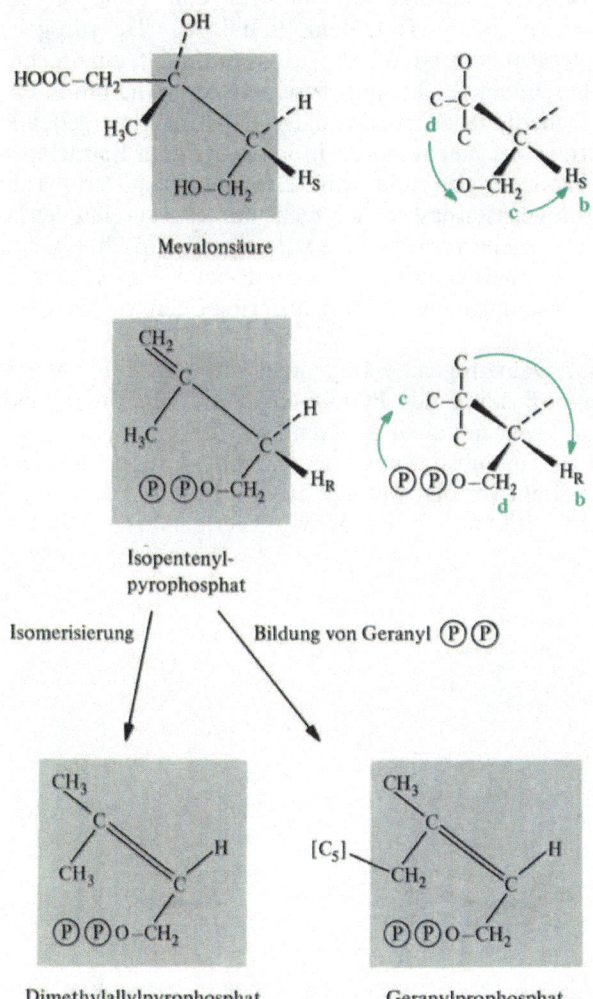

Abb. A1. 5. Stereospezifische Überführung von Mevalonsäure in Isopentenyldiphosphat, Dimethylallyldiphosphat und Geranyldiphosphat. Für die Nomenklatur der beiden prochiralen H-Atome am C-4 der Mevalonsäure wird hier die Priorität der Liganden am C-4 festgestellt. Da im Isoptentenyldiphosphat -CH₂-O℗℗ vor -C=CH₂ gereiht wird, ist 4H$_S$ der Mevalonsäure identisch mit 2H$_R$ des Isopentenyldiphosphats. Dieses H-Atom wird bei der Isomerisierung zu Dimethylallyldiphosphat und ebenso bei der Bildung von Geranyldiphosphat spezifisch durch Austausch mit dem Lösungsmittel eliminiert

429

Der Wasserstoff H_R am C-4 der Mevalonsäure bleibt so während der Bildung der trans-verknüpften C_{10}- und C_{15}-Terpene erhalten. Dies ist von Bedeutung, wenn tritiierte Vorstufen für Untersuchungen von Biosynthesen herangezogen werden.

Die Bedeutung der Prochiralität für Aldol-Reaktionen wurde bereits ($\rightarrow$ S. 307) angedeutet. Die Unterscheidbarkeit der beiden H-Atome am C-4 des Pyridin-Ringes (Prochiralität dieser beiden H-Atome) bringt Konsequenzen für den stereochemischen Verlauf von Dehydrogenase-Reaktionen: die entsprechenden Enzyme übertragen stereospezifisch entweder den pro-R- oder den pro-S-Wasserstoff.

Prochiralität von Coenzym und Substrat spielt eine Rolle bei Dehydrogenase-Reaktionen. Innerhalb von NADH, dem Produkt der Dehydrogenase-Reaktion, treffen wird am C-4, also dort, wo die Reaktion stattfindet, ein prochirales Zentrum an bzw. wird eines gebildet. Es kommt diesem H-Atom die pro-R-Position zu, wie von der Alkohol-Dehydrogenase unabhängige Experimente ergeben haben. H_R am C-4 des Pyridin-Rings hat hier seine Position an der dem Betrachter zugewandten Seite, die auch als A-Seite bezeichnet wird. Die zahlreichen von Pyridinnukleotiden abhängigen Dehydrogenasen lassen sich nicht nur danach einteilen, ob sie NAD$^+$ oder NADP$^+$ als Coenzyme verwenden, sondern auch danach, ob die H-Atome bei der Reduktion des Coenzyms auf die A- oder B-Seite des Pyridinrings übertragen werden und diese H-Atome dadurch im reduzierten Coenzym als pro-R- oder pro-S-Liganden einzustufen sind.

Wenn z. B. eine Dehydrogenase verwendet wird, die den Wasserstoff des Substrats auf die pro-R-Position des Pyridin-Nukleotids überträgt, und wenn diese Reaktion kombiniert wird mit einer anderen Dehydrogenase, die den pro-R-Wasserstoff vom NADH auf ein Substrat mit einer Carbonyl-Gruppe transferiert, kann der Transfer (Tritium) direkt verfolgt werden: Tritium einer Gruppierung R_1-CTOH-R_2 wird verbraucht unter Bildung einer anderen tritiierten Verbindung, R_3-CTOH-R_4.

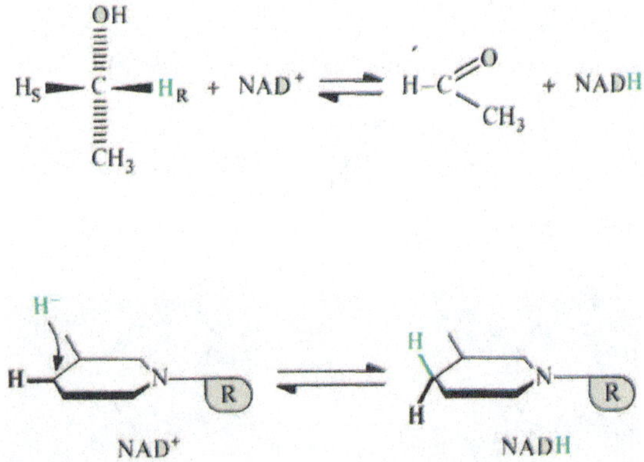

Abb. A1. 6. Stereochemie von NADH und der Alkohol-Dehydrogenase-Reaktion. Es wird das pro-R-H des Ethanols stereospezifisch auf NAD$^+$ übertragen

Schließlich wollen wir noch ein Beispiel herausgreifen (Abb. rechte Seite), das die stereospezifische Retention eines prochiralen H-Atoms im Verlauf von Biosynthese-Sequenzen demonstriert. Shikimisäure enthält am C-2 zwei prochirale H-Atome, von denen eines (H_S) bei der Bildung von Phe erhalten bleibt.

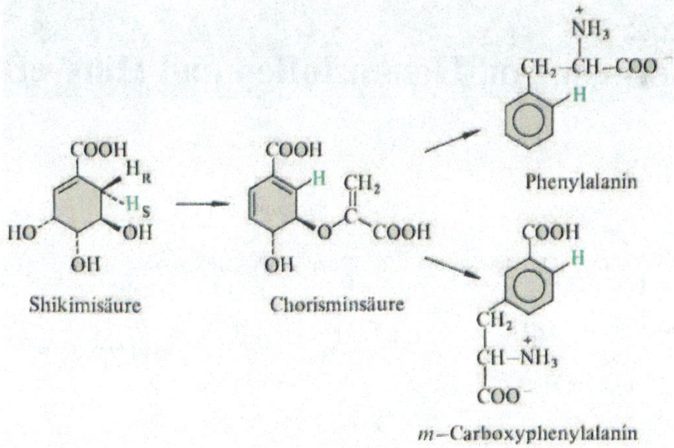

Abb A1. 7. Spezifische Eliminierung des pro-R-H-Atoms am C-6 der Shikimisäure im Verlauf der Aromaten-Biosynthese

Stereochemische Aussagen haben wesentlich zum Verständnis von Prozessen beigetragen, bei denen Phosphat-Transfer erfolgt. Da man mit ^{31}P einen für NMR geeigneten Kern verwenden und die O-Atome im Phosphat mit Hilfe von verschiedenen Isotopen unterscheidbar machen kann, lassen sich Retention bzw. Inversion am Phosphat verfolgen. Der Mechanismus der Übertragung einer Phosphoryl-Gruppe über ein pentavalentes P verlangt für einen einfachen Transfer, daß er mit Inversion der Konfiguration am P erfolgt. Wenn sich hingegen für einen bestimmten Schritt eine Retention am P nachweisen läßt, bedeutet dies, daß die Phosphat-Gruppe entweder nicht eliminiert wurde oder daß ein zweimaliger Transfer jeweils unter Inversion – mit möglichen Zwischenstufen – anzunehmen ist.

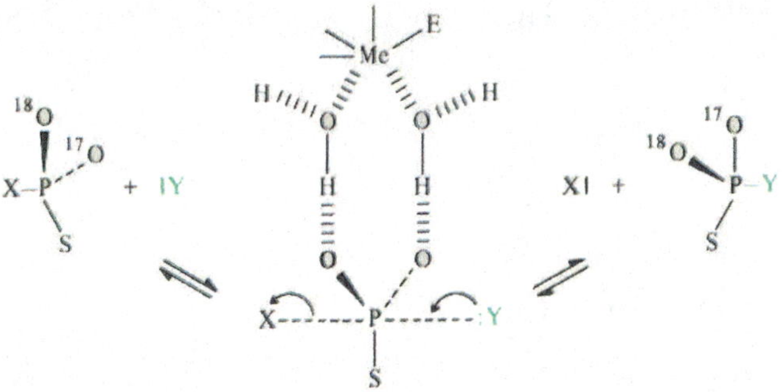

Abb. A1. 8. Inversion am P im Zuge des Transfers einer Phosphoryl-Gruppe von X auf Y. Falls X ebenso wie Y – z. B. je eine Alkoholat-Gruppe mit ^{16}O – niedrigste Priorität erhält, ändert sich die Konfiguration am P von R zu S; die Prioritätsfolge ist mit S > ^{18}O > ^{17}O vorgegeben

431

Appendix 2
Strukturformeln von Hemmstoffen und Hilfsverbindungen

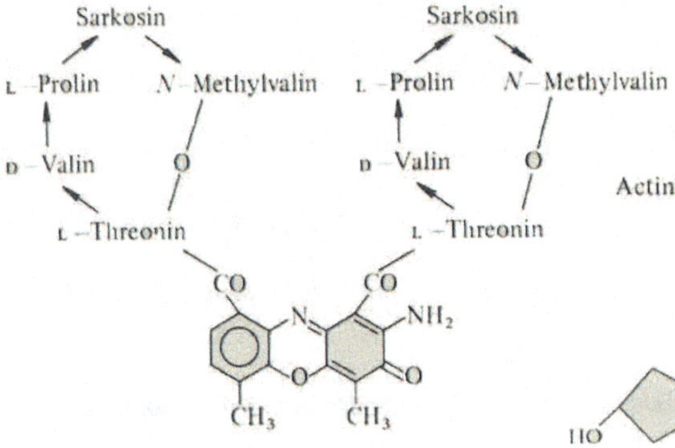

Sarkosin

L—Prolin   N—Methylvalin

D—Valin   O

L—Threonin

Sarkosin

L—Prolin   N—Methylvalin

D—Valin   O

L—Threonin

Actinomycin D

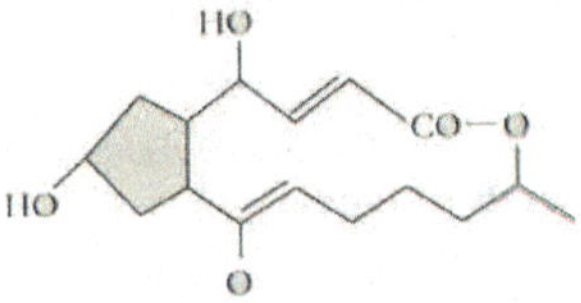

Brefeldin

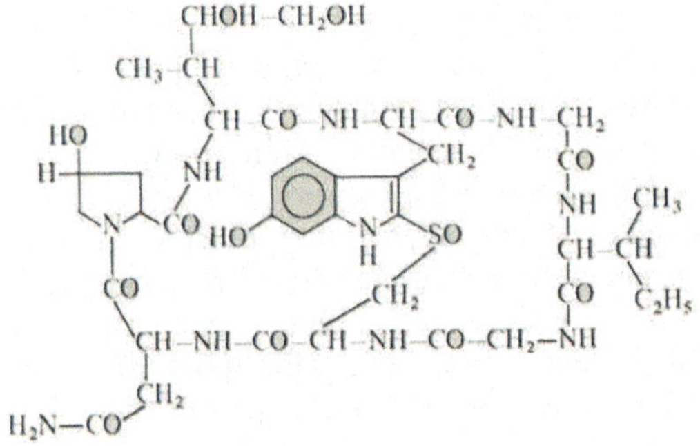

α—Amanitin

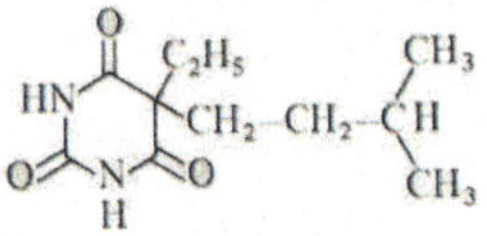

Amytal

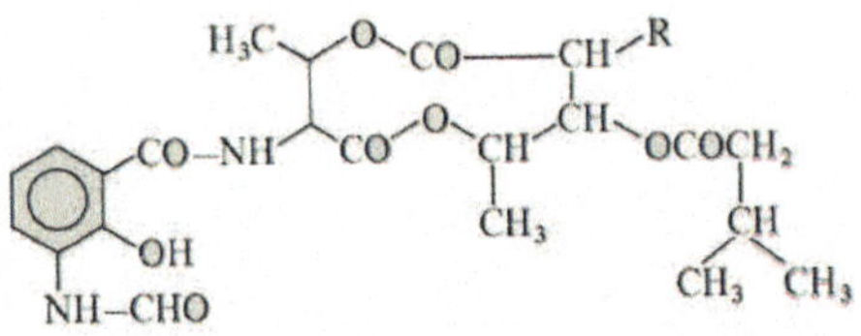

Antimycin A

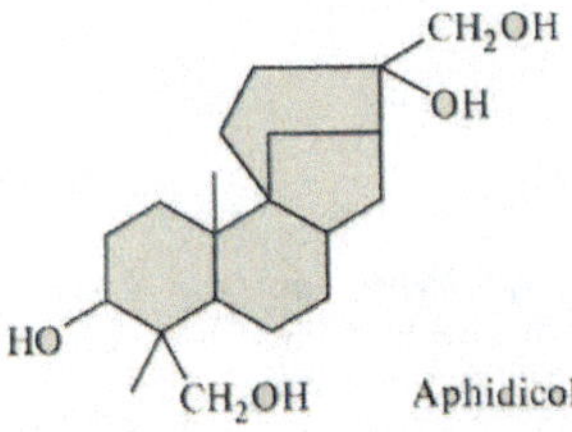

Aphidicolin

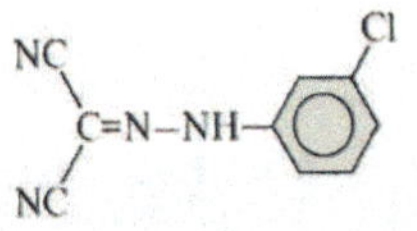

Carbonylcyanid—m—chlorphenylhydrazon

432

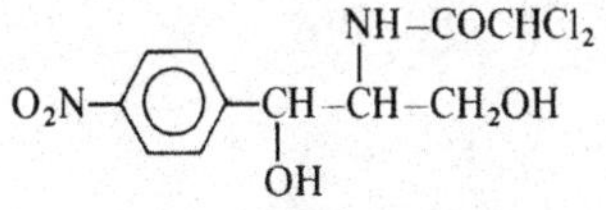

Chloramphenicol

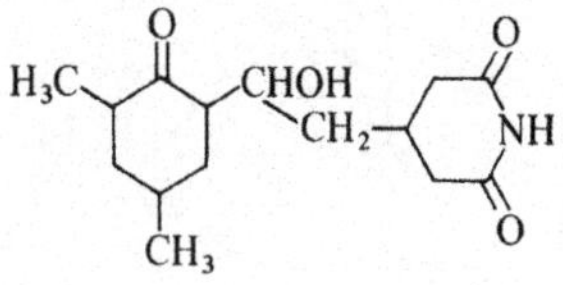

Cycloheximid

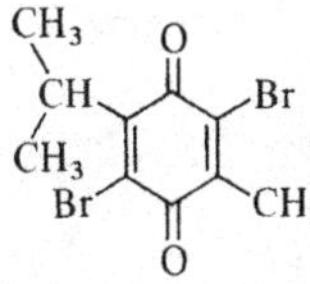

Dibromthymochinon

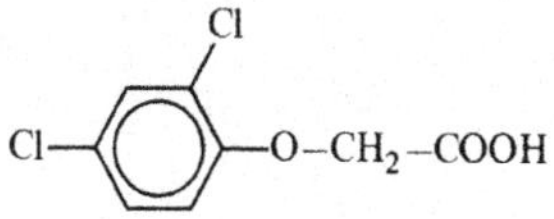

Dichlorphenoxyessigsäure (2,4–D)

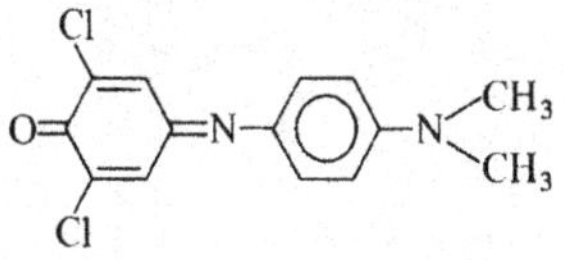

Dichlorphenolindophenol

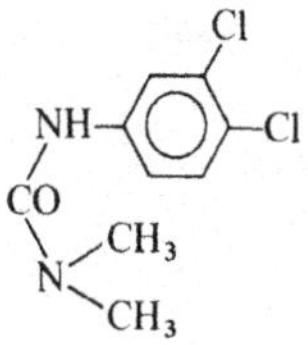

Dichlorphenyl–dimethyl–harnstoff
(DCMU)

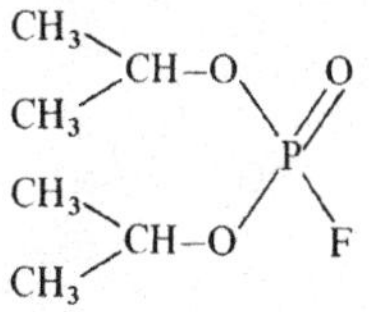

Diisopropylfluorphosphat

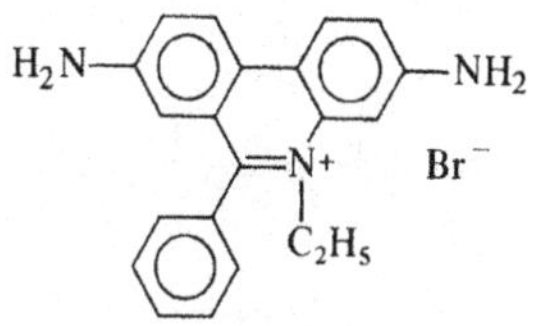

Ethidiumbromiα

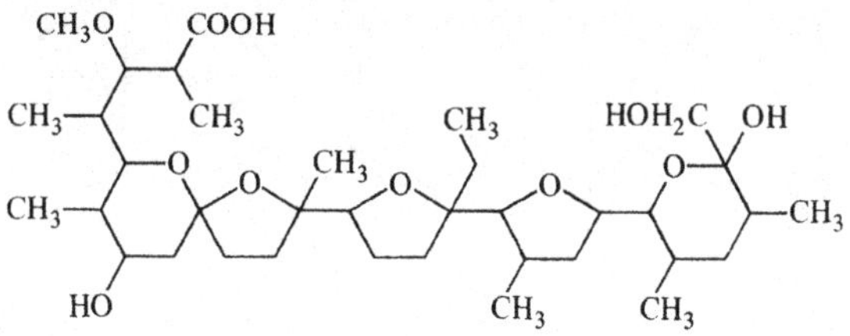

Monensin

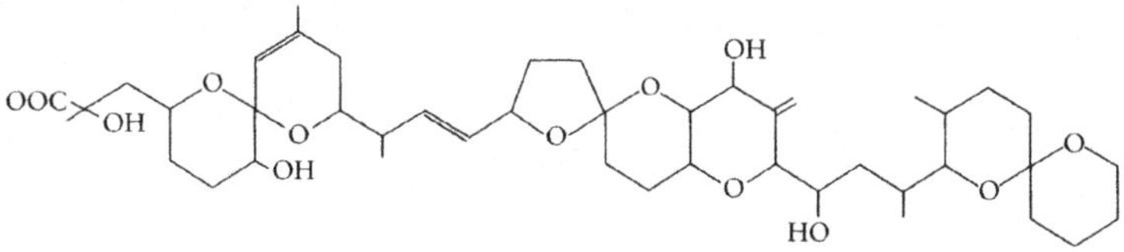

Okadainsäure

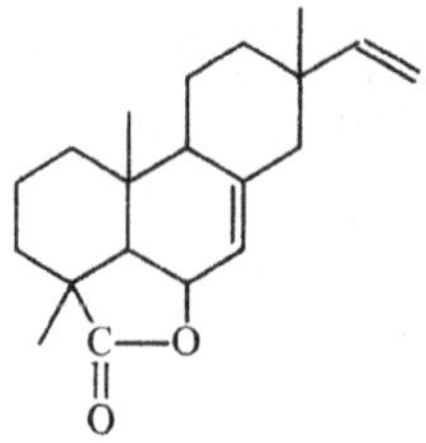

Momilacton

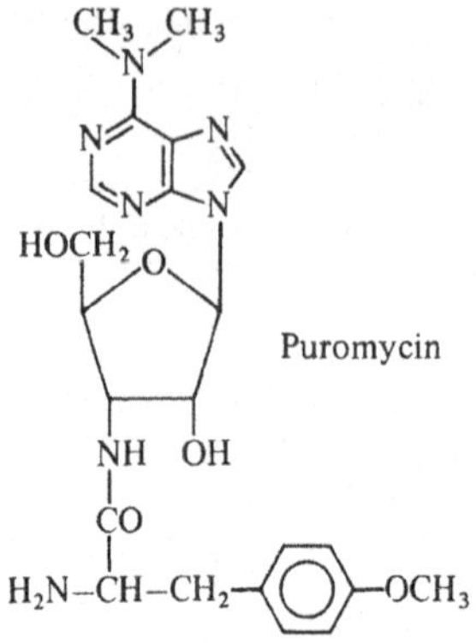

Puromycin

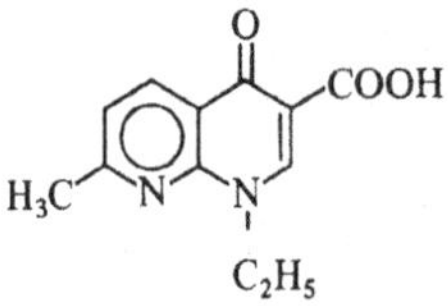

Nalidixinsäure

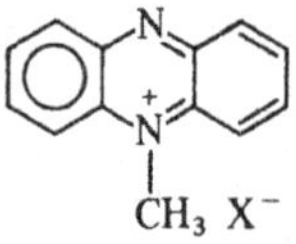

Phenazinmethosulfat (PMS)

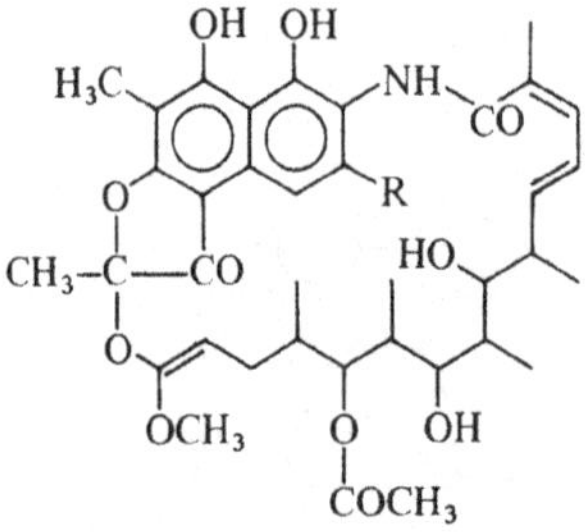

Rifampicin

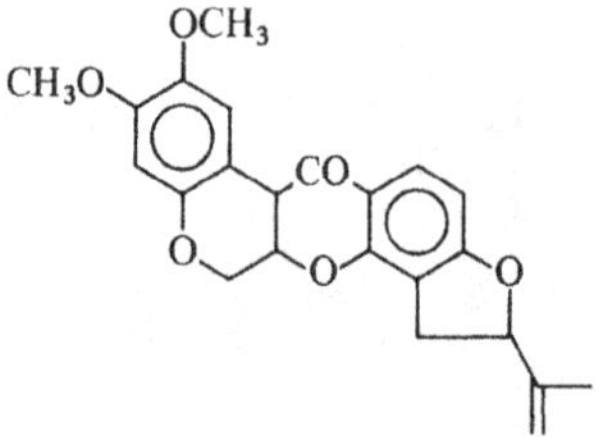

Rotenon

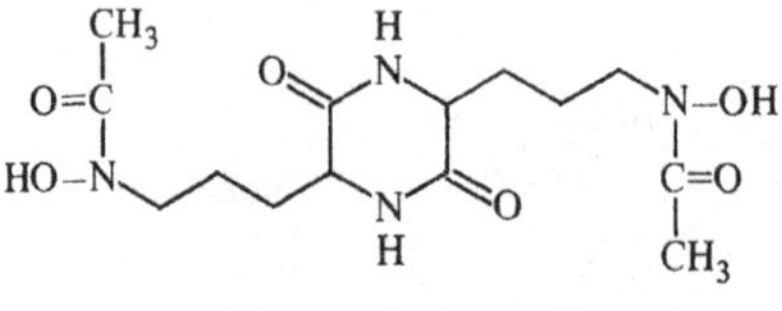

Rhodotorulinsäure

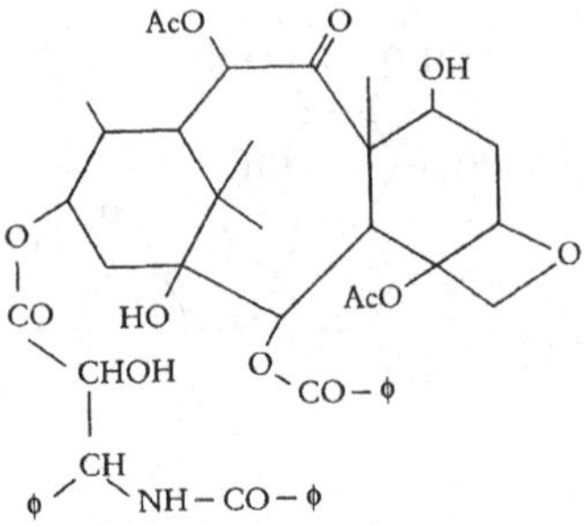

Taxol

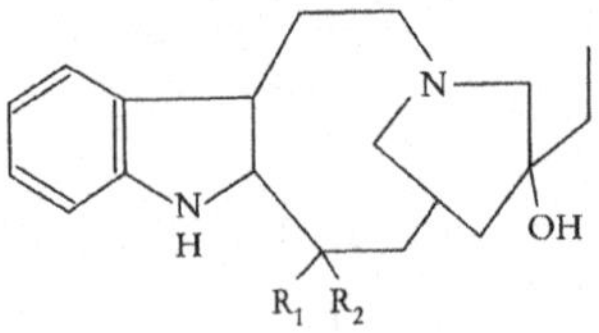

Vinblastin

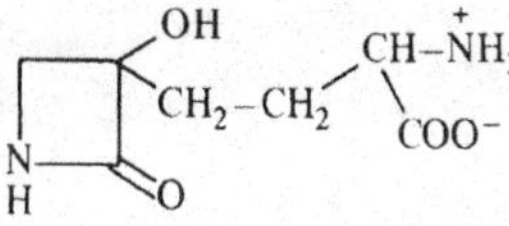

Tabtoxin

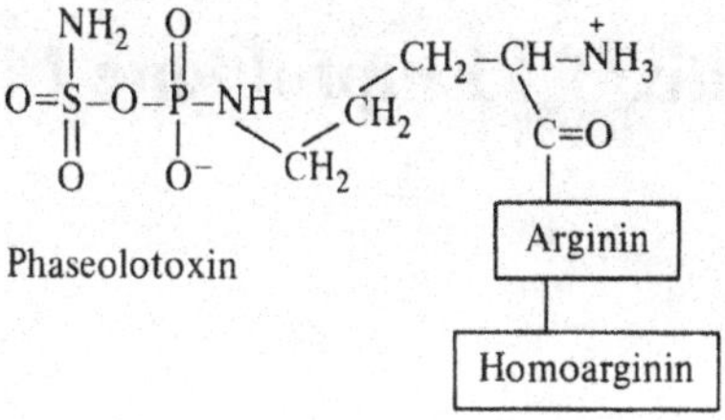

Phaseolotoxin

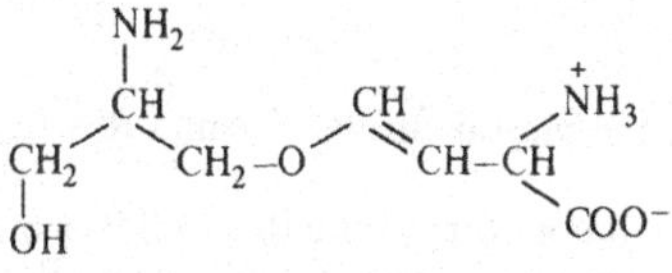

Arginin

Homoarginin

Rhizobitoxin

Tunicamycin

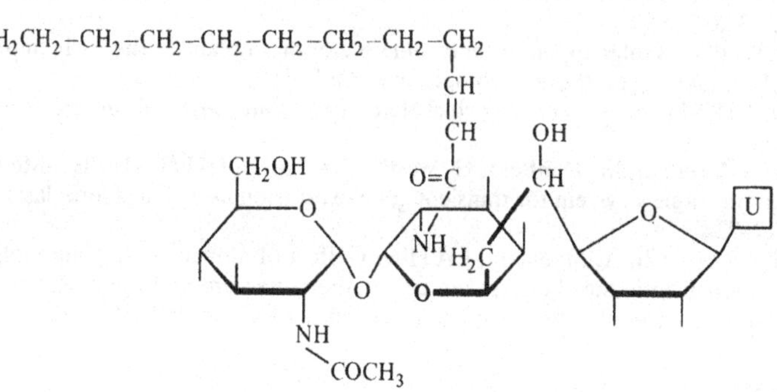

UDP–GlcNAc

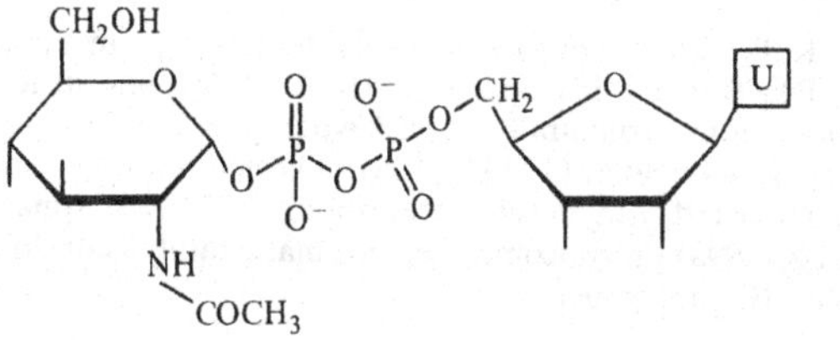

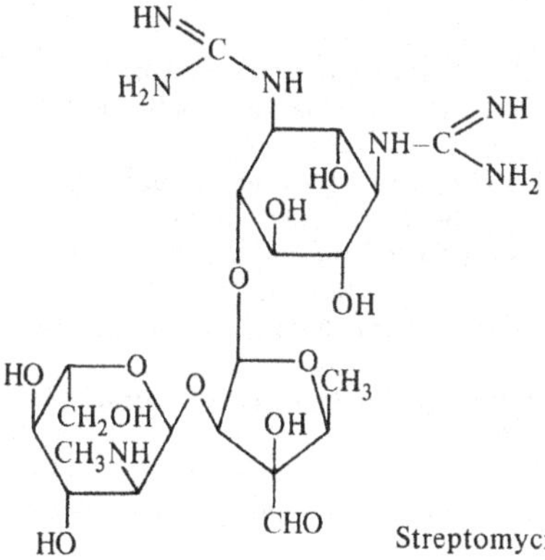

Streptomycin

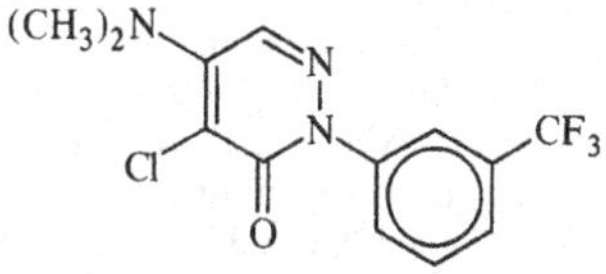

Pyridazinon
(z.B. Metflurazon)

Appendix 3   Empfohlene Literatur

Kapitel 1

Douce, R, Joyard, J (1990) Biochemistry and function of the plastid envelope. Annu Rev Cell Biol 6: 173–216

Endow, SA, Titus, MA (1992) Genetic approaches to molecular motors. Annu Rev Cell Biol 8: 29–66

Fosket, DE, Morejohn, LC (1992) Structural and functional organization of tubulin. Annu Rev Plant Physiol Mol Biol 43: 201–240

Huang, AHC (1992) Oil bodies and oleosins in seeds. Annu Rev Plant Physiol Mol Biol 43: 177–200

Lucas, WJ, Wolf, S (1993) Plasmodesmata: the intercellular organelles of green plants. Trends Cell Biol 3: 308–315

Schnepf, E (1993) Golgi apparatus and slime secretion in plants – the early implications and recent models of membrane traffic. Protoplasma 172: 3–11

Solomon, F (1991) Analyses of the cytoskeleton in *Saccharomyces cerevisiae*. Annu Rev Cell Biol 8: 633–662

Sporlein, B, Streubel, M, Dahlfeld, G, Westhoff, P, Koop, HU (1991) PEG-Mediated Plastid Transformation – a new system for transient gene expression assays in chloroplasts. Theor Appl Genet 82: 717–722

Zhang, GF, Driouich, A, Staehelin, LA (1993) Effect of monensin on plant Golgi – re-examination of the monensin-induced changes in cisternal architecture and functional activities of the Golgi apparatus of sycamore suspension-cultured cells. J Cell Sci 104: 819–831

Kapitel 2

Farber, GK, Petsko, GA (1990) The evolution of α,β barrel enzymes. Trends Biochem Sci 15: 228–234

Karplus, PA, Daniels, MJ, Herriott, JR (1991) Atomic structure of ferredoxin-NADP$^+$ reductase: prototype for a structurally novel flavoenzyme family. Science 251: 60–66

Lundqvist, T, Schneider, G (1991) Crystal structure of activated ribulose-1,5-bisphosphate carboxylase complexed with its substrate, ribulose-1,5-bisphosphate. J Biol Chem 266: 12604–12611

Schmid, FX (1993) Prolyl isomerase: enzymatic catalysis of slow protein-folding reactions. Annu Rev Biophys Biomol Struct 22: 123–143

Kapitel 3

Bertsch, U, Soll, J, Seetharam, R, Viitanen, PV (1992) Identification, characterization, and DNA sequence of a functional „double" groES-like chaperonin from chloroplasts of higher plants. Proc Natl Acad Sci USA 89: 8696–8700

Browning, KW, Webster, C, Roberts, JKM, Ravel, JM (1992) Identification of an isozyme form of protein synthesis initiation factor 4F in plants. J Biol Chem 267: 10096–10100

Gallie, DR, Feder, JN, Schimke, RT, Walbot, V (1991) Post-transcriptional regulation in higher eukaryotes: the role of the reporter gene in controlling expression. Mol Gen Genet 228: 258–264

Gurley, WB, Key, JL (1991) Transcriptional regulation of the heat-shock response: a plant perspective. Biochem 30: 12–18

Hartl, F-U, Martin, J (1992) Protein folding in the cell: the roles of molecular chaperones Hsp70 and Hsp60. Annu Rev Biophys Biomol Struct 21: 293–322

Langer, T, Pfeifer, G, Martin, J, Baumeister, W, Hartl, FU (1992) Chaperonin-mediated protein folding – groes binds to one end of the GroEL cylinder, which accommodates the protein substrate within its central cavity. EMBO J 11: 4757–4765

Preisig-Müller, R, Muster, G, Kindl, H (1994) Heat shock enhances the amount of prenylated Dnaj protein at membranes of glyoxysomes. Eur J Biochem 219: 57–63

436

Zeilstra-Ryallis, J, Fayet, O, Georgopoulos, C (1991) The universally conserved GroE (Hsp60) chaperonins. Annu Rev Microbiol 60: 321–347

Kapitel 4

Allen, JF (1992) Protein phosphorylation in regulation of photosynthesis. Biochim Biophys Acta 1098: 275–335

Bowyer, JR, Packer, JCL, Mccormack, BA, Whitelegge, JP, Robinson, C, Taylor, MA (1992) Carboxyl-terminal processing of the D1 protein and photoactivation of water-splitting in photosystem-II – Partial purification and characterization of the processing enzyme from *Scenedesmus-obliquus* and *Pisum-sativum*. J Biol Chem 267: 5424–5433

Boyer, PD (1993) The binding change mechanism for ATP synthase – some probabilities and possibilities. Biochim Biophys Acta 1140: 215–250

Chen, GG, Jagendorf, AT (1993) Import and assembly of the beta-subunit of chloroplast coupling factor-1 (CF(1)) into isolated intact chloroplasts. J Biol Chem 268: 2363–2367

Deisenhofer, J, Michel, H (1991) High-resolution structures of photosynthetic reaction centers. Annu Rev Biophys Chem 20: 247–266

Draber, W, Kluth, JF, Tietjen, K, Trebst, A (1991) Herbizide in der Photosyntheseforschung. Angew Chem 103: 1650–1663

Golbeck, JH (1992) Structure and function of photosystem I. Annu Rev Plant Physiol Plant Mol Biol 43: 293–324

Kostrzewa, M, Zetsche, K (1992) The large ATP synthase operon of the red alga *Antithamnion* sp resembles the corresponding operon in cyanobacteria. J Mol Biol 227: 961–70

Nitschke, W, Joliot, P, Liebl, U, Rutherford, AW, Hauska, G, Mueller, A, Riedel, A (1992) The pH dependence of the redox midpoint potential of the 2-iron-2-sulfur cluster from cytochrome b_6f complex (the 'Rieske center'). Biochim Biophys Acta 1102: 266–268

Subramaniam, S, Gerstein, M, Oesterhelt, D, Henderson, R (1993) Electron diffraction analysis of structural changes in the photocycle of bacteriorhodopsin. EMBO J 12: 1–8

Vermaas, W (1993) Molecular-biological approaches to analyze photosystem-II structure and function. Annu Rev Plant Physiol Plant Mol Biol 44: 457–481

Wehrmeyer, W, Moerschel, E, Vogel, K (1993) Core substructure in phycobilisomes of red algae II. The central part of the tricylindrical core – APCM – a constituent of hemidiscoidal phycobilisomes of *Rhodella violacea*. Eur J Cell Biol 60: 203–209

Kapitel 5

Clausmeyer, S, Klosgen, RB, Herrmann, RG (1993) Protein import into chloroplasts – the hydrophilic lumenal proteins exhibit unexpected import and sorting specificities in spite of structurally conserved transit peptides. J Biol Chem 268: 13869–13876

Flachmann, R, Michalowski, CB, Loeffelhardt, W, Bohnert, HJ (1993) SecY, an integral subunit of the bacterial preprotein translocase, is encoded by a plastid genome. J Biol Chem 268: 7514–7519

Forreiter, C, Apel, K (1993) Light-independent and light-dependent protochlorophyllide-reducing activities and 2 distinct NADPH-protochlorophyllide oxidoreductase polypeptides in mountain pine (*Pinus mugo*). Planta 190: 536–545

Golz, A, Lichtenthaler, HK (1993) Isolation and characterization of acetyl-CoA synthetase from etiolated radish seedlings. J Plant Physiol 141: 276–280

Herrmann, RG, Westhoff, P, Link, G (1992) Biogenesis of plastids in higher plants. In: Plant Cell Research. Cell Organelles, pp 275–349, Herrmann, RG ed Springer, Wien

Jahn, D, Verkamp, E, Söll, D (1992) Glutamyl-transfer RNA: a precursor of heme and chlorophyll biosynthesis. Trends Biochem Sci 17: 215–218

Kumar, PA, Kruse, E, Andriesse, X, Weisbeek, P, Kloppstech, K (1993) Integration of a cyanobacterial protein involved in nitrate reduction (narB) into isolated *Synechococcus* but not into pea thylakoid membranes. Eur J Biochem 214: 533–537

Martin, W, Lydiate, D, Brinkmann, H, Forkmann, G, Saedler, H, Cerff, R (1993) Molecular phylogenies in angiosperm evolution. Mol Biol Evol 10: 140–162

Mullerrober, B, Sonnewald, U, Willmitzer, L (1992) Inhibition of the ADP-glucose pyrophosphorylase in transgenic potatoes leads to sugar-storing tubers and influences tuber formation and expression of tuber storage protein genes. EMBO J 11: 1229–1238

437

Okita, TW, Nakata, PA, Anderson, JM, Sowokinos, J, Morell, M, Preis, J (1990) The subunit structure of potato tuber ADPglucose pyrophosphorylase. Plant Physiol 93: 785–790

Perl, A, Shaul, O, Galili, G (1992) Regulation of lysine synthesis in transgenic potato plants expressing a bacterial dihydrodipicolinate synthase in their chloroplasts. Plant Mol Biol 19: 815–823

Schaller, A, Vanafferden, M, Windhofer, V, Bulow, S, Abel, G, Schmid, J, Amrhein, N (1991) Purification and characterization of chorismate synthase from *Euglena gracilis* – comparison with chorismate synthases of plant and microbial origin. Plant Physiol 97: 1271–1279

Schmidt, A, Jager, K (1992) Open questions about sulfur metabolism in plants. Annu Rev Plant Physiol Plant Mol Biol 43: 325–349

Schmidt, CL, Danneel, H-J, Schulz, G, Buchanan, BB (1990) Shikimate kinase from spinach chloroplasts. Purification, characterization, and regulatory function in aromatic amino acid biosynthesis. Plant Physiol 93: 758–766

Schmidt, H, Heinz, E (1993) Direct desaturation of intact galactolipids by a desaturase solubilized from spinach (*Spinacia oleracea*) chloroplast envelopes. Biochem J 289: 777–782

Soll, J, Alefsen, H (1993) The protein import apparatus of chloroplasts. Physiol Plant 87: 433–40

Solomonson, LP, Barber, MJ (1990) Assimilatory nitrate reductase: functional properties and regulation. Annu Rev Plant Physiol Plant Mol Biol 41: 225–253

Teucher, T, Heinz, E (1991) Purification of UDP-galactose – diacylglycerol galactosyltransferase from chloroplast envelopes of spinach (*Spinacia oleracea* L). Planta 184: 319–326

Valentin, K, Zetsche, K (1990) Rubisco genes indicate a close phylogenetic relation between the plastids of chromophyta and rhodophyta. Plant Mol Biol 15: 575–584

Wilson, BJ, Gray, AC, Matthews, BF (1991) Bifunctional protein in carrot contains both aspartokinase and homoserine dehydrogenase activities. Plant Physiol 97: 1323–1328

Zeiher, CA, Randall, DD (1991) Spinach leaf acetyl-coenzyme-A synthetase – purification and characterization. Plant Physiol 96: 382–389

Kapitel 6

Armstrong, GA, Weisshaar, B, Hahlbrock, K (1992) Homodimeric and heterodimeric leucine zipper proteins and nuclear factors from parsley recognize diverse promoter elements with ACGT cores. Plant Cell 4: 525–537

Baeumlein, H, Nagy, I, Villarroel, R, Inze, D, Wobus, U (1992) Cis-analysis of a seed protein gene promoter: the conservative RY repeat CATGCATG within the legumin box is essential for tissue-specific expression of a legumin gene. Plant J 2: 233–239

Bartling, D, Seedorf, M, Mithofer, A, Weiler, EW (1992) Cloning and expression of an *Arabidopsis* nitrilase which can convert indole-3-acetonitrile to the plant hormone, indole-3-acetic acid. Eur J Biochem 205: 417–424

Boettcher, R, Adolph, RD, Hartmann, T (1993) Homospermidine synthase, the first pathway-specific enzyme in pyrrolizidine alkaloid biosynthesis. Phytochem 32: 679–689

Cote, GG, Crain, RC (1993) Biochemistry of phosphoinositides. Annu Rev Plant Physiol Plant Mol Biol 44: 333–356

Daniel, S, Tiemann, K, Wittkampf, U, Bless, W, Hinderer, W, Barz, W (1990) Elicitor-induced metabolic changes in cell cultures of chickpea (*Cicer arietinum* L) cultivars resistant and susceptible to *Ascochyta rabiei* I. Investigations of enzyme activities involved in isoflavone and pterocarpan phytoalexin biosynthesis. Planta 182: 270–278

Droog, FNJ, Hooykaas, PJJ, Libbenga, KR, Vanderzaal, EJ (1993) Proteins encoded by an auxin-regulated gene family of tobacco share limited but significant homology with glutathione S-transferases and one member indeed shows in vitro GST activity. Plant Mol Biol 21: 965–972

Endo, T, Hamaguchi, N, Eriksson, T, Yamada, Y (1991) Alkaloid biosynthesis in somatic hybrids of *Duboisia leichhardtii* F Muell and *Nicotiana tabacum* L. Planta 183: 505–510

Fischer, D, Ebenau-Jehle, C, Grisebach, H (1990) Purification and characterization of pterocarpan synthase from elicitor-challenged soybean cultures. Phytochem 29: 2879–2882

Gardner, HW (1991) Recent Investigations into the lipoxygenase pathway of plants. Biochim Biophys Acta 1084: 221–239

Hain, R, Reif, HJ, Krause, E, Langebartels, R, Kindl, H, Vornam, B, Wiese, W, Schmelzer, E, Schreier, PH, Stocker, RH, Stenzel, K (1993) Disease resistance results from foreign phytoalexin expression in a novel plant. Nature 361: 153–156

Jiao, J, Chollet, R (1991) Posttranslational regulation of phosphoenolpyruvate carboxylase in C_4 and crassulacean acid metabolism plants. Plant Physiol 95: 981–985

Keller, F (1992) Galactinol synthase is an extravacuolar enzyme in tubers of japanese artichoke (*Stachys sieboldii*). Plant Physiol 99: 1251–1253

Kende, H (1993) Ethylene biosynthesis. Annu Rev Plant Physiol Plant Mol Biol 44: 283–307

Köck, M, Hamilton, AJ, Grierson, D (1991) Eth1, a gene involved in ethylene synthesis in tomato. Plant Mol Biol 17: 141–142

Kosanke, R, Muentz, K, Saalbach, G, Saalbach, I, Voigt, B, Koehler, KH (1990) Globulins of *Agrostemma githago* seeds. Biochem Physiol Pflanz 186: 243–250

Kutchan, TM, Dittrich, H, Bracher, D, Zenk, MH (1991) Enzymology and molecular biology of alkaloid biosynthesis. Tetrahedron 47: 5945–5954

Lewinsohn, E, Gijzen, M, Croteau, R (1992) Wound-inducible pinene cyclase from grand fir – Purification, characterization, and renaturation after SDS-PAGE. Arch. Biochem Biophys 293: 167–173

Lazoya, E, Block, A, Lois, R, Hahlbrock, K, Scheel, D (1991) Transcriptional repression of light-induced flavonoid synthesis by elicitor treatment of cultured parsley cells. Plant J 1: 227–234

Nelson, N (1992) Organellar proton-ATPases. Curr Opinion Cell Biol 4: 654–660

Pasquali, G, Goddijn, OJM, Dewaal, A, Verpoorte, R, Schilperoort, RA, Hoge, JHC, Memelink, J (1992) Coordinated regulation of 2 indole alkaloid biosynthetic genes from *Catharanthus roseus* by auxin and elicitors. Plant Mol Biol 18: 1121–1131

Pelzer-Reith, B, Penger, A, Schnarrenberger, C (1993) Plant aldolase: cDNA and deduced amino acid sequences of the chloroplast and cytosol enzyme from spinach. Plant Mol Biol 21: 331–340

Penacortes, H, Albrecht, T, Prat, S, Weiler, EW, Willmitzer, L (1993) Aspirin prevents wound-induced gene expression in tomato leaves by blocking jasmonic acid biosynthesis. Planta 191: 123–128

Schnabl, H, Denecke, M, Schulz, M (1992) In vitro and in vivo phosphorylation of stomatal phosphoenolpyruvate carboxylase from *Vicia faba*. Bot Acta 105: 367–369

Scott, MP, Jung, R, Muentz, K, Nielsen, NC (1992) A protease responsible for post-translational cleavage of a conserved Asn-Gly linkage in glycinin, the major seed storage protein of soybean. Proc Natl Acad Sci USA 89: 658–662

Sembdner, G, Parthier, B (1993) The biochemistry and the physiological and molecular actions of jasmonates. Annu Rev Plant Physiol Plant Mol Biol 44: 569–589

Simantiras, M, Leistner, E (1991) Cell free synthesis of ortho-succinylbenzoic acid in protein extracts from anthraquinone and phylloquinone (Vitamin-K1) producing plant cell suspension cultures – Occurrence of intermediates between isochorismic and ortho-succinylbenzoic acid. Z Naturforsch C 46: 364–370

Slabas, AR, Fawcett, T (1992) The biochemistry and molecular biology of plant lipid biosynthesis. Plant Mol Biol 19: 168–191

Sonnewald, U, Quick, WP, MacRae, E, Krause, KP, Stitt, M (1993) Purification, cloning and expression of spinach leaf sucrose-phosphate synthase in *Escherichia coli*. Planta 189: 174–181

Sonnewald, U, Willmitzer, L (1992) Molecular approaches to sink-source interactions. Plant Physiol 99: 1267–1270

Stadler, R, Zenk, MH (1993) The purification and characterization of a unique cytochrome P-450 enzyme from *Berberis stolonifera* plant cell cultures. J Biol Chem 268: 823–831

Tanner, W, Beevers, H (1990) Does transpiration have an essential function in long-distance ion transport in plants? Plant Cell Environ 13: 745–750

Vanbel, AJE (1993) Strategies of phloem loading. Annu Rev Plant Physiol Plant Mol Biol 44: 253–281

Ward, JM, Sze, H (1992) Subunit composition and organization of the vacuolar H^+-ATPase from oat roots. Plant Physiol 99: 170–179

Yun, DJ, Hashimoto, T, Yamada, Y (1992) Metabolic engineering of medicinal plants – transgenic *Atropa-belladonna* with an improved alkaloid composition. Proc Natl Acad Sci USA 89: 11799–11803

Kapitel 7

Engeland, K, Kindl, H (1991) Evidence for a peroxisomal fatty acid β-oxidation involving D-3-hydroxyacyl-CoAs. Eur J Biochem 200: 1717–1718

Finley, D, Chau, V (1991) Ubiquitination. Annu Rev Cell Biol 7: 25–69

Gerhardt, B (1992) Fatty acid degradation in plants. Prog Lipid Res 31: 417–446

Gietl, C (1992) Partitioning of malate dehydrogenase isoenzymes into glyoxysomes, mitochondria, and chloroplasts. Plant Physiol 100: 557–559

Hershko, A, Ciechanover, A (1992) The ubiquitin system for protein degradation. Annu Rev Biochem 61: 761–807

Jung, R, Saalbach, G, Nielsen, NC, Muentz, K (1993) Site-specific limited proteolysis of legumin chloramphenicol acetyl transferase fusions in vitro and in transgenic tobacco seeds. J Exp Bot 44: 343–349

Ryan, CA (1992) The search for the proteinase inhibitor-inducing factor, PIIF. Plant Mol Biol 19: 123–133

Sommer, T, Jentsch, S (1993) A protein translocation defect linked to ubiquitin conjugation at the endoplasmic reticulum. Nature 365: 176–179

Stabenau, H (1992) Evolutionary changes of enzymes in peroxisomes and mitochondria of green algae. In: Phylogenetic changes in peroxisomes of algae, pp 63–79, Stabenau, H ed Oldenburg University Press, Oldenburg

Stitt, M (1990) Fructose-2,6-bisphosphate as a regulatory molecule in plants. Annu Rev Plant Physiol Plant Mol Biol 41: 153–185

Stitt, M, Lilley, M, Gerhard, R, Heldt, HW (1989) Metabolic levels in specific cells and subcellular compartments of plants leaves. Methods Enzymol 174: 518–552

Vierstra, RD (1993) Protein degradation in plants. Annu Rev Plant Physiol Plant Mol Biol 44: 385–410

Weig, A, Komor, E (1992) The lipid-transfer protein C of *Ricinus communis* L: isolation of two cDNA sequences which are strongly and exclusively expressed in cotyledons after germination. Planta 187: 367–371

Kapitel 8

Brennicke, A (1992) Gene translocation between organelles. Curr Biol 2: 46–47

Glick, B, Schatz, G (1991) Import of proteins into mitochondria. Annu Rev Genet 25: 21–44

Hill, SA, Bryce, JH, Leaver, CJ (1993) Control of succinate oxidation by cucumber (*Cucumis sativus* L) cotyledon mitochondria. Planta 190: 51–57

Kiebler, M, Keil, P, Schneider, H, Vanderklei, IJ, Pfanner, N, Neupert, W (1993) The mitochondrial receptor complex – a central role of MOM22 in mediating preprotein transfer from receptors to the general insertion pore. Cell 74: 483–492

Levings, CS, III, Siedow, JN (1992) Molecular basis of disease susceptibility in the Texas cytoplasm of maize. Plant Mol Biol 19: 135–147

Marechaldrouard, L, Weil, JH, Dietrich, A (1993) Transfer RNAs and transfer RNA genes in plants. Annu Rev Plant Physiol 44: 13–32

Neumann, D, Emmermann, M, Thierfelder, JM, Nieden, UZ, Clericus, M, Braun, HP, Nover, L, Schmitz, UK (1993) HSP68 – a DnaK-like heat-stress protein of plant mitochondria. Planta 190: 32–43

Pfanner, N, Rassow, J, Vanderklei, IJ, Neupert, W (1992) A dynamic model of the mitochondrial protein import machinery. Cell 68: 999–1002

Schwarz, E, Seytter, T, Guiard, B, Neupert, W (1993) Targeting of cytochrome-b_2 into the mitochondrial intermembrane space – specific recognition of the sorting signal. EMBO J 12: 2295–2302

Kapitel 9

Bednarek, SY, Raikhel, NV (1992) Intracellular trafficking of secretory proteins – mini review. Plant Mol Biol 20: 133–150

Blatt, MR, Thiel, G (1993) Hormonal control of ion channel gating. Annu Rev Plant Physiol Plant Mol Biol 44: 543–567

Buikema, WJ, Haselkorn, R (1993) Molecular genetics of cyanobacterial development. Annu Rev Plant Physiol Plant Mol Biol 44: 33–52

Carpita, NC, Gibeaut, DM (1993) Structural models of primary cell walls in flowering plants: consistency of molecular structure with the physical properties of the walls during growth. Plant J 3: 1–30

Coplin, DL, Frederick, RD, Majerczak, DR, Tuttle, LD (1992) Characterization of a gene cluster that specifies pathogenicity in *Erwinia stewartii*. Mol Plant-Microbe Interact 5: 81–88

Franssen, HJ, Vijn, I, Yang, WC, Bisseling, T (1992) Developmental aspects of the *Rhizobium*-legume symbiosis. Plant Mol Biol 19: 89–107

Frey, T, Cosio, EG, Ebel, J (1993) Affinity purification and characterization of a binding protein for a hepta-beta-glucoside phytoalexin elicitor in soybean. Phytochemistry 32: 543–550

Gray, J, Picton, S, Shabbeer, J, Schuch, W, Grierson, D (1992) Molecular biology of fruit ripening and its manipulation with antisense genes. Plant Mol Biol 19: 69–87

Györgypal, Z, Kiss, GB, Kondorosi, A (1991) Transduction of plant signal molecules by the *Rhizobium* NodD proteins. BioEssays 13: 575–581

Hager, A, Debus, G, G, EH, Serrano, R (1991) Auxin induces exocytosis and the rapid synthesis of a high turnover pool of plasma-membrane H^+-ATPase. Planta 185: 527–537

Higgins, CF (1992) ABC transporters: from microorganisms to man. Annu Rev Cell Biol 8: 67–113

Kapp, D, Niehaus, K, Quandt, J, Müller, P, Pühler, A (1990) Cooperative action of *Rhizobium meliloti* nodulation and infection mutants during the process of forming mixed infected nodules. Plant Cell 2: 139–151

Kauss, H, Franke, R, Krause, K, Conrath, U, Jeblick, W, Grimmig, B, Matern, U (1993) Conditioning of parsley (*Petroselinum crispum* L) suspension cells increases elicitor-induced incorporation of cell wall phenolics Plant Physiol 102: 459–466

Kauss, H, Jeblick, W, Conrath, U (1992) Protein kinase inhibitor K-252a and fusicoccin induce similar initial changes in ion transport of parsley suspension cells. Physiol Plant 85: 483–488

Keen, NT (1992) The molecular biology of disease resistance. Plant Mol Biol 19: 109–122

McGurl, B, Pearce, G, Orozco-Cardenas, M, Ryan, CA (1992) Structure, expression, and antisense inhibition of the systemin precursor gene. Science 257: 1570–1573

McQueen-Mason, S, Durachko, DM, Cosgrove, DJ (1992) Two endogenous proteins that induce cell wall extension in plants. Plant Cell 4: 1425–1433

Pratt, LH, Stewart, SW, Shimazaki, Y, Wang, Y-C, Cordonnier, M-M (1991) Monoclonal antibodies directed to phytochrome from green leaves of *Avena sativa* cross-react weakly or not at all with the phytochrome that is most abundant in etiolated shoots of the same species. Planta 184: 87–95

Rüdiger, W (1992) Events in the phytochrome molecule after irradiation. Photochem Photobiol 56: 803–809

Sauer, N, Friedländer, K, Gräml-Wicke, U (1990) Primary structure, genomic organization and heterologous expression of a glucose transporter from *Arabidopsis thaliana*. EMBO J 9: 3045–3050

Sentenac, H, Bonneaud, N, Minet, M, Lacroute, F, Salmon, JM, Gaymard, F, Grignon, C (1992) Cloning and expression in yeast of a plant potassium ion transport system. Science 256: 663–665

Spaink, HP, Sheeley, DM, van Brussel, AAN, Glushka, J, York, WSE (1991) A novel highly unsaturated fatty acid moiety of lipooligosaccharide signals determines host specificity of *Rhizobium*. Nature 354: 125–130

Terryn, N, van Montagu, M, Inze, D (1993) GTP-binding proteins in plants. Plant Mol Biol 22: 143–152

Wagner, P, Hengst, L, Gallwitz, D (1992) Ypt-Proteins in yeast. In: Reconstitution of Intracellular Transport, pp 369–387, Rothman, JE ed Academic Press Inc, San Diego

Waldmueller, T, Cosio, EG, Grisebach, H, Ebel, J (1992) Release of highly elicitor-active glucans by germinating zoospores of *Phytophthora megasperma* f sp *glycinea*. Planta 188: 498–505

Warpeha, KMF, Hamm, HE, Rasenick, MM, Kaufman, LS (1991) A blue-light-activated GTP-binding protein in the plasma membranes of etiolated peas. Proc Natl Acad Sci USA 88: 8925–8929

Winans, SC (1992) Two-way chemical signalling in *Agrobacterium*-plant interactions. Microbiol Rev 56: 12–31

Kapitel 10

Coleman, JE (1992) Zinc proteins: enzymes, storage proteins, transcription factors, and replication proteins. Annu Rev Biochem 61: 897–946

David, C, Gargouri-Bouzid, R, Haenni, A-L (1992) RNA replication of plant viruses containing an RNA genome. Progress Nucl Acid Res Mol Biol 42: 157–227

Deng, XW, Matsui, M, Wei, N, Wagner, D, Chu, AM, Feldmann, KA, Quail, PH (1992) COP1, an arabidopsis regulatory gene, encodes a protein with both a zinc-binding motif and a G-beta homologous domain. Cell 71: 791–801

Drews, GN, Bowman, JL, Meyerowitz, EM (1991) Negative regulation of the *Arabidopsis* homeotic gene *AGAMOUS* by the *APETALA2* product. Cell 65: 991–1002

Ferreira, PCG., Hemerly, AS, Villarroel, R, van Montagu, M, Inze, D (1991) The *Arabidopsis* functional homolog of the $p34^{cdc2}$ protein kinase. Plant Cell 3: 531–540

Gierl, A, Saedler, H (1992) Plant-transposable elements and gene tagging. Plant Mol Biol 19: 39–49

Hata, S, Kouchi, H, Suzuka, I, Ishii, T (1991) Isolation and characterization of cDNA clones for plant cyclins. EMBO J 10: 2681–2688

Hooykaas, PJJ, Schilperoort, RA (1992) *Agrobacterium* and plant genetic engineering. Plant Mol Biol 19: 15–38

Lyndon, RF, Francis, D (1992) Plant and organ development. Plant Mol Biol 19: 51–68

Marsh, L, Neimann, AM, Herskowitz, I (1991) Signal transduction during pheromone response in yeast. Annu Rev Cell Biol 7: 699–728

Newmeyer, DD (1993) The nuclear pore complex and nucleocytoplasmic transport. Curr Opinion Cell Biol 5: 395–407

Pabo, CO, Sauer, RT (1992) Transcription factors: structural families and principles of DNA recognition. Annu Rev Biochem 61: 1053–1095

Quail, PH (1991) Phytochrome – a light-activated molecular switch that regulates plant gene expression. Annu Rev Genet 25: 389–409

Riesner, D (1991) Viroids: from thermodynamics to cellular structure and function. Mol Plant-Microbe Interact 4: 122–131

Rogers, JC, Rogers, SW (1992) Definition and functional implications of gibberellin and abscisic acid cis-acting hormone response complexes. Plant Cell 4: 1443–1451

Sawidis, T, Quader, H, Bopp, M, Schnepf, E (1991) Presence or absence of the preprophase band of microtubules in moss protonemata. A clue to understanding its function. Protoplasma 163: 156–161

Schellenbaum, P, Vantard, M, Peter, C, Fellous, A, Lambert, A-M (1993) Coassembly properties of higher plant microtubule-associated proteins (MAPs) with purified brain and plant tubulins. Plant J 3: 253–260

Schmidt, RJ, Ketudat, M, Aukerman, MJ, Hoschek, G (1992) Opaque-2 Is a transcriptional activator that recognizes a specific target site in 22 kD zein genes. Plant Cell 4: 689–700

Schwarz-Sommer, Z, Hue, I, Huijser, P, Flor, PJ, Hansen, R, Tetens, F, Lonnig, WE, Saedler, H, Sommer, H (1992) Characterization of the *Antirrhinum* floral homeotic MADS-box gene deficiens – evidence for DNA binding and autoregulation of its persistent expression throughout flower development. EMBO J 11: 251–263

Schwarz-Sommer, Z, Huijser, P, Nacken, W, Saedler, H, Sommer, H (1990) Genetic control of flower development: homeotic genes in *Antirrhinum majus*. Science 250: 931–936

Staiger, C, Doonan, J (1993) Cell division in plants. Curr Opinion Cell Biol 5: 226–231

Symons, A (1991) The intriguing viroids and virusoids: what is their information content and how did they evolve? Mol Plant-Microbe Interact 4: 11–121

Symons, RH (1992) Small catalytic RNAs. Annu Rev Biochem 61: 641–671

Vallen, EA, Scherson, TY, Roberts, T, Van Zee, K, Rose, MD (1992) Assymetric mitotic segregation of the yeast spindle pole body. Cell 69: 505–515

Wickner, RB (1992) Double-stranded and single-stranded RNA viruses of *Saccharomyces cerevisiae*. Annu Rev Microbiol 46: 347–375

Zambryski, PC (1992) Chronicles from the *Agrobacterium*-plant cell DNA transfer story. Annu Rev Plant Physiol Plant Mol Biol 43: 465–490

Sachverzeichnis

449

451

atp	Gene für Proteine der ATP-Synthase
C1	Transkriptionsfaktor, homolog zu myb (Anthocyan-Biosynthese)
cab	Gene für Proteine des Chlorophyll a/b-Komplexes
ColE1	Plasmid (7 kBp), Wirt: *E. coli*, tra⁻, mob⁺
cop1	Gen für Transkriptionsfaktor bei Photomorphogenese
cox	Gene für Proteine der Cytochrom-Oxidase
dnaJ	Protein, Co-Chaperon zu dnaK oder hsp70
dnaK	Protein, Chaperon, prokaryontisches Äquivalent zu hsp70 (ATPase)
G-Protein	GTP oder GDP bindendes Protein
GAL4	Gen für Transkriptionsfaktor bei der Galaktose-Verwertung in Hefe
GAL80	Gen für Regulator-Protein zu GAL4
GCN4	Gen für Transkriptionsfaktor (Aminosäure-Biosynthese in Hefe)
groEL	Chaperonin, homolog zu hsp60, prokaryontisch bzw. plastidär/mitochondrial
groES	Co-Chaperonin zu groES
rad	Mutanten, „radiation-sensitive"
GT-1	Helix-Turn-Helix-Protein, korreliert mit Licht-Regulation
hsp60	Hitze-Schock-Protein, Chaperonin, homolog zu groEL
hsp70	Hitze-Schock-Protein von 70 kDa (ATPase)
ISP	Mitochondriale Proteine, „import site proteins"
MOM-Proteine	Proteine der mitochondrialen Außenmembran
myb	Transkriptionsfaktor, korreliert mit Gen-Produkt eines retroviralen Onkogens
myc	Transkriptionsfaktor, korreliert mit Gen-Produkt eines retroviralen Onkogens
nod	Gene, die von Seite der Rhizobien für die Nodulierung benötigt werden
O2	Gen für Transkriptionsfaktor (bZip), korreliert mit dem Mutanten-Phänotyp opaque
P	Transkriptionsfaktor, homolog zu myb (Anthocyan-Biosynthese)
p34	Protein von 34 kDa, Protein-Kinase
psa	Gene für Proteine von Photosystem I
psb	Gene für Proteine von Photosystem II
ras	G-Protein, korreliert mit einem retroviralen Onkogen aus Ratten-Sarkom
rbcL	Gen für die große UE der Rubisco
rbcS	Gen für die kleine UE der Rubisco
rpl	Gene für Proteine der großen ribosomalen UE
rps	Gene für Proteine der kleinen ribosomalen UE
TBP	TATA-Box bindendes Protein
TCP	Gen für Chaperon (ähnlich dem hsp60), Protein korreliert mit dem Mutanten-Phänotyp „tailless complex"
Ti	Tumor induzierend
UAS	Enhancer in Hefe, „upstream activating sequence"
vir	Virulenz-Region

Made in the USA
Coppell, TX
22 March 2026

74385582R00267